电子信息前沿技术丛书

线性代数与数据学习

LINEAR ALGEBRA AND LEARNING FROM DATA

[美] 吉尔伯特 · 斯特朗（Gilbert Strang）/ 著

余志平　李铁夫　马　辉 / 译

清華大学出版社

北　京

北京市版权局著作权合同登记号　图字：01-2021-7215
Linear Algebra and Learning from Data

published by Wellesley-Cambridge Press，ISBN：9780692196380

图书在版编目(CIP)数据

线性代数与数据学习 /(美)吉尔伯特·斯特朗（Gilbert Strang）著；余志平，李铁夫，马辉译. —北京：清华大学出版社，2024.6（2024.11重印）
（电子信息前沿技术丛书）
ISBN 978-7-302-63640-3

Ⅰ. ①线…　Ⅱ. ①吉…　②余…　③李…　④马…　Ⅲ. ①线性代数 ②机器学习　Ⅳ. ①O151.2 ②TP181

中国国家版本馆CIP数据核字(2023)第096091号

责任编辑：文　怡
封面设计：王昭红
责任校对：申晓焕
责任印制：沈　露

出版发行：清华大学出版社
网　　址：https://www.tup.com.cn，https://www.wqxuetang.com
地　　址：北京清华大学学研大厦A座　　邮　　编：100084
社 总 机：010-83470000　　邮　　购：010-62786544
投稿与读者服务：010-62776969，c-service@tup.tsinghua.edu.cn
质 量 反 馈：010-62772015，zhiliang@tup.tsinghua.edu.cn
课 件 下 载：https://www.tup.com.cn，010-83470236
印 装 者：三河市铭诚印务有限公司
经　　销：全国新华书店
开　　本：185mm×260mm　　印　　张：24.25　　字　　数：620千字
版　　次：2024年6月第1版　　印　　次：2024年11月第4次印刷
印　　数：7501～10500
定　　价：138.00元

产品编号：091350-01

译者序

在现代线性代数的教育中，有两个名字不得不提：计算机程序语言 MATLAB 和 MIT 的教授 Gilbert Strang（吉尔伯特・斯特朗）。MATLAB 的全名是 Matrix Laboratory（矩阵实验室），是世界范围使用最广的线性代数高效计算平台；而斯特朗教授自 1976 年出版《线性代数及其应用》（*Linear Algebra and its Applications*）教科书以来，其著作同样风靡全球，是全球大学课程普遍采用的基础教材。

2012 年以来，人工智能、机器学习被卷积神经网络（Convolutional Neuro-Network，CNN）再次掀起研究热潮，进而进入深度机器学习时代，触发了目前的通用人工智能（Artificial General Intelligence，AGI）的大发展。斯特朗教授敏感地觉察到这个新动向，在 2019 年就出版了《线性代数与数据学习》（随后多次重印），明确将数据学习与神经网络和线性代数联系在一起，给机器学习打下了坚实的数学基础。

本书中提及的一些概念如低秩矩阵、压缩传感、优化算法中的随机梯度下降法及背向传播等，对理解机器学习的工作原理大有裨益。书中也给出了一些截至 2021 年的（包括数据分析优化在内）参考书，供读者深入研究。

在此，我们将本书作为机器学习与通用人工智能的数学基础教材推荐给广大读者。

余志平　李铁夫　马　辉

2024 年 4 月于清华大学

深度学习与神经网络

线性代数、概率论/统计学和最优化理论是机器学习的数学支柱，在本书中相关的章节将出现在对神经网络架构的讨论之前。但是我们发现从目标描述开始本书是有益的。我们的目标是构造一个正确分类训练数据的函数，使之可推广到没有遇到过的测试数据。

为了使上面的说法浅显易懂，我们需要了解关于学习函数的更多信息。为本书即将讲述的内容指明方向是我们写这个概述的目的。

函数 F 的输入是向量或矩阵，有时是张量（每个训练样本有一个输入 $\boldsymbol{v}$）。对识别手写数字的问题，每个输入样本则是一幅图像，即一个像素矩阵。我们的目标是将每幅图像分类为 $0\sim 9$ 的数字。这 10 个数字就是学习函数可能的输出。在这个例子中，通过对图像分类，函数 F 学习寻找信息。

MNIST 数据集包含了 70 000 个手写的数字，我们用这个数据集中的一部分数据来训练出一个学习函数。通过对图像中的不同像素指定权重，建立了学习函数。优化的一大问题（计算的核心部分）是选择权重，使得函数可以得到正确的输出：0、1、2、3、4、5、6、7、8 或 9。我们并不要求百分之百正确（深度学习的风险之一是对数据的过拟合）。

然后选择在数据库中未用到的样本，并将该函数用于分类这些测试数据，从而验证这个函数。多年的竞争带来了测试效果的重大改进，现在卷积神经网络的误差可在 1%以下。事实上，正是因为有了 MNIST 这些数据集之间的竞争，才会有函数 F 结构上的巨大改进。这个结构基于其底层的一个神经网络架构。

线性、非线性学习函数

函数的输入是样本 $\boldsymbol{v}$，而输出是计算得到的分类 $\boldsymbol{w}=F(\boldsymbol{v})$。最简单的学习函数就是线性函数 $\boldsymbol{w}=\boldsymbol{A}\boldsymbol{v}$。矩阵 $\boldsymbol{A}$ 的分量包含了通过学习得到的权重（并不困难就可得到）。这个函数经常会通过学习得到一个偏差向量 $\boldsymbol{b}$，从而有 $F(\boldsymbol{v})=\boldsymbol{A}\boldsymbol{v}+\boldsymbol{b}$。该函数是“仿射”的。仿射函数可以很快地通过学习得到，但是只用这个函数就太简单了。

更确切地说，具有线性性是一个非常局限的要求。若 MNIST 用罗马数字，则（根据线性性的要求）Ⅱ 可能介于 I 和 Ⅲ 之间。但是在 I 和 XIX 之间又会是什么呢？很明显，仿射函数 $\boldsymbol{A}\boldsymbol{v}+\boldsymbol{b}$ 并不总是够用。

将输入向量 $\boldsymbol{v}$ 的分量取平方就会带来非线性性。这一步有助于将圆与圆内的点区分开，这是线性函数做不到的。然而函数 F 的构造转向了具有 S 形图像的 S 型函数（Sigmoidal）。注意，通过在矩阵 $\boldsymbol{A}$ 与 $\boldsymbol{B}$ 之间插入这种标准的非线性 S 型函数以得到 $\boldsymbol{A}(S(\boldsymbol{B}\boldsymbol{v}))$，是巨大的进步。

最终，人们发现光滑弯曲的逻辑函数 S 能够被非常简单的斜坡函数 $\mathbf{ReLU}(\boldsymbol{x}) = \mathbf{max}(\mathbf{0}, \boldsymbol{x})$ 取代。这些非线性“激活函数”R 的图像在 7.1 节中给出。

神经网络与 $F(v)$ 的结构

深度学习的学习函数具有的形式为 $F(\boldsymbol{v}) = L(R(L(R(\cdots(L\boldsymbol{v})))))$。这是仿射函数 $L\boldsymbol{v} = \boldsymbol{A}\boldsymbol{v} + \boldsymbol{b}$ 与作用在向量 $L\boldsymbol{v}$ 中每个分量上的非线性函数 R 的复合。矩阵 $\boldsymbol{A}$ 和偏差向量 $\boldsymbol{b}$ 是学习函数 F 中的权重。这些 $\boldsymbol{A}$ 和 $\boldsymbol{b}$ 必须通过训练数据而学习得到，这样输出 $F(\boldsymbol{v})$ 才会（几乎）完全正确。然后 F 就可以应用来自同一总体的新样本。若权重（$\boldsymbol{A}$ 和 $\boldsymbol{b}$）选择恰当，则从隐式的测试数据得到的输出 $F(\boldsymbol{v})$ 应该是准确的。通常，函数 F 的层数越多，$F(\boldsymbol{v})$ 的结果也越精确。

可以说，$F(\boldsymbol{x}\ \boldsymbol{v})$ 依赖输入 $\boldsymbol{v}$ 和权重 $\boldsymbol{x}$（所有的 $\boldsymbol{A}$ 与 $\boldsymbol{b}$）。第一步的输出 $\boldsymbol{v}_1 = \mathbf{ReLU}(\boldsymbol{A}_1\boldsymbol{v}+\boldsymbol{b}_1)$ 在神经网络中产生第一个隐藏层。完整的网络始于输入层 $\boldsymbol{v}$，终结于输出层 $\boldsymbol{w} = F(\boldsymbol{v})$。每一步的仿射部分 $L_k(\boldsymbol{v}_{k-1}) = \boldsymbol{A}_k\boldsymbol{v}_{k-1} + \boldsymbol{b}_k$ 使用了计算得到的权重 $\boldsymbol{A}_k$ 和 $\boldsymbol{b}_k$。

所有这些权重是从深度学习的巨大优化中选择得到的：

选择权重 $\boldsymbol{A}_k$、$\boldsymbol{b}_k$ 以最小化所有训练样本的总损失。

总损失是各个样本上的单个损失之和。最小二乘的损失函数具有我们熟悉的形式，即 $\|F(\boldsymbol{v}) - \text{真实输出}\|^2$。最小二乘通常不是深度学习中的最佳损失函数。

下面是一幅显示 $F(\boldsymbol{v})$ 结构的神经网络图。输入层包含了训练样本 $\boldsymbol{v} = \boldsymbol{v}_0$。其输出是它们的分类 $\boldsymbol{w} = F(\boldsymbol{v})$。对于一个完美的学习，$\boldsymbol{w}$ 将是一个 $0 \sim 9$ 的（正确）数字。那些隐藏层增加了神经网络的深度。正是网络的深度使得复合函数 F 在深度学习中如此成功。事实上，神经网络中的权重 A_{ij} 和 b_j 的数量通常大于训练样本 $\boldsymbol{v}$ 的输入数量。

一个输入 $\boldsymbol{v} =$  一个输出 $\boldsymbol{w} = 2$

下面是一个前馈全连接网络。对图像而言，卷积神经网络（CNN）通常是合适的，而且权重是被共享的，即矩阵 $\boldsymbol{A}$ 的对角元为常数。当架构正确时，深度学习的效果会惊人的完美。

下图所示的神经网络中的每条对角线都代表一个要通过优化学习得到的权重。正方形的边包含偏差向量 $\boldsymbol{b}_1$、$\boldsymbol{b}_2$、$\boldsymbol{b}_3$。其他权重在 $\boldsymbol{A}_1$、$\boldsymbol{A}_2$、$\boldsymbol{A}_3$ 中。

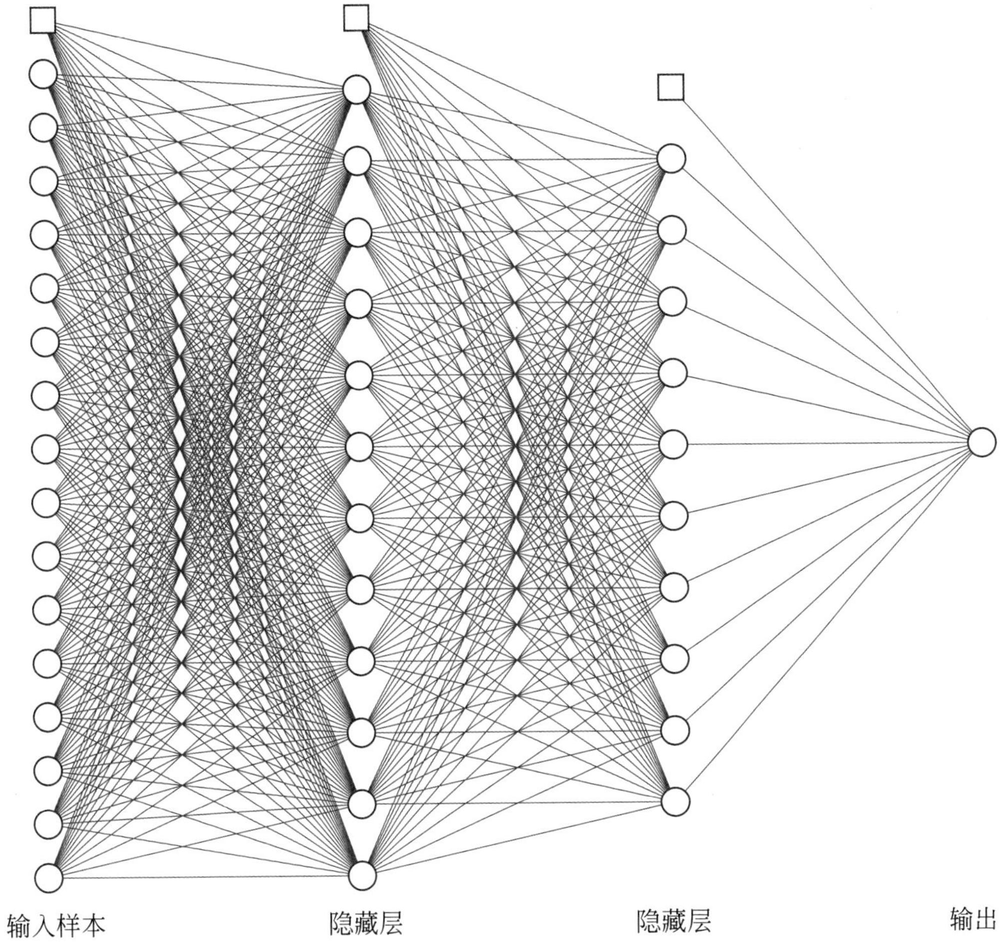
输入样本
隐藏层
隐藏层
输出

前言与致谢

我深深地感谢密歇根大学的 Raj Rao Nadakuditi 教授。2017 年，Raj 在学术休假期间把 EECS 551 课程带到了麻省理工学院（MIT）。他每周飞来波士顿讲授课程 18.065。感谢 Raj，学生们学到了一门新课。他主导了课堂计算，布置了课后作业，还取消了考试。

这是针对信号和数据的线性代数，而且是十分活跃的领域。140 名 MIT 的学生选修了这门课。Alan Edelman 在课上介绍了功能强大的编程语言 Julia，我解释了 4 个基本子空间和奇异值分解。来自密歇根大学的实验室承担了矩阵的秩、SVD及其应用。我们要求学生具备计算思维。

尽管是第一次开课，但该课程十分成功。只是它没有涉及一个大课题：**深度学习**。我指的是在神经网络上创建学习函数的令人兴奋之处，其隐藏层和非线性激活函数使其如此强大。系统会根据预先正确分类的数据进行自我训练。权重的优化能发现重要的表征，如字母的形状、图像的边缘、句子的语法及信号的识别细节。这些表征得到了更大的权重，无须过拟合数据和学习所有内容。然后，可通过具有相同的表征来识别类似群体中未见过的测试数据。

能做所有这些事情的算法不断地得以改进。更确切地说，它们*正在得到改进* 。这是计算机科学家、工程师、生物学家、语言学家和数学家，尤其是那些通过优化权重来最大程度地减少错误的优化学家，以及那些相信深度学习可以改善我们的生活的人所做的贡献。

为什么要写这本书呢？

1. 组织**数据科学**的核心方法和思想。
2. 看看如何用**线性代数**的语言表达这些想法。
3. 最重要的是，展示如何向自己或学生**解释和传授**这些想法。

我当然知道课程大作业要比考试好得多。这样学生可以提出自己的问题，编写自己的程序。那么从现在开始**大作业**。

线性代数与微积分

读者将会接触本科数学的两个核心科目——线性代数和微积分。对于深度学习，线性代数是最重要的。我们计算“权重”来挑选训练数据的重要表征，然后将这些权重转化成矩阵。学习函数的形式在后面描述。微积分则向我们展示了*移动的方向*，以改进当前的权重 $\boldsymbol{x}_k$。

我们需要的是偏导数（而不是积分）：

$$\textbf{通过从 } \boldsymbol{x}_k \textbf{ 移至 } \boldsymbol{x}_{k+1} = \boldsymbol{x}_k - s_k \nabla \boldsymbol{L} \textbf{ 来减小误差 } \boldsymbol{L}(\boldsymbol{x})$$

符号 $\nabla \boldsymbol{L}$ 代表 $L(\boldsymbol{x})$ 的一阶导数。因为有这个负号，$L(\boldsymbol{x})$ 的图中 $\boldsymbol{x}_{k+1}$ 是从 $\boldsymbol{x}_k$ 下降的。步长

s_k（也称为学习速率）决定了移动多远。基本思想是通过在最快下降的方向移动来减小损失函数 $L(x)$。在最佳权重 x^* 下，$\nabla L = 0$。

复杂的是向量 x 代表数以千计的权重，所以必须计算 L 的数千个偏导数。L 本身是一个复杂的函数，它依赖 x 的多层结构以及数据。因此，需要链式法则来求 ∇L。

第 6 章的引言将回顾多变量微积分的一些基本结论。

相比之下，线性代数在数据学习的世界中无处不在。这是需要知道的主题。本书的前几章实质上是一门应用线性代数的课程——基本理论及其在计算中的应用。我可以尝试概述这种方法（针对我们需要的概念）与早期的线性代数课程的差异。这些是完全不同的，意味着有很多有用的东西要学习。

基础课程

1. 消元法求解 $Ax = b$
2. 矩阵运算、逆运算和行列式
3. 向量空间和子空间
4. 无关性、维数和矩阵的秩
5. 特征值和特征向量

如果一门课程主要学习定义，那就不是实用线性代数。更强的课程是将线性代数付诸实践。定义是有目的的，教材也是如此。

高阶课程

1. 任意情形下的 $Ax = b$:（方块方程组，太多方程与太多未知量）
2. 将 A 分解为 LU、QR、$U\Sigma V^{\mathrm{T}}$ 和 CMR（列乘以行）
3. 四个基本子空间：维数、正交性和好的基
4. 用特征向量与左、右奇异向量来对角化 A
5. 应用：图、卷积、迭代、协方差、投影、滤波器、网络、图像、数据矩阵

线性代数已成为机器学习的中心，我们需要跟进。

课程 18.065 需要一本教材。它始于最初的 2017 年班级，第一个版本发布在 2018 年班级。我很高兴将这本书的问世归功于 Ashley C. Fernandes。Ashley 收到在波士顿扫描的页面，然后从孟买发回新的章节，从而为更多工作做好准备。这是我们一起合作的第 7 本书，我非常感谢他。

两个班的学生们都慷慨地提供了帮助，特别是 William Loucks、Claire Khodadad、Alex LeNail 和 Jack Strang。Alex 的课程大作业产生了他的在线编码 **alexlenail.me/NN-SVG/**，可用来绘制神经网络。Jack 在 http://www.teachyourmachine.com 上发布的大作业可以通过学习来识别用户手写的数字和字母（这个程序是开放供实验试用的）。而新网站 math.mit.edu/ENNUI 旨在帮助简化深度学习函数的构建。

麻省理工学院的教职工给予了慷慨和急需的帮助：

Suvrit Sra 就随机梯度下降法做了一个精彩的演讲（现在是 18.065 课程视频）；

Alex Postnikov 解释了何时矩阵补齐导致秩为 1 的矩阵（见 4.8 节）；

Tommy Poggio 向他的学生演示了深度学习如何推广到新的数据；

Jonathan Harmon、Tom Mullaly 和 Liang Wang 都对本书做出了贡献。

各种想法从四面八方涌来，逐渐完善了这本教科书。请不要错过 Tim Baumann关于采用 SVD 方法压缩照片的页面。

本书的内容

本书旨在说明数据科学所依赖的数学，即线性代数、最优化、概率和统计。学习函数中的权重组成矩阵。这些权重通过随机梯度下降法得以优化。随机（stochastic 或 random）是一个表明成功取决于概率而不是确定性的信号。大数定律扩展到大函数定律：若架构设计合理且参数计算正确，则成功的可能性就很高。

注意，这不是一本关于计算、编程或软件的书。很多书在这些方面都十分出色。我们最钟爱的书之一是 Aurélien Géron 著的 *Hands-On Machine Learning*（《机器学习手册》，2017 年由 O'Reilly 发行）。而来自 TensorFlow、Keras、MathWorks 和 Caffe 等的在线帮助都是对数据科学的重要贡献。

线性代数中有各种各样奇妙的矩阵，如对称矩阵、正交矩阵、三角矩阵、带状矩阵、置换矩阵、投影矩阵和循环矩阵。根据我的经验，正定对称矩阵 $\boldsymbol{S}$ 是最优的。它们具有正特征值 λ 与正交特征向量 $\boldsymbol{q}$。它们是简单的秩为 1 的到这些特征向量的投影 $\boldsymbol{q}\boldsymbol{q}^{\mathrm{T}}$ 的组合，$\boldsymbol{S}=\lambda_1\boldsymbol{q}_1\boldsymbol{q}_1^{\mathrm{T}}+\lambda_2\boldsymbol{q}_2\boldsymbol{q}_2^{\mathrm{T}}+\cdots$。并且若 $\lambda_1\geqslant\lambda_2\geqslant\cdots$，则 $\lambda_1\boldsymbol{q}_1\boldsymbol{q}_1^{\mathrm{T}}$ 是 $\boldsymbol{S}$ 中信息量最大的部分。对于样本协方差矩阵，这部分的方差最大。

第 1 章最重要的一步是将这些想法从对称矩阵推广到所有的矩阵。现在需要 $\boldsymbol{u}$ 与 $\boldsymbol{v}$ **两组奇异向量**。奇异值 σ 替换特征值 λ。分解 $\boldsymbol{A}=\sigma_1\boldsymbol{u}_1\boldsymbol{v}_1^{\mathrm{T}}+\sigma_2\boldsymbol{u}_2\boldsymbol{v}_2^{\mathrm{T}}+\cdots$ 依然是正确的（这就是 SVD）。随着 σ 的减小，$\boldsymbol{A}$ 的秩为 1 的部分仍然按重要性顺序排列。关于 $\boldsymbol{A}$ 的"Eckart-Young 定理"补充了我们长期以来对对称矩阵 $\boldsymbol{A}^{\mathrm{T}}\boldsymbol{A}$ 的了解：对于秩为 k 的矩阵，分解止于 $\sigma_k\boldsymbol{u}_k\boldsymbol{v}_k^{\mathrm{T}}$。

第 1 章中的想法在第 2 章中变成了算法。对于相当大的矩阵，σ、$\boldsymbol{u}$ 和 $\boldsymbol{v}$ 是可计算的。对于非常大的矩阵，我们需要求助于随机化，对列和行进行采样。对各种各样的大型矩阵，这种方法很有效。

第 3 章重点介绍低秩矩阵，第 4 章讨论许多重要的例子。我们正在寻找使计算特别快（在第 3 章中）或特别有用（在第 4 章中）的属性。傅里叶矩阵是每个常系数（不随位置变化）问题的基础。由于快速傅里叶变换（**FFT**），这种离散变换是超快的。

第 5 章以尽可能简单的方式解释了我们需要的统计学知识。中心思想始终是**均值和方差**：平均值与围绕平均值的分布。通常可以通过简单的平移将均值降为零。减少方差（不确定性）是真正要解决的问题。对于随机向量、矩阵和张量，该问题变为更深层次。可以理解为，统计的线性代数对于机器学习是至关重要的。

第 6 章介绍了两类最优化问题。首先是线性和二次规划以及博弈论的好问题。对偶性和鞍点是关键概念。深度学习和本书的目标却在其他地方，即规模非常大但其结构尽可能简单的问题。"导数等于零"仍然是最基本的方程。牛顿法用到的二阶导数数量太多，计算也太复杂。（当我们采用一步下降法来减小损失函数时）即使用到了所有的数据通常也是不可能的。这就是我们在随机梯度下降的每个步骤中只选择一小批输入数据的原因。

大规模学习的成功来自以下这个神奇的结论：当有数千或数百万个变量时，随机化往往会导致可靠性。

第 7 章从神经网络的架构开始。输入层连接到隐藏层，最后连接到输出层。对于训练数据，输入向量 $\boldsymbol{v}$ 是已知的。正确的输出也是已知的（通常 $\boldsymbol{w}$ 是 $\boldsymbol{v}$ 的正确分类）。**我们优化学习函数 $\boldsymbol{F}$ 中的权重 $\boldsymbol{x}$，使得对于几乎每个训练输入 $\boldsymbol{v}$，$\boldsymbol{F}(\boldsymbol{x},\boldsymbol{v})$ 都接近 $\boldsymbol{w}$。**

然后将 F 应用于测试数据，这些数据来自与训练数据相同的总体。如果 F 学到了所需要的东西（没有过拟合：我们不想用 99 次多项式来拟合 100 个数据点），测试误差也会很低。该系统识别图像与语音。它可在不同的语言之间进行翻译。它可能会遵循大型比赛的获胜者 ImageNet 或 AlexNet 等的设计。一个神经网络击败了围棋世界冠军。

函数 F 经常是分段线性的——权重进入矩阵乘法。每个隐藏层上的每个神经元都有一个非线性的“激活函数”。斜坡函数 **ReLU**$(\boldsymbol{x})$ = (**0 与 $\boldsymbol{x}$ 的最大值**) 现在是压倒性的选择。

在设计构成 $F(\boldsymbol{x},\boldsymbol{v})$ 的网络层方面，存在着一个专业知识不断积累的增长领域。我们从完全连接的层开始，第 n 层上的所有神经元都连接到第 $n+1$ 层上的所有神经元。通常，CNN（卷积神经网络）更好——在图像中的所有像素周围重复相同的权重，这是一个非常重要的构造。其他层是不同的。池化层减小了维数。随机丢弃（Dropout）随机地跳过神经元。批归一化重置均值和方差。所有这些步骤创建了一个与训练数据紧密匹配的函数。然后就可以随时使用 $F(\boldsymbol{x},\boldsymbol{v})$。

致谢

最重要的是，我很高兴有机会感谢这些慷慨和鼓舞人心的朋友：
剑桥大学的 Pawan Kumar、Leonard Berrada、Mike Giles 和 Nick Trefethen
香港的 Ding-Xuan Zhou 和 Yunwen Lei
康奈尔大学的 Alex Townsend 和 Heather Wilber
芝加哥大学的 Nati Srebro 和 Srinadh Bhojanapalli
加州的 Tammy Kolda、Thomas Strohmer、Trevor Hastie 和 Jay Kuo
Bill Hager、Mark Embree 和 Wotao Yin（在第 3 章给予的帮助）
Stephen Boyd 和 Lieven Vandenberghe（提供了出色的参考书）
Alex Strang（绘制了众多漂亮的图及其他）
特别是伯克利的 Ben Recht。
他们的文章、电子邮件、讲座和建议都很棒。

视频讲座: OpenCourseWareocw.mit.edu 和 YouTube (**Math 18.06、18.065**)
Introduction to Linear Algebra (5th ed) by Gilbert Strang, Wellesley-Cambridge Press
图书网址: **math.mit.edu/linearalgebra** 和 **math.mit.edu/learningfromdata**

目录

第 1 章 线性代数的重点

本书第 1 章是对应用线性代数的严肃介绍。如果读者的知识背景或线性代数基础不是很强，请不要匆忙地读完本章。本章首先用矩阵 $\boldsymbol{A}$ 的列说明乘法 $\boldsymbol{Ax}$ 和 $\boldsymbol{AB}$ 。这可能看起来只是形式上的，但实际上是十分基本的。

本章研究五个基本问题：

$$\boxed{\boldsymbol{Ax}=\boldsymbol{b}，\quad \boldsymbol{Ax}=\lambda\boldsymbol{x}，\quad \boldsymbol{Av}=\sigma\boldsymbol{u}，\quad \text{Minimize } \|\boldsymbol{Ax}\|^2/\|\boldsymbol{x}\|^2，\quad \text{分解矩阵}\boldsymbol{A}}$$

每个问题看起来都像一个普通的计算问题：

$$\text{寻找 } \boldsymbol{x}，\quad \text{寻找 } \boldsymbol{x} \text{ 与 } \lambda，\quad \text{寻找 } \boldsymbol{v}、\boldsymbol{u} \text{ 和 } \sigma，\quad \text{分解 } \boldsymbol{A}=\text{列}\times\text{行}$$

你将看到我们的目标是理解这些问题，这甚至比求解更为重要。首先想知道 $\boldsymbol{Ax}=\boldsymbol{b}$ 是否有解 $\boldsymbol{x}$。“向量 $\boldsymbol{b}$ 是否在 $\boldsymbol{A}$ 的列空间中?”“空间” 这个看上去平淡的词其实具有丰富的内涵，采用 “空间” 这个词是十分有效的。

特征值方程 $\boldsymbol{Ax}=\lambda\boldsymbol{x}$ 则大为不同。这个方程中没有向量 $\boldsymbol{b}$，只有矩阵 $\boldsymbol{A}$ 的信息。想要得到特征向量的方向，以便 $\boldsymbol{Ax}$ 与 $\boldsymbol{x}$ 保持相同的方向。于是沿着这条线，与 $\boldsymbol{A}$ 相关的所有复杂性都消失了。向量 $\boldsymbol{A}^2\boldsymbol{x}$ 只是简单的 $\lambda^2\boldsymbol{x}$。矩阵 $\mathrm{e}^{\boldsymbol{A}t}$（这来自微分方程）只是将 $\boldsymbol{x}$ 乘以 $\mathrm{e}^{\lambda t}$。当知道每个 $\boldsymbol{x}$ 和 λ 时，就可以求解线性问题。

方程 $\boldsymbol{Av}=\sigma\boldsymbol{u}$ 类似，但也有所不同。有两个向量 $\boldsymbol{v}$ 和 $\boldsymbol{u}$。矩阵 $\boldsymbol{A}$ 可能是矩形的（非方形），并且填满了数据（非稀疏矩阵）。那么这个数据矩阵的哪一部分是重要的？运用奇异值分解（Singular Value Decomposition，SVD）可以找到它最简单的成分 $\sigma\boldsymbol{u}\boldsymbol{v}^{\mathrm{T}}$。这些是矩阵（列 $\boldsymbol{u}$ 乘以行 $\boldsymbol{v}^{\mathrm{T}}$）。每个矩阵都是由这些正交的成分矩阵组成的。这样，**数据科学在 SVD 中遇到了线性代数**。

找到这些 $\sigma\boldsymbol{u}\boldsymbol{v}^{\mathrm{T}}$ 成分矩阵就是主成分分析（Principal Component Analysis，PCA）的目标。

最小化和分解表达了基本的应用问题，它们导致了奇异向量 $\boldsymbol{v}$ 和 $\boldsymbol{u}$。计算最小二乘中的最佳向量 $\widehat{\boldsymbol{x}}$ 与 PCA 中的主成分 $\boldsymbol{v}_1$ 是拟合数据的代数问题。我们不会提供代码（那属于线上的工作），而是解释思路及想法。

当你理解清楚了列空间、零空间以及特征向量和奇异向量后，就可以应对各类应用，如最小二乘、傅里叶变换、统计中的 LASSO 以及使用神经网络进行深度学习中的随机梯度下降。

1.1 使用 $\boldsymbol{A}$ 的列向量实现 $\boldsymbol{Ax}$ 的相乘

我们希望读者已经有了一些有关线性代数的知识。这是一个十分迷人的学科——对更多的人而言线性代数可能比微积分还要有用（这是我们不会大声声张的观点）。但是，即使是传统的线性代数课程，也错过了一些基本和重要的结论。第 1 章介绍矩阵向量的乘积 $\boldsymbol{Ax}$，以及矩阵的列空间和秩。

我们经常用例子来清楚地阐明观点。

例 1 用 $\boldsymbol{A}$ 的三行将 $\boldsymbol{A}$ 乘以 $\boldsymbol{x}$，然后用两列乘以 $\boldsymbol{x}$。

通过行：

$$\begin{bmatrix} 2 & 3 \\ 2 & 4 \\ 3 & 7 \end{bmatrix} \begin{bmatrix} x_1 \\ x_2 \end{bmatrix} = \begin{bmatrix} 2x_1 + 3x_2 \\ 2x_1 + 4x_2 \\ 3x_1 + 7x_2 \end{bmatrix} \quad (\text{行与}\boldsymbol{x} = (x_1, x_2)\text{的内积})$$

通过列：

$$\begin{bmatrix} 2 & 3 \\ 2 & 4 \\ 3 & 7 \end{bmatrix} \begin{bmatrix} x_1 \\ x_2 \end{bmatrix} = x_1 \begin{bmatrix} 2 \\ 2 \\ 3 \end{bmatrix} + x_2 \begin{bmatrix} 3 \\ 4 \\ 7 \end{bmatrix} \quad (\text{列}\boldsymbol{a}_1\text{与}\boldsymbol{a}_2\text{的组合})$$

由上看到两种方法可以得到相同的结果。第一种方法（一次一行）产生三个内积。由于用了点符号，这些运算也称为“点乘”：

$$\text{行} \cdot \text{列} = (2, 3) \cdot (x_1, x_2) = 2x_1 + 3x_2 \tag{1}$$

这是得到 $\boldsymbol{Ax}$ 三个独立分量的方法。这种做法是一个计算过程，而不是为了理解。因为这是一个低级运算过程。从理解这个更高的层次来看，可以使用向量法。

向量法将 $\boldsymbol{Ax}$ 视为 $\boldsymbol{a}_1$ 和 $\boldsymbol{a}_2$ 的“线性组合”，这是线性代数的基本运算。$\boldsymbol{a}_1$ 和 $\boldsymbol{a}_2$ 的线性组合包括两个步骤：

(1) 将两列 $\boldsymbol{a}_1$、$\boldsymbol{a}_2$ 分别和“数”x_1、x_2 相乘。

(2) 将这两个向量相加得到 $x_1\boldsymbol{a}_1 + x_2\boldsymbol{a}_2 = \boldsymbol{Ax}$。

因此 $\boldsymbol{Ax}$ 是 $\boldsymbol{A}$ 的各个列的线性组合，这是根本性的。

这种想法将人们引向 $\boldsymbol{A}$ 的列空间的概念。关键想法是取 $\boldsymbol{A}$ 中各列的**所有组合**。所有实数 x_1、x_2 都是允许的——这个空间包含形如 $\boldsymbol{Ax}$ 的向量，其中 $\boldsymbol{x}$ 取所有向量。这样，得到了无限多的输出向量 $\boldsymbol{Ax}$，可以从几何上看到这些输出。

在这个例子中，每个 $\boldsymbol{Ax}$ 都是三维空间中的向量。该三维空间称为 $\mathbf{R}^3$（此处 $\mathbf{R}$ 表示实数，有三个复数分量的向量则位于 $\mathbf{C}^3$ 空间中）。只考虑实向量，有下面这个关键问题：

$$\textbf{所有组合}\boldsymbol{Ax} = x_1\boldsymbol{a}_1 + x_2\boldsymbol{a}_2\textbf{产生整个三维空间中的哪些部分}$$

答案是这些向量组成一个平面。这个平面包含沿 $\boldsymbol{a}_1 = (2, 2, 3)$ 方向的整条直线，因为每个 $x_1\boldsymbol{a}_1$ 向量都包括在内。这个平面还包含了沿 $\boldsymbol{a}_2$ 方向上的所有 $x_2\boldsymbol{a}_2$ 向量所在的那条直线。进一步而言，这个平面包括了在一条直线上的任何向量与在另一条直线上的任何向量之和。**这两个向量的求和填充了包含这两条直线的无限大平面**。但它并未填充满整个三维空间 $\mathbf{R}^3$。

定义 列向量的组合构成了 $\boldsymbol{A}$ 的列空间。

这里的列空间是一个平面，该平面包括零点 $(0, 0, 0)$，这是当 $x_1 = x_2 = 0$ 时产生的。平面包括 $(5, 6, 10) = \boldsymbol{a}_1 + \boldsymbol{a}_2$ 和 $(-1, -2, -4) = \boldsymbol{a}_1 - \boldsymbol{a}_2$。每个组合 $x_1\boldsymbol{a}_1 + x_2\boldsymbol{a}_2$ 在列空间中。但这

个列空间一定（概率是 1）不包括由 MATLAB 函数 rand(3, 1) 产生的随机数。那么哪些点在这个平面上呢？

$$\boxed{\boldsymbol{b}=(b_1,b_2,b_3)\text{属于}\boldsymbol{A}\text{的列空间}\textbf{当且仅当}\boldsymbol{Ax}=\boldsymbol{b}\text{有解}\ \boldsymbol{x}=(x_1,x_2)}$$

只有看清这个事实，才能理解列空间 $\mathbf{C}(\boldsymbol{A})$：解 $\boldsymbol{x}$ 体现了如何将等式右侧的 $\boldsymbol{b}$ 表示为列向量的线性组合 $x_1\boldsymbol{a}_1+x_2\boldsymbol{a}_2$。对某些 $\boldsymbol{b}$，这是不可能的，因为它们不在列空间中。

例 2 $\boldsymbol{b}=\begin{bmatrix}1\\1\\1\end{bmatrix}$ 不属于 $\mathbf{C}(\boldsymbol{A})$。相应地，有 $\boldsymbol{Ax}=\begin{bmatrix}2x_1+3x_2\\2x_1+4x_2\\3x_1+7x_2\end{bmatrix}=\begin{bmatrix}1\\1\\1\end{bmatrix}$ 无解。第一个方程和第二个方程导致 $x_1=\dfrac{1}{2}$，$x_2=0$。但这时

$$3\left(\frac{1}{2}\right)+7(0)=1.5\neq 1$$

第三个方程就不满足。这意味着，$\boldsymbol{b}=(1,1,1)$ 不属于这个列空间——即由 $\boldsymbol{a}_1$ 和 $\boldsymbol{a}_2$ 组成的平面。

例 3 求矩阵 $\boldsymbol{A}_2=\begin{bmatrix}2&3&5\\2&4&6\\3&7&10\end{bmatrix}$ 与 $\boldsymbol{A}_3=\begin{bmatrix}2&3&1\\2&4&1\\3&7&1\end{bmatrix}$ 的列空间。

解：$\boldsymbol{A}_2$ 的列空间与之前一样是同一个平面。新的列 $(5,6,10)$ 是第 1 列与第 2 列的和。因此第 3 列 $\boldsymbol{a}_3$ 已经在这个平面中，并没有添加任何新的信息。添加这个“相关”的列，得到的列空间还是原来的平面。

$\boldsymbol{A}_3$ 的列空间是整个三维空间 $\mathbf{R}^3$。例 2 展示了新的第 3 列 $(1,1,1)$ 不在平面 $\mathbf{C}(\boldsymbol{A})$ 中。列空间 $\mathbf{C}(\boldsymbol{A}_3)$ 变大。但是，在一个平面与整个三维空间之间并没有空当。xy 平面与第三个不在这个平面上的向量 (x_3,y_3,z_3)（这意味着 $z_3\neq 0$）的组合得到在 $\mathbf{R}^3$ 中的每个向量。

下面是 $\mathbf{R}^3$ 中所有可能的列空间的总列表，维数分别为零维、一维、二维和三维：

$\mathbf{R}^3$的子空间	**零向量**$(0,0,0)$ 本身
	所有向量 $x_1\boldsymbol{a}_1$ 的集合是一条**直线**
	所有向量 $x_1\boldsymbol{a}_1+x_2\boldsymbol{a}_2$ 的集合是一个**平面**
	所有向量 $x_1\boldsymbol{a}_1+x_2\boldsymbol{a}_2+x_3\boldsymbol{a}_3$ 的集合是**整个$\mathbf{R}^3$** 空间

在上面总列表中，要求向量 $\boldsymbol{a}_1$、$\boldsymbol{a}_2$、$\boldsymbol{a}_3$ 是“**独立**”的。零向量的唯一组合是 $0\boldsymbol{a}_1+0\boldsymbol{a}_2+0\boldsymbol{a}_3$。因此，$\boldsymbol{a}_1$ 给出一条直线，$\boldsymbol{a}_1$ 和 $\boldsymbol{a}_2$ 给出一个平面，$\boldsymbol{a}_1$、$\boldsymbol{a}_2$ 和 $\boldsymbol{a}_3$ 给出 $\mathbf{R}^3$ 中的每个 $\boldsymbol{b}$。零向量在每个子空间中都存在。在线性代数的语言中：

(1) $\mathbf{R}^3$ 中的三个独立的列构成一个**可逆矩阵**：$\boldsymbol{AA}^{-1}=\boldsymbol{A}^{-1}\boldsymbol{A}=\boldsymbol{I}$。

(2) $\boldsymbol{Ax}=\mathbf{0}$ 要求 $\boldsymbol{x}=(0,0,0)$；然后 $\boldsymbol{Ax}=\boldsymbol{b}$，只有 $\boldsymbol{x}=\boldsymbol{A}^{-1}\boldsymbol{b}$ 这个唯一的解。

由此给定一个 $n\times n$ 可逆矩阵的列的图，这些列的组合填充了此矩阵的列空间：整个 $\mathbf{R}^n$。我们需要将这样的想法和语言进一步拓展。

A 的独立列与秩

在介绍了以上内容后，本节并未结束，将找到 $\boldsymbol{A}$ 的列空间的一组**基**，并将 $\boldsymbol{A}$ **分解**成 $\boldsymbol{C}$ 乘以 $\boldsymbol{R}$，而且可以证明线性代数中的**第一个大定理**，还可以看到矩阵的秩和子空间的维数。

所有这一切来自对**独立**性的理解。我们的目标是构建一个矩阵 $\boldsymbol{C}$，其所有的列直接来自 $\boldsymbol{A}$，但不包括前几列任意组合而得的列。矩阵 $\boldsymbol{C}$ 的列（希望尽可能多）将是"独立的"。下面从 $\boldsymbol{A}$ 的 n 列中得到矩阵 $\boldsymbol{C}$ 的自然构造：

若 $\boldsymbol{A}$ 的第 1 列不全为零，则将其放入矩阵 $\boldsymbol{C}$ 中。

若 $\boldsymbol{A}$ 的第 2 列不是第 1 列的倍数，则将其放入 $\boldsymbol{C}$ 中。

若 $\boldsymbol{A}$ 的第 3 列不是第 1 列和第 2 列的组合，则将其放入 $\boldsymbol{C}$ 中。

……

最终 $\boldsymbol{C}$ 会有 r 列 $(r \leqslant n)$。

它们将成为 $\boldsymbol{A}$ 的列空间的"基"。

$\boldsymbol{A}$ 中剩余的列是 $\boldsymbol{C}$ 中这些基列的组合。

子空间的**基**是一整套独立的向量：**空间中的所有向量都是基向量的组合**。下面的例子将说明其要点。

例 4 若 $\boldsymbol{A}=\begin{bmatrix}1&3&8\\1&2&6\\0&1&2\end{bmatrix}$，则 $\boldsymbol{C}=\begin{bmatrix}1&3\\1&2\\0&1\end{bmatrix}$ $\left(\begin{array}{l}n=\boldsymbol{A}\text{的列数}=3\\ r=\boldsymbol{C}\text{的列数}=2\end{array}\right)$

$\boldsymbol{A}$ 的第 3 列等于 $2(\boldsymbol{A}\text{的第1列})+2(\boldsymbol{A}\text{的第2列})$，因此不将其留在 $\boldsymbol{C}$ 中作为基向量。

例 5 若 $\boldsymbol{A}=\begin{bmatrix}1&2&3\\0&4&5\\0&0&6\end{bmatrix}$，则 $\boldsymbol{C}=\boldsymbol{A}$ $\left(\begin{array}{l}n=\boldsymbol{A}\text{的列数}=3\\ r=\boldsymbol{C}\text{的列数}=3\end{array}\right)$

矩阵 $\boldsymbol{A}$ 是可逆的。它的列空间就是整个 $\mathbf{R}^3$。保留所有 3 列。

例 6 若 $\boldsymbol{A}=\begin{bmatrix}1&2&5\\1&2&5\\1&2&5\end{bmatrix}$，则 $\boldsymbol{C}=\begin{bmatrix}1\\1\\1\end{bmatrix}$ $\left(\begin{array}{l}n=\boldsymbol{A}\text{的列数}=3\\ r=\boldsymbol{C}\text{的列数}=1\end{array}\right)$

数 r 是 $\boldsymbol{A}$ 的"**秩**"，同时也是 $\boldsymbol{C}$ 的秩。矩阵的秩是独立的列的数目。也可以从 $\boldsymbol{A}$ 的最后一列开始，从右数到左，这不会改变最终计数 r。这样会有不同的基，但是基向量的数目总是相同的。这个数 r 是 $\boldsymbol{A}$ 和 $\boldsymbol{C}$ 的列空间（它们是相同的空间）的"维数"。

矩阵的秩是其列空间的维数

矩阵 $\boldsymbol{C}$ 通过第三个矩阵 $\boldsymbol{R}$ 与 $\boldsymbol{A}$ 关联：$\boldsymbol{A}=\boldsymbol{CR}$。它们的形状是 $(m\times n)=(m\times r)\,(r\times n)$。能够由例 4 展示这个"$\boldsymbol{A}$ 的分解"：

$$\boxed{\boldsymbol{A}=\begin{bmatrix}1&3&8\\1&2&6\\0&1&2\end{bmatrix}=\begin{bmatrix}1&3\\1&2\\0&1\end{bmatrix}\begin{bmatrix}1&0&2\\0&1&2\end{bmatrix}=\boldsymbol{CR}} \tag{2}$$

当 $\boldsymbol{C}$ 乘以 $\boldsymbol{R}$ 的第 1 列 $\begin{bmatrix}1\\0\end{bmatrix}$ 时，就产生了 $\boldsymbol{C}$ 和 $\boldsymbol{A}$ 的第 1 列。

当 $\boldsymbol{C}$ 乘以 $\boldsymbol{R}$ 的第 2 列 $\begin{bmatrix}0\\1\end{bmatrix}$ 时，就得到 $\boldsymbol{C}$ 和 $\boldsymbol{A}$ 的第 2 列。

当 $\boldsymbol{C}$ 乘以 $\boldsymbol{R}$ 的第 3 列 $\begin{bmatrix}2\\2\end{bmatrix}$ 时，就得到 $2\,(\boldsymbol{C}\text{的第1列}) + 2\,(\boldsymbol{C}\text{的第2列})$。

这个结果与 $\boldsymbol{A}$ 的 3 列结果一致。将正确的数放入 $\boldsymbol{R}$ 中，$\boldsymbol{C}$ 中的列组合就产生了 $\boldsymbol{A}$ 中的各列，然后 $\boldsymbol{A} = \boldsymbol{CR}$ 将这些信息存储为矩阵的乘积。实际上，$\boldsymbol{R}$ 是线性代数中的一个著名的矩阵：

$$\boldsymbol{R} = \text{rref}(\boldsymbol{A}) = \boldsymbol{A}\textbf{的行约化阶梯型}\ (\text{没有全为零的行})$$

例 5 中 $\boldsymbol{C} = \boldsymbol{A}$，$\boldsymbol{R} = \boldsymbol{I}$（单位矩阵）。例 6 中，$\boldsymbol{C}$ 只有 1 列，因此在 $\boldsymbol{R}$ 中只有 1 行：

$$\boldsymbol{A} = \begin{bmatrix}1 & 2 & 5\\1 & 2 & 5\\1 & 2 & 5\end{bmatrix} = \begin{bmatrix}1\\1\\1\end{bmatrix}\begin{bmatrix}1 & 2 & 5\end{bmatrix} = \boldsymbol{CR} \quad \left(\begin{matrix}\text{所有这些矩阵的秩 } r = 1\\ \textbf{列秩} = \textbf{行秩}\end{matrix}\right)$$

独立列的列数等于独立行的行数

这个秩定理适用于每个矩阵。在线性代数中，总是处理列和行。m 行与 n 列包含同样的数 a_{ij}，但是代表不同的向量。

这个定理由 $\boldsymbol{A} = \boldsymbol{CR}$ 所证明。从另一个角度来看：通过行而不是列。矩阵 $\boldsymbol{R}$ 有 r 行。**用$\boldsymbol{C}$来乘，并取这些行的组合**。因为 $\boldsymbol{A} = \boldsymbol{CR}$，从 $\boldsymbol{R}$ 的 r 行得到 $\boldsymbol{A}$ 的每一行，这些 r 行是互相独立的，这样它们是 $\boldsymbol{A}$ 的**行空间的基**。$\boldsymbol{A}$ 的列空间与行空间的维数都为 r，其 r 个基向量是 $\boldsymbol{C}$ 的列与 $\boldsymbol{R}$ 的行。

为什么 $\boldsymbol{R}$ 有独立的行？再看一下例 4。

$$\boldsymbol{A} = \begin{bmatrix}1 & 3 & 8\\1 & 2 & 6\\0 & 1 & 2\end{bmatrix} = \begin{bmatrix}1 & 3\\1 & 2\\0 & 1\end{bmatrix}\begin{bmatrix}1 & 0 & 2\\0 & 1 & 2\end{bmatrix}\begin{matrix}\leftarrow\\ \leftarrow\end{matrix}\ \boldsymbol{R}\text{的独立行}$$

$$\begin{matrix}\uparrow \quad \uparrow\\ 1 \text{ 与 } 0\end{matrix}$$

正是在 $\boldsymbol{R}$ 中的 1 与 0，可以看出：没有一行是其他行的线性组合。

数据科学中的一个重要分解是 $\boldsymbol{A}$ 的 “SVD”（奇异值分解）——第一个因子 $\boldsymbol{C}$ 有 r 个正交的列，而第二个因子 $\boldsymbol{R}$ 有 r 个正交的行。

习题 1.1

1. $\mathbf{R}^4$ 中三个非零向量的组合为零向量，并以 $\boldsymbol{Ax} = \mathbf{0}$ 形式表示。$\boldsymbol{A}$、$\boldsymbol{x}$ 和 $\mathbf{0}$ 的形状是怎样的？举例给出。

2. 假设 $\boldsymbol{A}$ 的一个列组合等于这些列的另一个不同的组合，记为 $\boldsymbol{Ax}=\boldsymbol{Ay}$。再找出 $\boldsymbol{A}$ 的两个列组合，使得它们等于零向量（在矩阵语言中，即找到 $\boldsymbol{Az}=\boldsymbol{0}$ 的两个解）。
3. (练习下标的用法) 向量 $\boldsymbol{a}_1,\boldsymbol{a}_2,\cdots,\boldsymbol{a}_n$ 在 m 维空间 $\mathbf{R}^m$ 中，且组合 $c_1\boldsymbol{a}_1+c_2\boldsymbol{a}_2+\cdots+c_n\boldsymbol{a}_n$ 是零向量，这是向量层面的表述。
   (1) 试用矩阵语言写出上面的表述。用这些 $\boldsymbol{a}$ 向量作为矩阵 $\boldsymbol{A}$ 的列，并采用列向量 $\boldsymbol{c}=(c_1,c_2,\cdots,c_n)$。
   (2) 将上面的表述在标量层面写出。采用下标与 Σ 求和形式将数加起来。列向量 $\boldsymbol{a}_j$ 的分量是 $a_{1j},a_{2j},\cdots,a_{mj}$。
4. 假设 $\boldsymbol{A}$ 是 3×3 矩阵 **ones**$(3,3)$，它的每个矩阵元素都是 1。求两个独立向量 $\boldsymbol{x}$ 和 $\boldsymbol{y}$，使其满足 $\boldsymbol{Ax}=\boldsymbol{0}$，$\boldsymbol{Ay}=\boldsymbol{0}$。将第一个方程 $\boldsymbol{Ax}=\boldsymbol{0}$ 写为 $\boldsymbol{A}$ 的列向量的组合。能求出第 3 个满足 $\boldsymbol{Az}=\boldsymbol{0}$ 的独立向量吗？
5. $\boldsymbol{v}=(1,1,0)$ 和 $\boldsymbol{w}=(0,1,1)$ 的线性组合填充了 $\mathbf{R}^3$ 中的一个平面。
   (1) 求一个垂直于 $\boldsymbol{v}$ 和 $\boldsymbol{w}$ 的向量 $\boldsymbol{z}$，则 $\boldsymbol{z}$ 垂直于平面中的任意向量 $c\boldsymbol{v}+d\boldsymbol{w}$：$(c\boldsymbol{v}+d\boldsymbol{w})^{\mathrm{T}}\boldsymbol{z}=c\boldsymbol{v}^{\mathrm{T}}\boldsymbol{z}+d\boldsymbol{w}^{\mathrm{T}}\boldsymbol{z}=0+0$。
   (2) 对一个不在这个平面上的向量 $\boldsymbol{u}$，验证 $\boldsymbol{u}^{\mathrm{T}}\boldsymbol{z}\neq 0$。
6. 若一个平行四边形的三个顶点的坐标是 $(1,1)$, $(4,2)$ 和 $(1,3)$，则第四个顶点的所有三种可能是什么？画出其中两个。
7. 描述 $\boldsymbol{A}=[\boldsymbol{v}\quad \boldsymbol{w}\quad \boldsymbol{v}+2\boldsymbol{w}]$ 的列空间。描述 $\boldsymbol{A}$ 的零空间，即所有满足 $\boldsymbol{Ax}=\boldsymbol{0}$ 的向量 $\boldsymbol{x}=(x_1,x_2,x_3)$ 的集合。将此平面（$\boldsymbol{A}$ 的列空间）与直线（$\boldsymbol{A}$ 的零空间）的“维数”加在一起：

   列空间的维数 + 零空间的维数 = 列数

8. $\boldsymbol{A}=\boldsymbol{CR}$ 表示将 $\boldsymbol{A}$ 的列向量写为列空间的基的线性组合，其中基向量作为列向量构成矩阵 $\boldsymbol{C}$，系数构成矩阵 $\boldsymbol{R}$。若 3×3 矩阵 $\boldsymbol{A}_{ij}=j^2$，写出 $\boldsymbol{A}$、$\boldsymbol{C}$ 与 $\boldsymbol{R}$。
9. 假设一个 $m\times n$ 矩阵的列空间是 $\mathbf{R}^3$。m 代表什么？n 代表什么？秩 r 代表什么？
10. 求包含有 $\boldsymbol{A}_1$ 与 $\boldsymbol{A}_2$ 独立列的矩阵 $\boldsymbol{C}_1$ 和 $\boldsymbol{C}_2$：

$$\boldsymbol{A}_1=\begin{bmatrix}1&3&-2\\3&9&-6\\2&6&-4\end{bmatrix}\qquad \boldsymbol{A}_2=\begin{bmatrix}1&2&3\\4&5&6\\7&8&9\end{bmatrix}$$

11. 将习题 10 的矩阵分解为 $\boldsymbol{A}=\boldsymbol{CR}$ 的形式。矩阵 $\boldsymbol{R}$ 包含的数与 $\boldsymbol{C}$ 的列相乘就可以恢复 $\boldsymbol{A}$ 的列。这是看待矩阵乘法的一种方式，即**$\boldsymbol{C}$ 乘以$\boldsymbol{R}$ 的每一列**。
12. 给出 $\boldsymbol{A}_1$ 和 $\boldsymbol{A}_2$ 的列空间的基。求：这些列空间的维数（独立向量的数目），$\boldsymbol{A}_1$、$\boldsymbol{A}_2$ 的秩，$\boldsymbol{A}_1$、$\boldsymbol{A}_2$ 独立的行。
13. 构造一个秩为 2 的 4×4 矩阵。$\boldsymbol{C}$ 和 $\boldsymbol{R}$ 的形状是怎样的？
14. 假设两矩阵 $\boldsymbol{A}$、$\boldsymbol{B}$ 有相同的列空间。
   (1) 说明它们的行空间可以是不同的。
   (2) 说明矩阵 $\boldsymbol{C}$（即基列矩阵）可以是不同的。
   (3) 哪个数对矩阵 $\boldsymbol{A}$ 和 $\boldsymbol{B}$ 是一样的？

15. 设 $\boldsymbol{A}=\boldsymbol{CR}$，那么 $\boldsymbol{A}$ 的第一行是 $\boldsymbol{R}$ 各行的组合。哪个矩阵的哪部分存有这个组合的系数（用来乘 $\boldsymbol{R}$ 的行产生 $\boldsymbol{A}$ 的第一行的数）？
16. $\boldsymbol{R}$ 的行是 $\boldsymbol{A}$ 的行空间的一组基。这句话含义是什么？
17. 对下列分块矩阵，求 $\boldsymbol{A}=\boldsymbol{CR}$。求它们的秩。

$$\boldsymbol{A}_1=\begin{bmatrix}\text{zeros} & \text{ones}\\ \text{ones} & \text{ones}\end{bmatrix}_{4\times4},\quad \boldsymbol{A}_2=\begin{bmatrix}\boldsymbol{A}_1\\ \boldsymbol{A}_1\end{bmatrix}_{8\times4},\quad \boldsymbol{A}_3=\begin{bmatrix}\boldsymbol{A}_1 & \boldsymbol{A}_1\\ \boldsymbol{A}_1 & \boldsymbol{A}_1\end{bmatrix}_{8\times8}$$

18. 若 $\boldsymbol{A}=\boldsymbol{CR}$，求矩阵 $\begin{bmatrix}\mathbf{0} & \boldsymbol{A}\\ \mathbf{0} & \boldsymbol{A}\end{bmatrix}$ 的 $\boldsymbol{CR}$ 分解。
19. “消元法”从第 i 行中减去第 j 行的 ℓ_{ij} 倍：这是“行运算”。给出步骤将例 4 中矩阵 $\boldsymbol{A}$ 化简为 $\boldsymbol{R}$（此处这个行阶梯形 $\boldsymbol{R}$ 有一行全为零）。其秩不会发生变化。

$$\boldsymbol{A}=\begin{bmatrix}1&3&8\\1&2&6\\0&1&2\end{bmatrix}\longrightarrow\boldsymbol{R}=\begin{bmatrix}1&0&2\\0&1&2\\0&0&0\end{bmatrix}=\mathbf{rref}(\boldsymbol{A})$$

新的开始与一本新的书

1.1 节启发我开始用一种全新的方式讲授线性代数，我意识到借助分量是小整数的矩阵，关键的概念能够在课程开始阶段给出。

下面解释这些概念，因为它们引导读者直接进入线性代数。这也促使我编写了另一本新的教科书，名为《适合每个人的线性代数》(*Linear Algebra for Everyone*)，读者可以访问 **math.mit.edu/everyone** 了解更多的信息。这些关键概念是：

独立的列　　列空间　　矩阵的秩　　矩阵乘积 $\boldsymbol{A}=\boldsymbol{CR}$

$\boldsymbol{A}=\boldsymbol{CR}$ 的例：

$$\begin{bmatrix}1&4&7\\2&5&8\\3&6&9\end{bmatrix}=\begin{bmatrix}1&4\\2&5\\3&6\end{bmatrix}\begin{bmatrix}1&0&-1\\0&1&2\end{bmatrix}\quad\left(\begin{array}{l}\boldsymbol{C}\text{有 }\boldsymbol{A}\text{ 中的 2 个独立的列}\\ \boldsymbol{R}\text{有 2 个包含 }\boldsymbol{I}\text{ 的独立的行}\\ \boldsymbol{A}\text{的第 3 列}=-1\times(\text{第 1 列})+2\times(\text{第 2 列})\end{array}\right)$$

所有这三个矩阵的秩 $r=2$。$\boldsymbol{C}$ 表示 $\boldsymbol{A}$ 的列空间的一组基。$\boldsymbol{R}$ 表示 $\boldsymbol{A}$ 的行空间的一组基。这两个空间都是三维空间中的平面。$\boldsymbol{A}=\boldsymbol{CR}$ 引出一个有三个因子紧密相连的形式，其中列与行对称地出现：

$$\boldsymbol{A}=\begin{bmatrix}1&4&7\\2&5&8\\3&6&9\end{bmatrix}=\begin{bmatrix}1&4\\2&5\\3&6\end{bmatrix}\begin{bmatrix}1&4\\2&5\end{bmatrix}^{-1}\begin{bmatrix}1&4&7\\2&5&8\end{bmatrix}\quad\left(\begin{array}{l}\text{来自 }\boldsymbol{A}\text{ 的 2 列在 }\boldsymbol{C}\text{ 中}\\ \boldsymbol{R}\text{来自 }\boldsymbol{A}\text{ 的 2 行形成了新的 }\boldsymbol{R}\\ 2\times2\text{ 的（行与列）重叠部分求逆}\end{array}\right)$$

这是第一次遇到逆矩阵，因此在这里加以解释：$\boldsymbol{A}\times\boldsymbol{A}^{-1}=$ 单位矩阵$\boldsymbol{I}$。

2 × 2 矩阵的逆

若 $ad = bc$，则逆不存在

$$\begin{bmatrix} a & b \\ c & d \end{bmatrix}^{-1} = \frac{1}{ad-bc}\begin{bmatrix} d & -b \\ -c & a \end{bmatrix}$$

这个新思路是直接处理矩阵乘积 $\boldsymbol{CR}$。它引出 $\boldsymbol{C}$ 的列的组合。这对向量来说是本质的一步：取它们的组合。当观察这两列的所有组合时，就在填充一个平面了。如果 $\boldsymbol{A}$ 的第三列不在这个平面上，$\boldsymbol{A}$ 就是可逆的：矩阵的秩是 3。可以阅读《适合每个人的线性代数》的 1.3 节和 1.4 节。

$\boldsymbol{A}=\boldsymbol{CR}$ 之后是线性代数的五大分解——从用 $\boldsymbol{A}=\boldsymbol{LU}$ 求解 n 个方程 $\boldsymbol{Ax}=\boldsymbol{b}$ 开始。这些就是线性代数的组织原则。它们包括方阵的特征值与所有矩阵的奇异值，深入有效地反映出矩阵的信息，其中 $\boldsymbol{C}$ 直接从 $\boldsymbol{A}$ 中取得列。

当 $\boldsymbol{A}$ 中的数字有明确的意义（它们可能都是正的，或可能看到许多零），在 $\boldsymbol{C}$ 中保留这些性质不是一件坏事。

$$\text{推荐：验证}\quad \begin{bmatrix} 1 & 4 \\ 2 & 5 \end{bmatrix}^{-1}\begin{bmatrix} 1 & 4 & 7 \\ 2 & 5 & 8 \end{bmatrix} = \begin{bmatrix} 1 & 0 & -1 \\ 0 & 1 & 2 \end{bmatrix}$$

故 $\boldsymbol{A}$ 的上述两种分解的结果是一致的。

推荐：构造一个秩为 1 的 3×3 矩阵 $\boldsymbol{A}$，将其分解为 $\boldsymbol{A}=\boldsymbol{CR}$。

1.2 矩阵与矩阵相乘：$\boldsymbol{AB}$

内积（行乘列）得到 $\boldsymbol{AB}=\boldsymbol{C}$ 中的每个元素。

由 $\boldsymbol{A}$ 的第 2 行
$\boldsymbol{B}$ 的第 3 列
得到 $\boldsymbol{C}$ 中的 $\boldsymbol{c_{23}}$

$$\begin{bmatrix} \cdot & \cdot & \cdot \\ a_{21} & a_{22} & a_{23} \\ \cdot & \cdot & \cdot \end{bmatrix}\begin{bmatrix} \cdot & \cdot & b_{13} \\ \cdot & \cdot & b_{23} \\ \cdot & \cdot & b_{33} \end{bmatrix} = \begin{bmatrix} \cdot & \cdot & \cdot \\ \cdot & \cdot & c_{23} \\ \cdot & \cdot & \cdot \end{bmatrix} \tag{1}$$

点积 $c_{23} = (\boldsymbol{A}\text{的第 2 行})\cdot(\boldsymbol{B}\text{的第 3 列})$ 是各个 a 乘以相应 b 的和：

$$c_{23} = a_{21}b_{13}+a_{22}b_{23}+a_{23}b_{33} = \sum_{k=1}^{3} a_{2k}b_{k3}, \quad c_{ij} = \sum_{k=1}^{n} a_{ik}b_{kj} \tag{2}$$

这就是通常计算 $\boldsymbol{AB}=\boldsymbol{C}$ 中每个元素的方法。

得到乘积 $\boldsymbol{AB}$ 的另一种方法是将 $\boldsymbol{A}$ **的列乘以** $\boldsymbol{B}$ **的行**。可以用具体的数说明两个主要的点：一列 $\boldsymbol{u}$ 乘以一行 $\boldsymbol{v}^{\mathrm{T}}$ 就得到一个矩阵。首先集中在 $\boldsymbol{AB}$ 那部分。这个矩阵 $\boldsymbol{uv}^{\mathrm{T}}$ 特别简单：

$$\text{“外积”}\quad \boldsymbol{uv}^{\mathrm{T}} = \begin{bmatrix} 2 \\ 2 \\ 1 \end{bmatrix}\begin{bmatrix} 3 & 4 & 6 \end{bmatrix} = \begin{bmatrix} 6 & 8 & 12 \\ 6 & 8 & 12 \\ 3 & 4 & 6 \end{bmatrix} = \text{“秩为 1 的矩阵”}$$

一个 $m\times 1$ 矩阵（列向量 $\boldsymbol{u}$）乘以一个 $1\times p$ 矩阵（行向量 $\boldsymbol{v}^{\mathrm{T}}$）得到一个 $m\times p$ 矩阵。注意这

个秩为 1 的矩阵 $\boldsymbol{uv}^{\mathrm{T}}$ 有何特别之处：

$$\boldsymbol{uv}^{\mathrm{T}}\text{的所有列是}\boldsymbol{u}=\begin{bmatrix}2\\2\\1\end{bmatrix}\text{的倍数，而所有行是}\boldsymbol{v}^{\mathrm{T}}=\begin{bmatrix}3&4&6\end{bmatrix}\text{的倍数。}$$

$\boldsymbol{uv}^{\mathrm{T}}$ 的列空间是一维的：它是沿$\boldsymbol{u}$ 的方向的直线。列空间的维数（独立列的数目）是**矩阵的秩**（一个关键的数）。**所有非零矩阵$\boldsymbol{uv}^{\mathrm{T}}$ 的秩都是1**。它们是每个矩阵的完美构建基块。

也要注意到 $\boldsymbol{uv}^{\mathrm{T}}$ **的行空间是沿着$\boldsymbol{v}$ 的直线**。根据定义，任何矩阵 $\boldsymbol{A}$ 的行空间是其转置矩阵 $\boldsymbol{A}^{\mathrm{T}}$ 的列空间，记为 $\mathbf{C}(\boldsymbol{A}^{\mathrm{T}})$。这样，只要处理列向量就可以了。在这个例子中，将 $\boldsymbol{uv}^{\mathrm{T}}$ 转置（**行列互换**）得到矩阵 $\boldsymbol{uv}^{\mathrm{T}}$：

$$(\boldsymbol{uv}^{\mathrm{T}})^{\mathrm{T}}=\begin{bmatrix}\mathbf{6}&8&12\\\mathbf{6}&8&12\\\mathbf{3}&4&6\end{bmatrix}^{\mathrm{T}}=\begin{bmatrix}\mathbf{6}&\mathbf{6}&\mathbf{3}\\8&8&4\\12&12&6\end{bmatrix}=\begin{bmatrix}3\\4\\6\end{bmatrix}\begin{bmatrix}2&2&1\end{bmatrix}=\boldsymbol{vu}^{\mathrm{T}}$$

可以看到线性代数中的第一个大定理的最清晰的例子：

行秩 = 列秩，　r个独立的列 $\Leftrightarrow$ r个独立的行

一个非零矩阵 $\boldsymbol{uv}^{\mathrm{T}}$ 有一个独立的列与一个独立的行。所有的列都是 $\boldsymbol{u}$ 的倍数，而所有的行都是 $\boldsymbol{v}^{\mathrm{T}}$ 的倍数。对于这个矩阵，其秩 $r=1$。

AB = 秩为 1 的矩阵之和

用 $\boldsymbol{A}$ 的列乘以 $\boldsymbol{B}$ 的行，得到 $\boldsymbol{AB}$ 的完整乘积。令 $\boldsymbol{a}_1,\boldsymbol{a}_2,\cdots,\boldsymbol{a}_n$ 为 $\boldsymbol{A}$ 的 n 列，则 $\boldsymbol{B}$ 必定有 n 行 $\boldsymbol{b}_1^*,\boldsymbol{b}_2^*,\cdots,\boldsymbol{b}_n^*$。这样矩阵 $\boldsymbol{A}$ 就能乘以 $\boldsymbol{B}$ 了。**它们的乘积$\boldsymbol{AB}$ 是列向量$\boldsymbol{a}_k$ 乘以行向量$\boldsymbol{b}_k^*$ 的和**：

矩阵的列行相乘

$$\boldsymbol{AB}=\begin{bmatrix}\\\boldsymbol{a}_1&\cdots&\boldsymbol{a}_n\\\\\end{bmatrix}\begin{bmatrix}\boldsymbol{b}_1^*\\\vdots\\\boldsymbol{b}_n^*\end{bmatrix}=\underset{\textbf{秩为 1 的矩阵之和}}{\boldsymbol{a}_1\boldsymbol{b}_1^*+\boldsymbol{a}_2\boldsymbol{b}_2^*+\cdots+\boldsymbol{a}_n\boldsymbol{b}_n^*}\tag{3}$$

下面是一个 2×2 的例子，用以显示 $n=2$ 项（列乘以行）以及它们的和 $\boldsymbol{AB}$：

$$\begin{bmatrix}1&0\\3&1\end{bmatrix}\begin{bmatrix}2&4\\0&5\end{bmatrix}=\begin{bmatrix}\mathbf{1}\\\mathbf{3}\end{bmatrix}\begin{bmatrix}\mathbf{2}&\mathbf{4}\end{bmatrix}+\begin{bmatrix}\mathbf{0}\\\mathbf{1}\end{bmatrix}\begin{bmatrix}\mathbf{0}&\mathbf{5}\end{bmatrix}=\begin{bmatrix}2&4\\6&12\end{bmatrix}+\begin{bmatrix}0&0\\0&5\end{bmatrix}=\begin{bmatrix}2&4\\6&17\end{bmatrix}\tag{4}$$

数与数相乘的次数：相乘 4 次得到 2、4、6、12，再相乘 4 次得到 0、0、0、5，总共相乘次数 $2^3=8$。当 $\boldsymbol{A}$、$\boldsymbol{B}$ 是 $n\times n$ 矩阵时，总是有 n^3 次乘法运算。而当 $\boldsymbol{AB}$ 为 $(m\times n)\times(n\times p)$ 矩阵时，则有 mnp 次相乘：n 个秩为 1 的矩阵，每个这样的矩阵都是 $m\times p$ 矩阵。

计数与通常的内积方法是一样的。$\boldsymbol{A}$ 的行乘以 $\boldsymbol{B}$ 的列需要 n 次乘法运算。对 $\boldsymbol{AB}$ 的每个数字计算：当 $\boldsymbol{AB}$ 是 $m\times p$ 矩阵时，需 mp 个点积。当将 $m\times n$ 矩阵乘以 $n\times p$ 矩阵时，相乘次数又是 mnp。

行乘以列	mp **个内积，**	**每个有** n **次相乘**	mnp
列乘以行	n **个外积，**	**每个有** mp **次相乘**	mnp

由上可以看出，它们其实是完全相同的乘法 $a_{ik}\,b_{kj}$，只是顺序不同。下面是 $\boldsymbol{C}=\boldsymbol{AB}$ 中的每个元素 c_{ij} 通过式 (3) 的外积与通过式 (2) 的内积是相同的代数证明：

$$\boldsymbol{a}_k\boldsymbol{b}_k^* \text{ 的 } i,j \text{ 元素是 } a_{ik}b_{kj}，\quad \text{相加得到 } c_{ij}=\sum_{k=1}^{n}a_{ik}\,b_{kj}=\textbf{第 } \boldsymbol{i} \textbf{ 行} \cdot \textbf{第 } \boldsymbol{j} \textbf{ 列}$$

从列乘以行得到的内在信息

之所以外积的方法在数据科学中如此重要，是因为我们正在寻找矩阵 $\boldsymbol{A}$ 的重要部分。通常不喜欢 $\boldsymbol{A}$ 中的最大数（尽管那也可能是重要的），而是希望得到的是 $\boldsymbol{A}$ 中的主要部分，**而这些部分就是秩为 1 的矩阵**$\boldsymbol{uv}^{\mathrm{T}}$。应用线性代数中的一个主题就是：

$$\textbf{将 } \boldsymbol{A} \textbf{ 分解为 } \boldsymbol{CR}，\quad \textbf{看 } \boldsymbol{A}=\boldsymbol{CR} \textbf{ 中的 } \boldsymbol{c}_k\boldsymbol{r}_k^* \textbf{ 部分}$$

将 $\boldsymbol{A}$ 分解为 $\boldsymbol{CR}$ 是矩阵相乘 $\boldsymbol{CR}=\boldsymbol{A}$ 的逆过程。分解更费时，特别是当其中的一些部分涉及特征值或奇异值时。但是，那些数包含矩阵 $\boldsymbol{A}$ 的内在信息，只有在做分解后才能看到。

下面是五个重要的矩阵分解，原始的乘积矩阵（通常用 $\boldsymbol{A}$）及其因子用标准字母表示。本书将解释所有这五个分解。

$$\boxed{\boldsymbol{A}=\boldsymbol{LU},\quad \boldsymbol{A}=\boldsymbol{QR},\quad \boldsymbol{S}=\boldsymbol{Q\Lambda Q}^{\mathrm{T}},\quad \boldsymbol{A}=\boldsymbol{X\Lambda X}^{-1},\quad \boldsymbol{A}=\boldsymbol{U\Sigma V}^{\mathrm{T}}}$$

这里只简单地列出每个分解的关键词和性质。

(1) $\boldsymbol{A}=\boldsymbol{LU}$ 来自**消元**法。通过行的组合可由 $\boldsymbol{A}$ 得到 $\boldsymbol{U}$，由 $\boldsymbol{U}$ 回到 $\boldsymbol{A}$。矩阵 $\boldsymbol{L}$ 为下三角矩阵，而 $\boldsymbol{U}$ 是上三角矩阵，参见式(4)。

(2) $\boldsymbol{A}=\boldsymbol{QR}$ 来自将列 $\boldsymbol{a}_1,\boldsymbol{a}_2,\cdots,\boldsymbol{a}_n$**正交化**，就如 “Gram-Schmidt” 方法那样。$\boldsymbol{Q}$ 由正交列组成 ($\boldsymbol{Q}^{\mathrm{T}}\boldsymbol{Q}=\boldsymbol{I}$)，而 $\boldsymbol{R}$ 是上三角矩阵。

(3) $\boldsymbol{S}=\boldsymbol{Q\Lambda Q}^{\mathrm{T}}$ 来自一个对称矩阵 $\boldsymbol{S}=\boldsymbol{S}^{\mathrm{T}}$ 的**特征值**$\lambda_1,\lambda_2,\cdots,\lambda_n$。特征值组成 $\boldsymbol{\Lambda}$ 的对角元。正交的特征向量是矩阵 $\boldsymbol{Q}$ 的列。

(4) $\boldsymbol{A}=\boldsymbol{X\Lambda X}^{-1}$ 是具有 n 个独立的特征向量的 $n\times n$ 矩阵 $\boldsymbol{A}$ 的**对角化**。$\boldsymbol{A}$ 的特征值在 $\boldsymbol{\Lambda}$ 的对角线上。$\boldsymbol{A}$ 的特征向量为 $\boldsymbol{X}$ 的列。

(5) $\boldsymbol{A}=\boldsymbol{U\Sigma V}^{\mathrm{T}}$ 是任意矩阵 $\boldsymbol{A}$（不论是否是方块矩阵）的**奇异值分解**。**奇异值**$\sigma_1,\sigma_2,\cdots,\sigma_r$ 在 $\boldsymbol{\Sigma}$ 中。单位正交的**奇异向量**在 $\boldsymbol{U}$ 和 $\boldsymbol{V}$ 中。

采用分解式 (3) 来说明想法。这个特别的 $\boldsymbol{Q\Lambda Q}^{\mathrm{T}}$ 分解由一个对称矩阵 $\boldsymbol{S}$ 开始。该矩阵具有正交的单位特征向量：$\boldsymbol{q}_1,\boldsymbol{q}_2,\cdots,\boldsymbol{q}_n$。这些互相垂直的特征向量（其点积为 0）构成 $\boldsymbol{Q}$ 的列。$\boldsymbol{S}$ 和 $\boldsymbol{Q}$ 是线性代数的 “国王” 和 “皇后”。

对称矩阵 $\boldsymbol{S}$	$\boldsymbol{S}^{\mathrm{T}}=\boldsymbol{S}$	所有 $s_{ij}=s_{ji}$
正交矩阵 $\boldsymbol{Q}$	$\boldsymbol{Q}^{\mathrm{T}}=\boldsymbol{Q}^{-1}$	所有 $\boldsymbol{q}_i\cdot\boldsymbol{q}_j=\begin{cases}0, & i\neq j\\ 1, & i=j\end{cases}$

对角矩阵 $\boldsymbol{\Lambda}$ 包含实数特征值 $\lambda_1,\cdots,\lambda_n$。每个实对称矩阵 $\boldsymbol{S}$ 有 n 个 $\boldsymbol{q}_1,\cdots,\boldsymbol{q}_n$ 的单位正交特征向量。当 $\boldsymbol{S}$ 与之相乘时，特征向量的方向不变。它们只是缩放为 $1/\lambda$：

$$\boxed{\text{特征向量 } \boldsymbol{q} \text{ 和特征值 } \lambda \quad \boldsymbol{S}\boldsymbol{q}=\lambda\boldsymbol{q}} \tag{5}$$

对于一个大矩阵，求出 λ 和 $\boldsymbol{q}$ 并不容易。但当 $\boldsymbol{S}$ 是对称阵时，这 n 对 λ、q 总存在。我们的目标是从列 $\boldsymbol{S}\boldsymbol{q}=\lambda\boldsymbol{q}$ 得到 $\boldsymbol{S}\boldsymbol{Q}=\boldsymbol{Q}\boldsymbol{\Lambda}$：

$$\boldsymbol{S}\boldsymbol{Q}=\boldsymbol{S}\begin{bmatrix} \\ \boldsymbol{q}_1 & \cdots & \boldsymbol{q}_n \\ \ \end{bmatrix}=\begin{bmatrix} \\ \lambda_1\boldsymbol{q}_1 & \cdots & \lambda_n\boldsymbol{q}_n \\ \ \end{bmatrix}=\begin{bmatrix} \\ \boldsymbol{q}_1 & \cdots & \boldsymbol{q}_n \\ \ \end{bmatrix}\begin{bmatrix}\lambda_1 & & \\ & \ddots & \\ & & \lambda_n\end{bmatrix}=\boldsymbol{Q}\boldsymbol{\Lambda} \tag{6}$$

用 $\boldsymbol{Q}^{-1}=\boldsymbol{Q}^{\mathrm{T}}$ 右乘 $\boldsymbol{S}\boldsymbol{Q}=\boldsymbol{Q}\boldsymbol{\Lambda}$ 就得到对称矩阵 $\boldsymbol{S}=\boldsymbol{Q}\boldsymbol{\Lambda}\boldsymbol{Q}^{\mathrm{T}}$。每个特征值 λ_k 与相应的特征向量 $\boldsymbol{q}_k$ 给 $\boldsymbol{S}$ 贡献一个秩为 1 的成分 $\lambda_k\boldsymbol{q}_k\boldsymbol{q}_k^{\mathrm{T}}$。

$$\textbf{秩为1的成分} \qquad \boldsymbol{S}=(\boldsymbol{Q}\boldsymbol{\Lambda})\boldsymbol{Q}^{\mathrm{T}}=(\lambda_1\boldsymbol{q}_1)\boldsymbol{q}_1^{\mathrm{T}}+(\lambda_2\boldsymbol{q}_2)\boldsymbol{q}_2^{\mathrm{T}}+\cdots+(\lambda_n\boldsymbol{q}_n)\boldsymbol{q}_n^{\mathrm{T}} \tag{7}$$

$$\textbf{全部是对称的} \qquad \boldsymbol{q}_i\boldsymbol{q}_i^{\mathrm{T}} \text{ 的转置是 } \boldsymbol{q}_i\boldsymbol{q}_i^{\mathrm{T}} \tag{8}$$

注意 $\boldsymbol{Q}\boldsymbol{\Lambda}$ 的列是 $\lambda_1\boldsymbol{q}_1,\lambda_2\boldsymbol{q}_2,\cdots,\lambda_n\boldsymbol{q}_n$。当用对角矩阵 $\boldsymbol{\Lambda}$ 右乘一个矩阵时，是用 λ 分别乘以这个矩阵的对应列。

我们以对**谱定理**$\boldsymbol{S}=\boldsymbol{Q}\boldsymbol{\Lambda}\boldsymbol{Q}^{\mathrm{T}}$ 的证明的评论来结束本节：每个对称矩阵 $\boldsymbol{S}$ 有 n 个实特征值和 n 个单位正交的特征向量。在 1.6 节中，会由 n 阶多项式"$P_n(\lambda)=\boldsymbol{S}-\lambda\boldsymbol{I}$ 的行列式"的根得到特征值。当 $\boldsymbol{S}=\boldsymbol{S}^{\mathrm{T}}$ 时，它们是实数。证明的微妙之处在于特征值 λ_i 是重根时，它可能是一个二重根或来自 $(\lambda-\lambda_j)^M$ 因子的 M 重根。在这种情况下，需要得到 M 个互相独立的特征向量。$\boldsymbol{S}-\lambda_j\boldsymbol{I}$ 的秩必为 $n-M$。当 $\boldsymbol{S}=\boldsymbol{S}^{\mathrm{T}}$ 时，这是成立的，但需要证明。

类似地，当一个奇异值 σ 在对角矩阵 $\boldsymbol{\Sigma}$ 中重复 M 次时，奇异值分解 $\boldsymbol{A}=\boldsymbol{U}\boldsymbol{\Sigma}\boldsymbol{V}^{\mathrm{T}}$ 要求特别耐心。同样会有 M 对奇异向量 $\boldsymbol{v}$ 与 $\boldsymbol{u}$ 满足 $\boldsymbol{A}\boldsymbol{v}=\sigma\boldsymbol{u}$。这个正确的说法也需要证明。

行的符号　对 $\boldsymbol{AB}$ 中的第二个矩阵引入符号 $\boldsymbol{b}_1^*,\boldsymbol{b}_2^*,\cdots,\boldsymbol{b}_n^*$ 来表示其行。读者可能期待用 $\boldsymbol{b}_1^{\mathrm{T}},\boldsymbol{b}_2^{\mathrm{T}},\cdots,\boldsymbol{b}_n^{\mathrm{T}}$，那是我们原来的选择。但这个记法并不完全清晰，它似乎指 $\boldsymbol{B}$ 的列的转置。因为右乘的矩阵是 $\boldsymbol{U}$、$\boldsymbol{R}$、$\boldsymbol{Q}^{\mathrm{T}}$、$\boldsymbol{X}^{-1}$ 或 $\boldsymbol{V}^{\mathrm{T}}$，新采用的符号能更明确地表明：我们想要那个矩阵的行。

[1] Strang G. *Multiplying and factoring matrices*[J]. Amer. Math. Monthly **125**, 2018: 223-230.

[2] Strang G. *Introduction to Linear Algebra*[M]. 5th ed., Wellesley-Cambridge Press, 2016.

习题 1.2

1. 设 $\boldsymbol{Ax}=\boldsymbol{0}$，$\boldsymbol{Ay}=\boldsymbol{0}$（$\boldsymbol{x}$、$\boldsymbol{y}$ 和 $\boldsymbol{0}$ 都是向量）。在此条件下考虑矩阵方程 $\boldsymbol{AB}=\boldsymbol{C}$。矩阵 $\boldsymbol{B}$、$\boldsymbol{C}$ 有什么性质？若矩阵 $\boldsymbol{A}$ 是 $m\times n$ 型，求 $\boldsymbol{B}$、$\boldsymbol{C}$ 的矩阵型。

2. 设 $\boldsymbol{a}$、$\boldsymbol{b}$ 为列向量，其分量是 $a_1, a_2, \cdots, a_m$ 与 $b_1, b_2, \cdots, b_p$。是否能够计算 $\boldsymbol{a}$ 乘以 $\boldsymbol{b}^{\mathrm{T}}$？（回答是或不是）其答案 $\boldsymbol{a}\boldsymbol{b}^{\mathrm{T}}$ 是什么型的矩阵？求 $\boldsymbol{a}\boldsymbol{b}^{\mathrm{T}}$ 的第 i 行与第 j 列元素。说明 $\boldsymbol{a}\boldsymbol{a}^{\mathrm{T}}$。
3.（习题 2 的扩展：练习下标）取代一个 $\boldsymbol{a}$ 向量，设 $\boldsymbol{A}$ 中有 n 个列向量 $\boldsymbol{a}_1, \boldsymbol{a}_2, \cdots, \boldsymbol{a}_n$。设 $\boldsymbol{B}$ 中有 n 个行向量 $\boldsymbol{b}_1^{\mathrm{T}}, \boldsymbol{b}_2^{\mathrm{T}}, \cdots, \boldsymbol{b}_n^{\mathrm{T}}$。
   (1) 把矩阵乘积 $\boldsymbol{AB}$ 表示为“秩为 1 的矩阵的和”。
   (2) 给出矩阵乘积 $\boldsymbol{AB}$ 中 (i,j) 元素的公式。用求和 Σ 的表示法将习题 2 得到的每个矩阵 $\boldsymbol{a}_k\boldsymbol{b}_k^{\mathrm{T}}$ 中的 (i,j) 元素相加。
4. 设 $\boldsymbol{B}$ 只有一列（$p=1$），则 $\boldsymbol{B}$ 的每行只有一个元素。$\boldsymbol{A}$ 仍有 n 列 $\boldsymbol{a}_1, \boldsymbol{a}_2, \cdots, \boldsymbol{a}_n$。写出 $\boldsymbol{AB}$ 的列乘以行的公式。$m \times 1$ 的列向量 $\boldsymbol{AB}$ 是____（用文字表述）。
5. 从矩阵 $\boldsymbol{B}$ 出发，若想求其行的组合，则将其用 $\boldsymbol{A}$ 左乘得 $\boldsymbol{AB}$。若想求其列的组合，则将其用 $\boldsymbol{C}$ 右乘得 $\boldsymbol{BC}$。本题中做两种运算：
   首先行运算，然后列运算　首先 $\boldsymbol{AB}$，然后 $(\boldsymbol{AB})\boldsymbol{C}$
   首先列运算，然后行运算　首先 $\boldsymbol{BC}$，然后 $\boldsymbol{A}(\boldsymbol{BC})$
   结合律　告诉我们这两种运算方式得到的最后结果是一样的。
   给定 $\boldsymbol{A} = \begin{bmatrix} 1 & a \\ 0 & 1 \end{bmatrix}$，$\boldsymbol{B} = \begin{bmatrix} b_1 & b_2 \\ b_3 & b_4 \end{bmatrix}$，$\boldsymbol{C} = \begin{bmatrix} 1 & 0 \\ c & 1 \end{bmatrix}$，验证 $(\boldsymbol{AB})\boldsymbol{C} = \boldsymbol{A}(\boldsymbol{BC})$。
6. 设 $\boldsymbol{A}$ 有列向量 $\boldsymbol{a}_1$、$\boldsymbol{a}_2$、$\boldsymbol{a}_3$，$\boldsymbol{B} = \boldsymbol{I}$ 是一个单位矩阵，求秩为 1 的矩阵 $\boldsymbol{a}_1\boldsymbol{b}_1^*$、$\boldsymbol{a}_2\boldsymbol{b}_2^*$ 和 $\boldsymbol{a}_3\boldsymbol{b}_3^*$。加在一起应该得到 $\boldsymbol{AI} = \boldsymbol{A}$。
7. 一个结论：$\boldsymbol{AB}$ 的列向量是 $\boldsymbol{A}$ 的列向量的组合。则 $\boldsymbol{AB}$ 的列空间包含于$\boldsymbol{A}$ 的列空间中。给出一个 $\boldsymbol{A}$ 和 $\boldsymbol{B}$ 的例子，使得 $\boldsymbol{AB}$ 的列空间比 $\boldsymbol{A}$ 的列空间小。
8. 为计算 $\boldsymbol{C} = \boldsymbol{AB} = (m \times n)(n \times p)$，下面三个相同命令中什么次序可以得到列乘行（外积）？

行乘列	列乘行
For $i = 1$ to m	For...
For $j = 1$ to p	For...
For $k = 1$ to n	For...
$C(i,j) = C(i,j) + A(i,k) * B(k,j)$	$C =$

1.3 4 个基本子空间

本节将介绍线性代数的“大图景”，这张图显示了每个 $m \times n$ 矩阵 $\boldsymbol{A}$ 如何引出 4 个子空间——两个 $\mathbf{R}^m$ 的子空间与两个 $\mathbf{R}^n$ 的子空间。第一个例子是秩为 1 的矩阵 $\boldsymbol{u}\boldsymbol{v}^{\mathrm{T}}$，它的列空间是沿 $\boldsymbol{u}$ 方向的直线，而行空间是沿 $\boldsymbol{v}$ 方向的直线。第二个例子是一个 2×3 矩阵。第三个例子（5×4 矩阵 $\boldsymbol{A}$）是一个图的关联矩阵。图已经成为离散数学中最重要的模型——这个例子需要认真理解。所有 4 个子空间在图上都有含义。

例 1　$\boldsymbol{A} = \begin{bmatrix} \mathbf{1} & \mathbf{2} \\ \mathbf{3} & \mathbf{6} \end{bmatrix} = \boldsymbol{u}\boldsymbol{v}^{\mathrm{T}}$ 有 $m=2$，$n=2$。$\mathbf{R}^2$ 的子空间如下：

1. 列空间 $\mathbf{C}(\boldsymbol{A})$ 是沿 $\boldsymbol{u}=\begin{bmatrix}1\\3\end{bmatrix}$ 的直线。第 2 列在那条直线上。

2. 行空间 $\mathbf{C}(\boldsymbol{A}^{\mathrm{T}})$ 是沿 $\boldsymbol{v}=\begin{bmatrix}1\\2\end{bmatrix}$ 的直线。$\boldsymbol{A}$ 的第 2 行在那条直线上。

3. 零空间 $\mathbf{N}(\boldsymbol{A})$ 是沿 $\boldsymbol{x}=\begin{bmatrix}2\\-1\end{bmatrix}$ 的直线。于是 $\boldsymbol{Ax}=\mathbf{0}$。

4. 左零空间 $\mathbf{N}(\boldsymbol{A}^{\mathrm{T}})$ 是沿 $\boldsymbol{y}=\begin{bmatrix}3\\-1\end{bmatrix}$ 的直线。于是 $\boldsymbol{A}^{\mathrm{T}}\boldsymbol{y}=\mathbf{0}$。

根据定义，可以在图 1.1 中画出这 4 个子空间：

列空间 $\mathbf{C}(\boldsymbol{A})$ 包含 $\boldsymbol{A}$ 的所有列的组合

行空间 $\mathbf{C}(\boldsymbol{A}^{\mathrm{T}})$ 包含 $\boldsymbol{A}^{\mathrm{T}}$ 的所有列的组合

零空间 $\mathbf{N}(\boldsymbol{A})$包含 $\boldsymbol{Ax}=\mathbf{0}$ 的所有解 $\boldsymbol{x}$

左零空间 $\mathbf{N}(\boldsymbol{A}^{\mathrm{T}})$ 包含 $\boldsymbol{A}^{\mathrm{T}}\boldsymbol{y}=\mathbf{0}$ 的所有解 $\boldsymbol{y}$

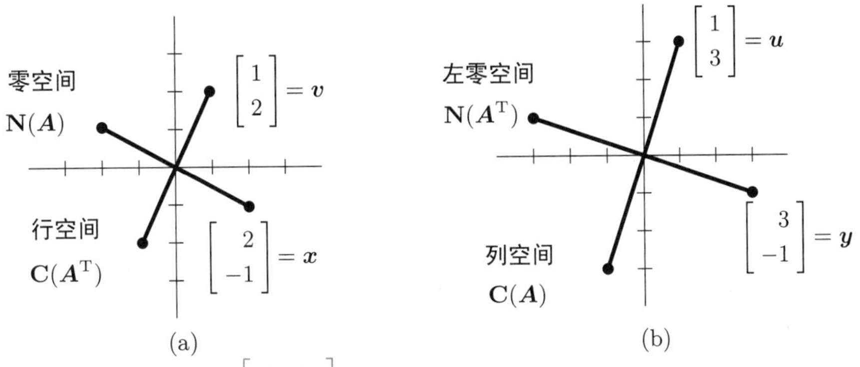

图 1.1 $\boldsymbol{A}=\begin{bmatrix}1&2\\3&6\end{bmatrix}$ 的 4 个基本子空间（4 条无限长的直线）

这个例子仅有一个 $\boldsymbol{u}$、一个 $\boldsymbol{v}$、一个 $\boldsymbol{x}$ 和一个 $\boldsymbol{y}$。所有 4 个子空间都是一维的，即是直线。$\boldsymbol{u}$、$\boldsymbol{v}$、$\boldsymbol{x}$ 和 $\boldsymbol{y}$ 始终是独立的向量，它们分别给出这些子空间的一组"基"。一个更大的矩阵的每个子空间将具有一个以上基向量。基向量的选择是科学计算中的关键步骤。

例 2 $\boldsymbol{B}=\begin{bmatrix}1&-2&-2\\3&-6&-6\end{bmatrix}$ 有 $m=2$ 行，$n=3$ 列。其子空间分别在 $\mathbf{R}^3$ 和 $\mathbf{R}^2$ 中。从矩阵 $\boldsymbol{A}$ 到 $\boldsymbol{B}$，有两个子空间变了，另外两个子空间没有变。$\boldsymbol{B}$ 的列空间依然在 $\mathbf{R}^2$ 中，它具有同样的基向量。但是，现在 $\boldsymbol{B}$ 的每一行有 $n=3$ 个数，因此图 1.1 的左半边图是在 $\mathbf{R}^3$ 中。在行空间中，依然只有一个 $\boldsymbol{v}$。$\boldsymbol{B}$ 的秩也依然是 $r=1$，因为其两行都在同一方向上。

方程$\boldsymbol{Bx}=0$有$n=3$个未知数，只有$r=1$ 个独立方程，则它有$3-1=2$ 个独立解$\boldsymbol{x}_1$ 和$\boldsymbol{x}_2$。

所有的解都在零空间中。

$$\boldsymbol{Bx}=\begin{bmatrix}1&-2&-2\\3&-6&-6\end{bmatrix}\begin{bmatrix}a\\b\\c\end{bmatrix}=\begin{bmatrix}0\\0\end{bmatrix}\text{有解}\boldsymbol{x}_1=\begin{bmatrix}2\\1\\0\end{bmatrix}\text{和}\boldsymbol{x}_2=\begin{bmatrix}2\\0\\1\end{bmatrix}$$

在《线性代数导论》(*Introduction to Linear Algebra*)一书中，向量 $\boldsymbol{x}_1$ 和 $\boldsymbol{x}_2$ 称为“基础解”。它们来自消元的步骤，可以很快得到 $\boldsymbol{Bx}_1=\mathbf{0}$，$\boldsymbol{Bx}_2=\mathbf{0}$。但是，在 $\boldsymbol{B}$ 的零空间中它们不是完美的选择，因为向量 $\boldsymbol{x}_1$ 与 $\boldsymbol{x}_2$**不是垂直的**。

本书偏爱相互垂直的基向量。2.2 节将展示如何通过“Gram-Schmidt”方法由独立的向量得到互相垂直的向量。

零空间 $\mathbf{N}(\boldsymbol{B})$ 是在 $\mathbf{R}^3$ 中的一个平面。可以看到这个平面中**标准正交基**$\boldsymbol{v}_2$ 与 $\boldsymbol{v}_3$。$\boldsymbol{v}_2$ 与 $\boldsymbol{v}_3$ 互相成 90° 角，也与 $\boldsymbol{v}_1$ 成 90° 角，如图 1.2 所示。

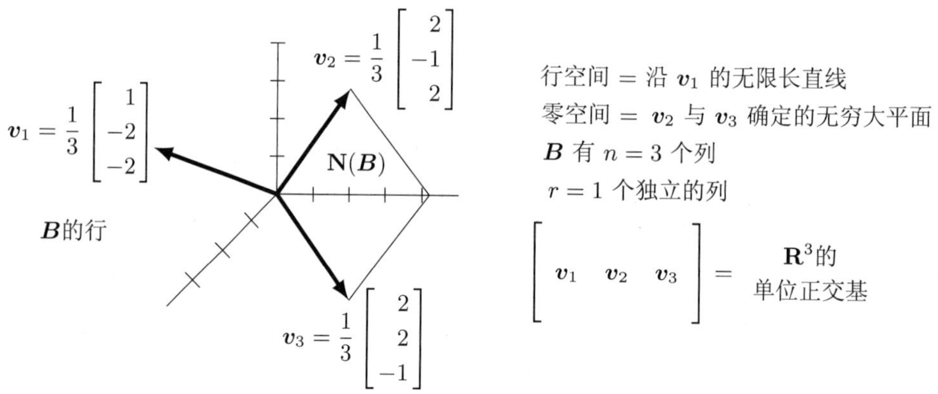

图 1.2 $B=\begin{bmatrix}1&-2&-2\\3&-6&-6\end{bmatrix}$ 的行空间和零空间：直线垂直于平面

计数法则：$\boldsymbol{r}$ 个独立方程 $\boldsymbol{Ax}=\mathbf{0}$ 有 $\boldsymbol{n}-\boldsymbol{r}$ 个独立解

例 3 这是一个有 5 个方程的例子（图 1.3 中每条边对应一个方程）。这些方程有 4 个未知数（图中的每个节点对应一个未知数）。$\boldsymbol{Ax}=\boldsymbol{b}$ 中的矩阵是图的**5 × 4 关联矩阵**。

$\boldsymbol{A}$ 的每一行都是 1 和 −1，分别表示每条边的终结节点和起始节点。

节点1, 2, 3, 4间的边1, 2, 3, 4, 5的差分 $\boldsymbol{Ax}=\boldsymbol{b}$

$$\begin{array}{rrrrl}-x_1&+x_2&&&=b_1\\-x_1&&+x_3&&=b_2\\&-x_2&+x_3&&=b_3\\&-x_2&&+x_4&=b_4\\&&-x_3&+x_4&=b_5\end{array}$$

当理解了这个关联矩阵的 4 个基本子空间（$\boldsymbol{A}$ 和 $\boldsymbol{A}^{\mathrm{T}}$ 的列空间和零空间）后，就可以掌握线性代数的一个核心思想。

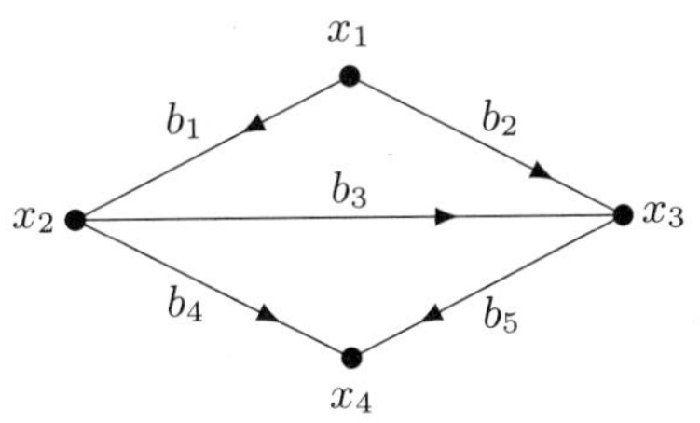

$$
\boldsymbol{A}=\begin{bmatrix} -\mathbf{1} & \mathbf{1} & 0 & 0 \\ -\mathbf{1} & 0 & \mathbf{1} & 0 \\ 0 & -\mathbf{1} & \mathbf{1} & 0 \\ 0 & -\mathbf{1} & 0 & \mathbf{1} \\ 0 & 0 & -\mathbf{1} & \mathbf{1} \end{bmatrix}\begin{matrix} \text{边} \\ 1 \\ 2 \\ 3 \\ 4 \\ 5 \end{matrix}
$$

节点 1 2 3 4

图 1.3 这个“图”有 5 条边与 4 个节点，$\boldsymbol{A}$ 是 5×4 关联矩阵

零空间 $\mathbf{N}(\boldsymbol{A})$ 为了找到零空间，在上面的 5 个方程中，设 $\boldsymbol{b}=\mathbf{0}$ 。则从第一个方程得 $x_1=x_2$。从第二个方程得 $x_3=x_1$。从第四个方程得 $x_2=x_4$。所有 4 个未知变量x_1、x_2、x_3、x_4 都有同样的值c。**向量$\boldsymbol{x}=(1,1,1,1)$ 以及所有的向量 $\boldsymbol{x}=(c,c,c,c)$ 都是$\boldsymbol{Ax}=\mathbf{0}$的解。**

零空间 $\mathbf{N}(\boldsymbol{A})$ 是 $\mathbf{R}^4$ 中的一条直线。基础解 $\boldsymbol{x}=(1,1,1,1)$ 是 $\mathbf{N}(\boldsymbol{A})$ 的基。$\mathbf{N}(\boldsymbol{A})$ 的维数是 1（基中含一个向量，直线的维数是 1）。因为$n-r=4-3=1$，故$\boldsymbol{A}$ 的秩必为3。由秩 $r=3$ 就知道了所有 4 个子空间的维数。

行空间的维数$=\boldsymbol{r}=3$，列空间的维数$=\boldsymbol{r}=3$

零空间的维数$=\boldsymbol{n}-\boldsymbol{r}=1$，$\boldsymbol{A}^{\mathrm{T}}$ 的零空间的维数$=\boldsymbol{m}-\boldsymbol{r}=2$

列空间 $\mathbf{C}(\boldsymbol{A})$ 必然有 $r=4-1=3$ 个独立列。一种迅捷的方法是看前 3 列，它们给出了 $\boldsymbol{A}$ 的列空间的基：

$\boldsymbol{A}$的第 1, 2, 3 列 是互相独立的

$$
\begin{matrix} -1 & 1 & 0 \\ -1 & 0 & 1 \\ 0 & -1 & 1 \\ 0 & -1 & 0 \\ 0 & 0 & -1 \end{matrix}
$$

第4列 是那 3 个 基列的 组合

“独立”意味着方程 $\boldsymbol{Ax}=\mathbf{0}$ 的唯一解是 $(x_1,x_2,x_3)=(0,0,0)$。从第五个方程 $0x_1+0x_2-x_3=0$ 得 $x_3=0$，从第四个方程 $0x_1-x_2+0x_3=0$ 得 $x_2=0$，从第一个方程得 $x_1=0$。

关联矩阵 $\boldsymbol{A}$ 的第 4 列是其他 3 列的和乘以 -1。

行空间 $\mathbf{C}(\boldsymbol{A}^{\mathrm{T}})$ 其维数必为 r=3，与列空间相同。但 $\boldsymbol{A}$ 的前 3 行是非独立的：第 3 行 = 第 2 行 − 第 1 行。第一组 3 个独立的行是第 1、2、4 行。这些行是行空间的一组基（一组可能的基）。

图 1.3 中边 1,2,3 构成了一个环路：相关行 1,2,3。

图 1.3 中边 1,2,4 构成了一棵树：独立行 1,2,4。

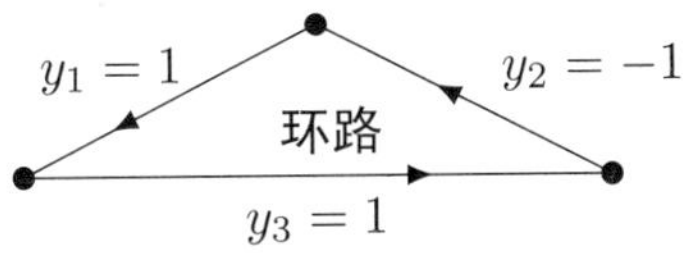

这个 $\boldsymbol{y}$ 是 $\boldsymbol{A}^{\mathrm{T}}y=0$ 的解

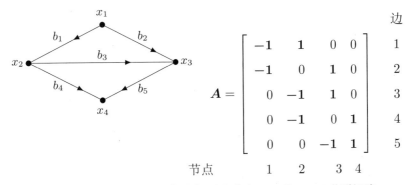

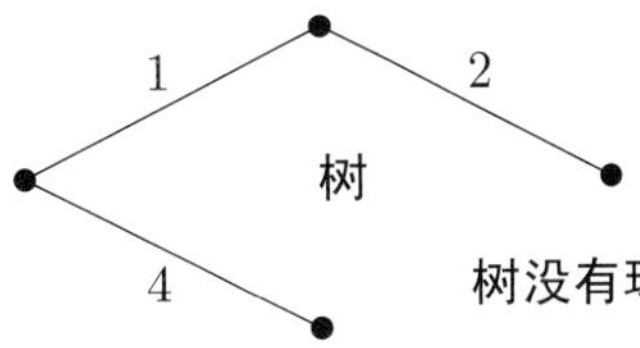

树没有环路

左零空间 $\mathbf{N}(\boldsymbol{A}^{\mathrm{T}})$ 现在来解 $\boldsymbol{A}^{\mathrm{T}}\boldsymbol{y}=\mathbf{0}$，由这些行的组合得到零。由于第 3 行 = 第 2 行 − 第 1 行，因此有一个解 $\boldsymbol{y}=(1,-1,1,0,0)$，可以说这个 $\boldsymbol{y}$ 来自沿着图 1.3 上半部那个环路：正向沿着边 1 与 3，而反向沿着边 2。

另一个解 $\boldsymbol{y}$ 来自沿着图 1.3 中的下半部环路走一圈：沿边 4 正向，沿边 5 与 3 反向。这个解 $\boldsymbol{y}=(0,0,-1,1,-1)$ 是 $\boldsymbol{A}^{\mathrm{T}}\boldsymbol{y}=\mathbf{0}$ 的另一个独立解。左零空间 $\mathbf{N}(\boldsymbol{A}^{\mathrm{T}})$ 的维数是 $m-r=5-3=2$。因此这两个 $\boldsymbol{y}$ 构成了左零空间的一组基。

"环路" 和 "树" 是如何出现在这个问题中的？其实它们并不一定要出现。可以用消元法来解 $\boldsymbol{A}^{\mathrm{T}}\boldsymbol{y}=\mathbf{0}$。$4\times5$ 矩阵 $\boldsymbol{A}^{\mathrm{T}}$ 会有 3 个主元。$\boldsymbol{A}^{\mathrm{T}}$ 的零空间的维数是 2：$m-r=5-3=2$。但是环路和树以一种漂亮的方式识别出相关行和独立行。

方程 $\boldsymbol{A}^{\mathrm{T}}\boldsymbol{y}=\mathbf{0}$ 给出了图 1.3 的 5 条边上的 "电流" y_1、y_2、y_3、y_4、y_5。绕闭环的流遵循**基尔霍夫电流定律：流入 = 流出**。这些术语适用于电路网络。但是在这些术语背后的思想适用于工程、科学、经济和商业等领域，即平衡力、流和预算。

图是离散应用数学中最重要的模型。可以随处看到图，如道路、管道、血液流动、大脑、网络以及一个国家乃至整个世界的经济。我们能够理解它们的关联矩阵 $\boldsymbol{A}$ 与 $\boldsymbol{A}^{\mathrm{T}}$。在 4.6 节中，矩阵 $\boldsymbol{A}^{\mathrm{T}}\boldsymbol{A}$ 为 "图的拉普拉斯算子"。而欧姆定律将引出 $\boldsymbol{A}^{\mathrm{T}}\boldsymbol{C}\boldsymbol{A}$。

一个有 m 条边和 n 个节点的连通图的关联矩阵 $\boldsymbol{A}$ 的 4 个子空间：

$\mathbf{N}(\boldsymbol{A})$ 那些常数向量 $(c,c,\cdots,c)$ 组成了 $\boldsymbol{A}$ 的一维零空间。

$\mathbf{C}(\boldsymbol{A}^{\mathrm{T}})$ 一棵树的 r 条边给出了 $\boldsymbol{A}$ 的 r 个独立行：秩 $=r=n-1$。

$\mathbf{C}(\boldsymbol{A})$ 电压定律:沿着所有环路，$\boldsymbol{Ax}$ 的分量之和等于零。

$\mathbf{N}(\boldsymbol{A}^{\mathrm{T}})$ 电流定律：$\boldsymbol{A}^{\mathrm{T}}\boldsymbol{y}=$ **流入 − 流出** $=\mathbf{0}$ 通过环路电流来求解。

图 1.4 中有 $\boldsymbol{m}-\boldsymbol{r}=\boldsymbol{m}-\boldsymbol{n}+\mathbf{1}$ 个独立的小环路。

4 个基本子空间如图 1.4 所示。

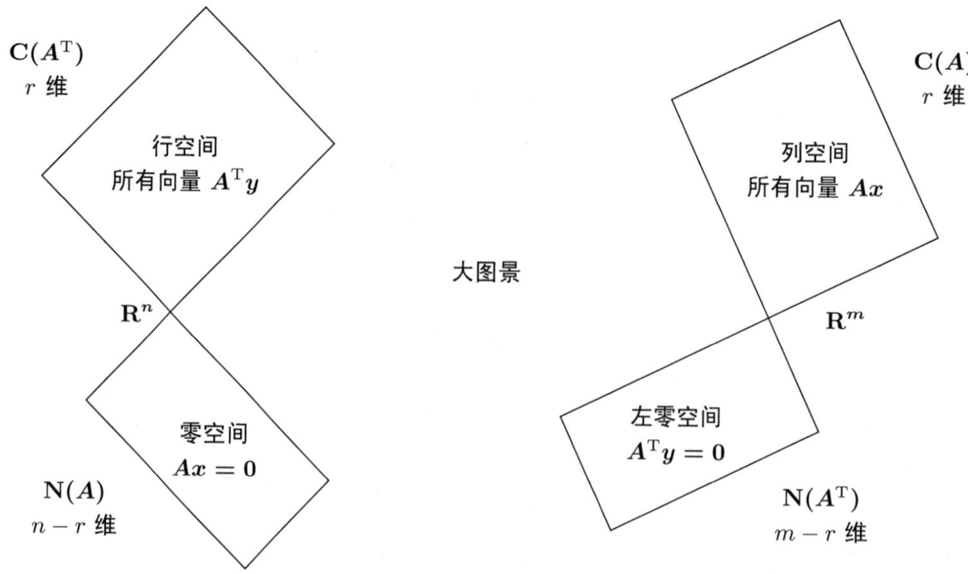

图 1.4 4 个基本子空间：它们的维数相加分别为 n 和 m

AB、$A+B$ 的秩

这里给出关于秩的关键结论：**矩阵相乘时，秩不会增加**。可以通过查看列空间与行空间得出这个结论。还有一种特殊的情形，秩也不会减少。这样就知道 AB 的秩。当数据科学将一个矩阵分解为 UV 或 CR 时，下面的结论 4 就十分重要了。

下面将五个关键结论放在一起来陈述：有关秩的不等式与等式。

1 $\operatorname{rank}(AB) \leqslant \operatorname{rank}(A)$, $\operatorname{rank}(AB) \leqslant \operatorname{rank}(B)$
2 $\operatorname{rank}(A+B) \leqslant \operatorname{rank}(A)+\operatorname{rank}(B)$
3 $\operatorname{rank}(A^{\mathrm{T}}A) = \operatorname{rank}(AA^{\mathrm{T}}) = \operatorname{rank}(A) = \operatorname{rank}(A^{\mathrm{T}})$
4 若 A 是 $m\times r$ 的，B 是 $r\times n$ 的（两者的秩都是 r），**则 AB 的秩也是 r**

结论 1 涉及 AB 的列空间和行空间：

$$\mathbf{C}(AB) \subset \mathbf{C}(A) \qquad \mathbf{C}((AB)^{\mathrm{T}}) \subset \mathbf{C}(B^{\mathrm{T}})$$

AB 的每列是 A 的各列的组合（矩阵乘法）。

AB 的每行是 B 的各行的组合（矩阵乘法）。

回顾 1.1 节中，有“**行秩 = 列秩**”。我们可以用行或列。当做 AB 乘积时，秩不会增加。框中的结论 **1** 经常会被用到。

结论 2 $A+B$ 的每列是 A 的列加 B 的列。

$\operatorname{rank}(A+B) \leqslant \operatorname{rank}(A)+\operatorname{rank}(B)$ 总是正确的。这是因为 $A+B$ 结合了 $\mathbf{C}(A)$ 与 $\mathbf{C}(B)$ 的基。

$\operatorname{rank}(A+B) = \operatorname{rank}(A)+\operatorname{rank}(B)$ 并不总是对的。显然，它对 $A=B=I$ 是错的。

结论 3 A 和 $A^{\mathrm{T}}A$ 都有 n 列。**它们也有同样的零空间**（这是习题 6）。因此对两者，$n-r$ 是一样的，则秩 r 也是相同的。因此 $\operatorname{rank}(A^{\mathrm{T}}) \geqslant \operatorname{rank}(A^{\mathrm{T}}A) = \operatorname{rank}(A)$。交换 A 和 A^{T} 可证它们的秩相同。

结论 4 假设已知 A、B 的秩是 r。根据结论 **3**，$A^{\mathrm{T}}A$、BB^{T} 的秩是 r。而它们是 $r\times r$ 矩阵，故可逆。其乘积 $A^{\mathrm{T}}ABB^{\mathrm{T}}$ 也可逆。由结论 1 可知，乘 A^{T}、B^{T}，秩不增加，故

$$r = \operatorname{rank}(A^{\mathrm{T}}ABB^{\mathrm{T}}) \leqslant \operatorname{rank}(AB)$$

又知道 $\operatorname{rank}(AB) \leqslant \operatorname{rank}(A) = r$。因此证明了 $\operatorname{rank}(AB) = r$。

注意 这并不等于说每个秩为 r 的矩阵的积的秩为 r。结论 **4** 假设 A 有 r 列，且 B 有 r 行。对 BA 结论很容易不成立。

$$A = \begin{bmatrix} 1 \\ 1 \\ 1 \end{bmatrix}, \quad B = \begin{bmatrix} 1 & 2 & -3 \end{bmatrix}, \quad AB\text{的秩为1，但是}BA\text{等于零。}$$

习题 1.3

1. 证明 AB 的零空间包含 B 的零空间。（提示：由 $Bx = 0$ 开始论证）

2. 求方阵 $\boldsymbol{A}$ 满足 $\operatorname{rank}(\boldsymbol{A}^2) < \operatorname{rank}(\boldsymbol{A})$。验证 $\operatorname{rank}(\boldsymbol{A}^{\mathrm{T}}\boldsymbol{A}) = \operatorname{rank}(\boldsymbol{A})$。
3. 设 $\boldsymbol{C} = \begin{bmatrix} \boldsymbol{A} \\ \boldsymbol{B} \end{bmatrix}$，$\boldsymbol{C}$ 的零空间与 $\boldsymbol{A}$、$\boldsymbol{B}$ 的零空间有何关系？
4. 若 $\boldsymbol{A}$ 的行空间 $=\boldsymbol{A}$ 的列空间，且 $\mathbf{N}(\boldsymbol{A}) = \mathbf{N}(\boldsymbol{A}^{\mathrm{T}})$，则 $\boldsymbol{A}$ 是否对称？
5. 对应 $m \times n$ 矩阵 $\boldsymbol{A}$ 的秩r 与 m、n 的 4 种大小关系，$\boldsymbol{Ax} = \boldsymbol{b}$ 解的情况有 4 种可能性。给出 4 个矩阵 $\boldsymbol{A}_1$、$\boldsymbol{A}_2$、$\boldsymbol{A}_3$、$\boldsymbol{A}_4$，显示出下面这些可能性：

$r = m = n$	$\boldsymbol{A}_1\boldsymbol{x} = \boldsymbol{b}$ 对每个 $\boldsymbol{b}$ 有 1 个解
$r = m < n$	$\boldsymbol{A}_2\boldsymbol{x} = \boldsymbol{b}$ 对每个 $\boldsymbol{b}$ 有 ∞ 个解
$r = n < m$	$\boldsymbol{A}_3\boldsymbol{x} = \boldsymbol{b}$ 有 0 或 1 个解
$r < m, r < n$	$\boldsymbol{A}_4\boldsymbol{x} = \boldsymbol{b}$ 有 0 或 ∞ 个解

6. (重要) 证明 $\boldsymbol{A}^{\mathrm{T}}\boldsymbol{A}$ **和** $\boldsymbol{A}$ **有相同的零空间**。下面是一种方法：
   首先，若 $\boldsymbol{Ax} = 0$，则 $\boldsymbol{A}^{\mathrm{T}}\boldsymbol{Ax} =$ ____。这证明了 $\mathbf{N}(\boldsymbol{A}) \subset \mathbf{N}(\boldsymbol{A}^{\mathrm{T}}\boldsymbol{A})$。
   其次，若 $\boldsymbol{A}^{\mathrm{T}}\boldsymbol{Ax} = \mathbf{0}$，则 $\boldsymbol{x}^{\mathrm{T}}\boldsymbol{A}^{\mathrm{T}}\boldsymbol{Ax} = \|\boldsymbol{Ax}\|^2 = 0$。故有 $\mathbf{N}(\boldsymbol{A}^{\mathrm{T}}\boldsymbol{A}) = \mathbf{N}(\boldsymbol{A})$。
7. 设 $\boldsymbol{A}$ 是方阵。$\boldsymbol{A}^2$ 与 $\boldsymbol{A}$ 总是有相同的零空间吗？
8. 求 $\boldsymbol{A} = \begin{bmatrix} 0 & 1 \\ 0 & 0 \end{bmatrix}$ 的列空间 $\mathbf{C}(\boldsymbol{A})$ 与零空间 $\mathbf{N}(\boldsymbol{A})$。这些空间是向量空间，而不是单个的向量。这是一个满足 $\mathbf{C}(\boldsymbol{A}) = \mathbf{N}(\boldsymbol{A})$ 的特例，不会得到 $\mathbf{C}(\boldsymbol{A}) = \mathbf{N}(\boldsymbol{A}^{\mathrm{T}})$，因为这两个子空间是正交的。
9. 画一个正方形，并且将其 4 个顶点与中心点连在一起，得到 5 个节点与 8 条边。试求：
   (1) 这个图的 8×5 关联矩阵 $\boldsymbol{A}$（秩 $r = 5 - 1 = 4$）。
   (2) $\mathbf{N}(\boldsymbol{A})$ 中的一个向量 $\boldsymbol{x}$，以及 $\mathbf{N}(\boldsymbol{A}^{\mathrm{T}})$ 中的 $8 - 4$ 个独立向量 $\boldsymbol{y}$。
10. 若 $\mathbf{N}(\boldsymbol{A})$ 只含一个零向量，则 $\boldsymbol{B} = [\boldsymbol{A}\ \ \boldsymbol{A}\ \ \boldsymbol{A}]$ 的零空间中含有什么样的向量？
11. 对 $\mathbf{R}^{10}$ 中的二维子空间 $\mathbf{S}$ 与七维子空间 $\mathbf{T}$，试求以下空间的所有可能维数：
   (1) $\mathbf{S} \cap \mathbf{T} =$ {含于两个子空间的所有向量}；
   (2) $\mathbf{S} + \mathbf{T} =$ {$\mathbf{S}$ 中 s 与 $\mathbf{T}$ 中 t 的所有和 $s + t$}；
   (3) $\mathbf{S}^{\perp} =$ {$\mathbf{R}^{10}$ 中垂直于 $\mathbf{S}$ 中的每个向量的所有向量}。

1.4 消元法与 $A = LU$

线性代数的首要基本问题是求解 $\boldsymbol{Ax} = \boldsymbol{b}$。给定 $n \times n$ 矩阵 $\boldsymbol{A}$ 及 $n \times 1$ 列向量 $\boldsymbol{b}$，寻求解向量 $\boldsymbol{x}$，其分量 $x_1, x_2, \cdots, x_n$ 是 n 个未知数，有 n 个方程。通常对于一个方阵 $\boldsymbol{A}$，方程 $\boldsymbol{Ax} = \boldsymbol{b}$ 只有一个解（但并非总是如此）。可以通过几何或代数方法求得 $\boldsymbol{x}$。

本节从 $\boldsymbol{Ax} = \boldsymbol{b}$ 的行图及列图开始；然后通过简化方程求解，即在 $n - 1$ 个方程中消去 x_1 以得到一个较小的方程组 $\boldsymbol{A}_2\boldsymbol{x}_2 = \boldsymbol{b}_2$，其系数矩阵为 $n - 1$ 阶；最终得到系数矩阵 1×1 的方程组 $A_n x_n = b_n$，故有 $x_n = b_n / A_n$。再回代，就得到了 x_{n-1}，以此类推，最终得到 x_2 和 x_1。

本节的要点是这些消元步骤采用秩为 1 的矩阵来进行。**每一步（从 $\boldsymbol{A}_1$ 到 $\boldsymbol{A}_2$，直到 $\boldsymbol{A}_n$）移走一个 $\boldsymbol{\ell u}^*$ 矩阵**。这样，原始的 $\boldsymbol{A}$ 成为这些秩为 1 的矩阵之和。这个和恰为 $\boldsymbol{A} = \boldsymbol{LU}$ 分解：$\boldsymbol{L}$ 为下三角阵，$\boldsymbol{U}$ 为上三角阵。

$\boldsymbol{A} = \boldsymbol{LU}$ 是未做行交换的消元过程的矩阵描述，这是代数方法。下面对一个 2×2 例子采用几何方法进行讨论。

$$\begin{array}{l}\boldsymbol{Ax} = \boldsymbol{b}, \boldsymbol{A}\text{为}\mathbf{2} \times \mathbf{2}\text{矩阵} \\ \mathbf{2}\text{个方程}, \mathbf{2}\text{个未知数}\end{array} \quad \begin{bmatrix} 1 & -2 \\ 2 & 3 \end{bmatrix} \begin{bmatrix} x \\ y \end{bmatrix} = \begin{bmatrix} 1 \\ 9 \end{bmatrix} \quad \begin{array}{r} x - 2y = 1 \\ 2x + 3y = 9 \end{array} \tag{1}$$

注意：这里使用内积（点积）来实现 $\boldsymbol{Ax}$ 的相乘。矩阵 $\boldsymbol{A}$ 的每行与向量 $\boldsymbol{x}$ 相乘。这样就得到了关于 x 和 y 的两个方程，以及在图 1.5 中的两条直线。它们在解 $x = 3$，$y = 1$ 处相交，这就是**行图**。

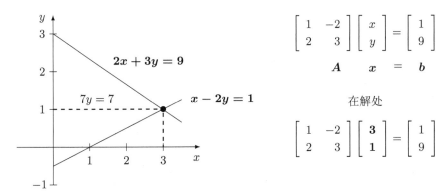

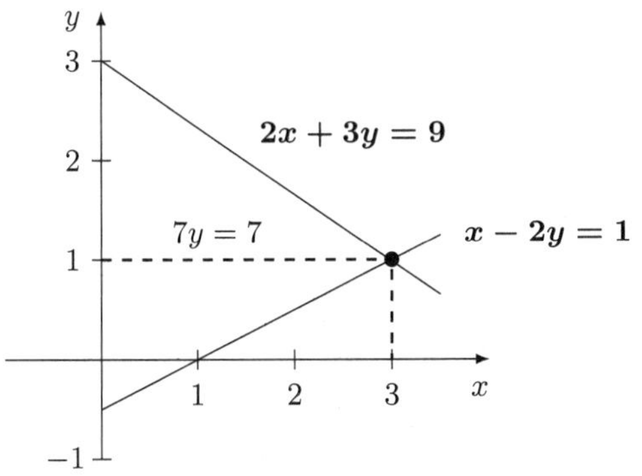

$$\begin{bmatrix} 1 & -2 \\ 2 & 3 \end{bmatrix} \begin{bmatrix} x \\ y \end{bmatrix} = \begin{bmatrix} 1 \\ 9 \end{bmatrix}$$
$$\boldsymbol{A} \quad \boldsymbol{x} \quad = \quad \boldsymbol{b}$$

在解处

$$\begin{bmatrix} 1 & -2 \\ 2 & 3 \end{bmatrix} \begin{bmatrix} \mathbf{3} \\ \mathbf{1} \end{bmatrix} = \begin{bmatrix} 1 \\ 9 \end{bmatrix}$$

图 1.5 $Ax = b$ 的行图 (两条直线在解 $x = 3, y = 1$ 处相交)

图 1.5 也包含一条水平线 $7y = 7$。从第 2 个方程中的第二行减去该方程的第一行乘以 2，就消去了未知数 x 得到 $7y = 7$。这是一个代数运算：

$$\begin{bmatrix} \mathbf{1} & \mathbf{-2} \\ \mathbf{2} & \mathbf{3} \end{bmatrix} \begin{bmatrix} x \\ y \end{bmatrix} = \begin{bmatrix} \mathbf{1} \\ \mathbf{9} \end{bmatrix} \quad \text{变成} \quad \begin{bmatrix} \mathbf{1} & \mathbf{-2} \\ \mathbf{0} & \mathbf{7} \end{bmatrix} \begin{bmatrix} x \\ y \end{bmatrix} = \begin{bmatrix} \mathbf{1} \\ \mathbf{7} \end{bmatrix} \quad \begin{array}{l} \boldsymbol{x} = \mathbf{3} \\ \boldsymbol{y} = \mathbf{1} \end{array}$$

列图　**一个向量方程**代替两个标量方程。将 $\boldsymbol{b}$ 表示为 $\boldsymbol{A}$ 的列的组合。图 1.6 得到了恰当的组合（解 $\boldsymbol{x}$），与在行图中得到的 $x = 3$ 和 $y = 1$ 相同。

$$\begin{array}{l}\boldsymbol{Ax}\text{是列的组合} \\ \text{这个列组合等于}\boldsymbol{b}\end{array} \quad \begin{bmatrix} 1 & -2 \\ 2 & 3 \end{bmatrix} \begin{bmatrix} x \\ y \end{bmatrix} = x \begin{bmatrix} 1 \\ 2 \end{bmatrix} + y \begin{bmatrix} -2 \\ 3 \end{bmatrix} = \begin{bmatrix} 1 \\ 9 \end{bmatrix} \tag{2}$$

将 $\mathbf{3}\times$(**第 1 列**) 加上 $\mathbf{1}\times$(**第 2 列**) 得到了 $\boldsymbol{b}$ 作为列的一个组合。对 $n = 2$，行图看起来是容易的。但是，当 $n \geqslant 3$ 时，列图就占了优势。因为我们宁可画出三个列向量，而不是三个平面。对 $\boldsymbol{x} = (x, y, z)$ 有三个方程。

三维中的行图	三个平面交于一点。每个平面对应于一个方程
三维中的列图	三个列向量组合起来得到了向量 $\boldsymbol{b}$

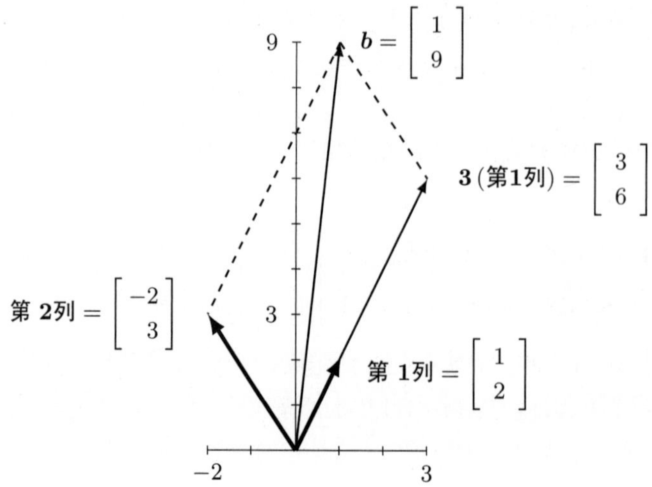

图 1.6 列图像：3×(第 1 列) +1×(第 2 列) 给出了 b

通过消元法解 $Ax = b$

在视觉上呈现三个平面在三维空间 $\mathbf{R}^3$ 相交并不容易。要想象 n 个 “超平面” 在 $\mathbf{R}^n$ 相交在一个点，更是费劲。而列向量的组合则容易得多：一个矩阵 $\boldsymbol{A}$ 必须有 3 个（或 n 个）**独立**的列。这些列必然不能都位于 $\mathbf{R}^3$ 的同一平面（或 $\mathbf{R}^n$ 的 同一超平面）中。翻译成代数语言即为

$$\boldsymbol{A}\text{列无关} \qquad \boldsymbol{Ax} = \mathbf{0}\text{的唯一解为零向量}\boldsymbol{x} = \mathbf{0}$$

换言之，**无关性**意味着加起来等于零向量的唯一可能组合是用零乘以每列。因此，$\boldsymbol{Ax} = \mathbf{0}$ 的唯一解是 $\boldsymbol{x} = \mathbf{0}$。当这个条件成立时，用消元法可求解 $\boldsymbol{Ax} = \boldsymbol{b}$ 得到列的唯一组合以产生 $\boldsymbol{b}$。

这里是一个完整的过程，若消元步骤在通常的顺序下能成功，则逐列进行：

第 1 列：用方程 1 对第一主元下各分量置零。注意：主元不能为零。

第 2 列：用新的方程 2 将第二个主元下各分量置零。

第 3～n 列：以此类推，得到上三角矩阵 U，在其对角线上是 n 个主元。

$$\textbf{步骤 1}\begin{bmatrix} \boldsymbol{x} & \boldsymbol{x} & \boldsymbol{x} & \boldsymbol{x} \\ \mathbf{0} & x & x & x \\ \mathbf{0} & x & x & x \\ \mathbf{0} & x & x & x \end{bmatrix} \qquad \textbf{步骤 2}\begin{bmatrix} \boldsymbol{x} & \boldsymbol{x} & \boldsymbol{x} & \boldsymbol{x} \\ \mathbf{0} & \boldsymbol{x} & \boldsymbol{x} & \boldsymbol{x} \\ \mathbf{0} & \mathbf{0} & x & x \\ \mathbf{0} & \mathbf{0} & x & x \end{bmatrix} \qquad \cdots \qquad \boldsymbol{U} = \begin{bmatrix} \boldsymbol{x} & \boldsymbol{x} & \boldsymbol{x} & \boldsymbol{x} \\ & \boldsymbol{x} & \boldsymbol{x} & \boldsymbol{x} \\ & & \boldsymbol{x} & \boldsymbol{x} \\ & & & \boldsymbol{x} \end{bmatrix}$$

第 1 行是第一个主元行，它不发生变化。然后从 $\boldsymbol{A}$ 中的第 2、3、4 行分别减去第 1 行与数 ℓ_{21}、ℓ_{31}、ℓ_{41} 的乘积。使第一列除第一行上的主元外都变成零的那些数为

$$\textbf{乘数} \qquad \boldsymbol{\ell_{21}} = \frac{\boldsymbol{a_{21}}}{\boldsymbol{a_{11}}}, \qquad \boldsymbol{\ell_{31}} = \frac{\boldsymbol{a_{31}}}{\boldsymbol{a_{11}}}, \qquad \boldsymbol{\ell_{41}} = \frac{\boldsymbol{a_{41}}}{\boldsymbol{a_{11}}}$$

若矩阵左上角那个分量是 $a_{11} = 3 =$ 第一主元，而在它之下的 a_{21} 是 12，则 $\ell_{21} = 12/3 = 4$。步骤 2 用新得到的第 2 行（第二个主元行）进行运算。将这一行分别乘以 ℓ_{32} 与 ℓ_{42}，再从第 3 行与第 4 行分别减去这新的第 2 行与 ℓ_{32}、ℓ_{42} 的乘积从而在第二列中得到零。以此类推，就得到了 $\boldsymbol{U}$。

至此，已经对矩阵 $\boldsymbol{A}$（但不包括 $\boldsymbol{b}$）进行了运算。对 $\boldsymbol{A}$ 的消元需要 $\frac{1}{3}n^3$ 个单独的乘法及加法运算（远多于对每个右手项 $\boldsymbol{b}$ 的 n^2 步）。需要对上述过程的每一步都做记录。而完美的形式就是 $\boldsymbol{A}=\boldsymbol{LU}$：两个三角矩阵的乘积，即**下三角矩阵 $\boldsymbol{L}$ 乘以上三角矩阵 $\boldsymbol{U}$**。

矩阵分解 $A = LU$

这个初始的 $\boldsymbol{A}$ 是如何与最终的矩阵 $\boldsymbol{U}$ 相关联的？ 乘数 ℓ_{ij} 在三步内让我们得出这个结果。第一步是将 4×4 的问题简化为 3×3 的问题，通过在初始的矩阵中移除第 1 行与那些乘数的相乘结果：

关键的想法：步骤1

移除$\boldsymbol{\ell}_1\boldsymbol{u}_1^*$

$$\boldsymbol{A}=\begin{bmatrix} 1\text{乘第 1 行} \\ \ell_{21}\text{乘第 1 行} \\ \ell_{31}\text{乘第 1 行} \\ \ell_{41}\text{乘第 1 行} \end{bmatrix}+\begin{bmatrix} 0 & 0 & 0 & 0 \\ 0 & & & \\ 0 & & \boldsymbol{A}_2 & \\ 0 & & & \end{bmatrix} \tag{3}$$

我们已经将等式右边的第一个矩阵从 $\boldsymbol{A}$ 中减掉。这个被移除的矩阵是列向量 $\mathbf{1}$，ℓ_{21}、ℓ_{31}、ℓ_{41} 乘以第 1 行，**这是秩为 1 的矩阵 $\boldsymbol{\ell}_1\boldsymbol{u}_1^*$**。

3 × 3 例子

移除秩为1的矩阵

列 / 行变成零

$$\begin{bmatrix} 1 & 2 & 3 \\ 2 & 5 & 7 \\ 2 & 7 & 8 \end{bmatrix}-\begin{bmatrix} 1 & 2 & 3 \\ 2 & 4 & 6 \\ 2 & 4 & 6 \end{bmatrix}=\begin{bmatrix} 0 & 0 & 0 \\ 0 & \mathbf{1} & \mathbf{1} \\ 0 & \mathbf{3} & \mathbf{2} \end{bmatrix}=\begin{bmatrix} 0 & 0 & 0 \\ 0 & \boldsymbol{A}_2 & \\ 0 & & \end{bmatrix}$$

下一步是处理剩余的矩阵 $\boldsymbol{A}_2$ 的第 2 列。这个新的第 2 行是 $\boldsymbol{u}_2^*=$ 第 2 主元行，将其分别乘以 $\ell_{12}=0$，$\ell_{22}=1$，ℓ_{32} 和 ℓ_{42}，**然后从四个行中减去 $\boldsymbol{\ell}_2\boldsymbol{u}_2^*$**。现在第 2 行也是零，且 $\boldsymbol{A}_2$ 缩小到 $\boldsymbol{A}_3$。

步骤2

$$\boldsymbol{A}=\boldsymbol{\ell}_1\boldsymbol{u}_1^*+\begin{bmatrix} \mathbf{0}\ \text{乘以第 2 主元行} \\ \mathbf{1}\ \text{乘以第 2 主元行} \\ \boldsymbol{\ell}_{32}\ \text{乘以第 2 主元行} \\ \boldsymbol{\ell}_{42}\ \text{乘以第 2 主元行} \end{bmatrix}+\begin{bmatrix} 0 & 0 & 0 & 0 \\ 0 & 0 & 0 & 0 \\ 0 & 0 & \boldsymbol{A}_3 & \\ 0 & 0 & & \end{bmatrix} \tag{4}$$

这一步是移除 $\boldsymbol{\ell}_2\boldsymbol{u}_2^*$，其中 $\boldsymbol{\ell}_2=(0,1,\ell_{32},\ell_{42})$，$\boldsymbol{u}_2^*=$ 第 2 主元行。步骤 3 进一步将 2×2 矩阵 $\boldsymbol{A}_3$ 缩小为一个 (1×1) 的数 $\boldsymbol{A}_4$。此时，主元行 $\boldsymbol{u}_3^*$ 即 $\boldsymbol{A}_3$ 的第 1 行只有两个非零元素，而且列 $\boldsymbol{\ell}_3$ 是 $(0,0,1,\ell_{43})$。

以这种每次一列的方式来看消元过程，就直接得到了 $\boldsymbol{A}=\boldsymbol{LU}$。矩阵乘法 $\boldsymbol{LU}$ 是 $\boldsymbol{L}$ 的列与 U 的行相乘再求和：

$$\boldsymbol{A}=\boldsymbol{\ell}_1\boldsymbol{u}_1^*+\boldsymbol{\ell}_2\boldsymbol{u}_2^*+\boldsymbol{\ell}_3\boldsymbol{u}_3^*+\boldsymbol{\ell}_4\boldsymbol{u}_4^*=\begin{bmatrix} 1 & 0 & 0 & 0 \\ \ell_{21} & 1 & 0 & 0 \\ \ell_{31} & \ell_{32} & 1 & 0 \\ \ell_{41} & \ell_{42} & \ell_{43} & 1 \end{bmatrix}\begin{bmatrix} \text{第 1 主元行} \\ \text{第 2 主元行} \\ \text{第 3 主元行} \\ \text{第 4 主元行} \end{bmatrix}=\boldsymbol{LU} \tag{5}$$

消元过程将 $\boldsymbol{A}=\boldsymbol{LU}$ 分解为一个下三角矩阵 $\boldsymbol{L}$ 乘以一个上三角矩阵 $\boldsymbol{U}$

$\boldsymbol{LU}$ 分解的注释 从消元法的核心思想出发得到 $\boldsymbol{A}=\boldsymbol{LU}$：通过在最后的 $n-1$ 个方程中消去 x_1，将问题的大小从 n 降为 $n-1$。减去第 1 行（主元行）的倍数，这样移除的矩阵秩为 1。经过 n 步，整个矩阵 $\boldsymbol{A}$ 成为 n 个秩为 1 的矩阵的和。这个和（通过矩阵乘法中的列乘以行的规则）就是 $\boldsymbol{L}$ 乘以 $\boldsymbol{U}$。

这个证明并不在我的教材《线性代数导论》中。那本书主要集中考虑 $\boldsymbol{U}$ 的行，而不是处理 $\boldsymbol{A}$ 的列。$\boldsymbol{U}$ 的第 3 行来自 $\boldsymbol{A}$ 的第 3 行减去第 1、2 主元行的数倍：

$$\boldsymbol{U}\text{的第 3 行} = (\boldsymbol{A}\text{的第 3 行}) - \ell_{31} \times (\boldsymbol{U}\text{的第 1 行}) - \ell_{32} \times (\boldsymbol{U}\text{的第 2 行}) \tag{6}$$

将这个方程重写，就可以看到 $\boldsymbol{L}$ 的行 $[\ell_{31} \quad \ell_{32} \quad 1]$ 在与矩阵 $\boldsymbol{U}$ 以这样的方式相乘：

$$\boldsymbol{A}\text{的第 3 行} = \ell_{31} \times (\boldsymbol{U}\text{的第 1 行}) + \ell_{32} \times (\boldsymbol{U}\text{的第 2 行}) + 1 \times (\boldsymbol{U}\text{的第 3 行}) \tag{7}$$

这就是 $\boldsymbol{A}=\boldsymbol{LU}$ 的第 3 行。这里的关键点就是被减的行是主元行，而且它们已在 $\boldsymbol{U}$ 中，**不需要进行任何行交换，我们再次得到了 $\boldsymbol{A}=\boldsymbol{LU}$**。

方程 $\boldsymbol{A}\boldsymbol{x}=\boldsymbol{b}$ 的解

对方程的两边进行相同的运算。一种直接的方法是将 $\boldsymbol{b}$ 添为一列——对矩阵 $[\boldsymbol{A} \quad \boldsymbol{b}]$ 进行运算。下面对 $\boldsymbol{A}$ 的消元步骤（用 $\boldsymbol{L}^{-1}$ 乘以 $\boldsymbol{A}$ 得到 $\boldsymbol{U}$）也应用在 $\boldsymbol{b}$ 上：

$$\text{从}\begin{bmatrix} \boldsymbol{A} & \boldsymbol{b} \end{bmatrix} = \begin{bmatrix} \boldsymbol{LU} & \boldsymbol{b} \end{bmatrix}\text{开始，}\quad \text{消元得到}\begin{bmatrix} \boldsymbol{U} & \boldsymbol{L}^{-1}\boldsymbol{b} \end{bmatrix} = \begin{bmatrix} \boldsymbol{U} & \boldsymbol{c} \end{bmatrix}$$

按照从 $\boldsymbol{A}$ 到 $\boldsymbol{U}$（上三角）的步骤将方程的右侧项 $\boldsymbol{b}$ 变为 $\boldsymbol{c}$。**对 $\boldsymbol{A}\boldsymbol{x}=\boldsymbol{b}$ 做消元运算得到 $\boldsymbol{U}\boldsymbol{x}=\boldsymbol{c}$，对这个方程就可回代求解。**

$$\begin{matrix} 2x+3y=8 \\ 4x+7y=18 \end{matrix} \rightarrow \begin{bmatrix} 2 & 3 & 8 \\ 4 & 7 & 18 \end{bmatrix} \rightarrow \begin{bmatrix} \mathbf{2} & \mathbf{3} & \mathbf{8} \\ 0 & \mathbf{1} & \mathbf{2} \end{bmatrix} = \begin{bmatrix} \boldsymbol{U} & \boldsymbol{c} \end{bmatrix} \tag{8}$$

$\boldsymbol{L}$ 从第 2 行减去了 2 乘以第 1 行，然后这个三角方程组 $\boldsymbol{U}\boldsymbol{x}=\boldsymbol{c}$ 向上求解（**回代**），即从下而上：

$$\begin{matrix} \text{由}2x+3y=8 \\ 1y=2 \end{matrix} \quad \text{得到} \quad \boldsymbol{y=2} \quad \text{然后由} \quad \boldsymbol{x=1}, \quad \boldsymbol{U}\boldsymbol{x}=\boldsymbol{c} \quad \text{得到} \quad \boldsymbol{x}=\boldsymbol{U}^{-1}\boldsymbol{c}$$

正方形方程组 $\boldsymbol{A}\boldsymbol{x}=\boldsymbol{b}$ 变成了两个三角方程组：

$\boldsymbol{A}\boldsymbol{x}=\boldsymbol{b}$ 分裂成 $\boldsymbol{L}\boldsymbol{c}=\boldsymbol{b}$ 与 $\boldsymbol{U}\boldsymbol{x}=\boldsymbol{c}$，消元得到 $\boldsymbol{c}$ 而回代得到 $\boldsymbol{x}$

最后的结果是 $\boldsymbol{x}=\boldsymbol{U}^{-1}\boldsymbol{c}=\boldsymbol{U}^{-1}\boldsymbol{L}^{-1}\boldsymbol{b}=\boldsymbol{A}^{-1}\boldsymbol{b}$，就得到了正确的解。

注意：所有这些步骤要求非零的主元。用这些数作为除数。

第一个主元是 a_{11}。第二个主元在 A_2 的角上，而第 n 个主元就在 1×1 矩阵 $\boldsymbol{A}_n$ 中。这些数最终都出现在 $\boldsymbol{U}$ 的主对角线上。

若 $a_{11} = 0$，则数字零不能作第一个主元。若在第一列下面有非零元，则它所在的那一行就能用作主元行。**好的代码会选最大的数为主元**。之所以这么做，是为了减小误差，即使 a_{11} 非零，也这样做。

接下来介绍换行对 $\boldsymbol{A} = \boldsymbol{LU}$ 的影响。

换行（置换）

这里第 1 列中最大的数是在第 3 行上：$a_{31} = 2$。**第 3 行将被用作第 1 主元行 $\boldsymbol{u}_1^*$**。将这一行乘以 $\ell_{21} = \dfrac{1}{2}$，然后将其从第 2 行减去。

$$\begin{aligned}&\boldsymbol{u}_1^* = \boldsymbol{A}\text{的第 3 行}\\&=\text{第 1 主元行}\end{aligned} \qquad \boldsymbol{A} = \begin{bmatrix} 0 & 1 & 1 \\ 1 & 3 & 7 \\ \mathbf{2} & \mathbf{4} & \mathbf{8} \end{bmatrix} \to \begin{bmatrix} 0 & 1 & 1 \\ 0 & 1 & 3 \\ \mathbf{2} & \mathbf{4} & \mathbf{8} \end{bmatrix} \tag{9}$$

下一步就是消元移除一个秩为 1 的矩阵。但是，这次 $\boldsymbol{A}_2$ 出现在一个新的位置。

$$\begin{bmatrix} 0 & 1 & 1 \\ 1 & 3 & 7 \\ 2 & 4 & 8 \end{bmatrix} = \begin{bmatrix} 0 \\ 1/2 \\ 1 \end{bmatrix} \begin{bmatrix} 2 & 4 & 8 \end{bmatrix} + \begin{bmatrix} 0 & \boxed{\begin{matrix} 1 & 1 \\ 1 & 3 \end{matrix}} \\ 0 & \\ 0 & 0 \quad 0 \end{bmatrix} \leftarrow \boldsymbol{A}_2 \tag{10}$$

对 $\boldsymbol{A}_2$ 进行消元会再产生两个秩为 1 的矩阵部分。因此，$\boldsymbol{A} = \boldsymbol{LU}$ 有三部分：

$$\boldsymbol{\ell}_1 \boldsymbol{u}_1^* + \begin{bmatrix} 1 \\ 1 \\ 0 \end{bmatrix} \begin{bmatrix} 0 & 1 & 1 \end{bmatrix} + \begin{bmatrix} 0 \\ 1 \\ 0 \end{bmatrix} \begin{bmatrix} 0 & 0 & 2 \end{bmatrix} = \begin{bmatrix} 0 & 1 & 0 \\ 1/2 & 1 & 1 \\ 1 & 0 & 0 \end{bmatrix} \begin{bmatrix} 2 & 4 & 8 \\ 0 & 1 & 1 \\ 0 & 0 & 2 \end{bmatrix} \tag{11}$$

最后矩阵 $\boldsymbol{U}$ 是三角的，但是矩阵 $\boldsymbol{L}$ 不是三角的。$\boldsymbol{A}$ 的主元顺序是 **3、1、2**，想使主元行顺序为 **1、2、3**，必须将 $\boldsymbol{A}$ 的行 3 移至顶部：

$$\begin{aligned}&\text{通过一个置换矩阵}\boldsymbol{P}\\&\text{来实现换行}\end{aligned} \qquad \boldsymbol{PA} = \begin{bmatrix} 0 & 0 & \mathbf{1} \\ \mathbf{1} & 0 & 0 \\ 0 & \mathbf{1} & 0 \end{bmatrix} \begin{bmatrix} 0 & 1 & 1 \\ 1 & 3 & 7 \\ \mathbf{2} & \mathbf{4} & \mathbf{8} \end{bmatrix} = \begin{bmatrix} \mathbf{2} & \mathbf{4} & \mathbf{8} \\ 0 & 1 & 1 \\ 1 & 3 & 7 \end{bmatrix}$$

当 $\boldsymbol{Ax}=\boldsymbol{b}$ 的两边都乘以 $\boldsymbol{P}$ 时，**就恢复了顺序，并得到 $\boldsymbol{PA} = \boldsymbol{LU}$**：

$$\boldsymbol{PA} = \begin{bmatrix} 2 & 4 & 8 \\ 0 & 1 & 1 \\ 1 & 3 & 7 \end{bmatrix} = \begin{bmatrix} 1 & 0 & 0 \\ 0 & 1 & 0 \\ 1/2 & 1 & 1 \end{bmatrix} \begin{bmatrix} 2 & 4 & 8 \\ 0 & 1 & 1 \\ 0 & 0 & 2 \end{bmatrix} = \boldsymbol{LU} \tag{12}$$

每个可逆的 $\boldsymbol{n} \times \boldsymbol{n}$ 矩阵 $\boldsymbol{A}$ 会有 $\boldsymbol{PA} = \boldsymbol{LU}$ 成立：$\boldsymbol{P} =$ 置换矩阵

存在 6 个 3×3 置换矩阵：有 6 种方式对单位矩阵的行排序。

1 次交换（奇置换）
$$P_{213}=\begin{bmatrix}0&1&0\\1&0&0\\0&0&1\end{bmatrix},\quad P_{321}=\begin{bmatrix}0&0&1\\0&1&0\\1&0&0\end{bmatrix},\quad P_{132}=\begin{bmatrix}1&0&0\\0&0&1\\0&1&0\end{bmatrix}$$

0 或 2 次交换（偶置换）
$$P_{123}=\begin{bmatrix}1&&\\&1&\\&&1\end{bmatrix},\quad P_{312}=\begin{bmatrix}0&0&1\\1&0&0\\0&1&0\end{bmatrix},\quad P_{231}=\begin{bmatrix}0&1&0\\0&0&1\\1&0&0\end{bmatrix}$$

每个置换矩阵 $\boldsymbol{P}$ 的逆矩阵是其转置矩阵 $\boldsymbol{P}^{\mathrm{T}}$。 如果是在解 $\boldsymbol{Ax}=\boldsymbol{b}$，则行的互换也同时对等式的右侧项 $\boldsymbol{b}$ 进行。计算机并不实际上挪行，只是记住了互换的操作。

有 $n!$（n 排列）个 n 阶置换矩阵：$3!=3\times2\times1=6$。当 $\boldsymbol{A}$ 有相关行（$\boldsymbol{A}$ 没有逆）时，消元会导致零行，此时消元步骤很快就停止。

习题 1.4

1. 将下列矩阵做 $\boldsymbol{A}=\boldsymbol{LU}$ 分解：

$$\boldsymbol{A}=\begin{bmatrix}2&1\\6&7\end{bmatrix},\quad \boldsymbol{A}=\begin{bmatrix}1&1&1\\1&1&1\\1&1&1\end{bmatrix},\quad \boldsymbol{A}=\begin{bmatrix}2&-1&0\\-1&2&-1\\0&-1&2\end{bmatrix}$$

2. 若 $a_{11},a_{12},\cdots,a_{1n}$ 是秩为 1 的矩阵 $\boldsymbol{A}$ 的第一行，$a_{11},a_{21},\cdots,a_{m1}$ 是第一列，求 a_{ij} 的表达式。当 $a_{11}=2,a_{12}=3,a_{21}=4$ 时，检查这个公式是否成立。试问何时这个公式不成立？

3. 求将 $\boldsymbol{A}$ 变成上三角阵 $\boldsymbol{EA}=\boldsymbol{U}$ 的下三角阵 $\boldsymbol{E}$。
由 $\boldsymbol{A}$ 的 $\boldsymbol{LU}$ 分解，令 $\boldsymbol{E}^{-1}=\boldsymbol{L}$ 即可：

$$\boldsymbol{A}=\begin{bmatrix}2&1&0\\0&4&2\\6&3&5\end{bmatrix}$$

4. **这个习题演示了两个一步逆矩阵的相乘如何得出 $\boldsymbol{L}$。** 当 $\boldsymbol{A}=\boldsymbol{L}$ 已经是一个对角元素为 1 的下三角矩阵时，可以很清楚地看到这一点。**于是** $\boldsymbol{U}=\boldsymbol{I}$：

$$\text{用}\boldsymbol{E}_1=\begin{bmatrix}1&&\\-a&1&\\-b&0&1\end{bmatrix}\text{乘}\boldsymbol{A}=\begin{bmatrix}1&0&0\\a&1&0\\b&c&1\end{bmatrix}\text{再乘}\boldsymbol{E}_2=\begin{bmatrix}1&0&0\\0&1&0\\0&-c&1\end{bmatrix}$$

(1) 用 $\boldsymbol{E}_2\boldsymbol{E}_1$ 相乘得到实现 $\boldsymbol{EA}=\boldsymbol{I}$ 的矩阵 $\boldsymbol{E}$。

(2) 左乘 $\boldsymbol{E}_1^{-1}\boldsymbol{E}_2^{-1}$ 得到 $\boldsymbol{A}=\boldsymbol{L}$。

乘子 a、b、c 在 $\boldsymbol{E}=\boldsymbol{L}^{-1}$ 中是混杂在一起的，但在 $\boldsymbol{L}$ 中它们完美地分离着。

5. 当零出现在主元的位置时, $\boldsymbol{A}=\boldsymbol{LU}$ 是不可能的（要求 $\boldsymbol{U}$ 中含的是非零主元）。直接证明为什么这些 $\boldsymbol{LU}$ 方程都是不可能的：

$$\begin{bmatrix} 0 & 1 \\ 2 & 3 \end{bmatrix} = \begin{bmatrix} 1 & 0 \\ \ell & 1 \end{bmatrix} \begin{bmatrix} d & e \\ 0 & f \end{bmatrix}, \quad \begin{bmatrix} 1 & 1 & 0 \\ 1 & 1 & 2 \\ 1 & 2 & 1 \end{bmatrix} = \begin{bmatrix} 1 & & \\ \ell & 1 & \\ m & n & 1 \end{bmatrix} \begin{bmatrix} d & e & g \\ & f & h \\ & & i \end{bmatrix}$$

这些矩阵需要用一个置换矩阵 $\boldsymbol{P}$ 来换行。

6. 怎样的数 c 会导致第 2 个主元位置为零？此时需要换行，于是不可能有 $\boldsymbol{A}=\boldsymbol{LU}$。怎样的 c 在第 3 个主元位置上产生零？这时换行也不起作用，消元失败：

$$\boldsymbol{A} = \begin{bmatrix} 1 & c & 0 \\ 2 & 4 & 1 \\ 3 & 5 & 1 \end{bmatrix}$$

7. (推荐) 对以下对称矩阵 $\boldsymbol{A}$，计算 $\boldsymbol{L}$ 和 $\boldsymbol{U}$：

$$\boldsymbol{A} = \begin{bmatrix} a & a & a & a \\ a & b & b & b \\ a & b & c & c \\ a & b & c & d \end{bmatrix}$$

求关于 a、b、c、d 的 4 个条件，使得 $\boldsymbol{A}=\boldsymbol{LU}$ 有 4 个非零的主元。

8. 三对角矩阵　除了在主对角线及两个邻近的对角线上外，所有的元素都为零。求 $\boldsymbol{A}=\boldsymbol{LU}$ 分解。由对称性进一步得到 $\boldsymbol{A}=\boldsymbol{LDL}^{\mathrm{T}}$：

$$\boldsymbol{A} = \begin{bmatrix} 1 & 1 & 0 \\ 1 & 2 & 1 \\ 0 & 1 & 2 \end{bmatrix}, \quad \boldsymbol{A} = \begin{bmatrix} a & a & 0 \\ a & a+b & b \\ 0 & b & b+c \end{bmatrix}$$

9. 简单但十分重要　若 $\boldsymbol{A}$ 不需行交换就有主元 5、9、3，求左上角子阵 $\boldsymbol{A}_2$（没有第 3 行与第 3 列）的主元。

10. 什么样的可逆矩阵允许有 $\boldsymbol{A}=\boldsymbol{LU}$（不需要行交换的消元）？很好的问题。看一下每个方阵的左上角子阵 $\boldsymbol{A}_1, \boldsymbol{A}_2, \cdots, \boldsymbol{A}_n$。

所有的左上角子阵 $\boldsymbol{A}_k$ 必须是可逆的：它们是 $\mathbf{1}\times\mathbf{1}, \mathbf{2}\times\mathbf{2}, \cdots, \boldsymbol{n}\times\boldsymbol{n}$ 矩阵。

解释这个答案：因为 $\boldsymbol{LU} = \begin{bmatrix} \boldsymbol{L}_k & 0 \\ * & * \end{bmatrix} \begin{bmatrix} \boldsymbol{U}_k & * \\ 0 & * \end{bmatrix}$，所以 $\boldsymbol{A}_k$ 分解成____。

11. 在某些数据科学的应用中，第一个主元是 $\boldsymbol{A}$ 中满足 $|a_{ij}|$ 最大的数。
于是第 i 行变成第 1 主元行 $\boldsymbol{u}_1^*$，列 j 是第 1 主元列。用 a_{ij} 来除这一列，因此 $\boldsymbol{\ell}_1$ 在第 i 行有 1。然后从 $\boldsymbol{A}$ 减去 $\boldsymbol{\ell}_1\boldsymbol{u}_1^*$。
下例以 $a_{22}=4$ 为第 1 主元 $(i=j=2)$。除以 4 给出 $\boldsymbol{\ell}_1$：

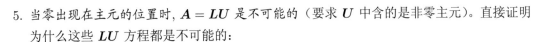

$$\begin{bmatrix} 1 & 2 \\ 3 & \mathbf{4} \end{bmatrix} = \begin{bmatrix} 1/2 \\ 1 \end{bmatrix} \begin{bmatrix} 3 & \mathbf{4} \end{bmatrix} + \begin{bmatrix} -1/2 & 0 \\ 0 & 0 \end{bmatrix} = \boldsymbol{\ell}_1 \boldsymbol{u}_1^* + \boldsymbol{\ell}_2 \boldsymbol{u}_2^* = \begin{bmatrix} 1/2 & 1 \\ 1 & 0 \end{bmatrix} \begin{bmatrix} 3 & 4 \\ -1/2 & 0 \end{bmatrix}$$

对这个 $\boldsymbol{A}$，$\boldsymbol{L}$ 与 $\boldsymbol{U}$ 都涉及置换。$\boldsymbol{P}_1$ 交换行得到 $\boldsymbol{L}$。$\boldsymbol{P}_2$ 交换列得到上三角阵 $\boldsymbol{U}$。于是 $\boldsymbol{P}_1\boldsymbol{A}\boldsymbol{P}_2 = \boldsymbol{L}\boldsymbol{U}$。

$$\textbf{预先进行置换} \qquad \boldsymbol{P}_1\boldsymbol{A}\boldsymbol{P}_2 = \begin{bmatrix} 1 & 0 \\ 1/2 & 1 \end{bmatrix} \begin{bmatrix} 4 & 3 \\ 0 & -1/2 \end{bmatrix} = \begin{bmatrix} \mathbf{4} & \mathbf{3} \\ \mathbf{2} & \mathbf{1} \end{bmatrix}$$

关于 $\boldsymbol{A} = \begin{bmatrix} \mathbf{1} & \mathbf{3} \\ \mathbf{2} & \mathbf{4} \end{bmatrix}$ 的问题：取齐主元来得到 $\boldsymbol{P}_1\boldsymbol{A}\boldsymbol{P}_2 = \boldsymbol{L}\boldsymbol{U}$。

12. 若短而宽的矩阵 $\boldsymbol{A}$ 满足 $m < n$，消元法如何体现 $\boldsymbol{Ax} = \mathbf{0}$ 有非零解？关于包含所有解向量 $\boldsymbol{x}$ 的“$\boldsymbol{A}$ 的零空间”的维数至少是多少？

建议：首先以一个具体的 2×3 矩阵 $\boldsymbol{A}$ 为例，对 $\boldsymbol{A}$ 回答上述问题。

1.5 正交矩阵与子空间

“正交”在线性代数中随处可见。它意味着*垂直*。但是正交的应用远超出了仅指两个向量间的夹角。下面是这个关键概念的重要推广：

1. 正交向量 $\boldsymbol{x}$ 和 $\boldsymbol{y}$。判别法则是 $\boldsymbol{x}^{\mathrm{T}}\boldsymbol{y} = x_1y_1 + \cdots + x_ny_n = 0$。

若 $\boldsymbol{x}$ 和 $\boldsymbol{y}$ 有复分量，则将这个判别法则改为 $\overline{\boldsymbol{x}}^{\mathrm{T}}\boldsymbol{y} = \overline{x}_1y_1 + \cdots + \overline{x}_ny_n = 0$。

2. 一个子空间的正交基。 每对基向量满足 $\boldsymbol{v}_i^{\mathrm{T}}\boldsymbol{v}_j = 0$。

单位正交基： 作为**单位向量**的正交基：每个基向量满足 $\boldsymbol{v}_i^{\mathrm{T}}\boldsymbol{v}_i = 1$ (长度为 1)。

从正交到单位正交，只需要将每个基向量 $\boldsymbol{v}_i$ 除以它的长度 $\|\boldsymbol{v}_i\|$。

3. 正交子空间 R 和 N。空间 $\mathbf{R}$ 中的每个向量与 $\mathbf{N}$ 中的每个向量正交。再次注意：行空间与零空间是正交的。

$$\begin{matrix} \boldsymbol{Ax} = \mathbf{0}\text{意味着} \\ \text{每一行}\cdot \boldsymbol{x} = \mathbf{0} \end{matrix} \qquad \begin{bmatrix} \boldsymbol{A}\text{的第 1 行} \\ \vdots \\ \boldsymbol{A}\text{的第}m\text{行} \end{bmatrix} \begin{bmatrix} \\ \boldsymbol{x} \\ \\ \end{bmatrix} = \begin{bmatrix} \mathbf{0} \\ \vdots \\ \mathbf{0} \end{bmatrix} \tag{1}$$

每一行（以及行的每一组合）与零空间中所有 $\boldsymbol{x}$ 正交。

4. 具有单位正交列向量的高薄矩阵 $\boldsymbol{Q}$。$\boldsymbol{Q}^{\mathrm{T}}\boldsymbol{Q} = \boldsymbol{I}$。

$$\boldsymbol{Q}^{\mathrm{T}}\boldsymbol{Q} = \begin{bmatrix} \boldsymbol{q}_1^{\mathrm{T}} \\ \vdots \\ \boldsymbol{q}_n^{\mathrm{T}} \end{bmatrix} \begin{bmatrix} \boldsymbol{q}_1 & \cdots & \boldsymbol{q}_n \end{bmatrix} = \begin{bmatrix} 1 & 0 & 0 \\ 0 & 1 & 0 \\ 0 & 0 & 1 \end{bmatrix} = \boldsymbol{I} \tag{2}$$

若这个 $\boldsymbol{Q}$ 乘以任何向量 $\boldsymbol{x}$，则这个向量的长度不会发生变化：

$$\text{因为 } (\boldsymbol{Qx})^{\mathrm{T}}(\boldsymbol{Qx}) = \boldsymbol{x}^{\mathrm{T}}\boldsymbol{Q}^{\mathrm{T}}\boldsymbol{Q}\,\boldsymbol{x} = \boldsymbol{x}^{\mathrm{T}}\boldsymbol{x}, \qquad \text{故 } \|\boldsymbol{Qx}\| = \|\boldsymbol{x}\| \tag{3}$$

若 $m>n$，这 m 行不会在 $\mathbf{R}^n$ 空间中互相正交。高薄矩阵有性质 $\boldsymbol{Q}\boldsymbol{Q}^{\mathrm{T}}\neq \boldsymbol{I}$。

5. "正交矩阵"是具有单位正交列的方阵。 $\boldsymbol{Q}^{\mathrm{T}}=\boldsymbol{Q}^{-1}$。

对方阵，由 $\boldsymbol{Q}^{\mathrm{T}}\boldsymbol{Q}=\boldsymbol{I}$ 得 $\boldsymbol{Q}\boldsymbol{Q}^{\mathrm{T}}=\boldsymbol{I}$。

对方阵 $\boldsymbol{Q}$，左逆 $\boldsymbol{Q}^{\mathrm{T}}$ 也是 $\boldsymbol{Q}$ 的右逆。

这个 $n\times n$ 正交矩阵的列向量是 $\mathbf{R}^n$ 的一组单位正交基。

$\boldsymbol{Q}$ 的行也是 $\mathbf{R}^n$ 的一组（也许不同的）单位正交基。

"正交矩阵"实际上是"单位正交矩阵"。

下面给出正交**向量**、**基**、**子空间**及**矩阵**的例子。

1. 正交向量。测试 $\boldsymbol{x}^{\mathrm{T}}\boldsymbol{y}=0$ 通过 $c^2=a^2+b^2$ 联系到直角三角形：

$$\textbf{直角三角形的毕达哥拉斯（Pythagoras）定理}\quad \|\boldsymbol{x}-\boldsymbol{y}\|^2=\|\boldsymbol{x}\|^2+\|\boldsymbol{y}\|^2 \tag{4}$$

式 (4) 的左边是 $(\boldsymbol{x}-\boldsymbol{y})^{\mathrm{T}}(\boldsymbol{x}-\boldsymbol{y})$。这个乘积展开得到 $\boldsymbol{x}^{\mathrm{T}}\boldsymbol{x}+\boldsymbol{y}^{\mathrm{T}}\boldsymbol{y}-\boldsymbol{x}^{\mathrm{T}}\boldsymbol{y}-\boldsymbol{y}^{\mathrm{T}}\boldsymbol{x}$。当最后两项是零时，得到式 (4)。如 $\boldsymbol{x}=(1,2,2)$，$\boldsymbol{y}=(2,1,-2)$ 满足 $\boldsymbol{x}^{\mathrm{T}}\boldsymbol{y}=0$。其斜边是 $\boldsymbol{x}-\boldsymbol{y}=(-1,1,4)$。于是由毕达哥拉斯定理得 $18=9+9$。

点积 $\boldsymbol{x}^{\mathrm{T}}\boldsymbol{y}$ 和 $\boldsymbol{y}^{\mathrm{T}}\boldsymbol{x}$ 总是等于 $\|\boldsymbol{x}\|\,\|\boldsymbol{y}\|\cos\theta$，其中 θ 是 $\boldsymbol{x}$ 和 $\boldsymbol{y}$ 之间的夹角。因此，在任意情形下有余弦定理 $c^2=a^2+b^2-2ab\cos\theta$：

$$\textbf{余弦定理}\qquad \|\boldsymbol{x}-\boldsymbol{y}\|^2=\|\boldsymbol{x}\|^2+\|\boldsymbol{y}\|^2-2\,\|\boldsymbol{x}\|\,\|\boldsymbol{y}\|\cos\theta \tag{5}$$

正交向量满足 $\cos\theta=0$，因此上面的最后一项为零。

2. 正交基。"标准基"是在 $\mathbf{R}^n$ 中正交（甚至是单位正交）的：

$$\mathbf{R}^3\text{中的标准基}\boldsymbol{i},\boldsymbol{j},\boldsymbol{k}\qquad \boldsymbol{i}=\begin{bmatrix}1\\0\\0\end{bmatrix},\quad \boldsymbol{j}=\begin{bmatrix}0\\1\\0\end{bmatrix},\quad \boldsymbol{k}=\begin{bmatrix}0\\0\\1\end{bmatrix}$$

下面是三个哈达玛（Hadamard）矩阵 $\boldsymbol{H}_2$、$\boldsymbol{H}_4$、$\boldsymbol{H}_8$，它们分别包含 $\mathbf{R}^2$、$\mathbf{R}^4$、$\mathbf{R}^8$ 中的正交基。

$$\begin{array}{c}\textbf{哈达玛矩阵}\\ \textbf{正交列}\\ \textbf{阶数分别为2, 4, 8}\end{array}\qquad \begin{bmatrix}1&1\\1&-1\end{bmatrix}\qquad \begin{bmatrix}1&1&1&1\\1&-1&1&-1\\1&1&-1&-1\\1&-1&-1&1\end{bmatrix}\qquad \begin{bmatrix}\boldsymbol{H}_4&\boldsymbol{H}_4\\\boldsymbol{H}_4&-\boldsymbol{H}_4\end{bmatrix}$$

这些不是正交矩阵。其列向量的长度分别是 $\sqrt{2}$、$\sqrt{4}$、$\sqrt{8}$。如果除以长度，就会得到一个无限列表的开始部分：在 $2,4,8,16,32,\cdots$ 维空间中的单位正交基。

Hadamard 猜想指出，当 n 能够被 4 除尽时，存在着分量为 ±1 的一个矩阵，其列是互相正交的。维基百科指出，$n=668$ 是哈达玛矩阵存在性未知的最小阶数。构造 $n=16,32,\cdots$ 的哈达玛矩阵遵循上面的模式。

这里有一个关键的结论：**$\mathbf{R}^n$ 的每个子空间有一组正交基**。想象一下三维空间 $\mathbf{R}^3$ 中的一个平面。这个平面有两个独立的向量 $\boldsymbol{a}$ 与 $\boldsymbol{b}$。为构造一组正交基，从 $\boldsymbol{b}$ 减去其在 $\boldsymbol{a}$ 方向的分量：

$$\textbf{正交基}\quad \boldsymbol{a}\ \text{与}\ \boldsymbol{c}\qquad\qquad \boldsymbol{c}=\boldsymbol{b}-\frac{\boldsymbol{a}^{\mathrm{T}}\boldsymbol{b}}{\boldsymbol{a}^{\mathrm{T}}\boldsymbol{a}}\,\boldsymbol{a} \tag{6}$$

那么内积 $\boldsymbol{a}^{\mathrm{T}}\boldsymbol{c}$ 是 $\boldsymbol{a}^{\mathrm{T}}\boldsymbol{b}-\boldsymbol{a}^{\mathrm{T}}\boldsymbol{b}=0$。这种“正交化”的方法适用于任意多个基向量：一组基变成一组正交基。这就是 2.2 节中的格拉姆-施密特（Gram-Schmidt）方法。

3. 正交子空间。 方程 (1) 是 $\boldsymbol{Ax}=\boldsymbol{0}$。$\boldsymbol{A}$ 的每一行乘上零空间向量 $\boldsymbol{x}$。因此每行（及这些行的所有组合）与 $\mathbf{N}(\boldsymbol{A})$ 中的 $\boldsymbol{x}$ 正交。**$\boldsymbol{A}$ 的行空间与 $\boldsymbol{A}$ 的零空间正交。**

$$\boldsymbol{Ax}=\begin{bmatrix}\text{第 1 行}\\ \vdots\\ \text{第 } m \text{ 行}\end{bmatrix}\begin{bmatrix}\\ \boldsymbol{x}\\ \\ \end{bmatrix}=\begin{bmatrix}0\\ \vdots\\ 0\end{bmatrix}\qquad \boldsymbol{A}^{\mathrm{T}}\boldsymbol{y}=\begin{bmatrix}(\text{第 1 列})^{\mathrm{T}}\\ \vdots\\ (\text{第 } n \text{ 列})^{\mathrm{T}}\end{bmatrix}\begin{bmatrix}\\ \boldsymbol{y}\\ \\ \end{bmatrix}=\begin{bmatrix}0\\ \vdots\\ 0\end{bmatrix}\tag{7}$$

由于 $\boldsymbol{A}^{\mathrm{T}}\boldsymbol{y}=\boldsymbol{0}$，$\boldsymbol{A}$ 的列都正交于 $\boldsymbol{y}$。它们的组合（整个列空间）也与 $\boldsymbol{y}$ 正交。**$\boldsymbol{A}$ 的列空间与 $\boldsymbol{A}^{\mathrm{T}}$ 的零空间正交**，这就得到了“线性代数中的大图景”图 1.7。

注意，维数 r 加上 $n-r$ 就等于 n。这样就得到整个 $\mathbf{R}^n$。在 $\mathbf{R}^n$ 中的每个向量 $\boldsymbol{v}$ 都有一个行空间分量 $\boldsymbol{v}_r$ 及一个零空间分量 $\boldsymbol{v}_n$，满足 $\boldsymbol{v}=\boldsymbol{v}_r+\boldsymbol{v}_n$。一组行空间基（$r$ 个向量）与一组零空间基（$n-r$ 个向量) 产生了 $\mathbf{R}^n$ 中一组基（n 个向量）。

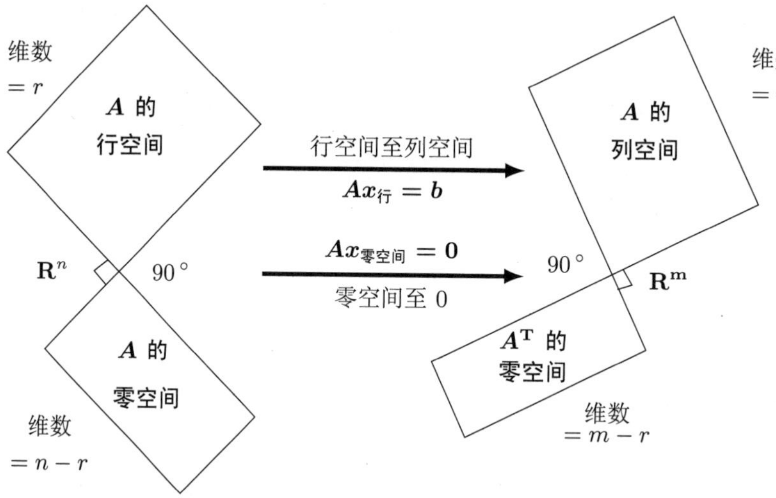

图 1.7 两对正交子空间（其维数之和分别是 n 和 m）
这是大图景，即两个在 $\mathbf{R}^n$ 中的子空间，两个在 $\mathbf{R}^m$ 中的子空间

下面将要给出一个大的改进，这个改进来自奇异值分解（Singular Value Decomposition，SVD）。SVD 是数据科学中最重要的定理。它能发现 $\boldsymbol{A}$ 的行空间的单位正交基 $\boldsymbol{v}_1,\boldsymbol{v}_2,\cdots,\boldsymbol{v}_r$ 与 $\boldsymbol{A}$ 的列空间的单位正交基 $\boldsymbol{u}_1,\boldsymbol{u}_2,\cdots,\boldsymbol{u}_r$。当然格拉姆-施密特方法也能做到。这些从 SVD 得到的特别的基还有一个额外的性质，即每一对 ($\boldsymbol{v}$ 和 $\boldsymbol{u}$) 通过 $\boldsymbol{A}$ 相关联：

$$\boxed{\textbf{奇异向量}\quad \boldsymbol{Av}_1=\sigma_1\boldsymbol{u}_1\quad \boldsymbol{Av}_2=\sigma_2\boldsymbol{u}_2\quad\cdots\quad \boldsymbol{Av}_r=\sigma_r\boldsymbol{u}_r}\tag{8}$$

在图 1.7 中，想象 $\boldsymbol{v}$ 向量在左边，而 $\boldsymbol{u}$ 向量在右边。对于从 SVD 得到的基，用 $\boldsymbol{A}$ 相乘就将一组正交基 $\boldsymbol{v}$ 变换到另一组正交基 $\boldsymbol{u}$。

4. 具有单位正交列的高薄矩阵 $\boldsymbol{Q}$：$\boldsymbol{Q}^{\mathrm{T}}\boldsymbol{Q}=\boldsymbol{I}$。

这里有三个这样的 Q，从 (3×1) 到 (3×2) 发展成一个正交矩阵 Q_3。

$$Q_1=\frac{1}{3}\begin{bmatrix}2\\2\\-1\end{bmatrix},\quad Q_2=\frac{1}{3}\begin{bmatrix}2&2\\2&-1\\-1&2\end{bmatrix},\quad Q_3=\frac{1}{3}\begin{bmatrix}2&2&-1\\2&-1&2\\-1&2&2\end{bmatrix}\tag{9}$$

这里每个矩阵都满足 $Q^{\mathrm{T}}Q=I$，因此 Q^{T} 是 Q 的左逆。只有最后的矩阵满足 $Q_3Q_3^{\mathrm{T}}=I$，因此 Q_3^{T} 也是 Q 的右逆。Q_3 恰好是既对称又正交。这可称得上既是“国王”又是“皇后”，真可以称为“皇家”矩阵。

注意，所有的 $P=QQ^{\mathrm{T}}$ 矩阵具备 $P^2=P$ 的性质：

$$P^2=(QQ^{\mathrm{T}})(QQ^{\mathrm{T}})=Q(Q^{\mathrm{T}}Q)Q^{\mathrm{T}}=QQ^{\mathrm{T}}=P\tag{10}$$

在上面的中间一步，消去了 $Q^{\mathrm{T}}Q=I$。$P^2=P$ 表明这是一个**投影矩阵**。

若 $P^2=P=P^{\mathrm{T}}$，则 Pb 是 b 到 P 的列空间的正交投影

例 1 为了将 $b=(3,3,3)$ 投影到 Q_1 的列空间对应的直线上，用 $P_1=Q_1Q_1^{\mathrm{T}}$ 来乘：

$$P_1b=\frac{1}{9}\begin{bmatrix}2\\2\\-1\end{bmatrix}\begin{bmatrix}2&2&-1\end{bmatrix}\begin{bmatrix}3\\3\\3\end{bmatrix}=\frac{1}{9}\begin{bmatrix}2\\2\\-1\end{bmatrix}9=\begin{bmatrix}\mathbf{2}\\\mathbf{2}\\\mathbf{-1}\end{bmatrix}=\begin{matrix}\text{投影}\\\text{在一条线上}\end{matrix}$$

这个矩阵将 b 分成两个互相垂直的部分：投影部分 P_1b 和误差部分 $e=(I-P_1)b$。如图 1.8 所示。

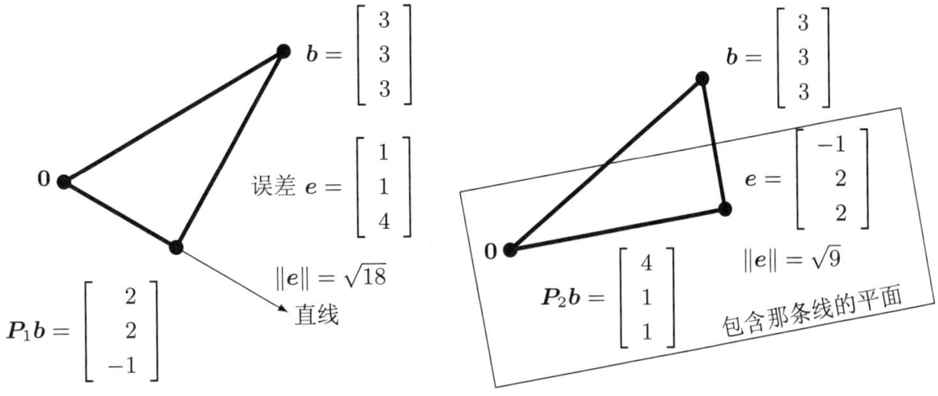

图 1.8 用 $P_1=Q_1Q_1^{\mathrm{T}}$ 将 b 投影到一条直线上，用 $P_2=Q_2Q_2^{\mathrm{T}}$ 则投影到一个平面上

现在将同一个 $b=(3,3,3)$ 投影到 Q_2 的列空间（一个平面）上。误差向量 $b-P_2b$ 要比 $b-P_1b$ 短，是因为这个平面包含了那条直线。

$$P_2b=\frac{1}{9}\begin{bmatrix}2&2\\2&-1\\-1&2\end{bmatrix}\begin{bmatrix}2&2&-1\\2&-1&2\end{bmatrix}\begin{bmatrix}3\\3\\3\end{bmatrix}=\frac{1}{9}\begin{bmatrix}2&2\\2&-1\\-1&2\end{bmatrix}\begin{bmatrix}9\\9\end{bmatrix}=\begin{bmatrix}\mathbf{4}\\\mathbf{1}\\\mathbf{1}\end{bmatrix}$$

问题：什么是 $P_3b=Q_3Q_3^{\mathrm{T}}b$？把 b 投影到 $\mathbf{R}^3$ 整个空间。

答案： $P_3 b = b$。事实上 $P_3 = Q_3 Q_3^{\mathrm{T}}$ 是一个单位矩阵。**现在误差 e 是零向量。**

投影是 2.2 节中“最小二乘”的核心。

5. 正交矩阵。 现在 Q 是方阵：$Q^{\mathrm{T}}Q = I$，$QQ^{\mathrm{T}} = I$。因此 $Q^{-1} = Q^{\mathrm{T}}$。

这些 Q 十分重要。对 2×2 矩阵，它们是平面的**旋转**或者**反射**。

当整个平面围绕 $(0,0)$ 旋转时，长度不变，向量之间的夹角也不变。Q 的列是正交的单位向量，有 $\cos^2\theta + \sin^2\theta = 1$：

$$Q_{\text{rotate}} = \begin{bmatrix} \cos\theta & -\sin\theta \\ \sin\theta & \cos\theta \end{bmatrix} = \text{旋转角度}\theta \tag{11}$$

若用 -1 乘以其中的一列，则这两列依然是正交的单位向量。

$$Q_{\text{reflect}} = \begin{bmatrix} \cos\theta & \sin\theta \\ \sin\theta & -\cos\theta \end{bmatrix} = \text{关于}\frac{\theta}{2}\text{线的反射} \tag{12}$$

现在 Q 把每个向量关于一个镜面做反射。这是一个行列式为 -1 的反射，而不是行列式为 $+1$ 的旋转。Q 将 xy 平面旋转或翻转过来。

重要的是两个正交矩阵相乘得到一个正交矩阵。

Q_1Q_2是正交矩阵	$(Q_1 Q_2)^{\mathrm{T}}(Q_1 Q_2) = Q_2^{\mathrm{T}} Q_1^{\mathrm{T}} Q_1 Q_2 = Q_2^{\mathrm{T}} Q_2 = I$

旋转 × 旋转 = 旋转。反射 × 反射 = 旋转。旋转 × 反射 = 反射。所有这些规则在 $\mathbf{R}^n$ 中仍然成立。

图 1.9 显示了 Q 中的列是如何通过 $Q\begin{bmatrix}1\\0\end{bmatrix}$ 与 $Q\begin{bmatrix}0\\1\end{bmatrix}$ 得到的。

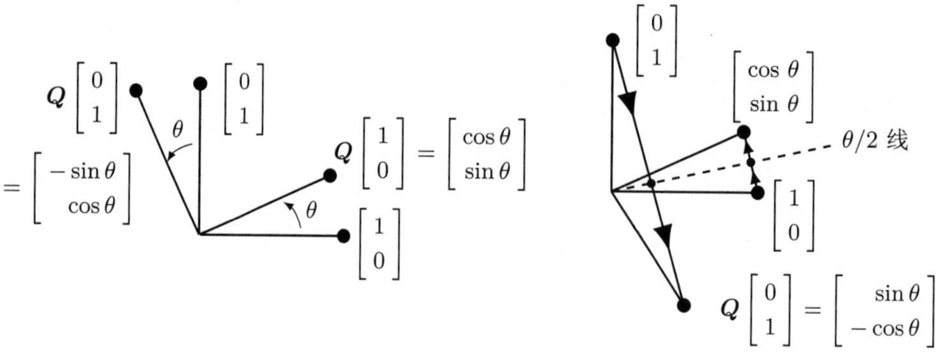

图 1.9 将整个平面旋转 θ 角；关于 $\theta/2$ 线对每个向量做反射

正交基 $=\mathbf{R}^n$ 中的正交轴

假设 $n\times n$ 正交矩阵 Q 有列向量 $q_1, q_2, \cdots, q_n$。这些单位向量是 n 维空间 $\mathbf{R}^n$ 的一组基。任意向量 v 可以写成基向量 (q) 的组合：

$$v = c_1 q_1 + c_2 q_2 + \cdots + c_n q_n \tag{13}$$

$c_1\boldsymbol{q}_1, c_2\boldsymbol{q}_2, \cdots, c_n\boldsymbol{q}_n$ 是 $\boldsymbol{v}$ 沿着轴的分量，是 $\boldsymbol{v}$ 在轴上的投影。对数 $c_1, c_2, \cdots, c_n$ 有一个简单的公式：

单位正交基的系数

$$\boxed{c_1 = \boldsymbol{q}_1^{\mathrm{T}}\boldsymbol{v}, \quad c_2 = \boldsymbol{q}_2^{\mathrm{T}}\boldsymbol{v}, \quad \cdots, \quad c_n = \boldsymbol{q}_n^{\mathrm{T}}\boldsymbol{v}} \tag{14}$$

下面给出一个向量证明和一个矩阵证明。对式(13)两边与 $\boldsymbol{q}_1$ 做点积：

$$\boldsymbol{q}_1^{\mathrm{T}}\boldsymbol{v} = c_1\boldsymbol{q}_1^{\mathrm{T}}\boldsymbol{q}_1 + \cdots + c_n\boldsymbol{q}_1^{\mathrm{T}}\boldsymbol{q}_n = c_1 \tag{15}$$

除 $c_1\boldsymbol{q}_1^{\mathrm{T}}\boldsymbol{q}_1 = c_1$ 外的项都为零。因此，$\boldsymbol{q}_1^{\mathrm{T}}\boldsymbol{v} = c_1$，而且每个 $\boldsymbol{q}_k^{\mathrm{T}}\boldsymbol{v} = c_k$。

若将式(13)写成矩阵方程 $\boldsymbol{v} = \boldsymbol{Q}\boldsymbol{c}$，则**乘以 $\boldsymbol{Q}^{\mathrm{T}}$ 可得到式 (14)**：

$$\boldsymbol{Q}^{\mathrm{T}}\boldsymbol{v} = \boldsymbol{Q}^{\mathrm{T}}\boldsymbol{Q}\boldsymbol{c} = \boldsymbol{c} \quad \text{立即给出所有的系数} c_k = \boldsymbol{q}_k^{\mathrm{T}}\boldsymbol{v}$$

这是正交基（如傅里叶级数的基）的重要应用。当基向量单位正交时，每个系数 $c_1 \sim c_n$ 可单独求得。

豪斯霍尔德（Householder）反射

下面是**反射矩阵 $\boldsymbol{Q} = \boldsymbol{H}_n$** 的简明例子。选一个单位向量 $\boldsymbol{u}$，从单位矩阵减去秩为 1 的对称矩阵 $2\boldsymbol{u}\boldsymbol{u}^{\mathrm{T}}$，则 $\boldsymbol{I} - 2\boldsymbol{u}\boldsymbol{u}^{\mathrm{T}}$ 就是一个豪斯霍尔德矩阵。例如，选 $\boldsymbol{u} = (1, 1, \cdots, 1)/\sqrt{n}$。

豪斯霍尔德矩阵的例子

$$\boxed{\boldsymbol{H}_n = \boldsymbol{I} - 2\boldsymbol{u}\boldsymbol{u}^{\mathrm{T}} = \boldsymbol{I} - \frac{2}{n}\ \mathbf{ones}\ (n, n)} \tag{16}$$

（这里 $\mathbf{ones}(n, n)$ 表示元素全是 1 的 $n \times n$ 矩阵）。因为含 $\boldsymbol{u}\boldsymbol{u}^{\mathrm{T}}$ 项，所以 $\boldsymbol{H}_n$ 一定是对称的。由于 $\boldsymbol{u}\boldsymbol{u}^{\mathrm{T}} = 1$，因此接连两次反射给出 $\boldsymbol{H}^2 = \boldsymbol{I}$：

$$\boldsymbol{H}^{\mathrm{T}}\boldsymbol{H} = \boldsymbol{H}^2 = (\boldsymbol{I} - 2\boldsymbol{u}\boldsymbol{u}^{\mathrm{T}})(\boldsymbol{I} - 2\boldsymbol{u}\boldsymbol{u}^{\mathrm{T}}) = \boldsymbol{I} - 4\boldsymbol{u}\boldsymbol{u}^{\mathrm{T}} + 4\boldsymbol{u}\boldsymbol{u}^{\mathrm{T}}\boldsymbol{u}\boldsymbol{u}^{\mathrm{T}} = \boldsymbol{I} \tag{17}$$

3×3 与 4×4 的例子容易记，而且 $\boldsymbol{H}_4$ 与哈达玛矩阵类似：

$$\boldsymbol{H}_3 = \boldsymbol{I} - \frac{2}{3}\mathbf{ones} = \frac{1}{3}\begin{bmatrix} 1 & -2 & -2 \\ -2 & 1 & -2 \\ -2 & -2 & 1 \end{bmatrix}, \quad \boldsymbol{H}_4 = \boldsymbol{I} - \frac{2}{4}\mathbf{ones} = \frac{1}{2}\begin{bmatrix} \mathbf{1} & -1 & -1 & -1 \\ -1 & \mathbf{1} & -1 & -1 \\ -1 & -1 & \mathbf{1} & -1 \\ -1 & -1 & -1 & \mathbf{1} \end{bmatrix}$$

$n \times n$ 的豪斯霍尔德反射矩阵具有如下性质：

$$\boldsymbol{H}_n\boldsymbol{u} = (\boldsymbol{I} - 2\boldsymbol{u}\boldsymbol{u}^{\mathrm{T}})\boldsymbol{u} = \boldsymbol{u} - 2\boldsymbol{u} = -\boldsymbol{u}$$

同时，若 $\boldsymbol{w}$ 垂直于 $\boldsymbol{u}$，则 $\boldsymbol{H}_n\boldsymbol{w} = +\boldsymbol{w}$。$\boldsymbol{H}$ 的“特征值”为 -1（一重）和 $+1$（$n-1$ 重）。所有的反射矩阵有特征值 -1 和 1。

习题 1.5

1. 若 $\boldsymbol{u}$ 和 $\boldsymbol{v}$ 是单位正交向量，证明 $\boldsymbol{u} + \boldsymbol{v}$ 正交于 $\boldsymbol{u} - \boldsymbol{v}$。求这些向量的长度。
2. 画出非正交的单位向量 $\boldsymbol{u}$ 和 $\boldsymbol{v}$。证明 $\boldsymbol{w} = \boldsymbol{v} - \boldsymbol{u}(\boldsymbol{u}^{\mathrm{T}}\boldsymbol{v})$ 正交于 $\boldsymbol{u}$（并且在图中加入 $\boldsymbol{w}$）。

3. 从原点 (0,0) 出发，画出任意两个向量 $\boldsymbol{u}$ 和 $\boldsymbol{v}$。添加两条边来完成一个平行四边形，使其对角线为 $\boldsymbol{w}=\boldsymbol{u}+\boldsymbol{v}$，$\boldsymbol{z}=\boldsymbol{u}-\boldsymbol{v}$。证明 $\boldsymbol{w}^{\mathrm{T}}\boldsymbol{w}+\boldsymbol{z}^{\mathrm{T}}\boldsymbol{z}=2\boldsymbol{u}^{\mathrm{T}}\boldsymbol{u}+2\boldsymbol{v}^{\mathrm{T}}\boldsymbol{v}$。
4. 正交矩阵的关键性质是：对任意向量 $\boldsymbol{x}$，有 $\|\boldsymbol{Qx}\|^2=\|\boldsymbol{x}\|^2$。进一步证明对任意向量 $\boldsymbol{x}$ 和 $\boldsymbol{y}$，$(\boldsymbol{Qx})^{\mathrm{T}}(\boldsymbol{Qy})=\boldsymbol{x}^{\mathrm{T}}\boldsymbol{y}$。因此向量的长度和夹角不因与 $\boldsymbol{Q}$ 相乘而发生变化。**用 $\boldsymbol{Q}$ 的计算绝不会发生溢出。**
5. 若 $\boldsymbol{Q}$ 是正交的，则如何知道 $\boldsymbol{Q}$ 是可逆的，且 $\boldsymbol{Q}^{-1}$ 也是正交的？
   若 $\boldsymbol{Q}_1^{\mathrm{T}}=\boldsymbol{Q}_1^{-1}$，$\boldsymbol{Q}_2^{\mathrm{T}}=\boldsymbol{Q}_2^{-1}$，证明 $\boldsymbol{Q}_1\boldsymbol{Q}_2$ 也是一个正交矩阵。
6. 一个**置换矩阵**与单位矩阵有一样的列（但列的排列顺序各异）。解释为什么下列置换矩阵及任意置换矩阵是正交的：

$$\boldsymbol{P}=\begin{bmatrix}0&1&0&0\\0&0&1&0\\0&0&0&1\\1&0&0&0\end{bmatrix}\text{有正交列，所以}\boldsymbol{P}^{\mathrm{T}}\boldsymbol{P}=\_\_\_\_，\boldsymbol{P}^{-1}=\_\_\_\_。$$

   当一个矩阵是对称或正交的，**它有正交的特征向量**。
   这是应用数学中正交向量的最重要来源。
7. 习题 6 中矩阵 $\boldsymbol{P}$ 的 4 个特征向量是 $\boldsymbol{x}_1=(1,1,1,1)$，$\boldsymbol{x}_2=(1,\mathrm{i},\mathrm{i}^2,\mathrm{i}^3)$，$\boldsymbol{x}_3=(1,\mathrm{i}^2,\mathrm{i}^4,\mathrm{i}^6)$，$\boldsymbol{x}_4=(1,\mathrm{i}^3,\mathrm{i}^6,\mathrm{i}^9)$。用 $\boldsymbol{P}$ 乘每个向量来求出 λ_1、λ_2、λ_3、λ_4。这些特征向量是 4 × 4 **傅里叶矩阵** $\boldsymbol{F}$的列。证明 $\boldsymbol{Q}=\dfrac{\boldsymbol{F}}{2}=\dfrac{1}{2}\begin{bmatrix}1&1&1&1\\1&\mathrm{i}&-1&-\mathrm{i}\\1&\mathrm{i}^2&1&-1\\1&\mathrm{i}^3&-1&\mathrm{i}\end{bmatrix}$ 有单位正交列：$\overline{\boldsymbol{Q}}^{\mathrm{T}}\boldsymbol{Q}=\boldsymbol{I}$。($\overline{\boldsymbol{Q}}$ 为 $\boldsymbol{Q}$ 的共轭矩阵)
8. **Haar 小波是仅用 1、−1、0 给出的正交向量（$\boldsymbol{W}$ 的列）**。

$$n=4,\quad \boldsymbol{W}=\begin{bmatrix}1&1&1&0\\1&1&-1&0\\1&-1&0&1\\1&-1&0&-1\end{bmatrix}$$

   对 $n=8$，求 $\boldsymbol{W}^{\mathrm{T}}\boldsymbol{W}$，$\boldsymbol{W}^{-1}$ 和 8 个 Haar 小波。

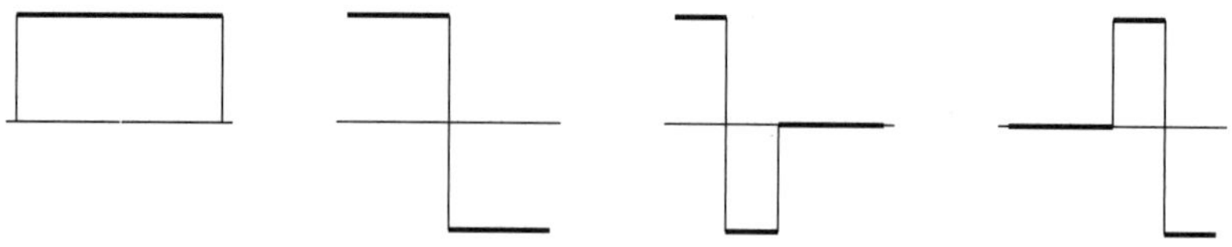

1.6 特征值和特征向量

用 $\boldsymbol{A}$ 乘以它的特征向量其方向不改变，即 $\boldsymbol{Ax}$ 与输入向量 $\boldsymbol{x}$ 在同一条直线上。

$$\begin{array}{ll}\boldsymbol{x}=\boldsymbol{A}\text{的特征向量} & \\ & \boldsymbol{Ax}=\lambda\boldsymbol{x}\\ \lambda=\boldsymbol{A}\text{的特征值} & \end{array}\tag{1}$$

特征向量 $\boldsymbol{x}$ 只是被它的特征值 λ 相乘。继续用 $\boldsymbol{A}$ 相乘，将会看到 $\boldsymbol{x}$ **也是 $\boldsymbol{A}^2$ 的特征向量**：$\boldsymbol{A}^2\boldsymbol{x}=\lambda^2\boldsymbol{x}$。

$$\begin{aligned}\boldsymbol{x} &= \text{同一特征向量}\\ \lambda^2 &= \text{特征值的平方}\end{aligned}\qquad \boldsymbol{A}(\boldsymbol{A}\boldsymbol{x})=\boldsymbol{A}(\lambda\boldsymbol{x})=\lambda(\boldsymbol{A}\boldsymbol{x})=\lambda^2\boldsymbol{x} \tag{2}$$

当然，可以得到对所有的 $k=1,2,3,\cdots$，有 $\boldsymbol{A}^k\boldsymbol{x}=\lambda^k\boldsymbol{x}$。而且只要 $\lambda\neq 0$，就有 $\boldsymbol{A}^{-1}\boldsymbol{x}=\dfrac{1}{\lambda}\boldsymbol{x}$。

这些特征向量是依赖于 $\boldsymbol{A}$ 的特殊向量。大多数 $n\times n$ 矩阵有 n 个独立的特征向量 $\boldsymbol{x}_1,\boldsymbol{x}_2,\cdots,\boldsymbol{x}_n$ 及 n 个不同的特征值 $\lambda_1,\lambda_2,\cdots,\lambda_n$。在这种情况下，每个 n 维向量 $\boldsymbol{v}$ 是特征向量的组合：

$$\begin{array}{ll}\textbf{任意}\boldsymbol{v} & \boldsymbol{v}=c_1\boldsymbol{x}_1+\cdots+c_n\boldsymbol{x}_n\\ \textbf{被}\boldsymbol{A}\textbf{相乘} & \boldsymbol{A}\boldsymbol{v}=c_1\lambda_1\boldsymbol{x}_1+\cdots+c_n\lambda_n\boldsymbol{x}_n\\ \textbf{被}\boldsymbol{A}^k\textbf{相乘} & \boldsymbol{A}^k\boldsymbol{v}=c_1\lambda_1^k\boldsymbol{x}_1+\cdots+c_n\lambda_n^k\boldsymbol{x}_n\end{array} \tag{3}$$

由上可见特征值和特征向量非常有用，它们直指一个矩阵的“核心”。若 $|\lambda_1|>1$，则分量 $c_1\lambda_1^n\boldsymbol{x}_1$ 将随着 n 的增加不断增大。若 $|\lambda_2|<1$，则分量 $c_2\lambda_2^n\boldsymbol{x}_2$ 会逐渐消失。故可**单独追踪每个特征向量**。

例 1 $\boldsymbol{S}=\begin{bmatrix}\mathbf{2}&\mathbf{1}\\ \mathbf{1}&\mathbf{2}\end{bmatrix}$ 有特征向量 $\boldsymbol{S}\begin{bmatrix}1\\1\end{bmatrix}=\mathbf{3}\begin{bmatrix}1\\1\end{bmatrix}$ 及 $\boldsymbol{S}\begin{bmatrix}1\\-1\end{bmatrix}=\begin{bmatrix}1\\-1\end{bmatrix}$

因此 $\boldsymbol{\lambda_1=3}$，$\boldsymbol{\lambda_2=1}$。**幂 $\boldsymbol{S}^k$ 会像 $\mathbf{3}^k$ 那样增长**。这些特征值和特征向量有 4 个值得注意的性质：

$$\begin{array}{rl}(\boldsymbol{S}\textbf{的迹}) & \text{和}\lambda_1+\lambda_2=3+1\text{等于对角元之和}2+2=4\\ (\textbf{行列式}) & \text{乘积}\lambda_1\lambda_2=3\times 1=3\text{等于行列式的值}4-1\\ (\textbf{实特征值}) & \text{对称矩阵}\boldsymbol{S}=\boldsymbol{S}^{\mathrm{T}}\text{总是有实特征值}\\ (\textbf{正交的特征向量}) & \text{若}\lambda_1\neq\lambda_2,\ \text{则}\boldsymbol{x}_1\cdot\boldsymbol{x}_2=0\text{。这里，}(1,1)\cdot(1,-1)=0\end{array}$$

对称矩阵 $\boldsymbol{S}$ 就像实数（每个 λ 都是实数）。正交矩阵 $\boldsymbol{Q}$ 则像单位复数 $\mathrm{e}^{\mathrm{i}}\theta=\cos\theta+\mathrm{i}\sin\theta$（每个 $|\lambda|=1$）。$\boldsymbol{Q}$ 的幂既不增长也不减小，因为 $\boldsymbol{Q}^2,\boldsymbol{Q}^3,\cdots$ 也是正交矩阵。

例 2 旋转矩阵 $\boldsymbol{Q}=\begin{bmatrix}0&-1\\1&0\end{bmatrix}$ 具有虚特征值 $\mathbf{i}$ 和 $-\mathbf{i}$：

$$\boldsymbol{Q}\begin{bmatrix}1\\-\mathrm{i}\end{bmatrix}=\begin{bmatrix}0&-1\\1&0\end{bmatrix}\begin{bmatrix}1\\-\mathrm{i}\end{bmatrix}=(\mathbf{i})\begin{bmatrix}1\\-\mathrm{i}\end{bmatrix},\quad \boldsymbol{Q}\begin{bmatrix}1\\\mathrm{i}\end{bmatrix}=\begin{bmatrix}0&-1\\1&0\end{bmatrix}\begin{bmatrix}1\\\mathrm{i}\end{bmatrix}=(-\mathbf{i})\begin{bmatrix}1\\\mathrm{i}\end{bmatrix}$$

当然 $\lambda_1+\lambda_2=\mathrm{i}-\mathrm{i}$ 与由 $\boldsymbol{Q}$ 的主对角元得到的迹 $0+0$ 是一致的。同时 $(\lambda_1)(\lambda_2)=(\mathrm{i})(-\mathrm{i})$ 与 $\boldsymbol{Q}$ 的行列式的值 1 是相同的。当用复向量的点积时（这是必需的），$\boldsymbol{Q}$ 的特征向量依然是互相正交的。将 $\boldsymbol{x}_1$ 中的每个 i 改成 $-\mathrm{i}$，就得到了其共轭向量 $\overline{\boldsymbol{x}}_1$。

$$\overline{\boldsymbol{x}}_1^{\mathrm{T}}\boldsymbol{x}_2=\begin{bmatrix}1 & \mathrm{i}\end{bmatrix}\begin{bmatrix}1\\ \mathrm{i}\end{bmatrix}=1+\mathrm{i}^2=\mathbf{0}:\textbf{正交特征向量}$$

关于特征值和特征向量的警示：

$\boldsymbol{A}+\boldsymbol{B}$ 的特征值通常不是 $\lambda(\boldsymbol{A})+\lambda(\boldsymbol{B})$。

$\boldsymbol{AB}$ 的特征值通常不是 $\lambda(\boldsymbol{A})\cdot\lambda(\boldsymbol{B})$。

重特征值 $\boldsymbol{\lambda}_1=\boldsymbol{\lambda}_2$ 可能有，也可能没有两个互相独立的特征向量。

实矩阵 $\boldsymbol{A}$ 的特征向量相互正交当且仅当 $\boldsymbol{A}^{\mathrm{T}}\boldsymbol{A}=\boldsymbol{A}\boldsymbol{A}^{\mathrm{T}}$ 时。

矩阵 $\boldsymbol{A}$ 也控制着一个线性微分方程 $\mathrm{d}\boldsymbol{u}/\mathrm{d}t=\boldsymbol{A}\boldsymbol{u}$。这个系统在 $t=0$ 时由初始向量 $\boldsymbol{u}(0)$ 开始。每个特征向量依照其对应的特征值 λ 增长、减小或振荡。幂 λ^n 变成了指数 $\mathrm{e}^{\lambda t}$ 的形式：

$$\begin{array}{ll}\textbf{初始向量} & \boldsymbol{u}(\mathbf{0})=\boldsymbol{c}_1\boldsymbol{x}_1+\cdots+\boldsymbol{c}_n\boldsymbol{x}_n\\ \textbf{解向量} & \boldsymbol{u}(\boldsymbol{t})=\boldsymbol{c}_1\mathbf{e}^{\boldsymbol{\lambda}_1\boldsymbol{t}}\boldsymbol{x}_1+\cdots+\boldsymbol{c}_n\mathbf{e}^{\boldsymbol{\lambda}_n\boldsymbol{t}}\boldsymbol{x}_n\end{array}\tag{4}$$

增长与衰减的差别现在由 $\operatorname{Re}\lambda>0$ 或 $\operatorname{Re}\lambda<0$ 来决定，而不是 $|\lambda|>1$ 或 $|\lambda|<1$。$\lambda=a+ib$ 的实数部分是 $\operatorname{Re}\lambda=a$。$\mathrm{e}^{\lambda t}$ 的绝对值是 e^{at}。另一个因子 $\mathrm{e}^{ibt}=\cos bt+\mathrm{i}\sin bt$ 有 $\cos^2 bt+\sin^2 bt=1$。这部分是振荡的，而 e^{at} 增长或衰减。

(手工) 计算特征值

注意 $\boldsymbol{Ax}=\lambda\boldsymbol{x}$ 可写为 $(\boldsymbol{A}-\lambda\boldsymbol{I})\boldsymbol{x}=\mathbf{0}$。则 $\boldsymbol{A}-\lambda\boldsymbol{I}$ 是不可逆的，即这个矩阵是奇异的。**$\boldsymbol{A}-\boldsymbol{\lambda}\boldsymbol{I}$ 的行列式值必定为零**。这给出了关于 λ 的 n 次方程，方程 $\det(\boldsymbol{A}-\lambda\boldsymbol{I})=0$ 有 n 个根。这里 $n=2$ 和 $\boldsymbol{A}=\begin{bmatrix}a & b\\ c & d\end{bmatrix}$ 有两个特征值：

$$\det(\boldsymbol{A}-\lambda\boldsymbol{I})=\begin{vmatrix}\boldsymbol{a}-\lambda & \boldsymbol{b}\\ \boldsymbol{c} & \boldsymbol{d}-\lambda\end{vmatrix}=\lambda^2-(\boldsymbol{a}+\boldsymbol{d})\lambda+(\boldsymbol{ad}-\boldsymbol{bc})=0$$

这个二次方程也许很容易被因式分解成 $(\lambda-\lambda_1)(\lambda-\lambda_2)$。“一元二次方程求根公式”总能够通过取“+”与“−”给出方程的两个根 λ_1 和 λ_2。

$$\lambda=\frac{1}{2}\left[a+d\pm\sqrt{(a+d)^2-4(ad-bc)}\right]=\frac{1}{2}\left[a+d\pm\sqrt{(a-d)^2+4bc}\right]$$

可以看到 $\lambda_1+\lambda_2=a+d$（矩阵的迹）。“±”平方根互相抵消。

也注意到当 $\boldsymbol{A}$ 是对称（$b=c$）时，其特征值是实数。这时不是取负数的平方根计算 λ。当 bc 是大负数时，特征值和特征向量变为复的。

例 3 计算 $\boldsymbol{A}=\begin{bmatrix}\mathbf{8} & \mathbf{3}\\ \mathbf{2} & \mathbf{7}\end{bmatrix}$ 的特征值和特征向量：**非对称**。

$\boldsymbol{A}-\lambda\boldsymbol{I}$ 的行列式是 $\begin{vmatrix}8-\lambda & 3\\ 2 & 7-\lambda\end{vmatrix}=\lambda^2-15\lambda+50=(\lambda-10)(\lambda-5)$。

$$\lambda_1 = 10 \quad 有 \quad \begin{bmatrix} 8-10 & 3 \\ 2 & 7-10 \end{bmatrix} \begin{bmatrix} x_1 \\ x_2 \end{bmatrix} = \begin{bmatrix} 0 \\ 0 \end{bmatrix}, \quad 特征向量\ \boldsymbol{x}_1 = \begin{bmatrix} x_1 \\ x_2 \end{bmatrix} = \begin{bmatrix} 3 \\ 2 \end{bmatrix}$$

$$\lambda_2 = 5 \quad 有 \quad \begin{bmatrix} 8-5 & 3 \\ 2 & 7-5 \end{bmatrix} \begin{bmatrix} x_1 \\ x_2 \end{bmatrix} = \begin{bmatrix} 0 \\ 0 \end{bmatrix}, \quad 特征向量\ \boldsymbol{x}_2 = \begin{bmatrix} x_1 \\ x_2 \end{bmatrix} = \begin{bmatrix} 1 \\ -1 \end{bmatrix}$$

$10+5=8+7$。这些特征向量不是正交的。若 3 减小到 -1，则会出现复特征值。实矩阵很容易有复特征值，如反对称矩阵。

问题：如果 $\boldsymbol{A}$ 被移位成 $\boldsymbol{A}+s\boldsymbol{I}$，其 $\boldsymbol{x}$ 与 λ 会发生什么变化？

答案：其特征向量 $\boldsymbol{x}$ 保持不变。每个特征值 λ 平移一个数 s：

$$\text{在 } \boldsymbol{A} \text{ 中的位移} \Rightarrow \text{在每个 } \lambda \text{ 上的位移} \qquad (\boldsymbol{A}+s\boldsymbol{I})\boldsymbol{x} = \lambda\boldsymbol{x} + s\boldsymbol{x} = (\lambda+s)\boldsymbol{x} \tag{5}$$

相似矩阵

对每个可逆矩阵 $\boldsymbol{B}$，$\boldsymbol{BAB}^{-1}$ 的特征值与 $\boldsymbol{A}$ 的特征值相同。$\boldsymbol{A}$ 的特征向量 $\boldsymbol{x}$ 与 $\boldsymbol{B}$ 相乘给出 $\boldsymbol{BAB}^{-1}$ 的特征向量 $\boldsymbol{Bx}$：

$$\text{若}\boldsymbol{Ax} = \lambda\boldsymbol{x}，\text{则}(\boldsymbol{BAB}^{-1})(\boldsymbol{Bx}) = \boldsymbol{BAx} = \boldsymbol{B}\lambda\boldsymbol{x} = \lambda(\boldsymbol{Bx}) \tag{6}$$

矩阵 $\boldsymbol{BAB}^{-1}$（对每个可逆矩阵 $\boldsymbol{B}$）**"相似" 于 $\boldsymbol{A}$：相同特征值**。

采用这种方法来计算大矩阵的特征值（当 $\boldsymbol{A}-\lambda\boldsymbol{I}$ 的行列式的计算完全没有希望进行时）。这种方法是使得 $\boldsymbol{BAB}^{-1}$ 逐渐变成一个三角矩阵。特征值并没有变化，并且它们逐渐出现在 $\boldsymbol{BAB}^{-1}$ 的主对角线上：

$$\text{任意三角矩阵} \begin{bmatrix} a & b \\ 0 & d \end{bmatrix} \text{的特征值是} \quad \lambda_1 = a，\ \lambda_2 = d \tag{7}$$

可以看到 $\boldsymbol{A}-a\boldsymbol{I}$ 和 $\boldsymbol{A}-d\boldsymbol{I}$ 的行列式为零，因此 a 和 d 是这个三角矩阵的特征值。

矩阵的对角化

假设 $\boldsymbol{A}$ 有完整的 n 个互相独立的特征向量组（大多数矩阵都是这样的，但并非所有的矩阵）。把这些特征向量 $\boldsymbol{x}_1, \boldsymbol{x}_2, \cdots, \boldsymbol{x}_n$ 组成一个可逆矩阵 $\boldsymbol{X}$，然后将 $\boldsymbol{AX}$ 的相乘分列进行，得到列 $\lambda_1\boldsymbol{x}_1, \lambda_2\boldsymbol{x}_2, \cdots, \lambda_n\boldsymbol{x}_n$。这个矩阵分解为 $\boldsymbol{X}$ 乘以 $\boldsymbol{\Lambda}$。

$$\boldsymbol{A}\begin{bmatrix} \\ \boldsymbol{x}_1 & \cdots & \boldsymbol{x}_n \\ \\ \end{bmatrix} = \begin{bmatrix} \\ \boldsymbol{Ax}_1 & \cdots & \boldsymbol{Ax}_n \\ \\ \end{bmatrix} = \begin{bmatrix} \\ \lambda_1\boldsymbol{x}_1 & \cdots & \lambda_n\boldsymbol{x}_n \\ \\ \end{bmatrix} = \begin{bmatrix} \\ \boldsymbol{x}_1 & \cdots & \boldsymbol{x}_n \\ \\ \end{bmatrix}\begin{bmatrix} \lambda_1 & & \\ & \ddots & \\ & & \lambda_n \end{bmatrix} \tag{8}$$

特征值矩阵 $\boldsymbol{\Lambda}$ 之所以在 $\boldsymbol{X}$ 的右边，是因为 $\boldsymbol{\Lambda}$ 中的 λ 乘以 $\boldsymbol{X}$ 的列。由方程 $\boldsymbol{AX}=\boldsymbol{X\Lambda}$ 可得 $\boldsymbol{A}=\boldsymbol{X\Lambda X}^{-1}$。如果知道特征值与特征向量，就知道矩阵 $\boldsymbol{A}$，并且能够容易地计算 $\boldsymbol{A}$ 的幂：

$\boldsymbol{\Lambda}$	= 对角特征值矩阵	$\boldsymbol{A}$	$=\boldsymbol{X\Lambda X}^{-1}$
$\boldsymbol{X}$	= 可逆的特征向量矩阵	$\boldsymbol{A}^2$	$=(\boldsymbol{X\Lambda X}^{-1})(\boldsymbol{X\Lambda X}^{-1})=\boldsymbol{X\Lambda}^2\boldsymbol{X}^{-1}$

例 3 中 $\boldsymbol{A}=\boldsymbol{X\Lambda X}^{-1}$

$$\begin{bmatrix}8&3\\2&7\end{bmatrix}=\begin{bmatrix}3&1\\2&-1\end{bmatrix}\begin{bmatrix}10&\\&5\end{bmatrix}\frac{1}{5}\begin{bmatrix}1&1\\2&-3\end{bmatrix}=$$

(特征向量) 乘以 (特征值) 乘以 (左特征向量)

从方程 $\boldsymbol{A}^k=\boldsymbol{X\Lambda}^k\boldsymbol{X}^{-1}$可知，$\boldsymbol{A}^k$ 的特征值是 $\lambda_1^k,\lambda_2^k,\cdots,\lambda_n^k$，$\boldsymbol{A}^k$ 的特征向量与 $\boldsymbol{A}$ 相同。计算 $\boldsymbol{A}^k\boldsymbol{v}$ 的步骤如下。

步骤 1：$\boldsymbol{X}^{-1}\boldsymbol{v}$ 得到了表达式 $\boldsymbol{v}=c_1\boldsymbol{x}_1+\cdots+c_n\boldsymbol{x}_n$ 中的系数 c；

步骤 2：$\boldsymbol{\Lambda}^k\boldsymbol{X}^{-1}\boldsymbol{v}$ 得到了在 $c_1\lambda_1^k\boldsymbol{x}_1+\cdots+c_n\lambda_n^k\boldsymbol{x}_n$ 中的 λ；

步骤 3：$\boldsymbol{X\Lambda}^k\boldsymbol{X}^{-1}\boldsymbol{v}$ 将 $\boldsymbol{A}^k\boldsymbol{v}=c_1\lambda_1^k\boldsymbol{x}_1+\cdots+c_n\lambda_n^k\boldsymbol{x}_n$ 中的各项加在一起。

例 4　如果用 10 来除例 3 中的矩阵 $\boldsymbol{A}$，所有的特征值就会被 10 除。于是，$\lambda_1=1$，$\lambda_2=\dfrac{1}{2}$。在这种情形下，$\boldsymbol{A}$ 是一个**马尔可夫矩阵，其中每列上的（正）元素各自相加都等于 1**。

$$\boldsymbol{A}=\begin{bmatrix}\mathbf{0.8}&\mathbf{0.3}\\\mathbf{0.2}&\mathbf{0.7}\end{bmatrix}\qquad \boldsymbol{A}^k\boldsymbol{v}=c_1(1)^k\boldsymbol{x}_1+c_2\left(\frac{1}{2}\right)^k\boldsymbol{x}_2$$

当k 增加时，$\boldsymbol{A}^k\boldsymbol{v}$ 趋于$c_1\boldsymbol{x}_1$ =稳态

能够分开跟踪每个特征向量，它的增长或衰减取决于特征值 λ。矩阵 $\boldsymbol{A}$ 的作用被分解为简单地作用在每个特征向量上的行为（只需乘以 λ）。**为解微分方程$\mathrm{d}\boldsymbol{u}/\mathrm{d}t=\boldsymbol{A}\boldsymbol{u}$，可用 $\mathrm{e}^{\lambda t}$ 乘以每个特征向量。**

不可对角化的矩阵 (选读)

假设 λ 是 $\boldsymbol{A}$ 的一个特征值，通过两种方法来得出这个结论：

1. 特征向量 (几何方法)　$\boldsymbol{Ax}=\lambda\boldsymbol{x}$ 有非零解。

2. 特征值 (代数方法)　$\det(\boldsymbol{A}-\lambda\boldsymbol{I})=0$。

λ 可能是一个单重特征值，也可能是一个多重特征值，我们想知道其重数。大多数特征值有重数 $M=1$（单重特征值），相应有单个特征向量生成的直线，同时 $\det(\boldsymbol{A}-\lambda\boldsymbol{I})$ 没有一个双重因子。

对一些特别的矩阵，特征值可以重复。于是存在两种方法来计算其重数。对每个 λ，总是有 $\mathrm{GM}\leqslant\mathrm{AM}$：

1. (**几何重数 = GM**)　λ 的**独立特征向量**的个数。求 $\boldsymbol{A}-\lambda\boldsymbol{I}$ 的零空间的维数。

2. (**代数重数 = AM**)　在特征值中求出**λ的重复次数**。求 $\det(\boldsymbol{A}-\lambda\boldsymbol{I})=0$ 的根。

若 $\boldsymbol{A}$ 有 $\lambda=4,4,4$，则这个特征值有 $\mathrm{AM}=3$，$\mathrm{GM}=1$ 或 2 或 3。

下面的矩阵 $\boldsymbol{A}$ 是能引起麻烦的典型例子。其特征值 $\lambda=0$ 是重根。这是一个二重特征值 $(\mathrm{AM}=2)$，仅对应于一个独立的特征向量 $(\mathrm{GM}=1)$。

AM = 2
GM = 1

$$\boldsymbol{A}=\begin{bmatrix}0&1\\0&0\end{bmatrix}\quad 有\quad \det(\boldsymbol{A}-\lambda\boldsymbol{I})=\begin{vmatrix}-\lambda&1\\0&-\lambda\end{vmatrix}=\lambda^2$$

$\lambda=0,0$, 但仅有 1 个独立的特征向量

因为 $\lambda^2=0$ 有一个二重根，本“应该”有两个特征向量。二重因子 λ^2 使得 $\mathrm{AM}=2$。但是，只存在一个独立的特征向量 $\boldsymbol{x}=(1,0)$。因此 GM $=1$。当 GM<AM 时，特征向量的短缺意味着$\boldsymbol{A}$ 不能被对角化。没有可逆的特征向量矩阵。$\boldsymbol{A}=\boldsymbol{X}\boldsymbol{\Lambda}\boldsymbol{X}^{-1}$ 不成立。

下面三个矩阵同样短缺特征向量，它们的重特征值是 $\lambda=5$，其迹是 10，行列式为 25：

$$\boldsymbol{A}=\begin{bmatrix}5&1\\0&5\end{bmatrix},\quad \boldsymbol{A}=\begin{bmatrix}6&-1\\1&4\end{bmatrix},\quad \boldsymbol{A}=\begin{bmatrix}7&2\\-2&3\end{bmatrix}$$

它们都有 $\det(\boldsymbol{A}-\lambda\boldsymbol{I})=(\lambda-5)^2$。它们的 AM $=2$。但是每个 $\boldsymbol{A}-5\boldsymbol{I}$ 有秩 $r=1$。它们的 GM $=1$。只存在对应于 $\lambda=5$ 的特征向量的直线，这些矩阵是不可对角化的。

习题 1.6

1. 旋转 $\boldsymbol{Q}=\begin{bmatrix}\cos\theta&-\sin\theta\\\sin\theta&\cos\theta\end{bmatrix}$ 有复特征值 $\lambda=\cos\theta\pm\mathrm{i}\sin\theta$：

$$\boldsymbol{Q}\begin{bmatrix}1\\-\mathrm{i}\end{bmatrix}=(\cos\theta+\mathrm{i}\sin\theta)\begin{bmatrix}1\\-\mathrm{i}\end{bmatrix},\quad \boldsymbol{Q}\begin{bmatrix}1\\\mathrm{i}\end{bmatrix}=(\cos\theta-\mathrm{i}\sin\theta)\begin{bmatrix}1\\\mathrm{i}\end{bmatrix}$$

验证 $\lambda_1+\lambda_2$ 等于 $\boldsymbol{Q}$ 的迹（沿对角线的和 $\boldsymbol{Q}_{11}+\boldsymbol{Q}_{22}$）。验证 $\lambda_1\lambda_2$ 等于行列式。再利用复数点积 $\overline{\boldsymbol{x}}_1\cdot\boldsymbol{x}_2$（而不是 $\boldsymbol{x}_1\cdot\boldsymbol{x}_2$）验证这些复特征向量是正交的。求 $\boldsymbol{Q}^{-1}$ 及其特征向量。

2. 计算 $\boldsymbol{A}$ 和 $\boldsymbol{A}^{-1}$ 的特征值和特征向量。检查其迹。

$$\boldsymbol{A}=\begin{bmatrix}0&2\\1&1\end{bmatrix},\quad \boldsymbol{A}^{-1}=\begin{bmatrix}-1/2&1\\1/2&0\end{bmatrix}$$

$\boldsymbol{A}^{-1}$ 有 ____ 个与 $\boldsymbol{A}$ 相同的特征向量。当 $\boldsymbol{A}$ 有特征值 λ_1 与 λ_2 时，其逆矩阵有特征值 ____。

3. 求 $\boldsymbol{A}$、$\boldsymbol{B}$ 和 $\boldsymbol{A}+\boldsymbol{B}$ 的特征值（对三角矩阵这是容易的）：

$$\boldsymbol{A}=\begin{bmatrix}3&0\\1&1\end{bmatrix},\quad \boldsymbol{B}=\begin{bmatrix}1&1\\0&3\end{bmatrix},\quad \boldsymbol{A}+\boldsymbol{B}=\begin{bmatrix}4&1\\1&4\end{bmatrix}$$

判断 $\boldsymbol{A}+\boldsymbol{B}$ 的特征值（等于还是不等于）$\boldsymbol{A}$ 的特征值加 $\boldsymbol{B}$ 的特征值。

4. 求 $\boldsymbol{A}$、$\boldsymbol{B}$、$\boldsymbol{AB}$ 和 $\boldsymbol{BA}$ 的特征值：

$$\boldsymbol{A}=\begin{bmatrix}1&0\\1&1\end{bmatrix},\quad \boldsymbol{B}=\begin{bmatrix}1&2\\0&1\end{bmatrix},\quad \boldsymbol{AB}=\begin{bmatrix}1&2\\1&3\end{bmatrix},\quad \boldsymbol{BA}=\begin{bmatrix}3&2\\1&1\end{bmatrix}$$

(1) $\boldsymbol{AB}$ 的特征值等于 $\boldsymbol{A}$ 的特征值乘以 $\boldsymbol{B}$ 的特征值吗？
(2) $\boldsymbol{AB}$ 的特征值等于 $\boldsymbol{BA}$ 的特征值吗？

5. (1) 若已知 $\boldsymbol{x}$ 是一个特征向量，则求 λ 的方法是 ____。
(2) 若已知 λ 是一个特征值，则求 $\boldsymbol{x}$ 的方法是 ____。

6. 求下列两个马尔可夫矩阵 $\boldsymbol{A}$ 和 $\boldsymbol{A}^{\infty}$ 的特征值和特征向量。从这些答案中解释为什么 $\boldsymbol{A}^{100}$ 接近于 $\boldsymbol{A}^{\infty}$：

$$\boldsymbol{A}=\begin{bmatrix}0.6 & 0.2\\ 0.4 & 0.8\end{bmatrix},\quad \boldsymbol{A}^{\infty}=\begin{bmatrix}1/3 & 1/3\\ 2/3 & 2/3\end{bmatrix}$$

7. $\boldsymbol{A}$ **的行列式等于乘积** $\lambda_1\lambda_2\cdots\lambda_n$。从对多项式 $\det(\boldsymbol{A}-\lambda\boldsymbol{I})$ 因式分解为 n 个因子开始（总是可能的），然后设 $\lambda=0$：

$$\det(\boldsymbol{A}-\lambda\boldsymbol{I})=(\lambda_1-\lambda)(\lambda_2-\lambda)\cdots(\lambda_n-\lambda),\quad 因此\quad \det\boldsymbol{A}=\_\_\_\_。$$

在例 4 中验证这个规则，那里马尔可夫矩阵有 $\lambda=1$ 和 $\dfrac{1}{2}$。

8. 对角元的和（迹）等于特征值的和：

$$\boldsymbol{A}=\begin{bmatrix}a & b\\ c & d\end{bmatrix}\quad 有\quad \det(\boldsymbol{A}-\lambda\boldsymbol{I})=\lambda^2-(a+d)\lambda+ad-bc=0$$

求根公式得出特征值 $\lambda_1=(a+d+\sqrt{\quad})/2$，$\lambda_2=$____。它们的和是 ____。若 $\boldsymbol{A}$ 有 $\lambda_1=3$，$\lambda_2=4$，则 $\det(\boldsymbol{A}-\lambda\boldsymbol{I})=$____。

9. 若 $\boldsymbol{A}$ 有 $\lambda_1=4$，$\lambda_2=5$，则 $\det(\boldsymbol{A}-\lambda\boldsymbol{I})=(\lambda-4)(\lambda-5)=\lambda^2-9\lambda+20$。求三个矩阵，其满足迹为 $a+d=9$，行列式为 20，特征值 λ 为 4、5。

10. 选择 $\boldsymbol{A}$ 和 $\boldsymbol{C}$ 的最后一行，使其特征值分别为 4、7 与 1、2、3：

$$伴侣矩阵\quad \boldsymbol{A}=\begin{bmatrix}0 & 1\\ * & *\end{bmatrix},\quad \boldsymbol{C}=\begin{bmatrix}0 & 1 & 0\\ 0 & 0 & 1\\ * & * & *\end{bmatrix}$$

11. $\boldsymbol{A}$ 的特征值等于 $\boldsymbol{A}^{\mathrm{T}}$ 的特征值。这是因为 $\det(\boldsymbol{A}-\lambda\boldsymbol{I})=\det(\boldsymbol{A}^{\mathrm{T}}-\lambda\boldsymbol{I})$。成立的原因是____。举例说明 $\boldsymbol{A}$ 与 $\boldsymbol{A}^{\mathrm{T}}$ 的特征向量是不同的。

12. 下列矩阵是秩为 1 的奇异矩阵，求它的三个特征值和三个特征向量：

$$\boldsymbol{A}=\begin{bmatrix}1\\ 2\\ 1\end{bmatrix}\begin{bmatrix}2 & 1 & 2\end{bmatrix}=\begin{bmatrix}2 & 1 & 2\\ 4 & 2 & 4\\ 2 & 1 & 2\end{bmatrix}$$

13. 假设 $\boldsymbol{A}$ 和 $\boldsymbol{B}$ 有同样的特征值 $\lambda_1,\lambda_2,\cdots,\lambda_n$ 及同样的独立特征向量 $\boldsymbol{x}_1,\boldsymbol{x}_2,\cdots,\boldsymbol{x}_n$，则 $\boldsymbol{A}=\boldsymbol{B}$。原因：任意向量 $\boldsymbol{x}$ 是一个 $c_1\boldsymbol{x}_1+c_2\boldsymbol{x}_2+\cdots+c_n\boldsymbol{x}_n$ 的组合。求 $\boldsymbol{Ax}$、$\boldsymbol{Bx}$。

14. 假设 $\boldsymbol{A}$ 有特征值 0、3、5 及独立的特征向量 $\boldsymbol{u}$、$\boldsymbol{v}$、$\boldsymbol{w}$。

 (1) 分别求零空间与列空间的一组基。

 (2) 求 $\boldsymbol{Ax}=\boldsymbol{v}+\boldsymbol{w}$ 的一个特解，再求出通解。

 (3) $\boldsymbol{Ax}=\boldsymbol{u}$ 没有解。若有，则 ____ 会在列空间中。

15. (1) 将下列两个矩阵分解成 $\boldsymbol{A}=\boldsymbol{X\Lambda X}^{-1}$：

$$A=\begin{bmatrix}1 & 2\\ 0 & 3\end{bmatrix}，\quad A=\begin{bmatrix}1 & 1\\ 3 & 3\end{bmatrix}$$

(2) 若 $\boldsymbol{A}=\boldsymbol{X\Lambda X}^{-1}$，则 $\boldsymbol{A}^3=(\quad)(\quad)(\quad)$，$\boldsymbol{A}^{-1}=(\quad)(\quad)(\quad)$。

16. 设 $\boldsymbol{A}=\boldsymbol{X\Lambda X}^{-1}$。求 $\boldsymbol{A}+2\boldsymbol{I}$ 的特征值矩阵、特征向量矩阵。$\boldsymbol{A}+2\boldsymbol{I}=(\quad)(\quad)(\quad)^{-1}$。

17. 判断：若 $\boldsymbol{X}$（$\boldsymbol{A}$ 的特征向量矩阵）的列是线性无关的，则

(1) $\boldsymbol{A}$ 是可逆的。

(2) $\boldsymbol{A}$ 是可对角化的。

(3) $\boldsymbol{X}$ 是可逆的。

(4) $\boldsymbol{X}$ 是可对角化的。

18. 写出特征向量为 $\begin{bmatrix}1\\1\end{bmatrix}$ 和 $\begin{bmatrix}1\\-1\end{bmatrix}$ 的最一般的矩阵。

19. 判断：若 $\boldsymbol{A}$ 的特征值是 2、2、5，则这个矩阵一定是____。

(1) 可逆的。

(2) 可对角化的。

(3) 不可对角化的。

20. 判断：若 $\boldsymbol{A}$ 的每个特征向量是 $(1,4)$ 的倍数，则 $\boldsymbol{A}$____。

(1) 无逆矩阵。

(2) 有一个重特征值。

(3) 无对角化 $\boldsymbol{X\Lambda X}^{-1}$。

21. 当 $k\to\infty$ 时，$\boldsymbol{A}^k=\boldsymbol{X\Lambda}^k\boldsymbol{X}^{-1}$ 趋近于零矩阵当且仅当每个 λ 的绝对值小于 ____。下面两个矩阵中哪个满足 $\boldsymbol{A}^k\to 0$？

$$A_1=\begin{bmatrix}0.6 & 0.9\\ 0.4 & 0.1\end{bmatrix}，\quad A_2=\begin{bmatrix}0.6 & 0.9\\ 0.1 & 0.6\end{bmatrix}$$

22. 将 $\boldsymbol{A}$ 对角化，并计算 $\boldsymbol{X\Lambda}^k\boldsymbol{X}^{-1}$ 来验证 $\boldsymbol{A}^k$ 的公式：

$$A=\begin{bmatrix}2 & -1\\ -1 & 2\end{bmatrix}，\quad A^k=\frac{1}{2}\begin{bmatrix}1+3^k & 1-3^k\\ 1-3^k & 1+3^k\end{bmatrix}$$

23. $\boldsymbol{A}$ 的特征值为 1、9，$\boldsymbol{B}$ 的特征值为 -1、9：

$$A=\begin{bmatrix}5 & 4\\ 4 & 5\end{bmatrix}，\quad B=\begin{bmatrix}4 & 5\\ 5 & 4\end{bmatrix}$$

由 $\boldsymbol{R}=\boldsymbol{X}\sqrt{\boldsymbol{\Lambda}}\boldsymbol{X}^{-1}$ 求出 $\boldsymbol{A}$ 的一个矩阵平方根。为什么不存在 $\boldsymbol{B}$ 的实矩阵平方根？

24. 假设同样的 $\boldsymbol{X}$ 可将 $\boldsymbol{A}$ 和 $\boldsymbol{B}$ 都对角化。在 $\boldsymbol{A}=\boldsymbol{X\Lambda}_1\boldsymbol{X}^{-1}$ 和 $\boldsymbol{B}=\boldsymbol{X\Lambda}_2\boldsymbol{X}^{-1}$ 中有同样的特征向量。证明 $\boldsymbol{AB}=\boldsymbol{BA}$。

25. $\boldsymbol{A}=\boldsymbol{X\Lambda X}^{-1}$ 的转置是 $\boldsymbol{A}^{\mathrm{T}}=(\boldsymbol{X}^{-1})^{\mathrm{T}}\boldsymbol{\Lambda X}^{\mathrm{T}}$。$\boldsymbol{A}^{\mathrm{T}}\boldsymbol{y}=\lambda\boldsymbol{y}$ 中的特征向量是矩阵 $(\boldsymbol{X}^{-1})^{\mathrm{T}}$ 的列。它们经常被称为$\boldsymbol{A}$ 的左特征向量，这是因为 $\boldsymbol{y}^{\mathrm{T}}\boldsymbol{A}=\lambda\boldsymbol{y}^{\mathrm{T}}$ 。如何做矩阵乘法求得以下 $\boldsymbol{A}$ 的公式？

秩为 1 的矩阵的和 $\boldsymbol{A}=\boldsymbol{X}\boldsymbol{\Lambda}\boldsymbol{X}^{-1}=\lambda_1\boldsymbol{x}_1\boldsymbol{y}_1^{\mathrm{T}}+\cdots+\lambda_n\boldsymbol{x}_n\boldsymbol{y}_n^{\mathrm{T}}$

26. **什么情况下矩阵 $\boldsymbol{A}$ 相似于其特征值矩阵 $\boldsymbol{\Lambda}$?**

$\boldsymbol{A}$ 与 $\boldsymbol{\Lambda}$ 总是具有相同的特征值，但是相似性质要求有一个矩阵 $\boldsymbol{B}$，满足 $\boldsymbol{A}=\boldsymbol{B}\boldsymbol{\Lambda}\boldsymbol{B}^{-1}$。则 $\boldsymbol{B}$ 是____ 矩阵，且 $\boldsymbol{A}$ 必须有 n 个独立的____。

1.7 对称正定矩阵

对称矩阵 $\boldsymbol{S}=\boldsymbol{S}^{\mathrm{T}}$ 值得高度重视。由它们的特征值和特征向量，可知它们为什么如此特别：

(1) **对称矩阵 $\boldsymbol{S}$ 的所有 n 个 λ 特征值都是实数。**

(2) n **个特征向量 $\boldsymbol{q}$ 能够被选为正交的（互相垂直）。**

单位矩阵 $\boldsymbol{S}=\boldsymbol{I}$ 是一个极端的例子，其所有的特征值 $\lambda=1$，每个非零的向量 $\boldsymbol{x}$ 是一个特征向量：$\boldsymbol{I}\boldsymbol{x}=1\boldsymbol{x}$。这说明了在上面的性质 (2) 中写为“能够被选为”的原因。因为有像 $\lambda_1=\lambda_2=1$ 这样的重特征值，可选取特征向量。能将它们选成相互正交的，同时能将它们缩放成为单位向量（长度为 1)。从而特征向量 $\boldsymbol{q}_1,\boldsymbol{q}_2,\cdots,\boldsymbol{q}_n$ 是正交的，且是**单位正交的**。$\boldsymbol{S}$ **的特征向量矩阵满足 $\boldsymbol{Q}^{\mathrm{T}}\boldsymbol{Q}=\boldsymbol{I}$**：$\boldsymbol{Q}$ 中的各列是单位正交的。

$$\boldsymbol{q}_i^{\mathrm{T}}\boldsymbol{q}_j=\begin{cases}0, & i\neq j\\ 1, & i=j\end{cases}\quad\rightarrow\quad\begin{bmatrix} & \boldsymbol{q}_1^{\mathrm{T}} & \\ & \vdots & \\ & \boldsymbol{q}_n^{\mathrm{T}} & \end{bmatrix}\begin{bmatrix} & & \\ \boldsymbol{q}_1 & \cdots & \boldsymbol{q}_n\\ & & \end{bmatrix}=\begin{bmatrix}\mathbf{1} & 0 & \cdot & 0\\ 0 & \mathbf{1} & 0 & \cdot\\ \cdot & 0 & \mathbf{1} & 0\\ 0 & \cdot & 0 & \mathbf{1}\end{bmatrix}$$

将 $\boldsymbol{S}$ 的特征向量矩阵记为 $\boldsymbol{Q}$ 而不是 $\boldsymbol{X}$，是为了强调这些特征向量是单位正交的：$\boldsymbol{Q}^{\mathrm{T}}\boldsymbol{Q}=\boldsymbol{I}$，$\boldsymbol{Q}^{\mathrm{T}}=\boldsymbol{Q}^{-1}$。这个特征向量矩阵是一个正交矩阵。通常的 $\boldsymbol{A}=\boldsymbol{X}\boldsymbol{\Lambda}\boldsymbol{X}^{-1}$ 现在变成 $\boldsymbol{S}=\boldsymbol{Q}\boldsymbol{\Lambda}\boldsymbol{Q}^{\mathrm{T}}$。

谱定理　　每个实的对称矩阵具有形式 $\boldsymbol{S}=\boldsymbol{Q}\boldsymbol{\Lambda}\boldsymbol{Q}^{\mathrm{T}}$

每个具有这种形式的矩阵是对称的：转置 $\boldsymbol{Q}\boldsymbol{\Lambda}\boldsymbol{Q}^{\mathrm{T}}$ 得到 $\boldsymbol{Q}^{\mathrm{TT}}\boldsymbol{\Lambda}^{\mathrm{T}}\boldsymbol{Q}^{\mathrm{T}}=\boldsymbol{Q}\boldsymbol{\Lambda}\boldsymbol{Q}^{\mathrm{T}}$。

快速证明：正交特征向量和实特征值

首先假设 $\boldsymbol{S}\boldsymbol{x}=\lambda\boldsymbol{x}$，$\boldsymbol{S}\boldsymbol{y}=0\boldsymbol{y}$，即这个对称矩阵 $\boldsymbol{S}$ 有一个非零的特征值 λ，一个零特征值。于是 $\boldsymbol{y}$ 在 $\boldsymbol{S}$ 的零空间中，$\boldsymbol{x}$ 在 $\boldsymbol{S}$ 的列空间中（$\boldsymbol{x}=\boldsymbol{S}\boldsymbol{x}/\lambda$ 是 $\boldsymbol{S}$ 的列的组合）。但是 $\boldsymbol{S}$ 是对称的：列空间 = 行空间。因为行空间与零空间总是正交的，这样就证明了 **$\boldsymbol{x}$ 是正交于 $\boldsymbol{y}$ 的**。

当第二个特征值不等于零时，有 $\boldsymbol{S}\boldsymbol{y}=\alpha\boldsymbol{y}$。对这种情况，考虑矩阵 $\boldsymbol{S}-\alpha\boldsymbol{I}$。于是，有 $(\boldsymbol{S}-\alpha\boldsymbol{I})\boldsymbol{y}=0\boldsymbol{y}$，$(\boldsymbol{S}-\alpha\boldsymbol{I})\boldsymbol{x}=(\lambda-\alpha)\boldsymbol{x}$，其中 $\lambda-\alpha\neq0$。现在 $\boldsymbol{y}$ 在 $\boldsymbol{S}-\alpha\boldsymbol{I}$ 的零空间中，而 $\boldsymbol{x}$ 在它的列空间（= 行空间）中。因此，$\boldsymbol{y}^{\mathrm{T}}\boldsymbol{x}=0$：若特征值 $\lambda\neq\alpha$ 不同，则相应的特征向量正交。

以上假设了实特征值和实特征向量。为了证明这一点，用复共轭向量 $\overline{\boldsymbol{x}}^{\mathrm{T}}$（每个 i 换成 −i）乘以 $\boldsymbol{S}\boldsymbol{x}=\lambda\boldsymbol{x}$，从而有 $\overline{\boldsymbol{x}}^{\mathrm{T}}\boldsymbol{S}\boldsymbol{x}=\lambda\overline{\boldsymbol{x}}^{\mathrm{T}}\boldsymbol{x}$。若证得 $\overline{\boldsymbol{x}}^{\mathrm{T}}\boldsymbol{x}$ 与 $\overline{\boldsymbol{x}}^{\mathrm{T}}\boldsymbol{S}\boldsymbol{x}$ 是实的，就知道 **λ 是实数**。

$$\overline{\boldsymbol{x}}^{\mathrm{T}}\boldsymbol{x}=\overline{x}_1x_1+\cdots+\overline{x}_nx_n,\text{每个}\,\overline{x}_k\,x_k=(a-\mathrm{i}b)(a+\mathrm{i}b)=a^2+b^2\ (\textbf{实数})$$

$\overline{\boldsymbol{x}}^{\mathrm{T}}\boldsymbol{S}\boldsymbol{x}=S_{11}\overline{x}_1x_1+S_{12}(\overline{x}_1x_2+x_1\overline{x}_2)+\cdots$ 也是实数：这是因为$\overline{x}_1x_1$同样是实数，且$\overline{x}_1x_2+x_1\overline{x}_2=(a-\mathrm{i}b)(c+\mathrm{i}d)+(a+\mathrm{i}b)(c-\mathrm{i}d)=2ac+2bd$ 也为实数。

由于 $\overline{\boldsymbol{x}}^{\mathrm{T}}\boldsymbol{x}>0$，**比值 λ 是实数**。因此 $(\boldsymbol{S}-\lambda\boldsymbol{I})\boldsymbol{x}=\boldsymbol{0}$ 得到了一个实的特征向量。

有关复矩阵的评论：将 $\boldsymbol{S}\boldsymbol{x}=\lambda\boldsymbol{x}$ 转置，并且取复共轭，得到 $\overline{\boldsymbol{x}}^{\mathrm{T}}\overline{\boldsymbol{S}}^{\mathrm{T}}=\overline{\lambda}\,\overline{\boldsymbol{x}}^{\mathrm{T}}$。对我们的实对称矩阵，$\overline{\boldsymbol{S}}^{\mathrm{T}}$ 正是 $\boldsymbol{S}$。这是一个双步操作，转置与取共轭，借此可重新返回得到 $\boldsymbol{S}$。因为证明只需要 $\overline{\boldsymbol{S}}^{\mathrm{T}}=\boldsymbol{S}$，这样也就适用于复矩阵：**当 $\overline{\boldsymbol{S}}^{\mathrm{T}}=\boldsymbol{S}$ 时，$\boldsymbol{S}$的所有特征值是实数**。

$$\textbf{复矩阵的例子}\qquad \boldsymbol{S}=\begin{bmatrix}2 & 3-3\mathrm{i}\\ 3+3\mathrm{i} & 5\end{bmatrix}=\overline{\boldsymbol{S}}^{\mathrm{T}}\quad \text{有实特征值}8\text{和}-1$$

关键的一步是 $\overline{3+3\mathrm{i}}=3-3\mathrm{i}$。这个矩阵的行列式是 $(2)(5)-(3+3\mathrm{i})(3-3\mathrm{i})=10-18=-8$。它的特征向量是 $\boldsymbol{x}_1=(1,1+\mathrm{i})$，$\boldsymbol{x}_2=(1-\mathrm{i},-1)$。将复内积调整到 $\overline{\boldsymbol{x}}_1^{\mathrm{T}}\boldsymbol{x}_2$，这两个向量就是正交的。这对于复向量是一个正确的内积公式，而且这样的运算得到了 $\overline{\boldsymbol{x}}_1^{\mathrm{T}}\boldsymbol{x}_2=0$：

$$\text{将}\boldsymbol{x}_1^{\mathrm{T}}\boldsymbol{x}_2=\begin{bmatrix}1 & 1+\mathrm{i}\end{bmatrix}\begin{bmatrix}1-\mathrm{i}\\ -1\end{bmatrix}=-2\mathrm{i}\quad\text{改成}\quad \overline{\boldsymbol{x}}_1^{\mathrm{T}}\boldsymbol{x}_2=\begin{bmatrix}1 & 1-\mathrm{i}\end{bmatrix}\begin{bmatrix}1-\mathrm{i}\\ -1\end{bmatrix}=0$$

MATLAB、**Julia** 等应用程序（数学包）就做对了：在进行转置操作时，向量 $\boldsymbol{x}'$ 与矩阵 $\boldsymbol{A}'$ 会自动被取共轭值。每个 i 被改成 $-\mathrm{i}$。于是，$\boldsymbol{x}'$ 是 $\overline{\boldsymbol{x}}^{\mathrm{T}}$，$\boldsymbol{A}'$ 是 $\overline{\boldsymbol{A}}^{\mathrm{T}}$。另一个经常被用到的，等同于 $\overline{\boldsymbol{x}}^{\mathrm{T}}$ 和 $\overline{\boldsymbol{A}}^{\mathrm{T}}$ 的符号是一个星号：$\boldsymbol{x}^*$，$\boldsymbol{A}^*$。

正定矩阵

实对称矩阵 $\boldsymbol{S}=\boldsymbol{S}^{\mathrm{T}}$ 的所有特征值是实数。这些对称矩阵中的一部分（并非全部）还有更有用的性质：使得它们成为应用数学的核心。这个重要性质是：

判别法 1 **正定矩阵的全部特征值都为正**

希望不需要计算特征值 λ，就可以知道这些特征值是正的。在给出这些例子后，可以看到对正定矩阵的另外 4 种判别法。

1. $\boldsymbol{S}=\begin{bmatrix}2 & 0\\ 0 & 6\end{bmatrix}$ 是正定的，其特征值 2 和 6 都是正的。

2. 若 $\boldsymbol{Q}^{\mathrm{T}}=\boldsymbol{Q}^{-1}$，$\boldsymbol{S}=\boldsymbol{Q}\begin{bmatrix}2 & 0\\ 0 & 6\end{bmatrix}\boldsymbol{Q}^{\mathrm{T}}$ 是正定的；$\lambda=2$，6 保持不变。

3. 若 $\boldsymbol{C}$ 是可逆的，$\boldsymbol{S}=\boldsymbol{C}\begin{bmatrix}2 & 0\\ 0 & 6\end{bmatrix}\boldsymbol{C}^{\mathrm{T}}$ 是正定的（这个结论不是那么显而易见）。

4. 只有当 $a>0$ 且 $ac>b^2$ 时，$\boldsymbol{S}=\begin{bmatrix}a & b\\ b & c\end{bmatrix}$ 是正定的。

5. $\boldsymbol{S}=\begin{bmatrix}2 & 0\\ 0 & 0\end{bmatrix}$ 仅是**半正定的**：$\lambda\geqslant 0$ 而不是 $\lambda>0$。

基于能量的定义

关于正定矩阵的最重要的方法不直接涉及特征值，却是绝妙的验证 $\lambda > 0$ 的手段。这是一个对正定矩阵十分有用的定义：**能量判别法（判别法 2）**。

$$\boxed{\text{若能量 } \boldsymbol{x}^{\mathrm{T}}\boldsymbol{S}\boldsymbol{x} \text{ 对所有 } \boldsymbol{x} \neq \boldsymbol{0} \text{ 的向量都是正的，则 } \boldsymbol{S} \text{ 是正定的}} \tag{1}$$

当然 $\boldsymbol{S} = \boldsymbol{I}$ 是正定的：所有的 $\lambda_i = 1$。能量的表达式为 $\boldsymbol{x}^{\mathrm{T}}\boldsymbol{I}\boldsymbol{x} = \boldsymbol{x}^{\mathrm{T}}\boldsymbol{x}$，若 $\boldsymbol{x} \neq 0$，则能量是正的。下面给出 2×2 矩阵的能量，它取决于 $\boldsymbol{x} = (x_1, x_2)$。

$$\text{能量} \quad \boxed{\boldsymbol{x}^{\mathrm{T}}\boldsymbol{S}\boldsymbol{x} = \begin{bmatrix} x_1 & x_2 \end{bmatrix} \begin{bmatrix} 2 & 4 \\ 4 & 9 \end{bmatrix} \begin{bmatrix} x_1 \\ x_2 \end{bmatrix} = 2\,x_1^2 + 8\,x_1x_2 + 9\,x_2^2}$$

是否对于每一对 x_1 和 x_2，除了 $(x_1, x_2) = (0, 0)$，上面的能量都是正的？是的，这是一个平方项的和：

$$\boldsymbol{x}^{\mathrm{T}}\boldsymbol{S}\boldsymbol{x} = 2x_1^2 + 8x_1x_2 + 9x_2^2 = 2\,(x_1 + 2x_2)^2 + x_2^2 = \text{正能量}$$

将正能量 $\boldsymbol{x}^{\mathrm{T}}\boldsymbol{S}\boldsymbol{x} > 0$ 与正特征值 $\lambda > 0$ 联系起来：

$$\text{若}\boldsymbol{S}\boldsymbol{x} = \boldsymbol{\lambda}\boldsymbol{x}\text{，则}\boldsymbol{x}^{\mathrm{T}}\boldsymbol{S}\boldsymbol{x} = \boldsymbol{\lambda}\boldsymbol{x}^{\mathrm{T}}\boldsymbol{x}\text{。因此}\boldsymbol{\lambda} > \boldsymbol{0}\text{，导致}\boldsymbol{x}^{\mathrm{T}}\boldsymbol{S}\boldsymbol{x} > \boldsymbol{0}$$

这一条证明仅验证了每个单独的特征向量。但是若每个特征向量有正的能量，**则所有的非零向量 $\boldsymbol{x}$ 都有正的能量**：

$$\text{若}\boldsymbol{x}^{\mathrm{T}}\boldsymbol{S}\boldsymbol{x} > 0\text{对每个}\boldsymbol{S}\text{的特征向量成立，则}\boldsymbol{x}^{\mathrm{T}}\boldsymbol{S}\boldsymbol{x} > 0\text{对每一个非零}\boldsymbol{x}\text{也成立。}$$

其原因为：每个 $\boldsymbol{x}$ 是特征向量的组合 $c_1\boldsymbol{x}_1 + c_2\boldsymbol{x}_2 + \cdots + c_n\boldsymbol{x}_n$。因为 $\boldsymbol{S}$ 是对称的，所以这些特征向量可以选择成相互正交。现在要证明：$\boldsymbol{x}^{\mathrm{T}}\boldsymbol{S}\boldsymbol{x}$ 是互异的特征向量的能量 $\lambda_k\boldsymbol{x}_k^{\mathrm{T}}\boldsymbol{x}_k > 0$ 的一个正组合。

若每个 $\boldsymbol{\lambda_i > 0}$，则有

$$\begin{aligned}
\boldsymbol{x}^{\mathrm{T}}\boldsymbol{S}\boldsymbol{x} &= (c_1\boldsymbol{x}_1^{\mathrm{T}} + \cdots + c_n\boldsymbol{x}_n^{\mathrm{T}})\,\boldsymbol{S}\,(c_1\boldsymbol{x}_1 + \cdots + c_n\boldsymbol{x}_n) \\
&= (c_1\boldsymbol{x}_1^{\mathrm{T}} + \cdots + c_n\boldsymbol{x}_n^{\mathrm{T}})\,(c_1\lambda_1\boldsymbol{x}_1 + \cdots + c_n\lambda_n\boldsymbol{x}_n) \\
&= c_1^2\lambda_1\boldsymbol{x}_1^{\mathrm{T}}\boldsymbol{x}_1 + \cdots + c_n^2\lambda_n\boldsymbol{x}_n^{\mathrm{T}}\boldsymbol{x}_n > \boldsymbol{0}
\end{aligned}$$

上面的第 2 行到第 3 行使用了 $\boldsymbol{S}$ 的特征向量相互正交的性质：$\boldsymbol{x}_i^{\mathrm{T}}\boldsymbol{x}_j = 0$。

下面是能量判别法的一个典型用法，并不要求知道任何特征值或特征向量。

若 $\boldsymbol{S}_1$ 与 $\boldsymbol{S}_2$ 是对称正定的，则 $\boldsymbol{S}_1 + \boldsymbol{S}_2$ 也是对称正定的。

$$\text{通过将能量相加证明：}\quad \boldsymbol{x}^{\mathrm{T}}(\boldsymbol{S}_1 + \boldsymbol{S}_2)\,\boldsymbol{x} = \boldsymbol{x}^{\mathrm{T}}\boldsymbol{S}_1\,\boldsymbol{x} + \boldsymbol{x}^{\mathrm{T}}\boldsymbol{S}_2\,\boldsymbol{x} > \boldsymbol{0} + \boldsymbol{0}$$

$\boldsymbol{S}_1 + \boldsymbol{S}_2$ 的特征值与特征向量不是那么容易得到，但能量则可以简单相加。

再给出三个等价的判别法

至此，有了判别法 **1** 与判别法 **2**：正的特征值与正的特征能量。能量判别法可以很快又给出三种有用的判别法（还可能有其他的，但我们给出了三种，就到此为止）：

判别法3	$\boldsymbol{S}=\boldsymbol{A}^{\mathrm{T}}\boldsymbol{A}$，其中$\boldsymbol{A}$为列无关的矩阵
判别法4	$\boldsymbol{S}$的所有顺序主子式$\boldsymbol{D}_1,\boldsymbol{D}_2,\cdots,\boldsymbol{D}_n$是正的
判别法5	$\boldsymbol{S}$（在消元过程中）的所有主元都是正的

判别法 3 适用于 $\boldsymbol{S}=\boldsymbol{A}^{\mathrm{T}}\boldsymbol{A}$。在判别法 3 中为什么 $\boldsymbol{A}$ 的列必须是相互独立的？

注意下面的括号：

$$\boldsymbol{S}=\boldsymbol{A}^{\mathrm{T}}\boldsymbol{A} \qquad \text{能量}=\boldsymbol{x}^{\mathrm{T}}\boldsymbol{S}\boldsymbol{x}=\boldsymbol{x}^{\mathrm{T}}\boldsymbol{A}^{\mathrm{T}}\boldsymbol{A}\boldsymbol{x}=(\boldsymbol{A}\boldsymbol{x})^{\mathrm{T}}(\boldsymbol{A}\boldsymbol{x})=\|\boldsymbol{A}\boldsymbol{x}\|^2 \tag{2}$$

那些括号是关键。能量是向量 $\boldsymbol{A}\boldsymbol{x}$ 的长度平方。只要 $\boldsymbol{A}\boldsymbol{x}$ 不是零向量，则它的能量是正的。为了保证当 $\boldsymbol{x}\neq\mathbf{0}$ 时，$\boldsymbol{A}\boldsymbol{x}\neq\mathbf{0}$，$\boldsymbol{A}$ 的列必须是互相独立的。在下面这个 2×3 矩阵的例子中，$\boldsymbol{A}$ 有非独立的列：

$$\boldsymbol{S}=\boldsymbol{A}^{\mathrm{T}}\boldsymbol{A}=\begin{bmatrix}1&1\\1&2\\1&3\end{bmatrix}\begin{bmatrix}1&1&1\\1&2&3\end{bmatrix}=\begin{bmatrix}2&3&4\\3&5&7\\4&7&10\end{bmatrix}\text{不是正定的}$$

这个 $\boldsymbol{A}$ 有第 1 列 + 第 3 列 = 2 (第 2 列)，因此 $\boldsymbol{x}=(1,-2,1)$ 的能量为零。这是 $\boldsymbol{A}^{\mathrm{T}}\boldsymbol{A}$ 的 $\lambda=0$ 的特征向量，因此 $\boldsymbol{S}=\boldsymbol{A}^{\mathrm{T}}\boldsymbol{A}$ 仅是半正定的。

因为 $\boldsymbol{x}^{\mathrm{T}}\boldsymbol{S}\boldsymbol{x}=\|\boldsymbol{A}\boldsymbol{x}\|^2$ 不会是负值，式 (2) 表明 $\boldsymbol{A}^{\mathrm{T}}\boldsymbol{A}$ 至少是半正定的。半正定允许 $\boldsymbol{S}$ 的能量/特征值/行列式/主元为零。

行列式判别法与主元判别法

行列式判别法对一个小的矩阵是最快的。在下面这个 4×4 对称二次差分矩阵中将四个“顺序主子式”标注为 D_1、D_2、D_3、D_4。

$$\boldsymbol{S}=\begin{bmatrix}2&-1&&\\-1&2&-1&\\&-1&2&-1\\&&-1&2\end{bmatrix}\quad\text{有}\quad\begin{aligned}&\text{一阶 顺序主子式}\ D_1=2\\&\text{二阶 顺序主子式}\ D_2=3\\&\text{三阶 顺序主子式}\ D_3=4\\&\text{四阶 顺序主子式}\ D_4=5\end{aligned}$$

行列式判别法通过了！能量 $\boldsymbol{x}^{\mathrm{T}}\boldsymbol{S}\boldsymbol{x}$ 也是正的。顺序主子式与主元（经过消元后的对角线上的数）紧密相关。这里，第一个主元是 $\mathbf{2}$。第二个主元 $\dfrac{\mathbf{3}}{\mathbf{2}}$ 通过将 $\dfrac{1}{2}$(第 1 行) 加到第 2 行而得到。第三个主元 $\dfrac{\mathbf{4}}{\mathbf{3}}$ 通过 $\dfrac{2}{3}$(新第 2 行) 与第 3 行相加得到。$\dfrac{2}{1}$、$\dfrac{3}{2}$、$\dfrac{4}{3}$ 就是行列式的比值。最末的主元是 $\dfrac{\mathbf{5}}{\mathbf{4}}$。

第 k 个主元等于顺序主子式的比 $\dfrac{D_k}{D_{k-1}}$（相应的阶数分别为 k 和 $k-1$）

因此，当顺序主子式都是正的时，主元都是正的。

可以很快地将判别法 4 与判别法 5 关联到判别法 3：$S = A^{\mathrm{T}}A$。事实上，对 S 的消元产生了 A 的一个重要选择。回顾一下消元 = 矩阵的三角分解（$S = LU$）。直到现在，L 的对角元都为 1，而 U 则包含主元。但是，对于对称矩阵 S，可将其表示为 LDL^{T}：

$$\begin{bmatrix} 2 & -1 & 0 \\ -1 & 2 & -1 \\ 0 & -1 & 2 \end{bmatrix} = \begin{bmatrix} 1 & & \\ -\frac{1}{2} & 1 & \\ 0 & -\frac{2}{3} & 1 \end{bmatrix} \begin{bmatrix} 2 & -1 & 0 \\ & \frac{3}{2} & -1 \\ & & \frac{4}{3} \end{bmatrix} \qquad S = LU \tag{3}$$

$$\begin{matrix}\text{将主元}\\ \text{提出来写入}\\ \text{对角矩阵}\boldsymbol{D}\end{matrix} = \begin{bmatrix} 1 & & \\ -\frac{1}{2} & 1 & \\ 0 & -\frac{2}{3} & 1 \end{bmatrix} \begin{bmatrix} \mathbf{2} & & \\ & \mathbf{\frac{3}{2}} & \\ & & \mathbf{\frac{4}{3}} \end{bmatrix} \begin{bmatrix} 1 & -\frac{1}{2} & 0 \\ & 1 & -\frac{2}{3} \\ & & 1 \end{bmatrix} = LDL^{\mathrm{T}} \tag{4}$$

$$\begin{matrix}\text{在}A^{\mathrm{T}}\text{和}A\\ \text{中分享主元}\end{matrix} = \begin{bmatrix} \sqrt{2} & & \\ -\sqrt{\frac{1}{2}} & \sqrt{\frac{3}{2}} & \\ 0 & -\sqrt{\frac{2}{3}} & \sqrt{\frac{4}{3}} \end{bmatrix} \begin{bmatrix} \sqrt{2} & -\sqrt{\frac{1}{2}} & 0 \\ & \sqrt{\frac{3}{2}} & -\sqrt{\frac{2}{3}} \\ & & \sqrt{\frac{4}{3}} \end{bmatrix} = A^{\mathrm{T}}A \tag{5}$$

式（5）用了很多平方根，但 $S = A^{\mathrm{T}}A$ 这个式子看上去是如此优美：$A = \sqrt{D}L^{\mathrm{T}}$。

消元法将每个正定的 S 分解为 $A^{\mathrm{T}}A$（A 是上三角矩阵）

这就是 Cholesky 分解 $S = A^{\mathrm{T}}A$，其中 A 的主对角元为 $\sqrt{\text{主元}}$。

判别法 $S = A^{\mathrm{T}}A$：A 的两个特殊选择

当 S 是正定时，为了应用 $S = A^{\mathrm{T}}A$ 判别法，必须至少发现一个可能的 A。对 A 有许多选择，包括**对称矩阵**与**三角矩阵**。

(1) 若 $S = Q\Lambda Q^{\mathrm{T}}$，取那些特征值的平方根，于是有 $A = Q\sqrt{\Lambda}Q^{\mathrm{T}} = A^{\mathrm{T}}$。

(2) 若 $S = LU = LDL^{\mathrm{T}}$，且 D 中的对角元是正的主元，则 $S = (L\sqrt{D})(\sqrt{D}L^{\mathrm{T}})$。

总结 判别 S 是否正定的 5 种方法包含线性代数的各个部分：从消元法得到的主元、行列式、特征值和 $S = A^{\mathrm{T}}A$。每种判别法本身都能给出一个完整的答案：正定，半正定，或两者都不是。

正的能量 $x^{\mathrm{T}}Sx > 0$ 是最好的定义：它将所有这些判别法都联系在一起。

正定矩阵与最小值问题

假设 $\boldsymbol{S}$ 是对称的正定 2×2 矩阵。运用四种判别法：

$$\boldsymbol{S}=\begin{bmatrix} a & b \\ b & c \end{bmatrix} \qquad \textbf{行列式}\ a>0,\ ac-b^2>0 \qquad \textbf{主元}\ a>0,\ (ac-b^2)/a>0$$
$$\textbf{特征值}\ \lambda_1>0,\ \lambda_2>0 \qquad \textbf{能量}\ ax^2+2bxy+cy^2>0$$

令 $a=c=5$，$b=4$。矩阵 $\boldsymbol{S}$ 有 $\lambda=\mathbf{9}$ 和 $\lambda=\mathbf{1}$。

$$\textbf{能量}\quad \boldsymbol{E}=\boldsymbol{x}^{\mathrm{T}}\boldsymbol{S}\boldsymbol{x} \qquad \begin{bmatrix} x & y \end{bmatrix}\begin{bmatrix} 5 & 4 \\ 4 & 5 \end{bmatrix}\begin{bmatrix} x \\ y \end{bmatrix}=\mathbf{5}\,\boldsymbol{x}^{\mathbf{2}}+\mathbf{8}\,\boldsymbol{xy}+\mathbf{5}\,\boldsymbol{y}^{\mathbf{2}}>0$$

能量函数 $E(x,y)$ 的图形如**口向上的碗**，碗的底部点是 $x=y=0$，对应能量 $E=0$。这样就将微积分中的最小值问题与线性代数中的正定矩阵联系在一起。

第 6 章讨论数值最小化。对于那些最理想的问题，函数是**严格凸**的，就如一条开口向上的抛物线。这里给出一种完美的判别法：

二阶导数的矩阵在所有点都是正定的。现在在高维空间，但是线性代数确定了二阶导数矩阵的关键性质。

对于单变量 x 的普通函数 $f(x)$，有著名的最小值检验：

$$\text{若在}x=x_0\text{处，}\textbf{一阶}\text{导数 }\frac{\mathrm{d}f}{\mathrm{d}x}=0\text{，且}\textbf{二阶}\text{导数 }\frac{\mathrm{d}^2 f}{\mathrm{d}x^2}>0\text{，则 }f\text{ 在 }x_0\text{ 取最小值}$$

对于有两个变量的函数 $f(x,y)$，那些二阶导数就构成了一个矩阵，而且是正定的。

$$\begin{matrix}\textbf{在}(\boldsymbol{x_0},\boldsymbol{y_0})\\ \textbf{取最小值}\end{matrix} \Leftarrow \frac{\partial f}{\partial x}=0,\quad \frac{\partial f}{\partial y}=0 \text{ 且 } \begin{bmatrix} \boldsymbol{\partial^2 f/\partial x^2} & \boldsymbol{\partial^2 f/\partial x\partial y} \\ \boldsymbol{\partial^2 f/\partial x\partial y} & \boldsymbol{\partial^2 f/\partial y^2} \end{bmatrix} \begin{matrix}\textbf{在}(\boldsymbol{x_0},\boldsymbol{y_0})\\ \textbf{是正定的}\end{matrix}$$

因为 $\partial f/\partial x=\partial f/\partial y=0$，所以 $z=f(x,y)$ 的图在 (x_0,y_0) 处是平的。只要二阶导数矩阵是正定的，这个图就开口向上。因此函数 $f(x,y)$ 有一个最小值点。

二阶导数 $\quad \boldsymbol{S}=\begin{bmatrix} \boldsymbol{a} & \boldsymbol{b} \\ \boldsymbol{b} & \boldsymbol{c} \end{bmatrix}$

$\boldsymbol{a}>\mathbf{0}$，$\boldsymbol{ac}>\boldsymbol{b}^{\mathbf{2}}$

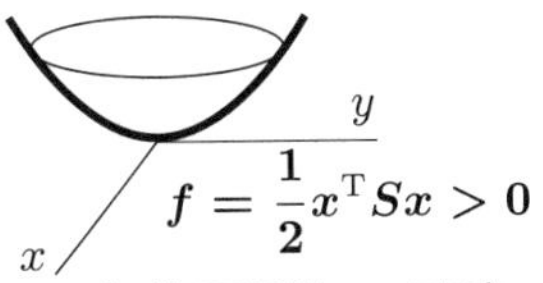

当 $\boldsymbol{S}$ 正定时，$\mathbf{2}\boldsymbol{f}=\boldsymbol{ax}^{\mathbf{2}}+\mathbf{2}\boldsymbol{bxy}+\boldsymbol{cy}^{\mathbf{2}}$ 的图形如一只碗

假若 $\boldsymbol{S}$ 有一个负特征值 $\lambda<0$，这个图会低于零值。若 $\boldsymbol{S}$ 是负定的（所有 $\lambda<0$，碗底朝上)，则会有一个最大值。当 $\boldsymbol{S}$ 既有正特征值又有负特征值时，就会有一个鞍点。一个有鞍点的矩阵是不定矩阵。

最优化与机器学习

第 6 章将讨论**梯度下降**。每一步是按照最陡的方向，朝着碗的底部点 $\boldsymbol{x}^*$ 走去。但是这个最陡的方向随着下降的过程发生变化，微积分和线性代数相遇在最小值点 $\boldsymbol{x}^*$。

微积分	f 的偏导数在 $\boldsymbol{x}^*$ 都是零：$\dfrac{\partial f}{\partial x_i}=0$
线性代数	二阶导数 $\dfrac{\partial^2 f}{\partial x_i\,\partial x_j}$ 的矩阵 $\boldsymbol{S}$ 是正定的

若 $\boldsymbol{S}$ 在所有点 $\boldsymbol{x}=(x_1,\cdots,x_n)$ 是正定（或半正定）的，则**函数 $\boldsymbol{f(x)}$ 是凸函数**。若 $\boldsymbol{S}$ 的特征值都大于某个正数 δ，则**函数 $\boldsymbol{f(x)}$ 是严格凸的**。这些是可进行优化的最佳函数。它们只有一个最小值，而梯度下降法能够找到这个最小值。

机器学习产生的"损失函数"包含数十万个变量，它们是用来测量误差的，把这些误差最小化。但是，计算所有的二阶导数是完全不可能的，可用一阶导数来决定下一步移动的方向——在最陡的方向误差下降得最快，然后朝着新的方向再下降一步。

这是在最小二乘法、神经网络和深度学习中的核心运算。

椭圆 $ax^2+2bxy+cy^2=1$

下面还是用一个正定的矩阵 $\boldsymbol{S}$ 来讨论。它的能量 $E=\boldsymbol{x}^{\mathrm{T}}\boldsymbol{S}\boldsymbol{x}$ 的图形如口朝上的碗。在高度为 $\boldsymbol{x}^{\mathrm{T}}\boldsymbol{S}\boldsymbol{x}=1$ 处将碗切开，这个切口的曲线就是一个**椭圆**。

$$\boldsymbol{S}=\begin{bmatrix}5&4\\4&5\end{bmatrix}\quad \text{有}\ \ \lambda=\boldsymbol{9},\boldsymbol{1}\quad \text{能量椭圆}\ \ \boldsymbol{5x^2+8xy+5y^2=1}\text{见图 1.10。}$$

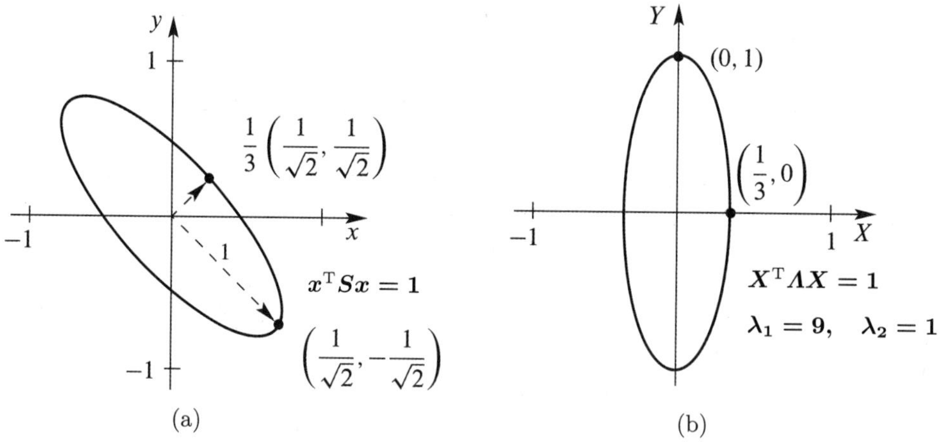

图 1.10 倾斜的椭圆 $5x^2+8xy+5y^2=1$。将其摆正，就变成 $9X^2+Y^2=1$

相应的两个特征向量分别是 $\boldsymbol{q}_1=(1,1)$，$\boldsymbol{q}_2=(1,-1)$，除以 $\sqrt{2}$ 就得到了两个单位向量。于是 $\boldsymbol{S}=\boldsymbol{Q}\boldsymbol{\Lambda}\boldsymbol{Q}^{\mathrm{T}}$。用 $\boldsymbol{x}^{\mathrm{T}}=\begin{bmatrix}x&y\end{bmatrix}$ 乘以左侧，$\boldsymbol{x}$ 乘以右侧得到能量 $\boldsymbol{x}^{\mathrm{T}}\boldsymbol{S}\boldsymbol{x}=(\boldsymbol{x}^{\mathrm{T}}\boldsymbol{Q})\boldsymbol{\Lambda}(\boldsymbol{Q}^{\mathrm{T}}\boldsymbol{x})$。$\boldsymbol{S}$ 的特征值是 9 和 1。

$$\boldsymbol{x}^{\mathrm{T}}\boldsymbol{S}\boldsymbol{x}=\textbf{平方项的和}\quad 5x^2+8xy+5y^2=9\left(\frac{x+y}{\sqrt{2}}\right)^2+1\left(\frac{x-y}{\sqrt{2}}\right)^2 \tag{6}$$

9 和 1 来自 $\boldsymbol{\Lambda}$。在那两个平方项中体现 $\boldsymbol{q}_1=(1,1)/\sqrt{2}$，$\boldsymbol{q}_2=(1,-1)/\sqrt{2}$。

斜椭圆的轴沿着 $\boldsymbol{S}$ 的特征向量的指向。这就解释了 $\boldsymbol{S}=\boldsymbol{Q}\boldsymbol{\Lambda}\boldsymbol{Q}^{\mathrm{T}}$ 是“主轴定理”（它显示了这些轴）。这不仅给出了方向（来自特征向量），还有轴的长度（来自 λ）：**长度 $=\mathbf{1}/\sqrt{\boldsymbol{\lambda}}$**。为了看明白所有这一切，用大写字母表示摆正椭圆的新坐标 X、Y：

$$\text{摆正}\qquad \frac{x+y}{\sqrt{2}}=X,\quad \frac{x-y}{\sqrt{2}}=Y,\quad \mathbf{9}\boldsymbol{X}^{\mathbf{2}}+\boldsymbol{Y}^{\mathbf{2}}=\mathbf{1}$$

X^2 的最大值是 $1/9$。短轴的端点坐标是 $X=1/3$，$Y=0$。注意：较大的特征值 $\lambda_1=9$ 得到短轴，其半轴长是 $1/\sqrt{\lambda_1}=1/3$。而较小的特征值 $\lambda_2=1$ 得到长轴的半轴长 $1/\sqrt{\lambda_2}=1$：即图 1.10 中的 Y 轴。

在 xy 坐标系中，轴沿着 $\boldsymbol{S}$ 的特征向量方向。而在 XY 坐标系中，**轴沿着 $\boldsymbol{\Lambda}$ 的特征向量**（**坐标轴**方向）。所有这些都来自 $\boldsymbol{S}=\boldsymbol{Q}\boldsymbol{\Lambda}\boldsymbol{Q}^{\mathrm{T}}$。

> 当所有的 $\lambda_i>0$ 时，$\boldsymbol{S}=\boldsymbol{Q}\boldsymbol{\Lambda}\boldsymbol{Q}^{\mathrm{T}}$ 是正定的。$\boldsymbol{x}^{\mathrm{T}}\boldsymbol{S}\boldsymbol{x}=1$ 的图是一个椭圆，其轴沿着 $\boldsymbol{S}$ 的特征向量方向。
>
> $$\text{椭圆}\qquad [x\ \ y]\,\boldsymbol{Q}\boldsymbol{\Lambda}\boldsymbol{Q}^{\mathrm{T}}\begin{bmatrix}x\\y\end{bmatrix}=[X\ \ Y]\,\boldsymbol{\Lambda}\begin{bmatrix}X\\Y\end{bmatrix}=\boldsymbol{\lambda}_1\boldsymbol{X}^2+\boldsymbol{\lambda}_2\boldsymbol{Y}^2=\mathbf{1}$$

(7)

习题 1.7

1. 假设 $\boldsymbol{S}^{\mathrm{T}}=\boldsymbol{S}$，$\boldsymbol{S}\boldsymbol{x}=\lambda\boldsymbol{x}$，$\boldsymbol{S}\boldsymbol{y}=\alpha\boldsymbol{y}$ 都是实的，试证明

$$\boldsymbol{y}^{\mathrm{T}}\boldsymbol{S}\boldsymbol{x}=\lambda\boldsymbol{y}^{\mathrm{T}}\boldsymbol{x},\qquad \boldsymbol{x}^{\mathrm{T}}\boldsymbol{S}\boldsymbol{y}=\alpha\boldsymbol{x}^{\mathrm{T}}\boldsymbol{y},\qquad \boldsymbol{y}^{\mathrm{T}}\boldsymbol{S}\boldsymbol{x}=\boldsymbol{x}^{\mathrm{T}}\boldsymbol{S}\boldsymbol{y}$$

并证明：若 $\lambda\neq\alpha$，则 $\boldsymbol{y}^{\mathrm{T}}\boldsymbol{x}$ 必然为零（**正交特征向量**）。

2. $\boldsymbol{S}_1$、$\boldsymbol{S}_2$、$\boldsymbol{S}_3$、$\boldsymbol{S}_4$ 中的哪个有两个正特征值？（采用判别法而不是计算 λ），并求 $\boldsymbol{x}$ 使得 $\boldsymbol{x}^{\mathrm{T}}\boldsymbol{S}_1\boldsymbol{x}<0$，从而 $\boldsymbol{S}_1$ 不是正定的。

$$\boldsymbol{S}_1=\begin{bmatrix}5&6\\6&7\end{bmatrix},\quad \boldsymbol{S}_2=\begin{bmatrix}-1&-2\\-2&-5\end{bmatrix},\quad \boldsymbol{S}_3=\begin{bmatrix}1&10\\10&100\end{bmatrix},\quad \boldsymbol{S}_4=\begin{bmatrix}1&10\\10&101\end{bmatrix}$$

3. 求 b 和 c 的值，使下列矩阵是正定的：

$$\boldsymbol{S}=\begin{bmatrix}1&b\\b&9\end{bmatrix},\quad \boldsymbol{S}=\begin{bmatrix}2&4\\4&c\end{bmatrix},\quad \boldsymbol{S}=\begin{bmatrix}c&b\\b&c\end{bmatrix}$$

将每个 $\boldsymbol{S}$ 分解成 $\boldsymbol{L}\boldsymbol{D}\boldsymbol{L}^{\mathrm{T}}$，使得主元在 $\boldsymbol{D}$ 中，乘子在 $\boldsymbol{L}$ 中。

4. 下面是“实矩阵 $\boldsymbol{A}$ 的特征值是实数”的快速“证明”：

$$\text{伪证：}\quad \boldsymbol{A}\boldsymbol{x}=\lambda\boldsymbol{x}\ \ \text{得到}\ \ \boldsymbol{x}^{\mathrm{T}}\boldsymbol{A}\boldsymbol{x}=\lambda\boldsymbol{x}^{\mathrm{T}}\boldsymbol{x},\quad \text{因此}\ \ \lambda=\frac{\boldsymbol{x}^{\mathrm{T}}\boldsymbol{A}\boldsymbol{x}}{\boldsymbol{x}^{\mathrm{T}}\boldsymbol{x}}=\frac{\text{实数}}{\text{实数}}$$

找出这个推理中的错误——一个隐藏的假设没有被证实。可用旋转 90° 的矩阵 $[0\ \ -1;\ 1\ \ 0]$ 验证上述步骤，该矩阵有 $\lambda=\mathrm{i}$，$\boldsymbol{x}=(\mathrm{i},1)$。

5. 将 $\boldsymbol{S}$ 和 $\boldsymbol{B}$ 以谱定理 $\boldsymbol{Q\Lambda Q}^{\mathrm{T}}$ 的 $\lambda_1\boldsymbol{x}_1\boldsymbol{x}_1^{\mathrm{T}}+\lambda_2\boldsymbol{x}_2\boldsymbol{x}_2^{\mathrm{T}}$ 的形式写出：

$$\boldsymbol{S}=\begin{bmatrix}3&1\\1&3\end{bmatrix},\qquad \boldsymbol{B}=\begin{bmatrix}9&12\\12&16\end{bmatrix}\quad（保持\|\boldsymbol{x}_1\|=\|\boldsymbol{x}_2\|=1）$$

6. (推荐) 矩阵 $\boldsymbol{M}$ 是反对称的，也是 ____。则它的所有特征值是纯虚数，且满足 $|\lambda|=1$。（对每个 $\boldsymbol{x}$ 有 $\|\boldsymbol{Mx}\|=\|\boldsymbol{x}\|$，因此对特征向量有 $\|\lambda\boldsymbol{x}\|=\|\boldsymbol{x}\|$）。从 $\boldsymbol{M}$ 的迹找到 $\boldsymbol{M}$ 的所有 4 个特征值：

$$\boldsymbol{M}=\frac{1}{\sqrt{3}}\begin{bmatrix}0&1&1&1\\-1&0&-1&1\\-1&1&0&-1\\-1&-1&1&0\end{bmatrix}\quad 的特征值只能为\ \mathrm{i}\ 或\ -\mathrm{i}$$

7. 证明下面的 $\boldsymbol{A}$（**对称但为复矩阵**）的特征向量只能张成一条直线：

$$\boldsymbol{A}=\begin{bmatrix}\mathrm{i}&1\\1&-\mathrm{i}\end{bmatrix}\quad 甚至不是可对角化的：特征值为\lambda=0,0$$

$\boldsymbol{A}^{\mathrm{T}}=\boldsymbol{A}$ 对复矩阵不是一个特殊的性质。好的性质是 $\overline{\boldsymbol{A}}^{\mathrm{T}}=\boldsymbol{A}$。然后所有的特征值是实数，并且 $\boldsymbol{A}$ 有 n 个正交的特征向量。

8. 下面的 $\boldsymbol{A}$ 几乎是对称的。但是它的特征向量远非正交：

$$\boldsymbol{A}=\begin{bmatrix}1&10^{-15}\\0&1+10^{-15}\end{bmatrix}\quad 有特征向量\quad \begin{bmatrix}1\\0\end{bmatrix},\qquad \begin{bmatrix}?\end{bmatrix}$$

求两个特征向量之间的夹角。

9. 哪些对称矩阵 $\boldsymbol{S}$ 也是正交的？于是 $\boldsymbol{S}^{\mathrm{T}}=\boldsymbol{S}$，$\boldsymbol{S}^{\mathrm{T}}=\boldsymbol{S}^{-1}$。

   (1) 证明由对称性与正交性可得 $\boldsymbol{S}^2=\boldsymbol{I}$。

   (2) $\boldsymbol{S}$ 的特征值可能是什么？描述所有可能的 $\boldsymbol{\Lambda}$。

   则由其中一个特征值矩阵 $\boldsymbol{\Lambda}$ 和一个正交矩阵 $\boldsymbol{Q}$，有 $\boldsymbol{S}=\boldsymbol{Q\Lambda Q}^{\mathrm{T}}$。

10. 若 $\boldsymbol{S}$ 是对称的，证明 $\boldsymbol{A}^{\mathrm{T}}\boldsymbol{SA}$ 也是对称的（取 $\boldsymbol{A}^{\mathrm{T}}\boldsymbol{SA}$ 的转置）。这里 $\boldsymbol{A}$ 是 $m\times n$ 矩阵，$\boldsymbol{S}$ 是 $m\times m$ 矩阵。$\boldsymbol{S}$ 的特征值是否等于 $\boldsymbol{A}^{\mathrm{T}}\boldsymbol{SA}$ 的特征值？

    若 $\boldsymbol{A}$ 是可逆方阵，称 $\boldsymbol{A}^{\mathrm{T}}\boldsymbol{SA}$ 为与 $\boldsymbol{S}$ 合同（congruent）。它们有相同数目的正、负与零特征值：惯性定律。

11. 这里给出 a 介于 $\boldsymbol{S}$ 的特征值 λ_1 与 λ_2 之间的一个证明：

$$\boldsymbol{S}=\begin{bmatrix}a&b\\b&c\end{bmatrix}\qquad \begin{array}{l}\det(\boldsymbol{S}-\lambda\boldsymbol{I})=\lambda^2-a\lambda-c\lambda+ac-b^2\\ 是一条开口向上的抛物线（因为\ \lambda^2）\end{array}$$

证明 $\det(\boldsymbol{S}-\lambda\boldsymbol{I})$ 在 $\lambda=a$ 是负的。因此抛物线在 $\lambda=a$ 的左右两侧穿过 λ 轴。它在 $\boldsymbol{S}$ 的两个特征值处与 λ 轴相交，因此两特征值间必然包含了 a。

$\boldsymbol{A}$ 的 $n-1$ 个特征值总是落在 $\boldsymbol{S}=\begin{bmatrix}\boldsymbol{A} & \boldsymbol{b}\\ \boldsymbol{b}^{\mathrm{T}} & c\end{bmatrix}$ 的 n 个特征值之间。

3.2 节将解释这种特征值的交错。

12. 能量 $\boldsymbol{x}^{\mathrm{T}}\boldsymbol{S}\boldsymbol{x}=2x_1x_2$ 在 $(0,0)$ 处有一个鞍点，但不是最小值。哪个对称矩阵 $\boldsymbol{S}$ 产生这个能量？它的特征值是多少？

13. 判定 $\boldsymbol{A}^{\mathrm{T}}\boldsymbol{A}$ 是否在每种情况下都是正定的：$\boldsymbol{A}$ 需要有独立的列。

$$\boldsymbol{A}=\begin{bmatrix}1 & 2\\ 0 & 3\end{bmatrix},\quad \boldsymbol{A}=\begin{bmatrix}1 & 1\\ 1 & 2\\ 2 & 1\end{bmatrix},\quad \boldsymbol{A}=\begin{bmatrix}1 & 1 & 2\\ 1 & 2 & 1\end{bmatrix}$$

14. 求 3×3 矩阵 $\boldsymbol{S}$ 及其主元、秩、特征值和行列式。

$$\begin{bmatrix}x_1 & x_2 & x_3\end{bmatrix}\begin{bmatrix} & & \\ & \boldsymbol{S} & \\ & & \end{bmatrix}\begin{bmatrix}x_1\\ x_2\\ x_3\end{bmatrix}=4(x_1-x_2+2x_3)^2$$

15. 计算 $\boldsymbol{S}$ 的三个顺序主子式（左上角的行列式）以确立矩阵的正定性。验证它们的比值得到了第二个与第三个主元。

$$\textbf{主元 = 行列式的比值}\quad \boldsymbol{S}=\begin{bmatrix}2 & 2 & 0\\ 2 & 5 & 3\\ 0 & 3 & 8\end{bmatrix}$$

16. 对什么样的 c 和 d 值，$\boldsymbol{S}$ 与 $\boldsymbol{T}$ 是正定的？验证它们的 3 个行列式：

$$\boldsymbol{S}=\begin{bmatrix}c & 1 & 1\\ 1 & c & 1\\ 1 & 1 & c\end{bmatrix},\quad \boldsymbol{T}=\begin{bmatrix}1 & 2 & 3\\ 2 & d & 4\\ 3 & 4 & 5\end{bmatrix}$$

17. 求矩阵 $\begin{bmatrix}a & b\\ b & c\end{bmatrix}$ 满足 $a>0$，$c>0$，$a+c>2b$，且它有一个负的特征值。

18. 正定矩阵在其主对角线上不能有零（或负数）。证明下面的矩阵不会有 $\boldsymbol{x}^{\mathrm{T}}\boldsymbol{S}\boldsymbol{x}>0$：

$$\text{当}(x_1,x_2,x_3)=(\quad,\quad,\quad)\text{ 时，}\begin{bmatrix}x_1 & x_2 & x_3\end{bmatrix}\begin{bmatrix}4 & 1 & 1\\ 1 & 0 & 2\\ 1 & 2 & 5\end{bmatrix}\begin{bmatrix}x_1\\ x_2\\ x_3\end{bmatrix}\text{ 不是正的}$$

19. 对称矩阵的对角元 s_{jj} 不能小于所有特征值 λ，否则，$\boldsymbol{S}-s_{jj}\boldsymbol{I}$ 会有 ____ 特征值，则是正定的。但是，在 $\boldsymbol{S}-s_{jj}\boldsymbol{I}$ 对角线上有一个 ____，由习题 18 可知这是不可能的。

20. 从 $\boldsymbol{S}=\boldsymbol{Q}\boldsymbol{\Lambda}\boldsymbol{Q}^{\mathrm{T}}$ 计算每个矩阵的正定对称平方根 $\boldsymbol{Q}\sqrt{\boldsymbol{\Lambda}}\boldsymbol{Q}^{\mathrm{T}}$。确认这个平方根给出 $\boldsymbol{A}^{\mathrm{T}}\boldsymbol{A}=\boldsymbol{S}$：

$$S=\begin{bmatrix}5&4\\4&5\end{bmatrix},\quad S=\begin{bmatrix}10&6\\6&10\end{bmatrix}$$

21. 画出倾斜的椭圆 $x^2+xy+y^2=1$，并从相应矩阵 $\boldsymbol{S}$ 的特征值，求其两个半轴长。

22. 在 Cholesky分解 $\boldsymbol{S}=\boldsymbol{A}^{\mathrm{T}}\boldsymbol{A}$ 中，$\boldsymbol{A}=\sqrt{\boldsymbol{D}}\boldsymbol{L}^{\mathrm{T}}$，主元的平方根在 $\boldsymbol{A}$ 的对角线上。对下列 $\boldsymbol{S}$ 求（上三角的）$\boldsymbol{A}$:

$$S=\begin{bmatrix}9&0&0\\0&1&2\\0&2&8\end{bmatrix},\quad S=\begin{bmatrix}1&1&1\\1&2&2\\1&2&7\end{bmatrix}$$

23. 假设 $\boldsymbol{C}$ 是正定的（因此只要 $\boldsymbol{y}\neq\boldsymbol{0}$，就有 $\boldsymbol{y}^{\mathrm{T}}\boldsymbol{C}\boldsymbol{y}>0$），且 $\boldsymbol{A}$ 有互相独立的列（因此只要 $\boldsymbol{x}\neq\boldsymbol{0}$，就有 $\boldsymbol{A}\boldsymbol{x}\neq\boldsymbol{0}$）。对 $\boldsymbol{x}^{\mathrm{T}}\boldsymbol{A}^{\mathrm{T}}\boldsymbol{C}\boldsymbol{A}\boldsymbol{x}$ 应用能量判别法证明 $\boldsymbol{S}=\boldsymbol{A}^{\mathrm{T}}\boldsymbol{C}\boldsymbol{A}$是正定的：工程应用中十分关键的矩阵。

函数 $\boldsymbol{F}(x,y,z)$ 的最小值

对于最小值点，希望进行什么测试？

首先是零斜率：

在最小值点，**一阶导数是零** $\dfrac{\partial F}{\partial x}=\dfrac{\partial F}{\partial y}=\dfrac{\partial F}{\partial z}=\boldsymbol{0}$。

其次是通常的微积分测试 $\mathrm{d}^2f/\mathrm{d}x^2>0$ 的线性代数版本：

二阶导数矩阵 $\boldsymbol{H}$ 是正定的 $\boldsymbol{H}=\begin{bmatrix}F_{xx}&F_{xy}&F_{xz}\\F_{yx}&F_{yy}&F_{yz}\\F_{zx}&F_{zy}&F_{zz}\end{bmatrix}$

式中 $F_{xy}=\dfrac{\partial}{\partial x}\left(\dfrac{\partial F}{\partial y}\right)=\dfrac{\partial}{\partial y}\left(\dfrac{\partial F}{\partial x}\right)=F_{yx}$ 是一个“混合”二阶导数。

24. 已知 $F_1(x,y)=\dfrac{1}{4}x^4+x^2y+y^2$，$F_2(x,y)=x^3+xy-x$，试求二阶导数矩阵 $\boldsymbol{H}_1$ 和 $\boldsymbol{H}_2$（海森矩阵）:

最小值测试 $\boldsymbol{H}=\begin{bmatrix}\partial^2F/\partial x^2&\partial^2F/\partial x\partial y\\\partial^2F/\partial y\partial x&\partial^2F/\partial y^2\end{bmatrix}$ 是正定的

$\boldsymbol{H}_1$ 是正定的，因此 F_1 是向上凹 (= 凸) 的。求 F_1 的最小值点。

求 F_2 的鞍点（只看一阶导数等于零的点）。

25. 已知 $z=4x^2+12xy+cy^2$ 的图，求一个碗和鞍点对应的 c 值。在 c 的边界值处描述这个图。

26. 不用将 $\boldsymbol{S}=\begin{bmatrix}\cos\theta&-\sin\theta\\\sin\theta&\cos\theta\end{bmatrix}\begin{bmatrix}2&0\\0&5\end{bmatrix}\begin{bmatrix}\cos\theta&\sin\theta\\-\sin\theta&\cos\theta\end{bmatrix}$ 乘出，试求 $\boldsymbol{S}$ 的行列式、特征值和特征向量，并说明 $\boldsymbol{S}$ 是对称正定的一个原因。

27. 下列矩阵对哪个 a、c 是正定的？对哪个 a、c 是半正定的（这包括正定的）？

$$\boldsymbol{S}=\begin{bmatrix} a & a & a \\ a & a+c & a-c \\ a & a-c & a+c \end{bmatrix}$$

所有 5 种判别法都是可能的。

能量 $\boldsymbol{x}^{\mathrm{T}}\boldsymbol{S}\boldsymbol{x}$ 等于

$a\left(x_1+x_2+x_3\right)^2+c\left(x_2-x_3\right)^2$

28. **(重要)** 假设 $\boldsymbol{S}$ 是正定的，且其特征值为 $\lambda_1 \geqslant \lambda_2 \geqslant \cdots \geqslant \lambda_n$。
(1) 求矩阵 $\lambda_1\boldsymbol{I}-\boldsymbol{S}$ 的特征值。它是半正定的吗？
(2) 对每个 $\boldsymbol{x}$，$\lambda_1\boldsymbol{x}^{\mathrm{T}}\boldsymbol{x} \geqslant \boldsymbol{x}^{\mathrm{T}}\boldsymbol{S}\boldsymbol{x}$ 是如何得出的？
(3) 得出结论：$\boldsymbol{x}^{\mathrm{T}}\boldsymbol{S}\boldsymbol{x}/\boldsymbol{x}^{\mathrm{T}}\boldsymbol{x}$ **的最大值是** λ_1。

注　证明习题 28 中 (3) 的另一种方法：在 $\boldsymbol{x}^{\mathrm{T}}\boldsymbol{x}=\mathbf{1}$ 的条件下，**极大化** $\boldsymbol{x}^{\mathrm{T}}\boldsymbol{S}\boldsymbol{x}$。
这导致 $\dfrac{\partial}{\partial \boldsymbol{x}}\left[\boldsymbol{x}^{\mathrm{T}}\boldsymbol{S}\boldsymbol{x}-\lambda\left(\boldsymbol{x}^{\mathrm{T}}\boldsymbol{x}-1\right)\right]=\mathbf{0}$，从而 $\boldsymbol{S}\boldsymbol{x}=\lambda\boldsymbol{x}$，$\lambda=\lambda_1$。

1.8　奇异值分解中的奇异值和奇异向量

最佳矩阵（实对称矩阵 $\boldsymbol{S}$）具有实特征值及正交的特征向量。但是，对于其他矩阵，其特征值是复数，或者特征向量不是正交的。若矩阵 $\boldsymbol{A}$ 不是方阵，则 $\boldsymbol{A}x=\lambda x$ 是不可能成立的，其特征向量并不存在（等式的左侧在 $\mathbf{R}^m$ 中，而右侧在 $\mathbf{R}^n$ 中。因此，需要一种对每个矩阵都成功的方法。

奇异值分解 (SVD) 以完美的方式解决了这一问题。在应用中 $\boldsymbol{A}$ 通常是一个数据矩阵。矩阵的行是 1000 名儿童的年龄和身高，则 $\boldsymbol{A}$ 就是 2×1000 的矩阵。除非身高与年龄成正比，否则这个矩阵的秩 $r=2$，并且矩阵 $\boldsymbol{A}$ 有 σ_1、σ_2 两个正奇异值。

关键是需要两组奇异向量，即 $\boldsymbol{u}$ 和 $\boldsymbol{v}$。对于 $m\times n$ 实矩阵，n 个右奇异向量 $\boldsymbol{v}_1,\boldsymbol{v}_2,\cdots,\boldsymbol{v}_n$ 在 $\mathbf{R}^n$ 中是正交的，m 个左奇异向量 $\boldsymbol{u}_1,\boldsymbol{u}_2,\cdots,\boldsymbol{u}_m$ 在 $\mathbf{R}^m$ 中是正交的。n 个 $\boldsymbol{v}$ 与 m 个 $\boldsymbol{u}$ 之间的关系不是 $\boldsymbol{A}\boldsymbol{x}=\lambda\boldsymbol{x}$，那是指特征向量。**对于奇异向量，每个** $\boldsymbol{A}\boldsymbol{v}$ **等于** $\boldsymbol{\sigma}\boldsymbol{u}$:

$$\boxed{\boldsymbol{A}\boldsymbol{v}_1=\boldsymbol{\sigma}_1\boldsymbol{u}_1 \quad \cdots \quad \boldsymbol{A}\boldsymbol{v}_r=\boldsymbol{\sigma}_r\boldsymbol{u}_r} \qquad \boxed{\boldsymbol{A}\boldsymbol{v}_{r+1}=\mathbf{0} \quad \cdots \quad \boldsymbol{A}\boldsymbol{v}_n=\mathbf{0}} \tag{1}$$

我们已经将排在前面的 r 个 $\boldsymbol{v}$ 和 $\boldsymbol{u}$ 与其余的分开。r 是 $\boldsymbol{A}$ 的秩，即独立的列（或行）数。因此 r 是列空间和行空间的维数。将 r 个正奇异值按降序排列：$\boldsymbol{\sigma}_1 \geqslant \boldsymbol{\sigma}_2 \geqslant \cdots \geqslant \boldsymbol{\sigma}_r > \mathbf{0}$。后 $n-r$ 个 $\boldsymbol{v}$ 在 $\boldsymbol{A}$ 的零空间中，后 $m-r$ 个 $\boldsymbol{u}$ 在 $\boldsymbol{A}^{\mathrm{T}}$ 的零空间中。

第一步是将式（1）写成矩阵形式。所有右奇异向量 $\boldsymbol{v}_1,\boldsymbol{v}_2,\cdots,\boldsymbol{v}_n$ 都在 $\boldsymbol{V}$ 的列中，左奇异向量 $\boldsymbol{u}_1,\boldsymbol{u}_2,\cdots,\boldsymbol{u}_m$ 则在 $\boldsymbol{U}$ 的列中，因为它们的列是正交单位向量，故它们都是正交方阵（$\boldsymbol{V}^{\mathrm{T}}=\boldsymbol{V}^{-1}$，$\boldsymbol{U}^{\mathrm{T}}=\boldsymbol{U}^{-1}$）。于是式（1）变成含方阵 $\boldsymbol{V}$ 和 $\boldsymbol{U}$ 的完整 SVD:

$$\boldsymbol{A}\boldsymbol{V}=\boldsymbol{U}\boldsymbol{\Sigma} \qquad \boldsymbol{A}\begin{bmatrix} \boldsymbol{v}_1 \cdots \boldsymbol{v}_r \cdots \boldsymbol{v}_n \end{bmatrix}=\begin{bmatrix} \boldsymbol{u}_1 \cdots \boldsymbol{u}_r \cdots \boldsymbol{u}_m \end{bmatrix}\left[\begin{array}{ccc|c} \boldsymbol{\sigma}_1 & & & \\ & \ddots & & \mathbf{0} \\ & & \boldsymbol{\sigma}_r & \\ \hline & \mathbf{0} & & \mathbf{0} \end{array}\right] \tag{2}$$

由上面的前 r 列中可以看到，$\boldsymbol{A}\boldsymbol{v}_k=\sigma_k\boldsymbol{u}_k$，这是 SVD 的重要部分。它表明，$\boldsymbol{A}$ 的行空间的基是 $\boldsymbol{v}$，列空间的基是 $\boldsymbol{u}$。$\boldsymbol{\Sigma}$ 的“主对角线”上的正数 $\sigma_1,\sigma_2,\cdots,\sigma_r$ 之后都是零，这来自 $\boldsymbol{A}$ 与 $\boldsymbol{A}^{\mathrm{T}}$ 的零空间。

由特征向量得到 $\boldsymbol{AX}=\boldsymbol{X\Lambda}$。但是 $\boldsymbol{AV}=\boldsymbol{U\Sigma}$ 需要两组奇异向量。

例 1

$$\boldsymbol{AV}=\boldsymbol{U\Sigma}\qquad \begin{bmatrix}\mathbf{3}&\mathbf{0}\\\mathbf{4}&\mathbf{5}\end{bmatrix}\frac{1}{\sqrt{2}}\begin{bmatrix}1&-1\\1&1\end{bmatrix}=\frac{1}{\sqrt{10}}\begin{bmatrix}\mathbf{1}&-\mathbf{3}\\\mathbf{3}&\mathbf{1}\end{bmatrix}\begin{bmatrix}\mathbf{3\sqrt{5}}&\\&\mathbf{\sqrt{5}}\end{bmatrix}$$

矩阵 $\boldsymbol{A}$ 不对称，所以 $\boldsymbol{V}$ 与 $\boldsymbol{U}$ 不同。秩为 2，所以有两个奇异值 $\sigma_1=3\sqrt{5}$ 和 $\sigma_2=\sqrt{5}$。它们的乘积 $3\times5=15$ 是 $\boldsymbol{A}$ 的行列式（将奇异值相乘得到 $\boldsymbol{A}$ 的行列式的绝对值）。$\boldsymbol{V}$ 的列是正交的，$\boldsymbol{U}$ 的列也是正交的。这些列分别除以 $\sqrt{2}$ 和 $\sqrt{10}$ 后是单位向量，因此 $\boldsymbol{V}$ 和 $\boldsymbol{U}$ 都是正交矩阵：$\boldsymbol{V}^{\mathrm{T}}=\boldsymbol{V}^{-1}$，$\boldsymbol{U}^{\mathrm{T}}=\boldsymbol{U}^{-1}$。

利用正交性，可以从 $\boldsymbol{AV}=\boldsymbol{U\Sigma}$ 得到 SVD 的常见的著名表达式：用 $\boldsymbol{V}^{-1}=\boldsymbol{V}^{\mathrm{T}}$ 乘以 $\boldsymbol{AV}=\boldsymbol{U\Sigma}$ 的两侧。

$$\boxed{\boldsymbol{A}\ \text{的奇异值分解是}\quad \boldsymbol{A}=\boldsymbol{U\Sigma V}^{\mathrm{T}}}\tag{3}$$

然后，$\boldsymbol{U\Sigma}$ 乘以 $\boldsymbol{V}^{\mathrm{T}}$ 的列—行乘法将 $\boldsymbol{A}$ 分成秩为 1 的 r 个片段。

$$\textbf{SVD 的片段}\qquad \boxed{\boldsymbol{A}=\boldsymbol{U\Sigma V}^{\mathrm{T}}=\boldsymbol{\sigma_1 u}_1\boldsymbol{v}_1^{\mathrm{T}}+\cdots+\boldsymbol{\sigma_r u}_r\boldsymbol{v}_r^{\mathrm{T}}}\tag{4}$$

在这个 2×2 的例子中，第一片段比第二片段更为重要，因为 $\sigma_1=3\sqrt{5}>\sigma_2=\sqrt{5}$，即 $\sigma_1>\sigma_2$。要恢复 $\boldsymbol{A}$，将这两个片段加起来，$\sigma_1\boldsymbol{u}_1\boldsymbol{v}_1^{\mathrm{T}}+\sigma_2\boldsymbol{u}_2\boldsymbol{v}_2^{\mathrm{T}}$：

$$\frac{3\sqrt{5}}{\sqrt{10}\sqrt{2}}\begin{bmatrix}1\\3\end{bmatrix}\begin{bmatrix}1&1\end{bmatrix}+\frac{\sqrt{5}}{\sqrt{10}\sqrt{2}}\begin{bmatrix}-3\\1\end{bmatrix}\begin{bmatrix}-1&1\end{bmatrix}=\frac{3}{2}\begin{bmatrix}\mathbf{1}&\mathbf{1}\\\mathbf{3}&\mathbf{3}\end{bmatrix}+\frac{1}{2}\begin{bmatrix}\mathbf{3}&-\mathbf{3}\\-\mathbf{1}&\mathbf{1}\end{bmatrix}=\begin{bmatrix}\mathbf{3}&\mathbf{0}\\\mathbf{4}&\mathbf{5}\end{bmatrix}$$

之所以能简化，是因为 $\sqrt{5}/(\sqrt{10}\sqrt{2})=1/2$。注意 $\boldsymbol{V}$ 中右奇异向量 $(1,1)$ 与 $(-1,1)$ 被转置成 $\boldsymbol{V}^{\mathrm{T}}$ 中的行 $\boldsymbol{v}_1^{\mathrm{T}}$、$\boldsymbol{v}_2^{\mathrm{T}}$。至此还没有解释如何通过计算得到 $\boldsymbol{V}$、$\boldsymbol{U}$ 和 $\boldsymbol{\Sigma}$。

SVD 的约化形式

当 $\boldsymbol{A}$ 的秩小且其零空间大时，式 (2) 中 $\boldsymbol{AV}=\boldsymbol{U\Sigma}$ 的完整形式会在 $\boldsymbol{\Sigma}$ 中产生许多零，这些零对矩阵的相乘没有贡献。SVD 的核心是前 r 个 $\boldsymbol{v}$、$\boldsymbol{u}$ 和 σ。可以通过移除那些必然会产生的零的部分，将 $\boldsymbol{AV}=\boldsymbol{U\Sigma}$ 约化为 $\boldsymbol{AV}_r=\boldsymbol{U}_r\boldsymbol{\Sigma}_r$，其中 $\boldsymbol{\Sigma_r}$ 是方阵，这样做就产生了约化的 SVD。

$$\boxed{\boldsymbol{AV_r}=\boldsymbol{U_r\Sigma_r}\quad \boldsymbol{A}\begin{bmatrix}\boldsymbol{v}_1&\cdots&\boldsymbol{v}_r\\&\text{行空间}&\end{bmatrix}=\begin{bmatrix}\boldsymbol{u}_1&\cdots&\boldsymbol{u}_r\\&\text{列空间}&\end{bmatrix}\begin{bmatrix}\sigma_1&&\\&\ddots&\\&&\sigma_r\end{bmatrix}}\tag{5}$$

由那些正交单位向量 $\boldsymbol{v}$ 和 $\boldsymbol{u}$，依然有 $\boldsymbol{V}_r^{\mathrm{T}}\boldsymbol{V}_r=\boldsymbol{I}_r$，$\boldsymbol{U}_r^{\mathrm{T}}\boldsymbol{U}_r=I_r$。但是，当 $\boldsymbol{V}_r$ 和 $\boldsymbol{U}_r$ 不是方阵时，不再有双边的逆矩阵，即 $\boldsymbol{V}_r\boldsymbol{V}_r^{\mathrm{T}}\neq I$，$\boldsymbol{U}_r\boldsymbol{U}_r^{\mathrm{T}}\neq\boldsymbol{I}$。

例 $\quad \boldsymbol{V}_r=\begin{bmatrix}1/3\\2/3\\2/3\end{bmatrix}$ 满足$\boldsymbol{V}_r^{\mathrm{T}}\boldsymbol{V}_r=\begin{bmatrix}1\end{bmatrix}$，但是$\boldsymbol{V}_r\boldsymbol{V}_r^{\mathrm{T}}=\dfrac{1}{9}\begin{bmatrix}1&2&2\\2&4&4\\2&4&4\end{bmatrix}$秩为1

本节习题 22 显示，**依然有** $\boldsymbol{A}=\boldsymbol{U}_r\boldsymbol{\Sigma}_r\boldsymbol{V}_r^{\mathrm{T}}$。因为 $\boldsymbol{\Sigma}$ 中那些为零的块，导致 $\boldsymbol{U\Sigma V}^{\mathrm{T}}$ 中其余部分对 $\boldsymbol{A}$ 没有贡献。关键的公式依然是 $\boldsymbol{A}=\sigma_1\boldsymbol{u}_1\boldsymbol{v}_1^{\mathrm{T}}+\sigma_2\boldsymbol{u}_2\boldsymbol{v}_2^{\mathrm{T}}+\cdots+\sigma_r\boldsymbol{u}_r\boldsymbol{v}_r^{\mathrm{T}}$。SVD 只看到在对角矩阵 $\boldsymbol{\Sigma}$ 中的 r 个非零项。

数据科学的重要结论

为什么 SVD 如此之重要？与其他分解 $\boldsymbol{A}=\boldsymbol{LU}$，$\boldsymbol{A}=\boldsymbol{QR}$，$\boldsymbol{S}=\boldsymbol{Q\Lambda Q}^{\mathrm{T}}$ 一样，它将矩阵分解为秩为 1 的部分。

SVD 的一个特殊性质是**这些部分按其重要性依次出现**。第一部分 $\sigma_1\boldsymbol{u}_1\boldsymbol{v}_1^{\mathrm{T}}$ 是最近似 $\boldsymbol{A}$ 的秩为 1 的矩阵。不仅如此：前 k 部分的和是秩为 k 的矩阵的最佳近似。

$\boldsymbol{A}_k=\boldsymbol{\sigma}_1\boldsymbol{u}_1\boldsymbol{v}_1^{\mathrm{T}}+\cdots+\boldsymbol{\sigma}_k\boldsymbol{u}_k\boldsymbol{v}_k^{\mathrm{T}}$是对$\boldsymbol{A}$用秩为$\boldsymbol{k}$的矩阵所做的最佳近似。

Eckart-Young 定理 若$\boldsymbol{B}$的秩是$\boldsymbol{k}$，则$\|\boldsymbol{A}-\boldsymbol{A}_k\|\leqslant\|\boldsymbol{A}-\boldsymbol{B}\|$ (6)

为了解释式 (6)，需要知道 $\|\boldsymbol{A}-\boldsymbol{B}\|$ 的意思。这是矩阵 $\boldsymbol{A}-\boldsymbol{B}$ 的"**范数**"，即矩阵大小的一个度量（就像数的绝对值）。将在 1.9 节中给出 Eckart-Young 定理的证明。下面要做的是为式 (1) 找到 $\boldsymbol{v}$ 和 $\boldsymbol{u}$ 以完成 SVD。

SVD 的第一个证明

我们的目标是 $\boldsymbol{A}=\boldsymbol{U\Sigma V}^{\mathrm{T}}$。希望能确定两组奇异向量 $\boldsymbol{u}$ 和 $\boldsymbol{v}$，找到这些向量的一种方法是构造对称矩阵 $\boldsymbol{A}^{\mathrm{T}}\boldsymbol{A}$ 和 $\boldsymbol{AA}^{\mathrm{T}}$：

$$\boldsymbol{A}^{\mathrm{T}}\boldsymbol{A}=(\boldsymbol{V\Sigma}^{\mathrm{T}}\boldsymbol{U}^{\mathrm{T}})\ (\boldsymbol{U\Sigma V}^{\mathrm{T}})=\boldsymbol{V\Sigma}^{\mathrm{T}}\boldsymbol{\Sigma V}^{\mathrm{T}} \tag{7}$$

$$\boldsymbol{AA}^{\mathrm{T}}=(\boldsymbol{U\Sigma V}^{\mathrm{T}})\ (\boldsymbol{V\Sigma}^{\mathrm{T}}\boldsymbol{U}^{\mathrm{T}})=\boldsymbol{U\Sigma\Sigma}^{\mathrm{T}}\boldsymbol{U}^{\mathrm{T}} \tag{8}$$

式 (7) 与式 (8) 都产生了对称矩阵。通常 $\boldsymbol{A}^{\mathrm{T}}\boldsymbol{A}$ 和 $\boldsymbol{AA}^{\mathrm{T}}$ 是不同的。式 (7) 和式 (8) 的右边项都有 $\boldsymbol{Q\Lambda Q}^{\mathrm{T}}$ 这种形式。特征值出现在 $\boldsymbol{\Lambda}=\boldsymbol{\Sigma}^{\mathrm{T}}\boldsymbol{\Sigma}$ 或 $\boldsymbol{\Sigma\Sigma}^{\mathrm{T}}$ 中。而**特征向量在 $\boldsymbol{Q}=\boldsymbol{V}$ 或 $\boldsymbol{Q}=\boldsymbol{U}$ 中**。因此由式 (7) 和式 (8) 可知，$\boldsymbol{V}$、$\boldsymbol{U}$ 和 $\boldsymbol{\Sigma}$ 与对称矩阵 $\boldsymbol{A}^{\mathrm{T}}\boldsymbol{A}$ 和 $\boldsymbol{AA}^{\mathrm{T}}$ 的关系。

$\boldsymbol{V}$ 包含 $\boldsymbol{A}^{\mathrm{T}}\boldsymbol{A}$ 的单位正交特征向量

$\boldsymbol{U}$ 包含 $\boldsymbol{AA}^{\mathrm{T}}$ 的单位正交特征向量

$\boldsymbol{\sigma}_1^2,\cdots,\boldsymbol{\sigma}_r^2$ 是 $\boldsymbol{A}^{\mathrm{T}}\boldsymbol{A}$ 和 $\boldsymbol{AA}^{\mathrm{T}}$ 两者的非零特征值

尚未完成推导的全过程，这是因为 **SVD 要求 $\boldsymbol{Av}_k=\boldsymbol{\sigma}_k\boldsymbol{u}_k$**。这个式子将每个右奇异向量 $\boldsymbol{v}_k$ 联系到左奇异向量 $\boldsymbol{u}_k$，其中 $k=1,2,\cdots,r$。若选择了 $\boldsymbol{v}$，则这个选择将会决定 $\boldsymbol{u}$ 的符号。若 $\boldsymbol{Su}=\lambda\boldsymbol{u}$，则也有 $\boldsymbol{S}(-\boldsymbol{u})=\lambda(-\boldsymbol{u})$，必须知道正确的符号。更重要的是，当 λ 是一个二重特征值时，存在一个特征向量平面。若在这个平面上选择了两个 $\boldsymbol{v}$，则由 $\boldsymbol{Av}=\sigma\boldsymbol{u}$ 可知，这两个 $\boldsymbol{v}$ 对应 $\boldsymbol{u}$。这一点在式 (9) 中得以表述。

这个平面通过 $\boldsymbol{v}$ 得以构建。**选择 $\boldsymbol{A}^{\mathrm{T}}\boldsymbol{A}$ 的单位正交特征向量 $\boldsymbol{v}_1,\boldsymbol{v}_2,\cdots,\boldsymbol{v}_r$，然后选择 $\boldsymbol{\sigma}_k=\sqrt{\boldsymbol{\lambda}_k}$。为了确定 $\boldsymbol{u}$，要求 $\boldsymbol{Av}=\boldsymbol{\sigma u}$：**

$$\text{先}\boldsymbol{v}\text{后}\ \boldsymbol{u}\qquad \boldsymbol{A}^{\mathrm{T}}\boldsymbol{Av}_k=\boldsymbol{\sigma}_k^2\boldsymbol{v}_k\text{，然后 }\boldsymbol{u}_k=\frac{\boldsymbol{Av}_k}{\boldsymbol{\sigma}_k},\quad k=1,2,\cdots,r \tag{9}$$

这就是 SVD 的证明。下面验证这些 $\boldsymbol{u}$ 就是 $\boldsymbol{A}\boldsymbol{A}^{\mathrm{T}}$ 的特征向量：

$$\boldsymbol{A}\boldsymbol{A}^{\mathrm{T}}\boldsymbol{u}_k=\boldsymbol{A}\boldsymbol{A}^{\mathrm{T}}\left(\frac{\boldsymbol{A}\boldsymbol{v}_k}{\sigma_k}\right)=\boldsymbol{A}\left(\frac{\boldsymbol{A}^{\mathrm{T}}\boldsymbol{A}\,\boldsymbol{v}_k}{\sigma_k}\right)=\boldsymbol{A}\,\frac{\sigma_k^2\boldsymbol{v}_k}{\sigma_k}=\boldsymbol{\sigma}_k^2\boldsymbol{u}_k \tag{10}$$

那些 $\boldsymbol{v}$ 是被选为单位正交的。必须再验证得到的 $\boldsymbol{u}$ 也是单位正交的：

$$\boldsymbol{u}_j^{\mathrm{T}}\boldsymbol{u}_k=\left(\frac{\boldsymbol{A}\boldsymbol{v}_j}{\sigma_j}\right)^{\mathrm{T}}\left(\frac{\boldsymbol{A}\boldsymbol{v}_k}{\sigma_k}\right)=\frac{\boldsymbol{v}_j^{\mathrm{T}}(\boldsymbol{A}^{\mathrm{T}}\boldsymbol{A}\boldsymbol{v}_k)}{\sigma_j\,\sigma_k}=\frac{\sigma_k}{\sigma_j}\,\boldsymbol{v}_j^{\mathrm{T}}\,\boldsymbol{v}_k=\begin{cases}1, & j=k\\ 0, & j\neq k\end{cases} \tag{11}$$

注意 $(\boldsymbol{A}\boldsymbol{A}^{\mathrm{T}})\boldsymbol{A}=\boldsymbol{A}(\boldsymbol{A}^{\mathrm{T}}\boldsymbol{A})$ 是式(10)的关键。定律 $(\boldsymbol{A}\boldsymbol{B})\boldsymbol{C}=\boldsymbol{A}(\boldsymbol{B}\boldsymbol{C})$ 是线性代数中许多证明的关键。移动括号是一种强大的方法，这就是结合律。

最后，必须选择后 $n-r$ 个向量 $\boldsymbol{v}_{r+1},\cdots,\boldsymbol{v}_n$ 和后 $m-r$ 个向量 $\boldsymbol{u}_{r+1},\cdots,\boldsymbol{u}_m$，这很容易做到。**这些 $\boldsymbol{v}$ 和 $\boldsymbol{u}$ 分别在 $\boldsymbol{A}$ 的零空间和 $\boldsymbol{A}^{\mathrm{T}}$ 的零空间中**。可以选择这些零空间的任意单位正交基向量。它们会自动分别正交于前面那些 $\boldsymbol{A}$ 的行空间中的 $\boldsymbol{v}$ 和前面那些列空间中的 $\boldsymbol{u}$。因为这些空间是正交的：$\mathbf{N}(\boldsymbol{A})\perp\mathbf{C}(\boldsymbol{A}^{\mathrm{T}})$ 及 $\mathbf{N}(\boldsymbol{A}^{\mathrm{T}})\perp\mathbf{C}(\boldsymbol{A})$。这样，SVD 的证明就全部完成。

现在得到了式 (1) 的完整 SVD 的 $\boldsymbol{U}$、$\boldsymbol{V}$ 和 $\boldsymbol{\Sigma}$。$\boldsymbol{A}^{\mathrm{T}}\boldsymbol{A}$ 的特征值都在 $\boldsymbol{\Sigma}^{\mathrm{T}}\boldsymbol{\Sigma}$ 中，并且相同的数字 $\sigma_1^2,\sigma_2^2,\cdots,\sigma_r^2$ 也是在 $\boldsymbol{\Sigma}\boldsymbol{\Sigma}^T$ 中的 $\boldsymbol{A}\boldsymbol{A}^{\mathrm{T}}$ 的特征值。事实上，**$\boldsymbol{B}\boldsymbol{A}$ 总是与 $\boldsymbol{A}\boldsymbol{B}$ 有相同的非零特征值**（见第 58 页）。

例 1 （已完成）对 $\boldsymbol{A}=\begin{bmatrix}\mathbf{3}&\mathbf{0}\\ \mathbf{4}&\mathbf{5}\end{bmatrix}$ 求 SVD 的矩阵 $\boldsymbol{U}$、$\boldsymbol{\Sigma}$、$\boldsymbol{V}$。

矩阵 $\boldsymbol{A}$ 的秩是 2，它有 σ_1，σ_2 两个正奇异值。我们将会看到 $\sigma_1>\lambda_{\max}=5$，而 $\sigma_2<\lambda_{\min}=3$。下面从 $\boldsymbol{A}^{\mathrm{T}}\boldsymbol{A}$ 和 $\boldsymbol{A}\boldsymbol{A}^{\mathrm{T}}$ 开始：

$$\boldsymbol{A}^{\mathrm{T}}\boldsymbol{A}=\begin{bmatrix}25&20\\20&25\end{bmatrix},\qquad \boldsymbol{A}\boldsymbol{A}^{\mathrm{T}}=\begin{bmatrix}9&12\\12&41\end{bmatrix}$$

它们有相同的迹（等于 50），相同的特征值 $\sigma_1^2=45$，$\sigma_2^2=5$。这些特征值的平方根是 $\sigma_1=\sqrt{\mathbf{45}}$，$\sigma_2=\sqrt{\mathbf{5}}$。因此 $\sigma_1\sigma_2=15$，而这就是 $\boldsymbol{A}$ 的行列式值。

关键的步骤是求 $\boldsymbol{A}^{\mathrm{T}}\boldsymbol{A}$ 的特征向量（其特征值是 45 和 5）：

$$\begin{bmatrix}25&20\\20&25\end{bmatrix}\begin{bmatrix}1\\1\end{bmatrix}=\mathbf{45}\begin{bmatrix}\mathbf{1}\\\mathbf{1}\end{bmatrix},\qquad \begin{bmatrix}25&20\\20&25\end{bmatrix}\begin{bmatrix}-1\\1\end{bmatrix}=\mathbf{5}\begin{bmatrix}\mathbf{-1}\\\mathbf{1}\end{bmatrix}$$

因此 $\boldsymbol{v}_1$ 和 $\boldsymbol{v}_2$ 是正交的特征向量，除以 $\sqrt{2}$，其大小被缩放至长度 1。

$$\textbf{右奇异向量}\ \boldsymbol{v}_1=\frac{1}{\sqrt{2}}\begin{bmatrix}1\\1\end{bmatrix},\quad \boldsymbol{v}_2=\frac{1}{\sqrt{2}}\begin{bmatrix}-1\\1\end{bmatrix};\quad \textbf{左奇异向量}\boldsymbol{u}_i=\frac{\boldsymbol{A}\boldsymbol{v}_i}{\sigma_i}$$

现在计算 $\boldsymbol{A}\boldsymbol{v}_1$ 和 $\boldsymbol{A}\boldsymbol{v}_2$，结果是 $\sigma_1\boldsymbol{u}_1=\sqrt{45}\,\boldsymbol{u}_1$，$\sigma_2\boldsymbol{u}_2=\sqrt{5}\,\boldsymbol{u}_2$：

$$\boldsymbol{A}\boldsymbol{v}_1=\frac{3}{\sqrt{2}}\begin{bmatrix}1\\3\end{bmatrix}=\sqrt{45}\frac{\mathbf{1}}{\sqrt{\mathbf{10}}}\begin{bmatrix}\mathbf{1}\\\mathbf{3}\end{bmatrix}=\sigma_1\,\boldsymbol{u}_1$$

$$\boldsymbol{A}\boldsymbol{v}_2=\frac{1}{\sqrt{2}}\begin{bmatrix}-3\\1\end{bmatrix}=\sqrt{5}\,\frac{\mathbf{1}}{\sqrt{\mathbf{10}}}\begin{bmatrix}\mathbf{-3}\\\mathbf{1}\end{bmatrix}=\sigma_2\,\boldsymbol{u}_2$$

除以 $\sqrt{10}$ 使得 $\boldsymbol{u}_1$ 与 $\boldsymbol{u}_2$ 单位正交。因此得到了预期的 $\sigma_1=\sqrt{45}$，$\sigma_2=\sqrt{5}$。$\boldsymbol{A}$ 的奇异值分解是 $\boldsymbol{U}$ 乘以 $\boldsymbol{\Sigma}$ 乘以 $\boldsymbol{V}^{\mathrm{T}}$。

$$\boxed{\boldsymbol{U}=\frac{1}{\sqrt{10}}\begin{bmatrix}1 & -3\\ 3 & 1\end{bmatrix},\quad \boldsymbol{\Sigma}=\begin{bmatrix}\sqrt{45} & \\ & \sqrt{5}\end{bmatrix},\quad \boldsymbol{V}=\frac{1}{\sqrt{2}}\begin{bmatrix}1 & -1\\ 1 & 1\end{bmatrix}} \tag{12}$$

$\boldsymbol{U}$ 和 $\boldsymbol{V}$ 包含有 $\boldsymbol{A}$ 的列空间与行空间（这两个空间都是 $\mathbf{R}^2$）的单位正交基。这两组基使得 $\boldsymbol{A}$ 对角化：$\boldsymbol{AV}=\boldsymbol{U\Sigma}$。矩阵 $\boldsymbol{A}=\boldsymbol{U\Sigma V}^{\mathrm{T}}$ 分为两个秩为 1 的矩阵，即列乘以行，同时乘以系数 $\sqrt{2}\sqrt{10}=\sqrt{20}$。

$$\sigma_1\boldsymbol{u}_1\boldsymbol{v}_1^{\mathrm{T}}+\sigma_2\boldsymbol{u}_2\boldsymbol{v}_2^{\mathrm{T}}=\frac{\sqrt{45}}{\sqrt{20}}\begin{bmatrix}1 & 1\\ 3 & 3\end{bmatrix}+\frac{\sqrt{5}}{\sqrt{20}}\begin{bmatrix}3 & -3\\ -1 & 1\end{bmatrix}=\begin{bmatrix}3 & 0\\ 4 & 5\end{bmatrix}=\boldsymbol{A}$$

每个矩阵是由正交的 $\boldsymbol{u}$ 与正交的 $\boldsymbol{v}$ 得到的秩为 1 的矩阵之和。

问题：若 $\boldsymbol{S}=\boldsymbol{Q\Lambda Q}^{\mathrm{T}}$ 是对称正定的，求其 SVD。

答案：SVD 就是 $\boldsymbol{U\Sigma V}^{\mathrm{T}}=\boldsymbol{Q\Lambda Q}^{\mathrm{T}}$。矩阵 $\boldsymbol{U}=\boldsymbol{V}=\boldsymbol{Q}$ 是正交的，且特征值矩阵 $\boldsymbol{\Lambda}$ 成为奇异值矩阵 $\boldsymbol{\Sigma}$。

问题：若 $\boldsymbol{S}=\boldsymbol{Q\Lambda Q}^{\mathrm{T}}$ 有一个负特征值（$\boldsymbol{Sx}=-\alpha\boldsymbol{x}$），求其奇异值与奇异向量 $\boldsymbol{v}$ 和 $\boldsymbol{u}$。

答案：奇异值是 $\boldsymbol{\sigma}=+\boldsymbol{\alpha}$ （正值）。一个奇异向量（$\boldsymbol{u}$ 或 $\boldsymbol{v}$）必然是 $-\boldsymbol{x}$（逆转符号）。于是，$\boldsymbol{Sx}=-\alpha\boldsymbol{x}$ 就是 $\boldsymbol{Sv}=\sigma\boldsymbol{u}$，两次变号抵消了。

问题：若 $\boldsymbol{A}=\boldsymbol{Q}$ 是一个正交矩阵，为什么每个奇异值都等于 1？

答案：因为 $\boldsymbol{A}^{\mathrm{T}}\boldsymbol{A}=\boldsymbol{Q}^{\mathrm{T}}\boldsymbol{Q}=\boldsymbol{I}$，所有的奇异值都是 $\sigma=1$，因此 $\boldsymbol{\Sigma}=\boldsymbol{I}$。但是 $\boldsymbol{U}=\boldsymbol{Q}$，$\boldsymbol{V}=\boldsymbol{I}$ 只是奇异向量 $\boldsymbol{u}$ 和 $\boldsymbol{v}$ 的一个选择：

$$\boldsymbol{Q}=\boldsymbol{U\Sigma V}^{\mathrm{T}}\text{ 可以是 }\boldsymbol{Q}=\boldsymbol{QII}^{\mathrm{T}}\text{ 或任意一个 }\boldsymbol{Q}=(\boldsymbol{QQ}_1)\boldsymbol{IQ}_1^{\mathrm{T}}$$

问题：为什么一个方阵 $\boldsymbol{A}$ 的所有特征值小于或等于 $\boldsymbol{\sigma_1}$？

答案：正交矩阵 $\boldsymbol{U}$ 和 $\boldsymbol{V}^{\mathrm{T}}$ 乘一个向量不会改变向量的长度。对任意 $\boldsymbol{x}$，有

$$\|\boldsymbol{Ax}\|=\|\boldsymbol{U\Sigma V}^{\mathrm{T}}\boldsymbol{x}\|=\|\boldsymbol{\Sigma V}^{\mathrm{T}}\boldsymbol{x}\|\leqslant\sigma_1\|\boldsymbol{V}^{\mathrm{T}}\boldsymbol{x}\|=\boldsymbol{\sigma_1}\|\boldsymbol{x}\| \tag{13}$$

而一个特征向量满足等式 $\|\boldsymbol{Ax}\|=|\lambda|\,\|\boldsymbol{x}\|$。于是式(13)就给出了 $|\lambda|\,\|\boldsymbol{x}\|\leqslant\sigma_1\|\boldsymbol{x}\|$，$|\boldsymbol{\lambda}|\leqslant\boldsymbol{\sigma_1}$。

问题：若 $\boldsymbol{A}=\boldsymbol{xy}^{\mathrm{T}}$ 的秩是 1，求 $\boldsymbol{u}_1$、$\boldsymbol{v}_1$ 和 σ_1，并验证 $|\boldsymbol{\lambda_1}|\leqslant\boldsymbol{\sigma_1}$。

答案：奇异向量 $\boldsymbol{u}_1=\boldsymbol{x}/\|\boldsymbol{x}\|$，$\boldsymbol{v}_1=\boldsymbol{y}/\|\boldsymbol{y}\|$ 的长度都为 1。那么 $\boldsymbol{\sigma}_1=\|\boldsymbol{x}\|\,\|\boldsymbol{y}\|$ 是奇异值矩阵 $\boldsymbol{\Sigma}$ 中的唯一非零项。SVD 如下：

$$\textbf{秩为 1 的矩阵}\qquad \boldsymbol{xy}^{\mathrm{T}}=\frac{\boldsymbol{x}}{\|\boldsymbol{x}\|}\left(\|\boldsymbol{x}\|\,\|\boldsymbol{y}\|\right)\frac{\boldsymbol{y}^{\mathrm{T}}}{\|\boldsymbol{y}\|}=\boldsymbol{u}_1\sigma_1\boldsymbol{v}_1^{\mathrm{T}}$$

观察 $\boldsymbol{A}=\boldsymbol{xy}^{\mathrm{T}}$ 的唯一非零特征值是 $\lambda=\boldsymbol{y}^{\mathrm{T}}\boldsymbol{x}$。特征向量则是 $\boldsymbol{x}$，这是因为 $(\boldsymbol{xy}^{\mathrm{T}})\boldsymbol{x}=\boldsymbol{x}(\boldsymbol{y}^{\mathrm{T}}\boldsymbol{x})=\lambda\boldsymbol{x}$。因此有，$|\lambda_1|=|\boldsymbol{y}^{\mathrm{T}}\boldsymbol{x}|\leqslant\sigma_1=\|\boldsymbol{y}\|\,\|\boldsymbol{x}\|$。

这个关键不等式 $|\lambda_1|\leqslant\sigma_1$ 恰好变为施瓦茨（Schwarz）不等式。

问题：什么是 Karhunen-Loève（KL）变换？其与 SVD 有什么关联？

答案：KL 开始于一个零均值随机过程的协方差矩阵 $\boldsymbol{V}$。$\boldsymbol{V}$ 是对称的，并且是正定或半正定的。通常，$\boldsymbol{V}$ 可以是一个无穷矩阵或协方差函数，则 KL 展开将是一个无穷级数。

$\boldsymbol{V}$ 的特征向量，根据对应特征值 $\sigma_1^2 \geqslant \sigma_2^2 \geqslant \cdots \geqslant 0$ 的递减顺序排列，是 KL 变换的基函数 $\boldsymbol{u}_i$。任意向量 $\boldsymbol{v}$ 在单位正交基 $\boldsymbol{u}_1, \boldsymbol{u}_2, \cdots$ 下的展开是 $\boldsymbol{v} = \sum(\boldsymbol{u}_i^{\mathrm{T}}\boldsymbol{v})\boldsymbol{u}_i$。

在这种随机情形下，变换与随机过程解关联：$\boldsymbol{u}_i$ 是互相独立的。更进一步，特征值的排序意味着前 k 项在 $(\boldsymbol{u}_k^{\mathrm{T}}\boldsymbol{v})\boldsymbol{u}_k$ 停止，使期望平方误差最小化。这个结论对应于 1.9 节中的 Eckart-Young 定理。

KL 变换是一种随机形式的主成分分析。

SVD 的几何

SVD 将一个矩阵分解成 $\boldsymbol{A} = \boldsymbol{U\Sigma V}^{\mathrm{T}}$：(**正交**) × (**对角**) × (**正交**)。在二维空间，能够将这些步骤画出来。正交矩阵 $\boldsymbol{U}$ 和 $\boldsymbol{V}$ 旋转一个平面，对角矩阵 $\boldsymbol{\Sigma}$ 将这个平面沿着两个轴伸缩。图 1.11 显示了**旋转乘以拉伸乘以旋转**。**在单位圆上的向量 $\boldsymbol{x}$ 变成了在一个椭圆上的 $\boldsymbol{Ax}$。**

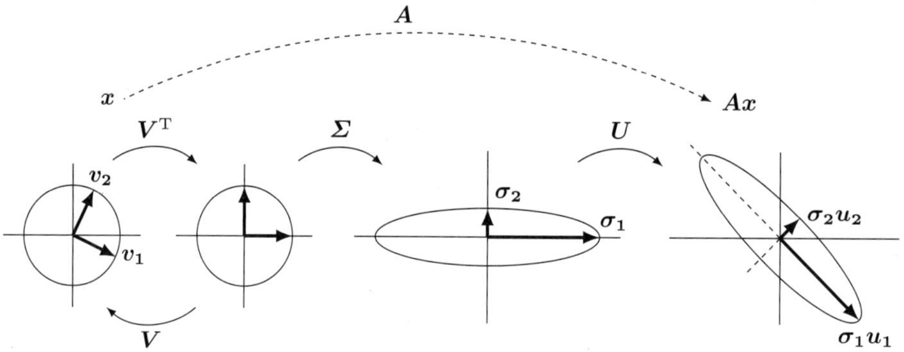

图 1.11　$\boldsymbol{U}$ 和 $\boldsymbol{V}$ 是旋转和可能的反射，$\boldsymbol{\Sigma}$ 则将圆拉伸成椭圆

图 1.11 适用于 2×2 可逆矩阵（因为 $\sigma_1 > 0$，$\sigma_2 > 0$）。首先将任意的 $\boldsymbol{x}$ 旋转至 $\boldsymbol{V}^{\mathrm{T}}\boldsymbol{x}$，然后 $\boldsymbol{\Sigma}$ 将该向量拉伸至 $\boldsymbol{\Sigma V}^{\mathrm{T}}\boldsymbol{x}$，再次 $\boldsymbol{U}$ 把得到的向量旋转至 $\boldsymbol{Ax} = \boldsymbol{U\Sigma V}^{\mathrm{T}}\boldsymbol{x}$。应保持所有的行列式为正，以避免发生反射。矩阵中的 a、b、c、d 四个数与 θ 和 ϕ 两个角及 σ_1 和 σ_2 两个数相关：

$$\begin{bmatrix} a & b \\ c & d \end{bmatrix} = \begin{bmatrix} \cos\theta & -\sin\theta \\ \sin\theta & \cos\theta \end{bmatrix} \begin{bmatrix} \sigma_1 & \\ & \sigma_2 \end{bmatrix} \begin{bmatrix} \cos\phi & \sin\phi \\ -\sin\phi & \cos\phi \end{bmatrix} \tag{14}$$

问题：若矩阵是对称的，则 $b = c$，$\boldsymbol{A}$ 只有 3（而不是 4）个参数。对于一个对称的矩阵 $\boldsymbol{S}$，θ、ϕ、σ_1、σ_2 4 个数如何约减为 3 个数？

第一个奇异向量 $\boldsymbol{v}_1$

下面将建立一种新方式来审视 $\boldsymbol{v}_1$。在前面的讨论中，$\boldsymbol{v}$ 是被选为 $\boldsymbol{A}^{\mathrm{T}}\boldsymbol{A}$ 的特征向量，这依然是正确的。但是，还有一种有价值的方式是**逐个，而不是一下子**理解这些奇异向量。下面从 $\boldsymbol{v}_1$ 及其对应的奇异值 σ_1 开始。

$$\boxed{\text{最大化比值 } \frac{\|\boldsymbol{Ax}\|}{\|\boldsymbol{x}\|}\text{。当 } \boldsymbol{x}=\boldsymbol{v}_1 \text{ 时取到最大值 } \boldsymbol{\sigma}_1} \tag{15}$$

图 1.11 中的椭圆显示出使比值最大的 $\boldsymbol{x}$ 是 $\boldsymbol{v}_1$。当从左到右来跟踪 $\boldsymbol{v}_1$ 时，其最后结果是 $\boldsymbol{Av}_1=\sigma_1\boldsymbol{u}_1$（椭圆的长轴）。该向量的长度开始时是 $\|\boldsymbol{v}_1\|=1$，而最后的结果是 $\|\boldsymbol{Av}_1\|=\sigma_1$。

但是，我们的目标是寻求一种达到 SVD 的独立方法。不假设已经知道 $\boldsymbol{U}$ 或 $\boldsymbol{\Sigma}$ 或 $\boldsymbol{V}$，如何知道当 $\boldsymbol{x}=\boldsymbol{v}_1$ 时，$\|\boldsymbol{Ax}\|/\|\boldsymbol{x}\|$ 取最大值？由微积分可知，此时的一阶导数必须是零。如果将函数取平方，将更容易进行导数运算：

$$\text{问题：求}\frac{\|\boldsymbol{Ax}\|^2}{\|\boldsymbol{x}\|^2}=\frac{\boldsymbol{x}^{\mathrm{T}}\boldsymbol{A}^{\mathrm{T}}\boldsymbol{Ax}}{\boldsymbol{x}^{\mathrm{T}}\boldsymbol{x}}=\frac{\boldsymbol{x}^{\mathrm{T}}\boldsymbol{Sx}}{\boldsymbol{x}^{\mathrm{T}}\boldsymbol{x}}\text{的最大值}\lambda \tag{16}$$

这个 “Rayleigh 商”取决于 $x_1,x_2,\cdots,x_n$。微积分采用商的求导法则，因此需要

$$\frac{\partial}{\partial x_i}\left(\boldsymbol{x}^{\mathrm{T}}\boldsymbol{x}\right)=\frac{\partial}{\partial x_i}\left(x_1^2+\cdots+x_i^2+\cdots+x_n^2\right)=2(\boldsymbol{x})_i \tag{17}$$

$$\frac{\partial}{\partial x_i}\left(\boldsymbol{x}^{\mathrm{T}}\boldsymbol{Sx}\right)=\frac{\partial}{\partial x_i}\left(\sum_i\sum_j S_{ij}x_ix_j\right)=2\sum_j \boldsymbol{S}_{ij}x_j=2\left(S\boldsymbol{x}\right)_i \tag{18}$$

由商的求导法则求出 $\partial/\partial x_i\,(\boldsymbol{x}^{\mathrm{T}}\boldsymbol{Sx}/\boldsymbol{x}^{\mathrm{T}}\boldsymbol{x})$。令式 (16) 中的 n 个偏导数为零：对 $i=1,2,\cdots,n$，有

$$\left(\boldsymbol{x}^{\mathrm{T}}\boldsymbol{x}\right)2\left(\boldsymbol{Sx}\right)_i-\left(\boldsymbol{x}^{\mathrm{T}}\boldsymbol{Sx}\right)2\left(\boldsymbol{x}\right)_i=\boldsymbol{0} \tag{19}$$

由式 (19) 可知，最佳的 $\boldsymbol{x}$ 是 $\boldsymbol{S}=\boldsymbol{A}^{\mathrm{T}}\boldsymbol{A}$ 的一个特征向量。

$$\boxed{\boldsymbol{2Sx}=\boldsymbol{2\lambda x}\ \text{ 且 }\ \frac{\boldsymbol{x}^{\mathrm{T}}\boldsymbol{Sx}}{\boldsymbol{x}^{\mathrm{T}}\boldsymbol{x}}=\frac{\|A\boldsymbol{x}\|^2}{\|\boldsymbol{x}\|^2}\ \text{ 的最大值为 } \boldsymbol{S} \text{ 的特征值 } \lambda}$$

这样搜索范围就变窄到 $\boldsymbol{S}=\boldsymbol{A}^{\mathrm{T}}\boldsymbol{A}$ 的特征向量。实现最大化的特征向量 $\boldsymbol{x}=\boldsymbol{v}_1$，其特征值 $\lambda_1=\sigma_1^2$。微积分已经确定了最大值问题的解式 (15)——这是 SVD 的第一部分。

要得到一个完整的 SVD，需要有所有的奇异向量和奇异值。为求出 $\boldsymbol{v}_2$ 和 σ_2，调整这个最大值问题，以使得只在正交于 $\boldsymbol{v}_1$ 的向量 $\boldsymbol{x}$ 中寻求解。

$$\boxed{\text{在条件}\boldsymbol{v}_1^{\mathrm{T}}\boldsymbol{x}=0\text{ 下最大化 }\frac{\|\boldsymbol{Ax}\|}{\|\boldsymbol{x}\|}\text{。当 }\boldsymbol{x}=\boldsymbol{v}_2\text{ 时取到最大值 }\boldsymbol{\sigma}_2}$$

“拉格朗日乘子” 用于处理对 $\boldsymbol{x}$ 的限制，如 $\boldsymbol{v}_1^{\mathrm{T}}\boldsymbol{x}=0$。习题 3 给出了一种简单而直接的方法来处理条件 $\boldsymbol{v}_1^{\mathrm{T}}\boldsymbol{x}=0$。

用同样的方式，对所有垂直于前面的 $\boldsymbol{v}_1,\boldsymbol{v}_2,\cdots,\boldsymbol{v}_k$ 的向量 $\boldsymbol{x}$，每个奇异向量 $\boldsymbol{v}_{k+1}$ 会给出最大比值。剩余的奇异向量则来自最大化 $\|\boldsymbol{A}^{\mathrm{T}}\boldsymbol{y}\|/\|\boldsymbol{y}\|$。我们总是在寻找椭球的轴和对称矩阵 $\boldsymbol{A}^{\mathrm{T}}\boldsymbol{A}$ 或 $\boldsymbol{AA}^{\mathrm{T}}$ 的特征向量。

$\boldsymbol{A}^{\mathrm{T}}$ 的奇异向量

SVD 将行空间中的 $\boldsymbol{v}$ 联系到列空间中的 $\boldsymbol{u}$。当转置 $\boldsymbol{A}=\boldsymbol{U\Sigma V}^{\mathrm{T}}$ 时，可以看到 $\boldsymbol{A}^{\mathrm{T}}=\boldsymbol{V\Sigma}^{\mathrm{T}}\boldsymbol{U}^{\mathrm{T}}$ 的行为正好相反，是从 $\boldsymbol{u}$ 到 $\boldsymbol{v}$：

$$\boldsymbol{A}^{\mathrm{T}}\boldsymbol{u}_k=\boldsymbol{\sigma}_k\boldsymbol{v}_k\ (\boldsymbol{k}=\boldsymbol{1},\boldsymbol{2},\cdots,\boldsymbol{r}),\quad \boldsymbol{A}^{\mathrm{T}}\boldsymbol{u}_k=\boldsymbol{0}\ (\boldsymbol{k}=\boldsymbol{r}+\boldsymbol{1},\boldsymbol{r}+\boldsymbol{2},\cdots,\boldsymbol{m}) \tag{20}$$

用 $\boldsymbol{A}^{\mathrm{T}}$ 乘以 $\boldsymbol{Av}_k=\sigma_k\boldsymbol{u}_k$，记住式 (9) 中的 $\boldsymbol{A}^{\mathrm{T}}\boldsymbol{Av}_k=\sigma_k^2\boldsymbol{v}_k$，再除以 σ_k。

一个不同的对称矩阵也产生 SVD

在前面的讨论中，从两个对称矩阵 $\boldsymbol{A}^{\mathrm{T}}\boldsymbol{A}$ 和 $\boldsymbol{AA}^{\mathrm{T}}$ 得到 SVD。另一种好的方法是采用一个对称分块矩阵 $\boldsymbol{S}$。这个矩阵有 r 对正、负特征值。它的非零特征值为 σ_k 和 $-\sigma_k$，且是 $m+n$ 阶的：

$$\boldsymbol{S}=\begin{bmatrix}\mathbf{0} & \boldsymbol{A}\\ \boldsymbol{A}^{\mathrm{T}} & \mathbf{0}\end{bmatrix}\quad \text{有特征向量}\quad \begin{bmatrix}\boldsymbol{u}_k\\ \boldsymbol{v}_k\end{bmatrix},\quad \begin{bmatrix}-\boldsymbol{u}_k\\ \boldsymbol{v}_k\end{bmatrix}$$

可以直接验证这些特征向量，并且有 $\boldsymbol{Av}_k=\sigma_k\boldsymbol{u}_k$，$\boldsymbol{A}^{\mathrm{T}}\boldsymbol{u}_k=\sigma_k\boldsymbol{v}_k$：

$$\begin{bmatrix}0 & \boldsymbol{A}\\ \boldsymbol{A}^{\mathrm{T}} & 0\end{bmatrix}\begin{bmatrix}\pm\boldsymbol{u}_k\\ \boldsymbol{v}_k\end{bmatrix}=\begin{bmatrix}\boldsymbol{Av}_k\\ \pm\boldsymbol{A}^{\mathrm{T}}\boldsymbol{u}_k\end{bmatrix}=\sigma_k\begin{bmatrix}\boldsymbol{u}_k\\ \boldsymbol{v}_k\end{bmatrix},\quad -\sigma_k\begin{bmatrix}-\boldsymbol{u}_k\\ \boldsymbol{v}_k\end{bmatrix}\tag{21}$$

这就得到了 $2r$ 个特征值。相应的特征向量是相互正交的：$-\boldsymbol{u}_k^{\mathrm{T}}\boldsymbol{u}_k+\boldsymbol{v}_k^{\mathrm{T}}\boldsymbol{v}_k=-1+1$。能够看出这个分块矩阵的其他属于 $\lambda=0$ 的 $(m-r)+(n-r)$ 个特征向量吗？它们必须涉及 $\boldsymbol{A}^{\mathrm{T}}$ 和 $\boldsymbol{A}$ 的零空间中其余的 $\boldsymbol{u}$ 和 $\boldsymbol{v}$。

AB 和 BA：相同的非零特征值

若 $\boldsymbol{A}$ 是 $m\times n$ 矩阵，$\boldsymbol{B}$ 是 $n\times m$ 矩阵，则 $\boldsymbol{AB}$ 和 $\boldsymbol{BA}$ 有同样的非零特征值。

从 $\boldsymbol{ABx}=\lambda\boldsymbol{x}$，$\lambda\neq 0$ 开始。两边同乘以 $\boldsymbol{B}$，得到 $\boldsymbol{BABx}=\lambda\boldsymbol{Bx}$。这就是说，$\boldsymbol{Bx}$ 是 $\boldsymbol{BA}$ 的属于相同特征值 λ 的特征向量，这正是我们想要得到的结果。同时，还需要 $\lambda\neq 0$ 来确保这个特征向量 $\boldsymbol{Bx}$ 不为零。

注意：若 $\boldsymbol{B}$ 是方阵且可逆的，则 $\boldsymbol{B}^{-1}(\boldsymbol{BA})\boldsymbol{B}=\boldsymbol{AB}$。这就是说，$\boldsymbol{BA}$ 相似于 $\boldsymbol{AB}$：有相同的特征值。但是，第一个证明允许 $\boldsymbol{A}$ 是 $m\times n$ 矩阵，$\boldsymbol{B}$ 是 $n\times m$ 矩阵。这涵盖了 $\boldsymbol{B}=\boldsymbol{A}^{\mathrm{T}}$ 时 SVD 的重要例子。在这种情况下，$\boldsymbol{A}^{\mathrm{T}}\boldsymbol{A}$ 与 $\boldsymbol{AA}^{\mathrm{T}}$ 都导致 $\boldsymbol{A}$ 的奇异值。

若 $m>n$，则 $\boldsymbol{AB}$ 相比于 $\boldsymbol{BA}$ 有 $m-n$ 个额外的零特征值。

子矩阵有较小的奇异值

通过最大化 $\|\boldsymbol{Ax}\|/\|\boldsymbol{x}\|$ 来得到 $\|\boldsymbol{A}\|=\sigma_1$ 的做法，使得证明这个有用的结论变得容易。一个子矩阵的范数不能大于整个矩阵的范数：$\boldsymbol{\sigma_1}(\boldsymbol{B})\leqslant\boldsymbol{\sigma_1}(\boldsymbol{A})$。

$$\textbf{若}\boldsymbol{B}\textbf{保留}\boldsymbol{A}\textbf{的}\boldsymbol{M}\textbf{行}(\boldsymbol{M}\leqslant\boldsymbol{m}),\ \boldsymbol{N}\textbf{列}(\boldsymbol{N}\leqslant\boldsymbol{n}),\ \textbf{则}\|\boldsymbol{B}\|\leqslant\|\boldsymbol{A}\|\tag{22}$$

证明 考虑向量 $\boldsymbol{y}$，其非零项仅位于对应 $\boldsymbol{B}$ 中列的 N 个位置。当然，$\|\boldsymbol{By}\|/\|\boldsymbol{y}\|$ 的最大值 $\leqslant\|\boldsymbol{Ax}\|/\|\boldsymbol{x}\|$ 的最大值。

通过观察那些只对应于 $\boldsymbol{B}$ 中行的 M 个分量，进一步减小 $\|\boldsymbol{By}\|$。因此，去除行与列不会增加范数 σ_1，且 $\|\boldsymbol{B}\|\leqslant\|\boldsymbol{A}\|$。

微分与积分的 SVD

这可能是 SVD 最清楚的例子。它不是从矩阵开始的（但是讨论会涉及矩阵）。从历史上看，第一个 SVD 不是用于向量而是用于函数，那么 $\boldsymbol{A}$ 就不是一个矩阵而是一个算子。一个例子是每个函数的积分算子，另一个例子是（无界的）微分算子 $\boldsymbol{D}$：

关于函数的算子
积分和微分

$$\boldsymbol{A}\boldsymbol{x}(s)=\int_0^s \boldsymbol{x}(t)\,\mathrm{d}t,\qquad \boldsymbol{D}\boldsymbol{x}(t)=\frac{\mathrm{d}\boldsymbol{x}}{\mathrm{d}t} \tag{23}$$

这些算子是线性的（否则微积分会比现在难得多）。根据微积分基本定理，从某种角度来说，算子 $\boldsymbol{D}$ 是 $\boldsymbol{A}$ 的逆。更确切地说，$\boldsymbol{D}$ 是左逆，$\boldsymbol{D}\boldsymbol{A}=\boldsymbol{I}$：积分的导数等于原函数。

但是，因为常值函数的导数为零，$\boldsymbol{A}\boldsymbol{D}\neq\boldsymbol{I}$。于是，$\boldsymbol{D}$ 有一个零空间，类似于具有互不独立列的矩阵。**$\boldsymbol{D}$ 是 $\boldsymbol{A}$ 的伪逆**。对积分算子 $\boldsymbol{A}$ 和微分算子 $\boldsymbol{D}$，正弦和余弦函数就是 $\boldsymbol{u}$ 和 $\boldsymbol{v}$：

$$\boxed{\boldsymbol{A}\boldsymbol{v}=\sigma\boldsymbol{u}\text{是}\boldsymbol{A}(\cos kt)=\frac{1}{k}(\sin kt)\qquad \text{则}\boldsymbol{D}(\sin kt)=k\,(\cos kt)} \tag{24}$$

本书采用这些方程式正是因其简单性。现在处理周期函数 $\boldsymbol{x}(t+2\pi)=\boldsymbol{x}(t)$。$\boldsymbol{A}$ 的输入空间包含像 $\cos t=\cos(-t)$ 这样的偶函数。$\boldsymbol{A}$ 的输出（以及 $\boldsymbol{D}$ 的输入）是像 $\sin t=-\sin(-t)$ 这样的奇函数。这些输入和输出空间对于一个 $m\times n$ 矩阵就是 $\mathbf{R}^n$ 和 $\mathbf{R}^m$。

SVD 的一个特性是 $\boldsymbol{v}$ 彼此之间正交，$\boldsymbol{u}$ 之间也是如此。此时，这些奇异向量已经成为很好的函数——余弦函数彼此正交，正弦函数也是如此。它们的内积是等于零的积分：

$$\boldsymbol{v}_k^{\mathrm{T}}\boldsymbol{v}_j=\int_0^{2\pi}(\cos kt)(\cos jt)\,\mathrm{d}t=\boldsymbol{0},\qquad \boldsymbol{u}_k^{\mathrm{T}}\boldsymbol{u}_j=\int_0^{2\pi}(\sin kt)(\sin jt)\,\mathrm{d}t=\boldsymbol{0}$$

注意，函数 $\boldsymbol{x}_1$ 和 $\boldsymbol{x}_2$ 的内积是 $\boldsymbol{x}_1(t)\,\boldsymbol{x}_2(t)$ 的积分。这将求和形式的点积 $\boldsymbol{y}\cdot\boldsymbol{z}=\Sigma y_i z_i$ 复制到函数空间（希尔伯特空间）。实际上，符号 $\int$ 也是由 Σ 演变而来（并且积分就是求和的极限）。

有限差分

导数的离散形式是有限差分。积分的离散形式是求和。在这里选择一个 4×3 矩阵 $\boldsymbol{D}$，其对应于向后差分 $f(x)-f(x-\Delta x)$：

$$\boldsymbol{D}=\begin{bmatrix}1&&\\-1&1&\\&-1&1\\&&-1\end{bmatrix},\qquad \boldsymbol{D}^{\mathrm{T}}=\begin{bmatrix}1&-1&&\\&1&-1&\\&&1&-1\end{bmatrix} \tag{25}$$

为了求其奇异值和奇异向量，先计算 $\boldsymbol{D}^{\mathrm{T}}\boldsymbol{D}$ (3×3) 与 $\boldsymbol{D}\boldsymbol{D}^{\mathrm{T}}$ (4×4)：

$$\boldsymbol{D}^{\mathrm{T}}\boldsymbol{D}=\begin{bmatrix}2&-1&0\\-1&2&-1\\0&-1&2\end{bmatrix},\qquad \boldsymbol{D}\boldsymbol{D}^{\mathrm{T}}=\begin{bmatrix}1&-1&0&0\\-1&2&-1&0\\0&-1&2&-1\\0&0&-1&1\end{bmatrix} \tag{26}$$

它们的非零特征值总是相同的。$\boldsymbol{D}\boldsymbol{D}^{\mathrm{T}}$ 还有一个零特征值，其特征向量为 $\boldsymbol{u}_4=\left(\frac{1}{2},\frac{1}{2},\frac{1}{2},\frac{1}{2}\right)$。这是函数 $f(x)=\frac{1}{2}$ 的离散等价，其导数 $\mathrm{d}f/\mathrm{d}x=0$。

对称矩阵 $\boldsymbol{D}^{\mathrm{T}}\boldsymbol{D}$ 和 $\boldsymbol{D}\boldsymbol{D}^{\mathrm{T}}$ 的非零特征值都为

$$\boldsymbol{\lambda_1=\sigma_1^2(D)=2+\sqrt{2}},\quad \boldsymbol{\lambda_2=\sigma_2^2(D)=2},\quad \boldsymbol{\lambda_3=\sigma_3^2(D)=2-\sqrt{2}} \tag{27}$$

$\boldsymbol{D}^{\mathrm{T}}\boldsymbol{D}$ 的特征向量 $\boldsymbol{v}$ 是 $\boldsymbol{D}$ 的右奇异向量，它们是**离散正弦**。$\boldsymbol{D}\boldsymbol{D}^{\mathrm{T}}$ 的特征向量 $\boldsymbol{u}$ 是 $\boldsymbol{D}$ 的左奇异向量，它们是**离散余弦**。

$$\sqrt{2}\boldsymbol{V}=\begin{bmatrix}\sin\frac{\pi}{4} & \sin\frac{2\pi}{4} & \sin\frac{3\pi}{4}\\ \sin\frac{2\pi}{4} & \sin\frac{4\pi}{4} & \sin\frac{6\pi}{4}\\ \sin\frac{3\pi}{4} & \sin\frac{6\pi}{4} & \sin\frac{9\pi}{4}\end{bmatrix},\quad \sqrt{2}\boldsymbol{U}=\begin{bmatrix}\cos\frac{1}{2}\frac{\pi}{4} & \cos\frac{1}{2}\frac{2\pi}{4} & \cos\frac{1}{2}\frac{3\pi}{4} & 1\\ \cos\frac{3}{2}\frac{\pi}{4} & \cos\frac{3}{2}\frac{2\pi}{4} & \cos\frac{3}{2}\frac{3\pi}{4} & 1\\ \cos\frac{5}{2}\frac{\pi}{4} & \cos\frac{5}{2}\frac{2\pi}{4} & \cos\frac{5}{2}\frac{3\pi}{4} & 1\\ \cos\frac{7}{2}\frac{\pi}{4} & \cos\frac{7}{2}\frac{2\pi}{4} & \cos\frac{7}{2}\frac{3\pi}{4} & 1\end{bmatrix}$$

这些是**离散正弦变换**（DST）矩阵和**离散余弦变换**（DCT）矩阵。DCT 矩阵一直是 JPEG 图像压缩的支柱。实际上，JPEG 将 $\boldsymbol{U}$ 增加到 8×8，这减少了图像的"块状"。对 8×8 的像素块做二维 DCT，再进行压缩和传输。这些矩阵的正交性是 4.4 节的关键。

我们的目标是展示优美的奇异值分解 $\boldsymbol{D}(\sin kt)=k(\cos kt)$ 的离散形式。虽然这只是一个例子，但是傅里叶变换总是出现在常系数线性方程中，且总是很重要的。

在信号处理中，关键词是**线性时不变性**（**Linear Time Invariance，LTI**）。

极分解 $A=QS$

每个复数 $\boldsymbol{x+\mathrm{i}y}$ 有极坐标形式 $\boldsymbol{r\mathrm{e}^{\mathrm{i}\theta}}$，即数 $r\geqslant 0$ 乘以单位圆上的数 $\mathrm{e}^{\mathrm{i}\theta}$，有 $x+\mathrm{i}y=r\cos\theta+\mathrm{i}r\sin\theta=r\mathrm{e}^{\mathrm{i}\theta}$。将这些数视为 1×1 矩阵，则 $\mathrm{e}^{\mathrm{i}\theta}$ 是正交矩阵 $\boldsymbol{Q}$，并且 $r\geqslant 0$ 是一个正半定矩阵（称为 $\boldsymbol{S}$）。**极分解**将这种方法扩展到 $n\times n$ 矩阵：$\boldsymbol{A}=\boldsymbol{Q}\boldsymbol{S}$，即正交矩阵乘以半正定矩阵。

每个实方阵都可以分解为 $\boldsymbol{A}=\boldsymbol{Q}\boldsymbol{S}$，其中 $\boldsymbol{Q}$ 为**正交矩阵**，$\boldsymbol{S}$ 为**对称半正定矩阵**。若 $\boldsymbol{A}$ 是可逆的，则 $\boldsymbol{S}$ 是正定矩阵。

$$\textbf{极分解}\qquad \boldsymbol{A}=\boldsymbol{U\Sigma V}^{\mathrm{T}}=(\boldsymbol{U}\boldsymbol{V}^{\mathrm{T}})(\boldsymbol{V\Sigma V}^{\mathrm{T}})=(\boldsymbol{Q})(\boldsymbol{S}) \tag{28}$$

第一个因子 $\boldsymbol{U}\boldsymbol{V}^{\mathrm{T}}$ 是 $\boldsymbol{Q}$，两个正交矩阵的积是正交矩阵。第二个因子 $\boldsymbol{V\Sigma V}^{\mathrm{T}}$ 是 $\boldsymbol{S}$，它是半正定的，因为其特征值在 $\boldsymbol{\Sigma}$ 中。

若 $\boldsymbol{A}$ 是可逆的，则 $\boldsymbol{\Sigma}$ 与 $\boldsymbol{S}$ 也是可逆的。因为 $\boldsymbol{S}^2=\boldsymbol{V\Sigma}^2\boldsymbol{V}^{\mathrm{T}}=\boldsymbol{A}^{\mathrm{T}}\boldsymbol{A}$，所以 **$\boldsymbol{S}$ 是 $\boldsymbol{A}^{\mathrm{T}}\boldsymbol{A}$ 的对称正定平方根**。因此，$\boldsymbol{S}$ 的特征值是 $\boldsymbol{A}$ 的奇异值。$\boldsymbol{S}$ 的特征向量是 $\boldsymbol{A}$ 的奇异向量 $\boldsymbol{v}$。

还有一个顺序相反的极分解 $\boldsymbol{A}=\boldsymbol{K}\boldsymbol{Q}$。$\boldsymbol{Q}$ 不变，但 $\boldsymbol{K}=\boldsymbol{U\Sigma U}^{\mathrm{T}}$，那么 $\boldsymbol{K}$ 是 $\boldsymbol{A}\boldsymbol{A}^{\mathrm{T}}$ 的对称正定平方根。

例 求 $\boldsymbol{A}=\begin{bmatrix}3 & 0\\ 4 & 5\end{bmatrix}$ 的极分解中的 $\boldsymbol{Q}$ 与 $\boldsymbol{S}$（旋转及伸缩）。

解 在式(12) 中已经求得矩阵 $\boldsymbol{U}$、$\boldsymbol{\Sigma}$ 和 $\boldsymbol{V}$，故

$$\boldsymbol{Q}=\boldsymbol{U}\boldsymbol{V}^{\mathrm{T}}=\frac{1}{\sqrt{20}}\begin{bmatrix}1&-3\\3&1\end{bmatrix}\begin{bmatrix}1&1\\-1&1\end{bmatrix}=\frac{1}{\sqrt{20}}\begin{bmatrix}4&-2\\2&4\end{bmatrix}=\frac{1}{\sqrt{5}}\begin{bmatrix}\mathbf{2}&\mathbf{-1}\\\mathbf{1}&\mathbf{2}\end{bmatrix}$$

$$\boldsymbol{S}=\boldsymbol{V}\boldsymbol{\Sigma}\boldsymbol{V}^{\mathrm{T}}=\frac{\sqrt{5}}{2}\begin{bmatrix}1&-1\\1&1\end{bmatrix}\begin{bmatrix}3&\\&1\end{bmatrix}\begin{bmatrix}1&1\\-1&1\end{bmatrix}=\sqrt{5}\begin{bmatrix}\mathbf{2}&\mathbf{1}\\\mathbf{1}&\mathbf{2}\end{bmatrix}$$

因此 $\boldsymbol{A}=\boldsymbol{Q}\boldsymbol{S}$。在力学中，极分解将旋转 ($\boldsymbol{Q}$) 与伸缩分开。$\boldsymbol{S}$ 的特征值给出了图 1.11 中的伸缩因子。$\boldsymbol{S}$ 的特征向量给出了伸缩的方向（椭圆的主轴）。4.9 节中关于正交 Procrustes问题阐明了 **$\boldsymbol{Q}$ 是最接近 $\boldsymbol{A}$ 的正交矩阵**。

与 SVD 紧密相连的是含三角矩阵 $\boldsymbol{T}$ 的分解 $\boldsymbol{A}=\boldsymbol{U}\boldsymbol{T}\boldsymbol{V}^{\mathrm{T}}$，它计算更快（由 G. W. Stewart 开发）。Martinsson 提出了利用块进行低秩近似的随机算法（arXiv: 1703.00998）。

习题 1.8

1. 若对称矩阵 $\boldsymbol{S}=\boldsymbol{S}^{\mathrm{T}}$ 有单位正交特征向量 $\boldsymbol{v}_1,\boldsymbol{v}_2,\cdots,\boldsymbol{v}_n$，则任意向量 $\boldsymbol{x}$ 可写成 $\boldsymbol{x}=c_1\boldsymbol{v}_1+\cdots+c_n\boldsymbol{v}_n$。解释以下两个公式：

$$\boldsymbol{x}^{\mathrm{T}}\boldsymbol{x}=c_1^2+\cdots+c_n^2,\qquad \boldsymbol{x}^{\mathrm{T}}\boldsymbol{S}\boldsymbol{x}=\lambda_1c_1^2+\cdots+\lambda_nc_n^2$$

2. 习题 1 给出了 Rayleigh 商$\boldsymbol{x}^{\mathrm{T}}\boldsymbol{S}\boldsymbol{x}/\boldsymbol{x}^{\mathrm{T}}\boldsymbol{x}$ 的一种简洁形式：

$$\boxed{R(\boldsymbol{x})=\frac{\boldsymbol{x}^{\mathrm{T}}\boldsymbol{S}\boldsymbol{x}}{\boldsymbol{x}^{\mathrm{T}}\boldsymbol{x}}=\frac{\lambda_1c_1^2+\cdots+\lambda_nc_n^2}{c_1^2+\cdots+c_n^2}}$$

为什么这个比值的最大值等于最大特征值 $\boldsymbol{\lambda_1}$？这可能是理解式 (15) 中 SVD 的“第二种构造”最简单的方法。为什么在 $c_1=1$，$c_2=c_3=\cdots=c_n=0$ 时 $R(\boldsymbol{x})$ 取得最大？

3. 继续习题 2，当 $\boldsymbol{x}=\boldsymbol{v}_2$ 时，λ_2 出现。在条件 $\boldsymbol{x}^{\mathrm{T}}\boldsymbol{v}_1=0$ 下最大化 $R(\boldsymbol{x})=\boldsymbol{x}^{\mathrm{T}}\boldsymbol{S}\boldsymbol{x}/\boldsymbol{x}^{\mathrm{T}}\boldsymbol{x}$。这个条件对 c_1 意味着什么？为什么在习题 2 中的 $R(\boldsymbol{x})$ 在 $c_2=1$，$c_1=c_3=\cdots=c_n=0$ 时被最大化了？

4. 继续习题 3，$\boldsymbol{x}=\boldsymbol{v}_3$ 是怎样的最大值问题的解？最佳的 $\boldsymbol{c}$ 是 $c_3=1,c_1=c_2=c_4=\cdots=0$。对$\boldsymbol{x}$ 限制怎样的两个条件，使得 $R(\boldsymbol{x})=\dfrac{\boldsymbol{x}^{\mathrm{T}}\boldsymbol{S}\boldsymbol{x}}{\boldsymbol{x}^{\mathrm{T}}\boldsymbol{x}}$的最大值是$\boldsymbol{\lambda_3}$？

5. 证明 $\boldsymbol{A}^{\mathrm{T}}$ 与 $\boldsymbol{A}$ 有同样的（非零）奇异值。因此，$\|\boldsymbol{A}\|=\|\boldsymbol{A}^{\mathrm{T}}\|$ 对所有的矩阵成立；但是对所有向量 $\|\boldsymbol{A}\boldsymbol{x}\|=\|\boldsymbol{A}^{\mathrm{T}}\boldsymbol{x}\|$ 是不正确的，需要 $\boldsymbol{A}^{\mathrm{T}}\boldsymbol{A}=\boldsymbol{A}\boldsymbol{A}^{\mathrm{T}}$。

6. 利用式 (12) 求 $\boldsymbol{A}=\begin{bmatrix}3&4\\0&5\end{bmatrix}$ 的 SVD 中的 σ、$\boldsymbol{v}$ 和 $\boldsymbol{u}$。

7. 当 $\boldsymbol{A}$ 的最大的秩 1 部分被移除后，求 $\|\boldsymbol{A}-\sigma_1\boldsymbol{u}_1\boldsymbol{v}_1^{\mathrm{T}}\|$ 的范数，这个处理后的矩阵的所有奇异值，以及其秩。

8. 求 σ、$\boldsymbol{v}$ 和 $\boldsymbol{u}$，并验证 $\boldsymbol{A}=\begin{bmatrix}0&2&0\\0&0&3\\0&0&0\end{bmatrix}=\boldsymbol{U}\boldsymbol{\Sigma}\boldsymbol{V}^{\mathrm{T}}$。对于这个矩阵，正交矩阵 $\boldsymbol{U}$ 和 $\boldsymbol{V}$ 是置换矩阵。

9. 在 $\boldsymbol{x}^{\mathrm{T}}\boldsymbol{x}=1$ 约束条件下，对 $\boldsymbol{x}^{\mathrm{T}}\boldsymbol{S}\boldsymbol{x}$ 最大化。拉格朗日方法采用 $\boldsymbol{L}=\boldsymbol{x}^{\mathrm{T}}\boldsymbol{S}\boldsymbol{x}+\lambda(\boldsymbol{x}^{\mathrm{T}}\boldsymbol{x}-1)$。证明 $\boldsymbol{\nabla L}=(\partial L/\partial x_1,\cdots,\partial L/\partial x_n)=0$ 恰好是 $2\boldsymbol{S}\boldsymbol{x}=2\lambda\boldsymbol{x}$，又得到了 $\max R(\boldsymbol{x})=\lambda_1$。

10. 用稍微不同的方法来证明式 (22) 中的 $\|\boldsymbol{B}\|\leqslant\|\boldsymbol{A}\|$。首先移除 $\boldsymbol{A}$ 中的 $N-n$ 列，这个新的矩阵有 $\|\boldsymbol{C}\|\leqslant\|\boldsymbol{A}\|$（为什么）。然后转置 $\boldsymbol{C}$：范数不变。接着移除 $\boldsymbol{C}^{\mathrm{T}}$ 中的 $M-m$ 列得到 $\boldsymbol{B}^{\mathrm{T}}$，而不增加范数。最后可得 $\|\boldsymbol{B}\|=\|\boldsymbol{B}^{\mathrm{T}}\|\leqslant\|\boldsymbol{C}^{\mathrm{T}}\|=\|\boldsymbol{C}\|\leqslant\|\boldsymbol{A}\|$。

11. 对 $\boldsymbol{S}=\begin{bmatrix}0 & \boldsymbol{A}\\ \boldsymbol{A}^{\mathrm{T}} & 0\end{bmatrix}$，验证将对角元相加与将式 (21) 中的特征值求和得到迹是一致的。

若 $\boldsymbol{A}$ 是对角元为 $1,2,\cdots,n$ 的对角方阵，求 $\boldsymbol{S}$ 的 $2n$ 个特征值和特征向量。

12. 求秩为 1 的矩阵 $\boldsymbol{A}=\begin{bmatrix}2 & 4\\ 1 & 2\end{bmatrix}$ 的 SVD。将 $\boldsymbol{A}^{\mathrm{T}}\boldsymbol{A}$ 分解为 $\boldsymbol{Q}\boldsymbol{\varLambda}\boldsymbol{Q}^{\mathrm{T}}$。

13. 这里是笔者做的 SVD 的证明。步骤 2 应用了分解 $\boldsymbol{A}^{\mathrm{T}}\boldsymbol{A}=\boldsymbol{V}\boldsymbol{\varLambda}\boldsymbol{V}^{\mathrm{T}}$，$\boldsymbol{A}\boldsymbol{A}^{\mathrm{T}}=\boldsymbol{U}\boldsymbol{\varLambda}\boldsymbol{U}^{\mathrm{T}}$（$\boldsymbol{\varLambda}$ 中含相同特征值）。

步骤 1:	$\boldsymbol{A}(\boldsymbol{A}^{\mathrm{T}}\boldsymbol{A})$	$=(\boldsymbol{A}\boldsymbol{A}^{\mathrm{T}})\boldsymbol{A}$
步骤 2:	$\boldsymbol{A}\boldsymbol{V}\boldsymbol{\varLambda}\boldsymbol{V}^{\mathrm{T}}$	$=\boldsymbol{U}\boldsymbol{\varLambda}\boldsymbol{U}^{\mathrm{T}}\boldsymbol{A}$
步骤 3:	$(\boldsymbol{U}^{\mathrm{T}}\boldsymbol{A}\boldsymbol{V})\boldsymbol{\varLambda}$	$=\boldsymbol{\varLambda}(\boldsymbol{U}^{\mathrm{T}}\boldsymbol{A}\boldsymbol{V})$
步骤 4:	$\boldsymbol{U}^{\mathrm{T}}\boldsymbol{A}\boldsymbol{V}$ 必须是对角化的	

步骤 3 是对步骤 2 左乘____，同时右乘____。于是在步骤 3 中矩阵 $\boldsymbol{U}^{\mathrm{T}}\boldsymbol{A}\boldsymbol{V}$ 与对角矩阵 $\boldsymbol{\varLambda}$ 可换。这是如何迫使矩阵 $\boldsymbol{U}^{\mathrm{T}}\boldsymbol{A}\boldsymbol{V}=\boldsymbol{\varSigma}$ 也成为一个对角矩阵的？试一下 3×3 矩阵。

$$\boldsymbol{\varSigma\varLambda}=\begin{bmatrix}\sigma_{11} & \sigma_{12} & \sigma_{13}\\ \sigma_{21} & \sigma_{22} & \sigma_{23}\\ \sigma_{31} & \sigma_{32} & \sigma_{33}\end{bmatrix}\begin{bmatrix}\lambda_1 & & \\ & \lambda_2 & \\ & & \lambda_3\end{bmatrix}=\begin{bmatrix}\lambda_1 & & \\ & \lambda_2 & \\ & & \lambda_3\end{bmatrix}\begin{bmatrix}\sigma_{11} & \sigma_{12} & \sigma_{13}\\ \sigma_{21} & \sigma_{22} & \sigma_{23}\\ \sigma_{31} & \sigma_{32} & \sigma_{33}\end{bmatrix}=\boldsymbol{\varLambda\varSigma}$$

比较第一行。何时能得出结论 $\sigma_{12}=0$，$\sigma_{13}=0$？这显示了笔者做的证明的局限性：它需要 $\boldsymbol{A}^{\mathrm{T}}\boldsymbol{A}$ 的特征值为 ____。

同样的问题出现在对谱定理 $\boldsymbol{S}=\boldsymbol{Q}\boldsymbol{\varLambda}\boldsymbol{Q}^{\mathrm{T}}$ 的简单证明中。当 $\boldsymbol{S}$ 没有重特征值 λ 时，这是容易的。同样，当 $\boldsymbol{A}$ 没有重奇异值 σ 时，SVD 是容易的。

当 λ 或 σ 恰巧有重复时，$\boldsymbol{S}=\boldsymbol{Q}\boldsymbol{\varLambda}\boldsymbol{Q}^{\mathrm{T}}$，$\boldsymbol{A}=\boldsymbol{U}\boldsymbol{\varSigma}\boldsymbol{V}^{\mathrm{T}}$ 仍然都是成立的。问题是这会得到特征向量或奇异向量的整个平面。应选择专门的奇异向量 $\boldsymbol{u}$ 为 $\boldsymbol{A}\boldsymbol{v}/\sigma$，而这是式(9)中的真正证明。

14. 图 1.11 显示了一个有 4 个分量 a、b、c、d 的 2×2 矩阵是如何产生一个有 4 个参数 θ、ϕ、σ_1、σ_2 的 SVD。再来看一个有 6 个分量的 2×3 矩阵 $\boldsymbol{A}=\boldsymbol{U}\boldsymbol{\varSigma}\boldsymbol{V}^{\mathrm{T}}$。

一个 2×3 矩阵有多少个奇异值 σ？然后 $\boldsymbol{U}$ (2×2) 只需要一个角度参数。为了还原 $\boldsymbol{A}$，3×3 正交矩阵 $\boldsymbol{V}$ 需要多少个角度参数？

$\boldsymbol{A}$ 的行空间是 $\mathbf{R}^3$ 中的一个平面。它需要____ 个角度参数来确定平面的位置。在这个平面上确定 $\boldsymbol{v}_1$ 和 $\boldsymbol{v}_2$ 需要____ 个角度参数。$\boldsymbol{V}$ 总共需要____ 个角度参数。

15. 每个 3×3 矩阵有 9 个分量。因此 $\boldsymbol{U}\boldsymbol{\varSigma}\boldsymbol{V}^{\mathrm{T}}$ 必须有 9 个参数。在 $\boldsymbol{U}$、$\boldsymbol{\varSigma}$ 和 $\boldsymbol{V}$ 中有多少个参数？对 4×4 矩阵回答同样的问题。多少个参数就能描绘一个在 4 维空间的旋转？

16. ____ 个数能得到 $\mathbf{R}^5$ 中的一个单位向量 $\boldsymbol{v}_1$ 的方向，然后确定一个与其正交的单位向量 $\boldsymbol{v}_2$ 的方向需要____ 个数。如果是对 $\boldsymbol{v}_3$、$\boldsymbol{v}_4$、$\boldsymbol{v}_5$，又需要多少呢？总数为____。

17. **若 $\boldsymbol{v}$ 是 $\boldsymbol{A}^{\mathrm{T}}\boldsymbol{A}$ 的一个 $\lambda \neq 0$ 的特征向量，则____ 是 $\boldsymbol{A}\boldsymbol{A}^{\mathrm{T}}$ 的一个特征向量。**

18. 若 $\boldsymbol{A}=\boldsymbol{U}\boldsymbol{\Sigma}\boldsymbol{V}^{\mathrm{T}}$ 是可逆方阵，则 $\boldsymbol{A}^{-1}=$ ____。求 $\boldsymbol{A}^{\mathrm{T}}\boldsymbol{A}$（不是 $\boldsymbol{A}$）的所有奇异值。

19. 若 $\boldsymbol{A}=\boldsymbol{A}^{\mathrm{T}}$ 在 $\mathbf{R}^3$ 中有长度分别为 2、3、4 的正交列向量 $\boldsymbol{u}_1$、$\boldsymbol{u}_2$、$\boldsymbol{u}_3$，求其 SVD。

20. 特征值和特征向量成功的原因在于 $\boldsymbol{A}^k=\boldsymbol{X}\boldsymbol{\Lambda}^k\boldsymbol{X}^{-1}$：

    (1) $\boldsymbol{A}^k$ 的特征值是 $\lambda_1^k,\cdots,\lambda_n^k$。

    (2) $\boldsymbol{A}$ 的特征向量 $\boldsymbol{x}$ 也是 $\boldsymbol{A}^k$ 的特征向量。

    证明对 $\begin{bmatrix} -2 & -6 \\ 6 & 2 \end{bmatrix}$ 的奇异值和奇异向量，(1) 与 (2) 是错的。

21. 证明 $\boldsymbol{A}\boldsymbol{A}^{\mathrm{T}}\boldsymbol{A}$ 的奇异值是 $(\sigma_1)^3,\cdots,(\sigma_r)^3$。

22. 式 (5) 是 $\boldsymbol{A}\boldsymbol{V}_r=\boldsymbol{U}_r\boldsymbol{\Sigma}_r$。乘以 $\boldsymbol{V}_r^{\mathrm{T}}$ 得到 $\boldsymbol{A}=\boldsymbol{U}_r\boldsymbol{\Sigma}_r\boldsymbol{V}_r^{\mathrm{T}}$（**约化 SVD**）。

    对这一步不能应用 $\boldsymbol{V}_r\boldsymbol{V}_r^{\mathrm{T}}=\boldsymbol{I}$（当 $m>r$ 时，这是错的）。代之以证明这个矩阵 $\boldsymbol{A}=\boldsymbol{U}_r\boldsymbol{\Sigma}_r\boldsymbol{V}_r^{\mathrm{T}}$ 满足式 (1)。

23. 证明一个秩为 r 的 $m\times n$ 矩阵在它的 SVD 中有 $r(m+n-r)$ 个自由参数：$\boldsymbol{A}=\boldsymbol{U}\boldsymbol{\Sigma}\boldsymbol{V}^{\mathrm{T}}=(m\times r)(r\times r)(r\times n)$。为什么 r 个单位正交向量 $\boldsymbol{u}_1,\boldsymbol{u}_2,\cdots,\boldsymbol{u}_r$ 有 $(m-1)+(m-2)+\cdots+(m-r)$ 个参数？

    另一种方法采用来自 1.1 节的 $\boldsymbol{A}=\boldsymbol{C}\boldsymbol{R}=(m\times r)(r\times n)$。矩阵 $\boldsymbol{R}$ 包含一个 $r\times r$ 的单位矩阵，因而从 $rm+rn$ 移除了 r^2 个参数。这个计数在本书的附录中重复出现。

1.9 主成分和最佳低秩矩阵

$\boldsymbol{A}$ 的主成分是它的两个正交矩阵 $\boldsymbol{U}$ 和 $\boldsymbol{V}$ 中的奇异向量，即列 $\boldsymbol{u}_j$ 和 $\boldsymbol{v}_j$。**主成分分析（Principal Component Analysis，PCA）**使用与前面的 $\boldsymbol{u}$ 和 $\boldsymbol{v}$ 相对应的那些最大的 σ 来理解数据矩阵 $\boldsymbol{A}$ 中的信息。对于给定矩阵 $\boldsymbol{A}$，提取其最重要的部分 $\boldsymbol{A}_k$（**对应于最大的 $\boldsymbol{\sigma}$**）：

$$\boldsymbol{A}_k=\sigma_1\boldsymbol{u}_1\boldsymbol{v}_1^{\mathrm{T}}+\cdots+\sigma_k\boldsymbol{u}_k\boldsymbol{v}_k^{\mathrm{T}},\qquad \operatorname{rank}(\boldsymbol{A}_k)=k$$

$\boldsymbol{A}_k$ 解决了一个矩阵优化问题（从这里开始）。**最接近于 $\boldsymbol{A}$ 的秩为 k 的矩阵是 $\boldsymbol{A}_k$。**在统计学中，识别 $\boldsymbol{A}$ 中具有最大方差的部分，这就将 SVD 置于数据科学的核心地位。

在 SVD 中，PCA是“无监督”学习。线性代数中 SVD 说明如何选择 $\boldsymbol{A}_k$。当学习过程是受到监管时，有一个大的训练数据集。深度学习（7.1 节）构造了一个（非线性）函数 F，它正确地分类了大部分训练数据，然后将 F 应用到新数据中。

主成分分析是基于 $\boldsymbol{A}_k$ 来近似矩阵。$\boldsymbol{A}_k$ 是最佳选择的证明是由Schmidt 于 1907 年开始的。他的定理针对函数空间中的算子 $\boldsymbol{A}$，然后扩展到向量空间的矩阵。Eckart 和 Young 于 1936 年给出了一个新的证明（使用矩阵的 Frobenius 范数）。Mirsky于 1955 年给出了更一般的证明，允许只依赖于奇异值的 $\|\boldsymbol{A}\|$ 的任何范数，就如在式 (2)、式 (3) 和式 (4) 列出的定义那样。

下面是秩为 k 的特殊矩阵 $\boldsymbol{A}_k=\sigma_1\boldsymbol{u}_1\boldsymbol{v}_1^{\mathrm{T}}+\cdots+\sigma_k\boldsymbol{u}_k\boldsymbol{v}_k^{\mathrm{T}}$ 的关键性质：

Eckart-Young 定理　　若 $\boldsymbol{B}$ 的秩为 k，则 $\|\boldsymbol{A}-\boldsymbol{B}\|\geqslant\|\boldsymbol{A}-\boldsymbol{A}_k\|$　　(1)

矩阵范数 $\|A\|$ 的三个定义选择具有特殊的重要性，它们各自命名如下：

$$\textbf{谱范数}\quad \|\boldsymbol{A}\|_2 = \max\frac{\|\boldsymbol{Ax}\|}{\|\boldsymbol{x}\|} = \boldsymbol{\sigma_1}\quad (\text{常称为}\boldsymbol{\ell^2}\text{范数}) \tag{2}$$

$$\textbf{Frobenius 范数}\quad \|\boldsymbol{A}\|_F = \sqrt{\sigma_1^2+\cdots+\sigma_r^2}\quad \text{式 (12) 与式 (13) 也定义了}\|\boldsymbol{A}\|_F \tag{3}$$

$$\textbf{核范数}\quad \|\boldsymbol{A}\|_N = \boldsymbol{\sigma_1}+\boldsymbol{\sigma_2}+\cdots+\boldsymbol{\sigma_r}\quad (\text{迹范数}) \tag{4}$$

这些范数对 $n\times n$ 的单位矩阵已经具有不同的值：

$$\|\boldsymbol{I}\|_2 = 1,\quad \|\boldsymbol{I}\|_F = \sqrt{n},\quad \|\boldsymbol{I}\|_N = n \tag{5}$$

用任何正交矩阵 $\boldsymbol{Q}$ 来替换 $\boldsymbol{I}$，其范数保持不变（因为所有的 $\sigma_i = 1$）：

$$\|\boldsymbol{Q}\|_2 = 1,\quad \|\boldsymbol{Q}\|_F = \sqrt{n},\quad \|\boldsymbol{Q}\|_N = n \tag{6}$$

还不止于此，任意矩阵 $\boldsymbol{A}$（在任意一侧）乘以一个正交矩阵，它的谱范数、Frobenius 范数和核范数保持不变。

当 $\boldsymbol{U}$ 和 $\boldsymbol{V}$ 变为 $\boldsymbol{Q}_1\boldsymbol{U}$ 和 $\boldsymbol{Q}_2\boldsymbol{V}$ 时，奇异值并不变。对复矩阵，用酉（unitary）矩阵取代正交矩阵，有 $\overline{\boldsymbol{Q}}^{\mathrm{T}}\boldsymbol{Q} = \boldsymbol{I}$。这三个范数是酉不变的：$\|\boldsymbol{Q}_1\boldsymbol{A}\overline{\boldsymbol{Q}}_2^{\mathrm{T}}\| = \|\boldsymbol{A}\|$。Mirsky 对式(1)中 Eckart-Young 定理的证明适用于所有的酉不变范数：$\|\boldsymbol{A}\|$ 可由 $\boldsymbol{\Sigma}$ 算出。

$$\textbf{这三个范数对正交矩阵 } \boldsymbol{Q_1} \textbf{ 和 } \boldsymbol{Q_2} \textbf{ 有 } \|\boldsymbol{Q_1AQ_2^{\mathrm{T}}}\| = \|\boldsymbol{A}\| \tag{7}$$

下面对 ℓ^2 范数和 Frobenius 范数给出式(1)的更简单的证明。

Eckart-Young 定理：A_k 给出最佳逼近

在进行证明之前看一个例子，有助于人们了解定理。这个例子中，$\boldsymbol{A}$ 是对角矩阵，$k=2$：

$$\text{最接近于}\boldsymbol{A}=\begin{bmatrix}\mathbf{4}&0&0&0\\0&\mathbf{3}&0&0\\0&0&\mathbf{2}&0\\0&0&0&\mathbf{1}\end{bmatrix}\text{的秩为 2 的矩阵是}\boldsymbol{A}_2=\begin{bmatrix}\mathbf{4}&0&0&0\\0&\mathbf{3}&0&0\\0&0&\mathbf{0}&0\\0&0&0&\mathbf{0}\end{bmatrix}$$

这肯定是对的。也许觉得这个对角矩阵太简单了，不典型。但当矩阵 $\boldsymbol{A}$ 变成 $\boldsymbol{Q}_1\boldsymbol{A}\boldsymbol{Q}_2$ 时（对任意的 $\boldsymbol{Q}_1$ 和 $\boldsymbol{Q}_2$ 而言），ℓ^2 范数和 Frobenius 范数是不变的。因此，这个例子包含了任意具有奇异值 4、3、2、1 的 4×4 矩阵。Eckart-Young 定理说明保留 4 和 3，因为它们是最大的。误差的 ℓ^2 范数是 $\|\boldsymbol{A}-\boldsymbol{A}_2\| = 2$。而对 Frobenius 范数，误差则是 $\|\boldsymbol{A}-\boldsymbol{A}_2\|_F = \sqrt{\mathbf{5}}$。

这个问题中有点棘手的部分是那些“秩为 2 的矩阵”。这个集合不是凸的。$\boldsymbol{A}_2$ 和 $\boldsymbol{B}_2$（它们的秩都为 2）的平均值能够很容易有秩 4。是否有可能 $\boldsymbol{B}_2$ 比 $\boldsymbol{A}_2$ 更接近 $\boldsymbol{A}$？

$$\begin{matrix}\text{可能这个}\boldsymbol{B}_2\text{是}\\ \boldsymbol{A}\text{的秩为2的}\\ \text{更好的近似？}\end{matrix}\quad\begin{bmatrix}3.5&3.5&&\\3.5&3.5&&\\&&1.5&1.5\\&&1.5&1.5\end{bmatrix}$$

在主对角线上误差 $\boldsymbol{A}-\boldsymbol{B}_2$ 仅是 0.5，而误差 $\boldsymbol{A}-\boldsymbol{A}_2$ 有 2 和 1，对角线之外的误差是 3.5 和 1.5，太大了。

$\boldsymbol{A}_2$ 在秩为 $k=2$ 的矩阵中是最好的。现在对 ℓ^2 范数来证明这一点，然后讨论 Frobenius 范数。

ℓ^2范数下的 Eckart-Young 定理 若$\operatorname{rank}(\boldsymbol{B})\leqslant k$，则$\|\boldsymbol{A}-\boldsymbol{B}\|=\max\dfrac{\|(\boldsymbol{A}-\boldsymbol{B})\boldsymbol{x}\|}{\|\boldsymbol{x}\|}\geqslant\boldsymbol{\sigma_{k+1}}$ (8)

已知 $\|\boldsymbol{A}-\boldsymbol{A}_k\|=\sigma_{k+1}$。$\|\boldsymbol{A}-\boldsymbol{B}\|\geqslant\sigma_{k+1}$ 的证明依赖于计算范数 $\|\boldsymbol{A}-\boldsymbol{B}\|$ 时对向量 $\boldsymbol{x}$ 的良好选择：

$$\text{选择}\boldsymbol{x}\neq\boldsymbol{0}，\quad\text{使得}\boldsymbol{B}\boldsymbol{x}=\boldsymbol{0}\text{且}\boldsymbol{x}=\sum_{1}^{k+1}c_i\boldsymbol{v}_i \tag{9}$$

首先，由于 $\operatorname{rank}(\boldsymbol{B})\leqslant k$，$\boldsymbol{B}$ 的零空间的维数 $\geqslant n-k$。其次，$\boldsymbol{v}_1,\boldsymbol{v}_2,\cdots,\boldsymbol{v}_{k+1}$ 的组合产生了维数为 $k+1$ 的子空间。这两个子空间必须相交。当维数相加得到 $(n-k)+(k+1)=n+1$ 时，这些子空间必定（至少）过公共直线。考虑 $\mathbf{R}^3$ 中过 $(0,0,0)$ 的两个平面（有公共直线），因为 $2+2>3$。在这条线上选取一个非零向量 $\boldsymbol{x}$。

用这个 $\boldsymbol{x}$ 来估计式 (8) 中 $\boldsymbol{A}-\boldsymbol{B}$ 的范数。$\boldsymbol{B}\boldsymbol{x}=\boldsymbol{0}$，$\boldsymbol{A}\boldsymbol{v}_i=\sigma_i\boldsymbol{u}_i$：

$$\|(\boldsymbol{A}-\boldsymbol{B})\boldsymbol{x}\|^2=\|\boldsymbol{A}\boldsymbol{x}\|^2=\|\sum c_i\sigma_i\boldsymbol{u}_i\|^2=\sum_{i=1}^{k+1}c_i^2\sigma_i^2 \tag{10}$$

这个和至少与 $(\sum c_i^2)\sigma_{k+1}^2$ 一样大，而 $(\sum c_i^2)\sigma_{k+1}^2$ 恰等于 $\|\boldsymbol{x}\|^2\sigma_{k+1}^2$。式(10) 证明了 $\|(\boldsymbol{A}-\boldsymbol{B})\boldsymbol{x}\|\geqslant\sigma_{k+1}\|\boldsymbol{x}\|$。这个 $\boldsymbol{x}$ 给出了 $\|\boldsymbol{A}-\boldsymbol{B}\|$ 的下界：

$$\frac{\|(\boldsymbol{A}-\boldsymbol{B})\boldsymbol{x}\|}{\|\boldsymbol{x}\|}\geqslant\sigma_{k+1}，\quad\text{意味着}\|\boldsymbol{A}-\boldsymbol{B}\|\geqslant\boldsymbol{\sigma}_{k+1}=\|\boldsymbol{A}-\boldsymbol{A}_k\|\text{。证毕。} \tag{11}$$

Frobenius 范数

下面讨论 Frobenius 范数，证明 $\boldsymbol{A}_k$ 也是最佳近似。这个范数的下面三个不同的公式是有用的。第一个公式中将 $\boldsymbol{A}$ 看成一个长向量，然后取这个向量通常的 ℓ^2 范数。第二个公式中 $\boldsymbol{A}^{\mathrm{T}}\boldsymbol{A}$ 的主对角线包含了 $\boldsymbol{A}$ 每一列的 ℓ^2 范数（平方）。

例如，$\boldsymbol{A}^{\mathrm{T}}\boldsymbol{A}$ 的 $(1,1)$ 分量是从列 1 得来的 $|a_{11}|^2+|a_{12}|^2+\cdots+|a_{m1}|^2$。因此式 (12) 与式 (13) 相同，是在一次一列地取出数 $|a_{ij}|^2$。

之后的 Frobenius 范数的式 (14) 使用了 $\boldsymbol{A}^{\mathrm{T}}\boldsymbol{A}$ 的特征值 σ_i^2（迹总是特征值的和）。式 (14) 也是直接从 SVD 得到的——$\boldsymbol{A}=\boldsymbol{U\Sigma V}^{\mathrm{T}}$ 的 Frobenius 范数不受 $\boldsymbol{U}$ 和 $\boldsymbol{V}$ 影响，因此，$\|\boldsymbol{A}\|_F^2=\|\boldsymbol{\Sigma}\|_F^2$，即 $\boldsymbol{\sigma}_1^2+\cdots+\boldsymbol{\sigma}_r^2$。

$$\|\boldsymbol{A}\|_F^2=|a_{11}|^2+|a_{12}|^2+\cdots+|a_{mn}|^2\quad(\text{每个 }a_{ij}^2) \tag{12}$$

$$\|\boldsymbol{A}\|_F^2 = \boldsymbol{A}^{\mathrm{T}}\boldsymbol{A}\text{的迹} = (\boldsymbol{A}^{\mathrm{T}}\boldsymbol{A})_{11} + \cdots + (\boldsymbol{A}^{\mathrm{T}}\boldsymbol{A})_{nn} \tag{13}$$

$$\|\boldsymbol{A}\|_F^2 = \boldsymbol{\sigma}_1^2 + \boldsymbol{\sigma}_2^2 + \cdots + \boldsymbol{\sigma}_r^2 \tag{14}$$

Frobenius 范数下的 Eckart-Young 定理

对于范数 $\|\boldsymbol{A}-\boldsymbol{B}\|_F$，Pete Stewart发现并慷慨分享了这个简洁的证明。

假设秩 $\leqslant k$ 的矩阵 $\boldsymbol{B}$ 是最接近于 $\boldsymbol{A}$ 的。想要证明 $\boldsymbol{B}=\boldsymbol{A}_k$，令人惊奇的是从 $\boldsymbol{B}$（而不是 $\boldsymbol{A}$）的奇异值分解开始：

$$\boldsymbol{B} = \boldsymbol{U}\begin{bmatrix} D & 0 \\ 0 & 0 \end{bmatrix}\boldsymbol{V}^{\mathrm{T}}\text{，其中对角矩阵}\boldsymbol{D}\text{是}k\times k\text{的} \tag{15}$$

从 $\boldsymbol{B}$ 得到的正交矩阵 $\boldsymbol{U}$ 和 $\boldsymbol{V}$ 不一定能对角化 $\boldsymbol{A}$：

$$\boldsymbol{A} = \boldsymbol{U}\begin{bmatrix} \boldsymbol{L}+\boldsymbol{E}+\boldsymbol{R} & \boldsymbol{F} \\ \boldsymbol{G} & \boldsymbol{H} \end{bmatrix}\boldsymbol{V}^{\mathrm{T}} \tag{16}$$

这里 $\boldsymbol{L}$ 在前 k 行是严格下三角矩阵，$\boldsymbol{E}$ 是对角矩阵，$\boldsymbol{R}$ 是严格上三角矩阵。步骤 1 将 $\boldsymbol{A}$ 和 $\boldsymbol{B}$ 与下面这个明显秩 $\leqslant k$ 的矩阵 $\boldsymbol{C}$ 进行比较，得出 $\boldsymbol{L}$、$\boldsymbol{R}$ 和 $\boldsymbol{F}$ 都是零。

$$\boldsymbol{C} = \boldsymbol{U}\begin{bmatrix} \boldsymbol{L}+\boldsymbol{D}+\boldsymbol{R} & \boldsymbol{F} \\ 0 & 0 \end{bmatrix}\boldsymbol{V}^{\mathrm{T}} \tag{17}$$

这是 Stewart 的关键想法，即构造带有零行的矩阵 $\boldsymbol{C}$ 来显示它的秩。这些正交矩阵 $\boldsymbol{U}$ 与 $\boldsymbol{V}^{\mathrm{T}}$ 保持 Frobenius 范数不变。将所有的矩阵元的平方和相加，注意 $\boldsymbol{A}-\boldsymbol{B}$ 出现矩阵 $\boldsymbol{L}$、$\boldsymbol{R}$、$\boldsymbol{F}$ 处，$\boldsymbol{A}-\boldsymbol{C}$ 的矩阵元都变成了零。

$$\|\boldsymbol{A}-\boldsymbol{B}\|_F^2 = \|\boldsymbol{A}-\boldsymbol{C}\|_F^2 + \|\boldsymbol{L}\|_F^2 + \|\boldsymbol{R}\|_F^2 + \|\boldsymbol{F}\|_F^2 \tag{18}$$

因为 $\|\boldsymbol{A}-\boldsymbol{B}\|_F^2$ 尽可能小，已知 $\boldsymbol{L}$、$\boldsymbol{R}$、$\boldsymbol{F}$ 都是零。类似地，可知 $\boldsymbol{G}=0$。至此，已知 $\boldsymbol{U}^{\mathrm{T}}\boldsymbol{A}\boldsymbol{V}$ 有两个块，并且块 $\boldsymbol{E}$ 是对角的（如 $\boldsymbol{D}$）：

$$\boldsymbol{U}^{\mathrm{T}}\boldsymbol{A}\boldsymbol{V} = \begin{bmatrix} \boldsymbol{E} & \boldsymbol{0} \\ \boldsymbol{0} & \boldsymbol{H} \end{bmatrix},\quad \boldsymbol{U}^{\mathrm{T}}\boldsymbol{B}\boldsymbol{V} = \begin{bmatrix} \boldsymbol{D} & \boldsymbol{0} \\ \boldsymbol{0} & \boldsymbol{0} \end{bmatrix}$$

若 $\boldsymbol{B}$ 最接近 $\boldsymbol{A}$，则 $\boldsymbol{U}^{\mathrm{T}}\boldsymbol{B}\boldsymbol{V}$ 最接近 $\boldsymbol{U}^{\mathrm{T}}\boldsymbol{A}\boldsymbol{V}$。

矩阵 $\boldsymbol{D}$ 必须与 $\boldsymbol{E}=\mathrm{diag}\,(\sigma_1,\cdots,\sigma_k)$ 相同。

$\boldsymbol{H}$ 的奇异值必是 $\boldsymbol{A}$ 的最小的 $n-k$ 个奇异值。

最小误差 $\|\boldsymbol{A}-\boldsymbol{B}\|_F = \|\boldsymbol{H}\|_F = \sqrt{\sigma_{k+1}^2+\cdots+\sigma_r^2}$： **Eckart-Young 定理**。

在本节开始的 4×4 例子中，$\boldsymbol{A}_2$ 是最优的：$\|\boldsymbol{A}-\boldsymbol{A}_2\|_F=\sqrt{5}$。对于非凸优化问题，得到这样一个显式解是例外的。

最小化 Frobenius 距离 $\|A-B\|_F^2$

这里有一种不同，但更直接的方法来证明 Eckart-Young 定理：设 $\|\boldsymbol{A}-\boldsymbol{B}\|_F^2$ 的导数为零。每个秩为 k 矩阵分解成 $\boldsymbol{B}=\boldsymbol{CR}$，即 $(m\times k)(k\times n)$。通过 SVD，可以求 $\boldsymbol{C}$ 中有 r 个正交列（因此 $\boldsymbol{C}^{\mathrm{T}}\boldsymbol{C}=$ 对角矩阵 $\boldsymbol{D}$）和 $\boldsymbol{R}$ 中有 r 个单位正交行（因此 $\boldsymbol{RR}^{\mathrm{T}}=\boldsymbol{I}$）。我们的目标是 $\boldsymbol{C}=\boldsymbol{U}_k\boldsymbol{\Sigma}_k$，$\boldsymbol{R}=\boldsymbol{V}_k^{\mathrm{T}}$。

对 $\boldsymbol{E}=\|\boldsymbol{A}-\boldsymbol{CR}\|_F^2$ 求导，求出最小化 $\boldsymbol{E}$ 的矩阵 $\boldsymbol{C}$ 和 $\boldsymbol{R}$：

$$\frac{\partial \boldsymbol{E}}{\partial \boldsymbol{C}}=2(\boldsymbol{CR}-\boldsymbol{A})\boldsymbol{R}^{\mathrm{T}}=0 \tag{19a}$$

$$\left(\frac{\partial \boldsymbol{E}}{\partial \boldsymbol{R}}\right)^{\mathrm{T}}=2(\boldsymbol{R}^{\mathrm{T}}\boldsymbol{C}^{\mathrm{T}}-\boldsymbol{A}^{\mathrm{T}})\boldsymbol{C}=0 \tag{19b}$$

参看本书的网站了解 Dan Drucker 的计算。式 (19a) 给出 $\boldsymbol{AR}^{\mathrm{T}}=\boldsymbol{CRR}^{\mathrm{T}}=\boldsymbol{C}$，式 (19b) 给出 $\boldsymbol{R}^{\mathrm{T}}\boldsymbol{D}=\boldsymbol{A}^{\mathrm{T}}\boldsymbol{C}=\boldsymbol{A}^{\mathrm{T}}\boldsymbol{AR}^{\mathrm{T}}$。因为 $\boldsymbol{D}$ 是对角矩阵，这意味着：

$\boldsymbol{R}^{\mathrm{T}}$ 的列是 $\boldsymbol{A}^{\mathrm{T}}\boldsymbol{A}$ 的特征向量。它们是 $\boldsymbol{A}$ 的右奇异向量 $\boldsymbol{v}_j$。

同样，$\boldsymbol{C}$ 的列是 $\boldsymbol{AA}^{\mathrm{T}}$ 的特征向量：$\boldsymbol{AA}^{\mathrm{T}}\boldsymbol{C}=\boldsymbol{AR}^{\mathrm{T}}\boldsymbol{D}=\boldsymbol{CD}$。则 $\boldsymbol{C}$ 包含左奇异向量 $\boldsymbol{u}_j$。哪些奇异向量能使误差 $\boldsymbol{E}$ 最小化？

$\boldsymbol{E}$ 是$\boldsymbol{C}$ 和 $\boldsymbol{R}$ 中没有涉及的所有 σ^2 的和。要使其最小，必须取 $\boldsymbol{A}$ 的最小奇异值。这样留下的那些最大的奇异值就得到最佳的 $\boldsymbol{B}=\boldsymbol{CR}=\boldsymbol{A}_k$，满足 $\|\boldsymbol{A}-\boldsymbol{CR}\|_F^2=\sigma_{k+1}^2+\cdots+\sigma_r^2$。Nathan Srebro 在 MIT 的博士论文（**ttic.uchicago.edu/~nati/Publications/thesis.pdf**）已对此进行了证明。

主成分分析（PCA）

现在开始使用 SVD。矩阵 $\boldsymbol{A}$ 充满了数据。有 n 个样本，对每个样本测量 m 个变量（如高度与质量）。数据矩阵 $\boldsymbol{A}_0$ 有 n 列 m 行。在许多应用中，它是一个很大的矩阵。

第一步是求出 $\boldsymbol{A}_0$ 中每行的平均值（样本均值）。从这一行的所有 n 项中减去这个均值，现在这个中心化矩阵 $\boldsymbol{A}$ 每行的均值为零。$\boldsymbol{A}$ 的列是 $\mathbf{R}^m$ 中的 n 个点。因为中心化，n 个列向量的和为零，因此平均列是零向量。

通常，这 n 点聚集在一条直线或一个平面上，或 $\mathbf{R}^m$ 的另一个低维子空间附近。图 1.12 显示了沿 $\mathbf{R}^2$ 中一条直线聚集的一组典型的数据点（将 $\boldsymbol{A}_0$ 居中以左右、上下移动点获得 $\boldsymbol{A}$ 的均值处于 $(0,0)$ 之后）。

线性代数如何找到过 $(0,0)$ 的最近直线？**它沿着 $\boldsymbol{A}$ 的第一个奇异向量 $\boldsymbol{u}_1$。**这就是 PCA 的关键点。

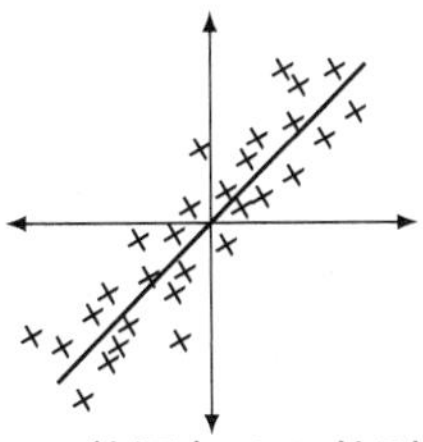

$\boldsymbol{A}$ 是 $\boldsymbol{2}\times\boldsymbol{n}$ 的 (大零空间)

$\boldsymbol{AA}^{\mathrm{T}}$ 是 $\boldsymbol{2}\times\boldsymbol{2}$ 的 (小矩阵)

$\boldsymbol{A}^{\mathrm{T}}\boldsymbol{A}$ 是 $\boldsymbol{n}\times\boldsymbol{n}$ 的 (大矩阵)

两个奇异值 $\boldsymbol{\sigma_1}>\boldsymbol{\sigma_2}>\boldsymbol{0}$

图 1.12 数据点（$\boldsymbol{A}$ 的列）通常接近 $\mathbf{R}^2$ 中的一条线或 $\mathbf{R}^m$ 的一个子空间

将（SVD 解出的）问题先用统计方法，再用几何方法表达出来。之后是线性代数方法和一些例子。

PCA 背后的统计学

概率论与统计学中的关键参数是**均值**和**方差**。“均值”是（矩阵 $\boldsymbol{A}_0$ 的每行中）数据的平均值。$\boldsymbol{A}_0$ 的每行减去这些均值就得到了居中的矩阵 $\boldsymbol{A}$。关键的量是“方差”和“协方差”。方差是 $\boldsymbol{A}$ 的每行到均值的距离的平方和。

方差是矩阵 $\boldsymbol{AA}^{\mathrm{T}}$ 的对角元

假设 $\boldsymbol{A}$ 的列相应于 x 轴上的儿童年龄及 y 轴上的儿童身高（这些年龄和身高是相对于平均年龄和身高而言的）。

我们的目标是找到最接近图中数据点的直线。必须考虑数据的年龄–身高联合分布。

协方差是矩阵 $\boldsymbol{AA}^{\mathrm{T}}$ 的非对角元

它们是点积 ($\boldsymbol{A}$ 的第 i 行) $\cdot$ ($\boldsymbol{A}$ 的第 j 列)。高协方差意味着身高随着年龄的增长而增加（负协方差意味着，当一个变量减小时，另一个变量增加）。我们的例子仅有两行，分别表示年龄和身高：对称矩阵 $\boldsymbol{AA}^{\mathrm{T}}$ 是 2×2 的。随着样本儿童数量 n 的增加，除以 $n-1$ 来给 $\boldsymbol{AA}^{\mathrm{T}}$ 提供统计上正确的尺度。

$$\textbf{样本的协方差矩阵定义为 } \boldsymbol{S}=\frac{\boldsymbol{AA}^{\mathrm{T}}}{\boldsymbol{n-1}}$$

这个因子之所以是 $n-1$，是因为一个自由度已用于均值等于 0。下面是一个例子，6 个年龄和身高已经居中，使每一行的项加起来等于零：

$$\boldsymbol{A}=\begin{bmatrix} 3 & -4 & 7 & 1 & -4 & -3 \\ 7 & -6 & 8 & -1 & -1 & -7 \end{bmatrix}$$

对这组数据，样本协方差矩阵 $\boldsymbol{S}$ 容易计算，它是正定的。

$$\textbf{方差和协方差} \qquad \boldsymbol{S}=\frac{1}{6-1}\boldsymbol{AA}^{\mathrm{T}}=\begin{bmatrix} 20 & 25 \\ 25 & 40 \end{bmatrix}$$

$\boldsymbol{S}$ 的两个正交特征向量是 $\boldsymbol{u}_1$ 和 $\boldsymbol{u}_2$。它们是 $\boldsymbol{A}$ 的左奇异向量（主成分）。Eckart-Young 定理指出，**向量 $\boldsymbol{u}_1$ 指向图 1.12 中最近的直线。$\boldsymbol{S}$ 的特征向量是 $\boldsymbol{A}$ 的奇异向量**。

第二个奇异向量 $\boldsymbol{u}_2$ 垂直于最近的直线。

重要注解 PCA能够用对称的 $\boldsymbol{S}=\boldsymbol{AA}^{\mathrm{T}}/(n-1)$ 或长方形的 $\boldsymbol{A}$ 来描述。无疑 $\boldsymbol{S}$ 是一个更好的矩阵。但给出 $\boldsymbol{A}$ 中的数据，计算 $\boldsymbol{S}$ 是一个错误的计算决定。对于大矩阵而言，对 $\boldsymbol{A}$ 直接做 SVD 更快、更准确。

在这个例子中，$\boldsymbol{S}$ 的特征值在 57 和 3 附近。它们的和是 $20+40=60$，这就是 $\boldsymbol{S}$ 的迹。第一个秩为 1 的部分 $\sqrt{57}\boldsymbol{u}_1\boldsymbol{v}_1^{\mathrm{T}}$ 要比第二部分 $\sqrt{3}\boldsymbol{u}_2\boldsymbol{v}_2^{\mathrm{T}}$ 大很多。**第一特征向量 $\boldsymbol{u}_1\approx(0.6,0.8)$ 说**

明在散点图中最近的直线的斜率接近 8/6。图 1.12 中这条线的方向几乎产生了一个 6-8-10 直角三角形。

现在从 PCA 的代数转向几何。在何种意义上，$\boldsymbol{u}_1$ 方向的直线是离居中数据最近的直线？

PCA 背后的几何

图 1.12 中的最佳直线解决了**垂直最小二乘**的一个问题，这也称为正交回归。它不同于拟合 n 个数据点的标准最小二乘，也不同于线性方程组 $\boldsymbol{Ax}=\boldsymbol{b}$ 的最小二乘解。2.2 节中最小化 $\|\boldsymbol{Ax}-\boldsymbol{b}\|^2$ 的经典问题测量从上方或下方到最佳直线的距离。我们的问题是最小化垂直距离。之前的问题导致了一个线性方程组 $\boldsymbol{A}^{\mathrm{T}}\boldsymbol{Ax}=\boldsymbol{A}^{\mathrm{T}}\boldsymbol{b}$，而现在的问题引出了特征值 σ^2 与奇异向量 $\boldsymbol{u}_i$（$\boldsymbol{S}$ 的特征向量）。这是线性代数的两个侧面，不是同一个侧面。

从数据点到 $\boldsymbol{u}_1$ 直线的距离的平方和是最小值

为了看清这一点，将 $\boldsymbol{A}$ 的每列 $\boldsymbol{a}_j$ 分解成沿着 $\boldsymbol{u}_1$ 和 $\boldsymbol{u}_2$ 的两个分量：

$$\sum_1^n\|\boldsymbol{a}_j\|^2=\sum_1^n|\boldsymbol{a}_j^{\mathrm{T}}\boldsymbol{u}_1|^2+\sum_1^n|\boldsymbol{a}_j^{\mathrm{T}}\boldsymbol{u}_2|^2 \tag{20}$$

左边的求和项是由数据确定的。右边的第一个求和项有 $\boldsymbol{u}_1^{\mathrm{T}}\boldsymbol{a}_j\boldsymbol{a}_j^{\mathrm{T}}\boldsymbol{u}_1$ 项，它们相加得到 $\boldsymbol{u}_1^{\mathrm{T}}(\boldsymbol{AA}^{\mathrm{T}})\boldsymbol{u}_1$。因此，当在 PCA 中通过选择 $\boldsymbol{AA}^{\mathrm{T}}$ 的第一个特征向量 $\boldsymbol{u}_1$ 最大化这个求和项时，就最小化了第二个求和项。从数据点到最佳直线（或最佳子空间）的距离平方的第二个求和项是最小的。

PCA 背后的线性代数

主成分分析是一种理解 m 维空间的 n 个样本点 $\boldsymbol{a}_1,\boldsymbol{a}_2,\cdots,\boldsymbol{a}_n$（数据）的方式。该数据图是居中的，$\boldsymbol{A}$ 中每行的项相加都等于零 ($\boldsymbol{A1}=\boldsymbol{0}$)（其中 $\boldsymbol{1}$ 是元素全为 1 的矩阵）。与线性代数的关键联系在于 $\boldsymbol{A}$ 的奇异值 σ_i 和奇异向量 $\boldsymbol{u}_i$。它们来自样本协方差矩阵 $\boldsymbol{S}=\boldsymbol{AA}^{\mathrm{T}}/(n-1)$ 的特征值 $\lambda_i=\sigma_i^2$ 和特征向量。

数据的总方差来自 $\boldsymbol{A}$ 的 Frobenius 范数（平方）：

$$\textbf{总方差}\quad \boldsymbol{T}=\|\boldsymbol{A}\|_F^2/(n-1)=(\|\boldsymbol{a}_1\|^2+\cdots+\|\boldsymbol{a}_n\|^2)/(n-1) \tag{21}$$

这是 $\boldsymbol{S}$ 的**迹**，即对角元的和。由线性代数可知，迹等于**样本协方差矩阵 $\boldsymbol{S}$ 的特征值 $\boldsymbol{\sigma_i^2/(n-1)}$ 的和**。

$\boldsymbol{S}$ 的迹将总方差与主成分 $\boldsymbol{u}_1,\boldsymbol{u}_2,\cdots,\boldsymbol{u}_r$ 的方差之和联系起来：

$$\textbf{总方差}\quad \boldsymbol{T=(\sigma_1^2+\cdots+\sigma_r^2)/(n-1)} \tag{22}$$

正如式 (20) 所示，第一个主成分 $\boldsymbol{u}_1$ 占（或“解释”）总方差的比值为 σ_1^2/T。$\boldsymbol{A}$ 的下一个奇异向量 $\boldsymbol{u}_2$ 解释了下一个最大的比值是 σ_2^2/T。每个奇异向量都尽可能地捕捉矩阵中的含义，它们一起成功地表述了完整矩阵的方差。

Eckart-Young 定理的要点是，k 个奇异向量（共同作用）比任何其他 k 个向量的集合解释更多的数据信息。因此，有理由选择 $\boldsymbol{u}_1\sim\boldsymbol{u}_k$ 作为最接近 n 个数据点的 k 维子空间的基。

读者可以理解图 1.12 显示了 $m=2$ 维空间中直线 $(k=1)$ 周围的一组数据点。实际的问题往往有 $k>1$，$m>2$。

$\boldsymbol{A}$ 和 $\boldsymbol{S}$ 的“有效秩”是噪声淹没数据中真实信号的点上奇异值的数量。通常，这一点在显示奇异值 σ_i（或其平方 σ_i^2）下降的“**碎石图**”中是可见的。图 1.13 显示了碎石图中的“肘部”，信号结束，而噪声占据了主要地位。

在这个例子中，噪声来自计算病态的**希尔伯特矩阵**的奇异值时的舍入误差。真实奇异值的下降仍然十分陡峭。实际上，噪声就在数据矩阵本身，即 $\boldsymbol{A}_0$ 的测量误差。3.3 节讨论像 $\boldsymbol{H}$ 这样具有快速衰减 σ 的矩阵。

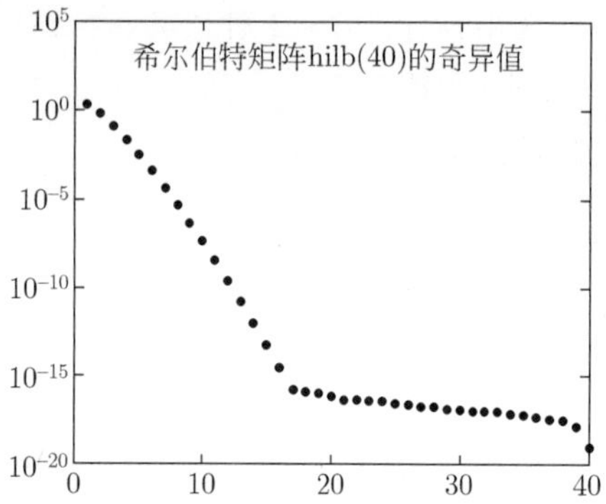

$$H_{ij}=\begin{bmatrix} 1 & \frac{1}{2} & \frac{1}{3} & \cdot & \cdot \\ \frac{1}{2} & \frac{1}{3} & \frac{1}{4} & \cdot & \cdot \\ \frac{1}{3} & \frac{1}{4} & \frac{1}{5} & \cdot & \cdot \\ \cdot & \cdot & \cdot & \cdot & \cdot \\ \cdot & \cdot & \cdot & \cdot & \cdot \end{bmatrix}=\frac{1}{i+j-1}$$

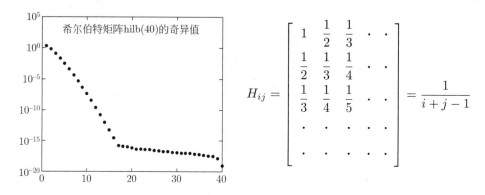

图 1.13 病态的希尔伯特矩阵的 $\sigma_1,\sigma_2,\cdots,\sigma_{39}\,(\sigma_{40}=0)$ 碎石图
(其肘部位于有效秩 $r\approx 17$，$\sigma_r\approx 10^{-16}$)

1-0 矩阵及其性质

Alex Townsend与本书作者开始研究圆内是 1、圆外是 0 的矩阵。随着矩阵的尺寸变大，它们的秩也会增加。奇异值的图形趋近于一个极限——我们还不能预测这个极限的大小，但理解它的秩。

图 1.14 绘制了**正方形、三角形、1/4 圆**三个形状。任何一个正方形 1 矩阵的秩为 1。三角形矩阵的所有特征值 λ 都为 1，并且它的奇异值更有趣。1/4 圆矩阵的秩曾是我们的第一个难题，下面来求解。

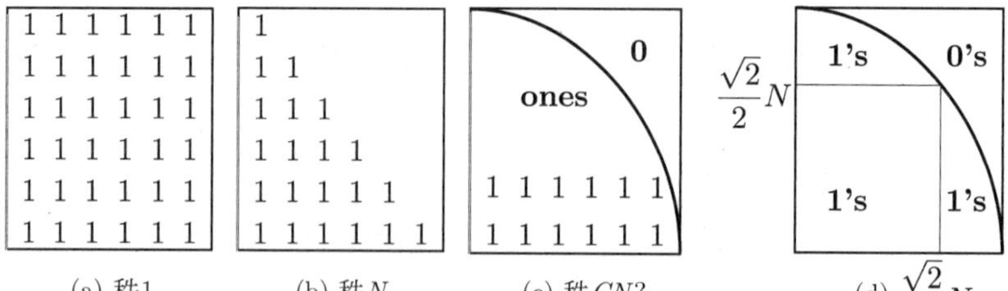

(a) 秩1 (b) 秩N (c) 秩CN? (d) $\frac{\sqrt{2}}{2}N$

图 1.14 $N=6$ 的矩阵中 1 的排布分别呈正方形、三角形与 1/4 圆

这些图形关于 x 轴的反射将产生一个矩形、更大的三角形及半圆，其边长为 $2N$。这些矩阵的秩不会发生变化，因为新行只是旧行的复制。然后关于 y 轴做反射将产生一个正方形、一

个菱形和一个整圆。这一次，新列是旧列的复制：矩阵的秩依然没有变化。

从正方形及三角形排布，可知水平或垂直对齐的矩阵是低秩的。对角线带来高秩，且 45° 对角线带来最高秩。

随着半径 $N=6$ 的增加，什么是 1/4 圆的"渐近秩"？我们寻找秩中的首项 CN。

图 1.14(d) 给出了一种计算 C 的方法。在 1/4 圆内画一个内接的最大正方形。正方形的子矩阵（元素全是 1）的秩为 1。正方形上方的形状有 $N-\dfrac{\sqrt{2}}{2}N$ 行（约 $0.3N$），它旁边的形状有 $N-\dfrac{\sqrt{2}}{2}N$ 列，这两部分行与列是互相独立的。将这两个数相加会产生秩中的首项，这一点可从数值上得到证实：

$$\text{当 } N\to\infty \text{ 时，}\textbf{1/4 圆矩阵的秩} \approx (2-\sqrt{2})\,N$$

转向这些矩阵的（非零）奇异值 ——对正方形矩阵来说是平凡的，对三角形来说是可知的，对 1/4 圆来说则是可计算的。对这些形状与其他形状，总是看到一个**"奇异间隔"**，即奇异值并不趋于零。所有的 σ 都在某个极限 L 以上（然而不知道为什么如此）。

图 1.15 分别给出了三角形的 σ 值（精确值）与 1/4 圆的 σ 值（计算值）。对于 1 的三角矩阵，其逆矩阵恰好有 1 对角线位于 -1 对角线之上；然后对 N 个等间距的角 $\theta_i=(2i-1)\pi/(4N+2)$，有 $\sigma_i=\dfrac{1}{2}\sin\theta$。因此，没有奇异值的间隔达到 $\sigma_{\min}\approx\dfrac{1}{2}\sin\dfrac{\pi}{2}=\dfrac{1}{2}$。1/4 圆也有 $\sigma_{\min}\approx\dfrac{1}{2}$。参见课程项目 math.mit.edu/learningfromdata。

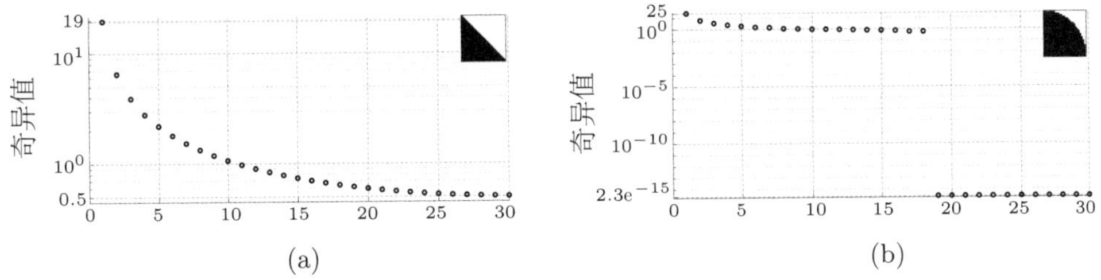

图 1.15 三角形与 1/4 圆的（非零）奇异值

习题 1.9

1. 求 $\boldsymbol{A}-\boldsymbol{A}_{\boldsymbol{k}}$ 的奇异值（按降序排列），忽略所有的零值。
2. 找到最接近这些矩阵的秩为 1 的矩阵（ℓ^2 或 Frobenius 范数）：

$$\boldsymbol{A}=\begin{bmatrix}3&0&0\\0&2&0\\0&0&1\end{bmatrix},\quad \boldsymbol{A}=\begin{bmatrix}0&3\\2&0\end{bmatrix},\quad \boldsymbol{A}=\begin{bmatrix}2&1\\1&2\end{bmatrix}$$

3. 求出一个关于 ℓ^2 范数最接近于 $\boldsymbol{A}=\begin{bmatrix}\cos\theta&-\sin\theta\\\sin\theta&\cos\theta\end{bmatrix}$ 的秩为 1 的矩阵。

4. 若取矩阵范数 $\|\boldsymbol{A}\|_\infty =$ 各行分量和的最大值，Eckart-Young 定理是错的：

$$\boldsymbol{A}=\begin{bmatrix} a & b \\ c & d \end{bmatrix}，有\ \|\boldsymbol{A}\|_\infty = \max\frac{\|\boldsymbol{Ax}\|_\infty}{\|\boldsymbol{x}\|_\infty} = \max(|a|+|b|,|c|+|d|)$$

找到一个比 $\boldsymbol{A}_1=\frac{3}{2}\begin{bmatrix} 1 & 1 \\ 3 & 3 \end{bmatrix}$ 更接近于 $\boldsymbol{A}=\begin{bmatrix} 3 & 0 \\ 4 & 5 \end{bmatrix}$ 的秩为 1 的矩阵。

5. 证明范数 $\|\boldsymbol{A}\|_\infty = \max(|a|+|b|,|c|+|d|)$ 不是正交不变的：

$$对\ \boldsymbol{Q}=\begin{bmatrix} \cos\theta & -\sin\theta \\ \sin\theta & \cos\theta \end{bmatrix}，求对角矩阵\ \boldsymbol{A}\ 使\ \|\boldsymbol{QA}\|_\infty \neq \|\boldsymbol{A}\|_\infty。$$

6. 若 $\boldsymbol{S}=\boldsymbol{Q\Lambda Q}^{\mathrm{T}}$ 是一个对称正定矩阵，由 Eckart-Young 定理来解释 $\boldsymbol{q}_1\lambda_1\boldsymbol{q}_1^{\mathrm{T}}$ 是 ℓ^2 矩阵范数 $\|\boldsymbol{S}\|_2$ 下最接近的秩为 1 的矩阵。

7. 求 $n=2$ 时式 (19) 中的导数 $\partial\boldsymbol{E}/\partial\boldsymbol{C}$ 与 $\partial\boldsymbol{E}/\partial\boldsymbol{R}$。

8. 哪些秩为 3 的矩阵有 $\|\boldsymbol{A}-\boldsymbol{A}_1\|_2=\|\boldsymbol{A}-\boldsymbol{A}_2\|_2$？其中 $\boldsymbol{A}_2$ 是 $\sigma_1\boldsymbol{u}_1\boldsymbol{v}_1^{\mathrm{T}}+\sigma_2\boldsymbol{u}_2\boldsymbol{v}_2^{\mathrm{T}}$。

9. 用抛物线 $\boldsymbol{y}=\boldsymbol{1}-\boldsymbol{x}^{\boldsymbol{2}}$ 替换图 1.14 中的 1/4 圆。估计在抛物线下所有 1（沿着两坐标轴各有 N 个 1）的矩阵秩 CN。提示：首先移除那个碰到抛物线的长方形内所包含的 1，在接触处抛物线的切线斜率 $=-1$。

10. 若 $\boldsymbol{A}$ 是 2×2 矩阵，且 $\sigma_1\geqslant\sigma_2>0$，求 $\|\boldsymbol{A}^{-1}\|_2$，$\|\boldsymbol{A}^{-1}\|_F^2$。

1.10 Rayleigh 商和广义特征值

本节从 1.8 节中提取并扩展了一个主题。1.8 节将对称矩阵 $\boldsymbol{S}$ 的特征值和特征向量与 **Rayleigh 商**$\boldsymbol{R}(\boldsymbol{x})$ 联系在一起：

$$\boldsymbol{R}(\boldsymbol{x})=\frac{\boldsymbol{x}^{\mathrm{T}}\boldsymbol{S}\boldsymbol{x}}{\boldsymbol{x}^{\mathrm{T}}\boldsymbol{x}} \tag{1}$$

$\boldsymbol{R}(\boldsymbol{x})$ 的最大值是 $\boldsymbol{S}$ 的最大特征值 $\boldsymbol{\lambda_1}$。这个最大值在特征向量 $\boldsymbol{x}=\boldsymbol{q}_1$ 处取得，其中 $\boldsymbol{S}\boldsymbol{q}_1=\lambda_1\boldsymbol{q}_1$：

$$\textbf{最大值}\qquad \boldsymbol{R}(\boldsymbol{q}_1)=\frac{\boldsymbol{q}_1^{\mathrm{T}}\boldsymbol{S}\boldsymbol{q}_1}{\boldsymbol{q}_1^{\mathrm{T}}\boldsymbol{q}_1}=\frac{\boldsymbol{q}_1^{\mathrm{T}}\lambda_1\boldsymbol{q}_1}{\boldsymbol{q}_1^{\mathrm{T}}\boldsymbol{q}_1}=\lambda_1 \tag{2}$$

类似地，$\boldsymbol{R}(\boldsymbol{x})$ 的最小值等于 $\boldsymbol{S}$ 的最小特征值 λ_n。这个最小值在“垫底的特征向量”$\boldsymbol{x}=\boldsymbol{q}_n$ 处得到。此外，$\boldsymbol{S}$ 的特征值 λ_n 和 λ_1 之间的特征值的所有特征向量 $\boldsymbol{x}=\boldsymbol{q}_k$ 是 $\boldsymbol{R}(\boldsymbol{x})$ 的鞍点。鞍点处的一阶导数为零；但它们既不是最大值点，也不是最小值点。

$$\textbf{鞍点}\qquad 在\ \boldsymbol{x}=\boldsymbol{q}_k处，\quad \frac{\partial\boldsymbol{R}}{\partial x_i}=0，\quad \boldsymbol{R}(\boldsymbol{q}_k)=\frac{\boldsymbol{q}_k^{\mathrm{T}}\lambda_k\boldsymbol{q}_k}{\boldsymbol{q}_k^{\mathrm{T}}\boldsymbol{q}_k}=\lambda_k \tag{3}$$

这些结论与 $\boldsymbol{A}$ 的奇异值分解通过 $\boldsymbol{S}=\boldsymbol{A}^{\mathrm{T}}\boldsymbol{A}$ 相关联。对于正定（或半正定）矩阵 $\boldsymbol{S}$，由 Rayleigh 商得到 $\boldsymbol{A}$ 的范数（平方）。$\boldsymbol{S}$ 的最大特征值是 $\sigma_1^2(\boldsymbol{A})$：

$$\|\boldsymbol{A}\|^2=\max\frac{\|\boldsymbol{Ax}\|^2}{\|\boldsymbol{x}\|^2}=\max\frac{\boldsymbol{x}^{\mathrm{T}}\boldsymbol{A}^{\mathrm{T}}\boldsymbol{Ax}}{\boldsymbol{x}^{\mathrm{T}}\boldsymbol{x}}=\max\frac{\boldsymbol{x}^{\mathrm{T}}\boldsymbol{Sx}}{\boldsymbol{x}^{\mathrm{T}}\boldsymbol{x}}=\lambda_1(\boldsymbol{S})=\sigma_1^2(\boldsymbol{A}) \tag{4}$$

这样，对称矩阵的特征值问题也是一个优化问题：**最大化 $\boldsymbol{R}(\boldsymbol{x})$**。

广义特征值和特征向量

在统计与数据科学中的应用将我们引向下一步。在工程与力学上的应用也指向同样的方向。第二个对称矩阵 $\boldsymbol{M}$ 出现在 $\boldsymbol{R}(\boldsymbol{x})$ 的分母中：

$$\textbf{广义 Rayleigh 商}\qquad \boldsymbol{R}(\boldsymbol{x})=\frac{\boldsymbol{x}^{\mathrm{T}}\boldsymbol{Sx}}{\boldsymbol{x}^{\mathrm{T}}\boldsymbol{Mx}} \tag{5}$$

在动力学问题中，$\boldsymbol{M}$ 经常是“质量矩阵”或“惯性矩阵”。在统计学中，$\boldsymbol{M}$ 通常是**协方差矩阵**。协方差矩阵的构造及其在数据分类中的应用将在“概率与统计”一章中讨论。

当 $\boldsymbol{R}(\boldsymbol{x})$ 变为 $\boldsymbol{x}^{\mathrm{T}}\boldsymbol{Sx}/\boldsymbol{x}^{\mathrm{T}}\boldsymbol{Mx}$ 时，特征问题 $\boldsymbol{Sx}=\lambda\boldsymbol{x}$ 是如何变成 $\boldsymbol{Sx}=\lambda\boldsymbol{Mx}$ 的？这是一个广义的对称特征值问题。

若 $\boldsymbol{M}$ 是正定的，则 $\boldsymbol{R}(\boldsymbol{x})$ 的最大值是 $\boldsymbol{M}^{-1}\boldsymbol{S}$ 的最大特征值

把这个一般化的 $\boldsymbol{Sx}=\lambda\boldsymbol{Mx}$ 问题简化为普通的特征值问题 $\boldsymbol{Hy}=\lambda\boldsymbol{y}$。但是，$\boldsymbol{H}=\boldsymbol{M}^{-1}\boldsymbol{S}$ 的选择是不完美的。其原因为 $\boldsymbol{M}^{-1}\boldsymbol{S}$ 通常是不对称的。即使是对角矩阵 $\boldsymbol{M}$，也可以清楚地说明这一点。同一对角矩阵的平方根 $\boldsymbol{M}^{1/2}$ 会给出保持对称性的正确方法。

$$\boldsymbol{M}^{-1}\boldsymbol{S}=\begin{bmatrix}m_1&0\\0&m_2\end{bmatrix}^{-1}\begin{bmatrix}a&b\\b&c\end{bmatrix}=\begin{bmatrix}a/m_1&\boldsymbol{b/m_1}\\\boldsymbol{b/m_2}&c/m_2\end{bmatrix}\quad\textbf{是不对称的}$$

$$\boldsymbol{H}=\boldsymbol{M}^{-1/2}\boldsymbol{S}\boldsymbol{M}^{-1/2}=\begin{bmatrix}a/m_1&\boldsymbol{b/\sqrt{m_1m_2}}\\\boldsymbol{b/\sqrt{m_1m_2}}&c/m_2\end{bmatrix}\quad\textbf{是对称的}$$

$\boldsymbol{M}^{-1}\boldsymbol{S}$ 和 $\boldsymbol{H}=\boldsymbol{M}^{-1/2}\boldsymbol{S}\boldsymbol{M}^{-1/2}$ 具有同样的特征值。$\boldsymbol{H}$ 看似棘手，但选择 $\boldsymbol{M}$ 与 $\boldsymbol{M}^{-1}$ 的对称平方根时，对称性得以保留。**每个正定的 $\boldsymbol{M}$ 有一个正定的平方根**。

上面对角矩阵的例子有 $\boldsymbol{M}^{1/2}=\mathrm{diag}\left(\sqrt{m_1},\sqrt{m_2}\right)$，它的逆是 $\boldsymbol{M}^{-1/2}$。在所有这些情况下，只需将 $\boldsymbol{M}$ 对角化，然后取每个特征值的平方根：

$$\textbf{若}\quad \boldsymbol{M}=\boldsymbol{Q\Lambda Q}^{\mathrm{T}}(\ \boldsymbol{\Lambda}>0)\text{，}\textbf{则}\quad \boldsymbol{M}^{1/2}=\boldsymbol{Q\Lambda}^{1/2}\boldsymbol{Q}^{\mathrm{T}}\quad(\boldsymbol{\Lambda}^{1/2}>0) \tag{6}$$

对 $\boldsymbol{M}^{1/2}$ 求平方就恢复了 $\boldsymbol{Q\Lambda}^{1/2}\boldsymbol{Q}^{\mathrm{T}}\boldsymbol{Q\Lambda}^{1/2}\boldsymbol{Q}^{\mathrm{T}}=\boldsymbol{Q\Lambda Q}^{\mathrm{T}}$，而这就是 $\boldsymbol{M}$。不会在数值上使用 $\boldsymbol{M}^{1/2}$ 或 $\boldsymbol{M}^{-1/2}$。广义特征值问题 $\boldsymbol{Sx}=\lambda\boldsymbol{Mx}$ 是在 MATLAB 中通过命令 **eig**($\boldsymbol{S}$,$\boldsymbol{M}$) 求解的。**Julia**、**Python** 和 **R** 以及所有的完整的线性代数系统都包括这个到 $\boldsymbol{Sx}=\lambda\boldsymbol{Mx}$ 的扩展。

带有 $\boldsymbol{x}^{\mathrm{T}}\boldsymbol{Mx}$ 的 Rayleigh 商很容易转换为带有 $\boldsymbol{y}^{\mathrm{T}}\boldsymbol{y}$ 的 Rayleigh 商：

$$\textbf{设}\ \ \boldsymbol{x}=\boldsymbol{M}^{-1/2}\boldsymbol{y},\qquad\text{则}\quad\frac{\boldsymbol{x}^{\mathrm{T}}\boldsymbol{Sx}}{\boldsymbol{x}^{\mathrm{T}}\boldsymbol{Mx}}=\frac{\boldsymbol{y}^{\mathrm{T}}(\boldsymbol{M}^{-1/2})^{\mathrm{T}}\boldsymbol{S}\boldsymbol{M}^{-1/2}\boldsymbol{y}}{\boldsymbol{y}^{\mathrm{T}}\boldsymbol{y}}=\frac{\boldsymbol{y}^{\mathrm{T}}\boldsymbol{Hy}}{\boldsymbol{y}^{\mathrm{T}}\boldsymbol{y}} \tag{7}$$

这将广义问题 $\boldsymbol{Sx}=\lambda\boldsymbol{Mx}$ 转换成普通的对称问题 $\boldsymbol{Hy}=\lambda\boldsymbol{y}$。若 $\boldsymbol{S}$ 与 $\boldsymbol{M}$ 是正定的，则

$\boldsymbol{H}=\boldsymbol{M}^{-1/2}\boldsymbol{S}\boldsymbol{M}^{-1/2}$ 也是正定的。最大的 Rayleigh 商仍然给出最大的特征值 λ_1，并且可看见 $\boldsymbol{H}$ 的顶部特征向量 $\boldsymbol{y}_1$ 和 $\boldsymbol{M}^{-1}\boldsymbol{S}$ 的最高特征向量 $\boldsymbol{x}_1$：

$$\text{当 } \boldsymbol{H}\boldsymbol{y}_1=\lambda_1\boldsymbol{y}_1\text{时，}\quad \max\frac{\boldsymbol{y}^{\mathrm{T}}\boldsymbol{H}\boldsymbol{y}}{\boldsymbol{y}^{\mathrm{T}}\boldsymbol{y}}=\lambda_1\text{，则对 }\boldsymbol{x}_1=\boldsymbol{M}^{-1/2}\boldsymbol{y}_1\text{，有}\boldsymbol{S}\boldsymbol{x}_1=\lambda_1\boldsymbol{M}\boldsymbol{x}_1$$

例 1 当 $\boldsymbol{S}=\begin{bmatrix}4&-2\\-2&4\end{bmatrix}$，$\boldsymbol{M}=\begin{bmatrix}1&0\\0&2\end{bmatrix}$ 时，求解 $\boldsymbol{S}\boldsymbol{x}=\lambda\boldsymbol{M}\boldsymbol{x}$。

解 特征值问题是 $(\boldsymbol{S}-\lambda\boldsymbol{M})\boldsymbol{x}=\mathbf{0}$ 和 $(\boldsymbol{H}-\lambda\boldsymbol{I})\boldsymbol{y}=\mathbf{0}$。从行列式 $\det(\boldsymbol{S}-\lambda\boldsymbol{M})=0$ 和 $\det(\boldsymbol{H}-\lambda\boldsymbol{I})=0$ 得到**同样的** λ。

$$\text{由}\det(\boldsymbol{S}-\lambda\boldsymbol{M})=\det\begin{bmatrix}4-\lambda&-2\\-2&4-2\lambda\end{bmatrix}=2\lambda^2-12\lambda+12=0,\quad\text{得}\quad\lambda=3\pm\sqrt{3}\text{。}$$

如果更喜欢使用矩阵 $\boldsymbol{H}=\boldsymbol{M}^{-1/2}\boldsymbol{S}\boldsymbol{M}^{-1/2}$，必须首先对其进行计算：

$$\boldsymbol{H}=\begin{bmatrix}1&0\\0&1/\sqrt{2}\end{bmatrix}\begin{bmatrix}4&-2\\-2&4\end{bmatrix}\begin{bmatrix}1&0\\0&1/\sqrt{2}\end{bmatrix}=\begin{bmatrix}4&-\sqrt{2}\\-\sqrt{2}&2\end{bmatrix}$$

这个矩阵的特征值可由 $\boldsymbol{H}-\lambda\boldsymbol{I}$ 的行列式得到

$$\det\begin{bmatrix}4-\lambda&-\sqrt{2}\\-\sqrt{2}&2-\lambda\end{bmatrix}=\lambda^2-6\lambda+6=0\text{，得到 }\lambda=3\pm\sqrt{3}$$

这个方程恰好是前面方程 $2\lambda^2-12\lambda+12=0$ 的一半。$\boldsymbol{H}$ 和 $\boldsymbol{M}^{-1}\boldsymbol{S}$ 的 λ 相同。

在机械工程中，一串弹簧中的两个质量分别为 $m_1=1$ 和 $m_2=2$ 的物体，其振荡频率为 $\omega=\sqrt{\lambda}$。将这两个物体连接到固定端点的三根弹簧的刚度为 $\boldsymbol{S}$。

其微分方程就是牛顿定律 $\boldsymbol{M}\mathrm{d}^2\boldsymbol{u}/\mathrm{d}t^2=-\boldsymbol{S}\boldsymbol{u}$。

广义特征向量是 M-正交的

对称矩阵 $\boldsymbol{S}$ 的一个重要结论是其任意两个特征向量是正交的（当它们对应的特征值不同时）。这是否可扩展到有两个对称矩阵的 $\boldsymbol{S}\boldsymbol{x}_1=\lambda\boldsymbol{M}\boldsymbol{x}_1$？直觉的答案是**否定的**，但正确的答案是**肯定的**。对于这个答案，必须假设 $\boldsymbol{M}$ 是正定的，同时也需要从 $\boldsymbol{x}_1^{\mathrm{T}}\boldsymbol{x}_2=0$ 变为 $\boldsymbol{x}_1$ 和 $\boldsymbol{x}_2$ 的 "M-正交"。**若 $\boldsymbol{x}_1^{\mathrm{T}}\boldsymbol{M}\boldsymbol{x}_2=0$，则两个向量是 M-正交的。**

$$\text{若 }\boldsymbol{S}\boldsymbol{x}_1=\lambda_1\boldsymbol{M}\boldsymbol{x}_1\text{，}\boldsymbol{S}\boldsymbol{x}_2=\lambda_2\boldsymbol{M}\boldsymbol{x}_2\text{，且 }\lambda_1\neq\lambda_2\text{，则 }\boldsymbol{x}_1^{\mathrm{T}}\boldsymbol{M}\boldsymbol{x}_2=0 \tag{8}$$

证明：用 $\boldsymbol{x}_2^{\mathrm{T}}$ 乘以第一个方程，用 $\boldsymbol{x}_1^{\mathrm{T}}$ 乘以第二个方程得

$$\boldsymbol{x}_2^{\mathrm{T}}\boldsymbol{S}\boldsymbol{x}_1=\lambda_1\boldsymbol{x}_2^{\mathrm{T}}\boldsymbol{M}\boldsymbol{x}_1,\quad \boldsymbol{x}_1^{\mathrm{T}}\boldsymbol{S}\boldsymbol{x}_2=\lambda_2\boldsymbol{x}_1^{\mathrm{T}}\boldsymbol{M}\boldsymbol{x}_2$$

因为 $\boldsymbol{S}$ 与 $\boldsymbol{M}$ 是对称的，将第一个方程转置得到 $\boldsymbol{x}_1^{\mathrm{T}}\boldsymbol{S}\boldsymbol{x}_2=\lambda_1\boldsymbol{x}_1^{\mathrm{T}}\boldsymbol{M}\boldsymbol{x}_2$。减去第二个方程可得

$$(\lambda_1-\lambda_2)\boldsymbol{x}_1^{\mathrm{T}}\boldsymbol{M}\boldsymbol{x}_2=0\text{。因为 }\lambda_1\neq\lambda_2\text{，这就要求 }\boldsymbol{x}_1^{\mathrm{T}}\boldsymbol{M}\boldsymbol{x}_2=0 \tag{9}$$

类似地，有 $\boldsymbol{x}_1^{\mathrm{T}}\boldsymbol{S}\boldsymbol{x}_2=0$。对例 1 中的 $\boldsymbol{S}$ 和 $\boldsymbol{M}$ 可以验证这个结论。

例 2 求 $\lambda_1=3+\sqrt{3}$ 和 $\lambda_2=3-\sqrt{3}$ 对应的特征向量。验证 $\boldsymbol{x}^{\mathrm{T}}\boldsymbol{M}\boldsymbol{y}=0$。

特征向量 $\boldsymbol{x}$ 和 $\boldsymbol{y}$ 在 $(\boldsymbol{S}-\lambda_1\boldsymbol{M})\boldsymbol{x}=\mathbf{0}$ 和 $(\boldsymbol{S}-\lambda_2\boldsymbol{M})\boldsymbol{y}=\mathbf{0}$的零空间中。

$$\text{由}(\boldsymbol{S}-\lambda_1\boldsymbol{M})\,\boldsymbol{x}=\begin{bmatrix}4-(3+\sqrt{3}) & -2\\ -2 & 4-2(3+\sqrt{3})\end{bmatrix}\begin{bmatrix}x_1\\ x_2\end{bmatrix}\quad\text{得到}\quad \boldsymbol{x}=c\begin{bmatrix}2\\ 1+\sqrt{3}\end{bmatrix}$$

$$\text{由}(\boldsymbol{S}-\lambda_2\boldsymbol{M})\,\boldsymbol{y}=\begin{bmatrix}4-(3-\sqrt{3}) & -2\\ -2 & 4-2(3-\sqrt{3})\end{bmatrix}\begin{bmatrix}y_1\\ y_2\end{bmatrix}\quad\text{得到}\quad \boldsymbol{y}=c\begin{bmatrix}2\\ 1-\sqrt{3}\end{bmatrix}$$

这两个特征向量 $\boldsymbol{x}$ 和 $\boldsymbol{y}$ 不是正交的，但它们是 M-正交的，这是因为

$$\boldsymbol{x}^{\mathrm{T}}\boldsymbol{M}\boldsymbol{y}=\begin{bmatrix}2 & 1+\sqrt{3}\end{bmatrix}\begin{bmatrix}1 & 0\\ 0 & 2\end{bmatrix}\begin{bmatrix}2\\ 1-\sqrt{3}\end{bmatrix}=0$$

半正定 M：不可逆

在一些重要的应用中矩阵 $\boldsymbol{M}$ 只是**半正定的，则 $\boldsymbol{x}^{\mathrm{T}}\boldsymbol{M}\boldsymbol{x}$ 可以为零。** 矩阵 $\boldsymbol{M}$ 不可逆，$\boldsymbol{x}^{\mathrm{T}}\boldsymbol{S}\boldsymbol{x}/\boldsymbol{x}^{\mathrm{T}}\boldsymbol{M}\boldsymbol{x}$ 可以是无穷大的。矩阵 $\boldsymbol{M}^{-1/2}$ 和 $\boldsymbol{H}$ 甚至根本不存在。特征值问题 $\boldsymbol{S}\boldsymbol{x}=\lambda\boldsymbol{M}\boldsymbol{x}$ 依然有待解决，但一个无穷大的特征值 $\lambda=\infty$ 是非常可能的。

在统计学中 $\boldsymbol{M}$ 通常是一个协方差矩阵，由它的对角元可知两个或多个测量值的独立方差，由它的非对角元可知"测量值之间的协方差"。若想当然地简单重复同样的观察（或一个实验完全由另一个实验决定)，则协方差矩阵 $\boldsymbol{M}$ 是奇异的。它的行列式为零，不可逆。Rayleigh 商（除以 $\boldsymbol{x}^{\mathrm{T}}\boldsymbol{M}\boldsymbol{x}$）可能会变成无穷大。

从数学角度来看这个问题，将 $\boldsymbol{S}\boldsymbol{x}=\lambda\boldsymbol{M}\boldsymbol{x}$ 用 α 和 β 写成

$$\alpha\boldsymbol{S}\boldsymbol{x}=\beta\boldsymbol{M}\boldsymbol{x}\text{，其中}\ \ \alpha\geqslant 0,\ \beta\geqslant 0,\ \ \textbf{特征值}\ \ \lambda=\frac{\beta}{\alpha} \tag{10}$$

若 $\alpha>0$，$\beta>0$，λ 将是一个普通的正特征值。甚至可以用 $\alpha^2+\beta^2=1$ 来规范化这两个数。但是，在式 (10) 中看到三种其他可能性：

$\alpha>0$，$\beta=0$，则 $\lambda=0$，$\boldsymbol{S}\boldsymbol{x}=0\boldsymbol{x}$：$\boldsymbol{S}$ 的一个正常的零特征值。

$\alpha=0$，$\beta>0$，则 $\lambda=\infty$，$\boldsymbol{M}\boldsymbol{x}=0$：$\boldsymbol{M}$ 不可逆。

$\alpha=0$，$\beta=0$，则 $\lambda=\dfrac{0}{0}$ 是不可确定的：$\boldsymbol{M}\boldsymbol{x}=\mathbf{0}$，同样也有 $\boldsymbol{S}\boldsymbol{x}=\mathbf{0}$。

当有数据集簇时，如果集簇中的样本数小于测量的特征数，那么可能会出现 $\alpha=0$。这就是**样本量小的问题**。

SVD 方法（将数据矩阵分解成 $\boldsymbol{A}=\boldsymbol{U}\boldsymbol{\Sigma}\boldsymbol{V}^{\mathrm{T}}$，其中奇异向量 $\boldsymbol{v}$ 来自 $\boldsymbol{S}=\boldsymbol{A}^{\mathrm{T}}\boldsymbol{A}$ 的特征向量）不再够用，**需要推广 SVD，应考虑第二个矩阵 $\boldsymbol{M}$，这就引出了 GSVD。**

广义 SVD（简化形式）

总的来说，这个分解是复杂的。它可以应用到矩阵 $\boldsymbol{S}$ 和 $\boldsymbol{M}$，并且允许矩阵是奇异的。在

本书中，当这些对称矩阵是正定时，保持通常和最佳的情况是有意义的。GSVD 的主要目的是同时分解两个矩阵。

回顾经典的 SVD 将一个长方形的矩阵 $\boldsymbol{A}$ 分解成 $\boldsymbol{U\Sigma V}^{\mathrm{T}}$。它从 $\boldsymbol{A}$ 开始，而不是从 $\boldsymbol{S}=\boldsymbol{A}^{\mathrm{T}}\boldsymbol{A}$ 开始。在这里**同样从矩阵 $\boldsymbol{A}$ 和 $\boldsymbol{B}$ 开始**。假设它们都是秩为 n 的高薄矩阵，它们的大小为 $m_A\times n$ 和 $m_B\times n$，则 $\boldsymbol{S}=\boldsymbol{A}^{\mathrm{T}}\boldsymbol{A}$ 和 $\boldsymbol{M}=\boldsymbol{B}^{\mathrm{T}}\boldsymbol{B}$ 都是 $n\times n$ 的正定矩阵。

广义奇异值分解

$\boldsymbol{A}$ 和 $\boldsymbol{B}$ 能够分解为 $\boldsymbol{A}=\boldsymbol{U_A\Sigma_A Z}$ ，$\boldsymbol{B}=\boldsymbol{U_B\Sigma_B Z}$ (**相同的 $\boldsymbol{Z}$**)

$\boldsymbol{U_A}$ **和** $\boldsymbol{U_B}$ **是正交矩阵** (分别为 m_A 阶和 m_B 阶)

$\boldsymbol{\Sigma_A}$ **和** $\boldsymbol{\Sigma_B}$ **是正的对角矩阵** (有 $\boldsymbol{\Sigma_A^{\mathrm{T}}\Sigma_A}+\boldsymbol{\Sigma_B^{\mathrm{T}}}\boldsymbol{\Sigma}_B=\boldsymbol{I}_{n\times n}$)

$\boldsymbol{Z}$ **是可逆矩阵** (n 阶)

注意 $\boldsymbol{Z}$ 也许不是正交矩阵，那就要求太高了。$\boldsymbol{Z}$ **能同时对角化** $\boldsymbol{S}=\boldsymbol{A}^{\mathrm{T}}\boldsymbol{A}$ 和 $\boldsymbol{M}=\boldsymbol{B}^{\mathrm{T}}\boldsymbol{B}$:

$$\boldsymbol{A}^{\mathrm{T}}\boldsymbol{A}=\boldsymbol{Z}^{\mathrm{T}}\boldsymbol{\Sigma}_A^{\mathrm{T}}\boldsymbol{U}_A^{\mathrm{T}}\boldsymbol{U}_A\boldsymbol{\Sigma}_A\boldsymbol{Z}=\boldsymbol{Z}^{\mathrm{T}}(\boldsymbol{\Sigma_A^{\mathrm{T}}\Sigma_A})\boldsymbol{Z},\quad \boldsymbol{B}^{\mathrm{T}}\boldsymbol{B}=\boldsymbol{Z}^{\mathrm{T}}(\boldsymbol{\Sigma_B^{\mathrm{T}}\Sigma_B})\boldsymbol{Z} \tag{11}$$

因此，这是线性代数的一个结论：任意两个正定矩阵能够被同一个矩阵 $\boldsymbol{Z}$ 对角化。根据式 (9)，它的列可以是 $\boldsymbol{x}_1,\boldsymbol{x}_2,\cdots,\boldsymbol{x}_n$，这在 GSVD 发明前就已经为人所知。并且因为不需要正交性，所以可以缩放 $\boldsymbol{Z}$ 使 $\boldsymbol{\Sigma}_A^{\mathrm{T}}\boldsymbol{\Sigma}_A+\boldsymbol{\Sigma}_B^{\mathrm{T}}\boldsymbol{\Sigma}_B=\boldsymbol{I}$。还可以对它的列 $\boldsymbol{x}_k$ 进行排序，将 n 个正数 σ_A 按递减顺序排列（在 $\boldsymbol{\Sigma}_A$ 中）。

还应注意“对角化”的含义。式 (11) 不包含 $\boldsymbol{Z}^{-1}$ 和 $\boldsymbol{Z}$，它含有 $\boldsymbol{Z}^{\mathrm{T}}$ 和 $\boldsymbol{Z}$。用 $\boldsymbol{Z}^{-1}$ 做**相似变换**，保持特征值不变。用 $\boldsymbol{Z}^{\mathrm{T}}$，有**合同**变换 $\boldsymbol{Z}^{\mathrm{T}}\boldsymbol{SZ}$，保持对称性（则 $\boldsymbol{S}$ 与 $\boldsymbol{Z}^{\mathrm{T}}\boldsymbol{SZ}$ 的特征值**符号相同**，这就是 3.2 节习题中的 Sylvester 惯性定律，这里所有的符号都是正的）。$\boldsymbol{S}=\boldsymbol{A}^{\mathrm{T}}\boldsymbol{A}$ 的对称性与 $\boldsymbol{M}=\boldsymbol{B}^{\mathrm{T}}\boldsymbol{B}$ 的正定性使得 $\boldsymbol{Z}$ 可以对角化两个矩阵。

习题 5 将证明这个简化的 GSVD。

Fisher 线性判别分析（LDA）

这里介绍在统计学与机器学习中的一个极佳应用。将来自两个不同群体的样本混合在一起。我们知道每个总体的基本情况——它的均值 m 和围绕该均值 m 的平均分布 σ。因此，有第一个总体的 m_1 和 σ_1 以及第二个总体的 m_2 和 σ_2。当所有样本混合在一起时，选择一个，如何判断它来自总体 1，还是总体 2?

Fisher“线性判别”回答了这个问题。

实际上，这个问题要复杂得多。每个样本都有几个表征，如儿童的年龄、身高和体重。对机器学习来说，每个样本有一个“表征向量”，如 $\boldsymbol{f}=$（年龄，身高，体重），这是正常的。若一个样本有表征向量 $\boldsymbol{f}$，则它可能来自哪一个总体？是从向量开始而不是从标量开始。

每个人群的平均年龄 $\boldsymbol{m_a}$、平均身高 $\boldsymbol{m_h}$ 和平均体重 $\boldsymbol{m_w}$。**总体 1 的均值是一个向量** $\boldsymbol{m_1}=(\boldsymbol{m_{a1}},\boldsymbol{m_{h1}},\boldsymbol{m_{w1}})$。总体 2 也有一个平均年龄、平均身高与平均体重的向量 $\boldsymbol{m_2}$。而且每个总体的方差 σ，用来量度它们围绕其均值的差值，成为一个 $\boldsymbol{3\times 3}$ **矩阵** $\boldsymbol{\Sigma}$。这个“协方差矩阵”将是第 5 章关于统计的重点。现在，有 $\boldsymbol{m_1}$、$\boldsymbol{m_2}$、$\boldsymbol{\Sigma}_1$、$\boldsymbol{\Sigma}_2$，可用一个规则区分这两个总体。

Fisher 检验有一个简单的形式：他发现了一个分离向量 $\boldsymbol{v}$。若 $\boldsymbol{v}^{\mathrm{T}}\boldsymbol{f} > c$，则样本来自总体 1。若 $\boldsymbol{v}^{\mathrm{T}}\boldsymbol{f} < c$，则样本来自总体 2。向量 $\boldsymbol{v}$ 试图将两个分体分开（尽可能这样做），它使分离比 R 最大化：

$$\text{分离比} \qquad R = \frac{(\boldsymbol{x}^{\mathrm{T}}\boldsymbol{m}_1 - \boldsymbol{x}^{\mathrm{T}}\boldsymbol{m}_2)^2}{\boldsymbol{x}^{\mathrm{T}}\boldsymbol{\Sigma}_1\boldsymbol{x} + \boldsymbol{x}^{\mathrm{T}}\boldsymbol{\Sigma}_2\boldsymbol{x}} \tag{12}$$

R 的形式是 $\boldsymbol{x}^{\mathrm{T}}\boldsymbol{S}\boldsymbol{x}/\boldsymbol{x}^{\mathrm{T}}\boldsymbol{M}\boldsymbol{x}$。其中矩阵 $\boldsymbol{S} = (\boldsymbol{m}_1 - \boldsymbol{m}_2)(\boldsymbol{m}_1 - \boldsymbol{m}_2)^{\mathrm{T}}$，矩阵 $\boldsymbol{M} = \boldsymbol{\Sigma}_1 + \boldsymbol{\Sigma}_2$。**对向量 $\boldsymbol{x} = \boldsymbol{v}$，有 $\boldsymbol{S}\boldsymbol{v} = \lambda\boldsymbol{M}\boldsymbol{v}$ 这样一个规则，使得分离比 R 最大化。**

Fisher 实际上可以找到 $\boldsymbol{M}^{-1}\boldsymbol{S}$ 的特征向量 $\boldsymbol{v}$。因为矩阵 $\boldsymbol{S} = (\boldsymbol{m}_1 - \boldsymbol{m}_2)(\boldsymbol{m}_1 - \boldsymbol{m}_2)^{\mathrm{T}}$ 的秩为 1，所以 $\boldsymbol{S}\boldsymbol{v}$ 总是沿 $\boldsymbol{m}_1 - \boldsymbol{m}_2$ 的方向。那么 $\boldsymbol{M}\boldsymbol{v}$ 一定也在这个方向，使得 $\boldsymbol{S}\boldsymbol{v} = \lambda\boldsymbol{M}\boldsymbol{v}$，因此 $\boldsymbol{v} = \boldsymbol{M}^{-1}(\boldsymbol{m}_1 - \boldsymbol{m}_2)$。

我们发现了特征向量 $\boldsymbol{v}$。当未知样本有表征向量 $\boldsymbol{f} =$（年龄，身高，体重）时，将看到 $\boldsymbol{m}_1^{\mathrm{T}}\boldsymbol{f}$ 和 $\boldsymbol{m}_2^{\mathrm{T}}\boldsymbol{f}$ 是有道理的。如果准备好进行完整的统计讨论（现在还没有到这个地步），就能够看到加权矩阵 $\boldsymbol{M} = \boldsymbol{\Sigma}_0 + \boldsymbol{\Sigma}_1$ 如何进入对 $\boldsymbol{v}^{\mathrm{T}}\boldsymbol{f}$ 的最后验证。可以说，来自两个总体的表征向量 $\boldsymbol{f}$ 是被一个垂直于 $\boldsymbol{v}$ 的平面尽可能地分开了。

总结：在三维表征空间中有两个点云。试图用一个平面将它们分开并不总是可能的。Fisher 提出了一个合理可行的平面。

神经网络将通过允许不仅仅是平面的分隔曲面而取得成功。

习题 1.10

1. 在计算出矩阵 $\boldsymbol{H} = \boldsymbol{M}^{-1/2}\boldsymbol{S}\boldsymbol{M}^{-1/2}$ 之后，求解 $(\boldsymbol{S} - \lambda\boldsymbol{M})\boldsymbol{x} = \boldsymbol{0}$，$(\boldsymbol{H} - \lambda\boldsymbol{I})\boldsymbol{y} = \boldsymbol{0}$:

$$\boldsymbol{S} = \begin{bmatrix} 5 & 4 \\ 4 & 5 \end{bmatrix}, \qquad \boldsymbol{M} = \begin{bmatrix} 1 & 0 \\ 0 & 4 \end{bmatrix}$$

首先从 $\det(\boldsymbol{S}-\lambda\boldsymbol{M})=0$ 求出 λ_1 和 λ_2。$\det(\boldsymbol{H}-\lambda\boldsymbol{I})=0$ 应当产生同样的 λ_1 和 λ_2。这些特征值将会产生 $\boldsymbol{S}-\lambda\boldsymbol{M}$ 的两个特征向量 $\boldsymbol{x}_1$ 和 $\boldsymbol{x}_2$，$\boldsymbol{H}-\lambda\boldsymbol{I}$ 的两个特征向量 $\boldsymbol{y}_1$ 和 $\boldsymbol{y}_2$。其次验证 $\boldsymbol{x}_1^{\mathrm{T}}\boldsymbol{x}_2$ 非零，而 $\boldsymbol{x}_1^{\mathrm{T}}\boldsymbol{M}\boldsymbol{x}_2 = 0$。$\boldsymbol{H}$ 是对称的，因此 $\boldsymbol{y}_1^{\mathrm{T}}\boldsymbol{y}_2 = 0$。

2. (1) 对 $\boldsymbol{x} = (a, b)$ 和 $\boldsymbol{y} = (c, d)$，验证习题 1 中的 Rayleigh 商为

$$\boldsymbol{R}^*(\boldsymbol{x}) = \frac{\boldsymbol{x}^{\mathrm{T}}\boldsymbol{S}\boldsymbol{x}}{\boldsymbol{x}^{\mathrm{T}}\boldsymbol{M}\boldsymbol{x}} = \frac{(5a^2 + 8ab + 5b^2)}{(\cdots + \cdots + \cdots)}, \quad \boldsymbol{R}(\boldsymbol{y}) = \frac{\boldsymbol{y}^{\mathrm{T}}\boldsymbol{H}\boldsymbol{y}}{\boldsymbol{y}^{\mathrm{T}}\boldsymbol{y}} = \frac{5c^2 + 16cd + 20d^2}{(\cdots + \cdots)}$$

(2) 取 $\boldsymbol{R}(\boldsymbol{y})$ 关于 c 和 d 的导数来求其最大值和最小值。

(3) 取 $\boldsymbol{R}^*(\boldsymbol{x})$ 关于 a 和 b 的导数求其最大值和最小值。

(4) 验证这些最大值分别发生在由 $(\boldsymbol{S} - \lambda\boldsymbol{M})\boldsymbol{x} = \boldsymbol{0}$ 和 $(\boldsymbol{H} - \lambda\boldsymbol{I})\boldsymbol{y} = \boldsymbol{0}$ 得到的特征向量。

3. 特征向量 $\boldsymbol{x}_1$ 和 $\boldsymbol{x}_2$ 是如何联系到特征向量 $\boldsymbol{y}_1$ 和 $\boldsymbol{y}_2$ 的？

4. 将 $\boldsymbol{M}$ 变为 $\begin{bmatrix} 1 & 0 \\ 0 & 0 \end{bmatrix}$，然后解 $\boldsymbol{S}\boldsymbol{x} = \lambda\boldsymbol{M}\boldsymbol{x}$。现在 $\boldsymbol{M}$ 是奇异的，且其中一个特征值 λ 是无穷大。但是，其特征向量 $\boldsymbol{x}_2$ 仍然 $\boldsymbol{M}$-正交于与另一个特征向量 $\boldsymbol{x}_1$。

5. 从对称正定矩阵 $\boldsymbol{S}$ 和 $\boldsymbol{M}$ 出发。由 $\boldsymbol{S}$ 的特征向量得到一个正交矩阵 $\boldsymbol{Q}$，使 $\boldsymbol{Q}^{\mathrm{T}}\boldsymbol{S}\boldsymbol{Q}=\boldsymbol{\Lambda}$ 是对角矩阵。求使 $\boldsymbol{D}^{\mathrm{T}}\boldsymbol{\Lambda}\boldsymbol{D}=\boldsymbol{I}$ 的对角矩阵 $\boldsymbol{D}$。现在有 $\boldsymbol{D}^{\mathrm{T}}\boldsymbol{Q}^{\mathrm{T}}\boldsymbol{S}\boldsymbol{Q}\boldsymbol{D}=\boldsymbol{I}$，考虑 $\boldsymbol{D}^{\mathrm{T}}\boldsymbol{Q}^{\mathrm{T}}\boldsymbol{M}\boldsymbol{Q}\boldsymbol{D}$。由它的特征向量矩阵 $\boldsymbol{Q}_2$ 得到 $\boldsymbol{Q}_2^{\mathrm{T}}\boldsymbol{I}\boldsymbol{Q}_2=\boldsymbol{I}$，$\boldsymbol{Q}_2^{\mathrm{T}}\boldsymbol{D}^{\mathrm{T}}\boldsymbol{Q}^{\mathrm{T}}\boldsymbol{M}\boldsymbol{Q}\boldsymbol{D}\boldsymbol{Q}_2=\boldsymbol{\Lambda}_2$。证明 $\boldsymbol{Z}=\boldsymbol{Q}\boldsymbol{D}\boldsymbol{Q}_2$ 将 GSVD 中的合同矩阵 $\boldsymbol{Z}^{\mathrm{T}}\boldsymbol{S}\boldsymbol{Z}$ 和 $\boldsymbol{Z}^{\mathrm{T}}\boldsymbol{M}\boldsymbol{Z}$ 都对角化。
6. (1) 为什么每一个合同矩阵 $\boldsymbol{Z}^{\mathrm{T}}\boldsymbol{S}\boldsymbol{Z}$ 都保留 $\boldsymbol{S}$ 的对称性？
   (2) 当 $\boldsymbol{S}$ 正定并且 $\boldsymbol{Z}$ 是可逆方阵时，为什么 $\boldsymbol{Z}^{\mathrm{T}}\boldsymbol{S}\boldsymbol{Z}$ 是正定的？对 $\boldsymbol{Z}^{\mathrm{T}}\boldsymbol{S}\boldsymbol{Z}$ 应用能量测试。一定要解释为什么 $\boldsymbol{Z}\boldsymbol{x}$ 不是零向量。
7. 对可逆矩阵 $\boldsymbol{Z}$ 哪些矩阵 $\boldsymbol{Z}^{\mathrm{T}}\boldsymbol{I}\boldsymbol{Z}$ 与单位矩阵合同？
8. 解以下基于 Fisher 线性判别分析的矩阵问题：

$$\text{若}\boldsymbol{R}(\boldsymbol{x})=\frac{\boldsymbol{x}^{\mathrm{T}}\boldsymbol{S}\boldsymbol{x}}{\boldsymbol{x}^{\mathrm{T}}\boldsymbol{M}\boldsymbol{x}},\quad \boldsymbol{S}=\boldsymbol{u}\boldsymbol{u}^{\mathrm{T}}，\text{哪个向量}\boldsymbol{x}\text{ 最小化}\boldsymbol{R}(\boldsymbol{x})？$$

1.11 向量、函数和矩阵的范数

一个非零向量 $\boldsymbol{v}$ 的范数是一个正数 $\|\boldsymbol{v}\|$，这个数表示向量的“长度”。有许多有用的表示长度的方法（有许多不同的范数）。向量、函数和矩阵的每个范数必须具有一个数的绝对值 $|c|$ 的这两个性质：

所有的范数	$\boldsymbol{v}$ 和 c 相乘（缩放）	$\|c\boldsymbol{v}\|=|c|\,\|\boldsymbol{v}\|$	(1)
	$\boldsymbol{v}$ 和 $\boldsymbol{w}$ 相加（三角不等式）	$\|\boldsymbol{v}+\boldsymbol{w}\|\leqslant\|\boldsymbol{v}\|+\|\boldsymbol{w}\|$	(2)

从三个特殊的范数开始（到目前为止是最重要的）。它们是向量 $\boldsymbol{v}=(v_1,v_2,\cdots,v_n)$ 的 ℓ^2 范数与 ℓ^1 范数及 ℓ^∞ 范数。向量 $\boldsymbol{v}$ 在 $\mathbf{R}^n$（实数 v_i）或在 $\mathbf{C}^n$（复数 v_i）中：

ℓ^2范数	= **欧几里得范数**	$\|\boldsymbol{v}\|_2$	=	$\sqrt{|\boldsymbol{v}_1|^2+|\boldsymbol{v}_2|^2+\cdots+|\boldsymbol{v}_n|^2}$
ℓ^1范数	= **1-范数**	$\|\boldsymbol{v}\|_1$	=	$|\boldsymbol{v}_1|+|\boldsymbol{v}_2|+\cdots+|\boldsymbol{v}_n|$
ℓ^∞范数	= **最大值范数**	$\|\boldsymbol{v}\|_\infty$	=	$|\boldsymbol{v}_1|,|\boldsymbol{v}_2|,\cdots,|\boldsymbol{v}_n|$**的最大值**

分量全是 1 的向量 $\boldsymbol{v}=(1,1,\cdots,1)$ 有如下范数：$\|\boldsymbol{v}\|_2=\sqrt{n}$，$\|\boldsymbol{v}\|_1=n$ 和 $\|\boldsymbol{v}\|_\infty=1$。

这三个范数是 ℓ^p 范数 $\|\boldsymbol{v}\|_p=(|\boldsymbol{v}_1|^p+|\boldsymbol{v}_2|^p+\cdots+|\boldsymbol{v}_n|^p)^{1/p}$ 的特例，即 p为2、1 和 ∞。图 1.16 给出了**范数为 1** 的向量，其中 $p=\dfrac{1}{2}$ 是不合格的。

$p=\dfrac{1}{2}$ 不合格在于三角不等式：$(1,0)$ 与 $(0,1)$ 的范数为 1，但它们的和 $(1,1)$ 的范数为 $2^{1/p}=4$。只有 $1\leqslant p\leqslant\infty$ 得到一个可接受的范数 $\|\boldsymbol{v}\|_p$。

直线$a_1\boldsymbol{v}_1+a_2\boldsymbol{v}_2=1$ 上 $\|\boldsymbol{v}\|_p$ 的最小值

像 $3v_1+4v_2=1$ 这样的对角线上哪个点距 $(0,0)$ 最近？答案（以及“最近”的含义）取决于范数。这是另一种看出 ℓ^1、ℓ^2 和 ℓ^∞ 之间存在重要差别的方法。将看到一个非常特别的性质的第一个例子：**ℓ^1 的最小化产生稀疏解**。

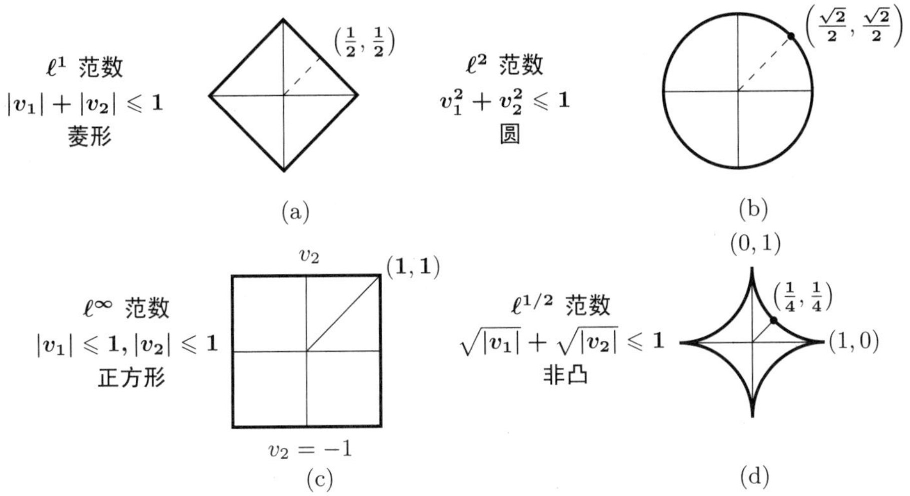

图 1.16 重要的向量范数 $\|v\|_1$、$\|v\|_2$、$\|v\|_\infty$ 以及一个不合格的例子（$p=0$ 也不合格）

为了看出最接近于 $(0,0)$ 的点，扩展 ℓ^1 菱形、ℓ^2 圆和 ℓ^∞ 正方形**直至它们接触对角线**。对每个 p，接触点 $\boldsymbol{v}^*$ 将给出这个优化问题的解：

$$\boxed{\text{对 } 3v_1+4v_2=1 \text{ 上的向量 } (v_1,v_2) \text{ 最小化 } \|\boldsymbol{v}\|_p}$$

图 1.17(a) 揭示了 ℓ^1 问题最小化解的一个十分重要的性质：**该解 $\boldsymbol{v}^*$ 有零分量**。向量 $\boldsymbol{v}^*$ 是"稀疏的"，这是因为**菱形在尖点处与这条线接触**，这条线（或在高维空间中的超平面）包含满足 m 个约束条件 $\boldsymbol{Av}=\boldsymbol{b}$ 的向量。菱形面内包含具有相同 ℓ^1 范数的向量，这个菱形一直扩展到在菱形一角上接触到那条线。后面的习题及 3.4 节将回到这个"**基搜寻**"问题及与 ℓ^1 问题紧密相关的问题。

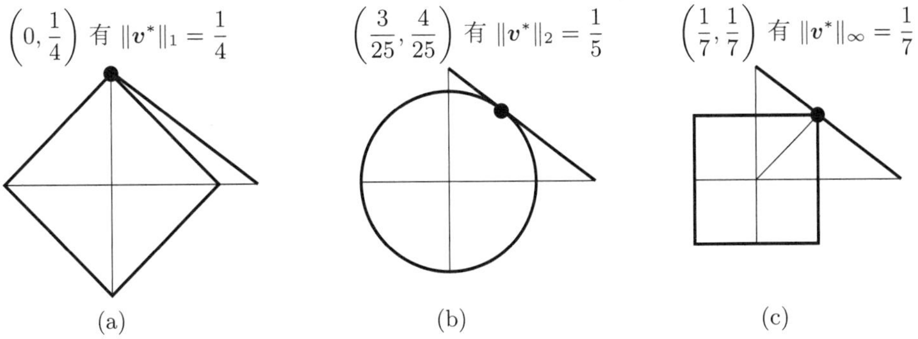

图 1.17 ℓ^1、ℓ^2 和 ℓ^∞ 最小化的解 v^*（第一个是**稀疏的**）

关键的一点，**这些问题的解是稀疏的**。它们有几个非零分量，而这些分量是有意义的。相比之下，最小二乘解（用 ℓ^2）有许多小而没有什么意义的分量。通过平方，这些分量变得很小，几乎不会影响 ℓ^2 距离。

这里的最后一个结论是：向量 $\boldsymbol{v}$ 的 **"ℓ^0 范数"** 计量非零分量的个数，但这不是一个真正的范数。那些具有 $\|\boldsymbol{v}\|_0=1$ 的点在 x 轴或 y 轴上，只有一个非零分量。$p=\dfrac{1}{2}$ 的图变得更极端，仅仅是沿着两个轴的一个十字架或骨架。

当然，这个骨架完全是非凸的。这个“零范数”违反了 $\|2v\| = 2\|v\|$ 这个基本要求，实际上 $\|2v\|_0 = \|v\|_0 = v$ 中的非零分量数。

能够使用 ℓ^1 范数来找到 $Av = b$ 的最稀疏解。已把 ℓ^0 骨架沿着两条轴“凸化”。填充满这个骨架，结果就是 ℓ^1 菱形。

内积与夹角

ℓ^2 范数有一个特殊的地位。当不用下标写 $\|v\|$ 时，就是取 ℓ^2 范数，它与内积 $(v, w) = v^{\mathrm{T}}w$ 及向量间的夹角 θ 的通常的几何关联是：

$$\textbf{内积} = \textbf{长度平方} \qquad v \cdot v = v^{\mathrm{T}}v = \|v\|^2 \tag{3}$$

$$\textbf{向量}v\textbf{与}w\textbf{之间的夹角}\theta \qquad v^{\mathrm{T}}w = \|v\|\,\|w\|\cos\theta \tag{4}$$

因此，当 $\theta = 90°$ 时，$\cos\theta = 0$，$v^{\mathrm{T}}w = 0$，v 和 w 正交。

式 (3) 和式 (4) 的关系导致数学中最重要的不等式：

Cauchy-Schwarz 不等式 $\lvert v^{\mathrm{T}}w\rvert \leqslant \|v\|\,\|w\|$， **三角不等式** $\|v + w\| \leqslant \|v\| + \|w\|$

习题中包括了 Cauchy-Schwarz 不等式的直接证明。将其联系到关于余弦的式 (4)，$|\cos\theta| \leqslant 1$，意味着 $|v^{\mathrm{T}}w| \leqslant \|v\|\,\|w\|$。而这又导致式 (2) 中的三角不等式——连接 n 维空间中的一个通常三角形的边 v、w 和 $v + w$：

$$\text{等式} \qquad \|v + w\|^2 = (v + w, v + w) = v^{\mathrm{T}}v + v^{\mathrm{T}}w + w^{\mathrm{T}}v + w^{\mathrm{T}}w$$

$$\text{不等式} \qquad \|v + w\|^2 \leqslant \|v\|^2 + 2\|v\|\,\|w\| + \|w\|^2 = (\|v\| + \|w\|)^2 \tag{5}$$

这证实了我们的直觉：三角形的任意边的长度小于另外两边长度的和，$\|v + w\| \leqslant \|v\| + \|w\|$。只有当三角形完全压平且所有的夹角有 $|\cos\theta| = 1$ 时，ℓ^2 范数下的等式成立。

内积与 S-范数

关于向量范数的最后一个问题。ℓ^2 范数是唯一与内积（点积）和角度有关的范数吗？对于 ℓ^1 和 ℓ^∞，不存在点积。但是，能够找到其他点积与范数相匹配：

选择任意对称正定的矩阵S	
由$\|v\|_S^2 = v^{\mathrm{T}}Sv$ 得到$\mathbf{R}^n$中v的一个范数(称为S-范数)	(6)
由$(v, w)_S = v^{\mathrm{T}}Sw$ 得到$\mathbf{R}^n$中v，w的 S-内积	(7)

内积 $(v, v)_S$ 与 $\|v\|_S^2$ 一致。由式 (4) 得到夹角，由式 (5) 得到不等式。当每个范数都包含矩阵 S 时，证明可见式 (5)。

每个正定矩阵 S 能分解为 $A^{\mathrm{T}}A$。则 v 和 w 的 S-范数和 S-内积就是标准的 ℓ^2 范数及 Av 和 Aw 的标准内积。

$$S = A^{\mathrm{T}}A, \quad (v, w)_S = v^{\mathrm{T}}Sw = (Av)^{\mathrm{T}}(Aw) \tag{8}$$

这不是一种了不起的方法，但它很方便。矩阵 S 和 A 给这些向量及其长度“加权”，因此加权最小二乘就是加权范数下的普通最小二乘。

爱因斯坦需要一个在四维时空中的长度和距离的新定义。洛伦兹建议采用下面的定义，并被爱因斯坦接受（c 为光速）：

$$\boldsymbol{v}=(x,y,z,t) \qquad \|\boldsymbol{v}\|^2=x^2+y^2+z^2-c^2t^2 \qquad \text{这是}\mathbf{R}^4\text{中的一个真正范数吗?}$$

函数的范数与内积

函数 $f(x)$ 是 **“函数空间的向量”**。这个简单的设想赋予了线性代数超越 n 维空间 $\mathbf{R}^n$ 的重要性。所有与线性性有关的直觉将我们从有限维带到无穷维。向量空间的基本要求是允许向量 $\boldsymbol{v}$ 和 $\boldsymbol{w}$ 的线性组合 $c\boldsymbol{v}+d\boldsymbol{w}$。这种设想可以直接推广到函数 f 与 g 的线性组合 $cf+dg$。

正是由于有范数，在无穷维数时新的问题出现了。在通常的 ℓ^2 范数下，考虑特定的向量 $\boldsymbol{v}_n=\left(1,\dfrac{1}{2},\cdots,\left(\dfrac{1}{2}\right)^n,0,0,\cdots\right)$。由于当 $n\to\infty$，$N\to\infty$ 时，$\|\boldsymbol{v}_n-\boldsymbol{v}_N\|\to 0$，这些向量变得很近。

为了使向量空间是“完备的”，每个收敛序列 $\boldsymbol{v}_n$ 在空间中必须有极限 $\boldsymbol{v}_\infty$：$\|\boldsymbol{v}_n-\boldsymbol{v}_\infty\|\to 0$。

(1) 以零分量结尾的无穷维向量 $\boldsymbol{v}=(v_1,\cdots,v_N,\mathbf{0},\mathbf{0},\cdots)$ 构成的空间是不完备的。

(2) 满足 $\|\boldsymbol{v}\|^2=|v_1|^2+|v_2|^2+\cdots<\infty$ 的向量构成的空间是完备的。类似于 $\boldsymbol{v}_\infty=\left(1,\dfrac{1}{2},\dfrac{1}{4},\dfrac{1}{8},\cdots\right)$ 的向量包含在这个空间中，但不包含在 **1** 中的空间内。这个向量不以零结束。

有两个著名的名字与完备的无穷维向量空间是相关联的：

Banach 空间是一个完备的向量空间，其范数 $\|\boldsymbol{v}\|$ 满足规则 (1) 和 (2)

Hilbert 空间是一个 Banach 空间，且其内积 $(\boldsymbol{v},\boldsymbol{v})$ 等于 $\|\boldsymbol{v}\|^2$

当向量有无穷多分量时，下面这些空间是无穷维的：

$\boldsymbol{\ell^1}$ 是 Banach 空间，范数为 $\|\boldsymbol{v}\|_1=|v_1|+|v_2|+\cdots$

$\boldsymbol{\ell^2}$ 是 Hilbert 空间，因为它有内积 $(\boldsymbol{v},\boldsymbol{w})=v_1w_1+v_2w_2+\cdots$

$\boldsymbol{\ell^\infty}$ 是 Banach 空间，其范数为 $\|\boldsymbol{v}\|_\infty=|v_1|,|v_2|,\cdots$ 的上确界

人们特别感兴趣的是函数空间。向量可以是 $f(x)$，其中 $0\leqslant x\leqslant 1$。

$\boldsymbol{L^1}[0,1]$ 是 Banach 空间，$\|\boldsymbol{f}\|_1=\int_0^1|f(x)|\mathrm{d}x$

$\boldsymbol{L^2}[0,1]$ 是 Hilbert 空间，$(\boldsymbol{f},\boldsymbol{g})=\int_0^1 f(x)\,g(x)\,\mathrm{d}x$，$\|\boldsymbol{f}\|_2^2=\int_0^1|f(x)|^2\mathrm{d}x$

$\boldsymbol{L^\infty}[0,1]$ 是 Banach 空间，$\|\boldsymbol{f}\|_\infty=|f(x)|$ 的上确界

注意在 $\boldsymbol{\ell^1}$ 中的分量与 $\boldsymbol{L^1}$ 中的函数积分之间的平行关系。类似地，$\boldsymbol{\ell^2}$ 中的平方和与 $\boldsymbol{L}^2$ 中的 $|f(x)|^2$ 积分，加法和积分的关系。

函数的光滑性

函数空间有许多种类型。这一部分数学是“泛函分析”。通常，函数空间将具有特定光滑性的所有函数归集到一起。一个突出的例子是空间 $\mathbf{C[0,1]}$ 包含所有**连续函数**：

若 $f(x)$ 对所有 $0\leqslant x\leqslant 1$ 连续，则 f 属于 $\mathbf{C[0,1]}$，并且 $\|f\|_{\mathbf{C}}=\max|f(x)|$。函数空间 $\mathbf{C}$ 中的最大范数类似向量的 $\boldsymbol{\ell^\infty}$ 范数。可以将光滑性提高到 $\mathbf{C^1[0,1]}$ 或 $\mathbf{C^2[0,1]}$，则一阶导数或二阶导数也必须是连续的。这些是 Banach 空间，但不是 Hilbert 空间。它们的范数不是来自内积—比较式(9) 和式(10)：

$$\|\boldsymbol{f}\|_{\mathbf{C}^1} = \|\boldsymbol{f}\|_{\mathbf{C}} + \left\|\frac{\mathbf{d}\boldsymbol{f}}{\mathbf{d}\boldsymbol{x}}\right\|_{\mathbf{C}} \qquad \|\boldsymbol{f}\|_{\mathbf{C}^2} = \|\boldsymbol{f}\|_{\mathbf{C}} + \left\|\frac{\mathbf{d}^2\boldsymbol{f}}{\mathbf{d}\boldsymbol{x}^2}\right\|_{\mathbf{C}} \tag{9}$$

若想要一个 Hilbert 空间 $\mathbf{H^1}$，则建立在通常的 $\boldsymbol{L}^2$ 空间（它是 $\mathbf{H^0}$）：

$$\|\boldsymbol{f}\|^2_{\mathbf{H}^1} = \|\boldsymbol{f}\|^2 + \left\|\frac{\mathbf{d}\boldsymbol{f}}{\mathbf{d}\boldsymbol{x}}\right\|^2, \qquad (\boldsymbol{f},\boldsymbol{g})_{\mathbf{H}^1} = \int_0^1 f(x)\,g(x)\,\mathrm{d}x + \int_0^1 \frac{\mathrm{d}f}{\mathrm{d}x}\frac{\mathrm{d}g}{\mathrm{d}x}\,\mathrm{d}x \tag{10}$$

用以下三个例子来结束这个在函数空间的漫游。

(1) 无穷的向量 $\boldsymbol{v}=\left(1,\frac{1}{2},\frac{1}{3},\frac{1}{4},\cdots\right)$ 在 $\boldsymbol{\ell}^2$ 和 $\boldsymbol{\ell}^\infty$ 中，但它不在 $\boldsymbol{\ell}^1$ 中，其各分量的和是无穷大。

(2) 阶梯函数在 $\boldsymbol{L}^1$、$\boldsymbol{L}^2$ 和 $\boldsymbol{L}^\infty$ 中，但不在 $\mathbf{C}$ 中，这个函数有一个阶跃。

(3) 斜坡函数 $\max(0,x)$ 在 $\mathbf{C}$ 与 $\mathbf{H^1}$ 中，但不在 $\mathbf{C^1}$ 中，斜坡函数的斜率有一个阶跃。

矩阵的范数：Frobenius 范数

矩阵空间遵循向量空间的所有规则，因此矩阵的范数 $\|\boldsymbol{A}\|$ 必然遵循向量范数的三条规则，当 $\boldsymbol{A}$ 乘以 $\boldsymbol{B}$ 时，也出现了一个新规则：

$$\text{若}\boldsymbol{A}\text{ 不是零矩阵，则}\|\boldsymbol{A}\| > \mathbf{0} \tag{11}$$

$$\|c\boldsymbol{A}\| = |c|\,\|\boldsymbol{A}\|,\quad \|\boldsymbol{A}+\boldsymbol{B}\| \leqslant \|\boldsymbol{A}\| + \|\boldsymbol{B}\| \tag{12}$$

$$\text{矩阵范数的新规则}\quad \|\boldsymbol{AB}\| \leqslant \|\boldsymbol{A}\|\,\|\boldsymbol{B}\| \tag{13}$$

需要对 Frobenius 范数验证式 (13)，该范数将矩阵视为长向量。

$$\|\boldsymbol{A}\|^{\mathbf{2}}_F = |a_{11}|^2 + \cdots + |a_{1n}|^2 + \cdots + |a_{mn}|^2 \tag{14}$$

Frobenius 范数是具有 mn 个分量的向量的 $\boldsymbol{\ell}^2$ 范数（欧几里得范数）。因此式 (11) 和式 (12) 是正确的。当 $\boldsymbol{AB}$ 是一个列向量 $\boldsymbol{a}$ 乘以一个行向量 $\boldsymbol{b}^{\mathrm{T}}$ 时（换言之，$\boldsymbol{AB}$ 是一个秩为 1 的矩阵 $\boldsymbol{ab}^{\mathrm{T}}$）式 (13) 恰为 $\|\boldsymbol{ab}^{\mathrm{T}}\|_F = \|\boldsymbol{a}\|_F\|\boldsymbol{b}^{\mathrm{T}}\|_F$：

$$\boldsymbol{ab}^{\mathrm{T}} = \begin{bmatrix} a_1 \\ \vdots \\ a_m \end{bmatrix}\begin{bmatrix} b_1 & \cdots & b_p \end{bmatrix},\ \|\boldsymbol{ab}^{\mathrm{T}}\|^{\mathbf{2}}_F = \begin{matrix} |a_1|^2\left(|b_1|^2+\cdots+|b_p|^2\right) \\ +\cdots+ \\ |a_m|^2\left(|b_1|^2+\cdots+|b_p|^2\right) \end{matrix} = \|\boldsymbol{a}\|^{\mathbf{2}}_F\ \|\boldsymbol{b}\|^{\mathbf{2}}_F \tag{15}$$

这引出了 $\|\boldsymbol{AB}\|_{\boldsymbol{F}} \leqslant \|\boldsymbol{A}\|_{\boldsymbol{F}}\,\|\boldsymbol{B}\|_{\boldsymbol{F}}$ 的第一个证明。$\boldsymbol{AB}$ 是秩为 1 的矩阵的和。

$$\begin{aligned}
\|\boldsymbol{AB}\|_{\boldsymbol{F}} &= \|\boldsymbol{a}_1\boldsymbol{b}_1^{\mathrm{T}} + \cdots + \boldsymbol{a}_n\boldsymbol{b}_n^{\mathrm{T}}\|_F \quad \text{（由列-行相乘）} \\
&\leqslant \|\boldsymbol{a_1b_1^{\mathrm{T}}}\|_F + \cdots + \|\boldsymbol{a_nb_n^{\mathrm{T}}}\|_F \quad \text{（由三角不等式 (12)）} \\
&= \|\boldsymbol{a}_1\|_F\|\boldsymbol{b}_1\|_F + \cdots + \|\boldsymbol{a}_n\|_F\|\boldsymbol{b}_n\|_F \quad \text{（由式 (15)）} \\
&\leqslant \left(\|\boldsymbol{a}_1\|_F^2 + \cdots + \|\boldsymbol{a}_n\|_F^2\right)^{1/2}\left(\|\boldsymbol{b}_1\|_F^2 + \cdots + \|\boldsymbol{b}_n\|_F^2\right)^{1/2} \quad \text{（由 Cauchy-Schwarz 不等式）} \\
&= \|\boldsymbol{A}\|_{\boldsymbol{F}}\,\|\boldsymbol{B}\|_{\boldsymbol{F}} \quad \text{（由 Frobenius 范数的定义式 (14)）}
\end{aligned}$$

本节的习题提供了一种不同但更快的证明：用行乘列来计算 $\boldsymbol{AB}$。

当 $\boldsymbol{Q}$ 是一个正交矩阵时，$\boldsymbol{Qx}$ 与 $\boldsymbol{x}$ 具有相同的 ℓ^2 长度：

$$\textbf{正交矩阵}\boldsymbol{Q}\quad \|\boldsymbol{Qx}\|_2=\|\boldsymbol{x}\|_2 \qquad \boldsymbol{Q}\ \textbf{乘以}\boldsymbol{B}\textbf{的各列}\quad \|\boldsymbol{QB}\|_F=\|\boldsymbol{B}\|_F$$

这就将 $\boldsymbol{A}=\boldsymbol{U\Sigma V}^{\mathrm{T}}$ 的 Frobenius 范数与 $\boldsymbol{A}$ 在 $\boldsymbol{\Sigma}$ 中的奇异值联系起来：

$$\|\boldsymbol{A}\|_F=\|\boldsymbol{U\Sigma V}^{\mathrm{T}}\|_F=\|\boldsymbol{\Sigma V}^{\mathrm{T}}\|_F=\|\boldsymbol{\Sigma}\|_F=\sqrt{\sigma_1^2+\cdots+\sigma_r^2} \tag{16}$$

这是得到 Frobenius 范数的好公式的另一种方法

$\boldsymbol{A}^{\mathrm{T}}\boldsymbol{A}$的相乘将所有的$|a_{ij}|^2$置于主对角线上

$$\|\boldsymbol{A}\|_F^2=\boldsymbol{A}^{\mathrm{T}}\boldsymbol{A}\textbf{的迹}=\textbf{特征值的和}=\sigma_1^2+\cdots+\sigma_r^2 \tag{17}$$

$\boldsymbol{A}$ 的 Frobenius 范数（取平方）很容易计算，只需将各项平方后相加。

$\|\boldsymbol{AB}\|\leqslant\|\boldsymbol{A}\|\,\|\boldsymbol{B}\|$ 将用于接下来出现的矩阵范数。

来自向量范数 $\|\boldsymbol{v}\|$ 的矩阵范数 $\|\boldsymbol{A}\|$

从 $\mathbf{R}^n$ 中向量的任意范数 $\|\boldsymbol{v}\|$ 开始。当比较 $\|\boldsymbol{Av}\|$ 和 $\|\boldsymbol{v}\|$ 时，这个值度量增长因子（被 $\boldsymbol{A}$ 相乘后向量大小的增加或减小）。若选择具有最大增长因子的向量 $\boldsymbol{v}$，则将得到一个重要的矩阵范数 $\|\boldsymbol{A}\|$。

向量范数
导致
矩阵范数

$$\|\boldsymbol{A}\|=\max_{\boldsymbol{v}\neq\boldsymbol{0}}\frac{\|\boldsymbol{Av}\|}{\|\boldsymbol{v}\|}=\textbf{最大的增长因子} \tag{18}$$

因为 $\|\boldsymbol{v}\|$ 满足向量范数的所有条件，所以最大的比值 $\|\boldsymbol{A}\|$ 满足矩阵范数的所有条件。单位矩阵会有 $\|\boldsymbol{I}\|=1$，因为它的增长因子总是 $\|\boldsymbol{Iv}\|/\|\boldsymbol{v}\|=1$。式 (18) 的关键点是 $\|\boldsymbol{Av}\|\leqslant\|\boldsymbol{A}\|\,\|\boldsymbol{v}\|$，因为 $\|\boldsymbol{A}\|$ 是 $\|\boldsymbol{Av}\|/\|\boldsymbol{v}\|$ 能达到的最大值。然后 $\|\boldsymbol{ABv}\|\leqslant\|\boldsymbol{A}\|\,\|\boldsymbol{Bv}\|\leqslant\|\boldsymbol{A}\|\,\|\boldsymbol{B}\|\,\|\boldsymbol{v}\|$，因此 $\|\boldsymbol{AB}\|\leqslant\|\boldsymbol{A}\|\,\|\boldsymbol{B}\|$。

$\|\boldsymbol{v}\|_2$、$\|\boldsymbol{v}\|_1$ 和 $\|\boldsymbol{v}\|_\infty$ 是重要的向量范数。式 (19)、式 (20)、式 (21) 产生了矩阵范数 $\|\boldsymbol{A}\|_2$、$\|\boldsymbol{A}\|_1$ 和 $\|\boldsymbol{A}\|_\infty$，它们都有 $\|\boldsymbol{AB}\|\leqslant\|\boldsymbol{A}\|\,\|\boldsymbol{B}\|$。对给定的矩阵 $\boldsymbol{A}$，如何计算这三个范数？如何最大化比值 $\|\boldsymbol{Av}\|/\|\boldsymbol{v}\|$？

$$\ell^2\textbf{范数}\quad \|\boldsymbol{A}\|_2=\boldsymbol{A}\ \textbf{的最大的奇异值}\sigma_1 \tag{19}$$

$$\ell^1\textbf{范数}\quad \|\boldsymbol{A}\|_1=\boldsymbol{A}\ \textbf{中列的最大}\ \ell_1\ \textbf{范数} \tag{20}$$

$$\ell^\infty\textbf{范数}\quad \|\boldsymbol{A}\|_\infty=\boldsymbol{A}\ \textbf{中行的最大}\ \ell_1\ \textbf{范数} \tag{21}$$

本书已强调 $\|\boldsymbol{A}\|_2=\max\|\boldsymbol{Av}\|_2/\|\boldsymbol{v}\|_2=\sigma_1$。这来源于 $\boldsymbol{A}=\boldsymbol{U\Sigma V}^{\mathrm{T}}$，因为正交矩阵 $\boldsymbol{U}$ 和 $\boldsymbol{V}^{\mathrm{T}}$ 对 ℓ^2 范数没有影响。这就只留下了对角矩阵 $\boldsymbol{\Sigma}$，它有 ℓ^2 范数 $=\sigma_1$。注意 $\boldsymbol{A}^{\mathrm{T}}\boldsymbol{A}$ 有范数 σ_1^2（同样没有受到 $\boldsymbol{U}$ 和 $\boldsymbol{V}$ 的影响）。

这三个矩阵范数有两个关系：

$$\|\boldsymbol{A}\|_\infty = \|\boldsymbol{A}^{\mathrm{T}}\|_1, \qquad \|\boldsymbol{A}\|_2^2 \leqslant \|\boldsymbol{A}\|_1 \|\boldsymbol{A}\|_\infty \tag{22}$$

$\boldsymbol{A}$ 的行是 $\boldsymbol{A}^{\mathrm{T}}$ 的列，因此 $\|\boldsymbol{A}\|_\infty = \|\boldsymbol{A}^{\mathrm{T}}\|_1$ 直接由式 (20)、式 (21) 得到。

对涉及所有三个范数的不等式(22)，考察 $\boldsymbol{A}$ 的第一个奇异向量 $\boldsymbol{v}$，它满足 $\boldsymbol{A}^{\mathrm{T}}\boldsymbol{A}\boldsymbol{v} = \sigma_1^2\boldsymbol{v}$。取这个特定 $\boldsymbol{v}$ 的 ℓ_1 范数，并使用 $\|\boldsymbol{A}\|_\infty = \|\boldsymbol{A}^{\mathrm{T}}\|_1$：

$$\sigma_1^2 \|\boldsymbol{v}\|_1 = \|\boldsymbol{A}^{\mathrm{T}}\boldsymbol{A}\boldsymbol{v}\|_1 \leqslant \|\boldsymbol{A}^{\mathrm{T}}\|_1 \|\boldsymbol{A}\boldsymbol{v}\|_1 \leqslant \|\boldsymbol{A}\|_\infty \|\boldsymbol{A}\|_1 \|\boldsymbol{v}\|_1$$

因为 $\sigma_1 = \|\boldsymbol{A}\|_2$，所以 $\|\boldsymbol{A}\|_2^2 \leqslant \|\boldsymbol{A}\|_\infty \|\boldsymbol{A}\|_1$。

核范数

$\|\boldsymbol{A}\|_N$ 直接来自 $\boldsymbol{A}$ 的奇异值，这个范数也称为**迹范数**。与 $\boldsymbol{\ell}^2$ 和 Frobenius 范数一起，$\|\boldsymbol{A}\|_N$ 始于 $\boldsymbol{A} = \boldsymbol{U\Sigma V}^{\mathrm{T}}$（SVD）。这三个范数不受 $\boldsymbol{U}$ 和 $\boldsymbol{V}$（“酉不变性”）的影响。只需取 $\boldsymbol{\Sigma}$ 的主对角线上的向量 $\boldsymbol{\sigma} = (\sigma_1, \sigma_2, \cdots, \sigma_r)$ 的 $\boldsymbol{\ell}^1$、$\boldsymbol{\ell}^2$ 和 $\boldsymbol{\ell}^\infty$ 范数：

$$\|\boldsymbol{A}\|_N = \boldsymbol{\sigma_1} + \boldsymbol{\sigma_2} + \cdots + \boldsymbol{\sigma_r}, \quad \|\boldsymbol{A}\|_F^2 = \boldsymbol{\sigma_1^2} + \boldsymbol{\sigma_2^2} + \cdots + \boldsymbol{\sigma_r^2}, \quad \|\boldsymbol{A}\|_2 = \boldsymbol{\sigma_1}$$

在 3.4 节中，当数据缺失时，核范数是矩阵补全的关键。一个显著的结论：*若* $\boldsymbol{UV} = \boldsymbol{A}$，则 $\|\boldsymbol{A}\|_N$ 是 $\|\boldsymbol{U}\|_F \|\boldsymbol{V}\|_F$ 的最小值。另一个相关但容易得多的结论是 $\|\boldsymbol{A}^{\mathrm{T}}\boldsymbol{A}\|_N = \|\boldsymbol{A}\|_F^2$。

注意，$\|\boldsymbol{A}\|_\infty = \max\|\boldsymbol{A}\boldsymbol{v}\|_\infty/\|\boldsymbol{v}\|_\infty$ 完全不同于 $\|\!|\boldsymbol{A}|\!\|_\infty = \max|a_{ij}|$。$\|\!|\boldsymbol{A}|\!\|_\infty$ *称为医疗范数*，这是因为 $\|\!|\boldsymbol{A}-\boldsymbol{B}|\!\|_\infty$ 只有当 $\boldsymbol{A}$ 中的每项（即每个像素点）a_{ij} 接近于 $\boldsymbol{B}$ 中的 b_{ij} 时才是小的，那么 $\|\boldsymbol{A}-\boldsymbol{B}\|_\infty$ 也是小的。

例 1 $\boldsymbol{A} = \begin{bmatrix} 1 & 2 \\ 3 & 6 \end{bmatrix}$ 有 $\|\boldsymbol{A}\|_2 = \sqrt{\mathbf{50}}$，因为 $\boldsymbol{A}^{\mathrm{T}}\boldsymbol{A} = \begin{bmatrix} 10 & 20 \\ 20 & 40 \end{bmatrix}$ 有 $\lambda_1 = 50$。

$\boldsymbol{\ell}^1$ 和 $\boldsymbol{\ell}^\infty$ 范数是 $\|\boldsymbol{A}\|_1 = \mathbf{8}$（逐列求和），$\|\boldsymbol{A}\|_\infty = \mathbf{9}$（逐行求和）。

$\boldsymbol{A} = \begin{bmatrix} 1 & 2 \\ 1 & 2 \end{bmatrix}$ 有 $\|\boldsymbol{A}\|_2 = \sqrt{\mathbf{10}}$，$\|\boldsymbol{A}\|_1 = \mathbf{4}$（列 2），$\|\boldsymbol{A}\|_\infty = \mathbf{3}$（各行都一样）。

因为 $\boldsymbol{A}^{\mathrm{T}}\boldsymbol{A} = \begin{bmatrix} 2 & 4 \\ 4 & 8 \end{bmatrix}$ 有特征值 0 和 10，故 $\boldsymbol{\ell}^2$ 范数是 $\sqrt{10}$，而且 $10 < (4)(3)$。

提醒：$\boldsymbol{A}$ 的最大特征值 $|\boldsymbol{\lambda}|_{\max}$ 不在我们的矩阵范数的列表中。

谱半径

$|\boldsymbol{\lambda}|_{\max} = \max|\boldsymbol{\lambda_i}|$ 这个数不满足一个范数的所有三个主要要求。当 $\boldsymbol{A}$ 和 $\boldsymbol{B}$ 不是零矩阵时（如下面的 $\boldsymbol{A}$ 和 $\boldsymbol{B}$），可以有全部为零的特征值。最大特征值测试对 $\boldsymbol{A}+\boldsymbol{B}$ 和 $\boldsymbol{AB}$（三角不等式和 $\|\boldsymbol{AB}\| \leqslant \|\boldsymbol{A}\|\,\|\boldsymbol{B}\|$）也不成立。*每个范数都有* $\|\boldsymbol{A}\| \geqslant |\lambda|_{\max}$。

$$\boldsymbol{A} = \begin{bmatrix} 0 & 1 \\ 0 & 0 \end{bmatrix}, \quad \boldsymbol{B} = \begin{bmatrix} 0 & 0 \\ 1 & 0 \end{bmatrix}, \quad \begin{aligned} \lambda_{\max}(\boldsymbol{A}+\boldsymbol{B}) &= 1 > \lambda_{\max}(\boldsymbol{A}) + \lambda_{\max}(\boldsymbol{B}) = (0)+(0) \\ \lambda_{\max}(\boldsymbol{AB}) &= 1 > \lambda_{\max}(\boldsymbol{A}) \times \lambda_{\max}(\boldsymbol{B}) = (0)\times(0) \end{aligned}$$

$|\lambda|_{\max}$ 是“**谱半径**”,它不是一个范数,但这个原因又是重要的: $\|\boldsymbol{A}^n\| \to \mathbf{0}$ **仅当** $|\boldsymbol{\lambda}|_{\max} < \mathbf{1}$。当一次又一次乘以矩阵 $\boldsymbol{A}$（正如将在 5.6 节中对马尔可夫链做的那样）时，$\boldsymbol{A}$ 的最大特征值 $|\lambda|_{\max}$ 开始占最主要地位，这是“幂法”计算 $|\lambda|_{\max}$ 的基础。

习题 1.11

1. 证明关于 ℓ^1、ℓ^2 和 ℓ^∞ 向量范数的结论：$\|\boldsymbol{v}\|_2^2 \leqslant \|\boldsymbol{v}\|_1 \|\boldsymbol{v}\|_\infty$。
2. 对 $\mathbf{R}^n$ 中的向量，证明 Cauchy-Schwarz 不等式 $|\boldsymbol{v}^{\mathrm{T}}\boldsymbol{w}| \leqslant \|\boldsymbol{v}\|_2 \|\boldsymbol{w}\|_2$。
   可以用平方长度的等式验证：
$$0 \leqslant \left(\boldsymbol{v} - \frac{\boldsymbol{v}^{\mathrm{T}}\boldsymbol{w}}{\boldsymbol{w}^{\mathrm{T}}\boldsymbol{w}}\boldsymbol{w}, \boldsymbol{v} - \frac{\boldsymbol{v}^{\mathrm{T}}\boldsymbol{w}}{\boldsymbol{w}^{\mathrm{T}}\boldsymbol{w}}\boldsymbol{w}\right) = \boldsymbol{v}^{\mathrm{T}}\boldsymbol{v} - \frac{|\boldsymbol{v}^{\mathrm{T}}\boldsymbol{w}|^2}{\boldsymbol{w}^{\mathrm{T}}\boldsymbol{w}}$$
3. 证明恒有 $\|\boldsymbol{v}\|_{\mathbf{2}} \leqslant \sqrt{n}\|\boldsymbol{v}\|_{\boldsymbol{\infty}}$。通过选择适当的向量 $\boldsymbol{w}$ 并应用 Cauchy-Schwarz 不等式证明 $\|\boldsymbol{v}\|_{\mathbf{1}} \leqslant \sqrt{n}\|\boldsymbol{v}\|_{\mathbf{2}}$。
4. 若 $p^{-1} + q^{-1} = 1$，ℓ^p 和 ℓ^q 范数“对偶”。ℓ^1 和 ℓ^∞ 向量范数是对偶的（且 ℓ^2 是自对偶的）。Hölder 不等式扩展 Cauchy-Schwarz 至所有这些对偶对。对 $p = 1$ 和 $q = \infty$，这说明了什么？
$$\textbf{Hölder 不等式} \qquad \text{当 } \boldsymbol{p^{-1} + q^{-1} = 1}\text{时}, \qquad |\boldsymbol{v}^{\mathrm{T}}\boldsymbol{w}| \leqslant \|\boldsymbol{v}\|_{\boldsymbol{p}} \|\boldsymbol{w}\|_{\boldsymbol{q}}$$
5. 向量 $\boldsymbol{v}$ 与 $\boldsymbol{w}$ 的“内积”应该满足什么样的规则？
6. 1.11 节展示了关于 ℓ^1、ℓ^2 和 ℓ^∞ 范数的单位球。它们是分别满足 $\|\boldsymbol{v}\|_1 \leqslant 1$，$\|\boldsymbol{v}\|_2 \leqslant 1$，$\|\boldsymbol{v}\|_\infty \leqslant 1$ 的向量 $\boldsymbol{v} = (v_1, v_2)$ 的三个集合。由于向量范数的三角不等式，单位球总是凸的：
$$\text{若 } \|\boldsymbol{v}\| \leqslant 1,\ \|\boldsymbol{w}\| \leqslant 1,\ \text{证明 } \left\|\frac{\boldsymbol{v}}{2} + \frac{\boldsymbol{w}}{2}\right\| \leqslant 1$$
7. 由行与列的相乘开始，给出 $\|\boldsymbol{AB}\|_F \leqslant \|\boldsymbol{A}\|_F \|\boldsymbol{B}\|_F$ 的一个简短证明：
   $|(\boldsymbol{AB})_{ij}|^2 \leqslant \|\boldsymbol{A}\text{的第}i\text{行}\|^2 \|\boldsymbol{B}\text{的第}j\text{列}\|^2$ 是 Cauchy-Schwarz 不等式。
   将不等式的两边关于所有 i 和 j 求和，证明 $\|\boldsymbol{AB}\|_F^2 \leqslant \|\boldsymbol{A}\|_F^2 \|\boldsymbol{B}\|_F^2$。
8. 对 $\boldsymbol{A} = \boldsymbol{B} = \boldsymbol{I}$ 和 $\boldsymbol{A} = \boldsymbol{B} =$“所有分量为 1 的矩阵”，验证 $\|\boldsymbol{AB}\|_F \leqslant \|\boldsymbol{A}\|_F \|\boldsymbol{B}\|_F$。
9. (猜想) 满足 $\|\boldsymbol{AB}\|_F = \|\boldsymbol{A}\|_F \|\boldsymbol{B}\|_F$ 且没有零分量的唯一矩阵具有秩 1 形式 $\boldsymbol{A} = \boldsymbol{uv}^{\mathrm{T}}$，$\boldsymbol{B} = \boldsymbol{vw}^{\mathrm{T}}$，其中 $\boldsymbol{v}$ 为共享向量。
10. 带有 Frobenius 范数的 $m \times n$ 矩阵构成的空间实际上是一个 Hilbert 空间——**它有一个内积** $(\boldsymbol{A}, \boldsymbol{B}) = \mathbf{tr}(\boldsymbol{A}^{\mathrm{T}}\boldsymbol{B})$。证明 $\|\boldsymbol{A}\|_{\boldsymbol{F}}^{\mathbf{2}} = (\boldsymbol{A}, \boldsymbol{A})$。
11. 为什么式 (21) 是 $\|\boldsymbol{A}\|_\infty$ 的一个正确的公式？哪个以 ± 1 为分量的 $\boldsymbol{v}$ 有 $\|\boldsymbol{Av}\|_\infty = \|\boldsymbol{A}\|_\infty$？
12. 设 $\boldsymbol{A}$、$\boldsymbol{B}$ 和 $\boldsymbol{AB}$ 分别是 $m \times n$、$n \times p$、$m \times p$ 矩阵。$\boldsymbol{A}$ 的“医疗范数”是其最大的分量：$|||\boldsymbol{A}|||_{\boldsymbol{\infty}} = \mathbf{max}|\boldsymbol{a_{ij}}|$。
$$\textbf{证明} \qquad |||\boldsymbol{AB}|||_{\boldsymbol{\infty}} \leqslant \boldsymbol{n}\,|||\boldsymbol{A}|||_{\boldsymbol{\infty}}\,|||\boldsymbol{B}|||_{\boldsymbol{\infty}}\ \text{（若没有因子 } n \text{ 不成立）}$$
   重新写为 $(\sqrt{mp}\,|||\boldsymbol{AB}|||_\infty) \leqslant (\sqrt{mn}\,|||\boldsymbol{A}|||_\infty)(\sqrt{np}\,|||\boldsymbol{B}|||_\infty)$。用这些平方根缩放得到一个真正的矩阵范数。

1.12 矩阵和张量的分解：非负性和稀疏性

本节从更为广阔的视角介绍数据矩阵（并且推广到张量）的分解。到目前为止，已经对 SVD 给予了充分的关注。$\boldsymbol{A}=\boldsymbol{U\Sigma V}^{\mathrm{T}}$ 为主成分分析提供了完美的因子（在稀疏性、非负性或张量数据进入问题之前是完美的）。对许多应用而言，这些问题是重要的。然后必须将 SVD 视为第一步，而不是最后一步。

下面是关于 $\boldsymbol{A}$ 和 $\boldsymbol{T}$ 的分解的重要的新性质：

非负矩阵	$\min\|\boldsymbol{A}-\boldsymbol{UV}\|_F^2,\quad \boldsymbol{U}\geqslant 0,\boldsymbol{V}\geqslant 0$
稀疏与非负	$\min\|\boldsymbol{A}-\boldsymbol{UV}\|_F^2+\boldsymbol{\lambda}\|\boldsymbol{UV}\|_{\boldsymbol{N}},\quad \boldsymbol{U}\geqslant 0,\boldsymbol{V}\geqslant 0$
CP 张量分解	$\min\|\boldsymbol{T}-\sum\limits_{i=1}^{R}\boldsymbol{a}_i\circ\boldsymbol{b}_i\circ\boldsymbol{c}_i\|$

先讨论矩阵 $\boldsymbol{A}$，再讨论张量 $\boldsymbol{T}$。一个矩阵恰好是一个二阶张量。

为了计算分解$\boldsymbol{A}=\boldsymbol{UV}$，引入一个简单的**交替迭代**。**先固定 $\boldsymbol{V}$，更新 $\boldsymbol{U}$；然后固定 $\boldsymbol{U}$，更新 $\boldsymbol{V}$**。这里每半步的执行都很快，因为这个运算实际上是线性的（另一个因子是固定的）。如果在 $\boldsymbol{U}$ 中包含对角矩阵 $\boldsymbol{\Sigma}$，这种方法适用于通常的 SVD。这个算法是简单且通常是有效的。3.4 节会做得更好些。

这种 $\boldsymbol{UV}$ 的方法也适用于 4.7 节中关于图的 **$\boldsymbol{k}$-均值算法**。问题是将 n 个向量 $\boldsymbol{a}_1,\boldsymbol{a}_2,\cdots,\boldsymbol{a}_n$ 放入 r 个聚类中。若 $\boldsymbol{a}_k$ 位于 $\boldsymbol{u}_j$ 周围的一个聚类中，$\boldsymbol{a}_k\approx\boldsymbol{u}_j$ 这一结论由 $\boldsymbol{A}\approx\boldsymbol{UV}$ 的第 k 列展示，则 $\boldsymbol{V}$ 的第 k 列就是 $r\times r$ 单位矩阵的第 j 列。

非负矩阵的分解

NMF（Nonnegative Matrix Factorization）的目标是用两个非负的矩阵 $\boldsymbol{U}\geqslant 0$ 和 $\boldsymbol{V}\geqslant 0$ 的低秩乘积 $\boldsymbol{UV}$ 来近似一个非负矩阵 $\boldsymbol{A}\geqslant 0$。采用低秩的目的是简单。而非负性（没有负值的矩阵元素）的目的是产生有意义的数字。表征是可识别的，没有正、负抵消。负的重量、体积、计数或概率从开始就是错误的。

但是，非负性可能很困难。当 $\boldsymbol{A}\geqslant 0$ 是对称正定矩阵时，希望能找到一个矩阵 $\boldsymbol{B}\geqslant 0$，满足 $\boldsymbol{B}^{\mathrm{T}}\boldsymbol{B}=\boldsymbol{A}$。这样的矩阵通常不存在（矩阵 $\boldsymbol{A}=\boldsymbol{A}^{\mathrm{T}}$，其对角元素是常数 $1+\sqrt{5}$、2、0、0、2 就是这样一个 5×5 的例子）。不得不接受最接近于 $\boldsymbol{A}$（当 $\boldsymbol{A}\geqslant 0$ 时）的矩阵 $\boldsymbol{B}^{\mathrm{T}}\boldsymbol{B}$（其中 $\boldsymbol{B}\geqslant 0$）。问题是如何找到 $\boldsymbol{B}$。对非对称的情形，可能不是方阵，寻找 $\boldsymbol{U}$ 和 $\boldsymbol{V}$。

Lee 和 Seung 在一封给 *Nature*, 401(1999)789-791 的信中重点讨论了 NMF。

基本问题是清楚的。稀疏性和非负性是非常好的性质。对于一个稀疏的向量或矩阵，当 1000 或 100000 个独立的数字不能被单独理解时，少数非零项就有意义，并且经常出现数字自然是非负的情况。但是，SVD 中的奇异向量几乎总是有许多混合符号的小分量。在实际问题中，必须放弃 $\boldsymbol{U}$ 和 $\boldsymbol{V}$ 的正交性。这些都是非常好的性质，但 Lee-Seung 强调了稀疏 PCA 和没有负分量的价值。

这些新的目标要求 $\boldsymbol{A}$ 的新分解方法。

$$\text{NMF} \quad \text{求非负矩阵 } \boldsymbol{U} \text{ 和 } \boldsymbol{V} \text{ 使得} \boldsymbol{A} \approx \boldsymbol{UV} \tag{1}$$

$$\text{SPCA} \quad \text{求稀疏低秩的矩阵 } \boldsymbol{B} \text{ 和 } \boldsymbol{C} \text{ 使得} \boldsymbol{A} \approx \boldsymbol{BC} \tag{2}$$

首先回顾分解的意义和目的。$\boldsymbol{A} = \boldsymbol{BC}$ 表示 $\boldsymbol{A}$ 的每列都是 $\boldsymbol{B}$ 中各列的组合。这个组合的系数在 $\boldsymbol{C}$ 的一个列中。所以 $\boldsymbol{A}$ 中的每列 $\boldsymbol{a}_j$ 都是 $c_{1j}\boldsymbol{b}_1 + \cdots + c_{nj}\boldsymbol{b}_n$ 的近似。$\boldsymbol{BC}$ 的一个好选择意味着这个和几乎是精确的。

如果 $\boldsymbol{C}$ 的列数比 $\boldsymbol{A}$ 的列数少，这就是线性降维，它是压缩、表征选择和可视化的基础。在这样的问题中，可假设噪声是高斯分布的，则 Frobenius 范数 $\|\boldsymbol{A} - \boldsymbol{BC}\|_F$ 是近似误差的自然量度。下面是描述了两种重要应用的优秀论文，以及最近关于算法的论文。

[1] Gillis N. *The Why and How of Nonnegative Matrix Factorization*[J]. arXiv: 1401.5226.

[2] Xu L, Yu B, Zhang Y. *An alternating direction and projection algorithm for structure-enforced matrix factorization*[J]. Computational Optimization Appl, 2017, **68**: 333-362.

面部表征提取

数据矩阵 $\boldsymbol{A}$ 的每个列向量将代表一张人脸，它的分量是该图像中像素的强度，因此 $\boldsymbol{A} \geqslant 0$。目标是在 $\boldsymbol{B}$ 中找到一些“基本人脸”，使它们的组合接近 $\boldsymbol{A}$ 中的许多人脸。我们可能希望一些眼睛、鼻子和嘴巴的几何形状的变化可以让大多数人脸的重构更加接近。Turk 和 Pentland 开发的特征人脸找到了一组基本人脸，矩阵分解 $\boldsymbol{A} \approx \boldsymbol{BC}$ 是另一种好方法。

文本挖掘与文档分类

现在 $\boldsymbol{A}$ 的每列代表一个文档，$\boldsymbol{A}$ 的每行代表一个单词。一个简单的结构（通常不是最好的，它忽略了单词的顺序）是一个稀疏的非负矩阵。为了将 $\boldsymbol{A}$ 中的文档进行分类，寻找稀疏的非负因子：

$$\text{文档} \quad \boldsymbol{a}_j \approx \sum (\text{重要性} c_{ij})\,(\text{主题} \boldsymbol{b}_i) \tag{3}$$

由于 $\boldsymbol{B} \geqslant 0$，每个主题向量 $\boldsymbol{b}_i$ 都可以看作一个文档。由于 $\boldsymbol{C} \geqslant 0$，将合并而不删减这些主题文档。因此，NMF 识别主题并根据这些主题对整个文档集进行分类。相关的方法是“最新语义分析”和索引。

注意，与 SVD 不同，NMF 是一个 NP 难题。即使是精确解 $\boldsymbol{A} = \boldsymbol{BC}$ 也不总是唯一的。不仅如此，主题（$\boldsymbol{B}$ 的列）的数量是未知的。

非负 $\boldsymbol{U}$ 和 $\boldsymbol{V}$ 的最优条件

给定 $\boldsymbol{A} \geqslant 0$，$\boldsymbol{U} \geqslant 0$，$\boldsymbol{V} \geqslant 0$ 最小化 $\|\boldsymbol{A} - \boldsymbol{UV}\|_F^2$ 的条件是

$$\begin{aligned} &\text{对所有 } i,j\text{，} Y_{ij} \text{ 或 } U_{ij} = 0\text{，} \boldsymbol{Y} = \boldsymbol{UVV}^{\mathrm{T}} - \boldsymbol{AV}^{\mathrm{T}} \geqslant 0 \\ &\text{对所有 } i,j\text{，} Z_{ij} \text{ 或 } V_{ij} = 0\text{，} \boldsymbol{Z} = \boldsymbol{U}^{\mathrm{T}}\boldsymbol{UV} - \boldsymbol{U}^{\mathrm{T}}\boldsymbol{A} \geqslant 0 \end{aligned} \tag{4}$$

这些条件已经表明，$\boldsymbol{U}$ 和 $\boldsymbol{V}$ 可能会是稀疏的。

计算因子：基本方法

已经提出了许多算法来计算 $\boldsymbol{U}$ 和 $\boldsymbol{V}$ 以及 $\boldsymbol{B}$ 和 $\boldsymbol{C}$。一个核心思想是交替分解：固定一个因子，并优化另一个因子。保持新得到的因子不变，优化第一个因子，以此类推。使用 Frobenius 范数，每一步都是一种形式的最小二乘。这是一种自然的方法，通常会提供一个好结果。但能否收敛到最佳因子则是不确定的。可以期待最优化理论的进一步推展。在 3.4 节中，乘法器的**交替方向法** (Alternating Direction Method of Multipliers，ADMM) 给出一种完善的改进方法。该 ADMM使用惩罚项和对偶性来促使收敛。

稀疏主成分分析

许多应用确实同时允许负数和正数。我们不是在计数或建造实际的物体。在金融领域，我们可以买卖。在其他应用中，零点没有内在的意义。零度是摄氏（Centigrade）温度和华氏（Fahrenheit）温度之间见仁见智的问题。对水而言是摄氏度，而超冷物理学则重置 0°。

非零分量的数量通常很重要。这就是 SVD 中奇异向量 $\boldsymbol{u}$ 和 $\boldsymbol{v}$ 的难点。它们充满了非零项，就像在最小二乘中一样。由于交易成本，不可能微量购买巨额资产。如果知道了影响患者诊断结果的 500 个基因，就无法一个个单独处理它们。为了理解并采取行动，必须控制非零决策变量的数量。

一种可能是删除 $\boldsymbol{u}$ 和 $\boldsymbol{v}$ 中很小的分量。但是，如果需要真正的控制，最好直接构造稀疏向量。人们已经提出了好多这样的算法：

Zou H, Hastie T, Tibshirani R. *Sparse principal component analysis*[J]. J. Computational and Graphical Statistics, 2006, **15**: 265-286. (见`https://en.wikipedia.org/wiki/Sparse_PCA`)

稀疏 PCA 从数据矩阵 $\boldsymbol{A}$ 或正定（半正定）的样本协方差矩阵 $\boldsymbol{S}$ 开始。给定 $\boldsymbol{S}$，一种自然的方法是在惩罚项或对 $\boldsymbol{x}$ 的约束中包括 $\text{card}\,(\boldsymbol{x})$ = 非零分量的数量：

$$\max_{\|\boldsymbol{x}\|=1} \boldsymbol{x}^{\mathrm{T}}\boldsymbol{S}\boldsymbol{x} - \rho\,\text{card}\,(\boldsymbol{x}) \quad \text{或} \quad \max_{\|\boldsymbol{x}\|=1} \boldsymbol{x}^{\mathrm{T}}\boldsymbol{S}\boldsymbol{x} \ \text{且满足条件}\ \text{card}\,(\boldsymbol{x}) \leqslant k \tag{5}$$

但 $\boldsymbol{x}$ 的基数（cardinality）不是一个用于最优化算法的最佳量。

另一个方向是半定规划，这将在 6.3 节中简要讨论。未知向量 $\boldsymbol{x}$ 变成一个未知的对称矩阵 $\boldsymbol{X}$。$\boldsymbol{x} \geqslant 0$（这意味着每个 $x_i \geqslant 0$）不等式由 $\boldsymbol{X} \geqslant 0$ 等代替（$\boldsymbol{X}$ 必须是半正定的）。稀疏性通过在未知矩阵 $\boldsymbol{X}$ 上包含一个 $\boldsymbol{\ell}^1$ 惩罚项来实现。在 4.5 节中会看到，该惩罚项使用核范数 $\|\boldsymbol{X}\|_N$：奇异值 σ_i 的和。

$\boldsymbol{\ell}^1$ 和稀疏性之间的联系在 1.11 节开始的那些图中给出。$\boldsymbol{\ell}^1$ **最小化有稀疏解** $\boldsymbol{x} = \left(0, \dfrac{1}{4}\right)$。对于 $\mathbf{R}^2$ 中的这个短向量来说，那个零可能看起来是偶然的或无关紧要的。相反，零才是重要的。对于矩阵，则要用核范数 $\|\boldsymbol{X}\|_N$ 来取代 $\boldsymbol{\ell}^1$ 范数。

对 $\|\boldsymbol{x}\|_1$ 或 $\|\boldsymbol{X}\|_N$ 的惩罚得到了稀疏向量 $\boldsymbol{x}$ 及稀疏矩阵 $\boldsymbol{X}$

最后，对于稀疏向量 $\boldsymbol{x}$，我们的算法必须选择重要的变量。这是 $\boldsymbol{\ell}^1$ 优化的重要性质，是 LASSO 方法的关键所在：

$$\textbf{LASSO} \qquad \text{Minimize } \|\boldsymbol{A}\boldsymbol{x}-\boldsymbol{b}\|^2+\lambda\sum_{k=1}^{n}|x_k| \tag{6}$$

有效地找到最小值是非线性优化的目的。ADMM 和 Bregman 算法将在 3.4 节介绍。

关于 LASSO 的一个注解：最优 $\boldsymbol{x}^*$ 的非零分量不会比样本数更多。增加 $\boldsymbol{\ell^2}$ 的惩罚会得到一个没有缺点的“弹性网”。$\boldsymbol{\ell^1}+$ 岭回归问题可以像最小二乘那样快速求解。

$$\textbf{弹性网} \qquad \text{Minimize } \|\boldsymbol{A}\boldsymbol{x}-\boldsymbol{b}\|_2^2+\lambda\|\boldsymbol{x}\|_1+\beta\|\boldsymbol{x}\|_2^2 \tag{7}$$

3.4 节将介绍从 $\boldsymbol{\ell^2}$ 中分离出 $\boldsymbol{\ell^1}$ 的 ADMM，并且采用拉格朗日乘子和对偶性，增加了一个惩罚项。这种组合很强大。

[1] Tibshirani R. Regression shrinkage and selection via the Lasso[J]. *Journal of the Royal Statistical Society*, Series B, 1996, **58**: 267-288.

[2] Zou H, Hastie T. Regularization and variable selection via the elastic net[J]. *Journal of the Royal Statistical Society*, Series B, 2005, **67**: 301-320.

张量

列向量是一阶张量，矩阵是二阶张量。那么一个三阶张量 $\boldsymbol{T}$ 的元素 $\boldsymbol{T_{ijk}}$ 有行号、列号和“管号”3 个指标。$\boldsymbol{T}$ **的切片**是二维截面，因此下图中的三阶张量有 3 个水平切片、4 个侧面切片和 2 个正面切片。行、列和管是 $\boldsymbol{T}$ 的纤维，每个只有一个变化的指标。

可以将（p 个）$m\times n$ 个矩阵堆叠为三阶张量。可以将 $m\times n\times p$ 个张量堆叠成为四阶张量 $=4$ 向阵列。

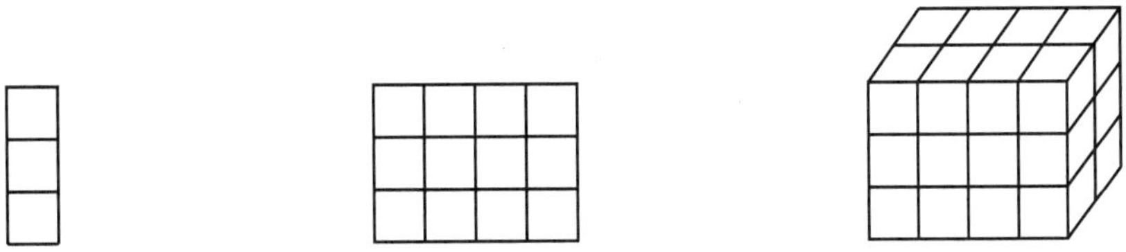

向量 $\boldsymbol{x}\in\mathbf{R}^3$ 矩阵 $\boldsymbol{A}\in\mathbf{R}^{3\times4}$ 张量 $\boldsymbol{T}\in\mathbf{R}^{3\times4\times2}$

例 1：一幅彩色图像是具有 3 个切片的张量

一幅黑白图像只是一个像素矩阵。矩阵中的数字是每个像素的灰度值。通常这些数字在 0（黑色）~255（白色）之间。$\boldsymbol{A}$ 中的每个元素都有 $2^8=256$ 个可能的灰度。

每幅彩色图像是一个张量，它具有 3 个切片对应红、绿、蓝，每个切片显示一种 RGB 颜色的浓度。处理这个张量 $\boldsymbol{T}$（如 7.2 节深度学习）并不比处理黑白图像更难。

例 2：$w=Av$ 的微分 $\partial w/\partial A$

这是一个我们没有预料到的张量。$m\times n$ 矩阵 $\boldsymbol{A}$ 包含深度学习中需要优化的“权重”。该矩阵与向量 $\boldsymbol{v}$ 相乘得到 $\boldsymbol{w}=\boldsymbol{A}\boldsymbol{v}$。然后优化 $\boldsymbol{A}$ 的算法（6.4~7.3 节）涉及每个输出 w_i 对每个权

重 A_{jk} 的微分。因此有 i、j、k 三个指标。

在矩阵乘法中，$\boldsymbol{A}$ 的第 j 行对 $\boldsymbol{w}=\boldsymbol{Av}$ 的第 i 行没有影响。因此，导数公式包含符号 δ_{ij}，若 $i=j$，δ_{ij} 为 1，否则为 0。在适当的张量记号中这个符号变为 δ_j^i（关于张量的权威是 Pavel Grinfeld）。线性函数 $\boldsymbol{w}=\boldsymbol{Av}$ 关于权重 A_{jk} 的导数在 $\boldsymbol{T}$ 中：

$$\boxed{\boldsymbol{T_{ijk}=\frac{\partial w_i}{\partial A_{jk}}=v_k\,\delta_{ij}},\quad \text{如}\boldsymbol{T_{111}=v_1},\quad \boldsymbol{T_{122}=0}} \tag{8}$$

7.3 节有一个 $2\times2\times2$ 的例子。这个张量 $\boldsymbol{T}_{ijk}=\boldsymbol{v}_k\delta_{ij}$ 特别有趣：

1. $k=$ 常数的切片是单位矩阵的 $\boldsymbol{v}_k$ 倍。

2. 深度学习的关键功能是将神经网络的每一层连接到下一层。若一层包含向量 $\boldsymbol{v}$，则下一层包含向量 $\boldsymbol{w}=(\boldsymbol{Av}+\boldsymbol{b})_+$。$\boldsymbol{A}$ 是“权重”矩阵。优化这些权重以匹配训练数据。因此，对于最佳的权重，损失函数 $\boldsymbol{L}$ 的导数将为零。

利用微积分中的链式法则，$\boldsymbol{L}$ 的导数是通过从每一层到下一层将其乘以 $\partial\boldsymbol{w}/\partial\boldsymbol{A}$ 而得到的。这是对 $\boldsymbol{Av}+\boldsymbol{b}$ 的一个线性步骤，接下去是非线性 ReLU 函数，将所有负分量设置为零。线性步长的导数就是三阶张量 $\boldsymbol{v}_k\delta_{ij}$。

所有这些将在 7.3 节中再次出现，但不会显式地使用张量微积分。反向传播的思想是“自动”计算 $\boldsymbol{L}$ 的所有导数。式(8)这个有趣张量的简单公式将被隐藏在反向传播中。

例 3：联合概率张量

假设以年为单位度量年龄 a，以英寸为单位度量身高 h，以磅为单位度量体重 w。将 N 个儿童分为 I 个年龄组、J 个身高组和 K 个体重组。因此，一个典型的儿童处于年龄 i 组、身高 j 组、体重 k 组，其中数字 i、j、k 在 1、1、1 和 I、J、K 之间。

随机选一个儿童。假设 I 个年龄组各包含 $a_1,a_2,\cdots,a_I$ 个儿童（总共是 N 个儿童）。然后，随机选出一个年龄 i 组的儿童的概率为 a_i/N。类似地，J 个高度组分别包含 $h_i,h_2,\cdots,h_J$ 个儿童，K 个重量组各包含 $w_1,w_2,\cdots,w_K$ 个儿童。对于那个随机挑选的儿童，有

$$\text{属于高度 } j \text{ 组的概率为 } \frac{h_j}{N} \qquad \text{属于体重 } k \text{ 组的概率为 } \frac{w_k}{N}$$

现在是我们真正的目标：**联合概率** p_{ijk}。对于每个组合 i、j、k，仅计算年龄 i、身高 j 和体重 k 的儿童。每个儿童有$I\times J\times K$ 的可能性（p_{I11} 可能为零：没有身高与体重最低的最年长的儿童）。假设在年龄 i 组、身高 j 组和体重 k 组的交集中有 N_{ijk} 个儿童：

$$\textbf{这种年龄-身高-体重组合的联合概率为} p_{ijk}=\frac{N_{ijk}}{N} \tag{9}$$

有 $I\times J\times K$ 个数 p_{ijk}。所有这些数字都在 $0\sim1$ 之间。它们正好放入联合概率的三维张量 $\boldsymbol{T}$。这个张量 $\boldsymbol{T}$ 有 I 行、J 列和 K“管”。所有项 N_{ijk}/N 的总和为 1。

为了恰当理解这个 $I\times J\times K$ 张量，假设将所有的数 p_{2jk} 加起来，考虑所有在年龄 2 组的儿童：

$$\sum_{j=1}^{J}\sum_{k=1}^{K}p_{2jk}=p_2^a= \textbf{ 儿童在年龄2组的概率} \tag{10}$$

可以看到张量 $\boldsymbol{T}$ 的一个二维切片。当然，$p_1^a+p_2^a+\cdots+p_I^a=1$。

同样，可以将所有数 p_{2j5} 相加。考虑年龄 2 组与体重 5 组的所有儿童：

$$\sum_{j=1}^{J} p_{2j5}=p_{2\,5}^{aw}=\textbf{位于年龄2组与体重5组的概率} \tag{11}$$

这些数在 $\boldsymbol{T}$ 的一列中，可以将列合并起来以组成 $\boldsymbol{T}$ 的一个切片，然后将切片组合起来得到整个张量 $\boldsymbol{T}$：

$$\sum_{i=1}^{I}\sum_{k=1}^{K} \boldsymbol{p}_{\boldsymbol{ik}}^{\boldsymbol{aw}}=\sum_{i=1}^{I} \boldsymbol{p}_{\boldsymbol{i}}^{\boldsymbol{a}}=\mathbf{1}$$

通过测量三个属性得到了这个三阶张量 $\boldsymbol{T}$，其分量是 $\boldsymbol{T}_{ijk}$。

张量的范数与秩

通常，张量是一个 d 阶阵列。就像矩阵元素需要两个数 i、j 来确定其位置一样，一个 d 阶张量需要 d 个数字。此处集中讨论 $d=3$ 和三阶张量。在向量和矩阵之后，$d=3$ 是最常见且最容易理解的。$\boldsymbol{T}$ 的范数类似于矩阵的 Frobenius 范数：**将所有 $\boldsymbol{T}_{\boldsymbol{ijk}}^{\mathbf{2}}$ 加起来得到 $\|\boldsymbol{T}\|^{\mathbf{2}}$**。

张量理论仍然是线性代数（也称为多重线性代数）的一部分。就像矩阵一样，张量在科学和工程中可以扮演两个不同的角色：

(1) 张量可以与向量、矩阵或张量相乘。它是一个**线性算子**。

(2) 张量可以**包含数据**。它的元素可以给出图像中像素的亮度。彩色图像是三阶的堆叠 RGB。彩色视频是一个四阶张量。

算子张量可以乘以数据张量，就像一个置换矩阵或反射矩阵或任何正交矩阵作用在数据矩阵上。

这些类比是很明显的，但是张量需要更多的指标，它们看起来更复杂。它们的确如此。我们可以成功地使用张量乘法（就像矩阵，运算可以按不同的顺序进行）。对于张量的分解，我们就没那么成功了。这一直是一个活跃而受人关注的研究方向，即尽可能多地捕捉对线性代数如此重要的矩阵分解：$\boldsymbol{LU}$，$\boldsymbol{QR}$，$\boldsymbol{Q\Lambda Q}^{\mathrm{T}}$，$\boldsymbol{U\Sigma V}^{\mathrm{T}}$。

即使 **“张量的秩”**，其定义和计算也不如矩阵的秩那么简单或成功。但是秩为 1 的张量 = 外积仍然是最简单明了的：它们由 $\boldsymbol{a}$、$\boldsymbol{b}$、$\boldsymbol{c}$ 3 个向量组成。

$$\textbf{秩为 1 的三阶张量 } \boldsymbol{T}=\boldsymbol{a}\circ\boldsymbol{b}\circ\boldsymbol{c} \qquad T_{ijk}=a_i b_j c_k \tag{12}$$

外积 $\boldsymbol{a}\circ\boldsymbol{b}\circ\boldsymbol{c}$ 由这 3 个向量中的 $m+n+p$ 个数定义。张量的秩是加起来得到 $\boldsymbol{T}$ 的秩为 1 的张量的最小个数。

如果将几个这样的外积加在一起，就得到了一个方便的低秩张量（即使并不知道它确切的秩）。这里用一个例子来说明原因：

$$\boldsymbol{T}=\boldsymbol{u}\circ\boldsymbol{u}\circ\boldsymbol{v}+\boldsymbol{u}\circ\boldsymbol{v}\circ\boldsymbol{u}+\boldsymbol{v}\circ\boldsymbol{u}\circ\boldsymbol{u}\ (\textbf{3 个秩为1的张量，其中}\|\boldsymbol{u}\|=\|\boldsymbol{v}\|=\mathbf{1})$$

看上去 $\boldsymbol{T}$ 的秩为 3。但它是当 $n\to\infty$ 时下面这些秩为 2 的张量 $\boldsymbol{T}_n$ 的极限：

$$\boldsymbol{T}_{\boldsymbol{n}}=n\left(\boldsymbol{u}+\frac{1}{n}\boldsymbol{v}\right)\circ\left(\boldsymbol{u}+\frac{1}{n}\boldsymbol{v}\right)\circ\left(\boldsymbol{u}+\frac{1}{n}\boldsymbol{v}\right)-n\,\boldsymbol{u}\circ\boldsymbol{u}\circ\boldsymbol{u} \tag{13}$$

为什么对矩阵永远都不会发生这种情况？因为对 $\boldsymbol{A}$ 最接近的秩 k 矩阵是由 Eckart-Young 定理确定的。最好的近似是 $\boldsymbol{A}_k$，来自 SVD 中的前 k 个奇异向量。从秩 3 到秩 2 的距离是固定的。

遗憾的是，对一般的三阶张量似乎没有 SVD。但是，我们仍在尝试 ——因为就计算而言，想获取一个对 $\boldsymbol{T}$ 的良好的低秩近似。两个选项是 CP 分解和 Tucker 分解。

张量的 CP 分解

张量分析和快速张量计算中的一个基本问题是将一个给定的张量 $\boldsymbol{T}$ 近似为**几个秩为 1 的张量之和**：一种近似分解。

$$\boxed{\textbf{CP 分解} \qquad \boldsymbol{T} \approx \boldsymbol{a}_1 \circ \boldsymbol{b}_1 \circ \boldsymbol{c}_1 + \cdots + \boldsymbol{a}_R \circ \boldsymbol{b}_R \circ \boldsymbol{c}_R} \tag{14}$$

Hitchcock、Carroll、Chang 和 Harshman 发现了这种分解。它被命名为 CANDECOMP 或 PARAFAC，最终称为 $\boldsymbol{T}$ **的 CP 分解**。

这看起来像是 SVD 的张量扩展，但是存在着重要的区别。向量 $\boldsymbol{a}_1, \boldsymbol{a}_2, \cdots, \boldsymbol{a}_R$ 不是正交的（同样对于 $\boldsymbol{b}$ 和 $\boldsymbol{c}$）。没有正交不变性（不存在 $\boldsymbol{Q}_1\boldsymbol{A}\boldsymbol{Q}_2^{\mathrm{T}}$ 给出与 $\boldsymbol{A}$ 相同的奇异值）。同时，Eckart-Young 定理是不正确的（通常不知道最接近 $\boldsymbol{T}$ 的秩 $\boldsymbol{R}$ 张量）。还有其他张量分解的方法，但是到目前为止，CP 已经是最有用的。Kruskal 证明了最接近的秩为 1 的张量是唯一的（如果存在）。若改变 R，则最好 $\boldsymbol{a}$、$\boldsymbol{b}$、$\boldsymbol{c}$ 都会改变。

因此，我们面临着一个全新的问题。从可计算性的角度来看，问题是 NP 困难的（这些问题在多项式时间内无法得到解，除非有 P = NP。但这会令几乎所有人感到惊讶。Lim、Hillar 证明了许多看似更简单的张量问题实际上也是 NP 困难的。完全精确计算的路径并不存在。

Hillar C, Lim L-H. *Most tensor problems are NP-hard*[J]. J. ACM, 2013, **60**: Article 45.

我们寻找一种算法，以合理有效的方式计算向量 $\boldsymbol{a}$、$\boldsymbol{b}$、$\boldsymbol{c}$。张量计算的一个主要步骤是接近最佳的 CP 分解。一种简单的方法（交替最小二乘法）目前相当有效。这里的整个问题是非凸的，但是在改进由 $\boldsymbol{A}$ 到 $\boldsymbol{B}$ 再到 $\boldsymbol{C}$ 的子问题循环中，每个（对于 $\boldsymbol{A}$、$\boldsymbol{B}$ 和 $\boldsymbol{C}$）子问题是属于凸最小二乘法的。

交替	① 固定 $\boldsymbol{B}, \boldsymbol{C}$ 然后变化 $\boldsymbol{A}$	Minimize $\Vert \boldsymbol{T}_1 - \boldsymbol{A}(\boldsymbol{C} \circ \boldsymbol{B})^{\mathrm{T}} \Vert_F^2$	(15)
$\boldsymbol{A}, \boldsymbol{B}$ **和** $\boldsymbol{C}$	② 固定 $\boldsymbol{A}, \boldsymbol{C}$ 然后变化 $\boldsymbol{B}$	③ 固定 $\boldsymbol{A}, \boldsymbol{B}$ 然后变化 $\boldsymbol{C}$	

该交替算法使用 $\boldsymbol{T}_1$、$\boldsymbol{T}_2$、$\boldsymbol{T}_3$ 三个矩阵形式，下面将描述，$\boldsymbol{C} \circ \boldsymbol{B}$ 是出现在式（17）中的 “Khatri-Rao 积”，**则式（15）为所有矩阵**。

张量 T 的矩阵化形式

若 $\boldsymbol{A}$、$\boldsymbol{B}$、$\boldsymbol{C}$ 是这样的矩阵，其列是式 (14) 中的 $\boldsymbol{a}$、$\boldsymbol{b}$ 和 $\boldsymbol{c}$，每个矩阵有 R 列。若三阶张量 $\boldsymbol{T}$ 的维数是 I、J、K，则这 3 个矩阵是 $I \times R$、$J \times R$ 和 $K \times R$ 的。将张量 $\boldsymbol{T}$“矩阵化” 对于计算 CP 分解是件好事。

从 $I \times R$ 矩阵 $\boldsymbol{A}$ 中分离出 $\boldsymbol{a}$ 开始，然后寻找这样一个 $R \times JK$ 矩阵 $\boldsymbol{M}_1$，使得 $\boldsymbol{A}\boldsymbol{M}_1$ 能表示秩为 1 的张量的和 (14)。$\boldsymbol{M}_1$ 必须来自 $\boldsymbol{b}$ 和 $\boldsymbol{c}$。但是，矩阵乘积 $\boldsymbol{A}\boldsymbol{M}_1$ 怎样才能表示一个

三阶张量呢？不得不**将张量 $\boldsymbol{T}$ 展开成一个矩阵 $\boldsymbol{T}_1$**。之后，可以将 $\boldsymbol{T}_1$ 和 $\boldsymbol{A}\boldsymbol{M}_1$ 进行比较。

Kolda 和 Bader 的一个例子显示了张量是如何展开成矩阵的。在 $\boldsymbol{T}$ 中有 $I \times J \times K = 3 \times 4 \times 2 = 24$ 个数。$\boldsymbol{T}$ 的矩阵展开可以是 3×8 或 4×6 或 2×12。有 T_1、T_2、T_3 3 个展开张量对 $\boldsymbol{T}$ 以 3 种方式进行切割：

第一种方式
前后切割
$I \times JK = 3 \times 8$

$$\boldsymbol{T}_1 = \left[\begin{array}{cccc|cccc} 1 & 4 & 7 & 10 & 13 & 16 & 19 & 22 \\ 2 & 5 & 8 & 11 & 14 & 17 & 20 & 23 \\ 3 & 6 & 9 & 12 & 15 & 18 & 21 & 24 \end{array}\right] \tag{16}$$

第二种方式
$J \times IK = 4 \times 6$
同样的24个数

$$\boldsymbol{T}_2 = \begin{bmatrix} 1 & 2 & 3 & 13 & 14 & 15 \\ 4 & 5 & 6 & 16 & 17 & 18 \\ 7 & 8 & 9 & 19 & 20 & 21 \\ 10 & 11 & 12 & 22 & 23 & 24 \end{bmatrix}$$

第三种方式
$K \times IJ = 2 \times 12$
同样的24个数

$$\boldsymbol{T}_3 = \begin{bmatrix} 1 & 2 & 3 & 4 & 5 & 6 & 7 & 8 & 9 & 10 & 11 & 12 \\ 13 & 14 & 15 & 16 & 17 & 18 & 19 & 20 & 21 & 22 & 23 & 24 \end{bmatrix}$$

Khatri-Rao 积 $\boldsymbol{A} \odot \boldsymbol{B}$

4.3 节将引入矩阵 $\boldsymbol{A}$ 和 $\boldsymbol{B}$ 的克罗内克积 $\boldsymbol{K} = \boldsymbol{A} \otimes \boldsymbol{B}$。它包含 $\boldsymbol{A}$ 和 $\boldsymbol{B}$ 中元素的所有乘积 $a_{ij} \times b_{kl}$（因此这可能是一个很大的矩阵）。若 $\boldsymbol{A}$ 和 $\boldsymbol{B}$ 只是列向量（$J \times 1$ 和 $K \times 1$ 矩阵），则 $\boldsymbol{A} \otimes \boldsymbol{B}$ 是一个长列：$JK \times 1$。首先是 a_{11} 乘以 $\boldsymbol{B}$ 中的每一项，然后是 a_{21} 乘以那些同样的 K 个项，最后是 a_{J1} 乘以那 K 个项。**$\boldsymbol{A} \odot \boldsymbol{B}$ 则有 $\boldsymbol{R}$ 个这样的长列**。

Khatri-Rao 计算所有的 $a_{ij}b_{Ij}$ 乘积来得到第 j 列。$\boldsymbol{A}$、$\boldsymbol{B}$ 和 $\boldsymbol{A} \odot \boldsymbol{B}$ 有 R 列：

$$\textbf{Khatri-Rao 积} \quad \boldsymbol{A} \odot \boldsymbol{B} \text{的第 } j \text{ 列} = (\boldsymbol{A} \text{ 的第 } j \text{ 列}) \otimes (\boldsymbol{B} \text{ 的第 } j \text{ 列}) \tag{17}$$

这样 $\boldsymbol{C}$ 和 $\boldsymbol{B}$（$K \times R$ 和 $J \times R$）得到了 $\boldsymbol{C} \odot \boldsymbol{B}$，它有 R 个长列（$JK \times R$）。

小结 $\boldsymbol{T}$ 用 $\sum \boldsymbol{a}_i \circ \boldsymbol{b}_i \circ \boldsymbol{c}_i$ 来近似。在 3 个方向对 $\boldsymbol{T}$ 进行切片，然后将这些切片在 $\boldsymbol{T}_1$、$\boldsymbol{T}_2$、$\boldsymbol{T}_3$ 3 个矩阵中彼此相邻放置。接着寻找 $\boldsymbol{M}_1$、$\boldsymbol{M}_2$、$\boldsymbol{M}_3$ 3 个矩阵，它们能通过普通的矩阵乘法给予几乎正确的方程：

$$T_1 \approx \boldsymbol{A}\boldsymbol{M}_1 \quad , \quad T_2 \approx \boldsymbol{B}\boldsymbol{M}_2 \quad , \quad T_3 \approx \boldsymbol{C}\boldsymbol{M}_3 \tag{18}$$

$\boldsymbol{A}$ 是 $I \times R$ 的，其列为 $\boldsymbol{a}_1 \sim \boldsymbol{a}_R$。$T_1$ 是 $I \times JK$ 的。因此，正确的 $\boldsymbol{M}_1$ 必定是 $R \times JK$ 的。这个 $\boldsymbol{M}_1$ 来自矩阵 $\boldsymbol{B}$ 和 $\boldsymbol{C}$，其列为 $\boldsymbol{b}_j$ 和 $\boldsymbol{c}_k$。

$\boldsymbol{M}_1$ 是 Khatri-Rao 积 $\boldsymbol{C} \odot \boldsymbol{B}$（其大小为 $\boldsymbol{JK} \times \boldsymbol{R}$）的转置

$\boldsymbol{C} \odot \boldsymbol{B}$ 的第 i 列来自 $\boldsymbol{C}$ 和 $\boldsymbol{B}$ 的第 i 列（$i = 1 \sim R$）。这个 $\boldsymbol{C} \odot \boldsymbol{B}$ 的第 i 列包含所有的 JK 成员 c_{ki} 和 b_{ji}（$1 \leqslant k \leqslant K$，$1 \leqslant j \leqslant J$）。$\boldsymbol{C} \odot \boldsymbol{B}$ 包含所有的 JKR 个 c_{ki} 和 b_{ji}（它们来自 $\boldsymbol{C}$ 和 $\boldsymbol{B}$ 的第 i 列，$i = 1 \sim R$）的乘积。

$\boldsymbol{T}$ 的这 3 个矩阵形式 $\boldsymbol{T}_1$、$\boldsymbol{T}_2$、$\boldsymbol{T}_3$ 是近似的矩阵乘积。Khatri-Rao 定义被发明出来以使得式 (19) 成立。

$$\boldsymbol{T}_1 \approx \boldsymbol{A}(\boldsymbol{C} \odot \boldsymbol{B})^{\mathrm{T}}, \quad \boldsymbol{T}_2 \approx \boldsymbol{B}(\boldsymbol{C} \odot \boldsymbol{A})^{\mathrm{T}}, \quad \boldsymbol{T}_3 \approx \boldsymbol{C}(\boldsymbol{B} \odot \boldsymbol{A})^{\mathrm{T}} \tag{19}$$

计算 T 的 CP 分解

我们的目标是计算对张量 $\boldsymbol{T}$ 的近似式 (14) 中的 $\boldsymbol{a}$、$\boldsymbol{b}$ 和 $\boldsymbol{c}$。计划采用**交错最小化法**。先将矩阵 $\boldsymbol{B}$ 和 $\boldsymbol{C}$ 中的 $\boldsymbol{b}$ 和 $\boldsymbol{c}$ 固定，求解对 $\boldsymbol{A}$ 中 $\boldsymbol{a}$ 的线性最小二乘法问题。

将 $\boldsymbol{T}$ 置于其矩阵化形式 $\boldsymbol{T}_1$。这个矩阵是 $I \times JK$ 的。通过式 (19)，寻求 $\boldsymbol{T}_1 \approx \boldsymbol{A}(\boldsymbol{C} \odot \boldsymbol{B})^{\mathrm{T}} = (I \times R)(R \times JK)$。现在先固定 $\boldsymbol{B}$ 和 $\boldsymbol{C}$。

$$\text{在 } \|\boldsymbol{T}_1 - \boldsymbol{A}(\boldsymbol{C} \odot \boldsymbol{B})^{\mathrm{T}}\|_F^2 = \|\boldsymbol{T}_1^{\mathrm{T}} - (\boldsymbol{C} \odot \boldsymbol{B})\,\boldsymbol{A}^{\mathrm{T}}\|_F^2 \text{ 中选择最佳的} \boldsymbol{A} \tag{20}$$

这里 $\boldsymbol{C} \odot \boldsymbol{B}$ 是 $JK \times R$ 系数矩阵。它乘以 A^{T} 的每一列。使用 Frobenius 范数，有 I 个普通最小二乘问题求 $\boldsymbol{A}:\boldsymbol{A}^{\mathrm{T}}$ 的每一列 (= $\boldsymbol{A}$ 的每一行) 对应一个。

注意：对最小二乘而言，$\boldsymbol{A}$ 并不像通常 $\boldsymbol{A}\boldsymbol{x} = \boldsymbol{b}$ 中那样。这里，$\boldsymbol{A}$ 的各行是未知数。**那个系数矩阵是** $\boldsymbol{C} \odot \boldsymbol{B}$（而非 $\boldsymbol{A}$）。期待这个矩阵是高薄矩阵，且 $JK \geqslant R$。类似地，当未知数轮流变成 $\boldsymbol{B}$ 和 $\boldsymbol{C}$ 时，希望 $IK \geqslant R$，$IJ \geqslant R$。

一个最小二乘问题 $\boldsymbol{A}\boldsymbol{x} = \boldsymbol{b}$ 的解由 $\boldsymbol{A}$ 的伪逆矩阵 $\boldsymbol{A}^+$ 得到：$\widehat{\boldsymbol{x}} = \boldsymbol{A}^+\boldsymbol{b}$。

如果这个矩阵 $\boldsymbol{A}$ 有相互独立的列（如最小二乘通常假设的），$\boldsymbol{A}^+$ 是 $\boldsymbol{A}$ 的左逆矩阵 $(\boldsymbol{A}^{\mathrm{T}}\boldsymbol{A})^{-1}\boldsymbol{A}^{\mathrm{T}}$。可以看到通常求最佳的 $\widehat{\boldsymbol{x}}$ 的正规方程中的系数矩阵 $\boldsymbol{A}^{\mathrm{T}}\boldsymbol{A}$。在这种情况下，那个系数矩阵不是 $\boldsymbol{A}$，而是 Khatri-Rao 积 $\boldsymbol{C} \odot \boldsymbol{B}$。幸运的是系数矩阵 $\boldsymbol{C} \odot \boldsymbol{B}$ 的伪逆可以表示为

$$(\boldsymbol{C} \odot \boldsymbol{B})^+ = [(\boldsymbol{C}^{\mathrm{T}}\boldsymbol{C}) \,.\!*\, (\boldsymbol{B}^{\mathrm{T}}\boldsymbol{B})]^+(\boldsymbol{C} \odot \boldsymbol{B})^{\mathrm{T}} \tag{21}$$

这个表达式是从 Kolda 和 Bader 的例子中借用的。它使得能提前形成 $\boldsymbol{C}^{\mathrm{T}}\boldsymbol{C}$ 和 $\boldsymbol{B}^{\mathrm{T}}\boldsymbol{B}$（$R \times R$ 矩阵）。符号“. *”（或经常是 ∘）代表元素-元素间的乘积（称为 **Hadamard 乘积**）。进行转置后，这个 $\boldsymbol{B}$ 和 $\boldsymbol{C}$ 固定的最小二乘问题式 (20) 用下面的矩阵求解：

$$\boldsymbol{A} = \boldsymbol{T}_1\,(\boldsymbol{C} \odot \boldsymbol{B})\,(\boldsymbol{C}^{\mathrm{T}}\boldsymbol{C} \,.\!*\, \boldsymbol{B}^{\mathrm{T}}\boldsymbol{B})^+ \tag{22}$$

下一步用 $\boldsymbol{A}$ 和 $\boldsymbol{C}$ 来求最佳的 $\boldsymbol{B}$。对只有一个迭代的交错算法，在找到最佳的 $\boldsymbol{C}$ 后就停止了。此时，$\boldsymbol{A}$ 和 $\boldsymbol{B}$ 被固定在它们的新值上。

Tucker 分解

SVD 将一个矩阵（二阶张量）分解成 $\boldsymbol{U}\boldsymbol{\Sigma}\boldsymbol{V}^{\mathrm{T}}$，$\boldsymbol{U}$ 和 $\boldsymbol{V}$ 中的列分别是正交的。这个分解对高阶的张量一般是不可能的，这就是要有 CP 近似的原因，而现在我们来看一下 Tucker 近似。

Tucker 允许 P 个列向量 $\boldsymbol{a}_p$、Q 个列向量 $\boldsymbol{b}_q$ 和 R 个列向量 $\boldsymbol{c}_r$。然后，所有的秩为 1 的组合 $\boldsymbol{a}_p \circ \boldsymbol{b}_q \circ \boldsymbol{c}_r$ 都是被允许的。一个维数为 P、Q、R 的核心张量 $\boldsymbol{G}$ 决定了在这些组合中的系数：

$$\boldsymbol{T}\text{的 Tucker 分解} \qquad T \approx \sum_1^P \sum_1^Q \sum_1^R g_{pqr}\, \boldsymbol{a}_p \circ \boldsymbol{b}_q \circ \boldsymbol{c}_r \tag{23}$$

有了这个 G 中的额外自由度（在 CP 分解中，G 只是一个对角线张量）就能够要求 $\boldsymbol{a}$、$\boldsymbol{b}$ 和 $\boldsymbol{c}$ 为3 组互相正交的列。因此，Tucker 是 PQR 个秩为 1 的张量的组合，而不仅只有 R 个。

式 (23) 是一个近似，不是一个等式，它被通用化到 d 阶的张量。那个三阶情况有一个矩阵化的形式，那里 $\boldsymbol{T}_1$、$\boldsymbol{T}_2$、$\boldsymbol{T}_3$，类似地 $\boldsymbol{G}_1$、$\boldsymbol{G}_2$、$\boldsymbol{G}_3$ 是式 (16) 中展开了的矩阵。式 (14) 中那些 CP 矩阵变成了 Tucker 矩阵，并且有克罗内克积，而不是 Khatri-Rao 积：

$$\boxed{\textbf{Tucker}\quad \boldsymbol{T}_1 \approx \boldsymbol{A}\boldsymbol{G}_1(\boldsymbol{C}\otimes\boldsymbol{B})^{\mathrm{T}},\quad \boldsymbol{T}_2 \approx \boldsymbol{B}\boldsymbol{G}_2(\boldsymbol{C}\otimes\boldsymbol{A})^{\mathrm{T}},\quad \boldsymbol{T}_3 \approx \boldsymbol{C}\boldsymbol{G}_3(\boldsymbol{B}\otimes\boldsymbol{A})^{\mathrm{T}}} \tag{24}$$

更高阶的 SVD (HOSVD) 是一个特别的 Tucker 分解。De Lathauwer对其性质和计算做了完美的解释。

大张量的分解与随机化

本节已经描述了张量计算的基本步骤。数据正以张量的形式源源不断到来。下面以两个（自 CP 以来）更新的构造来结束，并给出参考文献。

(1) **张量链分解** （Oseledets-Tyrtyshnikov）这个问题是处理 d 阶张量。完全的 CP 分解会用一个秩为 1 的张量之和来近似 $\boldsymbol{T}$。对于大维数 d，CP 失效了。一种较好的方法是将 $\boldsymbol{T}$ 降阶到一个三阶张量的链。然后，线性代数与 CP 能应用于这个张量链形式上。

(2) **CURT 分解** （Song-Woodruff-Zhong） 这是对张量的低秩近似。这篇文章计算一个与 $\boldsymbol{T}\varepsilon$-接近的秩为 k 的张量。

就矩阵而言，这可以通过 SVD 和 Eckart-Young 定理取得（误差 $\varepsilon = 0$）。

对于张量，不存在 SVD 这种方法。计算则是用一个混合张量 $\boldsymbol{U}$ 的列-行 CUR 近似（3.3 节）。

这个算法接近于 nnz 步的目标：等于在 $\boldsymbol{T}$ 中的非零项数目。它采用了**随机化分解**这一在 2.4 节中用于进行大规模计算的有效工具。张量处于数值线性代数的前沿。

[1] Kolda T, Bader B. *Tensor decompositions and applications*[J]. SIAM Review, 2009, **52**: 455–500.

[2] Mahoney M, Maggioni M, Drineas P. *Tensor-CUR decompositions for tensor-based data*[J]. SIAM J. Matrix Analysis Appl, 2008, **30**: 957–987.

[3] Bader B, Kolda T. MATLAB Tensor Toolbox. version 2.2 (2007).

[4] Andersson C, Bro R. The N-Way Toolbox for MATLAB (2000).

[5] Harshman R A[EB/OL]. `http://www.psychology.uwo.ca/faculty/harshman`.

[6] Paatero P, Tapper U. *Positive matrix factorization*[J]. Environmetrics, 1994, **5**: 111-126.

[7] Lee D D, Seung H S. *Learning the parts of objects by non-negative matrix factorization*[J]. Nature, 1999, **401**: 788–791.

[8] De Lathauwer L, de Moor B, Vandewalle J. *A multilinear singular value decomposition*[J]. SIAM J. Matrix Anal, 2000: 1253–1278, 1324–1342.

[9] Ragnarsson S, Van Loan C. *Block tensor unfoldings*[J]. SIAM J. Matrix Anal. Appl., 2013, **33**: 149–169, arXiv: 1101.2005.

[10] Van Loan C[EB/OL]. `www.alm.unibo.it/~simoncin/CIME/vanloan1.pdf`—**vanloan4.pdf.**

[11] Oseledets I. *Tensor-train decomposition*[J]. SIAM J. Sci. Comp, 2011, **33**: 2295-2317.

[12] Song Z, Woodruff D P, Zhong P. *Relative error tensor low rank approximation*[J]. 2018, arXiv: 1704.08246.

[13] Grinfeld P. *Introduction to Tensor Calculus and the Calculus of Moving Surfaces*[M]. Springer, 2013.

习题 1.12

习题 1~习题 5 是当 $\boldsymbol{UV}$ 的秩为 1 时，将 $\|\boldsymbol{A}-\boldsymbol{UV}\|_F^2$ 最小化。

$$\text{Minimize}\quad \left\|\begin{bmatrix} a & c \\ b & d \end{bmatrix} - \begin{bmatrix} u_1 \\ u_2 \end{bmatrix}\begin{bmatrix} v_1 & v_2 \end{bmatrix}\right\|_F^2$$

1. 考虑 $\boldsymbol{A}-\boldsymbol{UV}$ 的第一列，其中 $\boldsymbol{A}$ 和 $\boldsymbol{U}$ 固定：

$$\text{Minimize}\quad \left\|\begin{bmatrix} a-v_1u_1 \\ b-v_1u_2 \end{bmatrix}\right\|^2 = (a-v_1u_1)^2+(b-v_1u_2)^2$$

用微积分证明最小化的数 v_1 满足 $(u_1^2+u_2^2)\,v_1=u_1a+u_2b$。用向量表示为 $\boldsymbol{u}^{\mathrm{T}}\boldsymbol{u}\,v_1=\boldsymbol{u}^{\mathrm{T}}\boldsymbol{a}_1$，其中 $\boldsymbol{a}_1$ 是 $\boldsymbol{A}$ 的第 1 列。

2. 下图中的哪个点 $v_1\boldsymbol{u}$ 使 $\|\boldsymbol{a}_1-v_1\boldsymbol{u}\|^2$ 最小化？

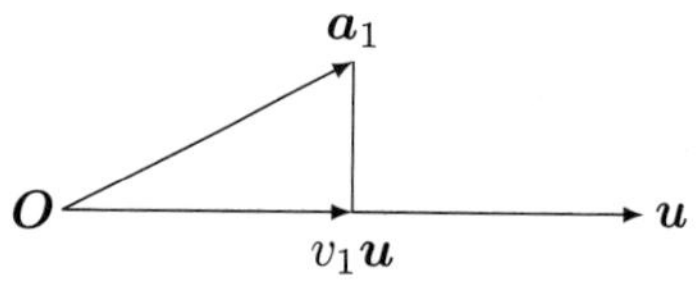

误差向量 $\boldsymbol{a}_1-v_1\boldsymbol{u}$____$\boldsymbol{u}$。

由这个结论，再求数 v_1。

3. $\boldsymbol{A}-\boldsymbol{UV}$ 的第二列是 $\begin{bmatrix} c \\ d \end{bmatrix} - \begin{bmatrix} u_1 \\ u_2 \end{bmatrix} v_2=\boldsymbol{a}_2-v_2\boldsymbol{u}$。哪个数 v_2 使 $\|\boldsymbol{a}_2-v_2\boldsymbol{u}\|^2$ 最小化？

向量形式	最佳的 $\boldsymbol{v}=\begin{bmatrix} v_1 & v_2 \end{bmatrix}$ 解出 $(\boldsymbol{u}^{\mathrm{T}}\boldsymbol{u})\,\boldsymbol{v}=\boldsymbol{u}^{\mathrm{T}}\boldsymbol{A}$

4. 给定 $\boldsymbol{U}$，当 $\boldsymbol{UV}$ 的秩为 1 时，习题 1~习题 3 最小化了 $\|\boldsymbol{A}-\boldsymbol{UV}\|_F^2$。

给定 $\boldsymbol{V}=\begin{bmatrix} v_1 & v_2 \end{bmatrix}$，哪个 $\boldsymbol{U}=\begin{bmatrix} u_1 \\ u_2 \end{bmatrix}$ 给出 $\|\boldsymbol{A}-\boldsymbol{UV}\|_F^2$ 的最小值？

5. (用计算机) 从任意 $\boldsymbol{U}_0$ 开始，交替最小化是否收敛于 SVD 中最接近的秩为 1 的矩阵 $\boldsymbol{A}_1=\sigma_1\boldsymbol{u}_1\boldsymbol{v}_1^{\mathrm{T}}$？

$$\text{当}\boldsymbol{V}=\boldsymbol{V}_n\text{时，}\quad \underset{\boldsymbol{V}}{\text{Minimize}}\ \|\boldsymbol{A}-\boldsymbol{U}_n\boldsymbol{V}\|_F^2 \qquad \boldsymbol{A}\text{ 是 }3\times 3\text{矩阵}$$

$$\boldsymbol{U}\text{ 是 }3\times 1\text{矩阵}$$

$$\text{当}\boldsymbol{U}=\boldsymbol{U}_{n+1}\text{时，}\quad \underset{\boldsymbol{U}}{\text{Minimize}}\ \|\boldsymbol{A}-\boldsymbol{U}\boldsymbol{V}_n\|_F^2 \qquad \boldsymbol{V}\text{ 是 }1\times 3\text{矩阵}$$

注意：这些问题也是对最小二乘法的一个引论（2.2 节）。对固定的 $\boldsymbol{V}$ 或 $\boldsymbol{U}$，每个最小化是一个最小二乘问题（甚至当 $\boldsymbol{UV}$ 的秩增加到比 1 大时）。但是，要求 $\boldsymbol{U}$ 和 $\boldsymbol{V}$ 的非负性或稀疏性使得每个最小化更困难，因此需要有新的方法。

习题 6 ~ 11 是关于张量的。我们不是在做微积分（关于导数）或张量代数（关于张量空间）。重点是包含多维数据的单个张量 $\boldsymbol{T}$。若有 $1\sim n$ 个样本，每个样本是一幅图像（一个矩阵），则有一个三阶张量。如何通过简单张量的组合来近似这个张量 $\boldsymbol{T}$？这就是数据科学问题。

首先必须确定：哪些张量是简单的？答案：$\boldsymbol{a}\otimes\boldsymbol{b}\otimes\boldsymbol{c}$ 是一个简单（秩为 1）的张量。它的 i、j、k 分量是数 $a_i \times b_j \times c_k$，就像一个秩为 1 的矩阵 $\boldsymbol{ab}^{\mathrm{T}}$ 有分量 a_ib_j。简单张量的和近似 $\boldsymbol{T}$。

6. 给定 $m \times n$ 矩阵 $\boldsymbol{A}$，如何确定 $\boldsymbol{A}$ 的秩是否为 1？
7. 给定 $m \times n \times p$ 张量 $\boldsymbol{T}$，如何确定 $\boldsymbol{T}$ 的秩是否为 1？
8. $2 \times 2 \times 2$ 张量的最大可能秩是 3，能否找到一个例子？
9. (a) 假设已知一个 $m \times n$ 矩阵 $\boldsymbol{A}$ 各行之和为 $r_1, r_2, \cdots, r_m$，各列之和为 $c_1, c_2, \cdots, c_n$。这些数必须满足什么条件？
   (b) 对一个 $m \times n \times p$ 张量，切片是 $n \times p$、$m \times p$ 和 $m \times n$ 矩阵。假设将在这 m 个切片、n 个切片和 p 个切片中的每个分量加在一起。这 m、n 和 p 个数应满足什么条件？
10. 假设 $2 \times 2 \times 2$ 张量 $\boldsymbol{T}$ 中除了第一个分量是 $\boldsymbol{T}_{111} = 0$，其余所有分量都是 1。把 $\boldsymbol{T}$ 写成两个秩为 1 的张量的和。求与 $\boldsymbol{T}$ 最接近的秩为 1 的张量（在通常的 Frobenius 范数意义下）。
11. 一个 $2 \times 2 \times 2$ 张量 $\boldsymbol{T}$ 乘以 $\mathbf{R}^2$ 中的向量 $\boldsymbol{v}$ 会得到一个 $\mathbf{R}^{2\times 2}$ 中的矩阵 $\boldsymbol{A}$。如何定义输出 $\boldsymbol{A} = \boldsymbol{Tv}$？

第 2 章 大规模矩阵的计算

本章讨论 $\boldsymbol{Ax}=\boldsymbol{b}$ 的许多变化形式。普通的消元法可能会计算出准确的 $\boldsymbol{x}$ 值，也可能不会；可能有太多方程 $(m>n)$ 并且无解；方阵可能是奇异的；方程的解也可能无法计算得到（$\boldsymbol{A}$ 非常病态，或只是太大了）。在深度学习中有太多解决方案，但我们想要的是一个可以泛化成能处理的未遇到过的测试数据的方案。

我们试图把这些困难的源头分开，就像医生分诊，先找出问题，然后对每种情形提出相应的解决方法。$\boldsymbol{A}$ 的“伪逆”对每个矩阵提出了一个逆，但这并不一定有帮助。

0. 每个矩阵 $\boldsymbol{A}=\boldsymbol{U\Sigma V}^{\mathrm{T}}$ 有一个**伪逆** $\boldsymbol{A}^{+}=\boldsymbol{V\Sigma}^{+}\boldsymbol{U}^{\mathrm{T}}$。对于对角矩阵 $\boldsymbol{\Sigma}$，其伪逆 $\boldsymbol{\Sigma}^{+}$ 包含每个非零奇异值的倒数 $1/\sigma_k$，*但是 0 的伪逆为 0*。要知道一个数何时为零是一个十分严格的要求（在许多计算场合下是不可能的）。

2.2 节中的伪逆是解 $\boldsymbol{Ax}=\boldsymbol{b}$ 的一种方法。下面给出其他方法。

1. 假设 $\boldsymbol{A}$ 是可逆的方阵，且其大小是合理的，同时它的条件数 σ_1/σ_n 不大，则**消元法**会成功（或许需要行置换）。有 $\boldsymbol{PA}=\boldsymbol{LU}$ 或 $\boldsymbol{A}=\boldsymbol{LU}$（有行交换或无行交换），如 1.4 节。

反斜杠命令 $\boldsymbol{A}\backslash\boldsymbol{b}$ 被设计为可能的情况下使 $\boldsymbol{A}$ 块对角化。

2. 假设 $m>n=r$，则 $\boldsymbol{Ax}=\boldsymbol{b}$ 包含太多方程，不能指望有解。若 $\boldsymbol{A}$ 的列是独立的，且没有太多病态条件，则解**正规方程**$\boldsymbol{A}^{\mathrm{T}}\boldsymbol{A}\widehat{\boldsymbol{x}}=\boldsymbol{A}^{\mathrm{T}}\boldsymbol{b}$ 求得最小二乘解 $\widehat{\boldsymbol{x}}$。

向量 $\boldsymbol{b}$ 或许不在 $\boldsymbol{A}$ 的列空间中，则 $\boldsymbol{Ax}=\boldsymbol{b}$ 或许是不可能的。$\boldsymbol{A}\widehat{\boldsymbol{x}}$ 是 $\boldsymbol{b}$ 在列空间中的**投影**（见 2.2 节）。

这是两个很好的问题 ——可逆的 $\boldsymbol{A}$ 或可逆的 $\boldsymbol{A}^{\mathrm{T}}\boldsymbol{A}$，条件良好，而且矩阵又不太大。下面讨论四种更为困难的计算（仍然是线性方程）。

3. 假设 $m<n$。若方程 $\boldsymbol{Ax}=\boldsymbol{b}$ 有一个解，则它可以有许多解。$\boldsymbol{A}$ 有一个非零的零空间。**解 $\boldsymbol{x}$ 是不确定的**。希望根据目标选最佳的 $\boldsymbol{x}$。两个可能的选择是 $\boldsymbol{x}^{+}$ 和 $\boldsymbol{x}_1$：

$\boldsymbol{x}=\boldsymbol{x}^{+}=\boldsymbol{A}^{+}\boldsymbol{b}$。伪逆 $\boldsymbol{A}^{+}$ 给出了零空间分量：零的**最小的 $\boldsymbol{\ell^2}$ 范数解**。

$\boldsymbol{x}=\boldsymbol{x}_1=$ **最小的 $\boldsymbol{\ell^1}$ 范数解**。这个解通常是稀疏的（有许多零分量），并且非常理想。这来自 3.4 节的“基寻找”。

4. $\boldsymbol{A}$ 的列可能处于**病态**。比值 σ_1/σ_r 太大，因此 $\boldsymbol{x}$ 不能很好地确定（如 3.3 节中的高阶插值）。通常采用 Gram-Schmidt 或 Householder 算法将列正交化。从列 $\boldsymbol{a}_1,\boldsymbol{a}_2,\cdots,\boldsymbol{a}_n$ 来建立单位正交向量 $\boldsymbol{q}_1,\boldsymbol{q}_2,\cdots,\boldsymbol{q}_n$。

2.2 节解释了 Gram-Schmidt 的两种重要形式。标准的方法是将每一列 $\boldsymbol{a}_{k+1}$ 与已知方向 $\boldsymbol{q}_1,\cdots,\boldsymbol{q}_k$ 正交。更保险的方式则是一旦找到向量 $\boldsymbol{q}_k$，就将所有剩余的 $n-k$ 列与这个向量正

交。如果需要，一个小的 $k+1$ 列可以交换到后面的列。可靠的做法是每一步挑最大可选的列。

5. $\boldsymbol{A}$ 可能是接近奇异的（就如在 **4.** 中）。在这种情况下，$\boldsymbol{A}^{\mathrm{T}}\boldsymbol{A}$ 会有一个很大的逆矩阵。Gram-Schmidt 算法可能失败。一种不同的解决方法是加一个**惩罚项**：

$$\text{Minimize } \|\boldsymbol{A}\boldsymbol{x}-\boldsymbol{b}\|^2+\delta^2\|\boldsymbol{x}\|^2 \qquad \text{来解 } (\boldsymbol{A}^{\mathrm{T}}\boldsymbol{A}+\delta^2\boldsymbol{I})\boldsymbol{x}_\delta=\boldsymbol{A}^{\mathrm{T}}\boldsymbol{b}$$

当惩罚因子 δ^2 趋近于零时，$(\boldsymbol{A}^{\mathrm{T}}\boldsymbol{A}+\delta^2\boldsymbol{I})^{-1}\boldsymbol{A}^{\mathrm{T}}$ 趋近于伪逆 $\boldsymbol{A}^+$（2.2 节）。通过加 $\delta^2\boldsymbol{I}$ 使 $\boldsymbol{A}^{\mathrm{T}}\boldsymbol{A}$ 更加为正来实现可逆性。这种做法可以与统计学中的岭回归法联系起来。

类似于 $\delta^2\|\boldsymbol{x}\|^2$ 的惩罚项在**逆问题**中很常见，其目的是根据输出的知识来重构系统。通常已知系统（如电力网络），求系统的输出（电流和电压）。逆问题则始于输出（如 CT 或 MRI 扫描结果）。重构系统是病态的。

6. **$\boldsymbol{A}$ 可能的确太大**，超出了快速存储器的容量。可以看矩阵的几个列，但不能进行消元法。即使使用美国橡树岭（Oak Ridge）国家实验室的千万亿（10^{15}）次计算机，或阿贡（Argonne）实验室的 10^{18} 次计算机（*New York Times*, 28 February 2018），将 $\boldsymbol{A}^{\mathrm{T}}$ 乘以 $\boldsymbol{A}$ 也是不可能的。

对这么大的矩阵，最好的解决方案是对列进行**随机采样**（2.4 节）。若 $\boldsymbol{A}$ 是超大的，但相当连贯，则每个 $\boldsymbol{A}\boldsymbol{x}$ 将是列空间的有用样本。随机采样得到的结果从来不是确定的，但是出错的概率很低。随机数值线性代数带来了具有坚实统计基础的一些算法。

这是基于概率中深刻结果的必要进化或革命。

2.1 数值线性代数

本节总结（经典）数值线性代数的中心思想，这里就不再详细解释，因为很多书已经做过介绍。其目的是求解 $\boldsymbol{A}\boldsymbol{x}=\boldsymbol{b}$，$\boldsymbol{A}\boldsymbol{x}=\lambda\boldsymbol{x}$，$\boldsymbol{A}\boldsymbol{v}=\sigma\boldsymbol{u}$。这些是建立新的计算方法的基础。

正是这些旨在从矩阵或张量的数据中提取信息的新方法，才是本章的真正目标。当一个矩阵或张量很大（“大数据”）时，不得不**对矩阵进行采样**。随机采样似乎不可能给出可靠答案。但实际上，这是极有可能的。

数值线性代数的“圣经”是 Gene Golub 和 Charles Van Loan 编写的 *Matrix Computations*。其第四版于 2013 年由 Johns Hopkins 大学出版社出版。30 多年前，Gene 在 Johns Hopkins 大学讲学，这导致了第一版的出版（我不认为出版社知道这本巨著有 750 页之多）。

math.mit.edu/learningfromdata 列出了许多其他书籍，这里我们选择了一本优秀的教科书 *Numerical Linear Algebra*，作者是 Trefethen 和 Bau，该书的每章提供了很好的思路及算法：

第 1 章　**基本原理**（直至 SVD 和 Eckart-Young 定理）
第 2 章　**$\boldsymbol{QR}$ 分解与最小二乘**（三种方式：$\boldsymbol{A}^+$、$(\boldsymbol{A}^{\mathrm{T}}\boldsymbol{A})^{-1}\boldsymbol{A}^{\mathrm{T}}$ 和 $\boldsymbol{QR}$）
第 3 章　**改进条件数及稳定性**（条件数、背向稳定性、微扰）
第 4 章　**方程组**（直接消元：$\boldsymbol{PA}=\boldsymbol{LU}$ 和 Cholesky 分解 $\boldsymbol{S}=\boldsymbol{A}^{\mathrm{T}}\boldsymbol{A}$）
第 5 章　**特征值**（约化至 三角-Hessenberg-双对角; 带有移位的 $\boldsymbol{QR}$）
第 6 章　**迭代法**（Arnoldi，Lanczos, GMRES，共轭梯度，Krylov）。

本节中，我们的计划是概述第 4、5 章中的重要迭代算法。这些算法都包括在解 $\boldsymbol{A}\boldsymbol{x}=\boldsymbol{b}$，$\boldsymbol{S}\boldsymbol{q}=\lambda\boldsymbol{q}$，$\boldsymbol{A}\boldsymbol{x}=\lambda\boldsymbol{x}$ 和 $\boldsymbol{A}\boldsymbol{v}=\sigma\boldsymbol{u}$ 的主要代码中。“迭代”这个词是指重复一个简单、快速的步骤，旨在接近一个更大更困难的问题的解。

一个迭代的模型（但不是一个特别快的算法）是将 $\boldsymbol{A}$ 分成 $\boldsymbol{A}=\boldsymbol{S}-\boldsymbol{T}$:

$$\textbf{为迭代做准备}\qquad \textbf{重写 } \boldsymbol{Ax}=\boldsymbol{b} \textbf{ 为 } \boldsymbol{Sx}=\boldsymbol{Tx}+\boldsymbol{b} \tag{1}$$

从任何一个 $\boldsymbol{x}_0$ 开始求解 $\boldsymbol{Sx}_1=\boldsymbol{Tx}_0+\boldsymbol{b}$。然后求解 $\boldsymbol{Sx}_2=\boldsymbol{Tx}_1+\boldsymbol{b}$。进行一百多次的迭代是十分正常的。若 $\boldsymbol{S}$ 选择恰当，每一步 $\boldsymbol{Sx_{k+1}}=\boldsymbol{Tx_k}+\boldsymbol{b}$ 比较快。

从精确的 $\boldsymbol{Sx}=\boldsymbol{Tx}+\boldsymbol{b}$ 减去迭代 $\boldsymbol{Sx}_{k+1}=\boldsymbol{Tx}_k+\boldsymbol{b}$，误差 $\boldsymbol{x}-\boldsymbol{x}_k$ 服从误差方程（注意 $\boldsymbol{b}$ 被消去）:

$$\textbf{误差方程}\qquad \boldsymbol{S}(\boldsymbol{x}-\boldsymbol{x_{k+1}})=\boldsymbol{T}(\boldsymbol{x}-\boldsymbol{x_k}) \tag{2}$$

每一步都用 $\boldsymbol{S}^{-1}\boldsymbol{T}$ 乘以误差。当 $\|\boldsymbol{S}^{-1}\boldsymbol{T}\|\ll 1$ 时，收敛速度很快。但是，实际上 $\boldsymbol{S}^{-1}\boldsymbol{T}$ 通常具有接近 1 的特征值，那么就需要一个更好的方法，如共轭梯度法。

注解：教科书可能通过求解 $\det(\boldsymbol{A}-\lambda\boldsymbol{I})=0$ 得到特征值，通过利用矩阵 $\boldsymbol{A}^{\mathrm{T}}\boldsymbol{A}$ 得到奇异值。而在现实中这些行列式是不可想象的，而且一个大的 $\boldsymbol{A}^{\mathrm{T}}\boldsymbol{A}$ 在数值上可能非常不明智。$\boldsymbol{Ax}=\lambda\boldsymbol{x}$ 和 $\boldsymbol{Av}=\sigma\boldsymbol{u}$ 是十分有难度的问题。在本节中将求解大小为 100 或更大的矩阵。对 $n=10^4$，请继续阅读 2.4 节。

Krylov 子空间与 Arnoldi 迭代

关键思想：**矩阵-向量乘法 $\boldsymbol{Ab}$ 速度很快，特别是当 $\boldsymbol{A}$ 是稀疏矩阵时**。假设从 $\boldsymbol{A}$ 和 $\boldsymbol{b}$ 开始，可以很快地计算出每个向量 $\boldsymbol{b},\boldsymbol{Ab},\cdots,\boldsymbol{A}^{n-1}\boldsymbol{b}$（不需要计算 $\boldsymbol{A}^2$ 或 $\boldsymbol{A}^3$，只计算向量）。这 n 个向量的组合构成了 n 维 **Krylov 子空间**。在子空间 K_n 中寻找接近待求解 $\boldsymbol{x}$ 的近似。

第一个问题是找到一组比向量 $\boldsymbol{b},\boldsymbol{Ab},\cdots,\boldsymbol{A}^{n-1}\boldsymbol{b}$ 好得多的基。正交基 $\boldsymbol{q}_1,\boldsymbol{q}_2,\cdots,\boldsymbol{q}_n$ 通常是最好的。Gram-Schmidt 的方法非常自然，提出从 $\boldsymbol{v}=\boldsymbol{Aq}_k$ 减去其对所有之前的向量 $\boldsymbol{q}_1,\boldsymbol{q}_2,\cdots,\boldsymbol{q}_k$ 的投影，**这就是 Arnoldi 迭代求 $\boldsymbol{q}_{k+1}$ 的方法**。

Arnoldi 迭代	已知 $\boldsymbol{q}_1=\boldsymbol{b}/\|\boldsymbol{b}\|,\boldsymbol{q}_2,\boldsymbol{q}_3,\cdots,\boldsymbol{q}_k$
$\boldsymbol{v}=\boldsymbol{Aq}_k$	**从一个新的 $\boldsymbol{v}$ 开始**
for $j=1$ to k	对每个已知的 $\boldsymbol{q}$
$\quad h_{jk}=\boldsymbol{q}_j^{\mathrm{T}}\boldsymbol{v}$	计算内积
$\quad\quad \boldsymbol{v}=\boldsymbol{v}-h_{jk}\boldsymbol{q}_j$	减去投影
$h_{k+1,k}=\|\boldsymbol{v}\|$	计算范数
$\boldsymbol{q}_{k+1}=\boldsymbol{v}/h_{k+1,k}$	**范数为 1 的新基向量**

可用矩阵语言示意这个过程。最后一列是 $\boldsymbol{Aq}_k=\boldsymbol{q}_1,\boldsymbol{q}_2,\cdots,\boldsymbol{q}_{k+1}$ 的组合:

$$\begin{bmatrix} & & \\ & \boldsymbol{A} & \\ & & \end{bmatrix}\begin{bmatrix} & & \\ \boldsymbol{q}_1 & \cdots & \boldsymbol{q}_k \\ & & \end{bmatrix}=\begin{bmatrix} & & \\ \boldsymbol{q}_1 & \cdots & \boldsymbol{q}_{k+1} \\ & & \end{bmatrix}\begin{bmatrix} \boldsymbol{h_{11}} & \cdots & \boldsymbol{h_{1k}} \\ \boldsymbol{h_{21}} & \cdots & \cdot \\ & \ddots & \vdots \\ & & \boldsymbol{h_{k+1,k}} \end{bmatrix} \tag{3}$$

这是 $\boldsymbol{AQ_k}=\boldsymbol{Q_{k+1}H_{k+1,k}}$。两边同时乘以 $\boldsymbol{Q}_k^{\mathrm{T}}$，得到重要的结论：

$$\boldsymbol{Q}_k^{\mathrm{T}}\boldsymbol{AQ_k}=\boldsymbol{Q}_k^{\mathrm{T}}\boldsymbol{Q}_{k+1}\boldsymbol{H}_{k+1,k}=\begin{bmatrix}\boldsymbol{I}_{k\times k} & \mathbf{0}_{k\times 1}\end{bmatrix}\begin{bmatrix}\boldsymbol{H}_k\\ \text{第}k+1\text{行}\end{bmatrix}=\boldsymbol{H}_k \tag{4}$$

方阵 $\boldsymbol{H}_k$ 已经消去了式 (3) 中的最后一行，这就留下了一个上三角矩阵加上一个包含 $h_{21},\cdots,h_{k,k-1}$ 的亚对角线。只带有一条非零亚对角线的矩阵称为**Hessenberg 矩阵**。$\boldsymbol{H}_k$ 有一个十分清晰的解释：

$\boldsymbol{H_k}=\boldsymbol{Q}_k^{\mathrm{T}}\boldsymbol{AQ_k}$ 是 $\boldsymbol{A}$ 到采用基向量 $\boldsymbol{q}$ 的 Krylov 空间的投影。

求 $\boldsymbol{H}_k$ 的 Arnoldi 过程是数值线性代数中重要算法之一。它在数值计算上是稳定的，而且 $\boldsymbol{q}$ 是单位正交的。

从 Arnoldi 迭代得到的特征值

$\boldsymbol{H}_k=\boldsymbol{Q}_k^{\mathrm{T}}\boldsymbol{AQ}_k$ 中的数字是在 Arnoldi 迭代过程中计算出来的。若一直计算到 $\boldsymbol{A}$ 的列数 k，则有一个相似于 $\boldsymbol{A}$ 的 Hessenberg矩阵 $\boldsymbol{H}=\boldsymbol{Q}^{-1}\boldsymbol{AQ}$，它们具有相同的特征值。通过下面移位的 $\boldsymbol{QR}$ 算法计算这些特征值，应用到 $\boldsymbol{H}$ 上。

实际上，并不会一直采用 Arnoldi 迭代，得到一个不错的 k 值后就停下来。那么 $\boldsymbol{H}$ 的 k 个特征值（通常）是 $\boldsymbol{A}$ 的 k 个极端特征值的良好近似。Trefethen 和 Bau 强调对非对称的 $\boldsymbol{A}$，开始可能不想要它的特征值。当它们的条件很差时，这种情况导致Trefethen 和 Embree 提出了伪谱（pseudospectra）理论。

从 Arnoldi 迭代和 GMRES 得到的线性系统

Arnoldi 迭代已经给了一组很好的基（单位正交 $\boldsymbol{q}$），用于由 $\boldsymbol{b},\boldsymbol{Ab},\cdots,\boldsymbol{A}^{k-1}\boldsymbol{b}$ 张成的不断增大的 Krylov 子空间。因此 Arnoldi 迭代是第一步。在该子空间中，$\boldsymbol{Ax}=\boldsymbol{b}$ 的广义最小残差 (Generalized Minimum RESidual,GMRES) 方法是**求最小化 $\|\boldsymbol{b}-\boldsymbol{Ax_k}\|$ 的向量 $\boldsymbol{x_k}$**。使用这组单位正交基就能准确安全地计算：

> **带有 Arnoldi 基** $\boldsymbol{q}_1,\boldsymbol{q}_2,\cdots,\boldsymbol{q}_k$ 的 GMRES
> 求 $\boldsymbol{y}_k$ 使 $\boldsymbol{H_{k+1,k}\,y}-(\|\boldsymbol{b}\|,\mathbf{0},\cdots,\mathbf{0})^{\mathrm{T}}$ 的长度最小化
> 然后 $\boldsymbol{x}_k=\boldsymbol{Q_k y_k}$

求 $\boldsymbol{y}_k$ 是一个 $(k+1)\times k$ Hessenberg 矩阵的最小二乘问题。在 $\boldsymbol{H}_{k+1,k}$ 的第一次对角线下方的零使得 GMRES 特别快。

对称矩阵：Arnoldi 迭代变成 Lanczos 迭代

假设矩阵是对称的：$\boldsymbol{A}=\boldsymbol{S}$。在这种情况下，有另两个结论是成立的：

(1) **$\boldsymbol{H_k}=\boldsymbol{Q}_k^{\mathrm{T}}\boldsymbol{SQ_k}$ 也是对称的。**它的转置矩阵显然是 $\boldsymbol{H}_k$。

(2) $\boldsymbol{H_k}$ **是三对角的**。由于主对角线下方只有一条次对角线，故主对角线上方只有一条次对角线。

三对角矩阵 $\boldsymbol{H}$ 大大节省了计算成本，Arnoldi 迭代只需要一个正交步骤。其他正交性是内置的，因为 $\boldsymbol{H}$ 是对称的 **Hessenberg** 矩阵（因此它是三对角的）。

下面是 Lanczos 迭代，主对角线上有 $a_1, a_2, \cdots, a_k$，上下两条次对角线上有 $b_1, b_2, \cdots, b_{k-1}$。$\boldsymbol{T}$ 中的这些 a 和 b 取代了 Arnoldi 矩阵 $\boldsymbol{H}$ 中的 h。

对 $\boldsymbol{Sx} = \lambda\boldsymbol{x}$ 的 Lanczos 迭代（对称 Arnoldi 迭代）

$\boldsymbol{q}_0 = \boldsymbol{0},\ \boldsymbol{q}_1 = \boldsymbol{b}/\Vert\boldsymbol{b}\Vert$	正交化 $\boldsymbol{b}, \boldsymbol{Sb}, \boldsymbol{Sb}^2, \cdots$
For $k = 1, 2, 3, \cdots$	
$\boldsymbol{v} = \boldsymbol{Sq}_k$	从新的 $\boldsymbol{v}$ 开始
$a_k = \boldsymbol{q}_k^{\mathrm{T}}\boldsymbol{v}$	$\boldsymbol{T}$中对角元是a_k
$\boldsymbol{v} = \boldsymbol{v} - b_{k-1}\boldsymbol{q}_{k-1} - a_k\,\boldsymbol{q}_k$	与早先的 $\boldsymbol{q}$ 正交
$b_k = \Vert\boldsymbol{v}\Vert$	$\boldsymbol{T}$中的非对角元是b_k
$\boldsymbol{q}_{k+1} = \boldsymbol{v}/b_k$	下一个基向量

三对角矩阵记为 $\boldsymbol{T}$，取代 Hessenberg 矩阵 $\boldsymbol{H}$，下面是 Lanczos 迭代的主要结论。它们只是简单地从 Arnoldi 迭代复制而来：

$$\text{式 (3) 和式 (4)} \qquad \boxed{\boldsymbol{T_k} = \boldsymbol{Q_k^{\mathrm{T}}SQ_k}, \qquad \boldsymbol{SQ_k} = \boldsymbol{Q_{k+1}\,T_{k+1,k}}} \tag{5}$$

“$\boldsymbol{T}_k$ 的特征值（计算速度快）近似于 $\boldsymbol{S}$ 的特征值”，这个说法是准确的且总是对的就好了。Trefethen 和 Bau 构造了一个对角矩阵 $\boldsymbol{S}$，其中包含 201 个 0 ~ 2 的等间距特征值，以及两个较大的特征值 2.5 和 3.0。从随机向量 $\boldsymbol{b}$ 开始，Lanczos 迭代在 $k = 9$ 这一步以指数形式很好地逼近 $\lambda = 2.5$ 和 3.0。$\boldsymbol{T}_9 = \boldsymbol{Q}_9^{\mathrm{T}}\boldsymbol{SQ}_9$ 的其他 7 个特征值在 0 和 2 附近。但是并没有在 201 个 λ 中捕获单个特征值。

这个问题来自非正交的 $\boldsymbol{q}$，而 Lanczos 迭代会保证正交的 $\boldsymbol{q}$。**Lanczos 迭代是极有价值的**，但是在实践中需要格外小心以保持所有的 $\boldsymbol{q}$ 是正交的（Gram-Schmidt 分解也是如此）。

通过 QR 迭代得到的三对角矩阵 T 的特征值

计算对称三对角矩阵 $\boldsymbol{T}$ 的特征值是对称特征值问题的关键问题。原始的矩阵 $\boldsymbol{S}$ 被 Lanczos 迭代简化为三对角矩阵 $\boldsymbol{T} = \boldsymbol{Q}^{\mathrm{T}}\boldsymbol{SQ} = \boldsymbol{Q}^{-1}\boldsymbol{SQ}$（特征值不变，因为 $\boldsymbol{T}$ 和 $\boldsymbol{S}$ 相似）。或者那些零也可以来自 2×2 的“Givens 旋转”。

此处，有一个三对角对称矩阵 $\boldsymbol{T} = \boldsymbol{T}_0$。为了找到它的特征值，可采用以下方法：

(1) **采用 Gram-Schmidt 分解或 Householder 分解，将 $\boldsymbol{T_0}$ 分解成 $\boldsymbol{QR}$。注意 $\boldsymbol{R} = \boldsymbol{Q^{-1}T_0}$。**

(2) **将这两个因子 $\boldsymbol{Q}$ 和 $\boldsymbol{R}$ 顺序颠倒，得到 $\boldsymbol{T_1} = \boldsymbol{RQ} = \boldsymbol{Q^{-1}T_0Q}$。**

(3) 重复上述过程直至找到特征值。

这个新的 $\boldsymbol{T}_1 = \boldsymbol{Q}^{-1}\boldsymbol{T}_0\boldsymbol{Q}$ 相似于 $\boldsymbol{T}$：有相同的特征值。还不止于此，$\boldsymbol{T}_1$ 依然是三对角的（习题 1）。因此，下一步及之后的步骤都是快速的。并且最好的是**相似矩阵 $\boldsymbol{T}, \boldsymbol{T_1}, \boldsymbol{T_2}, \cdots$ 最后逼近一**

个对角矩阵 $\boldsymbol{\Lambda}$。这个对角矩阵揭示了原始矩阵 $\boldsymbol{T}$（不变的）的特征值。第一个出现的特征值在最后一项 $\boldsymbol{T}_{nn}$ 中。

这就是计算特征值的"$\boldsymbol{QR}$ **算法**"。随着这个算法逐渐被人所知，它在数值线性代数界引起了轰动。如果给数值分析师一个好的算法，他们会立即设法让算法变得更好。在这种情况下，他们取得了成功，因为之后几乎没有花费太大的代价就会取得改进（并且确实奏效了）。

改进的算法是**移位** $\boldsymbol{QR}$，或者称为**带移位的** $\boldsymbol{QR}$。这个" 移位"运算在 QR 步骤之前，减去单位矩阵的倍数 $s_k\boldsymbol{I}$，并在 $\boldsymbol{RQ}$ 步骤后再加回：

带移位的	**在第 k 步，选择一个移位 s_k**
$\boldsymbol{QR}$ **算法**	**分解 $\boldsymbol{T}_k - s_k\boldsymbol{I} = \boldsymbol{Q}_k\boldsymbol{R}_k$**
求特征值	**颠倒因子顺序，然后加回移位：$\boldsymbol{T}_{k+1} = \boldsymbol{R}_k\boldsymbol{Q}_k + s_k\boldsymbol{I}$**

因为它们是相似的矩阵，所以具有相同的特征值。每个新的 $\boldsymbol{T}_{k+1}$ 是 $\boldsymbol{Q}_k^{-1}\boldsymbol{T}_k\boldsymbol{Q}_k$，它仍然是对称矩阵，因为 $\boldsymbol{Q}_k^{-1} = \boldsymbol{Q}_k^{\mathrm{T}}$：

$$\boldsymbol{R}_k = \boldsymbol{Q}_k^{-1}(\boldsymbol{T}_k - s_k\boldsymbol{I}) \text{ ，然后有 } \boldsymbol{T}_{k+1} = \boldsymbol{Q}_k^{-1}(\boldsymbol{T}_k - s_k\boldsymbol{I})\boldsymbol{Q}_k + s_k\boldsymbol{I} = \boldsymbol{Q}_k^{-1}\boldsymbol{T}_k\boldsymbol{Q}_k \tag{6}$$

精心选择的移位 s_k 将大大地加快 $\boldsymbol{T}$ 趋近对角矩阵 $\boldsymbol{\Lambda}$ 的速度。一个好的移位是 $\boldsymbol{s} = \boldsymbol{T}_{nn}$。Wilkinson 建议的移位基于 $\boldsymbol{T}_k$ 的最后一个 2×2 子矩阵：

$$\textbf{Wilkinson 移位} \qquad s_k = \begin{bmatrix} a_{n-1} & b_{n-1} \\ b_{n-1} & a_n \end{bmatrix} \text{ 最接近于 } a_n \text{ 的特征值}$$

移位 $\boldsymbol{QR}$ 实现了三次收敛（非常罕见）。在下面的例子中，非对角元从 $\sin\theta$ 变为 $-\sin^3\theta$。一个典型的三对角矩阵 $\boldsymbol{T}$ 的 n 个特征值只需要 $O(n^3/\epsilon)$ 次浮点运算（floating point operations，FLOPS）达到精度 ϵ。

$$\boldsymbol{T}_0 = \begin{bmatrix} \cos\theta & \sin\theta \\ \boldsymbol{\sin\theta} & 0 \end{bmatrix} \qquad \text{移位} = 0 \qquad \boldsymbol{Q}_0 = \begin{bmatrix} \cos\theta & -\sin\theta \\ \sin\theta & \cos\theta \end{bmatrix} \qquad \boldsymbol{R}_0 = \begin{bmatrix} 1 & \sin\theta\cos\theta \\ 0 & -\sin^2\theta \end{bmatrix}$$

$$\boldsymbol{T}_1 = \boldsymbol{R}_0\boldsymbol{Q}_0 = \begin{bmatrix} \cos\theta(1+\sin^2\theta) & -\sin^3\theta \\ \boldsymbol{-\sin^3\theta} & -\sin^2\theta\cos\theta \end{bmatrix} \text{ 在一步内将误差立方化}$$

计算 SVD

对称特征值问题 $\boldsymbol{Sx} = \lambda\boldsymbol{x}$ 和 $\boldsymbol{A} = \boldsymbol{U\Sigma V}^{\mathrm{T}}$ 的主要差别是什么？在计算 λ 和 σ 之前，能把 $\boldsymbol{S}$ 和 $\boldsymbol{A}$ 简化到什么程度？

因为 $\boldsymbol{Q}$ 是正交的，因此 $\boldsymbol{S}$ 和 $\boldsymbol{Q}^{-1}\boldsymbol{SQ} = \boldsymbol{Q}^{\mathrm{T}}\boldsymbol{SQ}$ 的特征值相同。

因此在 $\boldsymbol{Q}^{-1}\boldsymbol{SQ}$（保持对称）中制造零的自由度有限。如果试图在 $\boldsymbol{Q}^{-1}\boldsymbol{S}$ 中放入太多的零，最后的 $\boldsymbol{Q}$ 会破坏它们。好的 $\boldsymbol{Q}^{-1}\boldsymbol{SQ}$ 将是三对角的：只有三条对角线。即使 $\boldsymbol{Q}_1$ 和 $\boldsymbol{Q}_2$ 不同，$\boldsymbol{A}$ 和 $\boldsymbol{Q}_1\boldsymbol{A}\boldsymbol{Q}_2^{\mathrm{T}}$ 的奇异值也是相同的。

可以有更多的自由度在 $\boldsymbol{Q}_1\boldsymbol{A}\boldsymbol{Q}_2^{\mathrm{T}}$ 中制造零。如果选择适当的 $\boldsymbol{Q}$，这将是**双对角的**（两条对角线）。能够很快找到这样的 $\boldsymbol{Q}$、$\boldsymbol{Q}_1$ 和 $\boldsymbol{Q}_2$，使得

$$\boldsymbol{Q}^{-1}\boldsymbol{S}\boldsymbol{Q}=\begin{bmatrix} \boldsymbol{a}_1 & \boldsymbol{b}_1 & & \\ \boldsymbol{b}_1 & \boldsymbol{a}_2 & \boldsymbol{b}_2 & \\ & \boldsymbol{b}_2 & \cdot & \cdot \\ & & \cdot & \boldsymbol{a}_n \end{bmatrix} \begin{matrix} \leftarrow \text{对}\lambda \\ \boldsymbol{Q}_1\boldsymbol{A}\boldsymbol{Q}_2^{\mathrm{T}}= \\ \text{对}\sigma \rightarrow \end{matrix} \begin{bmatrix} \boldsymbol{c}_1 & \boldsymbol{d}_1 & & \\ 0 & \boldsymbol{c}_2 & \boldsymbol{d}_2 & \\ & 0 & \cdot & \cdot \\ & & 0 & \boldsymbol{c}_n \end{bmatrix} \tag{7}$$

读者将会知道 $\boldsymbol{A}$ 的奇异值是 $\boldsymbol{S}=\boldsymbol{A}^{\mathrm{T}}\boldsymbol{A}$ 的特征值的平方根，并且 $\boldsymbol{Q}_1\boldsymbol{A}\boldsymbol{Q}_2^{\mathrm{T}}$ 不变的奇异值是 $(\boldsymbol{Q}_1\boldsymbol{A}\boldsymbol{Q}_2^{\mathrm{T}})^{\mathrm{T}}(\boldsymbol{Q}_1\boldsymbol{A}\boldsymbol{Q}_2^{\mathrm{T}})=\boldsymbol{Q}_2A^{\mathrm{T}}\boldsymbol{A}\boldsymbol{Q}_2^{\mathrm{T}}$ 不变的特征值的平方根。**乘以 (双对角矩阵)^{T}(双对角矩阵) 可得到三对角矩阵。**

这就提供了一个不应该采用的选择，不要通过 $\boldsymbol{A}^{\mathrm{T}}\boldsymbol{A}$ 的相乘来求它的特征值，这是不必要的做法，问题的条件也会被不必要地进行平方。SVD 的Golub-Kahan算法可直接应用到 $\boldsymbol{A}$ 上，只需两步：

(1) 求 $\boldsymbol{Q}_1$ 和 $\boldsymbol{Q}_2$，使 $\boldsymbol{Q}_1\boldsymbol{A}\boldsymbol{Q}_2^{\mathrm{T}}$ 是双对角的，如式(7)所示。

(2) 调整移位 $\boldsymbol{QR}$ 算法，以保留双对角矩阵的奇异值。

步骤 (1) 需要进行 $O(mn^2)$ 次乘法将一个 $m\times n$ 矩阵 $\boldsymbol{A}$ 转化为双对角形式。之后的步骤只处理双对角矩阵。通常需要 $O(n^2)$ 次乘法才能得到奇异值（准确到接近机器精度）。完整的算法在 Golub-Van Loan 编写的书（第四版）中的 489–492 页进行了描述。

这些操作对许多应用都是可以接受的（SVD 是可计算的）。其他算法也被提出并成功，但是成本并非微不足道（不能成千上万次地做 SVD）。当 $\boldsymbol{A}$ 确实很大时，本书后续章节将介绍包括对初始矩阵 $\boldsymbol{A}$“随机采样”的方法，这种方法可以处理大矩阵，而且结果很有可能是准确的。大多数赌徒会说只要仔细地随机取样，好的结果是有保证的。

$\boldsymbol{S}\boldsymbol{x}=\boldsymbol{b}$ 的共轭梯度（CG）解法

共轭梯度（Conjugate Gradient, CG）算法适用于对称正定矩阵 $\boldsymbol{S}$，求解方程 $\boldsymbol{S}\boldsymbol{x}=\boldsymbol{b}$。理论上讲，这个算法只需 n 步就能得到精确解（但这些步骤比消元法慢）。实际上，它能在远比 n 步少的时间内为大型矩阵提供出色的结果（这个发现重新唤起了对这一方法的关注，现在 **CG** 是最佳算法之一），这就是所有 Krylov方法中最著名的方法的历史。

关键点：因为 $\boldsymbol{S}$ 是对称的，所以 Arnoldi 迭代中的 Hessenberg 矩阵 $\boldsymbol{H}$ 变成 Lanczos 迭代中的三对角矩阵 $\boldsymbol{T}$。$\boldsymbol{T}$ 中行和列中有三个非零元使得对称的情形求解特别快。

现在 $\boldsymbol{S}$ 不仅是对称的，而且是正定的。在这种情况下，$\|\boldsymbol{x}\|_S^2=\boldsymbol{x}^{\mathrm{T}}\boldsymbol{S}\boldsymbol{x}$ 得到了一个非常合适的范数（S 范数）度量 n 步之后的误差。事实上，第 k 个共轭梯度的迭代结果 $\boldsymbol{x}_k$ 有一个显著的性质：

$$\boldsymbol{x}_k\ \textbf{在第}\ k\ \textbf{个 Krylov 子空间中最小化误差}\ \|\boldsymbol{x}-\boldsymbol{x}_k\|_S$$
$$\boldsymbol{x}_k\ \textbf{是}\ \boldsymbol{b},\boldsymbol{S}\boldsymbol{b},\cdots,\boldsymbol{S}^{k-1}\boldsymbol{b}\ \textbf{的最佳组合}$$

用共轭梯度迭代求解 $\boldsymbol{S}\boldsymbol{x}=\boldsymbol{b}$ 的步骤如下：

对正定矩阵 S 的共轭梯度迭代	
$x_0=0, r_0=b, d_0=r_0$	
for $k=1$ to N	
$\alpha_k=(r_{k-1}^{\mathrm{T}}r_{k-1})/(d_{k-1}^{\mathrm{T}}Sd_{k-1})$	$x_{k-1}\sim x_k$ 的步长
$x_k=x_{k-1}+\alpha_k d_{k-1}$	近似解
$r_k=r_{k-1}-\alpha_k Sd_{k-1}$	新残差 $b-Sx_k$
$\beta_k=(r_k^{\mathrm{T}}r_k)/(r_{k-1}^{\mathrm{T}}r_{k-1})$	这一步得到的改进
$d_k=r_k+\beta_k d_{k-1}$	下一个搜索方向
% 注意：在每一步中，只有 1 次矩阵-向量相乘 Sd	

以下是遵循这些步骤后得到的两个了不起的结论：

残余误差 $r_k=b-Sx_k$ 是正交的：$r_k^{\mathrm{T}}r_j=0$

搜索方向 d_k 是 S-正交的：$d_k^{\mathrm{T}}Sd_j=0$

注意：求解 $Sx-b=0$ 与最小化二次函数 $\frac{1}{2}x^{\mathrm{T}}Sx-x^{\mathrm{T}}b$ 是一回事，前者是后者的梯度，因此也是一种最小化算法。它可以推广到非线性方程和非二次成本函数。在第 7 章中可以考虑将其用于深度学习，但是那里的矩阵对共轭梯度来说太大。

下面以在 k 步共轭梯度之后的最清晰的误差估计来结束讨论。当 S 的特征值 λ 间隔良好时，成效最明显。

$$\textbf{CG 方法}\qquad \|x-x_k\|_S\leqslant 2\|x-x_0\|_S\left(\frac{\sqrt{\lambda_{\max}}-\sqrt{\lambda_{\min}}}{\sqrt{\lambda_{\max}}+\sqrt{\lambda_{\min}}}\right)^k \tag{8}$$

对 $Ax=b$ 的预处理

预处理的方法是发现一个“邻近”的可以快速解决的问题。解释这种方法相当容易，选择一个好的预处理器是一个严峻的问题。对于给定的矩阵 A，其思路是选择一个接近 A 且更为简单的矩阵 P。这些矩阵可能是接近的，因为 $A-P$ 具有小范数或具有低秩，使用 $P^{-1}A$ 更快一些：

$$\textbf{预处理}\qquad P^{-1}Ax=P^{-1}b\quad \text{取代}\quad Ax=b \tag{9}$$

收敛性测试（无论使用哪种算法）适用于 $P^{-1}A$ 替代 A。

如果所用算法是共轭梯度法（适用于对称正定矩阵），多数是将 A 变成 $P^{-1/2}AP^{-1/2}$。

以下是预处理器 P 的常用选择：

(1) $P=$ 对角矩阵（复制 A 的主对角线）：Jacobi 迭代；

(2) $P=$ 三角矩阵（复制 A 的相应部分）：Gauss-Seidel 方法；

(3) $P=L_0U_0$ 省略 $A=LU$ 中的填充项（消去）以保持稀疏性：不完全 LU；

(4) $P=$ 与 A 相同的差分矩阵，但在一个更疏松的网格上：多重网格法。

多重网格法是一种功能强大且高度发达的求解方法，它采用了网格序列或网格。给定的问题在最细的网格上有最多的网格点（大矩阵 $\boldsymbol{A}$），在较粗网格上的问题有较少的网格点（较小的矩阵）。这些网格点能够快速求解，并且求解结果可插值回精细网格。多重网格法是效率高、收敛快的方法。

Kaczmarz 迭代

式 (10) 执行速度快，但不容易分析。当每一步求解 $\boldsymbol{Ax}=\boldsymbol{b}$ 的一个随机方程时，收敛速度有很大的概率为指数级。Kaczmarz 迭代的第 k 步正确处理了第 i 个方程：

$$\text{当}\quad \boldsymbol{x}_{k+1}=\boldsymbol{x}_k+\frac{b_i-\boldsymbol{a}_i^{\mathrm{T}}\boldsymbol{x}_k}{\|\boldsymbol{a}_i\|^2}\boldsymbol{a}_i\text{时，}\qquad \boldsymbol{x}_{k+1}\ \text{满足}\boldsymbol{a}_i^{\mathrm{T}}\boldsymbol{x}=b_i \tag{10}$$

每一步都将前一个 $\boldsymbol{x}_k$ 投影到平面 $\boldsymbol{a}_i^{\mathrm{T}}\boldsymbol{x}=b_i$ 上。按顺序循环遍历 m 个方程是经典的 Kaczmarz 迭代。随机算法以与 $\|\boldsymbol{a}_i\|^2$ 成比例的概率选择第 i 行（**2.4 节中的范数平方采样**）。

Kaczmarz 迭代是随机梯度下降的一个重要例子（之所以称为随机，是因为方程 i 是第 k 步的随机选择）。将在 6.5 节关于深度学习的优化权重中回顾这个算法。

Strohmer T, Vershynin R. A randomized Kaczmarz algorithm with exponential convergence[J]. J. Fourier Anal. Appl, 2009, **15**: 262-278; arXiv: math/0702226.

习题 2.1

这些习题从一个双对角 $n\times n$ 反向差分矩阵 $\boldsymbol{D}=\boldsymbol{I}-\boldsymbol{S}$ 开始。两个三对角的二阶差分矩阵是 $\boldsymbol{DD}^{\mathrm{T}}$，$\boldsymbol{A}=-\boldsymbol{S}+2\boldsymbol{I}-\boldsymbol{S}^{\mathrm{T}}$。移位矩阵 $\boldsymbol{S}$ 有一个非零次对角线 $S_{i,i-1}=1$，其中 $i=2,3,\cdots,n$。$\boldsymbol{A}$ 有对角元 -1、2、-1。

1. 证明 $\boldsymbol{DD}^{\mathrm{T}}=\boldsymbol{A}$，除了它们的 $(1,1)$ 分量为 1，其余对角元都是 2。类似地，$\boldsymbol{D}^{\mathrm{T}}\boldsymbol{D}=\boldsymbol{A}$，除了它们的 $(1,1)$ 分量为 1，其余对角元都是 2。

   注： $\boldsymbol{Au}$ 对应于 $0\leqslant x\leqslant 1$ 的 $-\mathrm{d}^2u/\mathrm{d}x^2$，$u(0)=0$ 和 $u(1)=0$ 是固定的边值。$\boldsymbol{DD}^{\mathrm{T}}$ 将第一个边值条件改为 $\mathrm{d}u/\mathrm{d}x(0)=0$（自由边界条件）。$\boldsymbol{D}^{\mathrm{T}}\boldsymbol{D}$ 将第二个边值条件改为 $\mathrm{d}u/\mathrm{d}x(1)=0$（自由边界条件）。$\boldsymbol{DD}^{\mathrm{T}}$ 和 $\boldsymbol{D}^{\mathrm{T}}\boldsymbol{D}$ 是十分有用的两个矩阵。
2. 证明 $\boldsymbol{D}=\boldsymbol{I}-\boldsymbol{S}$ 的逆矩阵是 $\boldsymbol{D}^{-1}=$ 下三角全是 1 的"和矩阵"。$\boldsymbol{DD}^{-1}=\boldsymbol{I}$ 就像微积分基本定理：f 的积分的导数等于 f。$(\boldsymbol{D}^{-1})^{\mathrm{T}}$ 乘以 $\boldsymbol{D}^{-1}$，求 $n=4$ 时的 $(\boldsymbol{DD}^{\mathrm{T}})^{-1}$。
3. 根据习题 1，$\boldsymbol{A}=\boldsymbol{DD}^{\mathrm{T}}+\boldsymbol{ee}^{\mathrm{T}}$，其中 $\boldsymbol{e}=(1,0,\cdots,0)$。3.1 节将给出 $\boldsymbol{A}^{-1}=(\boldsymbol{DD}^{\mathrm{T}})^{-1}-\boldsymbol{zz}^{\mathrm{T}}$。对 $n=3$，是否能够找到向量 $\boldsymbol{z}$？在 $\boldsymbol{DD}^{\mathrm{T}}$ 上的秩 1 变化产生了对其逆矩阵的秩 1 变化。
4. 假设将 $\boldsymbol{A}$ 分成 $-\boldsymbol{S}+2\boldsymbol{I}$（下三角矩阵）和 $-\boldsymbol{S}^{\mathrm{T}}$（上三角矩阵），试求解 $\boldsymbol{Ax}=\boldsymbol{b}$ 的 Jacobi迭代将是 $(-\boldsymbol{S}+2\boldsymbol{I})\boldsymbol{x}_{k+1}=\boldsymbol{S}^{\mathrm{T}}\boldsymbol{x}_k+\boldsymbol{b}$。

   若 $(-\boldsymbol{S}+2\boldsymbol{I})^{-1}\boldsymbol{S}^{\mathrm{T}}$ 的所有特征值有 $|\lambda|<1$，则该迭代收敛。对矩阵大小为 $n=2$ 和 $n=3$ 时，求特征值。
5. 设 $\boldsymbol{b}=(1,0,0)$，$n=3$，向量 $\boldsymbol{b}$、$\boldsymbol{Ab}$、$\boldsymbol{A}^2\boldsymbol{b}$ 是对 $\mathbf{R}^3$ 的一组非正交基。对 $\boldsymbol{A}$ 应用 Arnoldi 迭代产生标准正交基 $\boldsymbol{q}_1$、$\boldsymbol{q}_2$、$\boldsymbol{q}_3$。求式(3) 中得到 $\boldsymbol{AQ}_2=\boldsymbol{Q}_3\boldsymbol{H}$ 的矩阵 $\boldsymbol{H}$。
6. 在习题 5 中，验证 $\boldsymbol{Q}_2^{\mathrm{T}}\boldsymbol{AQ}_2$ 是一个三对角矩阵。
7. 对 3×3 的二阶差分矩阵 $\boldsymbol{A}$ 应用 $\boldsymbol{QR}$ 的一步算法。$\boldsymbol{A}$ 的实际特征值是$\lambda=2-\sqrt{2}$，2，$2+\sqrt{2}$。

8. 使用推荐的移位 $s = A_{33} = 2$ 尝试 $\boldsymbol{QR}$ 算法的一步。
9. 手动求解 $\boldsymbol{Ax} = (1, 0, 0)$，然后采用共轭梯度法在计算机上求解。

2.2 最小二乘：4 种方法

许多应用导致**线性方程组 $\boldsymbol{Ax} = \boldsymbol{b}$ 是不可解的**。讽刺的是：这是线性代数中如此重要的问题。我们不能将这些方程组扔掉，而是需要找到一个最佳的解 $\widehat{\boldsymbol{x}}$。**最小二乘法选择 $\widehat{\boldsymbol{x}}$ 使 $\|\boldsymbol{b} - \boldsymbol{A}\widehat{\boldsymbol{x}}\|^2$ 尽可能小**。使误差最小化意味着它的导数为零：这称为正规方程 $\boldsymbol{A}^{\mathrm{T}}\boldsymbol{A}\widehat{\boldsymbol{x}} = \boldsymbol{A}^{\mathrm{T}}\boldsymbol{b}$。它的几何将在图 2.2 中体现。

本节解释那些重要（且可解的）方程的 4 种解法：

> (1) $\boldsymbol{A}$ 的 SVD 导致了它的**伪逆矩阵** $\boldsymbol{A}^+$，有 $\widehat{\boldsymbol{x}} = \boldsymbol{A}^+\boldsymbol{b}$：一个简单的公式。
>
> (2) 当 $\boldsymbol{A}$ 有**独立的列**时，可以直接求解 $\boldsymbol{A}^{\mathrm{T}}\boldsymbol{A}\widehat{\boldsymbol{x}} = \boldsymbol{A}^{\mathrm{T}}\boldsymbol{b}$。
>
> (3) 使用 Gram-Schmidt 方法在 $\boldsymbol{Q}$ 中产生**正交的列**，然后有 $\boldsymbol{A} = \boldsymbol{QR}$。
>
> (4) Minimize$\|\boldsymbol{b} - \boldsymbol{Ax}\|^2 + \delta^2\|\boldsymbol{x}\|^2$。这个惩罚项将正规方程变成 $(\boldsymbol{A}^{\mathrm{T}}\boldsymbol{A} + \delta^2\boldsymbol{I})\boldsymbol{x}_\delta = \boldsymbol{A}^{\mathrm{T}}\boldsymbol{b}$。现在矩阵是可逆的，并且当 $\delta \to 0$ 时，$\boldsymbol{x}_\delta \to \widehat{\boldsymbol{x}}$。

$\boldsymbol{A}^{\mathrm{T}}\boldsymbol{A}$ 具有迷人的对称性，但它的大小可能是问题。它的条件数 (衡量不可接受的舍入误差的危险) 是 $\boldsymbol{A}$ 的条件数的平方。在中等规模的适定问题中，继续求解最小二乘方程 $\boldsymbol{A}^{\mathrm{T}}\boldsymbol{A}\widehat{\boldsymbol{x}} = \boldsymbol{A}^{\mathrm{T}}\boldsymbol{b}$。但是，对大型或不适定问题，有另一种方法。

我们可以正交化 $\boldsymbol{A}$ 的列，也可以采用其 SVD。对真正的大型问题，通过简单地将 $\boldsymbol{A}$ **与随机向量 $\boldsymbol{v}$ 相乘**来对 $\boldsymbol{A}$ 的列空间采样。这似乎是大计算的未来：成功概率很高。

首先，强调 $\boldsymbol{A}^{\mathrm{T}}\boldsymbol{A}$ 和 $\boldsymbol{A}^{\mathrm{T}}\boldsymbol{CA}$ 的重要性。矩阵 $\boldsymbol{C}$ 通常是一个正的对角矩阵，它给出刚度、电导、边缘电容或逆方差 $1/\sigma^2$ 这些来自科学、工程或统计学的常数，定义了特定问题：加权最小二乘的"权重"。

以下是应用数学中的 $\boldsymbol{A}^{\mathrm{T}}\boldsymbol{A}$ 和 $\boldsymbol{A}^{\mathrm{T}}\boldsymbol{CA}$ 的例子：

在机械工程中，$\boldsymbol{A}^{\mathrm{T}}\boldsymbol{A}$（或 $\boldsymbol{A}^{\mathrm{T}}\boldsymbol{CA}$）是**刚度矩阵**；

在电路理论中，$\boldsymbol{A}^{\mathrm{T}}\boldsymbol{A}$（或 $\boldsymbol{A}^{\mathrm{T}}\boldsymbol{CA}$）是**电导矩阵**；

在图论中，$\boldsymbol{A}^{\mathrm{T}}\boldsymbol{A}$（或 $\boldsymbol{A}^{\mathrm{T}}\boldsymbol{CA}$）是 (加权) **图拉普拉斯算子**；

在数学中，$\boldsymbol{A}^{\mathrm{T}}\boldsymbol{A}$ 是 **Gram 矩阵**：$\boldsymbol{A}$ 的列的内积。

在大型问题中，$\boldsymbol{A}^{\mathrm{T}}\boldsymbol{A}$ 的计算成本很高，而且通常很危险，应尽可能避免。Gram-Schmidt 方法用 $\boldsymbol{QR}$（$\boldsymbol{Q}$ 为正交矩阵，$\boldsymbol{R}$ 为三角矩阵）来取代 $\boldsymbol{A}$，那么 $\boldsymbol{A}^{\mathrm{T}}\boldsymbol{A}$ 和 $\boldsymbol{R}^{\mathrm{T}}\boldsymbol{Q}^{\mathrm{T}}\boldsymbol{QR} = \boldsymbol{R}^{\mathrm{T}}\boldsymbol{R}$ 相同，基本方程 $\boldsymbol{A}^{\mathrm{T}}\boldsymbol{A}\widehat{\boldsymbol{x}} = \boldsymbol{A}^{\mathrm{T}}\boldsymbol{b}$ 就变成 $\boldsymbol{R}^{\mathrm{T}}\boldsymbol{R}\widehat{\boldsymbol{x}} = \boldsymbol{R}^{\mathrm{T}}\boldsymbol{Q}^{\mathrm{T}}\boldsymbol{b}$，最终可得 $\boldsymbol{R}\widehat{\boldsymbol{x}} = \boldsymbol{Q}^{\mathrm{T}}\boldsymbol{b}$，这样求解既安全又快速。因此，$\boldsymbol{A}^{\mathrm{T}}\boldsymbol{A}$ 和 $\boldsymbol{A}^{\mathrm{T}}\boldsymbol{CA}$ 是至关重要的矩阵，但矛盾的是，我们试图不计算它们。正交矩阵和三角矩阵是好矩阵。

$\boldsymbol{A}^+$ 是 $\boldsymbol{A}$ 的伪逆

若 $\boldsymbol{A}$ 是可逆的，则 $\boldsymbol{A}^+$ 就是 $\boldsymbol{A}^{-1}$。若 $\boldsymbol{A}$ 是 $m \times n$ 矩阵，则 $\boldsymbol{A}^+$ 是 $n \times m$ 矩阵。当 $\boldsymbol{A}$ 乘以它的行空间中的向量 $\boldsymbol{x}$ 时，$\boldsymbol{Ax}$ 在列空间中。这两个空间有相同的维数 r（秩）。若限制在这两

个空间中，则 $\boldsymbol{A}$ 总是可逆的，并且 $\boldsymbol{A}^+$ 就是 $\boldsymbol{A}$ 的逆。**因此，当** $\boldsymbol{x}$ **在行空间中时，**$\boldsymbol{A}^+\boldsymbol{A}\boldsymbol{x}=\boldsymbol{x}$。当 $\boldsymbol{b}$ 在列空间中时，$\boldsymbol{A}\boldsymbol{A}^+\boldsymbol{b}=\boldsymbol{b}$。

$\boldsymbol{A}^+$ 的零空间是 $\boldsymbol{A}^{\mathrm{T}}$ 的零空间，它包含 $\mathbf{R}^m$ 中满足 $\boldsymbol{A}^{\mathrm{T}}\boldsymbol{y}=\boldsymbol{0}$ 的向量 $\boldsymbol{y}$。这些向量 $\boldsymbol{y}$ 垂直于列空间中的每个向量 $\boldsymbol{A}\boldsymbol{x}$。对这些 $\boldsymbol{y}$，可以接受 $\boldsymbol{x}^+=\boldsymbol{A}^+\boldsymbol{y}=\boldsymbol{0}$ 为不可解的方程 $\boldsymbol{A}\boldsymbol{x}=\boldsymbol{y}$ 的最佳解。总而言之，在可能的情况下 **$\boldsymbol{A}^+$ 是 $\boldsymbol{A}$ 的逆矩阵：**

$$\boldsymbol{A}=\begin{bmatrix}\mathbf{2} & 0\\ 0 & \mathbf{0}\end{bmatrix}\text{的伪逆是}\boldsymbol{A}^+=\begin{bmatrix}\mathbf{1/2} & 0\\ 0 & \mathbf{0}\end{bmatrix}$$

在此讨论的要点是，$\boldsymbol{A}$ 不可逆时会产生一个合适的“伪逆”，规则如下。

(1) 若 $\boldsymbol{A}$ 的列相互独立，则 $\boldsymbol{A}^+=(\boldsymbol{A}^{\mathrm{T}}\boldsymbol{A})^{-1}\boldsymbol{A}^{\mathrm{T}}$，因此 $\boldsymbol{A}^+\boldsymbol{A}=\boldsymbol{I}$。

(2) 若 $\boldsymbol{A}$ 的行相互独立，则 $\boldsymbol{A}^+=\boldsymbol{A}^{\mathrm{T}}(\boldsymbol{A}\boldsymbol{A}^{\mathrm{T}})^{-1}$，因此 $\boldsymbol{A}\boldsymbol{A}^+=\boldsymbol{I}$。

(3) 对角矩阵 $\boldsymbol{\Sigma}$ 在可能的对角元位置求逆，否则 $\boldsymbol{\Sigma}^+$ 有零对角元：

$$\boldsymbol{\Sigma}=\begin{bmatrix}\boldsymbol{\sigma_1} & 0 & 0 & 0\\ 0 & \boldsymbol{\sigma_2} & 0 & 0\\ 0 & 0 & \mathbf{0} & \mathbf{0}\end{bmatrix},\quad \boldsymbol{\Sigma}^+=\begin{bmatrix}\mathbf{1/\boldsymbol{\sigma_1}} & 0 & 0\\ 0 & \mathbf{1/\boldsymbol{\sigma_2}} & 0\\ 0 & 0 & \mathbf{0}\\ 0 & 0 & 0\end{bmatrix}\quad \begin{array}{c}\text{在 4 个子空间上}\\ \boldsymbol{\Sigma}^+\boldsymbol{\Sigma}=\boldsymbol{I}\quad \boldsymbol{\Sigma}\boldsymbol{\Sigma}^+=\boldsymbol{I}\\ \boldsymbol{\Sigma}^+\boldsymbol{\Sigma}=\mathbf{0}\quad \boldsymbol{\Sigma}\boldsymbol{\Sigma}^+=\mathbf{0}\end{array}$$

$$\text{所有矩阵}\qquad \boxed{\boldsymbol{A}=\boldsymbol{U}\boldsymbol{\Sigma}\boldsymbol{V}^{\mathrm{T}}\text{ 的伪逆是 }\boldsymbol{A}^+=\boldsymbol{V}\boldsymbol{\Sigma}^+\boldsymbol{U}^{\mathrm{T}}}\qquad (1)$$

上述过程如图 2.1 所示。

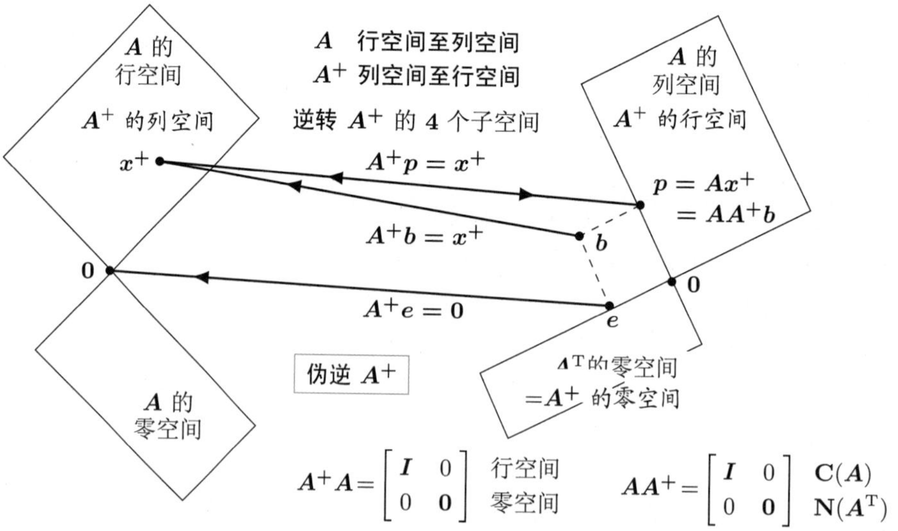

图 2.1 A 的列空间中的向量 $p=Ax^+$ 回到行空间中的 x^+

伪逆 $\boldsymbol{A}^+$（有时写成 $\boldsymbol{A}^\dagger$，其中箭号取代了加号）一步就解出了最小二乘方程 $\boldsymbol{A}^{\mathrm{T}}\boldsymbol{A}\widehat{\boldsymbol{x}}=\boldsymbol{A}^{\mathrm{T}}\boldsymbol{b}$。这一页验证 $\boldsymbol{x}^+=\boldsymbol{A}^+\boldsymbol{b}=\boldsymbol{V}\boldsymbol{\Sigma}^+\boldsymbol{U}^{\mathrm{T}}\boldsymbol{b}$ 是最好的近似解。在本节的最后将更详细地审视 $\boldsymbol{A}^+$。

问题：公式 $\boldsymbol{A}^+=\boldsymbol{V}\boldsymbol{\Sigma}^+\boldsymbol{U}^{\mathrm{T}}$ 使用了 SVD。SVD 对得到 $\boldsymbol{A}^+$ 真是必需的吗？

答案： 不。$\boldsymbol{A}^+$ 也可以通过修改通常求 $\boldsymbol{A}^{-1}$ 的消元步骤，直接从 $\boldsymbol{A}$ 计算得到。然而计算的每一步必须精确。需要区分精确的零与小的非零，这是计算 $\boldsymbol{A}^+$ 的困难部分。

$Ax = b$ 的最小二乘解是 $x^+ = A^+b$

已经用 $\boldsymbol{x}^+$ 取代了 $\widehat{\boldsymbol{x}}$，这是因为向量 $\boldsymbol{x}^+$ 有两个性质：

(1) $\boldsymbol{x} = \boldsymbol{x}^+ = \boldsymbol{A}^+\boldsymbol{b}$ 使得 $\\|\boldsymbol{b}-\boldsymbol{A}\boldsymbol{x}\\|^2$ 尽可能小	**最小二乘解**
(2) 若另一个 $\widehat{\boldsymbol{x}}$ 也达到最小值，则 $\\|\boldsymbol{x}^+\\| < \\|\widehat{\boldsymbol{x}}\\|$	**最小范数解**

$\boldsymbol{x}^+ = \boldsymbol{A}^+\boldsymbol{b}$ 是最小范数的最小二乘解。 当 $\boldsymbol{A}$ 具有独立的列并且秩 $r = n$ 时，这就是唯一的最小二乘解。但是若在 $\boldsymbol{A}$ 的零空间中有非零的向量 $\boldsymbol{x}$（因此 $r < n$），则它们可以被加到 $\boldsymbol{x}^+$ 上去。当 $A\boldsymbol{x} = \boldsymbol{0}$ 时，误差 $\boldsymbol{b} - \boldsymbol{A}(\boldsymbol{x}^+ + \boldsymbol{x})$ 不受影响，但是长度平方 $\|\boldsymbol{x}^+ + \boldsymbol{x}\|^2$ 将会增长到 $\|\boldsymbol{x}^+\|^2 + \|\boldsymbol{x}\|^2$。行空间 $\perp$ 零空间，这些子空间是正交的。

因此，$\boldsymbol{A}^{\mathrm{T}}\boldsymbol{A}\widehat{\boldsymbol{x}} = \boldsymbol{A}^{\mathrm{T}}\boldsymbol{b}$ 的最小范数（最短的）解是 $\boldsymbol{x}^+ = \boldsymbol{A}^+\boldsymbol{b}$，**$\boldsymbol{x}^+$ 在 $\boldsymbol{A}$ 的零空间中有一个零分量。**

例 1 $\begin{bmatrix} 3 & 0 \\ 0 & 0 \end{bmatrix}\begin{bmatrix} x_1 \\ x_2 \end{bmatrix} = \begin{bmatrix} 6 \\ 8 \end{bmatrix}$ 的最短最小二乘解是 $\boldsymbol{x}^+$。

$$\boldsymbol{x}^+ = \boldsymbol{A}^+\boldsymbol{b} = \begin{bmatrix} 1/3 & 0 \\ 0 & 0 \end{bmatrix}\begin{bmatrix} 6 \\ 8 \end{bmatrix} = \begin{bmatrix} \boldsymbol{2} \\ \boldsymbol{0} \end{bmatrix}$$。所有向量 $\begin{bmatrix} \boldsymbol{0} \\ \boldsymbol{x_2} \end{bmatrix}$ 都在 $\boldsymbol{A}$ 的零空间中。

所有向量 $\widehat{\boldsymbol{x}} = \begin{bmatrix} \boldsymbol{2} \\ \boldsymbol{x_2} \end{bmatrix}$ 都最小化 $\|\boldsymbol{b} - \boldsymbol{A}\widehat{\boldsymbol{x}}\|^2 = 64$，但是 $\boldsymbol{x}^+ = \begin{bmatrix} \boldsymbol{2} \\ \boldsymbol{0} \end{bmatrix}$ 是最短的。

这个例子展示了当 $\boldsymbol{A}$ 是一个形如 $\boldsymbol{\Sigma}$ 的对角矩阵时的最小二乘解。为了允许每个矩阵 $\boldsymbol{U\Sigma V}^{\mathrm{T}}$，必须考虑正交矩阵 $\boldsymbol{U}$ 和 $\boldsymbol{V}$。因为 $\boldsymbol{U}^{\mathrm{T}}\boldsymbol{U} = \boldsymbol{I}$，可自由地乘以 $\boldsymbol{U}^{\mathrm{T}}$ 而不改变长度：

$$\text{误差的平方} \qquad \|\boldsymbol{b} - \boldsymbol{A}\boldsymbol{x}\|^2 = \|\boldsymbol{b} - \boldsymbol{U\Sigma V}^{\mathrm{T}}\boldsymbol{x}\|^2 = \|\boldsymbol{U}^{\mathrm{T}}\boldsymbol{b} - \boldsymbol{\Sigma V}^{\mathrm{T}}\boldsymbol{x}\|^2 \tag{2}$$

设 $\boldsymbol{w} = \boldsymbol{V}^{\mathrm{T}}\boldsymbol{x}$，求 $\|\boldsymbol{U}^{\mathrm{T}}\boldsymbol{b} - \boldsymbol{\Sigma}\boldsymbol{w}\|^2$。**最佳的 $\boldsymbol{w}$ 是 $\boldsymbol{\Sigma}^+\boldsymbol{U}^{\mathrm{T}}\boldsymbol{b}$。** 最后得到 $\boldsymbol{x}^+ = \boldsymbol{A}^+\boldsymbol{b}$：

$$\boldsymbol{w} = \boldsymbol{V}^{\mathrm{T}}\boldsymbol{x}^+ = \boldsymbol{\Sigma}^+\boldsymbol{U}^{\mathrm{T}}\boldsymbol{b}\ ,\ \boldsymbol{V}^{\mathrm{T}} = \boldsymbol{V}^{-1} \quad \text{导致} \quad \boldsymbol{x}^+ = \boldsymbol{V\Sigma}^+\boldsymbol{U}^{\mathrm{T}}\boldsymbol{b} = \boldsymbol{A}^+\boldsymbol{b} \tag{3}$$

SVD 方法只用一步 $\boldsymbol{A}^+\boldsymbol{b}$ 就解决了最小二乘问题。剩下的唯一问题是计算成本。奇异值和奇异向量比消元更消耗计算成本。下面提出的两个解法直接使用线性方程 $\boldsymbol{A}^{\mathrm{T}}\boldsymbol{A}\widehat{\boldsymbol{x}} = \boldsymbol{A}^{\mathrm{T}}\boldsymbol{b}$。当 $\boldsymbol{A}^{\mathrm{T}}\boldsymbol{A}$ 是可逆时，此操作成功，$\widehat{\boldsymbol{x}} = \boldsymbol{x}^+$。

何时 $A^{\mathrm{T}}A$ 是可逆的？

矩阵 $\boldsymbol{A}^{\mathrm{T}}\boldsymbol{A}$ 的可逆性（或不可逆性）是一个有着不错答案的重要问题：

只有当 $\boldsymbol{A}$ 有互相独立的列时，$\boldsymbol{A}^{\mathrm{T}}\boldsymbol{A}$ 是可逆的。若 $\boldsymbol{A}\boldsymbol{x} = \boldsymbol{0}$，则 $\boldsymbol{x} = \boldsymbol{0}$。

$\boldsymbol{A}$ 和 $\boldsymbol{A}^{\mathrm{T}}\boldsymbol{A}$ 总是有相同的零空间，这是因为 $\boldsymbol{A}^{\mathrm{T}}\boldsymbol{A}\boldsymbol{x} = \boldsymbol{0}$ 总是导致 $\boldsymbol{x}^{\mathrm{T}}\boldsymbol{A}^{\mathrm{T}}\boldsymbol{A}\boldsymbol{x} = 0$，即 $\|\boldsymbol{A}\boldsymbol{x}\|^2 = 0$。于是 $\boldsymbol{A}\boldsymbol{x} = \boldsymbol{0}$，因此 $\boldsymbol{x} \in \mathbf{N}(\boldsymbol{A})$。对任意矩阵 $\boldsymbol{A}$：

$$\boxed{\mathbf{N}(\boldsymbol{A}^{\mathrm{T}}\boldsymbol{A})=\mathbf{N}(\boldsymbol{A}),\ \mathbf{C}(\boldsymbol{A}\boldsymbol{A}^{\mathrm{T}})=\mathbf{C}(\boldsymbol{A})\ ,\ \mathbf{rank}(\boldsymbol{A}^{\mathrm{T}}\boldsymbol{A})=\mathbf{rank}(\boldsymbol{A}\boldsymbol{A}^{\mathrm{T}})=\mathbf{rank}(\boldsymbol{A})}$$

当 $\boldsymbol{A}^{\mathrm{T}}\boldsymbol{A}$ 是可逆时，可以进一步求解那些正规方程 $\boldsymbol{A}^{\mathrm{T}}\boldsymbol{A}\widehat{\boldsymbol{x}}=\boldsymbol{A}^{\mathrm{T}}\boldsymbol{b}$。

正规方程 $A^{\mathrm{T}}A\widehat{x}=A^{\mathrm{T}}b$

图 2.2 给出了一个最小二乘问题和它的解。这个问题是 $\boldsymbol{b}$ 不在 $\boldsymbol{A}$ 的列空间中，因此 $\boldsymbol{A}\boldsymbol{x}=\boldsymbol{b}$ 没有解。最好的解向量 $\boldsymbol{p}=\boldsymbol{A}\widehat{\boldsymbol{x}}$ 是一个投影，**将 $\boldsymbol{b}$ 投影到 $\boldsymbol{A}$ 的列空间中**。向量 $\widehat{\boldsymbol{x}}$ 和 $\boldsymbol{p}=\boldsymbol{A}\widehat{\boldsymbol{x}}$ 来自求解一个著名的线性方程组：$\boldsymbol{A}^{\mathrm{T}}\boldsymbol{A}\widehat{\boldsymbol{x}}=\boldsymbol{A}^{\mathrm{T}}\boldsymbol{b}$。为了求 $\boldsymbol{A}^{\mathrm{T}}\boldsymbol{A}$ 的逆，需要知道 $\boldsymbol{A}$ 有独立的列。

图 2.2 中显示了一个十分重要的直角三角形，其各边为 $\boldsymbol{b}$、$\boldsymbol{p}$ 和 $\boldsymbol{e}$。

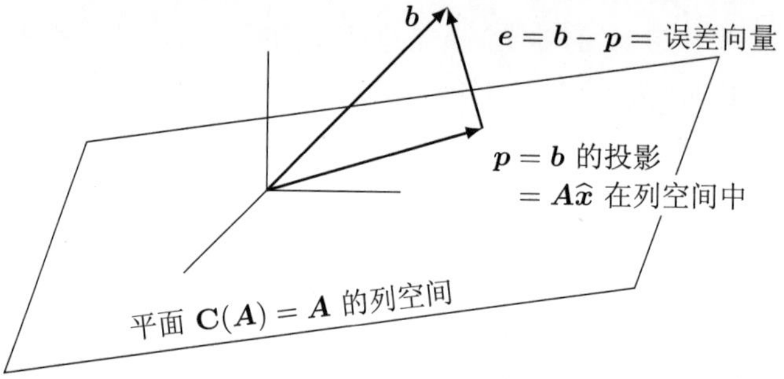

图 2.2　投影 $p=A\widehat{x}$ 是列空间中最接近 b 的点

$\boldsymbol{e}$ 垂直于平面（$\boldsymbol{A}$ 的列空间），表示 $\boldsymbol{b}-\boldsymbol{p}=\boldsymbol{b}-\boldsymbol{A}\widehat{\boldsymbol{x}}$ 垂直于列空间中的所有向量 $\boldsymbol{A}\boldsymbol{x}$：

$$(\boldsymbol{A}\boldsymbol{x})^{\mathrm{T}}(\boldsymbol{b}-\boldsymbol{A}\widehat{\boldsymbol{x}})=\boldsymbol{x}^{\mathrm{T}}\boldsymbol{A}^{\mathrm{T}}(\boldsymbol{b}-\boldsymbol{A}\widehat{\boldsymbol{x}})=0\ \text{对所有}\boldsymbol{x}\text{都成立，从而}\boldsymbol{A}^{\mathrm{T}}(\boldsymbol{b}-\boldsymbol{A}\widehat{\boldsymbol{x}})=\boldsymbol{0} \tag{4}$$

一切都来自最后一个方程，之后将其写成 $\boldsymbol{A}^{\mathrm{T}}\boldsymbol{A}\,\widehat{\boldsymbol{x}}=\boldsymbol{A}^{\mathrm{T}}\boldsymbol{b}$。

$$\widehat{x}\text{的正规方程}\quad \boldsymbol{A}^{\mathrm{T}}\boldsymbol{A}\,\widehat{\boldsymbol{x}}=\boldsymbol{A}^{\mathrm{T}}\boldsymbol{b} \tag{5}$$

$$\boldsymbol{A}\boldsymbol{x}=\boldsymbol{b}\text{的最小二乘解}\quad \widehat{\boldsymbol{x}}=(\boldsymbol{A}^{\mathrm{T}}\boldsymbol{A})^{-1}\boldsymbol{A}^{\mathrm{T}}\boldsymbol{b} \tag{6}$$

$$\boldsymbol{b}\text{到 }\boldsymbol{A}\text{ 的列空间的投影}\quad \boldsymbol{p}=\boldsymbol{A}\,\widehat{\boldsymbol{x}}=\boldsymbol{A}(\boldsymbol{A}^{\mathrm{T}}\boldsymbol{A})^{-1}\boldsymbol{A}^{\mathrm{T}}\boldsymbol{b} \tag{7}$$

$$\text{与 }\boldsymbol{b}\text{ 相乘得到 }\boldsymbol{p}\text{ 的投影矩阵}\quad \boldsymbol{P}=\boldsymbol{A}(\boldsymbol{A}^{\mathrm{T}}\boldsymbol{A})^{-1}\boldsymbol{A}^{\mathrm{T}} \tag{8}$$

$r=n$，$\boldsymbol{A}$ 有独立的列，这使得 $\boldsymbol{A}^{\mathrm{T}}\boldsymbol{A}$ 可逆且正定。可以验证 $\widehat{\boldsymbol{x}}$ 和来自伪逆的向量 $\boldsymbol{x}^{+}=\boldsymbol{A}^{+}\boldsymbol{b}$ 是同一个向量。因为假设 $\boldsymbol{A}$ 的秩 $r=n$，没有其他的 $\widehat{\boldsymbol{x}}$，$\boldsymbol{A}$ 的零空间只含有零向量。

投影矩阵有一个特殊的性质：$\boldsymbol{P}^{2}=\boldsymbol{P}$。当第二次投影时，投影 $\boldsymbol{p}$ 保持不变。将 $\boldsymbol{P}$ 用式 (8) 表示，则

$$\boldsymbol{P}^{2}=\boldsymbol{A}(\boldsymbol{A}^{\mathrm{T}}\boldsymbol{A})^{-1}\boldsymbol{A}^{\mathrm{T}}\boldsymbol{A}(\boldsymbol{A}^{\mathrm{T}}\boldsymbol{A})^{-1}\boldsymbol{A}^{\mathrm{T}}=\boldsymbol{A}(\boldsymbol{A}^{\mathrm{T}}\boldsymbol{A})^{-1}\boldsymbol{A}^{\mathrm{T}}=\boldsymbol{P} \tag{9}$$

计算 $\widehat{x}$ 的第三种方法：Gram-Schmidt 方法

仍然假设 $\boldsymbol{A}$ 的列互相独立，即 $r=n$，但不假设它们是正交的，因此 $\boldsymbol{A}^{\mathrm{T}}\boldsymbol{A}$ 不是一个对角矩阵，解 $\boldsymbol{A}^{\mathrm{T}}\boldsymbol{A}\widehat{\boldsymbol{x}}=\boldsymbol{A}^{\mathrm{T}}\boldsymbol{b}$ 需要一定的工作量。第三种方法将 **$\boldsymbol{A}$ 的列正交化**，然后就容易找到 $\widehat{\boldsymbol{x}}$。

现在的工作量是生成正交（甚至是单位正交）列，与 $\boldsymbol{A}^{\mathrm{T}}\boldsymbol{A}\widehat{\boldsymbol{x}}=\boldsymbol{A}^{\mathrm{T}}\boldsymbol{b}$ 相比，运算次数实际上加倍了，但是正交向量提供了数值稳定性。当 $\boldsymbol{A}^{\mathrm{T}}\boldsymbol{A}$ 接近奇异时，稳定性就变得十分重要。$\boldsymbol{A}^{\mathrm{T}}\boldsymbol{A}$ 的**条件数**为其范数 $\|\boldsymbol{A}^{\mathrm{T}}\boldsymbol{A}\|$ 乘以 $\|(\boldsymbol{A}^{\mathrm{T}}\boldsymbol{A})^{-1}\|$。当 σ_1^2/σ_n^2 较大时，提前正交 $\boldsymbol{A}$ 的列是一种好的做法。之后，就只要处理正交矩阵 $\boldsymbol{Q}$ 了。

$\boldsymbol{Q}$ 的条件数为 $\|\boldsymbol{Q}\|$ 乘以 $\|\boldsymbol{Q}^{-1}\|$。这些范数等于 1：最好的可能。

下面是 Gram-Schmidt 方法，从 $\boldsymbol{A}$ 开始，以 $\boldsymbol{Q}$ 结束。独立的列 $\boldsymbol{a}_1,\boldsymbol{a}_2,\cdots,\boldsymbol{a}_n$ 导致正交的列 $\boldsymbol{q}_1,\boldsymbol{q}_2,\cdots,\boldsymbol{q}_n$，这是线性代数中的基本计算。第一步是 $\boldsymbol{q}_1=\boldsymbol{a}_1/\|\boldsymbol{a}_1\|$。这是一个单位向量：$\|\boldsymbol{q}_1\|=1$。然后从 $\boldsymbol{a}_2$ 中减去它在 $\boldsymbol{q}_1$ 方向上的分量：

Gram-Schmidt 步骤			
	正交化	$\boldsymbol{A}_2=\boldsymbol{a}_2-(\boldsymbol{a}_2^{\mathrm{T}}\boldsymbol{q}_1)\boldsymbol{q}_1$	(10)
	规范化	$\boldsymbol{q}_2=\boldsymbol{A}_2/\|\boldsymbol{A}_2\|$	(11)

减去分量 $(\boldsymbol{a}_2^{\mathrm{T}}\boldsymbol{q}_1)\boldsymbol{q}_1$，就产生了正交于 $\boldsymbol{q}_1$ 的向量 $\boldsymbol{A}_2$：

$$(\boldsymbol{a}_2-(\boldsymbol{a}_2^{\mathrm{T}}\boldsymbol{q}_1)\boldsymbol{q}_1)^{\mathrm{T}}\boldsymbol{q}_1=\boldsymbol{a}_2^{\mathrm{T}}\boldsymbol{q}_1-\boldsymbol{a}_2^{\mathrm{T}}\boldsymbol{q}_1=\boldsymbol{0}\ (\text{因为}\ \boldsymbol{q}_1^{\mathrm{T}}\boldsymbol{q}_1=1)$$

算法继续到 $\boldsymbol{a}_3$、$\boldsymbol{A}_3$ 和 $\boldsymbol{q}_3$，每次规范化得到 $\|\boldsymbol{q}\|=1$。减去 $\boldsymbol{a}_3$ 沿着 $\boldsymbol{q}_1$ 和 $\boldsymbol{q}_2$ 的分量就得到 $\boldsymbol{A}_3$：

$$\text{正交化}\quad \boldsymbol{A}_3=\boldsymbol{a}_3-(\boldsymbol{a}_3^{\mathrm{T}}\boldsymbol{q}_1)\boldsymbol{q}_1-(\boldsymbol{a}_3^{\mathrm{T}}\boldsymbol{q}_2)\boldsymbol{q}_2,\quad \text{规范化}\quad \boldsymbol{q}_3=\frac{\boldsymbol{A}_3}{\|\boldsymbol{A}_3\|} \tag{12}$$

$$\boldsymbol{A}_3^{\mathrm{T}}\boldsymbol{q}_1=\boldsymbol{A}_3^{\mathrm{T}}\boldsymbol{q}_2=\boldsymbol{0},\qquad \|\boldsymbol{q}_3\|=1$$

每个 $\boldsymbol{q}_k$ 是 $\boldsymbol{a}_1,\cdots,\boldsymbol{a}_k$ 的组合。那么每个 $\boldsymbol{a}_k$ 是 $\boldsymbol{q}_1,\cdots,\boldsymbol{q}_k$ 的组合。

$$\boldsymbol{a}\text{来自}\boldsymbol{q}\qquad \begin{aligned}\boldsymbol{a}_1&=\|\boldsymbol{a}_1\|\boldsymbol{q}_1\\ \boldsymbol{a}_2&=(\boldsymbol{a}_2^{\mathrm{T}}\boldsymbol{q}_1)\boldsymbol{q}_1+\|\boldsymbol{A}_2\|\boldsymbol{q}_2\\ \boldsymbol{a}_3&=(\boldsymbol{a}_3^{\mathrm{T}}\boldsymbol{q}_1)\boldsymbol{q}_1+(\boldsymbol{a}_3^{\mathrm{T}}\boldsymbol{q}_2)\boldsymbol{q}_2+\|\boldsymbol{A}_3\|\boldsymbol{q}_3\end{aligned} \tag{13}$$

由以上方程可知，**带有 $r_{ij}=\boldsymbol{q}_i^{\mathrm{T}}\boldsymbol{a}_j$ 的矩阵 $\boldsymbol{R}=\boldsymbol{Q}^{\mathrm{T}}\boldsymbol{A}$ 是上三角矩阵**：

$$\begin{bmatrix}\\ \boldsymbol{a}_1 & \boldsymbol{a}_2 & \boldsymbol{a}_3\\ \\ \end{bmatrix}=\begin{bmatrix}\\ \boldsymbol{q}_1 & \boldsymbol{q}_2 & \boldsymbol{q}_3\\ \\ \end{bmatrix}\begin{bmatrix}\boldsymbol{r}_{11} & \boldsymbol{r}_{12} & \boldsymbol{r}_{13}\\ 0 & \boldsymbol{r}_{22} & \boldsymbol{r}_{23}\\ 0 & 0 & \boldsymbol{r}_{33}\end{bmatrix}\ \text{是}\ \boldsymbol{A}=\boldsymbol{Q}\boldsymbol{R} \tag{14}$$

Gram-Schmidt 方法从独立的 $\boldsymbol{a}$ 得到单位正交的 $\boldsymbol{q}$，于是 $\boldsymbol{A}=\boldsymbol{Q}\boldsymbol{R}$

若 $\boldsymbol{A}=\boldsymbol{Q}\boldsymbol{R}$，则 $\boldsymbol{R}=\boldsymbol{Q}^{\mathrm{T}}\boldsymbol{A}=\boldsymbol{q}$ 与 $\boldsymbol{a}$ 的内积。 后面的 $\boldsymbol{a}$ 不涉及先前的 $\boldsymbol{q}$，因此 $\boldsymbol{R}$ 是三角的。并且自然有，$\boldsymbol{A}^{\mathrm{T}}\boldsymbol{A}=\boldsymbol{R}^{\mathrm{T}}\boldsymbol{Q}^{\mathrm{T}}\boldsymbol{Q}\boldsymbol{R}=\boldsymbol{R}^{\mathrm{T}}\boldsymbol{R}$：

$$\boldsymbol{A}\boldsymbol{x}=\boldsymbol{b}\ \text{的最小二乘解是}\ \widehat{\boldsymbol{x}}=\boldsymbol{R}^{-1}\boldsymbol{Q}^{\mathrm{T}}\boldsymbol{b}$$

MATLAB 命令是 [Q, R]=qr(A)。由于 $\boldsymbol{R}=\boldsymbol{Q}^{\mathrm{T}}\boldsymbol{A}$，因此 $r_{ij}=\boldsymbol{q}_i^{\mathrm{T}}\boldsymbol{a}_j$。向量 $\widehat{\boldsymbol{x}}=(\boldsymbol{A}^{\mathrm{T}}\boldsymbol{A})^{-1}\boldsymbol{A}^{\mathrm{T}}\boldsymbol{b}=(\boldsymbol{R}^{\mathrm{T}}\boldsymbol{R})^{-1}\boldsymbol{R}^{\mathrm{T}}\boldsymbol{Q}^{\mathrm{T}}\boldsymbol{b}$，即 $\widehat{\boldsymbol{x}}=\boldsymbol{R}^{-1}\boldsymbol{Q}^{\mathrm{T}}\boldsymbol{b}$。

列置换的 Gram-Schmidt 方法

Gram-Schmidt 方法的直接描述是对 $\boldsymbol{A}$ 的各列按照原始顺序 $\boldsymbol{a}_1,\boldsymbol{a}_2,\boldsymbol{a}_3,\cdots$ 使用。这可能是危险的。我们从来不接受不允许行交换的消元代码，四舍五入的错误可能会把事情搞砸。

类似地，Gram-Schmidt 方法的每一步应该从一个新的列开始，该列尽可能独立于已经处理过的列。**需要列交换来挑选最大的剩余列，也就是随着挑选的进行，要改变列的顺序。**

为了正确选择 $\boldsymbol{A}$ 的剩余列，对 Gram-Schmidt 方法做了一个简单的改变：

旧的 接受 $\boldsymbol{a}_j$ 列为下一个。减去它在 $\boldsymbol{q}_1,\cdots,\boldsymbol{q}_{j-1}$ 方向上的分量

新的 当找到 $\boldsymbol{q}_{j-1}$ 时，从**所有剩余的列**中减去沿 $\boldsymbol{q}_{j-1}$ 的分量

这看起来需要做更多的工作，但其实不是。我们迟早要从剩下的每列 $\boldsymbol{a}_i$ 中减去 $(\boldsymbol{a}_i^{\mathrm{T}}\boldsymbol{q}_{j-1})\boldsymbol{q}_{j-1}$，现在只是做得早了些，一旦知道了 $\boldsymbol{q}_{j-1}$ 就做。这样，就可以自由选择下一列，这里选择最大的一列。

消元法	对 $\boldsymbol{A}$ 的行交换得到 $\boldsymbol{PA}=\boldsymbol{LU}$（置换矩阵 $\boldsymbol{P}$）
Gram-Schmidt 方法	列交换则得到 $\boldsymbol{AP}=\boldsymbol{QR}$（置换矩阵 $\boldsymbol{P}$）

下面是经过带有列交换的 $j-1$ 步 Gram-Schmidt 方法之后的情形。在矩阵 $\boldsymbol{Q}_{j-1}$ 的列中有 $j-1$ 个正交的单位向量 $\boldsymbol{q}_1,\cdots,\boldsymbol{q}_{j-1}$。有一个方阵 $\boldsymbol{R}_{j-1}$ 来将 $\boldsymbol{Q}_{j-1}$ 的那些列组合成 $\boldsymbol{A}$ 的 $j-1$ 个列，它们可能不是 A 的前 $j-1$ 列（我们正在优化列的顺序）。$\boldsymbol{A}$ 的所有剩余列都与向量 $\boldsymbol{q}_1,\cdots,\boldsymbol{q}_{j-1}$ 正交。

第 j 步. 在 $\boldsymbol{A}$ 的剩余列中选择最大的一列，规范其长度为 1。

这就是 $\boldsymbol{q}_j$。然后从仍然待选的 $n-j$ 个向量中的每个减去这个最新的 $\boldsymbol{q}_j$ 方向上的分量。现在就可以进行第 $j+1$ 步。

我们将依照 Gunnar Martinsson 2016 年的 APPM 5720 课程讲义用伪代码来表述第 j 步。最初的 $\boldsymbol{A}$ 为 $\boldsymbol{A}_0$，且矩阵 $\boldsymbol{Q}_0$ 和 $\boldsymbol{R}_0$ 是空的。

第 j 步是下面的循环，从 $\boldsymbol{A}_{j-1}$ 开始，到 $\boldsymbol{A}_j$ 结束。当 j 达到 $\min(m,n)$ 时，代码结束。**下面是 Gram-Schmidt 方法中的主列置换：**

$\boldsymbol{i}=\operatorname{argmax}\|\boldsymbol{A}_{j-1}(:,\ \ell)\|$ 发现尚未被选为基的最大的列

$\boldsymbol{q}_j=\boldsymbol{A}_{j-1}(:,\ i)/\|\boldsymbol{A}_{j-1}(:,\ i)\|$ 单位化这一列，得到新的单位向量 $\boldsymbol{q}_j$

$\boldsymbol{Q}_j=\begin{bmatrix}\boldsymbol{Q}_{j-1}\boldsymbol{q}_j\end{bmatrix}$ 用新的正交单位向量 $\boldsymbol{q}_j$ 更新 $\boldsymbol{Q}_{j-1}$

$\boldsymbol{r}_j=\boldsymbol{q}_j^{\mathrm{T}}\boldsymbol{A}_{j-1}$ 找到由 $\boldsymbol{A}$ 的剩余列与 $\boldsymbol{q}_j$ 做内积组成的行

$\boldsymbol{R}_j=\begin{bmatrix}\boldsymbol{R}_{j-1}\\ \boldsymbol{r}_j\end{bmatrix}$ 用内积的新行更新 $\boldsymbol{R}_{j-1}$

$\boldsymbol{A}_j=\boldsymbol{A}_{j-1}-\boldsymbol{q}_j\boldsymbol{r}_j$ 从每列减去新的秩为 1 的部分，得到 $\boldsymbol{A}_j$

当这个循环结束时，可以得到 $\boldsymbol{Q}$、$\boldsymbol{R}$ 和 $\boldsymbol{A}=\boldsymbol{QR}$。$\boldsymbol{R}$ 是一个上三角矩阵的置换（如果第 1 步中最大的列在前，它为上三角矩阵，因此每个 $i=j$）。实际得到的结果可以是一个上三角矩阵加上一个需要知道的以置换顺序排列的数 $1,2,\cdots,n$ 的向量，来构造 $\boldsymbol{R}$。

在实践中，列主元 $\boldsymbol{QR}$ 算法通过重新单位正交化可以变得更安全：

$$\boldsymbol{q}_j = \boldsymbol{q}_j - \boldsymbol{Q}_{j-1}(\boldsymbol{Q}_{j-1}^{\mathrm{T}}\boldsymbol{q}_j)$$

$$\boldsymbol{q}_j = \boldsymbol{q}_j \,/\, \|\boldsymbol{q}_j\| \quad (\text{确认})$$

“带有 Householder 矩阵的 $\boldsymbol{QR}$” 也有类似的重新排序，以减少舍入误差。主列置换的要点：**好的列首先出现。**

问题：来自 Gram-Schmidt 方法的 $\boldsymbol{Q}$ 与来自 SVD 的 $\boldsymbol{U}$ 都包含列空间 $\mathbf{C}(\boldsymbol{A})$ 的单位正交基。这两组基会是相同的基吗？

答案：它们不同。$\boldsymbol{U}$ 的列是 $\boldsymbol{A}\boldsymbol{A}^{\mathrm{T}}$ 的特征向量。若矩阵的大小是 $n>4$，则不可能在有限步的精确 “算术” 得到特征向量（或特征值）。$\det(\boldsymbol{A}-\lambda\boldsymbol{I})=0$ 将是 5 阶或更高阶：5 次方程不存在求根公式 (Abel)。Gram-Schmidt 方法只要求内积与平方根，因此 $\boldsymbol{Q}$ 必定是不同于 $\boldsymbol{U}$ 的。

在过去，计算一个接近精确的特征值需要比消元法或 Gram-Schmidt 方法大得多的 n^3 浮点运算，现在不再是这样了。

得到 Q 的另一种方法：Householder 反射

在没有列交换的情况下，Gram-Schmidt 方法从每个向量 $\boldsymbol{a}_j$ 中减去其在已经设置好的方向 $\boldsymbol{q}_1,\cdots,\boldsymbol{q}_{j-1}$ 的分量。为了保证数值稳定性，这些减法必须一次做一个。下面是 $\boldsymbol{q}_3$ 对 $\boldsymbol{a}_3$ 的两次单独的减法运算：

$$\text{计算}\quad \boldsymbol{a}_3-(\boldsymbol{a}_3^{\mathrm{T}}\boldsymbol{q}_1)\,\boldsymbol{q}_1=\boldsymbol{a}_3' \;,\; \boldsymbol{a}_3'-(\boldsymbol{a}_3'^{\mathrm{T}}\boldsymbol{q}_2)\,\boldsymbol{q}_2=\boldsymbol{A}_3 \;,\; \boldsymbol{q}_3=\boldsymbol{A}_3/\|\boldsymbol{A}_3\|$$

但这样计算出来的 $\boldsymbol{q}_3$ 依然不会精确地正交于 $\boldsymbol{q}_1$ 和 $\boldsymbol{q}_2$，这是很难的。创建一个完全正交的 $\boldsymbol{Q}$ 的好方法可以像 Householder 反射矩阵这样：

$$\textbf{Householder 反射矩阵}\qquad \boldsymbol{H}=\boldsymbol{I}-2\frac{\boldsymbol{v}\boldsymbol{v}^{\mathrm{T}}}{\|\boldsymbol{v}\|^2}=\boldsymbol{I}-2\boldsymbol{u}\boldsymbol{u}^{\mathrm{T}} \tag{15}$$

$\boldsymbol{u}$ 是单位向量 $\boldsymbol{v}/\|\boldsymbol{v}\|$，然后 $\boldsymbol{u}\boldsymbol{u}^{\mathrm{T}}=\boldsymbol{v}\boldsymbol{v}^{\mathrm{T}}/\|\boldsymbol{v}\|^2$。**$\boldsymbol{H}$ 是对称且正交的。**

$$\boldsymbol{H}^{\mathrm{T}}\boldsymbol{H}=(\boldsymbol{I}-2\boldsymbol{u}\boldsymbol{u}^{\mathrm{T}})^2=\boldsymbol{I}-4\boldsymbol{u}\boldsymbol{u}^{\mathrm{T}}+4\boldsymbol{u}(\boldsymbol{u}^{\mathrm{T}}\boldsymbol{u})\,\boldsymbol{u}^{\mathrm{T}}=\boldsymbol{I} \tag{16}$$

关键点：若 $\boldsymbol{v}=\boldsymbol{a}-\boldsymbol{r}$，$\|\boldsymbol{a}\|=\|\boldsymbol{r}\|$，则 $\boldsymbol{H}\boldsymbol{a}=\boldsymbol{r}$（见习题 6）。为了在主对角线下 k 列中产生零，用这个带有 $\boldsymbol{v}=(\boldsymbol{a}_{\text{lower}}-\boldsymbol{r}_{\text{lower}})$ 的 $\boldsymbol{H}_k$，$\boldsymbol{u}=\boldsymbol{v}/\|\boldsymbol{v}\|$。**这样就在 $\boldsymbol{H}\boldsymbol{A}$ 中创造零**，而且可以选择 $\boldsymbol{r}$ 的符号：

$$\boldsymbol{H}_k[\text{列 } k]=\begin{bmatrix}\boldsymbol{I} & \\ & \boldsymbol{I}-2\boldsymbol{u}\boldsymbol{u}^{\mathrm{T}}\end{bmatrix}\begin{bmatrix}\boldsymbol{a}_{\text{上}}\\ \boldsymbol{a}_{\text{下}}\end{bmatrix}=\begin{bmatrix}\boldsymbol{a}_{\text{上}}\\ \pm\|\boldsymbol{a}_{\text{下}}\|\\ \boldsymbol{n-k}\text{ 个零}\end{bmatrix}=\boldsymbol{r}_k \tag{17}$$

$\boldsymbol{A}_1$ 是原始的矩阵 $\boldsymbol{A}$。第一步得到 $\boldsymbol{H}_1\boldsymbol{A}$，而下一步得到 $\boldsymbol{H}_2\boldsymbol{H}_1\boldsymbol{A}$。通过一列列地运算，$\boldsymbol{H}_1,\cdots,\boldsymbol{H}_{n-1}$ 的反射乘起来就得到 $\boldsymbol{Q}$。而且，依反向的顺序进行，这些反射在 $\boldsymbol{A}$ 中创造了零，而最后得到了三角矩阵 $\boldsymbol{R}$：

$$\boldsymbol{H}_{n-1}\cdots\boldsymbol{H}_2\boldsymbol{H}_1\boldsymbol{A}=\begin{bmatrix}\boldsymbol{r}_1 & \boldsymbol{r}_2 & \cdots & \boldsymbol{r}_n\end{bmatrix}\quad\text{变成}\quad \boldsymbol{Q}^{\mathrm{T}}\boldsymbol{A}=\boldsymbol{R} \tag{18}$$

关键之处在于通过只保存向量 $\boldsymbol{v}_j=\boldsymbol{a}_j-\boldsymbol{r}_j$，而不是矩阵来保持 $\boldsymbol{H}_j$ 的记录。然后每个 $\boldsymbol{H}_j=\boldsymbol{I}-2\boldsymbol{v}_j\boldsymbol{v}_j^{\mathrm{T}}/\|\boldsymbol{v}_j\|^2$ 就是精确地正交的。为了通过最小二乘法来解 $\boldsymbol{Ax}=\boldsymbol{b}$，可以像消元法那样，从矩阵 $[\boldsymbol{A}\quad\boldsymbol{b}]$ 开始，乘以所有的 $\boldsymbol{H}$ 来得到 $[\boldsymbol{R}\quad\boldsymbol{Q}^{\mathrm{T}}\boldsymbol{b}]$。然后通过普通的反向替代来解三角方程组 $\boldsymbol{R}\widehat{\boldsymbol{x}}=\boldsymbol{Q}^{\mathrm{T}}\boldsymbol{b}$。**这样就会发现最小二乘解** $\widehat{\boldsymbol{x}}=\boldsymbol{R}^{-1}\boldsymbol{Q}^{\mathrm{T}}\boldsymbol{b}$。

例 由 $A=\begin{bmatrix}4&*\\3&*\end{bmatrix}$ 有 $\boldsymbol{a}=\begin{bmatrix}4\\3\end{bmatrix}$，$\boldsymbol{r}=\begin{bmatrix}5\\0\end{bmatrix}$，$\|\boldsymbol{a}\|=\|\boldsymbol{r}\|$

选取 $\boldsymbol{v}=\boldsymbol{a}-\boldsymbol{r}=\begin{bmatrix}-1\\3\end{bmatrix}$，$\boldsymbol{u}=\dfrac{\boldsymbol{v}}{\|\boldsymbol{v}\|}=\dfrac{1}{\sqrt{10}}\begin{bmatrix}-1\\3\end{bmatrix}$

则 $\boldsymbol{H}=\boldsymbol{I}-2\boldsymbol{u}\boldsymbol{u}^{\mathrm{T}}=\dfrac{1}{5}\begin{bmatrix}4&3\\3&-4\end{bmatrix}=\boldsymbol{Q}^{\mathrm{T}}$，$\boldsymbol{HA}=\begin{bmatrix}\mathbf{5}&*\\\mathbf{0}&*\end{bmatrix}=\boldsymbol{R}$

带有惩罚项的最小二乘

若 $\boldsymbol{A}$ 有相关列，$\boldsymbol{Ax}=\mathbf{0}$ 有非零解，则 $\boldsymbol{A}^{\mathrm{T}}\boldsymbol{A}$ 不是可逆的，这就需要 $\boldsymbol{A}^{+}$。一种比较恰当的做法是去“规范”最小二乘：

$$\textbf{惩罚项}\quad \text{Minimize }\|\boldsymbol{Ax}-\boldsymbol{b}\|^2+\delta^2\|\boldsymbol{x}\|^2,\quad \text{解 }(\boldsymbol{A}^{\mathrm{T}}\boldsymbol{A}+\boldsymbol{\delta}^2\boldsymbol{I})\widehat{\boldsymbol{x}}=\boldsymbol{A}^{\mathrm{T}}\boldsymbol{b} \tag{19}$$

这种最小二乘法被称为岭回归法。下面将证明当这个惩罚项消失（$\delta\to 0$）时，$\widehat{\boldsymbol{x}}$ 趋近于最短的解 $\boldsymbol{x}^{+}=\boldsymbol{A}^{+}\boldsymbol{b}$。

3.4 节将描述一个不同的惩罚项：**加上 ℓ^1 范数 $\lambda\|\boldsymbol{x}\|_1$**。那将带来一个漂亮的结果：不是具有最小范数的 $\boldsymbol{x}^{+}$，而是ℓ^1 范数导致了稀疏解。

伪逆 A^{+} 是 $(A^{\mathrm{T}}A+\delta^2I)^{-1}A^{\mathrm{T}}$ 的极限

式 (19) 从正定矩阵 $\boldsymbol{A}^{\mathrm{T}}\boldsymbol{A}+\delta^2\boldsymbol{I}$ 得到了伪逆 $\boldsymbol{A}^{+}$（这些到了 $\delta=0$ 的最后时刻可逆的矩阵）。在那个时刻，$\boldsymbol{A}^{+}$ 突然分裂。若 $\boldsymbol{A}$ 是 1×1 矩阵，只是一个单一的数 σ，则能清楚地看到这一点：

$$\textbf{对}\ \delta>0\qquad (\boldsymbol{A}^{\mathrm{T}}\boldsymbol{A}+\delta^2\boldsymbol{I})^{-1}\boldsymbol{A}^{\mathrm{T}}=\left[\frac{\boldsymbol{\sigma}}{\boldsymbol{\sigma}^2+\boldsymbol{\delta}^2}\right]\ \text{是 }1\times 1\text{矩阵}\qquad \textbf{现在令}\ \delta\to 0$$

若 $\sigma=0$，极限是零。若 $\sigma\neq 0$，极限是 $\dfrac{1}{\sigma}$。即 $\boldsymbol{A}^{+}=0$ **或** $\dfrac{1}{\sigma}$。

应用到任何一个对角矩阵 $\boldsymbol{\Sigma}$ 是容易的，因为所有的矩阵保持对角线。在沿着主对角线的每个位置都看到 1×1 的情形。$\boldsymbol{\Sigma}$ 有正的元素 $\sigma_1,\cdots,\sigma_r$，而其他元素都是零。这个惩罚项使得整个对角线为正：

$$(\boldsymbol{\Sigma}^{\mathrm{T}}\boldsymbol{\Sigma}+\delta^2\boldsymbol{I})^{-1}\boldsymbol{\Sigma}^{\mathrm{T}}\ \text{有正的对角元}\ \frac{\boldsymbol{\sigma}_i}{\boldsymbol{\sigma}_i^2+\boldsymbol{\delta}^2}\text{，其他项都是零。}$$

正的数趋近于 $\dfrac{1}{\sigma_i}$。零则保持为零。当 $\delta\to 0$ 时，这个极限再次是 $\boldsymbol{\Sigma}^{+}$。

为了证明每个矩阵 $\boldsymbol{A}$ 的极限是 $\boldsymbol{A}^+$，引入 SVD：$\boldsymbol{A}=\boldsymbol{U\Sigma V}^{\mathrm{T}}$。将矩阵 $\boldsymbol{A}$ 代入 $(\boldsymbol{A}^{\mathrm{T}}\boldsymbol{A}+\delta^2\boldsymbol{I})^{-1}\boldsymbol{A}^{\mathrm{T}}$。因为 $\boldsymbol{U}^{\mathrm{T}}=\boldsymbol{U}^{-1}$，$\boldsymbol{V}^{\mathrm{T}}=\boldsymbol{V}^{-1}$，正交矩阵 $\boldsymbol{U}$ 和 $\boldsymbol{V}$ 都消失了：

$$\boldsymbol{A}^{\mathrm{T}}\boldsymbol{A}+\delta^2\boldsymbol{I}=\boldsymbol{V\Sigma}^{\mathrm{T}}\boldsymbol{U}^{\mathrm{T}}\boldsymbol{U\Sigma V}^{\mathrm{T}}+\delta^2\boldsymbol{I}=\boldsymbol{V}(\boldsymbol{\Sigma}^{\mathrm{T}}\boldsymbol{\Sigma}+\delta^2\boldsymbol{I})\boldsymbol{V}^{\mathrm{T}}$$

$$(\boldsymbol{A}^{\mathrm{T}}\boldsymbol{A}+\delta^2\boldsymbol{I})^{-1}\boldsymbol{A}^{\mathrm{T}}=\boldsymbol{V}(\boldsymbol{\Sigma}^{\mathrm{T}}\boldsymbol{\Sigma}+\delta^2\boldsymbol{I})^{-1}\boldsymbol{V}^{\mathrm{T}}\boldsymbol{V\Sigma}^{\mathrm{T}}\boldsymbol{U}^{\mathrm{T}}=\boldsymbol{V}\left[(\boldsymbol{\Sigma}^{\mathrm{T}}\boldsymbol{\Sigma}+\delta^2\boldsymbol{I})^{-1}\boldsymbol{\Sigma}^{\mathrm{T}}\right]\boldsymbol{U}^{\mathrm{T}}$$

现在令 $\delta\to 0$，矩阵 $\boldsymbol{V}$ 和 $\boldsymbol{U}^{\mathrm{T}}$ 留在它们原来的位置。在方括号中的**对角矩阵趋近于** $\boldsymbol{\Sigma}^+$（这就是上面确立起来的对角线情形）。$(\boldsymbol{A}^{\mathrm{T}}\boldsymbol{A}+\boldsymbol{\delta}^2\boldsymbol{I})^{-1}\boldsymbol{A}^{\mathrm{T}}$ **的极限就是伪逆** $\boldsymbol{A}^+$。

$$\boxed{\lim_{\delta\to 0}\boldsymbol{V}\left[(\boldsymbol{\Sigma}^{\mathrm{T}}\boldsymbol{\Sigma}+\boldsymbol{\delta}^2\boldsymbol{I})^{-1}\boldsymbol{\Sigma}^{\mathrm{T}}\right]\boldsymbol{U}^{\mathrm{T}}=\boldsymbol{V\Sigma}^+\boldsymbol{U}^{\mathrm{T}}=\boldsymbol{A}^+}\qquad(20)$$

计算 $\boldsymbol{A}^+$ 的困难之处是确定一个奇异值是否为零，**还是非常小**。$\boldsymbol{\Sigma}^+$ 中的对角元是零或极其大。$\boldsymbol{\Sigma}^+$ 和 $\boldsymbol{A}^+$ 距离成为 $\boldsymbol{\Sigma}$ 和 $\boldsymbol{A}$ 的连续函数差得很远。$\boldsymbol{A}^+$ 的值若表明 λ 或 σ 非常接近零，那么我们一般会将其处理为零，尽管我们并不那么确信。

这里是小矩阵与它们的伪逆，$\boldsymbol{A}^+$ 并不遵循所有的对 $\boldsymbol{A}^{-1}$ 的规则。当奇异值趋于零时，这是不连续的。

$$\text{从 }\mathbf{0}\text{ 到 }\mathbf{2^{10}}\quad\begin{bmatrix}2&0\\0&\mathbf{0}\end{bmatrix}^+=\begin{bmatrix}1/2&0\\0&\mathbf{0}\end{bmatrix},\quad\text{但是}\quad\begin{bmatrix}2&0\\0&\mathbf{2^{-10}}\end{bmatrix}^+=\begin{bmatrix}1/2&0\\0&\mathbf{2^{10}}\end{bmatrix}$$

$(\boldsymbol{AB})^+=\boldsymbol{B}^+\boldsymbol{A}^+$ 并不成立。伪逆不遵守逆矩阵的所有规则。它们的确服从 $(\boldsymbol{A}^{\mathrm{T}})^+=(\boldsymbol{A}^+)^{\mathrm{T}}$，$(\boldsymbol{A}^{\mathrm{T}}\boldsymbol{A})^+=\boldsymbol{A}^+(\boldsymbol{A}^{\mathrm{T}})^+$。若 $\boldsymbol{A}=\begin{bmatrix}1&0\end{bmatrix}$，$\boldsymbol{B}=\begin{bmatrix}1\\1\end{bmatrix}$ 则 $(\boldsymbol{AB})^+\neq\boldsymbol{B}^+\boldsymbol{A}^+$：

$$\boldsymbol{AB}=\begin{bmatrix}1\end{bmatrix},\quad(\boldsymbol{AB})^+=\begin{bmatrix}\mathbf{1}\end{bmatrix},\quad\text{但是}\quad\boldsymbol{B}^+=\begin{bmatrix}\frac{1}{2}&\frac{1}{2}\end{bmatrix},\quad\boldsymbol{A}^+=\begin{bmatrix}1\\0\end{bmatrix},\quad\boldsymbol{B}^+\boldsymbol{A}^+=\begin{bmatrix}\mathbf{\frac{1}{2}}\end{bmatrix}$$

若 $\boldsymbol{C}$ 列满秩，且 $\boldsymbol{R}$ 行满秩，则 $(\boldsymbol{CR})^+=\boldsymbol{R}^+\boldsymbol{C}^+$ 为真。

这是一个令人吃惊而有用的结论。意味着，任何矩阵的伪逆能够在不知道其 SVD（并且不用计算任何一个特征值）的情形下计算出来。下面是其原因。第一步来自 1.1 节。

每个秩为 r 的 $m\times n$ 矩阵 $\boldsymbol{A}$ 可以被分解至 $\boldsymbol{A}=\boldsymbol{CR}=(m\times r)(r\times n)$。

矩阵 $\boldsymbol{C}$ 给出了列空间的一组基。$\boldsymbol{R}$ 给出了行空间的一组基。$\boldsymbol{C}^+=(\boldsymbol{C}^{\mathrm{T}}\boldsymbol{C})^{-1}\boldsymbol{C}^{\mathrm{T}}$ 为 $\boldsymbol{C}$ 的左逆，$\boldsymbol{R}^+=\boldsymbol{R}^{\mathrm{T}}(\boldsymbol{RR}^{\mathrm{T}})^{-1}$ 为 $\boldsymbol{R}$ 的右逆。

于是 $\boldsymbol{A}=\boldsymbol{CR}$ 有 $\boldsymbol{A}^+=\boldsymbol{R}^+\boldsymbol{C}^+$，无需特征值或奇异值就可以计算得到。

注意：要求通过计算（没有截断误差）确定准确的秩 r。当秩突然下跌时，伪逆是不连续的。一个大的数 $1/\sigma$ 突然变成零，总是有 $\mathbf{0}^+=\mathbf{0}$。

在上面这个 $(\boldsymbol{AB})^+\neq\boldsymbol{B}^+\boldsymbol{A}^+$ 的例子中，可以验证若将这些矩阵倒序排列，则 $(\boldsymbol{BA})^+=\boldsymbol{A}^+\boldsymbol{B}^+$ 是对的。

伪逆也称为 Moore-Penrose 逆。在 MATLAB 中，命令是 “pinv (A)”。

加权的最小二乘

我们通过选择权重来最小化误差 $\|\boldsymbol{b}-\boldsymbol{A}\boldsymbol{x}\|^2$，隐含地假设所有的测量 $b_1,b_2,\cdots,b_m$ 是同样可靠的。b_i 中的误差有均值 = 平均值 = 0，而且所有的方差是等同的。这个假设可能是错的，某些 b_i 可能有较小的噪声和更高的精度。在 m 次测量中的方差 $\sigma_1^2,\sigma_2^2,\cdots,\sigma_m^2$ 不一定是相等的。在这种情况下，可以将最高的权重赋予那些最可靠的数据（具有最小方差的 b）。

一种自然的选择是用 σ_k 来除第 k 个方程，然后 b_k/σ_k 有方差 1，所有的测量都被归一化至同样的单位方差。注意 σ 是常用的表示方差平方根的符号（见 5.1 节和5.4 节协方差的描述）。这里 σ 是方差，而不是 $\boldsymbol{A}$ 的奇异值。

当测量值 b_k 互相独立时，所有的协方差都是零。在方差 -协方差矩阵 $\boldsymbol{C}$ 中仅有的非零项是在对角线上的 $\sigma_1^2,\sigma_2^2,\cdots\sigma_m^2$。因此权重 $1/\sigma_k$ 已经有效地用矩阵 $\boldsymbol{C}^{-1/2}$ 乘以 $\boldsymbol{A}\boldsymbol{x}=\boldsymbol{b}$。

当 $\boldsymbol{C}$ 在非对角线有非零项时，用 $\boldsymbol{C}^{-1/2}$ 相乘依然是一个正确的选择。

我们是在“漂白”数据。那个要被最小化的量不是 $\|\boldsymbol{b}-\boldsymbol{A}\boldsymbol{x}\|^2$，这个误差应该用 $\boldsymbol{C}^{-1}$ 加权。

$$\textbf{加权最小二乘法最小化}\ \|\boldsymbol{C}^{-1/2}(\boldsymbol{b}-\boldsymbol{A}\boldsymbol{x})\|^2=(\boldsymbol{b}-\boldsymbol{A}\boldsymbol{x})^{\mathrm{T}}\boldsymbol{C}^{-1}(\boldsymbol{b}-\boldsymbol{A}\boldsymbol{x})$$

求最佳解 $\widehat{\boldsymbol{x}}$ 的正规方程 $\boldsymbol{A}^{\mathrm{T}}\boldsymbol{A}\widehat{\boldsymbol{x}}=\boldsymbol{A}^{\mathrm{T}}\boldsymbol{b}$ 包括逆协方差矩阵 $\boldsymbol{C}^{-1}$：

$$\boxed{\textbf{加权的正规方程}\qquad \boldsymbol{A}^{\mathrm{T}}\boldsymbol{C}^{-1}\boldsymbol{A}\widehat{\boldsymbol{x}}=\boldsymbol{A}^{\mathrm{T}}\boldsymbol{C}^{-1}\boldsymbol{b}} \tag{21}$$

例 2　假设 $x=b_1$，$x=b_2$ 是 x 这个数的独立带噪声的测量，用它们的权 $1/\sigma$ 来乘以这些方程。

用加权最小二乘法来解 $\boldsymbol{A}x=\begin{bmatrix}1\\1\end{bmatrix}x=\begin{bmatrix}b_1\\b_2\end{bmatrix}$。权重分别是 $1/\sigma_1$ 和 $1/\sigma_2$。

方程变成 $x/\sigma_1=b_1/\sigma_1$，$x/\sigma_2=b_2/\sigma_2$：　$\begin{bmatrix}1/\sigma_1\\1/\sigma_2\end{bmatrix}x=\begin{bmatrix}b_1/\sigma_1\\b_2/\sigma_2\end{bmatrix}$

$$\textbf{加权的正规方程}\qquad \left[\frac{\mathbf{1}}{\boldsymbol{\sigma_1^2}}+\frac{\mathbf{1}}{\boldsymbol{\sigma_2^2}}\right]\widehat{\boldsymbol{x}}=\frac{\boldsymbol{b_1}}{\boldsymbol{\sigma_1^2}}+\frac{\boldsymbol{b_2}}{\boldsymbol{\sigma_2^2}} \tag{22}$$

在统计意义上 x 的最佳估计是 $\boldsymbol{b_1}$ 和 $\boldsymbol{b_2}$ 的加权平均：

$$\widehat{\boldsymbol{x}}=\left(\frac{\sigma_1^2\,\sigma_2^2}{\sigma_1^2+\sigma_2^2}\right)\left(\frac{b_1}{\sigma_1^2}+\frac{b_2}{\sigma_2^2}\right)=\frac{\boldsymbol{\sigma_2^2\,b_1+\sigma_1^2\,b_2}}{\boldsymbol{\sigma_1^2+\sigma_2^2}}$$

习题 2.2

1. (对 $\mathbf{N}(\boldsymbol{A}^{\mathrm{T}}\boldsymbol{A})=\mathbf{N}(\boldsymbol{A})$ 新的证明)　若 $\boldsymbol{A}^{\mathrm{T}}\boldsymbol{A}\boldsymbol{x}=\mathbf{0}$，则 $\boldsymbol{A}\boldsymbol{x}$ 是在 $\boldsymbol{A}^{\mathrm{T}}$ 的零空间中，但 $\boldsymbol{A}\boldsymbol{x}$ 总是在 $\boldsymbol{A}$ 的列空间中。这两个子空间是正交的，因此，若 $\boldsymbol{A}^{\mathrm{T}}\boldsymbol{A}\boldsymbol{x}=\mathbf{0}$，则 $\boldsymbol{A}\boldsymbol{x}=\mathbf{0}$。
   通过反证法来证明 $\mathbf{N}(\boldsymbol{A}^{\mathrm{T}}\boldsymbol{A})=\mathbf{N}(\boldsymbol{A})$。
2. 为什么 $\boldsymbol{A}$ 和 $\boldsymbol{A}^+$ 有相同的秩？若 $\boldsymbol{A}$ 是方阵，$\boldsymbol{A}$ 和 $\boldsymbol{A}^+$ 有相同的特征向量吗？求 $\boldsymbol{A}^+$ 的特征值。

3. 由 $\boldsymbol{A}$ 和 $\boldsymbol{A}^+$，证明 $\boldsymbol{A}^+\boldsymbol{A}$ 是正确的，$(\boldsymbol{A}^+\boldsymbol{A})^2=\boldsymbol{A}^+\boldsymbol{A}=$ 投影。

$$\boldsymbol{A}=\sum\sigma_i\boldsymbol{u}_i\boldsymbol{v}_i^{\mathrm{T}},\quad \boldsymbol{A}^+=\sum\frac{\boldsymbol{v}_i\boldsymbol{u}_i^{\mathrm{T}}}{\sigma_i},\quad \boldsymbol{A}^+\boldsymbol{A}=\sum\boldsymbol{v}_i\boldsymbol{v}_i^{\mathrm{T}},\quad \boldsymbol{A}\boldsymbol{A}^+=\sum\boldsymbol{u}_i\boldsymbol{u}_i^{\mathrm{T}}$$

4. 哪些矩阵有 $\boldsymbol{A}^+=\boldsymbol{A}$？它们为什么是正方形的？看一下 $\boldsymbol{A}^+\boldsymbol{A}$。
5. 假设 $\boldsymbol{A}$ 有互相独立的列（秩 $r=n$；零空间 = 零向量）。
   (1) 描述在 $\boldsymbol{A}=\boldsymbol{U\Sigma V}^{\mathrm{T}}$ 中的 $m\times n$ 矩阵 $\boldsymbol{\Sigma}$。在 $\boldsymbol{\Sigma}$ 中有多少个非零项？
   (2) 通过找到其逆矩阵来证明 $\boldsymbol{\Sigma}^{\mathrm{T}}\boldsymbol{\Sigma}$ 是可逆的。
   (3) 写出 $n\times m$ 矩阵 $(\boldsymbol{\Sigma}^{\mathrm{T}}\boldsymbol{\Sigma})^{-1}\boldsymbol{\Sigma}^{\mathrm{T}}$，并且确认其为 $\boldsymbol{\Sigma}^+$。
   (4) 将 $\boldsymbol{A}=\boldsymbol{U\Sigma V}^{\mathrm{T}}$ 代入 $(\boldsymbol{A}^{\mathrm{T}}\boldsymbol{A})^{-1}\boldsymbol{A}^{\mathrm{T}}$，并且确认这个矩阵为 $\boldsymbol{A}^+$。

   由 $\boldsymbol{A}^{\mathrm{T}}\boldsymbol{A}\widehat{\boldsymbol{x}}=\boldsymbol{A}^{\mathrm{T}}\boldsymbol{b}$ **推导** $\boldsymbol{A}^+=(\boldsymbol{A}^{\mathrm{T}}\boldsymbol{A})^{-1}\boldsymbol{A}^{\mathrm{T}}$，**但是条件是** $\mathrm{rank}(\boldsymbol{A})=\boldsymbol{n}$。
6. 式 (17) 中的 Householder 矩阵 $\boldsymbol{H}$ 选择 $\boldsymbol{v}=\boldsymbol{a}-\boldsymbol{r}$，其中 $\|\boldsymbol{a}\|^2=\|\boldsymbol{r}\|^2$。证实向量 $\boldsymbol{v}$ 的这个选择总是得到 $\boldsymbol{Ha}=\boldsymbol{r}$：

$$\text{验证}\quad \boldsymbol{Ha}=\boldsymbol{a}-2\,\frac{(\boldsymbol{a}-\boldsymbol{r})\,(\boldsymbol{a}-\boldsymbol{r})^{\mathrm{T}}}{(\boldsymbol{a}-\boldsymbol{r})^{\mathrm{T}}(\boldsymbol{a}-\boldsymbol{r})}\boldsymbol{a}\quad\text{简化至}\quad \boldsymbol{r}$$

7. 按照习题 6，由哪个 $n\times n$ Householder 矩阵 $\boldsymbol{H}$ 得到 $\boldsymbol{Ha}=\begin{bmatrix}\|\boldsymbol{a}\|\\ \boldsymbol{0}\end{bmatrix}$？
8. 应该从 $\boldsymbol{b}=\begin{bmatrix}4\\0\end{bmatrix}$ 中减去 $\boldsymbol{a}=\begin{bmatrix}1\\1\end{bmatrix}$ 的多少倍，才能使结果 $\boldsymbol{A_2}$ 正交于 $\boldsymbol{a}$？画一张图来表示 $\boldsymbol{a}$、$\boldsymbol{b}$ 和 $\boldsymbol{A_2}$。
9. 完成习题 8 中的 Gram-Schmidt 过程，通过计算 $\boldsymbol{q}_1=\boldsymbol{a}/\|\boldsymbol{a}\|$，$\boldsymbol{A}_2=\boldsymbol{b}-(\boldsymbol{b}^{\mathrm{T}}\boldsymbol{q}_1)\boldsymbol{q}_1$，$\boldsymbol{q}_2=\boldsymbol{A_2}/\|\boldsymbol{A_2}\|$，分解成 $\boldsymbol{QR}$：

$$\begin{bmatrix}1&4\\1&0\end{bmatrix}=\begin{bmatrix}\boldsymbol{q}_1&\boldsymbol{q}_2\end{bmatrix}\begin{bmatrix}\|\boldsymbol{a}\|&?\\0&\|\boldsymbol{A_2}\|\end{bmatrix}$$

10. 若 $\boldsymbol{A}=\boldsymbol{QR}$，则 $\boldsymbol{A}^{\mathrm{T}}\boldsymbol{A}=\boldsymbol{R}^{\mathrm{T}}\boldsymbol{R}=$ ____ 三角乘以 ____ 三角。Gram-Schmidt方法在 $\boldsymbol{A}$ 上相当于对 $\boldsymbol{A}^{\mathrm{T}}\boldsymbol{A}$ 的消元。
11. 若有 $\boldsymbol{Q}^{\mathrm{T}}\boldsymbol{Q}=\boldsymbol{I}$，证明 $\boldsymbol{Q}^{\mathrm{T}}=\boldsymbol{Q}^+$。如果对可逆的 $\boldsymbol{R}$ 有 $\boldsymbol{A}=\boldsymbol{QR}$，证明 $\boldsymbol{QQ}^{\mathrm{T}}=\boldsymbol{AA}^+$。在 2.3 节，这将是计算 SVD 的一个关键。

    这里专门介绍关于最小二乘法的最简单但最重要的应用：**用一根直线来拟合数据**。直线 $b=C+Dt$ 有 $n=2$ 个参数 C 和 D。在 m 个不同的时刻 t_i 被赋予 $m>2$ 个测量 b_i。方程 $\boldsymbol{Ax}=\boldsymbol{b}$（不可解的），$\boldsymbol{A}^{\mathrm{T}}\boldsymbol{A}\widehat{\boldsymbol{x}}=\boldsymbol{A}^{\mathrm{T}}\boldsymbol{b}$（可解的）如下：

$$\boldsymbol{Ax}=\begin{bmatrix}1&t_1\\1&t_2\\\vdots&\vdots\\1&t_m\end{bmatrix}\begin{bmatrix}C\\D\end{bmatrix}=\begin{bmatrix}b_1\\b_2\\\vdots\\b_m\end{bmatrix},\qquad \boldsymbol{A}^{\mathrm{T}}\boldsymbol{A}\widehat{\boldsymbol{x}}=\begin{bmatrix}m&\sum t_i\\\sum t_i&\sum t_i^2\end{bmatrix}\begin{bmatrix}\widehat{C}\\\widehat{D}\end{bmatrix}=\begin{bmatrix}\sum b_i\\\sum b_it_i\end{bmatrix}$$

列空间 $\mathbf{C}(\boldsymbol{A})$ 是 $\mathbf{R}^m$ 中的一个二维平面。当且仅当 m 个点 (t_i, b_i) 实际上是在一条直线上时，向量 $\boldsymbol{b}$ 在这个列空间中。只有在这种情形下，$\boldsymbol{Ax}=\boldsymbol{b}$ 是可解的，这条直线是 $C+Dt$。
$\boldsymbol{b}$ 总是被投影到在 $\mathbf{C}(\boldsymbol{A})$ 中最近的 $\boldsymbol{p}$。
最佳的直线（最小二乘拟合）通过这些点 (t_i, p_i)。误差向量 $\boldsymbol{e}=\boldsymbol{A}\widehat{\boldsymbol{x}}-\boldsymbol{b}$ 有分量 b_i-p_i，且 $\boldsymbol{e}$ 垂直于 $\boldsymbol{p}$。
图 2.3 中，有两种重要的方法来描述这个最小二乘递归问题：一种方法是给出最佳的线 $b=\widehat{C}+\widehat{D}t$ 和误差 e_i（到这条线的垂直距离）；另一种方法是在 m 维空间 $\mathbf{R}^m$ 中，给出数据向量 $\boldsymbol{b}$，$\boldsymbol{b}$ 到 $\mathbf{C}(\boldsymbol{A})$ 的投影 $\boldsymbol{p}$，以及误差向量 $\boldsymbol{e}$，这是一个直角三角形，有 $\|\boldsymbol{p}\|^2+\|\boldsymbol{e}\|^2=\|\boldsymbol{b}\|^2$。
习题 12～习题 22 用了 4 个数据点 $\boldsymbol{b}=(0,8,8,20)$ 来得出关键的结论。

12. 在 $\boldsymbol{t}=(0,1,3,4)$ 时刻，$\boldsymbol{b}=(0,8,8,20)$，建立并求解正规方程 $\boldsymbol{A}^{\mathrm{T}}\boldsymbol{A}\widehat{\boldsymbol{x}}=\boldsymbol{A}^{\mathrm{T}}\boldsymbol{b}$。对于图 2.3 那条最佳的直线，得到其 4 个高度 p_i，4 个误差 e_i。求最小的平方误差 $E=e_1^2+e_2^2+e_3^2+e_4^2$。

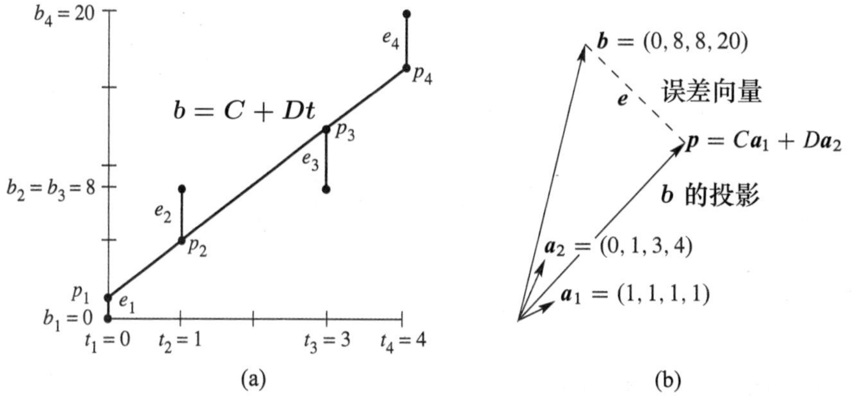

图 2.3 在 t-b 平面上的最接近的直线 $C+Dt$ 和 $\mathbf{R}^4$ 空间中的 $C\boldsymbol{a}_1+D\boldsymbol{a}_2$ 相拟合

13. （直线 $C+Dt$ 不经过 p）在 $\boldsymbol{t}=(0,1,3,4)$ 时刻，$\boldsymbol{b}=(0,8,8,20)$，写出 4 个方程 $\boldsymbol{Ax}=\boldsymbol{b}$（不可解）。将测量结果改变至 $p=1$、5、13、17，然后求得 $\boldsymbol{A}\widehat{\boldsymbol{x}}=\boldsymbol{p}$ 的精确解。
14. 验证 $\boldsymbol{e}=\boldsymbol{b}-\boldsymbol{p}=(-1,3,-5,3)$ 是垂直于同一矩阵 $\boldsymbol{A}$ 的两个列。求从 $\boldsymbol{b}$ 到 $\boldsymbol{A}$ 的列空间的最短距离 $\|\boldsymbol{e}\|$。
15. （通过微积分）将 $\boldsymbol{E}=\|\boldsymbol{Ax}-\boldsymbol{b}\|^2$ 写成 4 个平方的和，最后一项是 $(C+4D-20)^2$。得出这两个微分方程 $\partial E/\partial C=0$，$\partial E/\partial D=0$。除以 2 来得到各自的正规方程 $\boldsymbol{A}^{\mathrm{T}}\boldsymbol{A}\widehat{\boldsymbol{x}}=\boldsymbol{A}^{\mathrm{T}}\boldsymbol{b}$。
16. 找到拟合 $\boldsymbol{b}=(0,8,8,20)$ 的最佳水平线的高度 C。一个精确的拟合可以求解无解的方程组 $C=0$，$C=8$，$C=8$，$C=20$。
    在这些方程中得到 4×1 矩阵 $\boldsymbol{A}$，并且求解 $\boldsymbol{A}^{\mathrm{T}}\boldsymbol{A}\widehat{x}=\boldsymbol{A}^{\mathrm{T}}\boldsymbol{b}$。画出一条高度为 $\widehat{x}=C$ 的水平线和 $\boldsymbol{e}$ 上的 4 个误差。
17. 将 $\boldsymbol{b}=(0,8,8,20)$ 通过 $\boldsymbol{a}=(1,1,1,1)$ 投影到一条线上。求 $\widehat{\boldsymbol{x}}=\boldsymbol{a}^{\mathrm{T}}\boldsymbol{b}/\boldsymbol{a}^{\mathrm{T}}\boldsymbol{a}$，投影 $\boldsymbol{p}=\widehat{\boldsymbol{x}}\boldsymbol{a}$。验证 $\boldsymbol{e}=\boldsymbol{b}-\boldsymbol{p}$ 垂直于 $\boldsymbol{a}$，并且计算最短距离 $\|\boldsymbol{e}\|$。
18. 求通过原点与这 4 个点最接近的直线 $b=Dt$。一个精确的拟合可以求解 $D\cdot 0=0$，$D\cdot 1=8$，$D\cdot 3=8$，$D\cdot 4=20$。找到 4×1 的矩阵，并求解 $\boldsymbol{A}^{\mathrm{T}}\boldsymbol{A}\widehat{\boldsymbol{x}}=\boldsymbol{A}^{\mathrm{T}}\boldsymbol{b}$。重画图 2.3(a) 来显示最佳的直线 $b=Dt$。

19. 通过 $\boldsymbol{a}=(0,1,3,4)$ 将 $\boldsymbol{b}=(0,8,8,20)$ 投影到一条直线。求 $\widehat{x}=D$，$\boldsymbol{p}=\widehat{x}\boldsymbol{a}$。习题 16 中的最佳的 C 和习题 18 中最佳的 D 与习题 11~14 中的最佳 $(\widehat{C},\widehat{D})$ 不相符。这是因为两列 $(1,1,1,1)$ 与 $(0,1,3,4)$ 是 ____ 垂直的。
20. 对于同样的 4 个点最接近的抛物线 $b=C+Dt+Et^2$，写出对三个未知量 $\boldsymbol{x}=(C,D,E)$ 的不可解方程 $\boldsymbol{Ax}=\boldsymbol{b}$。建立 3 个正规方程 $\boldsymbol{A}^{\mathrm{T}}\boldsymbol{A}\widehat{\boldsymbol{x}}=\boldsymbol{A}^{\mathrm{T}}\boldsymbol{b}$（不要求有解）。在图 2.3(a) 中，可用一条抛物线来拟合 4 个点（在图 2.3(b) 中发生了什么）?
21. 对最接近同样 4 个点的三次曲线 $b=C+Dt+Et^2+Ft^3$，写出 4 个方程 $\boldsymbol{Ax}=\boldsymbol{b}$。通过消元法求解方程。在图 2.3(a) 中，这个三次曲线精确地经过这些点。求 $\boldsymbol{p}$ 和 $\boldsymbol{e}$。
22. t_i 和 b_i 的平均值是 $\bar{t}=2$，$\bar{b}=9$。验证 $C+D\bar{t}=\bar{b}$，并给出解释。
    (1) 验证这条最佳的直线经过中心点 $(\bar{t},\bar{b})=(2,9)$。
    (2) 解释为什么 $C+D\bar{t}=\bar{b}$ 来自 $\boldsymbol{A}^{\mathrm{T}}\boldsymbol{A}\widehat{\boldsymbol{x}}=\boldsymbol{A}^{\mathrm{T}}\boldsymbol{b}$ 中的第一个方程。

2.3 列空间的 3 种基

本节涉及重要的计算问题。当矩阵变大时，如果有随机噪声，它们的秩也将很大。然而一旦去除噪声，有效秩会远小于 m 和 n。现代线性代数已经发展了求解大型矩阵 $\boldsymbol{Ax}=\boldsymbol{b}$，$\boldsymbol{Ax}=\lambda\boldsymbol{x}$，$\boldsymbol{Av}=\sigma\boldsymbol{u}$ 的快速算法。

通常会将特殊的算法留给专业人员。数值线性代数发展迅速且良好，我们相信专家们。但是我们可以掌握一些常识性的基本计算规则，包括以下两个。

(1) 如果能直接对 $\boldsymbol{A}$ 进行运算，就不要用 $\boldsymbol{A}^{\mathrm{T}}\boldsymbol{A}$ 和 $\boldsymbol{A}\boldsymbol{A}^{\mathrm{T}}$。

(2) 行和列的原始顺序不一定是最好的。

第一个规则将应用于最小二乘法和 SVD（以及计算统计学）。通过形成 $\boldsymbol{A}^{\mathrm{T}}\boldsymbol{A}$，取条件数 σ_1/σ_n 的平方，这个数衡量 $\boldsymbol{A}$ 的敏感性和脆弱性。对于真正的大型矩阵，计算和存储 $\boldsymbol{A}^{\mathrm{T}}\boldsymbol{A}$ 的成本是难以想象的。的确，力学中的刚度矩阵、电子学的电导矩阵以及网络的图拉普拉斯矩阵具有 $\boldsymbol{A}^{\mathrm{T}}\boldsymbol{A}$ 或 $\boldsymbol{A}^{\mathrm{T}}\boldsymbol{C}\boldsymbol{A}$ 的形式（物理常数在 $\boldsymbol{C}$ 中）。但是对于数据矩阵，想要直接与基本矩阵 $\boldsymbol{A}$ 一起使用的“平方根算法”。

需要从 $\boldsymbol{A}$ 得到什么？答案通常涉及纯代数和应用代数的核心：**需要列空间的一组好的基**。以此为起点我们什么事都能做。对于 $\boldsymbol{Ax}=\boldsymbol{b}$，可以找到靠近 $\boldsymbol{b}$ 的基本列的组合。对 $\boldsymbol{Av}=\sigma\boldsymbol{u}$，可以计算出准确的奇异向量。

同样，不能默认 $\boldsymbol{A}$ 的前 r 个独立的列自动成为在列空间 $\mathbf{C}(\boldsymbol{A})$ 中进行计算的一组好基。

3 种好的基

现在揭示我们打算研究的 3 种基。可能会试图将它们按照金、银、铜的顺序排列，这种表述部分代表了这 3 种基的质量。在构造列空间基上，三者都是成功的。

1. 奇异向量 $\boldsymbol{u}_1,\boldsymbol{u}_2,\cdots,\boldsymbol{u}_r$ 来自 SVD，其中 $\boldsymbol{\sigma}_1\geqslant\boldsymbol{\sigma}_2\geqslant\cdots\geqslant\boldsymbol{\sigma}_r$

2. 单位正交向量 $\boldsymbol{q}_1,\boldsymbol{q}_2,\cdots,\boldsymbol{q}_r$ 来自 Gram-Schmidt 方法，使用列选主元

3. 独立的列 $\boldsymbol{c}_1,\boldsymbol{c}_2,\cdots,\boldsymbol{c}_r$ 在列交换后直接取自 $\boldsymbol{A}$

$\mathbf{C}(\boldsymbol{A})$ 的基的每种选择得到了在“秩揭示分解”的列矩阵。

$\boldsymbol{A}$ = 列矩阵乘以行矩阵：$\boldsymbol{m \times n}$**矩阵等于**$\boldsymbol{m \times r}$**矩阵乘以**$\boldsymbol{r \times n}$ **矩阵**。

1. $\boldsymbol{A}$ 在约化 SVD 中的因子是 $\boldsymbol{U_r}$ 乘以 $\boldsymbol{\Sigma_r V_r^{\mathrm{T}}}$
2. $\boldsymbol{A}$ 在 Gram-Schmidt 方法中的因子是 $\boldsymbol{Q_{m\times r}}$ 乘以 $\boldsymbol{R_{r\times n}}$
3. $\boldsymbol{A}$ 在主元消元中的因子是 $\boldsymbol{C_{m\times r}}$ 乘以 $\boldsymbol{Z_{r\times n}}$

现在对这 3 个重要的矩阵分解的性质进行讨论。

(1) $\boldsymbol{U}$ 的列基 $\boldsymbol{u}_1, \boldsymbol{u}_2, \cdots, \boldsymbol{u}_r$ 是单位正交的。它还有另一个性质，即第二个因子 $\boldsymbol{\Sigma}_r\boldsymbol{V}_r^{\mathrm{T}}$ 的行 $\sigma_k\boldsymbol{v}_k^{\mathrm{T}}$ 是正交的。

(2) $\boldsymbol{Q}$ 的列基 $\boldsymbol{q}_1, \boldsymbol{q}_2, \cdots, \boldsymbol{q}_r$ 是单位正交的。第二个因子 $\boldsymbol{R}$ 的列不是正交的，但它们是条件数好的（互相独立）。

(3) $\boldsymbol{C}$ 的列基 $\boldsymbol{c}_1, \boldsymbol{c}_2, \cdots, \boldsymbol{c}_r$ 不是正交的。但是 $\boldsymbol{C}$ 与第二个因子 $\boldsymbol{Z}$ 都可以很好地调节，这是通过允许列交换取得的（不仅是允许，而是坚持要这样做）。$\boldsymbol{C}$ 包含了 r 个来自 $\boldsymbol{A}$ 的“好”的列。

第三个分解 $\boldsymbol{A} = \boldsymbol{CZ}$ 可以称为插值分解（**Interpolative Decomposition, ID** 而不是 **SVD** 或 **QR**）。因为这是在本节中提出的新方法，现在将集中讨论其性质。Gunnar Martinsson与他杰出的合作者们对 ID 进行了阐述。

$\boldsymbol{C}$ 的列直接来自 $\boldsymbol{A}$，但是 $\boldsymbol{Z}$ 的行不是这样，那会要求太多了。之后将有 $\boldsymbol{CMR}$，其中 $\boldsymbol{A}$ 的列在 $\boldsymbol{C}$ 中，而 $\boldsymbol{A}$ 的行在 $\boldsymbol{R}$ 中，与一个可逆的**混合矩阵** $\boldsymbol{M}$ 来得到一个接近 $\boldsymbol{A}$ 的乘积。

插值分解 = 列 / 行分解

与 $\boldsymbol{QR}$ 和 $\boldsymbol{U\Sigma V}^{\mathrm{T}}$ 比较，$\boldsymbol{CZ}$ 有 4 个重要的优点。应注意，$\boldsymbol{C}$ 的列是 $\boldsymbol{A}$ **的实际列**（经过仔细的选择）。这给 $\boldsymbol{A} = \boldsymbol{CZ}$ 带来了很大的优势。

(1) $\boldsymbol{A} = \boldsymbol{CZ}$ 比 $\boldsymbol{A} = \boldsymbol{U\Sigma V}^{\mathrm{T}}$ 和 $\boldsymbol{A} = \boldsymbol{QR}$ 耗费**更少的计算时间**和**更小的存储空间**。

(2) 当 $\boldsymbol{A}$ 是**稀疏的或非负的，或两者兼而有之时**，$\boldsymbol{C}$ 也是这样。$\boldsymbol{C}$ 直接来自 $\boldsymbol{A}$。

(3) 当 $\boldsymbol{A}$ 来自离散化微分或积分方程时，$\boldsymbol{C}$ 的列比 $\boldsymbol{U}$ 和 $\boldsymbol{Q}$ 中的单位正交基**更有意义**。

(4) 当 $\boldsymbol{A}$ 是一个数据矩阵时，$\boldsymbol{C}$ 中保留的列有**简单的解释**。

在计算完成后，最后三点对我们理解输出有重要的作用。SVD 有一个缺点：奇异向量在代数与几何方面都是完美的，但普通人理解起来并不容易。

当 $\boldsymbol{A}$ 中的数字本来是正数时，目标可能是非负矩阵分解（Nonnegative Matrix Factorization, NMF），则 $\boldsymbol{A} \approx \boldsymbol{MN}$ 中的两个因子的项均 $\geqslant 0$。这对中等大小的矩阵是重要的，但在大数据世界中，这个要求就太高了。

当 $\boldsymbol{Z}$ 有小元素（如 $|z_{ij}| \leqslant 2$）时，$\boldsymbol{A} = \boldsymbol{CZ}$ 适用于大型矩阵。

将 A 分解成 CZ

当 $\boldsymbol{C}$ 包含 $\boldsymbol{A}$ 的列空间的一组基时，因子 $\boldsymbol{Z}$ 是完全确定的。$\boldsymbol{A}$ 的每列都是 $\boldsymbol{C}$ 中的那些基列的一个唯一的组合：

$$(\boldsymbol{A}\text{的第}j\text{ 列}) = (\text{矩阵}\boldsymbol{C})\ (\text{列向量}\boldsymbol{z}_j) \tag{1}$$

这正是 $\boldsymbol{A}=\boldsymbol{CZ}$ 这个表述（逐列）。这种方法在 1.1 节就提出了（使用 $\boldsymbol{R}$ 而不是 $\boldsymbol{Z}$）。它给出了行秩 = 列秩的简洁证明，但 $\boldsymbol{C}$ 的列向量可能不是那么互相独立。本节将讨论如何快速而又好地选择 $\boldsymbol{C}$（但还未做到）。

首先通过观察 $\boldsymbol{C}$ 的行空间来将 $\boldsymbol{A}=\boldsymbol{CZ}$ 推进一步。在某处，$\boldsymbol{C}$ 有 r 个独立的行。若把 $\boldsymbol{y}_1^{\mathrm{T}},\boldsymbol{y}_2^{\mathrm{T}},\cdots,\boldsymbol{y}_r^{\mathrm{T}}$ 这些行放到一个 $r\times r$ 矩阵 $\boldsymbol{B}$ 中，则 $\boldsymbol{B}$ 是可逆的。$\boldsymbol{C}$ 的每行是 $\boldsymbol{B}$ 中的基行的唯一组合：

$$(\boldsymbol{C}\text{的第}i\text{行})=(\text{行向量}\boldsymbol{y}_i^{\mathrm{T}})\,(\text{可逆矩阵}\boldsymbol{B}) \tag{2}$$

这正是逐行进行的等式 $\boldsymbol{C}=\boldsymbol{YB}$ 的表述。将它与 $\boldsymbol{A}=\boldsymbol{CZ}$ 结合起来：

$$\boxed{\boldsymbol{A}_{m\times n}=\boldsymbol{C}_{m\times r}\,\boldsymbol{Z}_{r\times n}=\boldsymbol{Y}_{m\times r}\,\boldsymbol{B}_{r\times r}\,\boldsymbol{Z}_{r\times n}} \tag{3}$$

所有这些矩阵的秩都是 r。

现在应用这样一个结论，即 $\boldsymbol{C}$ 的列直接来自 $\boldsymbol{A}$，并且 $\boldsymbol{B}$ 的行直接来自 $\boldsymbol{C}$。对这些列与行，式 (1) 中的向量 $\boldsymbol{z}_j$ 和式 (2) 中的 $\boldsymbol{y}_i^{\mathrm{T}}$ 来自单位矩阵 $\boldsymbol{I}_r$。若 $\boldsymbol{z}_j$ 和 $\boldsymbol{y}_i^{\mathrm{T}}$ 是 $\boldsymbol{A}$ 和 $\boldsymbol{C}$ **中的前** $\boldsymbol{r}$ **个列和行**，则 $\boldsymbol{A}=\boldsymbol{YBZ}$ 有一种特殊的形式：

$$\boxed{\boldsymbol{Y}=\begin{bmatrix}\boldsymbol{I}_r\\ \boldsymbol{C}_{m-r}\boldsymbol{B}^{-1}\end{bmatrix},\quad \boldsymbol{B}=\boldsymbol{A}\text{的子矩阵},\quad \boldsymbol{Z}=\begin{bmatrix}\boldsymbol{I}_r & \boldsymbol{B}^{-1}\boldsymbol{Z}_{n-r}\end{bmatrix}} \tag{4}$$

假设 $\boldsymbol{A}$ 的左上角的 $r\times r$ 子矩阵 $\boldsymbol{B}$ 是可逆的。每个秩为 r 的矩阵 $\boldsymbol{A}$ 在某处有一个可逆的 $r\times r$ 子矩阵 $\boldsymbol{B}$（或许有许多这样的 $\boldsymbol{B}$）。当 $\boldsymbol{B}$ 在左上角时，消元法能得到 $\boldsymbol{Y}$ 和 $\boldsymbol{Z}$。

例 1　秩为 2 的 3×4 矩阵 $\boldsymbol{A}$ 以一个可逆的 2×2 矩阵 $\boldsymbol{B}$ 开始：

$$\boldsymbol{A}=\begin{bmatrix}\mathbf{1}&\mathbf{2}&4&2\\ \mathbf{0}&\mathbf{1}&2&1\\ 1&3&6&3\end{bmatrix}=\begin{bmatrix}\mathbf{1}&\mathbf{0}\\ \mathbf{0}&\mathbf{1}\\ 1&1\end{bmatrix}\begin{bmatrix}\mathbf{1}&\mathbf{2}\\ \mathbf{0}&\mathbf{1}\end{bmatrix}\begin{bmatrix}\mathbf{1}&\mathbf{0}&0&0\\ \mathbf{0}&\mathbf{1}&2&1\end{bmatrix}=\boldsymbol{YBZ} \tag{5}$$
$$(3\times 2)(2\times 2)(2\times 4)$$

若 $\boldsymbol{C}_{m-r}$ 或 $\boldsymbol{Z}_{n-r}$ 或两者皆正好都包含大的数，式 (5) 中的那些因子是一个不好的选择。人们希望 $\boldsymbol{Y}$ 和 $\boldsymbol{Z}$ 中的其他项是小的。最好的情形是 $|y_{ij}|\leqslant 1$，$|z_{ij}|\leqslant 1$。同时能够得到一个使此成立的**子矩阵** $\boldsymbol{B}$。

选择 $\boldsymbol{B}$ 为 $\boldsymbol{A}$ 的具有最大行列式的 $\boldsymbol{r}\times\boldsymbol{r}$ 子矩阵。

则所有 $\boldsymbol{Y}$ 和 $\boldsymbol{Z}$ 的项都有 $|\boldsymbol{y_{ij}}|\leqslant 1$，$|\boldsymbol{z_{ij}}|\leqslant 1$。

证明：y_{ij} 和 z_{ij} 分别是 $\boldsymbol{C}_{m-r}\boldsymbol{B}^{-1}$ 和 $\boldsymbol{B}^{-1}\boldsymbol{Z}_{n-r}$ 中的数字。从 z_{ij} 开始，因为 $\boldsymbol{B}(\boldsymbol{B}^{-1}\boldsymbol{Z}_{n-r})=\boldsymbol{Z}_{n-r}$，$\boldsymbol{B}^{-1}\boldsymbol{Z}_{n-r}$ 的每列 $\boldsymbol{z}_j$ 能求解这个线性方程组：

$$\boldsymbol{Bz_j}=\boldsymbol{Z_{n-r}}\ \textbf{的第}\ j\ \textbf{列}$$

根据 Cramer 规则，解 $\boldsymbol{z}_j$ 中的数 z_{ij} 是行列式的比：

$$z_{ij}=\frac{\det(\boldsymbol{B}\text{的第 }i\text{ 列被第 }j\text{ 列取代})}{\boldsymbol{B}\text{的行列式}}$$

如上所述，$\boldsymbol{B}$ 是 $\boldsymbol{A}$ 的具有最大行列式的 $r\times r$ 子矩阵。分子中的矩阵是没有选择的众多子

矩阵中的一个，它的行列式是小于 $\det \boldsymbol{B}$ 的，因此 $|z_{ij}| \leqslant 1$。

类似地，$\boldsymbol{Y}$ 的行来自 $\boldsymbol{C}_{m-r}\boldsymbol{B}^{-1}$。因为 $(\boldsymbol{C}_{m-r}\boldsymbol{B}^{-1})\boldsymbol{B} = \boldsymbol{C}_{m-r}$，那些行是线性方程 $\boldsymbol{y}_i^{\mathrm{T}}\boldsymbol{B} = \boldsymbol{C}_{m-r}$ 的第 i 行的解。当我们转置并使用 Cramer 规则时，$\boldsymbol{y}_i^{\mathrm{T}}$ 的分量 y_{ij} 再次是两个行列式的比，并且 $\det \boldsymbol{B}$ 又一次是分母。因为 $\det \boldsymbol{B}$ 尽可能大，有 $|y_{ij}| \leqslant 1$。

我们承认有一个大问题。"我们能够找到 $\boldsymbol{B}$ 使得 $|y_{ij}| \leqslant 1$，$|z_{ij}| \leqslant 1$。" **这不是真实的**。事实上，找不到有最大行列式的子矩阵，除非有量子计算机。$\boldsymbol{B}$ 是在 $\boldsymbol{A}$ 中的某处，但不知道它是哪个子矩阵。

令人吃惊的是，通过随机化能够识别出一个好的子矩阵 $\boldsymbol{B}$。因此，有**非常大的概率**（但不是百分之百地确定）所有的 $|y_{ij}| \leqslant 2$，$|z_{ij}| \leqslant 2$。所以 2.4 节将完成插值分解的演示（当列或行直接来自 $\boldsymbol{A}$）。列或行的选择将是**具有精心选择过的概率的随机过程**。

例 2　例 1 中的矩阵包含这个最大行列式 $= 2$ 的 $\boldsymbol{B}_{\max}$，那么 $|y_{ij}| \leqslant 1$，$|z_{ij}| \leqslant 1$：

$$\boldsymbol{A} = \begin{bmatrix} \mathbf{1} & 2 & \mathbf{4} & 2 \\ \mathbf{0} & 1 & \mathbf{2} & 1 \\ 1 & 3 & 6 & 3 \end{bmatrix} = \begin{bmatrix} \mathbf{1} & \mathbf{0} \\ \mathbf{0} & \mathbf{1} \\ 1 & 1 \end{bmatrix} \begin{bmatrix} \mathbf{1} & \mathbf{4} \\ \mathbf{0} & \mathbf{2} \end{bmatrix} \begin{bmatrix} \mathbf{1} & 0 & \mathbf{0} & 0 \\ \mathbf{0} & -0.5 & \mathbf{1} & -0.5 \end{bmatrix} = \boldsymbol{Y}\boldsymbol{B}_{\max}\boldsymbol{Z} \tag{6}$$

CMR 分解：选择 *C* 和 *R*

下面介绍一种方法来选择 $\boldsymbol{A}$ 中的列和行直接填入 $\boldsymbol{C}$ 和 $\boldsymbol{R}$。为实现 $\boldsymbol{A} \approx \boldsymbol{CMR}$，总需要一个**混合矩阵** $\boldsymbol{M}$。若 $\boldsymbol{A}$ 有低秩，则是一个等式 $\boldsymbol{A} = \boldsymbol{CMR}$。对于近似低秩的大矩阵（这是假设），可以从 $\boldsymbol{A} \approx \boldsymbol{U\Sigma V}^{\mathrm{T}}$ 中的近似奇异向量开始。将用 $\boldsymbol{U}$ 和 $\boldsymbol{V}$ 来取得一个接近 $\boldsymbol{A}$ 的秩 r 分解 $\boldsymbol{CMR}$。

Sorensen D C, Embree M. A DEIM induced *CUR* factorization[J]. SIAM J. Scientific Computing, 2016, **38**: 1454-1482.

离散经验插值法选择 $\boldsymbol{C}$ 和 $\boldsymbol{R}$。用 $\boldsymbol{M}$ 代替 $\boldsymbol{U}$。

$\boldsymbol{CMR}$（直接使用 $\boldsymbol{A}$ 的列和行）以 $\boldsymbol{U\Sigma V}^{\mathrm{T}}$（查找列和行的单位正交组合）开始似乎有点奇怪。而 $\boldsymbol{U\Sigma V}^{\mathrm{T}}$ 的近似计算通常从 $\boldsymbol{QR}$ 开始，通过快速的方式得到一个正交矩阵 $\boldsymbol{Q}$。因此，基 $\boldsymbol{C}$、$\boldsymbol{U}$、$\boldsymbol{Q}$ 对 $\boldsymbol{A}$ 的列空间（近似）都是通过快速算法联系起来。

最终近似的精度由 $\boldsymbol{A} = \boldsymbol{U\Sigma V}^{\mathrm{T}}$ 中的下一个奇异值 σ_{r+1} 和对应 $\boldsymbol{C}$ 和 $\boldsymbol{R}$ 选择的 $\boldsymbol{U}$ 和 $\boldsymbol{V}$ 的 r 列控制：

$$(\boldsymbol{m} \times \boldsymbol{r})\,(\boldsymbol{r} \times \boldsymbol{r})\,(\boldsymbol{r} \times \boldsymbol{m}) \qquad \|\boldsymbol{A} - \boldsymbol{CMR}\| \leqslant (\|\boldsymbol{U}_{\boldsymbol{r}}^{-\mathbf{1}}\| + \|\boldsymbol{V}_{\boldsymbol{r}}^{-\mathbf{1}}\|)\,\boldsymbol{\sigma}_{\boldsymbol{r}+\mathbf{1}} \tag{7}$$

从 *A* 选择列进入 *C*

从 $\boldsymbol{U}_{m\times r}$ 的 r 个列（$\boldsymbol{A}$ 的近似的左奇异向量）开始。假设 $\boldsymbol{E}_{m\times r}$ 的 s 个列直接来自 $\boldsymbol{I}_{m\times r}$。若 $\boldsymbol{E}^{\mathrm{T}}\boldsymbol{U}$ 是一个可逆矩阵，则

(1) $\boldsymbol{P} = \boldsymbol{U}(\boldsymbol{E}^{\mathrm{T}}\boldsymbol{U})^{-1}\boldsymbol{E}^{\mathrm{T}}$ 满足 $\boldsymbol{P}^2 = \boldsymbol{P} =$ 投影矩阵。

(2) $\boldsymbol{Px}$ 在 s 个选出的位置上等于 $\boldsymbol{x}$，因此 P 是**插值投影**。

关键性质是 **(2)**（所有证明见 Sorensen-Embree）。对于 $s=1$，DEIM 算法选择第一个奇异向量 $\boldsymbol{u}_1$ 中最大的项，这就得到了 $\boldsymbol{P}_1$。下一个选择（这会得到 $\boldsymbol{P}_2$）由 $\boldsymbol{u}_2-\boldsymbol{P}_1\boldsymbol{u}_2$ 中最大的项决定。每个后面的 $\boldsymbol{P}_j$ 由 $\boldsymbol{u}_j-\boldsymbol{P}_{j-1}\boldsymbol{u}_j$ 中的最大项决定。这对应于在一般消元法中最大化每个主元。在 [Sorensen-Embree] 中有一个简单的伪代码。

以相同的方式选择 $\boldsymbol{A}$ 进入 $\boldsymbol{R}$ 的行。与基于 $\boldsymbol{U}$ 和 $\boldsymbol{V}$ 所有行范数的范数平方采样相比，这种顺序处理具有很大的优势。下一步是估计插值投影的误差：

$$\|\boldsymbol{A}-\boldsymbol{C}(\boldsymbol{C}^{\mathrm{T}}\boldsymbol{C})^{-1}\boldsymbol{C}^{\mathrm{T}}\boldsymbol{A}\|\leqslant\eta_C\sigma_{r+1}\quad,\qquad\|\boldsymbol{A}-\boldsymbol{A}\boldsymbol{R}^{\mathrm{T}}(\boldsymbol{R}\boldsymbol{R}^{\mathrm{T}})^{-1}\boldsymbol{R}\|\leqslant\eta_R\sigma_{r+1}\tag{8}$$

在实践中，常数 η_C 和 η_R 是适中的（小于 100 的数量级）。同样，这类似于部分选主元：快速增长在理论上是可能的，但在实践中没有遇到。

混合矩阵 M

最后确定在 $\boldsymbol{A}\approx\boldsymbol{C}\boldsymbol{M}\boldsymbol{R}$ 中的混合矩阵。若没有矩阵 $\boldsymbol{M}$，乘积 $\boldsymbol{C}\boldsymbol{R}$ 通常是不接近 $\boldsymbol{A}$ 的。$\boldsymbol{M}$ 的自然选择是

$$\boxed{\boldsymbol{M}=(\boldsymbol{C}^{\mathrm{T}}\boldsymbol{C})^{-1}\boldsymbol{C}^{\mathrm{T}}\boldsymbol{A}\boldsymbol{R}^{\mathrm{T}}(\boldsymbol{R}\boldsymbol{R}^{\mathrm{T}})^{-1}=[\boldsymbol{C}\text{的左逆}]\,\boldsymbol{A}\,[\boldsymbol{R}\text{的右逆}]}\tag{9}$$

在 1.1 节已阐述在 $\boldsymbol{A}=\boldsymbol{C}\boldsymbol{M}\boldsymbol{R}$ 中产生等式的选择，$\operatorname{rank}(\boldsymbol{A})$ 恰好就是 r（我们并没有错）。现在 r 仅是一个大矩阵 $\boldsymbol{A}$ 的近似秩。

对于 2.4 节的随机算法（其中 $\boldsymbol{A}$ 对于 DEIM 算法来说太大），Halko-Martinsson-Tropp 和Mahoney-Drineas也做出了这个选择。Stewart 的早期分析（*Numerische Math.* 1999, **83**: 313-323）指出了式 (8) 中误差估计的方法。

从列选主元的 $A=QR$ 开始

$\boldsymbol{QR}$ 分解是处理大型矩阵的数值线性代数的首选起始点。不需要太大的代价，这种方法在 $\boldsymbol{Q}$ 中为 $\boldsymbol{A}$ 的列空间产生了一组单位正交基。从 $\boldsymbol{Q}$ 中能够快速、准确地得到其他两组基本的基：

$\boldsymbol{C}$ 的列 (直接来自 $\boldsymbol{A}$：插值分解 $\boldsymbol{A}=\boldsymbol{C}\boldsymbol{M}\boldsymbol{R}$)

$\boldsymbol{U}$ 的列 (单位正交向量：奇异值分解 $\boldsymbol{A}=\boldsymbol{U}\boldsymbol{\Sigma}\boldsymbol{V}^{\mathrm{T}}$)

注意：$\boldsymbol{C}$ 和 $\boldsymbol{U}$ 的选择将依赖于 $\boldsymbol{Q}$ 的选择，因为矩阵 $\boldsymbol{Q}$ 是正交的（因此处于完美的良态），另一个因子 $\boldsymbol{R}$ 决定了 $\boldsymbol{A}=\boldsymbol{Q}\boldsymbol{R}$ 的质量。

在 2.2 节中，普通的 Gram-Schmidt 过程保持 $\boldsymbol{A}$ 中列的原本顺序。$\boldsymbol{QR}$ 在每个新步骤开始时选择最大的剩余列（称为列选主元），这就产生了一个置换操作 $\boldsymbol{\Pi}$ 以使得 $\boldsymbol{A}\boldsymbol{\Pi}$（和 $\boldsymbol{Q}$）的前面 k 个列是重要的列：

$$\boldsymbol{A}\boldsymbol{\Pi}=\boldsymbol{Q}\boldsymbol{R}=\boldsymbol{Q}_{m\times m}\begin{bmatrix}\boldsymbol{A}&\boldsymbol{B}\\\boldsymbol{0}&\boldsymbol{C}\end{bmatrix}\text{具有三角的}\boldsymbol{A}_{k\times k}\tag{10}$$

“强秩揭示分解”具有这种形式，在块上有额外条件：$\sigma_i(\boldsymbol{A})$ 不小，$\sigma_j(\boldsymbol{C})$ 不大，$\boldsymbol{A}^{-1}\boldsymbol{B}$ 也不大。这些性质在寻找 $\boldsymbol{A}$ 的（计算）零空间的基时是有价值的。假设这些性质成立，就可以使用 $\boldsymbol{A}$ 的 $\boldsymbol{C}\boldsymbol{M}\boldsymbol{R}$ 和 $\boldsymbol{U}\boldsymbol{\Sigma}\boldsymbol{V}^{\mathrm{T}}$ 分解中的 $\boldsymbol{Q}$ 的前 k 列。

采用部分 QR 分解的低秩近似

上面假设了矩阵 $\boldsymbol{A}$ 的秩 r 相对较小。这种假设通常是错误的，但这里实际上是正确的。这里是指

$$\boldsymbol{A} = (\text{低秩}r\text{的矩阵}\boldsymbol{A}_r) + (\text{小范数的矩阵}\boldsymbol{E})$$

可以找到并使用低秩矩阵 $\boldsymbol{A}_r$ 来进行计算。能够估计在 $\boldsymbol{A}_r$ 中因为忽略了矩阵 $\boldsymbol{E}$（大矩阵，小范数）而带来的误差。

Martinsson 提出低秩近似 $\boldsymbol{A}_r$ 能用 $\boldsymbol{QR}$ 来计算。该算法的前 r 步（采用列选主元）得到 $\boldsymbol{Q}_r\boldsymbol{R}_r$：

$$\boldsymbol{A} = \boldsymbol{Q}_r\boldsymbol{R}_r + \boldsymbol{E} = (r\text{列}\boldsymbol{q}_j)(r\text{行}\boldsymbol{r}_j^{\mathrm{T}}) + (\text{正交于这些 } \boldsymbol{q}_j \text{ 的 } n-r \text{ 列})$$

$\|\boldsymbol{A}_{n-r}\|$ 很小。因为该算法包含了列交换，$\boldsymbol{A}_{n-r}$ 中的这些列可能不是 $\boldsymbol{A}$ 的最后 $n-r$ 列。但是，一个 $n\times n$ 列的置换矩阵 $\boldsymbol{P}$ 将会把这些列移到 $\boldsymbol{AP}$ 的后面。这 r 个重要的列是在前面的 $\boldsymbol{Q}_r\boldsymbol{R}_r$：

$$\boxed{\boldsymbol{AP} = \begin{bmatrix} \boldsymbol{Q}_r\boldsymbol{R}_r & \boldsymbol{A}_{n-r} \end{bmatrix}, \quad \boldsymbol{A} = \begin{bmatrix} \boldsymbol{Q}_r\boldsymbol{R}_r\boldsymbol{P}^{\mathrm{T}} & \boldsymbol{A}_{n-r}\boldsymbol{P}^{\mathrm{T}} \end{bmatrix}} \tag{11}$$

$\boldsymbol{Q}_r\boldsymbol{R}_r\boldsymbol{P}^{\mathrm{T}}$ 是 $\boldsymbol{A}$ 的良好秩 r 近似。幸运的是，列主元 $\boldsymbol{QR}$ 算法计算列的范数，因此可知道 $\|\boldsymbol{A}_{n-r}\|_F$ 何时低于预先设置的误差限 ϵ，然后停止计算。

这是一个有效的算法，但是它放弃了直接从 $\boldsymbol{A}$ 中选择列的目标。对于（在 $\boldsymbol{Q}$ 中）得到单位正交列的目标，它是成功的。

在 2.4 节和第 3 章将会再讨论低秩近似。

基于部分 QR 分解的近似 SVD

为了完成整个讨论过程，现在的目标是对 SVD 进行好的近似，这是来自式(11)中对 $\boldsymbol{A}=\boldsymbol{QR}$ 的十分接近的近似。误差矩阵 $\boldsymbol{E}$ 有 $\|\boldsymbol{E}\|_F < \epsilon$。

$$\text{小误差 } \boldsymbol{E} \qquad \underset{m\times n}{(\boldsymbol{A})} = \underset{m\times r}{(\boldsymbol{Q}_r)}\ \underset{r\times n}{(\boldsymbol{R}_r\,\boldsymbol{P}^{\mathrm{T}})} + \underset{m\times n}{(\boldsymbol{E})} \tag{12}$$

两个快速的步骤足以产生一个非常接近于 $\boldsymbol{A}$ 的 SVD，并且有相同的误差 $\boldsymbol{E}$：

(1) 找到仅有 r 行的矩阵 $\boldsymbol{R}_r\boldsymbol{P}^{\mathrm{T}}$ 的 SVD：$\boldsymbol{R}_r\boldsymbol{P}^{\mathrm{T}} = \boldsymbol{U}_r\boldsymbol{\Sigma}\boldsymbol{V}^{\mathrm{T}}$。

(2) 将 $\boldsymbol{Q}_r$ 乘以 $\boldsymbol{U}_r$ 得到 $\boldsymbol{U}=\boldsymbol{Q}_r\boldsymbol{U}_r=$ 正交乘以正交：

$$\begin{matrix}\text{近似 SVD}\\ \text{误差为}\boldsymbol{E}\end{matrix} \qquad \boxed{\boldsymbol{A} = \boldsymbol{Q}_r\boldsymbol{U}_r\boldsymbol{\Sigma}\boldsymbol{V}^{\mathrm{T}} + \boldsymbol{E} = \boldsymbol{U}\boldsymbol{\Sigma}\boldsymbol{V}^{\mathrm{T}} + \boldsymbol{E}} \tag{13}$$

因此，一个小的 SVD 和一个大的 $\boldsymbol{QR}$ 得到了一个大的（近似的）SVD。

习题 2.3

1. 条件数 $\|\boldsymbol{A}\|\,\|\boldsymbol{A}^{-1}\|$ 常用来度量舍入误差。如果使用 $\boldsymbol{A}^{\mathrm{T}}\boldsymbol{A}$ 而不是 $\boldsymbol{A}$，试说明为什么这个数是取平方的。

2. 写出一个 2×2 矩阵 $\boldsymbol{A}$，其条件数 >1000。求 $\boldsymbol{A}^{-1}$。为什么 $\boldsymbol{A}^{-1}$ 也有条件数 >1000？
3. $\|\boldsymbol{A}\|$ 和 $\|\boldsymbol{A}^{-1}\|$ 都出现是因为我们在处理相对误差。若 $\boldsymbol{Ax}=\boldsymbol{b}$，$\boldsymbol{A}(\boldsymbol{x}+\Delta\boldsymbol{x})=\boldsymbol{b}+\Delta\boldsymbol{b}$，则 $\boldsymbol{A}\Delta\boldsymbol{x}=\Delta\boldsymbol{b}$。证明：

$$\frac{\|\Delta\boldsymbol{x}\|}{\|\boldsymbol{x}\|}\leqslant\|\boldsymbol{A}\|\,\|\boldsymbol{A}^{-1}\|\,\frac{\|\Delta\boldsymbol{b}\|}{\|\boldsymbol{b}\|}$$

4. 为什么 $\lambda_{\max}/\lambda_{\min}$ 等于正定矩阵 $\boldsymbol{A}$ 的条件数？
5. (重要)　求正交矩阵 $\boldsymbol{Q}$ 的条件数。
6. 假设 $\boldsymbol{C}$ 的列包含 $\boldsymbol{A}$ 的列空间的一组单位正交基，而 $\boldsymbol{R}$ 的行包含行空间的一组单位正交基，那么这些基是否包含 SVD 中的奇异向量 $\boldsymbol{v}$ 和 $\boldsymbol{u}$？
7. 若 $\boldsymbol{C}$ 和 $\boldsymbol{R}$ 包含 $\boldsymbol{A}$ 的列空间与行空间的基，为什么对于某个可逆方阵 $\boldsymbol{M}$ 有 $\boldsymbol{A}=\boldsymbol{CMR}$？
8. 这是一个数值秩为 2 的矩阵。数 $\epsilon=2^{-16}$(机器精度)。求单位正交向量 $\boldsymbol{q}_1$、$\boldsymbol{q}_2$ 构成列空间的一组好基（选列主元的 $\boldsymbol{QR}$ 可能会选择的一组基）。

$$\boldsymbol{A}=\begin{bmatrix}1 & 1 & 1\\ 1 & 1+\epsilon & 0\\ 1 & 1 & 0\end{bmatrix}$$

9. 将习题 8 中的矩阵 $\boldsymbol{A}$ 近似成对一个置换矩阵 $\boldsymbol{P}$ 的 $\boldsymbol{QRP}^{\mathrm{T}}+$ (ϵ 阶)。
10. $\boldsymbol{A}$（秩 2）的哪个 2×2 子矩阵 $\boldsymbol{B}_{\max}$ 的行列式最大？

$$\boldsymbol{A}=\begin{bmatrix}2 & 5 & 1\\ 1 & 3 & 5\\ 3 & 1 & 1\end{bmatrix}\qquad \text{将}\boldsymbol{A}\text{如式(6)分解}\boldsymbol{A}=\boldsymbol{Y}\boldsymbol{B}_{\max}\boldsymbol{Z}$$

2.4 随机线性代数

本节关于随机化的讨论是不完整的，因为本节不是由该领域的专家编写的。本书不能作为计算 SVD 或 $\boldsymbol{QR}$ 的详细指南。不过，我们可以讨论一些使大型矩阵的计算成为可能的核心理论和算法，这是很有价值的。

在这些方法中有一些重要的新方法，它们从随机向量 $\boldsymbol{x}$ 开始，**$\boldsymbol{Ax}$ 是 $\boldsymbol{A}$ 的列空间中的随机样本**。采用 r 个这样的向量（或更保险点，$r+10$ 个，防止随机的错误），我们有一个潜在的薄矩阵要计算，其加速十分惊人（这也是 3.5 节“压缩传感”的起点，它加速了数字信号的采集和处理）。

本节将引入和描述随机计算的基本步骤。这种方法为大矩阵的数值线性代数带来了一场革命。

第一个例子是**矩阵乘法**。若 $\boldsymbol{A}$ 和 $\boldsymbol{B}$ 是 $m\times n$、$n\times p$ 矩阵，则 $\boldsymbol{C}=\boldsymbol{AB}$ 通常需要 mnp 次单独的乘法运算：对 $\boldsymbol{AB}$ 中的 mp 个内积进行 n 次乘法，或对 n 个外积（列乘以行）进行 mp 乘法。非常大的矩阵的乘法运算成本是十分高的。

假设**只是对** $\boldsymbol{A}$ 和 $\boldsymbol{B}$ 进行采样，而不是使用完整的矩阵。从少量的项 a_{ij} 和 b_{jk} 中不会得

到太多信息。但是从 s 个 $\boldsymbol{A}$ 的列 $\boldsymbol{a}_k$，s 个相应的 $\boldsymbol{B}$ 的行 $\boldsymbol{b}_k^{\mathrm{T}}$ 会得到 s 个秩为 1 的矩阵 $\boldsymbol{a}_k\boldsymbol{b}_k^{\mathrm{T}}$。若这些是"典型的"外积，则能用 n/s 乘以它们的和，从而估计真正的 $\boldsymbol{AB}=n$ 个乘积的和。注意，这种方法用到了列-行的乘积（强烈推荐），而不是行-列内积（低层次）。

这种方法还有更多的含义。随机采样应用了一些基本的统计学知识。大的乘积 $\boldsymbol{a}_k\boldsymbol{b}_k^{\mathrm{T}}$ 显然对 $\boldsymbol{C}=\boldsymbol{AB}$ 有更大的贡献，并可以通过将均匀概率改为 "**范数平方采样**"来增加得到更大样本的机会。必须在公式中进行补偿，目的是获得正确的期望值和最小的方差。你将会看到统计思想的价值。

这里给出的讨论将主要遵循 Michael Mahoney在加州大学伯克利分校的讲义。这个讲义组织得很好，且写得十分出色，这是一个慷慨而重要的贡献。其 2013 年的讲义于 2016 年发表，它从对随机矩阵乘法的一个快速概述开始：

采样矩阵 $\boldsymbol{S}$ 作用于 $\boldsymbol{A}$ 的列和 $\boldsymbol{B}$ 的行，得到 $\boldsymbol{C}$ 和 $\boldsymbol{R}$：

$$\boldsymbol{C}=\boldsymbol{AS},\quad \boldsymbol{R}=\boldsymbol{S}^{\mathrm{T}}\boldsymbol{B},\quad \boldsymbol{CR}=\boldsymbol{ASS}^{\mathrm{T}}\boldsymbol{B}\approx\boldsymbol{AB}\tag{1}$$

将 $\boldsymbol{C}$ 和 $\boldsymbol{R}$ 相乘，以代替完整且准确的矩阵 $\boldsymbol{A}$ 和 $\boldsymbol{B}$ 的相乘。$\boldsymbol{SS}^{\mathrm{T}}$ 不一定就接近 $\boldsymbol{I}$，$\boldsymbol{SS}^{\mathrm{T}}$ 的期望值是 $\boldsymbol{I}$。由此可见采用随机化的关键所在。

1. 列-行采样 $\boldsymbol{S}$ 的每列有一个非零项（称为 s_k）。$\boldsymbol{AS}$ 从 $\boldsymbol{A}$ 中直接取出单独的列 $\boldsymbol{a}_k$，$\boldsymbol{S}^{\mathrm{T}}\boldsymbol{B}$ 从 $\boldsymbol{B}$ 中取出相应的行 $\boldsymbol{b}_k^{\mathrm{T}}$。$\boldsymbol{AS}$ 乘以 $\boldsymbol{S}^{\mathrm{T}}\boldsymbol{B}$，得到以数 $\boldsymbol{s_k^2}$ **作为权重的列-行乘积** $\boldsymbol{a}_k\boldsymbol{b}_k^{\mathrm{T}}$ 的和。

乘积 $s_k^2\boldsymbol{a}_k\boldsymbol{b}_k^{\mathrm{T}}$ 来自 $\boldsymbol{AS}$ 的一列和 $\boldsymbol{S}^{\mathrm{T}}\boldsymbol{B}$ 的一行：

$$\begin{bmatrix} \cdot & \boldsymbol{a}_k & \cdot \end{bmatrix}\begin{bmatrix} 0\\ s_k\\ 0 \end{bmatrix}=s_k\boldsymbol{a}_k\qquad \begin{bmatrix} 0 & s_k & 0 \end{bmatrix}\begin{bmatrix} \cdot\\ \boldsymbol{b}_k^{\mathrm{T}}\\ \cdot \end{bmatrix}=s_k\boldsymbol{b}_k^{\mathrm{T}}\tag{2}$$

总而言之，$\boldsymbol{AB}$ 近似随机挑选的 s 个秩为 1 的矩阵的加权和 $\boldsymbol{CR}=\sum s_k^2\boldsymbol{a}_k\boldsymbol{b}_k^{\mathrm{T}}$。挑选的过程是随机的，但可以选择权重。

2. 随机投影 $\boldsymbol{S}$ 采样 矩阵 $\boldsymbol{S}$ 仍然很薄，因此 $\boldsymbol{AS}$ 的列比 $\boldsymbol{A}$ 要少得多。$\boldsymbol{S}$ 的列含有多个非零项，因此当 $\boldsymbol{AS}$ 将 $\mathbf{C}(\boldsymbol{A})$ 投影到更低的维数时会将各列混合，那么 $\boldsymbol{ASS}^{\mathrm{T}}\boldsymbol{B}$ 是 $\boldsymbol{AB}$ 更一致的近似。

以随机采样开始，将描述随机投影，可以为原始矩阵 $\boldsymbol{AB}$ 生成快速有用的**预处理器**，并且降低图聚类的计算成本。

计算均值和方差的练习

这是一个大大简化了的采样问题，可以不用矩阵，而是以向量 $\boldsymbol{v}=(a,b)$ 开始。对它两次采样（2 次独立试验），然后计算其均值 m 和方差 σ^2。5.1 节将描述更多关于 m 和 σ^2 的例子。

第一个样本：以概率 $\dfrac{1}{2}$ 和 $\dfrac{1}{2}$，得到 $(a,0)$ 或 $(0,b)$。

第二个样本：完全重复一遍，然后将两个样本相加得到 (x_1,x_2)。

计算均值 $\boldsymbol{m}=E[(x_1,x_2)]=$ **期望值** $=$ **平均输出** (x_1,x_2)

第一种方法：样本 1 的平均值是 $\dfrac{1}{2}(a,0)+\dfrac{1}{2}(0,b)=\dfrac{1}{2}(a,b)$。

两个独立的相同的试验（两个样本），将它们的均值加在一起：

$$\text{总的均值 } \boldsymbol{m}=E[(\boldsymbol{x}_1,\boldsymbol{x}_2)]=\frac{1}{2}(a,b)+\frac{1}{2}(a,b)=(\boldsymbol{a},\boldsymbol{b})$$

双样本的试验是无偏的，达到了预期的均值。

第二种方法：这个试验有以下 4 种结果，每种结果的概率为 $\frac{1}{4}$。

$$(a,0)+(a,0)=(\boldsymbol{2a},\boldsymbol{0}),\quad (a,0)+(0,b)=(\boldsymbol{a},\boldsymbol{b})=(0,b)+(a,0),\quad (0,b)+(0,b)=(\boldsymbol{0},\boldsymbol{2b})$$

均值是所有 4 种输出的概率加权后的总和，这些权就是它们的概率$\left(\text{都为 } \boldsymbol{\frac{1}{4}}\right)$：

$$\text{总体均值}\boldsymbol{m}=\frac{1}{4}(2a,0)+\frac{1}{4}(a,b)+\frac{1}{4}(a,b)+\frac{1}{4}(0,2b)=(\boldsymbol{a},\boldsymbol{b})\text{，与之前一样。}$$

方差 $\boldsymbol{\sigma^2}$ = 从输出到均值的距离平方的加权平均。可以使用两种等效方法计算 $\sigma^2=E\left[(x-\text{均值})\right]^2=E\left[x^2\right]-(\text{均值})^2$：

第一种方法：将所有 **(输出值 − 均值)^2** 以它们的概率 $\frac{1}{4}$ 加权相加，即

$$\begin{aligned}&\frac{1}{4}\Big[(2a,0)-(a,b)\Big]^2+\frac{1}{4}\Big[(a,b)-(a,b)\Big]^2+\frac{1}{4}\Big[(a,b)-(a,b)\Big]^2+\frac{1}{4}\Big[(0,2b)-(a,b)\Big]^2\\&=\frac{1}{4}(a^2,b^2)+\frac{1}{4}(0,0)+\frac{1}{4}(0,0)+\frac{1}{4}(a^2,b^2)=\boldsymbol{\frac{1}{2}(a^2,b^2)}\end{aligned}$$

第二种方法：将所有 **(输出值)^2** 按其概率加权，然后减去 **(均值)^2**，即

$$\begin{aligned}\boldsymbol{\sigma^2}&=\frac{1}{4}(2a,0)^2+\frac{1}{4}(a,b)^2+\frac{1}{4}(a,b)^2+\frac{1}{4}(0,2b)^2-(a,b)^2\\&=\left(a^2+\frac{a^2}{4}+\frac{a^2}{4}+0-a^2,0+\frac{b^2}{4}+\frac{b^2}{4}+b^2-b^2\right)=\boldsymbol{\frac{1}{2}\left(a^2,b^2\right)}\end{aligned}\tag{3}$$

观察：若 $b>a$，则可以保持正确的均值 (a,b)，并通过增加选择更大样本 $(0,b)$ 的概率来减小方差 σ^2。矩阵采样将会这样做（见 2.4 节的习题 7）。

对 $n=2$ 个数 a、b 用了 $s=2$ 次试验，没有多大用处，也没有节省时间。下面对一个 n 列的矩阵进行 $s<<n$ 次试验。$\boldsymbol{AB}$ 的均值保持正确。

得到 AB 正确均值的随机矩阵乘法

$n\times s$ 采样矩阵 $\boldsymbol{S}$ 包含 s 个列。$\boldsymbol{S}$ 的每列有一个非零项。对 $\boldsymbol{S}$ 的第 j 列，非零的位置是随机的。若随机选择是第 $k=k(j)$ 行，则非零项是在 $\boldsymbol{S}$ 的第 k 行、第 j 列的 s_{kj}。采样矩阵为 $\boldsymbol{AS}$：

$\boldsymbol{AS}$ 的第 $\boldsymbol{1},\cdots,\boldsymbol{s}$ 列是数 $\boldsymbol{s_{kj}}$ 乘以 $\boldsymbol{A}$ 的第 $\boldsymbol{k(1)},\cdots,\boldsymbol{k(s)}$ 列。

下面是 $s=2$ 次试验的一个例子。它从 $\boldsymbol{A}$ 中对第 $k(1)=1$ 和 $k(2)=3$ 列进行采样：

$$\boldsymbol{AS}=\begin{bmatrix}\\ \boldsymbol{a}_1 & \boldsymbol{a}_2 & \boldsymbol{a}_3\\ \\ \end{bmatrix}\begin{bmatrix}s_{11} & 0\\ 0 & 0\\ 0 & s_{32}\end{bmatrix}=\begin{bmatrix}\\ s_{11}\boldsymbol{a}_1 & s_{32}\boldsymbol{a}_3\\ \\ \end{bmatrix}$$

一个关键问题是**如何选择 s_{kj} 这些数**，答案是**它们来自概率**。我们打算进行随机采样，因此必须随机选择 $\boldsymbol{A}$ 的 s 列（允许所有的列都有机会）进行随机乘法：

将**概率 p_j** 赋予 $\boldsymbol{A}$ 的所有 n 列，满足 $p_1+p_2+\cdots+p_n=1$

选择 **s 个可以有重复的列**（这样列可以被选择不止一次）

若 $\boldsymbol{A}$ 的第 k 列被选中（同时 $\boldsymbol{B}$ 的第 k 行也被选中），**将二者都乘以 $1/\sqrt{sp_k}$**，

然后 ($\boldsymbol{A}$ 的第 k 列)($\boldsymbol{B}$ 的第 k 行)/sp_k，得到随机乘积 $\boldsymbol{AB}$。

需要进一步验证的结论：**$n\times n$ 矩阵 $\boldsymbol{SS}^{\mathrm{T}}$ 的期望值是 $\boldsymbol{I}$。**

同样的结论用另一种方式表述：**$\boldsymbol{ASS}^{\mathrm{T}}\boldsymbol{B}$ 的期望值是 $\boldsymbol{AB}$。**

因此，用随机采样方法计算矩阵相乘 $\boldsymbol{AB}$ 能得到正确的均值。

证明：存在 s 个结果相同的试验。每次试验以概率 $p_1,\cdots,p_n$ 来选择 $\boldsymbol{A}$ 和 $\boldsymbol{B}$ 的一个列-行对（来自 $\boldsymbol{A}$ 的列乘以来自 $\boldsymbol{B}$ 的行，再除以 $\sqrt{sp_j}^{\,2}=sp_j$）；然后，期望值 = 均值 = 每次试验的平均结果为

$$p_1\frac{(\boldsymbol{A}\text{的第1列})\ (\boldsymbol{B}\text{的第1行})}{sp_1}+\cdots+p_n\frac{(\boldsymbol{A}\text{的第}n\text{列})\ (\boldsymbol{B}\text{的第}n\text{行})}{sp_n} \tag{4}$$

那些 p 被抵消了，**这恰恰就是 $\boldsymbol{AB}/s$**。并且，因为有 s 次试验，**对随机乘法 $(\boldsymbol{AS})(\boldsymbol{S}^{\mathrm{T}}\boldsymbol{B})$ 的期望值是 $\boldsymbol{AB}$。**

结论：至此一切工作得都很好，但是必须选择概率 $p_1,\cdots,p_n$。任何的选择（加起来等于 1）都得到正确的期望值 $\boldsymbol{AB}$（均值），但 p 的选择会强烈地影响方差。

均匀采样会选择相等的概率 $p=1/n$。$\boldsymbol{A}$ 的各列（也包括 $\boldsymbol{B}$ 的各行）有相似的长度也是合理的。但假设 ($\boldsymbol{A}$ 的第 1 列) ($\boldsymbol{B}$ 的第 1 行) 组成了 $\boldsymbol{AB}$ 的大部分（它压倒了其他列-行的外积），那么不想随机地丢失它。

这里采用不等概率 p_j。现在来说明并计算最好的 p。同时，给出一个完全不同的做法：引入一个混合矩阵 $\boldsymbol{M}$，并讨论 $\boldsymbol{AM}$ 和 $\boldsymbol{M}^{-1}\boldsymbol{B}$；然后对 $\boldsymbol{A}$ 的随机混合列和 $\boldsymbol{B}$ 的行采用等概率 p_j。

范数平方采样法使方差最小化

范数平方采样法选择的概率 p_j 与数 $\|\boldsymbol{A}\text{的第}j\text{列}\|\ \|\boldsymbol{B}\text{的第}j\text{的行}\|$ 成比例。**在 $\boldsymbol{B}=\boldsymbol{A}^{\mathrm{T}}$ 这种重要的情况下**，p_j 与 $\|\boldsymbol{A}\text{的第}j\text{列}\|^2$ 成比例，因此“范数平方”或“长度平方”这个称谓显得十分自然。仍需要将所有的概率 p_j 乘以一个恰当的常数 C，它们加起来等于 1：

$$\boldsymbol{p_j=\frac{1}{C}\|A\text{的第}j\text{列}\|\ \|B\text{的第}j\text{行}\|=\frac{\|a_j\|\ \|b_j^{\mathrm{T}}\|}{C}}\text{，其中 }\boldsymbol{C=\sum_{j=1}^{n}\|a_j\|\ \|b_j^{\mathrm{T}}\|} \tag{5}$$

现在用任意概率 p_j 来计算随机矩阵乘法的方差，并且验证式 (5) 中 p 的选择使方差最小化。最好选择大的列和行。式 (4) 之后的那一行表明，所有的选择都得到了正确的均值 $E[\boldsymbol{ASS}^{\mathrm{T}}\boldsymbol{B}]=\boldsymbol{AB}$。

s 次试验中的每次都得到概率为 p_j 的矩阵 $\boldsymbol{X}_j=\boldsymbol{a}_j\boldsymbol{b}_j^{\mathrm{T}}/sp_j$。其 i、k 项是 $(\boldsymbol{X}_j)_{ik}=a_{ij}b_{jk}/sp_j$。在每次试验中，计算均值时 p_j 被消掉。

$$\textbf{均值}\qquad E[\boldsymbol{X}]=\sum_{j=1}^{n}p_j\boldsymbol{X}_j=\frac{1}{s}\sum_{1}^{n}\boldsymbol{a}_j\boldsymbol{b}_j^{\mathrm{T}}=\frac{1}{s}\boldsymbol{AB}\ \text{如在式(4)中}$$

根据定义，一次试验的方差为 $\boldsymbol{E}[\boldsymbol{X}^2]-(\boldsymbol{E}[\boldsymbol{X}])^2$。将 s 次独立试验的结果加在一起，其效果等同于用 s 来乘以一次试验的均值和一次试验的方差。这个均值变成 $\boldsymbol{AB}$。方差将以 Frobenius 范数（矩阵元素的平方和）计算。将正确的 $\boldsymbol{AB}$ 与随机的 $\boldsymbol{CR}$ 进行比较：

$$
\begin{aligned}
\textbf{方差}\quad E\left[\|\boldsymbol{AB}-\boldsymbol{CR}\|_F^2\right] &= \sum_{i,k}\sum_{j=1}^{n} p_j \frac{a_{ij}^2 b_{jk}^2}{s p_j^2} - \frac{1}{s}\|\boldsymbol{AB}\|_F^2 \\
(\text{首先对 } i \text{ 和 } k \text{ 求和}) &= \sum_{j=1}^{n} \frac{\|\boldsymbol{a}_j\|^2 \|\boldsymbol{b}_j^{\mathrm{T}}\|^2}{s p_j} - \frac{1}{s}\|\boldsymbol{AB}\|_F^2
\end{aligned}
\tag{6}
$$

最后选择概率 $p_1, p_2, \cdots, p_n$ 来最小化这个方差。式 (5) 揭示了最小化选择，证明如下：对从式 (5) 得到的选择 $p_j = \|\boldsymbol{a}_j\|\,\|\boldsymbol{b}_j^{\mathrm{T}}\|/C$，式 (6) 中的 $\|\boldsymbol{a}_j\|^2\,\|\boldsymbol{b}_j^{\mathrm{T}}\|^2/p_j$ 变成 $C\|\boldsymbol{a}_j\|\,\|\boldsymbol{b}_j^{\mathrm{T}}\|$，**它们的和是** C^2。

最小的方差（使用那些最优的 p_j）是最终结果：

$$
E\left[\|\boldsymbol{AB}-\boldsymbol{CR}\|_F^2\right] = \frac{1}{s}\left[\sum_{j=1}^{n}\|\boldsymbol{a}_j\|\,\|\boldsymbol{b}_j^{\mathrm{T}}\|\right]^2 - \frac{1}{s}\|\boldsymbol{AB}\|_F^2 = \frac{\boldsymbol{1}}{\boldsymbol{s}}\left(C^2 - \|\boldsymbol{AB}\|_{\boldsymbol{F}}^{\boldsymbol{2}}\right)
\tag{7}
$$

这里证明式 (5) 给出了使式 (6) 中的方差最小的概率 p_j。用拉格朗日乘子 λ 来乘以约束 $p_1+p_2+\cdots+p_n=1$。将其加入式 (6) 中的函数。这是拉格朗日乘子的关键所在：

$$
L(p_1,\cdots,p_n,\lambda) = \sum_{j=1}^{n}\frac{\|\boldsymbol{a}_j\|^2\,\|\boldsymbol{b}_j^{\mathrm{T}}\|^2}{s p_j} - \frac{1}{s}\|\boldsymbol{AB}\|_F^2 + \lambda\left(\sum_{1}^{n} p_j - 1\right)
$$

取偏导数 $\partial L/\partial p_j$ 来求最小化的 p_j（优化概率）：

$$
\frac{\partial L}{\partial p_j} = 0 \quad \text{变成} \quad \frac{1}{s p_j^2}\,\|\boldsymbol{a}_j\|^2\,\|\boldsymbol{b}_j^{\mathrm{T}}\|^2 = \lambda
\tag{8}
$$

即 $p_j = \|\boldsymbol{a}_j\|\,\|\boldsymbol{b}_j^{\mathrm{T}}\|/\sqrt{s\lambda}$。选择拉格朗日乘子$\lambda$ 以使得 $\sum p_j = 1$。

$$
\sum_{1}^{n} p_j = \sum_{1}^{n}\frac{\|\boldsymbol{a}_j\|\,\|\boldsymbol{b}_j^{\mathrm{T}}\|}{\sqrt{s\lambda}} = 1 \text{给出} \sqrt{\boldsymbol{s\lambda}} = \boldsymbol{C}, \qquad p_j = \frac{\|\boldsymbol{a}_j\|\,\|\boldsymbol{b}_j^{\mathrm{T}}\|}{\boldsymbol{C}} \quad \text{如式 (5) 中预测的}
$$

范数平方采样用了得到最小方差的优化概率 $\boldsymbol{p_j}$。

对于随机读写存储器（Random Access Memory，RAM）中的非常大的矩阵，范数平方采样可能会要求对矩阵读两次。第一次计算 $\boldsymbol{A}$ 的列和 $\boldsymbol{B}$ 的行的平方长度。然后（在 RAM 内部）得到概率 p_j，且 s 个列与行被选择来采样。第二次是将采样近似 $\boldsymbol{CR}$ 放入快速存储器中。

随机矩阵乘法的应用

范数平方采样 = 长度平方采样能帮助求解数值线性代数的核心问题：

1. **插值近似 $\boldsymbol{A} \approx \boldsymbol{CMR}$：$\boldsymbol{C}$ 和 $\boldsymbol{R}$ 用 $\boldsymbol{A}$ 的列和行**
2. **用一个低秩矩阵来近似 $\boldsymbol{A}$**
3. **$\boldsymbol{A}$ 的 SVD 近似**

$\boldsymbol{CMR}$ 的目标是从 $\boldsymbol{A}$ 中的 k 个列和行得到一个 $\boldsymbol{A}$ 的精确"草图"。这些列将被纳入 $\boldsymbol{C}$，而行则纳入 $\boldsymbol{R}$。然后一个混合矩阵 $\boldsymbol{M}$ 将 $\boldsymbol{C}$ 和 $\boldsymbol{R}$ 连接起来得到 $\boldsymbol{CMR} \approx \boldsymbol{A}$。它们的维数是 $(m\times k)(k\times k)(k\times n)=(m\times n)$。若 $\boldsymbol{A}$ 是稀疏的，则 $\boldsymbol{C}$ 和 $\boldsymbol{R}$ 也会是稀疏的，这是因为它们直接来自 $\boldsymbol{A}$。

注意这个快速乘法的顺序：$(\boldsymbol{C}(\boldsymbol{M}(\boldsymbol{Rv})))$，不能显式地直接乘以 $\boldsymbol{CMR}$。

首先要明白 $\boldsymbol{A} \approx \boldsymbol{CR}$ 或许是不对的。$\boldsymbol{A}$ 的列空间将被 $\boldsymbol{C}$ 准确地捕获（希望如此）。$\boldsymbol{A}$ 的行空间将被 $\boldsymbol{R}$ 捕获。"这些空间是对的，但不是矩阵。"具有 $\boldsymbol{CMR}$ 形式的每个矩阵都有同样好的列与行空间（就可逆的 $\boldsymbol{M}$ 而言）。这样来选择 $\boldsymbol{M}$，可以使得 $\boldsymbol{CMR}$ 接近 $\boldsymbol{A}$。仍避免 $\boldsymbol{CUR}$ 的用法，而保留 $\boldsymbol{U}$ 给 $\boldsymbol{SVD}$。

作为一个开端，我们将介绍理论上是最佳的混合矩阵 $\boldsymbol{M}$。有关采样文献中已经发展和验证了如何选择最佳的 $\boldsymbol{M}$。下面是关于随机线性代数的 8 篇重要的文章：

[1] Halko N, Martinsson P-G, Tropp J A . Finding structure with randomness: probabilistic algorithms for constructing approximate matrix decompositions[J]. *SIAM Review*, 2011, **53**: 217-288.

[2] Kannan R, Vempala S. Randomized algorithms in numerical linear algebra[J]. *Acta Numerica,* 2017, **26**: 95-135.

[3] Liberty E, Woolfe F, Martinsson P-G, Rokhlin V, Tygert M. Randomized algorithms for the low-rank approximation of matrices[J]. *PNAS*, 2007, **104**(51): 20167-20172.

[4] Mahoney M W. Lecture Notes on Randomized Linear Algebra[J]. arXiv: 1608.04481, 2016.

[5] Martinsson P-G. Compressing rank-structured matrices via randomized sampling[J]. arXiv: 1503.07152, 2015.

[6] Woodruff D P. Sketching as a tool for numerical linear algebra[J]. *Foundations and Trends in Theoretical Computer Science*, 2014, **10**: 1-157.

[7] Martinsson P-G, Tropp J A. Randomized numerical linear algebra: Foundations and algorithms[J]. *Acta Numerica*, 2020. arXiv: 2002.01387.

[8] Nakatsukasa Y. Fast and stable low-rank matrix approximation[J]. arXiv: 2009.11392, 2020.

$\boldsymbol{A} \approx \boldsymbol{CMR}$ 中的最佳的 $\boldsymbol{M}$：Frobenius 范数和 ℓ^2 范数

给定 $\boldsymbol{A}$、$\boldsymbol{C}$、$\boldsymbol{R}$，假设 $\boldsymbol{Q}_C$ 包含 $\boldsymbol{C}$ 列空间的一个单位正交基，$\boldsymbol{Q}_C\boldsymbol{Q}_C^{\mathrm{T}}$ 是投影到这个子空间的投影矩阵。类似地，$\boldsymbol{Q}_R$ 是对 $\mathbf{C}(\boldsymbol{R}^{\mathrm{T}})$ 的一个单位正交基，$\boldsymbol{Q}_R\boldsymbol{Q}_R^{\mathrm{T}}$ 是投影到这个行空间的投影矩阵。$\boldsymbol{Q}_R^{\perp}$ 包含对零空间 $\mathbf{N}(\boldsymbol{R})$ 的一个单位正交基，$Q_C^{\perp}$ 是对 $\mathbf{N}(C^{\mathrm{T}})$ 的一个单位正交基。

$\boldsymbol{A}$ 到行/列空间的投影是 $\widehat{\boldsymbol{A}}=\boldsymbol{Q}_C^{\mathrm{T}}\boldsymbol{A}\boldsymbol{Q}_{\boldsymbol{R}}$，这些投影的目的是分开从其中选择 $\boldsymbol{M}$ 的那些子空间以及不能改变的子空间。Yuji Nakatsukasa弄清楚并解决了这个问题（在剑桥大学的对话）。在 Frobenius 范数中，这个解显得尤其简洁。

正交矩阵 $\begin{bmatrix} \boldsymbol{Q}_C & \boldsymbol{Q}_C^{\perp} \end{bmatrix}$ 和 $\begin{bmatrix} \boldsymbol{Q}_R & \boldsymbol{Q}_R^{\perp} \end{bmatrix}$ 不会改变 $\boldsymbol{A}-\boldsymbol{CMR}$ 的 Frobenius 和 ℓ^2 范数，但是它们能帮助我们找到能最小化误差的最佳 $\boldsymbol{M}$。

$$\begin{bmatrix} \boldsymbol{Q}_C & \boldsymbol{Q}_C^{\perp} \end{bmatrix}^{\mathrm{T}}(\boldsymbol{A}-\boldsymbol{CMR})\begin{bmatrix} \boldsymbol{Q}_R & \boldsymbol{Q}_R^{\perp} \end{bmatrix}=\begin{bmatrix} \widehat{\boldsymbol{A}} & \boldsymbol{X} \\ \boldsymbol{Y} & \boldsymbol{Z} \end{bmatrix}-\begin{bmatrix} \widehat{\boldsymbol{C}}\boldsymbol{M}\widehat{\boldsymbol{R}} & \boldsymbol{0} \\ \boldsymbol{0} & \boldsymbol{0} \end{bmatrix} \tag{9}$$

是否应该这样来选择 $\boldsymbol{M}$，使得 $\widehat{\boldsymbol{A}}=\widehat{\boldsymbol{C}}\boldsymbol{M}\widehat{\boldsymbol{R}}$？ 对 Frobenius 范数，这是最佳的。

Frobenius 范数分开处理这些矩阵中每一块中的每一项。当顶部的子矩阵完全对上时，误差最小：$\widehat{\boldsymbol{C}}\boldsymbol{M}\widehat{\boldsymbol{R}}=\widehat{\boldsymbol{A}}$，这个角是我们控制的（唯一）问题。已经在 2.3 节与 1.1 节中得到了同样的 $\boldsymbol{M}$。

Frobenius 范数
$$\min_{\boldsymbol{M}}\|\boldsymbol{A}-\boldsymbol{CMR}\|_{\boldsymbol{F}}=\left\|\begin{bmatrix}\mathbf{0} & \boldsymbol{X}\\ \boldsymbol{Y} & \boldsymbol{Z}\end{bmatrix}\right\|_{\boldsymbol{F}} \tag{10}$$

对 ℓ^2 矩阵范数，或许期待同样的方法会成功。但矩阵角是一个为零的元素块，不一定会给出最小的 ℓ^2 范数。

例
$$\left\|\begin{bmatrix}\mathbf{-1} & 1\\ 1 & 1\end{bmatrix}\right\|_{\boldsymbol{\ell}^2} < \left\|\begin{bmatrix}0 & 1\\ 1 & 1\end{bmatrix}\right\|_{\boldsymbol{\ell}^2} \tag{11}$$

左边的矩阵，列向量是正交的，其长度为 $\sqrt{2}$，这个矩阵的两个奇异值都有 $\sigma^2=2$。右边的矩阵，较大的奇异值是 $\sigma_1^2=\dfrac{1}{2}(3+\sqrt{5})>2$，**这个为零的子矩阵对整个矩阵产生了一个更大的 $\boldsymbol{\ell}^2$ 范数**。

寻找最佳子矩阵问题被 Davis、Kahan和 Weinberger 在 1982 年完美解决。最优的 $\boldsymbol{M}$ 通常没有使 $\widehat{\boldsymbol{C}}\boldsymbol{M}\widehat{\boldsymbol{R}}=\widehat{\boldsymbol{A}}$，但是它将 $\boldsymbol{\ell}^2$ 范数减小到 $\|[\boldsymbol{Y}\ \ \boldsymbol{Z}]\|$，$\|[\boldsymbol{X}^{\mathrm{T}}\ \ \boldsymbol{Z}^{\mathrm{T}}]\|$ 中的一个较大的值。很明显，更小的 $\boldsymbol{\ell}^2$ 范数在式 (10) 中是不可能的。

在这个例子中，最小的 $\boldsymbol{\ell}^2$ 范数是通过这个子矩阵 -1 (**不是零**) 取得的。

随机化的矩阵分解

现在对我们讨论的问题做个总结，得到的正交矩阵是以 $\boldsymbol{A}=\boldsymbol{QR}$ 和 $\boldsymbol{A}=\boldsymbol{U\Sigma V}^{\mathrm{T}}$ 为目标。矩阵 $\boldsymbol{A}$ 太大，以至于无法进行精确的分解（甚至是太大而无法读入每项 a_{ij}）。若从一个 $(m\times k)(k\times n)$ 的近似 $\boldsymbol{A}\approx\boldsymbol{CB}$，则 Halko-Martinsson-Tropp 方法能快速准确地发现 $\boldsymbol{QR}$ 和 $\boldsymbol{U\Sigma V}^{\mathrm{T}}$ 分解。

下面从一个随机化的 $\boldsymbol{A}\approx\boldsymbol{CB}$ 开始进行分解。

$(\boldsymbol{A}\approx\boldsymbol{QR})$	把 $\boldsymbol{C}$ 分解成 $\boldsymbol{Q}_1\boldsymbol{R}_1$。把 $\boldsymbol{R}_1\boldsymbol{B}$ 分解成 $\boldsymbol{Q}_2\boldsymbol{R}_2$，则 $\boldsymbol{A}\approx(\boldsymbol{Q}_1\boldsymbol{Q}_2)\boldsymbol{R}_2$
$(\boldsymbol{A}\approx\boldsymbol{U\Sigma V}^{\mathrm{T}})$	从 $\boldsymbol{C}=\boldsymbol{Q}_1\boldsymbol{R}_1$ 将 $\boldsymbol{R}_1\boldsymbol{B}$ 分解成 $\boldsymbol{U}_2\boldsymbol{\Sigma V}^{\mathrm{T}}$，然后选择 $\boldsymbol{U}=\boldsymbol{Q}_1\boldsymbol{U}_2$

投影 $\boldsymbol{J}$ 和投影矩阵 $\boldsymbol{P}$

一个 m 维空间 $\mathbf{R}^m$ 到 k 维空间 $\mathbf{R}^k$ 的“投影”是一个 $k\times m$ 矩阵。在矩阵 $\boldsymbol{J}$ 有行满秩 k 的情况下，有 $k\leqslant m$，并且这些投影充满了 $\mathbf{R}^k$。

一个特别理想的情况是，$\boldsymbol{J}$ 的 k 个行是单位正交的，这意味着 $\boldsymbol{JJ}^{\mathrm{T}}=\boldsymbol{I}$，秩是 k，且列空间 $\mathbf{C}(\boldsymbol{J})$ 是整个 $\mathbf{R}^k$。

注意：投影 $\boldsymbol{J}$ 是不同于投影矩阵 $\boldsymbol{P}$ 的。$\boldsymbol{P}$ 是方阵（$m\times m$），它的秩是 $k<m$（除非 $\boldsymbol{P}=\boldsymbol{I}$），它的列空间是 $\mathbf{R}^m$ 的一个 k 维的子空间（与向量空间 $\mathbf{R}^k$ 十分不同），并且投影矩阵的一个关键性质是 $\boldsymbol{P}^2=\boldsymbol{P}$。若我们垂直地向列空间投影，投影 $\boldsymbol{Pb}$ 就通常的范数 $\|\boldsymbol{b}-\boldsymbol{Pb}\|$ 而言是最接近 $\boldsymbol{b}$ 的，且 $\boldsymbol{P}$ 也是对称的。

$\boldsymbol{J}$ 和 $\boldsymbol{P}$ 有很好的联系。**若 $\boldsymbol{J}$ 有单位正交的行，则 $\boldsymbol{J}^{\mathrm{T}}\boldsymbol{J}$ 是一个对称的投影矩阵 $\boldsymbol{P}$**，可以看出 $\boldsymbol{P}^2=\boldsymbol{J}^{\mathrm{T}}(\boldsymbol{J}\boldsymbol{J}^{\mathrm{T}})\boldsymbol{J}=\boldsymbol{J}^{\mathrm{T}}\boldsymbol{I}\boldsymbol{J}=\boldsymbol{P}$。

例 **投影** $\boldsymbol{J}=[\cos\theta \quad \sin\theta]$，有 $\boldsymbol{J}\boldsymbol{J}^{\mathrm{T}}=[\cos^2\theta+\sin^2\theta]=[1]$

$$\text{投影矩阵 } \boldsymbol{P}=\boldsymbol{J}^{\mathrm{T}}\boldsymbol{J}=\begin{bmatrix}\cos^2\theta & \cos\theta\sin\theta\\ \cos\theta\sin\theta & \sin^2\theta\end{bmatrix}=\boldsymbol{P}^2$$

一个对称的 $\boldsymbol{P}$ **垂直地**投影至其列空间，这里就是 $\mathbf{C}(\boldsymbol{J}^{\mathrm{T}})$。

随机投影

假设 $k\times m$ 投影 $\boldsymbol{J}$ 的元素都是独立的随机变量。在最简单的情况下，它们是从一个均值为零、方差 $\sigma^2=1/k$ 的正态分布（高斯分布）中得到的。下面将证明 **$\boldsymbol{P}=\boldsymbol{J}^{\mathrm{T}}\boldsymbol{J}$ 的期望值是一个单位矩阵**。换言之，**投影 $\boldsymbol{v}=\boldsymbol{J}\boldsymbol{u}$ 的期待长度等于 $\boldsymbol{u}$ 的长度**。

1. 在 $\boldsymbol{J}^{\mathrm{T}}\boldsymbol{J}$ 对角线上的 (i,i) 元素是 $\sum J_{1i}^2+\cdots+J_{ki}^2$，这些平方项是独立的样本，每个的均值是 $1/k$（因为 $\boldsymbol{J}$ 中的每个元素的均值为零，这个平方的期望值为方差 $\sigma^2=1/k$）。则 k 项和的均值（即期望值）是 $\boldsymbol{k(1/k)=1}$。

2. $\boldsymbol{J}^{\mathrm{T}}\boldsymbol{J}$ 的非对角线元素 (i,j) 是 $\sum J_{1i}J_{1j}+\cdots+J_{ki}J_{kj}$。这些项中的每一个是两个均值为零的独立变量的乘积。因此每个元素的均值为零，且它们的和 $(\boldsymbol{J}^{\mathrm{T}}\boldsymbol{J})_{ij}$ 的均值也是零。

这样 $E[\boldsymbol{J}^{\mathrm{T}}\boldsymbol{J}]=\boldsymbol{I}=$ 大小为 m 的单位矩阵。

用列乘以行，每个矩阵 ($\boldsymbol{J}$ 的第 i 行)^{T} ($\boldsymbol{J}$ 的第 i 行) 的期望值是 $\boldsymbol{I}/k$，其和有期望值 $\boldsymbol{I}$。注意这意味着什么。

> **“可以期待”$\boldsymbol{J}$ 的 $\boldsymbol{m}$ 个列是单位正交的。**
> 因此，$\boldsymbol{J}\boldsymbol{x}$ 的期望值有与 $\boldsymbol{x}$ 一样的长度：
> $$E[\,\|\boldsymbol{J}\boldsymbol{x}\|^2\,]=E[\,\boldsymbol{x}^{\mathrm{T}}\boldsymbol{J}^{\mathrm{T}}\boldsymbol{J}\boldsymbol{x}\,]=E[\,\boldsymbol{x}^{\mathrm{T}}\boldsymbol{x}\,]=\|\boldsymbol{x}\|^2 \qquad (12)$$

这个随机的投影显示出为什么线性代数和概率论有时看上去在数学中是不同的领域。在线性代数中，一个 $k\times m$ 矩阵 $\boldsymbol{J}$，其中 $k<m$，不能有秩 m，**那么 $\boldsymbol{J}^{\mathrm{T}}\boldsymbol{J}$ 不能有秩 $\boldsymbol{m}$**。但是，现在来看期望值。$E[\boldsymbol{J}]$ 可以是一个零矩阵，$E[\,\boldsymbol{J}^{\mathrm{T}}\boldsymbol{J}\,]$ 可以是一个单位矩阵。对 1×1 矩阵，这是最普通不过的：*均值为零，方差为* 1。

这就是关键点所在。平均说来，在 $\mathbf{R}^m$ 空间中 $\boldsymbol{x}$ 和 $\boldsymbol{y}$ 的距离平方与在 $\mathbf{R}^k$ 空间中的 $\boldsymbol{J}\boldsymbol{x}$ 和 $\boldsymbol{J}\boldsymbol{y}$ 的距离平方是一样的。“$\boldsymbol{J}$ 到低维空间的投影保留了在平均意义上的距离。” **我们真正想要的是保持在 $\mathbf{R}^m$ 空间中的一组 $\boldsymbol{n}$ 个点之间的实际距离精确到因子 $\boldsymbol{1+\epsilon}$ 内不变。**

$\boldsymbol{J}$ 的这个性质是著名的 Johnson-Lindenstrauss 引理。 这看上去是相当不可思议：一个高维空间中的点可以线性地变换成一个低维空间的点，而在每对点之间的距离发生非常小的改变。

这个低维空间中的维数能低到什么程度是一个关键的问题。

维数 $k=1$ 太低

假设在平面 $\mathbf{R}^2$ 中有 $n=3$ 个点 $\boldsymbol{x}_1$、$\boldsymbol{x}_2$、$\boldsymbol{x}_3$，存在一个能近似地保持它们之间距离的

1×2 矩阵 $\boldsymbol{J}$？当然，能得到 $\|\boldsymbol{J}\boldsymbol{x}_1-\boldsymbol{J}\boldsymbol{x}_2\|=\|\boldsymbol{x}_1-\boldsymbol{x}_2\|$。若第三个点 $\boldsymbol{x}_3=\frac{1}{2}(\boldsymbol{x}_1+\boldsymbol{x}_2)$ 是在其中点，则根据线性性，$\boldsymbol{J}\boldsymbol{x}_3$ 会是 $\frac{1}{2}(\boldsymbol{J}\boldsymbol{x}_1+\boldsymbol{J}\boldsymbol{x}_2)$，且所有的距离是准确的。但是，若 $\boldsymbol{x}_1$、$\boldsymbol{x}_2$、$\boldsymbol{x}_3$ 给出了一个等边三角形，则 $\boldsymbol{x}_3$ 在 $\boldsymbol{J}$ 的零空间中有一个分量，那个分量将丢失（投影至零）。长度 $\|\boldsymbol{J}\boldsymbol{x}_1-\boldsymbol{J}\boldsymbol{x}_3\|$ 和 $\|\boldsymbol{J}\boldsymbol{x}_2-\boldsymbol{J}\boldsymbol{x}_3\|$ 会被大大地缩短。

Johnson-Lindenstrauss 观察了**在 $\mathbf{R}^m$ 空间中的 $\boldsymbol{n}$ 个点的随机 $\boldsymbol{k}\times\boldsymbol{m}$ 投影**，并证明了**若维数 $\boldsymbol{k}$ 足够大**，则这些投影中的一个（事实上大多数都是这样）几乎都能保持 n 点之间的距离不变。

“在高维空间中，随机向量几乎以接近 1 的概率是正交的。”

Johnson-Lindenstrauss 引理

假设 $\boldsymbol{x}_1,\boldsymbol{x}_2,\cdots,\boldsymbol{x}_n$ 是 $\mathbf{R}^m$ 空间中的任意 n 个点，且 $k\geqslant(8\log n)/\epsilon^2$，则存在一个从 $\mathbf{R}^m$ 到 $\mathbf{R}^k$ 的投影 $\boldsymbol{J}$，使得 n 点之间的所有距离几乎保持不变：

$$\boxed{(1-\epsilon)\|\boldsymbol{x}_i-\boldsymbol{x}_j\|^2\leqslant\|\boldsymbol{J}\boldsymbol{x}_i-\boldsymbol{J}\boldsymbol{x}_j\|^2\leqslant(1+\epsilon)\|\boldsymbol{x}_i-\boldsymbol{x}_j\|^2}\tag{13}$$

一个关键点是维数 k 必须以 $(\log n)/\epsilon^2$ 的速率增大。证明中一个惊人的步骤显示了一个随机的 $k\times m$ 投影 $\boldsymbol{J}$ 非常可能将 n 个点保持分开。然后，一定存在许多特定的 $\boldsymbol{J}$，它们能证实引理中的式 (13)。

> 若一个随机的选择有一个正的成功的概率，则必然存在一个成功的选择。带有概率性的假设，确定的结论。

这是一种“带有概率性的方法”。Johnson-Lindenstrauss 的多个证明很容易被找到，我们喜欢这个网站上给出：cseweb.ucsd.edu/~dasgupta/papers/jl.pdf。

18.065这门课的一个课程大作业中选了一个例子，其中引理要求 $k>2800$。$k=2700$ 时，距离 $\|\boldsymbol{x}_i-\boldsymbol{x}_j\|$ 的准确度失效了。有意思的是尽管点之间的距离不准确，点的团簇依然能被保持。

随机矩阵近似

采用 Per-Gunnar Martinsson 的说法来总结课题*Randomized methods for matrix computations*, arXiv: 1607.01649。首先确定这几个目标。

1. 秩为 k 的分解 $\boldsymbol{A}\approx\boldsymbol{Y}(\boldsymbol{Y}^+\boldsymbol{A})$，$\boldsymbol{S}\approx\boldsymbol{U}\boldsymbol{D}\boldsymbol{U}^{\mathrm{T}}$，$\boldsymbol{A}\approx(\boldsymbol{Q}\boldsymbol{U})\boldsymbol{D}\boldsymbol{V}^{\mathrm{T}}$
2. 用 $\boldsymbol{C}$ 中 $\boldsymbol{A}$ 列的插值分解 $\boldsymbol{A}\approx\boldsymbol{C}\boldsymbol{M}\boldsymbol{R}$，$\boldsymbol{A}\approx\boldsymbol{C}\boldsymbol{Z}$

对一个 $n\times k$ 的高斯随机矩阵 $\boldsymbol{G}$，随机化的 $m\times k$ 的因子 $\boldsymbol{Y}$ 是 $\boldsymbol{A}\boldsymbol{G}$。$\boldsymbol{Y}\boldsymbol{Y}^+$ 总是一个到 $\boldsymbol{Y}$ 列空间的正交投影。因此 $\boldsymbol{Y}\boldsymbol{Y}^+\boldsymbol{A}$ 几乎总是对 $\boldsymbol{A}$ 的非常好的秩 k 近似，这是随机部分。

出自 $\boldsymbol{A}\approx\boldsymbol{Y}\boldsymbol{Y}^+\boldsymbol{A}$ 的一个近似的 SVD 会是怎样的？对一个单位正交的列基，首先将 $\boldsymbol{Q}\boldsymbol{R}$ 分解应用到 $\boldsymbol{Y}$。$\boldsymbol{Q}\boldsymbol{Q}^{\mathrm{T}}$ 是像 $\boldsymbol{Y}\boldsymbol{Y}^+$ 一样的投影。然后得到一个小矩阵 $\boldsymbol{Q}^{\mathrm{T}}\boldsymbol{A}=\boldsymbol{U}\boldsymbol{D}\boldsymbol{V}^{\mathrm{T}}$ 的 SVD，希望得到的 SVD 是 $\boldsymbol{A}\approx(\boldsymbol{Q}\boldsymbol{U})\boldsymbol{D}\boldsymbol{V}^{\mathbf{T}}$。

注意 SVD 的两步构造。首先固定一个近似的列空间，将问题减小到“k 的大小”；然后每个期望的分解是确定、快速、准确的（本质上）。Martinsson 证明了这些步骤如何结合成一个流算法，其访问 $\boldsymbol{A}$ 的每个项仅一次。所要付出的代价是条件数差，而弥补的办法是过采样。

对于半正定矩阵 $\boldsymbol{S}$，一个额外的 Nyström 步骤以低代价改进了这些因子。Nakatsukasa 在 arXiv 的文章：2009.11392 解释和改进了 Nyström 方法。

最后看一下 $\boldsymbol{A} \approx \boldsymbol{CZ}$ 或 $\boldsymbol{CMR}$，其中 $\boldsymbol{C}$ 包含了 $\boldsymbol{A}$ 的实际的列：保留了稀疏性和非负性。一个确定算法的准确性与选列主元的 $\boldsymbol{AP} \approx \boldsymbol{QR}$ 一样（不总是像 Eckart-Young 定理中那样接近）。如果 $\boldsymbol{A}$ 有 2.3 节阐述的快速衰减的奇异值，则随机算法既快又好。

要想得到一个随机矩阵算法的清楚图像，可以阅读 Martinsson 的几篇论文以及 Kannan-Vempala: Randomized algorithms in numerical linear algebra, *Acta Numerica* (2017), 95-135。这些论文发现了范数平方采样方法。

习题 2.4

1. 给定正数 $a_1, a_2, \cdots, a_n$，找到正数 $p_1, p_2, \cdots, p_n$，使得

$$p_1 + p_2 + \cdots + p_n = 1, \qquad V = \frac{a_1^2}{p_1} + \frac{a_2^2}{p_2} + \cdots + \frac{a_n^2}{p_n} \text{ 达到其最小值 } (a_1 + a_2 + \cdots + a_n)^2$$

就像在式 (8) 中，$L(p, \lambda) = V - \lambda(p_1 + \cdots + p_n - 1)$ 的导数是零。

2. (对函数而言) 给定 $a(x) > 0$，通过与习题 1 的类比，找到 $p(x) > 0$，使得

$$\int_0^1 p(x)\,\mathrm{d}x = 1, \qquad \text{且} \quad \int_0^1 \frac{(a(x))^2}{p(x)}\,\mathrm{d}x \quad \text{是一个最小值}$$

3. 证明 $n(a_1^2 + a_2^2 + \cdots + a_n^2) \geqslant (a_1 + a_2 + \cdots + a_n)^2$。这就是习题 1 中 $p_i = \dfrac{1}{n}$ 的情形。回到习题 1.1，你已证明了 $\|\boldsymbol{a}\|_{\mathbf{1}} \leqslant \sqrt{n}\|\boldsymbol{a}\|_{\mathbf{2}}$。

4. 若 $\boldsymbol{M} = \mathbf{1}\mathbf{1}^{\mathrm{T}}$ 是分量全为 1 的 $n \times n$ 矩阵，证明 $n\boldsymbol{I} - \boldsymbol{M}$ 是正定的。习题 3 是一个能量测试。对习题 4，求 $n\boldsymbol{I} - \boldsymbol{M}$ 的特征值。

5. 在 $\boldsymbol{B} = \boldsymbol{A}^{\mathrm{T}}$ 的情形下，证明式 (5) 中的“范数平方”或“长度平方”概率 p_j 是 $\|\boldsymbol{a}_j\|^2/\|\boldsymbol{A}\|_F^2$。为什么 $\boldsymbol{C} = \sum \|\boldsymbol{a}_j\|\,\|\boldsymbol{b}_j\| = \|\boldsymbol{A}\|_F^2$？

6. 在式 (7) 中计算得到的方差不能是负的。证明

$$\|\boldsymbol{AB}\|_F^2 \leqslant (\textstyle\sum \|\boldsymbol{a}_j\|\,\|\boldsymbol{b}_j^{\mathrm{T}}\|)^2$$

习题 7 回到本节在描述采样 (a, b) 以得到 $(a, 0)$ 或 $(0, b)$ 的例子。若 $b > a$，则当 b 更多地被选到时，方差将会减小。这是通过优化概率 p 和 $1 - p$ 来最小化 σ^2 得到的：

$$\text{方差} \quad \sigma^2 = p\,\frac{a^2}{p^2} + (1-p)\,\frac{b^2}{(1-p)^2} - (\text{均值})^2$$

7. 证明 $p = a/(a+b)$，$1 - p = b/(a+b)$ 最小化这个方差（均值对所有 p 都是相同的）。当应用到小矩阵乘积 $\boldsymbol{AB} = [1]\,[a \;\; b]$ 时，这个最优的 p 与式 (5) 一致。在这种情形下式 (5) 中有 $C = a + b$。

8. 在前面的随机构建中，证明为何 $(\boldsymbol{QU})\boldsymbol{DV}^{\mathrm{T}}$ 是接近 $\boldsymbol{A}$ 的。采用步骤 $\boldsymbol{A} \approx \boldsymbol{YY}^{+}\boldsymbol{A}$，$\boldsymbol{Y} \approx \boldsymbol{QR}$，$\boldsymbol{Q}^{\mathrm{T}}\boldsymbol{A} = \boldsymbol{UDV}^{\mathrm{T}}$。习题 2.2 中的习题 11 是一个关键。

第 3 章

低秩与压缩传感

本章讨论以下三类低秩矩阵。

(1) 真正具有**小秩**的矩阵（$\boldsymbol{u}\boldsymbol{v}^{\mathrm{T}}$ 是秩 $=1$ 的极端情形）。

(2) 奇异值呈指数递减的矩阵（**有效秩低**）。

(3) 可补全为低秩矩阵的**不完全矩阵**（有丢失项）。

第一类矩阵是不可逆的（因为秩 $<n$）。第二类矩阵在理论上可逆，实际上是不可逆的。含有 $(i+j-1)^{-1}$ 项的矩阵是一个著名的例子。那么如何辨别某个矩阵的有效秩很低呢？

第三类矩阵（矩阵补全）将在 3.5 节中讨论。创建一个适用于推荐矩阵的最小化问题：

$$\textbf{选择所有可能的缺失项以最小化 } \|\boldsymbol{A}\|_{\boldsymbol{N}}$$

这个“核范数 $\|\ \|_{\boldsymbol{N}}$”给出了可替代非凸问题的适定问题：最小化秩。核范数在梯度下降中很重要。

矩阵的秩在某种深层次意义上对应于向量中的非零项数。在这个对比中，一个低秩矩阵就像一个**稀疏向量**。再一次提醒，$\boldsymbol{x}$ 中的非零项数并不是其范数。这个数有时被写作 $\|\boldsymbol{x}\|_0$，但是这个“$\boldsymbol{\ell^0}$ **范数**”违反规则 $\|2\boldsymbol{x}\|=2\|\boldsymbol{x}\|$，没有将非零项数翻倍。

找到 $\boldsymbol{A}\boldsymbol{x}=\boldsymbol{b}$ 的稀疏解是非常重要的。看似奇迹的是，稀疏解可以通过最小化 $\boldsymbol{\ell^1}$ **范数**$\|\boldsymbol{x}\|_1=|x_1|+\cdots+|x_n|$ 得到。这个结论开启了**压缩传感**的新世界，其应用遍及工程与医学（包括磁共振成像机的变化）。有关 $\boldsymbol{\ell}^1$ 最小化的算法将在 3.4 节进行描述和比较。

3.1 节以 $(\boldsymbol{I}-\boldsymbol{u}\boldsymbol{v}^{\mathrm{T}})^{-1}$ 和 $(\boldsymbol{A}-\boldsymbol{u}\boldsymbol{v}^{\mathrm{T}})^{-1}$ 的著名公式开始，即 Sherman-Morrison-Woodbury 公式。它表明逆矩阵的变化也是秩为 1 的（若这个矩阵依然是可逆的），这个公式及其推广到高秩扰动 $(\boldsymbol{A}-\boldsymbol{U}\boldsymbol{V}^{\mathrm{T}})^{-1}$ 十分重要。

当 $\boldsymbol{A}$ 随 t 变化时，还计算了 $\boldsymbol{A}(t)^{-1}$、$\lambda(t)$、$\sigma(t)$ 的导数。

3.1 $\boldsymbol{A}$ 的变化导致 $\boldsymbol{A}^{-1}$ 的改变

假设从 $\boldsymbol{A}$ 中减去一个低秩矩阵。在 3.2 节中，估计特征值和奇异值的变化。本节给出 $\boldsymbol{A}^{-1}$ 变化的精确公式，该公式被一些学者称为**矩阵求逆引理**，而它更广为人知的名称是**降级公式**。这些来自工程和统计学中的名称对应于数值分析中更新和修正。

这个公式是更新线性方程组 $\boldsymbol{A}\boldsymbol{x}=\boldsymbol{b}$ 的解的关键。这些秩为 1 的变化可能在 $\boldsymbol{A}$ 的现存的行或列中，或者在新增加/去除的行或列中。我们从 $\boldsymbol{A}=\boldsymbol{I}$ 这个简单的例子开始。

$$\boldsymbol{M}=\boldsymbol{I}-\boldsymbol{u}\boldsymbol{v}^{\mathrm{T}} \text{ 的逆是 } \boldsymbol{M}^{-1}=\boldsymbol{I}+\frac{\boldsymbol{u}\boldsymbol{v}^{\mathrm{T}}}{1-\boldsymbol{v}^{\mathrm{T}}\boldsymbol{u}} \tag{1}$$

这个公式有两个显著的特点：一是对 $\boldsymbol{M}^{-1}$ 的修正**也是秩为 1 的**，即公式中的最后一项 $\boldsymbol{u}\boldsymbol{v}^{\mathrm{T}}/(\mathbf{1}-\boldsymbol{v}^{\mathrm{T}}\boldsymbol{u})$；二是这个修正项可能会变得无穷大。**则 $\boldsymbol{M}$ 就是不可逆的了**，即不存在 $\boldsymbol{M}^{-1}$。

当数 $\boldsymbol{v}^{\mathrm{T}}\boldsymbol{u}$ 是 1 时，式 (1) 会以被零相除结束，在这种情形下，这个公式不成立。$\boldsymbol{M}=\boldsymbol{I}-\boldsymbol{u}\boldsymbol{v}^{\mathrm{T}}$ 是不可逆的，因为 $\boldsymbol{M}\boldsymbol{u}=\mathbf{0}$：

$$\text{若 } \boldsymbol{v}^{\mathrm{T}}\boldsymbol{u}=1,\quad \boldsymbol{M}\boldsymbol{u}=(I-\boldsymbol{u}\boldsymbol{v}^{\mathrm{T}})\boldsymbol{u}=\boldsymbol{u}-\boldsymbol{u}(\boldsymbol{v}^{\mathrm{T}}\boldsymbol{u})=\mathbf{0} \tag{2}$$

式 (1) 最简单的证明是 $\boldsymbol{M}$ 和 $\boldsymbol{M}^{-1}$ 直接相乘：

$$\boldsymbol{M}\boldsymbol{M}^{-1}=(\boldsymbol{I}-\boldsymbol{u}\boldsymbol{v}^{\mathrm{T}})\left(\boldsymbol{I}+\frac{\boldsymbol{u}\boldsymbol{v}^{\mathrm{T}}}{1-\boldsymbol{v}^{\mathrm{T}}\boldsymbol{u}}\right)=\boldsymbol{I}-\boldsymbol{u}\boldsymbol{v}^{\mathrm{T}}+\frac{(\boldsymbol{I}-\boldsymbol{u}\boldsymbol{v}^{\mathrm{T}})\boldsymbol{u}\boldsymbol{v}^{\mathrm{T}}}{1-\boldsymbol{v}^{\mathrm{T}}\boldsymbol{u}}=\boldsymbol{I}-\boldsymbol{u}\boldsymbol{v}^{\mathrm{T}}+\boldsymbol{u}\boldsymbol{v}^{\mathrm{T}} \tag{3}$$

可以看到 $\boldsymbol{v}^{\mathrm{T}}\boldsymbol{u}$ 这个数是如何在最后一步移出矩阵 $\boldsymbol{u}\boldsymbol{v}^{\mathrm{T}}$ 的。

现在已经证明了式 (1) 是正确的，但是还没有说明它的来源。一种好的方式是通过增加一个新的行和列来引入 $\boldsymbol{I}$ 的一个“扩展”矩阵 $\boldsymbol{E}$：

$$\text{扩展矩阵}\qquad \boldsymbol{E}=\begin{bmatrix}\boldsymbol{I} & \boldsymbol{u}\\ \boldsymbol{v}^{\mathrm{T}} & \mathbf{1}\end{bmatrix} \text{ 的行列式为 } \boldsymbol{D}=\mathbf{1}-\boldsymbol{v}^{\mathrm{T}}\boldsymbol{u}$$

消元法给出了得到 $\boldsymbol{E}^{-1}$ 的两种方法：

第一种方法是从第 2 行减去 $\boldsymbol{v}^{\mathrm{T}}$ 乘以 $\boldsymbol{E}$ 的第 1 行：

$$\begin{bmatrix}\boldsymbol{I} & \mathbf{0}\\ -\boldsymbol{v}^{\mathrm{T}} & \mathbf{1}\end{bmatrix}\boldsymbol{E}=\begin{bmatrix}\boldsymbol{I} & \boldsymbol{u}\\ 0 & \boldsymbol{D}\end{bmatrix},\qquad \text{则 } \boldsymbol{E}^{-1}=\begin{bmatrix}\boldsymbol{I} & \boldsymbol{u}\\ 0 & \boldsymbol{D}\end{bmatrix}^{-1}\begin{bmatrix}\boldsymbol{I} & 0\\ -\boldsymbol{v}^{\mathrm{T}} & 1\end{bmatrix} \tag{4}$$

第二种方法是从 $\boldsymbol{E}$ 的第 1 行减去 $\boldsymbol{u}$ 乘以其第 2 行：

$$\begin{bmatrix}\boldsymbol{I} & -\boldsymbol{u}\\ 0 & 1\end{bmatrix}\boldsymbol{E}=\begin{bmatrix}\boldsymbol{I}-\boldsymbol{u}\boldsymbol{v}^{\mathrm{T}} & 0\\ \boldsymbol{v}^{\mathrm{T}} & 1\end{bmatrix},\qquad \text{则 } \boldsymbol{E}^{-1}=\begin{bmatrix}\boldsymbol{I}-\boldsymbol{u}\boldsymbol{v}^{\mathrm{T}} & 0\\ \boldsymbol{v}^{\mathrm{T}} & 1\end{bmatrix}^{-1}\begin{bmatrix}\boldsymbol{I} & -\boldsymbol{u}\\ 0 & \mathbf{1}\end{bmatrix} \tag{5}$$

现在可以比较**同一个** $\boldsymbol{E}^{-1}$ 的两个公式。本节习题 2 进行了代数运算：

$$\begin{matrix}\boldsymbol{E}^{-1}\text{的}\\ \text{两种形式}\end{matrix}\quad \begin{bmatrix}\boldsymbol{I}+\boldsymbol{u}\boldsymbol{D}^{-1}\boldsymbol{v}^{\mathrm{T}} & -\boldsymbol{u}\boldsymbol{D}^{-1}\\ -\boldsymbol{D}^{-1}\boldsymbol{v}^{\mathrm{T}} & \boldsymbol{D}^{-1}\end{bmatrix}=\begin{bmatrix}\boldsymbol{M}^{-1} & -\boldsymbol{M}^{-1}\boldsymbol{u}\\ -\boldsymbol{v}^{\mathrm{T}}\boldsymbol{M}^{-1} & 1+\boldsymbol{v}^{\mathrm{T}}\boldsymbol{M}^{-1}\boldsymbol{u}\end{bmatrix} \tag{6}$$

左右两边的 (1,1) 块得到了 $\boldsymbol{M}^{-1}=\boldsymbol{I}+\boldsymbol{u}\boldsymbol{D}^{-1}\boldsymbol{v}^{\mathrm{T}}$。这就是式 (1)，其中 $\boldsymbol{D}=1-\boldsymbol{v}^{\mathrm{T}}\boldsymbol{u}$。

$\boldsymbol{M}=\boldsymbol{I}-\boldsymbol{U}\boldsymbol{V}^{\mathrm{T}}$ 的逆

我们可以不费力气地往前跨一大步。我们不采用秩为 1 的微扰 $\boldsymbol{u}\boldsymbol{v}^{\mathrm{T}}$，而是采用秩为 k 的微扰 $\boldsymbol{U}\boldsymbol{V}^{\mathrm{T}}$。$\boldsymbol{U}$ 是 $\boldsymbol{n}\times\boldsymbol{k}$ 矩阵，而 $\boldsymbol{V}^{\mathrm{T}}$ 是 $\boldsymbol{k}\times\boldsymbol{n}$ 矩阵，因此有 k 列和 k 行，恰如有一列 $\boldsymbol{u}$ 和一行 $\boldsymbol{v}^{\mathrm{T}}$。

对 $\boldsymbol{M}^{-1}$ 的公式完全没有改变，但是存在两个大小不同的单位矩阵 $\boldsymbol{I}_n$ 和 $\boldsymbol{I}_k$：

$$\boldsymbol{M}=\boldsymbol{I}_n-\boldsymbol{U}\boldsymbol{V}^{\mathrm{T}} \text{ 的逆是 } \boldsymbol{M}^{-1}=\boldsymbol{I}_n+\boldsymbol{U}(\boldsymbol{I}_k-\boldsymbol{V}^{\mathrm{T}}\boldsymbol{U})^{-1}\boldsymbol{V}^{\mathrm{T}} \tag{7}$$

这就引出了矩阵逆公式的一个关键点。**将大小为 n 的逆矩阵转换为大小为 k 的逆矩阵。**因为在本节开始时 $k=1$，得到了一个大小为 1 的逆，也就是对数 $1-\boldsymbol{v}^{\mathrm{T}}\boldsymbol{u}$ 的普通除法。现在 $\boldsymbol{V}^{\mathrm{T}}\boldsymbol{U}$ 是 $(k\times n)(n\times k)$。有一个 $k\times k$ 矩阵 $\boldsymbol{I}_k-\boldsymbol{V}^{\mathrm{T}}\boldsymbol{U}$ 来求逆，而不是 $n\times n$。

式 (7) 的快速证明再一次直接验证了 $\boldsymbol{M}\boldsymbol{M}^{-1}=\boldsymbol{I}$：

$$(\boldsymbol{I}_n-\boldsymbol{U}\boldsymbol{V}^{\mathrm{T}})(\boldsymbol{I}_n+\boldsymbol{U}(\boldsymbol{I}_k-\boldsymbol{V}^{\mathrm{T}}\boldsymbol{U})^{-1}\boldsymbol{V}^{\mathrm{T}})=\boldsymbol{I}_n-\boldsymbol{U}\boldsymbol{V}^{\mathrm{T}}+(\boldsymbol{I}_n-\boldsymbol{U}\boldsymbol{V}^{\mathrm{T}})\boldsymbol{U}(\boldsymbol{I}_k-\boldsymbol{V}^{\mathrm{T}}\boldsymbol{U})^{-1}\boldsymbol{V}^{\mathrm{T}}$$

式中，将 $(\boldsymbol{I}_n-\boldsymbol{U}\boldsymbol{V}^{\mathrm{T}})\boldsymbol{U}$ 替换为 $\boldsymbol{U}(\boldsymbol{I}_k-\boldsymbol{V}^{\mathrm{T}}\boldsymbol{U})$，这是一个十分简洁的等式。等式右边被简化至 $\boldsymbol{I}_n-\boldsymbol{U}\boldsymbol{V}^{\mathrm{T}}+\boldsymbol{U}\boldsymbol{V}^{\mathrm{T}}$，即 $\boldsymbol{I}_n$，这样就证明了式 (7)。

再一次，存在一个大小为 $n+k$ 的扩展矩阵 $\boldsymbol{E}$：

$$\boldsymbol{E}=\begin{bmatrix}\boldsymbol{I}_n & \boldsymbol{U}\\ \boldsymbol{V}^{\mathrm{T}} & \boldsymbol{I}_k\end{bmatrix} \text{ 有行列式 } =\det(\boldsymbol{I}_n-\boldsymbol{U}\boldsymbol{V}^{\mathrm{T}})=\det(\boldsymbol{I}_k-\boldsymbol{V}^{\mathrm{T}}\boldsymbol{U}) \tag{8}$$

若 $k<<n$，式 (7) 的右边项可能比直接处理左边项更容易、更快。**大小为 k 的矩阵 $\boldsymbol{V}^{\mathrm{T}}\boldsymbol{U}$ 小于大小为 n 的矩阵 $\boldsymbol{U}\boldsymbol{V}^{\mathrm{T}}$。**

例 1　求 $\boldsymbol{M}=\boldsymbol{I}-\begin{bmatrix}1&1&1\\1&1&1\\1&1&1\end{bmatrix}$ 的逆。在这种情况下，$\boldsymbol{u}=\boldsymbol{v}=\begin{bmatrix}1\\1\\1\end{bmatrix}$。

解：这里 $\boldsymbol{v}^{\mathrm{T}}\boldsymbol{u}=3$，$\boldsymbol{M}^{-1}=\boldsymbol{I}+\dfrac{\boldsymbol{u}\boldsymbol{v}^{\mathrm{T}}}{1-3}$，因此 $\boldsymbol{M}^{-1}=\boldsymbol{I}-\dfrac{1}{2}\begin{bmatrix}1&1&1\\1&1&1\\1&1&1\end{bmatrix}$。

例 2　若 $\boldsymbol{M}=\boldsymbol{I}-\begin{bmatrix}0&1&1\\0&0&1\\0&0&0\end{bmatrix}=\boldsymbol{I}-\boldsymbol{U}\boldsymbol{V}^{\mathrm{T}}$，则 $\boldsymbol{M}^{-1}=\begin{bmatrix}1&1&2\\0&1&1\\0&0&1\end{bmatrix}$。

解：这里将第一个显示的矩阵写为 $\boldsymbol{U}\boldsymbol{V}^{\mathrm{T}}$，然后颠倒次序得到 $\boldsymbol{V}^{\mathrm{T}}\boldsymbol{U}$：

$$\boldsymbol{U}\boldsymbol{V}^{\mathrm{T}}=\begin{bmatrix}1&0\\0&1\\0&0\end{bmatrix}\begin{bmatrix}0&1&1\\0&0&1\end{bmatrix},\quad \boldsymbol{V}^{\mathrm{T}}\boldsymbol{U}=\begin{bmatrix}0&1&1\\0&0&1\end{bmatrix}\begin{bmatrix}1&0\\0&1\\0&0\end{bmatrix}=\begin{bmatrix}0&1\\0&0\end{bmatrix}。$$

上面的 $\boldsymbol{M}^{-1}$ 就是 $\boldsymbol{I}_3+\boldsymbol{U}\left[\ \boldsymbol{I}_2-\boldsymbol{V}^{\mathrm{T}}\boldsymbol{U}\ \right]^{-1}\boldsymbol{V}^{\mathrm{T}}=\boldsymbol{I}_3+\boldsymbol{U}\begin{bmatrix}\mathbf{1}&\mathbf{-1}\\\mathbf{0}&\mathbf{1}\end{bmatrix}^{-1}\boldsymbol{V}^{\mathrm{T}}$。

以上的要点是 3×3 矩阵 $\boldsymbol{M}^{-1}$ 来自黑体标出的 2×2 矩阵。

扰动任意可逆矩阵A

到现在为止，已经从单位矩阵 $\boldsymbol{I}=\boldsymbol{I}_n$ 开始，将其修改至 $\boldsymbol{I}-\boldsymbol{u}\boldsymbol{v}^{\mathrm{T}}$，然后至 $\boldsymbol{I}-\boldsymbol{U}\boldsymbol{V}^{\mathrm{T}}$。先用秩为 1 的矩阵，再用秩为 k 的矩阵来改变。为了充分利用 Sherman-Morrison-Woodbury方法，现在更进一步：从 $\boldsymbol{A}$ 开始，而不是从 $\boldsymbol{I}$ 开始。

用秩为 k 的矩阵 $\boldsymbol{U}\boldsymbol{V}^{\mathrm{T}}$ 来扰动任意一个可逆矩阵 $\boldsymbol{A}$，有 $\boldsymbol{M}=\boldsymbol{A}-\boldsymbol{U}\boldsymbol{V}^{\mathrm{T}}$。

Sherman-Morrison-Woodbury 公式

$$\boldsymbol{M}^{-1}=(\boldsymbol{A}-\boldsymbol{U}\boldsymbol{V}^{\mathrm{T}})^{-1}=\boldsymbol{A}^{-1}+\boldsymbol{A}^{-1}\boldsymbol{U}(\boldsymbol{I}-\boldsymbol{V}^{\mathrm{T}}\boldsymbol{A}^{-1}\boldsymbol{U})^{-1}\boldsymbol{V}^{\mathrm{T}}\boldsymbol{A}^{-1} \tag{9}$$

现在 $\boldsymbol{A}$ 是 $\boldsymbol{I}_n$。最后的式 (9) 仍然与扩展矩阵 $\boldsymbol{E}$ 有关。

设$\boldsymbol{A}$ 可逆　当 $\boldsymbol{M}=\boldsymbol{A}-\boldsymbol{U}\boldsymbol{V}^{\mathrm{T}}$ 可逆时，$\boldsymbol{E}=\begin{bmatrix}\boldsymbol{A} & \boldsymbol{U}\\ \boldsymbol{V}^{\mathrm{T}} & \boldsymbol{I}\end{bmatrix}$ 是可逆的。

为了求 $\boldsymbol{E}$ 的逆，通过对行的操作来用零取代 $\boldsymbol{V}^{\mathrm{T}}$：

用 $\boldsymbol{V}^{\mathrm{T}}\boldsymbol{A}^{-1}$ 乘以第 1 行，然后从第 2 行减去，得到 $\begin{bmatrix}\boldsymbol{A} & \boldsymbol{U}\\ 0 & \boldsymbol{I}-\boldsymbol{V}^{\mathrm{T}}\boldsymbol{A}^{-1}\boldsymbol{U}\end{bmatrix}$。

或者进行列操作，用零取代 $\boldsymbol{U}$：

用 $\boldsymbol{A}^{-1}\boldsymbol{U}$ 乘以第 1 列，然后从第 2 列减去，得到 $\begin{bmatrix}\boldsymbol{A} & 0\\ \boldsymbol{V}^{\mathrm{T}} & \boldsymbol{I}-\boldsymbol{V}^{\mathrm{T}}\boldsymbol{A}^{-1}\boldsymbol{U}\end{bmatrix}$。

在式 (6) 中有两种方法求 $\boldsymbol{E}$ 的逆。$\boldsymbol{E}^{-1}$ 的这两种形式必须是一致的。同样，

$$\begin{bmatrix}\boldsymbol{A}^{-1}+\boldsymbol{A}^{-1}\boldsymbol{U}\boldsymbol{C}^{-1}\boldsymbol{V}^{\mathrm{T}}\boldsymbol{A}^{-1} & -\boldsymbol{A}^{-1}\boldsymbol{U}\boldsymbol{C}^{-1}\\ -\boldsymbol{C}^{-1}\boldsymbol{V}\boldsymbol{A}^{-1} & \boldsymbol{C}^{-1}\end{bmatrix}=\begin{bmatrix}\boldsymbol{M}^{-1} & -\boldsymbol{M}^{-1}\boldsymbol{U}\\ \boldsymbol{V}^{\mathrm{T}}\boldsymbol{B}^{-1} & \boldsymbol{I}_k+\boldsymbol{V}^{\mathrm{T}}\boldsymbol{M}^{-1}\boldsymbol{U}\end{bmatrix} \tag{10}$$

这里：$\boldsymbol{C}=\boldsymbol{I}-\boldsymbol{V}^{\mathrm{T}}\boldsymbol{A}^{-1}\boldsymbol{U}$，$\boldsymbol{M}=\boldsymbol{A}-\boldsymbol{U}\boldsymbol{V}^{\mathrm{T}}$。待求的矩阵是 $\boldsymbol{M}^{-1}$（$\boldsymbol{A}$ 被扰动后的逆矩阵）。比较式(10)中的两个 $(1,1)$ 块得到式(9)。

小结：$\boldsymbol{M}=\boldsymbol{A}-\boldsymbol{U}\boldsymbol{V}^{\mathrm{T}}$ 的 $n\times n$ 逆源自 $\boldsymbol{A}$ 的 $n\times n$ 逆和 $\boldsymbol{C}=\boldsymbol{I}-\boldsymbol{V}^{\mathrm{T}}\boldsymbol{A}^{-1}\boldsymbol{U}$ 的 $k\times k$ 逆。**作为一个快速的证明，用 $\boldsymbol{A}-\boldsymbol{U}\boldsymbol{V}^{\mathrm{T}}$ 乘以式 (9)。**

这里收集了四个密切相关的矩阵恒等式。在每种情况下，左边的矩阵 $\boldsymbol{B}$ 或 $\boldsymbol{A}^{\mathrm{T}}$ 或 $\boldsymbol{U}$ 重新出现在右边，即使它不与 $\boldsymbol{A}$ 或 $\boldsymbol{V}$ 可交换。就像许多证明一样，结合律显而易见：$\boldsymbol{B}(\boldsymbol{A}\boldsymbol{B})=(\boldsymbol{B}\boldsymbol{A})\boldsymbol{B}$。

$$\begin{aligned}\boldsymbol{B}(\boldsymbol{I}_m+\boldsymbol{A}\boldsymbol{B})&=(\boldsymbol{I}_n+\boldsymbol{B}\boldsymbol{A})\boldsymbol{B}\\ \boldsymbol{B}(\boldsymbol{I}_m+\boldsymbol{A}\boldsymbol{B})^{-1}&=(\boldsymbol{I}_n+\boldsymbol{B}\boldsymbol{A})^{-1}\boldsymbol{B}\\ \boldsymbol{A}^{\mathrm{T}}(\boldsymbol{A}\boldsymbol{A}^{\mathrm{T}}+\lambda\boldsymbol{I}_n)^{-1}&=(\boldsymbol{A}^{\mathrm{T}}\boldsymbol{A}+\lambda\boldsymbol{I}_m)^{-1}\boldsymbol{A}^{\mathrm{T}}\\ \boldsymbol{U}(\boldsymbol{I}_k-\boldsymbol{V}^{\mathrm{T}}\boldsymbol{U})&=(\boldsymbol{I}_n-\boldsymbol{U}\boldsymbol{V}^{\mathrm{T}})\boldsymbol{U}\end{aligned}$$

$\boldsymbol{A}$ 是 $m\times n$ 矩阵，$\boldsymbol{B}$ 是 $n\times m$ 矩阵。第二个等式包含这样一个结论，当 $\boldsymbol{I}+\boldsymbol{B}\boldsymbol{A}$ 可逆时，$\boldsymbol{I}+\boldsymbol{A}\boldsymbol{B}$ 是可逆的。换言之，当 -1 不是 $\boldsymbol{B}\boldsymbol{A}$ 的特征值时，-1 恰好也不是 $\boldsymbol{A}\boldsymbol{B}$ 的特征值。$\boldsymbol{A}\boldsymbol{B}$

和 $\boldsymbol{BA}$ 有相同的非零特征值。

就如 1.6 节所述，关键点是 $(\boldsymbol{I}+\boldsymbol{AB})\boldsymbol{x}=\boldsymbol{0}$ 导致 $(\boldsymbol{I}+\boldsymbol{BA})\boldsymbol{Bx}=\boldsymbol{0}$。

A^{-1} 的导数

本节稍后将讨论逆矩阵公式的应用。首先讨论矩阵微积分。导数的要点是求函数 $f(x)$ 在 x 微小移动时的变化，即由变化 Δx 产生的变化 Δf，则 Δf 对 Δx 的比值趋近导数 $\mathrm{d}f/\mathrm{d}x$。

这里 $\boldsymbol{x}$ 是矩阵 $\boldsymbol{A}$，函数则是 $\boldsymbol{f(A)=A^{-1}}$。当 $\boldsymbol{A}$ 变化时，$\boldsymbol{A^{-1}}$ 怎样变化？ 至今为止，$\boldsymbol{uv}^{\mathrm{T}}$ 或 $\boldsymbol{UV}^{\mathrm{T}}$ 是在秩上发生小的变化。现在希望 $\boldsymbol{A}$ 发生秩的无穷小的变化。

我们以 $\boldsymbol{B}=\boldsymbol{A}+\Delta\boldsymbol{A}$ 开始，写出非常有用的矩阵公式：

$$\boxed{\boldsymbol{B}^{-1}-\boldsymbol{A}^{-1}=\boldsymbol{B}^{-1}(\boldsymbol{A}-\boldsymbol{B})\boldsymbol{A}^{-1}} \tag{11}$$

这个公式右边的 $\boldsymbol{AA}^{-1}=\boldsymbol{I}$，且 $\boldsymbol{B}^{-1}\boldsymbol{B}=\boldsymbol{I}$。实际上式 (11) 能够得到 $(\boldsymbol{A}-\boldsymbol{UV}^{\mathrm{T}})^{-1}$ 的那些早期公式。它表明，若 $\boldsymbol{A}-\boldsymbol{B}$ 的秩为 1（或 k），则 $\boldsymbol{B}^{-1}-\boldsymbol{A}^{-1}$ 的秩为 1（或 k）。假设矩阵 $\boldsymbol{A}$ 和 $\boldsymbol{B}$ 是可逆的，乘以 $\boldsymbol{B}^{-1}$ 或 $\boldsymbol{A}^{-1}$ 对秩没有影响。

想象 $\boldsymbol{A}=\boldsymbol{A}(t)$ 是一个随时间 t 变化的矩阵，其在时间点 t 的导数是 $\mathrm{d}\boldsymbol{A}/\mathrm{d}t$。当然，$\boldsymbol{A}^{-1}$ 也随时间 t 而变化。**求它的导数 $\mathbf{d}\boldsymbol{A}^{-1}/\mathbf{d}t$**，用 Δt 来除以变化 $\Delta\boldsymbol{A}=\boldsymbol{B}-\boldsymbol{A}$ 和 $\Delta\boldsymbol{A}^{-1}=\boldsymbol{B}^{-1}-\boldsymbol{A}^{-1}$。在式 (11) 中，用 $\boldsymbol{A}+\Delta\boldsymbol{A}$ 替代 $\boldsymbol{B}$，并且让 $\Delta t\to 0$。

$$\boxed{\frac{\Delta\boldsymbol{A}^{-1}}{\Delta t}=-(\boldsymbol{A}+\Delta\boldsymbol{A})^{-1}\frac{\Delta\boldsymbol{A}}{\Delta t}\boldsymbol{A}^{-1}\ \text{趋近}\ \frac{\mathbf{d}\boldsymbol{A}^{-1}}{\mathbf{d}t}=-\boldsymbol{A}^{-1}\frac{\mathbf{d}\boldsymbol{A}}{\mathbf{d}t}\boldsymbol{A}^{-1}} \tag{12}$$

对于一个 1×1 矩阵 $\boldsymbol{A}=t$，$\mathrm{d}\boldsymbol{A}/\mathrm{d}t=1$，恢复了 $1/t$ 的导数为 $-1/t^2$。

习题 7 将指出 $\boldsymbol{A}^2$ 的导数**不是** $2\boldsymbol{A}\,\mathrm{d}\boldsymbol{A}/\mathrm{d}t$。

更新最小二乘

2.2 节讨论过最小二乘方程 $\boldsymbol{A}^{\mathrm{T}}\boldsymbol{A}\widehat{\boldsymbol{x}}=\boldsymbol{A}^{\mathrm{T}}\boldsymbol{b}$（最小化 $\|\boldsymbol{b}-A\boldsymbol{x}\|^2$ 的“正规方程”）。假设有一个新的方程，则 $\boldsymbol{A}$ 增加了一个新 $(1\times n)$ 行 $\boldsymbol{r}$，并有一个新的测量结果 b_{m+1}，导致一个新的 $\widehat{\boldsymbol{x}}$：

$$\begin{bmatrix}\boldsymbol{A}^{\mathrm{T}} & \boldsymbol{r}^{\mathrm{T}}\end{bmatrix}\begin{bmatrix}\boldsymbol{A}\\ \boldsymbol{r}\end{bmatrix}\widehat{\boldsymbol{x}}=\begin{bmatrix}\boldsymbol{A}^{\mathrm{T}} & \boldsymbol{r}^{\mathrm{T}}\end{bmatrix}\begin{bmatrix}\boldsymbol{b}\\ b_{m+1}\end{bmatrix}\quad\text{是}\quad\begin{bmatrix}\boldsymbol{A}^{\mathrm{T}}\boldsymbol{A}+\boldsymbol{r}^{\mathrm{T}}\boldsymbol{r}\end{bmatrix}\widehat{\boldsymbol{x}}=\boldsymbol{A}^{\mathrm{T}}\boldsymbol{b}+\boldsymbol{r}^{\mathrm{T}}b_{m+1} \tag{13}$$

在这些新的正规方程中，矩阵是 $\boldsymbol{A}^{\mathrm{T}}\boldsymbol{A}+\boldsymbol{r}^{\mathrm{T}}\boldsymbol{r}$，这是对于原始的 $\boldsymbol{A}^{\mathrm{T}}\boldsymbol{A}$ 的一个秩为 1 的修正。为了更新 $\widehat{\boldsymbol{x}}$，不建立全新的正规方程并求解，而是采用更新的公式：

$$\begin{bmatrix}\boldsymbol{A}^{\mathrm{T}}\boldsymbol{A}+\boldsymbol{r}^{\mathrm{T}}\boldsymbol{r}\end{bmatrix}^{-1}=(\boldsymbol{A}^{\mathrm{T}}\boldsymbol{A})^{-1}-c(\boldsymbol{A}^{\mathrm{T}}\boldsymbol{A})^{-1}\boldsymbol{r}^{\mathrm{T}}\boldsymbol{r}(\boldsymbol{A}^{\mathrm{T}}\boldsymbol{A})^{-1},\ \text{其中}\ c=1/(1+\boldsymbol{r}(\boldsymbol{A}^{\mathrm{T}}\boldsymbol{A})^{-1}\boldsymbol{r}^{\mathrm{T}}) \tag{14}$$

为了快速求出 c，只需要求解旧的方程 $(\boldsymbol{A}^{\mathrm{T}}\boldsymbol{A})\boldsymbol{y}=\boldsymbol{r}^{\mathrm{T}}$。

习题 4 将产生最小二乘解 $\widehat{\boldsymbol{x}}_{\text{new}}$ 作为 $\widehat{\boldsymbol{x}}$ 的更新。同样的方法也适用于 $\boldsymbol{A}$ 有 M 个新行，而不是一个新行的情况，这就是**递归最小二乘法**。

卡尔曼滤波器

卡尔曼注意到这种更新的方法也适用于**动态最小二乘**。“动态”意味着即使没有新数据，状态向量 $\boldsymbol{x}$ 也随时间变化。若 $\boldsymbol{x}$ 给出 GPS 卫星的位置，该位置将移动大约 $\Delta\boldsymbol{x} = \boldsymbol{v}\Delta t$（$\boldsymbol{v}=$ 速度）。这个近似或者其他更好的近似会是 $\boldsymbol{x}_{n+1}$ 在新时刻的**状态方程**。然后在 $t+\Delta t$ 时刻的新测量 b_{m+1} 会进一步更新该近似位置为 $\widehat{\boldsymbol{x}}_{\text{new}}$。在原来的系统 $\boldsymbol{Ax}\approx\boldsymbol{b}$ 中加入了**两个新的方程**（状态方程与测量方程）：

$$\begin{matrix}\textbf{原始的}\\ \textbf{状态更新}\\ \textbf{测量更新}\end{matrix}\qquad \boldsymbol{A}_{\text{new}}=\begin{bmatrix}\boldsymbol{A} & 0\\ -\boldsymbol{I} & \boldsymbol{I}\\ 0 & \boldsymbol{r}\end{bmatrix}\begin{bmatrix}\boldsymbol{x}_{\text{old}}\\ \boldsymbol{x}_{\text{new}}\end{bmatrix}=\begin{bmatrix}\boldsymbol{b}\\ \boldsymbol{v}\Delta t\\ b_{m+1}\end{bmatrix} \tag{15}$$

我们想求式 (15) 的最小二乘解。这里还有一个小窍门使得卡尔曼滤波公式真正令人印象深刻（或真正复杂）。状态方程和测量方程有各自的协方差矩阵，这些方程是不精确的（理应如此）。方差或协方差 $\boldsymbol{V}$ 测量它们不同的可靠性。正规方程 $\boldsymbol{A}^{\mathrm{T}}\boldsymbol{A}\widehat{\boldsymbol{x}}=\boldsymbol{A}^{\mathrm{T}}\boldsymbol{b}$ 应该恰当地用 $\boldsymbol{V}^{-1}$ 加权，变成 $\boldsymbol{A}^{\mathrm{T}}\boldsymbol{V}^{-1}\boldsymbol{A}\widehat{\boldsymbol{x}}=\boldsymbol{A}^{\mathrm{T}}\boldsymbol{V}^{-1}\boldsymbol{b}$。事实上，$\boldsymbol{V}$ 本身在每一步都需要更新。

通过所有这些，卡尔曼寻求应用更新公式的目标，并不通过解完整的正规方程来得到 $\widehat{\boldsymbol{x}}_{\text{new}}$，而是分两步来更新 $\widehat{\boldsymbol{x}}_{\text{old}}$。

预测的 $\widehat{\boldsymbol{x}}_{\text{state}}$ 来自状态方程。然后采用新的测量值 b_{m+1}，得到 $\widehat{\boldsymbol{x}}_{\text{new}}$ 的修正：零修正。

$$\boldsymbol{K}=\textbf{卡尔曼增益矩阵}\qquad \widehat{\boldsymbol{x}}_{\text{new}}=\widehat{\boldsymbol{x}}_{\text{state}}+K(b_{m+1}-\boldsymbol{r}\,\widehat{\boldsymbol{x}}_{\text{state}}) \tag{16}$$

增益矩阵 $\boldsymbol{K}$ 是由 $\boldsymbol{A}$，$\boldsymbol{r}$，协方差矩阵 $\boldsymbol{V}_{\text{state}}$，$\boldsymbol{V}_{\boldsymbol{b}}$ 建立起来的。若新的 b_{m+1} 完全符合预测 $\widehat{\boldsymbol{x}}_{\text{state}}$，则在式 (16) 中有一个从 $\widehat{\boldsymbol{x}}_{\text{state}}$ 到 $\widehat{\boldsymbol{x}}_{\text{new}}$ 的零修正。

同时也需要更新整个系统的协方差，衡量 $\widehat{\boldsymbol{x}}_{\text{new}}$ 的可靠性。实际上，这个 $\boldsymbol{V}$ 通常是最重要的输出，它衡量产生 $\widehat{\boldsymbol{x}}_{\text{final}}$ 的整个传感器系统的精确性。

对 GPS应用，我们与 Kai Borre编写的 *Algorithms for Global Positioning* (Wellesley-Cambridge Press) 介绍了更详细的内容。其目标是估计 GPS 测量的精度：对结构板块的测量精度很高，对卫星的测量精度就较低，而定位汽车位置的测量精度低得多。

拟牛顿更新法

求解 $\boldsymbol{f}(\boldsymbol{x})=\mathbf{0}$ 的拟牛顿法中出现了完全不同的更新，这是对 n 个未知数 $x_1,x_2,\cdots,x_n$ 的 n 个方程。经典的牛顿法使用包含 $\boldsymbol{f}$ 关于各分量的一阶导数的雅可比矩阵 $\boldsymbol{J}(\boldsymbol{x})$，

$$\textbf{牛顿法}\qquad J_{ik}=\frac{\partial f_i}{\partial x_k},\qquad \boldsymbol{x}_{\text{new}}=\boldsymbol{x}_{\text{old}}-\boldsymbol{J}(\boldsymbol{x}_{\text{old}})^{-1}\boldsymbol{f}(\boldsymbol{x}_{\text{old}}) \tag{17}$$

这是基于微积分的基本近似 $\boldsymbol{J}\,\Delta\boldsymbol{x}=\boldsymbol{\Delta f}$。这里 $\Delta\boldsymbol{f}=\boldsymbol{f}(\boldsymbol{x}_{\text{new}})-\boldsymbol{f}(\boldsymbol{x}_{\text{old}})=-\boldsymbol{f}(\boldsymbol{x}_{\text{old}})$，因为目标是实现 $\boldsymbol{f}(\boldsymbol{x}_{\text{new}})\approx\mathbf{0}$。

这里的困难是求雅可比矩阵 $\boldsymbol{J}$。对大的 n，即使是自动求导（第 7 章中反向传播的关键）也会很慢。并非在每步迭代环节重新计算 $\boldsymbol{J}$，拟牛顿法采用一个更新的公式$\boldsymbol{J}(\boldsymbol{x}_{\text{new}})=\boldsymbol{J}(\boldsymbol{x}_{\text{old}})+\Delta\boldsymbol{J}$。

原则上讲，$\Delta\boldsymbol{J}$ 涉及 $\boldsymbol{J}$ 的导数，因此也就涉及了 $\boldsymbol{f}$ 的**二阶导数**。这样做的好处是牛顿法取

得的二阶精度及快速收敛速度。但是当 n 很大时（如深度学习），计算所有二阶导数的代价可能很高。

拟牛顿法对 $\boldsymbol{J}(\boldsymbol{x}_{\text{old}})$ 创建了一个低秩更新，而不是在 $\boldsymbol{x}_{\text{new}}$ 处计算一个全新的雅可比矩阵。这个更新反映了在式 (17) 中计算 $\boldsymbol{x}_{\text{new}}$ 的新信息。因为在牛顿法中出现的是 $\boldsymbol{J}^{-1}$，更新公式考虑对 $\boldsymbol{J}_{\text{new}}^{-1}$ 的秩为 1 的变化，**不需要重新计算 $\boldsymbol{J}^{-1}$**。这里是一个关键点，并且不需要 $f_1, f_2, \cdots, f_n$ 的导数：

$$\textbf{拟牛顿条件} \qquad \boldsymbol{J}_{\text{new}}(\boldsymbol{x}_{\text{new}} - \boldsymbol{x}_{\text{old}}) = \boldsymbol{f}_{\text{new}} - \boldsymbol{f}_{\text{old}} \tag{18}$$

这是沿移动方向的信息 $\boldsymbol{J}\Delta\boldsymbol{x} = \Delta\boldsymbol{f}$。因为式 (17) 用了 $\boldsymbol{J}^{-1}$ 而不是 $\boldsymbol{J}$，更新 $\boldsymbol{J}^{-1}$ 使其满足式 (18)。Sherman-Morrison 公式可以做这一点。“BFGS 修正”是由 4 个作者同时发现的秩 2 矩阵。另一种方法是更新 $\boldsymbol{J}_{\text{old}}$ 的 $\boldsymbol{LU}$ 或 $\boldsymbol{LDL}^{\text{T}}$ 因子。

通常原始的 n 个方程 $\boldsymbol{f}(\boldsymbol{x}) = \boldsymbol{0}$ 来自最小化函数 $F(x_1, \cdots, x_n)$。$\boldsymbol{f} = (\partial F/\partial x_1, \cdots, \partial F/\partial x_n)$ 是函数 F 的梯度，在最小值点，$\boldsymbol{f} = \boldsymbol{0}$。现在雅可比矩阵 $\boldsymbol{J}$（$\boldsymbol{f}$ 的一阶导数）变成了 Hessian 矩阵 $\boldsymbol{H}$（F 的二阶导数），其元素是 $H_{jk} = \partial^2 F/\partial x_j\, \partial x_k$。

若一切进行得正常，牛顿法很快就找到了点 $\boldsymbol{x}^*$，在这个点上 F 是最小的，它的导数是 $\boldsymbol{f}(\boldsymbol{x}^*) = \boldsymbol{0}$。对较大的 n，近似更新 $\boldsymbol{J}$ 而不是重新计算 $\boldsymbol{J}$ 的拟牛顿法的可操作性好得多。但是，对非常大的 n（如在机器学习的许多问题中出现的），计算成本可能仍然是过高的。

习题 3.1

1. 另一种求 $(I - \boldsymbol{u}\boldsymbol{v}^{\text{T}})^{-1}$ 的方法是从一个几何级数的公式出发：$(1-x)^{-1} = 1 + x + x^2 + x^3 + \cdots$。当 $\boldsymbol{x} = \boldsymbol{u}\boldsymbol{v}^{\text{T}}$ 为矩阵时，应用公式得

$$\begin{aligned}(\boldsymbol{I} - \boldsymbol{u}\boldsymbol{v}^{\text{T}})^{-1} &= \boldsymbol{I} + \boldsymbol{u}\boldsymbol{v}^{\text{T}} + \boldsymbol{u}\boldsymbol{v}^{\text{T}}\boldsymbol{u}\boldsymbol{v}^{\text{T}} + \boldsymbol{u}\boldsymbol{v}^{\text{T}}\boldsymbol{u}\boldsymbol{v}^{\text{T}}\boldsymbol{u}\boldsymbol{v}^{\text{T}} + \cdots \\ &= \boldsymbol{I} + \boldsymbol{u}\left[1 + \boldsymbol{v}^{\text{T}}\boldsymbol{u} + \boldsymbol{v}^{\text{T}}\boldsymbol{u}\boldsymbol{v}^{\text{T}}\boldsymbol{u} + \cdots\right]\boldsymbol{v}^{\text{T}}\end{aligned}$$

取 $\boldsymbol{x} = \boldsymbol{v}^{\text{T}}\boldsymbol{u}$ 得到 $\boldsymbol{I} + \dfrac{\boldsymbol{u}\boldsymbol{v}^{\text{T}}}{1 - \boldsymbol{v}^{\text{T}}\boldsymbol{u}}$。这恰好是 $(\boldsymbol{I} - \boldsymbol{u}\boldsymbol{v}^{\text{T}})^{-1}$ 的式(1)。

2. 从含 $\boldsymbol{D} = 1 - \boldsymbol{v}^{\text{T}}\boldsymbol{u}$ 的式 (4) 和式 (5) 求 $\boldsymbol{E}^{-1}$：

由式 (4) 得 $\quad \boldsymbol{E}^{-1} = \begin{bmatrix} \boldsymbol{I} & -\boldsymbol{u}\boldsymbol{D}^{-1} \\ 0 & \boldsymbol{D}^{-1} \end{bmatrix} \begin{bmatrix} \boldsymbol{I} & 0 \\ -\boldsymbol{v}^{\text{T}} & 1 \end{bmatrix} = \begin{bmatrix} \quad & \quad \\ \quad & \quad \end{bmatrix}$

由式 (5) 得 $\quad \boldsymbol{E}^{-1} = \begin{bmatrix} (\boldsymbol{I} - \boldsymbol{u}\boldsymbol{v}^{\text{T}})^{-1} & 0 \\ -\boldsymbol{v}^{\text{T}}(\boldsymbol{I} - \boldsymbol{u}\boldsymbol{v}^{\text{T}})^{-1} & 1 \end{bmatrix} \begin{bmatrix} \boldsymbol{I} & -\boldsymbol{u} \\ 0 & 1 \end{bmatrix} = \begin{bmatrix} \quad & \quad \\ \quad & \quad \end{bmatrix}$

比较 (1,1) 块求式 (1) 中的 $\boldsymbol{M}^{-1} = (\boldsymbol{I} - \boldsymbol{u}\boldsymbol{v}^{\text{T}})^{-1}$。

3. Sherman-Morrison-Woodbury 公式 [式 (9)] 用 $\boldsymbol{U}\boldsymbol{V}^{\text{T}}$（秩为 k）来扰动 $\boldsymbol{A}$。对 $k = 1$ 的重要情形写出公式：

$$\boldsymbol{M}^{-1} = (\boldsymbol{A} - \boldsymbol{u}\boldsymbol{v}^{\text{T}})^{-1} = \boldsymbol{A}^{-1} + \underline{\qquad\qquad}$$

在下面的小例子中验证这个公式：

$$A=\begin{bmatrix}3&0\\0&2\end{bmatrix},\quad u=\begin{bmatrix}1\\0\end{bmatrix},\quad v=\begin{bmatrix}1\\0\end{bmatrix},\quad A-uv^{\mathrm{T}}=\begin{bmatrix}2&0\\0&2\end{bmatrix}$$

4. 由习题 3 得到了逆矩阵 $\boldsymbol{M}^{-1}=(\boldsymbol{A}-\boldsymbol{u}\boldsymbol{v}^{\mathrm{T}})^{-1}$。在解方程 $\boldsymbol{M}\boldsymbol{y}=\boldsymbol{b}$ 时，**只解** $\boldsymbol{y}$ 而不是计算整个逆矩阵 $\boldsymbol{M}^{-1}$。可以通过两个简单的步骤求出 $\boldsymbol{y}$:
   (1) 解 $\boldsymbol{A}\boldsymbol{x}=\boldsymbol{b}$，$\boldsymbol{A}\boldsymbol{z}=\boldsymbol{u}$。计算 $D=1-\boldsymbol{v}^{\mathrm{T}}\boldsymbol{z}$。
   (2) $\boldsymbol{y}=\boldsymbol{x}+\dfrac{\boldsymbol{v}^{\mathrm{T}}\boldsymbol{x}}{D}\boldsymbol{z}$ 是 $\boldsymbol{M}\boldsymbol{y}=(\boldsymbol{A}-\boldsymbol{u}\boldsymbol{v}^{\mathrm{T}})\boldsymbol{y}=\boldsymbol{b}$ 的解。
   验证 $(\boldsymbol{A}-\boldsymbol{u}\boldsymbol{v}^{\mathrm{T}})\boldsymbol{y}=\boldsymbol{b}$。**解了两个含 $\boldsymbol{A}$ 的方程，没有方程用到 $\boldsymbol{M}$。**
5. **证明式 (9)。用 $\boldsymbol{A}-\boldsymbol{U}\boldsymbol{V}^{\mathrm{T}}$ 乘以式 (9)。**

   注意何时 $(\boldsymbol{A}-\boldsymbol{U}\boldsymbol{V}^{\mathrm{T}})\boldsymbol{A}^{-1}\boldsymbol{U}$ 变成 $\boldsymbol{U}(\boldsymbol{I}-\boldsymbol{V}^{\mathrm{T}}\boldsymbol{A}^{-1}\boldsymbol{U})$。
6. 在 $\boldsymbol{U}=\boldsymbol{V}=\boldsymbol{I}_n$ 的简单情形下，根据式 (9)，可由 $(\boldsymbol{A}-\boldsymbol{I})^{-1}$ 得到什么公式？能否直接证明？
7. 习题 4 扩展到秩 k 的变化 $\boldsymbol{M}^{-1}=(\boldsymbol{A}-\boldsymbol{U}\boldsymbol{V}^{\mathrm{T}})^{-1}$。为了解方程 $\boldsymbol{M}\boldsymbol{y}=\boldsymbol{b}$，仅求解 $\boldsymbol{y}$，而不计算整个逆矩阵 $\boldsymbol{M}^{-1}$。
   (1) 解 $\boldsymbol{A}\boldsymbol{x}=\boldsymbol{b}$ 和 k 个方程 $\boldsymbol{A}\boldsymbol{Z}=\boldsymbol{U}$ （$\boldsymbol{U}$ 和 $\boldsymbol{Z}$ 是 $n\times k$ 矩阵）。
   (2) 令矩阵 $\boldsymbol{C}=\boldsymbol{I}-\boldsymbol{V}^{\mathrm{T}}\boldsymbol{Z}$，求解 $\boldsymbol{C}\boldsymbol{w}=\boldsymbol{V}^{\mathrm{T}}\boldsymbol{x}$。$\boldsymbol{y}=\boldsymbol{M}^{-1}\boldsymbol{b}$ 就是 $\boldsymbol{y}=\boldsymbol{x}+\boldsymbol{Z}\boldsymbol{w}$。
   用式 (9) 验证 $(\boldsymbol{A}-\boldsymbol{U}\boldsymbol{V}^{\mathrm{T}})\boldsymbol{y}=\boldsymbol{b}$。**用 $\boldsymbol{A}$ 解 $k+1$ 个方程，并且乘以 $\boldsymbol{V}^{\mathrm{T}}\boldsymbol{Z}$，但是未用到 $\boldsymbol{M}=\boldsymbol{A}-\boldsymbol{U}\boldsymbol{V}^{\mathrm{T}}$。**
8. 求 $(\boldsymbol{A}(t))^2$ 的导数。**正确的导数不是 $2\boldsymbol{A}(t)\dfrac{\mathrm{d}\boldsymbol{A}}{\mathrm{d}t}$。**
   必须计算 $(\boldsymbol{A}+\Delta\boldsymbol{A})^2$，再减去 $\boldsymbol{A}^2$，除以 Δt，然后令 Δt 趋于 0。
9. 当

$$\boldsymbol{A}(t)=\begin{bmatrix}1&t^2\\0&1\end{bmatrix},\qquad \boldsymbol{A}^{-1}(t)=\begin{bmatrix}1&-t^2\\0&1\end{bmatrix}$$

   时，对 $\boldsymbol{A}^{-1}(t)$ 的导数验证式 (12)。
10. 设已知 $b_1,b_2,\cdots,b_{999}$ 的平均值 $\widehat{x}_{\text{old}}$。当到 b_{1000} 时，检查新的平均值是 $\widehat{x}_{\text{old}}$ 和错配 $b_{1000}-\widehat{x}_{\text{old}}$ 的组合：

$$\widehat{\boldsymbol{x}}_{\text{new}}=\frac{b_1+\cdots+b_{1000}}{1000}=\frac{b_1+\cdots+b_{999}}{999}+\frac{1}{1000}\left(b_{1000}-\frac{b_1+\cdots+b_{999}}{999}\right)$$

   这是一个卡尔曼滤波器$\widehat{x}_{\text{new}}=\widehat{x}_{\text{old}}+\dfrac{1}{1000}(b_{1000}-\widehat{x}_{\text{old}})$，其中增益矩阵为 $\dfrac{1}{1000}$。
11. 卡尔曼滤波器还包含状态方程 $x_{k+1}=Fx_k$，其自身误差方差为 s^2。动态最小二乘问题允许 $\boldsymbol{x}$ 随着 k 的增加而“漂移”：

$$\begin{bmatrix}1&\\-F&1\\&1\end{bmatrix}\begin{bmatrix}x_0\\x_1\end{bmatrix}=\begin{bmatrix}b_0\\0\\b_1\end{bmatrix},\ \text{其方差为}\begin{bmatrix}\sigma^2\\s^2\\\sigma^2\end{bmatrix}$$

   当 $F=1$ 时，三个方程的两边分别除以 σ、s 和 σ。用最小二乘法求出 $\widehat{x_0}$，$\widehat{x_1}$，它给最近的 b_1 更多的权重。

Bill Hager的论文 *Updating the Inverse of a Matrix*, SIAM Review **31** (1989) 对本节很有帮助。

3.2 交错特征值与低秩信号

由 3.1 节可见，$\boldsymbol{A}$ 发生变化会引起的 $\boldsymbol{A}^{-1}$ 的变化。可以允许无穷小的变化 $\mathrm{d}\boldsymbol{A}$，也可以允许有限的变化 $\Delta\boldsymbol{A}=-\boldsymbol{U}\boldsymbol{V}^{\mathrm{T}}$。所得到的结果是逆矩阵的无穷小或有限的变化：

$$\frac{\mathrm{d}\boldsymbol{A}^{-1}}{\mathrm{d}t}=-\boldsymbol{A}^{-1}\frac{\mathrm{d}\boldsymbol{A}}{\mathrm{d}t}\boldsymbol{A}^{-1},\qquad \Delta\boldsymbol{A}^{-1}=\boldsymbol{A}^{-1}\boldsymbol{U}(\boldsymbol{I}-\boldsymbol{V}^{\mathrm{T}}\boldsymbol{A}^{-1}\boldsymbol{U})^{-1}\boldsymbol{V}^{\mathrm{T}}\boldsymbol{A}^{-1} \tag{1}$$

本节对 $\boldsymbol{A}$ 的特征值和奇异值提出同样的问题。

当矩阵 $\boldsymbol{A}$ 发生变化时，每个 $\boldsymbol{\lambda}$ 与每个 $\boldsymbol{\sigma}$ 是如何变化的？

将会看到 $\mathbf{d}\boldsymbol{\lambda}/\mathbf{d}\boldsymbol{t}$ 和 $\mathbf{d}\boldsymbol{\sigma}/\mathbf{d}\boldsymbol{t}$ 的优美公式。特征值和奇异值都不是线性的。因为求导是一个线性算子，微积分对无穷小变化 $\mathrm{d}\lambda$ 和 $\mathrm{d}\sigma$ 是成功的，但是不能指望知道跳到 $\lambda(\boldsymbol{A}+\Delta\boldsymbol{A})$ 或 $\sigma(\boldsymbol{A}+\Delta\boldsymbol{A})$ 时的精确值，特征值比逆矩阵更为复杂。

不过还是有好消息，能取得理想的结果。下面是对对称矩阵 $\boldsymbol{S}$ 的尝试。假设 $\boldsymbol{S}$ 变为 $\boldsymbol{S}+\boldsymbol{u}\boldsymbol{u}^{\mathrm{T}}$（秩为 1 的“正”的变化）。其特征值从 $\lambda_1\geqslant\lambda_2\geqslant\cdots$ 变为 $z_1\geqslant z_2\geqslant\cdots$。因为 $\boldsymbol{u}\boldsymbol{u}^{\mathrm{T}}$ 是半正定的，期待特征值会增加，但是增加幅度是多大？

> **$\boldsymbol{S}+\boldsymbol{u}\boldsymbol{u}^{\mathrm{T}}$ 的每个特征值 z_i 不小于 $\boldsymbol{\lambda}_i$ 或不大于 $\boldsymbol{\lambda}_{i-1}$。因此 $\boldsymbol{\lambda}$ 和 z 是“交错的”。每个 $z_2,z_3,\cdots,z_n$ 在两个 $\boldsymbol{\lambda}$ 之间：**
>
> $$z_1\geqslant\boldsymbol{\lambda}_1\geqslant z_2\geqslant\boldsymbol{\lambda}_2\geqslant\cdots\geqslant z_n\geqslant\boldsymbol{\lambda}_n \tag{2}$$

即使没有 $\Delta\lambda$ 的公式，也有特征值变化的上界。这里需要注意，因为它可能被误解。假设矩阵的变化 $\boldsymbol{u}\boldsymbol{u}^{\mathrm{T}}$ 是 $C\boldsymbol{q}_2\boldsymbol{q}_2^{\mathrm{T}}$（其中 $\boldsymbol{q}_2$ 是 $\boldsymbol{S}$ 是第二个单位特征向量），则由 $\boldsymbol{S}\boldsymbol{q}_2=\lambda_2\boldsymbol{q}_2$，将看到该特征值跳跃到 λ_2+C，因为 $(\boldsymbol{S}+C\boldsymbol{q}_2\boldsymbol{q}_2^{\mathrm{T}})\boldsymbol{q}_2=(\lambda_2+C)\boldsymbol{q}_2$。如果 C 很大，跳跃也很大。那么 $\boldsymbol{S}+\boldsymbol{u}\boldsymbol{u}^{\mathrm{T}}$ 的第二特征值怎么可能有 $z_2=\lambda_2+C\leqslant\lambda_1$？

答案：若 C 是一个很大的数，则 λ_2+C 不会是 $\boldsymbol{S}+\boldsymbol{u}\boldsymbol{u}^{\mathrm{T}}$ 的第二特征值。它变成了 z_1，即新矩阵 $\boldsymbol{S}+C\boldsymbol{q}_2\boldsymbol{q}_2^{\mathrm{T}}$ **的最大特征值**（而它的特征向量是 $\boldsymbol{q}_2$）。$\boldsymbol{S}$ 的原来那个最大特征值 λ_1 现在是新矩阵的第二特征值 z_2。因此式 (2) 所表述的 $z_2\leqslant\lambda_1\leqslant z_1$ 是完全正确的说法。（在这个例子中）$z_2=\lambda_1$ 在 $z_1=\lambda_2+C$ 之下。

将这种交错与以下结论联系起来：在 $\lambda_1=\lambda_{\max}$ 与 $\lambda_n=\lambda_{\min}$ 之间的特征向量都是**比值 $\boldsymbol{R}(\boldsymbol{x})=\boldsymbol{x}^{\mathrm{T}}\boldsymbol{S}\boldsymbol{x}/\boldsymbol{x}^{\mathrm{T}}\boldsymbol{x}$ 的鞍点**。

特征值的导数

有一个随时间 t 变化的矩阵 $\boldsymbol{A}(t)$，因此其特征值 $\lambda(t)$ 也是变化的。假设$\boldsymbol{A}(0)$ 的每个特征值不重复，当 $\lambda(0)$ 改变为 $\boldsymbol{A}(t)$ 的特征值 $\lambda(t)$ 时，$\boldsymbol{A}(0)$ 的每个特征值 $\lambda(0)$ 至少可以安全地跟随一段短时间 t。**它的导数 $\mathbf{d}\boldsymbol{\lambda}/\mathbf{d}\boldsymbol{t}$ 是什么？**

得到 $\mathrm{d}\lambda/\mathrm{d}t$ 的关键是将已知的结论组合在一起。第一个是 $\boldsymbol{A}(t)\boldsymbol{x}(t)=\lambda(t)\boldsymbol{x}(t)$。第二个结论是转置矩阵 $\boldsymbol{A}^{\mathrm{T}}(t)$ 也有特征值 $\lambda(t)$，这是因为 $\det(\boldsymbol{A}^{\mathrm{T}}-\lambda\boldsymbol{I})=\det(\boldsymbol{A}-\lambda\boldsymbol{I})$。或许 $\boldsymbol{A}^{\mathrm{T}}$ 有

一个不同的特征向量 $\boldsymbol{y}(t)$。当 $\boldsymbol{x}$ 是 $\boldsymbol{A}$ 的特征向量矩阵 $\boldsymbol{X}$ 的第 k 列时，$\boldsymbol{y}$ 是 $\boldsymbol{A}^{\mathrm{T}}$ 的特征向量矩阵 $(\boldsymbol{X}^{-1})^{\mathrm{T}}$ 的第 k 列（$\boldsymbol{A}=\boldsymbol{X}^{-1}\boldsymbol{\Lambda}\boldsymbol{X}$ 导致 $\boldsymbol{A}^{\mathrm{T}}=\boldsymbol{X}^{\mathrm{T}}\boldsymbol{\Lambda}(\boldsymbol{X}^{-1})^{\mathrm{T}}$）。$\boldsymbol{x}$ 和 $\boldsymbol{y}$ 的长度单位化为 $\boldsymbol{X}^{-1}\boldsymbol{X}=\boldsymbol{I}$，这就要求对所有的 t 都有 $\boldsymbol{y}^{\mathrm{T}}(t)\boldsymbol{x}(t)=\mathbf{1}$。

这些结论和对 $\mathrm{d}\lambda/\mathrm{d}t$ 要求的公式如下：

$$\text{结论}\quad \boldsymbol{A}(t)\,\boldsymbol{x}(t)=\boldsymbol{\lambda}(t)\,\boldsymbol{x}(t),\qquad \boldsymbol{y}^{\mathrm{T}}(t)\boldsymbol{A}(t)=\boldsymbol{\lambda}(t)\boldsymbol{y}^{\mathrm{T}}(t),\qquad \boldsymbol{y}^{\mathrm{T}}(t)\,\boldsymbol{x}(t)=\mathbf{1} \tag{3}$$

$$\text{公式}\quad \boldsymbol{\lambda}(t)=\boldsymbol{y}^{\mathrm{T}}(t)\boldsymbol{A}(t)\,\boldsymbol{x}(t),\qquad \frac{\mathrm{d}\boldsymbol{\lambda}}{\mathrm{d}\boldsymbol{t}}=\boldsymbol{y}^{\mathrm{T}}(t)\frac{\mathrm{d}\boldsymbol{A}}{\mathrm{d}\boldsymbol{t}}\,\boldsymbol{x}(t) \tag{4}$$

为了得到 $\lambda=\boldsymbol{y}^{\mathrm{T}}A\boldsymbol{x}$，只要用 $\boldsymbol{y}^{\mathrm{T}}$ 乘以第一个结论 $\boldsymbol{A}\boldsymbol{x}=\lambda\boldsymbol{x}$，并且应用 $\boldsymbol{y}^{\mathrm{T}}\boldsymbol{x}=1$。或者用 $\boldsymbol{x}$ 右乘第二个结论 $\boldsymbol{y}^{\mathrm{T}}\boldsymbol{A}=\lambda\boldsymbol{y}^{\mathrm{T}}$。

现在求 $\boldsymbol{\lambda}=\boldsymbol{y}^{\mathrm{T}}\boldsymbol{A}\,\boldsymbol{x}$ 的导数。乘积规则得到了 $\mathrm{d}\lambda/\mathrm{d}t$ 的三个项：

$$\boxed{\frac{\mathrm{d}\lambda}{\mathrm{d}t}}=\frac{\mathrm{d}\boldsymbol{y}^{\mathrm{T}}}{\mathrm{d}t}\boldsymbol{A}\,\boldsymbol{x}+\boxed{\boldsymbol{y}^{\mathrm{T}}\frac{\mathrm{d}\boldsymbol{A}}{\mathrm{d}\boldsymbol{t}}\,\boldsymbol{x}}+\boldsymbol{y}^{\mathrm{T}}\boldsymbol{A}\,\frac{\mathrm{d}\boldsymbol{x}}{\mathrm{d}t} \tag{5}$$

中间那一项是正确的导数 $\mathrm{d}\lambda/\mathrm{d}t$。第一项与第三项相加得到零：

$$\frac{\mathrm{d}\boldsymbol{y}^{\mathrm{T}}}{\mathrm{d}t}\boldsymbol{A}\,\boldsymbol{x}+\boldsymbol{y}^{\mathrm{T}}\boldsymbol{A}\,\frac{\mathrm{d}\boldsymbol{x}}{\mathrm{d}t}=\lambda\left(\frac{\mathrm{d}\boldsymbol{y}^{\mathrm{T}}}{\mathrm{d}t}\,\boldsymbol{x}+\boldsymbol{y}^{\mathrm{T}}\,\frac{\mathrm{d}\boldsymbol{x}}{\mathrm{d}t}\right)=\lambda\,\frac{\mathrm{d}}{\mathrm{d}t}\,(\boldsymbol{y}^{\mathrm{T}}\boldsymbol{x})=\lambda\,\frac{\mathrm{d}}{\mathrm{d}t}(1)=\mathbf{0} \tag{6}$$

也有 $\mathrm{d}^2\lambda/\mathrm{d}t^2$ 和 $\mathrm{d}\boldsymbol{x}/\mathrm{d}t$ 的公式（但它们更复杂）。

例　$\boldsymbol{A}=\begin{bmatrix}2t & 1\\ 2t & 2\end{bmatrix}$ 有 $\lambda^2-2(1+t)\lambda+2t=0$，$\boldsymbol{\lambda}=\mathbf{1}+\boldsymbol{t}\pm\sqrt{\mathbf{1}+\boldsymbol{t}^{\mathbf{2}}}$。

对 $t=0$，$\lambda_1=\mathbf{2}$，$\lambda_2=\mathbf{0}$，λ_1 和 λ_2 的导数为 $1\pm t(1+t^2)^{-1/2}=\mathbf{1}$。

在 $t=0$ 时，对应于 $\lambda_1=2$ 的特征向量是 $\boldsymbol{y}_1^{\mathrm{T}}=\begin{bmatrix}0 & 1\end{bmatrix}$，$\boldsymbol{x}_1=\begin{bmatrix}1/2\\ 1\end{bmatrix}$。

在 $t=0$ 时，对应于 $\lambda_2=0$ 的特征向量是 $\boldsymbol{y}_2^{\mathrm{T}}=\begin{bmatrix}1 & -\frac{1}{2}\end{bmatrix}$，$\boldsymbol{x}_2=\begin{bmatrix}1\\ 0\end{bmatrix}$。

现在式 (5) 证实了 $\dfrac{\mathrm{d}\boldsymbol{\lambda}_{\mathbf{1}}}{\mathrm{d}\boldsymbol{t}}=\boldsymbol{y}_1^{\mathrm{T}}\dfrac{\mathrm{d}\boldsymbol{A}}{\mathrm{d}\boldsymbol{t}}\boldsymbol{x}_1=\begin{bmatrix}\mathbf{0} & \mathbf{1}\end{bmatrix}\begin{bmatrix}\mathbf{2} & \mathbf{0}\\ \mathbf{2} & \mathbf{0}\end{bmatrix}\begin{bmatrix}\mathbf{1/2}\\ \mathbf{1}\end{bmatrix}=\mathbf{1}$。

奇异值的导数

由 $\boldsymbol{A}\boldsymbol{v}=\sigma\boldsymbol{u}$ 得到 $\mathrm{d}\sigma/\mathrm{d}t$（非重复 $\sigma(t)$ 的导数）的类似公式：

$$\boldsymbol{U}^{\mathrm{T}}\boldsymbol{A}\boldsymbol{V}=\boldsymbol{\Sigma},\qquad \boldsymbol{u}^{\mathrm{T}}(t)\,\boldsymbol{A}(t)\,\boldsymbol{v}(t)=\boldsymbol{u}^{\mathrm{T}}(t)\,\sigma(t)\,\boldsymbol{u}(t)=\sigma(t) \tag{7}$$

等式左边的导数有来自乘积规则的三个项，就如式 (5)。第一项与第三项是零，因为 $\boldsymbol{A}\boldsymbol{v}=\sigma\boldsymbol{u}$，$\boldsymbol{A}^{\mathrm{T}}\boldsymbol{u}=\sigma\boldsymbol{v}$，$\boldsymbol{u}^{\mathrm{T}}\boldsymbol{u}=\boldsymbol{v}^{\mathrm{T}}\boldsymbol{v}=1$。$\boldsymbol{u}^{\mathrm{T}}\boldsymbol{u}$ 和 $\boldsymbol{v}^{\mathrm{T}}\boldsymbol{v}$ 的导数为零，因此

$$\frac{\mathrm{d}\boldsymbol{u}^{\mathrm{T}}}{\mathrm{d}t} A(t)\,\boldsymbol{v}(t) = \sigma(t)\,\frac{\mathrm{d}\boldsymbol{u}^{\mathrm{T}}}{\mathrm{d}t}\,\boldsymbol{u}(t) = \mathbf{0}, \qquad \boldsymbol{u}^{\mathrm{T}}(t)\,\boldsymbol{A}(t)\frac{\mathrm{d}\boldsymbol{v}}{\mathrm{d}t} = \sigma(t)\,\boldsymbol{v}^{\mathrm{T}}(t)\,\frac{\mathrm{d}\boldsymbol{v}}{\mathrm{d}t} = \mathbf{0} \tag{8}$$

由 $\boldsymbol{u}^{\mathrm{T}}\boldsymbol{A}\boldsymbol{v}$ 的乘积规则的第二项得到 $\mathrm{d}\sigma/\mathrm{d}t$ 的公式：

奇异值的导数

$$\boxed{\boldsymbol{u}^{\mathrm{T}}(t)\,\frac{\mathbf{d}\boldsymbol{A}}{\mathbf{d}\boldsymbol{t}}\,\boldsymbol{v}(t) = \frac{\mathbf{d}\boldsymbol{\sigma}}{\mathbf{d}\boldsymbol{t}}} \tag{9}$$

当 $\boldsymbol{A}(t)$ 是对称正定时，在式 (4) 和式 (9) 中有 $\boldsymbol{\sigma}(t) = \boldsymbol{\lambda}(t)$，$\boldsymbol{u} = \boldsymbol{v} = \boldsymbol{y} = \boldsymbol{x}$。

注解：求解特征向量的一阶导数和特征值的二阶导数不太容易。$\boldsymbol{S}$ 和 $\boldsymbol{S}+\boldsymbol{T}$ 的单位特征向量之间的夹角 θ 的 Davis-Kahan 界是 $\sin\theta \leqslant \|\boldsymbol{T}\|/d$（$d$ 是从 $\boldsymbol{S}+\boldsymbol{T}$ 的特征值到 $\boldsymbol{S}$ 的所有其他特征值的最小距离）。采用 $\boldsymbol{S}$ 和 $\boldsymbol{T}$ 结构的更紧的界对于随机梯度下降是十分有价值的（Eldridge，Belkin 和 Wang）。

[1] Davis C, Kahan W M. Some new bounds on perturbation of subspaces[J]. Bull. Amer. Math. Soc, 1969, **75**: 863-868.

[2] Eldridge J, Belkin M, Wang Y. Unperturbed: Spectral analysis beyond Davis-Kahan[J]. arXiv: 1706.06516v1, 2017.

交错的图形解释

美国密歇根大学的 Rao Nadakuditi 教授在访问麻省理工学院期间，向 18.065 班的学生解释了这个理论及其应用。*IEEE Transactions on Information Theory* **60** (May 2014) 3002-3018 描述了他用于寻找低秩信号的 **OptShrink** 软件。

当一个低秩矩阵 $\theta\boldsymbol{u}\boldsymbol{u}^{\mathrm{T}}$ 被加到一个满秩的对称矩阵 $\boldsymbol{S}$ 时，**$\boldsymbol{\lambda}$ 的变化是什么？**将 $\boldsymbol{S}$ 视为噪声，而 $\theta\boldsymbol{u}\boldsymbol{u}^{\mathrm{T}}$ 视为秩为 1 的信号。$\boldsymbol{S}$ 的特征值是如何被加入的这个信号所影响的？

$\boldsymbol{S}$ 所有的特征值会因加入 $\theta\boldsymbol{u}\boldsymbol{u}^{\mathrm{T}}$ 发生变化，而不仅是其中的一个或两个。但是，只有一两个的变化阶数是 θ，这使得它们容易被发现。若向量代表视频，且 $\theta\boldsymbol{u}\boldsymbol{u}^{\mathrm{T}}$ 代表拍摄时一个灯光的开关（一个秩为 1 的信号），则可以看到对 λ 的影响。

从新矩阵 $\boldsymbol{S}+\theta\boldsymbol{u}\boldsymbol{u}^{\mathrm{T}}$ 的特征值 z 及其对应的 $\boldsymbol{v}$ 开始：

$$(\boldsymbol{S}+\theta\boldsymbol{u}\boldsymbol{u}^{\mathrm{T}})\boldsymbol{v} = z\boldsymbol{v} \tag{10}$$

将方程重新写为

$$(z\boldsymbol{I}-\boldsymbol{S})\boldsymbol{v} = \theta\boldsymbol{u}(\boldsymbol{u}^{\mathrm{T}}\boldsymbol{v}) \quad \text{或} \quad \boldsymbol{v} = (z\boldsymbol{I}-\boldsymbol{S})^{-1}\theta\boldsymbol{u}(\boldsymbol{u}^{\mathrm{T}}\boldsymbol{v}) \tag{11}$$

用 $\boldsymbol{u}^{\mathrm{T}}$ 相乘，约去共同因子 $\boldsymbol{u}^{\mathrm{T}}\boldsymbol{v}$，这样就消去了 $\boldsymbol{v}$。然后用 θ 来除，这就将这个新的特征值 z 和对称矩阵 $\boldsymbol{S}$ 中的变化 $\theta\boldsymbol{u}\boldsymbol{u}^{\mathrm{T}}$ 联系起来。

$$\boxed{\frac{1}{\theta} = \boldsymbol{u}^{\mathrm{T}}(z\boldsymbol{I}-\boldsymbol{S})^{-1}\boldsymbol{u}} \tag{12}$$

为了理解这个方程，应用 $\boldsymbol{S}$ 的特征值和特征向量。若 $\boldsymbol{S}\boldsymbol{q}_k = \lambda_k\boldsymbol{q}_k$，则 $(z\boldsymbol{I}-\boldsymbol{S})\boldsymbol{q}_k = (z-\lambda_k)\boldsymbol{q}_k$，$(z\boldsymbol{I}-\boldsymbol{S})^{-1}\boldsymbol{q}_k = \boldsymbol{q}_k/(z-\lambda_k)$：

$$\boldsymbol{u} = \sum c_k\boldsymbol{q}_k \quad \text{导致} \quad (z\boldsymbol{I}-\boldsymbol{S})^{-1}\boldsymbol{u} = \sum c_k(z\boldsymbol{I}-\boldsymbol{S})^{-1}\boldsymbol{q}_k = \sum \frac{c_k\boldsymbol{q}_k}{z-\lambda_k} \tag{13}$$

最后，式 (12) 用 $\boldsymbol{u}^{\mathrm{T}}=\sum c_k\boldsymbol{q}_k^{\mathrm{T}}$ 乘以 $(z\boldsymbol{I}-\boldsymbol{S})^{-1}\boldsymbol{u}$，**其结果是 $1/\boldsymbol{\theta}$**。

$\boldsymbol{q}$ 是单位正交向量：

特征方程

$$\boxed{\frac{1}{\boldsymbol{\theta}}=\boldsymbol{u}^{\mathrm{T}}(z\boldsymbol{I}-\boldsymbol{S})^{-1}\boldsymbol{u}=\sum_{k=1}^{n}\frac{c_k^2}{z-\boldsymbol{\lambda}_k}} \tag{14}$$

能够将等式的左边与右边用图画出。左边项是常数，右边项则在 $\boldsymbol{S}$ 的每个特征值 $z=\lambda_k$ 处发散。两边在 n 个点 $z_1,z_2,\cdots,z_n$ 相等，那里水平线 $1/\theta$ 与陡的曲线相交。**这些 z 是 $\boldsymbol{S}+\boldsymbol{\theta}\boldsymbol{u}\boldsymbol{u}^{\mathrm{T}}$ 的 n 个特征值。图 3.1 显示出每个 z_i 满足 $\boldsymbol{\lambda}_i\leqslant z_i\leqslant\boldsymbol{\lambda}_{i-1}$，即是交错的。**

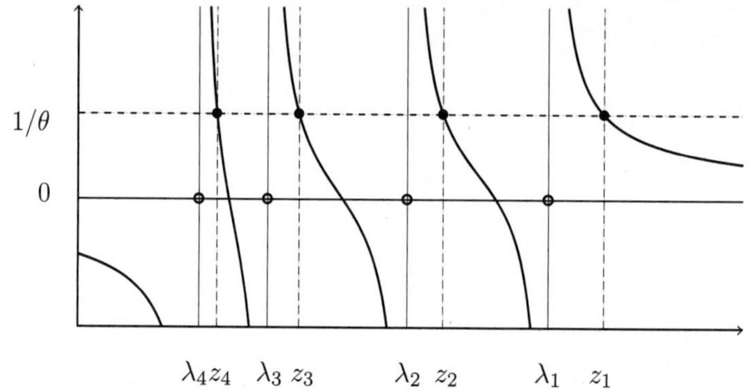

图 3.1 $S+\theta uu^{\mathrm{T}}$ 的特征值 z_i，其中直线 $\frac{1}{\theta}$ 与式 (14) 中的曲线相交

那个最大特征值 z_1 最有可能高于 λ_1。当 θ 增加时，z 也增加，这是因为 $1/\theta$ 这条线往下移动。

当然，z 依赖于信号中的向量 $\boldsymbol{u}$（以及 θ）。若 $\boldsymbol{u}$ 正好也是 $\boldsymbol{S}$ 的特征向量，则它的特征值 λ_k 会恰好增加 θ，所有其他的特征值保持不变。更有可能的是每个特征值 λ_k 朝着 z_k 向上稍微移动。**这个图表达的要点是 z_k 不会比 $\boldsymbol{\lambda}_{k-1}$ 更大。**

Nadakuditi R R. When are the most informative components for inference also the principal components?[J]. arXiv: 1302.1232, 2013.

$S+T$ 的最大特征值

对称矩阵 $\boldsymbol{S}$ 的最大特征值是 $\boldsymbol{x}^{\mathrm{T}}\boldsymbol{S}\boldsymbol{x}/\boldsymbol{x}^{\mathrm{T}}\boldsymbol{x}$ 的最大值，这个说法也适用于 $\boldsymbol{T}$（仍然对称）。可以得到 $\boldsymbol{S}+\boldsymbol{T}$ 的最大特征值。

$$\boxed{\boldsymbol{\lambda}_{\max}(\boldsymbol{S}+\boldsymbol{T})\leqslant\boldsymbol{\lambda}_{\max}(\boldsymbol{S})+\boldsymbol{\lambda}_{\max}(\boldsymbol{T})} \tag{15}$$

左边这个值就是 $\dfrac{\boldsymbol{x}^{\mathrm{T}}(\boldsymbol{S}+\boldsymbol{T})\boldsymbol{x}}{\boldsymbol{x}^{\mathrm{T}}\boldsymbol{x}}$ 的最大值，这个最大值在 $\boldsymbol{S}+\boldsymbol{T}$ 的一个特征向量处达到：

$$\boldsymbol{\lambda}_{\boldsymbol{S}+\boldsymbol{T}}=\frac{\boldsymbol{v}^{\mathrm{T}}(\boldsymbol{S}+\boldsymbol{T})\boldsymbol{v}}{\boldsymbol{v}^{\mathrm{T}}\boldsymbol{v}}=\frac{\boldsymbol{v}^{\mathrm{T}}\boldsymbol{S}\boldsymbol{v}}{\boldsymbol{v}^{\mathrm{T}}\boldsymbol{v}}+\frac{\boldsymbol{v}^{\mathrm{T}}\boldsymbol{T}\boldsymbol{v}}{\boldsymbol{v}^{\mathrm{T}}\boldsymbol{v}}\leqslant\max\frac{\boldsymbol{x}^{\mathrm{T}}\boldsymbol{S}\boldsymbol{x}}{\boldsymbol{x}^{\mathrm{T}}\boldsymbol{x}}+\max\frac{\boldsymbol{x}^{\mathrm{T}}\boldsymbol{T}\boldsymbol{x}}{\boldsymbol{x}^{\mathrm{T}}\boldsymbol{x}}=\boldsymbol{\lambda}_{\boldsymbol{S}}+\boldsymbol{\lambda}_{\boldsymbol{T}}$$

$\boldsymbol{S}+\boldsymbol{T}$ 的特征向量 $\boldsymbol{v}$ 最大化第一个比值，但是它不一定能最大化后面的两个。因此，$\lambda_S+\lambda_T$ 的增加只能超过 λ_{S+T}。

这表明最大值原理是方便的。对最小特征值的最小值原理同样成立，期望 $\lambda_{\min}(\boldsymbol{S}+\boldsymbol{T})\geqslant\lambda_{\min}(\boldsymbol{S})+\lambda_{\min}(\boldsymbol{T})$。可以用同样的推理方式来证明这一点：对 $\boldsymbol{S}$ 和 $\boldsymbol{T}$ 分别用最小值原理会带来低于 $\lambda_{\min}(\boldsymbol{S}+\boldsymbol{T})$ 的值。或者，可以将最大值原理应用到 $-\boldsymbol{S}$ 和 $-\boldsymbol{T}$。

困难是来自 λ_2 和 λ_{n-1} 之间的特征值，它们对应的特征向量是函数 $\boldsymbol{R}(\boldsymbol{x})=\boldsymbol{x}^{\mathrm{T}}\boldsymbol{S}\boldsymbol{x}/\boldsymbol{x}^{\mathrm{T}}\boldsymbol{x}$ 的**鞍点**。$\boldsymbol{R}(\boldsymbol{x})$ 的导数在特征向量 $\boldsymbol{q}_2,\cdots,\boldsymbol{q}_{n-1}$ 处都是零，但是，$\boldsymbol{R}$ 的二阶导数矩阵在这些鞍点处是不定的（有正特征值和负特征值）。这使得特征值既不容易被估计，也不容易被计算。

现在关注鞍点，其中一个原因是它们可能出现在深度学习的算法中。在特征值的基本问题中，需要一些与它们打交道的经验。当存在约束条件时，鞍点也会出现。如果有可能，希望将它们与最小值中的最大值，或最大值中的最小值联系起来。

这些想法为 $\boldsymbol{S}+\boldsymbol{T}$ 的每个特征值提供了最佳可能范围：

$$\textbf{Weyl 上界}\qquad \boldsymbol{\lambda}_{i+j-1}(\boldsymbol{S}+\boldsymbol{T})\leqslant\boldsymbol{\lambda}_i(\boldsymbol{S})+\boldsymbol{\lambda}_j(\boldsymbol{T}) \tag{16}$$

来自拉格朗日乘子的鞍点

与鞍点相比，计算 $F(\boldsymbol{x})$ 的最大值或最小值相对容易。当有一个近似解 $\widehat{\boldsymbol{x}}$ 时，$F(\widehat{\boldsymbol{x}})$ 不低于 F 的最小值且不超过最大值（根据定义）。但不知道 $F(\widehat{\boldsymbol{x}})$ 是否高于或低于鞍点值。类似地，F 的二阶导数矩阵 $H(\boldsymbol{x})$ 在最小值点处为正定（或半正定）的，在最大值点处为负定的。

在鞍点处的二阶导数矩阵 $\boldsymbol{H}$ 是对称但不定的

$\boldsymbol{H}$ 同时具有正和负的特征值，这使鞍点变得更加困难。共轭梯度法通常无法找到 $\boldsymbol{x}^{\mathrm{T}}\boldsymbol{H}\boldsymbol{x}$ 的鞍点。

拉格朗日乘子能处理许多鞍点问题。从最小化正定能量 $\frac{1}{2}\boldsymbol{x}^{\mathrm{T}}\boldsymbol{S}\boldsymbol{x}$ 开始，但解需满足 m 个约束条件 $\boldsymbol{A}\boldsymbol{x}=\boldsymbol{b}$。用新的未知数 $\lambda_1,\lambda_2,\cdots,\lambda_m$（拉格朗日乘子）乘以这些约束，并且将它们内置在拉格朗日函数中：

$$\textbf{拉格朗日函数}\qquad \boldsymbol{L}(\boldsymbol{x},\boldsymbol{\lambda})=\frac{1}{2}\boldsymbol{x}^{\mathrm{T}}\boldsymbol{S}\boldsymbol{x}+\boldsymbol{\lambda}^{\mathrm{T}}(\boldsymbol{A}\boldsymbol{x}-\boldsymbol{b})$$

$m+n$ 个方程 $\partial\boldsymbol{L}/\partial\boldsymbol{x}=\mathbf{0}$，$\partial L/\partial\boldsymbol{\lambda}=\mathbf{0}$ 产生了一个不定的块矩阵：

$$\begin{bmatrix}\partial\boldsymbol{L}/\partial\boldsymbol{x}\\ \partial\boldsymbol{L}/\partial\boldsymbol{\lambda}\end{bmatrix}=\begin{bmatrix}\boldsymbol{S}\boldsymbol{x}+\boldsymbol{A}^{\mathrm{T}}\boldsymbol{\lambda}\\ \boldsymbol{A}\boldsymbol{x}-\boldsymbol{b}\end{bmatrix},\qquad \boldsymbol{H}\begin{bmatrix}\boldsymbol{x}\\ \boldsymbol{\lambda}\end{bmatrix}=\begin{bmatrix}\boldsymbol{S}&\boldsymbol{A}^{\mathrm{T}}\\ \boldsymbol{A}&\mathbf{0}\end{bmatrix}\begin{bmatrix}\boldsymbol{x}\\ \boldsymbol{\lambda}\end{bmatrix}=\begin{bmatrix}\mathbf{0}\\ \boldsymbol{b}\end{bmatrix} \tag{17}$$

一个小例子是 $\boldsymbol{H}=\begin{bmatrix}1&1\\1&0\end{bmatrix}$，行列式为 -1，其特征值异号。习题集确认了式 (17) 中的 **“KKT 矩阵”**是不定的。解 $(\boldsymbol{x},\boldsymbol{\lambda})$ 是拉格朗日函数 L 的一个鞍点。

来自 Rayleigh 商的鞍点

Rayleigh 商 $\boldsymbol{R}(\boldsymbol{x})=\boldsymbol{x}^{\mathrm{T}}\boldsymbol{S}\boldsymbol{x}/\boldsymbol{x}^{\mathrm{T}}\boldsymbol{x}$ 的最大值和最小值分别是 λ_1 和 λ_n：

$$\text{最大值}\quad \frac{\boldsymbol{q}_1^{\mathrm{T}}\boldsymbol{S}\boldsymbol{q}_1}{\boldsymbol{q}_1^{\mathrm{T}}\boldsymbol{q}_1}=\boldsymbol{q}_1^{\mathrm{T}}\lambda_1\boldsymbol{q}_1=\boldsymbol{\lambda_1},\qquad \text{最小值}\quad \frac{\boldsymbol{q}_n^{\mathrm{T}}\boldsymbol{S}\boldsymbol{q}_n}{\boldsymbol{q}_n^{\mathrm{T}}\boldsymbol{q}_n}=\boldsymbol{q}_n^{\mathrm{T}}\lambda_n\boldsymbol{q}_n=\boldsymbol{\lambda_n}$$

我们的问题是关于鞍点的——商 $R(\boldsymbol{x})$ 的所有导数均为零的其他点。确认**这些鞍点发生在 $\boldsymbol{S}$ 的其他特征向量 $\boldsymbol{q}_2,\cdots,\boldsymbol{q}_{n-1}$。目标是将 $\boldsymbol{\lambda}_2,\cdots,\boldsymbol{\lambda}_{n-1}$ 视为极小值中的极大值**。这个极大 -极小的洞察力是交错的关键所在。

注意：向量 $\boldsymbol{x}$、$2\boldsymbol{x}$ 和 $c\boldsymbol{x}$ $(c\neq 0)$ 都产生相同的商 $\boldsymbol{R}$:

$$\boldsymbol{R}(2\boldsymbol{x})=\frac{(2\boldsymbol{x})^{\mathrm{T}}\boldsymbol{S}(2\boldsymbol{x})}{(2\boldsymbol{x})^{\mathrm{T}}(2\boldsymbol{x})}=\frac{4\boldsymbol{x}^{\mathrm{T}}\boldsymbol{S}\boldsymbol{x}}{4\boldsymbol{x}^{\mathrm{T}}\boldsymbol{x}}=\frac{\boldsymbol{x}^{\mathrm{T}}\boldsymbol{S}\boldsymbol{x}}{\boldsymbol{x}^{\mathrm{T}}\boldsymbol{x}}=\boldsymbol{R}(\boldsymbol{x})$$

因此，仅需考虑满足 $\boldsymbol{x}^{\mathrm{T}}\boldsymbol{x}=1$ 的单位向量，这可以变成一个约束：

$$\max\frac{\boldsymbol{x}^{\mathrm{T}}\boldsymbol{S}\boldsymbol{x}}{\boldsymbol{x}^{\mathrm{T}}\boldsymbol{x}}\quad\text{等同于}\quad \max\boldsymbol{x}^{\mathrm{T}}\boldsymbol{S}\boldsymbol{x}\text{，其中 }\boldsymbol{x}^{\mathrm{T}}\boldsymbol{x}=\mathbf{1}\tag{18}$$

约束 $\boldsymbol{x}^{\mathrm{T}}\boldsymbol{x}=1$ 可以用一个拉格朗日乘子来处理。

$$\text{拉格朗日函数}\qquad \boldsymbol{L}(\boldsymbol{x},\lambda)=\boldsymbol{x}^{\mathrm{T}}\boldsymbol{S}\boldsymbol{x}-\lambda(\boldsymbol{x}^{\mathrm{T}}\boldsymbol{x}-1)\tag{19}$$

极大-极小-鞍点会有 $\partial\boldsymbol{L}/\partial\boldsymbol{x}=0$，$\partial\boldsymbol{L}/\partial\lambda=0$（就如在 1.9 节）:

$$\frac{\partial\boldsymbol{L}}{\partial\boldsymbol{x}}=2\boldsymbol{S}\boldsymbol{x}-2\lambda\boldsymbol{x}=\mathbf{0},\qquad \frac{\partial\boldsymbol{L}}{\partial\lambda}=1-\boldsymbol{x}^{\mathrm{T}}\boldsymbol{x}=0\tag{20}$$

即单位向量 $\boldsymbol{x}$ 是一个特征向量 $\boldsymbol{S}\boldsymbol{x}=\lambda\boldsymbol{x}$。

例　假设 $\boldsymbol{S}$ 是一个对角矩阵，其对角元素为 **5**、**3**、**1**。将 $\boldsymbol{x}$ 写作 (u,v,w):

$$\begin{array}{lcr} \text{当}\boldsymbol{x}=(1,0,0)\text{时}, & & \textbf{最大值 5}\\ \text{当}\boldsymbol{x}=(0,0,1)\text{时}, & \boldsymbol{R}=\dfrac{\boldsymbol{x}^{\mathrm{T}}\boldsymbol{S}\boldsymbol{x}}{\boldsymbol{x}^{\mathrm{T}}\boldsymbol{x}}=\dfrac{\mathbf{5}\boldsymbol{u}^{\mathbf{2}}+\mathbf{3}\boldsymbol{v}^{\mathbf{2}}+\boldsymbol{w}^{\mathbf{2}}}{\boldsymbol{u}^{\mathbf{2}}+\boldsymbol{v}^{\mathbf{2}}+\boldsymbol{w}^{\mathbf{2}}}\ \text{有一个} & \textbf{最小值 1}\\ \text{当}\boldsymbol{x}=(0,1,0)\text{时}, & & \textbf{鞍点值 3} \end{array}$$

通过观察 $\boldsymbol{R}$，可看到其最大值为 5 和最小值为 1。所有 $\boldsymbol{R}(u,v,w)$ 的偏微分在 $(1,0,0)$、$(0,0,1)$、$(0,1,0)$ 这三个点上都是零，它们是对角矩阵 $\boldsymbol{S}$ 的特征向量。$\boldsymbol{R}(\boldsymbol{x})$ 在这三个点上的值等于其特征值 5、1、3。

子空间中的极大值点与极小值点

$\boldsymbol{S}$ 的所有中间的特征向量 $\boldsymbol{q}_2,\boldsymbol{q}_3,\cdots,\boldsymbol{q}_{n-1}$ 是商 $\boldsymbol{x}^{\mathrm{T}}\boldsymbol{S}\boldsymbol{x}/\boldsymbol{x}^{\mathrm{T}}\boldsymbol{x}$ 的鞍点，在这些特征向量处的商等于 $\lambda_2,\lambda_3,\cdots,\lambda_{n-1}$，所有中间的奇异向量 $\boldsymbol{v}_2,\boldsymbol{v}_3,\cdots,\boldsymbol{v}_{n-1}$ 是增长比值 $\|\boldsymbol{A}\boldsymbol{x}\|/\|\boldsymbol{x}\|$ 的鞍点。这个比值在这些奇异向量处等于 $\sigma_2,\sigma_3,\cdots,\sigma_{n-1}$。这两个表述通过 $\boldsymbol{x}^{\mathrm{T}}\boldsymbol{S}\boldsymbol{x}=\boldsymbol{x}^{\mathrm{T}}\boldsymbol{A}^{\mathrm{T}}\boldsymbol{A}\boldsymbol{x}=\|\boldsymbol{A}\boldsymbol{x}\|^2$ 这个结论直接联系起来。

但是，鞍点比起极大值点或极小值点更难研究。当离开一个鞍点时，函数值可以上下变化。在极大值点唯一的移动是向下，在极小值点唯一的移动是向上，因此研究鞍点的最好方法是用“最大最小”或“最小最大”原理来捕获它们。

$$\textbf{对}\boldsymbol{\lambda_2}\textbf{的最大化最小}\qquad \boxed{\boldsymbol{\lambda_2}=\max_{\text{所有二维空间}\boldsymbol{Y}}\ \min_{\boldsymbol{x}\text{在}\boldsymbol{Y}\text{中}}\ \frac{\boldsymbol{x}^{\mathrm{T}}\boldsymbol{S}\boldsymbol{x}}{\boldsymbol{x}^{\mathrm{T}}\boldsymbol{x}}}\tag{21}$$

在 5、3、1 的示例中，二维子空间 $\boldsymbol{Y}$ 的一种选择是所有那些 $\boldsymbol{x}=(\boldsymbol{u},\boldsymbol{v},\boldsymbol{0})$ 向量。这些向量是 $\boldsymbol{q}_1$ 和 $\boldsymbol{q}_2$ 的组合。在这个 $\boldsymbol{Y}$ 内，最小比值 $\boldsymbol{x}^{\mathrm{T}}\boldsymbol{S}\boldsymbol{x}/\boldsymbol{x}^{\mathrm{T}}\boldsymbol{x}$ 是 $\lambda_2=3$。最小值在 $\boldsymbol{x}=\boldsymbol{q}_2=(0,1,0)$ 处（理解最小值）。

关键点：每个二维空间 $\boldsymbol{Y}$ 必然与所有向量 $(0,v,w)$ 组成的二维空间相交。$\mathbf{R}^3$ 中的那些二维空间一定会相交，因为 $2+2>3$。对于任何 $\boldsymbol{x}=(0,v,w)$，有 $\boldsymbol{x}^{\mathrm{T}}\boldsymbol{S}\boldsymbol{x}/\boldsymbol{x}^{\mathrm{T}}\boldsymbol{x}\leqslant\boldsymbol{\lambda_2}$。因此，对于每个 $\boldsymbol{Y}$，式 (21) 中的最小值 $\leqslant\lambda_2$。

结论：最大的最小值是式 (21) 中的 $\boldsymbol{\lambda_2}$，式 (22) 中的 $\boldsymbol{\lambda_i}$。

$$\boldsymbol{\lambda}_i(\boldsymbol{S})=\max_{\dim \boldsymbol{V}=i}\ \min_{\boldsymbol{x}\ \text{in}\ \boldsymbol{V}}\frac{\boldsymbol{x}^{\mathrm{T}}\boldsymbol{S}\boldsymbol{x}}{\boldsymbol{x}^{\mathrm{T}}\boldsymbol{x}}\qquad \boldsymbol{\sigma}_i(\boldsymbol{A})=\max_{\dim \boldsymbol{W}=i}\ \min_{\boldsymbol{x}\ \text{in}\ \boldsymbol{W}}\frac{\|\boldsymbol{A}\boldsymbol{x}\|}{\|\boldsymbol{x}\|}\tag{22}$$

对于 $i=1$，空间 $\boldsymbol{V}$ 和 $\boldsymbol{W}$ 是一维的直线。沿 $\boldsymbol{x}=\boldsymbol{q}_1$（第一个特征向量）的直线 $\boldsymbol{V}$ 使得 $\boldsymbol{x}^{\mathrm{T}}\boldsymbol{S}\boldsymbol{x}/\boldsymbol{x}^{\mathrm{T}}\boldsymbol{x}=\lambda_1$ 为一个最大值。沿 $\boldsymbol{x}=\boldsymbol{v}_1$（第一个奇异向量）的直线 $\boldsymbol{W}$ 使得 $\|\boldsymbol{A}\boldsymbol{x}\|/\|\boldsymbol{x}\|=\sigma_1$ 最大。

对 $i=2$，空间 $\boldsymbol{V}$ 和 $\boldsymbol{W}$ 是二维平面。实现最大化的 $\boldsymbol{V}$ 包含特征向量 $\boldsymbol{q}_1$、$\boldsymbol{q}_2$，同时实现最大化的 $\boldsymbol{W}$ 包含奇异向量 $\boldsymbol{v}_1$、$\boldsymbol{v}_2$。$\boldsymbol{V}$ 中所取的最小值是 λ_2，而 $\boldsymbol{W}$ 中取出的最小值是 σ_2。以此类推，就得到 Courant-Fischer在式 (22) 中的最大最小原理。

交错与 Weyl 不等式

对任意对称矩阵 $\boldsymbol{S}$ 和 $\boldsymbol{T}$，Weyl 得出了 $\boldsymbol{S}+\boldsymbol{T}$ 的特征值的界

$$\textbf{Weyl 不等式}\qquad \boldsymbol{\lambda}_{i+j-1}(\boldsymbol{S}+\boldsymbol{T})\leqslant\boldsymbol{\lambda}_i(\boldsymbol{S})+\boldsymbol{\lambda}_j(\boldsymbol{T})\tag{23}$$

$$\boldsymbol{\lambda}_k(\boldsymbol{S})+\boldsymbol{\lambda}_n(\boldsymbol{T})\leqslant\boldsymbol{\lambda}_k(\boldsymbol{S}+\boldsymbol{T})\leqslant\boldsymbol{\lambda}_k(\boldsymbol{S})+\boldsymbol{\lambda}_1(\boldsymbol{T})\tag{24}$$

在图 3.1 中看到的交错也被式 (23) 证明。秩为 1 的矩阵 $\boldsymbol{T}$ 是 $\theta\boldsymbol{u}\boldsymbol{u}^{\mathrm{T}}$，其最大的特征值是 $\lambda_1(T)=\theta$，所有其他特征值 $\lambda_j(T)$ 是零。然后对于每个 $j=2,3,\cdots$，Weyl 不等式给出了 $\boldsymbol{\lambda}_{i+1}(\boldsymbol{S}+\boldsymbol{T})\leqslant\boldsymbol{\lambda}_i(\boldsymbol{S})$。$\boldsymbol{S}+\boldsymbol{T}$ 的每个特征值 z_{i+1} 不能够跨过 $\boldsymbol{S}$ 的下一个特征值 λ_i。并且对于 $j=1$，有 $\boldsymbol{\lambda}_1(\boldsymbol{S}+\boldsymbol{T})\leqslant\boldsymbol{\lambda}_1(\boldsymbol{S})+\boldsymbol{\theta}$：一个对信号加噪声的最大的特征值的上限。

n 阶对称矩阵 $\boldsymbol{S}$ 的最后一列和最后一行被去除时，记 $(n-1)$ 阶矩阵为 $\boldsymbol{S}_{n-1}$。有一个关于特征值的漂亮的交错定理。

矩阵 $\boldsymbol{S}_{n-1}$ 的 $\boldsymbol{n-1}$ 个特征值 $\boldsymbol{\alpha}_i$ 与 $\boldsymbol{S}$ 的 $\boldsymbol{n}$ 个特征值交错排列

证明的思想是移去最后的行与列，等同于强迫所有的向量与 $(0,\cdots,0,1)$ 正交。那么式 (22) 中的最小值能够移至 λ_i 的下面，但是 α_i 不会移到 λ_{i+1} 之下，因为 λ_{i+1} 允许一个 $\dim V=i+1$ 的自由选择。

例

$$\boldsymbol{\lambda}_i\geqslant\boldsymbol{\alpha}_i\geqslant\boldsymbol{\lambda}_{i+1}\qquad \begin{bmatrix}2&-1&-1\\-1&2&-1\\-1&-1&2\end{bmatrix}\qquad\begin{bmatrix}2&-1\\-1&2\end{bmatrix}\qquad\begin{bmatrix}2\end{bmatrix}$$

$$\boldsymbol{\lambda}=\mathbf{3},\ \mathbf{3},\ \mathbf{0}\qquad\qquad \boldsymbol{\alpha}=\mathbf{3},\ \mathbf{1}\qquad\qquad \mathbf{3>2>1}$$

奇异值的交错

假设 $\boldsymbol{A}$ 不是对称方阵，那就涉及奇异值。$\boldsymbol{A}$ 的每一列代表视频的一帧。想要识别隐藏在这些列中的秩为 1 的信号 $\beta\boldsymbol{x}\boldsymbol{y}^{\mathrm{T}}$，这个信号被随机噪声所掩盖。

那么，**从 $\boldsymbol{A}$ 变到 $\boldsymbol{A}+\boldsymbol{B}$，矩阵的奇异值变化了多少？** 现在我们理解了对称矩阵的特征值的变化，所以可以研究 $\boldsymbol{A}^{\mathrm{T}}\boldsymbol{A}$ 或 $\boldsymbol{A}\boldsymbol{A}^{\mathrm{T}}$ 或下面这个特征值为 σ_i 和 $-\sigma_i$ 的 $m+n$ 阶对称矩阵：

$$\begin{bmatrix} 0 & \boldsymbol{A} \\ \boldsymbol{A}^{\mathrm{T}} & 0 \end{bmatrix}\begin{bmatrix} \boldsymbol{u}_i \\ \boldsymbol{v}_i \end{bmatrix}=\sigma_i\begin{bmatrix} \boldsymbol{u}_i \\ \boldsymbol{v}_i \end{bmatrix},\quad \begin{bmatrix} 0 & \boldsymbol{A} \\ \boldsymbol{A}^{\mathrm{T}} & 0 \end{bmatrix}\begin{bmatrix} -\boldsymbol{u}_i \\ \boldsymbol{v}_i \end{bmatrix}=-\sigma_i\begin{bmatrix} -\boldsymbol{u}_i \\ \boldsymbol{v}_i \end{bmatrix} \tag{25}$$

但是我们不这样做，代之以推荐 Terry Tao写的一篇出色的笔记：https://terrytao.wordpress.com/2010/01/12/254a-notes-3a-eigenvalues-and-sums-of- hermitian-matrices/。

$$\textbf{Weyl 不等式}\quad \boldsymbol{\sigma_{i+j-1}(A+B)\leqslant \sigma_i(A)+\sigma_j(B)} \tag{26}$$

$$\boldsymbol{i\leqslant m\leqslant n}\quad \boldsymbol{|\sigma_i(A+B)-\sigma_i(A)|\leqslant \|B\|} \tag{27}$$

习题 3.2

1. 单位向量 $\boldsymbol{u}(t)$ 描述了一个点在单位球面 $\boldsymbol{u}^{\mathrm{T}}\boldsymbol{u}=1$ 上的运动，证明其速度向量 $\mathrm{d}\boldsymbol{u}/\mathrm{d}t$ 与位置向量正交：$\boldsymbol{u}^{\mathrm{T}}(\mathrm{d}\boldsymbol{u}/\mathrm{d}t)=0$。
2. 假设给 $\boldsymbol{S}$ 加上一个半正定的**秩为** 2 的矩阵。求将 $\boldsymbol{S}$ 的特征值 λ 与 $\boldsymbol{S}+\boldsymbol{u}\boldsymbol{u}^{\mathrm{T}}+\boldsymbol{v}\boldsymbol{v}^{\mathrm{T}}$ 的特征值 α 联系起来的交错不等式。
3. (1) 求 $\boldsymbol{A}=\begin{bmatrix} 2 & 1 \\ 1 & 0 \end{bmatrix}+t\begin{bmatrix} 1 & 1 \\ 1 & 1 \end{bmatrix}$ 的特征值 $\lambda_1(t)$ 和 $\lambda_2(t)$。

   (2) 在 $t=0$ 时，求 $\boldsymbol{A}(0)$ 的特征向量，并验证 $\dfrac{\mathrm{d}\lambda}{\mathrm{d}t}=\boldsymbol{y}^{\mathrm{T}}\dfrac{\mathrm{d}\boldsymbol{A}}{\mathrm{d}t}\boldsymbol{x}$。

   (3) 检查变化 $\boldsymbol{A}(t)-\boldsymbol{A}(0)$ 对 $t>0$ 是半正定的，然后验证交错规律 $\lambda_1(t)\geqslant\lambda_1(0)\geqslant\lambda_2(t)\geqslant\lambda_2(0)$。
4. $\boldsymbol{S}$ 是一个对称矩阵，其特征值为 $\lambda_1>\lambda_2>\cdots>\lambda_n$，特征向量为 $\boldsymbol{q}_1,\boldsymbol{q}_2,\cdots,\boldsymbol{q}_n$。这些特征向量中的哪个 i 是 i 维子空间 $\boldsymbol{Y}$ 的具有下面性质的基：对 $\boldsymbol{Y}$ 中的 $\boldsymbol{x}$，$\boldsymbol{x}^{\mathrm{T}}\boldsymbol{S}\boldsymbol{x}/\boldsymbol{x}^{\mathrm{T}}\boldsymbol{x}$ 的最小值是 λ_i。
5. 求 $\boldsymbol{A}_3$、$\boldsymbol{A}_2$、$\boldsymbol{A}_1$ 的特征值，并证明它们是交错的：

$$\boldsymbol{A}_3=\begin{bmatrix} 1 & -1 & 0 \\ -1 & 2 & -1 \\ 0 & -1 & 1 \end{bmatrix},\quad \boldsymbol{A}_2=\begin{bmatrix} 1 & -1 \\ -1 & 2 \end{bmatrix},\quad \boldsymbol{A}_1=\begin{bmatrix} 1 \end{bmatrix}$$

6. 假设 $\boldsymbol{D}$ 为对角矩阵 $\mathrm{diag}\,(1,2,\cdots,n)$，$\boldsymbol{S}$ 是正定矩阵。

   (1) 求 $\boldsymbol{D}+t\boldsymbol{S}$ 的特征值 $\lambda(t)$ 在 $t=0$ 时的导数。

   (2) 对小的 $t>0$，证明 λ 与数字 $1,2,\cdots,n$ 交错。

   (3) 对任意 $t>0$，求 $\lambda_{\min}(\boldsymbol{D}+t\boldsymbol{S})$ 与 $\lambda_{\max}(\boldsymbol{D}+t\boldsymbol{S})$ 的上、下界。

7. 假设 $\boldsymbol{D}$ 还是 $\operatorname{diag}(1,2,\cdots,n)$，$\boldsymbol{A}$ 是任意一个 $n\times n$ 矩阵。

   (1) 求 $\boldsymbol{D}+t\boldsymbol{A}$ 的奇异值 $\sigma(t)$ 在 $t=0$ 时的导数。

   (2) 由 Weyl 不等式求 $\sigma_{\max}(\boldsymbol{D}+t\boldsymbol{A})$ 和 $\sigma_{\min}(\boldsymbol{D}+t\boldsymbol{A})$。

8. (1) 证明每个 i 维子空间 $\boldsymbol{V}$ 包含一个非零向量 $\boldsymbol{z}$，它是 $\boldsymbol{q}_i,\boldsymbol{q}_{i+1},\cdots,\boldsymbol{q}_n$ 的组合。(这些 $\boldsymbol{q}$ 张成一个 $n-i+1$ 维空间 $\boldsymbol{Z}$。基于维数 i 和 $n-i+1$，为什么 $\boldsymbol{Z}$ 与 $\boldsymbol{V}$ 相交？)

   (2) 为什么向量 $\boldsymbol{z}$ 满足 $\boldsymbol{z}^{\mathrm{T}}\boldsymbol{S}\boldsymbol{z}/\boldsymbol{z}^{\mathrm{T}}\boldsymbol{z}\leqslant\boldsymbol{\lambda}_i$？并解释：

$$\boxed{\lambda_i=\max_{\dim \boldsymbol{V}=i}\ \min_{z \text{ in } \boldsymbol{V}}\ \frac{\boldsymbol{z}^{\mathrm{T}}\boldsymbol{S}\boldsymbol{z}}{\boldsymbol{z}^{\mathrm{T}}\boldsymbol{z}}}$$

惯性定律

定义 **假设 $\boldsymbol{S}$ 是对称矩阵，$\boldsymbol{C}$ 是可逆矩阵，则称矩阵 $\boldsymbol{C}^{\mathrm{T}}\boldsymbol{S}\boldsymbol{C}$ 与 $\boldsymbol{S}$ 合同。**这不是 $\boldsymbol{B}^{-1}\boldsymbol{S}\boldsymbol{B}$ 定义的相似性。$\boldsymbol{C}^{\mathrm{T}}\boldsymbol{S}\boldsymbol{C}$ 的特征值可以与 $\boldsymbol{S}$ 的特征值不同，但是它们不能改变符号。这称为 **"惯性定律"**：

$$\boldsymbol{C}^{\mathrm{T}}\boldsymbol{S}\boldsymbol{C}\ \textbf{与}\ \boldsymbol{S}\ \textbf{具有相同数量的 (正) (负) (零) 特征值}$$

我喜欢的证明始于 $\boldsymbol{C}=\boldsymbol{Q}\boldsymbol{R}$（根据 Gram-Schmidt 方法)。当 $\boldsymbol{R}$ 逐渐变成 $\boldsymbol{I}$ 时，$\boldsymbol{C}^{\mathrm{T}}\boldsymbol{S}\boldsymbol{C}$ 逐渐变成 $\boldsymbol{Q}^{\mathrm{T}}\boldsymbol{S}\boldsymbol{Q}=\boldsymbol{Q}^{-1}\boldsymbol{S}\boldsymbol{Q}$。现在我们的确有相似性（$\boldsymbol{Q}^{-1}\boldsymbol{S}\boldsymbol{Q}$ 与 $\boldsymbol{S}$ 有相同的特征值)。若 $\boldsymbol{R}$ 一直到 $\boldsymbol{I}$ 是可逆的，则在这个过程中没有特征值会跨过零。它们的符号对于 $\boldsymbol{C}^{\mathrm{T}}\boldsymbol{S}\boldsymbol{C}$、$\boldsymbol{Q}^{-1}\boldsymbol{S}\boldsymbol{Q}$ 和 $\boldsymbol{S}$ 都是一样的。

最大最小原理也证明了惯性定律。

9. 若 $\boldsymbol{S}=\boldsymbol{L}\boldsymbol{D}\boldsymbol{L}^{\mathrm{T}}$ 在消元过程中有 n 个非零主元，证明 **$\boldsymbol{S}$ 的主元（在 $\boldsymbol{D}$ 中）的符号与 $\boldsymbol{S}$ 的特征值符号一致。** 将这个定律应用到 $\boldsymbol{S}$ 和 $\boldsymbol{D}$。

10. 证明 $2n\times 2n$ KKT 矩阵 $\boldsymbol{H}$ 有 n 个正的、n 个负的特征值：

$$\begin{matrix}\boldsymbol{S}\ \textbf{正定}\\ \boldsymbol{C}\ \textbf{可逆}\end{matrix}\qquad \boldsymbol{H}=\begin{bmatrix}\boldsymbol{S} & \boldsymbol{C}\\ \boldsymbol{C}^{\mathrm{T}} & \boldsymbol{0}\end{bmatrix}$$

   $\boldsymbol{S}$ 的前 n 个主元是正的，后 n 个主元来自 $\boldsymbol{C}^{\mathrm{T}}\boldsymbol{S}^{-1}\boldsymbol{C}$。

11. KKT 矩阵 $\boldsymbol{H}$ 是对称与不定的——这个问题给出特征值数：

$$\text{如式(17)，}\ \boldsymbol{H}=\begin{bmatrix}\boldsymbol{S} & \boldsymbol{A}^{\mathrm{T}}\\ \boldsymbol{A} & \boldsymbol{0}\end{bmatrix}\begin{matrix}n\\ m\end{matrix}\quad(\text{列分块 } n,\ m)$$

   $\boldsymbol{H}$ 来自在 m 个约束条件 $\boldsymbol{A}\boldsymbol{x}=\boldsymbol{b}$ 下最小化 $\frac{1}{2}\boldsymbol{x}^{\mathrm{T}}\boldsymbol{S}\boldsymbol{x}$（正定)。对 $\boldsymbol{H}$ 的消元运算从 $\boldsymbol{S}$ 开始。其 n 个主元都是正的。消元法将 $\boldsymbol{A}\boldsymbol{S}^{-1}$ 乘以 $\begin{bmatrix}\boldsymbol{S} & \boldsymbol{A}^{\mathrm{T}}\end{bmatrix}$，再将其从 $\begin{bmatrix}\boldsymbol{A} & 0\end{bmatrix}$ 减去得到 $\begin{bmatrix}0 & -\boldsymbol{A}\boldsymbol{S}^{-1}\boldsymbol{A}^{\mathrm{T}}\end{bmatrix}$。那个Schur 补项 $-\boldsymbol{A}\boldsymbol{S}^{-1}\boldsymbol{A}^{\mathrm{T}}$ 是负定的。为什么？于是 $\boldsymbol{H}$ 的最后 m 个主元（来自 $-\boldsymbol{A}\boldsymbol{S}^{-1}\boldsymbol{A}^{\mathrm{T}}$）是负的。

12. 如果对所有的 $\boldsymbol{x}\neq\boldsymbol{0}$，$\boldsymbol{x}^{\mathrm{T}}\boldsymbol{S}\boldsymbol{x}>0$，且 $\boldsymbol{C}$ 是可逆的，证明 $(\boldsymbol{C}\boldsymbol{y})^{\mathrm{T}}\boldsymbol{S}(\boldsymbol{C}\boldsymbol{y})>0$。这再一次证明若 $\boldsymbol{S}$ 的所有特征值都是正的，则 $\boldsymbol{C}^{\mathrm{T}}\boldsymbol{S}\boldsymbol{C}$ 也是这样。

3.3 快速衰减的奇异值

有些重要矩阵的奇异值服从 $\sigma_k \leqslant C\mathrm{e}^{-ak}$，这些数衰减很快。这些矩阵通常是可逆的（其逆矩阵的范数非常大）。并且我们有各种大小矩阵（Hilbert 矩阵、Vandermonde 矩阵、Hankel 矩阵、Cauchy 矩阵、Krylov 矩阵和谱差矩阵等）组成的族。

处理这些矩阵既容易又困难。容易是因为仅有少数几个奇异值是重要的。当逆矩阵有巨大范数时就不容易了，这些范数会随着矩阵大小 N 的增加而呈指数式增大。下面关注其中两个例子：

(1) 非均匀离散傅里叶变换（**Non-Uniform Discrete Fourier Transform，NUDFT**）用 $\boldsymbol{U}=\boldsymbol{A}.*\boldsymbol{F}$ 来替代 $\boldsymbol{F}$。

(2) Vandermonde 矩阵 $\boldsymbol{V}$ 用一个 $N-1$ 阶的多项式来拟合 N 个数据点。

实际上，这些例子是相互关联的。一个标准的 DFT 在 N 个点 $\omega^k=\mathrm{e}^{-2\pi\mathrm{i}k/N}$ 拟合 $f_0,\cdots,f_{N-1}$ 的 N 个值。而傅里叶矩阵是一个 Vandermonde 矩阵，只不过不用 $-1\sim 1$ 的实数点，DFT 是等间距地在一个单位圆 $|\mathrm{e}^{\mathrm{i}\theta}|=1$ 上的复数点中插值。用实数方法得到了 Vandermonde 矩阵（几乎是奇异的），而在复数的情形得到了一个漂亮的傅里叶矩阵（正交）。

从复傅里叶矩阵 $\boldsymbol{F}$ 开始（一如往常是等距的）。采用快速傅里叶变换乘以 $\boldsymbol{F}$ 是极快的（见 4.1 节）：$\dfrac{1}{2}N\log_2 N$ 个运算。

对非均匀间距 $\boldsymbol{x_j\neq j/N}$，FFT 后面的特殊等值不存在。但是，Ruiz-Antolin、Townsend 证明如何恢复几乎所有的速度：将非均匀的 $\boldsymbol{U}$ 写成 $\boldsymbol{A}_{jk}\boldsymbol{F}_{jk}$，其中 $\boldsymbol{A}$ **接近一个低秩矩阵**：

$$\boldsymbol{F_{jk}}=\mathrm{e}^{-2\pi\mathrm{i}kj/N}\ ,\ \boldsymbol{U_{jk}}=\mathrm{e}^{-2\pi\mathrm{i}kx_j}=\boldsymbol{A_{jk}F_{jk}}$$

当 $\boldsymbol{U}=\boldsymbol{F}$ 是一个等距的 DFT 时，每个 $\boldsymbol{A}_{jk}=1$。$\boldsymbol{A}$ 的秩为 1。若不是等距的，则一个低秩矩阵与 $\boldsymbol{A}$ 几乎是一致的，因此快速变换是可能的。元素与元素的乘法运算 $A_{jk}F_{jk}$ 和除法运算 U_{jk}/F_{jk} 的符号是：

$$\text{乘法}\quad \boldsymbol{U}=\boldsymbol{A}.*\boldsymbol{F}=\boldsymbol{A}\bigcirc\boldsymbol{F},\qquad \text{除法}\quad \boldsymbol{A}=\boldsymbol{U}\oslash\boldsymbol{F} \tag{1}$$

快速执行的操作是 NUDFT：$\boldsymbol{U}$ **乘以** $\boldsymbol{c}$。快速傅里叶变换计算 $\boldsymbol{F}$ 乘以 $\boldsymbol{c}$。比值 U_{jk}/F_{jk} 给出了**几乎是低秩**的矩阵 $\boldsymbol{A}$。**因此，非均匀变换 $\boldsymbol{U}$ 来自对傅里叶矩阵 $\boldsymbol{F}$ 的纠正 $\boldsymbol{A}$：**

$$\boxed{\boldsymbol{A}\approx \boldsymbol{y}_1\boldsymbol{z}_1^{\mathrm{T}}+\cdots+\boldsymbol{y}_r\boldsymbol{z}_r^{\mathrm{T}},\quad \boldsymbol{Uc}\approx \boldsymbol{Y}_1\boldsymbol{F}\boldsymbol{Z}_1\boldsymbol{c}+\cdots+\boldsymbol{Y}_r\boldsymbol{F}\boldsymbol{Z}_r\boldsymbol{c}} \tag{2}$$

$\boldsymbol{Y}_i$ 和 $\boldsymbol{Z}_i$ 是 $N\times N$ 对角矩阵，其主对角元素是 $\boldsymbol{y}_i$ 和 $\boldsymbol{z}_i$。等间距致使 $\boldsymbol{U}=\boldsymbol{F}$ 与 $\boldsymbol{A}=$ **全 1 矩阵**，$\boldsymbol{y}_1=\boldsymbol{z}_1=(1,\cdots,1)$，$\boldsymbol{Y}_1=\boldsymbol{Z}_1=\boldsymbol{I}$。对于非均匀间距，$r$ 由采样点 x_i 的非均匀性所决定。

在 j/N 附近的样本点 x_j

在这个“微扰”的情形下，对 $0\leqslant j<N$，可以将不等间距的 x_j 与等间距的分数 j/N 相匹配。对 $\boldsymbol{U}$ 中的每一项，A_{jk} 是对 F_{jk} 的修正：

$$\boxed{U_{jk}=A_{jk}F_{jk}\ \text{是}\ \mathrm{e}^{-2\pi\mathrm{i}kx_j}=\mathrm{e}^{-2\pi\mathrm{i}k(x_j-j/N)}\,\mathrm{e}^{-2\pi\mathrm{i}kj/N}} \tag{3}$$

然后一个快速算法的关键步骤是找到矩阵 $\boldsymbol{A}$ 的近似（$\boldsymbol{F}$ 是快速的）。Eckart-Young定理建议使用 $\boldsymbol{A}$ 的 SVD，但 SVD 是比快速非等间距变换的其余步骤更耗费计算资源的一步。

$\boldsymbol{A}$ 是一个有趣的矩阵。式(3)中的所有项均为 $\mathrm{e}^{\mathrm{i}\theta}$ 形式。若用 $A_{jk}=\mathrm{e}^{-\mathrm{i}\theta}$ 的幂级数 $1-i\theta+\cdots$ 来代替 $\boldsymbol{A}$，则 $\boldsymbol{A}$ 将从全 1 矩阵开始。

本节的其余部分通过 Sylvester 方程求低秩近似。Townsend 采用了不同的途径：近似函数 $\mathrm{e}^{-\mathrm{i}xy}$。

关键思想是用**切比雪夫展开**来替换对每个矩阵元素的泰勒级数。这种做法反映了一个对数值分析非常重要的规则：

傅里叶级数适用于像 $|\theta|\leqslant\pi$ 这样的区间上的周期函数。

切比雪夫级数适用于像 $|x|\leqslant 1$ 这样的区间上的非周期函数。

傅里叶级数与切比雪夫级数之间的关系是 $\cos\theta=x$。傅里叶基函数 $\cos(n\theta)$ 变成了切比雪夫多项式 $T_n(x)=\cos(n\arccos x)$。切比雪夫基函数以 $T_0=1$ 开始，然后 $T_1=x$，$T_2=2x^2-1$，这是因为 $\cos 2\theta=2\cos^2\theta-1$。从 $x=-1$ 到 $x=1$，所有基函数均满足 $\max|T_n(x)|=\max|\cos n\theta|=1$。

重要的一点是，$T_n(x)=0$ 的 n 个解不是等间距的。$\cos(n\theta)$ 的零点是等间距的，但是对变量 x，这些点在边界 -1 与 1 附近非常接近。在 $x=\cos[\pi(2k-1)/2n]$ 处的插值要比等间距的插值稳定得多。

chebfun.org 网站上高度发展的计算系统是基于切比雪夫多项式（一元或多元函数）的。它计算一个非常接近 $f(x)$ 的多项式，然后函数上的所有运算产生新的多项式，即有限切比雪夫级数的新的多项式，由 chebfun 代码选择高精度所需要的阶数。

这个对矩阵 $\boldsymbol{A}$ 的处理方法使得Ruiz-Antolin 和Townsend 得到了低有效秩的证明（用低秩矩阵近似 $\boldsymbol{A}$）。他们的论文为非均匀傅里叶变换提供了非常有效的代码。

Sylvester 方程

我们转向这个主题的中心问题：**哪些矩阵的有效秩低**？目标是找到一个可揭示这个性质的判别准则，能够测试希尔伯特矩阵、NUDFT 矩阵，以及 Vandermonde 矩阵。并可应用到更广泛的矩阵类。

这是 Beckermann和 Townsend开发的"**Sylvester 测试**" = "$\boldsymbol{A},\boldsymbol{B},\boldsymbol{C}$ **测试**"。低位移秩和结构矩阵经常应用于 $\boldsymbol{X}$。

> 若 $\boldsymbol{AX}-\boldsymbol{XB}=\boldsymbol{C}$ 对没有公共特征值的规范矩阵 $\boldsymbol{A}$、$\boldsymbol{B}$ 有秩 r，则 $\boldsymbol{X}$ 的奇异值以被 $\boldsymbol{A}$、$\boldsymbol{B}$ 和 $\boldsymbol{C}$ 决定的指数速率衰减

一个矩阵 $\boldsymbol{A}$ 是规范的，即 $\overline{\boldsymbol{A}}^{\mathrm{T}}\boldsymbol{A}=\boldsymbol{A}\overline{\boldsymbol{A}}^{\mathrm{T}}$，则 $\boldsymbol{A}$ 有正交的特征向量：$\boldsymbol{A}=\boldsymbol{Q}\boldsymbol{\Lambda}\overline{\boldsymbol{Q}}^{\mathrm{T}}$。对称且正交的矩阵是规范的，因为测试得到了 $\boldsymbol{S}^2=\boldsymbol{S}^2$，$\boldsymbol{I}=\boldsymbol{I}$。Sylvester 矩阵方程 $\boldsymbol{AX}-\boldsymbol{XB}=\boldsymbol{C}$ 在控制理论中是重要的，而且 $\boldsymbol{B}=-\overline{\boldsymbol{A}}^{\mathrm{T}}$ 这种特别的情形称为李雅普诺夫(Lyapunov) 方程。

Sylvester 测试要求找到 $\boldsymbol{A}$、$\boldsymbol{B}$ 和 $\boldsymbol{C}$。对十分重要的 Toeplitz 矩阵、Hankel 矩阵、Cauchy 矩阵和 Krylov 矩阵（包括 Vandermonde 矩阵 $\boldsymbol{V}$）都是这样做的。通过简单选择 $\boldsymbol{A}$、$\boldsymbol{B}$、$\boldsymbol{C}$，所有这些矩阵都能满足 Sylvester 方程。下面以 $\boldsymbol{V}$ 为主要例子：

$$\textbf{Vandermonde 矩阵}\quad \boldsymbol{V}=\begin{bmatrix}1 & x_1 & x_1^2 & \cdots & x_1^{n-1}\\ 1 & x_2 & x_2^2 & \cdots & x_2^{n-1}\\ \cdots & \cdots & \cdots & \ddots & \cdots\\ 1 & x_n & x_n^2 & \cdots & x_n^{n-1}\end{bmatrix} \tag{4}$$

$\boldsymbol{V}$ 是 $n\times n$ “插值矩阵”。只要点 $x_1,x_2,\cdots,x_n$ 互相不同，该矩阵是可逆的。若要得到多项式 $p=c_0+c_1x+\cdots+c_{n-1}x^{n-1}$ 的系数，则求解 $\boldsymbol{Vc}=\boldsymbol{f}$。$\boldsymbol{V}$ 和 $\boldsymbol{c}$ 相乘得到 p 在点 $x=x_1,x_2,\cdots,x_n$ 的值。由 $\boldsymbol{Vc}=\boldsymbol{f}$ 可知插值多项式在这 n 点上有希望得到的值 $f_1,f_2,\cdots,f_n$。**多项式精确地拟合了给定的数据。**

注意：选择复数点 $x_1=\omega=\mathrm{e}^{-2\pi\mathrm{i}/N}$，$x_k=\omega^k$ 时，$\boldsymbol{V}$ 变成了傅里叶矩阵 $\boldsymbol{F}$，这个 $\boldsymbol{F}$ 是满秩的。对傅里叶矩阵，$\boldsymbol{A}$ 和 $\boldsymbol{B}$（如下）具有相同的特征值 ω^k：这是不允许的。$\boldsymbol{A}$ 和 $\boldsymbol{B}$ 不满足对特征值良好分离的要求，所有奇异值有相同的大小：没有衰减。

实数 $x_1\sim x_n$ 的 Vandermonde 矩阵的奇异值呈指数形式，它们才在其奇异值上有指数衰减。为了证实这一点，采用下面矩阵进行 $\boldsymbol{A}$、$\boldsymbol{B}$、$\boldsymbol{C}$ 测试：

$$\boldsymbol{A}=\begin{bmatrix}\boldsymbol{x_1} & & & \\ & \boldsymbol{x_2} & & \\ & & \ddots & \\ & & & \boldsymbol{x_n}\end{bmatrix},\quad \boldsymbol{B}=\begin{bmatrix}0 & 0 & . & \boldsymbol{-1}\\ \boldsymbol{1} & 0 & 0 & .\\ 0 & \boldsymbol{1} & 0 & 0\\ 0 & 0 & \boldsymbol{1} & 0\end{bmatrix},\quad \boldsymbol{C}=\begin{bmatrix}0 & 0 & 0 & x_1^n+1\\ 0 & 0 & 0 & x_2^n+1\\ 0 & 0 & 0 & .\\ 0 & 0 & 0 & x_n^n+1\end{bmatrix} \tag{5}$$

矩阵 $\boldsymbol{A}$ 和 $\boldsymbol{B}$ 是规范的（这个要求可以被减弱，但这里并不是必要的）。矩阵 $\boldsymbol{B}$ 的特征值沿着单位圆周等间隔分布。这些 λ 对应圆心角 $\pi/n,3\pi/n,\cdots,(2n-1)\pi/n$，因此，如果 n 是偶数，它们不是实数，因此不涉及 $\boldsymbol{A}$ 的实特征值 $x_1,x_2,\cdots,x_n$，而 $\boldsymbol{C}$ 的秩为 1。$\boldsymbol{A}$、$\boldsymbol{B}$、$\boldsymbol{C}$ 的 Sylvester 测试通过了。

奇异值图 3.2 证实了 $\boldsymbol{V}$ 是十分病态的，$\boldsymbol{K}$ 也是如此。

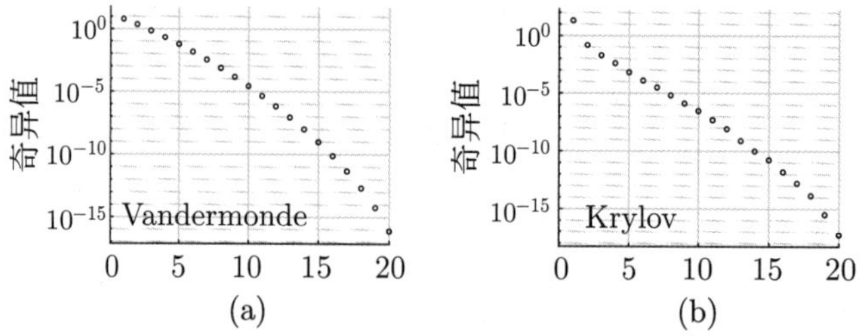

图 3.2 Vandermonde 矩阵 $\boldsymbol{V}$ 和 Krylov 矩阵 $\boldsymbol{K}=[\boldsymbol{b}\ \boldsymbol{Ab}\cdots A^{n-1}\boldsymbol{b}]$ 的奇异值

这里 $\boldsymbol{b}$ 是全 1 向量，A_{ij} 是随机数（标准规范）。当 $\boldsymbol{A}=\mathrm{diag}\,(1/n,2/n,\cdots,1)$ 时，$\boldsymbol{V}=\boldsymbol{K}$

改进的 Sylvester 测试

对 $\boldsymbol{AX}-\boldsymbol{XB}=\boldsymbol{C}$ 有低秩的要求比 $\boldsymbol{X}$ 有快速衰减的奇异值的结论要严格得多。一个完美的定理应该将对 $\boldsymbol{C}_n$ 的假设与关于 $\boldsymbol{X}_n$ 的结论匹配。当然阶数 n 增加的 Vandermonde 矩阵或 Krylov 矩阵 $\boldsymbol{X}_n$ 的秩有界是不正确的。因此，不得不放松对 $\boldsymbol{C}_n$ 的低秩要求，而同时保留 $\boldsymbol{X}_n$ 的快速奇异值衰减。

Townsend 发现了定理：$\boldsymbol{C}$ 的“log 秩”导致 $\boldsymbol{X}$ 的“log 秩”。与 Udell 合写的一篇论文确立了 log 秩是一个广泛存在的性质。以下是其定义（许多 log 秩例子有 $q=0$ 或 $q=1$）。

> 若一族矩阵 $\boldsymbol{C}_n$ 对满足 $|(\boldsymbol{C}_n-\boldsymbol{E}_n)_{ij}|<\epsilon$ 的邻近矩阵 $\boldsymbol{E}_n$ 成立 **rank** $(\boldsymbol{E}_n) < c(\log n)^q$，则 $\boldsymbol{C}_n$ 有 **log-秩**。 (6)

例 1 **径向基函数（RBF）核**常用于支持向量机：

$$\textbf{RBF 核} \qquad K(\boldsymbol{x},\boldsymbol{x}')=\exp\left(-\frac{\|\boldsymbol{x}-\boldsymbol{x}'\|^2}{2\sigma^2}\right)$$

对于一组表征向量 $\boldsymbol{x}_i$，这产生了完整矩阵 $\boldsymbol{K}$ 的元素 $0<K_{ij}<1$。计算它们是不可能的，利用好的逼近，采用 7.5 节中的“核技巧”来解非线性分类问题。这个矩阵的有效秩较低。

[1] Buhmann M D. Radial basis functions[J]. Acta Numerica, 2000, **9**: 1-38.

[2] Fornberg B, Flyer N. A Primer on Radial Basis Functions[J]. SIAM, 2015.

[3] Hofmann T, Scholkopf B, Smola A J. Kernel methods in machine learning. Annals of Statistics, 2008, **36**: 1171-1220.

ADI 和 Zolotarev 问题

导致 $\boldsymbol{X}$ 的奇异值快速衰减有两种方法：第一种方法用于求解 Sylvester 方程 $\boldsymbol{AX}-\boldsymbol{XB}=\boldsymbol{C}$ 的 ADI（Alternating Direction Implicit，交替方向隐式）迭代。这个算法给出了一个计算效率高的解；第二种方法将 $\boldsymbol{A}$ 和 $\boldsymbol{B}$ 的特征值（它们必须不发生重叠）与一个有理逼近问题联系起来。

“Zolotarev 问题”寻找的是一个多项式的比率 $r(x)=p(x)/q(x)$，它在 $\boldsymbol{A}$ 的特征值上值小，而在 $\boldsymbol{B}$ 的特征值上值大。用有理函数 $r(x)$ 逼近指数级优于用多项式逼近，一个著名的例子是对于绝对值 $|x|$ 的 Newman逼近。$r(x)$ 的指数精度与 $\boldsymbol{X}$ 的奇异值的指数衰减有关。

ADI 解 $\boldsymbol{AX}-\boldsymbol{XB}=\boldsymbol{C}$

矩阵 $\boldsymbol{X}_{j+1/2}$ **和** $\boldsymbol{X}_{j+1}$

$$\begin{aligned}\boldsymbol{X}_{j+1/2}(\boldsymbol{B}-p_j\boldsymbol{I})&=\boldsymbol{C}-(\boldsymbol{A}-p_j\boldsymbol{I})\boldsymbol{X}_j\\(\boldsymbol{A}-q_j\boldsymbol{I})\boldsymbol{X}_{j+1}&=\boldsymbol{C}-\boldsymbol{X}_{j+1/2}(\boldsymbol{B}-q_j\boldsymbol{I})\end{aligned}$$

一个好的有理函数 $r(x)=p(x)/q(x)$ 在分子中有根 p_j，在分母中有根 q_j。正是 Zolotarev 于 1877 年在一个模型问题中发现了最好的 p 和 q。采用了 Sylvester 测试中的 $\boldsymbol{A}$ 和 $\boldsymbol{B}$，$\sigma_{1+kr}(X)$ 的界是“Z 数”乘以 $\sigma_1(X)$，这意味着奇异值的指数衰减。

Townsend 和 Fortunato 将这个想法发展成了一个在正方形上的超快泊松求解器。当 $\boldsymbol{X}$ 是 $\partial^2u/\partial x^2+\partial^2u/\partial y^2$ 通常的 5 点有限差分近似时，快速求解器是已知的。他们的目标是寻求一种具有最佳复杂度的谱方法。

[1] Beckermann B. The condition number of real Vandermonde, Krylov, and positive definite Hankel matrices[J]. Numerische Mathematik, 2000, **85**: 553-577.

[2] Beckermann B, Townsend A. On the singular values of matrices with displacement structure[J]. SIAM J. Matrix Analysis, 2016. arXiv: 1609.09494v1.

[3] Benner P, Li R-C, Truhar N. On the ADI method for Sylvester equations[J]. J. Comput. Appl. Math, 2009, **233**: 1035-1045.

[4] Fortunato D, Townsend A. Fast Poisson solvers for spectral methods, 2017. arXiv: 1710.11259v1.

[5] Ruiz-Antolin D, Townsend A. A nonuniform fast Fourier transform based on low rank approximation[J]. SIAM J. Sci. Comp, 2018: 40-41. arXiv: 1701.04492.

[6] Townsend A, Wilber H. On the singular values of matrices with high displacement rank[J]. Linear Alg. Appl, 2018, **548**: 19-41. arXiv:17120.5864.

[7] Townsend A[EB/OL]. www.math.cornell.edu/∼ ajt/presentations/LowRankMatrices.pdf.

[8] Udell M, Townsend A. Nice latent variable models have log-rank[J]. Computer Science, 2017.

习题 3.3

1. 验证 **Krylov** 矩阵 $\boldsymbol{K}=[\boldsymbol{b}\ \boldsymbol{A}\boldsymbol{b}\cdots\boldsymbol{A}^{n-1}\boldsymbol{b}]$ 满足 Sylvester 方程 $\boldsymbol{AK}-\boldsymbol{KB}=\boldsymbol{C}$，其中 $\boldsymbol{B}$ 如式 (5) 所示。求矩阵 $\boldsymbol{C}$。

2. 证明**希尔伯特矩阵** $\boldsymbol{H}$ 能通过 Sylvester 测试 $\boldsymbol{AH}-\boldsymbol{HB}=\boldsymbol{C}$。

$$H_{ij}=\frac{1}{i+j-1},\qquad \boldsymbol{A}=\frac{1}{2}\mathrm{diag}\,(1,3,\cdots,2n-1),\qquad \boldsymbol{B}=-\boldsymbol{A},\qquad \boldsymbol{C}=\mathbf{ones}(n)$$

3. **Toeplitz** 矩阵 $\boldsymbol{T}$ 有常值的对角线 (4.5 节)，试计算 $\boldsymbol{AT}-\boldsymbol{TA}^{\mathrm{T}}=\boldsymbol{C}$：

$$\boldsymbol{T}=\begin{bmatrix} t_0 & t_{-1} & \cdot & \cdot \\ t_1 & t_0 & t_{-1} & \cdot \\ \cdot & t_1 & t_0 & \cdot \\ \cdot & \cdot & \cdot & \cdot \end{bmatrix},\qquad A=\begin{bmatrix} 0 & 0 & 0 & \cdot \\ 1 & 0 & 0 & 0 \\ 0 & 1 & 0 & 0 \\ \cdot & 0 & 1 & \cdot \end{bmatrix},\qquad \boldsymbol{B}=\boldsymbol{A}^{\mathrm{T}}$$

4. **Hankel 矩阵** $\boldsymbol{H}$ 有常值的反对角线，就像 Hilbert 矩阵一样，则 H_{ij} 只依赖于 $i+j$。当 $\boldsymbol{H}$ 是对称正定时，Beckermann 和 Townsend 证明了对于 Krylov 矩阵 $\boldsymbol{K}$，$\boldsymbol{H}=\overline{\boldsymbol{K}}^{\mathrm{T}}\boldsymbol{K}$（如习题 1），则 $\sigma_j(\boldsymbol{H})=|\sigma_j(\boldsymbol{K})|^2$（这是为什么？），并且 $\boldsymbol{H}$ 的奇异值衰减较快。

5. **Pick 矩阵** 有分量 $P_{jk}=(s_j+s_k)/(x_j+x_k)$，其中 $\boldsymbol{x}=(x_1,x_2,\cdots,x_n)>0$，$s=(s_1,s_2,\cdots,s_n)$ 可以是复数。证明 $\boldsymbol{AP}-\boldsymbol{P}(-\boldsymbol{A})=\boldsymbol{s}\mathbf{1}^{\mathrm{T}}+\mathbf{1}\boldsymbol{s}^{\mathrm{T}}$，其中 $\mathbf{1}^{\mathrm{T}}=[1\ \ 1\cdots1]$，$\boldsymbol{A}=\mathrm{diag}\,(x_1,x_2,\cdots,x_n)$。$\boldsymbol{A}$ 有正特征值，$\boldsymbol{B}=-\boldsymbol{A}$ 有负特征值，通过 Sylvester 测试。

6. 如果可逆矩阵 $\boldsymbol{X}$ 满足 Sylvester 方程 $\boldsymbol{AX}-\boldsymbol{XB}=\boldsymbol{C}$，试求对 $\boldsymbol{X}^{-1}$ 的 Sylvester 方程。

7. 若 $\boldsymbol{A}=\boldsymbol{Q}\boldsymbol{\Lambda}\overline{\boldsymbol{Q}}^{\mathrm{T}}$ 在 $\boldsymbol{Q}$ 的列中有复正交特征向量 $\boldsymbol{q}_1,\boldsymbol{q}_2,\cdots,\boldsymbol{q}_n$，验证 $\overline{\boldsymbol{A}}^{\mathrm{T}}\boldsymbol{A}=\boldsymbol{A}\overline{\boldsymbol{A}}^{\mathrm{T}}$，则 $\boldsymbol{A}$ 是规范的。特征值可以是复的。

8. 如果 $\boldsymbol{S}^{\mathrm{T}}=\boldsymbol{S}$，$\boldsymbol{Z}^{\mathrm{T}}=-\boldsymbol{Z}$，$\boldsymbol{SZ}=\boldsymbol{ZS}$，验证 $\boldsymbol{A}=\boldsymbol{S}+\boldsymbol{Z}$ 是规范的。因为 $\boldsymbol{S}$ 有实特征值，且 $\boldsymbol{Z}$ 有虚特征值，$\boldsymbol{A}=\boldsymbol{S}+\boldsymbol{Z}$ 或许会有复特征值。

9. 证明 $\boldsymbol{Uc}$ 的式 (3) 由 $\boldsymbol{A}$ 的式 (2) 导出。

3.4 对 $\ell^2+\ell^1$ 的拆分算法

3.5 节的**基追踪**与 **LASSO 优化**，以及**矩阵补全**与**压缩传感**等话题十分重要，它们值得用整本书来讨论。在这里介绍基本的思路和成功的算法。

从线性系统 $\boldsymbol{Ax}=\boldsymbol{b}$ 开始，假设 $\boldsymbol{A}$ 的列数远多于其行数 $(m<<n)$，则 $\boldsymbol{Ax}_n=\mathbf{0}$ 有许多解（$\boldsymbol{A}$ 有一个大的零空间）。若 $\boldsymbol{Ax}=\boldsymbol{b}$ 有一个解，则每个 $\boldsymbol{x}+\boldsymbol{x}_n$ 都是另一个解。

为了最小化 $\boldsymbol{x}$ 的 $\boldsymbol{\ell}^2$ 范数，移去它的零空间分量，这样就留下了具有最小范数的解 $\boldsymbol{x}^+=\boldsymbol{A}^+\boldsymbol{b}$，它来自 $\boldsymbol{A}$ 的伪逆，这是在 2.2 节中使用 SVD 的解。但是，$\boldsymbol{x}^+$ 通常有许多小的分量，这可能很难解释。在 MATLAB 中，用 **pinv(A)** $*$ $\boldsymbol{b}$ 得到 $\boldsymbol{x}^+$。反斜杠$\boldsymbol{A}\backslash\boldsymbol{b}$ 得到一个相当稀疏的解，但或许对于基追踪这不是最佳的 $\boldsymbol{x}$。

对 $\boldsymbol{Ax}=\boldsymbol{b}$ 的带有**许多零元素**的解（若解存在，是一个稀疏解）来自最小化 $\boldsymbol{\ell}^1$ 范数，而不是 $\boldsymbol{\ell}^2$ 范数：

$$\textbf{基追踪}\quad\textbf{最小化}\ \ \|\boldsymbol{x}\|_1=|\boldsymbol{x}_1|+|\boldsymbol{x}_2|+\cdots+|\boldsymbol{x}_n|\text{，}\textbf{限制条件：}\boldsymbol{Ax}=\boldsymbol{b} \tag{1}$$

这是一个凸优化问题，因为 ℓ^1 范数是 $\boldsymbol{x}$ 的凸函数。ℓ^1 范数是分段线性的，不像 ℓ^2 以及所有其他 ℓ^p 范数，除了 $\|\boldsymbol{x}\|_\infty=\max|x_i|$。与 ℓ^2 范数相关联的 $\boldsymbol{A}$ 的 SVD 不能解决基追踪问题。但是 ℓ^1 范数因为给出稀疏解而闻名，且一些快速算法也已被提出。

$A\boldsymbol{x}=\boldsymbol{b}$ 最稀疏的解最小化了 $\|\boldsymbol{x}\|_{\mathbf{0}}=(\boldsymbol{x}$ 的非零分量的个数)，但这不是一个真正的范数：因为有 $\|2\boldsymbol{x}\|_0=\|\boldsymbol{x}\|_0$。满足 $\|\boldsymbol{x}\|_0=1$ 且仅有一个非零分量的那些向量处于坐标轴上的，如 $\boldsymbol{i}=(1,0)$，$\boldsymbol{j}=(0,1)$。因此 “松弛”或 “凸化” 这些 $\boldsymbol{\ell}^0$ 问题来得到一个真正的范数，**而这个范数是** $\boldsymbol{\ell}^1$ 范数。满足 $\|\boldsymbol{x}\|_1=|x_1|+|x_2|\leqslant 1$ 的向量充满了顶点位于 $\pm\boldsymbol{i}$ 和 $\pm\boldsymbol{j}$ 的菱形内。

一个有关联的问题是允许 $\boldsymbol{Ax}=\boldsymbol{b}$ 中有噪声，并不要求有一个精确的解。$\boldsymbol{\ell}^1$ 范数作为一个惩罚项 $\boldsymbol{\lambda}\|\boldsymbol{x}\|_{\mathbf{1}}$ 或一个约束 $\|\boldsymbol{x}\|_{\mathbf{1}}\leqslant \boldsymbol{t}$ 加入：

$$\textbf{LASSO}\ (\text{在统计学中})\qquad \begin{array}{l}\text{Minimize}\ \dfrac{1}{2}\|\boldsymbol{Ax}-\boldsymbol{b}\|_2^2+\boldsymbol{\lambda}\|\boldsymbol{x}\|_1\ \ \text{或}\\[2ex] \text{Minimize}\ \dfrac{1}{2}\|\boldsymbol{Ax}-\boldsymbol{b}\|_2^2\text{，且}\ \|\boldsymbol{x}\|_1\leqslant\boldsymbol{t}\end{array} \tag{2}$$

LASSO 是 Tibshirani 为了改进最小二乘回归而提出的。它比岭回归法具有更稀疏的解，后者在惩罚和约束中使用 ℓ^2 范数。从几何上讲，$\|\boldsymbol{x}\|_1\leqslant 1$ 与 $\|\boldsymbol{x}\|_2\leqslant 1$ 的差别在于这两个集合的形状：**对 $\boldsymbol{\ell}^1$ 是菱形，而对 $\boldsymbol{\ell}^2$** 则是一个球面。请参看 1.11 节的两幅图。

凸集 $\|\boldsymbol{Ax}-\boldsymbol{b}\|_2^2=\boldsymbol{C}$ 很有可能在它的一个尖点碰到菱形，那些最尖的点是稀疏向量，但是球面没有尖点。最佳的 $\boldsymbol{x}$ 几乎绝不会在 ℓ^2 优化中是稀疏的，因为圆的凸集能够接触球面的任何位置，因此 ℓ^2 解有许多非零项。

用于 ℓ^1 优化的拆分算法

得到稀疏解是在 $\boldsymbol{\ell}^1$ 范数中进行最小化的一个关键原因。出现在 $\boldsymbol{\ell}^2$ 中的小的非零项会在使用 $\boldsymbol{\ell}^1$ 中消失，这在 $\boldsymbol{\ell}^1$ 算法效率非常低的阶段是令人沮丧的。现在 $\boldsymbol{\ell}^1$ 优化的数值实现效率已经跟上了理论的预测。

这里是一个图像，许多最优化问题结合了以下**两项**：

$$\textbf{最小化}\ \boldsymbol{F_1}(\boldsymbol{x})+\boldsymbol{F_2}(\boldsymbol{x})\text{，}\textbf{其中}\ \boldsymbol{F_1}\ \textbf{和}\ \boldsymbol{F_2}\ \textbf{为凸函数，}\boldsymbol{x}\ \textbf{属于凸集}\ \boldsymbol{K} \tag{3}$$

F_1 涉及 $\boldsymbol{\ell}^1$ 型范数，而 F_2 涉及 $\boldsymbol{\ell}^2$ 型范数。它们的凸性十分有价值。但是，它们不能很好地混

合——ℓ^2 迭代（通常是很快的）被拖慢了，等待 ℓ^1 来确定哪些成分应该是非零的。

解决办法是“拆分”算法。交替进行 ℓ^2 和 ℓ^1 步骤。在重要的情形下可能通过“收缩”操作显式地解 ℓ^1 问题。拆分迭代比混合的 $\ell^1-\ell^2$ 步骤快速、有效得多。主流的算法包括 **ADMM**、**分裂 Bregman**算法和**分裂 Kaczmarz** 算法（这些都将在下面描述）。这些算法名称的前缀描述了其相对之前算法的改进和发展。

对偶分解

增广拉格朗日函数法

乘子法

ADMM：交替方向乘子法

这个循序渐进的演示是遵循 Boyd, Parikh, Chu, Peleato 和 Eckstein 在他们关于 ADMM 的优秀的在线书中确立的计划进行的：

> Distributed Optimization and Statistical Learning via the Alternating Direction Method of Multipliers. Foundations and Trends in Machine Learning, 3(2010): 1-122.

该书对 ADMM 的 4 个步骤都提供了简单的历史介绍（带有参考资料）。这里是对这个问题的一个概述，给凸函数 $f(x)$ 留下了足够的自由度。

$$\boxed{\textbf{最小化 } \boldsymbol{f(x)}\textbf{，约束为 } \boldsymbol{Ax}=\boldsymbol{b}\textbf{：}\boldsymbol{A} \text{ 是 } m\times n \text{ 矩阵}} \tag{4}$$

这是对 $\boldsymbol{x}=(x_1,x_2,\cdots,x_n)$ 的原始问题。第一步是通过引入拉格朗日乘子 $y_1,y_2,\cdots,y_m$ 将 $\boldsymbol{Ax}=\boldsymbol{b}$ 与成本函数 $f(\boldsymbol{x})$ 结合起来：

$$\boxed{\textbf{拉格朗日函数} \qquad L(\boldsymbol{x},\boldsymbol{y})=f(\boldsymbol{x})+\boldsymbol{y}^{\mathrm{T}}(\boldsymbol{Ax}-\boldsymbol{b})=f(\boldsymbol{x})+\boldsymbol{y}^{\mathrm{T}}\boldsymbol{Ax}-\boldsymbol{y}^{\mathrm{T}}\boldsymbol{b}} \tag{5}$$

联合解 $\boldsymbol{x}^*$、$\boldsymbol{y}^*$ 是 L 的一个鞍点：$\min\limits_{\boldsymbol{x}}\max\limits_{\boldsymbol{y}} L=\max\limits_{\boldsymbol{y}}\min\limits_{\boldsymbol{x}} L$。

要解的方程是 $\partial L/\partial\boldsymbol{x}=\mathbf{0}$，$\partial L/\partial\boldsymbol{y}=\mathbf{0}$。事实上，$\partial L/\partial\boldsymbol{y}=\mathbf{0}$ 确实约束 $\boldsymbol{Ax}=\boldsymbol{b}$，这是在带有约束的最优化问题中的基本思路。在第 6 章中，y 被视为在优化点 $\boldsymbol{x}^*$ 处的导数 $\partial L/\partial b$。

现在是从对 $\boldsymbol{x}=(x_1,x_2,\cdots,x_n)$ 的原始问题到对 $\boldsymbol{y}=(y_1,y_2,\cdots,y_m)$ 的对偶问题的关键步骤：**找到最小化 $\boldsymbol{L(x,y)}$ 的 $\boldsymbol{x}$**。最小值出现在一个依赖于 $\boldsymbol{y}$ 的点 $\boldsymbol{x}^*$ 处。那么对偶问题就是最大化 $\boldsymbol{m}(\boldsymbol{y})=\boldsymbol{L}(\boldsymbol{x}^*(\boldsymbol{y}),\boldsymbol{y})$。

$m(y)$ 的最陡增长

为了最大化函数 $m(\boldsymbol{y})$，应找一个点 $\boldsymbol{y}^*$，在该点处所有的偏导数为零。换言之，**梯度为零**：$\boldsymbol{\nabla m}=(\partial m/\partial y_1,\cdots,\partial m/\partial y_m)=\mathbf{0}$。$m$ 关于 $\boldsymbol{y}$ 的导数有一个简洁的公式：$\boldsymbol{\nabla m}=\boldsymbol{Ax}^*-\boldsymbol{b}$。

已知函数 $m(\boldsymbol{y})$ 的一阶偏导数时最大化 $m(\boldsymbol{y})$ 是第 6 章的核心，从而引出深度学习中的优化权重的算法。在那里，我们将最小化损失函数，沿梯度下降（最陡下降）；这里则是最大化 $m(\boldsymbol{y})$，沿梯度上升（最陡上升）。在这两种情况中，梯度都表明最陡的方向。

对（$\max\min L=\max m$），最陡增长

求 $\boldsymbol{x}_{k+1}$ 并遵循 $\boldsymbol{\nabla m}=\boldsymbol{Ax}_{k+1}-\boldsymbol{b}$

$$\boldsymbol{x}_{k+1}=\operatorname{argmin} L(\boldsymbol{x},\boldsymbol{y}_k) \tag{6}$$

$$\boldsymbol{y}_{k+1}=\boldsymbol{y}_k+s_k(\boldsymbol{Ax}_{k+1}-\boldsymbol{b}) \tag{7}$$

数 s_k 是**步长**，它决定在 $\boldsymbol{\nabla m}$ 上坡方向移动多远。并不指望一步到达 m 的最大值，只是一步步往上走。通常的经验是，若起始的那些步是成功的，则后面的步就只给出 m 的小的增加。在金融数学中，对偶变量 $\boldsymbol{y}$ 经常代表“价格”。

注意在式 (6) 中的 “**argmin**”是指函数 L 被最小化的点 $\boldsymbol{x}$。这个对对偶性的介绍（关于 $\boldsymbol{x}$ 的最小化和关于 $\boldsymbol{y}$ 的最大化，先后次序都可以）并不是一时冲动，原因见后文。

对偶分解

假设原始的函数 $f(\boldsymbol{x})$ 是可以分离的：$f(\boldsymbol{x})=f_1(\boldsymbol{x_1})+f_2(\boldsymbol{x_2})+\cdots+f_N(\boldsymbol{x}_N)$，这些 $\boldsymbol{x}_i$ 是 $\boldsymbol{x}=(x_1,x_2,\cdots,x_N)$ 的子向量。以同样的方式拆分 $\boldsymbol{A}$ 的列，使得 $\boldsymbol{A}=[\boldsymbol{A}_1\ \boldsymbol{A}_2\ \cdots\ \boldsymbol{A}_N]$，然后拉格朗日函数 $L(\boldsymbol{x},\boldsymbol{y})$ 被拆分成 N 个较简单的拉格朗日函数 $L_1,L_2,\cdots,L_N$：

$$f(\boldsymbol{x})+\boldsymbol{y}^{\mathrm{T}}(\boldsymbol{Ax}-\boldsymbol{b})=\sum_1^N L_i(\boldsymbol{x}_i,\boldsymbol{y})=\sum_1^N\left[f_i(\boldsymbol{x}_i)+\boldsymbol{y}^{\mathrm{T}}\boldsymbol{A}_i\boldsymbol{x}_i-\frac{1}{N}\boldsymbol{y}^{\mathrm{T}}\boldsymbol{b}\right] \tag{8}$$

现在 L 的 x-最小化被拆分成 N 个最小化问题，它们可以被并行求解。

分解对偶问题	$\boldsymbol{x}_i^{k+1}=\operatorname{argmin} L_i\left(\boldsymbol{x}_i,\boldsymbol{y}^k\right)$	(9)
N 个并行的对偶问题	$\boldsymbol{y}^{k+1}=\boldsymbol{y}^k+s_k(\boldsymbol{Ax}^{k+1}-\boldsymbol{b})$	(10)

从式 (9) 得到的 N 个新的 $\boldsymbol{x}_i^{k+1}$ 被收集组合成式 (10) 中的 $\boldsymbol{Ax}^{k+1}$。然后 $\boldsymbol{y}^{k+1}$ 被拆分，分配到 N 个处理器来分别执行式 (9) 中的下一个迭代的最小化。相对于当 $f(\boldsymbol{x})$ 不被拆分时式 (6) 中的一个大的最小化，这样做可以节省大量的时间。

增广拉格朗日函数

为了使迭代式 (9)、式 (10) 更鲁棒（若 $f(x)$ 不是严格凸的，帮助它们收敛），可以通过一个带有变量 ρ 的惩罚项来增强 $f(x)$：

$$\textbf{增广拉格朗日函数}\quad L_\rho(\boldsymbol{x},\boldsymbol{y})=f(\boldsymbol{x})+\boldsymbol{y}^{\mathrm{T}}(\boldsymbol{Ax}-\boldsymbol{b})+\frac{1}{2}\rho\|\boldsymbol{Ax}-\boldsymbol{b}\|_2^2 \tag{11}$$

这是在约束 $\boldsymbol{Ax}=\boldsymbol{b}$ 下最小化 $f(\boldsymbol{x})+\dfrac{1}{2}\rho\|\boldsymbol{Ax}-\boldsymbol{b}\|_2^2$ 的拉格朗日函数。

同样的步骤引至如式 (6)、式 (7) 的最大化，同时惩罚常数 ρ 变成了一个恰当的步长 s：能够证明每个新的 $(\boldsymbol{x}_{k+1},\boldsymbol{y}_{k+1})$ 满足 $\boldsymbol{\nabla f}(\boldsymbol{x}_{k+1})+\boldsymbol{A}^{\mathrm{T}}\boldsymbol{y}_{k+1}=\boldsymbol{0}$。但是加一个带有 ρ 的惩罚项的做法，存在较大的缺点：*即使 $f(\boldsymbol{x})$ 是可拆分的，拉格朗日函数 L_ρ 也是不可分离的。*

此外，还需要一步利用分离性的优点（使 N 个更简单的最大化运算并行地进行），同时具备源自包括了惩罚项 $\dfrac{1}{2}\rho\|A\boldsymbol{x}-\boldsymbol{b}\|_2^2$ 带来的更好的安全性。

ADMM：交替方向乘子法

关键的新思想是拆分。原来的 $f(x)$ 被拆分成两部分（可能是一个 $\boldsymbol{\ell}^1$ 部分、一个 $\boldsymbol{\ell}^2$ 部分），这两部分为 f_1 和 f_2，但是为了避免用下标，将它们记为 f 和 g。允许 g 有一个新的变量 $\boldsymbol{z}$（而

不是 $\boldsymbol{x}$)，但是通过添加约束 $\boldsymbol{x}=\boldsymbol{z}$ 来恢复原来的问题。这个策略使得问题可拆分，具有并行计算的巨大优势：$\boldsymbol{x}_{k+1}$ 和 $\boldsymbol{z}_{k+1}$ 可以被分配给不同的计算机。

新的约束条件 $\boldsymbol{x}=\boldsymbol{z}$ 加入了原来的 $\boldsymbol{Ax}=\boldsymbol{b}$, 从而形成了共 p 个线性约束条件 $\boldsymbol{Ax}+\boldsymbol{Bz}=\boldsymbol{c}$。**现在最小化** $\boldsymbol{f(x)+g(z)}$，如之前一样，增强拉格朗日函数来取得更安全的收敛性：

$$L_\rho(\boldsymbol{x},\boldsymbol{z},\boldsymbol{y})=f(\boldsymbol{x})+g(\boldsymbol{z})+\boldsymbol{y}^{\mathrm{T}}(\boldsymbol{Ax}+\boldsymbol{Bz}-\boldsymbol{c})+\frac{1}{2}\rho\|\boldsymbol{Ax}+\boldsymbol{Bz}-\boldsymbol{c}\|^2 \tag{12}$$

有一个额外的方程用来在每一步上更新 $\boldsymbol{z}$。和前面一样，步长 s 可以是正则化系数 ρ。ADMM 的优势是 $\boldsymbol{x}$ 和 $\boldsymbol{z}$ 是顺序更新，而不是一起更新的。两个函数 $f(\boldsymbol{x})$ 和 $g(\boldsymbol{z})$ 交替进行。可分离的 f 或 g 将允许片段地分配，以便进行并行的最小化运算。

得到更接近于 $\boldsymbol{x}^*$、$\boldsymbol{z}^*$、$\boldsymbol{y}^*$ 的新 $\boldsymbol{x}$、$\boldsymbol{z}$、$\boldsymbol{y}$ 的步骤如下：

ADMM

$$\boldsymbol{x}_{k+1}=\underset{\boldsymbol{x}}{\operatorname{argmin}}\ L_\rho(\boldsymbol{x},\boldsymbol{z}_k,\boldsymbol{y}_k) \tag{13}$$

$$\boldsymbol{z}_{k+1}=\underset{\boldsymbol{z}}{\operatorname{argmin}}\ L_\rho(\boldsymbol{x}_{k+1},\boldsymbol{z},\boldsymbol{y}_k) \tag{14}$$

$$\boldsymbol{y}_{k+1}=\boldsymbol{y}_k+\rho(\boldsymbol{Ax}_{k+1}+\boldsymbol{Bz}_{k+1}-\boldsymbol{c}) \tag{15}$$

在实践中，ADMM 要达到高精度是一个缓慢的过程，但达到可接受的精度却惊人地快。在这里指出（可以参见有关深度学习的第 7 章)，达到中等程度的精度经常是足够了，甚至是更为希望的，在这样的场合下，对训练数据的过拟合会导致对测试数据不令人满意的结果。

继续按照 Boyd 等的做法来重新缩放对偶变量 $\boldsymbol{y}$。新变量是 $\boldsymbol{u}=\boldsymbol{y}/\rho$，并且在拉格朗日函数中将线性项与二次项结合起来，这产生了一个在实践中具有优势的**缩放版本 ADMM**。

$$\boldsymbol{x}_{k+1}=\underset{\boldsymbol{x}}{\operatorname{argmin}}\ \left(f(\boldsymbol{x})+\frac{1}{2}\rho\|\boldsymbol{Ax}+\boldsymbol{Bz}_k-\boldsymbol{c}+\boldsymbol{u}_k\|^2\right) \tag{16}$$

$$\boldsymbol{z}_{k+1}=\underset{\boldsymbol{z}}{\operatorname{argmin}}\ \left(g(\boldsymbol{z})+\frac{1}{2}\rho\|\boldsymbol{Ax}_{k+1}+\boldsymbol{Bz}-\boldsymbol{c}+\boldsymbol{u}_k\|^2\right) \tag{17}$$

$$\boldsymbol{u}_{k+1}=\boldsymbol{u}_k+\boldsymbol{Ax}_{k+1}+\boldsymbol{Bz}_{k+1}-\boldsymbol{c} \tag{18}$$

在任何一个优化过程，这个当然也不例外，应当确定要解的方程。(就如希望的那样）原始问题中优化的 $\boldsymbol{x}^*$、$\boldsymbol{z}^*$ 及对偶问题中的 $\boldsymbol{y}^*$ 或 $\boldsymbol{u}^*$ 满足这些方程：

$$\boldsymbol{0}=\boldsymbol{\nabla f}(\boldsymbol{x}^*)+\boldsymbol{A}^{\mathrm{T}}\boldsymbol{y}^* \qquad \boldsymbol{0}\in\boldsymbol{\partial f}(\boldsymbol{x}^*)+\boldsymbol{A}^{\mathrm{T}}\boldsymbol{y}^* \tag{19}$$

$$\boldsymbol{0}=\boldsymbol{\nabla g}(\boldsymbol{z}^*)+\boldsymbol{B}^{\mathrm{T}}\boldsymbol{y}^* \qquad \boldsymbol{0}\in\boldsymbol{\partial g}(\boldsymbol{z}^*)+\boldsymbol{B}^{\mathrm{T}}\boldsymbol{y}^* \tag{20}$$

梯度 $\boldsymbol{\nabla f}$ 和 $\boldsymbol{\nabla g}$ 　　　　次微分 $\boldsymbol{\partial f}$ 和 $\boldsymbol{\partial g}$

对这个问题的恰当的处理（以及 ADMM 的收敛性证明）会超出已有准备的凸分析知识。但是，可以看到为什么每一步要这样做来达到式 (16)~式 (18) 中的缩放了的 ADMM。收敛是成立的（参见 Hajinezhad 的文章)，甚至若 f 和 g 不是严格凸的（它们必须是闭的和恰当的。这就允许一个闭的非空凸集合上的 $f=0$ 以及在其他位置 $f=+\infty$。次微分 = 有多值的导数在 K 的边缘上进入这样的一个函数）并且非增强的拉格朗日函数必须有一个鞍点。

下面给出的依照 Boyd ADMM 写的书中的思路发展出来的 4 个重要例子。

[1] Bertsekas D P. Constrained Optimization and Lagrange Multiplier Methods[J]. Athena Scientific, 1986.

[2] Fortin M, Glowinski R. Augmented Lagrangian Methods[J]. North-Holland, 1983-5.

[3] Hajinezhad D, Shi Q. ADMM for a class of nonconvex bilinear optimization[J]. Journal of Global Optimization, 2018, **70**: 261–288.

例 1 这个凸优化的经典问题将是第 6 章的起点。函数 $f(\boldsymbol{x})$ 是凸的。集合 K 是闭的凸集。

$$\boxed{\text{对 } K \text{ 中的}\boldsymbol{x}\text{，最小化}f(\boldsymbol{x})} \tag{21}$$

ADMM 重新写“在 K 中的 $\boldsymbol{x}$”为 g 的最小化。它通过一个约束将 $\boldsymbol{x}$ 与 $\boldsymbol{z}$ 相关联。

$$\boxed{\text{在约束 } \boldsymbol{x}-\boldsymbol{z}=\boldsymbol{0} \text{ 下，最小化}f(\boldsymbol{x})+g(\boldsymbol{z})} \tag{22}$$

g 是集合 K 的**指示函数**：对处于 K 内或外面的 $\boldsymbol{z}$，$g(\boldsymbol{z})=0$ 或 $+\infty$。因此，在最小值处 $g=0$，这迫使最小值点在 K 中。这个指示函数 $g(\boldsymbol{z})$ 是闭且凸的，因为在它的图（K 中）上的那个“圆柱”是闭且凸的。缩放增强拉格朗日函数包括了惩罚项：

$$L(\boldsymbol{x},\boldsymbol{z},\boldsymbol{u})=f(\boldsymbol{x})+g(\boldsymbol{z})+\frac{1}{2}\rho\|\boldsymbol{x}-\boldsymbol{z}+\boldsymbol{u}\|^2 \tag{23}$$

注意通常的 $\boldsymbol{\lambda}^{\mathrm{T}}(\boldsymbol{x}-\boldsymbol{z})$ 项是如何通过一个缩放步骤被置入式 (23) 的。ADMM 将式 (22) 拆分成与投影交替的一个最小化过程：

$$\textbf{ADMM}\qquad \begin{aligned} \boldsymbol{x}_{k+1} &= \operatorname{argmin}\left[f(\boldsymbol{x})+\frac{1}{2}\rho\|\boldsymbol{x}-\boldsymbol{z}_k+\boldsymbol{u}_k\|^2\right] \\ \boldsymbol{z}_{k+1} &= \boldsymbol{x}_{k+1}+\boldsymbol{u}_k\text{到}K\text{的投影} \\ \boldsymbol{u}_{k+1} &= \boldsymbol{u}_k+\boldsymbol{x}_{k+1}-\boldsymbol{z}_{k+1} \end{aligned}$$

例 2 **软阈值** 一个有精确解的重要的 ℓ^1 问题。

$f(\boldsymbol{x})=\lambda\|\boldsymbol{x}\|_1=\lambda|x_1|+\lambda|x_2|+\cdots+\lambda|x_n|$ 拆分成 n 个标量函数 $\lambda|x_i|$。

采用 ADMM 的拆分导致每个特殊函数 $f_1\sim f_n$ 的最小化：

$$f_i(x_i)=\lambda|x_i|+\frac{1}{2}\rho(x_i-v_i)^2,\qquad v_i=z_i-u_i$$

解 x_i^* 是在 6.4 节画出的 v_i 的“软阈值”：

$$x_i^*=\left(v_i-\frac{\lambda}{\rho}\right)_+-\left(-v_i-\frac{\lambda}{\rho}\right)_+=v_i\left(1-\frac{\lambda}{\rho|v_i|}\right)_+ \tag{24}$$

这个阈值函数 x_i^* 不仅是对一个重要的非线性问题的显式解，也是一个**收缩算子：每个 v_i 都趋近于零**。

下面将看到这个软阈值用作一个“近端”算子。

例 3 **非负矩阵的分解 $\boldsymbol{A}\approx\boldsymbol{CR}$**，其中 $C_{ij}\geqslant 0$，$R_{ij}\geqslant 0$。

ADMM 以一个交替最小化开始，这是习惯采用的分解矩阵的方式。

$$\boxed{\begin{array}{lll} \text{寻找 } \boldsymbol{C}\geqslant 0, & \text{最小化 } \|\boldsymbol{A}-\boldsymbol{CR}\|_F^2, & \text{其中 } \boldsymbol{R}\geqslant 0 \text{ 是固定的} \\ \text{寻找 } \boldsymbol{R}\geqslant 0, & \text{最小化 } \|\boldsymbol{A}-\boldsymbol{CR}\|_F^2, & \text{其中 } \boldsymbol{C}\geqslant 0 \text{ 是固定的} \end{array}}$$

Boyd 等指出了一个在 $\boldsymbol{X}=\boldsymbol{CR}$ 约束下的与 $\boldsymbol{C}$ 和 $\boldsymbol{R}$ 等价的问题：

$$\textbf{NMF}\qquad \text{Minimize}\|\boldsymbol{A}-\boldsymbol{X}\|_F^2+I_+(\boldsymbol{C})+I_+(\boldsymbol{R}),\qquad \boldsymbol{X}=\boldsymbol{CR}$$

ADMM 增加了第三步更新对偶变量 $\boldsymbol{U}$。同时它引入了一个新的变量 $\boldsymbol{X}$，其受 $\boldsymbol{X}=\boldsymbol{CR}\geqslant 0$ 的约束。指示函数 $I_+(\boldsymbol{C})$ 对于 $\boldsymbol{C}\geqslant 0$ 是零，对于其他情况都是无穷大。现在 ADMM 拆分成一个对 $\boldsymbol{X}$ 和 $\boldsymbol{C}$ 的最小化，与对 $\boldsymbol{R}$ 的最小化交替进行：

$$(\boldsymbol{X}_{k+1},\boldsymbol{C}_{k+1})=\text{argmin}\left[\|\boldsymbol{A}-\boldsymbol{X}\|_F^2+\frac{1}{2}\rho\|\boldsymbol{X}-\boldsymbol{C}\boldsymbol{R}_k+\boldsymbol{U}_k\|_F^2\right],\qquad \boldsymbol{X}\geqslant 0,\boldsymbol{C}\geqslant 0$$

$$\boldsymbol{R}_{k+1}=\text{argmin}\|\boldsymbol{X}_{k+1}-\boldsymbol{C}_{k+1}\boldsymbol{R}+\boldsymbol{U}_k\|_F^2,\qquad \boldsymbol{R}\geqslant 0$$

$$\boldsymbol{U}_{k+1}=\boldsymbol{U}_k+\boldsymbol{X}_{k+1}-\boldsymbol{C}_{k+1}\boldsymbol{R}_{k+1}$$

$\boldsymbol{X}_{k+1}$、$\boldsymbol{C}_{k+1}$ 的行，然后 $\boldsymbol{R}_{k+1}$ 的列都能分别得到。拆分有利于并行计算。

例 4 LASSO算法的目的是通过包含一个 ℓ^1 惩罚项求得对 $\boldsymbol{Ax}=\boldsymbol{b}$ 的稀疏解：

$$\textbf{LASSO}\qquad \text{Minimize}\quad \frac{1}{2}\|\boldsymbol{Ax}-\boldsymbol{b}\|^2+\lambda\|\boldsymbol{x}\|_1 \tag{25}$$

之后这个问题立即被拆分为带有约束 $\boldsymbol{x}-\boldsymbol{z}=\boldsymbol{0}$ 的 $f(\boldsymbol{x})+g(\boldsymbol{z})$。对 $\boldsymbol{x}$ 的子问题是最小二乘，因此遇到了 $\boldsymbol{A}^{\mathrm{T}}\boldsymbol{A}$，用 $\frac{1}{2}\rho\|\boldsymbol{Ax}-\boldsymbol{b}\|^2$ 来增强。

缩放了的 ADMM	$\boldsymbol{x}_{k+1}=(\boldsymbol{A}^{\mathrm{T}}\boldsymbol{A}+\rho\boldsymbol{I})^{-1}(\boldsymbol{A}^{\mathrm{T}}\boldsymbol{b}+\rho(\boldsymbol{z}_k-\boldsymbol{u}_k))$
软阈值	$\boldsymbol{z}_{k+1}=\boldsymbol{S}_{\lambda/\rho}(\boldsymbol{x}_{k+1}+\boldsymbol{u}_k)$
对偶变量	$\boldsymbol{u}_{k+1}=\boldsymbol{u}_k+\boldsymbol{x}_{k+1}-\boldsymbol{z}_{k+1}$

通过将 $\boldsymbol{A}^{\mathrm{T}}\boldsymbol{A}+\rho\boldsymbol{I}$ 的 $\boldsymbol{LU}$ 因子存起来，第一步被简化到反向替代。Boyd 等指出，用 $\|\boldsymbol{Fx}\|_1=\sum|x_{i+1}-x_i|$ 来取代 $\|\boldsymbol{x}\|_1=\sum|x_i|$，就将这个例子转换到“总变差去噪”。他们的电子书提供了出色并令人信服的 ADMM 的例子。

矩阵拆分与近端算法

$\boldsymbol{Ax}=\boldsymbol{b}$ 到 ADMM 的第一个联系来自将矩阵拆分为 $\boldsymbol{A}=\boldsymbol{B}+\boldsymbol{C}$。在经典的例子中，$\boldsymbol{B}$ 可能是 $\boldsymbol{A}$ 的对角线部分或 $\boldsymbol{A}$ 的下三角部分（Jacobi 或Gauss-Seidel 拆分）。这些做法被Douglas-Rachford 和Peaceman-Rachford 改进，他们通过增加 $\alpha\boldsymbol{I}$ 与在$\boldsymbol{B}$ 和 $\boldsymbol{C}$ 之间交替来进行规范化：

$$\boxed{\begin{aligned}(\boldsymbol{B}+\alpha\boldsymbol{I})\boldsymbol{x}_{k+1}&=\boldsymbol{b}+(\alpha\boldsymbol{I}-\boldsymbol{C})\boldsymbol{z}_k\\(\boldsymbol{C}+\alpha\boldsymbol{I})\boldsymbol{z}_{k+1}&=\boldsymbol{b}+(\alpha\boldsymbol{I}-\boldsymbol{B})\boldsymbol{x}_{k+1}\end{aligned}} \tag{26}$$

这个想法出现在 1955 年，当时那些问题是线性的。之后导致更深入的非线性思想：近端算子和单调算子。一个特别的性质是对几个重要的近端算子的精确公式的出现，特别是在例 2 中那个导致软阈值与收缩的 $\boldsymbol{\ell}^1$ 最小化。定义 **Prox** 算子，并将其与 ADMM 关联。

在优化运算中，那些与式 (26) 相比拟的有 $\boldsymbol{b}=\boldsymbol{0}$，$\boldsymbol{B}=\boldsymbol{\nabla F_2}$。这里 $\boldsymbol{F}_2$ 是 $\boldsymbol{\ell^2}$ 部分，并且它的梯度 $\boldsymbol{\nabla F_2}$（或它的次梯度$\boldsymbol{\partial F_2}$）实际上是线性的。然后 $\boldsymbol{\partial F_2}+\alpha\boldsymbol{I}$ 对应 $\boldsymbol{B}+\alpha\boldsymbol{I}$，并且其逆是一个 **“近端算子”**：

$$\boxed{\mathbf{Prox}_{\boldsymbol{F}}(\boldsymbol{v})=\operatorname{argmin}\left(\boldsymbol{F}(\boldsymbol{x})+\frac{1}{2}\|\boldsymbol{x}-\boldsymbol{v}\|_2^2\right)} \tag{27}$$

来验证这种近端方法（以及拆分成 $\boldsymbol{F}_1+\boldsymbol{F}_2$）的关键结论是

(1) $\boldsymbol{\ell^2}$ 问题理解得十分清楚了，并且**解起来很快**；

(2) $\boldsymbol{\ell^1}$ 问题经常有**闭解**（**通过收缩**）。

双步结合（类似于对双步式 (26) 的优化）是带有缩放因子 α 的 ADMM 的 “近端版本”：

$$\mathbf{ADMM}\quad \begin{aligned} \boldsymbol{x}_{k+1}&=(\partial \boldsymbol{F}_2+\alpha \boldsymbol{I})^{-1}(\alpha \boldsymbol{z}_k-\alpha \boldsymbol{u}_k) && (28\text{a})\\ \boldsymbol{z}_{k+1}&=(\partial \boldsymbol{F}_1+\alpha \boldsymbol{I})^{-1}(\alpha \boldsymbol{x}_{k+1}+\alpha \boldsymbol{u}_k) && (28\text{b})\\ \boldsymbol{u}_{k+1}&=\boldsymbol{u}_k+\boldsymbol{x}_{k+1}-\boldsymbol{z}_{k+1} && (28\text{c})\end{aligned}$$

总的说来，这些近端算法可应用于凸优化问题。遇上合适的问题，它们求解起来是很快的，包括分布式的问题，即并行地最小化多个项的和（如对 ADMM）。Parikh 和 Boyd 指出，**Prox** 算子在最小化一个函数与不要移动得太远之间做折中。他们将其与梯度下降 $\boldsymbol{x}-\alpha\boldsymbol{\nabla F}(\boldsymbol{x})$ 进行比较，其中 α 起到了步长的作用。**Prox** 的不动点是 F 最小值点。

下面是两篇极佳的参考文章及有例子的源代码的网址：

[1] Combettes P, Pesquet J-C. Proximal splitting methods in signal processing, in Fixed-Point Algorithms for Inverse Problems[M]. Springer, (2011). arXiv: 0912.3522.

[2] Parikh N, Boyd S. Proximal algorithms[J]. Foundations and Trends in Optimization, 2013, **1**: 123-321.

[3] Book and codes: `http://stanford.edu/~boyd/papers/pdf/prox_algs.pdf`.

Bregman 距离

Bregman 一词在本书中第一次出现，但是 “Bregman 距离”是一个日益重要的概念，其不寻常的表征是缺乏对称性：$D(u,v)\neq D(v,u)$，并且从 u 到 v 的距离依赖于一个函数 f。的确有 $D\geqslant 0$ 以及沿着一条直线，若 $u<w<v$，则 $D(w,v)\leqslant D(u,v)$：

$$\textbf{Bregman 距离 } \boldsymbol{D}\qquad \boldsymbol{D_f(u,v)=f(u)-f(v)-(\nabla f(v),u-v)} \tag{29}$$

在 $f(\boldsymbol{x})$ 的图有尖点的地方梯度 $\boldsymbol{\nabla f}$ 总是被**次梯度** $\boldsymbol{\partial f}$ 取代，$\boldsymbol{\partial f}$ 可以是凸函数 $f(\boldsymbol{x})$ 的图下方的任何一个切平面的斜率（图 3.3）。在一维空间中的标准例子是绝对值函数 $|\boldsymbol{x}|$ 与 ReLU 函数 $\mathbf{max}\,(\mathbf{0},\boldsymbol{x})=\dfrac{\mathbf{1}}{\mathbf{2}}(\boldsymbol{x}+|\boldsymbol{x}|)$，它们的尖点都在 $x=0$。对 $|x|$ 的切平面可以有斜率 $\boldsymbol{\partial}\,|\boldsymbol{x}|$ 落在 $(-1,1)$。

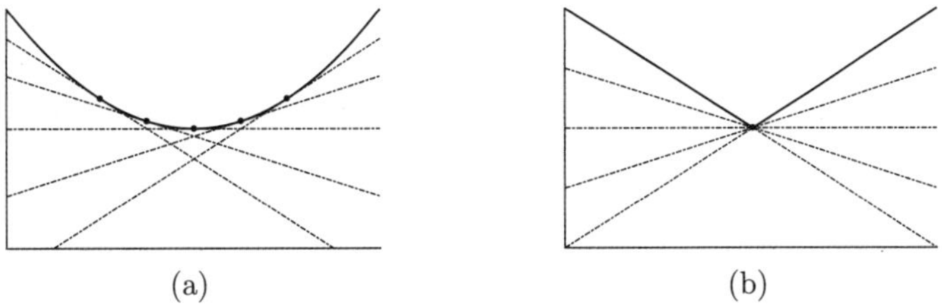

图 3.3　光滑函数 $f(x)$，在每点上的切线有斜率 $\boldsymbol{\nabla f}$；尖角函数 $f(x)=|x|$，在一个尖点上存在许多斜率为 ∂f （次梯度）的切线

对 $\boldsymbol{\partial}$(ReLU)，斜率落在 $(0,1)$。这些次梯度使得 $\boldsymbol{\partial f}$ 成为对 $\boldsymbol{\nabla f}$ 的有效（但是多值）替代。

分拆的 Bregman 迭代和分拆的 Kaczmarz 迭代

对带有一个 ℓ^1 惩罚项的最小化（如基追踪），需要来看看两个迭代算法。从 $\boldsymbol{Ax}=\boldsymbol{b}$ 开始：
参数 $\boldsymbol{\lambda \geqslant 0}$ 的线性化了的 Bregman 迭代

$$\boldsymbol{y}_{k+1}=\boldsymbol{y}_k-s_k\boldsymbol{A}^{\mathrm{T}}(\boldsymbol{A}\boldsymbol{x}_k-\boldsymbol{b}) \tag{30}$$

$$\boldsymbol{x}_{k+1}=\boldsymbol{S}_\lambda(\boldsymbol{y}_{k+1})=\operatorname{sign}(y_{k+1})\max(|y_{k+1}|-\lambda,0) \tag{31}$$

式 (30) 是用来减小 $\|\boldsymbol{Ax}-\boldsymbol{b}\|^2$ 的正常可调整的一步，其步长是 $s>0$。然后软阈值函数 $\boldsymbol{S}$ 被应用到向量 $\boldsymbol{y}_{k+1}$ 的每个元素。若 $\boldsymbol{y}_{k+1}=(1,-3)$ 且 $\lambda=2$，从式 (31) 中的这个非线性函数 $\boldsymbol{S}$ 得到的输出 $\boldsymbol{x}_{k+1}$ 将是向量 $\boldsymbol{x}_{k+1}$：

$$\boldsymbol{x}_{k+1}=((1)\max(1-2,0),(-1)\max(3-2,0))=(\mathbf{0},\mathbf{-1})$$

若 $\boldsymbol{Ax}=\boldsymbol{b}$ 有一个解，且 $s\lambda_{\max}(\boldsymbol{A}^{\mathrm{T}}\boldsymbol{A})<1$，则 Bregman 向量 $\boldsymbol{x}_k$ 将收敛到一个最优向量 $\boldsymbol{x}^*$：

$$\boldsymbol{x}^* \quad 最小化 \quad \boldsymbol{\lambda}\|\boldsymbol{x}\|_{\mathbf{1}}+\frac{\mathbf{1}}{\mathbf{2}}\|\boldsymbol{x}\|_{\mathbf{2}}^{\mathbf{2}}, \quad 约束为 \quad \boldsymbol{Ax}=\boldsymbol{b} \tag{32}$$

Kaczmarz 迭代对由稀疏向量构成的大数据是高效的。标准的步骤解 $\boldsymbol{Ax}=\boldsymbol{b}$，这些步骤依次或随机地对 n 个方程 $\boldsymbol{a}_i^{\mathrm{T}}\boldsymbol{x}=\boldsymbol{b}_i$（其中 $\boldsymbol{a}_i^{\mathrm{T}}$ 是 $\boldsymbol{A}$ 的第 i 行）循环进行。每一步用 $\boldsymbol{A}^{\mathrm{T}}$ 的一列倍数 $c\boldsymbol{a}_i$ 来调整 $\boldsymbol{x}_k$ 以满足第 i 个方程 $\boldsymbol{a}_i^{\mathrm{T}}\boldsymbol{x}_{k+1}=b_i$：

$$\boldsymbol{x}_{k+1}=\boldsymbol{x}_k+\frac{b_i-\boldsymbol{a}_i^{\mathrm{T}}\boldsymbol{x}_k}{\|\boldsymbol{a}_i\|^2}\boldsymbol{a}_i \quad 解出了 \quad \boldsymbol{a}_i^{\mathrm{T}}\boldsymbol{x}_{k+1}=\boldsymbol{a}_i^{\mathrm{T}}\boldsymbol{x}_k+\boldsymbol{a}_i^{\mathrm{T}}\boldsymbol{a}_i\frac{b_i-\boldsymbol{a}_i^{\mathrm{T}}\boldsymbol{x}_k}{\|\boldsymbol{a}_i\|^2}=b_i \tag{33}$$

稀疏Kaczmarz 步骤将式 (33) 与式 (31) 中的软阈值结合起来：

$$\textbf{稀疏 Kaczmarz 迭代} \quad \boldsymbol{y}_{k+1}=\boldsymbol{x}_k-s_k\boldsymbol{a}_i, \qquad \boldsymbol{x}_{k+1}=S(\boldsymbol{y}_{k+1}) \tag{34}$$

在选择步长 s_k 上，总是有自由度的。选择 $s_k=(\boldsymbol{a}_i^{\mathrm{T}}\boldsymbol{x}_k-b_i)/\|\boldsymbol{a}_i\|^2$ 是符合 Kaczmarz 迭代的。Lei、Zhou 对这个问题已经提出了一种**在线的学习算法**，这意味着一旦新的观察 b_k 与新的方程 $\boldsymbol{a}_k^{\mathrm{T}}\boldsymbol{x}=b_k$ 加入运算，$k\to k+1$ 这一步就被执行。然后学习算法 [式 (34)] 立即计算 $\boldsymbol{y}_{k+1}$ 和 $\boldsymbol{x}_{k+1}$。

[1] Goldstein T, Osher S. The split Bregman method for L^1 regularized problems[J]. SIAM Journal of Imaging Sciences, 2009, **2**: 323-343.

[2] Yin W, Osher S, Goldfarb D, Darbon J. Bregman iterative algorithms for ℓ^1 minimization with applications to compressed sensing[J]. SIAM J. Imaging Sciences 2008, **1**: 143-168.

[3] Lei Y, Zhou D-X. Learning theory of randomized sparse Kaczmarz method[J]. SIAM J. Imaging Sciences, 2018, **11**: 547-574.

有界变差 (Bounded Variation)：梯度的 L^1 范数

天然的图像是有边的，跨过这些边，定义函数 $u(x,y)$ 会有一个跳变。其梯度 $\boldsymbol{\nabla u}=(\partial u/\partial x,\partial u/\partial y)$ 沿着边的方向是光滑的，但在垂直的方向 **$\boldsymbol{\nabla u}$ 有一个 δ 函数**。u 的能量范数是

无穷大的，但它的有界变差是有限的：

$$\|\nabla \boldsymbol{u}\|_2^2=\iint(u_x^2+u_y^2)\mathrm{d}x\mathrm{d}y=\infty,\quad \text{但是}\quad \|\boldsymbol{u}\|_{\mathbf{BV}}=\|\nabla u\|_1=\iint\sqrt{u_x^2+u_y^2}\mathrm{d}x\mathrm{d}y<\infty$$

在一维空间中，$u(x)$ 会是一个单位阶跃函数，其导数是一个δ 函数 $\delta(x)$。$\delta(x)^2$ 的积分是无穷大的，但是 $\delta(x)$ 的积分是 1。不能使用 $\delta(x)$ 的 $\boldsymbol{L}^2$ 范数，但是可以用 $\delta(x)$ 的 $\boldsymbol{L}^1$ 范数。

在图像减噪的应用中，BV 范数是一个非常成功的惩罚项。可以拟合数据，并且用 BV 范数来防止不受制约的振荡。图像可以是光滑或逐段光滑的，但不能有随机的 “斑点” 噪声。

Rudin L, Osher S, Fatemi E. Nonlinear total variation based noise removal algorithms[J]. Physica D, 1992, **60**: 259-268. (This paper was fundamental in applying **BV**.)

习题 3.4

1. 直线 $\boldsymbol{x}^{\mathrm{T}}\boldsymbol{v}=1$ 上的哪个向量 $\boldsymbol{x}$ 最小化 $f(\boldsymbol{x})=\|\boldsymbol{x}\|^2$？
2. 接着本节中的例 1，将习题 1 写成当 $\boldsymbol{x}=\boldsymbol{z}$ 时的 $f(\boldsymbol{x})+g(\boldsymbol{z})$ 最小化问题。描述这个 0-1 指示函数 $g(\boldsymbol{z})$，并且取从 $\boldsymbol{x}=\boldsymbol{0}$，$\boldsymbol{z}=\boldsymbol{0}$，$\boldsymbol{u}=\boldsymbol{0}$ 开始的 ADMM 的一步。
3. 设 $\boldsymbol{w}=(2,3)$，直线 $\boldsymbol{x}^{\mathrm{T}}\boldsymbol{w}=1$ 上的哪个向量 $\boldsymbol{x}$ 最小化 $\lambda\|\boldsymbol{x}\|_1$？
4. 继续本节中的例 2，从 $\boldsymbol{x}=(1,1)$ 出发，取习题 3 中的一步 ADMM。
5. 若 $\boldsymbol{A}=\begin{bmatrix}2&1\\-1&2\end{bmatrix}$，求解最小化 $\|\boldsymbol{A}-\boldsymbol{C}\boldsymbol{R}\|_F^2$ 的矩阵 $\boldsymbol{C}\geqslant 0$，$\boldsymbol{R}\geqslant 0$。
6. 仿照本节中的例 3，取习题 5 中的 ADMM-步：

   由$\boldsymbol{A}=\begin{bmatrix}2&1\\-1&2\end{bmatrix}$，$\boldsymbol{R}_0=\begin{bmatrix}2&0\\0&1\end{bmatrix}$，$\boldsymbol{U}_0=\begin{bmatrix}1&0\\0&1\end{bmatrix}$ 计算 $\boldsymbol{X}_1$、$\boldsymbol{C}_1$、$\boldsymbol{R}_1$、$\boldsymbol{U}_1$。
7. 求最小化 $\frac{1}{2}\|\boldsymbol{A}\boldsymbol{x}-\boldsymbol{b}\|_2^2+\lambda\|\boldsymbol{x}\|_1$ 的 LASSO 向量 $\boldsymbol{x}$，其中

$$\boldsymbol{A}=\begin{bmatrix}4&1\\0&1\end{bmatrix},\quad \boldsymbol{b}=\begin{bmatrix}1\\1\end{bmatrix},\quad \lambda=2$$

8. 仿照本节中的例 4，从有 $\rho=2$ 的 $\boldsymbol{u}_0=(1,0)=\boldsymbol{z}_0$ 处取习题 7 中的 ADMM 一步。
9. 得到式 (27) 中的 $\mathbf{Prox}_F(\boldsymbol{v})=\operatorname{argmin}\left(\frac{1}{2}\|\boldsymbol{x}\|^2+\frac{1}{2}\|\boldsymbol{x}-\boldsymbol{v}\|^2\right)$，这是 $F(\boldsymbol{x})=\frac{1}{2}\|\boldsymbol{x}\|^2$ 的近端算子，它是 $\boldsymbol{v}$ 的函数。

   这里是 3 个函数空间（每一个被包含在下一个空间内）及 3 个 $u(x,y)$ 的例子：

   光滑 $u(x,y)$ **Lipschitz** (斜率能够突变) **有界变差** (u 能够突变)

   碗 x^2+y^2 **平坦的底** $\max(x^2+y^2-1,0)$ **圆柱形底**（沿着 $r=1$ 将步骤加起来）

   一个简洁的 “余面积公式” 将 u 的 BV 范数表示成水平集 $L(t)$ 的长度的积分，这里 $u(x,y)=t$。$\iint\|\mathbf{grad}\ \boldsymbol{u}\|\ \mathbf{d}\boldsymbol{x}\ \mathbf{d}\boldsymbol{y}=\int(\boldsymbol{L}(\boldsymbol{t})\text{的长度})\mathbf{d}\boldsymbol{t}$。

   例　对碗 $u(x,y)=x^2+y^2$ 计算余面积公式的两边：

在左边，$\|\text{grad }u\| = \|(2x, 2y)\| = 2r$。碗面积从 $0 \sim R$ 的积分：$\|u\|_{\text{BV}} = \|\text{grad }u\|_1 = \iint (2r) r\text{d}r\text{d}\theta = 4\pi R^3/3$。

在右边，$u = t$ 的水平集是长度为 $2\pi\sqrt{t}$ 的圆 $x^2 + y^2 = t$。t 从 0 到 $R^2 L(t)$ 长度的积分是 $\int 2\pi\sqrt{t}\,\text{d}t = 4\pi R^3/3$。

10. 若在一个边为 $x = 0, y = 0, x + y = 1$ 的三角形中 $u(x, y) = x + y$，求 $\|u\|_{\text{BV}}$。若在一个单位正方形内 $u = 0$，在正方形外 $u = 1$，求 $\|u\|_{\text{BV}}$。

3.5 压缩传感与矩阵补全

压缩传感的基本原理是一个稀疏的信号能够从不完整的数据中精确地复原。从很少几次测量中获得完美的图像是出乎意料的。ℓ^1 菱形和 ℓ^2 球面的几何可以解释这一点。现在数学的分析已经确认了对 $\boldsymbol{A}$ 的条件及最小的测量数。下面将给出一个总结。

Nyquist-Shannon 理论依然发挥很大的作用。为了精确地恢复一个有噪声的信号，必须使用至少是 2 倍于其最高频率的采样率；否则，部分信号就会丢失。但稀疏信号不是噪声，若一个信号是由少数几个正弦或小波信号所表示的，则该稀疏信号能通过少数几次测量被恢复（其概率非常接近于 1）。

重要的是**稀疏性取决于信号用来被表示的基** $\boldsymbol{v}_1, \boldsymbol{v}_2, \cdots, \boldsymbol{v}_n$。它只用几个 $\boldsymbol{v}$，并且信号可以用不同的基 $\boldsymbol{w}_1, \boldsymbol{w}_2, \cdots, \boldsymbol{w}_n$ 探知。$\boldsymbol{v}$ 是表示矩阵 $\boldsymbol{V}$ 的列，$\boldsymbol{w}$ 是获取矩阵 $\boldsymbol{W}$ 的列。一个常见的例子：$\boldsymbol{v}$ 是傅里叶基，$\boldsymbol{w}$ 是尖峰基。则 $\boldsymbol{V}$ 是傅里叶矩阵 $\boldsymbol{F}$，同时 $\boldsymbol{W}$ 是单位矩阵 $\boldsymbol{I}$。

压缩传感的一个关键要求是 $\boldsymbol{V}$ 和 $\boldsymbol{W}$ 的“**非相干性**”：$\boldsymbol{V}^{\text{T}}\boldsymbol{W}$ 的元素是小的。它们是内积 $\boldsymbol{v}_i^{\text{T}}\boldsymbol{w}_j$。幸运的是，$\boldsymbol{F}$ 和 $\boldsymbol{I}$ 的相干性很低，$\boldsymbol{F}$ 的所有元素大小相等。更幸运的是，$\|\text{列}\| = 1$ 的随机矩阵几乎与任何固定的基都是不相干的。因此，随机性与概率接近于 1 是压缩传感的关键思想。

传感这一步仅产生未知信号 $\boldsymbol{f}$的 $m < n$ 个非零系数 y_k：$\boldsymbol{y} = \boldsymbol{W}^{\text{T}}\boldsymbol{f}$。为了构造接近于这个 $\boldsymbol{f}$ 的 $\boldsymbol{f}^* = \boldsymbol{V}\boldsymbol{x}^*$，可以用 ℓ^1 优化求 $\boldsymbol{x}^*$：

$$\text{最小化 } \|\boldsymbol{x}\|_1, \quad \text{约束为 } \boldsymbol{W}^{\text{T}}\boldsymbol{V}\boldsymbol{x} = \boldsymbol{y} \tag{1}$$

这是一个线性规划问题（基追踪），再次告诉我们期望得到一个稀疏解 $\boldsymbol{x}^*$（在满足 $\boldsymbol{W}^{\text{T}}\boldsymbol{V}\boldsymbol{x} = \boldsymbol{y}$ 的向量集合的一个角上）。因此，单纯形方法是定位 $\boldsymbol{x}^*$ 的一种有潜力的算法。还有一些更快的方法来解问题 (1)。

基本定理由 Candès 、Tao 和Donoho 建立。

假设 $\boldsymbol{V}$ 和 $\boldsymbol{W}$ 是非相干的，并且 $\boldsymbol{x}^*$ 是稀疏的（$\leqslant S$ 个非零项）。如果 $m > C\,S\log n$，式 (1) 的解精确地重现 $\boldsymbol{f}$ 的概率是足够大的。

注解：当真实的信号在 $\boldsymbol{w}$ 基上超稀疏时，会出现一个不寻常的情形。或许它就是 $\boldsymbol{w}$ 中的一个。然后采样可能仅找到了零，而完全错过了在 $\boldsymbol{x}^*$ 中的 $\boldsymbol{w}$。这就是概率进入压缩传感的一个原因。

上面这个基本定理并不完整，系统是有噪声的。因此我们是在恢复一个向量 $\boldsymbol{x}$，它是 $\boldsymbol{A}\boldsymbol{x} = \boldsymbol{b} + \boldsymbol{z}$ 的解，其中 $\boldsymbol{z}$ 可以是随机且未知的。这个稀疏问题就在眼前，但它没有精确地拟合带噪声的数据。我们希望有**稳定的恢复**：用带噪声的数据来解式 (1)，并获得一个 $\boldsymbol{x}^*$，它**靠近稀疏的** $\boldsymbol{x}^{**}$（$\leqslant \boldsymbol{S}$ **个非零项**）。**这个** $\boldsymbol{x}^{**}$ **可能来自没有噪声的数据**。

当 $\boldsymbol{A}$ 有 $\delta<\sqrt{2}-1$ 的 **“受限制的等距性质”**(**restricted isometry property, RIP**)时，这个结论是成立的：

$$(\mathbf{RIP})\quad 若\boldsymbol{x}是S稀疏的，则(1-\delta)\|\boldsymbol{x}\|_2^2\leqslant\|\boldsymbol{A}\boldsymbol{x}\|_2^2\leqslant(1+\delta)\|\boldsymbol{x}\|_2^2 \tag{2}$$

幸运的是，矩阵 $\boldsymbol{A}$ 的列可以从单位球面上随机选择，或从正态分布 $\mathcal{N}(0,1/m)$ 中随机选择，或具有等于 $\pm1/\sqrt{m}$ 的独立的随机元素，或以其他随机方式。如果 $m>C\,S\log(n/S)$，则几乎满足这个 RIP 要求。

这就将测量的次数 m 与稀疏度 S 最后联系起来了，并且带噪声的数据导致可用 LASSO 去替换基追踪（其中，$\boldsymbol{A}\boldsymbol{x}$ 恰好等于 $\boldsymbol{b}$)：

$$\textbf{带有噪声的 LASSO}\qquad 在约束\ \|\boldsymbol{A}\boldsymbol{x}-\boldsymbol{b}\|_2\leqslant\epsilon\ 下，最小化\ \|\boldsymbol{x}\|_1 \tag{3}$$

压缩传感的这个介绍参考了 *IEEE Signal Processing Magazine* **21** (2008 年 3 月)。那篇文章提到了 Candès、Tao 和 Donoho 的早期工作，他们实现了一个十分有价值的目标。不是采集超大量的数据然后将其全部压缩（就如照相机做的那样)，而是只有 $m=O(S(\log n/S))$ 被获取和使用。正如 Rich Baraniuk 展示的，*没有镜头的单像素照相机成为可能*。或许医疗应用是最有价值的，我们将从这些开始并结束本节。

这是从 2004 年 Candès 的一次意外观察开始的。Logan-Shepp 测试图像（人脑的抽象模型）被噪声破坏了，看起来好像核磁共振成像（MRI）停止得太快。为了改善图像，Candès 尝试使用 $\boldsymbol{\ell}^1$。*令他惊讶的是，幻影图像变得完美*（即使数据不完整)。它几乎是伦琴 1895 年发现 X 射线的在线版，这个偶然的事件催生了一个行业。

令人难以置信的是，就在撰写这些文字的那一周，David Donoho 的一篇短文出现在了 *Notices of the American Math Society* 的在线版上（2018 年 1 月)。它描述了压缩传感如何加速 MRI。扫描时间从 8min 减少到 70s，仍具有高质量的图像。动态心脏成像甚至对儿童也变得可行。Michael Lustig 是 MRI 成功的先驱，许多数学家对理论和算法做出了贡献。美国食品和药物管理局 (FDA) 已批准了一项将在美国逐步实现的变革，大量的扫描仪将得以升级。

Donoho 这篇文章表明研究经费的资助、互相协作、理论和实验（加上一点运气）结合起来产生了惊人的结果。

核范数中的矩阵补全

矩阵的秩就像向量中非零的个数。在某种程度上，秩衡量稀疏度。对于低秩，奇异值的矩阵 $\boldsymbol{\Sigma}$ 实际上是稀疏的（r 个非零)。正如非零的数量是向量的“0 范数”一样，**秩是矩阵的 “0 范数”**。但是，$\|\boldsymbol{v}\|_0$ **和** $\|\boldsymbol{A}\|_0$ **不是真正的向量和矩阵范数**，因为 $\|\boldsymbol{v}\|_0=\|2\boldsymbol{v}\|_0$，$\operatorname{rank}(\boldsymbol{A})=\operatorname{rank}(2\boldsymbol{A})$。乘以 2 不会改变非零的数量或秩，但它总是使任何真正的范数翻倍。

尽管如此，通常希望向量稀疏，矩阵低秩。矩阵补全问题开始于矩阵 $\boldsymbol{A}_0$ 中的缺失元素。要将 $\boldsymbol{A}_0$ 变成一个完全的 $\boldsymbol{A}$，同时保持尽可能低的秩。在此过程中也引入了最小限度的未经解释的数据。**数据缺失**的问题在所有的观测科学领域中都很普遍。为了填补空白，需要对完全的 $\boldsymbol{A}$ 进行一些假设，而具有最小的秩是一个自然的选择。下面的矩阵都是能够被补全成秩为 1 的矩阵：

$$A_0 = \begin{bmatrix} \mathbf{1} & \mathbf{2} \\ * & * \end{bmatrix}, \quad B_0 = \begin{bmatrix} \mathbf{1} & * \\ * & \mathbf{4} \end{bmatrix}, \quad C_0 = \begin{bmatrix} \mathbf{1} & \mathbf{2} \\ \mathbf{3} & * \end{bmatrix}$$

$\boldsymbol{A}_0$ 允许在第二行中填充 $(1,2)$ 的任何倍数；$\boldsymbol{B}_0$ 允许任何满足 $bc=4$ 的数 b 和 c；$\boldsymbol{C}_0$ 在最后一项中只允许填入 6。

对向量，将稀疏范数 $\|\boldsymbol{v}\|_0$ 放宽到 $\boldsymbol{\ell}^1$ 范数 $\|\boldsymbol{v}\|_1$。对矩阵，**将秩范数 $\|\boldsymbol{A}\|_0$ 放宽为核范数 $\|\boldsymbol{A}\|_N$**。这个核范数是 $\boldsymbol{\Sigma}$ 的对角元的 $\boldsymbol{\ell}^1$ 范数。**将奇异值的和最小化：**

$$\textbf{核范数} \qquad \|\boldsymbol{A}\|_{\boldsymbol{N}} = \boldsymbol{\sigma_1} + \boldsymbol{\sigma_2} + \cdots + \boldsymbol{\sigma_r} \tag{4}$$

现在有了一个凸范数，但不是严格凸的：$\|\boldsymbol{B}_1+\boldsymbol{B}_2\|_N = \|\boldsymbol{B}_1\|_N + \|\boldsymbol{B}_2\|_N$ 在三角“不等式”中是可能的。实际上，上例中的矩阵 $\boldsymbol{B}_0$ 可以通过取 -2 或 2 的任何 $b=c$ 对称地补全。核范数 $\|\boldsymbol{B}\|_N$ 保持为 **5**（奇异值 = 特征值，$\|\boldsymbol{B}\|_N$ = 这个半正定 $\boldsymbol{B}$ 的迹）。秩 1 的矩阵与菱形 $\|\boldsymbol{x}\|_1 = 1$ 上的尖点大致类似。

矩阵补全的一个著名的例子是 Netflix 竞赛。n 个客户对 m 部电影的评分被录入 $\boldsymbol{A}_0$，但是客户并没有看所有的电影，许多评分是缺失的，这些必须由推荐系统来预测。核范数提供了一个很好的解决方案，这是根据人类的心理进行调整的，Netflix 不是纯数学领域的竞争。

另一个应用是从大量采样数据中计算协方差矩阵。找到所有协方差 σ_{ij} 可能会付出很大代价（典型情况：365 天中所有股票的协方差）。可以通过矩阵补全来计算一些协方差并估计其余部分。一个科学的例子是在 10^4 个位置测量海洋表面的所有协方差。

下面是对秩最小化到核范数最小化的“凸松弛”：

矩阵补全　　最小化 $\|\boldsymbol{A}\|_{\boldsymbol{N}}$，约束是：在已知元素中，$\boldsymbol{A}=\boldsymbol{A}_0$

数学问题是已知秩为 r 的 $n\times n$ 矩阵中的 K 个元素，只要 K 足够大，整个矩阵就可以得到完美的恢复。Candès 和 Recht 证明，若 $K > C\,n^{5/4}\,r\log n$，则（在一个合适的模型中）$\boldsymbol{A}$ 能够完美地被恢复。

以下是对他们证明的一些评论和参考文献。

(1)“概率高”并不意味着“一定”。必须使用随机矩阵 $\boldsymbol{A}$ 的模型。一种选择将 $\boldsymbol{U}$ 和 $\boldsymbol{V}$ 作为 $\boldsymbol{A}=\boldsymbol{U\Sigma V}^{\mathrm{T}}$ 中的随机正交矩阵。

(2) 分析与证明采用 5.3 节中统计学的关键不等式的矩阵版本。

(3) 找到具有最小核范数的 $\boldsymbol{A}$ 这个过程可表示为**半定程序：**

$$\text{最小化矩阵} \begin{bmatrix} \boldsymbol{W}_1 & \boldsymbol{X} \\ \boldsymbol{X} & \boldsymbol{W}_2 \end{bmatrix} \text{的迹，} \quad \begin{array}{l} \boldsymbol{X} \text{ 包含已知元素} \\ \boldsymbol{W}_1, \boldsymbol{W}_2 \text{ 是半正定的} \end{array}$$

[1] Donoho D. *Compressed sensing*[J]. IEEE Trans. Inform. Th. 2006, **52**: 1289-1306.

[2] Candès E, Romberg J, Tao T. Robust uncertainty principles: Exact signal reconstruction from highly incomplete Fourier information[J]. IEEE Transactions on Information Theory, 2006, **52**: 489-509.

[3] Candès E, Recht B. Exact matrix completion via convex optimization[J]. Foundations of Comp. Math. 2009, **9**: 717-736. arXiv: 0805.4471v1, 2008.

[4] Hastie T, Mazumder B, Lee J, Zadeh R. Matrix completion and low-rank SVD via fast alternating least squares[J]. arXiv: 1410.2596, 2014.

矩阵补全算法

需要一种算法补全具有固定元素 $\boldsymbol{A}_{\text{known}}$ 的矩阵 $\boldsymbol{A}$。上面的参考文献 [4] 追溯了三种交替迭代的发展，每种新方法都是前一种算法的改进。这就是数值分析的发展过程。

1. Mazumder 等给出了 $\boldsymbol{A}_k$ 的 SVD 的软阈值（对 $\boldsymbol{S}_\lambda$，见 6.5 节）：

$$\boldsymbol{A}_k = \boldsymbol{U}_k\boldsymbol{\Sigma}_k\boldsymbol{V}_k^{\mathrm{T}}, \qquad \boldsymbol{B}_k = \boldsymbol{U}_k\boldsymbol{S}_\lambda(\boldsymbol{\Sigma}_k)\boldsymbol{V}_k^{\mathrm{T}}, \qquad \boldsymbol{S}_\lambda(\sigma) = \max(\sigma-\lambda, 0)$$

$\boldsymbol{S}_\lambda$ 将 $\boldsymbol{B}_k$ 的较小的奇异值设成零，降低它的秩。然后

$$\boldsymbol{A}_{k+1} \ \min \ \frac{1}{2}\|(\boldsymbol{A}-\boldsymbol{B}_k)_{\text{known}}\|_F^2 + \lambda\|\boldsymbol{B}_k\|_N \tag{5}$$

缺点是每个步骤都要计算 $\boldsymbol{A}_k$ 的 SVD。在 Netflix 竞赛中，$\boldsymbol{A}$ 有 8×10^9 个元素。Mazumder 等成功降低了这一巨大的成本。每个 SVD 都为下一个 SVD 提供了一个良好的开端。新的想法不断涌现。

2. Srebro 等将解矩阵写为 $\boldsymbol{C}\boldsymbol{R}^{\mathrm{T}} = (m\times r)(r\times n)$：

$$\min_{\boldsymbol{C},\ \boldsymbol{R}} \ \frac{1}{2}\|(\boldsymbol{A}-\boldsymbol{C}\boldsymbol{R}^{\mathrm{T}})_{\text{known}}\|_F^2 + \frac{\lambda}{2}(\|\boldsymbol{C}\|_F^2 + \|\boldsymbol{R}\|_F^2) \tag{6}$$

这关于 $\boldsymbol{C}$ 和 $\boldsymbol{R}$ 分别是凸的（因此是双凸）的。交替算法是自然的：*更新* $\boldsymbol{C}$，*然后更新* $\boldsymbol{R}$。每个问题是先对 $\boldsymbol{C}$ 的每一列，然后对 $\boldsymbol{R}$ 的每一列的一个 $\boldsymbol{\ell^2}$ 岭回归。这产生了一个“最大边距”矩阵分解 $\boldsymbol{C}\boldsymbol{R}$。

3. Hastie 等于 2014 年提出第三种算法，是第一种算法的变异体，但像在第二种算法中那样在 $\boldsymbol{C}$ 和 $\boldsymbol{R}$ 之间交替。现在最小化包括 $\boldsymbol{A}-\boldsymbol{C}\boldsymbol{R}^{\mathrm{T}}$ 的所有元素，而不仅仅是在已知位置上的元素。这大大简化了最小二乘问题，适用于已知项和未知项的完整列。

当 $\boldsymbol{A}$ *完全已知*时，从这个（交替的）最小二乘问题开始：

$$\min_{\boldsymbol{C},\ \boldsymbol{R}} \ \frac{1}{2}\|\boldsymbol{A}-\boldsymbol{C}\boldsymbol{R}^{\mathrm{T}}\|_F^2 + \frac{\lambda}{2}(\|\boldsymbol{C}\|_F^2 + \|\boldsymbol{R}\|_F^2) \tag{7}$$

一个显式解是 $\boldsymbol{C} = \boldsymbol{U}_r\boldsymbol{S}_\lambda(\boldsymbol{\Sigma}_r)^{1/2}$ 与 $\boldsymbol{R} = \boldsymbol{V}_r\boldsymbol{S}_\lambda(\boldsymbol{\Sigma}_r)^{1/2}$。包括这个解的所有解有 $\boldsymbol{C}\boldsymbol{R}^{\mathrm{T}} = \boldsymbol{U}_r\boldsymbol{S}_\lambda(\boldsymbol{\Sigma}_r)\boldsymbol{V}_r^{\mathrm{T}} = \boldsymbol{A}$ 的软 SVD。软阈值 $\boldsymbol{S}_\lambda$ 显示出式 (7) 中惩罚项的作用。令人惊喜的是，$\boldsymbol{B} = \boldsymbol{C}\boldsymbol{R}^{\mathrm{T}}$ 解决了这个秩为 r 的核范数问题：

$$\min_{\text{秩}(\boldsymbol{B})\leqslant r} \ \frac{1}{2}\|\boldsymbol{A}-\boldsymbol{B}\|_F^2 + \lambda\|\boldsymbol{B}\|_N \tag{8}$$

联立式 (7) 和式 (8)，产生了下面对 $\boldsymbol{B} = \boldsymbol{C}\boldsymbol{R}^{\mathrm{T}}$ 的快速交替计算。

假设 $\boldsymbol{A}$ 所有的项是已知的：没有丢失项。从 $\boldsymbol{C}=$ 随机 $m\times r$，$\boldsymbol{D}=\boldsymbol{I}_r$ 开始。每一步都更新 $\boldsymbol{R}$、$\boldsymbol{C}$ 和 $\boldsymbol{D}$。

1. 通过 $\boldsymbol{R}\ (n\times r)$ **来最小化** $\|\boldsymbol{A}-\boldsymbol{C}\boldsymbol{R}^{\mathrm{T}}\|_F^2+\lambda\|\boldsymbol{R}\|_F^2$ (9)

2. 计算 SVD $\boldsymbol{R}\boldsymbol{D}=\boldsymbol{U}\boldsymbol{\Sigma}\boldsymbol{V}^{\mathrm{T}}$ 设 $\boldsymbol{D}=\sqrt{\boldsymbol{\Sigma}}$ 与 $\boldsymbol{R}_{\text{new}}=\boldsymbol{V}\boldsymbol{D}$

3. 通过 $\boldsymbol{C}\ (m\times r)$ **来最小化** $\|\boldsymbol{A}-\boldsymbol{C}\boldsymbol{R}^{\mathrm{T}}\|_F^2+\lambda\|\boldsymbol{C}\|_F^2$ (10)

4. 计算 SVD $\boldsymbol{C}\boldsymbol{D}=\boldsymbol{U}\boldsymbol{\Sigma}\boldsymbol{V}^{\mathrm{T}}$ 设 $\boldsymbol{D}=\sqrt{\boldsymbol{\Sigma}}$ 与 $\boldsymbol{C}_{\text{new}}=\boldsymbol{U}\boldsymbol{D}$

重复这些步骤直到 $\boldsymbol{C}\boldsymbol{R}^{\mathrm{T}}$ 收敛到式 (8) 的解 $\boldsymbol{B}$。

现在 Hastie 等回到了真实的问题上，$\boldsymbol{A}$ 有缺少的项：它们是未知的。在每次迭代中，这些是从当前矩阵 $\boldsymbol{C}\boldsymbol{R}^{\mathrm{T}}$ 取来的。这个过程产生了 $\boldsymbol{A}$ 的非常有效的稀疏且低秩的表示：

$$\boldsymbol{A}=\boldsymbol{A}_{\text{known}}+(\boldsymbol{C}\boldsymbol{R}^{\mathrm{T}})_{\text{unknown}}=(\boldsymbol{A}-\boldsymbol{C}\boldsymbol{R}^{\mathrm{T}})_{\text{known}}+\boldsymbol{C}\boldsymbol{R}^{\mathrm{T}} \tag{11}$$

最后的算法是使用式 (11) 中的 $\boldsymbol{A}$，对式 (9) 和式 (10) 稍加改动。式 (9) 和式 (10) 的解具有极其简单的形式，因为这些问题本质上是岭回归的（最小二乘）：

$$\text{式 (9) 中}\boldsymbol{R}^{\mathrm{T}}=(\boldsymbol{D}^2+\lambda\boldsymbol{I})^{-1}\boldsymbol{D}\boldsymbol{U}^{\mathrm{T}}\boldsymbol{A}\qquad \text{式(10)中}\boldsymbol{C}=\boldsymbol{A}\boldsymbol{V}\boldsymbol{D}(\boldsymbol{D}^2+\lambda\boldsymbol{I})^{-1}$$

合在一起，该算法被描述为**软插补（soft-impute）交替最小二乘**。Hastie 等分析了其收敛与数值稳定性。他们测试了一个基于 Netflix 竞赛数据的实现，并取得了成功。

习题 3.5

1. 对于本节中的一个或更多例子，能否找到将 $\|\boldsymbol{A}\|_{\boldsymbol{N}}$ 最小化的补全矩阵？

$$\boldsymbol{A}_0=\begin{bmatrix}1 & 2\\ * & *\end{bmatrix},\quad \boldsymbol{B}_0=\begin{bmatrix}1 & *\\ * & 4\end{bmatrix},\quad \boldsymbol{C}_0=\begin{bmatrix}1 & 2\\ 3 & *\end{bmatrix}$$

2. 对应图 1.17，能否找到具有最小的“和范数” $\|\boldsymbol{A}\|_{\boldsymbol{S}}=|a|+|b|+|c|+|d|$ 的矩阵？即

$$\begin{bmatrix}a & b\\ c & d\end{bmatrix}\begin{bmatrix}3\\ 4\end{bmatrix}=\begin{bmatrix}1\\ 0\end{bmatrix}$$

3. 对于 2×2 矩阵，如何在和范数 $|a|+|b|+|c|+|d|$ 中描述单位球 $\|\boldsymbol{A}\|_{\boldsymbol{S}}\leqslant 1$？
4. 写出联系 $n\times n$ 矩阵的和范数与核范数的不等式：

$$\|\boldsymbol{A}\|_{\boldsymbol{N}}\leqslant c(n)\,\|\boldsymbol{A}\|_{\boldsymbol{S}},\qquad \|\boldsymbol{A}\|_{\boldsymbol{S}}\leqslant d(n)\,\|\boldsymbol{A}\|_{\boldsymbol{N}}$$

5. 如果矩阵 $\boldsymbol{A}$ 只有一个元素是未知的，那么如何补全 $\boldsymbol{A}$ 来最小化 $\|\boldsymbol{A}\|_{\boldsymbol{S}}$ 或 $\|\boldsymbol{A}\|_{\boldsymbol{N}}$？
这里是两个关于核范数的简洁公式（感谢 Yuji Nakatsukasa）。

$$\|\boldsymbol{A}\|_N=\min_{\boldsymbol{U}\boldsymbol{V}=\boldsymbol{A}}\|\boldsymbol{U}\|_F\,\|\boldsymbol{V}\|_F=\min_{\boldsymbol{U}\boldsymbol{V}=\boldsymbol{A}}\frac{1}{2}\|\boldsymbol{U}\|_F^2+\frac{1}{2}\|\boldsymbol{V}\|_F^2 \tag{$*$}$$

6. 从 $\boldsymbol{A}=\boldsymbol{U\Sigma V}^{\mathrm{T}}=(\boldsymbol{U\Sigma}^{1/2})(\boldsymbol{\Sigma}^{1/2}\boldsymbol{V}^{\mathrm{T}})$ 开始。如果重新命名 $\boldsymbol{U}^*$ 和 $\boldsymbol{V}^*$ 这两个因子，使得 $\boldsymbol{A}=\boldsymbol{U}^*\boldsymbol{V}^*$，证明 $\|\boldsymbol{U}^*\|_F^2=\|\boldsymbol{V}^*\|_F^2=\|\boldsymbol{A}\|_N$：(∗) 中的等式。

7. 若 $\boldsymbol{A}$ 是半正定的，则 $\|\boldsymbol{A}\|_N=\boldsymbol{A}$，（为什么？）然后假设 $\boldsymbol{A}=\boldsymbol{UV}$，解释 Cauchy-Schwarz 不等式如何得到

$$\|\boldsymbol{A}\|_N=\mathrm{tr}\,(\boldsymbol{UV})=\sum_j\sum_i U_{ij}V_{ji}\leqslant\|\boldsymbol{U}\|_F\,\|\boldsymbol{V}\|_F$$

第 4 章 特殊矩阵

本章开展两个大主题的讨论，即**离散傅里叶变换**和**图的模型**中的关键矩阵。这两个主题都会出现在机器学习中，当出现的问题有特殊的结构时，这个结构反映在神经网络的架构上。

傅里叶变换是针对带有平移不变性的问题。对图像的一个像素进行的操作与对下一个像素的操作相同。在这种情况下，操作就是一个卷积。基本矩阵的每一行都是通过上一行的移位得到的。同样地，每一列是前一列的移位。卷积网络在每个像素周围使用相同的权重。

利用这种移位不变的结构，卷积矩阵（图像处理中的"滤波器"）具有常数对角元。一个一维问题中的 $N \times N$ 矩阵完全由它的第一行和第一列确定。通常，这个矩阵是带状的，即滤波器的长度有限，矩阵元素在对角线带外为零。对于有重复的一维块的二维问题，可以节省大量的时间。

这就使得当一个充满了互相独立权重的 $N^2 \times N^2$ 矩阵无法使用时，卷积神经网络（**CNN**或**ConvNet**）成为可选项。CNN 历史上的一个重大突破是 2012 NIPS 文章：

Alex Krizhevsky, Ilya Sutskever, and Geoffrey Hinton: *ImageNet Classification with Deep Convolutional Neural Networks*。其神经网络有 6000 万个参数。

图有不同的结构，它们由 m 条边连接起来的 n 个节点组成。这些连接用关联矩阵 $\boldsymbol{A}$ 来表示：m 行表示边，n 列表示节点。每一个图与 4 个重要的矩阵相关：

关联矩阵 $\boldsymbol{A}$　　$m \times n$，其中每一行有 -1 和 1 各一项

邻接矩阵 $\boldsymbol{M}$　　$n \times n$，其中当节点 i 与 j 相连时，$a_{ij} = 1$

度矩阵 $\boldsymbol{D}$　　$n \times n$ 对角矩阵，其对角元为 $\boldsymbol{M}$ 中每行元素的和

拉普拉斯矩阵 $\boldsymbol{L} = \boldsymbol{A}^{\mathrm{T}}\boldsymbol{A} = \boldsymbol{D} - \boldsymbol{M}$　　半正定矩阵

从深度学习的角度来看，傅里叶问题与 CNN 联系起来，而图形模型导致图形网络。图论已成为人们理解网络中的离散问题最有价值的工具。

4.1 傅里叶变换：离散与连续

经典的傅里叶变换适用于函数。离散傅里叶变换（DFT）适用于向量：

实傅里叶级数：实周期函数 $f(x + 2\pi) = f(x)$。

复傅里叶级数：复周期函数。

傅里叶积分变换： 复函数 $f(x)$，$-\infty < x < \infty$。

离散傅里叶级数： 复向量 $\boldsymbol{f}=(f_0,f_1,\cdots,f_{N-1})$。

我们聚焦在最后一个把向量变为向量的变换，这是通过一个 $N\times N$ 矩阵来实现的。逆变换则用逆矩阵，并且所有的变换都共享傅里叶变换使用的相同类型的**基函数**：

实傅里叶级数：余弦函数 $\cos\boldsymbol{nx}$ 与正弦函数 $\sin\boldsymbol{nx}$。

复傅里叶级数：复指数函数 $\mathbf{e}^{\boldsymbol{inx}}$，$n=0,\pm1,\pm2,\cdots$。

傅里叶积分变换：复指数函数 $\mathbf{e}^{\boldsymbol{ikx}}$，$-\infty<k<\infty$。

离散傅里叶级数：N 个基向量 $\boldsymbol{b}_k$，其中 $(\boldsymbol{b}_k)_{\boldsymbol{j}}=\mathbf{e}^{\boldsymbol{2\pi ijk/N}}=(\mathbf{e}^{\boldsymbol{2\pi i/N}})^{\boldsymbol{jk}}$

每个函数与每个向量可表示为傅里叶基函数的组合，那么**什么是"变换"**？变换是将 f 与下列基函数的组合中它的系数 a_k、b_k、c_k、$\widehat{f}(k)$ 相关联的规则：

实级数	$\boldsymbol{f(x)}=a_0+a_1\cos x+b_1\sin x+a_2\cos 2x+b_2\sin 2x+\cdots$
复级数	$\boldsymbol{f(x)}=c_0+c_1\mathrm{e}^{\mathrm{i}x}+c_{-1}\mathrm{e}^{-\mathrm{i}x}+c_2\mathrm{e}^{2\mathrm{i}x}+c_{-2}\mathrm{e}^{-2\mathrm{i}x}+\cdots$
傅里叶积分	$\boldsymbol{f(x)}=\int_{-\infty}^{\infty}\widehat{f}(k)\mathrm{e}^{\mathrm{i}kx}\,\mathrm{d}k$
离散级数	$\boldsymbol{f}=c_0\boldsymbol{b}_0+c_1\boldsymbol{b}_1+\cdots+c_{N-1}\boldsymbol{b}_{N-1}=$ **傅里叶矩阵 $\boldsymbol{F}$ 乘以 $\boldsymbol{c}$**

每个**傅里叶变换**将在"x 空间"的 $\boldsymbol{f}$ 变换到"频率空间"中的系数。**逆变换**从系数开始，重构原始函数。

计算系数是分析。重构原来的 $\boldsymbol{f}$（如框中所示）是综合。对向量而言，命令 **fft** 与 **ifft** 分别从 $\boldsymbol{f}$ 得到 $\boldsymbol{c}$，从 $\boldsymbol{c}$ 得到 $\boldsymbol{f}$。这些命令是通过**快速傅里叶变换**执行的。

正交性

在这 4 个变换中系数都有很好的公式，因为**基函数是正交的**。正交性是所有著名变换的关键（通常基包含有一个对称算子的待征函数）。这就允许逐个发现每个 c_k。对于向量，只需进行 $\boldsymbol{f}$ 与每个正交基向量 $\boldsymbol{b}_k$ 之间的（复数）点积 $(\boldsymbol{b}_k,\boldsymbol{f})$。下面是关键步骤：

$$(\boldsymbol{b}_k,\boldsymbol{f})=(\boldsymbol{b}_k,c_0\boldsymbol{b}_0+c_1\boldsymbol{b}_1+\cdots+c_{N-1}\boldsymbol{b}_{N-1})=c_k(\boldsymbol{b}_k,\boldsymbol{b}_k),\quad \text{则}\quad \boxed{c_k=\frac{(\boldsymbol{b}_k,\boldsymbol{f})}{(\boldsymbol{b}_k,\boldsymbol{b}_k)}} \tag{1}$$

除了 $(\boldsymbol{b}_k,\boldsymbol{b}_k)$，式(1)中的所有内积 $(\boldsymbol{b}_k,\boldsymbol{b}_j)$ 都是零。分母 $(\boldsymbol{b}_k,\boldsymbol{b}_k)=\|\boldsymbol{b}_k\|^2=\pi$ 或 2π 或 N 是用傅里叶基函数进行计算时希望的：

实级数：$\int_{-\pi}^{\pi}(\cos nx)^2\,\mathrm{d}x=\pi$，$\int_{-\pi}^{\pi}(\sin nx)^2\,\mathrm{d}x=\pi$，$\int_{-\pi}^{\pi}(1)^2\mathrm{d}x=2\pi$

复级数：$\int_{-\pi}^{\pi}\mathrm{e}^{\mathrm{i}kx}\mathrm{e}^{-\mathrm{i}kx}\mathrm{d}x=\int_{-\pi}^{\pi}1\,\mathrm{d}x=2\pi$

离散级数：$\overline{\boldsymbol{b}}_k^{\mathrm{T}}\boldsymbol{b}_k=1\cdot1+\mathrm{e}^{2\pi\mathrm{i}k/N}\cdot\mathrm{e}^{-2\pi\mathrm{i}k/N}+\mathrm{e}^{4\pi\mathrm{i}k/N}\cdot\mathrm{e}^{-4\pi\mathrm{i}k/N}+\cdots=N$

若将基向量规范化到 $\|\boldsymbol{b}_k\|=1$，则傅里叶矩阵是正交的。

傅里叶积分的情况是微妙的，我们在写下式 (2) 后就暂时搁置起来。这里的无穷积分源自傅里叶级数当周期 2π 增加至 $2\pi T$ 时，然后令 $T\to\infty$：

$$\widehat{\boldsymbol{f}}(\boldsymbol{k})=\int_{x=-\infty}^{\infty}f(x)\mathrm{e}^{-\mathrm{i}kx}\,\mathrm{d}x,\quad \boldsymbol{f(x)}=\frac{1}{2\pi}\int_{k=-\infty}^{\infty}\widehat{f}(k)\mathrm{e}^{\mathrm{i}kx}\,\mathrm{d}k \tag{2}$$

傅里叶矩阵 $\boldsymbol{F}$ 和 DFT 矩阵 $\boldsymbol{\Omega}$

矩阵 $\boldsymbol{F}_N$ 和 $\boldsymbol{\Omega}_N$ 是 $N\times N$ 的，它们都是对称的（但是复值的），有相同的列，但列的次序不同。$\boldsymbol{F}_N$ 包含有 $\boldsymbol{w}=\mathbf{e}^{2\pi\mathbf{i}/N}$ 的幂，而 $\boldsymbol{\Omega}_N$ 含有 $\boldsymbol{w}$ 的共轭复数的幂，$\overline{\boldsymbol{w}}=\boldsymbol{\omega}=\mathbf{e}^{-2\pi\mathbf{i}/N}$。

罗马字母 $\boldsymbol{w}$ 与希腊字母 $\boldsymbol{\omega}$。 实际上这两个矩阵是复共轭的：$\overline{\boldsymbol{F}}_N=\boldsymbol{\Omega}_N$。下面是 $\boldsymbol{F}_4$ 与 $\boldsymbol{\Omega}_4$，包含有 $\boldsymbol{w}=\mathrm{e}^{2\pi\mathrm{i}/4}=\mathbf{i}$ 与 $\boldsymbol{\omega}=\mathrm{e}^{-2\pi\mathrm{i}/4}=-\mathbf{i}$ 的幂。从零开始计数行与列，因此 $\boldsymbol{F}$ 与 $\boldsymbol{\Omega}$ 有第 0、1、2、3 行：

$$\text{傅里叶矩阵}\quad \boldsymbol{F}_4=\begin{bmatrix}1&1&1&1\\1&\mathrm{i}&\mathrm{i}^2&\mathrm{i}^3\\1&\mathrm{i}^2&\mathrm{i}^4&\mathrm{i}^6\\1&\mathrm{i}^3&\mathrm{i}^6&\mathrm{i}^9\end{bmatrix}\qquad \text{DFT 矩阵}\quad \boldsymbol{\Omega}_4=\begin{bmatrix}1&1&1&1\\1&-\mathrm{i}&(-\mathrm{i})^2&(-\mathrm{i})^3\\1&(-\mathrm{i})^2&(-\mathrm{i})^4&(-\mathrm{i})^6\\1&(-\mathrm{i})^3&(-\mathrm{i})^6&(-\mathrm{i})^9\end{bmatrix} \tag{3}$$

$\boldsymbol{\Omega}$ 乘以 $\boldsymbol{f}$ 得到离散傅里叶系数 $\boldsymbol{c}$。

$\boldsymbol{F}$ 乘以 $\boldsymbol{c}$ 回到向量 $4\boldsymbol{f}=N\boldsymbol{f}$，这是因为 $\boldsymbol{F\Omega}=N\boldsymbol{I}$。

如果将 $\boldsymbol{F}_N$ 与 $\boldsymbol{\Omega}_N$ 相乘，就会发现对离散傅里叶变换的一个基本恒等式。它揭示了逆变换：

$$\boldsymbol{F}_N\boldsymbol{\Omega}_N=N\boldsymbol{I},\quad \text{因此}\quad \boldsymbol{F}_N^{-1}=\frac{1}{N}\boldsymbol{\Omega}_N=\frac{1}{N}\overline{\boldsymbol{F}}_N \tag{4}$$

为了证实这一点，仔细看一下 $\boldsymbol{F}$ 的第二列的 N 个数 $1,w,\cdots,w^{N-1}$。这些数的模长都是 1。它们等间距位于复平面中的单位圆周上（图 4.1）。它们是 N 次方程 $z^N=1$ 的 N 个解。

它们的共轭复数 $1,\omega,\cdots,\omega^{N-1}$ 是**同样的 N 个数**，ω 的幂在单位圆上绕的方向相反。图 4.1 显示出 $w=\mathrm{e}^{2\pi\mathrm{i}/8}$ 与 $\omega=\mathrm{e}^{-2\pi\mathrm{i}/8}$ 的 8 个幂。**它们的旋转角度是 $45°$ 和 $-45°$**。

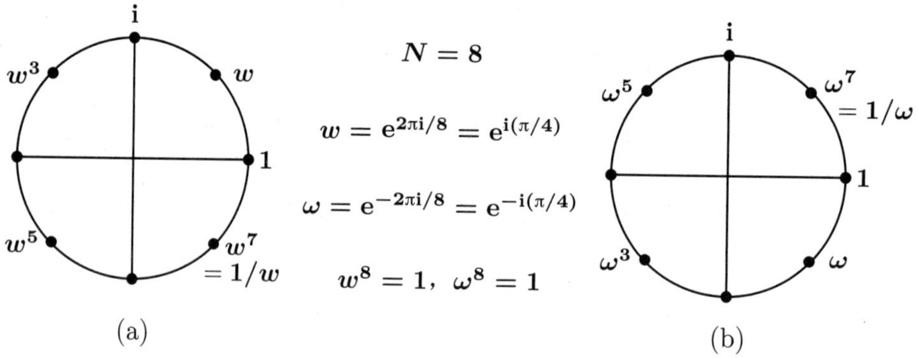

图 4.1 w 的指数也是 ω 的指数，它们是方程 $z^N=1$ 的 N 个解

为了证明 $\boldsymbol{F}_N\boldsymbol{\Omega}_N=N\boldsymbol{I}$，这里是我们需要的性质。这 N 个点相加得零：

$$\text{对于每个}N,\ \boldsymbol{S}=1+\boldsymbol{w}+\boldsymbol{w}^2+\cdots+\boldsymbol{w}^{N-1}=\mathbf{0}。 \tag{5}$$

证明是用 w 来乘以 $\boldsymbol{S}$。这就产生了 $w+\cdots+w^N$。这个结果与 $\boldsymbol{S}$ 是一样的，因为在末尾的 w^N 就等于 1（这是起头那个数）。那么 $\boldsymbol{Sw}=\boldsymbol{S}$，因此 $\boldsymbol{S}$ 必定为零。

可以看到绕着图 4.1 中圆上的 8 个数相加等于零，因为每一对对径的复数相加为零。但对奇数 N，配对不成立。

这个 $\boldsymbol{S}=0$ 的事实说明，$\boldsymbol{F}_N\boldsymbol{\Omega}_N$ 中的每个非对角元都为零。对角线元（1 的和）是 N。因此 $\boldsymbol{F}_N\boldsymbol{\Omega}_N=N\boldsymbol{I}$。若用 $\sqrt{N}$ 除 $\boldsymbol{F}$ 与 $\boldsymbol{\Omega}$，则这两个矩阵互为逆，且互为复共轭：它们是酉矩阵。

$$\textbf{酉矩阵}\quad \left(\frac{1}{\sqrt{N}}\boldsymbol{F}_N\right)\left(\frac{1}{\sqrt{N}}\boldsymbol{\Omega}_N\right)=\left(\frac{1}{\sqrt{N}}\boldsymbol{F}_N\right)\left(\frac{1}{\sqrt{N}}\overline{\boldsymbol{F}}_N\right)=I \tag{6}$$

酉矩阵是正交矩阵的复数版本。用 $\overline{\boldsymbol{Q}}^{\mathrm{T}}=\boldsymbol{Q}^{-1}$ 代替 $\boldsymbol{Q}^{\mathrm{T}}=\boldsymbol{Q}^{-1}$。当转置一个复矩阵时，取复共轭是恰当的（大多数线性代数软件代码都自动这样做）。同样地，实对称矩阵的复数版本是**厄米特矩阵**$\overline{\boldsymbol{S}}^{\mathrm{T}}=\boldsymbol{S}$。

DFT 矩阵 $\boldsymbol{\Omega}$ 是傅里叶矩阵 $\boldsymbol{F}$ 的置换

矩阵 $\boldsymbol{F}$ 与 $\boldsymbol{\Omega}$ 有相同的列。因此 $\boldsymbol{F}$ 与 $\boldsymbol{\Omega}$ 由一个置换矩阵联系。这个置换矩阵 $\boldsymbol{P}$ 没有变动两个矩阵的第零列：那个全是为 1 的列。然后 $\boldsymbol{P}$ 将 $\boldsymbol{F}$ 的下一列 $(1,w,w^2,\cdots,w^{N-1})$ 与矩阵 $\boldsymbol{\Omega}$ 的最后一列 $(1,\omega,\omega^2,\cdots,\omega^{N-1})$ 相交换。$\boldsymbol{P}$ 的第零行与第零列只包含一个 $\mathbf{1}$，其余部分是一个反转的单位矩阵 $\boldsymbol{J}$（其反对角元是 1）：

$$\boldsymbol{P}=\begin{bmatrix}\mathbf{1}&0\\0&\boldsymbol{J}\end{bmatrix}=\begin{bmatrix}\mathbf{1}&0&0&0\\0&0&0&\mathbf{1}\\0&0&\mathbf{1}&0\\0&\mathbf{1}&0&0\end{bmatrix},\quad \boldsymbol{P}^2=\boldsymbol{I},\quad \boldsymbol{\Omega}=\boldsymbol{F}\boldsymbol{P},\quad \boldsymbol{\Omega}\boldsymbol{P}=\boldsymbol{F}\boldsymbol{P}^2=\boldsymbol{F}$$

这里是当 $N=4$ 时的完整矩阵 $\boldsymbol{\Omega}=\boldsymbol{F}\boldsymbol{P}$：

$$\boldsymbol{\Omega}=\begin{bmatrix}1&\mathbf{1}&1&1\\1&-\mathbf{i}&(-\mathrm{i})^2&(-\mathrm{i})^3\\1&(-\mathbf{i})^2&(-\mathrm{i})^4&(-\mathrm{i})^6\\1&(-\mathbf{i})^3&(-\mathrm{i})^6&(-\mathrm{i})^9\end{bmatrix}=\begin{bmatrix}1&1&1&\mathbf{1}\\1&\mathrm{i}&\mathrm{i}^2&\mathbf{i}^3\\1&\mathrm{i}^2&\mathrm{i}^4&\mathbf{i}^6\\1&\mathrm{i}^3&\mathrm{i}^6&\mathbf{i}^9\end{bmatrix}\begin{bmatrix}\mathbf{1}&&&\\&&&\mathbf{1}\\&&\mathbf{1}&\\&\mathbf{1}&&\end{bmatrix},\quad \text{因为}\quad \begin{aligned}1&=1\\-\mathrm{i}&=\mathrm{i}^3\\(-\mathrm{i})^2&=\mathrm{i}^2\\(-\mathrm{i})^3&=\mathrm{i}\end{aligned}$$

从这些矩阵的恒等式得出 $\boldsymbol{F}^4=\boldsymbol{\Omega}^4=N^2\boldsymbol{I}$ 这样一个极为有用的结论。4 次变换将向量带回原来的向量（乘以 N^2）。只要将 $\boldsymbol{F}\boldsymbol{\Omega}=N\boldsymbol{I}$，$\boldsymbol{F}\boldsymbol{P}=\boldsymbol{\Omega}$，$\boldsymbol{P}^2=\boldsymbol{I}$ 结合起来：

$$\boxed{\boldsymbol{F}^2\boldsymbol{P}=\boldsymbol{F}\boldsymbol{\Omega}=N\boldsymbol{I},\quad \text{因此}\quad \boldsymbol{P}\boldsymbol{F}^2=N\boldsymbol{I},\quad \boldsymbol{F}^4=\boldsymbol{F}^2\boldsymbol{P}\boldsymbol{P}\boldsymbol{F}^2=N^2\boldsymbol{I}}$$

根据 $\boldsymbol{F}^4=N^2\boldsymbol{I}$，可以得出傅里叶矩阵 $\boldsymbol{F}$ 和 DFT 矩阵 $\boldsymbol{\Omega}$ 只有 4 个可能的特征值。它们是 $\lambda=\sqrt{N}$、$\mathrm{i}\sqrt{N}$、$-\sqrt{N}$、$-\mathrm{i}\sqrt{N}$，这些都满足 $\lambda^4=N^2$。对 $N>4$，必然存在且有重复的 λ。$\boldsymbol{F}$ 的特征值不容易得到。

离散傅里叶变换

从任意的 N 维向量 $\boldsymbol{f}=(f_0,f_1,\cdots,f_{N-1})$ 开始。离散傅里叶变换将 $\boldsymbol{f}$ 表示为傅里叶基向量的组合:$c_0\boldsymbol{b}_0+c_1\boldsymbol{b}_1+\cdots+c_{N-1}\boldsymbol{b}_{N-1}$。这些基向量是在傅里叶矩阵 $\boldsymbol{F}_N$ 中的列 $\boldsymbol{b}$（包含有 w

的幂）：

$$\begin{bmatrix} f_0 \\ \vdots \\ f_{N-1} \end{bmatrix} = \begin{bmatrix} & & \\ \boldsymbol{b}_0 & \cdots & \boldsymbol{b}_{N-1} \\ & & \end{bmatrix} \begin{bmatrix} c_0 \\ \vdots \\ c_{N-1} \end{bmatrix} \qquad \begin{aligned} \boldsymbol{f} &= \boldsymbol{F}_N \boldsymbol{c} \\ \boldsymbol{c} &= \boldsymbol{F}_N^{-1} \boldsymbol{f} \\ \boldsymbol{c} &= \frac{1}{N} \boldsymbol{\Omega}_N \boldsymbol{f} \end{aligned} \tag{7}$$

正向变换 $\boldsymbol{c} = \mathbf{fft}\,(\boldsymbol{f})$ 用 DFT 矩阵乘以 $\boldsymbol{f}$（再除以 N）。这是分析步骤，将 $\boldsymbol{f}$ 分解成 N 个正交的部分。DFT 在有限傅里叶级数 $\boldsymbol{f} = c_0\boldsymbol{b}_0 + \cdots + c_{N-1}\boldsymbol{b}_{N-1}$ 中求出系数。

综合的步骤是一个逆向变换 $\boldsymbol{f} = \mathbf{ifft}\,(\boldsymbol{c}) = \boldsymbol{F}\boldsymbol{c}$。它从这些系数 $\boldsymbol{c} = (c_0, c_1, \cdots, c_{N-1})$ 开始，执行矩阵-向量乘法 $\boldsymbol{F}\boldsymbol{c}$ 来恢复 $\boldsymbol{f}$。

因此 $\mathbf{ifft}\,(\mathbf{fft}\,(\boldsymbol{f})) = \boldsymbol{f}$。下面的例子将揭示这两个向量 $\boldsymbol{f}$ 和 $\boldsymbol{c}$。

例 1 $\boldsymbol{f} = (\mathbf{1}, \mathbf{0}, \cdots, \mathbf{0})$ 的变换是 $\boldsymbol{c} = \dfrac{\mathbf{1}}{\boldsymbol{N}}(\mathbf{1}, \mathbf{1}, \cdots, \mathbf{1})$。

有一个尖峰的向量 $\boldsymbol{f}$ 是一个离散 δ 函数，它集中在一点上。其变换 $\boldsymbol{c}$ 在所有的频率上展开。乘积 $\boldsymbol{\Omega f}$ 得出 $\boldsymbol{\Omega}$ 的第零列。因此，$\boldsymbol{c}$ 在所有频率下有相同的傅里叶系数 $\dfrac{1}{N}$。这里 $N = 4$：

$$\boldsymbol{c} = \frac{1}{4}\boldsymbol{\Omega f} = \frac{1}{4}\begin{bmatrix} 1 & \cdot & \cdot & \cdot \\ 1 & \cdot & \cdot & \cdot \\ 1 & \cdot & \cdot & \cdot \\ 1 & \cdot & \cdot & \cdot \end{bmatrix}\begin{bmatrix} 1 \\ 0 \\ 0 \\ 0 \end{bmatrix} = \frac{\mathbf{1}}{\mathbf{4}}\begin{bmatrix} \mathbf{1} \\ \mathbf{1} \\ \mathbf{1} \\ \mathbf{1} \end{bmatrix}, \quad \boldsymbol{f} = \boldsymbol{F c} = \frac{1}{4}\left(\begin{bmatrix} 1 \\ 1 \\ 1 \\ 1 \end{bmatrix} + \begin{bmatrix} 1 \\ \mathrm{i} \\ \mathrm{i}^2 \\ \mathrm{i}^3 \end{bmatrix} + \begin{bmatrix} 1 \\ \mathrm{i}^2 \\ \mathrm{i}^4 \\ \mathrm{i}^6 \end{bmatrix} + \begin{bmatrix} 1 \\ \mathrm{i}^3 \\ \mathrm{i}^6 \\ \mathrm{i}^9 \end{bmatrix}\right) = \begin{bmatrix} \mathbf{1} \\ \mathbf{0} \\ \mathbf{0} \\ \mathbf{0} \end{bmatrix}$$

“δ 向量”$\boldsymbol{f}$ 的变换 $\boldsymbol{c}$ 像 “δ 函数” 的连续变换。δ 函数集中在 $x = 0$ 处。其傅里叶变换是逐项展开的：

$$\boldsymbol{\delta}(\boldsymbol{x}) = \sum_{-\infty}^{\infty} c_k \mathrm{e}^{\mathrm{i}kx}，\textbf{对于每个频率}\boldsymbol{k}，\text{有}\boldsymbol{c_k} = \frac{1}{2\pi}\int_{-\pi}^{\pi} \delta(x)\mathrm{e}^{-\mathrm{i}kx}\mathrm{d}x = \frac{\mathbf{1}}{\mathbf{2\pi}} \tag{8}$$

可以看到在连续变换中的 2π 是如何与离散变换中的 N 相匹配的。

例 2 $\boldsymbol{f} = (1, 1, \cdots, 1)$ 会变换回到 δ 向量 $\boldsymbol{c} = (N, 0, \cdots, 0)$。

例 3 δ 向量的一个移位至 $\boldsymbol{f} = (0, 1, 0, \cdots, 0)$ 产生了在其变换中的“调制”。这个移位了的 $\boldsymbol{f}$ 得出 $\boldsymbol{F}$ 的第 2 列 $(1, \omega, \cdots, \omega^{N-1})$：

$$\boldsymbol{c} = \frac{1}{N}\boldsymbol{\Omega}_N\boldsymbol{f} = \frac{1}{N}\begin{bmatrix} 1 \\ \omega \\ \vdots \\ \omega^{N-1} \end{bmatrix}, \quad \boldsymbol{f} = \boldsymbol{F c} = \frac{1}{N}\begin{bmatrix} 1 & 1 & \cdots & 1 \\ 1 & w & \cdots & w^{N-1} \\ \cdots & \cdots & \ddots & \cdots \\ 1 & w^{N-1} & \cdots & w^{(N-1)^2} \end{bmatrix}\begin{bmatrix} 1 \\ \omega \\ \vdots \\ \omega^{N-1} \end{bmatrix} = \begin{bmatrix} 0 \\ 1 \\ \vdots \\ 0 \end{bmatrix} \tag{9}$$

傅里叶级数会有一个从 $f(x)$ 到 $f(x-s)$ 的移位。每个系数 c_k 为 $\mathrm{e}^{-\mathrm{i}ks}$ 所乘。这恰恰像例 1 中的 $(1, 1, \cdots, 1)$ 的乘法来得到例 3 中的 $(1, \omega, \cdots, \omega^{N-1})$。

位移规则　在 $\boldsymbol{x}$ 空间的移位是在 $\boldsymbol{k}$ 空间的系数相乘。

快速傅里叶变换的一步

我们希望尽可能快地完成 $\boldsymbol{F}$ 乘以 $\boldsymbol{c}$ 的运算。通常一个矩阵乘以一个向量需要 N^2 个独立的乘法（矩阵有 N^2 项）。你可能会认为不可能会有更好的办法（若矩阵有零项，则可以跳过乘法，但是傅里叶矩阵没有零项）。通过应用 ω^{jk} 和 w^{jk} 的特殊模式到 $\boldsymbol{\Omega}$ 和 $\boldsymbol{F}$ 的项，这两个矩阵可以被分解成一种具有许多零的形式，这就是 **FFT**。

关键思想是将 $\boldsymbol{F}_N$ 与大小取半的傅里叶矩阵 $\boldsymbol{F}_{N/2}$ 关联起来。假设 N 是 2 的幂（如 $N=2^{10}=1024$）。$\boldsymbol{F}_{1024}$ **关联到**$\boldsymbol{F}_{512}$。

当 $N=4$ 时，关键是在 $\boldsymbol{F}_4$ 与两个 $\boldsymbol{F}_2$ 复制之间的关系：

$$\boldsymbol{F}_4=\begin{bmatrix}1&1&1&1\\1&\mathrm{i}&\mathrm{i}^2&\mathrm{i}^3\\1&\mathrm{i}^2&\mathrm{i}^4&\mathrm{i}^6\\1&\mathrm{i}^3&\mathrm{i}^6&\mathrm{i}^9\end{bmatrix},\quad \begin{bmatrix}\boldsymbol{F}_2&\\&\boldsymbol{F}_2\end{bmatrix}=\begin{bmatrix}1&1&&\\1&\mathrm{i}^2&&\\&&1&1\\&&1&\mathrm{i}^2\end{bmatrix}$$

左边是 $\boldsymbol{F}_4$，其中没有零项。右边是一半项为零的矩阵。工作量减去了一半。但是这两个矩阵是不一样的。需要两个稀疏而简单的矩阵来完成 FFT 因式分解：

$$\textbf{FFT 有三个矩阵}\quad \boldsymbol{F}_4=\begin{bmatrix}1&&1&\\&1&&\mathrm{i}\\1&&-1&\\&1&&-\mathrm{i}\end{bmatrix}\begin{bmatrix}1&1&&\\1&\mathrm{i}^2&&\\&&1&1\\&&1&\mathrm{i}^2\end{bmatrix}\begin{bmatrix}1&&&\\&&1&\\&1&&\\&&&1\end{bmatrix}\tag{10}$$

最后一个矩阵起置换作用。它将偶次分量（c_0 和 c_2）放在奇次分量（c_1 和 c_3）前面。中间的矩阵分别对偶数次分量与奇数次分量执行**大小取半的变换**$\boldsymbol{F}_2$。在左边的矩阵则将这两个半尺寸变换的输出结合起来，以产生正确的完全尺寸的输出 $\boldsymbol{y}=\boldsymbol{F}_4\boldsymbol{c}$ 方式进行。

当 $N=1024$，$M=\dfrac{1}{2}N=512$ 时，同样的想法也适用。数 w 是 $\mathrm{e}^{2\pi\mathrm{i}/1024}$。它在单位圆上的角度 $\theta=2\pi/1024$。傅里叶矩阵 $\boldsymbol{F}_{1024}$ 是充满了 w 的幂。FFT 的第一阶段运算是由 Cooley、Tukey发现的伟大的分解 (Gauss 于 1805 年曾预见这一结果)。

$$\boldsymbol{F}_{1024}=\begin{bmatrix}\boldsymbol{I}_{512}&\boldsymbol{D}_{512}\\\boldsymbol{I}_{512}&-\boldsymbol{D}_{512}\end{bmatrix}\begin{bmatrix}\boldsymbol{F}_{512}&\\&\boldsymbol{F}_{512}\end{bmatrix}\begin{bmatrix}\text{偶-奇}\\\text{置换}\end{bmatrix}\tag{11}$$

$\boldsymbol{I}_{512}$ 是单位矩阵。$\boldsymbol{D}_{512}$ 是对角元为 $(1,w,\ldots,w^{511})$ 的对角矩阵。两个 $\boldsymbol{F}_{512}$ 是人们所预期的。它们用了 1 的 512 次根（这其实就是 w^2）。置换矩阵将输入向量 $\boldsymbol{c}$ 分成偶数与奇数部分 $\boldsymbol{c}'=(c_0,c_2,\ldots,c_{1022})$，$\boldsymbol{c}''=(c_1,c_3,\ldots,c_{1023})$。

这里用一些代数公式来阐述 $\boldsymbol{F}_{1024}$ 的分解过程：

(FFT 的一步) 设 $\boldsymbol{M}=\dfrac{\mathbf{1}}{\mathbf{2}}\boldsymbol{N}$。$\boldsymbol{y}=\boldsymbol{F}_N\boldsymbol{c}$ 的第一个 M 与最后一个 M 部分将两个半尺寸的变换 $\boldsymbol{y}'=\boldsymbol{F}_M\boldsymbol{c}'$ 与 $\boldsymbol{y}''=\boldsymbol{F}_M\boldsymbol{c}''$ 结合起来。式 (11) 给出了从 N 到 $M=N/2$ 这一步为 $\boldsymbol{I}\boldsymbol{y}'+\boldsymbol{D}\boldsymbol{y}''$，$\boldsymbol{I}\boldsymbol{y}'-\boldsymbol{D}\boldsymbol{y}''$：

$$\begin{aligned} \boldsymbol{y}_j &= \boldsymbol{y}'_j + (w_N)^j \boldsymbol{y}''_j, \quad j = 0,1,\cdots,M-1 \\ \boldsymbol{y}_{j+M} &= \boldsymbol{y}'_j - (w_N)^j \boldsymbol{y}''_j, \quad j = 0,1,\cdots,M-1 \end{aligned} \tag{12}$$

将 $\boldsymbol{c}$ 分成 $\boldsymbol{c}'$ 和 $\boldsymbol{c}''$。用 $\boldsymbol{F}_M$ 来将它们变换成 $\boldsymbol{y}'$ 和 $\boldsymbol{y}''$。然后用式(12)重新构建 $\boldsymbol{y}$。

下面公式来自将 $c_0,\cdots,c_{N-1}$ 分成在式 (13) 中偶次分量的 c_{2k} 与奇次分量的 c_{2k+1}。

$$\boldsymbol{y_j} = \sum_{\mathbf{0}}^{\boldsymbol{N-1}} w^{jk} c_k = \sum_{\mathbf{0}}^{\boldsymbol{M-1}} w^{2jk} c_{2k} + \sum_{\mathbf{0}}^{\boldsymbol{M-1}} w^{j(2k+1)} c_{2k+1}, \quad \text{其中 } M = \frac{1}{2}N,\ w = w_N \tag{13}$$

偶次分量 $\boldsymbol{c}$ 放入$\boldsymbol{c}' = (c_0, c_2, \cdots)$，而奇次分量的 $\boldsymbol{c}$ 放入 $\boldsymbol{c}'' = (c_1, c_3, \cdots)$。

然后进行 $\boldsymbol{F}_M\boldsymbol{c}'$ 与 $\boldsymbol{F}_M\boldsymbol{c}''$ 变换。**一个关键是$\boldsymbol{w_N^2 = w_M}$**，得到$w_N^{2jk} = w_M^{jk}$。

重写式 (13) $\quad \boldsymbol{y_j} = \sum (w_M)^{jk} c'_k + (w_N)^j \sum (w_M)^{jk} c''_k = \boldsymbol{y'_j + (w_N)^j y''_j} \quad (14)$

对于 $j \geqslant M$，式 (12) 中的负号是从 $(w_N)^j$ 中将 $(w_N)^M = -1$ 分解出来得到的。

MATLAB 很容易将 $\boldsymbol{c}$ 的偶数次分量与奇数次分量分开来，且

用 MATLAB 从 $\boldsymbol{N}$ 到 $\boldsymbol{N/2}$ 的 FFT 步骤	变换偶次分量	$y' = \text{ifft}\,(c(0:2:N-2)) * N/2$
	变换奇次分量	$y'' = \text{ifft}\,(c(1:2:N-1)) * N/2$
	向量$1, w, \cdots$ 是$\boldsymbol{d}$	$d = w.(0:N/2-1)'$
	结合$\boldsymbol{y}'$ 和$\boldsymbol{y}''$	$y = [y' + d.*y''; y' - d.*y'']$

下面的流程图显示出 $\boldsymbol{c}'$ 和 $\boldsymbol{c}''$ 经过大小为一半的 F_2。根据流程图的形状，这些步骤称为蝶形算法。然后将输出 $\boldsymbol{y}'$ 和 $\boldsymbol{y}''$ 组合起来（y'' 中的项依次乘以来自 $\boldsymbol{D}$ 的 1、i，及来自 $-\boldsymbol{D}$ 的 $-1, -\mathrm{i}$）以得到 $\boldsymbol{y} = \boldsymbol{F}_4\boldsymbol{c}$。

由矩阵分解的那些零可看到这个从 $\boldsymbol{F}_N$ 到两个 $\boldsymbol{F}_M$ 的约化几乎将工作量减半。这个 50% 的约化是好的。而一个完整的 **FFT** 要强有力得多，它远不止只节省一半时间。这里的关键是**递归**。

$\boldsymbol{F}$ 的分解也同样可应用到共轭矩阵 $\boldsymbol{\Omega} = \overline{\boldsymbol{F}}$。

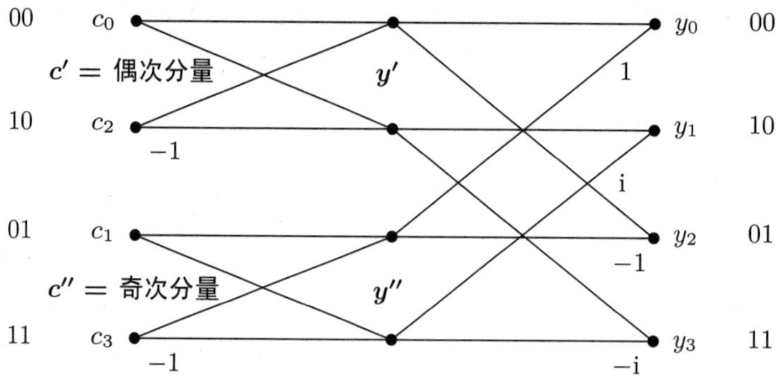

采用递归的完整 FFT

假若你已经读到这里，你可能会猜到下一步是什么了。将 $\boldsymbol{F}_N$ 简化到 $\boldsymbol{F}_{N/2}$，继续进行到$\boldsymbol{F}_{N/4}$，每个 $\boldsymbol{F}_{512}$ 导致 $\boldsymbol{F}_{256}$，然后从 256 到 128，这就是递归。

递归是许多快速算法的一个基本原理。这里是步骤 2，含有 4 个 $\boldsymbol{F}_{256}$ 与 $\boldsymbol{D}$（w_{512} 的 256 次幂）。偶次中的偶次 $c_0, c_4, c_8, \cdots$ 出现在 $c_2, c_6, c_{10}, \cdots$ 之前。

$$\begin{bmatrix} \boldsymbol{F}_{512} & \\ & \boldsymbol{F}_{512} \end{bmatrix} = \begin{bmatrix} \boldsymbol{I} & \boldsymbol{D} & & \\ \boldsymbol{I} & -\boldsymbol{D} & & \\ & & \boldsymbol{I} & \boldsymbol{D} \\ & & \boldsymbol{I} & -\boldsymbol{D} \end{bmatrix} \begin{bmatrix} \boldsymbol{F} & & & \\ & \boldsymbol{F} & & \\ & & \boldsymbol{F} & \\ & & & \boldsymbol{F} \end{bmatrix} \begin{bmatrix} \text{取} & 0,4,8,\cdots \\ \text{取} & 2,6,10,\cdots \\ \text{取} & 1,5,9,\cdots \\ \text{取} & 3,7,11,\cdots \end{bmatrix}$$

数一下单个乘法运算的数目，看看省去了多少运算数。在 **FFT** 发明之前，这个数目是通常的 $N^2 = (1024)^2$。这大约是 100 万次相乘。并不是说这些运算会花费许多时间。但当要做许多变换（这是十分典型的情况）时，这个代价会变得十分巨大。FFT 节省的时间也是极其可观的：

$$\textbf{对大小为 } \boldsymbol{N = 2^{\ell}}\textbf{，最终运算数从 } \boldsymbol{N^2} \textbf{ 减少到 } \boldsymbol{\tfrac{1}{2}N\ell}$$

1024=2^{10}，因此，$\ell = 10$。最初的运算数 $(1024)^2$ 被减少到 $(5)(1024)$，节省为 $\dfrac{1}{200}$。100 万减小到 5000。这就是 FFT 对信号处理起了革命性的作用。

这里是 $\dfrac{1}{2}N\ell$ 背后的原因。存在着 ℓ 级，从 $N = 2^{\ell}$ 下抵 $N = 1$。每一级从对角线 D 有 $N/2$ 次乘法运算，以从较低级重新组装大小为一半的输出。这就产生了最后的数目 $\dfrac{1}{2}N\ell$，或 $\dfrac{1}{2}N\log_2 N$。

关于这个神奇算法的最后一个注释：所有的偶-奇置换后存在一个关于 c 进入 FFT 先后次序的规则。将十进制数字 $0 \sim n-1$ 写成二进制（如对 $n = 4$ 有 $00, 01, 10, 11$）。将这些比特数字的次序颠倒过来：$00, 10, 01, 11$。这就给出了**比特次序颠倒了的**十进制数字 **0**、**2**、**1**、**3**，可以看到现在偶数排在奇数前面了。

完整的图像显示出 c 是以比特颠倒的顺序，这个递归的 $\ell = \log_2 N$ 步，以及最后的输出 $y_0, \cdots, y_{N-1}$，这就是 $\boldsymbol{F}_N$ 乘以 $\boldsymbol{c}$。

对 DFT 矩阵 $\boldsymbol{\Omega} = \overline{\boldsymbol{F}}$ 的 FFT 递归用了完全相同的想法。

习题 4.1

1. 式 (5) 中的 $S = 0$ 之后，$\boldsymbol{F}_n \boldsymbol{\Omega}_N$ 的所有非对角元为零，那么 ($\boldsymbol{F}$ 的第 i 行)$\cdot$($\boldsymbol{\Omega}$ 的第 j 列)$= 0$？

   $$\text{若 } i \neq j，\text{ 为什么有 } (1, w^i, w^{2i}, \cdots, w^{(N-1)i}) \cdot (1, \omega^j, \omega^{2j}, \cdots, \omega^{(N-1)j}) = 0 ?$$

2. 若 $M = \dfrac{1}{2}N$，证明 $(w_N)^M = -1$。这被用于 FFT 等式 (12) 中。
3. 求矩阵 $\boldsymbol{F}_3$ 和 $\boldsymbol{\Omega}_3$（用 $w = \mathrm{e}^{2\pi\mathrm{i}/3}$，$\omega = \overline{w}$）。什么样的 3×3 置换矩阵 $\boldsymbol{P}$ 将它们用 $\boldsymbol{\Omega} = \boldsymbol{FP}$，$\boldsymbol{F} = \boldsymbol{\Omega P}$ 联系起来？
4. 求 $\boldsymbol{f} = (0, 1, 0, 0)$ 的离散傅里叶变换 $\boldsymbol{c}$。验证 $\boldsymbol{c}$ 的逆变换是 $\boldsymbol{f}$。
5. 用类似于式 (10) 与式 (11) 的一个矩阵等式将 $\boldsymbol{F}_6$ 联系到 $\boldsymbol{F}_3$ 的两个副本。
6. 对 $N = 6$，如何才能看出 $1 + w + w^2 + w^3 + w^4 + w^5 = 0$？
7. 假设对 $|x| \leqslant \pi/2$，$f(x) = 1$；对 $\pi/2 < |x| \leqslant \pi$，$f(x) = 0$。这个函数是“偶”的，因为

$f(-x)=f(x)$。偶函数可以用余弦级数展开：

$$f(x)=a_0+a_1\cos x+a_2\cos 2x+\cdots$$

从 $x=-\pi\sim\pi$ 将等式两边各自积分来发现 a_0。用 $\cos x$ 乘以两边，然后从 $-\pi\sim\pi$ 积分，来发现 a_1。

8. 每一个有 n 列的实矩阵 $\boldsymbol{A}$ 有 $\boldsymbol{A}\boldsymbol{A}^{\mathrm{T}}\boldsymbol{x}=\boldsymbol{a}_1(\boldsymbol{a}_1^{\mathrm{T}}\boldsymbol{x})+\cdots+\boldsymbol{a}_n(\boldsymbol{a}_n^{\mathrm{T}}\boldsymbol{x})$。
   如果 $\boldsymbol{A}$ 是一个正交矩阵 $\boldsymbol{Q}$，这 n 个成分有什么特殊之处？
   对傅里叶矩阵（复数），在那个公式里什么发生了变化？
9. 哪个向量 $\boldsymbol{x}$ 有 $\boldsymbol{F}_4\boldsymbol{x}=(1,0,1,0)$？哪个向量有 $\boldsymbol{F}_4\boldsymbol{y}=(0,0,0,1)$？

4.2 移位矩阵与循环矩阵

当下面这个矩阵 $\boldsymbol{P}$ 乘以向量 $\boldsymbol{x}$ 时，$\boldsymbol{x}$ 的分量向上移位：

$$\begin{matrix}\textbf{上移}\\\textbf{循环置换}\end{matrix}\qquad \boldsymbol{P}\boldsymbol{x}=\begin{bmatrix}0&\mathbf{1}&0&0\\0&0&\mathbf{1}&0\\0&0&0&\mathbf{1}\\\mathbf{1}&0&0&0\end{bmatrix}\begin{bmatrix}\boldsymbol{x}_1\\\boldsymbol{x}_2\\\boldsymbol{x}_3\\\boldsymbol{x}_4\end{bmatrix}=\begin{bmatrix}\boldsymbol{x}_2\\\boldsymbol{x}_3\\\boldsymbol{x}_4\\\boldsymbol{x}_1\end{bmatrix}\tag{1}$$

“轮转”和“循环”应用于 $\boldsymbol{P}$，这是因为第一个分量 x_1 被移至最后。若数 x_1、x_2、x_3、x_4 环绕着一个圆圈，$\boldsymbol{P}$ 将所有的数都移动一个位置。并且 $\boldsymbol{P}^2$ 将数在圆圈上转两个位置：

$$\boldsymbol{P}^2\boldsymbol{x}=\begin{bmatrix}0&1&0&0\\0&0&1&0\\0&0&0&1\\1&0&0&0\end{bmatrix}\begin{bmatrix}0&1&0&0\\0&0&1&0\\0&0&0&1\\1&0&0&0\end{bmatrix}\begin{bmatrix}x_1\\x_2\\x_3\\x_4\end{bmatrix}=\begin{bmatrix}0&0&\mathbf{1}&0\\0&0&0&\mathbf{1}\\\mathbf{1}&0&0&0\\0&\mathbf{1}&0&0\end{bmatrix}\begin{bmatrix}x_1\\x_2\\x_3\\x_4\end{bmatrix}=\begin{bmatrix}\boldsymbol{x}_3\\\boldsymbol{x}_4\\\boldsymbol{x}_1\\\boldsymbol{x}_2\end{bmatrix}\tag{2}$$

每个新添的乘子 $\boldsymbol{P}$ 又产生了一个移位。**于是 $\boldsymbol{P}^4$ 得到了一个 360° 的完整一圈：$\boldsymbol{P}^4\boldsymbol{x}=\boldsymbol{x}$，$\boldsymbol{P}^4=\boldsymbol{I}$**。接下来，$\boldsymbol{P}^5$、$\boldsymbol{P}^6$、$\boldsymbol{P}^7$、$\boldsymbol{P}^8$ 重复了这个模式，又转了一圈。注意 $\boldsymbol{P}^3$ 是 $\boldsymbol{P}$ 的逆，因为 $(\boldsymbol{P}^3)(\boldsymbol{P})=\boldsymbol{P}^4=\boldsymbol{I}$。

下面这个矩阵称为**循环**。这是一个 $\boldsymbol{P}$、$\boldsymbol{P}^2$、$\boldsymbol{P}^3$ 与 $\boldsymbol{P}^4=\boldsymbol{I}$ 的简单组合。这个矩阵有**常数对角元**：

$$\textbf{循环矩阵}\quad \boldsymbol{C}=\boldsymbol{c_0}\boldsymbol{I}+\boldsymbol{c_1}\boldsymbol{P}+\boldsymbol{c_2}\boldsymbol{P}^{\mathbf{2}}+\boldsymbol{c_3}\boldsymbol{P}^{\mathbf{3}}=\begin{bmatrix}c_0&\boldsymbol{c_1}&c_2&c_3\\c_3&c_0&\boldsymbol{c_1}&c_2\\c_2&c_3&c_0&\boldsymbol{c_1}\\\boldsymbol{c_1}&c_2&c_3&c_0\end{bmatrix}\tag{3}$$

这个矩阵里的每个对角线就像 $\boldsymbol{P}$ 中的 1 那样转圈。那个有 c_1、c_1、c_1 的对角线被矩阵底部的第 4 个 c_1 补齐。重要的一点：**若将两个循环矩阵 $\boldsymbol{C}$ 与 $\boldsymbol{D}$ 相乘，则它们的积 $\boldsymbol{CD}=\boldsymbol{DC}$ 仍是一个循环矩阵**。

当乘 $\boldsymbol{CD}$ 时，就是乘 $\boldsymbol{P}$ 的幂以得到更高阶的 $\boldsymbol{P}$。同时，乘 $\boldsymbol{DC}$ 也是如此。下面这个例子利用 $N=3$，$\boldsymbol{P}^3=\boldsymbol{I}$：

$$\boldsymbol{CD}=\begin{bmatrix}\mathbf{1}&\mathbf{2}&\mathbf{3}\\3&1&2\\2&3&1\end{bmatrix}\begin{bmatrix}\mathbf{5}&\mathbf{0}&\mathbf{4}\\4&5&0\\0&4&5\end{bmatrix}=\begin{bmatrix}\mathbf{13}&\mathbf{22}&\mathbf{19}\\19&13&22\\22&19&13\end{bmatrix}=\text{循环} \tag{4}$$

$$\begin{matrix}(\boldsymbol{I}+2\boldsymbol{P}+3\boldsymbol{P}^2)(5\boldsymbol{I}+4\boldsymbol{P}^2)\\(5\boldsymbol{I}+4\boldsymbol{P}^2)(\boldsymbol{I}+2\boldsymbol{P}+3\boldsymbol{P}^2)\end{matrix}=5\boldsymbol{I}+10\boldsymbol{P}+(15+4)\boldsymbol{P}^2+8\boldsymbol{P}^3+12\boldsymbol{P}^4=\mathbf{13}\boldsymbol{I}+\mathbf{22}\boldsymbol{P}+\mathbf{19}\boldsymbol{P}^2$$

最后一步，用到了循环，即 $\boldsymbol{P}^3=\boldsymbol{I}$，$\boldsymbol{P}^4=\boldsymbol{P}$。因此生成 $\boldsymbol{C}$ 的向量 $(1,2,3)$ 与生成 $\boldsymbol{D}$ 的向量 $(5,0,4)$ 产生了向量 $(13,22,19)$，生成 $\boldsymbol{CD}$ 和 $\boldsymbol{DC}$。这种对向量的操作称为**循环卷积**。

总结：当将 $N\times N$ 循环矩阵 $\boldsymbol{C}$ 与 $\boldsymbol{D}$ 相乘时，取向量 $(c_0,c_1,\cdots,c_{N-1})$ 与 $(d_0,d_1,\cdots,d_{N-1})$ 的循环卷积。一般的卷积是通过将 $(c_0\boldsymbol{I}+c_1\boldsymbol{P}+\cdots+c_{N-1}\boldsymbol{P}^{N-1})$ 与 $(d_0\boldsymbol{I}+d_1\boldsymbol{P}+\cdots+d_{N-1}\boldsymbol{P}^{N-1})$ 相乘来发现系数，然后循环卷积用到了 $\boldsymbol{P}^N=\boldsymbol{I}$。

卷积	$(1,2,3) * (5,0,4)=(\mathbf{5},\mathbf{10},\mathbf{19},\mathbf{8},\mathbf{12})$	(5)
循环卷积	$(1,2,3) \circledast (5,0,4)=(5+8,10+12,19)=(\mathbf{13},\mathbf{22},\mathbf{19})$	(6)

通常的卷积就是乘法（而且更简单，因为这里没有进到下一列的“进位”）：

$$\begin{array}{ccccccc} & & 1 & 2 & 3 & & \\ & & 5 & 0 & 4 & & \\ \hline & & 4 & 8 & 12 & & \\ & 0 & 0 & 0 & & & \\ 5 & 10 & 15 & & & & \\ \hline \mathbf{5} & \mathbf{10} & \mathbf{19} & \mathbf{8} & \mathbf{12} & = & \boldsymbol{c} * \boldsymbol{d}\end{array}$$

循环那一步结合了 $5+8$，因为 $\boldsymbol{P}^3=\boldsymbol{I}$。再进一步结合 $10+12$，因为 $\boldsymbol{P}^4=\boldsymbol{P}$。**最后结果是** $(\mathbf{13},\mathbf{22},\mathbf{19})$。

练习 $(0,1,0)\circledast(d_0,d_1,d_2)=(d_2,d_0,d_1)$

$(1,1,1)\circledast(d_0,d_1,d_2)=(d_0+d_1+d_2,d_0+d_1+d_2,d_0+d_1+d_2)$

$(c_0,c_1,c_2)\circledast(d_0,d_1,d_2)=(d_0,d_1,d_2)\circledast(c_0,c_1,c_2)$

上面最后一行指的是对循环矩阵有 $\boldsymbol{CD}=\boldsymbol{DC}$，及对循环卷积有 $\boldsymbol{c}\circledast\boldsymbol{d}=\boldsymbol{d}\circledast\boldsymbol{c}$。在 $\boldsymbol{C}$ 中 $\boldsymbol{P}$ 的幂与 $\boldsymbol{D}$ 中 $\boldsymbol{P}$ 的幂是可交换的。

若进行加法运算 $1+2+3=6$ 与 $5+0+4=9$，就可以快速检查卷积。$6\times 9=54$。然后应该是（也的确是）$5+10+19+8+12=54$。对循环卷积，也有 $13+22+19=54$。

c 的和乘以 d 的和等于输出的和。这是因为在 $\boldsymbol{c}*\boldsymbol{d}$ 与 $\boldsymbol{c}\circledast\boldsymbol{d}$ 中每个 c 乘以每个 d。

P 的特征值与特征向量

对 $N=4$，方程 $\boldsymbol{Px}=\lambda\boldsymbol{x}$ 直接得出 4 个特征值与特征向量：

$$\boldsymbol{Px}=\begin{bmatrix}0&1&0&0\\0&0&1&0\\0&0&0&1\\1&0&0&0\end{bmatrix}\begin{bmatrix}x_1\\x_2\\x_3\\x_4\end{bmatrix}=\begin{bmatrix}x_2\\x_3\\x_4\\x_1\end{bmatrix}=\lambda\begin{bmatrix}x_1\\x_2\\x_3\\x_4\end{bmatrix}\quad \text{得到}\quad \begin{matrix}x_2=\lambda x_1\\x_3=\lambda x_2\\x_4=\lambda x_3\\x_1=\lambda x_4\end{matrix} \tag{7}$$

从最后一个方程 $x_1=\lambda x_4$ 出发，一直往上替代：

$$x_1=\lambda x_4=\lambda^2x_3=\lambda^3x_2=\lambda^4x_1\quad \text{得到}\quad \boldsymbol{\lambda^4=1}$$

$\boldsymbol{P}$ 的特征值是 1 那些四次根。它们都是 $w=\mathrm{i}$ 的幂 i、i^2、i^3、1。

$$\lambda=\mathbf{i},\qquad \lambda=\mathrm{i}^2=\mathbf{-1},\qquad \lambda=\mathrm{i}^3=\mathbf{-i},\qquad \lambda=\mathrm{i}^4=\mathbf{1} \tag{8}$$

这些是对 $\det(\boldsymbol{P}-\lambda\boldsymbol{I})=\lambda^4-1=0$ 的 4 个解。这些特征值 i、-1、$-\mathrm{i}$、1 在复平面的单位圆上等距离分布（图 4.2）。

当 $\boldsymbol{P}$ 是 $N\times N$ 矩阵时，同样的推理从 $\boldsymbol{P}^N=\boldsymbol{I}$ 得出 $\lambda^N=1$。N 个特征值再一次均匀地分布在圆上，并且现在它们是在 $360/N$ 度即 $2\pi/N$ rad 的**复数 $\boldsymbol{w}$** 的幂。

$$\boxed{\boldsymbol{z^N=1}\ \textbf{的解是}\ \boldsymbol{\lambda=w,w^2,\cdots,w^{N-1},1},\quad \textbf{其中}\ \boldsymbol{w=\mathrm{e}^{2\pi\mathrm{i}/N}}} \tag{9}$$

在复平面上，第一个特征值 w 是 $\mathrm{e}^{\mathrm{i}\theta}=\cos\theta+\mathrm{i}\sin\theta$，其角 $\theta=2\pi/N$。对其他特征值的角度是 $2\theta,3\theta,\cdots,N\theta$。因为 $\theta=2\pi/N$，那个最后的角度是 $N\theta=2\pi$，其对应的特征值是 $\lambda=\mathrm{e}^{2\pi\mathrm{i}}$，即 $\cos2\pi+\mathrm{i}\sin2\pi=1$。

对复数的幂，用极坐标形式 $\mathrm{e}^{\mathrm{i}\theta}$ 比用 $\cos\theta+\mathrm{i}\sin\theta$ 要好很多。

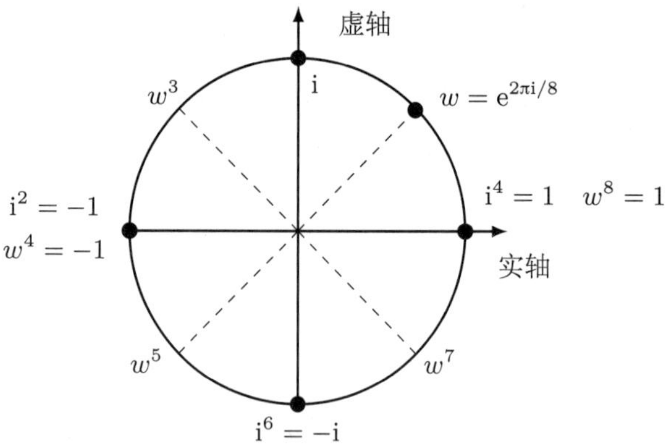

图 4.2 P_N 的特征值

注：对 $N=4$，$\lambda=\mathrm{i}$ 的 4 个幂加起来等于零；对 $N=8$，$\lambda=w=\mathrm{e}^{2\pi\mathrm{i}/8}$ 的 8 个幂加起来也等于零

知道了 $\boldsymbol{P}_N$ 的 N 个特征值 $\lambda=1,w,\cdots,w^{N-1}$，很快能发现对应的 N 个特征向量：设所有 $\boldsymbol{q}$ 的第一个分量为 1。$\boldsymbol{q}$ 的其他分量为 λ、λ^2 和 λ^3：

$$\text{对应}\boldsymbol{\lambda=1,\mathrm{i},\mathrm{i}^2,\mathrm{i}^3}\ \text{的特征向量}\quad \boldsymbol{q}_0=\begin{bmatrix}1\\1\\1\\1\end{bmatrix},\quad \boldsymbol{q}_1=\begin{bmatrix}1\\\mathrm{i}\\\mathrm{i}^2\\\mathrm{i}^3\end{bmatrix},\quad \boldsymbol{q}_2=\begin{bmatrix}1\\\mathrm{i}^2\\\mathrm{i}^4\\\mathrm{i}^6\end{bmatrix},\quad \boldsymbol{q}_3=\begin{bmatrix}1\\\mathrm{i}^3\\\mathrm{i}^6\\\mathrm{i}^9\end{bmatrix}\tag{10}$$

一直从零开始计数，这是处理傅里叶变换的惯例。第零个特征向量有特征值 $\lambda=1=w^0$。其特征向量矩阵的第 0、1、2、3 列对应于 $\boldsymbol{q}_0$、$\boldsymbol{q}_1$、$\boldsymbol{q}_2$、$\boldsymbol{q}_3$。**相应 $\boldsymbol{P}$ 的特征向量矩阵是傅里叶矩阵。**

$$\begin{matrix}\text{特征向量矩阵}\\ \boldsymbol{N=4}\\ \text{傅里叶矩阵}\end{matrix}\quad \begin{bmatrix}1&1&1&1\\1&\mathrm{i}&\mathrm{i}^2&\mathrm{i}^3\\1&\mathrm{i}^2&\mathrm{i}^4&\mathrm{i}^6\\1&\mathrm{i}^3&\mathrm{i}^6&\mathrm{i}^9\end{bmatrix},\quad \text{有}\quad \overline{\boldsymbol{F}}^{\mathrm{T}}\boldsymbol{F}=4\boldsymbol{I}\tag{11}$$

矩阵的这个模式对任意大小 N 都是一样的。第 k 个特征值为 $w^k=(\mathrm{e}^{2\pi\mathrm{i}/N})^k=\mathrm{e}^{2\pi\mathrm{i}k/N}$。同样，计数是从零开始：$\lambda_0=w^0=1,\lambda_1=w,\cdots,\lambda_{N-1}=w^{N-1}$。

第 $\boldsymbol{k}$ 个特征向量含有 $\boldsymbol{w^k}$ 的幂。特征向量矩阵包含所有 N 个特征向量。这个 $N\times N$ 傅里叶矩阵，具有性质 $\overline{\boldsymbol{F}}^{\mathrm{T}}\boldsymbol{F}=N\boldsymbol{I}$。

$$\begin{matrix}\text{傅里叶矩阵}\\ \boldsymbol{P}\text{的特征向量}\end{matrix}\qquad \boldsymbol{F_N}=\begin{bmatrix}1&1&1&\cdots&1\\1&w&w^2&\cdots&w^{N-1}\\1&w^2&w^4&\cdots&w^{2(N-1)}\\\vdots&\vdots&\vdots&\ddots&\vdots\\1&w^{N-1}&w^{2(N-1)}&\cdots&w^{(N-1)(N-1)}\end{bmatrix}\tag{12}$$

由上再一次看到**傅里叶矩阵的列是互相正交的**。这里必须用复数的内积 $(\boldsymbol{x},\boldsymbol{y})=\overline{\boldsymbol{x}}^{\mathrm{T}}\boldsymbol{y}$。正交性的新的证明：

类似于 $\boldsymbol{P}$ 的正交矩阵有正交的特征向量

于是 $\boldsymbol{P}=\boldsymbol{F\Lambda}\overline{\boldsymbol{F}}^{\mathrm{T}}/\boldsymbol{N}$，其对角特征值矩阵为 $\boldsymbol{\Lambda}=\mathrm{diag}\,(1,w,\cdots,w^{N-1})$。

下面的讨论从这个特殊的置换矩阵 $\boldsymbol{P}$ 转为任意一个循环矩阵 $\boldsymbol{C}$。

循环矩阵 C 的特征值和特征向量

循环矩阵 $\boldsymbol{C}$ 的特征向量特别容易得到。**这些特征向量与置换矩阵 $\boldsymbol{P}$ 的特征向量是相同的，**因此它们就是同一傅里叶矩阵 $\boldsymbol{F}$ 的列 $\boldsymbol{q}_0,\boldsymbol{q}_1,\cdots,\boldsymbol{q}_{N-1}$。下面是对第 k 个特征向量和特征值的 $\boldsymbol{C}\boldsymbol{q}_k=\lambda\boldsymbol{q}_k$：

$$(c_0\boldsymbol{I}+c_1\boldsymbol{P}+\cdots+c_{N-1}\boldsymbol{P}^{N-1})\,\boldsymbol{q}_k=(c_0+c_1\lambda_k+\cdots+c_{N-1}\lambda_k^{N-1})\,\boldsymbol{q}_k\tag{13}$$

注意，$\boldsymbol{\lambda_k}=\boldsymbol{w^k}=\mathrm{e}^{2\pi\mathrm{i}k/N}$ 是 $\boldsymbol{P}$ 的第 k 个特征值。这些数是在傅里叶矩阵 $\boldsymbol{F}$ 中。然后在式 (13) 中 $\boldsymbol{C}$ 有一个几乎是神奇的特征值公式：**将 $\boldsymbol{F}$ 乘以 $\boldsymbol{C}$ 中的最上面一行向量 $\boldsymbol{c}$ 来得到这些特征值。**

$$\begin{bmatrix} \lambda_0(\boldsymbol{C}) \\ \lambda_1(\boldsymbol{C}) \\ \lambda_2(\boldsymbol{C}) \\ \cdots \\ \lambda_{N-1}(\boldsymbol{C}) \end{bmatrix} = \begin{bmatrix} c_0 + c_1 + \cdots + c_{N-1} \\ c_0 + c_1 w + \cdots + c_{N-1} w^{N-1} \\ c_0 + c_1 w^2 + \cdots + c_{N-1} w^{2(N-1)} \\ \cdots \\ c_0 + c_1 w^{N-1} + \cdots + c_{N-1} w^{(N-1)(N-1)} \end{bmatrix} = \boldsymbol{F} \begin{bmatrix} c_0 \\ c_1 \\ c_2 \\ \cdots \\ c_{N-1} \end{bmatrix} = \boldsymbol{F}\boldsymbol{c} \tag{14}$$

$\boldsymbol{C}$ 的 $\boldsymbol{N}$ 个特征值是 $\boldsymbol{Fc}$ 的分量 $=$（$\boldsymbol{c}$ 的傅里叶逆变换）

例：$N=2$ 的傅里叶矩阵 $\boldsymbol{F}$，$w = \mathrm{e}^{2\pi \mathrm{i}/2} = -1$

$$\boldsymbol{P} = \begin{bmatrix} 0 & 1 \\ 1 & 0 \end{bmatrix}, \quad \boldsymbol{C} = \begin{bmatrix} c_0 & c_1 \\ c_1 & c_0 \end{bmatrix}, \quad \boldsymbol{c} = \begin{bmatrix} c_0 \\ c_1 \end{bmatrix}, \quad \boldsymbol{F} = \begin{bmatrix} 1 & 1 \\ 1 & -1 \end{bmatrix}$$

$\boldsymbol{P}$ 以及 $\boldsymbol{C}$ 的特征向量是 $\boldsymbol{F}$ 的列。$\boldsymbol{P}$ 的特征值是 ± 1。$\boldsymbol{C} = c_0\boldsymbol{I} + c_1\boldsymbol{P}$ 的特征值是 $c_0 + c_1$ 和 $c_0 - c_1$。这些 $\boldsymbol{C}$ 的特征值是 $\boldsymbol{F}$ 乘以 $\boldsymbol{c}$ 得到的向量的分量：

$$\boldsymbol{C}\text{的特征值} \qquad \boldsymbol{Fc} = \begin{bmatrix} 1 & 1 \\ 1 & -1 \end{bmatrix} \begin{bmatrix} c_0 \\ c_1 \end{bmatrix} = \begin{bmatrix} \boldsymbol{c_0 + c_1} \\ \boldsymbol{c_0 - c_1} \end{bmatrix} \tag{15}$$

对任意的 N，置换矩阵 $\boldsymbol{P}$ 是一个循环矩阵 $\boldsymbol{C}$，其中 $\boldsymbol{c} = (0, 1, 0, \cdots, 0)$。

$\boldsymbol{P}$ 的特征值是列向量 $\boldsymbol{Fc}$ 的分量，其中 $\boldsymbol{c}$ 就是上面给出的。

这就是傅里叶矩阵 $\boldsymbol{F}$ 的列 $(1, w, w^2, \cdots, w^{N-1})$。

对 $N=4$，这符合式 (8) 中 $\boldsymbol{P}$ 的特征值 1、i、i^2、i^3。

卷积规则

这个规则将**卷积**与**乘法**比较，它们是不同的，但是被傅里叶矩阵 $\boldsymbol{F}$ 联系起来。

从循环矩阵 $\boldsymbol{C}$ 和 $\boldsymbol{D}$ 开始。它们的第一行是向量 $\boldsymbol{c}$ 和 $\boldsymbol{d}$。在本节起始部分的式 (4) 中给出了 $\boldsymbol{CD}$ 的第一行的例子：

$$\boldsymbol{CD}\text{的顶行} = \text{循环卷积} = \boldsymbol{c} \circledast \boldsymbol{d} \tag{16}$$

则依照式 (14)$\boldsymbol{CD}$ 的特征值在向量 $\boldsymbol{F}(\boldsymbol{c} \circledast \boldsymbol{d})$ 中。

下面用其他方式求 $\boldsymbol{CD}$ 的特征值。特征值 $\lambda(\boldsymbol{C})$ 是在向量 $\boldsymbol{Fc}$ 中。特征值 $\lambda(\boldsymbol{D})$ 在向量 $\boldsymbol{Fd}$ 中。特征向量 $\boldsymbol{q}_k$ 对 $\boldsymbol{C}$ 与 $\boldsymbol{D}$ 是相同的，它们是 $\boldsymbol{F}$ 的列。**这样每个特征值 $\boldsymbol{\lambda_k(CD)}$ 就是 $\boldsymbol{\lambda_k}(C)$ 乘以 $\boldsymbol{\lambda_k}(D)$。这个一项分量对一项分量的 "Hadamard 乘积" 在 MATLAB 中写为 ".*"**：

$$\begin{bmatrix} \lambda_0(\boldsymbol{CD}) \\ \vdots \\ \lambda_{N-1}(\boldsymbol{CD}) \end{bmatrix} = \begin{bmatrix} \lambda_0(\boldsymbol{C})\lambda_0(\boldsymbol{D}) \\ \vdots \\ \lambda_{N-1}(\boldsymbol{C})\lambda_{N-1}(\boldsymbol{D}) \end{bmatrix} = \begin{bmatrix} \lambda_0(\boldsymbol{C}) \\ \vdots \\ \lambda_{N-1}(\boldsymbol{C}) \end{bmatrix} .* \begin{bmatrix} \lambda_0(\boldsymbol{D}) \\ \vdots \\ \lambda_{N-1}(\boldsymbol{D}) \end{bmatrix} = \boldsymbol{Fc} .* \boldsymbol{Fd}$$

符号 "**.***" 表示两个向量的分量乘分量的乘积。

卷积规则比较计算 $\boldsymbol{CD}$ 特征值的两个公式：

卷积向量
相乘变换

$$\boxed{\textbf{卷积规则}\quad \boldsymbol{F}(\boldsymbol{c} \circledast \boldsymbol{d}) = (\boldsymbol{Fc}).*(\boldsymbol{Fd})} \tag{17}$$

左侧　首先将 $\boldsymbol{c}$ 与 $\boldsymbol{d}$ 卷积，然后用 $\boldsymbol{F}$ 变换。

右侧　首先用 $\boldsymbol{F}$ 进行变换，然后一项对一项地将 $\boldsymbol{Fc}$ 与 $\boldsymbol{Fd}$ 的分量相乘。

这是信号处理的基本等式，采用 FFT，速度很快。

另一种理解卷积规则的方式是将包含 $\boldsymbol{C}$ 和 $\boldsymbol{D}$ 的特征值的对角矩阵 $\boldsymbol{\Lambda}(\boldsymbol{C})$ 与 $\boldsymbol{\Lambda}(\boldsymbol{D})$ 相乘。$\boldsymbol{C}$ 通过 $\boldsymbol{F}^{-1}\boldsymbol{CF} = \boldsymbol{\Lambda}(\boldsymbol{C})$ 被对角化：

$$(\boldsymbol{F}^{-1}\boldsymbol{CF})(\boldsymbol{F}^{-1}\boldsymbol{DF}) = \boldsymbol{F}^{-1}(\boldsymbol{CD})\boldsymbol{F} \quad \text{就是} \quad \boldsymbol{\Lambda}(\boldsymbol{C})\,\boldsymbol{\Lambda}(\boldsymbol{D}) = \boldsymbol{\Lambda}(\boldsymbol{CD}) \tag{18}$$

这是因为所有的循环矩阵具有同样的特征向量（$\boldsymbol{F}$ 的列）。

这个卷积规则可以直接验证（习题 1）。对于 $N=2$ 的情况，确实如此：

$$\boldsymbol{F} = \begin{bmatrix} 1 & 1 \\ 1 & -1 \end{bmatrix}, \quad \boldsymbol{c} \circledast \boldsymbol{d} = \begin{bmatrix} c_0d_0 + c_1d_1 \\ c_0d_1 + c_1d_0 \end{bmatrix}, \quad \boldsymbol{Fc} = \begin{bmatrix} c_0 + c_1 \\ c_0 - c_1 \end{bmatrix}, \quad \boldsymbol{Fd} = \begin{bmatrix} d_0 + d_1 \\ d_0 - d_1 \end{bmatrix}$$

卷积规则 (17) 指出，$\boldsymbol{F}(\boldsymbol{c} \circledast \boldsymbol{d})$ 是分量一一相乘的乘积：

$$\boldsymbol{F}(\boldsymbol{c} \circledast \boldsymbol{d}) = \begin{bmatrix} c_0d_0 + c_1d_1 + c_0d_1 + c_1d_0 \\ c_0d_0 + c_1d_1 - c_0d_1 - c_1d_0 \end{bmatrix} = \begin{bmatrix} (c_0+c_1)(d_0+d_1) \\ (c_0-c_1)(d_0-d_1) \end{bmatrix} = (\boldsymbol{Fc}).*(\boldsymbol{Fd})$$

函数的乘积与卷积

若 $f(x) = \Sigma\, c_k \mathrm{e}^{\mathrm{i}kx}$，$g(x) = \Sigma\, d_m \mathrm{e}^{\mathrm{i}mx}$，求 $f(x)\,g(x)$ 的傅里叶系数。 将 2π 周期的函数 f 与 g 相乘。

乘积 fg 是在“x 空间”。根据卷积规则，期待在“频率空间”中进行卷积 $\boldsymbol{c} * \boldsymbol{d}$。这些是周期函数 f 与 g $(-\pi \leqslant x \leqslant \pi)$，且它们的傅里叶级数是无穷级数 $(k = 0, \pm1, \pm2, \cdots)$。因此循环卷积不复存在，应将两个无穷傅里叶级数相乘：

$$f(x)\,g(x) = \left(\sum_{k=-\infty}^{\infty} c_k \mathrm{e}^{\mathrm{i}kx}\right)\left(\sum_{m=-\infty}^{\infty} d_m \mathrm{e}^{\mathrm{i}mx}\right) = \sum_{n=-\infty}^{\infty} h_n \mathrm{e}^{\mathrm{i}nx} \tag{19}$$

何时 $\mathrm{e}^{\mathrm{i}kx}$ 与 $\mathrm{e}^{\mathrm{i}mx}$ 相乘得到 $\mathrm{e}^{\mathrm{i}nx}$？要求是 $\boldsymbol{k}+\boldsymbol{m}=\boldsymbol{n}$。

> 系数 h_n 将所有满足 $\boldsymbol{k}+\boldsymbol{m}=\boldsymbol{n}$ 的乘积 c_kd_m 结合起来，则 $\boldsymbol{m}=\boldsymbol{n}-\boldsymbol{k}$：
>
> $$\boldsymbol{h_n} = \sum_{k=-\infty}^{\infty} \boldsymbol{c_k d_{n-k}} \quad \text{是对于无穷维向量的卷积} \quad \boldsymbol{h} = \boldsymbol{c} * \boldsymbol{d} \tag{20}$$

下一步，在 k 空间将系数 c_kd_k 相乘。因此在 x 空间进行卷积 $f*g$。

2π周期函数的卷积	$(\boldsymbol{f} * \boldsymbol{g})(x) = \int_{-\pi}^{\pi} \boldsymbol{f}(\boldsymbol{t})\,\boldsymbol{g}(\boldsymbol{x}-\boldsymbol{t})\,\mathrm{d}t$	(21)
周期函数的卷积规则	$\boldsymbol{f} * \boldsymbol{g}$ 的傅里叶系数是 $\boldsymbol{2\pi c_k d_k}$	(22)

为了看出在式 (21) 中，$\boldsymbol{f}*\boldsymbol{g}=\boldsymbol{g}*\boldsymbol{f}$，进行变量变换 $T=x-t$，则有 $t=x-T$。

δ 函数 $\delta(x)$ 对卷积而言是一个单位算子，就像乘法中的 $\boldsymbol{I}$：

$$(\delta*\boldsymbol{g})(x)=\int\delta(t)\,g(x-t)\,\mathrm{d}t=\boldsymbol{g}(x),\qquad (1,0,0)\circledast(a,b,c)=(a,b,c)$$

互相关与自相关

互相关就像卷积，但一个重要的差别是在这里使用“$**$”

$$[\text{不是 } \boldsymbol{n}-\boldsymbol{k}]\qquad h_n=\sum_k c_k d_{\boldsymbol{n}+\boldsymbol{k}}\text{是向量的}\textbf{互相关}\ \boldsymbol{h}=\boldsymbol{c}**\boldsymbol{d}\tag{23}$$

$$(\boldsymbol{f}**\boldsymbol{g})(x)=\int f(t)\,g(\boldsymbol{x}+\boldsymbol{t})\,dt=\boldsymbol{f}(\boldsymbol{x})*\boldsymbol{g}(-\boldsymbol{x})\ \text{是函数的互相关}\tag{24}$$

首先是对向量 $\boldsymbol{d}$ 移位，然后取其与 $\boldsymbol{c}$ 的点积。而函数 $\boldsymbol{g}$ 是沿着 x 轴平移 g，再取其与 f 的内积。当向量 $\boldsymbol{c}$、$\boldsymbol{d}$ 以及函数 f、g 是最佳对准（成比例）时，这些点积是最大的。

这样一种发现最佳对准的简单方法是十分有价值的。

$\boldsymbol{c}=\boldsymbol{d}$，$f=g$ 这些特殊情况是最重要的，而且必然是对准得最好的。在这些情况下，互相关 $\boldsymbol{c}**\boldsymbol{c}$ 和 $f**f$ 称为**自相关**。

卷积与互相关完美地对应于矩阵乘法。

$\boldsymbol{c}*\boldsymbol{d}$ 得到 $\boldsymbol{CD}$（无穷大的常对角矩阵）中的各项。

$\boldsymbol{c}\circledast\boldsymbol{d}$ 得到 $\boldsymbol{CD}$（有限循环矩阵）中的各项。

$\boldsymbol{c}**\boldsymbol{d}$ 得到 $\boldsymbol{C}^{\mathrm{T}}\boldsymbol{D}$ 中的各项，以及 $\boldsymbol{a}**\boldsymbol{a}$ 得到 $\boldsymbol{A}^{\mathrm{T}}\boldsymbol{A}$ 中的各项。

习题 4.2

1. 对 $\boldsymbol{c}=(2,1,3)$，$\boldsymbol{d}=(3,1,2)$，求 $\boldsymbol{c}*\boldsymbol{d}$，$\boldsymbol{c}\circledast\boldsymbol{d}$。
2. 对 $N=3$，证明卷积规则：$F(\boldsymbol{c}\circledast\boldsymbol{d})$ 的第 k 个分量等于 $(\boldsymbol{Fc})_k$ 乘以 $(\boldsymbol{Fd})_k$。从 $(\boldsymbol{c}\circledast\boldsymbol{d})_p=c_0d_p+c_1d_{p-1}+c_2d_{p-2}$ 开始。

$$\text{证明}\quad\sum_{p=0}^{2}w^{kp}(\boldsymbol{c}\circledast\boldsymbol{d})_p=\left(\sum_{m=0}^{2}w^{km}c_m\right)\left(\sum_{n=0}^{2}w^{kn}d_n\right),\quad\text{其中}\quad w^3=1$$

3. 若 $\boldsymbol{c}*\boldsymbol{d}=\boldsymbol{e}$，为什么 $(\sum c_i)(\sum d_i)=(\sum e_i)$？为什么我们的证明是成功的？$(1+2+3)(5+0+4)=(\mathbf{6})(\mathbf{9})=\mathbf{54}=5+10+19+8+12$。
4. 任何两个同样大小的循环矩阵是可交换的：$\boldsymbol{CD}=\boldsymbol{DC}$。它们有同样的特征向量 $\boldsymbol{q}_k$（傅里叶矩阵 $\boldsymbol{F}$ 的列）。证明特征值 $\lambda_k(\boldsymbol{CD})=\lambda_k(\boldsymbol{C})\lambda_k(\boldsymbol{D})$。
5. 4×4 循环矩阵 $\boldsymbol{C}=\boldsymbol{I}+\boldsymbol{P}+\boldsymbol{P}^2+\boldsymbol{P}^3$ 的特征值是什么？将这些特征值与对 $\boldsymbol{c}=(1,1,1,1)$ 的离散变换 $\boldsymbol{Fc}$ 联系起来。对哪三个实数或复数 z 有 $1+z+z^2+z^3=0$？
6. “当向量 $\boldsymbol{Fc}$ 没有零分量时，循环矩阵 $\boldsymbol{C}$ 是可逆的”。将这个正确的陈述与频率响应测试联系起来：

$$\text{在}\ N\ \text{个点}\ \theta=2\pi/N,4\pi/N,\cdots,2\pi\text{上，}C(\mathrm{e}^{\mathrm{i}\theta})=\sum_{0}^{N-1}c_j\mathrm{e}^{\mathrm{i}j\theta}\neq0$$

7. 对一个卷积方程 $\boldsymbol{c}*\boldsymbol{d}=\boldsymbol{e}$ 或 $\boldsymbol{c}\circledast\boldsymbol{d}=\boldsymbol{e}$，如何来求解 $\boldsymbol{d}$? 用矩阵形式来表述，这是 $\boldsymbol{CD}=\boldsymbol{E}$，然后是 $\boldsymbol{D}=\boldsymbol{C}^{-1}\boldsymbol{E}$。但是，去卷积通常采用卷积规则 $(\boldsymbol{Fc}).*(\boldsymbol{Fd})=(\boldsymbol{Fe})$ 会更快些。那么 $\boldsymbol{Fd}$ 等于多少?
8. 自相关 $\boldsymbol{c}**\boldsymbol{c}$ 的第 n 个分量是向量 $\boldsymbol{c}$ 与 $S^n\boldsymbol{c}$（向量 $\boldsymbol{c}$ 被移位 n 位）的点积。为什么 $\boldsymbol{c}^{\mathrm{T}}S^n\boldsymbol{c}\leqslant\boldsymbol{c}^{\mathrm{T}}\boldsymbol{c}$? 然后 $\boldsymbol{c}**\boldsymbol{c}$ 最大的分量是 $\boldsymbol{c}^{\mathrm{T}}\boldsymbol{c}$（没有移位）的第零个分量。

4.3 克罗内克积 $A\otimes B$

4.1 节描述了一维信号 $\boldsymbol{f}$ 的离散傅里叶变换。本节将讨论二维 DFT，这是图像处理所需要的。当一维变换要用到大小为 N 的矩阵，二维变换则需要大小为 N^2 的矩阵（而视频将引入第三维）。二维矩阵会是很大的。希望能容易地由一维傅里叶矩阵 $\boldsymbol{F}$ 和 $\boldsymbol{\Omega}$ 来构造它们。

这种构造采用了**克罗内克积** $\boldsymbol{F}\otimes\boldsymbol{F}$ **和** $\boldsymbol{\Omega}\otimes\boldsymbol{\Omega}$。早期的这个称谓是张量乘积。MATLAB 命令是 $\mathbf{kron}(F,F)$ 和 $\mathbf{kron}(\Omega,\Omega)$。

这个操作对许多用途特别方便。因此，本节中介绍 $\boldsymbol{K}=\boldsymbol{A}\otimes\boldsymbol{B}$ 的关键方法及运算：求 $\boldsymbol{K}$ 的逆，求解 $(\boldsymbol{A}\otimes\boldsymbol{B})\boldsymbol{x}=\boldsymbol{y}$，得到 $\boldsymbol{A}\otimes\boldsymbol{B}$ 的特征值和特征向量及其 SVD。

关于克罗内克积首先是 $\boldsymbol{A}\otimes\boldsymbol{B}=\mathrm{kron}(A,B)$的大小：

(1) 若 $\boldsymbol{A}$ 和 $\boldsymbol{B}$ 是 $n\times n$ 的，则 $\boldsymbol{A}\otimes\boldsymbol{B}$ **是** $\boldsymbol{n^2}\times\boldsymbol{n^2}$ 的。

(2) 若 $\boldsymbol{A}$ 是 $m\times n$ 的，$\boldsymbol{B}$ 是 $M\times N$ 的，则 $\boldsymbol{A}\otimes\boldsymbol{B}$ **有** $\boldsymbol{mM}$ **行、**$\boldsymbol{nN}$ **列**。

$\boldsymbol{A}\otimes\boldsymbol{B}$ 中的项数是（$\boldsymbol{A}$ 的所有 mn 项数）乘以（$\boldsymbol{B}$ 的所有 MN 项数）。

其次是这些乘积在这个大矩阵中的位置。其规则是**将** $\boldsymbol{A}$ **中的每一项乘以整个** $\boldsymbol{B}$ **矩阵**。那么 $\boldsymbol{A}\otimes\boldsymbol{B}$ 是一个分块矩阵。每一块是 $\boldsymbol{B}$ 的乘数：

$$\text{克罗内克积}\qquad \boldsymbol{A}\otimes\boldsymbol{B}=\begin{bmatrix}a_{11}\boldsymbol{B} & \cdots & a_{1n}\boldsymbol{B}\\ \vdots & \vdots & \vdots\\ a_{m1}\boldsymbol{B} & \cdots & a_{mn}\boldsymbol{B}\end{bmatrix}\tag{1}$$

一种最简单的情形是取 $\boldsymbol{A}$ 和 $\boldsymbol{B}$ 为单位矩阵：$(2\times2)\circledast(3\times3)=6\times6$。

$$\boldsymbol{I_2}\otimes\boldsymbol{I_3}=\boldsymbol{I_6},\qquad \begin{bmatrix}1&0\\0&1\end{bmatrix}\otimes\begin{bmatrix}1&0&0\\0&1&0\\0&0&1\end{bmatrix}=\begin{bmatrix}\mathbf{1}\,\boldsymbol{I}_3 & \mathbf{0}\,\boldsymbol{I}_3\\ \mathbf{0}\,\boldsymbol{I}_3 & \mathbf{1}\,\boldsymbol{I}_3\end{bmatrix}=\boldsymbol{I_6}\tag{2}$$

一种比较难的情形来自将两个克罗内克积相乘：

$$\boldsymbol{A}\otimes\boldsymbol{B}\quad\text{乘以}\quad\boldsymbol{C}\otimes\boldsymbol{D}\quad\text{等于}\quad\boldsymbol{AC}\otimes\boldsymbol{BD}\tag{3}$$

$$\boldsymbol{A}\otimes\boldsymbol{B}\quad\text{乘以}\quad\boldsymbol{A}^{-1}\otimes\boldsymbol{B}^{-1}\quad\text{等于}\quad\boldsymbol{I}\otimes\boldsymbol{I}\tag{4}$$

式 (3) 允许使用长方形的矩阵。式 (4) 只适用于可逆的方阵。$\boldsymbol{I}\otimes\boldsymbol{I}$ 是大小为 nN 的单位矩阵。**因此** $\boldsymbol{A}\otimes\boldsymbol{B}$**的逆是** $\boldsymbol{A}^{-1}\otimes\boldsymbol{B}^{-1}$。

式 (3) 的证明来自克罗内克积的块相乘：

$$\begin{bmatrix} a_{11}\boldsymbol{B} & a_{12}\boldsymbol{B} \\ a_{21}\boldsymbol{B} & a_{22}\boldsymbol{B} \end{bmatrix}\begin{bmatrix} c_{11}\boldsymbol{D} & c_{12}\boldsymbol{D} \\ c_{21}\boldsymbol{D} & c_{22}\boldsymbol{D} \end{bmatrix}=\begin{bmatrix} (a_{11}c_{11}+a_{12}c_{21})\boldsymbol{BD} & (a_{11}c_{12}+a_{12}c_{22})\boldsymbol{BD} \\ (a_{21}c_{11}+a_{22}c_{21})\boldsymbol{BD} & (a_{21}c_{12}+a_{22}c_{22})\boldsymbol{BD} \end{bmatrix} \tag{5}$$

这恰恰是 $\boldsymbol{AC}\otimes\boldsymbol{BD}$。大小为 N^2 的矩阵乘以大小为 N^2 的矩阵依然是大小为 N^2 的矩阵。一个最后的基本等式是有关 $\boldsymbol{A}\otimes\boldsymbol{B}$ 的转置矩阵：

$$(\boldsymbol{A}\otimes\boldsymbol{B})^{\mathrm{T}}=\boldsymbol{A}^{\mathrm{T}}\otimes\boldsymbol{B}^{\mathrm{T}}, \qquad \begin{bmatrix} a_{11}\boldsymbol{B} & a_{12}\boldsymbol{B} \\ a_{21}\boldsymbol{B} & a_{22}\boldsymbol{B} \end{bmatrix}^{\mathrm{T}}=\begin{bmatrix} a_{11}\boldsymbol{B}^{\mathrm{T}} & a_{21}\boldsymbol{B}^{\mathrm{T}} \\ a_{12}\boldsymbol{B}^{\mathrm{T}} & a_{22}\boldsymbol{B}^{\mathrm{T}} \end{bmatrix} \tag{6}$$

二维离散傅里叶变换

从一个 $N\times N$ 的图像开始，这可能是具有 N^2 个像素的一幅用手机拍摄的照片，也可能是 Chuck Close（他意识到你的眼睛会将小的方块聚合成一个连续的图像，即手机相机是如何工作的）绘制的一幅画。有 N^2 个数。

可以将这些数展开成长度为 N^2 的一个向量。或将它们保存为一个 $N\times N$ 矩阵，这样在图像中原来是靠近的像素依然保持邻近。展开成一个向量的操作（通过一个称为 vec 的算符）会在本节稍后描述。先考虑在 $\mathbf{R}^{n^2}$ 空间中的一个向量 $\boldsymbol{f}$ 的 n^2 个分量布排成一个正方形。

人们倾向于对 $\boldsymbol{f}$ 应用二维的离散傅里叶变换。结果会是一个二维向量 $\boldsymbol{c}$。可以将这个过程分成两步：

逐行 将一维的 DFT 分别应用到每一行像素。

逐列 重新将输出按列安排，然后对每一列进行变换。

每一步用到的矩阵是 $N^2\times N^2$ 的。首先每次只考虑一行的 N^2 像素，用一维的 DFT 矩阵 $\boldsymbol{\Omega}_N$ 乘以这个向量中的每一行：

$$\boldsymbol{\Omega}_{行}\boldsymbol{f}=\begin{bmatrix} \boldsymbol{\Omega}_N & & & \\ & \boldsymbol{\Omega}_N & & \\ & & \ddots & \\ & & & \boldsymbol{\Omega}_N \end{bmatrix}\begin{bmatrix} 行1 \\ 行2 \\ 行3 \\ 行4 \end{bmatrix} \quad (\boldsymbol{f}和\boldsymbol{\Omega}_{行}\boldsymbol{f}\ 有长度N^2) \tag{7}$$

其中矩阵 $\boldsymbol{\Omega}_{行}=\boldsymbol{I}_N\otimes\boldsymbol{\Omega}_N$。这是一个大小为 N^2 的克罗内克积。

现在输出 $\boldsymbol{\Omega}_{行}\boldsymbol{f}$ 是（心理上而不是电子学上）重新排列成列。二维变换的第二步是用 $\boldsymbol{\Omega}_N$ 来乘以“半路”图像 $\boldsymbol{\Omega}_{行}\boldsymbol{f}$ 的每一列。再用一个大小为 N^2 的矩阵 $\boldsymbol{\Omega}_{列}$ 来乘。完整的二维变换是 $\boldsymbol{\Omega}_N\otimes\boldsymbol{\Omega}_N$。

> **矩阵 $\boldsymbol{\Omega}_{列}$ 是克罗内克积 $\boldsymbol{\Omega}_N\otimes\boldsymbol{I}_N$**
>
> **二维变换将行与列的步骤一起放入 $\boldsymbol{\Omega}_{N\times N}$**
>
> $$\boldsymbol{\Omega}_{N\times N}=\boldsymbol{\Omega}_{列}\,\boldsymbol{\Omega}_{行}=(\boldsymbol{\Omega}_N\otimes\boldsymbol{I}_N)(\boldsymbol{I}_N\otimes\boldsymbol{\Omega}_N)=\boldsymbol{\Omega}_N\otimes\boldsymbol{\Omega}_N \tag{8}$$

例 1　对 $N=4$，有 $N^2=16$ 像素布排成一个正方形。那个用于二维变换的分块矩阵 $\boldsymbol{\Omega}_{4\times 4}$

是 16×16 的：

$$\boldsymbol{\Omega}_{4\times4}=\boldsymbol{\Omega}_4\otimes\boldsymbol{\Omega}_4=\begin{bmatrix}\Omega_4 & \Omega_4 & \Omega_4 & \Omega_4\\ \Omega_4 & -\mathbf{i}\,\Omega_4 & (-\mathbf{i})^2\,\Omega_4 & (-\mathbf{i})^3\,\Omega_4\\ \Omega_4 & (-\mathbf{i})^2\,\Omega_4 & (-\mathbf{i})^4\,\Omega_4 & (-\mathbf{i})^6\,\Omega_4\\ \Omega_4 & (-\mathbf{i})^3\,\Omega_4 & (-\mathbf{i})^6\,\Omega_4 & (-\mathbf{i})^9\,\Omega_4\end{bmatrix}$$

这个矩阵必须被 $4\times4=16$ 除以正确地匹配一维变换 $\Omega_4/4$，然后这个 16×16 矩阵的逆给出了二维的逆向 DFT，即 $F_4\otimes F_4$。将式 (4) 应用到克罗内克积：

$$\textbf{二维逆}\left(\frac{\mathbf{1}}{\mathbf{16}}\boldsymbol{\Omega}_4\otimes\boldsymbol{\Omega}_4\right)^{-1}=\boldsymbol{F}_4\otimes\boldsymbol{F}_4=\ \textbf{一维逆的克罗内克积}$$

克罗内克和：$A\oplus B$

二维傅里叶变换是两步的**乘积**：先是逐行的变换，再将结果逐列进行变换。这些步骤是 $\boldsymbol{I}\otimes\boldsymbol{\Omega}$，$\boldsymbol{\Omega}\otimes\boldsymbol{I}$。在其他的一些问题中，想要得到的是**和**而不是乘积。这就产生了一个不同的矩阵，但矩阵的大小依然是 N^2 或 MN。

$\boldsymbol{A}$ **为** $\boldsymbol{M}\times\boldsymbol{M}$ $\boldsymbol{B}$ **为** $\boldsymbol{N}\times\boldsymbol{N}$	**克罗内克和** $\boldsymbol{A}\oplus\boldsymbol{B}=\boldsymbol{A}\otimes\boldsymbol{I}_N+\boldsymbol{I}_M\otimes\boldsymbol{B}$ **是** $\boldsymbol{MN}\times\boldsymbol{MN}$ **的**	(9)

这个构造对二维拉普拉斯方程（或泊松方程）是十分自然的：

$$\textbf{正方形区域内的拉普拉斯方程}\quad -\frac{\partial^2 u}{\partial x^2}-\frac{\partial^2 u}{\partial y^2}=\boldsymbol{F}(x,y),\ 0\leqslant x\leqslant1,\ 0\leqslant y\leqslant1$$

将这个单位正方形分成 N^2 个小方块，其边长 $h=1/N$。把节点或网格点放在这些正方形的角上，会有 $(N+1)^2$ 个节点。然后用连接在节点上的值 U_{jk} 的二阶差分方程来取代拉普拉斯二阶微分方程：

在一维空间中，$-\dfrac{\partial^2 u}{\partial x^2}$ 变成了一个二阶差分 $\dfrac{-u(x+h)+2u(x)-u(x-h)}{h^2}$。

对于有 $N+1$ 节点的一根直线段，这些二阶差分形成了一个大小为 $N+1$ 的矩阵 $\boldsymbol{\Delta}$：

$$N=4\qquad h=1/4\qquad \boldsymbol{\Delta}_5=\frac{1}{(1/4)^2}\begin{bmatrix}\mathbf{1} & -1 & & & \\ -1 & \mathbf{2} & -1 & & \\ & -\mathbf{1} & \mathbf{2} & -\mathbf{1} & \\ & & -1 & \mathbf{2} & -1\\ & & & -\mathbf{1} & \mathbf{1}\end{bmatrix}\qquad(10)$$

注意：对角线上的第一个与最后一个分量**是 1 不是 2**。这反映了在行两端的边界条件。在第 1 行和第 5 行中选择了自由边界条件 $\partial u/\partial x=0$（固定的边界条件 $u=0$ 会导致整个对角线上的分量都是 2）。

二阶差分矩阵 $\boldsymbol{\Delta}_5$ 是**半正定**的，它的零空间包含列向量 $\mathbf{1}=(1,1,1,1,1)$。

这个矩阵 $\boldsymbol{\Delta}_5$ 沿着每一行取代 $-\partial^2/\partial x^2$，沿着每一列则取代 $-\partial^2/\partial y^2$。可用 25×25 矩阵 $\boldsymbol{\Delta}_{行}$ 来一次性找出所有行的二阶差分，加上 $\boldsymbol{\Delta}_{列}$ 一次性地找出所有列的二阶差分：

$$\boldsymbol{\Delta}_{行}=\begin{bmatrix}\boldsymbol{\Delta}_5 & & \\ & \ddots & \\ & & \boldsymbol{\Delta}_5\end{bmatrix}=\boldsymbol{I}_5\otimes\boldsymbol{\Delta}_5$$

$$\boldsymbol{\Delta}_{列}=(\text{一次一列})\qquad=\boldsymbol{\Delta}_5\otimes\boldsymbol{I}_5$$

至此，这看上去就像离散傅里叶变换，所有行与所有列操作，区别是将这些矩阵加起来。我们的目标是近似 $-\partial^2/\partial x^2-\partial^2/\partial y^2$。这一整个二维有限差分矩阵是 25×25**克罗内克和**：

$$\boldsymbol{\Delta}_{5\times 5}=\boldsymbol{I}_5\otimes\boldsymbol{\Delta}_5+\Delta_5\otimes\boldsymbol{I}_5=\boldsymbol{\Delta}_{行}+\boldsymbol{\Delta}_{列} \tag{11}$$

同样的矩阵 $\boldsymbol{\Delta}_{5\times 5}$ 来自有限元法（对线性的有限元而言）。

这个矩阵也是一个图拉普拉斯算子，这个图是有 25 个节点的 5×5 方阵。它有 20 条水平的边及 20 条垂直的边，它的关联矩阵 $\boldsymbol{A}$ 是 40×25 的。则其图拉普拉斯算子 $\boldsymbol{A}^{\mathrm{T}}\boldsymbol{A}$ 是同样的 25×25 矩阵 $\boldsymbol{\Delta}_{5\times 5}$。这个矩阵是半正定的，但不是可逆的。在 4.6 节中研究图拉普拉斯算子。

$\boldsymbol{\Delta}_{5\times 5}$ 的零空间包含一个有 25 个 1 的向量。这个向量是 $\mathbf{1}\otimes\mathbf{1}$。

$A\otimes B$、$A\oplus B$ 的特征向量和特征值

假设 $\boldsymbol{x}$ 是 $\boldsymbol{Ax}=\lambda\boldsymbol{x}$ 的一个特征向量，$\boldsymbol{y}$ 是 $\boldsymbol{By}=\mu\boldsymbol{y}$ 的一个特征向量，则 $\boldsymbol{x}$ 与 $\boldsymbol{y}$ 的克罗内克积是 $\boldsymbol{A}\otimes\boldsymbol{B}$ 的特征向量。**其特征值是 $\boldsymbol{\lambda\mu}$：**

$$(\boldsymbol{A}\otimes\boldsymbol{B})(\boldsymbol{x}\otimes\boldsymbol{y})=(\boldsymbol{Ax})\otimes(\boldsymbol{By})=(\lambda\boldsymbol{x})\otimes(\mu\boldsymbol{y})=\lambda\mu(\boldsymbol{x}\otimes\boldsymbol{y}) \tag{12}$$

这里 $\boldsymbol{A}$ 是 $n\times n$ 的，$\boldsymbol{B}$ 是 $N\times N$ 的。因此 $\boldsymbol{x}$ 是 $n\times 1$ 的，$\boldsymbol{y}$ 是 $N\times 1$ 的。$\boldsymbol{A}\otimes\boldsymbol{B}$ 是大小为 nN 的方阵，$\boldsymbol{x}\otimes\boldsymbol{y}$ 是长度为 nN 的向量。同样的模式对克罗内克和同样成立，特征向量也是 $\boldsymbol{x}\otimes\boldsymbol{y}$：

$$(\boldsymbol{A}\oplus\boldsymbol{B})(\boldsymbol{x}\otimes\boldsymbol{y})=(\boldsymbol{A}\otimes\boldsymbol{I}_N)(\boldsymbol{x}\otimes\boldsymbol{y})+(\boldsymbol{I}_n\otimes\boldsymbol{B})(\boldsymbol{x}\otimes\boldsymbol{y})=(\lambda+\mu)(\boldsymbol{x}\otimes\boldsymbol{y}) \tag{13}$$

$\boldsymbol{A}\oplus\boldsymbol{B}$ 的特征值是 $\boldsymbol{\lambda+\mu}$。向量 $\boldsymbol{y}$ 是单位矩阵 $\boldsymbol{I}_N$ 的特征向量（特征值为 1）。向量 $\boldsymbol{x}$ 也自然是 $\boldsymbol{I}_n$ 的特征向量（特征值为 1）。因此关于克罗内克和的式 (13) 恰恰是来自对克罗内克积的式 (12) 的两次应用。$\boldsymbol{A}\otimes\boldsymbol{I}_N$ 有特征值 $\lambda\times 1$，且 $\boldsymbol{I}_n\otimes\boldsymbol{B}$ 有特征值 $1\times\mu$。这两种情况的特征向量都是 $\boldsymbol{x}\otimes\boldsymbol{y}$。因此将两者加起来看到式 (13) 具有特征值 $\lambda+\mu$。

变量分离

上面的讨论是十分形式化的，但所表达的思想是简单且重要的。这是对拉普拉斯方程，以及所有的 x 导数加 y 导数的类似方程的特征函数最有用的技巧性的矩阵等价表述。

$$\textbf{拉普拉斯算子的特征值 }\boldsymbol{\alpha}\qquad \frac{\partial^2 u}{\partial x^2}+\frac{\partial^2 u}{\partial y^2}=\alpha\, u(x,y) \tag{14}$$

这里的技巧是寻找表述成分离形式的 $\boldsymbol{u(x,y)=v(x)\,w(y)}$。在拉普拉斯特征值方程式 (14) 中用 vw 取代 u：

$$\textbf{\textit{x}}\ \text{与}\ \textbf{\textit{y}}\ \text{变量分离} \quad \left(\frac{\mathrm{d}^2 v}{\mathrm{d}x^2}\right) w(y) + v(x)\frac{\mathrm{d}^2 w}{\mathrm{d}y^2} = \alpha\, v(x)\, w(y) \tag{15}$$

常微分而不是偏微分方程，v 只依赖于 x，w 只依赖于 y。

用 vw 来除式 (15)。左边的结果是一个仅为 x 的函数加上一个仅为 y 的函数。

$$\frac{\mathrm{d}^2 v/\mathrm{d}x^2}{v(x)} + \frac{\mathrm{d}^2 w/\mathrm{d}y^2}{w(y)} = \alpha = \text{常数} \tag{16}$$

若这对于每个 x 和 y 都是对的，则每一项必然是一个常数：

$$\textbf{分离方程} \quad \frac{\mathrm{d}^2 v}{\mathrm{d}x^2} = \lambda v, \quad \frac{\mathrm{d}^2 w}{\mathrm{d}y^2} = \mu w, \quad \lambda + \mu = \alpha \tag{17}$$

因此 $\lambda + \mu$ 是拉普拉斯方程式 (14) 的一个特征值。方程式 (14) 左边的这个拉普拉斯算子恰恰就是 $\boldsymbol{A} = \partial^2/\partial x^2$ 与 $\boldsymbol{B} = \partial^2/\partial y^2$ 的**克罗内克和**。这里的关键点是特征函数 $u(x, y)$ 是两个一维特征函数 $v(x)$ 与 $w(y)$ 的乘积。这是连续的而不是离散的，是微分矩阵而不是差分矩阵，是特征函数而不是特征向量。

偏微分方程被简化成两个常微分方程 (17)。

矩阵到向量的运算 vec($\boldsymbol{A}$)

我们经常想将一个矩阵向量化。从一个 $m \times n$ 矩阵 $\boldsymbol{A}$ 开始，将其 n 个列堆叠起来得到一个长度为 mn 的列向量 $\mathbf{vec}(\boldsymbol{A})$：

$$\mathbf{vec}(\boldsymbol{A}) = \begin{bmatrix} \text{列}1 \\ \vdots \\ \text{列}n \end{bmatrix}, \quad \mathbf{vec}\left(\begin{bmatrix} a & b \\ c & d \end{bmatrix}\right) = \begin{bmatrix} a \\ c \\ b \\ d \end{bmatrix} \tag{18}$$

这个长度为 N^2 的向量与二维傅里叶矩阵（大小为 N^2 的克罗内克积）相乘来得到有 N^2 个傅里叶系数的向量。而那长度为 $(N+1)^2$ 的向量与图拉普拉斯矩阵（这是一个克罗内克和）相乘。这个图拉普拉斯矩阵来自对在一个正方形区域内的拉普拉斯方程有限差分的近似。

因此，需要知道这个简单的 **vec** 操作是如何与矩阵乘法互动的。下面是矩阵 $\boldsymbol{B}$ 被矩阵 $\boldsymbol{A}$ 从左边相乘，同时从右边被 $\boldsymbol{C}$ 相乘时的一个关键的等式：

$$\mathbf{vec}(\boldsymbol{ABC}) = (\boldsymbol{C}^{\mathrm{T}} \otimes \boldsymbol{A})\, \mathbf{vec}(\boldsymbol{B}) \tag{19}$$

矩阵 $\boldsymbol{A}$、$\boldsymbol{B}$、$\boldsymbol{C}$ 都是 $n \times n$ 的，然后 $\boldsymbol{ABC}$ 是 $n \times n$ 的，并且 **vec** 使得它是 $n^2 \times 1$ 的。克罗内克积是 $n^2 \times n^2$ 的，再乘以 $n^2 \times 1$ 向量 $\mathbf{vec}(\boldsymbol{B})$。因此式 (19) 的右边也有长度 n^2。并且，若 $\boldsymbol{ABC}$ 是 $m \times p$ 的，则矩阵 $\boldsymbol{C}^{\mathrm{T}} \otimes \boldsymbol{A}$ 有 mp 行，这是它应该有的。

但是，一个大的差别是运算的数目。在 $n \times n$ 的情况下，$\boldsymbol{ABC}$ 中的两次乘法需要 $2n^3$ 次分开的乘-加，而在右边的克罗内克积有 n^4 项，因此如果没有注意到这是一个克罗内克积，这个矩阵-向量相乘需要 n^4 次乘-加。重新整形是为了利用克罗内克结构优点所必需的：

$\boldsymbol{A}$ 是 $m\times n$ 的，并有 $mn=MN$，令 $\boldsymbol{B}=\mathbf{reshape}\,(A,M,N)$，其是 $M\times N$ 的，$\mathbf{vec}\,(\boldsymbol{B})=\mathbf{vec}\,(\boldsymbol{A})$

若 $\boldsymbol{A}$ 是 3×2 的，然后 $\boldsymbol{B}=\mathbf{reshape}\,(\boldsymbol{A},\mathbf{1},\mathbf{6})$ 产生$\boldsymbol{B}=[a_{11}\quad a_{21}\quad a_{31}\quad a_{12}\quad a_{22}\quad a_{32}]$。

我们需要理解**vec**等式 (19)。从这样一个情形开始：$\boldsymbol{B}=[\boldsymbol{x}_1\ \ \boldsymbol{x}_2]$ 有 2 列，$\boldsymbol{C}$ 是 2×2 的。式 (19) 的右边是简单的矩阵-向量乘积 $\boldsymbol{Kx}$，其中 $\boldsymbol{x}=\mathbf{vec}\,(\boldsymbol{B})$，并且已经辨认出 $\boldsymbol{K}$ 是克罗内克积 $\boldsymbol{C}^{\mathrm{T}}\otimes\boldsymbol{A}$。这个乘积得到向量 $\boldsymbol{y}$：

$$\boldsymbol{y}=\boldsymbol{Kx}=\left(\boldsymbol{C}^{\mathrm{T}}\otimes\boldsymbol{A}\right)\begin{bmatrix}\boldsymbol{x}_1\\ \boldsymbol{x}_2\end{bmatrix}=\begin{bmatrix}c_{11}\boldsymbol{A} & c_{21}\boldsymbol{A}\\ c_{12}\boldsymbol{A} & c_{22}\boldsymbol{A}\end{bmatrix}\begin{bmatrix}\boldsymbol{x}_1\\ \boldsymbol{x}_2\end{bmatrix}=\begin{bmatrix}c_{11}\boldsymbol{Ax}_1+c_{21}\boldsymbol{Ax}_2\\ c_{12}\boldsymbol{Ax}_1+c_{22}\boldsymbol{Ax}_2\end{bmatrix}\tag{20}$$

向量 $\boldsymbol{y}$ 就是式 (19) 的左边项：$\mathbf{vec}\,(\boldsymbol{ABC})$，其中 $\boldsymbol{B}=[\boldsymbol{x}_1\ \ \boldsymbol{x}_2]$ 是

$$\mathbf{vec}\left(\begin{bmatrix}\boldsymbol{Ax}_1 & \boldsymbol{Ax}_2\end{bmatrix}\begin{bmatrix}c_{11} & c_{12}\\ c_{21} & c_{22}\end{bmatrix}\right)=\mathbf{vec}\begin{bmatrix}c_{11}\boldsymbol{Ax}_1+c_{21}\boldsymbol{Ax}_2 & c_{12}\boldsymbol{Ax}_1+c_{22}\boldsymbol{Ax}_2\end{bmatrix}$$

因此，如果有一个线性方程组 $K\boldsymbol{x}=\boldsymbol{b}$，其中 $\boldsymbol{K}$ 为克罗内克矩阵，式 (19) 将减小其大小。

在一个二维图像（$n\times n$）中的像素值被 **vec** 堆叠成一个列向量（长度为 n^2 或 $3n^2$，如果是 RGB 颜色）。带有 T 帧的一个视频在不同时刻有一系列的图像。然后 **vec** 堆叠视频到一个长度为 Tn^2 的列向量。

参考文献

[1] Van Loan C. *The ubiquitous Kronecker product*, J. Comp. Appl. Math[J]. 2000, **123**: 85–100.
[2] Also *The Kronecker Product*, `https://www.cs.cornell.edu/cv/ResearchPDF/KPhist.pdf`.

习题 4.3

1. 一个熟悉矩阵的人可能愿意在特征向量矩阵中看到 $\boldsymbol{A}$ 的所有 n 个特征向量：$\boldsymbol{AX}=\boldsymbol{X\Lambda}_A$。类似地，$\boldsymbol{BY}=\boldsymbol{Y\Lambda}_B$。那么大小为 nN 的克罗内克积 $\boldsymbol{X}\otimes\boldsymbol{Y}$ 是 $\boldsymbol{A}\otimes\boldsymbol{B}$ 与 $\boldsymbol{A}\oplus\boldsymbol{B}$ 的特征向量矩阵：

$$(\boldsymbol{A}\otimes\boldsymbol{B})(\boldsymbol{X}\otimes\boldsymbol{Y})=(\boldsymbol{X}\otimes\boldsymbol{Y})(\boldsymbol{\Lambda}_A\otimes\boldsymbol{\Lambda}_B),\quad (\boldsymbol{A}\oplus\boldsymbol{B})(\boldsymbol{X}\otimes\boldsymbol{Y})=(\boldsymbol{X}\otimes\boldsymbol{Y})(\boldsymbol{\Lambda}_A\oplus\boldsymbol{\Lambda}_B)$$

$\boldsymbol{A}\otimes\boldsymbol{B}$ 的特征值是 nN 个乘积 $\lambda_i\mu_j$（每个 λ 乘以每个 μ）。$\boldsymbol{A}\oplus\boldsymbol{B}$ 的特征值是 nN 个 $\sum\boldsymbol{\lambda_i}+\boldsymbol{\mu_j}$（每个 λ 加上每个 μ）。

若 $\boldsymbol{A}$ 和 $\boldsymbol{B}$ 是 $n\times n$ 的，何时 $\boldsymbol{A}\oplus\boldsymbol{B}$ 是可逆的？若 ($\boldsymbol{A}$ 的特征值) $=-$ ($\boldsymbol{B}$ 的特征值)，又会怎样？找到那些 2×2 矩阵，以使得 $\boldsymbol{A}\oplus\boldsymbol{B}$ 有秩 3，而不是秩 4。

2. 证明：若 $\boldsymbol{A}$ 和 $\boldsymbol{B}$ 是对称正定的，则 $\boldsymbol{A}\otimes\boldsymbol{B}$ 和 $\boldsymbol{A}\oplus\boldsymbol{B}$ 也是这样。
3. 描述一个置换矩阵 $\boldsymbol{P}$，使得 $\boldsymbol{P}(\boldsymbol{A}\otimes\boldsymbol{B})=(\boldsymbol{B}\otimes\boldsymbol{A})\boldsymbol{P}$。$\boldsymbol{A}\otimes\boldsymbol{B}$ 与 $\boldsymbol{B}\otimes\boldsymbol{A}$ 有同样的特征值吗？
4. 计算 $\boldsymbol{y}=(\boldsymbol{F}\otimes\boldsymbol{G})\,\boldsymbol{x}$，这里 $\boldsymbol{x}=\mathrm{vec}(\boldsymbol{X})$。矩阵 $\boldsymbol{F}$ 是 $m\times n$ 的，$\boldsymbol{G}$ 是 $p\times q$ 的。矩阵 $\boldsymbol{F}\otimes\boldsymbol{G}$ 是 $mp\times nq$ 的，矩阵 $\boldsymbol{X}$ 是 $q\times n$ 的，向量 $\boldsymbol{x}$ 是 $nq\times1$ 的。证明下面的代码发现了正确的 $\boldsymbol{y}=(\boldsymbol{F}\otimes\boldsymbol{G})\,\boldsymbol{x}$：

$$\begin{aligned}\boldsymbol{Y} &= \boldsymbol{B} \otimes \boldsymbol{X} \otimes \boldsymbol{A}^{\mathrm{T}} \\ \boldsymbol{y} &= \operatorname{reshape}(\boldsymbol{Y}, \boldsymbol{mp}, \mathbf{1})\end{aligned}$$

5. 假设当 $\boldsymbol{F}$ 和 $\boldsymbol{G}$ 是 $n \times n$ 可逆矩阵时，求解 $(\boldsymbol{F} \otimes \boldsymbol{G})\boldsymbol{x} = \boldsymbol{b}$，那么 $\boldsymbol{b}$ 和 $\boldsymbol{x}$ 是 $n^2 \times 1$ 的。证明这等于计算

$$\boldsymbol{X} = \boldsymbol{G}^{-1}\boldsymbol{B}(\boldsymbol{F}^{-1})^{\mathrm{T}}, \quad \text{其中} \quad \boldsymbol{x} = \mathbf{vec}(\boldsymbol{X}), \quad \boldsymbol{b} = \mathbf{vec}(\boldsymbol{B})$$

   实际上，这些逆矩阵从来不被计算的。代之以求解两个方程组：
   由 $\boldsymbol{GZ} = \boldsymbol{B}$ 求 $\boldsymbol{Z}$
   由 $\boldsymbol{XF}^{\mathrm{T}} = \boldsymbol{Z}$ 或 $\boldsymbol{FX}^{\mathrm{T}} = \boldsymbol{Z}^{\mathrm{T}}$ 求 $\boldsymbol{X}$
   证明计算成本现在是 $O(n^3)$。更大的方程组 $(\boldsymbol{F} \otimes \boldsymbol{G})\boldsymbol{x} = \boldsymbol{b}$ 耗费为 $O(n^6)$。
6. 若图像的像素产生了一个克罗内克积 $\boldsymbol{A} \otimes \boldsymbol{B}$，则这个图像看起来像什么？
7. 如何得到一个二维的 FFT？对一个 $n \times n$ 图像，二维快速傅里叶变换需要多少次运算？

4.4 出自克罗内克和的正弦、余弦变换

本节给出克罗内克和 $\boldsymbol{K} = \boldsymbol{I} \otimes \boldsymbol{D} + \boldsymbol{D} \otimes \boldsymbol{I}$ 的一个著名的例子。1、-2、1 对角矩阵 $\boldsymbol{D}$ 近似在一维空间（沿着一条直线）的二阶导数 $\mathrm{d}^2/\mathrm{d}x^2$。克罗内克和将其扩展到二维空间（在一个正方形区域）。这个大小为 N^2 的大矩阵 $\boldsymbol{K}$ 近似拉普拉斯算子 $\partial^2/\partial x^2 + \partial^2/\partial y^2$。

对克罗内克和，所有这一切都是正常的，是创建重要矩阵 $\boldsymbol{K}$ 的一种非常方便的方法。下一步使得处理这个大矩阵更实际些。用 N^2 差分方程近似拉普拉斯偏微分方程：

$$\textbf{拉普拉斯} \quad \frac{\partial^2 \boldsymbol{u}}{\partial \boldsymbol{x}^2} + \frac{\partial^2 \boldsymbol{u}}{\partial \boldsymbol{y}^2} = \boldsymbol{f}(\boldsymbol{x}, \boldsymbol{y}), \qquad \textbf{离散拉普拉斯} \quad \frac{\mathbf{1}}{\boldsymbol{h}^2}\boldsymbol{KU} = \boldsymbol{F} \tag{1}$$

$\boldsymbol{U}$ 的 N^2 个分量与一个正方形网格中的 N^2 个点 $x = ph$，$y = qh$ 上的 $u(x, y)$ 十分接近。这里 $p = 1, \cdots, N$ 是沿着网格的行，而 $q = 1, \cdots, N$ 是顺着列，其中 $h = \Delta x = \Delta y$ 是相邻网格点的间距。

困难在于矩阵 $\boldsymbol{K}$ 的大小，**解决方法是知道及使用这个矩阵的 $\boldsymbol{N^2}$ 个特征向量。**

能知道这些特征向量十分不容易，不寻常的是（这差不多是唯一的重要例子）线性方程组 $\boldsymbol{KU} = h^2\boldsymbol{F}$ 能够通过将 $h^2\boldsymbol{F}$ 和 $\boldsymbol{U}$ 写成 $\boldsymbol{K}$ 的特征向量 $\boldsymbol{v}_i$ 的组合被很快求解：

$$\boldsymbol{h^2 F} = b_1\boldsymbol{v}_1 + b_2\boldsymbol{v}_2 + \cdots \quad \boldsymbol{U} = \frac{b_1}{\lambda_1}\boldsymbol{v}_1 + \frac{b_2}{\lambda_2}\boldsymbol{v}_2 + \cdots, \quad \text{然后} \quad \boldsymbol{KU} = \boldsymbol{h^2 F} \tag{2}$$

当 $\boldsymbol{K}$ 乘以 $\boldsymbol{U}$，λ 相消了，因为每个 $\boldsymbol{K}\boldsymbol{v}_i = \lambda_i \boldsymbol{v}_i$。因此，$\boldsymbol{KU}$ 与 $h^2\boldsymbol{F}$ 是一致的。

一维 1、-2、1 对角矩阵 $\boldsymbol{D}$ 的特征向量 $\boldsymbol{u}_j$ 是离散**正弦向量**，它们是从 $\mathrm{d}^2/\mathrm{d}x^2$ 的特征函数 $\sin j\pi x$ 的取样点上的值：

$$\textbf{连续与离散} \quad \frac{\mathrm{d}^2}{\mathrm{d}x^2}\sin j\pi x = -j^2\pi^2 \sin j\pi x, \qquad D\boldsymbol{u}_j = D\begin{bmatrix}\sin j\pi h/(N+1) \\ \vdots \\ \sin j\pi Nh/(N+1)\end{bmatrix} = \Lambda_j \boldsymbol{u}_j \tag{3}$$

大矩阵 $\boldsymbol{K}=\boldsymbol{I}\otimes\boldsymbol{D}+\boldsymbol{D}\otimes\boldsymbol{I}$ 的特征向量 $\boldsymbol{v}$ 在关于克罗内克和的 4.3 节中已发现。**$\boldsymbol{K}$ 的特征向量是 $\boldsymbol{D}$ 的正弦特征向量的克罗内克积 $\boldsymbol{v_{jk}}=\boldsymbol{u_j}\otimes\boldsymbol{u_k}$** 。在连续（对特征函数而言）的情形下这是成立的。而在离散情况（对于特征向量）下这依然是正确的。$\boldsymbol{v}_{jk}$ 的分量是 $\boldsymbol{u}_j$ 的分量乘以 $\boldsymbol{u}_k$ 的分量：

连续特征函数	$\boldsymbol{v}_{jk}(x,y)=(\sin j\pi x)(\sin k\pi y)$	**离散特征向量**	$\boldsymbol{v}_{jk}(p,q)=\left(\sin\dfrac{\pi jp}{N+1}\right)\left(\sin\dfrac{\pi kq}{N+1}\right)$

导致成功的最后一步是所有步骤中最关键的。**可以用 FFT 计算这些特征向量**。在 4.1 节中的傅里叶矩阵有复数的指数。其实部有余弦（这进入了离散余弦变换）。F 的虚部得到离散正弦变换。那个 DST矩阵包含有 $\boldsymbol{D}$ 的特征向量 $\boldsymbol{u}_j$。二维 DST 矩阵包含有拉普拉斯差分矩阵 $\boldsymbol{K}$ 的特征向量 $\boldsymbol{v}_{jk}$。

FFT用 $O(N^2\log_2 N)$ 次运算执行了式 (2) 中的计算步骤：

(1) 用一个快速的二维变换 FFT $\otimes$ FFT 来得到 $h^2\boldsymbol{F}$ 的正弦系数 b_{jk}；

(2) 每个 b_{jk} 被特征值 $\lambda_{jk}=\lambda_j(\boldsymbol{D})\,\lambda_k(\boldsymbol{D})$ 相除；

(3) 一个快速的二维逆变换从其正弦系数 b_{jk}/λ_{jk} 求出 $\boldsymbol{U}$。

这个算法求解了在一个正方形区域内的拉普拉斯方程，边界条件在区域的四个边上给出，这被编程在 FISHPACK 中。这个名字为泊松（Poisson）方程的糟糕的双关语——它在拉普拉斯方程中加了一个源项 $\partial^2u/\partial x^2+\partial^2u/\partial y^2=f(x,y)$。FISHPACK 也允许对余弦特征向量的“自由”或“自然”或“Neumann”边界条件$\partial u/\partial n=0$，以及对正弦特征向量的“固定”或“必要”或“Dirichlet”边界条件 $u=u_0$。

固定与自由边界条件的差别对一维问题出现在 $\boldsymbol{D}$ 的第一行与最后一行上，然后对二维空间，克罗内克和 $\boldsymbol{K}=\boldsymbol{D}\oplus\boldsymbol{D}$ 中所有的边界行中：

$$\boldsymbol{D}_{\text{固定}}=\begin{bmatrix}\mathbf{-2} & 1 & & \\ 1 & -2 & 1 & \\ & & \cdots & \\ & & 1 & \mathbf{-2}\end{bmatrix},\quad \boldsymbol{D}_{\text{自由}}=\begin{bmatrix}\mathbf{-1} & 1 & & \\ 1 & -2 & 1 & \\ & & \cdots & \\ & & 1 & \mathbf{-1}\end{bmatrix}\tag{4}$$

$\boldsymbol{D}_{\text{固定}}$ 的特征向量将得到离散正弦变换，$\boldsymbol{D}_{\text{自由}}$ 的特征向量将得到离散余弦变换。但另一个不容错过的应用是有趣的，不用求解带有自由边界条件的拉普拉斯差分方程，而是将二维的离散余弦变换应用于图像压缩。

在图像压缩中，这个基于 DCT 的算法称为 JPEG。

JPEG 中的离散余弦变换

“联合摄像专家组”（Joint Photographic Experts Group，JPEG）建立了一组算法，它们以像素的值（对每个像素或是灰度数从 0 ~ 255，或是红-蓝-绿）开始。这些数值产生了 JPG 格式的图像文件。这个算法可以分以下两个步骤：

(1) 像素值矩阵的线性变换。在开始时，灰度值是高度关联的，邻近的像素倾向于有相近的值。这一步变换会产生具有更独立信息的数。

例：取两个相邻值的平均值和差值。当差别较小时，可以传送较少的比特，而且人的视觉系统不会察觉出来。

(2) 对被变换的信号进行非线性压缩和量化。压缩只保留视觉上重要的数。量化是将压缩了的信号转换成比特系列，做好快速传输的准备。然后接收器使用这些比特来重构一个非常接近原始的图像。

步骤 (1) 经常采用离散余弦变换，它分别作用在图像的 8×8 块上（JPEG2000 还提供了一个小波变换的选项，但这个选项并没有被普遍采用）。**每个 64 灰度的块导致一个 64 个余弦系数的块**（没有损失的变换）。逆变换将恢复图像原来的块。

但是，在逆变换之前先压缩和量化这 64 个数。这一步会引起人眼不能觉察的信息损失。

在 1999 年的 *SIAM Review* (volume **41**, pages 135-147) 中描述了离散余弦变换。它们在边界条件上有所不同。最常用的选择是 DCT-2，其中这 8 个正交的基向量在每一维度上是：

$$\textbf{DCT-2} \quad 第k个向量的第j个分量是 \cos\left(j+\frac{1}{2}\right)k\frac{\pi}{8} \quad (j,k=1,\cdots,8)$$

这 64 个数被写入 8×8 矩阵 $\boldsymbol{C}$。用于二维余弦变换的矩阵是大小为 8^2 的克罗内克积 $\boldsymbol{C} \otimes \boldsymbol{C}$，其列是正交的。这个矩阵作用在图像的每个 8×8 块以得到一个 8×8 的傅里叶余弦系数的块，这些系数告诉我们重构图像中原来块所需的余弦基向量的正确组合。

但是我们的目标并非是完美的重构。步骤 (2) 舍弃了不需要的信息。步骤 (1) 已经产生了大小十分不同的余弦系数 c_{jk}——通常是对更高的频率 j、k 有更小的数 c。文件 https://cs.stanford.edu/people/eroberts/courses/soco/projects/data-compression/lossy/jpeg/dct.htm 给出了在 DCT 步骤前后一个典型的 8×8 块。这些余弦系数为步骤 (2) 做好了准备，来进行压缩和量化。

首先，将每一块的 64 个系数写成一个 64×1 向量，但并不是通过 vec 命令。一个之字形序列更容易保持较大的系数。如果在结尾时是一连串接近零的数，那么这些数可以被压缩成一个零（并且只传送这一串零的长度，即零的个数）。这里是对这些 64 个系数的复杂程序的开端：

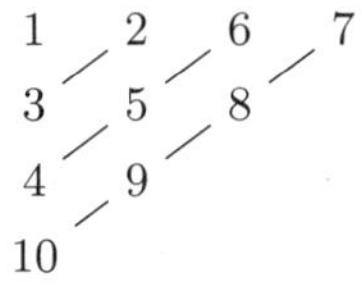

较高的频率在之字顺序中出现得较晚，并且通常有较小的系数。经常能够在截断步骤得到 q_{jk} 前安全地重新缩放这些数：

$$\textbf{量化例子} \qquad q_{jk} = \frac{c_{jk}}{j+k+3} \ 截断至最近的整数$$

现在每一块由 64 个整数 q_{jk} 所代表。为了提高效率，在进行编码后传送这些数。接收器以近似的方式重新构造图像的每一块。

对一个彩色的图像，64 变成 192。每个像素结合三种颜色。但是红-绿-蓝或许不是最好的坐标。一个更好的第一个坐标是其亮度。而其他两个坐标是其“色度”。这样做是为了有三个统计上互相独立的数。

当这些块被组装在一起后，一个完全的重构经常显示出两个不希望的人为痕迹：一是**阻断**，块不是光滑地相遇（在一个打印出来的被过度压缩的图像中可看到这种现象）；二是**振荡**，在图像内部沿着边急剧地振荡。这些振荡是用 8 个余弦近似一个阶跃函数时出现的“Gibbs 现象”。

对一个经过 DCT压缩之后的高质量的图像，能够在多数情况下去除掉这些阻断和振荡的人为痕迹。对高清晰度电视，压缩是必需的（因为需要保留有太多的比特）。

DCT 标准是由 JPEG 专家组所设定的，然后通过设备制造和软件开发使得图像处理成为一个有效的系统。

习题 4.4

1. 试求式 (3) 中 $\boldsymbol{D}$ 的特征值 Λ_j。
2. 试求 $\boldsymbol{K}=\boldsymbol{I}\otimes\boldsymbol{D}+\boldsymbol{D}\otimes\boldsymbol{I}=\boldsymbol{I}\oplus\boldsymbol{D}$ 的特征值 λ_i 和特征向量 $\boldsymbol{v}_i$。
3. 试求三维空间中立方网格的拉普拉斯算子 $\boldsymbol{K}_3$。
4. 试求三维空间中 $N^3\times N^3$ 傅里叶矩阵 $\boldsymbol{F}_3$。在二维空间这是 $\boldsymbol{F}\otimes\boldsymbol{F}$。

4.5 Toeplitz 矩阵与移位不变滤波器

Toeplitz 有常数对角元。由第一行与列可知矩阵的其他项，因为它们包含每个对角线的第一项。**循环矩阵**是 Toeplitz 矩阵，它满足使得它们具备周期性的“卷起来”条件。本质上 c_{-3} 是与 c_1 一样的（对 4×4 循环矩阵）：

$$\textbf{Toeplitz 矩阵}\quad \boldsymbol{A}=\begin{bmatrix} a_0 & a_{-1} & a_{-2} & a_{-3}\\ \boldsymbol{a_1} & a_0 & a_{-1} & a_{-2}\\ a_2 & \boldsymbol{a_1} & a_0 & a_{-1}\\ a_3 & a_2 & \boldsymbol{a_1} & a_0 \end{bmatrix},\qquad \textbf{循环矩阵}\quad \boldsymbol{C}=\begin{bmatrix} c_0 & c_3 & c_2 & \boldsymbol{c_1}\\ \boldsymbol{c_1} & c_0 & c_3 & c_2\\ c_2 & \boldsymbol{c_1} & c_0 & c_3\\ c_3 & c_2 & \boldsymbol{c_1} & c_0 \end{bmatrix}$$

循环矩阵对离散傅里叶变换是最完美的，总是有 $\boldsymbol{CD}=\boldsymbol{DC}$。它们的特征向量就是 4.2 节的傅里叶矩阵的列。它们的特征值就是值 $C(\theta)=\sum c_k\mathrm{e}^{\mathrm{i}k\theta}$，其中 $\theta=0,2\pi/n,4\pi/n,\cdots$（有 $\mathrm{e}^{\mathrm{i}n\theta}=\mathrm{e}^{2\pi\mathrm{i}}=1$）为 n 个等间隔角。

Toeplitz 矩阵是近乎完美的。将它们用于信号处理和卷积神经网络 (**CNN**)。它们并不卷成首尾衔接，因此 $\boldsymbol{A}$ 的分析是基于双边多项式 $A(\theta)$，带有系数 $a_{1-n},\cdots,a_0,\cdots,a_{n-1}$：

频率响应 =$\boldsymbol{A}$ 的符号，	$A(\theta)=\sum a_k\,\mathrm{e}^{\mathrm{i}k\theta}$
当 $\boldsymbol{A}$ 对称时，$A(\theta)$ 是实数，	$a_k\,\mathrm{e}^{\mathrm{i}k\theta}+a_k\,\mathrm{e}^{-\mathrm{i}k\theta}=2a_k\cos k\theta$
当 $\boldsymbol{C}$ 可逆时，$C(\theta)$ 是非零的，	$\boldsymbol{C}^{-1}$ 的符号是 $1/C(\theta)$

用 $A(\theta)\neq0$ 验证 $\boldsymbol{A}$ 的可逆性是不正确的，并且 $\boldsymbol{A}^{-1}$ 不是 Toeplitz 矩阵（三角矩阵是例外）。循环矩阵 $\boldsymbol{C}$ 是循环卷积。但是 Toeplitz 矩阵是非循环卷积，具有 $\boldsymbol{a}=(a_{1-n},\cdots,a_{n-1})$，随之有投影：

$\boldsymbol{x}$ 空间　$\boldsymbol{Ax}=$ 卷积 $\boldsymbol{a}*\boldsymbol{x}$，然后取分量 $0\sim n-1$

$\boldsymbol{\theta}$ 空间　$\boldsymbol{Ax}(\theta)=$ 将 $A(\theta)$和$\boldsymbol{x}(\theta)$ 相乘，然后投影返回到 n 个系数

可用简单多项式 $A(\theta)$ 来学习 Toeplitz 矩阵 $\boldsymbol{A}$。

在许多问题中，Toeplitz 矩阵是**带状的**，这个矩阵只有在主对角线上下的 w 条对角线，只有 $a_{-w} \sim a_w$ 的系数是非零的。“带宽” 是 w，共有 $\mathbf{2}\boldsymbol{w}+\mathbf{1}$ **条非零的对角线：**

三对角的 Toeplitz 矩阵

带宽 $\boldsymbol{w}=\mathbf{1}$

$$\boldsymbol{A}=\begin{bmatrix} a_0 & a_{-1} & & \\ a_1 & a_0 & a_{-1} & \\ & a_1 & a_0 & a_{-1} \\ & & a_1 & a_0 \end{bmatrix}$$

可以通过符号 $A(\theta)=a_{-1}\mathrm{e}^{-\mathrm{i}\theta}+a_0+a_1\mathrm{e}^{\mathrm{i}\theta}$ 理解大尺寸 n 的三对角 Toeplitz 矩阵（及其特征值）。它是建立在 a_{-1}、a_0、a_1 之上的。

Toeplitz 矩阵：基本思想

在信号处理中，Toeplitz 矩阵是一个**滤波器**。时域中的矩阵相乘 $\boldsymbol{Ax}$ 转换成频域中的普通乘法 $\boldsymbol{A}(\theta)\boldsymbol{x}(\theta)$。这是根本的想法，*但并不是完全正确的*。因此 Toeplitz 理论是在简单的傅里叶分析的边缘上（一次一个频率），但是边界条件互相干扰。

一个有限长度的信号 $\boldsymbol{x}=(x_0,x_1,\cdots,x_n)$ 在 0 与 n 处有边界，这些边界破坏了对每个不同的频率的简单响应，不能简单地用 $A(\theta)$ 来相乘。在许多应用中（但不是对所有的应用）这种问题能够被抑制，然后一个 Toeplitz 矩阵本质上就产生了一个卷积。如果想要一个保持频率响应在 $a \leqslant \theta \leqslant b$ 之间不变，并移除所有其他频率的**带通滤波器**，就可以构造 $A(\theta)$ 在带内近似为 1 而在带外近似为 0（再一次，一个 $\boldsymbol{A}$ 为 1 与 0 的理想滤波器是不可能存在的，除非 $n=\infty$）。

具有*常数系数*的线性有限差分方程产生了 Toeplitz 矩阵。这些方程不会随时间而变（线性时不变（**LTI**））。它们不因在空间位置不同而变（线性移位不变（**LSI**））。-1、2、-1 二阶差分矩阵是一个重要的例子：

$$\text{三对角}-1、2、-1\text{ 矩阵，符号为}\boldsymbol{A(\theta)}=-\mathrm{e}^{-\mathrm{i}\theta}+2-\mathrm{e}^{\mathrm{i}\theta}=\mathbf{2}-\mathbf{2}\cos\boldsymbol{\theta}$$

由 $A(\theta)\geqslant 0$ 可知，$\boldsymbol{A}$ 是对称半正定或正定的。当 $\theta=0$ 时，$A=2-2=0$，由此可知，当 n 增加时 $\lambda_{\min}(\boldsymbol{A})$ 将趋近于零。这个有限的 Toeplitz 矩阵 $\boldsymbol{A}$ 勉强是正定的，而无穷大的 Toeplitz 矩阵是奇异的，这都是因为在 $\theta=0$ 时，有 $A(\theta)=0$。

Toeplitz 矩阵 $\boldsymbol{A}$ 的逆通常不是一个 Toeplitz 矩阵。

比如：

$$\boldsymbol{A}^{-1}=\begin{bmatrix} 2 & -1 & 0 \\ -1 & 2 & -1 \\ 0 & -1 & 2 \end{bmatrix}^{-1}=\frac{1}{4}\begin{bmatrix} 3 & 2 & 1 \\ 2 & 4 & 2 \\ 1 & 2 & 3 \end{bmatrix} \quad \text{不是 Toeplitz 矩阵}$$

Levinson 发现了在递归过程中利用 Toeplitz 模式的方式，即将求解 $\boldsymbol{Ax}=\boldsymbol{b}$ 的步骤从通常的 $O(n^3)$ 步减小到 $O(n^2)$。一些超快的算法后来也被提出，但是 “Levinson-Durbin 递归” 对适中的 n 更有效些。那些超快的算法对大的 n 给出了准确（但非完全精确）的解，一种方法是采用循环的预处理矩阵（器）。

再给出一个一般性的评论。经常发生这样的一种情形：矩阵的第一列与最后一列不符合 Toeplitz 矩阵的 “移位不变” 的模式。在这些边界行中的分量会与 a_0、a_1 和 a_{-1} 不同的。这个变化可以来自在微分方程或滤波器中的边界条件。当 $\boldsymbol{A}$ 乘以向量 $\boldsymbol{x}=(x_1,\cdots,x_n)$，Toeplitz

矩阵（锐截止）假设 $x_0=0$，$x_{n+1}=0$（零填充）。

零填充在端点处给出的近似可能是糟糕的，改变边界行为可以得到更好的近似。这些变化的深入分析会是困难的，因为 Toeplitz 矩阵中的常数对角线这种模式被扰动了。

FFT 快速乘法

对于三对角矩阵，不需要特别的算法来完成 $\boldsymbol{Ax}$ 相乘。这只需要 $3n$ 次独立的相乘。但是，对一个完整的满矩阵，Toeplitz 矩阵与循环性质使得通过采用快速傅里叶变换在 θ 空间大幅度加速成为可能。

循环是环形的卷积。在 θ 空间，矩阵 - 向量的乘积 $\boldsymbol{Cx}$ 变成 $(\sum c_k\mathrm{e}^{\mathrm{i}k\theta})(\sum x_k\mathrm{e}^{\mathrm{i}k\theta})$。这个乘积会给出 k 超出从 $0\sim n-1$ 范围的 $\mathrm{e}^{\mathrm{i}\theta}$ 的幂。**这些较高的频率与负的频率是标准频率的“别名”**，它们在每个 $\theta=p2\pi/n$ 上是相等的：

$$\textbf{别名}\qquad \mathrm{e}^{\mathrm{i}n\theta}=1,\quad \mathrm{e}^{\mathrm{i}(n+1)\theta}=\mathrm{e}^{\mathrm{i}\theta},\quad \mathrm{e}^{\mathrm{i}(n+p)\theta}=\mathrm{e}^{\mathrm{i}p\theta},\quad \theta=\frac{2\pi}{n},\frac{4\pi}{n},\cdots$$

循环卷积 $\boldsymbol{c}\circledast\boldsymbol{x}$ 将 $(\sum c_k\mathrm{e}^{\mathrm{i}k\theta})(\sum x_k\mathrm{e}^{\mathrm{i}k\theta})$ 的每一项带回 $0\leqslant k<n$ 的项。因此，由于采用了 FFT 的卷积，一个循环乘积 $\boldsymbol{Cx}$ 只需要 $O(n\log_2 n)$ 步。

$$\textbf{循环卷积}\qquad \boldsymbol{c}\circledast\boldsymbol{x}\ \textbf{和}\ \boldsymbol{c}\circledast\boldsymbol{d}\ \textbf{给出}\ \boldsymbol{Cx}\ \textbf{和}\ \boldsymbol{CD}\ \textbf{的分量。}$$

Toeplitz 矩阵相乘 $\boldsymbol{Ax}$ 不是循环的。$A(\theta)x(\theta)$ 中较高的频率并不会被折叠回到更低的频率，但是能通过一个双重的技巧来使用循环乘积和一个循环矩阵：**将 $\boldsymbol{A}$ 嵌入循环矩阵 $\boldsymbol{C}$ 中**。

$$\boldsymbol{A}=\begin{array}{ccccc} a_0 & a_{-1} & \cdot & \cdot & a_{1-n}\\ a_1 & & & & \cdot\\ \cdot & & & & \cdot\\ \cdot & & & & a_{-1}\\ a_{n-1} & \cdot & \cdot & a_1 & a_0 \end{array},\qquad \boldsymbol{C}=\begin{bmatrix}\boldsymbol{A} & *\\ * & *\end{bmatrix}=\begin{array}{ccccccccc} a_0 & a_{-1} & \cdot & \cdot & a_{1-n} & a_{n-1} & \cdot & \cdot & a_1\\ a_1 & & & & \cdot & & & & \cdot\\ \cdot & & & & \cdot & & & & \cdot\\ \cdot & & & & a_{-1} & & & & a_{n-1}\\ a_{n-1} & \cdot & \cdot & a_1 & a_0 & & & & a_{1-n}\\ a_{1-n} & & & & & & & & \cdot\\ \cdot & & & & & & & & \cdot\\ \cdot & & & & & & & & a_{-1}\\ a_{-1} & \cdot & \cdot & a_{1-n} & a_{n-1} & \cdot & \cdot & a_1 & a_0 \end{array}$$

计算大小为 n 的 $\boldsymbol{Ax}$，可以使用大小为 $2n-1$ 的循环矩阵 $\boldsymbol{C}$。

(1) 通过加上 $n-1$ 个零将 $\boldsymbol{x}$ 扩展成大小为 $2n-1$ 的向量 $\boldsymbol{X}$。

(2) 使用 FFT 来乘 $\boldsymbol{CX}$（循环卷积）。

(3) $\boldsymbol{CX}$ 的前 n 个分量就是所求的 $\boldsymbol{Ax}$。

若对于 $\boldsymbol{C}$，希望大小为 $2n$，则分量为 a_0 的这条对角线可以在 $a_{1-n}\sim a_{n-1}$ 重复置入。

Toeplitz 特征值与 Szegö 定理

循环矩阵的准确特征值在 4.2 节就已指出。特征向量是事先就知道的，它们是一样的，是傅里叶矩阵 $\boldsymbol{F}$ 的列。$\boldsymbol{C}$ 的特征值是向量 $\boldsymbol{Fc}$ 的分量。它们是在 n 个等间隔的点上 $C(\theta)$ 的值。换言之，这些特征值是循环矩阵 $\boldsymbol{C}$ 的第 0 列的离散傅里叶变换。

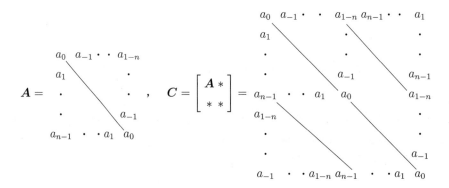

与通常一样，循环公式是准确的，而 Toeplitz 公式是近似的。你将看到积分，而不是 $A(\theta)$ 的点上的值。这些公式只有当 Toeplitz 矩阵的大小变为无穷大时才是精确的。因此，在关于 $\boldsymbol{A}$ 的特征值的 Szegö 定理中包括了 $n\to\infty$ 的极限值。两种特别的情形如下，然后给出完整的定理。

Szegö 当 $n\to\infty$，Toeplitz 矩阵 $\boldsymbol{A}$ 的迹与行列式的 log 满足

$$\frac{1}{n}\operatorname{tr}(\boldsymbol{A})=\frac{1}{2\pi}\int_0^{2\pi}A(\theta)\,\mathrm{d}\theta=a_0 \tag{1}$$

$$\lim_{n\to\infty}\frac{1}{n}\log(\det\boldsymbol{A})=\frac{1}{2\pi}\int_0^{2\pi}\log(A(\theta))\,\mathrm{d}\theta \tag{2}$$

矩阵的迹和行列式分别是其特征值的和与乘积。在式 (1) 中看到它们的算术平均值，在式 (2) 中看到它们的几何平均值，即 $\log(\det A)=\sum\limits_k\log\lambda_k$。这两个极限是整个定理的最重要的两种情形 $F(\lambda)=\lambda$，$F(\lambda)=\log\lambda$，这个定理适用于 $\boldsymbol{A}$ 的特征值的任意连续函数 F：

Szegö 定理 $$\lim_{n\to\infty}\frac{1}{n}\sum_{k=0}^{n-1}F(\lambda_k)=\frac{1}{2\pi}\int_0^{2\pi}F(A(\theta))\,\mathrm{d}\theta \tag{3}$$

对 $A(\theta)$ 的控制源自 Wiener 条件 $\sum|a_k|<\infty$（见 ee.stanford.edu/~gray/toeplitz.pdf）。

Gray教授在这些讲义中也开发了应用离散时间随机过程的一个重要应用。当这个过程是弱平稳时，在每个时间步长中统计结果保持不变。在 t 与 T 时刻的输出之间的协方差矩阵仅依赖时间差 $T-t$。**因此，协方差矩阵是 Toeplitz 矩阵 = 位移不变。**

在讨论应用之前，先列出 Toeplitz 矩阵理论中的其他三个关键的题目：

(1) $\boldsymbol{A}^{-1}$ 的 Gohberg-Semencul公式（Gohberg 的确了不起）；

(2) 无穷大系统 $\boldsymbol{A}_\infty\boldsymbol{x}=\boldsymbol{b}$ 的 Wiener-Hopf 分解（Wiener 也是!）；

(3) $\boldsymbol{A}_\infty$ 的可逆性测试是 $\boldsymbol{A}_\infty(\theta)\neq 0$，且环绕数 $=0$。

一个**无穷大的单步位移**对随着 $n=\infty$ 而发生的困难进行建模，它在主对角线上下的次对角线分量都是 1，**其符号仅是 $\mathbf{e}^{\mathrm{i}\theta}$ 或 $\mathbf{e}^{-\mathrm{i}\theta}$**（不是零）。但是，当 θ 从 0 变到 2π 时，$\mathrm{e}^{\mathrm{i}\theta}$ 围绕着零点转，并且无穷大的移位矩阵 $\boldsymbol{S}(x_0,x_1,\cdots)=(x_1,x_2,\cdots)$ 或 $\boldsymbol{S}\boldsymbol{x}=(0,x_0,x_1,\cdots)$ 是不可逆的。

信号处理中的低通滤波器

滤波器就是卷积：用 Toeplitz 矩阵来乘。经过一个"低通滤波器"后，常向量 $\boldsymbol{x}=(\cdots,1,1,1,1,\cdots)$ 是不变的，$\boldsymbol{A}\boldsymbol{x}=\boldsymbol{x}$。但是，一个振荡的高频信号如 $\boldsymbol{y}=(\cdots,-1,1,-1,1,\cdots)$，有 $\boldsymbol{A}\boldsymbol{y}\approx\mathbf{0}$。这些是 $A(0)=\Sigma a_k=1$，$A(\pi)\approx 0$ 时的输出。这里是一个低通的例子。

低通平均滤波器 $$(\boldsymbol{A}\boldsymbol{x})_n=\frac{\mathbf{1}}{\mathbf{4}}x_{n+1}+\frac{\mathbf{1}}{\mathbf{2}}x_n+\frac{\mathbf{1}}{\mathbf{4}}x_{n-1}$$

Toeplitz 矩阵 $\boldsymbol{A}$ 是对称的，其三条对角线分别有分量 $\frac{1}{4}$、$\frac{2}{4}$、$\frac{1}{4}$。它的符号 $A(\theta)$（频率响应）是实数，并且在频率 $\theta=0$ 处，$A(\theta)=1$，即为低通滤波器。

$$\text{频率响应}\qquad A(\theta)=\frac{1}{4}\left(\mathrm{e}^{-\mathrm{i}\theta}+2+\mathrm{e}^{\mathrm{i}\theta}\right)=\frac{1}{2}(1+\cos\theta)\geqslant 0$$

最高频率 $\theta=\pi$ 产生了一个无穷长的正负信号 $\boldsymbol{y}=(\cdots,-1,1,-1,1,\cdots)$。这个信号有 $\boldsymbol{Ay}=\mathbf{0}$，它被过滤掉。$\boldsymbol{Ay}$ 的一个典型分量是 $-\frac{1}{4}+\frac{1}{2}-\frac{1}{4}=0$。从这个符号也看到了这一点：**对于 $\boldsymbol{\theta}=\pi$，$\boldsymbol{A(\theta)=\frac{1}{2}(1+\cos\theta)}$ 是零。**

图 4.3 中可看到两个理想滤波器，它们只有在矩阵 $\boldsymbol{A}$ 有无穷多个非零对角线时才能实现，这是因为一个普通的多项式不可能保持不变。$\boldsymbol{A}$ 的对角元 a_k 是 $A(\theta)$ 的傅里叶系数。

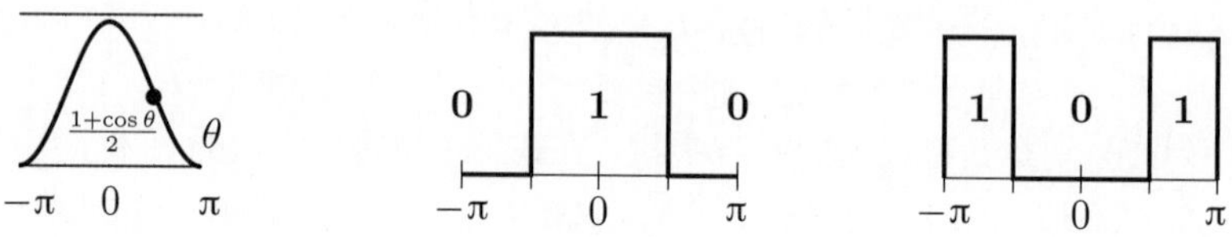

(a) 短低通滤波器　(b) 理想的低通　(c) 理想的高通

图 4.3 频率响应

实践中，滤波器是在短与理想之间的一个折中。等波纹滤波器是一个自然的选择，它们在 1 附近与 0 附近振荡。波纹（在理想值附近的振荡）都有投影的高度，当我们使用更多的系数 a_k 时，这个高度被降低了。滤波器变得更尖，从 1 跌到 0 更陡，$\boldsymbol{Ax}$ 的计算也就需要更长的时间。

平均、差分与小波

低通滤波器是运行平均值，高通滤波器是运行差分，“运行”意味着一个窗口沿着向量 $\boldsymbol{x}$ 移动，这个窗口只让信号 $\boldsymbol{x}$ 的 3 个分量出现。低通滤波器用 $\frac{\mathbf{1}}{\mathbf{4}}$、$\frac{\mathbf{1}}{\mathbf{2}}$、$\frac{\mathbf{1}}{\mathbf{4}}$ 来乘，然后相加得到平均值的信号 $\boldsymbol{Ax}$。高通滤波器改变这些符号以得到 $-\frac{\mathbf{1}}{\mathbf{4}}$、$\frac{\mathbf{1}}{\mathbf{2}}$、$-\frac{\mathbf{1}}{\mathbf{4}}$。因此，$\boldsymbol{A}$ 是在取二阶导数，而非平均值的平均。

移动窗口创建了一个卷积 = Toeplitz 矩阵 $\boldsymbol{A}$ 或 $\boldsymbol{D}$：

$$(\boldsymbol{Ax})_n=\frac{1}{4}x_{n-1}+\frac{1}{2}x_n+\frac{1}{4}x_{n+1},\qquad(\boldsymbol{Dx})_n=-\frac{1}{4}x_{n-1}+\frac{1}{2}x_n-\frac{1}{4}x_{n+1}$$

“小波”的想法是同时采用两个滤波器：平均 $\boldsymbol{A}$ 和差分 $\boldsymbol{D}$。

下取样输出：对奇数 n 删去 $(\boldsymbol{Ax})_n$ 与 $(\boldsymbol{Dx})_n$，保留半信号。

现在通过滤波器 $\boldsymbol{A}$、$\boldsymbol{D}$ 发送半长度的信号 $(\boldsymbol{Ax})_{2n}$，**再次下取样。**

采用下取样的小波变换	$(\boldsymbol{x})_n\longrightarrow(\boldsymbol{Ax})_{2n}\longrightarrow(\boldsymbol{AAx})_{4n}$
$\boldsymbol{A}$ 用于低频，$\boldsymbol{D}$ 用于高频	$(\boldsymbol{x})_n\searrow(\boldsymbol{Dx})_{2n}$；$(\boldsymbol{Ax})_{2n}\searrow(\boldsymbol{DAx})_{4n}$

总的信号长度不会因其小波变换 $(\boldsymbol{A}^2\boldsymbol{x})_{4n}$、$(\boldsymbol{DAx})_{4n}$、$(\boldsymbol{Dx})_{2n}$ 而发生变化，但信号被分离为低低、高低与高三个频率块。分别压缩这些块，并且高频块被压缩的程度最大。

逆转小波变换是通过在流程图中反向进行的，通过插入零对变换的每个片段进行上采样，然后逆转箭头与从其变换的 $\boldsymbol{AAx}$、$\boldsymbol{DAx}$、$\boldsymbol{Dx}$ 各块组装原始的信号 $(\boldsymbol{x})_n$：

逆小波变换	$\begin{matrix}(\boldsymbol{AAx})_{4n} \longrightarrow (\boldsymbol{Ax})_{2n} \longrightarrow (\boldsymbol{x})_n \\ (\boldsymbol{DAx})_{4n} \nearrow \quad (\boldsymbol{Dx})_{2n} \nearrow\end{matrix}$

可以使用被选到的滤波器 $\boldsymbol{A}$ 和 $\boldsymbol{D}$ 来减少信号的长度，但不丢失想看到与听到的信息。最佳的小波变换需要调整到 $\boldsymbol{A}$ 和 $\boldsymbol{D}$ 产生正交或对称的矩阵。Daubechies 4 系数滤波器是被优选的，其中 $\boldsymbol{A}$ 和 $\boldsymbol{D}$ 的对角线的分量为

$$\boldsymbol{a_k} = 1+\sqrt{3},\quad 3+\sqrt{3},\quad 3-\sqrt{3},\quad 1-\sqrt{3},\quad \boldsymbol{d_k} = \sqrt{3}-1,\quad 3-\sqrt{3},\quad -3-\sqrt{3},\quad \sqrt{3}+1$$

同样，带有这些对角线分量的有限 Toeplitz 矩阵必须在边界上进行调整。Toeplitz 在矩阵之外都是零，但是优良的小波经常使用**反射**。

习题 4.5

1. 证明当 $F(\lambda) = \log\lambda$ 时，式 (2) 与式 (3) 相同。
2. 设 $F(\lambda) = \lambda^2$，则 Szegö 定理式 (3) 给出了 $\boldsymbol{A}^2$ 平均特征值的极限。
   (1) 通过平方对角线为 a_{-1}、a_0、a_1 的矩阵 $\boldsymbol{A}$ 证明 $\boldsymbol{A}^2$ 的符号是$(A(\theta))^2$。
   (2) 将多项式 $(A(\theta))^2$ 从 0 积分到 2π 来得到其常数项。对于 -1、2、-1 矩阵，求该项。

   -1、2、-1 对称二阶差分矩阵($n=4$) 的 $\boldsymbol{A}=\boldsymbol{LU}$ 因式分解为

$$\begin{bmatrix} 2 & -1 & & \\ -1 & 2 & -1 & \\ & -1 & 2 & -1 \\ & & -1 & 2 \end{bmatrix} = \begin{bmatrix} 1 & & & \\ -1/2 & 1 & & \\ & -2/3 & 1 & \\ & & -3/4 & 1 \end{bmatrix} \begin{bmatrix} 2/1 & -1 & & \\ & 3/2 & -1 & \\ & & 4/3 & -1 \\ & & & 5/4 \end{bmatrix}$$

3. 验证 $(\boldsymbol{LU})_{44} = 2$ 就如所要求的，并且 $\det \boldsymbol{A} = 5 = n+1$。
4. -1、2、-1 Toeplitz 矩阵的因子不是 Toeplitz 矩阵。但是随着 n 的增加，$\boldsymbol{L}$ 的最后一行与 $\boldsymbol{U}$ 的最后一列几乎以 -1、1 结束。验证两个极限符号 $(-\mathrm{e}^{-\mathrm{i}\theta}+1)$ 和 $(-\mathrm{e}^{\mathrm{i}\theta}+1)$ 相乘得到 $\boldsymbol{A}$ 的正确符号。
5. 符号 $\boldsymbol{S}-2\mathrm{e}^{\mathrm{i}\theta}-2\mathrm{e}^{-\mathrm{i}\theta}$ 因式分解为 $(2-\mathrm{e}^{\mathrm{i}\theta})(2-\mathrm{e}^{-\mathrm{i}\theta})$ 两个式子相乘。当对角线为 -2、5、-2 的对称 Toeplitz 矩阵 $\boldsymbol{S}$ 分解为上三角矩阵为 $\boldsymbol{A}$ 的 $\boldsymbol{S}=\boldsymbol{A}^{\mathrm{T}}\boldsymbol{A}$ 时，随着 $n\to\infty$，在最后一列趋近于什么？（$\boldsymbol{A}$ 仅有两个非零的对角线。）
6. 应用 Cholesky 命令 eA＝chol(S) 到习题 5 中的 -2、5、-2 矩阵 $\boldsymbol{S}$，验证 $\boldsymbol{A}^{\mathrm{T}}$ 与 $\boldsymbol{A}$ 的最后行与列趋近于预测的极限。

4.6 图、拉普拉斯算子及基尔霍夫定律

一个图由一组节点和这些节点之间的边组成。这对于离散应用数学是最重要的模型：简单、有用且通用。离散用来区别于连续：是在处理向量而不是函数，计算差与和而不是微分与积分，依赖于线性代数而不是微积分。

从图的**关联矩阵**开始。对 m 条边与 n 个节点，关联矩阵 $\boldsymbol{A}$ 是 $m\times n$ 的。$\boldsymbol{A}$ 的第 i 行相应于图中的第 i 条边。若那条边是从节点 j 到节点 k 的，则 $\boldsymbol{A}$ 的第 i 行在第 j 列为 -1，在第 k 列为 $+1$，因此 $\boldsymbol{A}$ 的每一行加起来等于零，且向量 $(1,1,\cdots,1)$ 是在零空间中。

$$\boldsymbol{A}\text{ 的零空间包含所有的常数向量 } \boldsymbol{x}=(\boldsymbol{c},\boldsymbol{c},\cdots,\boldsymbol{c})$$

假设图是连通的，若从节点 j 到节点 k 没有边，则至少有一条由边组成的路径将这两个节点连接在一起。下面是 4 个子空间分别的维数：

$$\mathbf{dim\,N}(\boldsymbol{A})=\mathbf{1},\quad \mathbf{dim\,C}(\boldsymbol{A})=\mathbf{dim\,C}(\boldsymbol{A}^{\mathrm{T}})=\boldsymbol{n}-\mathbf{1},\quad \mathbf{dim\,N}(\boldsymbol{A}^{\mathrm{T}})=\boldsymbol{m}-\boldsymbol{n}+\mathbf{1}$$

常数向量 $\mathbf{1}=(1,1,\cdots,1)$ 是零空间中最简单的基。然后行空间包含所有满足 $x_1+x_2+\cdots+x_n=0$ 的向量 $\boldsymbol{x}$（因此，$\boldsymbol{x}$ 与 $\mathbf{1}$ 正交）。为了得到所有 4 个子空间的**基**，使用树与环路：

$\mathbf{C}(\boldsymbol{A}^{\mathrm{T}})$ $\boldsymbol{A}$ 的 $n-1$ 行，它们在图中产生一棵树（树没有环路）；

$\mathbf{C}(\boldsymbol{A})$ $\boldsymbol{A}$ 的前 $n-1$ 列（或 $\boldsymbol{A}$ 的任意 $n-1$ 列）；

$\mathbf{N}(\boldsymbol{A}^{\mathrm{T}})$ 绕着图中的 $m-n+1$ 个小环路流动：见式 (3)。

若需要正交基，则选择在 $\boldsymbol{A}=\boldsymbol{U\Sigma V}^{\mathrm{T}}$ 中的右边与左边的奇异向量。

来自 1.3 节的例子：$\boldsymbol{m}=\mathbf{5}$ 条边，$\boldsymbol{n}=\mathbf{4}$ 个节点

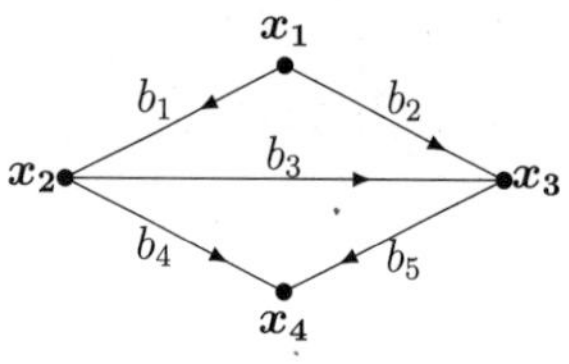

$$\boldsymbol{A}=\begin{bmatrix}\mathbf{-1} & \mathbf{1} & 0 & 0\\ \mathbf{-1} & 0 & \mathbf{1} & 0\\ 0 & \mathbf{-1} & \mathbf{1} & 0\\ 0 & \mathbf{-1} & 0 & \mathbf{1}\\ 0 & 0 & \mathbf{-1} & \mathbf{1}\end{bmatrix}\begin{matrix}1\\2\\3\\4\\5\end{matrix}$$

节点 1 2 3 4 **边**

图拉普拉斯矩阵 $\boldsymbol{L}=\boldsymbol{A}^{\mathrm{T}}\boldsymbol{A}$ 是对称的方阵，并且是半正定的：$\boldsymbol{A}^{\mathrm{T}}\boldsymbol{A}$ 有 $n-1$ 个正特征值 $\lambda=\sigma^2$ 以及一个零特征值（因为 $\boldsymbol{A}\mathbf{1}=\mathbf{0}$）。特殊形式 $\boldsymbol{A}^{\mathrm{T}}\boldsymbol{A}=\boldsymbol{D}-\boldsymbol{B}$ 在 5 条边、4 个节点的例子中突现出来：

拉普拉斯算子
一条丢失的边

$$\boldsymbol{A}^{\mathrm{T}}\boldsymbol{A}=\begin{bmatrix}\mathbf{2} & -1 & -1 & \mathbf{0}\\ -1 & \mathbf{3} & -1 & -1\\ -1 & -1 & \mathbf{3} & -1\\ \mathbf{0} & -1 & -1 & \mathbf{2}\end{bmatrix}=\boldsymbol{D}-\boldsymbol{B}$$

度矩阵是 $\boldsymbol{D}=\mathrm{diag}\,(2,3,3,2)$，它对进入节点 1、2、3、4 的边计数
邻接矩阵 $\boldsymbol{B}$ 有项 0 和 1，一条从 j 到 k 的边产生了 $b_{jk}=1$
一个**完全图**（所有的边都存在），有 $\boldsymbol{D}=(n-1)\boldsymbol{I}$，$\boldsymbol{B}=$ 全 1 矩阵减去 $\boldsymbol{I}$

如果每对节点都由一条边连接，这个图就是**完整**的。这个图会有 $m=(n-1)+(n-2)+\cdots+1=\dfrac{1}{2}n(n-1)$ 条边。$\boldsymbol{B}$ 是项全是 1 的矩阵（减去 $\boldsymbol{I}$）。所有的度都是 $n-1$，因此 $\boldsymbol{D}=(n-1)\boldsymbol{I}$。

在另一个极端，图只有 $n-1$ 条边。在这种情况下，连通图没有环路：这个图是一棵树。图 4.4 为完全图与两棵树。在任何连通图中的边数 $\boldsymbol{m}$ 是在 $m=n-1$ 与 $m=\frac{1}{2}n(n-1)$ 之间。

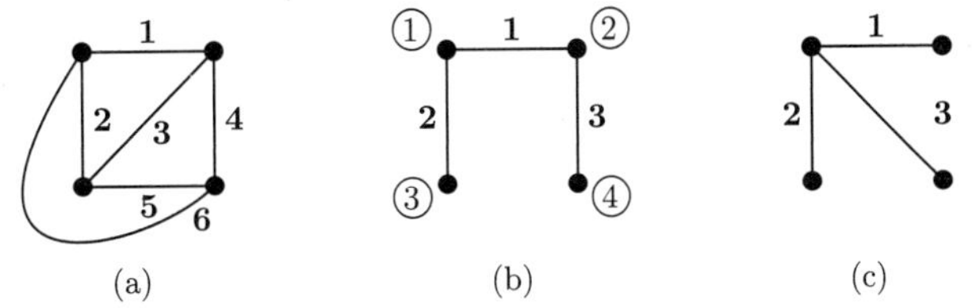

图 4.4 完全图与两棵树（所有都有 $n=4$ 个节点：$m=6$ 或 3 条边）

注：图 (b) 显示出这 3 个图中 4 个节点的序号

这些图通过它们的 $m\times n$ 关联矩阵 $\boldsymbol{A}_1$、$\boldsymbol{A}_2$、$\boldsymbol{A}_3$ 联系到线性代数

$$\begin{bmatrix} -1 & 1 & 0 & 0 \\ -1 & 0 & 1 & 0 \\ 0 & -1 & 1 & 0 \\ 0 & -1 & 0 & 1 \\ 0 & 0 & -1 & 1 \\ 1 & 0 & 0 & 1 \end{bmatrix} \qquad \begin{bmatrix} -1 & 1 & 0 & 0 \\ -1 & 0 & 1 & 0 \\ 0 & -1 & 0 & 1 \end{bmatrix} \qquad \begin{bmatrix} -1 & 1 & 0 & 0 \\ -1 & 0 & 1 & 0 \\ -1 & 0 & 0 & 1 \end{bmatrix}$$

第一棵树 关联矩阵 $\boldsymbol{A}_2$　　　第二棵树 关联矩阵 $\boldsymbol{A}_3$

惯常的做法是在每一行中将 -1 放在 $+1$ 的前面。但是这些不是有向图。在边上的流（从 y_1 到 y_m 的流）可以是正或负的。而关于一个图的信息（其节点与边）都包含在其关联矩阵中。

当一个图有 n 个节点时，其关联矩阵有 n 列。这些列向量加起来为零向量。换言之，全是 1 的向量 $\boldsymbol{x}=(1,1,1,1)$ 在三个关联矩阵的零空间中。$\boldsymbol{A}$ 的零空间就是过这个全为 1 的向量的直线。$\boldsymbol{Ax}=0$ 要求 $\boldsymbol{x}_1=\boldsymbol{x}_2=\boldsymbol{x}_3=\boldsymbol{x}_4$，故 $\boldsymbol{x}=(c,c,c,c)$。

$$\boxed{\boldsymbol{Ax}=\boldsymbol{0}} \qquad \begin{array}{rrrrll} -x_1 & +x_2 & & & =0 & (\text{有}\boldsymbol{x_1}=\boldsymbol{x_2}) \\ -x_1 & & +x_3 & & =0 & (\text{有}\boldsymbol{x_1}=\boldsymbol{x_3}) \\ & -x_2 & +x_3 & & =0 & \\ & -x_2 & & +x_4 & =0 & (\text{有}\boldsymbol{x_2}=\boldsymbol{x_4}) \\ & & -x_3 & +x_4 & =0 & \\ -x_1 & & & +x_4 & =0 & \end{array} \qquad (1)$$

基尔霍夫电流定律

方程 $\boldsymbol{Ax}=\boldsymbol{0}$ 不是十分有趣，它的所有解是常数向量。方程 $\boldsymbol{A}^{\mathrm{T}}\boldsymbol{y}=\boldsymbol{0}$ 则是绝对有意思的，它是应用数学的一个核心方程。我们来看一下这意味着什么，同时得到一整组 $\boldsymbol{m-n+1}$ 个独立解。

$$\text{基尔霍夫电流定律 KCL 是}\boldsymbol{A}^{\mathrm{T}}\boldsymbol{y}=\mathbf{0}\quad \begin{bmatrix} -1 & -1 & 0 & 0 & 0 & -1 \\ 1 & 0 & -1 & -1 & 0 & 0 \\ 0 & 1 & 1 & 0 & -1 & 0 \\ 0 & 0 & 0 & 1 & 1 & 1 \end{bmatrix} \begin{bmatrix} y_1 \\ y_2 \\ y_3 \\ y_4 \\ y_5 \\ y_6 \end{bmatrix} = \begin{bmatrix} 0 \\ 0 \\ 0 \\ 0 \end{bmatrix} \tag{2}$$

首先，看一下解的个数。有 $m=6$ 个未知的 y 和 $r=3$ 个独立的方程，存在 $6-3$ 个 **独立的解**。$\boldsymbol{A}^{\mathrm{T}}$ 的零空间的维数是 $m-r=\mathbf{3}$。我们想要确定一个对 $\mathbf{R}^6$ 的那个子空间的基。

基尔霍夫电流定律中 $\boldsymbol{A}^{\mathrm{T}}\boldsymbol{y}=\mathbf{0}$ 的 4 个方程表示什么？每个方程是对进出一个节点电流的平衡定律：

KCL = 电流的平衡：流入每个节点的电流等于从这个节点流出的电流

在节点 4，式 (2) 中的最后一个方程是 $y_4+y_5+y_6=0$。流入节点 4 的总净流是零，否则电子会在此处堆积起来。这种电流或力或资金的平衡在工程、科学与经济学中无处不在，这是一个稳态的平衡方程。

求解 $\boldsymbol{A}^{\mathrm{T}}\boldsymbol{y}=\mathbf{0}$ 的关键是在图中寻找小的那些环路。一个环路是由边组成的“圈”，即一个回到起点的路径。图 4.4 中的第一个图有 3 个小圈。绕着这些圈的是如下一些边：

圈 1：沿边 2 正向，沿边 3 与 1 反向移动。

圈 2：沿边 3 与 5 正向，沿边 4 反向。

圈 3：沿边 6 正向，沿边 5 与 2 反向。

绕环路的流自动满足基尔霍夫电流定律。在环路上的每个节点，流入节点的电流都流出到下一个节点。在这个图中 3 个圈对 $\boldsymbol{A}^{\mathrm{T}}\boldsymbol{y}=\mathbf{0}$ 得到 3 个独立的解。每个 $\boldsymbol{y}$ 得到绕着一个圈的 6 个边电流：

$$\boldsymbol{A}^{\mathrm{T}}\boldsymbol{y}=\mathbf{0}\ \text{对}\ \boldsymbol{y}_1=\begin{bmatrix} -1 \\ 1 \\ -1 \\ 0 \\ 0 \\ 0 \end{bmatrix},\quad \boldsymbol{y}_2=\begin{bmatrix} 0 \\ 0 \\ 1 \\ -1 \\ 1 \\ 0 \end{bmatrix},\quad \boldsymbol{y}_3=\begin{bmatrix} 0 \\ -1 \\ 0 \\ 0 \\ -1 \\ 1 \end{bmatrix}\ \text{成立} \tag{3}$$

不会再有更多独立的解，即使还有更多（大的）圈，绕着整个图那个大的圈恰恰就是这 3 个小圈的和。因此，对那个外圈的解 $\boldsymbol{y}=(-1,0,0,-1,0,1)$ 正好是 $\boldsymbol{y}_1+\boldsymbol{y}_2+\boldsymbol{y}_3$。

这些子空间的维数导致拓扑学上一个基本等式（由欧拉发现）：

$$\begin{aligned}&(\text{节点数})-(\text{边数})+(\text{圈子数})\\&\quad=(\boldsymbol{n})-(\boldsymbol{m})+(\boldsymbol{m}-\boldsymbol{n}+\mathbf{1})=\mathbf{1}\end{aligned} \tag{4}$$

树图没有环路。图 4.4(b)、(c) 是有 4 个节点与 3 条边的树，因此欧拉的计数是 $(4)-(3)+(0)=1$，并且 $\boldsymbol{A}^{\mathrm{T}}\boldsymbol{y}=\mathbf{0}$ 仅有解 $\boldsymbol{y}=\mathbf{0}$。$\boldsymbol{A}$ 的行对每棵树都是独立的。

$$A_2=\begin{bmatrix}-1&1&0&0\\-1&0&1&0\\0&-1&0&1\end{bmatrix},\quad A_3=\begin{bmatrix}-1&1&0&0\\-1&0&1&0\\-1&0&0&1\end{bmatrix}$$

应用数学中的 $A^{\mathrm{T}}CA$ 框架

对在工程、科学与经济学领域中随处可见的 3 个方程而言，图是最佳的例子。这些方程描述稳态平衡的系统。对于在电路网络中的流（沿着图 4.4(a) 上的 6 条边的电流），这 3 个方程将4个电路节点上的电压 $\boldsymbol{x}=(x_1,x_2,x_3,x_4)$ 与沿着 6 条边的直流电流 $\boldsymbol{y}=(y_1,y_2,y_3,y_4,y_5,y_6)$ 联系在一起。

跨越边的电压差	$\boldsymbol{e}=\boldsymbol{Ax}$	$e_1=$ 在终端节点 2 上的电压 $-$ 在起始节点 1 上的电压
在每条边上的欧姆定律	$\boldsymbol{y}=\boldsymbol{Ce}$	电流 $y_1=c_1\times e_1$ = (电导)(电压)
带有电流源的基尔霍夫定律	$\boldsymbol{f}=\boldsymbol{A}^{\mathrm{T}}\boldsymbol{y}$	流入电路节点的电流源 $\boldsymbol{f}$ 与内部的电流 $\boldsymbol{y}$ 平衡

$\boldsymbol{e}=\boldsymbol{Ax}$、$\boldsymbol{y}=\boldsymbol{Ce}$ 和 $\boldsymbol{f}=\boldsymbol{A}^{\mathrm{T}}\boldsymbol{y}$ 结合起来成为一个平衡方程 $\boldsymbol{A}^{\mathrm{T}}\boldsymbol{CAx}=\boldsymbol{f}$。这是一个对许多基本定律都适用的形式，其美妙之处在于 $\boldsymbol{A}$ 与 $\boldsymbol{A}^{\mathrm{T}}$ 同时出现，其结果是主导矩阵 $\boldsymbol{A}^{\mathrm{T}}\boldsymbol{CA}$ 是对称的。**$\boldsymbol{A}^{\mathrm{T}}\boldsymbol{CA}$ 是半正定的**，因为 $\boldsymbol{Ax}=\boldsymbol{0}$ 的解是全 1 向量 $\boldsymbol{x}=(1,\cdots,1)$。

对于有边界条件如 $x_4=0$（这将节点 4 接地，同时移去了 $\boldsymbol{A}$ 的最后一列）的情形，**约化了的矩阵 $\boldsymbol{A}^{\mathrm{T}}\boldsymbol{CA}$ 就变成了对称正定的。**

带有接地点的网络有 $n-1=3$ 个未知的电压（$x_4=0$ 是已知的）

约化了的关联矩阵 $\boldsymbol{A}$ 现在是 6×3 的：满秩 3。

系统矩阵 $\boldsymbol{A}^{\mathrm{T}}\boldsymbol{CA}$ 是 $(3\times 6)(6\times 6)(6\times 3)=\boldsymbol{3\times 3}$ 的

能量是正的：$\boldsymbol{x}^{\mathrm{T}}\boldsymbol{A}^{\mathrm{T}}\boldsymbol{CAx}=(\boldsymbol{Ax})^{\mathrm{T}}\boldsymbol{C}(\boldsymbol{Ax})>0$，$\boldsymbol{x}\neq\boldsymbol{0}$

现在 $\boldsymbol{A}^{\mathrm{T}}\boldsymbol{CA}$ 是对称的，且可逆、正定。

这个 $\boldsymbol{A}^{\mathrm{T}}\boldsymbol{CA}$ 框架是我的 MIT 课程 18.085“计算科学与工程”的基础。正是在这一点上，线性代数对大规模计算（如有限元法）给出了一个重要的信息。视频课程和教科书都强调了 $\boldsymbol{A}^{\mathrm{T}}\boldsymbol{A}$ 与 $\boldsymbol{A}^{\mathrm{T}}\boldsymbol{CA}$ 的应用。

通过保留主导方程（通常这是偏微分方程）的对称正定结构，$\boldsymbol{A}^{\mathrm{T}}\boldsymbol{CA}$ 的形式符合科学的定律。基尔霍夫电流定律 $\boldsymbol{A}^{\mathrm{T}}\boldsymbol{y}=\boldsymbol{0}$ 变成了一个对所有平衡定律的模型：电荷守恒，力的平衡，经济上的零净收入，质量与能量的守恒，以及各种各样的的连续性。

同样的 $\boldsymbol{A}^{\mathrm{T}}\boldsymbol{CA}$ 矩阵出现在线性回归（最小二乘应用到 $\boldsymbol{Ax}=\boldsymbol{b}$）中。

$\boldsymbol{A}^{\mathrm{T}}\boldsymbol{A}\widehat{\boldsymbol{x}}=\boldsymbol{A}^{\mathrm{T}}\boldsymbol{b}$	对于向量 $\widehat{\boldsymbol{x}}$ 的规范方程，最佳地拟合了数据 $\boldsymbol{b}$
$\boldsymbol{A}^{\mathrm{T}}\boldsymbol{CA}\widehat{\boldsymbol{x}}=\boldsymbol{A}^{\mathrm{T}}\boldsymbol{Cb}$	用逆协方差矩阵 $\boldsymbol{C}=\boldsymbol{V}^{-1}$ 作为权重的最小二乘
$\min\lVert\boldsymbol{b}-\boldsymbol{Ax}\rVert_{\boldsymbol{C}}^{\boldsymbol{2}}$	最小化平方误差 $(\boldsymbol{b}-\boldsymbol{Ax})^{\mathrm{T}}\boldsymbol{C}(\boldsymbol{b}-\boldsymbol{Ax})$

在第 7 章中讨论的**深度学习**还是一个最优化问题。找到神经元层之间的权重以使得学习函数 F 正确地对训练数据进行分类。在 20 世纪，当 F 是线性时，这不是那么成功。但在 21 世

纪，每个神经元也被加一个非线性的激活函数，如 **ReLU**$(\boldsymbol{x})$（0 与 x 的较大值）。深度学习现在已经变得非常强大。

对数据进行分类的总函数 F 是连续且逐段线性的。它的图有许多小的平坦的片段，每一次 **ReLU**$(\boldsymbol{x})$ 的应用加一个折到 F 的图上，这个折跨越其他的折，将表征空间划分成许多片段（参见 **7.1** 节有关深度神经网络的讨论）。

构造所有这些扁平的片段为深度学习提供了数学能力。

图拉普拉斯矩阵

$\boldsymbol{K}=\boldsymbol{A}^{\mathrm{T}}\boldsymbol{C}\boldsymbol{A}$ **是一个加权的图拉普拉斯矩阵（权重在** $\boldsymbol{C}$ **中）。标准的拉普拉斯矩阵** $\boldsymbol{G}=\boldsymbol{A}^{\mathrm{T}}\boldsymbol{A}$，有单位权重 $(\boldsymbol{C}=\boldsymbol{I})$。这两个拉普拉斯矩阵对理论和应用都是关键性的。有关 $\boldsymbol{A}^{\mathrm{T}}\boldsymbol{A}$ 与 $\boldsymbol{A}^{\mathrm{T}}\boldsymbol{C}\boldsymbol{A}$ 的主要结论适用于每个连通图。$\boldsymbol{K}$ 可以是工程中的刚度矩阵或电导矩阵。

(1) $\boldsymbol{G}$ 与 $\boldsymbol{K}$ 的每一行与列加起来都为零，因为 $\boldsymbol{x}=(1,\cdots,1)$ 满足 $\boldsymbol{A}\boldsymbol{x}=\boldsymbol{0}$
(2) $\boldsymbol{G}=\boldsymbol{A}^{\mathrm{T}}\boldsymbol{A}$ 是对称的，因为边是双向的（**无向图**）
(3) 对角元 $(\boldsymbol{A}^{\mathrm{T}}\boldsymbol{A})_{ii}$ 表示在节点 i 相遇的边数：**度**
(4) 当一条边将节点 i 与 j 连接在一起时，非对角元是 $(\boldsymbol{A}^{\mathrm{T}}\boldsymbol{A})_{ij}=-1$
(5) $\boldsymbol{G}$ 与 $\boldsymbol{K}$ 是**半正定的**，但非正定（因为对 $\boldsymbol{x}=\boldsymbol{1}$，$\boldsymbol{A}\boldsymbol{x}=\boldsymbol{0}$）

$$\boldsymbol{A}^{\mathrm{T}}\boldsymbol{A}=\text{对角线}+\text{非对角线}=\textbf{度矩阵}-\textbf{邻接矩阵}=\boldsymbol{D}-\boldsymbol{B}$$

习题 4.6

1. 求一个三角形图和一个正方形图的拉普拉斯矩阵 $\boldsymbol{A}^{\mathrm{T}}\boldsymbol{A}$。若所有的箭头被逆转了，那么关联矩阵 $\boldsymbol{A}$ 就变了符号，但是 $\boldsymbol{A}^{\mathrm{T}}\boldsymbol{A}$ 中的符号不依赖于箭头。
2. 求一个完全图（具有 $n=5$ 个节点之间的所有 10 条边）的 $\boldsymbol{A}^{\mathrm{T}}\boldsymbol{A}$。
3. 对一个在边 $1\to 2$，$1\to 3$，$2\to 3$ 上有权重 c_1、c_2、c_3 的三角形图，通过矩阵相乘证明
$$\boldsymbol{K}=\boldsymbol{A}^{\mathrm{T}}\boldsymbol{C}\boldsymbol{A}=\begin{bmatrix} c_1+c_2 & -c_1 & -c_2 \\ -c_1 & c_1+c_3 & -c_3 \\ -c_2 & -c_3 & c_2+c_3 \end{bmatrix}$$
4. 矩阵 $\boldsymbol{K}=\boldsymbol{A}^{\mathrm{T}}\boldsymbol{C}\boldsymbol{A}$ 是 $m=3$ **“元素矩阵”**的和：
$$\boldsymbol{K}=c_1\begin{bmatrix} 1 & -1 & 0 \\ -1 & 1 & 0 \\ 0 & 0 & 0 \end{bmatrix}+c_2\begin{bmatrix} 1 & 0 & -1 \\ 0 & 0 & 0 \\ -1 & 0 & 1 \end{bmatrix}+c_3\begin{bmatrix} 0 & 0 & 0 \\ 0 & 1 & -1 \\ 0 & -1 & 1 \end{bmatrix}$$
证明这些秩为 1 的矩阵来自 $\boldsymbol{K}=\boldsymbol{A}^{\mathrm{T}}(\boldsymbol{C}\boldsymbol{A})=$ **列乘以行**。
5. 画一个有 $n=4$ 个节点、$m=3$ 条边的图。对于电流定律 $\boldsymbol{A}^{\mathrm{T}}\boldsymbol{w}=\boldsymbol{0}$，应该有 $m-n+1=0$ 个解。解释这个结论：对应于图中树的 $\boldsymbol{A}$ 的行是互相独立的。
6. 一个有 $n=4$ 个节点、$m=6$ 条边的完全图不能画在一个平面上，（经过实验后）证明边会相交。
7. 对于有 4 个节点、6 条边的完全图，求矩阵 $\boldsymbol{A}^{\mathrm{T}}\boldsymbol{A}$。同时找到对基尔霍夫定律 $\boldsymbol{A}^{\mathrm{T}}\boldsymbol{w}=\boldsymbol{0}$ 的 $6-4+1$ 的解（从环路得到）。

8. 解释对平面上任意图的欧拉公式（拓扑学的开端）：

$$(\text{节点数}) - (\text{边的数}) + (\text{小环路的数}) = 1$$

9. 对一个三角形的图，求 $\boldsymbol{G} = \boldsymbol{A}^{\mathrm{T}}\boldsymbol{A}$ 的特征值和特征向量。这些特征向量不是完全确定的，因为 $\boldsymbol{G}$ 有一个重复的______。找到一个对 SVD 的选择：$\boldsymbol{A} = \boldsymbol{U\Sigma V}^{\mathrm{T}}$。

4.7 采用谱方法与 k-均值的聚类

如何理解一个有许多节点（而不是所有可能的边）的图？一个重要的起点是将这些节点分成两个或更多的群簇，就像朋友群。边则更有可能是在群簇内，而不是群簇之间。希望这些群簇有类似的大小，这样就不太可能挑选到特殊的、非普遍存在的群簇。识别这些群簇将有助于人们对这个图有初步的了解。

解码遗传数据的一个关键步骤是将那些显示出高度相关（有时是反相关的）表示级别的基因聚类在一起。群簇的基因可能位于同样的细胞路径。人类基因组计划的伟大成就是告诉我们生命迷宫中的片段，即 $\boldsymbol{G}$ 中的行。现在面临着更大的问题是将这些片段组合在一起以产生功能，如创造蛋白质。

一个带有两个群簇的例子

下面这幅图显示出 $n=5$ 个节点。这些节点被分成 $k=2$ 个群簇。那些标为“$*$”的点分别是两个群的质心 $(2,1)$ 与 $(-1,2/3)$。第一个质心是两个点 $\frac{1}{2}(1,1)+\frac{1}{2}(3,1)$ 的平均，第二个质心是 $\frac{1}{3}[(0,0)+(-3,0)+(0,2)]$ 的平均。这些质心 $\boldsymbol{c}_1$ 和 $\boldsymbol{c}_2$ 最小化了到群簇中的点 $\boldsymbol{a}_j$ 的平方距离的和 $\|\boldsymbol{c}-\boldsymbol{a}_j\|^2$。

这些群簇是用 $k=2$ 的著名 k-均值算法产生的。这是一种简单的将节点聚类的方法，但不是唯一的方法，并且对于大的节点集或许不是最快或最佳的。在采用特征值与切割来产生群簇之前，先通过一个出色的范例来证明 k-均值是本书的一个中心主题：

$$\text{近似一个 } m \times n \text{ 矩阵 } \boldsymbol{A} \text{ 为 } \boldsymbol{CR} = (m \times k)(k \times n) \tag{1}$$

$\boldsymbol{CR}$ 的秩较低，因为 $\boldsymbol{C}$ 仅有 k 列，而 $\boldsymbol{R}$ 有 k 行。在 k-均值近似中，$\boldsymbol{C}$ 的列是群簇的质心。

$\boldsymbol{R}$ 的每一列有 1 个 1 和 $k-1$ 个 0。更准确地说，若质心 i 离点 $\boldsymbol{x}_j$ 最近（或不是），则 $R_{ij}=1$（或 0）。然后 $\boldsymbol{R}$ 中第 i 行的 1 告诉我们回绕着 $\boldsymbol{C}$ 的第 i 列质心（用“$*$”标出）的点的群簇。

对于 5 个节点与 2 个群簇，在 $\boldsymbol{A}\approx\boldsymbol{CR}$中的 $\boldsymbol{C}$ 只有两列（群簇的质心）。

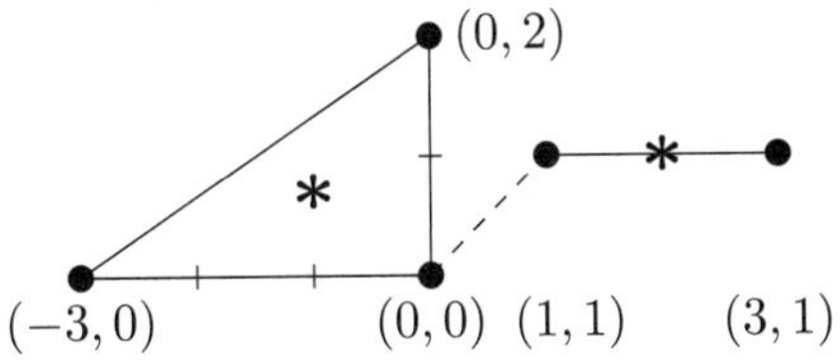

$$\begin{bmatrix} 0 & 1 & 3 & 0 & -3 \\ 0 & 1 & 1 & 2 & 0 \end{bmatrix} \approx \begin{bmatrix} -1 & 2 & 2 & -1 & -1 \\ 2/3 & 1 & 1 & 2/3 & 2/3 \end{bmatrix}$$

$$\boldsymbol{A} \approx \boldsymbol{CR} = \begin{bmatrix} \mathbf{-1} & \mathbf{2} \\ \mathbf{2/3} & \mathbf{1} \end{bmatrix} \begin{bmatrix} \mathbf{1} & \mathbf{0} & \mathbf{0} & \mathbf{1} & \mathbf{1} \\ \mathbf{0} & \mathbf{1} & \mathbf{1} & \mathbf{0} & \mathbf{0} \end{bmatrix}$$

聚类操作的 4 种方法

在许多应用中，我们以此开始：**将一个图分成两块**。这些块是节点的群簇。大多数的边应该是在群簇之一中。

(1) 每个群簇应该包含大致一半的节点。

(2) 在群簇之间的边的数目应该相对较小。

为了高性能计算中的负载平衡，可将均等的工作量分配到两个处理器中（它们之间的通信较小）。对社交网络，我们明确两个有明显区别的群。将一个图像分块，将一个矩阵的行与列重新排序使得非对角线的块稀疏。

现有许多划分图的算法，而且还不断地被发明。我将聚焦于 4 种成功的方法，它们可以被扩展到更困难的问题，如**谱聚类**（用图拉普拉斯矩阵或模块化矩阵）、**最小切割**和**加权 k-均值**。这 4 种方法如下。

(1) 找到求解 $\boldsymbol{A}^{\mathrm{T}}\boldsymbol{C}\boldsymbol{A}\boldsymbol{z}=\lambda\boldsymbol{D}\boldsymbol{z}$ 的 **Fiedler 向量**$\boldsymbol{z}$。矩阵 $\boldsymbol{A}^{\mathrm{T}}\boldsymbol{C}\boldsymbol{A}$ 是图拉普拉斯矩阵。其对角线 $\boldsymbol{D}$ 包含着连接到每个节点的所有边的总权重。$\boldsymbol{D}$ 将拉普拉斯算子归一化。Fiedler 向量有对应于 $\lambda_1=0$ 的特征向量是 $(1,\cdots,1)$。随后是 Fiedler 特征值：$\lambda=\lambda_2$。

特征向量的正的、负的分量指出这是节点的两个群簇。

(2) 用**模块化矩阵** $\boldsymbol{M}$ 来取代图拉普拉斯矩阵 $\boldsymbol{A}^{\mathrm{T}}\boldsymbol{C}\boldsymbol{A}$。选择对应于 $\boldsymbol{M}$ 的最大特征值的特征向量。再一次，那些正与负的分量指出这两个群簇：

$$\textbf{模块化矩阵}\qquad \boldsymbol{M}=(\text{邻接矩阵})-\frac{1}{2m}\boldsymbol{d}\boldsymbol{d}^{\mathrm{T}}$$

向量 $\boldsymbol{d}$ 给出 n 个节点的度（与节点连接的边数）。$\boldsymbol{M}=\boldsymbol{M}^{\mathrm{T}}$ 的每行与每列加起来都等于零，因此 $\boldsymbol{M}$ 的一个特征向量再次是 $(1,1,\cdots,1)$。若其特征值 $\lambda=0$ 刚好是最大的，则 $\boldsymbol{M}$ 没有正的特征值，所有的节点将（而且应该）集中在一个群簇中。

Mark Newman的文章 PNAS **103** (2006) 8577-8582 给出了一个有力的关于在聚类节点时模块化的矩阵例子。

(3) 发现**最小归一化的切割**，它能将节点分成 $\boldsymbol{P}$ 和 $\boldsymbol{Q}$ 两个群簇。切割的一个非归一化度量是跨越这个切割的**边权重** $\boldsymbol{w_{ij}}$ **的和**。这些边将 $\boldsymbol{P}$ 中的节点与 $\boldsymbol{P}$ 之外的节点相连：

$$\textbf{跨越切割的权重}\qquad \textbf{links}(\boldsymbol{P})=\sum \boldsymbol{w_{ij}}\text{，其中节点 } \boldsymbol{i} \text{ 在 } \boldsymbol{P} \text{ 中，节点 } \boldsymbol{j} \text{ 不在 } \boldsymbol{P} \text{ 中} \qquad (2)$$

采用这个度量，一个最小的切割可以有零个节点在 $\boldsymbol{P}$ 中。因此用 $\boldsymbol{P}$ 和 $\boldsymbol{Q}$ 的大小进行归一化。这些是群簇内的权重的和：

$$\textbf{群簇的大小}\qquad \textbf{Size}(\boldsymbol{P})=\sum \boldsymbol{w_{ij}}\text{，节点 } \boldsymbol{i} \text{ 在 } \boldsymbol{P} \text{ 中} \qquad (3)$$

注意：$\boldsymbol{P}$ 中的每条边被计数两次，为 w_{ij} 和 w_{ji}。不加权的大小只是对节点计数，这样就导致了“比率切割”。这里，我们将跨越切割的权重用 $\boldsymbol{P}$ 和 $\boldsymbol{Q}$ 的加权大小来除，以归一化那个关键的量 $Ncut$：

$$\textbf{归一化的切割加权}\qquad \boldsymbol{N}\textbf{cut}(\boldsymbol{P},\boldsymbol{Q})=\frac{\text{links}(\boldsymbol{P})}{\text{size}(\boldsymbol{P})}+\frac{\text{links}(\boldsymbol{Q})}{\text{size}(\boldsymbol{Q})} \qquad (4)$$

Shi和 Malik发现最小化 $Ncut(\boldsymbol{P},\boldsymbol{Q})$ 可得到对图的最佳划分，其应用是对图进行分块。它们发现了与拉普拉斯算子 L 的关联。

Ncut 的定义从两个群簇 $\boldsymbol{P}$ 和 $\boldsymbol{Q}$ 扩展到 k 个群簇 $\boldsymbol{P}_1,\cdots,\boldsymbol{P}_k$：

归一化的 k-cut
$$N\text{cut}(\boldsymbol{P}_1,\cdots,\boldsymbol{P}_k)=\sum_{i=1}^{k}\frac{\text{links}(\boldsymbol{P}_i)}{\text{size}(\boldsymbol{P}_i)} \tag{5}$$

我们即将接近 **k-均值聚类**，从 $k=2$ 群簇 ($\boldsymbol{P}$ 和 $\boldsymbol{Q}$) 开始。

(4) **k-means**将图中的节点表示为向量 $\boldsymbol{a}_1,\cdots,\boldsymbol{a}_n$。群簇 $\boldsymbol{P}$ 和 $\boldsymbol{Q}$ 的中心分别为 $\boldsymbol{c_P}$ 和 $\boldsymbol{c_Q}$。最小化从节点到这些“质心”总的平方距离。

2-均值聚类
$\boldsymbol{c_P},\boldsymbol{c_Q}$ =质心
$$\text{最小化}\boldsymbol{E}=\sum_{i\text{ in }\boldsymbol{P}}\|\boldsymbol{a_i}-\boldsymbol{c_P}\|^2+\sum_{i\text{ in }\boldsymbol{Q}}\|\boldsymbol{a_i}-\boldsymbol{c_Q}\|^2 \tag{6}$$

质心是群簇 $\boldsymbol{P}$ 中的向量的平均 $\boldsymbol{c_P}=(\sum\boldsymbol{a_i})/|\boldsymbol{P}|$。

向量 $\boldsymbol{a_i}$ 可能也可能不代表节点 i 的物理位置，因此聚类的目标 $\boldsymbol{E}$ 并不局限于欧几里得距离。更通用的**核 k-均值**算法完全适用于核矩阵$\boldsymbol{K}$，这个矩阵就是内积 $\boldsymbol{K}_{ij}=\boldsymbol{a}_i^{\mathrm{T}}\boldsymbol{a_j}$ 的表示。距离和均值是由加权 $\boldsymbol{K}$ 计算得到的。

这个距离度量 $\boldsymbol{E}$ 也将被加权，以改善群簇 $\boldsymbol{P}$ 和 $\boldsymbol{Q}$。

归一化的拉普拉斯算子

得到 $\boldsymbol{L}$ 的第一步是 $\boldsymbol{A}^{\mathrm{T}}\boldsymbol{A}$。$\boldsymbol{A}$ 是图的 $m\times n$ 关联矩阵。对于矩阵的非对角元，$\boldsymbol{A}^{\mathrm{T}}\boldsymbol{A}$ 的 (i,j) 分量对有一条边连接节点 i 与 j 的情况是 -1。那些对角元使所有行的和为零。然后 $(\boldsymbol{A}^{\mathrm{T}}\boldsymbol{A})_{ii}=$进入节点 i 的边数 $=$节点 i 的度。对所有权重等于 1 的情形，$\boldsymbol{A}^{\mathrm{T}}\boldsymbol{A}=$度矩阵 $-$ 邻接矩阵。

在矩阵 $\boldsymbol{C}$ 中的边的权重可以是电导或弹性常数或边长，它们出现在 $\boldsymbol{A}^{\mathrm{T}}\boldsymbol{CA}$ 的对角线或非对角线上。同时有 $\boldsymbol{A}^{\mathrm{T}}\boldsymbol{CA}=\boldsymbol{D}-\boldsymbol{W}=$**节点权重矩阵** $-$ **边权重矩阵**。在对角线之外，$-\boldsymbol{W}$ 的分量是权重 w_{ij} 的负值。对角元 d_i 依然使得每行之和为零：$\boldsymbol{D}=\textbf{diag}(\textbf{sum}(\boldsymbol{W}))$。

分量全为 1 的向量 $\boldsymbol{1}=\textbf{ones}(n,1)$ 在 $\boldsymbol{A}^{\mathrm{T}}\boldsymbol{CA}$ 的零空间中，这是因为 $\boldsymbol{A1}=\boldsymbol{0}$。$\boldsymbol{A}$ 的每一行有 1 和 -1。等价地说，$\boldsymbol{D1}$ 抵消了 $\boldsymbol{W1}$（每行之和为零）。下一个特征向量就像一个鼓的最低振动模式，同时 $\lambda_2>0$。

对于**归一化的加权拉普拉斯算子**，用 $\boldsymbol{D}^{-1/2}$ 乘以 $\boldsymbol{A}^{\mathrm{T}}\boldsymbol{CA}$ 的左侧与右侧以保持对称性。第 i 行和第 j 列分别除以 $\sqrt{d_i}$ 和 $\sqrt{d_j}$，使得 $\boldsymbol{A}^{\mathrm{T}}\boldsymbol{CA}$ 的 (i,j) 分量除以 $\sqrt{d_id_j}$。然后 $\boldsymbol{L}$ 沿着其主对角线有 $d_i/d_i=\boldsymbol{1}$。

归一化的拉普拉斯算子$\boldsymbol{L}$
归一化的权重$\boldsymbol{n_{ij}}$
$$\boldsymbol{L}=\boldsymbol{D}^{-1/2}\,\boldsymbol{A}^{\mathrm{T}}\boldsymbol{CA}\,\boldsymbol{D}^{-1/2}=\boldsymbol{I}-\boldsymbol{N},\qquad \boldsymbol{n_{ij}}=\frac{\boldsymbol{w_{ij}}}{\sqrt{\boldsymbol{d_id_j}}} \tag{7}$$

一个三角形的图有 $n=3$ 个节点，$m=3$ 条边的权重为 $c_1,c_2,c_3=w_{12},w_{13},w_{23}$：

$$\begin{bmatrix} w_{12}+w_{13} & -w_{12} & -w_{13}\\ -w_{21} & w_{21}+w_{23} & -w_{23}\\ -w_{31} & -w_{32} & w_{31}+w_{32}\end{bmatrix},\quad \boldsymbol{L}=\begin{bmatrix}\boldsymbol{1} & -n_{12} & -n_{13}\\ -n_{21} & \boldsymbol{1} & -n_{23}\\ -n_{31} & -n_{32} & \boldsymbol{1}\end{bmatrix} \tag{8}$$
$$\boldsymbol{A}^{\mathrm{T}}\boldsymbol{CA}=\boldsymbol{D}-\boldsymbol{W},\qquad \boldsymbol{L}=\boldsymbol{D}^{-1/2}\boldsymbol{A}^{\mathrm{T}}\boldsymbol{CA}\,\boldsymbol{D}^{-1/2}$$

归一化的拉普拉斯算子 $\boldsymbol{L}=\boldsymbol{I}-\boldsymbol{N}$ 像统计学中的关联矩阵，其对角元为 1。它的 3 个性质对于聚类操作是十分关键的。

(1) $\boldsymbol{L}$ 是对称半正定的：正交的特征向量，特征值 $\lambda\geqslant 0$。

(2) $\lambda=0$ 的特征向量是 $\boldsymbol{u}=(\sqrt{d_1},\cdots,\sqrt{d_n})$，然后 $\boldsymbol{Lu}=\boldsymbol{D}^{-1/2}\boldsymbol{A}^{\mathrm{T}}\boldsymbol{CA1}=0$。

(3) $\boldsymbol{L}$ 的第二个特征向量 $\boldsymbol{v}$ 最小化子空间中的 **Rayleigh 商**：

$$\begin{array}{l}\boldsymbol{\lambda_2}=\boldsymbol{L}\ \text{的最小非零特征值}\\ \text{约束为}\boldsymbol{x}^{\mathrm{T}}\boldsymbol{u}=0\text{的最小化}\end{array}\quad \min\frac{\boldsymbol{x}^{\mathrm{T}}\boldsymbol{Lx}}{\boldsymbol{x}^{\mathrm{T}}\boldsymbol{x}}=\frac{\boldsymbol{v}^{\mathrm{T}}\boldsymbol{Lv}}{\boldsymbol{v}^{\mathrm{T}}\boldsymbol{v}}=\boldsymbol{\lambda_2},\quad \text{当}\ \boldsymbol{x}=\boldsymbol{v}\text{时} \tag{9}$$

对与第一个特征向量 $\boldsymbol{D}^{1/2}\boldsymbol{1}$ 正交的任何一个向量 $\boldsymbol{x}$，比值 $\boldsymbol{x}^{\mathrm{T}}\boldsymbol{Lx}/\boldsymbol{x}^{\mathrm{T}}\boldsymbol{x}$ 给出了 λ_2 的上限。但 λ_2 的一个好的下界更难得到。

归一化与非归一化的比较

聚类算法也可以用非归一化的矩阵 $\boldsymbol{A}^{\mathrm{T}}\boldsymbol{CA}$，但是 $\boldsymbol{L}$ 通常给出更好的结果，这两者之间的关系是 $\boldsymbol{Lv}=\boldsymbol{D}^{-1/2}\boldsymbol{A}^{\mathrm{T}}\boldsymbol{CAD}^{-1/2}v=\lambda\boldsymbol{v}$。采用 $\boldsymbol{z}=\boldsymbol{D}^{-1/2}\boldsymbol{v}$ 后，会有一个简单而重要的形式 $\boldsymbol{A}^{\mathrm{T}}\boldsymbol{CAz}=\lambda\boldsymbol{Dz}$：

$$\text{归一化的 Fiedler 向量}\boldsymbol{z}\quad \boldsymbol{A}^{\mathrm{T}}\boldsymbol{CAz}=\lambda\boldsymbol{Dz},\qquad \text{同时有}\ \boldsymbol{1}^{\mathrm{T}}\boldsymbol{Dz}=0 \tag{10}$$

对于这个“广义”的特征值问题，属于 $\lambda=0$ 的特征向量依然是全 1 的向量 $\boldsymbol{1}=(1,\cdots,1)$。下一个特征向量 $\boldsymbol{z}$ 满足 $\boldsymbol{D}$ 正交于 $\boldsymbol{1}$，即 $\boldsymbol{1}^{\mathrm{T}}\boldsymbol{D}\,\boldsymbol{z}=0$（1.10 节）。通过将 $\boldsymbol{x}$ 改成 $\boldsymbol{D}^{1/2}\boldsymbol{y}$，由 Rayleigh 商将得到第二个特征向量 $\boldsymbol{z}$：

$$\begin{array}{c}\text{同一特征值}\boldsymbol{\lambda_2}\\ \text{Fiedler 向量}\boldsymbol{z}=\boldsymbol{D}^{-1/2}\,\boldsymbol{v}\end{array}\quad \min_{\boldsymbol{1}^{\mathrm{T}}\boldsymbol{Dy}=0}\frac{\boldsymbol{y}^{\mathrm{T}}\boldsymbol{A}^{\mathrm{T}}\boldsymbol{CAy}}{\boldsymbol{y}^{\mathrm{T}}\boldsymbol{Dy}}=\frac{\sum\sum w_{ij}(y_i-y_j)^2}{\sum d_i\,y_i^2}=\lambda_2,\ \text{在}\boldsymbol{y}=\boldsymbol{z} \tag{11}$$

在 $\boldsymbol{Ay}$ 中，关联矩阵 $\boldsymbol{A}$ 给出了差 y_i-y_j。$\boldsymbol{C}$ 用 w_{ij} 来与之相乘。

注解：一些作者认为，Fiedler 向量$\boldsymbol{v}$ 是一个 $\boldsymbol{A}^{\mathrm{T}}\boldsymbol{CA}$ 的特征向量。我们更愿意使用 $\boldsymbol{z}=\boldsymbol{D}^{-1/2}\boldsymbol{v}$，然后 $\boldsymbol{A}^{\mathrm{T}}\boldsymbol{CAz}=\lambda_2\boldsymbol{Dz}$。从实验结果看，是由 $\boldsymbol{v}$ 与 $\boldsymbol{z}$ 给出了类似的群簇。这些加权的度 d_i（进入节点 i 边的权重的和）已经归一化了通常的 $\boldsymbol{A}^{\mathrm{T}}\boldsymbol{CA}$ 的特征值问题，以改进聚类操作。

为什么要求解一个特征值问题 $\boldsymbol{Lv}=\lambda\boldsymbol{v}$（通常这是十分费力的）作为重新排序线性系统 $\boldsymbol{Ax}=\boldsymbol{b}$ 的第一步？答案是不需要一个精确的特征向量 $\boldsymbol{v}$。一种“有高低层次的”*多级方法*将节点组合起来，以给出一个较小的 $\boldsymbol{L}$ 和一个满意的 $\boldsymbol{v}$。这个最快的 k-均值算法先将图一级一级地粗粒度化，再在细化阶段调整粗的聚类。

例 1　一个 20 节点的图有两个自建的群簇 $\boldsymbol{P}$ 和 $\boldsymbol{Q}$（将从 $\boldsymbol{z}$ 中发现）。MATLAB 代码在 $\boldsymbol{P}$ 内部和 $\boldsymbol{Q}$ 内部建立了边，其概率是 0.7。在 $\boldsymbol{P}$ 和 $\boldsymbol{Q}$ 节点之间的边有小得多的概率 0.1。所有的边有权重 $w_{ij}=1$，因此 $\boldsymbol{C}=\boldsymbol{I}$。从图中可以很明显看出 $\boldsymbol{P}$ 和 $\boldsymbol{Q}$，而不是从它的邻接矩阵 $\boldsymbol{W}$。

采用 $\boldsymbol{G}=\boldsymbol{A}^{\mathrm{T}}\boldsymbol{A}$，求特征值的命令是 $[V,E]=\mathbf{eig}(G,D)$，这求解 $\boldsymbol{A}^{\mathrm{T}}\boldsymbol{Ax}=\lambda\boldsymbol{Dx}$。将 λ 排序导致得到 λ_2 与其 Fiedler 向量 $\boldsymbol{z}$。Des Higham的第三个图显示出 $\boldsymbol{z}$ 的分量是如何落入这两

个群簇的（正或负），来给出好的重新排序。他提供了这个 MATLAB 代码：

```
N = 10; W = zeros(2*N, 2*N);            % Generate 2N nodes in two clusters
rand('state', 100)                      % rand repeats to give the same graph
for i = 1:2*N-1
  for j = i+1:2*N
    p = 0.7-0.6 * mod(j-i, 2);          % p = 0.1 when j - i is odd, 0.7 else
    W(i, j) = rand < p;                 % Insert edges with probability p
  end                                   % The weights are w_ij = 1 (or zero)
end                                     % So far W is strictly upper triangular
W = W + W'; D = diag(sum(W));           % Adjacency matrix W, degrees in D
G = D-W; [V, E] = eig(G, D);            % Eigenvalues of Gx = λDx in E
[a, b] = sort(diag(E)); z = V(:, b(2)); % Fiedler eigenvector z for λ2
plot(sort(z), '.-');                    % Show + - groups of Fiedler components
```

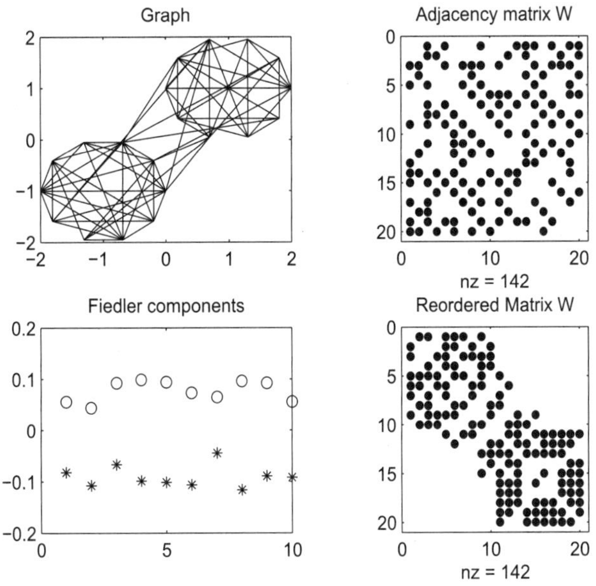

对微阵列数据的应用

微阵列数据以 $m \times n$ 矩阵 $\boldsymbol{M}$ 的形式出现，其中 m 为基因数，n 为样品数。其分量 m_{ij} 记录样品 j 中基因 i 的活动（表示级别）。$n \times n$ 权重矩阵 $\boldsymbol{M}^{\mathrm{T}}\boldsymbol{M}$ 表征样品之间的相似程度（在一个完全图中的节点）。

$\boldsymbol{M}^{\mathrm{T}}\boldsymbol{M}$ 的非对角元进入 $\boldsymbol{W}$。$\boldsymbol{W}$ 的行之和进入 $\boldsymbol{D}$ 中，然后 $\boldsymbol{D}-\boldsymbol{W}$ 是加权的拉普拉斯算子矩阵 $\boldsymbol{A}^{\mathrm{T}}\boldsymbol{C}\boldsymbol{A}$。解 $\boldsymbol{A}^{\mathrm{T}}\boldsymbol{C}\boldsymbol{A}\boldsymbol{z} = \lambda\boldsymbol{D}\boldsymbol{z}$。

Higham、Kalna 与 Kibble 得出了对三组数据的测试结果，包括白血病（$m = 5000$ 基因，$n = 38$ 病人）、脑瘤（$m = 7129$基因， $n = 40$ 病人）与淋巴瘤。“归一化后的谱算法要比没有归一化的结果在揭示与生物有关的信息方面强很多。”

已进行的实验也显示出 Fiedler 向量之后的那个特征向量如何帮助得到 $k = 3$ 个群簇。k 个最小的特征值提供了确定 k 个群簇的特征向量。

与特征向量相关联的切割

将 $\boldsymbol{P}$ 从 $\boldsymbol{Q}$ 分开的图切割是如何联系到在 $\boldsymbol{A}^{\mathrm{T}}\boldsymbol{C}\boldsymbol{A}\boldsymbol{z}=\lambda\boldsymbol{D}\boldsymbol{z}$ 中的 Fiedler 特征向量的？关键的联系来自比较式 (5) 中的 $N\mathrm{cut}(\boldsymbol{P},\boldsymbol{Q})$ 与式 (11) 的 Rayleigh 商 $\boldsymbol{y}^{\mathrm{T}}\boldsymbol{A}^{\mathrm{T}}\boldsymbol{C}\boldsymbol{A}\boldsymbol{y}/\boldsymbol{y}^{\mathrm{T}}\boldsymbol{D}\boldsymbol{y}$。切割的最佳指示器将是一个所有的分量等于 p 或 $-p$（只有两个值）的向量 y：

$$\textbf{两个值}\qquad \text{若}y_i=p\text{，则节点}i\text{归入}\boldsymbol{P}\qquad \text{若}y_i=-q\text{，则节点}i\text{归入}\boldsymbol{Q}$$

$\boldsymbol{1}^{\mathrm{T}}\boldsymbol{D}\boldsymbol{y}$ 将用 p 来乘以一组 d_i，另一组用 $-q$。第一组 d_i 加至 $\mathrm{size}(\boldsymbol{P})=\sum\limits_{i\in\boldsymbol{P}}w_{ij}=\sum\limits_{i\in\boldsymbol{P}}d_i$。$d_i$ 的第二组加到 $\mathrm{size}(\boldsymbol{Q})$。$\boldsymbol{1}^{\mathrm{T}}\boldsymbol{D}\boldsymbol{y}=0$ **这个限制变成了** $\boldsymbol{p}\ \mathbf{size}(\boldsymbol{P})=\boldsymbol{q}\ \mathbf{size}(\boldsymbol{Q})$。

当把这个 $\boldsymbol{y}$ 代入 Rayleigh 商时，可精确地得到 $N\mathrm{cut}(\boldsymbol{P},\boldsymbol{Q})$，差 y_i-y_j 在 $\boldsymbol{P}$ 中和 $\boldsymbol{Q}$ 中都为零，跨越切割是 $p+q$：

$$\textbf{分子}\qquad \boldsymbol{y}^{\mathrm{T}}\boldsymbol{A}^{\mathrm{T}}\boldsymbol{C}\boldsymbol{A}\boldsymbol{y}=\sum\sum w_{ij}\,(y_i-y_j)^2=(p+q)^2\,\mathrm{links}(\boldsymbol{P},\boldsymbol{Q}) \tag{12}$$

$$\textbf{分母}\qquad \boldsymbol{y}^{\mathrm{T}}\boldsymbol{D}\boldsymbol{y}=p^2\,\mathrm{size}(\boldsymbol{P})+q^2\,\mathrm{size}(\boldsymbol{Q})=p\,(p\,\mathrm{size}(\boldsymbol{P}))+q\,(p\,\mathrm{size}(\boldsymbol{P})) \tag{13}$$

最后一步用到了 $p\ \mathrm{size}(\boldsymbol{P})=q\ \mathrm{size}(\boldsymbol{Q})$。消去在商中的 $p+q$，得

$$\text{Rayleigh 商}\quad \frac{(p+q)\ \mathrm{links}(\boldsymbol{P},\boldsymbol{Q})}{p\ \mathrm{size}(\boldsymbol{P})}=\frac{p\ \mathrm{links}(\boldsymbol{P},\boldsymbol{Q})}{p\ \mathrm{size}(\boldsymbol{P})}+\frac{q\ \mathrm{links}(\boldsymbol{P},\boldsymbol{Q})}{q\ \mathrm{size}(\boldsymbol{Q})}=N\mathrm{cut}(\boldsymbol{P},\boldsymbol{Q}) \tag{14}$$

Ncut 问题与特征值问题是一样的，但有一个额外的限制，即 $\boldsymbol{y}$ 只有两个值（这个问题是 NP 困难的：$\boldsymbol{P}$ 和 $\boldsymbol{Q}$ 有许多选择）。Fiedler 向量 $\boldsymbol{z}$ 将不满足这个双值的条件。但是，在这个特别好的例子中，其分量清楚地分到两组。如果能使得这个过程高效，那么采用 $\boldsymbol{z}$ 进行聚类是成功的。

采用 k-均值的聚类

最基本的问题始于 d 维空间中的 n 个点 $\boldsymbol{a}_1,\cdots,\boldsymbol{a}_n$。我们的目标是将这些点划分成 k 个群簇。群簇 $\boldsymbol{P}_1,\cdots,\boldsymbol{P}_k$ 有质心 $\boldsymbol{c}_1,\cdots,\boldsymbol{c}_k$。每个质心 $\boldsymbol{c}$ 最小化到这个群簇中的点 $\boldsymbol{a}_j$ 的总距离 $\sum\|\boldsymbol{c}-\boldsymbol{a}_j\|^2$。质心是这 n_j 个点的均值（平均值）：

$$\boldsymbol{P}_j\ \textbf{的质心}\qquad \boldsymbol{c}_j=\frac{\boldsymbol{a}\text{ 的和}}{\boldsymbol{a}\text{ 的个数}}\qquad \text{最小化}\sum\|\boldsymbol{c}-\boldsymbol{a}\|^2\text{，对群簇 }\boldsymbol{P}_j\text{ 中的 }a$$

目标是找到划分 $\boldsymbol{P}_1,\cdots,\boldsymbol{P}_k$ 以**最小化到质心的总距离** $\boldsymbol{D}$：

$$\textbf{聚类操作}\qquad \text{最小化 }\boldsymbol{D}=\boldsymbol{D}_1+\cdots+\boldsymbol{D}_k=\sum\|\boldsymbol{c}_j-\boldsymbol{a}_i\|^2\text{，其中}\boldsymbol{a}_i\in\boldsymbol{P}_j \tag{15}$$

关键方法：每个将节点聚类成 $\boldsymbol{P}_1,\cdots,\boldsymbol{P}_k$ 群簇的步骤都产生 k 个质心（步骤 1）。**每组质心产生一个群簇**（步骤 2），若 $\boldsymbol{c}_j$ 是离 $\boldsymbol{a}$ 最近的质心（若有等距离近的质心，则在这些质心中随机地选择一个），$\boldsymbol{a}$ 移入至 $\boldsymbol{P}_j$。经典的“批 k-均值算法”从群簇迭代到其质心，再到新的群簇。在式 (1) 中，这就是采用交替最小二乘的分解 $\boldsymbol{A}=\boldsymbol{C}\boldsymbol{R}$。

k-均值	(1) 找到（旧的）群簇 $\boldsymbol{P}_1,\cdots,\boldsymbol{P}_k$ 的质心 $\boldsymbol{c_j}$。 (2) 若 $\boldsymbol{c_j}$ 是最近的质心，找到将 $\boldsymbol{a}$ 放入 $\boldsymbol{P}_j$ 的（新的）群簇。

每一步都减小总的距离$\boldsymbol{D}$。 对每个 $\boldsymbol{P}_j$ 重置质心 $\boldsymbol{c}_j$，因此我们改进了围绕着那些 $\boldsymbol{c}_j$ 的新 $\boldsymbol{P}_j$。因为 $\boldsymbol{D}$ 在两步中的每一步都减小，所以 k-均值算法是收敛的，但它不一定能收敛到全局的最小值。

要多了解最终得到的群簇是困难的，非最优化的划分能够给出局域的最小值，更好的划分则来自加权的距离。

步骤 1 是更费时的，因为要计算所有的距离 $\|\boldsymbol{c}_j-\boldsymbol{a}_i\|^2$。计算复杂度一般是每次迭代 $O(n^2)$。当这个算法在下面被扩展到核 k-均值时，从数据产生一个核矩阵 $\boldsymbol{K}$ 会费时 $O(n^2d)$。

步骤 2 是发现最接近每个质心的节点群簇的 “Voronoidal 方法”。

权重与核方法

在距离中引入权重时，这些权重出现在质心中：

$$\textbf{距离}\quad d(\boldsymbol{x},\boldsymbol{a_i})=w_i\,\|\boldsymbol{x}-\boldsymbol{a_i}\|^2,\qquad \boldsymbol{P_j}\textbf{的质心}\quad \boldsymbol{c_j}=\frac{\sum w_i\,\boldsymbol{a_i}}{\sum w_i}\ (\boldsymbol{a_i}\text{在}P_j\text{中})\tag{16}$$

加权的距离 $\boldsymbol{D}_j=\sum w_i\,\|\boldsymbol{x}-\boldsymbol{a_i}\|^2$ 在步骤 1 中被 $\boldsymbol{x}=\boldsymbol{c_j}$ 最小化。为了减小总的 $\boldsymbol{D}=\boldsymbol{D}_1+\cdots+\boldsymbol{D}_k$，步骤 2 重新设置了群簇。每个 $\boldsymbol{a_i}$ 归属于最近的那个质心所在的群簇。然后在步骤 1（新的质心）与步骤 2（新的群簇）之间迭代。

一个关键点是到质心的距离只要求点积 $\boldsymbol{a_i}\cdot\boldsymbol{a_j}$：

$$\textbf{每个在}\boldsymbol{P_j}\textbf{中的}\boldsymbol{i}\qquad \|\boldsymbol{c_j}-\boldsymbol{a_i}\|^2=\boldsymbol{c_j}\cdot\boldsymbol{c_j}-2\boldsymbol{c_j}\cdot\boldsymbol{a_i}+\boldsymbol{a_i}\cdot\boldsymbol{a_i}\tag{17}$$

核方法 加权的核矩阵 $\boldsymbol{K}$ 有分量 $\boldsymbol{a_i}\cdot\boldsymbol{a_\ell}$，向量 $\boldsymbol{a}_i$ 并不需要是空间中的实际位置，每个应用可以将图中的节点以线性或非线性的方式应用自己的规则映射到向量 $\boldsymbol{a}_i$ 上去。当图中的节点是输入空间的点 $\boldsymbol{x_i}$ 时。它们的代表向量 $\boldsymbol{a_i}=\phi(\boldsymbol{x_i})$ 可以是高维**表征空间**的点。三个核是通常用到的：

视觉	**多项式**	$K_{i\ell}=(\boldsymbol{x_i}\cdot\boldsymbol{x_\ell}+c)^d$
统计学	**高斯**	$K_{i\ell}=\exp(-\|\boldsymbol{x_i}-\boldsymbol{x_\ell}\|^2/2\sigma^2)$
神经网络	**Sigmoid**	$K_{i\ell}=\tanh(c\,\boldsymbol{x_i}\cdot\boldsymbol{x_\ell}+\theta)$

因为有质心公式 (16)，式 (17) 中的距离只需要核矩阵。

$$\textbf{对 }\boldsymbol{P_j}\textbf{ 中节点取和}\qquad \sum\|\boldsymbol{c_j}-\boldsymbol{a_i}\|^2=\frac{\sum\sum w_iw_\ell K_{i\ell}}{\left(\sum w_i\right)^2}-2\,\frac{\sum w_iK_{i\ell}}{\sum w_i}+\sum K_{ii}\tag{18}$$

核批量k-均值算法应用了矩阵 $\boldsymbol{K}$ 来计算这个总的距离。

对大型数据集，k-均值与 $\mathbf{eig}(\boldsymbol{A}^{\mathrm{T}}\boldsymbol{CA},\boldsymbol{D})$ 的计算开销会是很大的。下面是构造一系列更可控问题的两种方法。**随机采样**找到一个节点样本的最佳划分，使用其质心，将所有节点归属于最近的质心。采样已成为一个主要的研究方向，其目标是证明分区良好的概率很高。

Dhillon 的 **graclus** 代码采用了**多级聚类**，即图的粗粒度化，然后在基础层面进行聚类操作，再进一步细化。粗粒度化形成了带有边权重和的超节点。对在基础级上的小的超图，谱聚类或递归 2-均值法将是快的。**这种多级方法就像代数上的多层网格**。

聚类操作的应用

给出这一节的原因是应用的种类繁多。这里是远超出聚类操作的一个集合。应用数学的这一部分发展得十分迅猛。

(1) 学习理论、训练集、神经网络、隐藏马尔可夫模型。

(2) 分类、递归、模式识别、支持向量机。

(3) 统计学习、最大似然、贝叶斯统计、空间统计、克里金（Kriging）法、时间序列、ARMA 模型、平稳过程、预测。

(4) 社交网络、小世界网络、六度分离、组织理论、重尾的概率分布。

(5) 数据挖掘、文档索引、语义索引、单词文档矩阵、图像检索、基于核的学习、Nystrom 方法、低秩逼近。

(6) 生物信息学、微阵列数据、系统生物学、蛋白质同源性检测。

(7) 化学信息学、药物设计、配体结合、成对相似性、决策树。

(8) 信息理论、向量量化、速率失真理论、布雷格曼散度。

(9) 图像分割、计算机视觉、纹理、最小切割、归一化剪切。

(10) 预测控制、反馈样本、机器人、自适应控制、Riccati方程。

习题 4.7

1. 若图是一条有 4 个节点的直线，并且所有的权重是 1 ($\boldsymbol{C}=\boldsymbol{I}$)，最佳的切割是在线的中间。从 Fiedler 向量 $\boldsymbol{z}$ 的 $\pm$ 分量得到这个割线：

$$\boldsymbol{A}^{\mathrm{T}}\boldsymbol{C}\boldsymbol{A}\,\boldsymbol{z}=\begin{bmatrix}1&-1&&\\-1&2&-1&\\&-1&2&-1\\&&-1&1\end{bmatrix}\begin{bmatrix}z_1\\z_2\\z_3\\z_4\end{bmatrix}=\lambda_2\begin{bmatrix}1&&&\\&2&&\\&&2&\\&&&1\end{bmatrix}\begin{bmatrix}z_1\\z_2\\z_3\\z_4\end{bmatrix}=\lambda_2\boldsymbol{D}\boldsymbol{z}$$

这里 $\boldsymbol{\lambda_2}=\dfrac{\mathbf{1}}{\mathbf{2}}$。手算求解 $\boldsymbol{z}$，并且验证 $[1\ \ 1\ \ 1\ \ 1]\,\boldsymbol{D}\boldsymbol{z}=0$。

2. 对相同的 4 节点树及在中间的切割，计算 links(P)、size(P) 和 Ncut(P,Q)。

3. 从 1、2、3、4 这 4 个点开始，对群簇 $\boldsymbol{P}=\{1,2\}$，$\boldsymbol{Q}=\{3,4\}$ 找到质心 $\boldsymbol{c_P}$ 和 $\boldsymbol{c_Q}$，以及总距离 $\boldsymbol{D}$。当 k-均值算法将这 4 个点归类到最近的质心时，它不会改变 $\boldsymbol{P}$ 和 $\boldsymbol{Q}$。

4. 采用 $\boldsymbol{P}=\{1,2,4\}$ 和 $\boldsymbol{Q}=\{3\}$ 来开始 k-均值算法。找到两个质心并将这些点重新分配到最近的质心。

5. 对于群簇 $\boldsymbol{P}=\{1,2,3\}$ 和 $\boldsymbol{Q}=\{4\}$，质心是 $c_P=2$，$c_Q=4$。若用错误的方法解决平局，这个划分得不到任何改进。求它的总距离 D。

6. 若图是一个包含 8 个节点的 2×4 的网格，其权重 $\boldsymbol{C}=\boldsymbol{I}$，采用 $\mathrm{eig}(\boldsymbol{A}^{\mathrm{T}}\boldsymbol{A},\boldsymbol{D})$ 来发现 Fiedler 向量 $\boldsymbol{z}$。关联矩阵 $\boldsymbol{A}$ 是 10×8，并且 $D=\mathrm{diag}(\mathrm{diag}(\boldsymbol{A}^{\mathrm{T}}\boldsymbol{A}))$。哪些群簇来自 $\boldsymbol{z}$ 的 $\pm$ 分量？
7. 应用 Fiedler 代码，其概率 p 从 $0.1\sim0.7$ 变窄到 $0.5\sim0.6$。计算 $\boldsymbol{z}$ 并画出图及其划分。

习题 8～习题 11 是关于节点为 $(0,0),(1,0),(3,0),(0,4),(0,8)$ 的图。

8. 哪些群簇 $\boldsymbol{P}$ 和 $\boldsymbol{Q}$ 使它们之间的最小距离 $\boldsymbol{D}^*$ 最大化？
9. 用贪婪算法来发现最佳的群簇。从 5 个群簇开始，并结合两个最近的群簇。对 $k=4,3,2$，哪些是最佳的 k 个群簇？
10. **最小的生成树**是连接所有节点的最短边组。它有 $n-1$ 条边且没有闭环，否则总长度将不是最小值。

    Dijkstra 算法：从任何一个节点，如 $(0,0)$ 开始。在每一步，包括将一个新的节点连接到已经建造好的部分树的最短边。
11. 最小的生成树也可以通过贪婪包含法得到。将边依其长度递增为序排列，保留每条边，除非其完成了一个闭环。

4.8 完成秩为 1 的矩阵

将秩为 1 的矩阵中的缺失项填满与找到图中的那些闭环直接相关。这个秩为 1 的完成理论是从下面这个问题发展起来的：

在一个 $m\times n$ 矩阵 $\boldsymbol{A}$ 中，给定 $m+n-1$ 非零项。

何时 $\mathrm{rank}(\boldsymbol{A})=1$(这个要求确定了所有其他的项)？

答案是取决于这 $m+n-1$ 非零项的位置。以下是 3 个例子：

$$\boldsymbol{A}_1=\begin{bmatrix}\times&\times&\times\\\times&&\\\times&&\end{bmatrix},\quad \boldsymbol{A}_2=\begin{bmatrix}\times&\times&\\\times&\times&\\&&\times\end{bmatrix},\quad \boldsymbol{A}_3=\begin{bmatrix}\times&\times&&\\&\times&\times&\\\times&&\times&\\&&&\times\end{bmatrix}$$

成功　　　　失败　　　　失败

对于 $\boldsymbol{A}_1$，给定非零的第 1 列。若 $\boldsymbol{A}$ 有秩 1，则第 2 列和第 3 列必须是第 1 列的倍数。因为给定了第 2 列和第 3 列的第一个项，这些列是完全确定的。

下面是对 $\boldsymbol{A}_1$ 的另一种方法。对任何秩为 1 的矩阵，每个 2×2 行列式必须是零。因此 $\boldsymbol{A}_1$ 的 $(2,2)$ 元素是由 $a_{22}a_{11}=a_{12}a_{21}$ 决定的。

在 $\boldsymbol{A}_2$ 中，前 4 个元素可能不满足行列式为 0，因此它们注定是要失败的。若这个行列式是零，则能够在第 1 列选择任何 $a_{31}\neq0$，这样就使得 $\boldsymbol{A}_2$ 有秩 1。这是通常出现的情况：没有解或有无穷多个解。

这个例子表明：一旦知道了一个 2×2 子矩阵的所有 4 个元素，这就是一种失败的情形。每一个失败不都是如此，$\boldsymbol{A}_3$ 有另一种失败情形。

对 $\boldsymbol{A}_3$，前面的 3×3 子矩阵有太多的给定元素，那里有 6 个而不是 $3+3-1=5$ 个。对大多数这 6 个元素的选择，秩为 1 对 3×3 矩阵是不可能的：

$$\begin{bmatrix} 1 & 1 & \\ & 1 & 1 \\ 1 & & 2 \end{bmatrix} \quad 导致 \quad \begin{bmatrix} 1 & 1 & \mathbf{1} \\ \mathbf{1} & 1 & 1 \\ 1 & \mathbf{2} & 2 \end{bmatrix}, \quad 并且秩是2$$

图的生成树

Alex Postnikov 提出了解决这一秩为 1 的矩阵补全问题的正确方法。他构造了一个图，其中有对应于 m 行的 m 个节点，以及对应于 n 列的 n 个节点。对每个给定的项 A_{ij}，这个图有一条边将对应于行 i 的节点连接到对应于列的节点 j。然后在上面那些矩阵中的符号“×”的模式就变成在它们的行-列图中的边的模式。

例如，$\boldsymbol{A}_1$ 和 $\boldsymbol{A}_3$ 生成了这两个图：

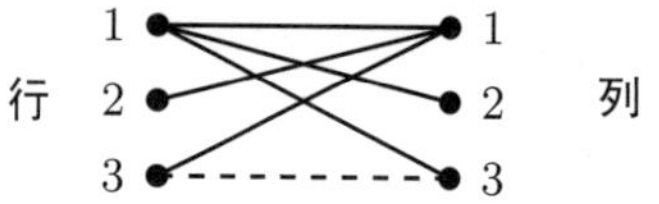

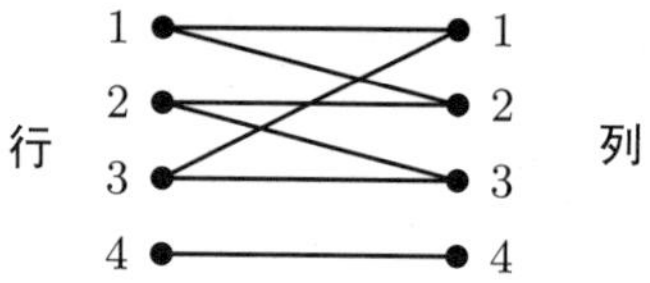

在 $\boldsymbol{A}_1$ 和 $\boldsymbol{A}_3$ 中给定的非零项

这些是**二分图**，因为它们所有边的走向是从一部分到另一部分。$\boldsymbol{A}_1$ 是成功的，而 $\boldsymbol{A}_3$ 是失败的，可以用这些图来解释。

图 $\boldsymbol{A}_1$：那 5 条边形成了一棵**生成树**。之所以这是一棵树，是因为这个图没有闭合的环（**没有圈**）。之所以这棵树是*遍及*（或*生成*）的，是因为它连接了所有 6 个节点。如果要发现 $\boldsymbol{A}_1$ 中的 $(3,3)$ 元素（在一个秩为 1 的完成过程中），那么可加一条虚线边来完成一个闭环。然后 $\boldsymbol{A}_{33}$ 是由闭环中的 $\boldsymbol{A}_{11}$、$\boldsymbol{A}_{13}$ 和 $\boldsymbol{A}_{31}$ 决定。这 4 个数产生了一个零行列式。

图 $\boldsymbol{A}_3$：这 7 条边不形成一棵生成树。这甚至不是一棵树，因为存在着一个闭环（在上部的 6 条边）。这个闭环强制了对 $\boldsymbol{A}_3$ 的这 6 个元素必须满足的条件：

若 $\boldsymbol{A}_3 = \boldsymbol{u}\boldsymbol{v}^{\mathrm{T}}$ 的秩为 1，则其元素必须满足 $\dfrac{\boldsymbol{A}_{11}\boldsymbol{A}_{22}\boldsymbol{A}_{33}}{\boldsymbol{A}_{12}\boldsymbol{A}_{23}\boldsymbol{A}_{31}} = \dfrac{(u_1v_1)(u_2v_2)(u_3v_3)}{(u_1v_2)(u_2v_3)(u_3v_1)} = \mathbf{1}$

若正好满足这个条件，则有无穷多的方式来完成秩为 1 的 $\boldsymbol{A}_3$。

结论： *不完全的矩阵 $\boldsymbol{A}$ 有一个唯一的秩为 1 的补全，当且仅当 $m+n-1$ 个给定的元素 $\boldsymbol{A}_{ij}$ 在行-列图中产生了形成***生成树***的 $m+n-1$ 条边（行 i 至列 j）。***这棵树触及所有的节点，但不形成闭环。**

尚待回答的问题： $\boldsymbol{A}$ 的哪些 $(m+n-2)2$ 个元素可以给定以实现一个唯一的秩为 2 的矩阵？本书附录 C 证明了秩为 2 的矩阵中有 $(m+n-2)2$ 个独立参数。

习题 4.8

1. 为示例矩阵 $\boldsymbol{A}_2$ 画一个有 3 行 3 列的节点的二分图。来自 $\boldsymbol{A}_2$ 的 5 条边是否构成了一棵生成树？
2. 用在一个长度为 8 的圆圈中的 $5+5-1=9$ 个非零元构造一个 5×5 矩阵 $\boldsymbol{A}_4$。为了完成一个秩为 1 的矩阵，求类似 $\boldsymbol{A}_{11}\boldsymbol{A}_{22}\boldsymbol{A}_{33} = \boldsymbol{A}_{12}\boldsymbol{A}_{23}\boldsymbol{A}_{31}$ 的方程。

3. 对一个有 M 条边、N 个节点的连通图，求每棵词生成树对 M 和 N 的要求。
4. 如何知道一个有 N 个节点、$N-1$ 条边的图是一棵生成树？

4.9 正交的普鲁斯特问题

这是一个关于 SVD 的简洁（有用的）的应用。它从向量 $\boldsymbol{x}_1,\cdots,\boldsymbol{x}_n$ 和 $\boldsymbol{y}_1,\cdots,\boldsymbol{y}_n$ 开始。**哪个正交矩阵 $\boldsymbol{Q}$ 能乘以 $\boldsymbol{y}$ 以得到尽可能接近 $\boldsymbol{x}$ 的结果？**这个问题出现在大量的应用中。

注意对正交矩阵 $\boldsymbol{Q}$ 的限制，这个限制不允许进行平移，也不允许重新缩放。如果 $\boldsymbol{y}$ 的平均值等于 $\boldsymbol{x}$ 的平均值，就不需要平移；否则，大多数代码将减去这些平均值来获得新的 $\boldsymbol{x}$ 和 $\boldsymbol{y}$，以使 $\sum \boldsymbol{x}_i=\sum \boldsymbol{y}_i=$ **零向量**，然后这两组的均值都为零。如果重新缩放这些向量预先使它们的长度相等，就会导致“广义普鲁斯特（Procrustes）问题”。

> 普鲁斯特之床缘自古希腊神话中。他邀请过路的陌生人到他的一张特别的床上度过舒适的夜晚。他宣称，这张床会自动调节其长度来匹配旅客的身高。但现实是普鲁斯特改变了访客的身高来适合这张床（矮小的客人撑在床架上，而高大的客人的腿直接被砍短了。我不确定这个神话告诉了我们关于希腊人的什么，不管怎么说，这是不好的）。特修斯（Theseus）面对这个挑战，他反过来将普鲁斯特修理了以适配他自己的床。当然，这不幸是致命的。

他们解决了广义问题，而我们则解决了这个标准的问题：正交的 $\boldsymbol{Q}$。

> **解：** (1) 用列 $\boldsymbol{x}_1,\cdots,\boldsymbol{x}_n$ 和 $\boldsymbol{y}_1,\cdots,\boldsymbol{y}_n$ 来构造矩阵 $\boldsymbol{X}$ 与 $\boldsymbol{Y}$
> (2) 形成正矩阵 $\boldsymbol{Y}^{\mathrm{T}}\boldsymbol{X}$
> (3) 求奇异值分解 $\boldsymbol{Y}^{\mathrm{T}}\boldsymbol{X}=\boldsymbol{U\Sigma V}^{\mathrm{T}}$
> (4) **这个正交矩阵 $\boldsymbol{Q}=\boldsymbol{V}^{\mathrm{T}}\boldsymbol{U}$ 最小化 $\|\boldsymbol{X}-\boldsymbol{YQ}\|_F^2$**

讨论：

列 $\boldsymbol{x}_k$ 和 $\boldsymbol{y}_k\boldsymbol{Q}$ 之间的距离就是通常的欧几里得长度 $\|\boldsymbol{x}_k-\boldsymbol{y}_k\boldsymbol{Q}\|$。对于从所有 $\boldsymbol{x}$ 到所有的 $\boldsymbol{yQ}$ 的距离（平方），自然地将这些列长度的平方相加。这就产生（平方的）Frobenius 范数 $\|\boldsymbol{X}-\boldsymbol{YQ}\|_F^2$。我们必须证明在第 (4) 步中的 $\boldsymbol{Q}=\boldsymbol{V}^{\mathrm{T}}\boldsymbol{U}$ 使这个范数最小化（这是最好可能的 $\boldsymbol{Q}$）。

以下 3 个观察对证明是有帮助的。

(1) 平方 Frobenius 范数 $\|\boldsymbol{A}\|_F^2$是 $\boldsymbol{A}^{\mathrm{T}}\boldsymbol{A}$ 的迹。

(2) $\mathrm{tr}(\boldsymbol{A}^{\mathrm{T}}\boldsymbol{B})=\mathrm{tr}(\boldsymbol{B}^{\mathrm{T}}\boldsymbol{A})=\mathrm{tr}(\boldsymbol{B}\boldsymbol{A}^{\mathrm{T}})$。

(3) 平方范数 $\|\boldsymbol{A}\|_F^2=\|\boldsymbol{AQ}\|_F^2=\|\boldsymbol{A}^{\mathrm{T}}\|_F^2$。

方阵的迹是主对角线上所有元素的总和，也是特征值之和。因此可以很容易地解释这 3 个观察到的结论：

(1) $\boldsymbol{A}^{\mathrm{T}}\boldsymbol{A}$ 的对角元是列向量长度的平方，因此它们加起来等于 $\|\boldsymbol{A}\|_F^2$。

(2) $\boldsymbol{A}^{\mathrm{T}}\boldsymbol{B}$ 与其转置矩阵 $\boldsymbol{B}^{\mathrm{T}}\boldsymbol{A}$ 有同样的对角元，因此有相同的迹。
$\boldsymbol{A}^{\mathrm{T}}\boldsymbol{B}$ 与 $\boldsymbol{B}\boldsymbol{A}^{\mathrm{T}}$ 有相同的非零特征值，它们的对角元包括所有 $a_{ij}b_{ij}$。

(3) $\boldsymbol{AQ}$ 有与 $\boldsymbol{A}$ 相同的列长度，这是因为 $\boldsymbol{Q}$ 是一个正交矩阵。
$\|\boldsymbol{A}\|_F^2$ 和 $\|\boldsymbol{A}^{\mathrm{T}}\|_F^2$ 都是将 $\boldsymbol{A}$ 的所有元素平方加起来，因此它们是相等的。

证明 $\boldsymbol{Q}=\boldsymbol{V}^{\mathrm{T}}\boldsymbol{U}$ **是最小化** $\|\boldsymbol{X}-\boldsymbol{YQ}\|_F^2$ **的正交矩阵。**

最小化 $\mathrm{tr}[(\boldsymbol{X}-\boldsymbol{YQ})^{\mathrm{T}}(\boldsymbol{X}-\boldsymbol{YQ})]=\mathrm{tr}(\boldsymbol{X}^{\mathrm{T}}\boldsymbol{X})+\mathrm{tr}(\boldsymbol{Y}^{\mathrm{T}}\boldsymbol{Y})-\mathbf{2\,tr}\,(\boldsymbol{Q}^{\mathrm{T}}\boldsymbol{Y}^{\mathrm{T}}\boldsymbol{X})$

$\boldsymbol{X}^{\mathrm{T}}\boldsymbol{X}$ 和 $\boldsymbol{Y}^{\mathrm{T}}\boldsymbol{Y}$ 是固定的,因此可以最大化那最后一个迹。这是 SVD 的时刻:$\boldsymbol{Y}^{\mathrm{T}}\boldsymbol{X}=\boldsymbol{U\Sigma V}^{\mathrm{T}}$。

$$\mathrm{tr}\,(\boldsymbol{Q}^{\mathrm{T}}\boldsymbol{Y}^{\mathrm{T}}\boldsymbol{X})=\mathrm{tr}\,(\boldsymbol{Q}^{\mathrm{T}}\boldsymbol{U\Sigma V}^{\mathrm{T}})=\mathrm{tr}\,(\boldsymbol{V}^{\mathrm{T}}\boldsymbol{Q}^{\mathrm{T}}\boldsymbol{U\Sigma})=\mathbf{tr}\,(\boldsymbol{Z\Sigma}) \tag{1}$$

矩阵 $\boldsymbol{Z}=\boldsymbol{V}^{\mathrm{T}}\boldsymbol{Q}^{\mathrm{T}}\boldsymbol{U}$ 是正交矩阵的乘积，因此是正交的。$\boldsymbol{\Sigma}$ 是一个对角元为正数 $\sigma_1,\cdots,\sigma_r$ 的对角矩阵。这样 $\mathrm{tr}(\boldsymbol{Z\Sigma})=z_{11}\sigma_1+\cdots+z_{rr}\sigma_r$。为了最大化这个数，**最佳的选择是** $\boldsymbol{Z}=\boldsymbol{I}$。

$\boldsymbol{Z}=\boldsymbol{V}^{\mathrm{T}}\boldsymbol{Q}^{\mathrm{T}}\boldsymbol{U}=\boldsymbol{I}$ **意味着** $\boldsymbol{Q}=\boldsymbol{U}\boldsymbol{V}^{\mathrm{T}}$ **是普鲁斯特问题的解**

对于初始的 $\boldsymbol{X}$ 和 $\boldsymbol{Y}$ 是正交矩阵的情形，产生 $\boldsymbol{X}=\boldsymbol{YQ}$（误差 $\boldsymbol{X}-\boldsymbol{YQ}=0$）的最佳旋转很明显是 $\boldsymbol{Q}=\boldsymbol{Y}^{\mathrm{T}}\boldsymbol{X}$。这与答案 $\boldsymbol{Q}=\boldsymbol{UV}^{\mathrm{T}}$ 是一致的。正交矩阵的奇异值都是 1，因此式 (1) 中的矩阵分解 $\boldsymbol{Y}^{\mathrm{T}}\boldsymbol{X}=\boldsymbol{U\Sigma V}^{\mathrm{T}}$ 正好就是 $\boldsymbol{UV}^{\mathrm{T}}$。

注解：普鲁斯特问题最初是由 Schöneman于 1964 年解决的。Gower 和 Dijksterhuis 著的 *Procrustes Problems*（Oxford University Press, 2004）发展了许多应用。我们从 Golub和 Van Loan编写的（*Matrix Computations* 4th edition, page 328）借用了上面给出的证明。那一页上还开始了 SVD 在**子空间之间夹角**的重要应用。

习题 4.9

哪个正交矩阵 $\boldsymbol{Q}$ 最小化 $\|\boldsymbol{X}-\boldsymbol{YQ}\|_F^2$？采用上面的解 $\boldsymbol{Q}=\boldsymbol{UV}^{\mathrm{T}}$，同时也最小化这个作为 θ 的函数的范数（设 θ-导数为零）:

$$\boldsymbol{X}=\begin{bmatrix}1&2\\2&1\end{bmatrix},\quad \boldsymbol{Y}=\begin{bmatrix}1&0\\0&1\end{bmatrix},\quad \boldsymbol{Q}=\begin{bmatrix}\cos\theta&-\sin\theta\\\sin\theta&\cos\theta\end{bmatrix}$$

4.10 距离矩阵

假设 d 维空间中有 n 个点 $\boldsymbol{x}_1,\cdots,\boldsymbol{x}_n$。一个 $n\times n$ 距离矩阵 $\boldsymbol{D}$ 包含成对点之间的距离平方 $D_{ij}=\|\boldsymbol{x}_i-\boldsymbol{x}_j\|^2$。因此，$\boldsymbol{D}$ 是对称的。$\boldsymbol{D}$ 的主对角元为 $\|\boldsymbol{x}_i-\boldsymbol{x}_i\|^2=0$。下面是有关从 $\boldsymbol{D}$ 提取信息的一个关键问题:

是否可以从欧几里得距离矩阵 $\boldsymbol{D}$ **中恢复位置** $\boldsymbol{x}_1,\cdots,\boldsymbol{x}_n$?

答案是否。若有一个解，即一组可能位置 $\boldsymbol{x}_i$。然后能够将这些位置平移一个常数的距离 $\boldsymbol{x}_0$。可以用任何一个正交矩阵来乘以所有的 $\boldsymbol{x}$。这些是**刚性运动**，因此它们不会改变距离 $\|\boldsymbol{x}_i-\boldsymbol{x}_j\|$。知道一个解就会得到一族等价的解，那个关键的问题依然存在:

是否总存在着与距离矩阵 $\boldsymbol{D}$ **一致的位置** $\boldsymbol{x}_1,\cdots,\boldsymbol{x}_n$? 是的

若从 $\boldsymbol{D}$ 得到的距离满足三角不等式，则始终存在一个位置矩阵 $\boldsymbol{X}$（其列为 $\boldsymbol{x}_1,\cdots,\boldsymbol{x}_n$）。当这些点在 d 维空间中时，矩阵 $\boldsymbol{X}$ 有 d 行（对于地图有 $d=2$，对于真实世界有 $d=3$，$d>3$ 也是允许的，并且会发生）。一个问题是确定最小维数 d。

这个从 $\boldsymbol{D}$ 找到 $\boldsymbol{X}$ 的问题由来已久，最初是一个纯粹的数学问题。但是很快就出现了应用，其中的三个应用如下。

(1) **无线传感网络**：测量传感器对之间的传播时间得到了 $\boldsymbol{D}$，然后求解传感器位置 $\boldsymbol{X}$（这就是网络拓扑）。

(2) **分子的形状**：核磁共振给出原子之间的距离，然后可知矩阵 $\boldsymbol{D}$。求解位置矩阵 $\boldsymbol{X}$。这个例子及许多其他情形会涉及**噪声**（$\boldsymbol{D}$ 中的错误），甚至**丢失了的项**。

(3) **机器学习**：将训练集中的示例转换为在高维空间中的表征向量，这些向量可能位于一个维数小得多的平面或曲面附近。能够大致地找到这个曲面对于理解数据与分类新例子是一个大的进步。然后是核技巧降低了维数，这也可能涉及非常嘈杂的环境。

在编写本书的这一部分时参见了 Ivan Dokmanic、Reza Parhizkar、Juri Ranieri和 Martin Vetterli撰写的论文“欧几里得距离矩阵”（在 2015 年发布到 arXiv：1502.07541v2 [cs.OH]）。这篇论文充满了想法、算法、代码和许多应用程序。关于这个理论，我们感谢 Abdo Alfakih的帮助和他优秀的著作：“欧氏距离矩阵及其在刚度理论中的应用”。

Euclidean Distance Matrices and Their Applications in Rigidity Theory, Springer (2018).

来自距离矩阵 D 的位置 X

这里是能简化这个问题的关键性结论。它将 $\boldsymbol{D}$ 中的每个 (距离)^2 联系到矩阵 $\boldsymbol{X}^{\mathrm{T}}\boldsymbol{X}$（所需向量 $\boldsymbol{x}_i$ 与 $\boldsymbol{x}_j$ 的点积）的 4 个元素：

$$\|\boldsymbol{x}_i-\boldsymbol{x}_j\|^2=(\boldsymbol{x}_i-\boldsymbol{x}_j)^{\mathrm{T}}(\boldsymbol{x}_i-\boldsymbol{x}_j)=\boldsymbol{x}_i^{\mathrm{T}}\boldsymbol{x}_i-\boldsymbol{x}_i^{\mathrm{T}}\boldsymbol{x}_j-\boldsymbol{x}_j^{\mathrm{T}}\boldsymbol{x}_i+\boldsymbol{x}_j^{\mathrm{T}}\boldsymbol{x}_j \tag{1}$$

第一项 $\boldsymbol{x}_i^{\mathrm{T}}\boldsymbol{x}_i$ 产生一个具有常数行（不依赖于 j）的矩阵。最后一项 $\boldsymbol{x}_j^{\mathrm{T}}\boldsymbol{x}_j$ 产生一个具有常数列（不依赖于 i）的矩阵。这两个矩阵中的数 $\|\boldsymbol{x}_i\|^2$ 和 $\|\boldsymbol{x}_j\|^2$ 都在 $\boldsymbol{G}=\boldsymbol{X}^{\mathrm{T}}\boldsymbol{X}$ 的主对角线上，它们是列向量 $\mathrm{diag}(\boldsymbol{G})$ 中的数。

式 (1) 里的中间两项 $-2\boldsymbol{x}_i^{\mathrm{T}}\boldsymbol{x}_j$ 恰恰是 $-2\boldsymbol{G}=-2\boldsymbol{X}^{\mathrm{T}}\boldsymbol{X}$ 中的数。因此，重新将式 (1) 写成一个把 $\boldsymbol{D}$ 与 $\boldsymbol{G}$ 联系起来的方程，采用符号 $\mathbf{1}$ 来表示 n 个 1 的列向量。这就给出了常数列，同时 $\mathbf{1}^{\mathrm{T}}$ 给出了常数行。

$$\boxed{\boldsymbol{D}=\mathbf{1}\,\mathrm{diag}(\boldsymbol{G})^{\mathrm{T}}-2\boldsymbol{G}+\mathrm{diag}(\boldsymbol{G})\,\mathbf{1}^{\mathrm{T}}} \tag{2}$$

现在的问题是从 $\boldsymbol{D}$ 中恢复 $\boldsymbol{G}$。 如果 $\boldsymbol{G}$ 是半正定的，$\boldsymbol{X}$ 中的位置将来自 $\boldsymbol{X}^{\mathrm{T}}\boldsymbol{X}=\boldsymbol{G}$。解 $\boldsymbol{X}$ 能够被任意的正交矩阵 $\boldsymbol{Q}$ 相乘，并且有 $(\boldsymbol{QX})^{\mathrm{T}}(\boldsymbol{QX})=\boldsymbol{G}$。通过 $\boldsymbol{Q}$，旋转操作是允许的。

由 $\boldsymbol{X}^{\mathrm{T}}\boldsymbol{X}=\boldsymbol{G}$ 求解 $d\times n$ 矩阵 $\boldsymbol{X}$，可知点 $\boldsymbol{x}_1\sim\boldsymbol{x}_n$ 能够被放入 $\mathbf{R}^d$ 空间中。$\boldsymbol{G}$ 的秩将是空间维数，这是与给定的距离矩阵 $\boldsymbol{D}$ 一致的最小的维数。

因为式 (2) 中的两项是秩为 1 的矩阵，可知 $\boldsymbol{D}$ 有秩 $d+1$ 或 $d+2$。注意：这样得到的点都可以被平移一个常数向量，而不会改变在 $\boldsymbol{D}$ 中的距离平方。因此，$\boldsymbol{D}$ 的秩是一个仿射维数（平移是允许的），而非子空间维数。

现在来解方程 (2) 以得到 $\boldsymbol{G}$。 将第一个点置于原点 $\boldsymbol{x}_1=\mathbf{0}$。那么，每个 $\|\boldsymbol{x}_i-\boldsymbol{x}_1\|^2$ 就只是 $\|\boldsymbol{x}_i\|^2$。$\boldsymbol{D}$ 的第一列 $\boldsymbol{d}_1$（这是给出的）必然与 $\mathrm{diag}(\boldsymbol{X}^{\mathrm{T}}\boldsymbol{X})=\mathrm{diag}(\boldsymbol{G})=(\|\boldsymbol{x}_1\|^2,\|\boldsymbol{x}_2\|^2,\cdots,\|\boldsymbol{x}_n\|^2)$ 相同。

$$\mathrm{diag}(\boldsymbol{G})=\boldsymbol{d}_1,\quad \boldsymbol{G}=-\frac{1}{2}(\boldsymbol{D}-\mathbf{1}\boldsymbol{d}_1^{\mathrm{T}}-\boldsymbol{d}_1\mathbf{1}^{\mathrm{T}}) \tag{3}$$

一旦知道了 $\boldsymbol{G}$，就能从 $\boldsymbol{X}^{\mathrm{T}}\boldsymbol{X}=\boldsymbol{G}$ 求出 $\boldsymbol{X}$，但是 $\boldsymbol{G}$ 必须是半正定的。由此可知，作为可以被接受的距离矩阵，$\boldsymbol{D}$ 必须通过的测试。

定理：一个对角元为零的对称矩阵 $\boldsymbol{D}$ 是欧几里得距离矩阵，当且仅当每个向量 x 满足 $\Sigma x_i=0$ 时有 $\boldsymbol{x}^{\mathrm{T}}\boldsymbol{D}\boldsymbol{x}\leqslant 0$（因此 $\mathbf{1}^{\mathrm{T}}\boldsymbol{x}=0$）。

然后就能够通过对 $\boldsymbol{G}$ 的消元或通过找到其特征值和特征向量来解 $\boldsymbol{X}^{\mathrm{T}}\boldsymbol{X}=\boldsymbol{G}$：

若 $\boldsymbol{G}=\boldsymbol{Q}\boldsymbol{\Lambda}\boldsymbol{Q}^{\mathrm{T}}$（特征值和特征向量），则 $\boldsymbol{X}$ 可以是 $\sqrt{\boldsymbol{\Lambda}}\boldsymbol{Q}^{\mathrm{T}}$。

若 $\boldsymbol{G}=\boldsymbol{U}^{\mathrm{T}}\boldsymbol{U}$（消元 =Cholesky 分解），则 $\boldsymbol{X}$ 可以是 $\boldsymbol{U}$（上三角矩阵）。

对于这两种情形，只能够在 $\boldsymbol{X}$ 中保留 rank($\boldsymbol{G}$) 行。其他的行都是零，或者来自 $\boldsymbol{\Lambda}$ 中的零特征值，或来自消元过程的提早终止。

从 $\boldsymbol{X}$ 移去零行来看点 $\boldsymbol{x}$ 的集合的维数 d。若 $\boldsymbol{D}$ 中的距离平方包含测量带来的噪声，则将那些小的特征值设成零。

这是经典的 MDS 算法：设第一个点 $\boldsymbol{x}_1=\mathbf{0}$ 的 MultiDimensional Scaling（多维缩放）。

将 X 置中或旋转来匹配锚点

置中：我们经常将 $\boldsymbol{x}$ 的**质心**放在坐标的原点。$\boldsymbol{x}_1,\cdots,\boldsymbol{x}_n$ 的质心仅是这些向量的平均值：

$$\text{质心}\qquad \boldsymbol{c}=\frac{1}{n}(\boldsymbol{x}_1+\cdots+\boldsymbol{x}_n)=\frac{1}{n}\boldsymbol{X}\,\mathbf{1} \tag{4}$$

只需要用矩阵 $\boldsymbol{I}-\frac{1}{n}\mathbf{1}\mathbf{1}^{\mathrm{T}}$ 乘以任何位置矩阵 $\boldsymbol{X}$ 来将质心置于 $\mathbf{0}$。

锚点：一些位置很有可能被预先选择，**在矩阵 $\boldsymbol{Y}$ 中的 N 个锚点 $\boldsymbol{y}_i$**。这些位置可能与计算得到的 $\boldsymbol{x}_i$ 不一致。因此，从计算得到的位置矩阵 $\boldsymbol{X}$ 中选择相应的 N 列，然后找到旋转矩阵 $\boldsymbol{Q}$ 来将这些列移至接近于 $\boldsymbol{Y}$。

最佳的正交矩阵 $\boldsymbol{Q}$ 给出 3.9 节中的普鲁斯特问题的解。它是从奇异值分解 $\boldsymbol{X}_N\boldsymbol{Y}^{\mathrm{T}}=\boldsymbol{U}\boldsymbol{\Sigma}\boldsymbol{V}^{\mathrm{T}}$ 得到的。将 $\boldsymbol{X}_N$ 中的 N 个位置移至最接近于 $\boldsymbol{Y}$ 中的锚点的正交矩阵 $\boldsymbol{Q}=\boldsymbol{V}\boldsymbol{U}^{\mathrm{T}}$。

Gower J C. Properties of Euclidean and non-Euclidean distance matrices[J]. *Linear Algebra and Its Applications*, 1985, **67**: 81-97.

习题 4.10

1. $\|\boldsymbol{x}_1-\boldsymbol{x}_2\|^2=1$，$\|\boldsymbol{x}_2-\boldsymbol{x}_3\|^2=1$，$\|\boldsymbol{x}_1-\boldsymbol{x}_3\|^2=6$，违反了三角不等式。构造 $\boldsymbol{G}$ 并且验证它不是半正定的：$\boldsymbol{G}=\boldsymbol{X}^{\mathrm{T}}\boldsymbol{X}$ 没有解 $\boldsymbol{X}$。
2. $\|\boldsymbol{x}_1-\boldsymbol{x}_2\|^2=9$，$\|\boldsymbol{x}_2-\boldsymbol{x}_3\|^2=16$，$\|\boldsymbol{x}_1-\boldsymbol{x}_3\|^2=25$，满足三角不等式 $3+4>5$。构造 $\boldsymbol{G}$ 并发现与这些距离一致的点 $\boldsymbol{x}_1$、$\boldsymbol{x}_2$、$\boldsymbol{x}_3$。
3. 若对 $\boldsymbol{x}_1$、$\boldsymbol{x}_2$、$\boldsymbol{x}_3$、$\boldsymbol{x}_4$ 都有 $\|\boldsymbol{x}_i-\boldsymbol{x}_j\|^2=1$，先找到 $\boldsymbol{G}$，再找到 $\boldsymbol{X}$。求这些点所在的空间 $\mathbf{R}^d$ 的维数 d。

第 5 章 概率与统计

本章讨论的课题的重要性已经大大跃升。当预测输出时，需要用到它的概率。在测量该输出时，需要其统计数据。这些计算在过去只是限于简单的方程和小样本。现在可以求解概率分布微分方程（主方程），可以计算大样本的统计数据。本章旨在对以下关键思想有基本的了解。

(1) 均值 m 和方差 σ^2；期望值与样本值。

(2) 概率分布和累积分布。

(3) 协方差矩阵和联合概率。

(4) 正态（高斯）分布，单变量和多变量。

(5) 标准化的随机变量 $(x-m)/\sigma$。

(6) 中心极限定理。

(7) 二项分布和均匀分布。

(8) 马尔可夫不等式和切比雪夫不等式（偏离均值的距离）。

(9) 加权最小二乘法和卡尔曼滤波器，$\widehat{\boldsymbol{x}}$ 及其方差。

(10) 马尔可夫矩阵和马尔可夫链。

5.1 均值、方差和概率

在给出任何公式之前，先对均值、方差和概率的含义做一个粗略的解释：

均值指平均值或期望值。

方差 $\boldsymbol{\sigma^2}$ 表示与均值 m 的平方距离的平均值。

n 个不同的输出结果的**概率**是正数 $p_1, p_2, \cdots, p_n$，它们加起来等于 1。

当然，均值很容易理解。必须区分两种情况：一是可能会从已完成的试验得到结果（样本值）；二是可能只有对未来试验的期望结果（期望值）。就此分别举例如下：

样本值：5 名随机挑选的大学一年级学生，其年龄为 **18、17、18、19、17**。

样本均值：$\frac{\mathbf{1}}{\mathbf{5}}(18+17+18+19+17) = \mathbf{17.8}$。

概率：大学一年级的年龄概率为 17 (**20%**)、18 (**50%**)、19 (**30%**)。

一位大学一年级学生的**期望年龄**是 $\boldsymbol{E}[\boldsymbol{x}] = 17\times 0.2 + 18\times 0.5 + 19\times 0.3 = \mathbf{18.1}$。

17.8 和 18.1 都是正确的平均年龄。这个样本均值来自于从一个完成了的试验中得到的 N 个样本 $x_1, x_2, \cdots, x_N$。它们的平均值是 N 个观察到的样本的平均：

$$\textbf{样本均值} \quad \boldsymbol{m = \mu = \frac{1}{N}(x_1 + x_2 + \cdots + x_N)} \tag{1}$$

$\boldsymbol{x}$ **的期望值**来自年龄 $x_1, x_2, \cdots, x_n$ 的概率 $p_1, p_2, \cdots, p_n$：

$$\textbf{期望值} \quad \boldsymbol{m = E[x] = p_1 x_1 + p_2 x_2 + \cdots + p_n x_n} \tag{2}$$

即 $\boldsymbol{p \cdot x}$。注意，$m = E[x]$ 是期望值，而 $m = \mu$ 是已得到的值。

一枚普通的硬币反面朝上的概率为 $p_0 = \frac{1}{2}$，正面朝上的概率为 $p_1 = \frac{1}{2}$。则 $E[x] = \left(\frac{1}{2}\right)0 + \frac{1}{2}(1)$。在 N 次硬币抛掷中，正面朝上的比例是样本的平均值，有望接近 $E[x] = \frac{1}{2}$。通过采用大量的样本数（大的 N），采样的结果会接近于概率。**“大数定理”**说明随着样本数 N 的增加，样本均值将以概率为 1 收敛到期望值 $E[x]$。

但这并不意味着，如果所看到的不是正面多于反面，下一个试验更可能会是正面。赔率仍然是 50/50。前 100 次或 1000 次翻转确实会影响样本均值。但是翻转 1000 次不会影响其极限，因为要除以 $N \to \infty$。

方差（围绕着均值）

方差 $\boldsymbol{\sigma^2}$ 测量与期望值 $E[x]$ 的期望平方距离。样本方差则是测量至实际样本值的实际平方距离（也取平方）。它们的平方根是标准偏差 $\boldsymbol{\sigma}$ **或** $\boldsymbol{S}$。在考试后，我把 μ 和 S 通过电子邮件发送给全班同学。我并不知道预期均值和方差，因为我不知道每一分数的概率 $p_1 \sim p_{100}$。（教学 50 年后，我仍然没有办法预测成绩的分布。）

偏差是距离均值的偏差，不论是样本还是期望的。我们是想得到平均值 $x = m$ 附近的“分布”大小。从 N 个样本开始。

$$\textbf{样本方差} \quad \boldsymbol{S^2 = \frac{1}{N-1}\left[(x_1 - m)^2 + \cdots + (x_N - m)^2\right]} \tag{3}$$

给定样本年龄 x为18、17、18、19、17，其均值 $m = 17.8$。这批样本的方差是 0.7：

$$S^2 = \frac{1}{4}\left[0.2^2 + (-0.8)^2 + 0.2^2 + 1.2^2 + (-0.8)^2\right] = \frac{1}{4} \times 2.8 = \mathbf{0.7}$$

负号在取平方时都消失了。注意，统计学家是用 $N - 1 = 4$ 除（而不是 $N = 5$），这样 S^2 是一个对 σ^2 的无偏估计值。在计算样本均值时已经考虑一个自由度。

通过将每个 $(x - m)^2$ 展开成 $x^2 - 2mx + m^2$，可以得到一个重要的等式：

$$\begin{aligned} \sum (x_i - m)^2 &= \sum x_i^2 - 2m \sum x_i + \sum m^2 \\ &= \sum x_i^2 - 2m(Nm) + Nm^2 \\ \boldsymbol{\sum (x_i - m)^2} &= \boldsymbol{\sum x_i^2 - Nm^2} \end{aligned} \tag{4}$$

这是一种通过加法运算 $x_1^2+\cdots+x_N^2$ 来等价地得到 $(x_1-m)^2+\cdots+(x_N-m)^2$ 的方法。为了得到样本方差 S^2，再将其除以 $N-1$。

现在从概率 p_i（这绝不会是负的）而非样本开始。可以得到期望值而不是样本值。方差 σ^2 在统计学中是一个至关重要的数。

$$\textbf{方差}\quad \boldsymbol{\sigma^2=E\left[(x-m)^2\right]=p_1(x_1-m)^2+\cdots+p_n(x_n-m)^2} \tag{5}$$

我们是在期望值 $m=E[x]$ 的距离取平方。我们没有样本值，而只有期望。只知道概率，而不知道实验结果。

例 1 求大学新生年龄的方差 σ^2。

年龄 x_i为17、18、19 的概率 p_i 是 0.2、0.5、0.3。得到的期望值 $\boldsymbol{m=\sum p_i x_i=18.1}$。方差的计算采用同样的概率：

$$\begin{aligned}\boldsymbol{\sigma^2}&=0.2\times(\mathbf{17-18.1})^2+0.5\times(\mathbf{18-18.1})^2+0.3\times(\mathbf{19-18.1})^2\\&=0.2\times\mathbf{1.21}+0.5\times\mathbf{0.01}+0.3\times\mathbf{0.81}=\mathbf{0.49}\end{aligned}$$

标准差是平方根 $\boldsymbol{\sigma=0.7}$。

这反映了在 $E[x]$ 附近 17、18、19，经概率 0.2、0.5、0.3 加权后的分布。

式 (4) 给出了另一种计算方差 σ^2 的方法：

$$\sigma^2=E\left[x^2\right]-(E\left[x\right])^2=\boldsymbol{\sum p_i\,x_i^2-\left(\sum p_i\,x_i\right)^2}$$

连续概率分布

目前，已经考虑了 n 个可能的结果 $x_1,x_2,\cdots,x_n$。对于年龄分别为 17、18、19，只有 $n=3$。若以天（而非年）为单位来衡量年龄，则有 1000 种可能的年龄，最好是 17 ~ 20 之间的数（年龄是连续的）。然后，对年龄 x_1、x_2、x_3 的概率 p_1、p_2、p_3 必须成为一个年龄 $17\leqslant x\leqslant 20$ 的连续范围内的**概率分布**$\boldsymbol{p(x)}$。

解释概率分布的最佳方法是举两个例子：**均匀分布**和**正态分布**。均匀分布是容易的。而正态分布则极为重要。

均匀分布：假设年龄均匀分布在 17.0 ~ 20.0。这些数字之间的所有年龄都是“同等可能的”。当然，任何一个确切的年龄都没有机会发生。精确数值 $x=17.1$ 或 $x=17+\sqrt{2}$ 的概率为零。如实提供的（假设在均匀分布的情形）只是**新生的随机年龄小于** $\boldsymbol{x}$ **的机会是** $\boldsymbol{F(x)}$：

年龄小于 $x=17$ 的概率是 $F(17)=\mathbf{0}$，$x\leqslant 17$ 不会发生；

年龄小于 $x=20$ 的概率是 $F(20)=\mathbf{1}$，$x\leqslant 20$ 一定发生；

年龄小于 x 的概率是 $\boldsymbol{F(x)=\frac{1}{3}(x-17)}$ $\boldsymbol{F}$ 为从 $\mathbf{0}\sim\mathbf{1}$。

式 $F(x)=\dfrac{1}{3}(x-17)$ 在 $x=17$ 处，给出 $F=0$，因此 $x\leqslant 17$ 不会发生。当 $x=20$ 时，$F(x)=1$，因此 $x\leqslant 20$ 必定成立。在 17 ~ 20 之间，**累积分布**的图 $\boldsymbol{F(x)}$ 对这个均匀分布的模型线性地增加。$F(x)$ 累积分布及其导数 $p(x)=$“概率密度函数”如图 5.1 所示。

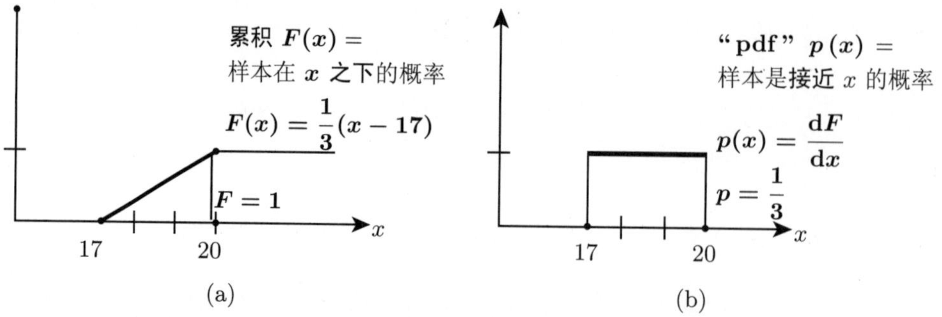

图 5.1 $F(x)$ 是累积分布，其导数 $p(x)=\mathrm{d}F/\mathrm{d}x$ 是概率密度函数 (Probability Density Function, PDF)

注：对这个均匀分布，$p(x)$ 在 17 ~ 20 区间是一个常数。在 $p(x)$ 图下的总面积是总概率 $F=1$。

$p(x)\,\mathrm{d}x$ 是样本值处于 $x\sim x+\mathrm{d}x$ 区间的概率。这是"无穷小正确的"：$p(x)\,\mathrm{d}x$ 是 $F(x+\mathrm{d}x)-F(x)$。$F(x)$ 与 $p(x)$ 的完整的关系如下：

$$\boldsymbol{F}=\boldsymbol{p}\text{的积分},\qquad \boldsymbol{P}\{\boldsymbol{a}\leqslant\boldsymbol{x}\leqslant\boldsymbol{b}\}=\int_a^b \boldsymbol{p}(\boldsymbol{x})\mathrm{d}\boldsymbol{x}=\boldsymbol{F}(\boldsymbol{b})-\boldsymbol{F}(\boldsymbol{a}) \tag{6}$$

$F(b)$ 是 $x\leqslant b$ 的概率，减去 $F(a)$ 来保持 $x\geqslant a$，这就得出 $a\leqslant x\leqslant b$。

$p(x)$ 的均值与方差

对于概率分布，求均值 m 和方差 σ^2。之前将 $\boldsymbol{p_i x_i}$ 加起来得到均值（期望值）。对于一个连续的分布，则对 $\boldsymbol{xp(x)}$ 进行**积分**：

$$\textbf{均值}\qquad \boldsymbol{m}=\boldsymbol{E}[x]=\int \boldsymbol{x}\,\boldsymbol{p}(\boldsymbol{x})\,\mathrm{d}\boldsymbol{x}=\int_{17}^{20}(\boldsymbol{x})\left(\frac{1}{3}\right)\mathrm{d}\boldsymbol{x}=\mathbf{18.5}$$

对于这个均匀分布，均值 m 是在 17 ~ 20 区间的中间。随机值 x 在这个中间点 $m=18.5$ 以下的概率 $F(m)=\frac{1}{2}$。

在 MATLAB 中，$x=\mathrm{rand}\,(1)$ 在 0 ~ 1 区间的均匀的一个随机数，因此期望均值 $m=\frac{1}{2}$。从 0 ~ x 的区间有概率 $F(x)=x$，在均值 m 以下的这个区间总是有概率 $F(m)=\frac{1}{2}$。

方差是至均值的平方距离的平均值。对 N 个结果，$\sigma^2=\sum p_i(x_i-m)^2$。对一个连续随机变量 x，求和就变成了**积分**。

$$\textbf{方差}\qquad \boldsymbol{\sigma^2}=\boldsymbol{E}\left[(\boldsymbol{x}-\boldsymbol{m})^2\right]=\int \boldsymbol{p}(\boldsymbol{x})\,(\boldsymbol{x}-\boldsymbol{m})^2\,\mathrm{d}\boldsymbol{x} \tag{7}$$

年龄在 $[17,20]$ 区间均匀分布时，这个积分可以被移至 $0\leqslant x\leqslant 3$ 区间：

$$\sigma^2=\int_{17}^{20}\frac{1}{3}(x-18.5)^2\,\mathrm{d}x=\int_0^3\frac{1}{3}(x-1.5)^2\,\mathrm{d}x=\frac{1}{9}(x-1.5)^3\bigg|_{x=0}^{x=3}=\frac{2}{9}\times 1.5^3=\frac{3}{4}$$

这是一个典型的例子。下面是区间 $[0,a]$ 上，一个均匀分布 $p(x)$ 的全貌。

$0 \leqslant x \leqslant a$ 上的均匀分布

密度 $p(x)=\frac{1}{a}$，**累积分布函数** $F(x)=\frac{x}{a}$

均值 $m=\frac{a}{2}$ **中点**，**方差** $\sigma^2=\int_0^a \frac{1}{a}\left(x-\frac{a}{2}\right)^2 \mathrm{d}x=\frac{a^2}{12}$ (8)

均值是 a 的倍数，方差是 a^2 的倍数，对 $a=3$，$\sigma^2=\frac{9}{12}=\frac{3}{4}$。对 $0\sim 1$ 的随机数 $\left(\text{均值}\frac{1}{2}\right)$，其方差 $\sigma^2=\frac{1}{12}$。

正态分布：钟形曲线

正态分布也称为“高斯”分布，它是所有概率密度函数 $p(x)$ 中最重要的。其重要性在于重复一个实验并对结果取平均。实验有其自己的分布（如正面和反面）。平均值则趋于一个正态分布。

中心极限定理（非正式） 当 $N\to\infty$ 时，“任意”概率分布的 N 个样本的平均趋于正态分布（这将在 5.3 节中进行证明）

从“标准正态分布”开始，它是关于 $x=0$ 对称的，所以其均值 $m=0$。并且选择它为具有标准方差 $\sigma^2=1$。它被称为 $\mathcal{N}(0,1)$。

$$\textbf{标准正态分布} \quad p(x)=\frac{1}{\sqrt{2\pi}}\mathrm{e}^{-x^2/2} \tag{9}$$

$p(x)$ 的图为图 5.2 中的**钟形曲线**。有如下标准的结论：

总概率 = 1， $\int_{-\infty}^{\infty} p(x)\,\mathrm{d}x=\frac{1}{\sqrt{2\pi}}\int_{-\infty}^{\infty}\mathrm{e}^{-x^2/2}\,\mathrm{d}x=\mathbf{1}$

均值 $E[x]=0$， $m=\frac{1}{\sqrt{2\pi}}\int_{-\infty}^{\infty}x\mathrm{e}^{-x^2/2}\,\mathrm{d}x=\mathbf{0}$

方差 $E[x^2]=1$， $\sigma^2=\frac{1}{\sqrt{2\pi}}\int_{-\infty}^{\infty}(x-0)^2\mathrm{e}^{-x^2/2}\,\mathrm{d}x=\mathbf{1}$

因为积分的是一个奇函数，易知均值为零：将 x 更换为 $-x$，得到“积分 $=-$ 积分”，因此该积分必然为 $m=0$。

另外两个积分应用了习题 12 的方法算出 1。图 5.2 显示了正态分布 $\mathcal{N}(0,\sigma)$ 的密度 $p(x)$ 的图以及其累积分布$F(x)$ 即 $p(x)$ 的积分。从 $p(x)$ 的对称性可以看出均值等于零。由 $F(x)$ 可看出对民意测验的一个十分重要的实际近似：

一个随机样本落入 $-\sigma\sim\sigma$ 的概率是 $\boldsymbol{F(\sigma)-F(-\sigma)\approx\frac{2}{3}}$。

这是因为 $\int_{-\sigma}^{\sigma}p(x)\,\mathrm{d}x=\int_{-\infty}^{\sigma}p(x)\,\mathrm{d}x-\int_{-\infty}^{-\sigma}p(x)\,\mathrm{d}x=F(\sigma)-F(-\sigma)$。

类似地，一个随机变量 x 落入 $-2\sigma\sim 2\sigma$ 的概率（“距离均值小于两个标准差”）是 $F(2\sigma)-F(-2\sigma)\approx 0.95$。若有一个到均值超过 2σ 的实验结果，则可以说这个结果不是偶然的：

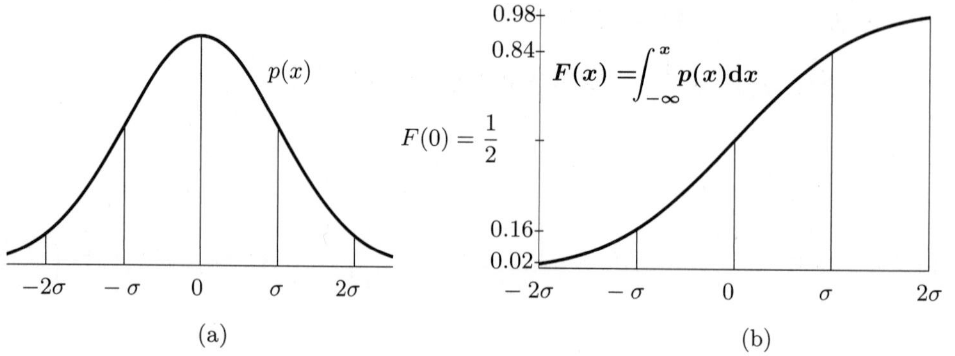

图 5.2 标准正态分布 $p(x)$(均值 $m=0$，$\sigma=1$)

发生的概率为 0.05。药物测试会要求更严格的标准，如概率为 0.001。对希格斯（Higgs）玻色子的寻找使用了一个超严格的 5σ 偏差的测试标准，以避免纯粹的偶然性。

均值为 m、标准差为 σ 的正态分布是通过将标准分布 $\mathcal{N}(0,1)$ 进行平移与拉伸操作而得到的。**将 x 平移至 $x-m$。拉伸 $x-m$ 至 $(x-m)/\sigma$**。

高斯密度 $p(x)$

正态分布 $\mathcal{N}(m,\sigma)$

$$\boldsymbol{p(x)=\frac{1}{\sigma\sqrt{2\pi}}\mathrm{e}^{-(x-m)^2/2\sigma^2}} \tag{10}$$

$p(x)$ 的积分是 $F(x)$，这是随机样本落入小于 x 的区域的概率。微分 $p(x)\mathrm{d}x=F(x+\mathrm{d}x)-F(x)$ 是随机样本落入 $x\sim x+\mathrm{d}x$ 区间的概率。没有简单的解析公式来算出 $\mathrm{e}^{-x^2/2}$ 的积分，因此累积分布 $F(x)$ 是经过仔细计算并制成表格的。

N 次硬币抛掷与 $N\to\infty$

例 2 **假设 x 是 1 或 -1，具有相等的概率 $p_1=p_{-1}=\frac{1}{2}$。**

均值 $\boldsymbol{m}=\frac{1}{2}(1)+\frac{1}{2}(-1)=\mathbf{0}$，方差 $\boldsymbol{\sigma^2}=\frac{1}{2}(1)^2+\frac{1}{2}(-1)^2=\mathbf{1}$。

这里的关键问题是平均值 $A_N=(x_1+\cdots+x_N)/N$。独立变量 $x_i=\pm1$，将它们的和除以 N。A_N 的期望均值依然是零。由大数定律可知，这个样本的均值以概率 1 趋于零。那么 A_N 趋于零的速度有多快呢？**方差 σ_N^2 为多少？**

$$\text{根据线性性，因为}\sigma^2=1，\quad \boldsymbol{\sigma_N^2}=\frac{\sigma^2}{N^2}+\frac{\sigma^2}{N^2}+\cdots+\frac{\sigma^2}{N^2}=N\frac{\sigma^2}{N^2}=\boldsymbol{\frac{1}{N}} \tag{11}$$

例 3 **将输出结果从 1 或 -1 改变至 x为1 或 0。保持 $p_1=p_0=\frac{1}{2}$。**

落入 $0\sim1$ 区间的新的均值为 $\boldsymbol{m}=\boldsymbol{\frac{1}{2}}$。方差则移至 $\boldsymbol{\sigma^2}=\boldsymbol{\frac{1}{4}}$：

$$\boldsymbol{m}=\frac{1}{2}(1)+\frac{1}{2}(0)=\boldsymbol{\frac{1}{2}},\qquad \boldsymbol{\sigma^2}=\frac{1}{2}\left(1-\frac{1}{2}\right)^2+\frac{1}{2}\left(0-\frac{1}{2}\right)^2=\boldsymbol{\frac{1}{4}}$$

$$\text{平均值 } A_N \text{ 现在有均值 } \frac{1}{2}\text{，方差}\frac{1}{4N^2}+\cdots+\frac{1}{4N^2}=\boldsymbol{\frac{1}{4N}}=\boldsymbol{\sigma_N^2} \tag{12}$$

这个 σ_N 是例 2 中的 σ_N 大小的一半，因为新的范围 $0\sim1$ 是 $-1\sim1$ 的一半。例 2 和例 3 显示了线性规律。

这个新的 0-1 变量 $\boldsymbol{x_{\text{新}}}$ 是 $\boldsymbol{\frac{1}{2}x_{\text{旧}}+\frac{1}{2}}$。因此均值 m 增加到 $\frac{1}{2}$，并且方差被乘以 $\left(\boldsymbol{\frac{1}{2}}\right)^{\boldsymbol{2}}$。位移改变了 m，而缩放改变了 σ^2。

$$\textbf{线性性}\quad \boldsymbol{x_{\text{新}}=ax_{\text{旧}}+b,\qquad m_{\text{新}}=am_{\text{旧}}+b,\qquad \sigma^2{}_{\text{新}}=a^2\sigma^2{}_{\text{旧}}} \tag{13}$$

这里是 3 个数值测试的结果：随机 0 或 1 经 N 次试验的平均值

[$N=$ **100**中有**48**个1] [$N=$ **10000**中有**5035**个1] [$N=$ **40000**中有**19967**个1]

标准化的 $\boldsymbol{X}=(x-m)/\sigma=\left(A_N-\frac{1}{2}\right)\times 2\sqrt{N}$是[$\mathbf{-0.40}$] [$\mathbf{0.70}$] [$\mathbf{-0.33}$]

中心极限定理指出，多次抛掷硬币的平均值会趋于一个正态分布。那么这是如何发生的：**二项分布趋于正态分布。**

"二项分布"概率 $\boldsymbol{p_0,\cdots,p_N}$ 计数在 $\boldsymbol{N}$ 次硬币抛掷中出现正面的次数

对每一次（公平的）抛掷，出现正面的概率是 $\frac{1}{2}$。对 $N=3$ 次抛掷，3 次都出现正面的概率是 $\left(\frac{1}{2}\right)^3=\frac{1}{8}$。从三个排列 HHT、HTH 和 THH 可以得到出现二次正面与一次反面的概率是 $\frac{3}{8}$。数 $\boldsymbol{\frac{1}{8}}$、$\boldsymbol{\frac{3}{8}}$ 是 $\left(\frac{1}{2}+\frac{1}{2}\right)^3=\boldsymbol{\frac{1}{8}}+\boldsymbol{\frac{3}{8}}+\boldsymbol{\frac{3}{8}}+\boldsymbol{\frac{1}{8}}=1$ 的分解式中出现的项。3 次抛掷出现正面的平均数是 1.5。

$$\textbf{均值}\ \ m=(3\text{ 次正面})\frac{1}{8}+(2\text{ 次正面})\frac{3}{8}+(1\text{ 次正面})\frac{3}{8}+0=\frac{3}{8}+\frac{6}{8}+\frac{3}{8}=\mathbf{1.5}\ \textbf{次正面}$$

对 N 次抛掷，例 3（或常识）得到一个均值 $\boldsymbol{m=\Sigma\, x_ip_i=\frac{1}{2}N}$ 次正面。

方差 σ^2 是基于至这个均值 $N/2$ 的平方距离。对于 $N=3$，方差是 $\sigma^2=\boldsymbol{\frac{3}{4}}$（这就是 $N/4$）。为了得到 σ^2，计算 $\sum\limits_i(x_i-m)^2p_i$，其中 $m=1.5$：

$$\boldsymbol{\sigma^2}=(3-1.5)^2\,\frac{1}{8}+(2-1.5)^2\,\frac{3}{8}+(1-1.5)^2\,\frac{3}{8}+(0-1.5)^2\,\frac{1}{8}=\frac{9+3+3+9}{32}=\boldsymbol{\frac{3}{4}}$$

对任意的 N，一个二项分布的方差为 $\boldsymbol{\sigma_N^2=N/4}$，则 $\sigma_N=\sqrt{N}/2$。

图 5.3 显示出在 $N=4$ 次抛掷中正面出现次数为 0、1、2、3、4 的概率是如何趋于一个钟形高斯分布的。高斯分布以均值 $m=N/2=2$ 取中。为了达到标准高斯分布（均值为 0；方差为 1），将这个图平移且重新缩放。若 x 是在 N 次抛掷中正面出现的次数（N 次零一结果的平均），则 $\boldsymbol{x}$ 被平移一个其均值 $m=N/2$ 的量，并且用 $\sigma=\sqrt{N}/2$ 重新缩放以得到标准的 X：

平移与缩放 $\boldsymbol{X=\frac{x-m}{\sigma}=\frac{x-\frac{1}{2}N}{\sqrt{N}/2}}$ $\boldsymbol{(N=4,\ X=x-2)}$
减去m是"取中"或"去趋势"，X的均值是零
除以σ是"归一化"或"标准化"，X的方差是1

这个中心极限定理在中心点 $X=0$ 给出正确的答案是有意义的。在这一点处，因子 $\mathrm{e}^{-X^2/2}|_{x=0}=1$。$N$ 次硬币抛掷的方差 $\sigma^2=N/4$。钟形曲线的中心高度为 $1/\sqrt{2\pi\sigma^2}=\sqrt{2/N\pi}$。

在硬币抛掷分布（二项分布）p_0 到 p_N 的中心处的高度是多少？对 $N=4$，出现 0、1、2、3、4 次正面的概率来自 $\left(\frac{1}{2}+\frac{1}{2}\right)^4$。

$$\textbf{中心概率}\ \mathbf{\frac{6}{16}} \qquad \left(\frac{1}{2}+\frac{1}{2}\right)^4=\frac{1}{16}+\frac{4}{16}+\mathbf{\frac{6}{16}}+\frac{4}{16}+\frac{1}{16}=1$$

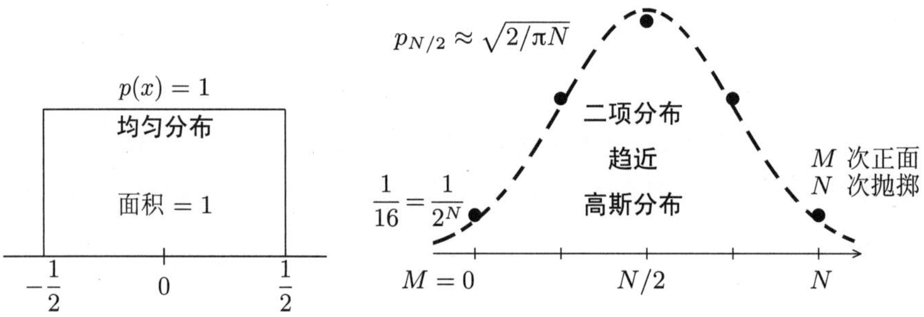

图 5.3 在 4 次抛掷中出现正面次数对应的概率 $p=(1,4,6,4,1)/16$

注：这些 p_i 趋近于一个方差为 $\sigma^2=N/4$，中心处于 $m=N/2$ 的高斯分布。对 X，中心极限定理给出了收敛到正态分布 $N(0,1)$。

由习题 8 中的二项式定理可知，对任意一个偶数 N 的中心概率 $p_{N/2}$ 为

$$\text{中心概率}\left(\frac{N}{2}\ \text{正面，}\ \frac{N}{2}\ \text{反面}\right)=\frac{1}{2^N}\frac{N!}{(N/2)!\,(N/2)!}$$

对 $N=4$，这些因子分解组合有 $4!/2!\,2!=24/4=6$（种）。对于大的 N，Stirling 公式 $\sqrt{2\pi N}(N/\mathrm{e})^N$ 是对 $N!$ 的一个很好的近似。对 N 将应用 N 一次这个公式，对 $N/2$ 应用两次：

$$\textbf{硬币抛掷中心概率的极限} \qquad p_{N/2}\approx\frac{1}{2^N}\frac{\sqrt{2\pi N}(N/\mathrm{e})^N}{\pi N(N/2\mathrm{e})^N}=\frac{\sqrt{2}}{\sqrt{\pi N}}=\frac{1}{\sqrt{2\pi}\sigma} \tag{14}$$

最后一步用到了对硬币抛掷的方差 $\sigma^2=N/4$。这个 $1/\sqrt{2\pi}\sigma$ 的结果与高斯分布的中心值（上面给出的）一致。因此，中心极限定理是对的：

当 $N\to\infty$ 时，中心的二项分布趋近于正态分布 $p(x)$。

蒙特卡洛估计方法

科学计算必须处理数据中的错误，金融计算必须处理不确定的数字和预测，因此，许多应用数学都遇到了这样一个问题：**接受输入中的不确定性，并估计输出中的方差。**

如何估算该方差？通常概率分布 $p(x)$ 是未知的。可以尝试不同的输入 $\boldsymbol{b}$ 并计算输出 $\boldsymbol{x}$，再取平均值。这是**蒙特卡洛方法**的最简单形式（以在里维埃拉 (Riviera) 的赌博宫殿命名，我曾经在那儿看到关于下注是否及时的争吵）。蒙特卡洛方法通过样本均值 $(x_1+\cdots+x_N)/N$ 来近似期望值 $E[x]$。

每个 x_k 的计算成本可能很高，我们不是在抛硬币，每个样本都来自一组数据 b_k。蒙特卡洛方法随机选择此数据 b_k，它计算出输出 x_k，然后对这些 x 进行平均。取得足够准确的 $E[x]$ 通常需要很多样本 b 和巨大的计算成本。用 $(x_1+\cdots+x_N)/N$ 来近似 $E[x]$ 时的误差通常在 $1/\sqrt{N}$ 数量级。随着 N 的增加，精度的改进是缓慢的。

$1/\sqrt{N}$ 的估计来自式 (11) 中的硬币抛掷。对 N 个方差为 σ^2 的独立的样本 x_k 取平均就将方差减小到 σ^2/N。

“准蒙特卡洛”（Quasi-Monte Carlo，QMC）方法有时可以将此方差减少到 σ^2/N^2，这是一个相当大的差别，对输入 b_k 的选择是非常谨慎的，不仅仅是随机选择。这种 QMC 方法在 *Acta Numerica 2013* 中有介绍。“多级蒙特卡洛”的更新概念由 Michael Giles 在 *Acta Numerica 2015* 给出了概述。下面描述这种方法。

假设模拟接近于 $x(b)$ 的另一个变量 $y(b)$ 更简单一些，然后对 $y(b_k)$ 的 N 次计算，以及对 $x(b_k)$ 的 $N^*<N$ 次计算来估计 $E[x]$。

2 级蒙特卡洛方法 $$\boldsymbol{E[x]\approx\frac{1}{N}\sum_{1}^{N}y(b_k)+\frac{1}{N^*}\sum_{1}^{N^*}[x(b_k)-y(b_k)]}$$

这种方法来自 $x-y$ 的方差 σ^* 是小于或等于原始 x 的，因此 N^* 可以小于 N，而 $E[x]$ 的精度相同。进行 N 次廉价的模拟来得到 y，每次成本为 C。只进行涉及 x 的 N^* 次昂贵的模拟，每次成本为 C^*。总的计算成本为 $NC+N^*C^*$。

采用微积分来对一个固定的总成本最小化总方差。这个最佳的 N^*/N 是 $\sqrt{C/C^*}\ \sigma^*/\sigma$。3 级蒙特卡洛方法会模拟 x、y 和 z：

$$E[x]\approx\frac{1}{N}\sum_{1}^{N}\boldsymbol{z(b_k)}+\frac{1}{N^*}\sum_{1}^{N^*}[\boldsymbol{y(b_k)}-\boldsymbol{z(b_k)}]+\frac{1}{N^{**}}\sum_{1}^{N^{**}}[\boldsymbol{x(b_k)}-\boldsymbol{y(b_k)}]$$

Giles优化 $N,N^*,N^{**},\cdots$ 来保持 $E[x]\leqslant$ 固定的 E_0，并且提供了 MATLAB 代码。

回顾：均值与方差的三个公式

m 和 σ^2 的公式是概率与统计的起点。为了保持概念清晰，有**样本**值 X_i、**期望**值（**离散的** $\boldsymbol{p_i}$）、**期望**值（**连续的** $\boldsymbol{p(x)}$）三种情形。以下是均值 m、方差 S^2 和 σ^2 为

样本 $\boldsymbol{X_1\sim X_N}$	$\boldsymbol{m}=\dfrac{X_1+\cdots+X_N}{N}$,	$\boldsymbol{S^2}=\dfrac{(X_1-m)^2+\cdots+(X_N-m)^2}{N-1}$
输出 $\boldsymbol{x_i}$ **乘以概率**$\boldsymbol{p_i}$**之和**	$\boldsymbol{m}=\sum_{1}^{n}p_ix_i$,	$\boldsymbol{\sigma^2}=\sum_{1}^{n}p_i(x_i-m)^2$
输出 $\boldsymbol{x}$ **与概率密度的积分**	$\boldsymbol{m}=\int x\,p(x)\,\mathrm{d}x$,	$\boldsymbol{\sigma^2}=\int(x-m)^2\,p(x)\,\mathrm{d}x$

习题 5.1

1. 上一个表在第一行中没有概率 p，这些公式为什么会是并列的？答案为期待样本为 $X=x_i$ 的 p_i 是一个分数。如果这确实是对的，$X=x_i$ 会被重复 ____ 次。因此第 1 行与第 2 行给出同样的 m。
当我们处理样本时，仅在输出 X 一旦出现时，将其包括在内。这样得到的是“经验”均值（第 1 行），而不是期望均值。
2. 对每个输出 x 加 7。均值与方差会怎样？新的样本均值、期望均值和方差是什么？
3. 我们知道：$\frac{1}{3}$ 的整数能被 3 整除，$\frac{1}{7}$ 的整数能被 7 整除。求整数能被 3 或 7 整除式都能被二者整除的比例。
4. 假设从数 $1\sim1000$ 以同样的概率 $1/1000$ 取样。求样本的末位是 $0,\cdots,9$ 的概率 $p_0,\cdots,p_9$，末位的期望均值以及方差 σ^2。
5. 从 $1\sim1000$ 取样，观察样本平方的最后一位。该平方以 x为0、1、4、5、6 或 9 结尾。求：概率 p_0、p_1、p_4、p_5、p_6、p_9 及 x 的（期望）均值 m 和方差 σ^2。
6. （有一点绕弯）从 $1\sim1000$ 以相同的概率取样，设 x 是第一个数字（若数字是 15，则 $x=1$）。求：$x=1,\cdots,9$ 的概率 $p_1,\cdots,p_9$（加起来等于 1），x 的均值与方差。
7. 假设在习题 5 中有 $N=4$ 个样本，分别为 157、312、696、602。求：这些数平方的第一个数字 $x_1\sim x_4$、样本均值 μ、样本方差 S^2。用 $N-1=3$ 而不是 $N=4$。
8. 式 (4) 给出了 S^2（采用样本的方差）的第二种等价形式：

$$\boldsymbol{S^2}=\frac{1}{N-1}\sum(x_i-m)^2=\frac{1}{N-1}\left[\left(\sum x_i^2\right)-Nm^2\right]$$

验证与期望方差 σ^2 的一致性（使用 $m=\Sigma\, p_i\, x_i$）：

$$\boldsymbol{\sigma^2=\sum p_i\,(x_i-m)^2=\sum\left[\left(p_i\,x_i^2\right)-m^2\right]}$$

9. 若来自一个群体的所有 24 个样本年龄 $x=20$，求样本均值 μ 与样本方差 S^2。如果 x为20 或 21，然后各为 12 倍样本量又如何？
10. 计算试验：发现 100 万个随机 0-1 样本的平均值 $A_{1000000}$，求标准化变量 $X=\left(A_N-\frac{1}{2}\right)/2\sqrt{N}$ 的值。（$N=1000000$）
11. 在 N 次硬币抛掷中，有 i 次正面向上的概率 p_i 是二项式系数 $b_i=\mathrm{C}_N^i$ 除以 2^N。所有的 $\sum b_i=(1+1)^N=2^N$，因此概率 $\sum p_i=1$（$i=0,1,\cdots,N$）。

$$p_0+p_1+\cdots+p_N=\left(\frac{1}{2}+\frac{1}{2}\right)^N=\frac{1}{2^N}(b_0+b_1+\cdots+b_N)\text{，其中 } b_i=\frac{N!}{i!\,(N-i)!}$$

$N=4$ 导致 $b_0=\frac{24}{24}$，$b_1=\frac{24}{(1)(6)}=4$，$b_2=\frac{24}{(2)(2)}=6$，$b_3=b_1$，$p_i=\frac{1}{16}(1,4,6,4,1)$。

注意：$b_i=b_{N-i}$。问题：证明均值 $m=0p_0+1p_1+\cdots+Np_N=\frac{N}{2}$。
12. 对任何函数 $f(x)$，期望值$E[f]$是 $\sum p_i\,f(x_i)$ 或 $\int p(x)\,f(x)\,\mathrm{d}x$（离散或连续概率）。函数可以是 x 或 $(x-m)^2$ 或 x^2。
若均值是 $E[x]=m$ 且方差是 $E[(x-m)^2]=\sigma^2$，求 $\boldsymbol{E[x^2]}$。

13. 证明标准正态分布 $p(x)$ 有总的概率 $\int p(x)\,\mathrm{d}x=1$，就如所要求的。一个著名的技巧是将 $\int p(x)\,\mathrm{d}x$ 乘以 $\int p(y)\,\mathrm{d}y$，再对所有的 x 和 y 在（$-\infty\sim\infty$）计算积分。在这个二重积分中用 $r\,\mathrm{d}r\,\mathrm{d}\theta$（极坐标 $x^2+y^2=r^2$）替换 $\mathrm{d}x\,\mathrm{d}y$。解释下面的每一步：

$$2\pi\int_{-\infty}^{\infty}p(x)\,\mathrm{d}x\int_{-\infty}^{\infty}p(y)\,\mathrm{d}y=\iint_{-\infty}^{\infty}\mathrm{e}^{-(x^2+y^2)/2}\mathrm{d}x\,\mathrm{d}y=\int_0^{2\pi}\int_0^{\infty}\mathrm{e}^{-r^2/2}\,r\,\mathrm{d}r\,\mathrm{d}\theta=2\pi$$

5.2 概率分布

概率的应用始于给出每个可能的输出结果的概率 $p_0,p_1,p_2,\cdots$。对于连续的概率，有密度函数 $p(x)$。总概率 $\sum p_i=1$ 或 $\int p(x)\,\mathrm{d}x=1$。

p 有数十种著名、有用的形式，在此选择了 7 种特别重要的：2 种具有离散概率 $p_0,p_1,p_2,\cdots$ 5 种具有连续概率 $p(x)$ 或 $p(x,y)$。

二项分布	抛掷硬币 n 次
泊松分布	不常发生的事件
指数分布	忘记了过去
高斯 (正态) 分布	许多次试验的平均
对数-正态分布	对数值有正态分布
χ^2 分布	在 n 维空间的距离平方
多变量高斯分布	向量的概率（在 5.5 节中）

每个分布都有一个均值和一个方差。具体请查阅相关文献。

1. 二项分布

对每次试验，输出是 1 或 0（代表成功或失败，正面或反面）。在一次试验中，成功的概率记为 $p_{1,1}=p$，失败的概率记为 $p_{0,1}=1-p=q$。对一枚正常的硬币有 $p=\dfrac{1}{2}$。

在 $n=2$ 次试验中，0、1、2 次成功的概率为

$$p_{0,2}=(1-p)^2,\qquad p_{1,2}=2p(1-p),\qquad p_{2,2}=p^2 \tag{1}$$

在 n 次试验中，k 次成功的概率包括二项式系数 C_n^k：

$$\boldsymbol{p_{k,n}=\mathrm{C}_n^k p^k(1-p)^{n-k}},\qquad \mathrm{C}_n^k=\frac{n!}{k!\,(n-k)!},\qquad 0!=1 \tag{2}$$

对于 $n=2$，那些二项式系数是式 (1) 中所示的 1、2、1：

$$\mathrm{C}_2^0=\frac{2!}{0!\;2!}=\mathbf{1},\qquad \mathrm{C}_2^1=\frac{2!}{1!\;1!}=\mathbf{2},\qquad \mathrm{C}_2^2=\frac{2!}{2!\;0!}=\mathbf{1}$$

对于一枚正常的硬币，在 $n=2$ 次试验中有 k为0、1、2 次成功的概率是 $p_{0,2}=\dfrac{1}{4}$，$p_{1,2}=\dfrac{1}{2}$，$p_{2,2}=\dfrac{1}{4}$。

一次试验的均值 $\boldsymbol{\mu} = (0)p_0 + (1)p_1 = (0)(\mathbf{1}-\boldsymbol{p}) + (1)\boldsymbol{p}$	$\boldsymbol{\mu} = E[\boldsymbol{x}] = \boldsymbol{p}$	(3)
二项分布　在 $\boldsymbol{n}$ 次试验中的均值 $\boldsymbol{\mu_n} = \boldsymbol{n\mu}$	$\boldsymbol{\mu_n} = \boldsymbol{np}$	(4)
一次试验的方差 $\boldsymbol{\sigma^2} = E[(X-\mu)^2] = (1-p)(0-\mu)^2 + p(1-\mu)^2$ $= (1-p)p^2 + p(1-p)^2 = p(1-p)(p+1-p)$	$\boldsymbol{\sigma^2} = \boldsymbol{p}(\mathbf{1}-\boldsymbol{p})$	(5)
二项分布　在 $\boldsymbol{n}$ 次试验中的方差 $\boldsymbol{\sigma_n^2} = \boldsymbol{n\sigma^2}$	$\boldsymbol{\sigma_n^2} = \boldsymbol{np}(\mathbf{1}-\boldsymbol{p})$	(6)

对 n 次独立的试验可一下得到结果：乘以 n。同样的结果可以从式 (2) 中对 k 次成功的二项概率 $p_{k,n}$ 中得到，但要慢得多。$kp_{k,n}$ 的和依然是 $\boldsymbol{\mu_n} = \boldsymbol{np}$，并且 $(k-\mu_n)^2 p_{k,n}$ 的和是 $\boldsymbol{\sigma_n^2} = \boldsymbol{np}(\mathbf{1}-\boldsymbol{p})$。

2. 泊松分布

泊松分布很吸引人，因为可以有多种方式解释它，其中一种方式是将它与二项分布联系（在每次试验中成功的概率为 p，在 n 次试验中成功 k 次的概率为 $p_{k,n}$），泊松分布解释了一个在多次试验中罕见成功事件总共取得 $\boldsymbol{\lambda}$ 次成功的极限情形：

$\boldsymbol{p} \to \mathbf{0}$ 每次试验的成功概率 p 都很小（趋于零）；

$\boldsymbol{n} \to \boldsymbol{\infty}$ 试验次数 n 很大（趋于无穷大）；

$\boldsymbol{np} = \boldsymbol{\lambda}$ 在 n 次试验中，平均（期望）的成功次数 $\boldsymbol{\lambda} = \boldsymbol{np} =$ 常数。

当 $p \to 0$ 且 $np = \lambda$ 时，在 n 次试验中有 0、1、2 次成功的概率是多少？

$\boldsymbol{n}$ 次失败，0 次成功　概率 $p_{0,n} = (1-p)^n = \left(1-\dfrac{\lambda}{n}\right)^n \to \mathbf{e}^{-\boldsymbol{\lambda}}$

$\boldsymbol{n}-1$ 次失败，1 次成功　概率 $p_{1,n} = np(1-p)^{n-1} = \dfrac{\lambda}{1-p}\left(1-\dfrac{\lambda}{n}\right)^n \to \boldsymbol{\lambda}\mathbf{e}^{-\boldsymbol{\lambda}}$

$\boldsymbol{n}-2$ 次失败，2 次成功　概率 $p_{2,n} = \dfrac{1}{2}n(n-1)\,p^2(1-p)^{n-2}$

$$= \frac{1}{2}\frac{(\lambda^2-\lambda p)}{(1-p)^2}\left(1-\frac{\lambda}{n}\right)^n \to \frac{\mathbf{1}}{\mathbf{2}}\boldsymbol{\lambda}^{\mathbf{2}}\mathbf{e}^{-\boldsymbol{\lambda}}$$

在上面的每一步应用了微积分中同样关键的公式：

$$\left(1+\frac{1}{n}\right)^n \to \mathbf{e}, \qquad \left(1+\frac{\lambda}{n}\right)^n \to \mathbf{e}^{\boldsymbol{\lambda}}, \qquad \left(1-\frac{\lambda}{n}\right)^n \to \mathbf{e}^{-\boldsymbol{\lambda}}$$

在每次概率都为 $p = \lambda/n$ 的 n 次试验中有 k 次成功的情形，二项概率 $p_{k,n}$ 趋于泊松概率：

$$\text{泊松概率} \quad \boldsymbol{P_k} = \frac{\boldsymbol{\lambda^k}}{\boldsymbol{k}\,!}\mathrm{e}^{-\boldsymbol{\lambda}} \tag{7}$$

泊松概率 P_k 的和等于 1：

$$\boldsymbol{P_0} + \boldsymbol{P_1} + \boldsymbol{P_2} + \boldsymbol{P_3} + \cdots = \mathbf{e}^{-\boldsymbol{\lambda}}\left(1+\lambda+\frac{\lambda^2}{2!}+\frac{\lambda^3}{3!}+\cdots\right) = \mathbf{e}^{-\boldsymbol{\lambda}}\mathbf{e}^{\boldsymbol{\lambda}} = \mathbf{1}$$

现在计算泊松分布的均值 (λ) 和方差 (也等于 λ)。

泊松分布的均值是 λ。发现它的一种慢方法:

$$\boldsymbol{\mu_P} = 0P_0 + 1P_1 + 2P_2 + \cdots = \mathrm{e}^{-\lambda}\left(0 + \lambda + \frac{\lambda^2}{1\,!} + \frac{\lambda^3}{2\,!} + \cdots\right) = \mathbf{e}^{-\lambda}(\lambda\mathbf{e}^{\lambda}) = \boldsymbol{\lambda}$$

快方法:**泊松均值** $\boldsymbol{\mu_P} =$ 二项分布的均值 np 的极限。因此 $\boldsymbol{\mu_P = \lambda}$

方差 $\boldsymbol{\sigma_P^2} =$ 二项分布的方差 $np(1-p)$ 的极限。因此 $\boldsymbol{\sigma_P^2 = \lambda}$

泊松分布的应用

将泊松分布与**罕见事件**(它们有 $p \to 0$))相关联。但是要等很久或包括众多的样本数,来得到一个甚为确定的机会以有一次或多次事件实际发生。泊松分布并不是指你被闪电击中的概率(如一辈子中有一百万分之一可能性),而是指在一个有 100000 人口的城市中有人被闪电击中。在这种情形下,$\boldsymbol{\lambda = pn} = 100000/1000000 = \dfrac{1}{10}$。这就是预期的被闪电击中的人数。

泊松分布经常用于在一个长的时间段中的偶发事件数,例如,大流星击中地球的次数,被山狮袭击的露营者人数,大银行倒闭的数目。泊松分布假设独立的事件,上面这些例子不一定合适。应用概率的最大困难是估计一个事件与另一个事件之间的关联性。一家银行的倒闭可能意味着更多的银行也要倒闭。

iid这个假设意味着 **i**ndependent(独立)、**i**dentically(相同)地 **d**istributed(分布),这些并不总是成立的。

3. 指数分布

指数分布是连续的(不是离散的),它描述了在一个泊松过程中的等待时间。闪电击中城市要多长时间?关键的假设是:

等待时间独立于已经等待的时间

未来是独立于过去的。电视机发生故障是真的吗?计算机发生故障也是真的吗?若故障的发生依赖于随机的灾难,则等待故障发生的时间为指数分布。故障率 λ 是恒定的。若失败来自缓慢的衰变,则独立性要求将不再成立。

指数分布的概率密度函数 (PDF):

$$\boldsymbol{p(x) = \lambda \mathrm{e}^{-\lambda x}}, \qquad x \geqslant 0 \tag{8}$$

累积分布 (事件发生在时间 t 之前的概率) **是 $\boldsymbol{p}$ 的积分**:

$$\boldsymbol{F(t)} = \int_0^t \lambda \mathrm{e}^{-\lambda x}\,\mathrm{d}x = -\mathrm{e}^{-\lambda x}\Big|_{x=0}^{x=t} = \mathbf{1 - e^{-\lambda t}} \tag{9}$$

$p(x)$ 的**均值**是**平均等待时间**:

$$\boldsymbol{\mu} = \int_0^\infty x\,p(x)\,\mathrm{d}x = \int_0^\infty x\lambda \mathrm{e}^{-\lambda x}\,\mathrm{d}x = \frac{\mathbf{1}}{\boldsymbol{\lambda}} \tag{10}$$

$p(x)$ 的**方差**是 $(x-\mu)^2$ 的期望值:

$$\boldsymbol{\sigma^2} = \int_0^\infty \left(x - \frac{1}{\lambda}\right)^2 \lambda \mathrm{e}^{-\lambda x}\,\mathrm{d}x = \frac{\mathbf{1}}{\boldsymbol{\lambda^2}} \tag{11}$$

均值 $\mu=1/\lambda$ 这个表达式并不奇怪。若一个餐馆平均每小时（晚上与白天）空出 3 张餐桌，则平均等待时间（期望的等待时间）是 20 分钟。

注意：$\boldsymbol{\beta}=\dfrac{\mathbf{1}}{\boldsymbol{\lambda}}$ 经常用来取代 λ。

$$\textbf{指数分布}\quad \boldsymbol{p(x)=\frac{1}{\beta}\mathrm{e}^{-x/\beta}},\qquad \textbf{均值}\quad \boldsymbol{\mu=\beta} \tag{12}$$

指数分布没有记忆：至少要再等 y 小时才能空出餐桌的概率，并不与已经等待 x 小时这个事实有关：

$$\textbf{没有记忆}\quad \boldsymbol{P\{t>x+y\mid t>x\}=P\{t>y\}} \tag{13}$$

这约化为对 $p(t)=\lambda\mathrm{e}^{-\lambda t}$ 积分的一个简单结论：

$$\int_{x+y}^{\infty}\lambda\mathrm{e}^{-\lambda t}\,\mathrm{d}t\Bigg/\int_{x}^{\infty}\lambda\mathrm{e}^{-\lambda t}\,\mathrm{d}t=\int_{y}^{\infty}\lambda\mathrm{e}^{-\lambda t}\,\mathrm{d}t,\quad \mathrm{e}^{-\lambda(x+y)}/\mathrm{e}^{-\lambda x}=\mathrm{e}^{-\lambda y}$$

另一个值得注意的结论。若电话与计算机故障率分别为 λ_p、λ_c，并且故障发生是互相独立的。首次故障发生的时间 $t_{\min}$ 的概率分布 $p(t_{\min})$ **是故障率为 $\boldsymbol{\lambda_\mathrm{p}+\lambda_\mathrm{c}}$ 的指数分布**。式 (9) 中利用无故障而非出故障的概率，然后相乘

$$P\{t_{\min}>t\}=\left[P\{t_{\text{电话}}>t\}\right]\left[P\{t_{\text{计算机}}>t\}\right]=\mathbf{e}^{-\boldsymbol{\lambda_\mathrm{p}t}}\,\mathbf{e}^{-\boldsymbol{\lambda_\mathrm{c}t}}=\mathbf{e}^{-\boldsymbol{(\lambda_\mathrm{p}+\lambda_\mathrm{c})t}}$$

若故障只发生在整数时刻 $t=0,1,2,3,\cdots$，则指数分布（这种情况下是连续时间）被几何分布（离散时间）所取代。

$$\textbf{在时刻}\boldsymbol{n}\textbf{发生故障的概率}\boldsymbol{p_n=(1-\alpha)\alpha^n} \tag{14}$$

因子 $1-\alpha$ 包括在内，使得 $p_0+p_1+\cdots=(1-\alpha)+(\alpha-\alpha^2)+\cdots=1$。总的概率是 1。

4. 正态分布（高斯分布）

正态分布是概率论中的重要分布，它是在对另一个分布的结果取平均值时产生的；同时它导致新的分布，即**对数正态和多元正态以及“χ^2 分布”**。

即使 e^{-x^2} 的积分不是一个初等函数，也经常可能得到漂亮的公式。积分 $\int_0^x\mathrm{e}^{-t^2}\mathrm{d}t$ 不能用指数和 x 的幂表示。不过，积分 $\int_{-\infty}^{+\infty}\mathrm{e}^{-x^2}\mathrm{d}x$ 的确具有简单的形式。$\int_{-\infty}^{+\infty}\mathrm{e}^{-\frac{x^2}{2}}\mathrm{d}x=\sqrt{2\pi}$，因此用这个数来除。

$$\textbf{均值 0，方差 1}\qquad \text{标准正态分布}\mathcal{N}(\mathbf{0},\mathbf{1})，\boldsymbol{p(x)=\frac{1}{\sqrt{2\pi}}\mathrm{e}^{-x^2/2}}$$

$$\textbf{均值 }\boldsymbol{\mu}\textbf{, 方差 }\boldsymbol{\sigma^2}\qquad \text{分布}\mathcal{N}(\boldsymbol{\mu},\boldsymbol{\sigma^2})，\boldsymbol{p(x)=\frac{1}{\sqrt{2\pi}\sigma}\mathrm{e}^{-(x-\mu)^2/2\sigma^2}} \tag{15}$$

这些分布对于点 $x=\mu$ 是对称的。函数 $p(x)$ 保持增加直到这一点，当 $x>\mu$ 时减小。x 在（$\mu-\sigma$，$\mu+\sigma$）区间时，二阶导数是负的。满足（$\mathrm{d}^2p/\mathrm{d}x^2=0$）的点是拐点。在这个区间外函数 $p(x)$ 是凸的（$\mathrm{d}^2p/\mathrm{d}x^2>0$）。$p(x)$ 的图之下 67% 的面积是在这个区间，因此 $|x-\mu|<\sigma$ 的概率是 0.67。

$|x-\mu|<2\sigma$ 的概率是 0.95（x 离均值 μ 小于 2 倍标准差）。这就是图 5.2 所示的著名的钟形曲线，它不是重尾的。

问题：若 $p(x)=\mathrm{e}^{-ax^2+bx+c}$ 是分布函数，求其 μ 和 σ。

答案：将指数项 $-ax^2+bx+c$ 写成 $-a\left(x-\dfrac{b}{2a}\right)^2$ 加一个常数。在这个形式中，可以确定均值 μ 为 $b/2a$。括号外面的数 a 是 $1/(2\sigma^2)$。常数 c 的作用是使得 $\int p(x)\,\mathrm{d}x=1$。

正态分布关于其中心点 $x=\mu$ 是对称的。因此，它们并不适合变量 x 非负的情形。对数-正态分布可能适用。

累积分布是 $p(x)$ 从 $-\infty$ 到 x 的积分。当 $p(x)$ 是标准正态时（$\mu=0$，$\sigma^2=1$），它的从 $-\infty$ 开始的积分经常写作 $\varPhi(x)$：

$$\textbf{累积分布}\qquad \boldsymbol{\varPhi(x)}=\frac{1}{\sqrt{2\pi}}\int_{-\infty}^{x}\mathrm{e}^{-t^2/2}\,\mathrm{d}t \tag{16}$$

这与制成表的"误差函数"erf(x) 有十分紧密的联系：

$$\textbf{误差函数}\qquad \mathbf{erf}(\boldsymbol{x})=\frac{2}{\sqrt{\pi}}\int_{0}^{x}\mathrm{e}^{-s^2}\,\mathrm{d}s \tag{17}$$

可将变量 s 换元为 $t/\sqrt{2}$，并且加上从 $-\infty\sim 0$ 的积分值 $\dfrac{1}{2}$。那么

$$p(x)\text{的积分}=\boldsymbol{\varPhi(x)}=\frac{\mathbf{1}}{\mathbf{2}}\left[\mathbf{1}+\operatorname{erf}\left(\frac{\boldsymbol{x}}{\sqrt{\mathbf{2}}}\right)\right]=\text{移位与缩放了的误差函数}$$

对于正态分布 $\mathcal{N}(\mu,\sigma)$，只需将 x 改成 $(x-\mu)/\sigma$。

下面将描述两种概率分布（都在各自的领域中十分重要，两者直接来自这个单变量的正态分布 $p(x)$）：

(1) 当 x 服从一个正态分布时，指数函数 e^x 服从一个**对数正态分布**。

(2) 若 x 服从标准 $\mathcal{N}(0,1)$ 分布，则 x^2 服从 χ^2 **分布**。

若 $x_1,\cdots,x_n$ 服从均值为零、方差为 1 的独立正态分布，则

① $x_1+\cdots+x_n$ 服从一个均值为零、方差为 $\boldsymbol{n}$ 的**正态分布**；

② $x_1^2+\cdots+x_n^2$ 服从 $\boldsymbol{\chi_n^2}$ **分布**，其自由度为 n。

平方和的比服从 $\boldsymbol{F}$ **分布**（这里不进行研究）。

人们最想要的是允许互相依赖的随机变量，在这种情形下将有协方差以及方差（均值为 $\mu_1,\cdots,\mu_n$）：

方差 $=(\boldsymbol{x_i}-\boldsymbol{\mu_i})^2$ **的期望值**

协方差 $=(\boldsymbol{x_i}-\boldsymbol{\mu_i})(\boldsymbol{x_j}-\boldsymbol{\mu_j})$ **的期望值**

这些数填充 5.5 节中的方差-协方差矩阵 $\boldsymbol{C}$。当变量 $x_1,\cdots,x_n$ 独立时，协方差是零，$\boldsymbol{C}$ 是对角矩阵。当变量不独立时，如股票和债券，C 是对称正定的（在极端的情形下，半正定）。**然后高斯变量 $\boldsymbol{x_1,x_2,\cdots,x_n}$ 的联合分布是"多元高斯分布"**：

$$\boldsymbol{p(x)=p(x_1,\cdots,x_n)}=\frac{\mathbf{1}}{(\sqrt{\mathbf{2}\pi})^n\sqrt{\det \boldsymbol{C}}}\,\mathrm{e}^{-(\boldsymbol{x}-\boldsymbol{\mu})^{\mathrm{T}}\boldsymbol{C}^{-1}(\boldsymbol{x}-\boldsymbol{\mu})/2} \tag{18}$$

对 $n=1$，1×1 方差矩阵是 $\boldsymbol{C}=[\sigma^2]$，且 $p(x)$ 是通常的高斯分布。

5. 对数正态分布

当 $y=\log x$ 的分布为正态分布时，x 的分布是**对数正态分布**。这要求 $\boldsymbol{x>0}$，对数正态分布只适用于正的随机变量。

正态分布是平均随机变量 y 的许多独立样本时出现的（根据中心极限定理）。取中并对 $(x-\mu)$ 重新缩放，得到 $\mu=0$ 及 $\sigma^2=1$ 的标准正态分布 $\mathcal{N}(0,1)$。类似地，对数正态分布出现在取许多正样本值的乘积时。正态分布的算术平均对应于对数正态分布的几何平均。

为了得到 $p(x)$ 的公式，从对 $y=\log x$ 的正态分布开始。总的概率必须是 1。变量代换且记住 $\mathrm{d}y=\mathrm{d}x/x$。这就在对数正态分布 $p(x)$ 中引入了因子 $1/x$：

$$1=\int_{-\infty}^{\infty}\frac{1}{\sigma\sqrt{2\pi}}\mathrm{e}^{-(y-\mu)^2/2\sigma^2}\mathrm{d}y=\int_{0}^{\infty}\frac{1}{\sigma\sqrt{2\pi}\,\boldsymbol{x}}\mathrm{e}^{-(\log x-\mu)^2/2\sigma^2}\,\mathrm{d}x=\int_{0}^{\infty}p(x)\,\mathrm{d}x \tag{19}$$

对数正态分布的应用总是要求 $x>0$。

6. χ^2 分布

从这样一个问题开始：若 x 服从一个标准正态分布，$\mu=0$，$\sigma^2=1$，那么 $\boldsymbol{s=x^2}$ **的概率分布**是什么？这将是 s 的 χ_1^2 分布，其中希腊字母χ 与下标 1 表明是告诉我们正在对一个标准正态变量 x 取平方。当然 $s=x^2\geqslant 0$。

我们需要的是 s 在 y 与 $y+\mathrm{d}y$ 之间的概率。这有两种情况：

$\sqrt{s}$ 在 $\sqrt{y}$ 与 $\sqrt{y+\mathrm{d}y}$ 之间，或者在 $-\sqrt{y+\mathrm{d}y}$ 与 $-\sqrt{y}$ 之间。二者发生的可能性相同，因为标准正态分布关于零对称。同时，$\sqrt{y+\mathrm{d}y}=\sqrt{y}+\mathrm{d}y/2\sqrt{y}+$ 含 $(\mathrm{d}y)^2$ 的项：

$$P\left\{y<s<y+\mathrm{d}y\right\}=\mathbf{2}\,P\left\{\sqrt{y}<\sqrt{s}<\sqrt{y}+\frac{\mathrm{d}y}{2\sqrt{y}}\right\}=\frac{2}{\sqrt{2\pi}}\mathrm{e}^{-(\sqrt{y})^2/2}\frac{\mathrm{d}y}{2\sqrt{y}}$$

这就回答了第一个问题。$\boldsymbol{s=y^2}$ **的概率分布是** $\boldsymbol{p_1(s)}$：

$$\boldsymbol{\chi_1^2}\ \textbf{分布}\qquad \boldsymbol{p_1(s)=\frac{1}{\sqrt{2\pi s}}\mathrm{e}^{-s/2},\quad s>0} \tag{20}$$

注：对 $s=x^2$ 的累积分布与式 (16) 中的标准正态累积分布 $\varPhi(x)$ 直接相关。

$$P\{s<y\}=P\{-\sqrt{y}<x<\sqrt{y}\}=\varPhi(\sqrt{y})-(1-\varPhi(\sqrt{y}))$$

根据定义，在 $y=s$ 处的导数是 χ_1^2 分布，与式 (20) 一致：

$$\begin{matrix}\text{新方法}\\ \text{同一公式}\end{matrix}\qquad p_1(s)=\frac{\mathrm{d}}{\mathrm{d}y}\left[2\varPhi(\sqrt{y})-1\right]=\frac{1}{\sqrt{s}}\frac{1}{\sqrt{2\pi}}\mathrm{e}^{-s/2}$$

现在考虑**两个平方之和**，$\boldsymbol{s_2=x_1^2+x_2^2}$。标准正态变量 x_1 和 x_2 是互相独立的。找出所有 $x_1^2=s$ 与 $x_2^2=s_2-s$ 加起来等于 s_2 的所有组合。s_2 的概率分布 p_2 是所有这些组合的积分：

$$p_2(s_2)=\int_0^{s_2}p_1(s)\,p_1(s_2-s)\,\mathrm{d}s=\text{“}p_1\text{与}p_1\text{的卷积”} \tag{21}$$

由式 (20) 得到式 (22)（这是一个指数分布）：

$$\boldsymbol{n=2}\textbf{的}\boldsymbol{\chi^2}\textbf{分布是指数分布：}\ \boldsymbol{s_2=x_1^2+x_2^2},\qquad \boldsymbol{p_2(s_2)=\frac{1}{2}\mathrm{e}^{-s_2/2}} \tag{22}$$

对 $n=3,4,5,\cdots$ 卷积提供了一种成功的计算 χ_n^2 的方法。变量 s_n 是 $\boldsymbol{n}$ **个独立标准正态变量**平方的和。可以设想 s_n 为 $s_1+s_{n-1}=$ 一个平方加上 $n-1$ 个平方。然后采用与在

式 (21) 中同样的方法：

$$p_n(s_n) = \int_0^{s_n} p_1(s)\, p_{n-1}(s_n - s)\, \mathrm{d}s = \text{“}p_1\text{与}p_{n-1}\text{的卷积”}$$

积分 p_n 有 $Cs_n^{(n-2)/2}\,\mathrm{e}^{-s_n/2}$ 的形式。C 必须使得总概率 $\int p_n \mathrm{d}s_n = 1$。分部积分将逐步地减小指数 $(n-2)/2$ 直到 $-1/2$ 或 0。这些是已经完成的两个情况（$n = 1$ 和 $n = 2$）。因此可知如何求得 C 及 $s_n = x_1^2 + \cdots + x_n^2$ 的 χ_n^2 概率分布：

$\boldsymbol{s_n = \chi_n^2 =}$ $\boldsymbol{n}$**个标准正态变量平方的和**	$\boldsymbol{p_n(s_n) = Cs_n^{(n-2)/2}\mathrm{e}^{-s_n/2}}$	
$\boldsymbol{p_n}$ **的积分** **必须是 1**	$\boldsymbol{C = \dfrac{1}{2^{n/2}\Gamma(n/2)} = \dfrac{1}{2^{n/2}\left(\dfrac{n}{2}-1\right)!}}$	(23)

Gamma 函数 $\Gamma(n) = (n-1)\Gamma(n-1) = (n-1)!$，且 $\Gamma\left(\dfrac{1}{2}\right) = \sqrt{\pi}$。

χ^2 分布的典型应用

我们制造某产品，然后对其进行测试，其厚度的样本值为 $x_1, x_2, \cdots, x_n$。则样本均值 $\overline{x}$ 及样本方差 S^2 为

$$\overline{x} = \frac{1}{n}\sum_1^n x_i, \qquad S^2 = \frac{1}{n-1}\sum_1^n (x_i - \overline{x})^2$$

S^2 是有 $n-1$ 个自由度的平方和。其中一个自由度已被均值 $\overline{x}$ 用到。对 $n = 1$，$\overline{x} = x_1$，$S = 0$。对 $n=2$，$\overline{x} = \dfrac{1}{2}(x_1 + x_2)$，$S^2 = \dfrac{1}{2}(x_1 - x_2)^2$。对由式 (23) 给出的 χ_{n-1}^2，S^2 服从概率分布 p_{n-1}。

习题 5.2

1. 若 $p_1(x) = \dfrac{1}{\sqrt{2\pi}\,\sigma_1}\mathrm{e}^{-x^2/2\sigma_1^2}$，$p_2(x) = \dfrac{1}{\sqrt{2\pi}\,\sigma_2}\mathrm{e}^{-x^2/2\sigma_2^2}$，证明 p_1p_2 也是一个正态分布：均值 $= 0$，方差 $= \sigma^2 = \sigma_1^2\sigma_2^2/(\sigma_1^2 + \sigma_2^2)$。
   高斯分布的乘积依然是高斯分布。若 p_1 和 p_2 的均值为 m_1 和 m_2，则 p_1p_2 的均值为 $(m_1\sigma_2^2 + m_2\sigma_1^2)/(\sigma_1^2 + \sigma_2^2)$。
2. 要点：高斯分布 $p_1(x)$ 和 $p_2(x)$ 的**卷积**也是高斯的：

$$(\boldsymbol{p_1} * \boldsymbol{p_2})(x) = \int_{-\infty}^{\infty} p_1(t)\, p_2(x-t)\, \mathrm{d}t = \frac{1}{\sqrt{2\pi(\sigma_1^2 + \sigma_2^2)}}\mathrm{e}^{-x^2/2(\sigma_1^2+\sigma_2^2)}$$

   一个很好的证明是用傅里叶变换 $\mathcal{F}$，然后用卷积定理：

$$\mathcal{F}[p_1(x) * p_2(x)] = \mathcal{F}(p_1(x))\ \ \mathcal{F}(p_2(x))$$

   这是成功的，因为变换 $\mathcal{F}(p_i(x))$ 是 $\exp(-\sigma_i^2k^2/2)$ 的倍数。将这些变换相乘得到习题 1

中所示的乘积。这个乘积涉及 $\sigma_1^2+\sigma_2^2$。然后傅里叶逆变换得到 $p_1 * p_2$ 作为另一个高斯分布。

求：n 个相同的高斯分布 $\mathcal{N}(0,\sigma^2)$ 的卷积的方差 σ_n^2。

3. 验证卷积 $P(x)=\int p(t)\,p(x-t)\,\mathrm{d}t$，$\int P(x)\,\mathrm{d}x=1$：

$$\int_{-\infty}^{\infty} P(x)\,\mathrm{d}x=\int_x\int_t p(t)\,p(x-t)\,\mathrm{d}t=\int_t\int_x p(t)\,p(x-t)\,\mathrm{d}t=\_\_\_\_$$

4. 解释为什么两个随机变量之和的概率分布 $P(x)$ 是它们各自概率分布的卷积，即 $P=p_1\,p_2$。一个例子来自掷两个骰子并将结果相加：

和的概率 $$\left(\frac{1}{6},\frac{1}{6},\frac{1}{6},\frac{1}{6},\frac{1}{6},\frac{1}{6}\right)*\left(\frac{1}{6},\frac{1}{6},\frac{1}{6},\frac{1}{6},\frac{1}{6},\frac{1}{6}\right)=\_\_\_\_$$

和为 2~12 的概率 $$\left(\frac{1}{36},\frac{2}{36},\frac{3}{36},\frac{4}{36},\frac{5}{36},\frac{6}{36},\frac{5}{36},\frac{4}{36},\frac{3}{36},\frac{2}{36},\frac{1}{36}\right)=\_\_\_\_$$

5.3 矩、累积量以及统计不等式

假设已知随机变量 X 的平均值 $\overline{X}=E[X]$。想知道 $X\geqslant a$ 的概率。较大的截止值 a 将使该概率较小。

马尔可夫发现，对任意非负随机变量 X，$X\geqslant a$ 的概率有一个简单的上限为 $\overline{X}/a$。作为例子，可以选择 $a=2\overline{X}$。马尔可夫指出：一个随机样本大于或等于 $2\overline{X}$ 的概率不会大于 $\frac{1}{2}$。

马尔可夫不等式：假设 $\boldsymbol{X}\geqslant \mathbf{0}$　　（没有样本是负的）

$$P(\boldsymbol{X}(\boldsymbol{s})\geqslant \boldsymbol{a})\leqslant\frac{\boldsymbol{E}[\boldsymbol{X}]}{\boldsymbol{a}}=\frac{\overline{\boldsymbol{X}}}{\boldsymbol{a}}$$

一个例子将说明为什么马尔可夫不等式是正确的（及其意味着什么）。假设数 $0,1,2,\cdots$（所有均为非负）出现的概率为 $p_0,p_1,p_2,\cdots$，并且假设此分布有均值 $E[X]=\overline{X}=1$：

$$\textbf{均值}\qquad \overline{X}=0p_0+1p_1+2p_2+3p_3+4p_4+5p_5+\cdots=1 \tag{1}$$

马尔可夫不等式对于 $a=3$ 给出 $X\geqslant 3$ 的概率最大为 $\frac{1}{3}$：

$$\textbf{马尔可夫不等式}\qquad \boldsymbol{p_3+p_4+p_5+\cdots\leqslant\frac{1}{3}} \tag{2}$$

马尔可夫不等式的证明：将式 (1) 以更揭示内涵的方式写为

$$0p_0+1p_1+2p_2+\boldsymbol{3(p_3+p_4+p_5+\cdots)}+p_4+2p_5+\cdots=1 \tag{3}$$

式 (3) 中每一项都是大于或等于零。因此，其中粗体的项不可能大于 1：

$$\boldsymbol{3(p_3+p_4+p_5+\cdots)\leqslant 1}\ ,\ \textbf{这就是马尔可夫不等式 (2)} \tag{4}$$

由式 (3) 还可知**何时 $p_3+p_4+p_5+\cdots$ 能够等于 $\frac{1}{3}$**。若式 (3) 中的粗体项等于 1，则其他项的每一个都必须是零：

$$p_1=0,\quad 2p_2=0,\quad p_4=0,\quad 2p_5=0,\quad \cdots$$

这样就仅留下了 p_0 和 p_3。并且一定有 $p_3=\frac{1}{3}$，$p_0=\frac{2}{3}$，因为所有的 p 相加必须等于 1。

结论：首先，马尔可夫不等式是正确的。其次，若等式而且 $P\{x\geqslant a\}=\boldsymbol{E}[x]/a$，则除了下面这两个其他所有的概率实际上都是零：

$$P\{x=a\}=\frac{\boldsymbol{E}[x]}{a},\qquad P\{x=0\}=1-\frac{\boldsymbol{E}[x]}{a}$$

允许连续与离散的概率，下面给出一个正式的证明。

马尔可夫不等式的证明需要 4 步：

$$\begin{aligned}\overline{\boldsymbol{X}}=\boldsymbol{E}[\boldsymbol{X}]&=\sum_{\text{所有 } s} X(s)\ \text{乘以}(X(s)\text{的概率})\\&\geqslant\sum_{X(s)\geqslant a} X(s)\ \text{乘以}(X(s)\text{的概率})\\&\geqslant\sum_{X(s)\geqslant a} a\ \text{乘以}(X(s)\text{的概率})\\&=\boldsymbol{a}\textbf{乘以}(\boldsymbol{X}(\boldsymbol{s})\geqslant\boldsymbol{a}\textbf{的概率})\end{aligned}$$

两边除以 a，就得到了马尔可夫不等式：$P(\boldsymbol{X}(\boldsymbol{s})\geqslant\boldsymbol{a})\leqslant\overline{\boldsymbol{X}}/\boldsymbol{a}$。

第二个有用的不等式是切比雪夫不等式，它适用于所有的随机变量 $X(s)$，不仅是非负的函数。它提供了对离开均值 $\overline{X}$ 很远的事件发生概率的估计，因此我们正在观察概率分布的“尾部”。对“重尾”的分布，一个大偏差$|X(s)-\overline{X}|$ 有比通常更大的概率。$|X-\overline{X}|\geqslant a$ 的概率随着 a 的增加而减小。

适用于任何概率分布 $\boldsymbol{X}(\boldsymbol{s})$ 的切比雪夫不等式

$|\boldsymbol{X}(\boldsymbol{s})-\overline{\boldsymbol{X}}|\geqslant\boldsymbol{a}$ 的最大概率是 $\frac{\boldsymbol{\sigma}^2}{\boldsymbol{a}^2}$

证明过程是将马尔可夫不等式应用于非负函数 $Y(s)=(X(s)-\overline{X})^2$。通过方差的定义，**函数 $\boldsymbol{Y}$ 的均值是 $\boldsymbol{\sigma}^2$**。对 $|X(s)-\overline{X}|\geqslant a$，两边都取平方得到 $Y(s)\geqslant a^2$。然后利用马尔可夫不等式：

源自马尔可夫不等式的切比雪夫不等式 $$P\left(Y(s)\geqslant a^2\right)\leqslant\frac{Y\text{的均值}}{a^2}=\frac{\sigma^2}{a^2}\qquad(5)$$

这些都是容易得到的不等式，它们能够被进一步改进。在某些时候它们足以确认一个特定的随机算法是否成功。当它们不够用时，通常不得不超越均值与方差来采用更高阶的“矩”和“累积量”。通常关键的想法（就如在 Chernoff 不等式中）是用一个将所有这些矩关联起来的**生成函数**。

将一列数关联到一个函数是数学中的一种强有力的想法。一个实函数 $f(x)=\Sigma a_nx^n$ 或一个复值函数 $F(x)=\Sigma a_n\mathrm{e}^{inx}$ 包含了（以不同的形式）所有数 a_n 中的信息。这些数可以是概率或“矩”或“累积量”。那么 f 就是它们的生成函数。

矩和中心矩

对于一组离散的概率 p_i 和概率密度函数 $p(x)$，均值和方差是基本量。但是，统计学的基本理论包含更多的内容。对每个 n，**对应的矩是** $\boldsymbol{m_n = E[x^n]}$。至此，已知道了 m_0、m_1、m_2：

零阶矩 $= \mathbf{1}$　　$\Sigma p_i = \mathbf{1}$ 或 $\int p(x)\,\mathrm{d}x = \mathbf{1}$

一阶矩 $=$ **均值** $= E[\boldsymbol{x}]$　　$\Sigma ip_i = \boldsymbol{m}$ 或 $\int xp(x)\,\mathrm{d}x = \boldsymbol{m}$

二阶矩（**围绕着 0**）　　$\Sigma\, i^2p_i$ 或 $\int x^2p(x)\,\mathrm{d}x = \boldsymbol{\sigma^2 + m^2} = E[\boldsymbol{x^2}]$

二阶中心矩（**围绕着** $\boldsymbol{m}$）　　$\Sigma\,(i-m)^2\,p_i = \boldsymbol{\sigma^2}$ 或 $\int (x-m)^2\,p(x)\,\mathrm{d}x = \boldsymbol{\sigma^2}$

n 阶矩 m_n 是 $\Sigma\, i^np_i$ 或 $\int x^n\,p(x)\,\mathrm{d}x$。但是**中心矩**（围绕着 m）更有用。它们是 $\mu_n = (x-m)^n$ 的期望值。

$$\boldsymbol{n}\ \textbf{阶中心矩}\ \boldsymbol{\mu_n = \Sigma\,(i-m)^n\,p_i}\textbf{或}\boldsymbol{\int (x-m)^n\,p(x)\,\mathrm{d}x} \tag{6}$$

$$\boldsymbol{n}\ \textbf{阶归一化的中心矩}\ = \boldsymbol{\mu_n/\sigma^n} \tag{7}$$

每个 $p_i = p_{-i}$ 或 $p(x) = p(-x)$ 的对称分布有均值为零。且所有奇数矩为零，这是因为在零的左边与右边的项互相抵消。

当 $p(x)$ 相对于其均值对称时，奇数的中心矩 $\mu_1, \mu_3, \cdots$ 都为零（最佳的例子是正态分布）。归一化的三阶中心矩 $\boldsymbol{\gamma = \mu_3/\sigma^3}$ 称为分布的**偏度**。

问题：求伯努利硬币抛掷概率 $p_0 = \mathbf{1} - \boldsymbol{p}$ 与 $p_1 = \boldsymbol{p}$ 的偏度。

答案：首先，其均值是 p，方差是 $\mu_2 = \sigma^2 = (1-p)p^2 + p(1-p)^2 = \boldsymbol{p(1-p)}$。三阶中心矩是 μ_3，它依赖于离均值 p 的距离：

$$\boldsymbol{\mu_3} = (1-p)(0-p)^3 + p(1-p)^3 = p(1-p)(1-2p) \qquad \textbf{偏度}\ \gamma = \frac{\mu_3}{\sigma^3} = \frac{1-2p}{\sqrt{p(1-p)}}$$

距离“中心”远的地方，矩更大。对于一个跷跷板，这是质心。就概率而言，这个中心是均值 m。一个重尾分布有大的 μ_4 值。一般用一个正态分布的四阶矩（这是 $3\sigma^4$）作为比较的基础。任何一个分布的**峰度**（kurtosis）称为 kappa（κ）：

$$\textbf{峰度}\quad \boldsymbol{\kappa} = \frac{\boldsymbol{\mu_4 - 3\sigma^4}}{\boldsymbol{\sigma^4}} = \frac{\boldsymbol{\mu_4}}{\boldsymbol{\sigma^4}} - \mathbf{3} \tag{8}$$

生成函数与累积量

4 个关键函数是由概率、矩和累积量产生的。从离散随机变量 X 开始，事件 $X = n$ 有概率为 p_n，这些 p_n 得出前三个函数。然后有 $\boldsymbol{K(t) = \log M(t)}$。

$$\textbf{概率生成函数}\qquad \boldsymbol{G(z) = \sum_{0}^{\infty} p_n z^n} \tag{9}$$

$$\textbf{特征函数}\qquad \boldsymbol{\phi(t) = \sum_{0}^{\infty} p_n \mathrm{e}^{itn}} \tag{10}$$

矩生成函数	$$M(t)=\sum_0^\infty m_n\frac{t^n}{n!}$$	(11)
累积量生成函数	$$K(t)=\sum_0^\infty \kappa_n\frac{t^n}{n!}$$	(12)

概率 p_n、矩 m_n 和累积量 κ_n 可以由函数 G、M、K 在 $z=0$ 和 $t=0$ 处的 n 阶导数恢复：

$$p_n=\frac{1}{n!}\frac{\mathrm{d}^nG}{\mathrm{d}z^n}(0),\qquad m_n=\frac{\mathrm{d}^nM}{\mathrm{d}t^n}(0),\qquad \kappa_n=\frac{\mathrm{d}^nK}{\mathrm{d}t^n}(0)\tag{13}$$

同时存在一种非常有启示性的方法将这 4 个生成函数与期望值联系起来：

$$G(z)=E\left[z^X\right],\qquad \phi(t)=E\left[\mathrm{e}^{\mathrm{i}tX}\right],\qquad M(t)=E\left[\mathrm{e}^{tX}\right],\qquad K(t)=\log E\left[\mathrm{e}^{tX}\right]\tag{14}$$

当然在这 4 个系数的后面一定有个目的，我们是在获得一组无穷多的系数。这些累积量的关键点是它们导致 $K(t)=\log M(t)$ 的如下性质：

$$\textbf{对独立随机变量}X\textbf{与}Y\textbf{有}\quad K_{X+Y}(t)=K_X(t)+K_Y(t)$$

例： 一个硬币抛掷给出了**伯努利分布**，其概率为 $p_0=1-p$，$p_1=p$。然后 $p=E[x]=E[x^2]=E[x^3]=\cdots$，及 $\boldsymbol{M(t)=1-p+p\mathrm{e}^t}$。

$$\text{累积产生函数}K(t)=\log(1-p+p\mathrm{e}^t)$$

$$\text{第一个累积量}\kappa_1=\frac{\mathrm{d}K}{\mathrm{d}t}(0)=\left[\frac{p\mathrm{e}^t}{1-p+p\mathrm{e}^t}\right]_{t=0}=p$$

对**二项分布**（N 次独立的硬币抛掷）用 N 来乘以每个累积量。

对**泊松分布** $p_n=\mathrm{e}^{-\lambda}\lambda^n/n!$，函数 $K(t)=\lambda(\mathrm{e}^t-1)$，所有 $\kappa_n=\lambda$。

连续分布的生成函数

我们不能忽略正态分布！对于一个连续的分布，所有生成函数具有对 $p(x)$ 的积分，而不是 p_n 的和：

$$\phi(t)=\int_{-\infty}^{\infty}p(x)\,\mathrm{e}^{\mathrm{i}tx}\,\mathrm{d}x,\qquad M(t)=\int_{-\infty}^{\infty}p(x)\,\mathrm{e}^{tx}\,\mathrm{d}x,\qquad K(t)=\log M(t)\tag{15}$$

对一个正态分布（均值 μ、方差 σ^2），矩生成函数是 $M(t)=\mathrm{e}^{\mu t}\mathrm{e}^{\sigma^2t^2/2}$。累积量生成函数是其对数值 $\boldsymbol{K(t)=\mu t+\sigma^2t^2/2}$。因此，正态分布是十分特别的，只有两个非零的累积量：

$$\textbf{正态分布}\qquad \kappa_1=\mu,\qquad \kappa_2=\sigma^2,\qquad \kappa_3=\kappa_4=\cdots=0$$

关于累积量的 3 个关键结论： $\kappa_1=$ **均值，** $\kappa_2=$ **方差，** $\kappa_3=$ **第三阶中心矩。**

因为相互独立过程的累积量是可以相加的，它们贯穿于组合学、统计学和物理中。更高阶的累积量比 κ_3 复杂。

中心极限定理

只用几行，我们就能证明概率论中重要的极限定理。这涉及均值为 m、方差为 σ^2 的 N 个独立样本 $X_1, X_2, \cdots, X_N$ 的标准化了的平均$Z_n = \sum(X_k - m)/\sigma\sqrt{N}$。由中心极限定理可知：**当 $N \to \infty$ 时，Z_n 的分布趋于标准正态分布（均值为 0，方差为 1）。**

这个证明利用标准化变量 $Y = (X - m)/\sigma$ 的特征函数：

$$E\left[\mathrm{e}^{\mathrm{i}tY}\right] = E\left[1 + \mathrm{i}tY - \frac{1}{2}t^2Y^2 + O(t^3)\right] = \mathbf{1} + \mathbf{0} - \frac{\mathbf{1}}{\mathbf{2}}\boldsymbol{t^2} + O(t^3) \tag{16}$$

由于 $Z_N = (Y_1 + Y_2 + \cdots + Y_N)/\sqrt{N}$，因此其特征函数是 N 个 $Y/\sqrt{N}$ 的相同特征函数的乘积；t 是固定的。习题中将以一个实例结束。

$$\left(E\left[\mathrm{e}^{\mathrm{i}tY/\sqrt{N}}\right]\right)^{\boldsymbol{N}} = \left[1 - \frac{1}{2}\left(\frac{t}{\sqrt{N}}\right)^2 + O\left(\frac{t}{\sqrt{N}}\right)^3\right]^{\boldsymbol{N}} \to \mathbf{e}^{-\boldsymbol{t^2/2}}, \quad N \to \infty \tag{17}$$

极限 $\mathbf{e}^{-\boldsymbol{t^2/2}}$ 是标准正态分布 $\mathcal{N}(0,1)$ 的特征函数。

和的切尔诺夫（Chernoff）不等式

$X = X_1 + \cdots + X_n$ 的均值为 $\overline{X} = \overline{X}_1 + \cdots + \overline{X}_n$。若这些变量是相互独立的，则 X 的方差为 $\sigma^2 = \sigma_1^2 + \cdots + \sigma_n^2$。

从本节开始，切比雪夫不等式给出了一个远离其均值 $\overline{X}_i$ 的样本 X_i 的概率的上界，这也适用于它们的和 X、$\overline{X}$。

$$\textbf{和的切比雪夫不等式} \quad \boldsymbol{P(|X - \overline{X}| \geqslant a) \leqslant \frac{\sigma_1^2 + \cdots + \sigma_n^2}{a^2}} \tag{18}$$

对 $n = 1$，这个不等式中的等式是可以成立的。对于一个和，这个不等式能被改进吗？我会猜不能。切尔诺夫说能。这里有一个微妙之处。切尔诺夫不仅假设每对 X_i 和 X_j 是互相独立的，而且假设所有的 X_i 是联合独立的：

$$\text{概率相乘} \quad p(x_1, \cdots, x_n) = p_1(x_1) \cdots p_n(x_n) \tag{19}$$

一个对角协方差矩阵只要求成对独立即可。式 (19) 给出了更多的信息，并且它对和给出了比式 (18) 强得多的界 (式 (20))。

切尔诺夫不等式的关键点是它的指数界。远离其均值 $\overline{X}$ 的和 X 不大可能是指数式的，这是因为一个不寻常的和 $X = X_1 + \cdots + X_n$ 通常需要若干 X_i 远离它们的均值 $\overline{X}_i$。

一个例子是在抛掷 n 个硬币时正面出现的次数。对每个硬币 $\overline{X}_i = p_i$。正面出现的总次数 X 会有均值 $\overline{X} = p_1 + \cdots + p_n$。

$$\begin{aligned} &\textbf{上切尔诺夫不等式} \quad \boldsymbol{P\left(X \geqslant (1+\delta)\overline{X}\right) \leqslant \mathrm{e}^{-\overline{X}\delta^2/(2+\delta)}} \\ &\textbf{下切尔诺夫不等式} \quad \boldsymbol{P(X \leqslant (1-\delta)\overline{X}) \leqslant \mathrm{e}^{-\overline{X}\delta^2/2}} \end{aligned} \tag{20}$$

Michel Goemans在 MIT 课程 18.310 的在线讲义中指出上面这些关系是如何密切的。假设

抛掷 n 次硬币，则 $\overline{X}=n/2$（一半是正面，一半是反面）。现在取一个小的 $\delta^2=(4\log n)/n$，比较对 δ 与 2δ 在式 (20) 中的切尔诺夫界。

$X\leqslant(1-2\delta)\overline{X}$ 的概率比 $X\leqslant(1-\delta)\overline{X}$ 小很多。通过将 δ 加倍，切尔诺夫指数中的 δ^2 变成 $4\delta^2$。这个概率就从 $1/n$ 降至 $1/n^4$：

$$\begin{aligned}\overline{X}\delta^2/2 &= \log n \quad \text{给出界}\quad \mathbf{e}^{-\log n}=\mathbf{1}/\boldsymbol{n}\\ \overline{X}(2\delta)^2/2 &= 4\log n \quad \text{给出界}\quad \mathbf{e}^{-4\log n}=\mathbf{1}/\boldsymbol{n}^{\mathbf{4}}\end{aligned}$$

由切比雪夫不等式得到 $\mathbf{1}/\mathbf{4}\boldsymbol{n}$，而由切尔诺夫不等式有 $\mathbf{1}/\boldsymbol{n}^{\mathbf{4}}$（这是指数级的差别）。下面给出切尔诺夫界的关键步骤。首先将 $\boldsymbol{X}$ 取中，使 $\overline{X}=0$：

$$\begin{aligned}&\textbf{通常的切比雪夫不等式}\quad \boldsymbol{P}\left(|\boldsymbol{X}|\geqslant \boldsymbol{a}\right)=P(X^2\geqslant a^2)\leqslant \boldsymbol{E}\left[\boldsymbol{X}^{\mathbf{2}}\right]/\boldsymbol{a}^{\mathbf{2}}\\ &\textbf{上切尔诺夫不等式}\quad \boldsymbol{P}\left(\boldsymbol{X}\geqslant \boldsymbol{a}\right)=P\left(\mathrm{e}^{sX}\geqslant \mathrm{e}^{sa}\right)\leqslant \boldsymbol{E}\left[\mathbf{e}^{\boldsymbol{sX}}\right]/\mathbf{e}^{\boldsymbol{sa}}\\ &\textbf{下切尔诺夫不等式}\quad \boldsymbol{P}\left(\boldsymbol{X}\leqslant \boldsymbol{a}\right)=P\left(\mathrm{e}^{-sX}\geqslant \mathrm{e}^{-sa}\right)\leqslant \boldsymbol{E}\left[\mathbf{e}^{-\boldsymbol{sX}}\right]/\mathbf{e}^{-\boldsymbol{sa}}\end{aligned}$$

我们需要这两个指数（正的与负的）。特别是，我们需要矩生成函数。可知 $M(s)=E[\mathrm{e}^{sX}]$，$M(-s)=E\left[\mathrm{e}^{-sX}\right]$。然后仔细选择 1 个 s，得出切尔诺夫不等式。它在随机线性代数中有许多应用。

涉及非独立的样本，需要**协方差**和方差；而且需要矩阵的马尔可夫-切比雪夫-切尔诺夫不等式。以下对此进行讨论。

矩阵的马尔可夫不等式与切比雪夫不等式

随机梯度下降法（见 6.5 节）是对神经网络权重优化的一个成熟算法。随机意味着随机选择或发生，得到的这些权重放在矩阵中。因此，深度学习统计一个不可缺少的步骤是对随机矩阵的特征值和迹建立不等式。

我们的目标不是给出详尽的讲解，而是列出一些基本结论。当 $\boldsymbol{A}-\boldsymbol{X}$ 是半正定时：我们记为 $\boldsymbol{X}\leqslant\boldsymbol{A}$，这时能量 $\geqslant 0$，所有的特征值 $\geqslant 0$；否则 $\boldsymbol{X}>\boldsymbol{A}$。在这种情况下，$\boldsymbol{A}-\boldsymbol{X}$ 有负特征值。

马尔可夫不等式：假设 $\boldsymbol{X}\geqslant 0$ 是半正定或正定的随机矩阵，其均值为 $E\left[\boldsymbol{X}\right]=\overline{X}$。假设 $\boldsymbol{A}$ 是任意一个正定矩阵，则

$$\boldsymbol{P}\left\{\boldsymbol{X}>\boldsymbol{A}\right\}=\boldsymbol{P}\left\{\boldsymbol{A}-\boldsymbol{X}\ \text{不是半正定的}\right\}\leqslant\mathbf{tr}(\overline{\boldsymbol{X}}\boldsymbol{A}^{-\mathbf{1}})\tag{21}$$

假设 X 和 A 是标量 x 和 a，将其与马尔可夫不等式 $P\{x\geqslant a\}\leqslant\overline{x}/a$ 进行比较。

证明：若 $\boldsymbol{A}^{1/2}$ 是 $\boldsymbol{A}$ 的正定平方根，下面是关键的一步：

$$\text{若}\ \boldsymbol{X}>\boldsymbol{A}，\text{则}\ \mathrm{tr}(\boldsymbol{A}^{-1/2}\boldsymbol{X}\boldsymbol{A}^{-1/2})>1\tag{22}$$

当 $\boldsymbol{A}-\boldsymbol{X}$ 不是半正定时，必然存在一个向量 $\boldsymbol{v}$，其具有负能量 $\boldsymbol{v}^{\mathrm{T}}(\boldsymbol{A}-\boldsymbol{X})\boldsymbol{v}<0$。设 $\boldsymbol{w}=\boldsymbol{A}^{1/2}\boldsymbol{v}$，则 $\boldsymbol{w}^{\mathrm{T}}\boldsymbol{w}<\boldsymbol{w}^{\mathrm{T}}\boldsymbol{A}^{-1/2}\boldsymbol{X}\boldsymbol{A}^{-1/2}\boldsymbol{w}$。$\boldsymbol{A}^{-1/2}\boldsymbol{X}\boldsymbol{A}^{-1/2}$ 的最大特征值是 $\lambda_{\max}>1$：

$$\textbf{Rayleigh 商}\qquad \lambda_{\max}=\max\frac{\boldsymbol{y}^{\mathrm{T}}\boldsymbol{A}^{-1/2}\boldsymbol{X}\boldsymbol{A}^{-1/2}\boldsymbol{y}}{\boldsymbol{y}^{\mathrm{T}}\boldsymbol{y}}>1$$

$A^{-1/2}XA^{-1/2}$ 的特征值没有一个是负的，因此其迹大于 1，这就是式 (22)。然后取式 (22) 两边的期望值将得到马尔可夫不等式 (21)：

$$P\{X > A\} \leqslant E[\mathrm{tr}\,(A^{-1/2}XA^{-1/2})] = \mathrm{tr}\,(A^{-1/2}\overline{X}A^{-1/2}) = \mathrm{tr}\,(\overline{X}A^{-1})$$

现在转向切比雪夫不等式 $P\{|\,X-\overline{X}\,| \geqslant a\} \leqslant \sigma^2/a^2$。对一个对称矩阵 $A = Q\Lambda Q^{\mathrm{T}}$，我们将用关于其绝对值 $|A| = Q|\Lambda|Q^{\mathrm{T}}$ 的这样一个结论：

若 $A^2 - B^2$ 是半正定的，则$|A| - |B|$ 也是半正定的。

这个证明不是那么简单。相反的说法不成立，将例子留到习题中。现在用以下结论：

一个均值为 0 的随机矩阵 X 的切比雪夫不等式

若 A 是正定的，则$P\{|X| > A\} < \mathrm{tr}\,(E\,[X^2]A^{-2})$ (23)

若 $A - |X|$ 不是半正定的，则 $A^2 - X^2$ 不是半正定的（如上）：

$$P\{|X| > A\} \leqslant P\{X^2 > A^2\} < \mathrm{tr}\,(E\,[X^2]A^{-2})$$

最后一步是对于半正定矩阵 X^2 的马尔可夫不等式。

维基百科提供了对 $\mathbf{R}^N$ 中的随机变量 x 的一个多维切比雪夫不等式。假设其均值 $E\,[x] = m$，且它的协方差矩阵是 $V = E\,[(x-m)(x-m)^{\mathrm{T}}]$：

若 V 是正定的且 $t > 0$，则 $P\{(x-m)^{\mathrm{T}}V^{-1}(x-m) > t^2\} \leqslant N/t^2$

矩阵的切尔诺夫不等式

切尔诺夫不等式处理随机变量 X_k 的和 Y 之前是标量，而现在是 $n \times n$ 半正定（或正定）矩阵。我们看一下那个和的最小与最大的特征值。切尔诺夫不等式的关键点是要使一个和远离其均值，通常需要和中的几个项相当偏离均值，而这种不寻常的事件的组合是非常不可能的。

因此，得到对尾部概率（离开均值的距离）的界是指数级小的限。

矩阵的切尔诺夫不等式： 假设 $Y = \Sigma\, X_k$ 中的每个矩阵 X_k 有特征值 $0 \leqslant \lambda \leqslant C$。设 $\mu_{\min}$ 和 $\mu_{\max}$ 为平均和 $\overline{Y} = \Sigma\,\overline{X}_k$ 的两个极值特征值。则

$$E\,[\lambda_{\min}(Y)] \geqslant \left(1 - \frac{1}{\mathrm{e}}\right)\mu_{\min} - C\log n \tag{24}$$

$$E\,[\lambda_{\max}(Y)] \leqslant (\,\mathrm{e}-1\,)\mu_{\max} + C\log n \tag{25}$$

和 Y 的特征值远离它们的均值是指数级不可能的：

$$P\{\lambda_{\min}(Y) \leqslant t\,\mu_{\min}\} \leqslant n\,\mathrm{e}^{-(1-t)^2\mu_{\min}/2C} \tag{26}$$

$$P\{\lambda_{\max}(Y) \geqslant t\,\mu_{\max}\} \leqslant n\left(\frac{\mathrm{e}}{t}\right)^{t\mu_{\max}/C}, \quad t \geqslant \mathrm{e} \tag{27}$$

Joel Tropp 的电子版教科书对矩阵不等式有出色的表述，证明了对式 (24)~式 (27) 中的期望值与指数界更精确的估计。

Tropp J. An Introduction to Matrix Concentration Inequalities. arXiv: 1501.01571.

在切尔诺夫不等式之后还有相当多的不等式出现。我们最后将不等式 (26) 应用于具有随机边的图连通的概率。

Erdős-Renyi 随机图

这是一个定义随机图的机会。从 n 个节点开始，**每条边以概率 p 存在**。问题是：**对哪个 p，这个图有可能是连通的？**

当节点 j 与 k 是相连的，$n \times n$ 邻接矩阵有 $\boldsymbol{M}_{jk} = \boldsymbol{M}_{kj} = 1$。随机变量 $\boldsymbol{x}_{jk}$ 对这个双向边是 0 或 1，概率分别是 $1-p$ 或 p:

$$\textbf{邻接矩阵} \qquad \boldsymbol{M} = \text{随机矩阵的和} = \sum_{j<k} \boldsymbol{x}_{jk}(\boldsymbol{E}_{jk} + \boldsymbol{E}_{kj}) \tag{28}$$

$\boldsymbol{E}_{jk}$ 是在位置 (j,k) 处为 1 的矩阵。拉普拉斯矩阵 $\boldsymbol{L} = \boldsymbol{D} - \boldsymbol{M}$。

$$\textbf{行的和减去}\boldsymbol{M} \qquad \boldsymbol{L} = \sum_{j<k} \boldsymbol{x}_{jk}(\boldsymbol{E}_{jj} + \boldsymbol{E}_{kk} - \boldsymbol{E}_{jk} - \boldsymbol{E}_{kj}) \tag{29}$$

对每条边（意味着 $x_{jk}=1$），度矩阵 $\boldsymbol{D}$ 有两个来自 $\boldsymbol{E}_{jj} + \boldsymbol{E}_{kk}$ 的 1。邻接矩阵 $\boldsymbol{M}$ 则有两个来自 $\boldsymbol{E}_{jk} + \boldsymbol{E}_{kj}$ 的 1。两者一起，这 4 个项有特征值 λ为2 和 0。因此 $\boldsymbol{L}$ 是半正定的，而且 $\lambda = 0$ 有特征向量 $(1,\cdots,1)$。

当图是连通的时，$\boldsymbol{L}$ 的第二最小的特征值是正的。对两部分图，我们可以将一部分中的节点排号，再去排另一部分的节点。然后，$\boldsymbol{L}$ 有来自这两个部分的独立块，每块有一个全是 1 的特征向量，并且 $\boldsymbol{L}$ 有 $\lambda_1 = \lambda_2 = 0$（两个零特征值，对应分开的为 1 的特征向量）。

需要一个大小为 $n-1$ 的随机矩阵 $\boldsymbol{Y}$，其最小的特征值是 $\boldsymbol{\lambda_1(Y)=\lambda_2(L)}$。则一个连通图会有 $\lambda_1(\boldsymbol{Y}) > 0$。一个合适的 $\boldsymbol{Y}$ 是 $\boldsymbol{ULU}^{\mathrm{T}}$，其中 $\boldsymbol{U}$ 的 $n-1$ 行是垂直于全是 1 的向量 $\mathbf{1}$ 的单位正交向量。$\boldsymbol{Y}$ 就像 $\boldsymbol{L}$，但去掉了全是 1 的特征向量与对应的零特征值。

现在应用矩阵的切尔诺夫定理来发现何时 $\lambda_{\min}(\boldsymbol{Y}) > 0$ 以及图是连通的。$\boldsymbol{Y}$ 是随机矩阵 $\boldsymbol{X}_{jk}$ 的和（对所有的 $j<k$）:

$$\boldsymbol{Y} = \boldsymbol{ULU}^{\mathrm{T}} = \sum x_{jk}\,\boldsymbol{U}\,(\boldsymbol{E}_{jj} + \boldsymbol{E}_{kk} - \boldsymbol{E}_{jk} - \boldsymbol{E}_{kj})\,\boldsymbol{U}^{\mathrm{T}} = \sum \boldsymbol{X}_{jk} \tag{30}$$

由于 $\|\boldsymbol{U}\| = \|\boldsymbol{U}^{\mathrm{T}}\| = 1$，如上所述，每个 $\boldsymbol{X}_{jk}$ 是半正定的，且其特征值小于或等于 2。

然后应用切尔诺夫不等式中 $C=2$。我们同时也需要平均矩阵 $\overline{\boldsymbol{Y}}$ 的最小特征值 $\mu_{\min}$。每个随机数 x_{jk} 的期望值是 p（这是图中含有该边的概率）。$Y = \sum X_{jk}$ 的期望值是 $p\,n\,\boldsymbol{I}_{n-1}$:

$$\begin{aligned}\overline{\boldsymbol{Y}} &= p\boldsymbol{U}\left[\sum_{j<k}(\boldsymbol{E}_{jj} + \boldsymbol{E}_{kk} - \boldsymbol{E}_{jk} - \boldsymbol{E}_{kj})\right]\boldsymbol{U}^{\mathrm{T}} \\ &= p\boldsymbol{U}[(n-1)\boldsymbol{I}_n - (\mathbf{1}\mathbf{1}^{\mathrm{T}} - \boldsymbol{I}_n)]\boldsymbol{U}^{\mathrm{T}} = \boldsymbol{p\,n\,I_{n-1}}\end{aligned} \tag{31}$$

$(n-1)\boldsymbol{I}_n$ 项来自将所有的对角矩阵 $\boldsymbol{E}_{jj}$ 与 $\boldsymbol{E}_{kk}$ 相加。非对角矩阵 $\boldsymbol{E}_{jk}$ 与 $\boldsymbol{E}_{kj}$ 相加得到 $\mathbf{1}\mathbf{1}^{\mathrm{T}} - \boldsymbol{I}_n =$ 零对角的全 1 矩阵。$\boldsymbol{UU}^{\mathrm{T}} = \boldsymbol{I}_{n-1}$ 产生 $p\,n\,\boldsymbol{I}_{n-1}$，找到了最小的特征值 $\boldsymbol{\mu_{\min} = p\,n}$。

现在应用 $C=2$ 的切尔诺夫定理中的不等式 (26):

$$\boldsymbol{P}\{\lambda_2(L) \leqslant t\,p\,n\} = \boldsymbol{P}\{\lambda_1(Y) \leqslant t\,p\,n\} \leqslant (n-1)\,\mathrm{e}^{-(1-t)^2 pn/4} \tag{32}$$

当 $t \to 0$ 时，一个关键量是 $(n-1)\mathrm{e}^{-pn/4}$。如果其对数值小于零，这个量是小于 1 的。

$$\log(n-1) - \frac{1}{4}pn < 0 \quad \text{或} \quad p > \frac{4\log(n-1)}{n} \tag{33}$$

在随机图中边以概率 p 被包含进去。若 p 足够大到满足式 (33)，则这个图可能是连通的。一个更严格的处理可以移去因子 4，这为连通随机图产生了 p 的最佳截断值。

习题 5.3

1. 求泊松分布 $p_n = \mathrm{e}^{-\lambda}\lambda^n/n!$ 的概率生成函数 $G(z)$。
2. 独立的随机变量 x 与 y 有 $p(x,y) = p(x)\,p(y)$，试推导它们的累积生成函数的特殊性质 $K_{X+Y}(t) = K_X(t) + K_Y(t)$。
3. 一次公平的抛硬币有结果 $X=0$ 和 $X=1$，概率分别为 $\dfrac{1}{2}$ 和 $\dfrac{1}{2}$。求 $X \geqslant 2\overline{X}$ 的概率。证明马尔可夫不等式在这种情形下给出了 $\overline{X}/2$ 的确切概率。
4. 抛掷两枚普通的骰子，结果在 $X=2$ 与 $X=12$（两个 1 或两个 6) 之间，平均值为 7。求 $X \geqslant 12$ 的实际概率 p。证明马尔可夫不等式在 $a=12$ 的情形下，$\dfrac{\overline{X}}{12}$ 高估了概率 p。
5. 这是对非负变量 X 的马尔可夫基本不等式的另一个证明。

   对 $a>0$，随机变量 $Y = \begin{cases} 0, & X \leqslant a \\ a, & X > a \end{cases}$ 有 $Y \leqslant X$。为什么？

   解释对马尔可夫上界 $E[X]/a$ 的最后一步 $\boldsymbol{a\,P\{X \geqslant t\}} = \boldsymbol{E}[\boldsymbol{Y}] \leqslant \boldsymbol{E}[\boldsymbol{X}]$。
6. 证明一个随机变量 $\boldsymbol{Y} = \boldsymbol{Y}^{\mathrm{T}}$ 的最大特征值是 $\boldsymbol{Y}$ 的凸函数：

$$\boldsymbol{\lambda_{\max}}(\overline{\boldsymbol{Y}}) = \lambda_{\max}(p_1\boldsymbol{Y}_1 + \cdots + p_n\boldsymbol{Y}_n) \leqslant p_1\lambda_{\max}(\boldsymbol{Y}_1) + \cdots + p_n\lambda_{\max}(\boldsymbol{Y}_n) = E[\boldsymbol{\lambda_{\max}}(\boldsymbol{Y})]$$

7. 证明 $\boldsymbol{A}-\boldsymbol{B}$ 是半正定的，而 $\boldsymbol{A}^2-\boldsymbol{B}^2$ 不是：

$$\boldsymbol{A} = \begin{bmatrix} 2 & 1 \\ 1 & 1 \end{bmatrix}, \quad \boldsymbol{B} = \begin{bmatrix} 1 & 1 \\ 1 & 1 \end{bmatrix}$$

8. 证明一个神奇的恒等式：当随机样本 $0 < x_1 < x_2 < \cdots < x_n$，有概率 $p_1, p_2, \cdots, p_n$ 时：

$$\text{均值} = \boldsymbol{E}[x] = \sum_1^n p_i x_i = \int_0^\infty \boldsymbol{P}\{\boldsymbol{x} > \boldsymbol{t}\}\mathrm{d}t$$

   提示：直到 $t = x_1$，那个概率是 $\sum p_i = 1$；直到 $t = x_2$，概率是 $1 - p_1$。
9. 若 $X=1$ 有 $p_1 = \dfrac{1}{2}$，$X=-1$ 有 $p_{-1} = \dfrac{1}{2}$，求 m，σ^2 与 $\boldsymbol{E}[\mathrm{e}^{\mathrm{i}tX}] = \cos t$。

   对 X 的两个样本的和 Z，求 p_2, p_0, p_{-2}。检查 $\boldsymbol{E}[\mathrm{e}^{\mathrm{i}tZ}] = (\boldsymbol{E}[\mathrm{e}^{\mathrm{i}tX}])^2$。

   应用微积分中的 $\left(1 - \dfrac{C}{N}\right)^N \to \mathrm{e}^{-C}$，解释式 (17)：$\left[\boldsymbol{E}\left(\mathrm{e}^{\mathrm{i}tX/\sqrt{N}}\right)\right]^N \to \mathrm{e}^{-t^2/2}$。

5.4 协方差矩阵与联合概率

当同时进行 M 个不同的试验时，就会引入线性代数。如测量年龄、身高和体重（对 N 个人的 $M=3$ 次测量)，每次测量各有其均值，因此有向量 $\boldsymbol{m} = (m_1, m_2, m_3)$ 包含 M 个均值。

m_1、m_2、m_3 可以是年龄、身高和体重的样本均值，或者是年龄、身高和体重基于已知概率的期望值。

当我们讨论方差时，就涉及了矩阵。每个试验都有基于距离其均值的平方距离的样本方差 S_i^2 或一个期望的 $\sigma_i^2 = E\left[(x_i - m_i)^2\right]$。$\sigma_1^2, \cdots, \sigma_M^2$ 这 M 个数在"方差–协方差矩阵"的主对角线上。至今还没有将 M 个平行试验关联起来。它们测量不同的随机变量，但试验并不一定是互相独立的。

若测量儿童的年龄、身高和体重（$\boldsymbol{a}, \boldsymbol{h}, \boldsymbol{w}$），这些结果将是强相关的。年龄更大的儿童通常更高、更重。若已知均值 m_{a}、m_{h}、m_{w}，则 σ_a^2、σ_h^2、σ_w^2 分别是年龄、身高和体重的方差。**新的数字是如 $\boldsymbol{\sigma_{ah}}$ 的协方差，它是度量年龄与身高的关系。**

$$\boxed{\textbf{协方差}\quad \boldsymbol{\sigma_{ah}} = \boldsymbol{E}\left[(\textbf{年龄} - \textbf{平均年龄})\ (\textbf{身高} - \textbf{平均身高})\right]} \tag{1}$$

为了计算 σ_{ah}，不仅要知道每个年龄的概率和每个身高的概率，还必须知道**每对（年龄、身高）的联合概率**，因为年龄与身高有关。

$\boldsymbol{p_{ah}}$ = 一个随机儿童同时有年龄 $= \boldsymbol{a}$ 和身高 $= \boldsymbol{h}$ 的概率

$\boldsymbol{p_{ij}}$ **= 试验 1 产生 $\boldsymbol{x_i}$ 和试验 2 产生 $\boldsymbol{y_j}$ 的概率**

假设试验 1（年龄）有均值 m_1，试验 2（身高）有均值 m_2。式 (1) 中的试验 1 与试验 2 之间的协方差审视**所有**年龄 x_i 与身高 y_j **对**，乘以这对联合概率 p_{ij}。

$(\boldsymbol{x} - \boldsymbol{m_1})(\boldsymbol{y} - \boldsymbol{m_2})$ **的期望值**

$$\boxed{\textbf{协方差}\quad \boldsymbol{\sigma_{12}} = \sum_{\textbf{all}\ \boldsymbol{i,j}}\sum \boldsymbol{p_{ij}(x_i - m_1)(y_j - m_2)}} \tag{2}$$

为了掌握这个"联合概率p_{ij}"，下面用两个例子来说明。

例 1 **分开抛掷两枚硬币**。用 1 表示正面，0 表示反面，其结果可以是 $(1,1)$、$(1,0)$、$(0,1)$ 或 $(0,0)$。这 4 个结果的概率都为 $\left(\frac{1}{2}\right)^2 = \boldsymbol{\frac{1}{4}}$。对于独立的试验，用概率相乘：

$$\boldsymbol{p_{ij}} = (\boldsymbol{i}, \boldsymbol{j})\textbf{的概率} = (\boldsymbol{i}\textbf{的概率}) \cdot (\boldsymbol{j}\textbf{的概率})$$

例 2 将两枚硬币粘在一起，硬币面朝同一方向。唯一的可能性是 $(1,1)$ 和 $(0,0)$。它们的概率分别为 $\frac{1}{2}$ 和 $\frac{1}{2}$。$p_{10} = p_{01} = 0$。$(1,0)$ 和 $(0,1)$ 不会发生，因为这两枚硬币已被粘在一起，都是正面或反面。

例 1 与例 2 的联合概率矩阵

$$\boldsymbol{P} = \begin{bmatrix} \frac{1}{4} & \frac{1}{4} \\ \frac{1}{4} & \frac{1}{4} \end{bmatrix}, \quad \boldsymbol{P} = \begin{bmatrix} \frac{1}{2} & 0 \\ 0 & \frac{1}{2} \end{bmatrix}$$

P 矩阵得到每一对 (x_i, y_j) 的概率 p_{ij}，$(x_1, y_1) =$（正面，正面）与 $(x_1, y_2) =$（正面，反面）。注意行分量的相加给出 p_1、p_2，而列分量相加得到 P_1、P_2，并且总和 $= 1$。

概率矩阵 $\boldsymbol{P} = \begin{bmatrix} p_{11} & p_{12} \\ p_{21} & p_{22} \end{bmatrix}$ $\quad p_{11} + p_{12} = \boldsymbol{p_1}$，$p_{21} + p_{22} = \boldsymbol{p_2}$ (第一枚硬币) 沿行的和

(硬币 2) 沿列的和 $\boldsymbol{P_1}$ $\boldsymbol{P_2}$ 4项加起来为1

这些和 p_1、p_2 与 $\boldsymbol{P}_1$、$\boldsymbol{P}_2$ 是联合概率矩阵 $\boldsymbol{P}$ 的**边际**：

$p_1 = p_{11} + p_{12} =$ **硬币 1** 正面朝上的概率（硬币 2 可以是正面或反面）

$P_1 = p_{11} + p_{21} =$ **硬币 2** 正面朝上的概率（硬币 1 可以是正面或反面）

例 1 给出了独立的随机变量。概率 $p_{ij} = p_i \times p_j\left(\text{在那个例子中 } \frac{1}{2} \times \frac{1}{2} \text{ 得到 } p_{ij} = \frac{1}{4}\right)$。在目前这个例子中，**协方差 σ_{12} 将是零**。硬币 1 的正面或反面的出现并不给出硬币 2 的信息。

对独立的试验 $\boldsymbol{\sigma_{12}}$ 零协方差	$\boldsymbol{V} = \begin{bmatrix} \boldsymbol{\sigma_1^2} & \boldsymbol{0} \\ \boldsymbol{0} & \boldsymbol{\sigma_2^2} \end{bmatrix}$	**= 对角协方差矩阵 $\boldsymbol{V}$**

互相独立的试验有 $\sigma_{12} = 0$，这是因为在式 (2) 中 $p_{ij} = p_i p_j$：

$$\sigma_{12} = \sum_i \sum_j p_i p_j (x_i - m_1)(y_j - m_2) = \left[\sum_i p_i(x_i - m_1)\right]\left[\sum_j p_j(y_j - m_2)\right] = [\mathbf{0}][\mathbf{0}]$$

例 3　粘在一起的硬币显示出完美的关联。一枚硬币的正面意味着另一枚硬币也是正面。协方差 σ_{12} 由 0 变成 $\boldsymbol{\sigma_1\sigma_2}$，这是 σ_{12} 最大可能的值。这里 $\frac{1}{2} \times \frac{1}{2} = \sigma_{12} = \frac{1}{4}$，就像在另一个分开的计算中证实的：

$$\textbf{均值} = \frac{\mathbf{1}}{\mathbf{2}}, \quad \boldsymbol{\sigma_{12}} = \frac{\mathbf{1}}{\mathbf{2}}\left(1 - \frac{1}{2}\right)\left(1 - \frac{1}{2}\right) + \mathbf{0} + \mathbf{0} + \frac{\mathbf{1}}{\mathbf{2}}\left(0 - \frac{1}{2}\right)\left(0 - \frac{1}{2}\right) = \frac{\mathbf{1}}{\mathbf{4}}$$

硬币 1 的正、反面给出了一起粘住的硬币 2 的有关正、反面的完全信息：

粘住的硬币给出了最大可能的协方差
奇异协方差矩阵：行列式 = 0

$$\boldsymbol{V}_{\text{粘在一起}} = \begin{bmatrix} \boldsymbol{\sigma_1^2} & \boldsymbol{\sigma_1\sigma_2} \\ \boldsymbol{\sigma_1\sigma_2} & \boldsymbol{\sigma_2^2} \end{bmatrix}$$

总是有 $\boldsymbol{\sigma_1^2\sigma_2^2 \geqslant (\sigma_{12})^2}$。这样 σ_{12} 介于 $-\sigma_1\sigma_2$ 与 $\sigma_1\sigma_2$ 之间。矩阵 $\boldsymbol{V}$是**正定的**（或在粘住的硬币这种情形下，$\boldsymbol{V}$ 是**半正定的**）。这些就是有关 M 个试验的 $M \times M$ 协方差 $\boldsymbol{V}$ 矩阵的重要结论。

注意：由 N 个试验的**样本协方差矩阵 $\boldsymbol{S}$** 是半正定的。每个新的样本 X =(年龄, 身高, 体重) 对**样本均值 $\overline{\boldsymbol{X}}$**（一个向量）有贡献。每个秩为 1 的项 $(X_i - \overline{X})(X_i - \overline{X})^{\mathrm{T}}$ 是半正定的，将它们加起来得到矩阵 $\boldsymbol{S}$。在 $\boldsymbol{S}$ 中不存在概率，只是实际的输出：

$$\overline{\boldsymbol{X}} = \frac{X_1 + \cdots + X_N}{N}, \quad \boldsymbol{S} = \frac{(X_1 - \overline{X})(X_1 - \overline{X})^{\mathrm{T}} + \cdots + (X_N - \overline{X})(X_N - \overline{X})^{\mathrm{T}}}{N-1} \qquad (3)$$

协方差矩阵 V 是半正定的

回到期望值在试验 1 和试验 2（两枚硬币）之间的协方差 σ_{12}：

$$\begin{aligned} \sigma_{12} &= [(\text{输出 } 1 - \text{均值 } 1) \cdot (\text{输出 } 2 - \text{均值 } 2)] \text{ 的期望值} \\ \boldsymbol{\sigma_{12}} &= \sum\sum \boldsymbol{p_{ij}(x_i - m_1)(y_j - m_2)}\text{，关于所有的 } i\text{、}j \text{ 求和} \end{aligned} \qquad (4)$$

$p_{ij}\geqslant 0$ 是遇到试验 1 的输出是 x_i 且试验 2 的输出是 y_j 的概率。某些输出的对必定出现。因此 N^2 个联合概率 p_{ij} 相加等于 1。

$$\textbf{总概率（所有对）是 1} \qquad \sum_i\sum_j p_{ij}=1 \tag{5}$$

下面是另一个需要的结论。固定试验 1 中的一个特定的输出 x_i，允许试验 2 的所有输出 y_j。将 $(x_i,y_1),(x_i,y_2),\cdots,(x_i,y_n)$ 的概率相加：

$$\boldsymbol{P}\textbf{的行和为 } \boldsymbol{p_i} \qquad \sum_{j=1}^{n}\boldsymbol{p_{ij}} = \textbf{在试验 1 中 } \boldsymbol{x_i} \textbf{ 的概率为 } \boldsymbol{p_i} \tag{6}$$

某些 y_j 在试验 2 中必然发生，无论两枚硬币是完全分离还是粘在一起， 对硬币 1 正面朝上的概率 $p_{\mathrm{H}}=p_{\mathrm{HH}}+p_{\mathrm{HT}}$ 得到同样的答案 $\dfrac{1}{2}$。

$$P_{\mathrm{HH}}+P_{\mathrm{HT}}=\frac{1}{4}+\frac{1}{4}=\frac{\mathbf{1}}{\mathbf{2}}(\text{分开}),\qquad P_{\mathrm{HH}}+P_{\mathrm{HT}}=\frac{1}{2}+0=\frac{\mathbf{1}}{\mathbf{2}}(\text{粘住})$$

由这个基本的推理可知，只需写下一个包含协方差 σ_{12} 以及对试验 1 和试验 2 单独的方差 σ_1^2 和 σ_2^2 的矩阵公式。通过将对应于每个 (i,j) 对的矩阵 $\boldsymbol{V}_{ij}$ 相加得到整个协方差矩阵 $\boldsymbol{V}$：

$$\begin{array}{l}\textbf{协方差矩阵}\\ \boldsymbol{V}=\textbf{所有 }\boldsymbol{V_{ij}}\textbf{ 的和}\end{array} \qquad \boldsymbol{V}=\sum_i\sum_j p_{ij}\begin{bmatrix}(x_i-m_1)^2 & (x_i-m_1)(y_j-m_2)\\ (x_i-m_1)(y_j-m_2) & (y_j-m_2)^2\end{bmatrix} \tag{7}$$

对非对角元，是协方差 σ_{12}(式 (2))。对角元，是普通的方差 σ_1^2 和 σ_2^2。下面详细说明如何用式 (6) 得到 $\boldsymbol{V}_{11}=\sigma_1^2$。允许所有的 j，就对应试验 1 中的 x_i 的概率 p_i：

$$\boldsymbol{V}_{11}=\sum_i\sum_j p_{ij}(x_i-m_1)^2=\sum_i P_i(x_i-m_1)^2=\boldsymbol{\sigma}_1^2 \tag{8}$$

这是用式 (7) 产生整个协方差矩阵的关键所在。它将 2×2 矩阵 $\boldsymbol{V}_{ij}$ 组合起来，并且式 (7) 中关于 (i,j) 输出对的矩阵 $\boldsymbol{V}_{ij}$ **是半正定的**：

$$\boldsymbol{V}_{ij}\text{有对角元 } p_{ij}(x_i-m_1)^2\geqslant 0,\quad p_{ij}(y_j-m_2)^2\geqslant 0,\qquad \det(\boldsymbol{V}_{ij})=0$$

矩阵 $\boldsymbol{V}_{ij}$ 的秩为 1。式 (7) 将 p_{ij} 乘以列 $\boldsymbol{U}$ 乘以行 $\boldsymbol{U}^{\mathrm{T}}$：

$$\begin{bmatrix}(x_i-m_1)^2 & (x_i-m_1)(y_j-m_2)\\ (x_i-m_1)(y_j-m_2) & (y_j-m_2)^2\end{bmatrix}=\begin{bmatrix}x_i-m_1\\ y_j-m_2\end{bmatrix}\begin{bmatrix}x_i-m_1 & y_j-m_2\end{bmatrix} \tag{9}$$

每个矩阵 $\boldsymbol{p_{ij}UU}^{\mathrm{T}}$ 是半正定的。因此，整个矩阵 $\boldsymbol{V}$（秩为 1 的矩阵之和）**至少是半正定的**，并且 $\boldsymbol{V}$ 或许是正定的。

协方差矩阵 $\boldsymbol{V}$ 是正定的，除非试验是相关的

现在从 x 与 y 两个变量过渡到 M 个变量，就如年龄、身高、体重。每个试验的输出是具有 M 个分量的向量 $\boldsymbol{X}$（每个儿童都有一个包含年龄、身高、体重 3 个分量的向量 $\boldsymbol{X}$。）协方

差矩阵 $\boldsymbol{V}$ 现在是 $M\times M$ 的。矩阵 $\boldsymbol{V}$ 由输出向量 $\boldsymbol{X}$ 及其均值 $\overline{\boldsymbol{X}}=\boldsymbol{E}[\boldsymbol{X}]$ 建立起来：

$$\text{协方差矩阵}\quad \boldsymbol{V}=\boldsymbol{E}\left[\left(\boldsymbol{X}-\overline{\boldsymbol{X}}\right)\left(\boldsymbol{X}-\overline{\boldsymbol{X}}\right)^{\mathrm{T}}\right],\qquad \boldsymbol{V_{ij}}=\sum \boldsymbol{p_{ij}}\left(\boldsymbol{X_i}-\boldsymbol{m_i}\right)\left(\boldsymbol{X_j}-\boldsymbol{m_j}\right)\tag{10}$$

注意：$\boldsymbol{X}\boldsymbol{X}^{\mathrm{T}}$ 和 $\overline{\boldsymbol{X}}\,\overline{\boldsymbol{X}}^{\mathrm{T}}=$ (列) (行) 是 $M\times M$ 矩阵。

对 $M=1$（一个变量），$\overline{X}$ 是均值 m，且 $\boldsymbol{V}$ 是方差 σ^2。对 $M=2$（两枚硬币），$\overline{X}$ 是 (m_1,m_2)，且 $\boldsymbol{V}$ 符合式 (7)。期望值总是将输出乘以它们的概率相加，对年龄、身高、体重，输出会是 $\boldsymbol{X}=$（5 岁，31 英寸，48 磅），且它的概率是 $\boldsymbol{p_{5,31,48}}$。

现在有了一个新的想法。取任何一个线性组合 $\boldsymbol{c}^{\mathrm{T}}\boldsymbol{X}=c_1X_1+\cdots+c_MX_M$。若 $\boldsymbol{c}=(6,2,5)$，这就会是 $\boldsymbol{c}^{\mathrm{T}}\boldsymbol{X}=6\times$年龄$+2\times$身高$+5\times$体重。根据线性性，其期望值 $E[\boldsymbol{c}^{\mathrm{T}}\boldsymbol{X}]=\boldsymbol{c}^{\mathrm{T}}E[\boldsymbol{X}]=\boldsymbol{c}^{\mathrm{T}}\overline{\boldsymbol{X}}$：

$$\boldsymbol{E}[\boldsymbol{c}^{\mathrm{T}}\boldsymbol{X}]=\boldsymbol{c}^{\mathrm{T}}\boldsymbol{E}[\boldsymbol{X}]=6\,(\text{期望年龄})+2\,(\text{期望身高})+5\,(\text{期望体重})$$

除了 $\boldsymbol{c}^{\mathrm{T}}X$ 我们还知道它的方差 $\boldsymbol{\sigma^2}=\boldsymbol{c}^{\mathrm{T}}\boldsymbol{V}\boldsymbol{c}$：

$$\begin{aligned}\boldsymbol{c}^{\mathrm{T}}\boldsymbol{X}\text{的方差}&=\boldsymbol{E}\left[\left(\boldsymbol{c}^{\mathrm{T}}\boldsymbol{X}-\boldsymbol{c}^{\mathrm{T}}\overline{\boldsymbol{X}}\right)\left(\boldsymbol{c}^{\mathrm{T}}\boldsymbol{X}-\boldsymbol{c}^{\mathrm{T}}\overline{\boldsymbol{X}}\right)^{\mathrm{T}}\right]\\&=\boldsymbol{c}^{\mathrm{T}}\boldsymbol{E}\left[\left(\boldsymbol{X}-\overline{\boldsymbol{X}}\right)\left(\boldsymbol{X}-\overline{\boldsymbol{X}}\right)^{\mathrm{T}}\right]\boldsymbol{c}=\boldsymbol{c}^{\mathrm{T}}\boldsymbol{V}\boldsymbol{c}\end{aligned}\tag{11}$$

现在的一个关键点是$\boldsymbol{c}^{\mathrm{T}}\boldsymbol{X}$ 的方差绝不会是负的。因此，$\boldsymbol{c}^{\mathrm{T}}\boldsymbol{V}\boldsymbol{c}\geqslant\boldsymbol{0}$。这就给出了一个新的证明：根据能量测试 $\boldsymbol{c}^{\mathrm{T}}\boldsymbol{V}\boldsymbol{c}\geqslant\boldsymbol{0}$，协方差矩阵 $\boldsymbol{V}$ 是半正定的。

协方差矩阵 $\boldsymbol{V}$ 将概率与线性代数联系起来：$\boldsymbol{V}=\boldsymbol{Q}\boldsymbol{\Lambda}\boldsymbol{Q}^{\mathrm{T}}$ 具有特征值 $\lambda_i\geqslant0$ 及单位正交特征向量 $\boldsymbol{q}_1,\cdots,\boldsymbol{q}_M$。

对角化协方差矩阵 $\boldsymbol{V}$ 意味着发现 M 个独立的试验，它们是 M 个原始试验的组合

自白 我并不满意这个基于 $\boldsymbol{c}^{\mathrm{T}}\boldsymbol{V}\boldsymbol{c}\geqslant\boldsymbol{0}$ 的证明。期望值$\boldsymbol{E}$将联合概率的关键概念隐藏起来了。下面来直接证明协方差矩阵 $\boldsymbol{V}$ 是半正定的（至少是对这个年龄、身高、体重的例子）。这个证明是简单的：**$\boldsymbol{V}$ 是每个（年龄、身高、体重）的联合概率 $\boldsymbol{p_{ahw}}$ 乘以半正定矩阵 $\boldsymbol{U}\boldsymbol{U}^{\mathrm{T}}$ 的和**，这里 $\boldsymbol{U}$ 是 $\boldsymbol{X}-\overline{\boldsymbol{X}}$。

$$\boldsymbol{V}=\sum_{a,h,w}\boldsymbol{p_{ahw}}\,\boldsymbol{U}\boldsymbol{U}^{\mathrm{T}},\quad \text{其中}\quad \boldsymbol{U}=\begin{bmatrix}\text{年龄}\\\text{身高}\\\text{体重}\end{bmatrix}-\begin{bmatrix}\text{平均年龄}\\\text{平均身高}\\\text{平均体重}\end{bmatrix}\tag{12}$$

这恰恰是式 (7) 中的 2×2 硬币抛掷矩阵 $\boldsymbol{V}$。现在 $M=3$。

期望值 E 的价值在于它可以允许使用概率密度函数，例如对连续随机变量 x、y 和 z 的 $p(x,y,z)$。若所有的数都可用作年龄、身高和体重，而不是年龄 $i=0,1,2,3,\cdots$，则有 $p(x,y,z)$ 而不是 p_{ijk}。本节的求和都会变成积分。但是，依然有 $\boldsymbol{V}=E[\boldsymbol{U}\boldsymbol{U}^{\mathrm{T}}]$。

$$\text{协方差矩阵 }\boldsymbol{V}=\iiint p(x,y,z)\,\boldsymbol{U}\boldsymbol{U}^{\mathrm{T}}\,\mathrm{d}x\,\mathrm{d}y\,\mathrm{d}z,\quad\text{其中 }\boldsymbol{U}=\begin{bmatrix}x-\overline{x}\\y-\overline{y}\\z-\overline{z}\end{bmatrix}\tag{13}$$

总是有 $\iiint p(x,y,z)\mathrm{d}x\mathrm{d}y\mathrm{d}z=1$。例 1 和例 2 强调 p 是如何给出对角的 $\boldsymbol{V}$ 或奇异的 $\boldsymbol{V}$：

$$\textbf{独立变量}\ \boldsymbol{x},\boldsymbol{y},\boldsymbol{z}\qquad p(x,y,z)=\boldsymbol{p_1(x)}\,\boldsymbol{p_2(y)}\,\boldsymbol{p_3(z)}$$

$$\textbf{因变量}\quad \boldsymbol{x},\boldsymbol{y},\boldsymbol{z}\qquad p(x,y,z)=\boldsymbol{0},\quad \text{除非}\ cx+dy+ez=0$$

$z=x+y$ 的均值和方差

从样本的均值开始。有 N 个 x 样本，它们的均值（= 平均值）是 $m_{\boldsymbol{x}}$。同样也有 N 个 y 样本，它们的均值是 $m_{\boldsymbol{y}}$。**样本 $\boldsymbol{z}=\boldsymbol{x}+\boldsymbol{y}$ 的均值是 $\boldsymbol{m_z}=\boldsymbol{m_x}+\boldsymbol{m_y}$**。

$$\textbf{和的均值 = 均值的和}\qquad \frac{1}{N}\sum_{1}^{N}(x_i+y_i)=\frac{1}{N}\sum_{1}^{N}x_i+\frac{1}{N}\sum_{1}^{N}y_i \tag{14}$$

$z=x+y$ 的期望均值则没有这么简单，但是其结果必然是 $\boldsymbol{E}[\boldsymbol{z}]=\boldsymbol{E}[\boldsymbol{x}]+\boldsymbol{E}[\boldsymbol{y}]$。下面是得到这个结论的方法。

(x_i,y_j) 的联合概率是 p_{ij}，其值取决于所做的试验是否独立，而我们并不知道。但是对 $z=x+y$ 的期望值，x 和 y 是独立还是互相有依赖关系并没有影响。**期望值依然可以相加**：

$$\boldsymbol{E}[\boldsymbol{x}+\boldsymbol{y}]=\sum_i\sum_j p_{ij}(x_i+y_j)=\sum_i\sum_j p_{ij}x_i+\sum_i\sum_j p_{ij}y_j \tag{15}$$

所有的求和都是从 1 到 N。可以用任何顺序来相加。对于右边的第一项，沿着概率矩阵 $\boldsymbol{P}$ 的行 i 将 p_{ij} 相加得到 p_i。由双求和得到 $E[x]$：

$$\sum_i\sum_j p_{ij}x_i=\sum_i(p_{i1}+\cdots+p_{iN})x_i=\sum_i p_ix_i=\boldsymbol{E}[\boldsymbol{x}]$$

对式 (15) 的后一项，顺着矩阵的列 j 往下将 p_{ij} 相加得到 y_j 的概率 P_j。(x_1,y_j)，(x_2,y_j)，$\cdots$，(x_N,y_j) 这些对是所有产生 y_j 的方式：

$$\sum_i\sum_j p_{ij}y_j=\sum_j(p_{1j}+\cdots+p_{Nj})y_j=\sum_j P_jy_j=\boldsymbol{E}[\boldsymbol{y}]$$

于是式 (15) 就给出了 $E[\boldsymbol{x}+\boldsymbol{y}]=E[\boldsymbol{x}]+E[\boldsymbol{y}]$，即和的均值 = 均值的和。

$z=x+y$ 的方差是怎样的？联合概率 p_{ij} 和协方差 σ_{xy} 计算起来比较麻烦。将 $x+y$ 的方差分成三个简单的部分：

$$\begin{aligned}\boldsymbol{\sigma_z^2}&=\sum\sum p_{ij}(x_i+y_j-m_x-m_y)^2\\&=\sum\sum p_{ij}(x_i-m_x)^2+\sum\sum p_{ij}(y_j-m_y)^2+2\sum\sum p_{ij}(x_i-m_x)(y_j-m_y)\end{aligned}$$

第一部分是 $\boldsymbol{\sigma_x^2}$、第二部分是 $\boldsymbol{\sigma_y^2}$、第三部分是 $\boldsymbol{2\sigma_{xy}}$。

$$\boldsymbol{z}=\boldsymbol{x}+\boldsymbol{y}\ \textbf{的方差是}\ \boldsymbol{\sigma_z^2}=\boldsymbol{\sigma_x^2}+\boldsymbol{\sigma_y^2}+\boldsymbol{2\sigma_{xy}} \tag{16}$$

$Z=AX$ 的协方差矩阵

当 $z=x+y$ 时，求解 σ_z^2 的一种好方法：用 1×2 矩阵 $\boldsymbol{A}=\begin{bmatrix}1 & 1\end{bmatrix}$ 乘列向量 $\boldsymbol{X}=(x,y)$，则 $\boldsymbol{AX}=z=x+y$。式 (16) 中的方差 $\boldsymbol{\sigma_z^2}$ 表示成矩阵形式为

$$\boldsymbol{\sigma_z^2}=\begin{bmatrix}1 & 1\end{bmatrix}\begin{bmatrix}\sigma_x^2 & \sigma_{xy}\\ \sigma_{xy} & \sigma_y^2\end{bmatrix}\begin{bmatrix}1\\1\end{bmatrix}，即\boldsymbol{\sigma_z^2}=\boldsymbol{AVA}^{\mathrm{T}} \tag{17}$$

可以看到，式 (17) 中的 $\boldsymbol{\sigma}_z^2=\boldsymbol{AVA}^{\mathrm{T}}$ 与式 (16) 中的 $\sigma_x^2+\sigma_y^2+2\sigma_{xy}$ 是一致的。

现在说重点。向量 $\boldsymbol{X}$ 可以有来自 M 个试验（而不是只有 2 个）的 M 个分量。这些试验将有一个 $M\times M$ 的协方差矩阵 $\boldsymbol{V_X}$。矩阵 $\boldsymbol{A}$ 可以是 $K\times M$ 的。那么 $\boldsymbol{AX}$ 是具有 M 个输出的 K 个组合的向量（而不是 2 个输出的一个组合 $x+y$）。

长度为 K 的向量 $\boldsymbol{Z}=\boldsymbol{AX}$ 有一个 $K\times K$ 协方差矩阵 $\boldsymbol{V_Z}$。协方差矩阵的重要规则（式 (17) 只是一个 1×2 的例子）：$\boldsymbol{AX}$ 的协方差矩阵是 $\boldsymbol{A}$ （$\boldsymbol{X}$ **的协方差矩阵**）$\boldsymbol{A}^{\mathrm{T}}$：

$$\boxed{\boldsymbol{Z}=\boldsymbol{AX}\ \textbf{的协方差矩阵：}\quad \boldsymbol{V_Z}=\boldsymbol{AV_XA}^{\mathrm{T}}} \tag{18}$$

这个简洁的公式展示了矩阵乘法的美妙，这里我们省去证明，只是欣赏它。它在应用中经常被使用。

相关系数 ρ

相关系数 ρ_{xy} 与协方差 σ_{xy} 密切相关，它们都用于衡量变量之间的依赖或独立性。首先对随机变量 x 和 y 进行缩放或“标准化”。**新的** $\boldsymbol{X=x/\sigma_x}$ **与** $\boldsymbol{Y=y/\sigma_y}$ **的方差为** $\boldsymbol{\sigma_X^2=\sigma_Y^2=1}$。这就像用向量 $\boldsymbol{v}$ 的长度来除其本身而得到长度为 1 的单位向量 $\boldsymbol{v}/\|\boldsymbol{v}\|$。

$\boldsymbol{x}$ **与** $\boldsymbol{y}$ **的相关系数是** $\boldsymbol{X}$ **与** $\boldsymbol{Y}$ **的协方差**。若 x 与 y 原始的协方差是 σ_{xy}，则重新缩放至 X 与 Y 将要除以 σ_x 与 σ_y：

$$\boxed{\textbf{相关系数}\ \boldsymbol{\rho_{xy}}=\frac{\boldsymbol{\sigma_{xy}}}{\boldsymbol{\sigma_x\sigma_y}}=\frac{\boldsymbol{x}}{\boldsymbol{\sigma_x}}\textbf{与}\frac{\boldsymbol{y}}{\boldsymbol{\sigma_y}}\textbf{的协方差}\quad\textbf{总有}\quad -\boldsymbol{1}\leqslant\boldsymbol{\rho_{xy}}\leqslant\boldsymbol{1}}$$

零协方差给出零相关性。独立的随机变量给出 $\rho_{xy}=0$。

我们知道总有 $\sigma_{xy}^2\leqslant\sigma_x^2\sigma_y^2$（协方差矩阵 $\boldsymbol{V}$ 至少是半正定的），则 $\boldsymbol{\rho_{xy}^2}\leqslant\boldsymbol{1}$。相关系数 ρ 接近 $+1$，意味着两个变量之间存在强相关，即它们的变化通常是一致的。ρ 接近 -1 意味着当 x 超过其均值时，y 往往低于其均值，即它们以相反的方向变化。

例 4　假设 $y=-x$。抛掷硬币有输出 x为0 或 1。同样的抛掷有输出 y 为 0 或 -1。对一枚正常的硬币，均值 $m_x=\dfrac{1}{2}$，而 $m_y=-\dfrac{1}{2}$。x 与 y 的协方差 $\sigma_{xy}=-\sigma_x\sigma_y$。用 $\sigma_x\sigma_y$ 来除得到相关系数 $\boldsymbol{\rho_{xy}=-1}$。在这种情形下，相关矩阵$\boldsymbol{R}$ 的行列式为零（奇异且半正定）：

$$\boxed{\textbf{相关矩阵}\quad \boldsymbol{R}=\begin{bmatrix}\boldsymbol{1} & \boldsymbol{\rho_{xy}}\\ \boldsymbol{\rho_{xy}} & \boldsymbol{1}\end{bmatrix}}\qquad \boldsymbol{R}=\begin{bmatrix}\boldsymbol{1} & \boldsymbol{-1}\\ \boldsymbol{-1} & \boldsymbol{1}\end{bmatrix}，当\ \boldsymbol{y=-x}\ 时$$

$\boldsymbol{R}$ **的对角** $\boldsymbol{\pi}$ **总是 1，因为单位化使** $\boldsymbol{\sigma_X=\sigma_Y=1}$。$\boldsymbol{R}$ 是 x 与 y 的相关矩阵，也是 $X=x/\sigma_x$ 与 $Y=y/\sigma_y$ 的协方差矩阵。

ρ_{xy} 也被称为 Pearson系数。

例 5　若随机变量 x、y、z 是互相独立的，$\boldsymbol{R}$ 是什么样的矩阵？

答案： $\boldsymbol{R}$ 是单位矩阵。根据定义，相关系数 $\rho_{xx}=\rho_{yy}=\rho_{zz}=1$。因为互相独立，互相关系数 $\rho_{xy}=\rho_{xz}=\rho_{yz}=0$。

当重新缩放每一行、每一列时，相关矩阵 $\boldsymbol{R}$ 来自协方差矩阵 $\boldsymbol{V}$。将第 i 行和第 i 列除以第 i 个标准差。

(1) 对于对角矩阵 $\boldsymbol{D}=\operatorname{diag}[1/\sigma_1,\cdots,1/\sigma_M]$，有 $\boldsymbol{R}=\boldsymbol{DVD}$。则 $R_{ii}=1$。
(2) 若协方差 $\boldsymbol{V}$ 是正定的，则相关矩阵 $\boldsymbol{R}=\boldsymbol{DVD}$ 也是正定的。

■ 实　例 ■

假设 x 和 y 是均值为 0、方差为 1 的独立随机变量，则 $\boldsymbol{X}=(x,y)$ 的协方差矩阵是一个 2×2 单位矩阵。对一个 3 分量向量 $\boldsymbol{Z}=(x,y,ax+by)$，求均值 $\boldsymbol{m_Z}$，协方差矩阵 $\boldsymbol{V_Z}$。

答案：

$$\boldsymbol{Z} \text{ 与 } \boldsymbol{X} \text{ 通过 } \boldsymbol{A} \text{ 相关联} \qquad \boldsymbol{Z}=\begin{bmatrix} x \\ y \\ ax+by \end{bmatrix}=\begin{bmatrix} 1 & 0 \\ 0 & 1 \\ a & b \end{bmatrix}\begin{bmatrix} x \\ y \end{bmatrix}=\boldsymbol{AX}$$

向量 $\boldsymbol{m_X}$ 包含了 $\boldsymbol{X}$ 的 M 个分量的均值。向量 $\boldsymbol{m_Z}$ 包含了 $\boldsymbol{Z}=\boldsymbol{AX}$ 的 K 个分量的均值。$\boldsymbol{X}$ 与 $\boldsymbol{Z}$ 的均值之间的矩阵关联必然是线性的，$\boldsymbol{m_Z}=\boldsymbol{Am_X}$。$ax+by$ 的均值是 am_x+bm_y。

当 $\boldsymbol{V_X}$ 是 2×2 单位矩阵时，$\boldsymbol{Z}$ 的协方差矩阵是 $\boldsymbol{V_Z}=\boldsymbol{AA}^{\mathrm{T}}$：

$$\boldsymbol{V_Z}=\begin{matrix} \boldsymbol{Z}=(\boldsymbol{x},\boldsymbol{y},\boldsymbol{ax}+\boldsymbol{by}) \\ \text{的协方差矩阵} \end{matrix}=\begin{bmatrix} 1 & 0 \\ 0 & 1 \\ a & b \end{bmatrix}\begin{bmatrix} 1 & 0 & a \\ 0 & 1 & b \end{bmatrix}=\begin{bmatrix} \mathbf{1} & \mathbf{0} & \boldsymbol{a} \\ \mathbf{0} & \mathbf{1} & \boldsymbol{b} \\ \boldsymbol{a} & \boldsymbol{b} & \boldsymbol{a}^2+\boldsymbol{b}^2 \end{bmatrix}$$

解释： x 与 y 是互相独立的，其协方差 $\sigma_{xy}=0$。然后 x 与 $ax+by$ 的协方差是 a，y 与 $ax+by$ 的协方差是 b。这些结果只是来自 $ax+by$ 的两个独立部分。式 (18) 得到 $ax+by$ 的方差：

$$\text{利用 } \boldsymbol{V_Z}=\boldsymbol{AV_XA}^{\mathrm{T}}, \qquad \sigma_{ax+by}^2=\sigma_{ax}^2+\sigma_{by}^2+2\sigma_{ax,by}=a^2+b^2+0$$

3×3 矩阵 $\boldsymbol{V_Z}$ 是奇异的。它的行列式是 $a^2+b^2-a^2-b^2=0$。第三个分量 $z=ax+by$ 完全依赖于 x 和 y。$\boldsymbol{V_Z}$ 的秩仅是 2。

GPS 例子： 来自 GPS 卫星的信号包括其发出时间，而接收器的时钟给出信号的到达时间，接收器用光速乘以渡越时间，就知道了其与卫星的距离。其与 4 颗或更多卫星的距离能确定接收器位置（使用最小二乘法）。

一个问题：光速在电离层是变化的，但是，对于所有邻近的接收器，修正量几乎是一样的。若一个接收器保持在已知的位置，则可以从该接收器获取差异。**差分 GPS** 通过固定一个接收器来减少误差方差：

$$\begin{matrix} \text{差分矩阵} & \text{协方差矩阵} \\ \boldsymbol{A}=[\,\mathbf{1} \quad -\mathbf{1}\,] & \boldsymbol{V_Z}=\boldsymbol{AV_XA}^{\mathrm{T}} \end{matrix} \qquad \begin{aligned} \boldsymbol{V_Z}&=\begin{bmatrix} 1 & -1 \end{bmatrix}\begin{bmatrix} \sigma_1^2 & \sigma_{12} \\ \sigma_{12} & \sigma_2^2 \end{bmatrix}\begin{bmatrix} 1 \\ -1 \end{bmatrix} \\ &=\boldsymbol{\sigma_1^2}-\mathbf{2}\boldsymbol{\sigma_{12}}+\boldsymbol{\sigma_2^2} \end{aligned}$$

就此消除了光速的误差，然后就可以达到厘米级的定位精度（参见 Borre和 Strang 所著的《全球定位的算法》）。GPS 领域的核心是关于时间、空间与惊人的精度。

习题 5.4

1. (1) 计算抛硬币概率为 p 和 $1-p$（背面 $=0$，正面 $=1$）时的方差 σ^2。
   (2) N 次独立抛硬币（0 或 1）的和是 N 次抛掷后正面出现的次数。由和的方差规则（16-17-18）得 $\sigma^2=$ ____。
2. 求试验 3 的结果 $x_1,x_2,\cdots,x_n$ 与试验 5 的结果之间的协方差 σ_{kl}。公式将看起来像式 (2) 中的 σ_{12}。则协方差矩阵 $\boldsymbol{V}$ 的 $(3,5)$ 与 $(5,3)$ 分量是 $\sigma_{35}=\sigma_{53}$。
3. 对 $M=3$ 的试验，方差-协方差矩阵 $\boldsymbol{V}$ 将是 3×3 的。三个输出为 x_i、y_j、z_k 的概率是 p_{ijk}。对矩阵 $\boldsymbol{V}$ 写出类似于式 (7) 的公式。
4. 对 $M=3$ 个独立试验，其均值为 m_1、m_2、m_3，方差为 σ_1^2、σ_2^2、σ_3^2，求它的协方差矩阵 $\boldsymbol{V}$。
5. 当输出 $\boldsymbol{X}$ 的协方差矩阵为 $\boldsymbol{V}$ 时，输出 $\boldsymbol{Z}=\boldsymbol{AX}$ 的协方差矩阵为 $\boldsymbol{AVA}^{\mathrm{T}}$。用线性性来解释下式：

$$\boldsymbol{Z}=E\left[(\boldsymbol{AX}-\overline{\boldsymbol{AX}})(\boldsymbol{AX}-\overline{\boldsymbol{AX}})^{\mathrm{T}}\right]=\boldsymbol{A}E\left[(\boldsymbol{X}-\overline{\boldsymbol{X}})(\boldsymbol{X}-\overline{\boldsymbol{X}})^{\mathrm{T}}\right]\boldsymbol{A}^{\mathrm{T}}$$

习题 6 ~ 10 是当 $\boldsymbol{X=x_i}$ 时，$\boldsymbol{Y=y_j}$ 的条件概率。

符号：$\boldsymbol{P(Y=y_j|X=x_i)}$ = 给定 $X=x_i$ 时输出为 y_j 的概率

例 1 是硬币 1 粘在硬币 2 上。那么 $P(Y=1|X=1)$ 是 **1**。

例 2 是独立抛硬币：X 没有给出关于 Y 的信息。知道 X 没有用处。

那么 $P(Y=\text{正面}\,|X=\text{正面})$ 与 $P(Y=\text{正面})$ 相同。

6. 解释条件概率的**求和规则**：

$$P(Y=y_j)=\text{对}P(Y=y_j|X=x_i)\text{关于所有输出}x_i\text{求和}$$

7. $n\times n$ 矩阵 $\boldsymbol{P}$ 包含**联合概率** $\boldsymbol{p_{ij}}=P(X=x_i;\ Y=y_j)$。
   解释为什么条件概率 $P(Y=y_j|X=x_i)=\dfrac{p_{ij}}{p_{i1}+p_{i2}+\cdots+p_{in}}=\dfrac{p_{ij}}{p_i}$。
8. 对以下联合概率矩阵有 $P(x_1,y_2)=0.3$，求 $P(y_2|x_1)$ 和 $P(x_1)$。

$$\boldsymbol{P}=\begin{bmatrix}p_{11}&p_{12}\\p_{21}&p_{22}\end{bmatrix}=\begin{bmatrix}0.1&0.3\\0.2&0.4\end{bmatrix}\qquad\begin{matrix}\text{分量}p_{ij}\text{ 加起来等于}1\\\text{某些}i,j\text{ 必须发生}\end{matrix}$$

9. 解释条件概率的**乘积规则**：

$$p_{ij}=P(X=x_i\text{ 且 }Y=y_j)=P(Y=y_j|X=x_i)P(X=x_i)$$

10. 由习题 8 中的乘积规则，推导出 p_{ij} 的**贝叶斯定理**：

$$P(Y=y_j;\ X=x_i)=\frac{P(X=x_i|Y=y_j)\,P(Y=y_j)}{P(X=x_i)}$$

“贝叶斯学派” 使用先验信息。“频率学派” 只使用采样信息。

5.5 多元高斯分布和加权最小二乘法

正态概率密度$p(x)$（高斯分布）只取决于两个数：

$$\textbf{均值 } \boldsymbol{m} \textbf{ 和方差 } \boldsymbol{\sigma^2} \qquad \boldsymbol{p(x) = \frac{1}{\sqrt{2\pi}\,\sigma}\,\mathrm{e}^{-(x-m)^2/2\sigma^2}} \tag{1}$$

$p(x)$ 的图是一个以 $x = m$ 为中心的钟形曲线。连续变量 x 可以取 $-\infty$ 到 ∞ 的任意值。随机变量 x 处于 $m-\sigma$ 到 $m+\sigma$ 之间（距离均值 m 小于一个标准差 σ 的区间）的概率接近 $\dfrac{2}{3}$。

$$\int_{-\infty}^{\infty} p(x)\,\mathrm{d}x = 1, \qquad \int_{m-\sigma}^{m+\sigma} p(x)\,\mathrm{d}x = \frac{1}{\sqrt{2\pi}}\int_{-1}^{1} \mathrm{e}^{-X^2/2}\,\mathrm{d}X \approx \boldsymbol{\frac{2}{3}} \tag{2}$$

上面这个积分将变量由 x 变换到 $X = (x-m)/\sigma$。这样做将指数简化为 $-X^2/2$，并且将积分的上、下限简化成 -1 与 1。甚至 $p(x)$ 中的 $1/\sigma$ 也因为 $\mathrm{d}X=\mathrm{d}x/\sigma$ 而消失。每个高斯分布变成一**个标准的高斯分布**，其 $m=0$，方差 $\sigma^2 = 1$：

$$\textbf{标准正态分布 } \boldsymbol{\mathcal{N}(0,1)}, \qquad \boldsymbol{p(x) = \frac{1}{\sqrt{2\pi}}\,\mathrm{e}^{-x^2/2}} \tag{3}$$

积分 $p(x)$ 从 $-\infty$ 到 x 给出了累积分布 $F(x)$，即随机样本在 x 之下的概率。当 $x=0$（均值）时，$F(x) = \dfrac{1}{2}$。

二维高斯分布

我们有 $M=2$ 个高斯随机变量 x、y，它们有均值 m_1、m_2，方差 σ_1^2、σ_2^2。若它们是相互独立的，则它们的概率密度 $p(x,y) = \boldsymbol{p_1(x)p_2(y)}$。当变量相互独立时，简单地将概率相乘：

$$\textbf{独立的 } \boldsymbol{x}\text{、}\boldsymbol{y} \qquad p(x,y) = \frac{1}{2\pi\sigma_1\sigma_2}\,\mathrm{e}^{-(x-m_1)^2/2\sigma_1^2}\,\mathrm{e}^{-(y-m_2)^2/2\sigma_2^2} \tag{4}$$

x 与 y 的协方差 $\boldsymbol{\sigma_{12}=0}$。协方差矩阵 $\boldsymbol{V}$ 是对角的。方差 σ_1^2、σ_2^2 总是在 $\boldsymbol{V}$ 的主对角线上。$p(x,y)$ 中的指数只是 x 分量和 y 分量的和。注意：这两个分量能被组合成 $\boldsymbol{-\frac{1}{2}(x-m)^{\mathrm{T}}V^{-1}(x-m)}$，逆协方差矩阵 $\boldsymbol{V}^{-1}$ 在中间。指数是 $-(\boldsymbol{x}-\boldsymbol{m})^{\mathrm{T}}\boldsymbol{V}^{-1}(\boldsymbol{x}-\boldsymbol{m})/2$：

$$-\frac{(x-m_1)^2}{2\sigma_1^2} - \frac{(y-m_2)^2}{2\sigma_2^2} = -\frac{1}{2}\begin{bmatrix} x-m_1 & y-m_2 \end{bmatrix}\begin{bmatrix} \sigma_1^2 & 0 \\ 0 & \sigma_2^2 \end{bmatrix}^{-1}\begin{bmatrix} x-m_1 \\ y-m_2 \end{bmatrix} \tag{5}$$

非独立的 x 和 y

我们现在准备好放弃互相独立的变量。带有 $\boldsymbol{V}^{-1}$ 的指数项（式 (5)）依然是正确，但 $\boldsymbol{V}$ 不再是对角矩阵了。**现在高斯分布依赖于向量 $\boldsymbol{m}$ 和矩阵 $\boldsymbol{V}$。**

当 $M=2$ 时，第一个变量 x 可以给出有关第二个变量 y 的部分信息（反之亦然）。或许 y 的一部分由 x 决定，而另一部分是真正独立的。$M \times M$ 协方差矩阵 $\boldsymbol{V}$ 计入 M 个变量 $\boldsymbol{x} = x_1,\cdots,x_M$ 间的依赖关系。**逆方差矩阵 $\boldsymbol{V}^{-1}$ 进入了 $\boldsymbol{p(x)}$ 中：**

$$\text{多元高斯概率分布}\quad \boxed{p(\boldsymbol{x})=\frac{1}{(\sqrt{2\pi})^M\sqrt{\det \boldsymbol{V}}}\,\mathrm{e}^{-(\boldsymbol{x}-\boldsymbol{m})^{\mathrm{T}}\boldsymbol{V}^{-1}(\boldsymbol{x}-\boldsymbol{m})/2}} \tag{6}$$

向量 $\boldsymbol{x}=(x_1,\cdots,x_M)$，$\boldsymbol{m}=(m_1,\cdots,m_M)$ 包含了随机变量与它们的均值。$(\sqrt{2\pi})^M$ 和 $\sqrt{\det \boldsymbol{V}}$ 被包括进去，使得总概率等于 1。现在用线性代数来验证。利用对称矩阵 $\boldsymbol{V}=\boldsymbol{Q}\boldsymbol{\Lambda}\boldsymbol{Q}^{\mathrm{T}}$ 的特征值 λ 和单位正交特征向量 $\boldsymbol{q}$，得 $\boldsymbol{V}^{-1}=\boldsymbol{Q}\boldsymbol{\Lambda}^{-1}\boldsymbol{Q}^{\mathrm{T}}$：

$$\boldsymbol{X}=\boldsymbol{x}-\boldsymbol{m},\qquad (\boldsymbol{x}-\boldsymbol{m})^{\mathrm{T}}\boldsymbol{V}^{-1}(\boldsymbol{x}-\boldsymbol{m})=\boldsymbol{X}^{\mathrm{T}}\boldsymbol{Q}\boldsymbol{\Lambda}^{-1}\boldsymbol{Q}^{\mathrm{T}}\boldsymbol{X}=\boldsymbol{Y}^{\mathrm{T}}\boldsymbol{\Lambda}^{-1}\boldsymbol{Y}$$

注意：组合 $\boldsymbol{Y}=\boldsymbol{Q}^{\mathrm{T}}\boldsymbol{X}=\boldsymbol{Q}^{\mathrm{T}}(\boldsymbol{x}-\boldsymbol{m})$ 在统计上是互相独立的。它们的协方差矩阵 $\boldsymbol{\Lambda}$ 是对角的。

> 利用特征向量矩阵 $\boldsymbol{Q}$ 对角化 $\boldsymbol{V}$ 的这一步与“去相关”随机向量是一样的。新变量 $Y_1,\cdots,Y_M$ 的协方差是零。这就是线性代数帮助微积分计算多维积分的要点。

当通过减去 $\boldsymbol{m}$ 来将变量 $\boldsymbol{x}$ 中心化，得到 $\boldsymbol{X}$，并将该变量旋转得到 $\boldsymbol{Y}=\boldsymbol{Q}^{\mathrm{T}}\boldsymbol{X}$ 时，$p(\boldsymbol{x})$ 的积分不改变。矩阵 $\boldsymbol{\Lambda}$ 是对角的。因此，我们想要的积分分成 M 个 1 维积分：

$$\begin{aligned}\int\cdots\int \mathrm{e}^{-\boldsymbol{Y}^{\mathrm{T}}\boldsymbol{\Lambda}^{-1}\boldsymbol{Y}/2}\,\mathrm{d}\boldsymbol{Y}&=\left(\int_{-\infty}^{\infty}\mathrm{e}^{-y_1^2/2\lambda_1}\,\mathrm{d}y_1\right)\cdots\left(\int_{-\infty}^{\infty}\mathrm{e}^{-y_M^2/2\lambda_M}\,\mathrm{d}y_M\right)\\&=\left(\sqrt{2\pi\lambda_1}\right)\cdots\left(\sqrt{2\pi\lambda_M}\right)=\left(\sqrt{2\pi}\right)^M\sqrt{\det \boldsymbol{V}}\end{aligned}\tag{7}$$

$\boldsymbol{V}$ 的行列式（这也是 $\boldsymbol{\Lambda}$ 的行列式）是特征值 $(\lambda_1)\cdots(\lambda_M)$ 的乘积。式 (7) 得到了用来除的正确的除数，从而使式 (6) 中的 $p(x_1,\cdots,x_M)$ 如期望那样具有积分值 1。

$p(\boldsymbol{x})$ 的均值与方差也是 M 维积分。利用同样的想法，用特征向量 $\boldsymbol{q}_1,\cdots,\boldsymbol{q}_M$ 对角化 $\boldsymbol{V}$，令 $\boldsymbol{Y}=\boldsymbol{Q}^{\mathrm{T}}\boldsymbol{X}$，将得到这些积分：

$$\textbf{均值向量}\boldsymbol{m}\qquad \int\cdots\int \boldsymbol{x}\,p(\boldsymbol{x})\,\mathrm{d}\boldsymbol{x}=(m_1,m_2,\cdots)=\boldsymbol{m} \tag{8}$$

$$\textbf{协方差矩阵}\ \boldsymbol{V}\qquad \int\cdots\int (\boldsymbol{x}-\boldsymbol{m})\,p(\boldsymbol{x})(\boldsymbol{x}-\boldsymbol{m})^{\mathrm{T}}\,\mathrm{d}\boldsymbol{x}=\boldsymbol{V} \tag{9}$$

结论：式 (6) 的概率密度函数 $p(x)$ 具有所有我们想要的性质。

加权最小二乘法

在第 4 章，最小二乘法是从一个不可解的方程组 $\boldsymbol{A}\boldsymbol{x}=\boldsymbol{b}$ 开始的。我们选择 $\widehat{\boldsymbol{x}}$ 来最小化误差 $\|\boldsymbol{b}-\boldsymbol{A}\boldsymbol{x}\|^2$，这使我们得到最小二乘方程 $\boldsymbol{A}^{\mathrm{T}}\boldsymbol{A}\widehat{\boldsymbol{x}}=\boldsymbol{A}^{\mathrm{T}}\boldsymbol{b}$。最佳的 $\boldsymbol{A}\widehat{\boldsymbol{x}}$ 是 $\boldsymbol{b}$ 到 $\boldsymbol{A}$ 的列空间的投影。但是平方距离 $E=\|\boldsymbol{b}-\boldsymbol{A}\boldsymbol{x}\|^2$ 是使误差最小化的正确度量吗？

若 $\boldsymbol{b}$ 中的测量误差是独立的随机变量，其均值为 $m=0$、方差为 $\sigma^2=1$ 的正态分布，高斯会说“是”：使用最小二乘法。若误差不互相独立或它们的方差不相等，高斯会说“否”：使用加权最小二乘法。

本节将证明 $\boldsymbol{E}=(\boldsymbol{b}-\boldsymbol{A}\boldsymbol{x})^{\mathrm{T}}\boldsymbol{V}^{-1}(\boldsymbol{b}-\boldsymbol{A}\boldsymbol{x})$ 是对误差的一个好的度量。求最佳 $\widehat{\boldsymbol{x}}$ 的方程采用了 $\boldsymbol{b}$ 的协方差矩阵 $\boldsymbol{V}$：

$$\boxed{\text{加权最小二乘法}\qquad \boldsymbol{A}^{\mathrm{T}}\boldsymbol{V}^{-1}\boldsymbol{A}\widehat{\boldsymbol{x}}=\boldsymbol{A}^{\mathrm{T}}\boldsymbol{V}^{-1}\boldsymbol{b}} \tag{10}$$

加权平均最重要的例子 $\boldsymbol{b}$ 中有 m 个独立的误差，这些误差的方差为 $\sigma_1^2,\cdots,\sigma_m^2$。根据独立性，$\boldsymbol{V}$ 是一个对角矩阵。好的权重 $1/\sigma_1^2,\cdots,1/\sigma_m^2$ 来自 $\boldsymbol{V}^{-1}$。通过给 $\boldsymbol{b}$ 中的误差加权，使其**方差** $= \mathbf{1}$（**协方差** $= \mathbf{0}$）。

加权最小二乘法
$\boldsymbol{b}$ 中的独立误差

$$\text{Minimize}\quad E=\sum_{i=1}^{m}\frac{(\boldsymbol{b}-\boldsymbol{A}\boldsymbol{x})_i^2}{\sigma_i^2} \tag{11}$$

对误差加权是在“白化”噪声。**白噪声**是对基于均值为 0、$\sigma^2=1$ 的标准高斯分布 $\mathcal{N}(0,1)$ 的独立误差的一个简洁描述。

获得最佳 $\widehat{\boldsymbol{x}}$ 的式 (10) 与式 (11) 的步骤：从 $\boldsymbol{A}\boldsymbol{x}=\boldsymbol{b}$ 开始（m 个方程，n 个未知量，$m>n$，无解）；每个右侧的变量 b_i 的均值为 0，方差为 σ_i^2，b_i 是相互独立的；用 σ_i 除第 i 个方程，使得每个 b_i/σ_i 的方差为 1；这个相除将 $\boldsymbol{A}\boldsymbol{x}=\boldsymbol{b}$ 变成 $\boldsymbol{V}^{-1/2}\boldsymbol{A}\boldsymbol{x}=\boldsymbol{V}^{-1/2}\boldsymbol{b}$，其中 $\boldsymbol{V}^{-1/2}=\text{diag}\,(1/\sigma_1,\cdots,1/\sigma_m)$；对这些加权方程应用普通的最小二乘法，有 $\boldsymbol{A}\to\boldsymbol{V}^{-1/2}\boldsymbol{A}$，$\boldsymbol{b}\to\boldsymbol{V}^{-1/2}\boldsymbol{b}$。

$$(\boldsymbol{V}^{-1/2}\boldsymbol{A})^{\mathrm{T}}(\boldsymbol{V}^{-1/2}\boldsymbol{A})\widehat{\boldsymbol{x}}=(\boldsymbol{V}^{-1/2}\boldsymbol{A})^{\mathrm{T}}\boldsymbol{V}^{-1/2}\boldsymbol{b}\quad\text{是}\quad \boldsymbol{A}^{\mathrm{T}}\boldsymbol{V}^{-1}\boldsymbol{A}\widehat{\boldsymbol{x}}=\boldsymbol{A}^{\mathrm{T}}\boldsymbol{V}^{-1}\boldsymbol{b} \tag{12}$$

因为 $\boldsymbol{V}^{-1}$ 中的 $1/\sigma^2$，更为可靠的方程（有较小的 σ）得到更大的权重。这就是加权最小二乘法的要点。

那些在对角线加权（非耦合方程）是最常见和最简单的，它们适用于 b_i 中的独立误差。当这些测量误差不独立时，$\boldsymbol{V}$ 不再是对角的，但式 (12) 依然是正确的加权方程。

在实践中找到所有的协方差可能是一项艰巨的工作。对角的 $\boldsymbol{V}$ 则简单一些。

估计值 $\widehat{\boldsymbol{x}}$ 的方差

还有一点：通常重要的问题不是对特定的 $\boldsymbol{b}$ 找到最佳的 $\widehat{\boldsymbol{x}}$，这仅仅是一个样本! 真正的目标是了解**整个试验的可靠性**。这是通过**估计出 $\widehat{\boldsymbol{x}}$ 的方差**来衡量的（就像可靠性一样）。首先，$\boldsymbol{b}$ 中的零均值给出了 $\widehat{\boldsymbol{x}}$ 的零均值。然后，将输入 $\boldsymbol{b}$ 中的方差 $\boldsymbol{V}$ 与输出 $\widehat{\boldsymbol{x}}$ 的方差 $\boldsymbol{W}$ 相关联的公式变得很漂亮：

$$\widehat{\boldsymbol{x}}\ \textbf{的方差-协方差矩阵}\quad \boldsymbol{W}=E[(\widehat{\boldsymbol{x}}-\boldsymbol{x})(\widehat{\boldsymbol{x}}-\boldsymbol{x})^{\mathrm{T}}]=(\boldsymbol{A}^{\mathrm{T}}\boldsymbol{V}^{-1}\boldsymbol{A})^{-1} \tag{13}$$

最小的方差来自最好的权重，即 $\boldsymbol{V}^{-1}$。

这个关键公式是 5.4 节的一个完美应用。**若 $\boldsymbol{b}$ 有协方差矩阵 $\boldsymbol{V}$，则 $\widehat{\boldsymbol{x}}=\boldsymbol{L}\boldsymbol{b}$ 有协方差矩阵 $\boldsymbol{L}\boldsymbol{V}\boldsymbol{L}^{\mathrm{T}}$**。矩阵 $\boldsymbol{L}=(\boldsymbol{A}^{\mathrm{T}}\boldsymbol{V}^{-1}\boldsymbol{A})^{-1}\boldsymbol{A}^{\mathrm{T}}\boldsymbol{V}^{-1}$，这是因为 $\widehat{\boldsymbol{x}}=\boldsymbol{L}\boldsymbol{b}$ 是加权方程 $(\boldsymbol{A}^{\mathrm{T}}\boldsymbol{V}^{-1}\boldsymbol{A})\widehat{\boldsymbol{x}}=\boldsymbol{A}^{\mathrm{T}}\boldsymbol{V}^{-1}\boldsymbol{b}$ 的解。将此代入 $\boldsymbol{L}\boldsymbol{V}\boldsymbol{L}^{\mathrm{T}}$，并且观察式 (13) 以这样的形式出现：

$$\boldsymbol{L}\boldsymbol{V}\boldsymbol{L}^{\mathrm{T}}=(\boldsymbol{A}^{\mathrm{T}}\boldsymbol{V}^{-1}\boldsymbol{A})^{-1}\boldsymbol{A}^{\mathrm{T}}\boldsymbol{V}^{-1}\quad\boldsymbol{V}\quad\boldsymbol{V}^{-1}\boldsymbol{A}\,(\boldsymbol{A}^{\mathrm{T}}\boldsymbol{V}^{-1}\boldsymbol{A})^{-1}=(\boldsymbol{A}^{\mathrm{T}}\boldsymbol{V}^{-1}\boldsymbol{A})^{-1}$$

这就是输出 $\widehat{\boldsymbol{x}}$ 的协方差 $\boldsymbol{W}$。

例 1 假设一个医生三次测量你的心跳 $x\,(m=3,n=1)$：

$$\begin{matrix} x = b_1 \\ x = b_2 \\ x = b_3 \end{matrix} \quad \text{是} \quad \boldsymbol{Ax} = \boldsymbol{b} \quad \text{其中} \quad \boldsymbol{A} = \begin{bmatrix} 1 \\ 1 \\ 1 \end{bmatrix}, \quad \boldsymbol{V} = \begin{bmatrix} \sigma_1^2 & 0 & 0 \\ 0 & \sigma_2^2 & 0 \\ 0 & 0 & \sigma_3^2 \end{bmatrix}$$

方差为 $\sigma_1^2 = 1/9$，$\sigma_2^2 = 1/4$，$\sigma_3^2 = 1$。权重为 3、2、1。在进行测量时，你会变得紧张起来，b_3 没有 b_2、b_1 来得可靠。这 3 次测量都包含某些信息，因此它们都进入了最佳的（加权的）估计 $\widehat{\boldsymbol{x}}$：

$$\boldsymbol{V}^{-1/2}\boldsymbol{A}\widehat{\boldsymbol{x}} = \boldsymbol{V}^{-1/2}\boldsymbol{b} \quad \text{是} \quad \begin{matrix} 3x = 3b_1 \\ 2x = 2b_2 \\ 1x = 1b_3 \end{matrix} \quad \text{导致} \quad \boldsymbol{A}^{\mathrm{T}}\boldsymbol{V}^{-\mathbf{1}}\boldsymbol{A}\widehat{\boldsymbol{x}} = \boldsymbol{A}^{\mathrm{T}}\boldsymbol{V}^{-\mathbf{1}}\boldsymbol{b}$$

$$\begin{bmatrix} 1 & 1 & 1 \end{bmatrix} \begin{bmatrix} 9 & & \\ & 4 & \\ & & 1 \end{bmatrix} \begin{bmatrix} 1 \\ 1 \\ 1 \end{bmatrix} \widehat{\boldsymbol{x}} = \begin{bmatrix} 1 & 1 & 1 \end{bmatrix} \begin{bmatrix} 9 & & \\ & 4 & \\ & & 1 \end{bmatrix} \begin{bmatrix} b_1 \\ b_2 \\ b_3 \end{bmatrix}$$

$$\boxed{\widehat{\boldsymbol{x}} = \frac{\mathbf{9}\boldsymbol{b}_1 + \mathbf{4}\boldsymbol{b}_2 + \boldsymbol{b}_3}{\mathbf{14}} \quad \text{是 } \boldsymbol{b}_1\text{、}\boldsymbol{b}_2\text{、}\boldsymbol{b}_3 \text{ 的最佳权重均值}}$$

由于 b_1 的方差 σ_1 最小，因此它的权重最大。$\widehat{\boldsymbol{x}}$ 的方差有一个简洁的公式 $\boldsymbol{W} = (\boldsymbol{A}^{\mathrm{T}}\boldsymbol{V}^{-\mathbf{1}}\boldsymbol{A})^{-\mathbf{1}}$。方差 W 由于包含 b_2 和 b_3 从 $\frac{1}{9}$ 降为 $\frac{1}{14}$。

$$\widehat{\boldsymbol{x}}\text{的方差} \quad \left(\begin{bmatrix} 1 & 1 & 1 \end{bmatrix} \begin{bmatrix} 9 & & \\ & 4 & \\ & & 1 \end{bmatrix} \begin{bmatrix} 1 \\ 1 \\ 1 \end{bmatrix} \right)^{-1} = \frac{1}{14} < \frac{1}{9}$$

由高斯的“BLUE(Best Linear Unbiased Estimate)”定理可知，$\widehat{\boldsymbol{x}} = \boldsymbol{Lb}$ 是对 $\boldsymbol{Ax} = \boldsymbol{b}$ 解的最佳线性无偏估计。对任何其他无偏估计 $\boldsymbol{x}^* = \boldsymbol{L}^*\boldsymbol{b}$，方差 $\boldsymbol{W}^* = \boldsymbol{L}^*\boldsymbol{V}\boldsymbol{L}^{*\mathrm{T}}$ 将大于 $\boldsymbol{W} = \boldsymbol{LVL}^{\mathrm{T}}$。

注意：“大于”意味着 $\boldsymbol{W}^* - \boldsymbol{W}$ 是半正定的。无偏是指 $\boldsymbol{L}^*\boldsymbol{A} = \boldsymbol{I}$。因此 $\boldsymbol{Ax} = \boldsymbol{b}$ 的精确解将得到正确的答案 $\boldsymbol{x} = \boldsymbol{L}^*\boldsymbol{b} = \boldsymbol{L}^*\boldsymbol{Ax}$。

补充说明：我们一开始不最小化平方误差是有原因的。一个理由是这个 $\widehat{\boldsymbol{x}}$ 通常有许多小的分量。小数字的平方非常小，而且当我们进行最小化时，它们就会出现。处理稀疏向量更容易（只有几个非零项）。统计学家更喜欢最小化**非平方误差**：$|(\boldsymbol{b} - \boldsymbol{Ax})_i|$ **之和**。*这个误差度量是* ℓ^1 *而不是* ℓ^2。因为使用了绝对值，所以采用 $\boldsymbol{\ell}^1$ 范数的对 $\widehat{\boldsymbol{x}}$ 的方程变成了非线性的。

快速新算法能很快地计算稀疏 $\widehat{\boldsymbol{x}}$，**未来属于** $\boldsymbol{\ell}^1$。关于压缩感知的 3.5 节是 $\boldsymbol{\ell}^1$ 递归的一个令人印象深刻的应用。

卡尔曼滤波器

“卡尔曼滤波器”是动态最小二乘法中的一个伟大的算法。动态是指新的测量结果 $\boldsymbol{b}_k$ 不断出现，因此最佳的估计 $\widehat{\boldsymbol{x}}_k$ 不断改变（基于所有的 $\boldsymbol{b}_0, \cdots, \boldsymbol{b}_k$）。不仅如此，矩阵 $\boldsymbol{A}$ 也在不断改变。因此 $\widehat{\boldsymbol{x}}_2$ 是对于**观察方程与更新方程（状态方程）的整个过程的最新解的最佳最小二乘估计**。直到时刻 2，存在 3 个观测值与 2 个状态方程：

$$\boldsymbol{A}_0\boldsymbol{x}_0=\boldsymbol{b}_0,\quad \boldsymbol{x}_1=\boldsymbol{F}_0\boldsymbol{x}_0,\quad \boldsymbol{A}_1\boldsymbol{x}_1=\boldsymbol{b}_1,\quad \boldsymbol{x}_2=\boldsymbol{F}_1\boldsymbol{x}_1,\quad \boldsymbol{A}_2\boldsymbol{x}_2=\boldsymbol{b}_2 \tag{14}$$

卡尔曼的想法是一次引入一个方程。每个方程中都会有误差。对每个新方程，更新当前 $\boldsymbol{x}_k$ 的最佳估计 $\widehat{\boldsymbol{x}}_k$。但是，历史不会被遗忘！这个新的估计 $\widehat{\boldsymbol{x}}_k$ 用到了所有过去的观测值 $\boldsymbol{b}_0,\cdots,\boldsymbol{b}_{k-1}$ 及所有的状态方程 $\boldsymbol{x}_{新}=\boldsymbol{F}_{旧}\,\boldsymbol{x}_{旧}$。这是一个、不断增长的最小二乘问题。

关于式 (14) 还有一个要点。对于每个最小二乘方程，使用 $\boldsymbol{b}_k$ 中误差的协方差矩阵 $\boldsymbol{V}_k$ 进行**加权**。甚至对更新方程 $\boldsymbol{x}_{k+1}=\boldsymbol{F}_k\boldsymbol{x}_k$ 中的误差还存在协方差矩阵 $\boldsymbol{C}_k$。这个最佳的 $\widehat{\boldsymbol{x}}_1$ 依赖于 $\boldsymbol{b}_0$、$\boldsymbol{b}_1$、$\boldsymbol{F}_1$、$\boldsymbol{V}_0$、$\boldsymbol{V}_1$ 和 $\boldsymbol{C}_1$。得到 $\widehat{\boldsymbol{x}}_1$ 的好方法是作为更新之前的 $\widehat{\boldsymbol{x}}_1$。

让我们专注于一个没有矩阵 $\boldsymbol{F}_k$ 与协方差 $\boldsymbol{C}_k$ 的简化问题。每一步估计相同的真实值 $\boldsymbol{x}$，如何从 $\widehat{\boldsymbol{x}}_0$ 得到 $\widehat{\boldsymbol{x}}_1$？

旧 $\boldsymbol{A}_0\,\boldsymbol{x}_0=\boldsymbol{b}_0$ 导致加权方程

$$\boldsymbol{A}_0^{\mathrm{T}}\,\boldsymbol{V}_0^{-1}\,\boldsymbol{A}_0\,\widehat{\boldsymbol{x}}_0=\boldsymbol{A}_0^{\mathrm{T}}\,\boldsymbol{V}_0^{-1}\,\boldsymbol{b}_0 \tag{15}$$

新 $\begin{bmatrix}\boldsymbol{A}_0\\ \boldsymbol{A}_1\end{bmatrix}\widehat{\boldsymbol{x}}_1=\begin{bmatrix}\boldsymbol{b}_0\\ \boldsymbol{b}_1\end{bmatrix}$ 导致下面的对 $\widehat{\boldsymbol{x}}_1$ 的加权方程:

$$\begin{bmatrix}\boldsymbol{A}_0^{\mathrm{T}} & \boldsymbol{A}_1^{\mathrm{T}}\end{bmatrix}\begin{bmatrix}\boldsymbol{V}_0^{-1} & \\ & \boldsymbol{V}_1^{-1}\end{bmatrix}\begin{bmatrix}\boldsymbol{A}_0\\ \boldsymbol{A}_1\end{bmatrix}\widehat{\boldsymbol{x}}_1=\begin{bmatrix}\boldsymbol{A}_0^{\mathrm{T}} & \boldsymbol{A}_1^{\mathrm{T}}\end{bmatrix}\begin{bmatrix}\boldsymbol{V}_0^{-1} & \\ & \boldsymbol{V}_1^{-1}\end{bmatrix}\begin{bmatrix}\boldsymbol{b}_0\\ \boldsymbol{b}_1\end{bmatrix} \tag{16}$$

是的，我们可以直接解决新问题，而忘记旧问题。但是旧的解 $\widehat{\boldsymbol{x}}_0$ 需要进一步的工作，可以在 $\widehat{\boldsymbol{x}}_1$ 中重用。我们要找的是对 $\widehat{\boldsymbol{x}}_0$ **的更新**：

$$\text{卡尔曼更新从 }\widehat{\boldsymbol{x}}_0\text{ 给出 }\widehat{\boldsymbol{x}}_1\qquad \widehat{\boldsymbol{x}}_1=\widehat{\boldsymbol{x}}_0+\boldsymbol{K}_1(\boldsymbol{b}_1-\boldsymbol{A}_1\,\widehat{\boldsymbol{x}}_0) \tag{17}$$

更新校正是旧状态 $\widehat{\boldsymbol{x}}_0$ 与新的测量结果 $\boldsymbol{b}_1$ 之间的失配 $\boldsymbol{b}_1-\boldsymbol{A}_1\widehat{\boldsymbol{x}}_0$，再乘以卡尔曼增益矩阵$\boldsymbol{K}_1$。$\boldsymbol{K}_1$ 的公式来自比较式 (15) 和式 (16) 的解 $\widehat{\boldsymbol{x}}_1$ 和 $\widehat{\boldsymbol{x}}_0$。并且当基于新数据 $\boldsymbol{b}_1$ 将 $\widehat{\boldsymbol{x}}_0$ 更新到 $\widehat{\boldsymbol{x}}_1$ 时，**也将协方差矩阵 $\boldsymbol{W}_0$ 更新为 $\boldsymbol{W}_1$**。

记住来自式 (13) 的 $\boldsymbol{W}_0=(\boldsymbol{A}_0^{\mathrm{T}}\,\boldsymbol{V}_0^{-1}\,\boldsymbol{A}_0)^{-1}$。将逆矩阵从 $\boldsymbol{W}_0^{-1}$ 更新到 $\boldsymbol{W}_1^{-1}$：

$$\widehat{\boldsymbol{x}}_1\text{中误差的协方差 }\boldsymbol{W}_1\qquad \boldsymbol{W}_1^{-1}=\boldsymbol{W}_0^{-1}+\boldsymbol{A}_1^{\mathrm{T}}\,\boldsymbol{V}_1^{-1}\,\boldsymbol{A}_1 \tag{18}$$

$$\text{卡尔曼增益矩阵}\boldsymbol{K}_1\qquad \boldsymbol{K}_1=\boldsymbol{W}_1\,\boldsymbol{A}_1^{\mathrm{T}}\,\boldsymbol{V}_1^{-1} \tag{19}$$

这是卡尔曼滤波器的核心。注意协方差矩阵 $\boldsymbol{W}_k$ 的重要性。这些矩阵衡量整个过程的可靠性，其中向量 $\widehat{\boldsymbol{x}}_k$ 估计基于特定测定值 $\boldsymbol{b}_0,\cdots,\boldsymbol{b}_k$ 的当前状态。

当状态 $\boldsymbol{x}_k$ 也发生变化时（基于矩阵 $\boldsymbol{F}_k$），关于动态卡尔曼滤波器介绍很多。使用 $\boldsymbol{F}$ 预测 $\boldsymbol{x}_k$，再使用新数据 $\boldsymbol{b}$ 进行校正。

关于**递归最小二乘法**：加入新数据 $\boldsymbol{b}_k$ 并基于所有的数据更新最佳的当前估计 $\widehat{\boldsymbol{x}}_k$，同时更新其协方差矩阵 $\boldsymbol{W}_k$。这种更新的方法开始于 3.1 节的 Sherman-Morrison-Woodbury对 $(\boldsymbol{A}-\boldsymbol{U}\boldsymbol{V}^{\mathrm{T}})^{-1}$ 的公式。从数值上讲，这是卡尔曼滤波器成功的关键，将大小为 n 的逆矩阵交换为大小为 k 的逆矩阵。

习题 5.5

1. 对同一个变量 x 的两次测量得到方程 $x=b_1$，$x=b_2$。假设均值为零，方差为 σ_1^2 和 σ_2^2，其误差互相独立：$\boldsymbol{V}$ 是对角元为 σ_1^2 和 σ_2^2 的对角矩阵。将两个方程写成 $\boldsymbol{Ax}=\boldsymbol{b}$（$\boldsymbol{A}$ 是 2×1 矩阵）。如例 1 所示，求出基于 b_1 和 b_2 的最佳估计 $\widehat{\boldsymbol{x}}$：

$$\widehat{\boldsymbol{x}}=\frac{b_1/\sigma_1^2+b_2/\sigma_2^2}{1/\sigma_1^2+1/\sigma_2^2},\qquad E\left[\widehat{\boldsymbol{x}}\,\widehat{\boldsymbol{x}}^{\mathrm{T}}\right]=\left(\frac{1}{\sigma_1^2}+\frac{1}{\sigma_2^2}\right)^{-1}$$

2. (1) 在习题 1 中，假设第二次测量 b_2 变得非常精确，其方差 $\sigma_2\to 0$。当 $\sigma_2\to 0$ 时，求 $\widehat{\boldsymbol{x}}$ 的最佳估计。

   (2) 相反的情形有 $\sigma_2\to\infty$，且 b_2 中没有信息。求基于 b_1 和 b_2 的最佳估计 $\widehat{\boldsymbol{x}}$。

3. 若 x 与 y 是互相独立的，分别有概率 $p_1(x)$ 和 $p_2(y)$，则 $p(x,y)=p_1(x)\,p_2(y)$。通过将二重积分分离成 $(-\infty,\infty)$ 上单重积分的乘积，证明 $\iint p(x,y)\,\mathrm{d}x\,\mathrm{d}y=\mathbf{1}$，$\iint(x+y)\,p(x,y)\,\mathrm{d}x\,\mathrm{d}y=\boldsymbol{m_1}+\boldsymbol{m_2}$。

4. 对独立的 x、y 继续习题 3，证明 $p(x,y)=p_1(x)\,p_2(y)$ 有

$$\iint(x-m_1)^2\,p(x,y)\,\mathrm{d}x\,\mathrm{d}y=\boldsymbol{\sigma_1^2},\qquad \iint(x-m_1)(y-m_2)\,p(x,y)\,\mathrm{d}x\,\mathrm{d}y=\mathbf{0}$$

   因此 2×2 协方差矩阵 $\boldsymbol{V}$ 是对角的，且其分量为____。

5. 若 $\widehat{x}_k$ 是 $b_1,b_2,\cdots,b_k$ 的平均，得到了一个新的测量 b_{k+1}。卡尔曼更新式 (17) 给出了新的平均 $\widehat{x}_{k+1}$：

   验证 $\widehat{x}_{k+1}=\widehat{x}_k+\dfrac{1}{k+1}(b_{k+1}-\widehat{x}_k)$ 是 $b_1,b_2,\cdots,b_{k+1}$ 正确的平均值

   假设 $W_k=\sigma^2/k$，b_{k+1} 有方差 $V=\sigma^2$，也对这个均值 $\widehat{x}$ 的方差 $W_{k+1}=\sigma^2/(k+1)$ 检查更新方程 (18)。

6. **(稳态模型)** 习题 5 是静态最小二乘法。所有的样本均值 $\widehat{x}_k$ 是相同 x 的估计。为了使卡尔曼滤波器具动态性，还引入一个状态方程 $x_{k+1}=Fx_k$，其误差方差为 s^2。动态最小二乘问题允许当 k 增加时，x 发生“偏移”：

$$\begin{bmatrix}1 & \\ -F & 1\\ & 1\end{bmatrix}\begin{bmatrix}x_0\\ x_1\end{bmatrix}=\begin{bmatrix}b_0\\ 0\\ b_1\end{bmatrix}，方差为\begin{bmatrix}\sigma^2\\ s^2\\ \sigma^2\end{bmatrix}$$

   对 $F=1$，将这三个方程的两边分别除以 σ、s、σ。用最小二乘法来求出 $\widehat{x_0}$、$\widehat{x_1}$，这样做给予最新的 b_1 以更大的权重。卡尔曼滤波器在 *Algorithms for Global Positioning* (Borre and Strang) 一书中得以更充分的讨论。

5.6 马尔可夫链

有关马尔可夫链的一些关键结论可以用出租车来说明。假设，每个月有 100 辆车在芝加哥与丹佛之间往返。

80% 的芝加哥车留在芝加哥，**30%** 的丹佛车搬到芝加哥

20% 的芝加哥车搬到丹佛，**70%** 的丹佛车留在丹佛

在矩阵语言中，车从 n 月到 $n+1$ 月的过渡由 $\boldsymbol{y}_{n+1}=\boldsymbol{P}\boldsymbol{y}_{n}$ 得到：

$$\boldsymbol{y}_{n+1}=\begin{bmatrix}\text{芝加哥车}\\ \text{丹佛车}\end{bmatrix}_{n+1}=\begin{bmatrix}\mathbf{0.8} & \mathbf{0.3}\\ \mathbf{0.2} & \mathbf{0.7}\end{bmatrix}\begin{bmatrix}\text{芝加哥车}\\ \text{丹佛车}\end{bmatrix}_{n}=\boldsymbol{P}\boldsymbol{y}_{n} \qquad (1)$$

每个月用**“马尔可夫矩阵”**$\boldsymbol{P}$ 来乘。每个列的分量加起来等于 1。经过 n 个月，车的分布是 $\boldsymbol{y}_{n}=\boldsymbol{P}^{n}\boldsymbol{y}_{0}$。我们的例子中 $\boldsymbol{y}_0=(100,0)$，因为所有的车开始都在芝加哥：

$$\boldsymbol{y}_0=\begin{bmatrix}100\\0\end{bmatrix},\quad \boldsymbol{y}_1=\begin{bmatrix}80\\20\end{bmatrix},\quad \boldsymbol{y}_2=\begin{bmatrix}70\\30\end{bmatrix},\quad \boldsymbol{y}_3=\begin{bmatrix}65\\35\end{bmatrix},\quad \cdots,\quad \boldsymbol{y}_\infty=\begin{bmatrix}\mathbf{60}\\\mathbf{40}\end{bmatrix}$$

假设 100 辆车开始是在丹佛而不是在芝加哥：

$$\boldsymbol{y}_0=\begin{bmatrix}0\\100\end{bmatrix},\quad \boldsymbol{y}_1=\begin{bmatrix}30\\70\end{bmatrix},\quad \boldsymbol{y}_2=\begin{bmatrix}45\\55\end{bmatrix},\quad \boldsymbol{y}_3=\begin{bmatrix}52.5\\47.5\end{bmatrix},\quad \cdots,\quad \boldsymbol{y}_\infty=\begin{bmatrix}\mathbf{60}\\\mathbf{40}\end{bmatrix}$$

两种情况都得到同样的 60/40 的最终分布。至于从哪个城市开始并没有关系。因为关心的是矩阵 $\boldsymbol{P}$ 的幂 $\boldsymbol{P}^n$，这是一个 $\boldsymbol{P}$ 的特征值和特征向量的问题：

$$\textbf{特征值}\quad \det\begin{bmatrix}0.8-\lambda & 0.3\\ 0.2 & 0.7-\lambda\end{bmatrix}=\lambda^2-1.5\lambda+0.5=(\lambda-\mathbf{1})(\lambda-\mathbf{0.5})\qquad \begin{aligned}\lambda&=\mathbf{1}\\ \lambda&=\mathbf{0.5}\end{aligned}$$

$$\textbf{特征向量}\quad \begin{bmatrix}0.8 & 0.3\\ 0.2 & 0.7\end{bmatrix}\begin{bmatrix}0.6\\0.4\end{bmatrix}=\begin{bmatrix}\mathbf{0.6}\\\mathbf{0.4}\end{bmatrix}\qquad \begin{bmatrix}0.8 & 0.3\\ 0.2 & 0.7\end{bmatrix}\begin{bmatrix}1\\-1\end{bmatrix}=\frac{1}{2}\begin{bmatrix}\mathbf{1}\\\mathbf{-1}\end{bmatrix}$$

这就解释了所有的问题。最终车的 60/40 分布是一个**稳态：特征值** $\boldsymbol{\lambda_1=1}$。因此 $\boldsymbol{y}_n=(60,40)$ 给出 $\boldsymbol{y}_{n+1}=(60,40)$。而 $\lambda_2=\dfrac{1}{2}$ 意味着：

每个月与稳态的差别被乘以 $\boldsymbol{\dfrac{1}{2}}$

从上面这些数字可以看到，芝加哥的 100、80、70、65 每个月将到 60（稳态）的距离都乘以 $\boldsymbol{\dfrac{1}{2}}$。类似地，丹佛的 0、20、30、35 也在减半其到 40（稳态）的距离。用矩阵的表示法，$\boldsymbol{P}$ 通过其特征向量和特征值被对角化成 $\boldsymbol{X\Lambda X^{-1}}$。然后 $\boldsymbol{P}^n=(\boldsymbol{X\Lambda X}^{-1})\cdots(\boldsymbol{X\Lambda X}^{-1})=\boldsymbol{X\Lambda}^n\boldsymbol{X}^{-1}$：

$$\boldsymbol{P}^n=\boldsymbol{X\Lambda}^n\boldsymbol{X}^{-1}=\begin{bmatrix}0.6 & 1\\ 0.4 & -1\end{bmatrix}\begin{bmatrix}1^n & \\ & \left(\frac{1}{2}\right)^n\end{bmatrix}\begin{bmatrix}1 & 1\\ 0.4 & -0.6\end{bmatrix}=\begin{bmatrix}\mathbf{0.6} & \mathbf{0.6}\\ \mathbf{0.4} & \mathbf{0.4}\end{bmatrix}+\left(\frac{\mathbf{1}}{\mathbf{2}}\right)^{\boldsymbol{n}}\begin{bmatrix}\mathbf{0.4} & \mathbf{-0.6}\\ \mathbf{-0.4} & \mathbf{0.6}\end{bmatrix}$$

对 $n=1$，有 $\boldsymbol{P}$。对 $n=\infty$，极限矩阵 $\boldsymbol{P}^\infty$ 在两列里都有 0.6, 0.4。100 辆车可能开始在芝加哥或丹佛那一列，但当 $n\to\infty$ 时，总是有 60/40 的分布。这就是像 $\boldsymbol{P}$ 这样的正马尔可夫矩阵的显著特征。

对**正马尔可夫矩阵**的要求：

所有的 $p_{ij}>0$，并且 P 的每一列加起来等于 1（这样会有车丢失）。然后 $\mathbf{1}^{\mathrm{T}}\boldsymbol{P}=\mathbf{1}^{\mathrm{T}}$
矩阵 $\boldsymbol{P}$ 有 $\lambda_1=1$（最大的特征值），$\boldsymbol{x}_1>0$（正特征向量）

对正矩阵的 Perron-Frobenius定理，保证了 $\lambda_1>0$，$\boldsymbol{x}_1>0$。然后列的分量相加等于 1。这个结论告诉我们 $\boldsymbol{P}^{\mathrm{T}}\mathbf{1}=\mathbf{1}$，$\lambda_1=1$，而且这导致了稳态 $\boldsymbol{y}_\infty$ 是 $\boldsymbol{x}_1$ 的倍数。$\boldsymbol{X}^{-1}$ 的第 1 行是左特征向量 $[\,\mathbf{1}\ \ \mathbf{1}\ \ \cdots\ \ \mathbf{1}\,]$：

$$\underset{\text{收敛}}{\boldsymbol{P}^n=\boldsymbol{X}\boldsymbol{\Lambda}^n\boldsymbol{X}^{-1}}=\begin{bmatrix}\\ \boldsymbol{x}_1 & \boldsymbol{x}_2\cdots\boldsymbol{x}_n\\ \\ \end{bmatrix}\begin{bmatrix}1 & & \\ & \lambda_2^n & \\ & & \ddots\end{bmatrix}\begin{bmatrix}\\ \boldsymbol{X}^{-1}\\ \\ \end{bmatrix}\rightarrow\begin{bmatrix}\\ \boldsymbol{x}_1 & \boldsymbol{x}_1\cdots\boldsymbol{x}_1\\ \\ \end{bmatrix}$$

当 $n\to\infty$ 时，在对角矩阵 $\boldsymbol{\Lambda}^n$ 中只有 1 会存在。列乘以行变成 $\boldsymbol{X}$ **的** $\boldsymbol{x}_1$ 列乘以 $[\,\mathbf{1}\ \ \mathbf{1}\ \ \cdots\ \ \mathbf{1}\,]$。这个极限矩阵 $\boldsymbol{P}^\infty$ 每列有 $\boldsymbol{x}_1$! 稳态 $\boldsymbol{y}_\infty=P^\infty\boldsymbol{y}_0$ 必须是这个列向量 $\boldsymbol{x}_1$ 的倍数。

在我们的例子中，这个倍数的结果是 $(60,40)$，因为是以 100 辆车开始的。马尔可夫链不破坏旧车或增加新车，它最终按照 $\boldsymbol{P}$ 的首特征向量 $\boldsymbol{x}_1$ 来进行分配。

我们将 $\boldsymbol{P}$ 看作**概率矩阵**，然后就出现了 Perron-Frobenius 定理。

转移概率

马尔可夫链是线性代数在概率论中的完美范例。这里的基本量是在 n 时刻的状态 j 转移到 $n+1$ 时刻的状态 i 的概率 p_{ij}：

$$\textbf{转移概率}\quad \boldsymbol{p_{ij}=P\,(x(n+1)=i|x(n)=j)} \tag{2}$$

从这个简单的说明中隐藏着关键的点。第一，概率 p_{ij} 不依赖于 n，这个规则在所有时间都成立；第二，新的状态 $x(n+1)$ 的概率 $\boldsymbol{y}_{n+1}$ 只取决于目前的状态 $x(n)$，而不依赖于任何先前的历史。

还有一个问题需要回答：马尔可夫链的可能“状态”是什么？在上面给出的例子中，状态是芝加哥和丹佛（这里状态是指城市）。这里有三个可能性：

有限马尔可夫链	每个状态 $x(n)$ 是 $1,2,\cdots,N$ 中的一个整数。
无限状态马尔可夫链	每个状态 $x(n)$ 是一个整数 $n=0,1,2,\cdots$。
连续马尔可夫链	每个状态 $x(n)$ 是一个实数。

通常多选择有 N 个可能状态的有限链。初始状态 $x(0)$ 可以是已知的。或者可能只知道初始态的**概率向量** $\boldsymbol{y}_0$。不同于微分方程，$x(0)$ 不决定 $x(1)$。若 $x(0)=j$，这只决定了新状态 $x(1)$ 在 $\boldsymbol{y}_1$ 中的 N 个概率。这个新状态是从 1 到 N 的一个数字。

新状态的概率是 $p_{1j},p_{2j},\cdots,p_{Nj}$。**这些概率相加必须等于 1：**

$$\boldsymbol{P}\text{的第}j\text{列}\qquad \boldsymbol{p_{1j}+p_{2j}+\cdots+p_{Nj}=1} \tag{3}$$

把这些数自然地放入一个 $N\times N$ 矩阵 $\boldsymbol{P}=$ 概率矩阵 p_{ij}，它们被称为转移概率，$\boldsymbol{P}$ **是转移矩阵**。它告诉我们从状态 $x(0)=j$ 到状态 $x(1)=i$ 的转移（仅是概率，而不是事实）。同样的矩阵 $\boldsymbol{P}$ 适用于未来每一时刻从 $x(n)$ 到 $x(n+1)$ 的转移。

$$\text{转移矩阵}\boldsymbol{P}\quad \boldsymbol{y}_{n+1}=\boldsymbol{P}\boldsymbol{y}_n \qquad \boldsymbol{y}_{n+1}=\begin{bmatrix} P(x(n+1)=1) \\ \vdots \\ P(x(n+1)=N) \end{bmatrix}=\begin{bmatrix} \boldsymbol{p_{11}} & \cdots & \boldsymbol{p_{1N}} \\ \vdots & & \vdots \\ \boldsymbol{p_{N1}} & \cdots & \boldsymbol{p_{NN}} \end{bmatrix}\begin{bmatrix} P(x(n)=1) \\ \vdots \\ P(x(n)=N) \end{bmatrix} \tag{4}$$

矩阵 $\boldsymbol{P}$ 的所有项都有 $0 \leqslant p_{ij} \leqslant 1$。根据式 (3)，每一列的分量加起来等于 1：

$$\mathbf{1}^{\mathrm{T}}=\boldsymbol{N}\text{个 1 的行向量}\quad \mathbf{1}^{\mathrm{T}}\boldsymbol{P}=\mathbf{1}^{\mathrm{T}},\qquad \boldsymbol{P}^{\mathrm{T}}\mathbf{1}=\mathbf{1}\quad \mathbf{1}=\boldsymbol{N}\text{个 1 的列向量}$$

因此 $\boldsymbol{P}^{\mathrm{T}}$ 是一个非负矩阵，具有特征值 $\lambda=1$ 和特征向量 $\mathbf{1}=(1,1,\cdots,1)$。同样，$\boldsymbol{P}$ 也是一个具有特征值 $\lambda=1$ 的非负矩阵。但是我们必须找到满足 $\boldsymbol{Pv}=\boldsymbol{v}$ 的特征向量 $\boldsymbol{v}$：

例 1 $\boldsymbol{P}=\begin{bmatrix} \mathbf{0.8} & \mathbf{0.3} \\ \mathbf{0.2} & \mathbf{0.7} \end{bmatrix}$，$\quad \begin{bmatrix} 1 & 1 \end{bmatrix}\boldsymbol{P}=\begin{bmatrix} 1 & 1 \end{bmatrix}$，$\quad \boldsymbol{Pv}=\begin{bmatrix} 0.8 & 0.3 \\ 0.2 & 0.7 \end{bmatrix}\begin{bmatrix} \mathbf{0.6} \\ \mathbf{0.4} \end{bmatrix}=\boldsymbol{v}$

因此 $\boldsymbol{v}=(\mathbf{0.6},\mathbf{0.4})$。矩阵 $\boldsymbol{P}$ 的迹是 $0.8+0.7=1.5$。因此其第二个特征值 $\lambda_2=\mathbf{0.5}$。

$\boldsymbol{P}$ 的第二个特征向量 $\boldsymbol{v}_2$ 总是正交于 $\boldsymbol{P}^{\mathrm{T}}$ 的第一个特征向量 $(1,1)$。

由转移方程 $\boldsymbol{y}_{n+1}=\boldsymbol{P}\boldsymbol{y}_n$ 来得到概率。向量 $\boldsymbol{y}_n$ 和 $\boldsymbol{y}_{n+1}$ 包含着时刻 n 和时刻 $n+1$ 对 N 个不同状态的概率。在所有的时刻，**$\boldsymbol{P}^n$ 的列分量相加等于 1**（$\boldsymbol{y}_n$ 中的概率也是这样）：

$$\mathbf{1}^{\mathrm{T}}\boldsymbol{y}_{n+1}=\mathbf{1}^{\mathrm{T}}(\boldsymbol{P}\boldsymbol{y}_n)=(\mathbf{1}^{\mathrm{T}}\boldsymbol{P})\boldsymbol{y}_n=\mathbf{1}^{\mathrm{T}}\boldsymbol{y}_n=\mathbf{1} \tag{5}$$

这是马尔可夫链的基本问题。转移矩阵 $\boldsymbol{P}$ 是固定且已知的。起始状态 $\boldsymbol{x}(0)$ 或该状态的概率向量 $\boldsymbol{y}_0$ 可能是已知的，也可能是未知的。关键的问题：当 $n\to\infty$ **时，概率向量 $\boldsymbol{y_n}=\boldsymbol{P^n y_0}$ 是否有一个极限 $\boldsymbol{y_\infty}$**？我们期待 $\boldsymbol{y_\infty}$ 与 $\boldsymbol{y_0}$ 的初始概率无关。$\boldsymbol{y_\infty}$ 通常是存在的，但不是对每个 $\boldsymbol{P}$ 都存在。当它存在时，$\boldsymbol{y_\infty}$ **表示处于每个这种状态的概率**。

例 2 转移矩阵可以是 $\boldsymbol{P}=\begin{bmatrix} \mathbf{0} & \mathbf{1} \\ \mathbf{1} & \mathbf{0} \end{bmatrix}=$ **开关矩阵**。

这意味着，系统在每个时间步长改变其状态。在时刻 n 的状态 1 导致时刻 $n+1$ 的状态 2。若初始的概率 $\boldsymbol{y}_0=\left(\frac{1}{3},\frac{2}{3}\right)$，则 $\boldsymbol{y}_1=\boldsymbol{P}\boldsymbol{y}_0=\left(\frac{2}{3},\frac{1}{3}\right)$。概率在这两个向量之间来回振荡，没有稳态。

我们的矩阵 $\boldsymbol{P}$ 总是有特征值 $\lambda=1$，其特征向量会是一个稳态（当用 $\boldsymbol{P}$ 相乘时，不改变任何值）。但是，这个特别的 $\boldsymbol{P}$ 也有一个特征值 $\lambda=-1$，其效应不会因 $n\to\infty$ 而消失。仅有的稳定性可以在 $\boldsymbol{y}_0=\boldsymbol{y}_2=\boldsymbol{y}_4=\cdots$ 与 $\boldsymbol{y}_1=\boldsymbol{y}_3=\boldsymbol{y}_5=\cdots$ 中看到。$\boldsymbol{P}$ 的幂在 $\boldsymbol{P}$ 与 $\boldsymbol{I}$ 之间变化。

其他的矩阵 $\boldsymbol{P}$ 都有一个稳态：$\boldsymbol{P^n}\to\boldsymbol{P^\infty}$，$\boldsymbol{y}_n\to\boldsymbol{y}_\infty$。$x$ 的实际状态依然发生变化（基于 $\boldsymbol{P}$ 中的概率 p_{ij}）。**向量 $\boldsymbol{y_\infty}$ 告诉我们相对应系统最终在每个状态 $(\boldsymbol{y_{1\infty}},\cdots,\boldsymbol{y_{N\infty}})$ 的时间比例**。

正矩阵 P 或非负矩阵 P

在前面两个例子之间存在着差别：$\boldsymbol{P}_1>0$，$\boldsymbol{P}_2\geqslant 0$。

$\boldsymbol{P}_1=\begin{bmatrix} 0.8 & 0.3 \\ 0.2 & 0.7 \end{bmatrix}$ 有特征值 $\mathbf{1}$ 和 $\frac{\mathbf{1}}{\mathbf{2}}$。幂 $\left(\frac{1}{2}\right)^n$ 趋于零。

$\boldsymbol{P}_2=\begin{bmatrix}0&1\\1&0\end{bmatrix}$ 有特征值 **1** 和 **−1**。幂 $(-1)^n$ 不趋于零。

$\boldsymbol{P}$ 的每一列相加等于 1。特征值 $\lambda=1$，这是因为 $\boldsymbol{P}-\boldsymbol{I}$ 的各行相加成了零行，并且 $\boldsymbol{P}$ 中没有一项是负的。这两个性质保证了没有一个特征值满足 $|\lambda|>1$。但是在 $\boldsymbol{P}_1$ 和 $\boldsymbol{P}_2$ 之间有一个重要的区别。

$\boldsymbol{P}_2$ 有零元素，导致可能有 $|\lambda_2|=1$。

$\boldsymbol{P}_1$ 的所有元素均为正数，保证了 $|\lambda_2|<1$。

Perron-Frobenius 定理对 $\boldsymbol{P}_1>\boldsymbol{0}$（元素严格正）有效：

(1) $\boldsymbol{P}$ 的最大特征值 $\boldsymbol{\lambda}_1$ 与其特征向量 $\boldsymbol{v}_1$ 是严格正的。

(2) 所有其他特征值 $\boldsymbol{\lambda}_2,\boldsymbol{\lambda}_3,\cdots,\boldsymbol{\lambda}_N$ 有 $|\boldsymbol{\lambda}|<\boldsymbol{\lambda}_1$。马尔可夫矩阵有 $\boldsymbol{\lambda}_1=\mathbf{1}$。

第 3 个例子中 $\boldsymbol{P}_3$ 表明，在 $\boldsymbol{P}$ 中的零元素并不总是破坏到稳态的进程：

例 3 $\boldsymbol{P}_3=\begin{bmatrix}1&\frac{1}{2}\\0&\frac{1}{2}\end{bmatrix}$ 有 $\lambda=1$，$\frac{1}{2}$，$\boldsymbol{v}_1=\begin{bmatrix}1\\0\end{bmatrix}$，$\boldsymbol{v}_2=\begin{bmatrix}1\\-1\end{bmatrix}$

尽管在 $\boldsymbol{P}_3$ 中有零，但是 $(\boldsymbol{P}_3)^n$ 的所有列也趋近首特征向量 $\boldsymbol{v}_1$：

$$(\boldsymbol{P}_3)^{\boldsymbol{n}}=\begin{bmatrix}1&\frac{1}{2}\\0&\frac{1}{2}\end{bmatrix}^n=\begin{bmatrix}1&1-\left(\frac{1}{2}\right)^n\\0&\left(\frac{1}{2}\right)^n\end{bmatrix}\to\begin{bmatrix}\mathbf{1}&\mathbf{1}\\\mathbf{0}&\mathbf{0}\end{bmatrix}\tag{6}$$

这是我们期待的稳态。然后 $\boldsymbol{y}_n=(\boldsymbol{P}_3)^n\boldsymbol{y}_0$ 趋近同样的特征向量 $\boldsymbol{v}_1=\begin{bmatrix}1&0\end{bmatrix}^{\mathrm{T}}$。这个马尔可夫链在 $n\to\infty$ 时，将所有人移动到状态 1。

当 $n\to\infty$ 时，收敛到稳态

对于严格正的马尔可夫矩阵，判断 $\boldsymbol{P}^n\to\boldsymbol{P}^\infty$ 收敛性的最好方式是将 $\boldsymbol{P}$ 对角化。若 $\boldsymbol{P}$ 有 n 个独立的特征向量，特征值矩阵 $\boldsymbol{\Lambda}$ 以 $\lambda_1=1$ 开始，其特征向量矩阵 $\boldsymbol{X}$ 的首特征向量 $\boldsymbol{v}_1$ 是其第一列。当 n 增加时，特征向量 $\boldsymbol{v}_1$ 将出现在 $\boldsymbol{P}^n$ 的每一列。

$$\boldsymbol{P}=\boldsymbol{X\Lambda X}^{-1}\ \text{意味着}\ \boldsymbol{P}^n=(\boldsymbol{X\Lambda X}^{-1})\cdots(\boldsymbol{X\Lambda X}^{-1})=\boldsymbol{X\Lambda^n X^{-1}}$$

$\boldsymbol{X}$ 的列是 $\boldsymbol{P}$ 的特征向量 $\boldsymbol{v}_1,\boldsymbol{v}_2,\cdots,\boldsymbol{v}_n$。$\boldsymbol{X}^{-1}$ 的行是 $\boldsymbol{P}^{\mathrm{T}}$ 的特征向量（从全为 1 向量 $\mathbf{1}^{\mathrm{T}}$ 开始）。因为 $\lambda_1=1$，并且所有其他的特征值 $|\lambda|<1$，对角矩阵 $\boldsymbol{\Lambda}^n$ 将趋近 $\boldsymbol{\Lambda}^\infty$，它只有单个“1”在顶角：

$$\boldsymbol{P^n}=\boldsymbol{X\Lambda}^n\boldsymbol{X}^{-1}\ \text{趋近}\ \boldsymbol{P}^\infty=\begin{bmatrix}\boldsymbol{v}_1&\boldsymbol{v}_2&\cdots\end{bmatrix}\begin{bmatrix}\mathbf{1}&&\\&\mathbf{0}&\\&&\mathbf{0}\\&&&.\end{bmatrix}\begin{bmatrix}\mathbf{1}^{\mathrm{T}}\\\cdot\\\cdot\\\cdot\end{bmatrix}=\begin{bmatrix}\boldsymbol{v}_1&\boldsymbol{v}_1&\cdots\end{bmatrix}$$

$\boldsymbol{P},\boldsymbol{P}^2,\boldsymbol{P}^3,\cdots$ 收敛至秩为 1 的矩阵 $\boldsymbol{P}^\infty=\boldsymbol{v}_1\mathbf{1}^{\mathrm{T}}$，其中 $\boldsymbol{v}_1$ 出现在所有的列：

$$\begin{bmatrix} 0.80 & 0.30 \\ 0.20 & 0.70 \end{bmatrix} \quad \begin{bmatrix} 0.70 & 0.45 \\ 0.30 & 0.55 \end{bmatrix} \quad \begin{bmatrix} 0.65 & 0.525 \\ 0.35 & 0.475 \end{bmatrix} \text{趋近} \begin{bmatrix} \mathbf{0.60} & \mathbf{0.60} \\ \mathbf{0.40} & \mathbf{0.40} \end{bmatrix} = \begin{bmatrix} \mathbf{0.6} \\ \mathbf{0.4} \end{bmatrix} \begin{bmatrix} 1 & 1 \end{bmatrix}$$

至此我们将陈述并证明 Perron-Frobenius 定理。实际上，我们证明 Perron 的部分（严格正矩阵）。然后，Frobenius 允许 $\boldsymbol{P}$ 中出现零。这就带来了 $|\lambda_2|=\lambda_1$ 的可能性。在这种情形下，$\boldsymbol{P}^n$ 将不会收敛（除非 $\boldsymbol{P}=\boldsymbol{I}$）至通常的 $\boldsymbol{P}^{\infty}=\boldsymbol{v}_1\boldsymbol{1}^{\mathrm{T}}$。

Perron-Frobenius 定理

一个矩阵定理主导着这个议题。Perron-Frobenius 定理适用于所有 $a_{ij} \geqslant 0$ 的情形。不要求所有列的和为 1。下面证明最简洁的情形，即所有 $a_{ij} > 0$ 的情形。然后最大的特征值 $\lambda_{\max}$ 及其特征向量 $\boldsymbol{x}$ 都是正的。

Perron-Frobenius **定理对** $\boldsymbol{A} > \mathbf{0}$ $\quad \boldsymbol{A}\boldsymbol{x} = \lambda_{\max}\boldsymbol{x}$ **中的所有数是严格正的**

证明： 考虑正矩阵。关键是寻找所有的数 t 使得对于某个非负向量 $\boldsymbol{x}$（除了 $\boldsymbol{x}=\mathbf{0}$），有 $\boldsymbol{A}\boldsymbol{x} \geqslant t\boldsymbol{x}$。为了找到许多小的正候选数 t，我们允许 $\boldsymbol{A}\boldsymbol{x} \geqslant t\boldsymbol{x}$ 中不等式成立。对**最大值** $\boldsymbol{t_{\max}}$（它被达到），将证明**等式** $\boldsymbol{A}\boldsymbol{x} = t_{\max}\boldsymbol{x}$ 成立。则 $t_{\max}$ 是特征值 $\lambda_{\max}$，$\boldsymbol{x}$ 是特征向量，现在来证明这一点。

若 $\boldsymbol{A}\boldsymbol{x} \geqslant t_{\max}\boldsymbol{x}$ 没有等式部分，则可以将两边用 $\boldsymbol{A}$ 相乘。因为 $\boldsymbol{A} > 0$，所以就产生了一个严格的不等式 $\boldsymbol{A}^2\boldsymbol{x} > t_{\max}\boldsymbol{A}\boldsymbol{x}$。因此，正的向量 $\boldsymbol{y} = \boldsymbol{A}\boldsymbol{x}$ 满足 $\boldsymbol{A}\boldsymbol{y} > t_{\max}\boldsymbol{y}$。这意味着 $t_{\max}$ 能够被增加。这个自相矛盾迫使有等式 $\boldsymbol{A}\boldsymbol{x} = t_{\max}\boldsymbol{x}$ 成立，且有一个特征值。其特征向量 $\boldsymbol{x}$ 是正的，这是因为在等式的左侧 $\boldsymbol{A}\boldsymbol{x}$ 必定是正的。

为了证明没有特征值能够大于 $t_{\max}$，假设 $\boldsymbol{A}\boldsymbol{z} = \lambda\boldsymbol{z}$。因为 λ 和 $\boldsymbol{z}$ 会包含负数或复数，我们取绝对值：根据"三角不等式"，有 $|\lambda||\boldsymbol{z}| = |\boldsymbol{A}\boldsymbol{z}| \leqslant \boldsymbol{A}|\boldsymbol{z}|$。$|\boldsymbol{z}|$ 是一个非负的向量，因此 $|\lambda|$ 是一个可能的候选 t。所以 $|\lambda|$ 不可能超过 $t_{\max}$，即必须是 $\lambda_{\max}$。

马尔可夫理论中的细节

回到马尔可夫理论，在证明 $\boldsymbol{P}^n \to \boldsymbol{P}^{\infty} = [\boldsymbol{v}_1\ \boldsymbol{v}_1 \cdots \boldsymbol{v}_1]$ 时有两种未解决的情形：

(1) $\boldsymbol{P} > 0$，$\boldsymbol{P}$ 是严格正的，但它或许没有 n 个互相独立的特征向量。

(2) $\boldsymbol{P} \geqslant 0$，$\boldsymbol{P}$ 有零元素。可能有 $|\lambda_2| = 1$。

情形 (1) 只是一个技术问题。即使没有可逆的特征向量矩阵 $\boldsymbol{X}$，重要的结论 $\boldsymbol{P}^n \to \boldsymbol{P}^{\infty}$ 仍是对的。$\lambda_1 = 1$ 与所有其他特征值仍然有区别。只要 $\boldsymbol{P}\boldsymbol{v}_1 = \boldsymbol{v}_1$ 的特征向量是 $\boldsymbol{X}$ 的第一列，$\boldsymbol{X}^{-1}\boldsymbol{P}\boldsymbol{X}$ 的第一列依然是 $(1, 0, \cdots, 0)$。$\boldsymbol{X}^{-1}\boldsymbol{P}\boldsymbol{X}$ 剩下的行与列形成的子矩阵 $\boldsymbol{A}$ 有 $\boldsymbol{P}$ 的所有其他特征值。它们根据 Perron-Frobenius 都有 $|\lambda| < 1$。**下面将证明** $\boldsymbol{A}^n \to \mathbf{0}$。

从代数得到的要点是 $\boldsymbol{X}^{-1}\boldsymbol{P}\boldsymbol{X}$ 总可以被变换为三角矩阵（通常是对角阵）。

若 $|\boldsymbol{\lambda}_2| < 1$，则 $\boldsymbol{P}^n \to \boldsymbol{P}^{\infty}$

我们将证明**只要** $|\boldsymbol{\lambda_2}| < \mathbf{1}$，就有 $\boldsymbol{P}^n \to \boldsymbol{P}^{\infty} = [\ \boldsymbol{v}_1\ \ \boldsymbol{v}_1\ \cdots\ \boldsymbol{v}_1\ ]$。矩阵 $\boldsymbol{P} \geqslant 0$ 可以包含零元素，如例 3 所示。矩阵 $\boldsymbol{P}$ 可能没有 n 个独立的特征向量，因此不能够对角化 $\boldsymbol{P}$。但是可

以将 $\lambda_1=1$ 与 $|\lambda|<1$ 的矩阵其他部分分开。这将足够证明 $\boldsymbol{P}^n$ 趋近 $\boldsymbol{P}^\infty$：

$$\boldsymbol{X}^{-1}\boldsymbol{P}\boldsymbol{X}=\begin{bmatrix}1 & \mathbf{0}\\ \mathbf{0} & A\end{bmatrix},\quad \boldsymbol{A}\text{的特征值有 } |\lambda_2|<1,\cdots,|\lambda_n|<1$$

通过分离矩阵 $\boldsymbol{A}$，可得到一个具有许多应用的结论。

$$\boldsymbol{P}^n=\boldsymbol{X}(\boldsymbol{X}^{-1}\boldsymbol{P}\boldsymbol{X})^n\boldsymbol{X}^{-1}=\boldsymbol{X}\begin{bmatrix}\mathbf{1} & \mathbf{0}\\ \mathbf{0} & \boldsymbol{A}^n\end{bmatrix}\boldsymbol{X}^{-1}\text{ 收敛到}\boldsymbol{v}_1\mathbf{1}^{\mathrm{T}}，\boldsymbol{A}^n\to\mathbf{0}$$

若 $\boldsymbol{A}$ 的所有特征值有 $|\boldsymbol{\lambda}|<1$，则当 $\boldsymbol{n}\to\infty$ 时，$\boldsymbol{A}^n\to\mathbf{0}$

步骤 (1) 找到一个上三角矩阵 $\boldsymbol{S}=\boldsymbol{M}^{-1}\boldsymbol{A}\boldsymbol{M}$，它有小范数 $\|\boldsymbol{S}\|<\mathbf{1}$。

步骤 (2) 然后 $\boldsymbol{A}^n=(\boldsymbol{M}\boldsymbol{S}\boldsymbol{M}^{-1})^n=\boldsymbol{M}\boldsymbol{S}^n\boldsymbol{M}^{-1}$，有 $\|\boldsymbol{A}^n\|\leqslant\|\boldsymbol{M}\|\,\|\boldsymbol{S}\|^n\,\|\boldsymbol{M}^{-1}\|\to\mathbf{0}$。

我们需要找到那个三角矩阵 $\boldsymbol{S}$，才能完成这个证明。因为 $\boldsymbol{S}=\boldsymbol{M}^{-1}\boldsymbol{A}\boldsymbol{M}$ 与 $\boldsymbol{A}$ 相似，$\boldsymbol{S}$ 与 $\boldsymbol{A}$ 具有相同的特征值。但是，一个三角矩阵的特征值出现在其主对角线上：

$$\boldsymbol{S}=\begin{bmatrix}\lambda_2 & a & b\\ 0 & \lambda_3 & c\\ 0 & 0 & \lambda_4\end{bmatrix}\text{ 有 }\|\boldsymbol{S}\|<1,\quad\text{若 } a、b、c \text{ 非常小}$$

关键点：最大的特征值不是矩阵的范数。若 a、b、c 很大，则 $\boldsymbol{S}^2$、$\boldsymbol{S}^3$、$\boldsymbol{S}^4$ 的幂将开始增大。最终 λ_2^n、λ_3^n、λ_4^n 起决定作用，而 $\boldsymbol{S}^n$ 回落为零矩阵。若要确保一开始不增长，则我们希望 $\boldsymbol{S}$ 的范数小于 1。然后将保持 $\|\boldsymbol{S}^n\|<\|\boldsymbol{S}\|^n$，并直接趋于 0。

已知 $|\lambda_2|<1$，$|\lambda_3|<1$，$|\lambda_4|<1$。若 a、b、c 很小，则这个范数是小于 1 的：

$$\|\boldsymbol{S}\|\leqslant\|\text{对角元部分}\|+\|\text{非对角元部分}\|<1$$

我们通过两步得到这个三角矩阵 $\boldsymbol{S}=\boldsymbol{M}^{-1}\boldsymbol{A}\boldsymbol{M}$。第一步，每个方阵 $\boldsymbol{A}$ 相似于某个上三角矩阵 $\boldsymbol{T}=\boldsymbol{Q}^{-1}\boldsymbol{A}\boldsymbol{Q}$。这是舒尔定理，其中 $\boldsymbol{Q}$ 是正交矩阵（其证明参见 *Introduction to Linear Algebra* 第 *343* 页）；第二步，用对角矩阵 $\boldsymbol{D}$ 将 $\boldsymbol{T}$ 中的 A、B、C，简化为 $\boldsymbol{S}$ 中的 a、b、c：

$$\boldsymbol{D}^{-1}\boldsymbol{T}\boldsymbol{D}=\begin{bmatrix}1 & & \\ & 1/d & \\ & & 1/d^2\end{bmatrix}\begin{bmatrix}\lambda_2 & A & B\\ 0 & \lambda_3 & C\\ 0 & 0 & \lambda_4\end{bmatrix}\begin{bmatrix}1 & & \\ & d & \\ & & d^2\end{bmatrix}=\begin{bmatrix}\lambda_2 & dA & d^2B\\ 0 & \lambda_3 & dC\\ 0 & 0 & \lambda_4\end{bmatrix}=\boldsymbol{S}$$

对小的 d，非对角线上的数项 dA、d^2B 和 dC 变得尽可能小。然后 $\boldsymbol{S}=\boldsymbol{D}^{-1}(\boldsymbol{Q}^{-1}\boldsymbol{A}\boldsymbol{Q})\boldsymbol{D}=\boldsymbol{M}^{-1}\boldsymbol{A}\boldsymbol{M}$，正如第一步和第二步所要求的。

若 $\boldsymbol{P}\geqslant 0$ 不是严格正的，则一切取决于 $\boldsymbol{P}$ 的特征值。我们面临着 $|\lambda_2|=1$ 且幂 $\boldsymbol{P}^n$ 不收敛的可能性。这里是几个例子：

$$\boldsymbol{P}=\begin{bmatrix}1 & 0 & 0\\ 0 & 0.5 & 0.5\\ 0 & 0.5 & 0.5\end{bmatrix}\ (\lambda=1,1,0),\qquad \boldsymbol{P}=\begin{bmatrix}0 & 0 & 1\\ 1 & 0 & 0\\ 0 & 1 & 0\end{bmatrix}\ (\lambda^3=1)$$

“赌徒破产”

上面这个矩阵 $\boldsymbol{P}$ 是经典的马尔可夫矩阵。两个赌徒之间有 3 美元。该系统有 4 个状态：$(3,0)$、$(2,1)$、$(1,2)$、$(0,3)$ 。吸收状态是 $(3,0)$、$(0,3)$，当一个赌徒赢了所有的钱后，游戏结束，并且没有方法离开这两种状态。对于这样两个稳态，必须期待有两次 $\lambda=1$。

瞬态状态是 $(2,1)$、$(1,2)$，当玩 1 美元的赌博时，赌徒 1 获胜的概率为 p，赌徒 2 获胜的概率为 $q=1-p$。4×4 的转移矩阵 $\boldsymbol{P}$ 的中间两列有数 p 和 q，赌徒 1 有 2 美元或 1 美元。

$$\boldsymbol{P}=\begin{bmatrix}\mathbf{1} & p & 0 & 0\\ 0 & 0 & p & 0\\ 0 & q & 0 & 0\\ 0 & 0 & q & \mathbf{1}\end{bmatrix}$$

问题： $\boldsymbol{P}$ 的 4 个特征值是什么？

答案： λ为1、1、$\sqrt{pq}$、$-\sqrt{pq}$。因此 $|\lambda_2|=1$，不存在唯一的稳态。

问题： 赌博会一直进行下去而没有赢家的概率是多少？

答案： 零。当概率等于 1 时，这个赌博就结束了。

问题：若赌博以 $\boldsymbol{(2,1)}$ 状态开始，求赌徒 1 赢的概率 $\boldsymbol{p^*}$。

答案： 好问题！在第一轮中，赌徒 1 获胜的概率是 p，而赌徒 2 获胜的概率是 $q=1-p$，并会将状态转成 $(1,2)$。然后赌徒 1 赢第二盘的概率是 p，并将状态改回到 $(2,1)$。从这一状态开始，赌徒 1 最终获胜的概率为 p^*。由上可知

$$\boldsymbol{p^*=p+qpp^*},\qquad \boldsymbol{p^*=\frac{p}{1-qp}}$$

主方程：连续马尔可夫过程

主方程有着令人印象深刻的名字。它们是关于概率向量 $\boldsymbol{p}(t)$（非负分量之和为 1）的线性微分方程 $\mathbf{d}\boldsymbol{p}/\mathbf{d}\boldsymbol{t}=\boldsymbol{Ap}$。矩阵 $\boldsymbol{A}$ 是特别的：在对角线上为**负数或零**，非对角线上则为**正数或零，列之和为零**。这个连续的马尔可夫过程有概率 $\mathbf{e}^{\boldsymbol{A}t}\boldsymbol{p}(0)$。

在 t 时刻处于状态 j 的概率是 $p_j(t)$。在很小的时间间隔 $\mathrm{d}t$ 从状态 j 转变到状态 i 的概率是 $a_{ij}\,\mathrm{d}t$。已知 $\boldsymbol{p}(0)$，解来自矩阵指数 $\boldsymbol{p}(t)=\mathrm{e}^{t\boldsymbol{A}}\boldsymbol{p}(0)$。矩阵 $\mathrm{e}^{\boldsymbol{A}t}$ 将是一个马尔可夫矩阵。

证明： 若 n 很大，$\boldsymbol{I}+(t\boldsymbol{A}/n)$ 是一个普通的马尔可夫矩阵，其列之和为 1。然后 $\left(\boldsymbol{I}+\dfrac{t\boldsymbol{A}}{n}\right)^n$ 收敛到 $\boldsymbol{P}=\mathrm{e}^{t\boldsymbol{A}}$，这也是一个马尔可夫矩阵。并且当 $t\to\infty$ 时，$\mathrm{e}^{t\boldsymbol{A}}$ 以通常的方式收敛到极限 $\boldsymbol{P}^\infty$。

一个例子是矩阵 $\boldsymbol{A}$，其对角线上的元素是 1、-2、1，除了 $A_{11}=A_{NN}=-1$。这是节点线上的图拉普拉斯矩阵的负值。带有 Neumann边界条件的热方程的有限差分近似使用这个矩阵。

下面的矩阵 $\boldsymbol{A}$ 出现在双分子反应的主方程 $\boldsymbol{A}+\boldsymbol{B}\to\boldsymbol{C}$ 中，分子 $\boldsymbol{A}$ 与分子 $\boldsymbol{B}$ 发生化学反应形成分子 $\boldsymbol{C}$。

$$\boldsymbol{A}=\begin{matrix} \\ ⓪ \\ ① \\ ② \\ ③ \\ ④ \end{matrix}\begin{matrix} ⓪ & ① & ② & ③ & ④ \\ \left[\begin{matrix} -16 & 1 & 0 & 0 & 0 \\ 16 & -10 & 2 & 0 & 0 \\ 0 & 9 & -6 & 3 & 0 \\ 0 & 0 & 4 & -4 & 4 \\ 0 & 0 & 0 & 1 & -4 \end{matrix}\right] \end{matrix}$$

$\boldsymbol{A}$的列分量加起来为零

$\boldsymbol{I}+\dfrac{t\boldsymbol{A}}{n}$的列分量加起来为1

$\boldsymbol{P}=\mathrm{e}^{\boldsymbol{A}t}$ 是马尔可夫矩阵

习题 5.6

1. 找到一个马尔可夫矩阵 $\boldsymbol{P}\geqslant 0$，它有一个零元素，但 $\boldsymbol{P}^2$ 是严格正的。$\boldsymbol{P}$ 的各列之和为 1，因此 $\lambda_{\max}=1$。如何知道 $\boldsymbol{P}$ 的其他特征值有 $|\lambda|<1$？那么，$\boldsymbol{P}^n$ 趋近 P^∞，每一列都是 $\boldsymbol{v}_1$。
2. 若 $\boldsymbol{A}$ 的所有分量都是正的，则 $\boldsymbol{A}^{\mathrm{T}}\boldsymbol{A}$ 和 $\boldsymbol{A}\boldsymbol{A}^{\mathrm{T}}$ 的所有分量是正的。用 Perron定理证明最接近 $\boldsymbol{A}$ 的秩 1 矩阵 $\sigma_1\boldsymbol{u}_1\boldsymbol{v}_1^{\mathrm{T}}$ 也是正的。
3. 以下矩阵有 $\|\boldsymbol{A}\|>1, \|\boldsymbol{M}\|>1$。求矩阵 $\boldsymbol{B}$ 和 $\boldsymbol{C}$, 以使得 $\|\boldsymbol{BAB}^{-1}\|<1, \|\boldsymbol{CMC}^{-1}\|<1$。这一定是可能的，因为 $\boldsymbol{A}$ 和 $\boldsymbol{M}$ 的____ 是绝对值小于 1 的。如果 $\boldsymbol{M}$ 是马尔可夫矩阵，为什么这是不可能的？

$$\boldsymbol{A}=\begin{bmatrix} \frac{1}{2} & 1 \\ 0 & \frac{1}{2} \end{bmatrix}, \quad \boldsymbol{M}=\begin{bmatrix} 0.8 & 0.1 \\ 0.8 & 0.1 \end{bmatrix}$$

4. 为什么对任何 $\boldsymbol{B}$，$\|\boldsymbol{BZB}^{-1}\|\leqslant 1$ 是不可能的，而 $\|\boldsymbol{CYC}^{-1}\|\leqslant 1$ 是可能的？

$$\boldsymbol{Z}=\begin{bmatrix} 1 & 1 \\ 0 & 1 \end{bmatrix}, \quad \boldsymbol{Y}=\begin{bmatrix} 1 & 1 \\ 0 & -1 \end{bmatrix}$$

5. 对 $\boldsymbol{A}$ 取幂，当 $n\to\infty$ 时，求 $\boldsymbol{A}^n$ 的极限。

$$\boldsymbol{A}=\begin{bmatrix} 2/3 & 1/3 \\ 1/3 & 2/3 \end{bmatrix}, \quad \boldsymbol{A}=\frac{1}{4}\begin{bmatrix} 2 & 1 & 1 \\ 1 & 2 & 1 \\ 1 & 1 & 2 \end{bmatrix}$$

6. 假设每年纽约与佛罗里达 99% 的人口迁移至佛罗里达与纽约，但是有 1% 的人口去世（很抱歉提出这样一个问题）。能否创建一个 3×3 的马尔可夫矩阵 $\boldsymbol{P}$ 对应于纽约、佛罗里达、死亡三个状态？当 $n\to\infty$ 时，求矩阵 $\boldsymbol{P}^n$ 的极限。

第 6 章 最优化

最优化的目标是最小化函数 $F(x_1,\cdots,x_n)$。该函数通常有多个变量。这个主题必须从微积分中一个最重要的等式开始：在最小值点 $\boldsymbol{x}^*$ 处导数等于零。对 n 个变量，F 有 n 个偏导数 $\partial F/\partial x_i$。若没有 $\boldsymbol{x}$ 必须满足的“约束”，则有 n 个方程 $\partial F/\partial x_i=0$ 对 n 个未知量 $x_1^*,\cdots,x_n^*$ 成立。

同时，往往存在向量 $\boldsymbol{x}$ 必须满足的条件。这些**对 $\boldsymbol{x}$ 的约束**可以是方程 $\boldsymbol{Ax}=\boldsymbol{b}$ 或不等式 $\boldsymbol{x}\geqslant\boldsymbol{0}$。约束通过拉格朗日乘子 $\lambda_1,\cdots,\lambda_m$ 纳入方程。现在有 $m+n$ 个未知量（x、λ）和 $m+n$ 个方程（导数等于 0）。因此，这个主题结合了线性代数与多元微积分，用于高维空间。

这个引言以微积分的几个关键结论结束：$\boldsymbol{F}(\boldsymbol{x}+\boldsymbol{\Delta x})\approx\boldsymbol{F}(\boldsymbol{x})+\boldsymbol{\Delta x}^{\mathrm{T}}\boldsymbol{\nabla F}+\dfrac{1}{2}\boldsymbol{\Delta x}^{\mathrm{T}}\boldsymbol{H}\boldsymbol{\Delta x}$。

很明显，这是数学的一部分，但是最优化有自己的思想和算法。它不一定总作为数学系的一门必修课，但是在社会科学和物理科学系，如经济学、金融、心理学、社会学和工程学的各个领域都应用和传授这个主题，这些系需要此内容。

本章结构如下：

6.1 节　**凸性**的核心重要性，它取代了线性性。凸性涉及二阶导数 $F(\boldsymbol{x})$ 的图是向上弯的。计算上的一个大问题是能否找到和使用所有那些二阶偏导数 $\partial^2F/\partial x_i\partial x_j$。选择使用这些偏导数的**“牛顿法”**和不使用这些偏导数的**“梯度法”**（二阶或一阶方法）。

用于深度学习的神经网络通常涉及大量的未知数，则选择梯度方法（一阶）。F 常常不是凸的。本章的最后几节描述一些重要的算法——它们沿着梯度（一阶导数向量）方向移向 $F(\boldsymbol{x})$ 的最小值。

6.2 节　**拉格朗日乘子**，其将约束植入方程“导数等于零”中。最重要的是，这些乘子给出了**成本对于约束的导数**。它们是数学金融学中的希腊字母。

6.3 节　“数学规划”的经典问题 **LP**、**QP**、**SDP**。其中的未知量是向量或矩阵。不等式寻求非负向量 $\boldsymbol{x}\geqslant\boldsymbol{0}$ 或半正定矩阵 $\boldsymbol{X}\geqslant\boldsymbol{0}$。每个最小化问题有一个**对偶问题**（最大化问题）。问题中一乘子变成对偶问题中的未知量。它们都出现在**两人博弈**中。

6.4 节　一阶算法始于**梯度下降法**。成本函数在搜索方向上的导数是负的。移动方向与移动距离的选择是计算最优化的艺术。需要做的关键性决策，添加“动量”以更快地下降。

Levenberg-Marquardt 将梯度下降法与牛顿法结合起来，用一阶的方法先接近 $\boldsymbol{x}^*$，然后采用（几乎是）二阶的方法快速收敛到该点。这是非线性最小二乘法的一种优选方法。

6.5 节　**随机梯度下降法**。在神经网络中，要最小化的函数是训练数据中所有样本损失的总和。学习函数 F 取决于“权重”，计算其梯度成本非常大。因此，每一步只学习 B 个训练样本组成的**小批量样本**（它们是随机或“随机”选择的）。每一步只考虑数据的一部分而不是全部。希望这个被选的部分是全部数据的合理典型代表。

随机梯度下降法通常使用来自“ADAM”的加速项来考虑早期步骤的方向，已成为深度学习的主要方法。我们需要的 F 的偏导数是通过**反向传播**计算得到的。该关键思想将在第 7 章中单独说明。

与许多应用数学一样，最优化既具有离散形式又有连续形式。未知数是向量，约束条件涉及矩阵。对于变分法，未知数是函数，约束条件涉及积分。向量方程“一阶导数等于零”变为欧拉-拉格朗日（Euler-Lagrange）微分方程“一阶变分等于零”。

这是一个平行（和连续）的优化世界，我们不会深入探讨。

“argmin” 的含义

函数 $F(x)=(x-1)^2$ 的最小值是零：$\min F(x)=0$。这告诉我们 F 的图能走多低，但并没有告诉我们哪个 $\boldsymbol{x}^*$ 给出这个最小值。在最优化中“自变量” $\boldsymbol{x}^*$ 是通常要解的数。使 $F=(x-1)^2$ 最小的 x 是 $\boldsymbol{x}^*=\mathbf{argmin}\,\boldsymbol{F}(\boldsymbol{x})=\mathbf{1}$。

$$\mathbf{argmin}\,\boldsymbol{F}(\boldsymbol{x})=\boldsymbol{F}\text{达到其最小值时 }\boldsymbol{x}\text{ 的值}$$

对严格凸的函数，$\operatorname{argmin} F(x)$ 是 **一个点** $\boldsymbol{x}^*$（一个孤立最小值点）。

多元微积分

机器学习涉及多元函数 $F(x_1,\cdots,x_n)$，需要关于 F 的一阶、二阶导数的基本事实。当 $n>1$ 时，这些是“偏导数”。

那些重要的结论由式 (1)~式 (3) 给出。为使用这些优化深度学习函数 $F(x)$ 的结论，我认为不需要一整门课程（太多关于积分的内容）。

$$\begin{array}{l}\textbf{一个函数}\boldsymbol{F}\\ \textbf{一个变量}\boldsymbol{x}\end{array}\quad \boldsymbol{F}(\boldsymbol{x}+\boldsymbol{\Delta x})\approx \boldsymbol{F}(\boldsymbol{x})+\boldsymbol{\Delta x}\,\frac{\mathbf{d}\boldsymbol{F}}{\mathbf{d}\boldsymbol{x}}(\boldsymbol{x})+\frac{\mathbf{1}}{\mathbf{2}}(\boldsymbol{\Delta x})^{\mathbf{2}}\,\frac{\mathbf{d}^{\mathbf{2}}\boldsymbol{F}}{\mathbf{d}\boldsymbol{x}^{\mathbf{2}}}(\boldsymbol{x}) \tag{1}$$

这是泰勒级数的前几项，我们通常使用的不会超过二阶项。前两项 $F(x)+(\Delta x)(\mathrm{d}F/\mathrm{d}x)$ 用 x 处的信息给出了 $F(x+\Delta x)$ 的一阶近似。然后 $(\Delta x)^2$ 项使其成为二阶近似。

Δx 项在 F 的图的切线上给出了一个点。$(\Delta x)^2$ 项将切线变成“相切抛物线”。当 $F(x)$ 的二阶导数是正的时：$\mathbf{d}^2\boldsymbol{F}/\mathbf{d}\boldsymbol{x}^2>\mathbf{0}$，函数 F 是**凸**的，其斜率增加并且其图向上弯，就如 $y=x^2$。**式 (2) 将式 (1) 的维数上升至 $\boldsymbol{n}$。**

$$\begin{array}{l}\textbf{一个函数}\boldsymbol{F}\\ \textbf{变量}\boldsymbol{x}_{\mathbf{1}},\cdots,\boldsymbol{x}_{\boldsymbol{n}}\end{array}\quad \boldsymbol{F}(\boldsymbol{x}+\boldsymbol{\Delta x})\approx \boldsymbol{F}(\boldsymbol{x})+(\boldsymbol{\Delta x})^{\mathrm{T}}\,\boldsymbol{\nabla F}+\frac{\mathbf{1}}{\mathbf{2}}(\boldsymbol{\Delta x})^{\mathrm{T}}\,\boldsymbol{H}\,(\boldsymbol{\Delta x}) \tag{2}$$

这是一个重要的公式！

向量 $\boldsymbol{\nabla F}$ 是 $\boldsymbol{F}$ 的梯度——一个列向量，其分量是 n 个偏导数 $\partial F/\partial x_1,\cdots,\partial F/\partial x_n$。**$\boldsymbol{H}$ 是海森（Hessian）矩阵。** $\boldsymbol{H}$ 是二阶导数 $H_{ij}=\partial^2F/\partial x_i\,\partial x_j=\partial^2F/\partial x_j\,\partial x_i$ 构成的对称矩阵。

$y=F(x_1,\cdots,x_n)$ 的图现在是 $n+1$ 维空间的一个面。在 $\boldsymbol{x}$ 处的切线变成切平面。当二阶导数矩阵 $\boldsymbol{H}$ 是正定时，F 是一个严格凸函数。它的图处于切平面的上方。若关于 $\boldsymbol{x}^*$ 的几个方程 $\boldsymbol{f}=\boldsymbol{\nabla F}(\boldsymbol{x}^*)=\boldsymbol{0}$（对 n 个 $\boldsymbol{x}^*$ 的函数），则一个凸函数 F 在 $\boldsymbol{x}^*$ 处有一个**最小值**。

有时会遇到 m 个不同的函数 $f_1(\boldsymbol{x}),\cdots,f_m(\boldsymbol{x})$：一个向量函数 $\boldsymbol{f}$。

$\boldsymbol{m}$ 函数	$\boldsymbol{f}=(\boldsymbol{f_1},\cdots,\boldsymbol{f_m})$	$\boldsymbol{f}(\boldsymbol{x}+\boldsymbol{\Delta x})\approx\boldsymbol{f}(\boldsymbol{x})+\boldsymbol{J}(\boldsymbol{x})\boldsymbol{\Delta x}$	(3)
$\boldsymbol{n}$ 变量	$\boldsymbol{x}=(\boldsymbol{x_1},\cdots,\boldsymbol{x_n})$		

$\boldsymbol{J}(\boldsymbol{x})$ 为在点 $\boldsymbol{x}$ 处 $\boldsymbol{f}(\boldsymbol{x})$ 的 $m\times n$ **雅可比矩阵**$\boldsymbol{J}$ 的 m 行包含了 m 个函数 $f_1(\boldsymbol{x}),\cdots,f_m(\boldsymbol{x})$ 的梯度向量。

$$\boldsymbol{J}=\begin{bmatrix}(\boldsymbol{\nabla f_1})^{\mathrm{T}}\\ \vdots\\ (\boldsymbol{\nabla f_m})^{\mathrm{T}}\end{bmatrix}=\begin{bmatrix}\dfrac{\partial \boldsymbol{f_1}}{\partial \boldsymbol{x_1}} & \cdots & \dfrac{\partial \boldsymbol{f_1}}{\partial \boldsymbol{x_n}}\\ \vdots & & \vdots\\ \dfrac{\partial \boldsymbol{f_m}}{\partial \boldsymbol{x_1}} & \cdots & \dfrac{\partial \boldsymbol{f_m}}{\partial \boldsymbol{x_n}}\end{bmatrix} \tag{4}$$

海森矩阵 $\boldsymbol{H}$ 是梯度 $\boldsymbol{\nabla f}$ 的雅可比矩阵 $\boldsymbol{J}$! $\boldsymbol{J}$ 的行列式（当 $m=n$ 时）出现在 n 维积分中。例如，它是面积分公式 $\iint r\,\mathrm{d}r\,\mathrm{d}\theta$ 中的 r。

6.1 最小值问题：凸性与牛顿法

本节集中于多元函数 $F(\boldsymbol{x})=F(x_1,\cdots,x_n)$ 的最小化问题上。经常存在着对向量 $\boldsymbol{x}$ 通常会有约束条件：

线性约束	$\boldsymbol{Ax}=\boldsymbol{b}$	（$\boldsymbol{x}$ 的集合是凸的）
不等式约束	$\boldsymbol{x}\geqslant\boldsymbol{0}$	（$\boldsymbol{x}$ 的集合是凸的）
正数约束	**每个** $\boldsymbol{x_i}$ **是 0 或 1**	（$\boldsymbol{x}$ 的集合是非凸的）

对问题的描述可以无结构化或高度结构化的。这决定了找到最小化 $\boldsymbol{x}$ 的算法可以从非常一般到非常特殊。下面是几个例子：

无结构化　对 $\mathbf{R}^n$ 的子集 $\boldsymbol{K}$ 中的向量 $\boldsymbol{x}$ 最小化 $F(\boldsymbol{x})$

结构化　最小化二次成本 $F(\boldsymbol{x})=\dfrac{1}{2}\boldsymbol{x}^{\mathrm{T}}\boldsymbol{Sx}$，约束是 $\boldsymbol{Ax}=\boldsymbol{b}$

最小化线性成本 $F(\boldsymbol{x})=\boldsymbol{c}^{\mathrm{T}}\boldsymbol{x}$，约束是 $\boldsymbol{Ax}=\boldsymbol{b}$ 和 $\boldsymbol{x}\geqslant\boldsymbol{0}$

二进制约束下的最小化：每个 x_i 是 0 或 1

在深入讨论这些问题时，我们不能忽视**凸性**的关键性作用。我们希望函数 $F(\boldsymbol{x})$ 是凸的，约束集 $\boldsymbol{K}$ 也是凸的。在最优化理论中不得不面对没有线性性的情况，在线性性消失时**凸性**起关键作用。下面是对函数 $F(\boldsymbol{x})$ 与约束集 $\boldsymbol{K}$ 的凸性：

$\boldsymbol{K}$ **是凸集**	若 $\boldsymbol{x}$ 和 $\boldsymbol{y}$ 在 $\boldsymbol{K}$ 中，则 $\boldsymbol{x}$ 到 $\boldsymbol{y}$ 的线段也在 $\boldsymbol{K}$ 中
$\boldsymbol{F}$ **是凸函数**	F 的图及其上方的点的集合是凸的
$\boldsymbol{F}$ **是光滑且凸的**	$F(\boldsymbol{x})\geqslant F(\boldsymbol{y})+(\boldsymbol{\nabla F}(\boldsymbol{y}),\boldsymbol{x}-\boldsymbol{y})$

上面最后这个不等式说明凸函数 F 的图保持在其切线的上方。

平面上的一个三角形是 $\mathbf{R}^2$ 中的凸集，那么两个三角形的并集是什么样的？如图 6.1 所示，目前我只能看到两种使并集为凸集的方法：

(1) 一个三角形包含了另一个三角形，其并集是一个更大的三角形。

(2) 它们共用一条完整的边，同时它们的并集没有指向内部的角。

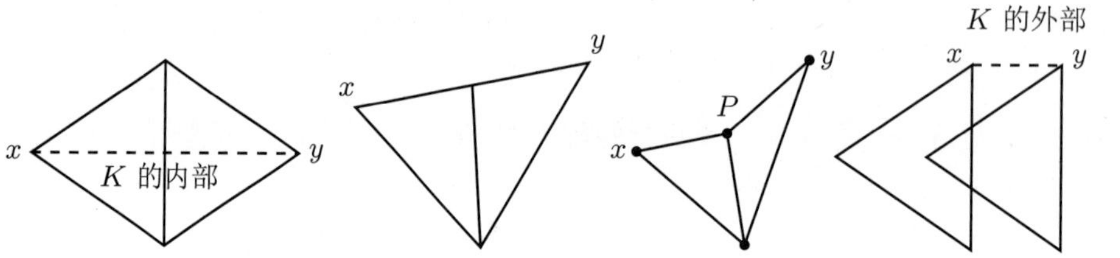

图 6.1 $\mathbf{R}^2$ 中的两个凸集与两个非凸集（在点 P 处指向内部）

对函数 F 存在一种直接定义凸性的方法。观察在 $\boldsymbol{x}$ 与 $\boldsymbol{y}$ 之间的所有点 $p\boldsymbol{x}+(1-p)\boldsymbol{y}$。$F$ 的图位于或低于一条直线。

$$\boldsymbol{F}\ \textbf{是凸的}\quad \boldsymbol{F}(p\boldsymbol{x}+(1-p)\boldsymbol{y}) \leqslant p\boldsymbol{F}(\boldsymbol{x})+(1-p)\boldsymbol{F}(\boldsymbol{y}),\quad 0<p<1 \tag{1}$$

对于**严格凸**函数，上面条件以严格的不等式形式（用“$<$”取代“$\leqslant$”）成立。然后 F 的图严格位于连接点 $(\boldsymbol{x}, F(\boldsymbol{x}))$ 到点 $(\boldsymbol{y}, F(\boldsymbol{y}))$ 的弦的下方。

有趣的是，F 的图位于其切线上方，但低于它的弦。

下面是三个凸函数的例子，只有 F_2 是严格凸的：

$$F_1 = ax+b,\qquad F_2 = x^2\ (\text{但不是}\ -x^2),\qquad F_3=\max(F_1, F_2)$$

函数 F_3 的凸性是一种重要的情况，这是线性性失败，而凸性成功的例子！两个或多个线性函数的最大值很少是线性的。但是，**两个或多个凸函数 $\boldsymbol{F_i(x)}$ 的最大值 $\boldsymbol{F(x)}$ 总是凸的**，如图 6.2 所示。对任何 $\boldsymbol{x}$ 与 $\boldsymbol{y}$ 之间的 $\boldsymbol{z}=p\boldsymbol{x}+(1-p)\boldsymbol{y}$，每个函数 F_i 都有

$$F_i(\boldsymbol{z}) \leqslant pF_i(\boldsymbol{x})+(1-p)F_i(\boldsymbol{y}) \leqslant p\,F(\boldsymbol{x})+(1-p)\,F(\boldsymbol{y}) \tag{2}$$

这对每个 i 都是正确的。然后 $F(\boldsymbol{z})=\max F_i(\boldsymbol{z}) \leqslant pF(\boldsymbol{x})+(1-p)F(\boldsymbol{y})$，满足要求。

任何凸函数集（特别是任何线性函数集）的最大值都是凸的。若存在所有低于凸函数 F 的线性函数，则这些函数中的最大值恰好等于 F（图 6.2）。

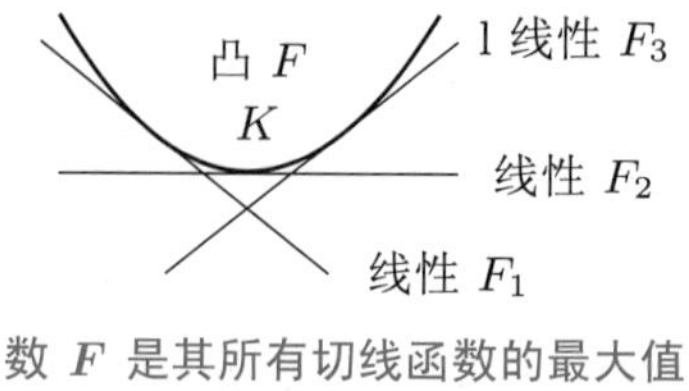

图 6.2 凸函数 F 是其所有切线函数的最大值

一个凸集 K 是所有包含它的半空间的交集，并且任何一族凸集的交集是凸的；但凸集的并集却不总是凸的。

同样，任何一族凸函数的最大值也是凸的，但两个凸函数的最小值通常不是凸的（它可能有一个“双阱”）。

下面两个有关矩阵的结论是基于两个正定矩阵的和是正定矩阵：

正定的 $n \times n$ 矩阵的集合是凸的。

半正定的 $n \times n$ 矩阵的集合是凸的。

第一个集合是“开”的，第二个集合是“闭”的（它包含其半正定极限点）。

二阶导数矩阵

对一个普通函数 $f(x)$，若有 $\mathrm{d}^2f/\mathrm{d}x^2 \geqslant 0$，则其是凸的。其原因为斜率 $\mathrm{d}f/\mathrm{d}x$ 是不断增加的，其曲线向上弯（就像抛物线 $f = x^2$，其二阶导数等于 2）。推广到 n 个变量，涉及二阶导数的 $\boldsymbol{n} \times \boldsymbol{n}$ **矩阵** $\boldsymbol{H}(\boldsymbol{x})$。若 $F(\boldsymbol{x})$ 是一个光滑函数，则存在一个几乎完美的凸性测试：

> $\boldsymbol{F}(x_1, \cdots, x_n)$ 是凸的，当且仅当其二阶导数矩阵 $\boldsymbol{H}(\boldsymbol{x})$ **对所有的** $\boldsymbol{x}$ **都是正定的**。因为 $\partial^2 F/\partial x_i \partial x_j = \partial^2 F/\partial x_j \partial x_i$，所以这个**海森矩阵**是对称的。如果 $H(\boldsymbol{x})$ **对所有的** $\boldsymbol{x}$ **都是正定的**，那么函数 $\boldsymbol{F}$ 是**严格**凸的。
>
> $$\boldsymbol{H}(\boldsymbol{x}) = \begin{bmatrix} \partial^2 F/\partial x_1^2 & \partial^2 F/\partial x_1 \partial x_2 & \cdots \\ \partial^2 F/\partial x_2 \partial x_1 & \partial^2 F/\partial x_2^2 & \cdots \\ \cdots & \cdots & \end{bmatrix}, \qquad H_{ij} = \frac{\partial^2 F}{\partial x_i \partial x_j} = H_{ji}$$

线性函数 $F = \boldsymbol{c}^{\mathrm{T}}\boldsymbol{x}$ 是凸的（并非严格凸），在其图上方是个半空间（平坦的边界），其二阶导数矩阵 $\boldsymbol{H} = 0$（非常的半正定）。

二次函数 $F = \dfrac{1}{2}\boldsymbol{x}^{\mathrm{T}}\boldsymbol{S}\boldsymbol{x}$ 的梯度是 $\boldsymbol{S}\boldsymbol{x}$。其对称的二阶导数矩阵是 $\boldsymbol{S}$。当 $\boldsymbol{S}$ 是正定矩阵时，它的图是一个碗状，这个函数 F 是严格凸的。

凸性防止产生两个局部最小值

下面我们最小化定义在凸集 $\boldsymbol{K}$ 中的凸函数 $F(\boldsymbol{x})$。双凸性有益的效应是*不存在两个孤立的解*。若 $\boldsymbol{x}$ 和 $\boldsymbol{y}$ 在 $\boldsymbol{K}$，并且它们给出了同样的最小值，则在连接它们的直线上的所有点 $\boldsymbol{z}$ 也在 $\boldsymbol{K}$ 中并且给出了相同的最小值。凸性避免了 F 在 $\boldsymbol{K}$ 中个数未知的单独点处具有最小值这一真正危险的情形，F 在一个未知数目的 $\boldsymbol{K}$ 中的分立点上有最小值。

对于只有一个变量 x 的普通函数 $F(x)$，凸性的贡献是清楚的。在 x、y 和 z 处有最小值的非凸函数的图如下：

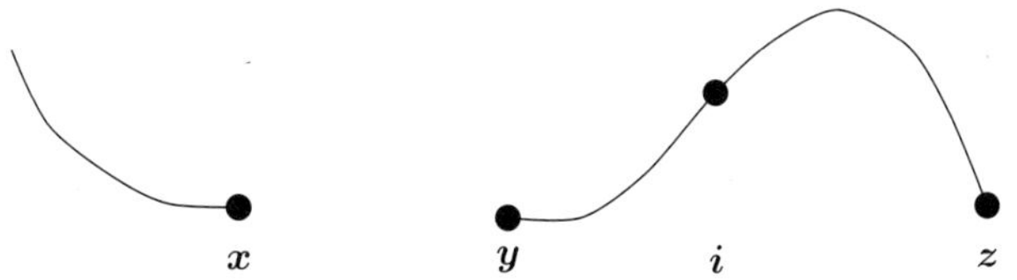

(a) (b)

F 不是凸的，它在拐点 $\boldsymbol{i}$ 之后是凹的，$\partial^2 F/\partial x^2$ 变负。并且 F 的定义域不是一个凸集 $\boldsymbol{K}$（因为 $\boldsymbol{x}$ 和 $\boldsymbol{y}$ 之间存在间隙）。为了解决这两个问题，可以用一条直线连接 $\boldsymbol{x}$ 和 $\boldsymbol{y}$，并在 $\boldsymbol{i}$ 点终止图像。

为了一个具有多个解的凸问题，这些解之间的间隔必须填满其他的解。从来不存在两个孤立的最小值，通常只是单一的点。**在凸问题中的最小值点 $\boldsymbol{x}$ 的集合是凸集。**

CVX系统为规范凸规划提供 MATLAB 软件。用户可选择最小二乘法、线性规划与二次规划等（见 cvxr.com/cvx）。

x 的 ℓ^1、ℓ^2 和 ℓ^∞ 范数

范数 $\boldsymbol{F}(\boldsymbol{x}) = \|\boldsymbol{x}\|$ 是 $\boldsymbol{x}$ 的凸函数。单位球 $\|\boldsymbol{x}\| \leqslant 1$ 是向量 $\boldsymbol{x}$ 的凸集 $\boldsymbol{K}$。第一句话实际上就是三角形不等式：

$$\|\boldsymbol{x}\|\text{的凸性}\quad \|p\,\boldsymbol{x} + (1-p)\,\boldsymbol{y}\| \leqslant p\|\boldsymbol{x}\| + (1-p)\|\boldsymbol{y}\|$$

存在 3 个常用的向量范数：$\boldsymbol{\ell}^{\mathbf{1}}$、$\boldsymbol{\ell}^{\mathbf{2}}$、$\boldsymbol{\ell}^{\boldsymbol{\infty}}$ 范数。在 $\mathbf{R}^2$ 中画出单位球 $\|\boldsymbol{x}\| \leqslant 1$（图 6.3）：

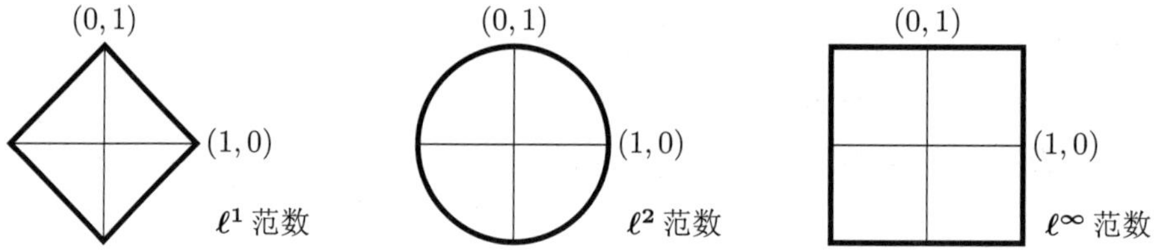

(a) $\|\boldsymbol{x}\|_{\mathbf{1}} = |x_1| + |x_2|$ (b) $\|\boldsymbol{x}\|_{\mathbf{2}} = \sqrt{x_1^2 + x_2^2}$ (c) $\|\boldsymbol{x}\|_{\boldsymbol{\infty}} = \max(|x_1|, |x_2|)$

图 6.3 对所有的范数，凸“单位球”$\|x\| \leqslant 1$，中心位于 $x = 0$

牛顿法

寻求在点 $\boldsymbol{x}^*$ 处 $F(\boldsymbol{x})$ 有最小值，且梯度 $\boldsymbol{\nabla F}(\boldsymbol{x}^*)$ 是零向量。假设已经抵达了邻近的点 $\boldsymbol{x}_k$。我们的目标是移到新的点 $\boldsymbol{x}_{k+1}$，它比 $\boldsymbol{x}_k$ 更接近于 $\boldsymbol{x}^* = \operatorname{argmin} F(\boldsymbol{x})$。那么如何采用合适的步长 $\boldsymbol{x}_{k+1} - \boldsymbol{x}_k$ 来达到新的点 $\boldsymbol{x}_{k+1}$？

微积分提供了一个答案。在点 $\boldsymbol{x}_k$ 附近，梯度 $\boldsymbol{\nabla F}$ 经常能用它的一阶导数（即 $F(\boldsymbol{x})$ 的二阶导数）很好地估计出来。二阶导数 $\partial^2 F/\partial x_i \partial x_j$ 在海森矩阵 $\boldsymbol{H}$ 中：

$$\boldsymbol{\nabla F}(\boldsymbol{x}_{k+1}) \approx \boldsymbol{\nabla F}(\boldsymbol{x}_k) + H(\boldsymbol{x}_k)(\boldsymbol{x}_{k+1} - \boldsymbol{x}_k) \tag{3}$$

我们希望等式左边为零。因此，对 $\boldsymbol{x}_{k+1}$ 的自然选择是右边为零：有 n 个线性方程来解 $\Delta\boldsymbol{x}_k = \boldsymbol{x}_{k+1} - \boldsymbol{x}_k$：

$$\textbf{牛顿法}\qquad H(\boldsymbol{x}_k)(\Delta\boldsymbol{x}_k) = -\boldsymbol{\nabla F}(\boldsymbol{x}_k), \qquad \boldsymbol{x}_{k+1} = \boldsymbol{x}_k + \Delta\boldsymbol{x}_k \tag{4}$$

牛顿法也提供了使一个二次函数最小化的公式，这个二次函数是由点 $\boldsymbol{x}_k$ 处的 F 及其导数 $\boldsymbol{\nabla F}$ 和二阶导数 $\boldsymbol{H}$ 三者建立起来的：

$$\boldsymbol{x}_{k+1}\ \text{最小化}\ \ F(\boldsymbol{x}_k) + \boldsymbol{\nabla F}(\boldsymbol{x}_k)^{\mathrm{T}}(\boldsymbol{x} - \boldsymbol{x}_k) + \frac{1}{2}(\boldsymbol{x} - \boldsymbol{x}_k)^{\mathrm{T}} H(\boldsymbol{x}_k)(\boldsymbol{x} - \boldsymbol{x}_k) \tag{5}$$

牛顿法是二阶的，它采用了二阶导数（在 $\boldsymbol{H}$ 中）。在新的点 $\boldsymbol{x}_{k+1}$ 处依然存在误差，但这个误

差与 $\boldsymbol{x}_k$ 处误差的**平方**成正比：

$$\boxed{\textbf{二阶收敛}\qquad \|\boldsymbol{x}_{k+1}-\boldsymbol{x}^*\| \leqslant C\,\|\boldsymbol{x}_k-\boldsymbol{x}^*\|^2} \tag{6}$$

若 $\boldsymbol{x}_k$ 是接近于 $\boldsymbol{x}^*$ 的，则 $\boldsymbol{x}_{k+1}$ 会更接近。一个例子是在一维情形下计算 $\boldsymbol{x}^*=\sqrt{4}=2$。用牛顿法解 $\boldsymbol{x^2-4=0}$：

$$\textbf{最小化}\qquad \boldsymbol{F(x)=\frac{1}{3}x^3-4x},\qquad \textbf{有}\quad \boldsymbol{\nabla F(x)=x^2-4},\qquad \boldsymbol{H(x)=2x}$$

牛顿法的一步：$H(x_k)(\Delta x_k)=2x_k(x_{k+1}-x_k)=-x_k^2+4$

则　$2x_kx_{k+1}=x_k^2+4$

因此牛顿法选择 $\boldsymbol{x_{k+1}=\dfrac{1}{2}\left(x_k+\dfrac{4}{x_k}\right)}$

猜测这个平方根，除 4，再取二者的平均。我们可以从 2.5 开始，得到序列：

$$x_0=\mathbf{2.5},\qquad x_1=\mathbf{2.05},\qquad x_2=\mathbf{2.0006},\qquad x_3=\mathbf{2.000000009}$$

那个错误的数在每一步都被往右推了 2 倍。**误差** $\boldsymbol{x_k-2}$ **被取平方**：

$$\boxed{x_{k+1}-2=\frac{1}{2}\left(x_k+\frac{4}{x_k}\right)-2=\frac{1}{2x_k}(x_k-2)^{\mathbf{2}}}\qquad \boxed{\|\boldsymbol{x}_{k+1}-\boldsymbol{x}^*\|\approx\frac{1}{4}\|\boldsymbol{x}_k-\boldsymbol{x}^*\|^2}$$

平方误差解释了牛顿法的速度（假设 $\boldsymbol{x}_k$ 很接近 $\boldsymbol{x}^*$）。

在实践中牛顿法能做得有多好？在开始时，$\boldsymbol{x}_0$ 不一定距离 $\boldsymbol{x}^*$ 近。并且不能信任在 $\boldsymbol{x}_0$ 处的二阶导数有多大用处，因此计算牛顿步长 $\Delta\boldsymbol{x}_0=\boldsymbol{x}_1-\boldsymbol{x}_0$，但随后我们允许**回溯**：

选择 $\alpha<\dfrac{1}{2}$，$\beta<1$，减小步长 $\Delta\boldsymbol{x}$，直到确认新的 $\boldsymbol{x}_{k+1}=\boldsymbol{x}_k+t\Delta\boldsymbol{x}$，能使 $F(\boldsymbol{x})$ 有足够的下降：

$$\textbf{减小}\boldsymbol{t}\textbf{直到}\boldsymbol{F}\textbf{值的下降满足}\quad F(\boldsymbol{x}_k+t\boldsymbol{\Delta x})\leqslant F(\boldsymbol{x}_k)+\alpha\,t\,\boldsymbol{\nabla F}^{\mathrm{T}}\boldsymbol{\Delta x} \tag{7}$$

我们将在 6.4 节回到回溯法。一旦从 $\boldsymbol{x}_k$ 出发的搜索方向被确定之后，对 $\boldsymbol{x}_{k+1}$ 的选择在任何搜索方向上都是一个需要采取的安全步骤。或者可以固定一个小步长（这是超参数），并在训练大型神经网络时跳过这一步。

总结：牛顿法最终是快的，因为它采用了 $F(\boldsymbol{x})$ 的二阶导数。但计算起来可能过于昂贵，特别是在高维空间中。3.1 节中的拟牛顿法允许海森矩阵 $\boldsymbol{H}$ 从随着算法继续获得的信息逐步构建。通常神经网络太大，无法使用 $\boldsymbol{H}$。梯度下降法是经常采用的算法，将在 6.4 节和 6.5 节中展开讨论。

下面描述一种在 $\boldsymbol{x}^*$ 附近更好的折中方法。

用于非线性最小二乘问题的 Levenberg-Marquardt 方法

最小二乘问题从一组 m 个数据点 (t_i,y_i) 开始，其目标是通过在拟合函数 $\widehat{Y}(t,\boldsymbol{p})$ 中选择参数 $\boldsymbol{p}=(p_1,\cdots p_n)$，尽可能好地拟合这 m 个点。假设直线拟合 $\widehat{y}=C+Dt$ 的参数是通常的 $\boldsymbol{p}=(C,D)$，则平方误差的和取决于 C 和 D：

$$E(C,D)=(y_1-C-Dt_1)^2+\cdots+(y_m-C-Dt_m)^2 \tag{8}$$

最小误差 E 是在满足 $\partial E/\partial C=0$，$\partial E/\partial D=0$ 的 $\widehat{C}$ 与 $\widehat{D}$ 取得。这些方程是线性的，因为在拟合函数 $\widehat{y}=C+Dt$ 中 C 和 D 以线性形式出现。对 m 个线性方程 $\boldsymbol{Jp}=\boldsymbol{y}$ 的最佳最小二乘解：

m 个方程
2个未知量
没有解

$$\boldsymbol{J}\begin{bmatrix} C \\ D \end{bmatrix}=\begin{bmatrix} 1 & t_1 \\ \vdots & \vdots \\ 1 & t_m \end{bmatrix}\begin{bmatrix} C \\ D \end{bmatrix}=\begin{bmatrix} y_1 \\ \vdots \\ y_m \end{bmatrix}=\boldsymbol{y}$$

2个方程
2个未知量

$$\boldsymbol{J}^{\mathrm{T}}\boldsymbol{J}\begin{bmatrix} \widehat{C} \\ \widehat{D} \end{bmatrix}=\boldsymbol{J}^{\mathrm{T}}\boldsymbol{y},\quad \widehat{\boldsymbol{p}}=\begin{bmatrix} \widehat{C} \\ \widehat{D} \end{bmatrix}\text{是最佳的参数}$$

这就是线性最小二乘问题。拟合函数 $\widehat{\boldsymbol{y}}$ 对 C 和 D 是线性的。$\boldsymbol{J}$ 通常称为 $\boldsymbol{A}$。但是，**非线性**最小二乘法拟合函数 $\widehat{\boldsymbol{y}}(\boldsymbol{p})$ 以非线性的方式依赖于 n 个参数 $\boldsymbol{p}=(p_1,\cdots,p_n)$。当最小化总误差 $E=$平方的和时，期待用 **$\boldsymbol{n}$ 个非线性方程**来决定最佳的参数：

$$\begin{aligned}\boldsymbol{E}(\boldsymbol{p}) &=\sum_{i=1}^{m}(y_i-\widehat{y}_i)^2=(\boldsymbol{y}-\widehat{\boldsymbol{y}}(\boldsymbol{p}))^{\mathrm{T}}(\boldsymbol{y}-\widehat{\boldsymbol{y}}(\boldsymbol{p})) \\ &=\boldsymbol{y}^{\mathrm{T}}\boldsymbol{y}-2\boldsymbol{y}^{\mathrm{T}}\widehat{\boldsymbol{y}}(\boldsymbol{p})+\widehat{\boldsymbol{y}}(\boldsymbol{p})^{\mathrm{T}}\widehat{\boldsymbol{y}}(\boldsymbol{p})\end{aligned}\tag{9}$$

这是通过选择最佳参数 $\widehat{\boldsymbol{p}}$ 来最小化“平方损失”误差函数。

实际的应用可以包括一个权重或白化矩阵 $\boldsymbol{W}$。通常 $\boldsymbol{W}$ 是一个对角元为逆方差 $1/\sigma_1^2,\cdots,1/\sigma_m^2$ 的对角矩阵。总误差 $\boldsymbol{E}=(\boldsymbol{y}-\widehat{\boldsymbol{y}})^{\mathrm{T}}\boldsymbol{W}(\boldsymbol{y}-\widehat{\boldsymbol{y}})$ 及正规方程 $\boldsymbol{J}^{\mathrm{T}}\boldsymbol{WJ}\widehat{\boldsymbol{p}}=\boldsymbol{J}^{\mathrm{T}}\boldsymbol{Wy}$。这就对方差 σ_i 较小的数据，即那些更可靠的数据赋予更大的权重。为了简化起见，采用 $\boldsymbol{W}=\boldsymbol{I}$（单位权重）。

我们的问题是最小化式 (9) 中的 $\boldsymbol{E}(\boldsymbol{p})$，因此计算其梯度向量 $\partial\boldsymbol{E}/\partial\boldsymbol{p}=\boldsymbol{\nabla E}$。这个梯度对线性最小二乘问题是常数，但是 $\boldsymbol{\nabla E}$ 对非线性问题依赖于 $\boldsymbol{p}$。下面描述最小化 E 的算法（拟牛顿法），但避免用到 E 的二阶导数。

$$\boldsymbol{\nabla E}=2\boldsymbol{J}^{\mathrm{T}}(\boldsymbol{y}-\widehat{\boldsymbol{y}}(\boldsymbol{p}_n))=\boldsymbol{0},\quad\text{其中}\quad \boldsymbol{J}=\frac{\partial\boldsymbol{y}}{\partial\boldsymbol{p}}\text{ 是在 }\widehat{\boldsymbol{p}}\text{ 处的 }m\times n\text{ 雅可比矩阵}\tag{10}$$

当拟合函数 $\widehat{\boldsymbol{y}}=C+Dt$ 关于参数 $\boldsymbol{p}=(C,D)$ 是线性时，$\boldsymbol{J}$ 是 $m\times 2$ 常数矩阵。误差最小的最小二乘方程是 $\boldsymbol{\nabla E}=\boldsymbol{0}$。对线性情形，$\boldsymbol{J}^{\mathrm{T}}\boldsymbol{J}\widehat{\boldsymbol{p}}=\boldsymbol{J}^{\mathrm{T}}\widehat{\boldsymbol{y}}$。对非线性情形，用一阶方法（**梯度下降法**）与**拟牛顿法**来解式 (10)：

$$\textbf{梯度下降法}\qquad \boldsymbol{p}_{n+1}-\boldsymbol{p}_n=-s\boldsymbol{J}^{\mathrm{T}}(\boldsymbol{y}-\widehat{\boldsymbol{y}}(\boldsymbol{p}_n))\tag{11}$$

$$\textbf{拟牛顿法}\qquad \boldsymbol{J}^{\mathrm{T}}\boldsymbol{J}(\boldsymbol{p}_{n+1}-\boldsymbol{p}_n)=\boldsymbol{J}^{\mathrm{T}}(\boldsymbol{y}-\widehat{\boldsymbol{y}}(\boldsymbol{p}_n))\tag{12}$$

对称矩阵 $\boldsymbol{J}^{\mathrm{T}}\boldsymbol{J}$ 是对二阶导数矩阵 $\dfrac{1}{2}\boldsymbol{H}$（函数 E 的海森矩阵）的一个近似。为了看到这一点，将一阶近似 $\widehat{\boldsymbol{y}}(\boldsymbol{p}+\Delta\boldsymbol{p})\approx\widehat{\boldsymbol{y}}(\boldsymbol{p})+\boldsymbol{J}\boldsymbol{\Delta p}$ 代入式 (9) 中的损失函数 E，可得：

$$E(\boldsymbol{p}+\boldsymbol{\Delta p})\approx(\boldsymbol{y}-\widehat{\boldsymbol{y}}(\boldsymbol{p})-\boldsymbol{J}\boldsymbol{\Delta p})^{\mathrm{T}}(\boldsymbol{y}-\widehat{\boldsymbol{y}}(\boldsymbol{p})-\boldsymbol{J}\boldsymbol{\Delta p})\tag{13}$$

二阶项是 $\Delta\boldsymbol{p}^{\mathrm{T}}\boldsymbol{J}^{\mathrm{T}}\boldsymbol{J}\Delta\boldsymbol{p}$。因此，$2\boldsymbol{J}^{\mathrm{T}}\boldsymbol{J}$ 就像是一个海森矩阵。

Levenberg 和 Marquardt 的关键想法是将梯度下降法与牛顿更新规则（式 (11) 和式 (12)）结合成一个规则。它有一个参数 λ，小的 λ 值将倾向于牛顿法，而大的 λ 值更倾向于梯度下降法。这是对非线性最小二乘问题的一种常用（与方便）的方法：

$$\textbf{Levenberg-Marquardt} \qquad (\boldsymbol{J}^{\mathrm{T}}\boldsymbol{J}+\boldsymbol{\lambda I})(\boldsymbol{p}_{n+1}-\boldsymbol{p}_n)=\boldsymbol{J}^{\mathrm{T}}(\boldsymbol{y}-\widehat{\boldsymbol{y}}(\boldsymbol{p}_n)) \tag{14}$$

从一个相当大的 λ 开始。初始的 $\boldsymbol{p}_0$ 可能不是最佳选择 $\boldsymbol{p}^*$ 的邻近点。当问题是非线性且 E 的海森矩阵依赖于 $\boldsymbol{p}$ 时，在距离最小化点 $\boldsymbol{p}^*$ 较远处不能信任 $\boldsymbol{J}^{\mathrm{T}}\boldsymbol{J}$ 的准确性。

随着近似值 $\boldsymbol{p}_1,\boldsymbol{p}_2,\cdots$ 趋近正确的值 $\boldsymbol{p}^*$ 时，矩阵 $\boldsymbol{J}^{\mathrm{T}}\boldsymbol{J}$ 变得可靠。令 λ 趋于零。目标是得到快速收敛（近乎牛顿法）至 $\boldsymbol{\nabla E}(\boldsymbol{p}^*)=\mathbf{0}$ 的解与 $E(\boldsymbol{p})$ 的最小值。

一个有用的变种是用对角矩阵 $\mathrm{diag}(\boldsymbol{J}^{\mathrm{T}}\boldsymbol{J})$ 来乘式 (14) 中的 $\lambda\boldsymbol{I}$，这使得 λ 没有量纲。与所有的梯度下降法一样，程序必须在每一步检查误差函数的减小，并根据需要调整步长。一个良好的减小表明，λ 能够被缩小，而且下一个迭代将更接近牛顿法。

那么是否 $\lambda=0$ 时，这就是牛顿法了？其实并不是这样（参见式 (13)）。

二次项表明二阶导数矩阵（海森矩阵）是 $2\boldsymbol{J}^{\mathrm{T}}\boldsymbol{J}$，但式 (13) 仅是一阶近似。对线性最小二乘法，一阶是精确的。在非线性问题中，情况并非如此。这里的正式名字是高斯-牛顿法。

换言之，不能通过平方一阶导数来计算二阶导数。

然而 Levenberg-Marquardt 方法是一种增强的一阶方法，对非线性最小二乘问题特别有用。它是训练中等大小神经网络的一种方法。

习题 6.1

1. 两个圆盘的并集何时是凸集？两个正方形呢？
2. 正文中提出只有两种方法使 $\mathbf{R}^2$ 中的两个三角形的并集为凸集。这个测试对吗？如果三角形在 $\mathbf{R}^3$ 中呢？
3. $\mathbf{R}^n$ 中任何集合 S 的 **"凸包"** 是包含 S 的最小凸集 K。从集合 S 出发，如何构造它的凸包 K？
4. (1) 解释为什么两个凸集的交集 $K_1\cap K_2$ 是凸集？

   (2) 上面这个结论如何用来证明两个凸函数 F_1 与 F_2 的最大值 F_3 是一个凸函数？应用正文中的定义：当其图上的点和图上方的点构成的集合是凸集合时，F 是凸的。F_3 的图的上方是什么集合？
5. 假设 K 是凸集，且当 x 在 K 中时，$F(x)=1$；当 x 不在 K 中时，$F(x)=0$。F 是凸函数吗？如果 0 与 1 颠倒了呢？
6. 由下列函数的二阶导数，证明它们是凸的：

   (1) 熵 $x\log x$；

   (2) $\log(\mathrm{e}^x+\mathrm{e}^y)$；

   (3) ℓ^p 范数 $\|\boldsymbol{x}\|_p=(|x_1|^p+|x_2|^p)^{1/p}$，$p\geqslant 1$；

   (4) 对称矩阵 $\boldsymbol{S}$ 的 $\lambda_{\max}(\boldsymbol{S})$ 函数。
7. $R(\boldsymbol{x})=\dfrac{\boldsymbol{x}^{\mathrm{T}}\boldsymbol{S}\boldsymbol{x}}{\boldsymbol{x}^{\mathrm{T}}\boldsymbol{x}}=\dfrac{x^2+2y^2}{x^2+y^2}$ 是非凸的。它有一个最大值和一个最小值。在最大值点处，二阶导数矩阵 $\boldsymbol{H}$ 为 ____。

8. 本章包括了 $\min_x \max_y K(x,y) = \max_y \min_x K(x,y)$ 这样的表述。
但是 minimax = maximin 并不总是成立。解释这个例子：

$$\min_x \max_y (x+y) \text{ 与 } \max_y \min_x (x+y) \text{ 是 } +\infty \text{ 与 } -\infty。$$

9. 假设 $f(x,y)$ 是光滑的凸函数，$f(0,0)=f(1,0)=f(0,1)=0$。
   (1) 对 $f\left(\frac{1}{2},\frac{1}{2}\right)$，可以知道什么？
   (2) 关于导数 $a=\partial^2 f/\partial x^2$，$b=\partial^2 f/\partial x\partial y$，$c=\partial^2 f/\partial y^2$，又可以知道什么？
10. 圆盘 $x^2+y^2 \leqslant 1$ 中的任意光滑函数 $f(x,y)$ 是否可以写成两个凸函数 g 与 h 的差 $g(x,y)-h(x,y)$？或许是对的。

习题 11～习题 14 是有关牛顿法的。

11. 证明式 (5) 是对的：**牛顿法中的 $\boldsymbol{\Delta x}$ 使该平方函数最小** 。
12. 解 $x^2+1=0$ 的牛顿法是怎样的？因为没有（实数）解，该方法不可能收敛。(迭代给出了一个“混沌”的清晰的例子。)
13. 解 $\sin x=0$ 的牛顿法是怎样的？因为它有许多解，所以很难预测牛顿迭代的极限 x^*。
14. 用牛顿法解方程组 $u^3-v=0$ 与 $v^3-u=0$，由初始点 $\boldsymbol{x}_0=(u_0,v_0)$ 求 $\boldsymbol{x}_1=(u_1,v_1)$。牛顿法将收敛到解 $(0,0)$、$(1,1)$ 或 $(-1,-1)$ 或趋于无穷。若用四种颜色标注指向这四个极限的起点值 (u_0,v_0)，打印出来的图片将非常漂亮。
15. 若 f 是凸函数，则有 $f(x/2+y/2) \leqslant \frac{1}{2}f(x)+\frac{1}{2}f(y)$。若这个“半程测试”对每个 x 与 y 都成立，证明“1/4 路程测试” $f(3x/4+y/4) \leqslant \frac{3}{4}f(x)+\frac{1}{4}f(y)$ 也同样成立。这是一个介于 x 与 $x/2+y/2$ 之间的半程测试。因此两个半程测试给出了 1/4 路程测试。
同样的推理最终会得到 $f(px+(1-p)y) \leqslant p\,f(x)+(1-p)\,f(y)$ 对任意分数 $p=m/2^n \leqslant 1$ 成立。这些分数在整个区间 $0 \leqslant p \leqslant 1$ 是稠密的。若 f 是一个连续函数，则对所有的 x,y 的半程测试导致对所有 $0 \leqslant p \leqslant 1$ 的 $px+(1-p)y$ 测试。因此半程测试证明 f 是凸的。
16. 画出任意一个严格凸的函数 $f(x)$ 的图。
   (1) 画出图上任意两点间的弦。
   (2) 在这两个点处画切线。
   (3) 在 x 与 y 两点之间验证切线 $< f(x) <$ 弦。

6.2 拉格朗日乘子 = 成本函数的导数

非结构化问题处理在凸集 K 上的凸函数 $F(x)$。本节从高度结构化问题开始介绍拉格朗日乘子是如何处理约束的。我们想要阐明乘子 $\lambda_1,\cdots,\lambda_m$ 的含义。

第一个例子是在二维空间中，函数 F 是二次的，集合 K 是线性的：

$$\textbf{在直线}\boldsymbol{K}:\boldsymbol{a_1x_1+a_2x_2=b}\textbf{上，最小化}\boldsymbol{F(x)=x_1^2+x_2^2}$$

在直线 K 上寻求最接近 $(0,0)$ 的点。成本函数 $F(x)$ 是距离的平方。在图 6.4 中，那条约束线

在获胜点 $\boldsymbol{x}^*=(x_1^*,x_2^*)$ 处与圆相切。将约束方程 $a_1x_1+a_2x_2=b$ 代入函数 $F=x_1^2+x_2^2$ 之后，可从简单的微积分得到这个结论。

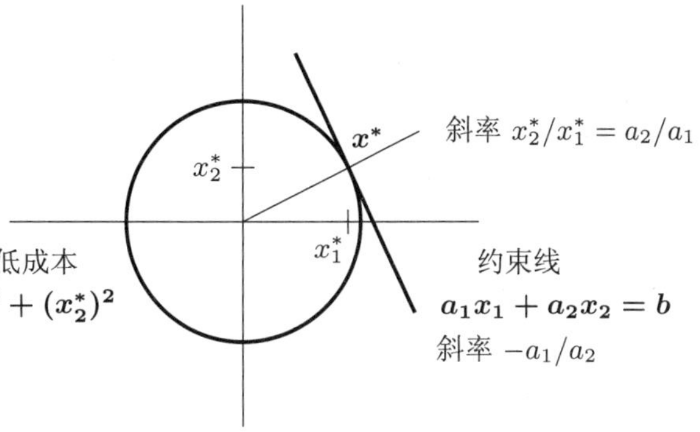

图 6.4 约束线与最小成本圆在解 x^* 处相切

这是拉格朗日的绝妙的想法。

用一个未知的乘子 $\boldsymbol{\lambda}$ 乘 $\boldsymbol{a_1x_1+a_2x_2-b}$，然后将其加至 $\boldsymbol{F(x)}$

$$\text{拉格朗日函数}\quad \boldsymbol{L(x,\lambda)}=F(x)+\lambda(a_1x_1+a_2x_2-b)$$
$$=\boldsymbol{x_1^2+x_2^2+\lambda(a_1x_1+a_2x_2-b)} \tag{1}$$
$$\text{令}\ \boldsymbol{\partial L/\partial x_1=\partial L/\partial x_2=\partial L/\partial\lambda}=0$$

解这三个方程得到 $\boldsymbol{x_1}$、$\boldsymbol{x_2}$、$\boldsymbol{\lambda}$

$$\boldsymbol{\partial L/\partial x_1=2x_1+\lambda a_1=0} \tag{2a}$$
$$\boldsymbol{\partial L/\partial x_2=2x_2+\lambda a_2=0} \tag{2b}$$
$$\boldsymbol{\partial L/\partial \lambda=a_1x_1+a_2x_2-b=0}\quad\text{（这是约束）} \tag{2c}$$

式 (2a) 和式 (2b) 给出了 $x_1=-\dfrac{1}{2}\lambda a_1$，$x_2=-\dfrac{1}{2}\lambda a_2$，将其代入 $a_1x_1+a_2x_2=b$，可得

$$-\frac{1}{2}\lambda a_1^2-\frac{1}{2}\lambda a_2^2=b,\qquad \boldsymbol{\lambda=\frac{-2b}{a_1^2+a_2^2}} \tag{3}$$

将 λ 代入式 (2a) 与式 (2b) 可得最近的点 (x_1^*,x_2^*) 及最小的成本 $(x_1^*)^2+(x_2^*)^2$：

$$\boldsymbol{x_1^*}=-\frac{1}{2}\lambda a_1=\boldsymbol{\frac{a_1b}{a_1^2+a_2^2}},\quad \boldsymbol{x_2^*}=-\frac{1}{2}\lambda a_2=\boldsymbol{\frac{a_2b}{a_1^2+a_2^2}},\quad \boldsymbol{(x_1^*)^2+(x_2^*)^2}=\boldsymbol{\frac{b^2}{a_1^2+a_2^2}}$$

最小成本函数对约束水平 $\boldsymbol{b}$ 的导数是负的拉格朗日乘子：

$$\boxed{\frac{\mathrm{d}}{\mathrm{d}b}\left(\frac{b^2}{a_1^2+a_2^2}\right)=\frac{2b}{a_1^2+a_2^2}=-\lambda} \tag{4}$$

最小化带线性约束的二次函数

将例子从平面 $\mathbf{R}^2$ 推广至 $\mathbf{R}^n$，不再是对 $\boldsymbol{x}$ 的一个约束，我们有 $\boldsymbol{m}$ **个约束** $\boldsymbol{A^{\mathrm{T}}x=b}$。**矩阵 $\boldsymbol{A}^{\mathrm{T}}$ 是 $\boldsymbol{m\times n}$ 的**。将有 m 个拉格朗日乘子 $\lambda_1,\cdots,\lambda_m$（每个约束对应一个）。成本函数

$F(\boldsymbol{x})=\dfrac{1}{2}\boldsymbol{x}^{\mathrm{T}}\boldsymbol{S}\boldsymbol{x}$ 允许任何对称正定矩阵 $\boldsymbol{S}$。

$$\textbf{问题：最小化}\quad \boldsymbol{F}=\frac{1}{2}\boldsymbol{x}^{\mathrm{T}}\boldsymbol{S}\boldsymbol{x}\textbf{，约束为}\quad \boldsymbol{A}^{\mathrm{T}}\boldsymbol{x}=\boldsymbol{b} \tag{5}$$

在 m 个约束条件下，有 m 个拉格朗日乘子 $\boldsymbol{\lambda}=(\lambda_1,\cdots,\lambda_m)$。它们将约束 $\boldsymbol{A}^{\mathrm{T}}\boldsymbol{x}=\boldsymbol{b}$ 构建为拉格朗日函数 $L(\boldsymbol{x},\boldsymbol{\lambda})=\dfrac{1}{2}\boldsymbol{x}^{\mathrm{T}}\boldsymbol{S}\boldsymbol{x}+\boldsymbol{\lambda}^{\mathrm{T}}\left(A^{\mathrm{T}}\boldsymbol{x}-\boldsymbol{b}\right)$。然后 L 对 $\mathbf{R}^n$ 中的向量 $\boldsymbol{x}$ 和 $\mathbf{R}^m$ 中向量 $\boldsymbol{\lambda}$ 的 $n+m$ 个导数给出了 $n+m$ 个方程：

$$\boxed{\begin{array}{ll} L\text{ 的 }x\text{-导数：} & \boldsymbol{S}\boldsymbol{x}+\boldsymbol{A}\boldsymbol{\lambda}=\boldsymbol{0} \\ L\text{ 的 }\lambda\text{-导数：} & \boldsymbol{A}^{\mathrm{T}}\boldsymbol{x}=\boldsymbol{b} \end{array}} \tag{6}$$

第一组方程给出了 $\boldsymbol{x}=-\boldsymbol{S}^{-1}\boldsymbol{A}\boldsymbol{\lambda}$，第二组方程给出了 $-\boldsymbol{A}^{\mathrm{T}}\boldsymbol{S}^{-1}\boldsymbol{A}\boldsymbol{\lambda}=\boldsymbol{b}$，这决定了最优的 $\boldsymbol{\lambda}^*$ 因此决定了最优的 $\boldsymbol{x}^*$：

$$\textbf{解}\quad \boldsymbol{\lambda}^*\text{、}\boldsymbol{x}^*\qquad \boldsymbol{\lambda}^*=-(\boldsymbol{A}^{\mathrm{T}}\boldsymbol{S}^{-1}\boldsymbol{A})^{-1}\boldsymbol{b},\qquad \boldsymbol{x}^*=\boldsymbol{S}^{-1}\boldsymbol{A}(\boldsymbol{A}^{\mathrm{T}}\boldsymbol{S}^{-1}\boldsymbol{A})^{-1}\boldsymbol{b} \tag{7}$$

最小的成本 $F^*=\dfrac{1}{2}(\boldsymbol{x}^*)^{\mathrm{T}}\boldsymbol{S}\boldsymbol{x}^*=\dfrac{1}{2}\boldsymbol{b}^{\mathrm{T}}(\boldsymbol{A}^{\mathrm{T}}\boldsymbol{S}^{-1}\boldsymbol{A})^{-1}\boldsymbol{A}^{\mathrm{T}}\boldsymbol{S}^{-1}\boldsymbol{S}\boldsymbol{S}^{-1}\boldsymbol{A}(\boldsymbol{A}^{\mathrm{T}}\boldsymbol{S}^{-1}\boldsymbol{A})^{-1}\boldsymbol{b}$。这大大地简化了。

$$\boxed{\begin{array}{l} \textbf{最小成本}\quad \boldsymbol{F}^*=\dfrac{1}{2}\boldsymbol{b}^{\mathrm{T}}(\boldsymbol{A}^{\mathrm{T}}\boldsymbol{S}^{-1}\boldsymbol{A})^{-1}\boldsymbol{b} \\ \textbf{成本梯度}\quad \dfrac{\partial\boldsymbol{F}^*}{\partial\boldsymbol{b}}=(\boldsymbol{A}^{\mathrm{T}}\boldsymbol{S}^{-1}\boldsymbol{A})^{-1}\boldsymbol{b}=-\boldsymbol{\lambda}^* \end{array}} \tag{8}$$

这的确是一个模型问题。当约束条件变成不等式 $\boldsymbol{A}^{\mathrm{T}}\boldsymbol{x}\leqslant\boldsymbol{b}$ 时，乘子 $\lambda_i\geqslant 0$，这个问题也变难了。

回到式 (6) 中的“鞍点矩阵”或“KKT 矩阵”：

$$\boldsymbol{M}\begin{bmatrix}\boldsymbol{x}\\ \boldsymbol{\lambda}\end{bmatrix}=\begin{bmatrix}\boldsymbol{S} & \boldsymbol{A}\\ \boldsymbol{A}^{\mathrm{T}} & \boldsymbol{0}\end{bmatrix}\begin{bmatrix}\boldsymbol{x}\\ \boldsymbol{\lambda}\end{bmatrix}=\begin{bmatrix}\boldsymbol{0}\\ \boldsymbol{b}\end{bmatrix} \tag{9}$$

矩阵 $\boldsymbol{M}$ 不是正定的，也不是负定的。假设用 $\boldsymbol{A}^{\mathrm{T}}\boldsymbol{S}^{-1}$ 左乘第一块行 $[\boldsymbol{S}\quad\boldsymbol{A}]$，得到 $[\boldsymbol{A}^{\mathrm{T}}\quad\boldsymbol{A}^{\mathrm{T}}\boldsymbol{S}^{-1}\boldsymbol{A}]$。再从第二块行减去，看到一个零块：

$$\begin{bmatrix}\boldsymbol{S} & \boldsymbol{A}\\ \boldsymbol{0} & -\boldsymbol{A}^{\mathrm{T}}\boldsymbol{S}^{-1}\boldsymbol{A}\end{bmatrix}\begin{bmatrix}\boldsymbol{x}\\ \boldsymbol{\lambda}\end{bmatrix}=\begin{bmatrix}\boldsymbol{0}\\ \boldsymbol{b}\end{bmatrix} \tag{10}$$

这就是对 2×2 分块矩阵 $\boldsymbol{M}$ 的消元操作。在 $(2,2)$ 位置上新出现的块称为**舒尔补**（**Schur complement**，以有史以来最伟大的线性代数学家 Schur（舒尔）命名的）。

类似地，可得到同样的方程 $-\boldsymbol{A}^{\mathrm{T}}\boldsymbol{S}^{-1}\boldsymbol{A}\boldsymbol{\lambda}=\boldsymbol{b}$。消元法是一种有组织的解线性方程的方法。前 n 个主元是正的，因为 $\boldsymbol{S}$ 是**正**定矩阵。现在有 m 个负的主元，因为 $-\boldsymbol{A}^{\mathrm{T}}\boldsymbol{S}^{-1}\boldsymbol{A}$ 是**负**定矩阵。这是在拉格朗日函数 $\boldsymbol{L}(\boldsymbol{x},\boldsymbol{\lambda})$ 中**鞍点**的明确标志。

该函数 $L=\dfrac{1}{2}\boldsymbol{x}^{\mathrm{T}}\boldsymbol{S}\boldsymbol{x}+\boldsymbol{\lambda}^{\mathrm{T}}(\boldsymbol{A}^{\mathrm{T}}\boldsymbol{x}-\boldsymbol{b})$ **对 $\boldsymbol{x}$ 是凸的，而对 $\boldsymbol{\lambda}$ 则是凹的。**

Minimax = Maximin

从这个问题还可以学到更多。在式 (6) 中，L 的 $\boldsymbol{x}$-导数与 L 的 $\boldsymbol{\lambda}$-导数设为零。通过解这两个方程来得到 $\boldsymbol{x}^*$、$\boldsymbol{\lambda}^*$。$(\boldsymbol{x}^*,\boldsymbol{\lambda}^*)$ 是式 (7) 中的 L 的鞍点。通过解式 (7) 可在式 (8) 中得到最小成本与其导数。

假设将其分成最小值与最大值两个问题。首先对每个固定的 λ 最小化 $L(\boldsymbol{x},\boldsymbol{\lambda})$。使 L 最小的 $\boldsymbol{x}^*$ 依赖于 $\boldsymbol{\lambda}$，然后找到使 $L(\boldsymbol{x}^*(\boldsymbol{\lambda}),\boldsymbol{\lambda})$ 最大的 $\boldsymbol{\lambda}^*$。

在 $\boldsymbol{x}^* = -\boldsymbol{S}^{-1}\boldsymbol{A}\boldsymbol{\lambda}$ 处最小化 L，$\min L = -\dfrac{1}{2}\boldsymbol{\lambda}^{\mathrm{T}}\boldsymbol{A}^{\mathrm{T}}\boldsymbol{S}^{-1}\boldsymbol{A}\,\boldsymbol{\lambda} - \boldsymbol{\lambda}^{\mathrm{T}}\boldsymbol{b}$

使 $\boldsymbol{\lambda}^* = -(\boldsymbol{A}^{\mathrm{T}}\boldsymbol{S}^{-1}\boldsymbol{A})^{-1}\boldsymbol{b}$ 的最小值最大化，可得 $L = \dfrac{1}{2}\boldsymbol{b}^{\mathrm{T}}(\boldsymbol{A}^{\mathrm{T}}\boldsymbol{S}^{-1}\boldsymbol{A})^{-1}\boldsymbol{b}$

$$\boxed{\max_{\boldsymbol{\lambda}}\min_{\boldsymbol{x}} L = \frac{1}{2}\boldsymbol{b}^{\mathrm{T}}(\boldsymbol{A}^{\mathrm{T}}\boldsymbol{S}^{-1}\boldsymbol{A})^{-1}\,\boldsymbol{b}}$$

这个 maximin 是 $\boldsymbol{x}$ 在先，而 $\boldsymbol{\lambda}$ 在后。而逆向次序 minimax 是 $\boldsymbol{\lambda}$ 在先，$\boldsymbol{x}$ 在后。

因 $\boldsymbol{\lambda}$ 变化，$L(\boldsymbol{x},\boldsymbol{\lambda}) = \dfrac{1}{2}\boldsymbol{x}^{\mathrm{T}}\boldsymbol{S}\boldsymbol{x} + \boldsymbol{\lambda}^{\mathrm{T}}(\boldsymbol{A}^{\mathrm{T}}\boldsymbol{x}-\boldsymbol{b})$ 的最大值是 $\begin{cases} +\infty, & \boldsymbol{A}^{\mathrm{T}}\boldsymbol{x} \neq \boldsymbol{b} \\ \dfrac{1}{2}\boldsymbol{x}^{\mathrm{T}}\boldsymbol{S}\boldsymbol{x}, & \boldsymbol{A}^{\mathrm{T}}\boldsymbol{x} = \boldsymbol{b} \end{cases}$

最小化关于 $\boldsymbol{\lambda}$ 的最大值就是我们的答案 $\dfrac{1}{2}\boldsymbol{b}^{\mathrm{T}}(\boldsymbol{A}^{\mathrm{T}}\boldsymbol{S}^{-1}\boldsymbol{A})^{-1}\,\boldsymbol{b}$。

$$\boxed{\min_{\boldsymbol{x}}\max_{\boldsymbol{\lambda}} L = \frac{1}{2}\boldsymbol{b}^{\mathrm{T}}(\boldsymbol{A}^{\mathrm{T}}\boldsymbol{S}^{-1}\boldsymbol{A})^{-1}\,\boldsymbol{b}}$$

在鞍点 $(\boldsymbol{x}^*,\boldsymbol{\lambda}^*)$，**有**

$$\frac{\partial \boldsymbol{L}}{\partial \boldsymbol{x}} = \frac{\partial \boldsymbol{L}}{\partial \boldsymbol{\lambda}} = \boldsymbol{0}, \qquad \max_{\boldsymbol{\lambda}}\min_{\boldsymbol{x}} \boldsymbol{L} = \min_{\boldsymbol{x}}\max_{\boldsymbol{\lambda}} \boldsymbol{L}$$

科学与工程中的对偶问题

在线性约束 $\boldsymbol{A}^{\mathrm{T}}\boldsymbol{x} = \boldsymbol{b}$ 下最小化二次函数 $\dfrac{1}{2}\boldsymbol{x}^{\mathrm{T}}\boldsymbol{S}\boldsymbol{x}$，不仅仅是一个抽象的练习。当一个线性微分方程离散化时，它是物理应用数学的一个核心问题。下面是两个重要的例子。

(1) **电路的网络方程**：

未知量：节点电压、支路电流。

方程：基尔霍夫定律、欧姆定律。

矩阵：$\boldsymbol{A}^{\mathrm{T}}\boldsymbol{S}^{-1}\boldsymbol{A}$ 是**电导矩阵**。

(2) **结构的有限元法**：

未知量：节点位移、结构应力。

方程：力的平衡与应力-应变关系。

矩阵：$\boldsymbol{A}^{\mathrm{T}}\boldsymbol{S}^{-1}\boldsymbol{A}$ 是**刚度矩阵**。

类似的完整列表能涵盖工程学的每个领域。刚度矩阵与电导矩阵是对称正定的。通常，约束条件是方程，而不是不等式。数学为物理问题的建模提供了三种途径：

(1) 含有刚度矩阵或电导矩阵或系统矩阵的线性方程；

(2) 以电流或应力作为未知量 $\boldsymbol{x}$ 的最小化；

(3) 以电压或位移作为未知量 $\boldsymbol{\lambda}$ 的最大化。

最终，线性方程 (1) 是更常见的选择。将式 (9) 简化为式 (10)。这些网络方程一起解释了基尔霍夫定律和欧姆定律。结构方程则涉及力平衡和材料性质，所有的电学和力学定律都被包括在最后的系统中。

对流体流动问题，该方程组通常是鞍点形式。未知量 $\boldsymbol{x}$ 和 $\boldsymbol{\lambda}$ 是速度和压力。数值分析在 Elman、Silvester和 Wathen著的 *Finite Elements and Fast Iterative Solvers*（《有限元法与快速迭代解法器》）中有很好的描述。对导致电导矩阵和刚度矩阵 $\boldsymbol{A}^{\mathrm{T}}\boldsymbol{C}\boldsymbol{A}$ 的网络方程和有限元方程，本人的 *Computational Science and Engineering*（《计算科学与工程》）可作为参考书。课程 18.085 的讲课视频发布在 ocw.mit.edu 上。

在统计学与最小二乘法（线性递归）中，矩阵 $\boldsymbol{A}^{\mathrm{T}}\boldsymbol{\Sigma}^{-1}\boldsymbol{A}$ 包括协方差矩阵 $\boldsymbol{\Sigma}$。可以用方差 σ^2 相除来白化噪声。

对非线性问题，能量不再是二次的 $\dfrac{1}{2}\boldsymbol{x}^{\mathrm{T}}\boldsymbol{S}\boldsymbol{x}$。几何非线性出现在矩阵 $\boldsymbol{A}$ 中。材料非线性（通常会更简单）出现在矩阵 $\boldsymbol{C}$ 中。大的位移与大的应力是非线性的典型来源。

习题 6.2

1. 在约束条件 $x_1+3x_2=b$ 下，Minimize $F(\boldsymbol{x})=\dfrac{1}{2}\boldsymbol{x}^{\mathrm{T}}\boldsymbol{S}\boldsymbol{x}=\dfrac{1}{2}x_1^2+2x_2^2$。

   (1) 求这个问题的拉格朗日函数 $L(\boldsymbol{x},\lambda)$。

   (2) 三个 “L 的导数等于零” 的方程是什么？

   (3) 解这些方程，求出 $\boldsymbol{x}^*=(x_1^*,x_2^*)$ 与乘子 λ^*。

   (4) 对这个问题，画出与成本圆相切的约束线图 6.4。

   (5) 验证最小成本的导数是 $\partial F^*/\partial b=-\lambda^*$。

2. 在约束条件 $2x_1+x_2=5$ 下，Minimize $F(\boldsymbol{x})=\dfrac{1}{2}\left(x_1^2+4x_2^2\right)$。发现并求解三个方程 $\partial L/\partial x_1=0$，$\partial L/\partial x_2=0$，$\partial L/\partial\lambda=0$。画出在最小值点 (x_1^*,x_2^*) 处与椭圆 $\dfrac{1}{2}\left(x_1^2+4x_2^2\right)=F_{\min}$ 相切的约束线 $2x_1+x_2=5$。

3. 习题 1 中的鞍点矩阵为

$$\boldsymbol{M}=\begin{bmatrix}\boldsymbol{S} & \boldsymbol{A}\\ \boldsymbol{A}^{\mathrm{T}} & 0\end{bmatrix}=\begin{bmatrix}1 & 0 & 1\\ 0 & 4 & 3\\ 1 & 3 & 0\end{bmatrix}$$

   通过消元法将 $\boldsymbol{M}$ 约化到三角矩阵 $\boldsymbol{U}$，并且验证

$$\boldsymbol{U}=\begin{bmatrix}\boldsymbol{S} & \boldsymbol{A}\\ 0 & -\boldsymbol{A}^{\mathrm{T}}\boldsymbol{S}^{-1}\boldsymbol{A}\end{bmatrix}$$

   $\boldsymbol{M}$ 有多少个正主元？$\boldsymbol{M}$ 有多少个正特征值？

4. 对任意可逆的对称矩阵 $\boldsymbol{S}$，正主元的个数等于正特征值的个数。主元出现在 $\boldsymbol{S}=\boldsymbol{LDL}^{\mathrm{T}}$（$\boldsymbol{L}$ 为三角阵）。特征值出现在 $\boldsymbol{S}=\boldsymbol{Q\Lambda Q}^{\mathrm{T}}$（$\boldsymbol{Q}$ 为正交矩阵）。一个巧妙的证明将 $\boldsymbol{L}$ 与 $\boldsymbol{Q}$ 转换成 $\boldsymbol{I}$ 或 $-\boldsymbol{I}$ 而不变成奇异部分（见习题 3.2）。特征值保持是实数，并且不跨过零。因此它们在 $\boldsymbol{D}$ 与 $\boldsymbol{\Lambda}$ 的符号中是一样的。

   证明任意 2×2 可逆对称矩阵 $\boldsymbol{S}$ 的“惯性定律”：**当 $\boldsymbol{S}$ 有 0 或 1 或 2 个正主元时，$\boldsymbol{S}$ 有 0 或 1 或 2 个正特征值。**

   (1) 取 $\boldsymbol{LDL}^{\mathrm{T}}=\boldsymbol{Q\Lambda Q}^{\mathrm{T}}$ 的行列式，证明 $\det\boldsymbol{D}$ 与 $\det\boldsymbol{\Lambda}$ 有相同的符号。若行列式是负的，则 $\boldsymbol{S}$ 在 $\boldsymbol{\Lambda}$ 中有 ___ 个正特征值，且在 $\boldsymbol{D}$ 中有 ___ 个正主元。

   (2) 若行列式是正的，则 $\boldsymbol{S}$ 可能是正定或负定的。证明当两个特征值都是正的时，两个主元都是正的。

5. 求 $F(\boldsymbol{x})=\frac{1}{2}\left(x_1^2+x_2^2+x_3^2\right)$ 在一个约束条件 $x_1+x_2+x_3=3$ 下的最小值，以及再有一个额外的约束条件下 $x_1+2x_2+3x_3=12$ 的最小值。第二个最小值应该小于第一个最小值，为什么？第一个问题有 ___ 切于 $\mathbf{R}^3$ 的一个球面，第二个问题有 ___ 切于 $\mathbf{R}^3$ 中的一个球面。

6.3 线性规划、博弈论和对偶性

本节讨论高度结构化的最优化问题。线性规划即线性成本和线性约束（包括不等式）首次出现。历史上，当 Dantzig 发明单纯形方法以寻找最优解时，它也是首次出现。这里采用的方法是看最小值问题与最大值问题之间的“对偶性”——两个同时被求解的线性规划。

一个不等式约束 $\boldsymbol{x_k}\geqslant\mathbf{0}$ 有活动与非活动两种状态。若最小解是 $x_k^*>0$，则这个要求是非活动的，它不改变任何事情。其拉格朗日乘子将是 $\lambda_k^*=0$。最小成本不受对 x_k 约束的影响。但是如果约束 $x_k\geqslant 0$ 主动地迫使最佳的 $\boldsymbol{x}^*$ 有 $x_k^*=0$，则乘子将有 $\lambda_k^*>0$。因此，对每个 k，优化的条件是 $\boldsymbol{x_k^*\lambda_k^*=0}$。

关于线性规划还有一点需要说明，它解决了所有的**二人零和博弈**。一个玩家的收益就是另一玩家的损失。最佳策略产生了一个鞍点。

不等式约束仍然存在于二次规划（**QP**）与半定规划（**SDP**）中。SDP 中的约束涉及对称矩阵。不等式 $\boldsymbol{S}\geqslant 0$ 意味着矩阵是半正定（或正定）。若最佳的 $\boldsymbol{S}$ 实际上是正定的，则约束 $\boldsymbol{S}\geqslant 0$ 没有被激活，同时拉格朗日乘子（现在它也是一个矩阵）将为零。

线性规划

线性规划从一个成本向量 $\boldsymbol{c}=(c_1,\cdots,c_n)$ 开始，最小化成本 $F(\boldsymbol{x})=c_1x_1+\cdots+c_nx_n=\boldsymbol{c}^{\mathrm{T}}\boldsymbol{x}$。约束条件是 m 个线性方程 $\boldsymbol{Ax}=\boldsymbol{b}$ 和 n 个不等式 $x_1\geqslant 0,\cdots,x_n\geqslant 0$。后者记为 $\boldsymbol{x}\geqslant 0$，表示对所有的 n 个分量都是如此：

线性规划 **最小化 $\boldsymbol{c}^{\mathrm{T}}\boldsymbol{x}$，约束为 $\boldsymbol{Ax}=\boldsymbol{b}$，$\boldsymbol{x}\geqslant\mathbf{0}$** (1)

如果 $\boldsymbol{A}$ 是 1×3 矩阵，$\boldsymbol{Ax}=\boldsymbol{b}$ 给出在三维空间中像 $x_1+x_2+2x_3=4$ 这样的一个平面。这个平面会被 $x_1\geqslant 0,x_2\geqslant 0,x_3\geqslant 0$ 这些约束条件切断。这就留下了平面上的一个三角形，其顶点

(x_1,x_2,x_3)为$(4,0,0)$、$(0,4,0)$、$(0,0,2)$。我们的问题是在这个三角形内找到使成本 $\boldsymbol{c}^{\mathrm{T}}\boldsymbol{x}$ 最小的点 $\boldsymbol{x}^*$。

因为成本是线性的，**其最小值将在这些顶点中的一个达到**。线性规划必须找到那个最小成本的顶点。当 m 和 n 很大时，计算所有顶点是极其不现实的。因此单纯形方法找到一个满足 $\boldsymbol{Ax}=\boldsymbol{b}$，$\boldsymbol{x}\geqslant\boldsymbol{0}$ 的起始顶点，然后它沿着约束集 K 的一条边移动到另一个（成本更低）的顶点。成本 $\boldsymbol{c}^{\mathrm{T}}\boldsymbol{x}$ 在每一步都会下降。

这是一个发现最陡的边与下一个顶点（即该边的终点）的线性代数问题。在单纯形方法中，这一步需要重复多次，从一个顶点到另一个顶点。**在单纯形方法中的新的起始顶点，新的最陡边，新的更低成本的顶点**。实践中，步数是多项式级增加的（但在理论上，有可能是指数级的）。

我们这里要确认**对偶问题**，即在 $\mathbf{R}^m$ 中 $\boldsymbol{y}$ 的最大值问题。标准做法是使用 $\boldsymbol{y}$ 而不是 $\boldsymbol{\lambda}$ 表示对偶的未知量——拉格朗日乘子。

对偶问题 **最大化** $\boldsymbol{y}^{\mathrm{T}}\boldsymbol{b}$，**约束为** $\boldsymbol{A}^{\mathrm{T}}\boldsymbol{y}\leqslant\boldsymbol{c}$ (2)

这是使用单纯形方法解决的另一个线性规划问题。它与之前的输入 $\boldsymbol{A}$、$\boldsymbol{b}$、$\boldsymbol{c}$ 相同。当矩阵 $\boldsymbol{A}$ 是 $m\times n$ 的，矩阵 $\boldsymbol{A}^{\mathrm{T}}$ 是 $n\times m$ 的，因此 $\boldsymbol{A}^{\mathrm{T}}\boldsymbol{y}\leqslant\boldsymbol{c}$ 有 n 个约束。一个美妙的事实是最大值问题中的 $\boldsymbol{y}^{\mathrm{T}}\boldsymbol{b}$ 绝不会大于最小值问题中的 $\boldsymbol{c}^{\mathrm{T}}\boldsymbol{x}$。

弱对偶性 $\boldsymbol{y}^{\mathrm{T}}\boldsymbol{b}=\boldsymbol{y}^{\mathrm{T}}(\boldsymbol{Ax})=(\boldsymbol{A}^{\mathrm{T}}\boldsymbol{y})^{\mathrm{T}}\boldsymbol{x}\leqslant\boldsymbol{c}^{\mathrm{T}}\boldsymbol{x}$，**式 (2) 中的最大值$\leqslant$式 (1) 中的最小值**

最大化将 $\boldsymbol{y}^{\mathrm{T}}\boldsymbol{b}$ 往上推，最小化将 $\boldsymbol{c}^{\mathrm{T}}\boldsymbol{x}$ 往下压。了不起的对偶定理（**minimax 定理**）指出，它们在最佳的 $\boldsymbol{x}^*$ 与最佳的 $\boldsymbol{y}^*$ 处相遇。

对偶性 $\boldsymbol{y}^{\mathrm{T}}\boldsymbol{b}$ **的最大值等于** $\boldsymbol{c}^{\mathrm{T}}\boldsymbol{x}$ **的最小值**

单纯形方法能够同时解决这两个问题。多年来，该方法一直处于领先地位。而现在这一情况已经发生了改变。更新的算法直接通过*允许的* $\boldsymbol{x}$ *的集合*，而不是沿着集合的边（从一个顶点到另一个顶点）移动。*内点法*具有竞争力，它能用微积分实现最快速下降。

目前，这两种方法中的任一种都可能获胜——沿边缘或内部。

最大流-最小割

这是一个特殊的线性规划问题。矩阵 $\boldsymbol{A}$ 将是图的关联矩阵，这意味着在每个节点流入的流量等于流出的流量。图的每条边有一个容量 M_j，沿着这条边的流量 y_j 不能超出这个容量。

最大值问题是从源点送出尽可能大的流量到汇点 t。这个流从 t 经过一条特殊的容量不受限制的边回到 s（图 6.5）。对 $\boldsymbol{y}$ 的约束是基尔霍夫电流定律 $\boldsymbol{A}^{\mathrm{T}}\boldsymbol{y}=0$，以及对图中每条边上的容量上限 $|y_j|\leqslant M_j$。这个例子的美妙之处是，对小规模的图我们能够通过直觉来解这个问题。在解的过程中可以发现并解决对偶的最小值问题，这就是最小割。

首先从源点 s 发送流量。从 s 发出的三条边的容量为 $7+2+8=\mathbf{17}$。存在比 $M\leqslant 17$ 更严格的约束吗？是的，通过三条中间边的切割有容量 $6+4+5=\mathbf{15}$，因此 17 不可能到达汇点。还有比 $M\leqslant 15$ 更严格的上限吗？是的，通过后继五条边的切割仅有容量 $3+2+4+3+2=\mathbf{14}$。

因此总流量 M 不能超过 14。这是最严格的切割吗？是的，这是最小切割（ℓ^1 问题），并且根据对偶性，14 是最大流量。

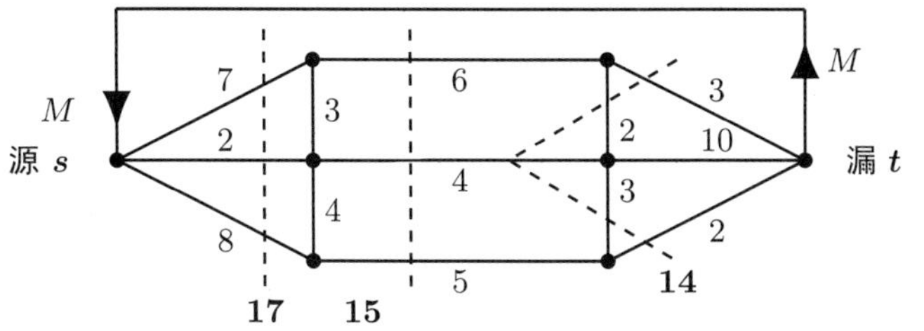

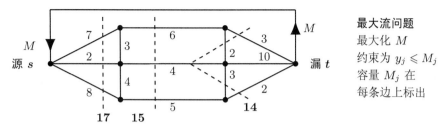

最大流问题
最大化 M
约束为 $y_j \leqslant M_j$
容量 M_j 在
每条边上标出

图 6.5　最大流量 M 受任何切割（虚线）的容量的限制
注：根据对偶性，最小切割的容量等于最大流量，$M = 14$

维基百科列出了一个解这个重要问题的越来越快的算法。它有许多应用。若容量 M_j 是整数，则最大流量 y_j 也是整数。通常整数规划是特别困难的，但不是出现在这里。

一个特殊的最大流问题具有所有容量 M_j 为1 或 0。这个图是**二分图**（所有边是从位于部分 1 的节点到位于部分 2 的节点）。将部分 1 的人与部分 2 的工作进行配对（每个工作最多给一个人，且一个人只能担负一个工作）。然后，最大的配对是 M = 图中的最大流量 = 最大分配数。

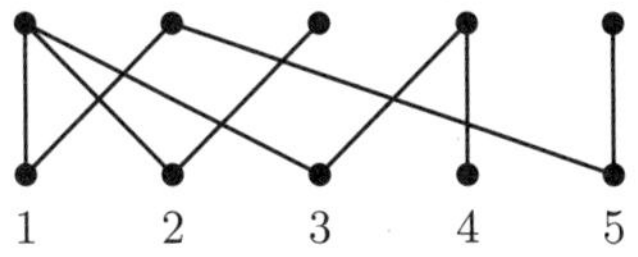

这个二分图允许一个完美的匹配：$M = 5$。移去从顶部节点 2 到底部节点 1 的边。只有 $M = 4$ 个可能的匹配，因为 2 与 5 只能获得一个工作（即 5）。

对于二分图，最大流等于最小割是 König 定理和Hall 婚配定理的一个直接结果。

二人博弈

三人或多人参与的博弈问题很难解决。玩家可以组团对抗其他人，而这些联盟不稳定，新的团队会经常形成。约翰 • 纳什（John Nash）在这方面取得了重大进展，并因此获得了诺贝尔经济学奖。而两人零和博弈问题由冯 • 诺依曼（von Neumann）完美解决。它们与线性规划和对偶密切相关。

玩家是 X 和 Y。有一个收益矩阵 $\boldsymbol{A}$。在每一轮游戏中，玩家 X 在 $\boldsymbol{A}$ 中选一行，而玩家 Y 选一列。矩阵 $\boldsymbol{A}$ 中行与列对应的数值即为两人的收益，然后两个玩家继续下一轮。

为了与线性规划保持一致，让玩家 X 付给 Y，X 想最小化支付，而 Y 想最大化支付。下面是一个非常小的收益矩阵，它有两行让 X 来选，有三列让 Y 来选。

收益矩阵

	y_1	y_2	y_3
x_1	**1**	**0**	**2**
x_2	**3**	**−1**	**4**

Y 喜欢第 3 列中那些大数字。X 发现该列中的最小数字是 2（在第 1 行中）。两个玩家都没有理由背离这个简单的策略，即 Y 选第 3 列，X 选第 1 行。由 X 给 Y 的收益是 2：

2 在所在列中是最小的数字，也是所在行中最大的数字

这是一个**鞍点**。Y 不能指望赢得比 2 还多，X 也不期待输得比 2 少。博弈的每一局都将相同，因为没有一个玩家有动机改变这个结果。最优策略 $\boldsymbol{x}^*$ 和 $\boldsymbol{y}^*$ 是明确的，X 选择第 1 行，Y 选择第 3 列。

但是，发生在列 3 的一个变化将需要两个玩家重新思考。

新收益矩阵

	y_1	y_2	y_3
x_1	**1**	**0**	**4**
x_2	**3**	**−1**	**2**

X 喜欢第 2 列中的小而有利的数，但是 Y 绝不会选这一列。第 3 列对 Y 看起来最好（数最大），X 应该选择第 2 行来应对（以避免支付 4）。但是，随后第 1 列变得比第 3 列对 Y 更有利，因为第 1 列中赢得 3 比赢得 2 要强。

您看到 Y 依然想要第 3 列，但有时必须选择第 1 列。类似地，X 必须采取混合策略，以概率 x_1、x_2 来选择行 1、行 2。在每一局的选择必须是不可预测的，否则另一个玩家将会占便宜。因此 X 的决定是两个概率 $x_1 \geqslant 0$ 和 $x_2 \geqslant 0$，它们的和 $x_1 + x_2 = 0$。收益矩阵有来自这个混合策略的一个新行：

第 1 行	1	0	4
第 2 行	3	−1	2
$\boldsymbol{x_1}$**(第 1 行)** $+$ $\boldsymbol{x_2}$**(第 2 行)**	$\boldsymbol{x_1+3x_2}$	$\boldsymbol{-x_2}$	$\boldsymbol{4x_1+2x_2}$

X 需选择分数 x_1 和 x_2 来使得最坏的（最大的）收益尽可能小。记住 $x_2 = 1 - x_1$，两个最大的收益相等时，这种情况就会发生：

$$x_1 + 3x_2 = 4x_1 + 2x_2 \quad \text{意味着} \quad \boldsymbol{x_1 + 3(1 - x_1) = 4x_1 + 2(1 - x_1)}$$

这个方程给出了 $\boldsymbol{x_1^* = \frac{1}{4}}$，$\boldsymbol{x_2^* = \frac{3}{4}}$。**新的混合行是 2.5、 − 0.75、2.5**。

类似地，Y 将以概率 y_1、y_2、y_3 选择第 1、2、3 列。同样，它们加起来等于 1。这种混合策略将 $\boldsymbol{A}$ 的三列结合成 Y 的新列。

第1列	第2列	第3列	**混合 1,2,3**
1	0	4	$\boldsymbol{y_1 + 4y_3}$
3	−1	2	$\boldsymbol{3y_1 - y_2 + 2y_3}$

Y 将选择分数 $y_1 + y_2 + y_3 = 1$ 以使得最坏（最小）的收益尽可能大。当 $y_2 = 0$ 且 $y_3 = 1 - y_1$ 时这种情况才会发生。这两个混合的收益相等：

$$y_1 + 4(1 - y_1) = 3y_1 + 2(1 - y_1) \quad \text{得到} \quad -3y_1 + 4 = y_1 + 2, \quad \boldsymbol{y_1^* = y_3^* = \frac{1}{2}}$$

新混合的列两个分量都是 2.5。**这些最优策略确定了 2.5 为游戏的值**。采用混合策略 $x_1^* = \frac{1}{4}$，$x_2^* = \frac{3}{4}$，玩家 X 能保证支付不多于 2.5，玩家 Y 能保证获得不少于 2.5。我们找到了这个二人博弈的鞍点（最佳混合策略，其中 X 的 minimax 收益 = 对 Y 的 maximin 收益 = **2.5**）。

	y_1	y_2	y_3	$\frac{1}{2}$第 1 列 $+ \frac{1}{2}$第 2 列
第 1 行	1	0	4	**2.5**
第 2 行	3	-1	2	**2.5**
$\frac{1}{4}$ 第 1 行 $+\frac{3}{4}$第 2 行	**2.5**	-0.75	**2.5**	

冯 • 诺依曼在博弈论中的 **minimax 定理**为每个收益矩阵提供了一个解决方案，它等价于线性规划中的对偶定理 $\min \boldsymbol{c}^{\mathrm{T}}\boldsymbol{x} = \max \boldsymbol{y}^{\mathrm{T}}\boldsymbol{b}$。

半正定规划（SDP）

要最小化的成本依然是 $\boldsymbol{c}^{\mathrm{T}}\boldsymbol{x}$（线性成本）。但是现在对 $\boldsymbol{x}$ 的约束涉及对称矩阵 $\boldsymbol{S}$。给定 $S_0, \cdots, S_n$ 以及 $S(\boldsymbol{x}) = S_0 + x_1 S_1 + \cdots + x_n S_n$，需要是半正定矩阵（或正定矩阵）。幸运的是，这是 $\boldsymbol{x}$ 的凸集，两个半正定矩阵的平均是半正定的（只需对两个能量 $\boldsymbol{v}^{\mathrm{T}}\boldsymbol{S}\boldsymbol{v} \geqslant 0$ 进行平均）。

允许 $\boldsymbol{x}$ 的集合可以有弯曲而不是平坦的边：

$$当\ \boldsymbol{x_1} \geqslant \boldsymbol{0}\ 且\ \boldsymbol{x_1 x_2} \geqslant \boldsymbol{1}时，S_0 + x_1 S_1 + x_2 S_2 = \begin{bmatrix} x_1 & 1 \\ 1 & x_2 \end{bmatrix} 是半正定的$$

最小化 $\boldsymbol{S}(\boldsymbol{x})$ 的最大特征值也包括一个额外的变量 t 在内：

$$最小化 t\ 使得 t\boldsymbol{I} - \boldsymbol{S}(\boldsymbol{x})\ 是半正定矩阵$$

此外，SDP 也可以最小化最大的奇异值，即 $\boldsymbol{S}(\boldsymbol{x})$ 的 ℓ^2 范数：

$$最小化\ t\ \ 使得 \begin{bmatrix} t\boldsymbol{I} & \boldsymbol{S}(\boldsymbol{x}) \\ \boldsymbol{S}(\boldsymbol{x})^{\mathrm{T}} & t\boldsymbol{I} \end{bmatrix} 是半正定矩阵$$

对于这些大多数半正定问题，内点法是最好的。我们不会在约束集的边界上进行遍历（如单纯形方法在处理线性规划问题时那样从顶点到顶点），而是在集合的内部进行遍历。基本上，我们在每次迭代中解决一个最小二乘问题（通常为 $5 \sim 50$ 次迭代）。

与线性规划一样存在一个**对偶问题**（最大化问题）。这个对偶问题的值总是低于原问题的值 $\boldsymbol{c}^{\mathrm{T}}\boldsymbol{x}$。当我们在对偶问题中最大化，在原问题中最小化初始值 $\boldsymbol{c}^{\mathrm{T}}\boldsymbol{x}$ 时，我们希望这两个答案相同。但是，这对带有矩阵不等式的半正定问题不一定会发生。

SDP 为之前看起来过于困难的矩阵问题提供了一种解决方法。

习题 6.3

1. 式 (1) 中弱对偶性是否需要约束 $\boldsymbol{x} \geqslant \boldsymbol{0}$？不等式 $\boldsymbol{A}^{\mathrm{T}}\boldsymbol{y} \leqslant \boldsymbol{c}$ 是否足以证明 $(\boldsymbol{A}^{\mathrm{T}}\boldsymbol{y})^{\mathrm{T}}\boldsymbol{x} \leqslant \boldsymbol{c}^{\mathrm{T}}\boldsymbol{x}$？
2. 假设约束条件是 $x_1 + x_2 + 2x_3 = 4$ 且 $x_1 \geqslant 0, x_2 \geqslant 0, x_3 \geqslant 0$。求出 $\mathbf{R}^3$ 中的这个三角形的三个顶点。哪个顶点最小化成本 $\boldsymbol{c}^{\mathrm{T}}\boldsymbol{x} = 5x_1 + 3x_2 + 8x_3$？
3. 问题 2 的对偶问题是什么？原问题中的一个约束条件意味着对偶问题中的一个未知量 y。解这个对偶问题。

4. 假设约束条件是 $\boldsymbol{x} \geqslant \mathbf{0}$，$x_1+2x_3+x_4=4$ 且 $x_2+x_3-x_4=2$。对 4 个未知量有两个等式的约束，因此一个顶点如 $\boldsymbol{x}=(0,6,0,4)$ 有 $4-2=2$ 个零。求出另一个满足$\boldsymbol{x}=(x_1,x_2,0,0)$ 的顶点，同时证明它有比第一个顶点更高的成本。
5. 求 X 选行的最优（最小化）策略。求 Y 选列的最优（最大化）策略。求从 X 到 Y 在这个最优的最小最大点 $\boldsymbol{x}^*, \boldsymbol{y}^*$ 处的收益。

$$\text{收益矩阵} \quad \begin{bmatrix} 1 & 2 \\ 4 & 8 \end{bmatrix} \qquad \begin{bmatrix} 1 & 4 \\ 8 & 2 \end{bmatrix}$$

6. 若 $\boldsymbol{A}^{\mathrm{T}}=-\boldsymbol{A}$（反对称收益矩阵），为什么这是对 X 和 Y 的零和博弈，且最小最大收益为零?
7. 假设收益矩阵是一个对角矩阵 $\boldsymbol{\Sigma}$，其分量 $\sigma_1>\sigma_2>\cdots>\sigma_n$。什么样的策略对于 X 和 Y 是最优的?
8. 将以 $\boldsymbol{\ell^1}$ **范数**形式表示的 $\|(x_1,x_2,x_3)\|_1 \leqslant 2$ 转换为 8 个线性不等式 $\boldsymbol{Ax} \leqslant \boldsymbol{b}$。以 $\boldsymbol{\ell^\infty}$ 范数表示的约束 $\|\boldsymbol{x}\| \leqslant 2$ 也产生了 8 个线性不等式。
9. 以 $\boldsymbol{\ell^2}$ **范数**形式给出的 $\|\boldsymbol{x}\| \leqslant 2$ 是一个二次不等式 $x_1^2+x_2^2+x_3^2 \leqslant 4$。但是在半正定规划（SDP）中，这变成了一个矩阵不等式 $\boldsymbol{XX}^{\mathrm{T}} \leqslant 4\boldsymbol{I}$。
为什么这个约束 $\boldsymbol{XX}^T \leqslant 4\boldsymbol{I}$ 等价于 $\boldsymbol{x}^{\mathrm{T}}\boldsymbol{x} \leqslant 4$?
注释：对偶性提供了一个重要的选项，即求解原问题或其对偶问题。这适用于机器学习的最优化，如下文所示：

Bach F. *Duality between subgradient and conditional gradient methods*[J]. SIAM Journal of Optimization, 2015, **25**:115-129; arXiv : 1211.6302.

6.4 指向最小值的梯度下降

本节讨论一个基本问题：**最小化函数** $\boldsymbol{f(x_1,\cdots,x_n)}$。由微积分可知，当 f 光滑时所有的一阶导数 $\partial f/\partial x_i$ 在最小值处为零。若有 $n=20$ 个未知量（在深度学习中，这是一个很小的数），则最小化函数 f 会产生 20 个方程 $\partial f/\partial x_i=0$。“梯度下降法”采用导数 $\partial f/\partial x_i$ 来得到减小 $f(\boldsymbol{x})$ 的方向。那个 $f(\boldsymbol{x})$ 下降最快的方向由 $-\boldsymbol{\nabla f}$ 给出：

$$\boxed{\textbf{梯度下降法} \qquad \boldsymbol{x_{k+1}=x_k-s_k\nabla f(x_k)}} \tag{1}$$

$\boldsymbol{\nabla f}$ 代表 f 的 n 个偏导数组成的向量：它的**梯度**。因此式 (1) 是对每一步 $k=1,2,3,\cdots$ 是一个向量方程，而 s_k 是步长或学习速率。希望能朝着点 $\boldsymbol{x}^*$ 运动，该点是 $f(\boldsymbol{x})$ 的图的底部。

我们愿意假设存在 20 个一阶导数，且能被计算出来。我们不愿意假设这 20 个函数也有 20 个导数 $\partial/\partial x_j(\partial f/\partial x_i)$。$f$ 的这 210 个**二阶导数**构成一个 20×20 的对称矩阵 $\boldsymbol{H}$（对称性将 $n^2=400$ 减少到 $\dfrac{1}{2}n^2+\dfrac{1}{2}n=210$ 个计算量)。二阶导数将是非常有用的额外信息，但在许多问题中并没有这些额外信息。

20 个一阶导数和 210 个二阶导数并不会将计算成本简单地乘以 20 和 210。**自动求导**这种巧妙的方法（重新被发现与扩展成为机器学习中的**反向传播**）使得这些成本因素在实践中大大变小。这个方法在 7.2 节中描述。

再暂时回到式 (1)，$-s_k\boldsymbol{\nabla f}(\boldsymbol{x_k})$ 包括一个负号（下降）、因子 s_k（来控制步长）以及梯度向量 $\boldsymbol{\nabla f}$（包含 f 的在当前点 $\boldsymbol{x}_k$ 计算的一阶导数）。大量的思考与计算经验都花费在步长与搜索方向的选择上。

我们从关于导数和梯度向量 $\boldsymbol{\nabla f}$ 的微积分主要结论开始。

$f(x)$ 的导数：$n=1$

$f(x)$ 的导数包括一个极限，这是微积分与代数的关键不同之处。当 Δx 趋于零时，比较 f 在两个邻近点 x 与 $x+\Delta x$ 的值。更准确地说，观察在 $f(x)$ 的图上两点之间的斜率 $\Delta f/\Delta x$：

$$\boldsymbol{f\text{在}x\text{处的导数}}\qquad \frac{\mathbf{d}\boldsymbol{f}}{\mathbf{d}\boldsymbol{x}}=\frac{\boldsymbol{\Delta f}}{\boldsymbol{\Delta x}}\text{的极限}=\left[\frac{\boldsymbol{f(x+\Delta x)-f(x)}}{\boldsymbol{\Delta x}}\right]\text{的极限} \tag{2}$$

当 Δx 为正时，这是前向差分；当 $\Delta x<0$ 时，这是后向差分。当从两侧趋近得到同样的极限时，这个数就是图在 x 处的斜率。

斜坡函数 $\mathrm{ReLU}(x)=f(x)=\max(0,x)$ 在深度学习中得到了广泛的应用（见 7.1 节）。它在 $x=0$ 的右侧具有斜率 $\mathbf{1}$，而在左侧具有斜率 $\mathbf{0}$。因此，在图的那个顶点处导数 $\mathrm{d}f/\mathrm{d}x$ 不存在。对 $n=1$，$\mathrm{d}f/\mathrm{d}x$ 是梯度 $\boldsymbol{\nabla f}$。

$$\mathrm{ReLU}=\begin{cases}\boldsymbol{x}, & x\geqslant 0\\ \mathbf{0}, & x\leqslant 0\end{cases}\qquad \text{斜率}\frac{\Delta f}{\Delta x}=\frac{f(0+\Delta x)-f(0)}{\Delta x}=\begin{cases}\boldsymbol{\Delta x/\Delta x=1}, & \Delta x>0\\ \boldsymbol{0/\Delta x=0}, & \Delta x<0\end{cases}$$

对光滑函数 $\boldsymbol{f(x)=x^2}$，比值 $\Delta f/\Delta x$ 会安全地从两侧趋近于导数 $\mathrm{d}f/\mathrm{d}x$，这个趋近可能是缓慢的（只是一阶）。再看点 $x=0$，那里的真实导数 $\mathrm{d}f/\mathrm{d}x=2x$ 现在是零：

$$\text{在 }x=0\text{ 处的比值 }\frac{\Delta f}{\Delta x}\text{ 是 }\frac{f(\Delta x)-f(0)}{\Delta x}=\frac{(\Delta x)^2-0}{\Delta x}=\boldsymbol{\Delta x},\quad \text{然后极限}=\text{斜率}=0$$

在这个情形及几乎所有的情形下，通过平均**前向差分**（其中 $\Delta x>0$）和**后向差分**（其中 $\Delta x<0$）可得到一个更好的比值（更接近极限斜率 $\mathrm{d}f/\mathrm{d}x$）。这个平均值是更精确的**中心差分**。

$$\begin{matrix}\textbf{中心}\\ \textbf{位于}\boldsymbol{x}\end{matrix}\quad \frac{1}{2}\left[\frac{f(x+\Delta x)-f(x)}{\Delta x}+\frac{f(x-\Delta x)-f(x)}{-\Delta x}\right]=\frac{\boldsymbol{f(x+\Delta x)-f(x-\Delta x)}}{\mathbf{2}\,\boldsymbol{\Delta x}}$$

对于 $f(x)=x^2$ 这个例子，中心法将产生精确的导数 $\mathrm{d}f/\mathrm{d}x=2x$。在图 6.6 中，平均正与负的斜率来得到 $x=0$ 处的正确斜率 0。对所有光滑的函数，中心差分将误差减小到 $(\Delta x)^2$ 大小。这比非中心差分 $f(x+\Delta x)-f(x)$ 的误差大小 Δx 有了很大的改进。

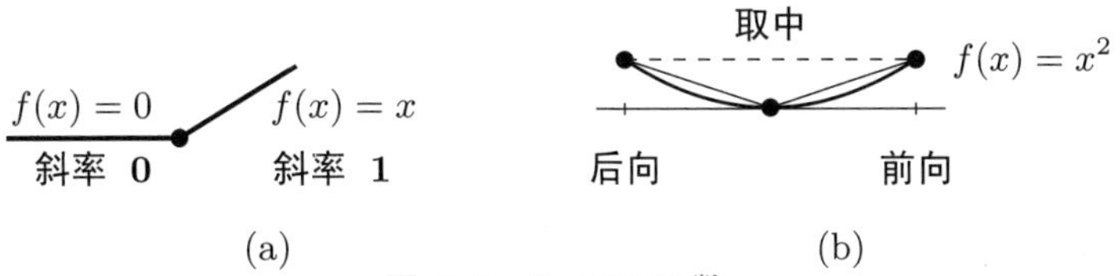

图 6.6 ReLU 函数

(a) 深度学习的斜坡函数；(b) $f(x)=x^2$ 的中心斜率是准确的

大多数有限差分近似都是以中心方式进行以获得更高的精度。但是，我们仍然除以一个很小的数 $2\Delta x$。对于一个多变量函数 $F(x_1,x_2,\cdots,x_n)$，将需要在 n 个不同方向上的比率 $\Delta F/\Delta x_i$（可能还是对大的 n 值）。这些比率近似于**梯度向量** $\textbf{grad}\ \boldsymbol{F}=\boldsymbol{\nabla F}$ 中的 n 个偏导数。

$$\boldsymbol{F(x_1,\cdots,x_n)}\ \textbf{的梯度是列向量}\ \boldsymbol{\nabla F}=\left(\frac{\boldsymbol{\partial F}}{\boldsymbol{\partial x_1}},\cdots,\frac{\boldsymbol{\partial F}}{\boldsymbol{\partial x_n}}\right)$$

它的分量是 F 的 n 个偏导数。$\boldsymbol{\nabla}F$ 指向最陡的方向。

例 1~3 将给出向量表示的值（$\boldsymbol{\nabla F}$ 总是一个列向量）。

例 1 对于一个常数向量 $\boldsymbol{a}=(a_1,\cdots,a_n)$，$F(\boldsymbol{x})=\boldsymbol{a}^{\mathrm{T}}\boldsymbol{x}$ 有梯度 $\boldsymbol{\nabla F=a}$。

$F=a_1x_1+\cdots+a_nx_n$ 的偏导数 $\partial F/\partial x_k=a_k$。

例 2 对于对称矩阵 $\boldsymbol{S}$，$F(\boldsymbol{x})=\boldsymbol{x}^{\mathrm{T}}\boldsymbol{Sx}$ 的梯度是 $\boldsymbol{\nabla F}=\boldsymbol{2\,Sx}$。为了看到这一点，当 $n=2$ 时，写出函数 $F(x_1,x_2)$。矩阵 $\boldsymbol{S}$ 是 2×2 的：

$$\boldsymbol{F}=\begin{bmatrix}x_1 & x_2\end{bmatrix}\begin{bmatrix}a & b\\ b & c\end{bmatrix}\begin{bmatrix}x_1\\ x_2\end{bmatrix}=\begin{matrix}ax_1^2+cx_2^2\\ +2bx_1x_2\end{matrix},\qquad \begin{bmatrix}\partial F/\partial x_1\\ \partial F/\partial x_2\end{bmatrix}=2\begin{bmatrix}ax_1+bx_2\\ bx_1+cx_2\end{bmatrix}=\boldsymbol{2S}\begin{bmatrix}\boldsymbol{x_1}\\ \boldsymbol{x_2}\end{bmatrix}$$

例 3 对一个正定对称矩阵 $\boldsymbol{S}$，二次函数 $\boldsymbol{F(x)}=\boldsymbol{\frac{1}{2}x^{\mathrm{T}}Sx-a^{\mathrm{T}}x}$ 的最小值是位于 $\boldsymbol{x}^*=\boldsymbol{S^{-1}a}$ 的负数 $\boldsymbol{F}_{\mathbf{min}}=-\boldsymbol{\frac{1}{2}a}^{\mathrm{T}}\boldsymbol{S^{-1}a}$。

这是一个重要的例子。最小值出现在 $\boldsymbol{F}$ 的一阶导数为零的地方：

$$\boldsymbol{\nabla F}=\begin{bmatrix}\boldsymbol{\partial F/\partial x_1}\\ \vdots\\ \boldsymbol{\partial F/\partial x_n}\end{bmatrix}=\boldsymbol{Sx-a=0}\ ,\quad \boldsymbol{x^*=S^{-1}a}=\textbf{argmin}\boldsymbol{F} \tag{3}$$

与通常一样，$\textbf{argmin}\boldsymbol{F}$ **表示** $\boldsymbol{F(x)=\frac{1}{2}x^{\mathrm{T}}Sx-a^{\mathrm{T}}x}$ **的最小值出现在点** $\boldsymbol{x^*}$ **处**。我们对这个最小值点 $\boldsymbol{x}^*$ 比该点的实际最小值 $F_{\min}=F(\boldsymbol{x}^*)$ 更感兴趣：

$$\boldsymbol{F}_{\mathbf{min}}=\frac{1}{2}(\boldsymbol{S}^{-1}\boldsymbol{a})^{\mathrm{T}}\boldsymbol{S}(\boldsymbol{S}^{-1}\boldsymbol{a})-\boldsymbol{a}^{\mathrm{T}}(\boldsymbol{S}^{-1}\boldsymbol{a})=\frac{1}{2}\boldsymbol{a}^{\mathrm{T}}\boldsymbol{S}^{-1}\boldsymbol{a}-\boldsymbol{a}^{\mathrm{T}}\boldsymbol{S}^{-1}\boldsymbol{a}=-\boldsymbol{\frac{1}{2}a}^{\mathrm{T}}\boldsymbol{S^{-1}a}$$

F 的图是在 $\boldsymbol{x}=\mathbf{0}$ 处经过零并且在 $\boldsymbol{x}^*$ 处降到其最小值的“碗”。

例 4 **行列式** $F(\boldsymbol{x})=\det\boldsymbol{X}$ 是所有 n^2 个变量 x_{ij} 的函数。在 $\det\boldsymbol{X}$ 的公式中，沿着每一行的每个 x_{ij} 都乘以其“代数余子式”C_{ij}。这个代数余子式是大小为 $n-1$ 的行列式，采用 $\boldsymbol{X}$ 的除第 i 行和第 i 列以外的所有行列，再乘以 $(-1)^{i+j}$：

$$\text{在 }\boldsymbol{X}\text{ 的伴随矩阵中的偏导数 }\frac{\partial(\det\boldsymbol{X})}{\partial x_{ij}}=C_{ij}\ \text{给出}\ \boldsymbol{\nabla F}$$

例 5 **行列式的对数**是一个最引人注目的函数：

$$\boldsymbol{L(X)}=\log(\det\boldsymbol{X})\ \text{有偏导数}\frac{\partial L}{\partial x_{ij}}=\frac{C_{ij}}{\det\boldsymbol{X}}=\boldsymbol{X^{-1}}\textbf{的}\boldsymbol{(ji)}\textbf{-分量}$$

对 $L=\log F$ 使用求导链式法则得 $(\partial L/\partial F)(\partial F/\partial x_{ij})=(1/F)(\partial F/\partial x_{ij})=(1/\det\boldsymbol{X})\,C_{ij}$。然后，这个代数余子式与行列式的比值给出了逆矩阵 $\boldsymbol{X}^{-1}$ 的 (ji)-分量。

$\boldsymbol{X}^{-1}$ 包含 $L=\log\det\boldsymbol{X}$ 的 n^2 个一阶导数，这个结果十分简洁。L 的二阶导数也很值得注意。我们有 n^2 个变量 x_{ij} 和在 $\nabla\boldsymbol{L}=(\boldsymbol{X}^{-1})^{\mathrm{T}}$ 中的 n^2 个一阶导数，这意味着 n^4 个二阶导数。令人惊讶的是，当 $\boldsymbol{X}=\boldsymbol{S}$ 是对称正定矩阵时，二阶导数的矩阵是**负定的**。因此改变 L 的符号：**正定二阶导数 $\Rightarrow$ 凸函数**。

$$-\log(\det S)\ \text{是正定矩阵}S\text{中各分量的凸函数}$$

梯度向量 ∇f 的几何

从函数 $f(x,y)$ 开始，它有 $n=2$ 个变量，其梯度 $\nabla\boldsymbol{f}=(\partial f/\partial x,\partial f/\partial y)$。当移动计算导数的点 ($x$、$y$) 时，这个向量会改变长度：

$$\nabla\boldsymbol{f}=\left(\frac{\partial f}{\partial x},\frac{\partial f}{\partial y}\right),\qquad \text{长度}=\|\nabla\boldsymbol{f}\|=\sqrt{\left(\frac{\partial f}{\partial x}\right)^2+\left(\frac{\partial f}{\partial y}\right)^2}=f\text{的最陡的斜率}$$

由长度 $\|\nabla\boldsymbol{f}\|$ 可知 $z=f(x,y)$ 的图的陡峭程度。这个图通常是一个曲面，如 xyz 空间中的一个峰或一个谷。在每点上都有 x 方向的斜率 $\partial f/\partial x$ 和 y 方向的斜率 $\partial f/\partial y$。**最陡斜率是在 $\nabla\boldsymbol{f}=\mathbf{grad}\ \boldsymbol{f}$ 方向，最陡斜率的大小是 $\|\nabla\boldsymbol{f}\|$。**

例 6 线性函数 $f(x,y)=ax+by$ 的图是一个平面 $z=ax+by$。梯度是偏导数向量 $\nabla\boldsymbol{f}=\begin{bmatrix}a\\b\end{bmatrix}$。该向量的长度为 $\|\nabla\boldsymbol{f}\|=\sqrt{a^2+b^2}=$ 屋顶的斜率。斜率在 $\nabla\boldsymbol{f}$ 方向上是最陡的。

最陡的方向与平面的水平方向垂直。水平方向 z 为常量，即有 $ax+by$ 为常量。这是安全行走的方向，与 $\nabla\boldsymbol{f}$ 垂直。在水平方向上，$\nabla\boldsymbol{f}$ 的分量为零。图 6.7 显示了在平面 $z=x+2y=f(x,y)$ 上的两个互相垂直的方向（水平与最陡）。

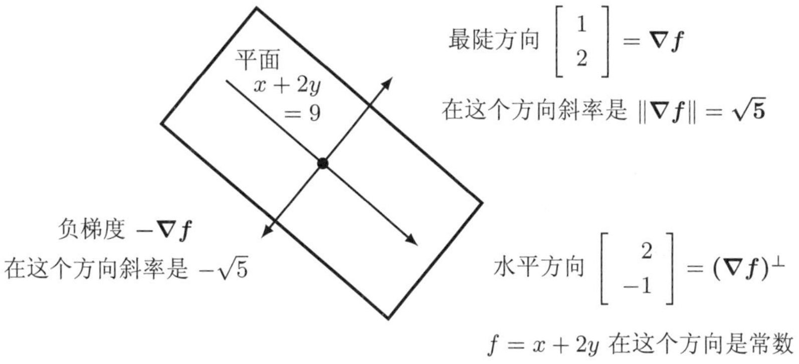

图 6.7 负的梯度 $-\nabla f$ 给出了最陡下降的方向

对非线性函数 $f(x,y)=ax^2+by^2$，梯度 $\nabla\boldsymbol{f}=\begin{bmatrix}2ax\\2by\end{bmatrix}$。由此可知，最陡的方向从一点到另一点会发生变化。曲面是形如口朝上的碗，碗的底部在 $x=y=0$ 处，此处梯度向量是零。最陡方向的斜率是 $\|\nabla\boldsymbol{f}\|$。在最小值处，$\nabla\boldsymbol{f}=(2ax,2by)=(0,0)$，并且斜率为零。

水平方向有 $z=ax^2+by^2=$ 常数高度。z 为常数的平面切割这个碗状的曲面产生一条水平曲线。在这个例子中，水平曲线 $ax^2+by^2=c$ 是一个椭圆。这个椭圆的方向（水平方向）垂直于梯度向量（最陡的方向）。但是，对最陡下降存在一个严重的困难：这个最陡的方向随着向下移动而改变（图 6.8），梯度并不指向底部。

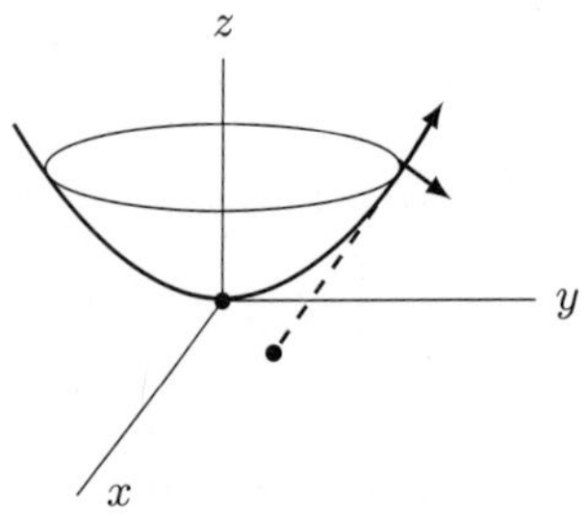
z
y
x
最陡方向 ∇f 沿着碗 $ax^2+by^2=z$ 上下变化
沿着椭圆 $ax^2+by^2=$ 常数的水平方向 $(\nabla f)^{\perp}$
最陡方向垂直于水平方向，但
这个最陡方向不是瞄准最小值点

图 6.8 最陡下降沿着碗以梯度方向 $\begin{bmatrix}-2ax\\-2by\end{bmatrix}$ 下移

在点 (x_0,y_0)，$f=ax^2+by^2$ 的梯度方向是 $\nabla f=(2ax_0,2by_0)$。通过 (x_0,y_0) 的最陡直线是 $2ax_0(y-y_0)=2by_0(x-x_0)$。但是最低的点 $(x,y)=(0,0)$ 并不在这条直线上。**我们将不会在“梯度下降法”的一步就达到最小值点，最陡的方向并不导向碗的底部**，除非 $b=a$，在此情况下碗是圆形的。

水流下一座山时会不断地改变方向。我们迟早也必须改变方向。在实践中，我们一直沿着梯度方向前进，然后当成本函数 f 不再快速下降时停下来。在这一点处，步骤 1 终止，我们重新计算梯度 ∇f，为步骤 2 提供新的下降方向。

之字形搜索的一个重要例子

对于 $0<b\leqslant 1$，例子 $f(x,y)=\boldsymbol{\frac{1}{2}(x^2+by^2)}$ 特别有用。它的梯度 ∇f 有两个分量 $\partial f/\partial x=\boldsymbol{x}$ 和 $\partial f/\partial y=\boldsymbol{by}$。$f$ 的最小值是零，在点 $(x^*,y^*)=(0,0)$ 处达到的。最重要的是，采用精确直线搜索的最陡下降为在碗上朝向 $(0,0)$ 缓慢下降的每个点 (x_k,y_k) 提供了一个简单的公式。从 $(x_0,y_0)=(b,1)$ 开始，可发现以下这些点：

$$\boldsymbol{x_k=b\left(\frac{b-1}{b+1}\right)^k,\quad y_k=\left(\frac{1-b}{1+b}\right)^k,\quad f(x_k,y_k)=\left(\frac{1-b}{1+b}\right)^{2k}f(x_0,y_0)}\tag{4}$$

如果 $b=1$，一步就立即成功。点 (x_1,y_1) 是 $(0,0)$。$f=\frac{1}{2}(x^2+y^2)$ 的图是完美的圆形。负梯度方向正好经过 $(0,0)$，梯度下降法的第一步就发现了 $f=0$ 的最小值点。

当 b 较小时，可以看出这个例子的真正目的。式 (4) 的关键比值是 $r=(b-1)/(b+1)$。对 $b=\frac{1}{10}$，比值 $r=-9/11$。对 $b=\frac{1}{100}$，$r=-99/101$。这个比值正在趋近于 -1，并且当 b 很小时，朝向 $(0,0)$ 的进展几乎停止了。

图 6.9 显示出通往 $(0,0)$ 的过程中令人沮丧的之字形路径。每一步都很短，进展十分缓慢。在 $\boldsymbol{x}_{k+1}=\boldsymbol{x}_k-s_k\nabla \boldsymbol{f}(\boldsymbol{x}_k)$ 中精确地选定步长 s_k 来最小化 f（精确线搜索）。但是，即使 $-\nabla f$ 的方向是最陡的，也远远偏离了最终的答案 $(x^*,y^*)=(0,0)$。

当 b 较小时，这个碗就变成狭窄的“峪”，而我们只是在无意义地穿越山谷，而不是沿着“峪”向下到达底部。

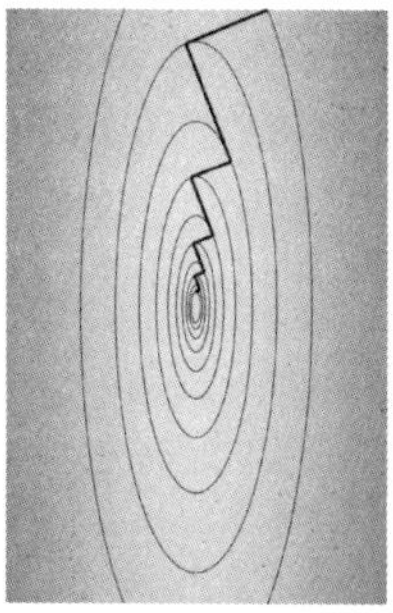

第一步的下降步骤是垂直于水平集的。当它穿过较低的水平集时，函数 $f(x,y)$ 减小。**最终它的路径与水平集 L 相切**。下降停止了。再继续前进会增加 f。第一步进结束。下一步垂直于 L。因此之字形路径转了 $90°$。

图 6.9 之字形路径至 $f=x^2+by^2$ 的最小值的缓慢收敛

对接近于 1 的 b，这种梯度下降法是比较快的。一阶收敛意味着每一步到 $(x^*,y^*)=(0,0)$ 的距离都减少了常数因子 $(1-b)/(1+b)$。下面的分析将表明线性收敛速度扩展到所有强凸函数 f：首先每个线搜索是精确的；然后（更实际地说）每一步的搜索是接近于精确的。

机器学习经常用**随机梯度下降法**。下一节将描述这个变化（特别是当 n 很大，且 $\boldsymbol{x}$ 有很多分量时尤其有用）。我们回顾一下**牛顿法**应用二阶导数来产生二次收敛——递减因子 $(1-b)/(1+b)$ 跌至零，同时误差在每一步被平方（最小化一个二次函数 $\frac{1}{2}\boldsymbol{x}^{\mathrm{T}}\boldsymbol{S}\boldsymbol{x}$ 的模型问题在一步内解决）。这是一个近似算法在实践中无法达到的“黄金标准”。

最陡下降的收敛性分析

这里采用Boyd、Vandenberghe 在 *Convex Optimization*（《凸优化》）（Cambridge University Press）中的表述。从 $f(x,y)=\frac{1}{2}(x^2+by^2)$ 这个特殊的选择，扩展到 n 维强凸函数 $f(\boldsymbol{x})$。用二阶导数的对称矩阵 $\boldsymbol{H}=\boldsymbol{\nabla}^2\boldsymbol{f}$（海森矩阵）的正定性来测试凸性。在 1 维情况下，这就是一个数 $\mathrm{d}^2f/\mathrm{d}x^2$：

$$\begin{matrix}\text{强凸}\\ \boldsymbol{m>0}\end{matrix}\qquad \boldsymbol{H_{ij}}=\frac{\boldsymbol{\partial^2 f}}{\boldsymbol{\partial x_i \partial x_j}}\ \text{有特征值}\boldsymbol{m}\leqslant\boldsymbol{\lambda}\leqslant\boldsymbol{M}，\ \text{对所有的}\boldsymbol{x}$$

二次函数 $f=\frac{1}{2}\left(x^2+by^2\right)$ 有二阶导数 1 和 b。混合导数 $\partial^2f/\partial x\partial y=0$。因此，海森矩阵是对角的，其两个特征值是 $m=b$，$M=1$。**比值 m/M 控制了最陡下降的速度**。

梯度下降法的一步是 $\boldsymbol{x}_{k+1}=\boldsymbol{x}_k-s\boldsymbol{\nabla f}_k$。我们通过泰勒级数来估计 f：

$$f(\boldsymbol{x}_{k+1})\leqslant f(\boldsymbol{x}_k)+\boldsymbol{\nabla f}^{\mathrm{T}}(\boldsymbol{x}_{k+1}-\boldsymbol{x}_k)+\frac{M}{2}\|\boldsymbol{x}_{k+1}-\boldsymbol{x}_k\|^2 \tag{5}$$

$$=f(\boldsymbol{x}_k)-s\|\boldsymbol{\nabla f}\|^2+\frac{Ms^2}{2}\|\boldsymbol{\nabla f}\|^2 \tag{6}$$

最佳的 s 最小化左边的项（精确线搜索）。右边的最小值在 $s=1/M$ 处取得。将 s 代入，那么在点 $\boldsymbol{x}_{k+1}$ 有

$$f(\boldsymbol{x}_{k+1}) \leqslant f(\boldsymbol{x}_k) - \frac{1}{2M}\|\boldsymbol{\nabla f}(\boldsymbol{x}_k)\|^2 \tag{7}$$

一个平行的处理方法采用 m 而不是 M 来逆转式 (5) 中的不等式符号。

$$f(\boldsymbol{x}^*) \geqslant f(\boldsymbol{x}_k) - \frac{1}{2m}\|\boldsymbol{\nabla f}(\boldsymbol{x}_k)\|^2 \tag{8}$$

用 M 乘以式 (7)，m 乘以式 (8)，然后相减以消去 $\|\boldsymbol{\nabla f}(\boldsymbol{x}_k)\|^2$。将结果重写为

f 的稳定下降

$$\boxed{f(\boldsymbol{x}_{k+1}) - f(\boldsymbol{x}^*) \leqslant \left(1 - \frac{m}{M}\right)\left(f(\boldsymbol{x}_k) - f(\boldsymbol{x}^*)\right)} \tag{9}$$

也就是说，每一步至少减小了谷底以上高度 $c = 1 - \dfrac{m}{M}$。这是**线性收敛：当 $\boldsymbol{b = m/M}$ 很小时速度非常慢。**

之字形例子中有 $m = b$，$M = 1$。估计式 (9) 保证了 $f(\boldsymbol{x}_k)$ 在 $f(\boldsymbol{x}^*) = 0$ 之上的高度至少减小为 $\dfrac{1}{1-b}$。在这个完全可以计算的问题中，精确公式产生的缩小因子为 $(1-b)^2/(1+b)^2$。当 b 很小时，这个因子约为 $1 - 4b$。因此，实际的改进仅比式 (9) 中的粗略估计 $1 - b$ 好 4 倍。**这使我们相信式 (9) 是可行的。**

非精确线搜索与回溯法

比值 m/M 在近似理论与数值线性代数中到处可见。找到 m/M 这样的数是数学分析的要点，它能控制至最小值 $f(\boldsymbol{x}^*)$ 的下降速度。

迄今为止所有的线搜索是精确的：$\boldsymbol{x}_{k+1}$ 沿直线 $\boldsymbol{x} = \boldsymbol{x}_k - s\boldsymbol{\nabla f}_k$ 精确地最小化 $f(\boldsymbol{x})$。选择 s 是一个一维最小化问题。直线从 $\boldsymbol{x}_k$ 出发，沿着最陡下降的方向延伸。但是，不能指望一个精确公式来最小化一般的函数 $f(\boldsymbol{x})$，即使只是沿直线。因此，我们需要一种快速敏感的方法来发现近似的最小值（并且这个分析需要对此额外误差的约束）。

一种有效的方法是**回溯法**。从 $s = 1$ 得到 $\boldsymbol{X} = \boldsymbol{x}_k - \boldsymbol{\nabla f}_k$。

测试　若 $f(\boldsymbol{X}) \leqslant f(\boldsymbol{x}_k) - \dfrac{s}{3}\|\boldsymbol{\nabla f}_k\|^2$，　其中 $s = 1$，　停止并接受 $\boldsymbol{X} = \boldsymbol{x}_{k+1}$

否则进行回溯：s 减少到 $\dfrac{1}{2}$，并且尝试在 $\boldsymbol{X} = \boldsymbol{x}_k - \dfrac{\mathbf{1}}{\mathbf{2}}\boldsymbol{\nabla f_k}$ 上进行测试

如果这个测试再次失败，尝试步长 $s = \dfrac{1}{4}$。由于 $-\boldsymbol{\nabla f}$ 是一个下降方向，这个测试最终会通过。因子 $\dfrac{1}{3}$ 与 $\dfrac{1}{2}$ 可以是任何 $\alpha < \dfrac{1}{2}$ 与 $\beta < 1$ 的数。

Boyd 和 Vandenberghe 证明了对精确线搜索的收敛分析也能扩展到这个回溯搜索，当然对朝向最小值的每一步而言，缩小因子 $1 - (m/M)$ 现在不是那么大。但新的因子 $1 - \min(2m\alpha, 2m\alpha\beta/M)$ 仍然小于 1。带有回溯的最陡下降搜索依然保持着线性收敛速率（在每一步有一个不变（或更好）的因子）。

重球的动量与路径

最陡下降的缓慢之字形路径是一个真正的问题，我们必须要改进。我们的模型示例

$f=\frac{1}{2}(x^2+by^2)$ 只有两个变量 x 和 y，并且其二阶导数矩阵 $\boldsymbol{H}$ 是对角的，有常数分量 $f_{xx}=1$，$f_{yy}=b$。但是，当 $\boldsymbol{b=\lambda_{\min}/\lambda_{\max}=m/M}$ **很小时**，它非常清楚地显示出之字形问题。

关键的想法：一个重球滚下山不会发生之字形现象。它的动量使其滚下窄的峡谷，在峡谷的两侧来回弹跳，但总的趋势是向下前进。因此，**在梯度上加入带有系数 $\boldsymbol{\beta}$ 的动量**（Polyak 的重要思想）。这是深度学习中最便利、最强大的思想之一。

新一步的方向 $\boldsymbol{z}_k$ 记住了前面的方向 $\boldsymbol{z}_{k-1}$。

$$\textbf{带有动量的下降}\quad \boxed{\boldsymbol{x}_{k+1}=\boldsymbol{x}_k-s\boldsymbol{z}_k,\qquad \text{其中 } \boldsymbol{z}_k=\nabla f(\boldsymbol{x}_k)+\beta\boldsymbol{z}_{k-1}} \tag{10}$$

现在我们需要选择步长 s 以及 β 这两个系数。最重要的是，**式 (10) 中 $\boldsymbol{x}_{k+1}$ 的步骤涉及 $\boldsymbol{z}_{k-1}$**。动量将一步法（梯度下降法）变成两步法。为了回到一步法，我们需要将式 (10) 重写为在 $k+1$ 时刻的**两个互相耦合的方程**（即一个向量方程）：

$$\begin{array}{l}\textbf{带有动量}\\ \textbf{的下降}\end{array}\quad \boxed{\begin{array}{lcr}\boldsymbol{x}_{k+1} & = & \boldsymbol{x}_k-s\boldsymbol{z}_k\\ \boldsymbol{z}_{k+1}-\nabla\boldsymbol{f}(\boldsymbol{x}_{k+1}) & = & \boldsymbol{\beta z}_k\end{array}} \tag{11}$$

有了这两个方程，就可回到一步法。这恰如将单一的二阶微分方程约简为两个一阶方程的系统。当 $\mathrm{d}y/\mathrm{d}t$ 变成了第二个未知量时，与 y 一起，这个二阶问题就约简为一阶。

$$\begin{array}{l}\textbf{二阶方程}\\ \textbf{一阶系统}\end{array}\quad \frac{\mathrm{d}^2y}{\mathrm{d}t^2}+b\frac{\mathrm{d}y}{\mathrm{d}t}+ky=0 \text{ 成为 } \frac{\mathrm{d}}{\mathrm{d}t}\begin{bmatrix}y\\ \mathrm{d}y/\mathrm{d}t\end{bmatrix}=\begin{bmatrix}0 & 1\\ -k & -b\end{bmatrix}\begin{bmatrix}y\\ \mathrm{d}y/\mathrm{d}t\end{bmatrix}$$

有趣的是，这个 b 是在抑制运动，而 β 通过增加动量来鼓励运动。

二次模型

当 $f(\boldsymbol{x})=\frac{1}{2}\boldsymbol{x}^{\mathrm{T}}\boldsymbol{Sx}$ 是二次函数时，梯度 $\nabla\boldsymbol{f}=\boldsymbol{Sx}$ 是线性的。这是一个用来帮助理解的模型问题：$\boldsymbol{S}$ 是对称正定的，式 (11) 中的 $\nabla\boldsymbol{f}(\boldsymbol{x}_{k+1})$ 变为 $\boldsymbol{Sx}_{k+1}$。当矩阵 $\boldsymbol{S}$ 是对角的，其分量为 1 和 b 时，就包括了 2×2 简化模型。对更大的矩阵 $\boldsymbol{S}$，其最大与最小特征值决定了 β 和步长 s 的最佳选择，因此这个 2×2 的简化模型实际上包含了整个问题的本质。

为了跟踪加速下降的步骤，我们跟踪 $\boldsymbol{S}$ 的每个特征向量。假设 $\boldsymbol{Sq}=\lambda\boldsymbol{q}$，$\boldsymbol{x}_k=c_k\boldsymbol{q}$，$\boldsymbol{z}_k=d_k\boldsymbol{q}$，$\nabla\boldsymbol{f}_k=\boldsymbol{Sx}_k=\lambda c_k\boldsymbol{q}$。式 (11) 将在 k 步的 c_k 和 d_k 与 $k+1$ 步的 c_{k+1} 和 d_{k+1} 联系起来。

$$\begin{array}{l}\textbf{跟随特}\\ \textbf{征向量}\boldsymbol{q}\end{array}\quad \begin{array}{lcr}c_{k+1} & = & c_k-s\,d_k\\ -\lambda c_{k+1}+d_{k+1} & = & \beta\,d_k\end{array}\quad \begin{bmatrix}\mathbf{1} & 0\\ -\boldsymbol{\lambda} & \mathbf{1}\end{bmatrix}\begin{bmatrix}c_{k+1}\\ d_{k+1}\end{bmatrix}=\begin{bmatrix}\mathbf{1} & -\boldsymbol{s}\\ 0 & \boldsymbol{\beta}\end{bmatrix}\begin{bmatrix}c_k\\ d_k\end{bmatrix} \tag{12}$$

最后将第一个矩阵求逆（则 $-\lambda$ 变为 $+\lambda$），可清楚地看下降的每一步：

$$\begin{array}{l}\textbf{下降步}\\ \textbf{乘以 }\boldsymbol{R}\end{array}\quad \boxed{\begin{bmatrix}c_{k+1}\\ d_{k+1}\end{bmatrix}=\begin{bmatrix}1 & 0\\ \lambda & 1\end{bmatrix}\begin{bmatrix}1 & -s\\ 0 & \beta\end{bmatrix}\begin{bmatrix}c_k\\ d_k\end{bmatrix}=\begin{bmatrix}\mathbf{1} & -\boldsymbol{s}\\ \boldsymbol{\lambda} & \boldsymbol{\beta-\lambda s}\end{bmatrix}\begin{bmatrix}c_k\\ d_k\end{bmatrix}=\boldsymbol{R}\begin{bmatrix}c_k\\ d_k\end{bmatrix}} \tag{13}$$

k 步之后，这个开始的向量乘以 $\boldsymbol{R}^k$。对快速的收敛到零（这是 $f=\dfrac{1}{2}\boldsymbol{x}^{\mathrm{T}}\boldsymbol{S}\boldsymbol{x}$ 的最小值），我们希望 $\boldsymbol{R}$ 的两个特征值 e_1 和 e_2 应尽可能小。显然，$\boldsymbol{R}$ 的特征值依赖于 $\boldsymbol{S}$ 的特征值 λ。该特征值 λ 可以在 $\lambda_{\min}(\boldsymbol{S})$ 和 $\lambda_{\max}(\boldsymbol{S})$ 之间的任意位置。我们的问题是：

$$\textbf{选择}\boldsymbol{s}\ \textbf{和}\boldsymbol{\beta}\ \textbf{来最小化}\quad \mathbf{max}\Big[|\boldsymbol{e_1(\lambda)}|,|\boldsymbol{e_2(\lambda)}|\Big],\qquad \lambda_{\min}(S)\leqslant\lambda\leqslant\lambda_{\max}(S) \tag{14}$$

这个问题有一个漂亮的解，这似乎是个奇迹。最优的 s 和 β 是

$$s=\left(\frac{2}{\sqrt{\lambda_{\max}}+\sqrt{\lambda_{\min}}}\right)^2,\qquad \beta=\left(\frac{\sqrt{\lambda_{\max}}-\sqrt{\lambda_{\min}}}{\sqrt{\lambda_{\max}}+\sqrt{\lambda_{\min}}}\right)^2 \tag{15}$$

考虑 2×2 的简化模型，当 $\boldsymbol{S}$ 有特征值 $\lambda_{\max}=1$，$\lambda_{\min}=b$ 时，有

$$s=\left(\frac{2}{1+\sqrt{b}}\right)^2,\qquad \beta=\left(\frac{1-\sqrt{b}}{1+\sqrt{b}}\right)^2 \tag{16}$$

这些步长和动量的选择给出了一个收敛速度，就像在式 (4) 中对普通最陡下降（无动量）的收敛速度。但是有一个关键性的差别，即 $\boldsymbol{b}$ **被** $\sqrt{\boldsymbol{b}}$ **所取代**。

$$\textbf{普通下降因子}\quad \left(\frac{\mathbf{1}-\boldsymbol{b}}{\mathbf{1}+\boldsymbol{b}}\right)^{\mathbf{2}},\qquad \textbf{加速下降因子}\quad \left(\frac{\mathbf{1}-\sqrt{\boldsymbol{b}}}{\mathbf{1}+\sqrt{\boldsymbol{b}}}\right)^{\mathbf{2}} \tag{17}$$

它们是如此相似，但又如此不同。当 b 非常小时，将面临真正的考验。此时普通下降因子本质上是 $1-4b$，非常接近 1。而加速下降因子本质上是 $1-4\sqrt{b}$，离 1 远得多。

为了强调动量带来的改进，假设 $b=1/100$，那么 $\sqrt{b}=1/10$（比 b 大 10 倍）。式 (17) 中的收敛因子为

$$\textbf{最陡下降因子}\quad\left(\frac{0.99}{1.01}\right)^2=\mathbf{0.96},\qquad \textbf{加速下降因子}\quad\left(\frac{0.9}{1.1}\right)^2=\mathbf{0.67}$$

10 步普通下降将起始误差乘以 0.67，而带动量的一步下降就可以与之相匹配。10 步带动量项将初始误差乘以 0.018。

注意：$\lambda_{\max}/\lambda_{\min}=1/b=\kappa$ 是 $\boldsymbol{S}$ **的条件数**。对下面要研究的非二次问题，条件数仍然关键。就如下面将要看到的，这个数 κ 变成了 L/μ。

简短的评论（这不是正统教科书的一部分）。它关系到梯度下降法的收敛速度。一步法（从 $\boldsymbol{x}_k$ 计算 $\boldsymbol{x}_{k+1}$）能够将误差乘以 $1-O(1/\kappa)$。在动量项中采用 $\boldsymbol{x}_{k-1}$ 的二步法可以取得 $1-O(\sqrt{1/\kappa})$。凸二次方模型 $\boldsymbol{f}=\dfrac{1}{2}\boldsymbol{x}^{\mathrm{T}}S\boldsymbol{x}$ 的条件数是 $\kappa=\lambda_{\max}/\lambda_{\min}$。我们的例子有 $\mathbf{1}/\boldsymbol{\kappa}=\boldsymbol{b}$。

很自然，我们希望通过使用 n 个已知值 $\boldsymbol{x}_k,\boldsymbol{x}_{k-1},\cdots,\boldsymbol{x}_{k-n+1}$ 来达到 $\mathbf{1}-\boldsymbol{c}\boldsymbol{\kappa}^{-\mathbf{1}/\boldsymbol{n}}$。这或许是不可能的，即使它与 $\mathbf{d}\boldsymbol{x}/\mathbf{d}\mathbf{t}=\boldsymbol{f}(\boldsymbol{x})$ 的有限差分方程完全平行。那里的稳定性要求对 Δt 有一个步长限制。下降过程的稳定性要求对步长 s 有一个限制。MATLAB 的低阶代码 ODE15S 经常用来解刚性方程，而 ODE45 是得到更光滑解的主要代码。这些都是预测与矫正的结合，对最优化问题至今并不是一种主要的方法。

由动量方法得到的加速就像 20 世纪 50 年代的“**超松弛法**”。David Young的论文为应用于线性方程 $\boldsymbol{Ax}=\boldsymbol{b}$ 的一类迭代方法做了同样的改进。在数值分析的早期，$\boldsymbol{A}$ 被分解成 $\boldsymbol{S}-\boldsymbol{T}$，迭代是 $\boldsymbol{Sx}_{k+1}=\boldsymbol{Tx}_k+\boldsymbol{b}$。它们花费极长的时间求解。现在超松弛法几乎被遗忘了，取而代之的是更快的方法（多重网格法）。那么加速最陡下降法是否会被最小化 $f(\boldsymbol{x})$ 的全新方法取代？

这是有可能的，但很难想象。

Nesterov 加速法

另一种将 $\boldsymbol{x}_{k-1}$ 引入到 $\boldsymbol{x}_{k+1}$ 公式的方法是 Yuri Nesterov 提出的。他不是直接在 $\boldsymbol{x}_k$ 处求梯度 $\boldsymbol{\nabla f}$，而是将求值点移至 $\boldsymbol{x}_k+\gamma_k(\boldsymbol{x}_k-\boldsymbol{x}_{k-1})$，并且选择 $\gamma=\beta$（动量系数）把两种方法结合起来。

梯度下降法	步长 $\boldsymbol{s}$	$\boldsymbol{\beta}=\mathbf{0}$	$\boldsymbol{\gamma}=\mathbf{0}$
重球法	步长 $\boldsymbol{s}$	动量 $\boldsymbol{\beta}$	$\boldsymbol{\gamma}=\mathbf{0}$
Nesterov 加速法	步长 $\boldsymbol{s}$	动量 $\boldsymbol{\beta}$	将$\nabla\boldsymbol{f}$移位$\gamma\Delta\boldsymbol{x}$

加速下降法包括三个参数$\boldsymbol{s}$、$\boldsymbol{\beta}$、$\boldsymbol{\gamma}$：

$$\boldsymbol{x}_{k+1}=\boldsymbol{x}_k+\boldsymbol{\beta}\,(\boldsymbol{x}_k-\boldsymbol{x}_{k-1})-s\,\boldsymbol{\nabla f}\,(\boldsymbol{x}_k+\boldsymbol{\gamma}(\boldsymbol{x}_k-\boldsymbol{x}_{k-1})) \tag{18}$$

为了分析 Nesterov方法在 $\gamma=\beta$ 时的收敛速度，我们将式 (18) 简化为一阶方程：

$$\textbf{Nesterov 法}\qquad \boldsymbol{x}_{k+1}=\boldsymbol{y}_k-s\boldsymbol{\nabla f}(\boldsymbol{y}_k),\qquad \boldsymbol{y}_{k+1}=\boldsymbol{x}_{k+1}+\beta(\boldsymbol{x}_{k+1}-\boldsymbol{x}_k) \tag{19}$$

就如之前所做的，$f(\boldsymbol{x})=\dfrac{1}{2}\boldsymbol{x}^{\mathrm{T}}\boldsymbol{Sx}$，$\boldsymbol{\nabla f}=\boldsymbol{Sx}$，$\boldsymbol{Sq}=\lambda\boldsymbol{q}$。跟踪式 (19) 中的这个特征向量集合 $\boldsymbol{x}_k=c_k\boldsymbol{q}$，$\boldsymbol{y}_k=d_k\boldsymbol{q}$，$\boldsymbol{\nabla f}(\boldsymbol{y}_k)=\lambda d_k\boldsymbol{q}$：

$$c_{k+1}=(1-s\lambda)d_k\ ,\ d_{k+1}=(1+\beta)c_{k+1}-\beta c_k=(1+\beta)\,(1-s\lambda)d_k-\beta c_k\ \ \text{变成}$$

$$\begin{bmatrix} c_{k+1}\\ d_{k+1}\end{bmatrix}=\begin{bmatrix} 0 & 1-s\lambda\\ -\beta & (1+\beta)(1-s\lambda)\end{bmatrix}\begin{bmatrix} c_k\\ d_k\end{bmatrix}=R\begin{bmatrix} c_k\\ d_k\end{bmatrix} \tag{20}$$

Nesterov 的每一步是乘以 $\boldsymbol{R}$。假设 $\boldsymbol{R}$ 有特征值 e_1 和 e_2，它们依赖于 s、β、λ。我们希望对于在 $\lambda_{\min}(S)$ 和 $\lambda_{\max}(S)$ 之间的所有 λ，$|e_1|$ 和 $|e_2|$ 中的较大者尽可能小。对 s 和 β 的选择给出较小的 e：

$$s=\frac{1}{\lambda_{\max}},\ \beta=\frac{\sqrt{\lambda_{\max}}-\sqrt{\lambda_{\min}}}{\sqrt{\lambda_{\max}}+\sqrt{\lambda_{\min}}}\ \text{给出}\ \max(|e_1|,|e_2|)=\frac{\sqrt{\lambda_{\max}}-\sqrt{\lambda_{\min}}}{\sqrt{\lambda_{\max}}} \tag{21}$$

当 $\boldsymbol{S}$ 是特征值为 $\lambda_{\max}=1$ 和 $\lambda_{\min}=b$ 的 2×2 矩阵时，收敛因子（R 的最大特征值）是 $\mathbf{1}-\sqrt{\boldsymbol{b}}$。

这表明，与动量（重球）公式具有相同的重要改进（从 b 到 $\sqrt{b}$）同样非常重要。Lessard、Recht和 Packard 的完整分析发现了 Nesterov 对 s 和 β 的选择还可以进一步稍作改进。Su、Boyd 和Candè 建立了一个特定的 Nesterov 优化与下面这个方程之间的更深层次的联系：

$$\textbf{下降模型}\qquad \frac{\mathrm{d}^2y}{\mathrm{d}t^2}+\frac{3}{t}\frac{\mathrm{d}y}{\mathrm{d}t}+\nabla f(t)=0$$

要最小化的函数：整体情况

函数 $f(x)$ 可以是严格凸、几乎凸或非凸的，其梯度可以是线性或非线性的。以下是按难度递增的函数类的例子。

(1) $\boldsymbol{f(x,y)=\frac{1}{2}(x^2+by^2)}$。它只有两个变量。其梯度 $\boldsymbol{\nabla f}=(x,by)$ 是线性的，海森矩阵 $\boldsymbol{H}$ 是一个 2×2 的对角矩阵，对角元为 1 和 b。它们是 $\boldsymbol{H}$ 的特征值。当 $0<b<1$ 时，条件数 $\boldsymbol{\kappa=1/b}$。严格凸的函数。

(2) $\boldsymbol{f(x_1,\cdots,x_n)=\frac{1}{2}x^{\mathrm{T}}Sx-c^{\mathrm{T}}x}$。其中 $\boldsymbol{S}$ 是一个对称正定矩阵，梯度 $\boldsymbol{\nabla f}=\boldsymbol{Sx-c}$ 是线性的。海森矩阵 $\boldsymbol{H}=\boldsymbol{S}$，其特征值是 $\lambda_1,\cdots,\lambda_n$。条件数 $\boldsymbol{\kappa=\lambda_{\max}/\lambda_{\min}}$。严格凸函数。

(3) $\boldsymbol{f(x_1,\cdots,x_n)}$ **为光滑的严格凸函数**。它的海森矩阵 $\boldsymbol{H(x)}$ 对所有 $\boldsymbol{x}$ 都是正定的（$\boldsymbol{H}$ 会随 $\boldsymbol{x}$ 变化）。$\boldsymbol{H}$ 的特征值是 $\lambda_1(\boldsymbol{x}),\cdots,\lambda_n(\boldsymbol{x})$，始终为正。条件数 $\lambda_{\max}/\lambda_{\min}$ 对所有的 $\boldsymbol{x}$ 取的最大值。

一个本质上等价的条件数是比值 $L/\lambda_{\min}(\boldsymbol{x})$：

$$\boldsymbol{L}\text{是}\|\boldsymbol{\nabla f}(\boldsymbol{x})-\boldsymbol{\nabla f}(\boldsymbol{y})\| \leqslant \boldsymbol{L}\,\|\boldsymbol{x}-\boldsymbol{y}\| \text{ 中的“李普希茨 (Lipschitz) 常数”} \tag{22}$$

这允许在梯度 $\boldsymbol{\nabla f}$ 中有角，以及二阶导数矩阵 $\boldsymbol{H}$ 中有跳跃。

(4) $\boldsymbol{f(x_1,\cdots,x_n)}$ **为凸函数但不是严格凸的**。海森矩阵可以仅是半正定的，$\boldsymbol{\lambda_{\min}=0}$。如斜坡函数 $f=\mathrm{ReLU}(x)=\max(0,x)$。梯度 $\boldsymbol{\nabla f}$ 变成“**次梯度**”，它可以在角点处有多重值。ReLU 在 $x=0$ 处的次梯度具有从 0 到 1 的所有值。通过且具有这些斜率 $(0,0)$ 的直线都位于斜坡函数 $\mathrm{ReLU}(\boldsymbol{x})$ 之下。

允许正定海森矩阵，但 $\lambda_{\min}=0$ 也是允许的。条件数可以是无穷大。

$\lambda_{\min}=0$ 的最简单例子是整条直线 $x+y=1$ 上的最小值：

$$f(x,y)=(\boldsymbol{x}+\boldsymbol{y})^{\boldsymbol{2}}=\begin{bmatrix} x & y \end{bmatrix}\begin{bmatrix} \mathbf{1} & \mathbf{1} \\ \mathbf{1} & \mathbf{1} \end{bmatrix}\begin{bmatrix} x \\ y \end{bmatrix} \text{ 具有}\textbf{一个半正定矩阵 } \boldsymbol{S}$$

退化情况在深度学习中十分典型。网络用到的权重数远超过决定这些权重的训练样本数（“MNIST” 数据集有 60000 个训练样本和 300000 个权重）。这一些权重未确定，但梯度下降法依然能成功。为什么这些权重能够适用于一般化的情况，为未见到过的测试数据给出良好的答案？

当严格凸性不成立（情形 **(4)**）时，仍有可能证明收敛性。但是，这时条件数是无穷大的，同时收敛速度会变为次线性。

注释：当误差 $\boldsymbol{x}_k-\boldsymbol{x}^*$（到最小值点的距离）在每一步迭代后以约常数因子 $C<1$ 减小时，称为线性收敛：

$$\text{线性收敛} \qquad \|\boldsymbol{x}_{k+1}-\boldsymbol{x}^*\| \approx C\,\|\boldsymbol{x}_k-\boldsymbol{x}^*\| \tag{23}$$

这意味着误差**指数式**地减小（就如 C^k 或 $\mathrm{e}^{k\ln C}$，其中 $\ln C<0$）。指数式看起来比较快，但当 C 接近 1 时，它是很慢的。

在最小化二次函数时，**非自适应的方法通常收敛到最小范数解**。这些解（如从伪逆 $\boldsymbol{A}^+$ 得到的 $\boldsymbol{x}^+=\boldsymbol{A}^+\boldsymbol{b}$）在 $\boldsymbol{A}$ 的行空间中具有零分量。它们有最大的边缘。

这里列出有关梯度下降法的优秀参考书（包括将在 6.5 节出现的带有随机处理方法的版本）：

[1] Bertsekas D. Convex Analysis and Optimization[M]. Athena Scientific，2003.
[2] Boyd S, Vandenberghe L. Convex Optimization[M]. Cambridge Univ. Press, 2004.
[3] Nesterov Y. Introductory Lectures on Convex Optimization[M]. Springer, 2004.
[4] Nocedal J, Wright S. Numerical Optimization[M]. Springer, 1999.

由 Ben Recht 合著的 4 篇文章对梯度方法的分析带来了新的观点。文章 1 和 2 研究了这一节的加速下降法，文章 3 和 4 研究了随机下降法与自适应下降法，视频 5 十分出色。

[1] Lessard L, Recht B, Packard A. Analysis and design of optimization algorithms via integral quadratic constraints[EB/OL]. arXiv: 1408.3595v7, 28 Oct 2015.
[2] Wilson A C, Recht B, Jordan M. A Lyapunov analysis of momentum methods in optimization[EB/OL]. arXiv: 1611.02635v3, 31 Dec 2016.
[3] Wilson A C, Roelofs R, Stern M, Srebro N, Recht B. The marginal value of adaptive gradient methods in machine learning[EB/OL]. arXiv:1705.08292v1, 23 May 2017.
[4] Zhang C, Bengio S, Hardt M, Recht B, Vinyas O. Understanding deep learning requires rethinking generalization[EB/OL]. arXiv:1611.03530v2, 26 Feb 2017, International Conference on Learning Representations (2017).
[5] https://simons.berkeley.edu/talks/ben-recht-2013-09-04.

关于随机梯度下降法的 6.5 节我们回到这些论文，传递以下信息：自适应方法在深度学习中可能会收敛到不良权重。从 $\boldsymbol{x}_0 = \mathbf{0}$ 开始的梯度下降法（及 SGD）找到了最小的最小二乘解。

那些自适应方法（Adam的变种）用得十分普遍。在 $\boldsymbol{x}_{k+1}$ 的公式中，如果在 $\boldsymbol{x}_{k-1}$ 处停止，将会回溯更远，包括从 $\boldsymbol{x}_0$ 开始的所有早期点。在许多问题中，这会导致更快的训练。就像添加动量的情况，记忆有助于解决问题。

当待确定的权重多于使用的样本数（欠定问题）时，我们可以得到 $f(\boldsymbol{x})$ 的多个最小值点，及 $\boldsymbol{\nabla f} = \mathbf{0}$ 的多个解。6.5 节中的一个关键问题是改进的自适应方法是否能找到好的解。

约束与近端点

最陡下降法如何处理将 $\boldsymbol{x}$ 限制在凸集 K 内的约束？**投影梯度下降法**和**近端梯度度**法使用了 4 种基本的想法：

(1) **投影到 $\boldsymbol{K}$**。$\boldsymbol{x}$ 到 $\boldsymbol{K}$ 的投影 $\boldsymbol{\Pi x}$ 是在 $\boldsymbol{K}$ 中距 $\boldsymbol{x}$ 最近的点。

若 K 是弯曲的，则 Π 不是线性的。可以想象投影到单位球 $\|\boldsymbol{x}\| \leqslant 1$。在这种情况下，对球外的点，$\boldsymbol{\Pi x} = \mathrm{Proj}_K(\boldsymbol{x}) = \boldsymbol{x}/\|\boldsymbol{x}\|$。一个关键的性质是，$\boldsymbol{\Pi}$是一个收缩映射。将两个点投影到 K 上会减小它们之间的距离：

$$\text{投影}\boldsymbol{\Pi} = \mathbf{Proj}_{\boldsymbol{K}} \quad \text{对所有的 } \boldsymbol{x}, \boldsymbol{z} \in \mathbf{R}^n,\ \|\boldsymbol{\Pi}\,\boldsymbol{x} - \boldsymbol{\Pi}\,\boldsymbol{z}\| \leqslant \|\boldsymbol{x} - \boldsymbol{z}\| \tag{24}$$

(2) **近端映射**。$\mathbf{Prox}_{\boldsymbol{f}}(\boldsymbol{x})$ 是最小化 $\dfrac{1}{2}\|\boldsymbol{x} - \boldsymbol{z}\|^2 + f(\boldsymbol{z})$ 的向量 $\boldsymbol{z}$。

若在 K 内 $f = 0$，在 K 外 $f = \infty$，则 $\mathrm{Prox}_f(\boldsymbol{x})$ 恰好是投影 $\boldsymbol{\Pi x}$。

重要的例子：若 $f(\boldsymbol{x}) = c\|\boldsymbol{x}\|_1$，则 Prox_f 是统计学中的**收缩函数**。

$\boldsymbol{x}$ 的第 i 个分量导致
$\mathrm{Prox}_f(\boldsymbol{x})$ 的 i 分量
软阈值 $\boldsymbol{S}(\boldsymbol{x})$ 是
$S(x_i) = \mathrm{sign}\,(x_i) \cdot \max\,(|x_i| - c,\, 0)$

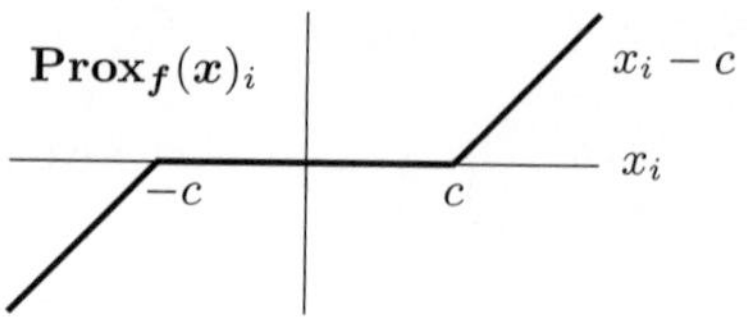

我们是在去噪并使其正则化，与 3.4 节中的 $\boldsymbol{\ell}^1$ LASSO 构建方法类似。这个图展示了如何将小分量设为零，与 $\boldsymbol{\ell}^2$ 范数相比，$\boldsymbol{\ell}^1$ 范数已经实现了产生零的效果。

(3) **投影梯度下降法**。取一个正常的下降步骤（这可能会超出约束集 K），然后将结果投影回 K：这是一个基本的想法。

$$\text{投影梯度下降法} \qquad \boldsymbol{x}_{k+1} = \mathrm{Proj}_K(\boldsymbol{x}_k - s_k \boldsymbol{\nabla f}(\boldsymbol{x}_k)) \tag{25}$$

(4) **近端梯度下降法**。也从正常步骤开始。现在到 K 的投影被替换为确定 $s = s_k$ **近端映射**（这是一个微妙的想法）。

$$\text{近端梯度下降法} \qquad \boldsymbol{x}_{k+1} = \mathrm{Prox}_S(\boldsymbol{x}_k - s\boldsymbol{\nabla f}(\boldsymbol{x}_k)) \tag{26}$$

要最小化的 LASSO函数为 $f(\boldsymbol{x}) = \dfrac{1}{2}\|\boldsymbol{b} - \boldsymbol{A}\boldsymbol{x}\|_2^2 + \lambda\|\boldsymbol{x}\|_1$。近端映射通过以下方式决定取软阈值及 $\boldsymbol{x}$ 处的步长 s：

$$\begin{aligned} \mathrm{prox}_s(\boldsymbol{x}) &= \mathrm{argmin}_z \frac{1}{2s}\|\boldsymbol{x} - \boldsymbol{z}\|^2 + \lambda\|\boldsymbol{x}\|_1 \\ &= \mathrm{argmin}_z \frac{1}{2}\|\boldsymbol{x} - \boldsymbol{z}\|^2 + \lambda s\|\boldsymbol{x}\|_1 = \boldsymbol{S}_{s\lambda}(\boldsymbol{x}) \end{aligned} \tag{27}$$

这产生了上图中的软阈值函数 $\boldsymbol{S}$，作为更新的 $\boldsymbol{x}_{k+1}$。

$$\textbf{对 LASSO 的近端梯度（快速下降）法} \quad \boldsymbol{x}_{k+1} = \boldsymbol{S}_{\lambda s}(\boldsymbol{x}_k + s\boldsymbol{A}^{\mathrm{T}}(\boldsymbol{b} - \boldsymbol{A}\boldsymbol{x}_k))$$

习题 6.4

1. 对例 3 中的 1×1 矩阵，行列式 $\det \boldsymbol{X} = x_{11}$。当 $x_{11} > 0$ 时，求 $F(\boldsymbol{X}) = -\log(\det \boldsymbol{X}) = -\log x_{11}$ 的一阶导数和二阶导数。画出 $F = -\log x$ 的图，确认函数 F 是凸的。

2. 2×2 矩阵的行列式是 $\det \boldsymbol{X} = ad - bc$。它的一阶导数是在 $\boldsymbol{\nabla F}$ 中的 d、$-c$、$-b$、a。除 $\det \boldsymbol{X}$ 后，将它们填入逆矩阵 $\boldsymbol{X}^{-1}$。用 $\det \boldsymbol{X}$ 相除使得它们成为 $\log(\det \boldsymbol{X})$ 的 4 个导数：

$$\boldsymbol{F} = \det \boldsymbol{X}\textbf{的导数，然后 } \boldsymbol{\nabla F} = \begin{bmatrix} \boldsymbol{d} & -\boldsymbol{c} \\ -\boldsymbol{b} & \boldsymbol{a} \end{bmatrix}, \qquad \boldsymbol{X}^{-1} = \frac{1}{\det \boldsymbol{X}} \begin{bmatrix} \boldsymbol{d} & -\boldsymbol{b} \\ -\boldsymbol{c} & \boldsymbol{a} \end{bmatrix} = \frac{(\boldsymbol{\nabla F})^{\mathrm{T}}}{\det \boldsymbol{X}}$$

对称性给出 $b = c$，则 $F = -\log(ad - b^2)$ 是 a、b、d 的凸函数。证明函数 F 的 3×3 二阶导数矩阵是正定的。

3. 证明式 (7) 与式 (8) 如何导出最陡下降法线性收敛的基本估计式 (9)（这扩展到对 c 的另一个选择的回溯）。

4. 一个最小值在 $x=0$，$y=+\infty$ 的非二次函数的例子为

$$f(x,y)=\frac{1}{2}x^2+\mathrm{e}^{-y},\quad \nabla f=\begin{bmatrix}x\\-\mathrm{e}^{-y}\end{bmatrix},\quad \boldsymbol{H}=\begin{bmatrix}1&0\\0&\mathrm{e}^{-y}\end{bmatrix},\quad \kappa=\frac{1}{\mathrm{e}^{-y}}$$

5. 解释为什么到凸集 K 的投影是在式 (24) 中的收缩。为什么当 $\boldsymbol{x}$ 和 $\boldsymbol{y}$ 被投影到 K 时，距离 $\|\boldsymbol{x}-\boldsymbol{y}\|$ 不会增加。

6. 对于最小化 $f(\boldsymbol{x})=\frac{1}{2}\|\boldsymbol{A}\boldsymbol{x}-\boldsymbol{b}\|^2$ 的最小二乘问题，梯度下降法迭代方程 $\boldsymbol{x}_{k+1}=\boldsymbol{x}_k-s_k\nabla \boldsymbol{f}(\boldsymbol{x}_k)$ 是什么？

6.5 随机梯度下降法与 ADAM

梯度下降法是训练深度神经网络的基础，其步骤形式为 $\boldsymbol{x}_{k+1}=\boldsymbol{x}_k-s_k\nabla L(\boldsymbol{x}_k)$。这个步骤能引导我们下降至点 $\boldsymbol{x}^*$，在那里损失函数 $L(\boldsymbol{x})$ 对于测试数据 $\boldsymbol{v}$ 是最小的。但是，对训练集中有很多样本的大型网络，这种算法（就目前看来）是不成功的。

重要的是要认识到与经典的最陡下降法不同的两个不同的问题：

(1) 在每一下降步骤中计算 ∇L，即总损失 L 对于网络中所有的权重 $\boldsymbol{x}$ 的导数是非常昂贵的。总损失是训练集中的每个样本 $\boldsymbol{v}_i$ 的单独损失 $\ell(\boldsymbol{x},\boldsymbol{v}_i)$ 的和，在每次计算 $\boldsymbol{L}$ 时可能要计算数百万个单独的损失并相加。

(2) 权重的数量甚至更大。因此对许多不同权重 $\boldsymbol{x}^*$ 的选择，使得 $\nabla_{\boldsymbol{x}}\boldsymbol{L}=\boldsymbol{0}$。**其中一些选择可能会对没有遇到过的测试数据产生不良结果**。学习函数 $\boldsymbol{F}$ 可能无法“泛化”。但是，**随机梯度下降法**（**SGD**）能找到可以泛化的权重 $\boldsymbol{x}^*$，即对类似族群中未见过的向量 $\boldsymbol{v}$ 也能成功的权重。

随机梯度下降法在每一步仅使用训练数据中的一个“小批量”。可以随机挑选 B 个样本，用一个小批量取代所有训练数据的完整集合，将 $L(\boldsymbol{x})=\frac{1}{n}\sum\ell_i(\boldsymbol{x})$ 变为仅 B 个损失的总和。这就同时解决了两个问题。深度学习的成功是基于下面两个事实：

(1) 通过对 B 个样本进行反向传播来计算 $\nabla\boldsymbol{\ell_i}$ 要快得多，通常 $B=1$。

(2) 随机算法产生的权重 $\boldsymbol{x}^*$ 在未见过的数据上也能成功。

第一点是清楚的，每步的计算量大为减小。第二步则是一个奇迹。这种对新数据的泛化处理能力是研究者努力想得到的。

我们可以描述在大型神经网络中权重优化的总体情况，这些权重是由训练数据决定的，而数据由几千个样本组成。我们知道每个样本的“表征”可能是其身高和体重，或其形状和颜色，或名词、动词及逗号的数量（对于一个文本样本），将每个样本的上述表征生成一个向量 $\boldsymbol{v}$。我们使用一个样本的小批量。

同时，对每个在训练集中的样本，我们知道这是“一只猫或一条狗”，或这个文本是“诗还是散文”。我们寻找一个能赋予好的权重的**学习函数** $\boldsymbol{F}$，然后对在类似的族群中的 $\boldsymbol{v}$，F 得到正确的分类“猫”或“诗”。

应用函数 F 来处理未识别的**测试数据**。测试数据的这些表征是新的输入 $\boldsymbol{v}$。F 的输出将是正确的（?）分类，前提是该函数以泛化的方式学习了训练数据。

以下是来自经验的值得注意的观察结果。我们不想过于完美地拟合训练数据。这通常会导致**过拟合**，函数 F 变得过于敏感，它什么都记住了，但没有学到任何东西。**SGD 的泛化能力**是基于从训练数据学到的权重 $\boldsymbol{x}$ 对未见过的测试数据 $\boldsymbol{v}$ 进行正确的分类。

将过拟合与选择一个精确适合 61 个数据点的 60 阶的多项式进行比较。它的 61 个系数 $a_0 \sim a_{60}$ 完美地学到了数据。但是，这个高次多项式将在数据点之间剧烈振荡。对这些数据点附近的测试数据，完美拟合的多项式给出了完全错误的答案。

因此，训练神经网络的基本策略（这意味着找到一个能从训练数据中学习，并对测试数据普适的函数）是**提早停止**。机器学习需要知道何时退出。或许人类的学习也是如此。

损失函数和学习函数

下面我们创建神经网络将解决的优化问题。我们需要定义“损失”$\boldsymbol{L}(\boldsymbol{x})$ 函数，我们的任务将（近似）最小化这个损失。这是在分类每个训练数据向量 $\boldsymbol{v}$ 时产生的误差之和。我们需要描述能对每个数据向量 $\boldsymbol{v}$ 分类的一个学习函数 F 的形式。

在机器学习的早期，这个函数 F 是线性的，这是一个十分严格的限制。而很显然 F 是非线性的，只是在每一层的每个神经元包括一个特定的非线性函数就产生了巨大的差别。事实证明，通过处理数千个样本，函数 F 能够被正确地训练。

计算机的处理能力使得对数据进行快速操作成为可能。特别是我们依赖 GPU（最初为计算机游戏开发出来的图像处理单元）的速度，而使得深度学习成为可能。

首先选择要最小化的损失函数，然后描述随机梯度下降。梯度是由网络架构（“前馈”步骤）决定的，我们将优化其权重。本节的目标是找到适用于非常大的问题的最优化算法。第 7 章将描述架构和算法如何使得学习函数成功。

下面是三个损失函数，交叉熵损失是神经网络的优选。7.4 节将描述交叉熵损失相对于平方损失（如最小二乘法）的优势。

(1) **平方损失** $L(\boldsymbol{x}) = \dfrac{1}{N}\displaystyle\sum_{1}^{N}\|F(\boldsymbol{x},\boldsymbol{v}_i) - \text{真实值}\|^2$，对训练样本 $\boldsymbol{v}_i$ 的和。

(2) **铰链损失** $L(\boldsymbol{x}) = \dfrac{1}{N}\displaystyle\sum_{1}^{N}\mathbf{max}\,(0, 1 - t\,F(\boldsymbol{x}))$，其中**分类**应用而言，$t$为1 或 -1。

(3) **交叉熵损失** $L(\boldsymbol{x}) = -\dfrac{1}{N}\displaystyle\sum_{1}^{N}[y_i \log \widehat{y_i} + (1 - y_i)\log(1 - \widehat{y_i})]$，其中 y_i 为 0 或 1。

交叉熵损失或“逻辑损失”是逻辑回归问题的首选（只有两个选择）。真实值标签 y_i 可以是 0 或 1，-1 或 1（$\widehat{y_i}$ 是一个计算得到的标签）。

对于一个大小为 B 的小批量数据，用 B 取代 N，并且随机选择 B 个样本。

本节在 Suvrit Sra 的2018 年 4 月 20 日的 18.065 课程中得到了极大的改进。

每步使用一个样本的随机下降法

为了简单起见，假设每个小批量只包含一个样本 $\boldsymbol{v}_k$（因此 $B = 1$），该样本是随机选择的。随机下降的理论通常假设在使用后替换样本，原则上在第 $k+1$ 步可以再次选择样本。但是，与按照随机排序开始相比，替换样本成本较高。在实践中我们经常省略替换并按随机顺序处理样本。

每一次遍历训练数据的过程称为下降算法的**一个轮次**。普通的梯度下降法每一步计算一个轮次（称为批模式）。而随机梯度下降法需要许多步（对小批量而言）。建议选择 $B \leqslant 32$。

随机下降法始于 Robbins和 Sutton Monro在 *Annals of Mathematical Statistics*, 1951, 22: 400-407 发表的一篇开创性论文：*A Stochastic Approximation Method*。他们的目标是找到一种以概率收敛于 $\boldsymbol{x}^*$ 的快速方法：

$$\text{要证明}\quad \text{当}k \to \infty\text{时}\qquad P\left(\|\boldsymbol{x}_k - \boldsymbol{x}^*\| > \epsilon\right) \to 0$$

随机下降法比完全的梯度下降法对步长 s_k 更敏感。若在第 k 步随机地选择样本 $\boldsymbol{v}_i$，则第 k 步的下降步骤是熟悉的：

$$\boxed{\boldsymbol{x}_{k+1} = \boldsymbol{x}_k - s_k \boldsymbol{\nabla}_{\boldsymbol{x}}\, \boldsymbol{\ell}(\boldsymbol{x}_k, \boldsymbol{v}_i)} \qquad \boxed{\boldsymbol{\nabla}_{\boldsymbol{x}}\, \boldsymbol{\ell} = \text{样本 } \boldsymbol{v}_i \text{ 的损失项的导数}}$$

现在每一步的工作量大大减少（B 个输入而不是来自训练集的所有输入）。但是并不一定收敛得更慢。随机梯度下降法的一个典型特点是 **“半收敛”**：在开始时快速收敛。

随机梯度下降 (SGD)的早期步骤通常比梯度下降 (GD) 更快地收敛到解 $\boldsymbol{x}^*$

这对深度学习来说是非常可取的。6.4 节展示了对全批量模式的之字形搜索路径，这可以通过增加上一步的动量加以改进（同样可以对 SGD 这么做）。另一个常见的改进是使用**自适应下降法**，如 ADAM 的一些变种。自适应下降法比动量更远地向后看，现在所有之前的下降方向都被记住和用到了。本节的后面会讨论到这些。

这里来看一下半收敛：通过随机梯度下降法的快速开始。我们立即承认 SGD 后面的迭代经常是错误的。**开始时的收敛变成了解附近的大幅振荡**。图 6.10 将显示这一点。一种解决办法是提前停止，避免过拟合数据。

在下面这个例子中，解 $\boldsymbol{x}^*$ 位于特定的区间 I 中。若目前的近似 $\boldsymbol{x}_k$ 在 I 外，则下一个近似 $\boldsymbol{x}_{k+1}$ 将更接近于 I（或在 I 内）。这给出了半收敛（一个好的开端）。但是最终 $\boldsymbol{x}_k$ 在 I 内来回摆动。

开始时的快速收敛：$n = 1$ 的最小二乘法

我们从 Suvrit Sra 那里学到最简单的例子是最好的。向量 $\boldsymbol{x}$ 只有一个分量 x。第 i 个损失 $\ell_i = \dfrac{1}{2}(a_i x - b_i)^2$，其中 $a_i > 0$。ℓ_i 的梯度是它的导数 $a_i(a_i x - b_i)$。当它为零时，ℓ_i 最小化，此时 $\boldsymbol{x} = \boldsymbol{b_i}/\boldsymbol{a_i}$。所有 N 个样本的总损失 $L(x) = \dfrac{1}{2N}\sum (a_i x - b_i)^2$（这是一个有 N 个方程与 1 个未知量的最小二乘问题）。

$$\text{要解的方程是}\boldsymbol{\nabla L} = \frac{1}{N}\sum_{1}^{N} a_i(a_i x - b_i) = 0\text{，解为 } \boldsymbol{x}^* = \frac{\sum \boldsymbol{a_i b_i}}{\sum \boldsymbol{a_i^2}} \tag{1}$$

要点：若最大的比值 b_i/a_i 是 B/A，则真正的解 $\boldsymbol{x}^*$ **将低于 $\boldsymbol{B/A}$**。这源于以下 4 个不等式的推导：

$$\frac{\boldsymbol{b_i}}{\boldsymbol{a_i}} \leqslant \frac{\boldsymbol{B}}{\boldsymbol{A}}, \qquad A\, a_i\, b_i \leqslant B\, a_i^2, \qquad A\left(\sum a_i b_i\right) \leqslant B\left(\sum a_i^2\right), \qquad \boldsymbol{x}^* = \frac{\sum a_i b_i}{\sum a_i^2} \leqslant \frac{\boldsymbol{B}}{\boldsymbol{A}} \tag{2}$$

类似地，x^* 高于最小比值 β/α。结论：若 x_k 在 $[\beta/\alpha,\ B/A]$ 的区间 I 之外，则第 k 步梯度下降将移向包含 x^* 的区间 I。这就是我们期望从随机梯度下降法中得到的结果：

若 x_k 在区间 I 外，则 x_{k+1} 将朝向区间 $\beta/\alpha \leqslant x \leqslant B/A$ 移动
若 x_k 在区间 I 内，则 x_{k+1} 也在区间内。迭代会在 I 内来回摆动

图 6.10 给出了通过随机梯度下降法最小化 $\|\boldsymbol{A}\boldsymbol{x}-\boldsymbol{b}\|^2$ 得到的典型序列 $\boldsymbol{x}_0,\boldsymbol{x}_1,\boldsymbol{x}_2,\cdots$。由图可以看到快速开始和振荡结束。当振荡开始时，这种行为是一个完美的信号，可以考虑提前停止或取平均。

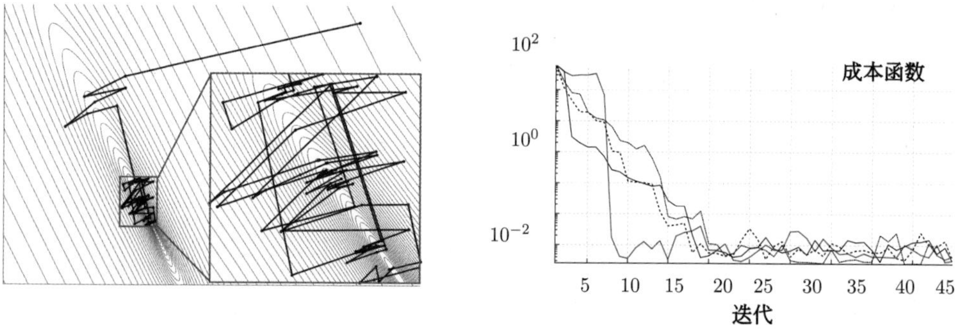

(a) (b)

图 6.10 图 (a) 显示了对两个未知量的随机梯度下降的轨迹。早期的迭代是成功的，但之后的迭代就发生了振荡（如插图所示）。图 (b) 中，这个二次成本函数一开始下降得很快，然后就上下波动，而不是收敛。四条路径从同一点 x_0 以在式 (3) 中的 i 随机选择开始。40×2 的矩阵 A 的条件数仅是 8.6

随机 Kaczmarz 算法是对 $Ax = b$ 的随机梯度下降

$$\textbf{Kaczmarz 算法用于解 } \boldsymbol{A}\boldsymbol{x}=\boldsymbol{b}\textbf{，其中 } i(k) \textbf{ 随机，}\quad \boldsymbol{x}_{k+1}=\boldsymbol{x}_k+\frac{b_i-\boldsymbol{a}_i^{\mathrm{T}}\boldsymbol{x}_k}{\|\boldsymbol{a}_i\|^2}\boldsymbol{a}_i \tag{3}$$

在第 k 步随机地选择矩阵 $\boldsymbol{A}$ 的第 i 行。调整 $\boldsymbol{x}_{k+1}$ 来解 $\boldsymbol{A}\boldsymbol{x}=\boldsymbol{b}$ 中的第 i 个方程（用 $\boldsymbol{a}_i^{\mathrm{T}}$ 乘以式 (3) 来验证 $\boldsymbol{a}_i^{\mathrm{T}}\boldsymbol{x}_{k+1}=b_i$，这是 $\boldsymbol{A}\boldsymbol{x}=\boldsymbol{b}$ 中的第 i 个方程）。从几何上讲，$\boldsymbol{x}_{k+1}$ 是 $\boldsymbol{x}_k$ 到相交于 $\boldsymbol{x}^*=\boldsymbol{A}^{-1}\boldsymbol{b}$ 处的超平面 $\boldsymbol{a}_i^{\mathrm{T}}\boldsymbol{x}=b_i$ 的投影。

多年来该算法一直缺乏深入的分析。方程 $\boldsymbol{a}_1^{\mathrm{T}}\boldsymbol{x}=b_1,\boldsymbol{a}_2^{\mathrm{T}}\boldsymbol{x}=b_2,\cdots$ 以步长 $s=1$ 按照循环顺序进行。然后 Strohmer 和 Vershynin 证明了随机 Kaczmarz 的快速收敛性。他们使用了与 2.4 节中相同的 SGD 和范数平方采样法（重要性采样）：按照与 $\|\boldsymbol{a}_i^{\mathrm{T}}\|^2$ 成正比的概率选择 $\boldsymbol{A}$ 的第 i 行。

前面描述了当 $\boldsymbol{A}$ 是 $N\times 1$ 的时，对 $\boldsymbol{A}\boldsymbol{x}=\boldsymbol{b}$ 的 Kaczmarz 迭代。序列 $x_0,x_1,x_2,\cdots$ 朝向区间 I 移动。最小二乘解 $\boldsymbol{x}^*$ 在该区间内。对 $N\times K$ 矩阵 $\boldsymbol{A}$，期待 $K\times 1$ 向量 $\boldsymbol{x}_i$ 进入包含 $\boldsymbol{x}^*$ 的 K 维盒子中。图 6.10 展示了当 $K=2$ 时的结果。

下面将给出对随机梯度下降法的数值实验：

Gower 和 Richtarik 开发了一种随机 Kaczmarz 的变体，该变体有不少于 6 个等价的随机化解释。以下是 Kaczmarz 在 1937 Bulletin de l'Académie Polonaise 中提出的将变体联系起来的参考文献。

[1] Strohmer T, Vershynin R . A randomized Kaczmarz algorithm with exponential convergence[J]. *Journal of Fourier Analysis and Applications*, 2009, **15**: 262-278.

[2] Ma A, Needell D, Ramdas A. Convergence properties of the randomized extended Gauss-Seidel and Kaczmarz methods[OL]. arXiv: 1503.08235*v*3 1 Feb 2018.

[3] Needell D, Srebro N, Ward R. Stochastic gradient descent, weighted sampling, and the randomized Kaczmarz algorithm[J]. *Math. Progr*, 2015, **155**: 549-573.

[4] Gower R M, Richtarik P. Randomized iterative methods for linear systems, *SIAM J. Matrix Analysis*, 2015, **36**: 1660-1690[OL]. arXiv: 1506.03296v5 6 Jan 2016.

[5] Bottou L, et al. in *Advances in Neural Information Processing Systems*[M]. NIPS **16** (2004) and NIPS **20** (2008), MIT Press.

[6] Ma S, Bassily R, Belkin M. *The power of interpolation: Understanding the effectiveness of SGD in modern over-parametrized learning*[OL]. arXiv: 1712.06559.

[7] Reddi S, Sra S, Poczos B, Smola A. *Fast stochastic methods for nonsmooth nonconvex optimization*[OL]. arXiv: 1605.06900, 23 May 2016.

随机 Kaczmarz 法与迭代投影

假设 $\boldsymbol{Ax}^* = \boldsymbol{b}$。随机 Kaczmarz法的一个典型步骤是将当前误差 $\boldsymbol{x}_k - \boldsymbol{x}^*$ 投影至超平面 $\boldsymbol{a}_i^{\mathrm{T}}\boldsymbol{x} = \boldsymbol{b}_i$ 上。这里 i 在第 k 步被随机地选择（通常使用与 $\|\boldsymbol{a}_i\|^2$ 成正比的重要性取样）。为了得到投影矩阵 $\boldsymbol{a}_i\boldsymbol{a}_i^{\mathrm{T}}/\boldsymbol{a}_i^{\mathrm{T}}\boldsymbol{a}_i$，将 $\boldsymbol{b}_i = \boldsymbol{a}_i^{\mathrm{T}}\boldsymbol{x}^*$ 代入式 (3)，可得

$$\boldsymbol{x}_{k+1} - \boldsymbol{x}^* = \boldsymbol{x}_k - \boldsymbol{x}^* + \frac{b_i - \boldsymbol{a}_i^{\mathrm{T}}\boldsymbol{x}_k}{\|\boldsymbol{a}_i\|^2}\boldsymbol{a}_i = (\boldsymbol{x}_k - \boldsymbol{x}^*) - \frac{\boldsymbol{a}_i\boldsymbol{a}_i^{\mathrm{T}}}{\boldsymbol{a}_i^{\mathrm{T}}\boldsymbol{a}_i}(\boldsymbol{x}_k - \boldsymbol{x}^*) \tag{4}$$

正交投影绝不会增加长度，误差只会减小。误差范数 $\|\boldsymbol{x}_k - \boldsymbol{x}^*\|$ 稳步减小（甚至当成本函数 $\|\boldsymbol{Ax}_k - \boldsymbol{b}\|$ 不减小时），但收敛速率通常很慢。Strohmer-Vershynin 估计了预期误差：

$$E\left[\|\boldsymbol{x}_k - \boldsymbol{x}^*\|^2\right] \leqslant \left(1 - \frac{1}{c^2}\right)^k \|\boldsymbol{x}_0 - \boldsymbol{x}^*\|^2,\ c = \boldsymbol{A}\text{的条件数} \tag{5}$$

这比梯度下降法（那里 c^2 被 c 取代，然后在 6.4 节又被带有动量的 $\sqrt{c}$ 取代）慢。但式 (5) 与 $\boldsymbol{A}$ 的大小无关，这对大型问题具有吸引力。

交替投影理论最早是由冯・诺依曼（在希尔伯特空间）提出的，参见 Bauschke-Borwein、Escalante-Raydan、Diaconis、Xu 等的图书和文章。

我们的实验收敛得很慢。100×10 的矩阵 $\boldsymbol{A}$ 是随机生成的，其中 $c \approx 400$。图 6.11 显示了随机 Kaczmarz 进行了 600000 步。我们通过第 k 步时的 $\boldsymbol{x}_k - \boldsymbol{x}^*$ 与选出的 $\boldsymbol{a}_i$ 之间的角 θ_k 来测量收敛性。由式 (4) 可得

$$\|\boldsymbol{x}_{k+1} - \boldsymbol{x}^*\|^2 = (1 - \cos^2\theta_k)\,\|\boldsymbol{x}_k - \boldsymbol{x}^*\|^2 \tag{6}$$

图 6.11(a) 显示出 $1 - \cos^2\theta_k$ 这些非常接近 1：**收敛缓慢**。但是图 6.11(b) 表明收敛确实发生了。Strohmer-Vershynin 不等式 (式 (5)) 变成了 $E[\cos^2\theta_k] \geqslant 1/c^2$。对我们的示例矩阵有 $1/c^2 \approx 10^{-5}$，同时经常会发生 $\cos^2\theta_k \approx 2 \times 10^{-5}$，这个值证实了 Strohmer-Vershynin 不等式。

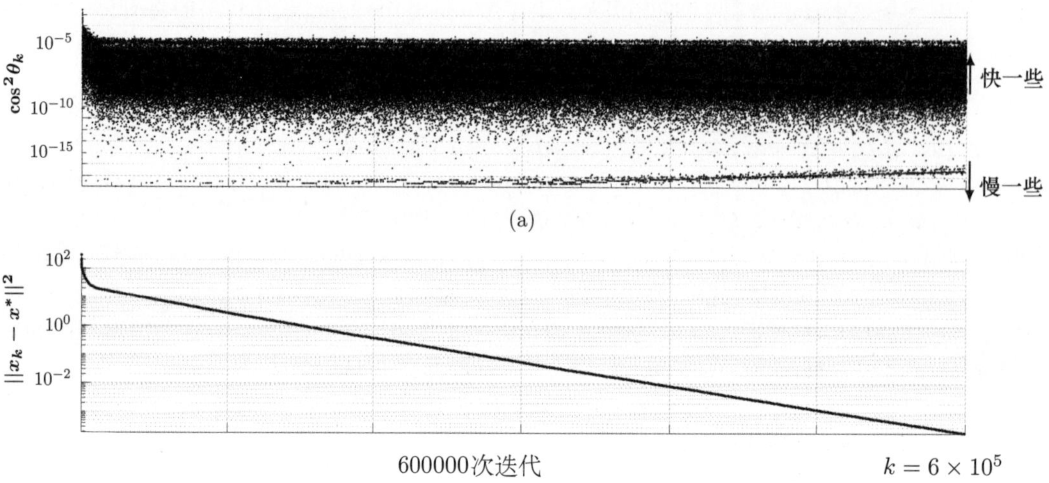

图 6.11 (a) 随机 Kaczmarz 的平方误差收敛行为
(b) $1-\cos^2\theta_k$ 接近 $1-10^{-5}$ 的式 (6) 产生了图 (b) 所示的缓慢收敛速度

期望的收敛

对于类似 SGD 的随机算法，需要一个收敛性证明来解释随机性（这不仅是在假设中，也是在结论部分），Suvrit Sra 提供了这样一个证明，在这里呈现出来。函数 $f(\boldsymbol{x})$ 是 n 项之和 $\frac{1}{n}\Sigma f_i(\boldsymbol{x})$。第 k 步时的取样在 1 到 n 之间均匀地选择 $i(k)$（包括替代），且步长 $s=$ 常数$/\sqrt{T}$。首先是对 $f(\boldsymbol{x})$ 和 $\boldsymbol{\nabla f}(\boldsymbol{x})$ 的假设，然后是对随机取样的标准要求（没有偏向性）。

(1) **$\boldsymbol{\nabla f}(\boldsymbol{x})$ 的 Lipschitz光滑性** $\|\boldsymbol{\nabla f}(\boldsymbol{x})-\boldsymbol{\nabla f}(\boldsymbol{y})\|\leqslant L\|\boldsymbol{x}-\boldsymbol{y}\|$

(2) **有界的梯度** $\|\boldsymbol{\nabla f}_{i(k)}(\boldsymbol{x})\|\leqslant G$

(3) **无偏的随机梯度** $\boldsymbol{E}\left[\boldsymbol{\nabla f}_{i(k)}(\boldsymbol{x})-\boldsymbol{\nabla f}(\boldsymbol{x})\right]=0$

从假设 (1) 可以得出

$$f(\boldsymbol{x}_{k+1})\leqslant f(\boldsymbol{x}_k)+(\boldsymbol{\nabla f}(\boldsymbol{x}_k),\boldsymbol{x}_{k+1}-\boldsymbol{x}_k)+\frac{1}{2}Ls^2\|\boldsymbol{\nabla f}_{i(k)}(\boldsymbol{x}_k)\|^2$$

$$f(\boldsymbol{x}_{k+1})\leqslant f(\boldsymbol{x}_k)+(\boldsymbol{\nabla f}(\boldsymbol{x}_k),-s\,\boldsymbol{\nabla f}_{i(k)}(\boldsymbol{x}_k))+\frac{1}{2}Ls^2\|\boldsymbol{\nabla f}_{i(k)}(\boldsymbol{x}_k)\|^2$$

现在取两边的期望并用假设 (1) $\sim$ (3)：

$$\boldsymbol{E}\left[f(\boldsymbol{x}_{k+1})\right]\leqslant\boldsymbol{E}\left[f(\boldsymbol{x}_k)\right]-s\,\boldsymbol{E}\left[\,\|\boldsymbol{\nabla f}(\boldsymbol{x}_k)\|^2\,\right]+\frac{1}{2}Ls^2G^2$$

$$\Rightarrow\boldsymbol{E}\left[\,\|\boldsymbol{\nabla f}(\boldsymbol{x}_k)\|^2\,\right]\leqslant\frac{1}{s}\boldsymbol{E}\left[f(\boldsymbol{x}_k)-f(\boldsymbol{x}_{k+1})\right]+\frac{1}{2}Ls^2G^2 \tag{7}$$

选择步长 $s=c/\sqrt{T}$，并且从 $k=1,\cdots,T$ 将式 (7) 加起来。这个和会“套叠”

$$\frac{1}{T}\sum_{k=1}^{T}\boldsymbol{E}\left[\,\|\boldsymbol{\nabla f}(\boldsymbol{x}_k)\|^2\,\right]\leqslant\frac{1}{\sqrt{T}}\left(\frac{f(\boldsymbol{x}_1)-f(\boldsymbol{x}^*)}{c}+\frac{Lc}{2}G^2\right)=\frac{C}{\sqrt{T}} \tag{8}$$

这里 $f(\boldsymbol{x}^*)$ 是全局最小值。在式 (8) 中的最小的那项是低于平均值的：

$$\min_{1\leqslant k\leqslant T} \boldsymbol{E}[\,\|\boldsymbol{\nabla f}(\boldsymbol{x_k})\|^2\,] \leqslant \boldsymbol{C}/\sqrt{\boldsymbol{T}} \tag{9}$$

Sra定理的结论是期望收敛的速率为次线性。

> ### SGD 内部的加权平均
>
> 从随机梯度下降的多个步骤中取**平均输出**的想法看起来很有前途。学习率（步长）可以在每组输出上是常数或周期性的。Gordon Wilson 等将这种方法命名为随机加权平均(SWA)。他们强调这种方法对训练深度网络提供了有希望的结果，具有更好的泛化，几乎没有额外开销。这看起来是自然、有效的。
>
> Izmailov P, Podoprikhin D, Garipov T, Vetrov D, Gordon Wilson A. *Averaging weights leads to wider optima and better generalization*[J]. arXiv: 1803.05407.

利用先前梯度的自适应方法

为了使梯度下降与随机梯度下降更快地收敛，自适应方法一直是一个主要的方向。其方法是采用之前步骤的梯度。“记忆”能引导搜索方向 $\boldsymbol{D}$ 与始终十分重要的步长 s 的选择。我们寻找能最小化一个特定的损失函数 $L(\boldsymbol{x})$ 的向量 $\boldsymbol{x}^*$。在从 $\boldsymbol{x}_k$ 到 $\boldsymbol{x}_{k+1}$ 的步骤中，可以自由选择 $\boldsymbol{D}_k$ 和 s_k：

$$\boldsymbol{D}_k = \boldsymbol{D}(\boldsymbol{\nabla L}_k, \boldsymbol{\nabla L}_{k-1}, \cdots, \boldsymbol{\nabla L}_0), \qquad s_k = s(\boldsymbol{\nabla L}_k, \boldsymbol{\nabla L}_{k-1}, \cdots, \boldsymbol{\nabla L}_0) \tag{10}$$

对于一个标准的 SGD 迭代，$\boldsymbol{D}_k$ 仅依赖当前的梯度 $\boldsymbol{\nabla L_k}$（而 s_k 可能就是 $s/\sqrt{k}$）。该梯度 $\boldsymbol{\nabla L_k}(\boldsymbol{x}_k, B)$ 只是在测试数据中的随机小批量上求值。现在，深度网络通常可以选择先前的梯度（基于早期随机小批量计算）的部分或全部：

$$\text{自适应随机梯度下降法} \qquad \boldsymbol{x}_{k+1} = \boldsymbol{x}_k - s_k\boldsymbol{D}_k \tag{11}$$

成功或失败将取决于 $\boldsymbol{D}_k$ 和 s_k。第一种自适应方法（称为 ADAGRAD）选择通常的搜索方向 $\boldsymbol{D}_k = \boldsymbol{\nabla L}(\boldsymbol{x}_k)$，但是根据所有之前的梯度计算步长 (Duchi-Hazan-Singer)：

$$\textbf{ADAGRAD 步长} \qquad s_k = \left(\frac{\alpha}{\sqrt{k}}\right)\left[\frac{1}{k}\,\mathrm{diag}\left(\sum_1^k \|\boldsymbol{\nabla L}_i\|^2\right)\right]^{1/2} \tag{12}$$

$\alpha/\sqrt{k}$ 是证明随机下降的收敛性的一个典型的下降步长。当它在实践中减缓了收敛速率时，经常被忽略掉。在式 (12) 中的“存储因子”导致收敛速度的实际增加。这些增长使得自适应方法成为许多研究的焦点。

在 ADAM中的指数移动平均 (Kingma-Ba)已经成为受欢迎的方法。与式 (12) 不同，最新的梯度 $\boldsymbol{\nabla L}$ 比先前的梯度在步长 s_k 和步长方向 $\boldsymbol{D}_k$ 上都有更大的权重。在 $\boldsymbol{D}$ 和 s 中的指数权重来自 $\delta < 1$，$\beta < 1$：

$$\boldsymbol{D}_k = (1-\delta)\sum_{i=1}^k \delta^{k-i}\,\boldsymbol{\nabla} L(\boldsymbol{x}_i), \qquad s_k = \left(\frac{\alpha}{\sqrt{k}}\right)\left[(1-\beta)\,\mathrm{diag}\sum_{i=1}^k \beta^{k-i}\|\boldsymbol{\nabla L}\,(\boldsymbol{x}_i)\|^2\right]^{1/2} \tag{13}$$

典型的值是 $\delta = 0.9$，$\beta = 0.999$。δ 和 β 的小值将有效消除移动记忆，并失去自适应方法对收敛速度的优势。收敛速度对梯度下降的总成本而言是重要的。对方向 $\boldsymbol{D}_k$ 的回溯公式类似 6.4 节中包含动量的重球法。

$\boldsymbol{D}_k$ 和 s_k 的实际计算将是新旧结合的递归：

$$\boldsymbol{D}_k = \delta \boldsymbol{D}_{k-1} + (1-\delta)\boldsymbol{\nabla L}(\boldsymbol{x}_k), \quad s_k^2 = \beta s_{k-1}^2 + (1-\beta)\left\|\boldsymbol{\nabla L}(\boldsymbol{x}_k)\right\|^2 \tag{14}$$

在许多课程大作业中，这个自适应方法可以产生更快的收敛速度。

ADAM 在实践中非常受欢迎（这句话写于 2018 年），但是有些人已指出了这种方法的缺点。Hardt、Recht 和 Singer 构造了一些例子，指出其作为深度学习权重的极限值 $\boldsymbol{x}_\infty$ 可能会有问题：不一定能收敛，或者收敛得到的权重可能会在泛化应用到未见过的测试数据时表现不佳。

式 (13)–式 (14) 是由 Reddi、Kale 和 Kumar 给出，他们证明了 ADAM 的不收敛性，并给出了一些简单的例子，其中步长 s_k 随时间增加（这是不希望出现的结果）。在他们的例子中，ADAM 在每三步中有两步方向是错的，只有一步是正确的。指数衰减减小了正确的步长，但总体步长 s_k 没有减小。需要使用大的 β（接近于 1），但总是存在 ADAM 失败的凸优化问题。这种方法仍然是不错的。

一种方法是使用增加了的小批量，其大小为 B。NIPS 2018 提出了一种新的自适应算法 YOGI，它更好地控制学习率（步长）。与 ADAM 算法相比，一个关键的改变是采用了加法更新，其他步骤并未发生变化。目前，实验表明使用 YOGI 算法取得了更好的结果。

在快速收敛到能接近于解 $\boldsymbol{\nabla L}(\boldsymbol{x}) = \mathbf{0}$ 的权重之后，依然存在一个关键的问题：**为什么这些权重能很好地泛化并适用于未测试过的数据**？

参考文献

[1] Ruder S. *An overview of gradient descent optimization algorithms*[J]. arXiv: 1609.04747

[2] Duchi J, Hazan E, Singer Y. Adaptive subgradient methods for online learning and stochastic optimization[J]. *J. of Machine Learning Research*, 2011，**12**: 2121–2159.

[3] Kingma P, Ba J. ADAM: A method for stochastic optimization[J]. ICLR, **2015**.

[4] Hardt M, Recht B, Singer Y. *Train faster, generalize better: Stability of stochastic gradient descent*[J]. arXiv:1509.01240v2, 2017, Proc. ICML, 2016.

[5] Wilson A, Roelofs R, Stern M, Srebro N, Recht B. *The marginal value of adaptive gradient methods in machine learning*[J]. arXiv: 1705.08292, 2017.

[6] Reddi S, Kale S, Kumar S. On the convergence of ADAM and beyond[J]. ICLR **2018**: *Proc. Intl. Conference on Learning Representations.*

[7] Reddi S, Zaheer M, Sachan D, Kale S, Kumar S. *Adaptive methods for nonconvex optimization*[J]. NIPS, 2018.

[8] Curtis F, Scheinberg K. *Optimization Methods for Supervised Machine Learning*[J]. arXiv: 1706.10207, 2017.

结论：随机梯度下降法是得到最小化损失 $L(\boldsymbol{x})$ 和求解 $\boldsymbol{\nabla L}(\boldsymbol{x}^*) = \mathbf{0}$ 的权重 $\boldsymbol{x}$ 的主要方法。用 SGD 得到的权重通常对未见过的测试数据是成功的。

泛化：为什么深度学习如此有效？

我们以一个关于深度学习核心问题的简短讨论结束第 6 章，并与第 7 章建立联系。这里的主题是泛化，指的是神经网络对未见到过的测试数据表现的行为。若构造对已知训练数据 $\boldsymbol{v}$ 成

功进行分类的函数 $F(\boldsymbol{x},\boldsymbol{v})$，当 $\boldsymbol{v}$ 在训练集之外时，F 能继续给出正确的结果吗？

答案必然在于那些选择权重的随机梯度下降算法。权重 $\boldsymbol{x}$ 最小化对训练数据的损失函数 $L(\boldsymbol{x},\boldsymbol{v})$。问题是**为什么计算出的权重对测试数据那么有效**？

通常在 $\boldsymbol{x}$ 中的自由参数比 $\boldsymbol{v}$ 中多。在这种情形下可以预期有许多权重集（许多向量 $\boldsymbol{x}$）对训练集同样准确。这些权重可以是好的或坏的。它们能很好地泛化或很差地泛化。我们的算法选择一个特定的 $\boldsymbol{x}$，并且将这些权重应用到新的数据 $\boldsymbol{v}_{\text{test}}$。

一个不寻常的实验产生了意想不到的积极结果。每个输入向量 $\boldsymbol{v}$ 的分量是随机摆放的，因此由 $\boldsymbol{v}$ 代表的个别表征突然就没有了意义。但是，深度神经网络学到了这些随机化的样本。学习函数 $F(\boldsymbol{x},\boldsymbol{v})$ 仍然能正确地将这些测试数据分类。当然，当 $\boldsymbol{v}$ 的分量被重新排序后，F 不能成功处理未见到过的数据。

光滑函数比不规则函数更容易近似，这是最优化的共同表征。但是在这里，对完全随机的输入向量，随机梯度下降法只需要 3 倍的周期（即 3 倍的迭代数）来学习训练数据。这种对训练样本的随机标记（这个实验已经出名了）在 arXiv: 1611.03530 一文中有描述。

用于层析成像（Tomographic Imaging，CT）的 Kaczmarz 方法

Kaczmarz 方法的一个关键性质是在早期迭代中快速成功。这在层析成像（其中解 $\boldsymbol{A}\boldsymbol{x}=\boldsymbol{b}$ 来构建 CT 图像，当数据存在噪声时，该方法产生正则化解）中称为半收敛。对噪声数据，快速半收敛是这种简单方法的极佳特性。开始的几步都趋近于 α/β 到 A/B（对一个标量未知数）的正确区间，但是在区间内，Kaczmarz 结果则无规则地分布。

在这里，我们进入了病态逆问题这一巨大议题（参见 P. C. Hansen编写的书）。在本书中，我们只是打开了这扇门。

习题 6.5

1. 秩为 1 的矩阵 $\boldsymbol{P}=\boldsymbol{a}\boldsymbol{a}^{\mathrm{T}}/\boldsymbol{a}^{\mathrm{T}}\boldsymbol{a}$ 是到经过 $\boldsymbol{a}$ 的直线的正交投影。验证 $\boldsymbol{P}^2=\boldsymbol{P}$（投影）以及 $\boldsymbol{P}\boldsymbol{x}$ 在这条直线上，同时 $\boldsymbol{x}-\boldsymbol{P}\boldsymbol{x}$ 总是垂直于 $\boldsymbol{a}$。（为什么有 $\boldsymbol{a}^{\mathrm{T}}\boldsymbol{x}=\boldsymbol{a}^{\mathrm{T}}\boldsymbol{P}\boldsymbol{x}$？）
2. 验证式 (4)，它给出了 $\boldsymbol{x}_{k+1}-\boldsymbol{x}^*$ 恰好是 $\boldsymbol{P}(\boldsymbol{x}_k-\boldsymbol{x}^*)$。
3. 若 $\boldsymbol{A}$ 只有 $\boldsymbol{a}_1$ 与 $\boldsymbol{a}_2$ 两行，则 Kaczmarz 法将在下图中产生交替投影。从任何一个误差向量 $\boldsymbol{e}_0=\boldsymbol{x}_0-\boldsymbol{x}^*$ 开始，为什么 $\boldsymbol{e}_k$ 趋于零？有多快？

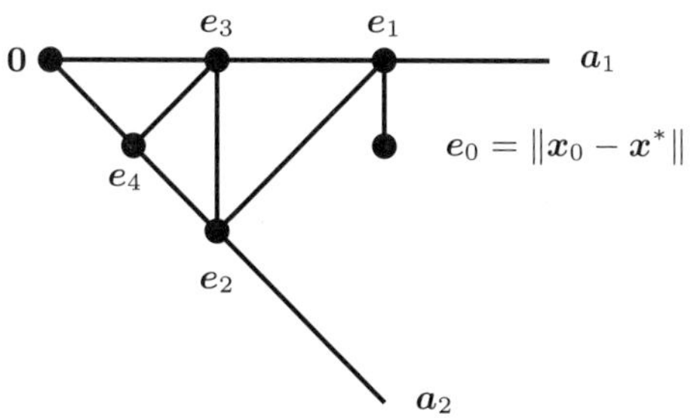

4. 假设我们要最小化 $F(x,y)=y^2+(y-x)^2$，实际的最小值是在 $(x^*,y^*)=(0,0)$ 处的

$F=0$，找到起点 $(x_0,y_0)=(1,1)$ 处的梯度向量 $\boldsymbol{\nabla F}$。对步长 $s=\dfrac{1}{2}$ 的完全梯度下降（非随机），求 (x_1,y_1)。

5. 在最小化 $F(\boldsymbol{x})=\|\boldsymbol{Ax}-\boldsymbol{b}\|^2$ 时，具有小批量 $B=1$ 的随机梯度下降在每一步将解一个方程 $\boldsymbol{a}_i^{\mathrm{T}}\boldsymbol{x}=b_i$。解释对小批量 $B=2$ 的典型步骤。
6. (实验) 对随机的 $\boldsymbol{A}$ 与 $\boldsymbol{b}$（20×4 与 20×1），尝试小批量 $B=1$ 与 $B=2$ 的随机梯度下降法。比较收敛速率，即比率 $r_k=\|\boldsymbol{x}_{k+1}-\boldsymbol{x}^*\|\,/\,\|\boldsymbol{x}_k-\boldsymbol{x}^*\|$。
7. (实验) 尝试 arXiv: 1803.05407 中第 365 页提出的权重平均法。将其应用于 $\|\boldsymbol{Ax}-\boldsymbol{b}\|^2$ 的最小化，采用随机选择的 $\boldsymbol{A}$（20×10）与 $\boldsymbol{b}$（20×1），及小批量 $B=1$。
   随机下降法的平均值是否比通常的迭代 $\boldsymbol{x}_k$ 收敛得更快？

第 7 章 数据学习

本章是重大的探索，希望对读者是如此，对作者更是如此。这是涵盖思维和智慧的学科，可以将其称为机器学习（Machine Learning，ML）或者人工智能（Artificial Intelligence，AI）。人类智慧创造了它（但我们不完全了解自己所做的事情）。出于某些想法和失败的组合，最初是尝试模仿大脑中的神经元，之后涌现出一种成功的方法来发现在**数据中的模式**。

在理解深度学习时，重要的是认识到对这些前所未有的大规模数据的拟合计算，通常是严重地不确定的。尽管在训练数据中已经有超大量的数据点，但是在深度网络中计算的权重数要多得多。深度学习的艺术是在许多可能的方案中找到一种能**泛化到新数据**的解决方案。

在具有许多权重的深度神经网络上的学习导致了一个成功的折中：F 在训练集和没有遇到过的测试集上都是准确的，这个结论是十分令人吃惊的。这是源自将要在 7.4 节中描述的带动量的小批量梯度下降及超参数（包括步长选择和提前停止）方法的好结果。

本章以非常规的顺序组织内容。**首先讲述深度学习**。支持向量机（Support Vector Machines，SVM）和核方法会在 7.5 节简略描述，这个顺序与历史的发展不一致，读者将会知道为什么会是这样的。神经网络已成为机器学习中最有意思（及最困难）的主流架构。多层的结构经常是成功的，但并不总是成功的。本书是为深度学习准备的，因此将其放在第一位。

7.1 节和 7.2 节描述了针对*完全连接的网络和卷积网络*的学习函数 $\boldsymbol{F}(\boldsymbol{x},\boldsymbol{v})$。训练数据是由一个表征向量集 $\boldsymbol{v}$ 给出的，而分类这些数据的权重由向量 $\boldsymbol{x}$ 给出。为了优化 $\boldsymbol{F}$，梯度下降法需要用到导数 $\boldsymbol{\partial F/\partial x}$。权重 $\boldsymbol{x}$ 是矩阵 $\boldsymbol{A}_1,\cdots,\boldsymbol{A}_L$ 及偏置向量 $\boldsymbol{b}_1,\cdots,\boldsymbol{b}_L$，两者一起由样本数据 $\boldsymbol{v}=\boldsymbol{v}_0$ 得到输出 $\boldsymbol{w}=\boldsymbol{v}_L$。

得到 $\partial F/\partial A$ 和 $\partial F/\partial \boldsymbol{b}$ 公式并不难，这些公式是有用的，但是实际的代码采用*自动求导* (AD) *来进行反向传播*（7.3 节）。带有经优化后权重的每个隐藏层会学到有关数据与这些数据来自的群体的更多信息，以此对来自同一群体的新的与未曾见过的数据进行分类。

深度学习的函数

假设数字 $0,1,\cdots,9$ 中的一个被画在一个方框中，人如何辨认这是哪个数字呢？此处不回答这个属于神经科学的问题。计算机如何识别它是哪个数字呢？这就是一个机器学习的问题。或许两个问题的答案都源自同样的想法：*从实例中学习*。

因此，从 M 个不同的图像（训练集）表示开始。一个图像会是一组 p 个小像素或一个向量 $\boldsymbol{v}=(v_1,\cdots,v_p)$。向量的元素 v_i 表示有关这个图像中的第 i 个像素的“灰度”（黑或亮到什么程度）。这样有 M 个图像，每个都有 p 个表征（M 个在 p 维空间中的向量 $\boldsymbol{v}$）。对于每个在这个

训练集里的 $\boldsymbol{v}$，可知道它代表的数字。

从某种意义上说，已知有一个函数。在 $\mathbf{R}^p$ 空间中有 M 个输入，每个输入对应于 $0\sim9$ 的一个数字输出。但是我们并没有一个“规则”，对于新的输入，我们无能为力。机器学习建议创建一个在（大多数）训练图像上成功的规则。这里“成功”的含义要广泛得多：这个规则应该为更广泛的测试图像集提供正确的数字，从同一群体中采集。这个基本要求称为泛化。

该规则应采用什么形式？这里遇到了一个根本性的问题。第一个答案：$F(\boldsymbol{v})$ 或许是从 $\mathbf{R}^p$ 空间到 $\mathbf{R}^{10}$ 空间的线性函数（$10\times p$ 矩阵）。这 10 个输出就是数字为 $0\sim9$ 的概率。将会有 $10p$ 个项及 M 个训练样本以使得大多数时候能得到正确的结果。

困难在于线性性的要求太局限。从艺术的角度来讲，两个零可以合并为手写的 8，1 和 0 可以合并为手写的 9 或 6。而图像是不能相加的。在认识人脸而不是数字时，将需要多得多的像素（从输入至输出的规则距离线性性的要求还差得很远）。

人工智能有整整一代时间没有什么进展，在等待着新的方法出现，并没有人声称已经找到了绝佳的一类函数。这一类函数要求有很多参数（称为权重），而且所有这些权重必须能（在一个合理的时间内）从训练集的知识中计算得到。

最终的选择是成功的，并且超出了预期，这个选择将浅层学习转成了深度学习。这就是连续分段线性（Continuous Piecewise Linear，CPL）函数。**线性**是为了简单性，**连续**则是为了对未知但又是合理的规则建模，**分段**以取得非线性，而这是实际的图像和数据绝对要有的需求。

这就提出了可计算性的关键问题。怎样的参数能快速地描述一大群 CPL 函数？线性有限元以三角形的网格开始。但是在 $\mathbf{R}^p$ 空间中指定许多单个的节点是十分费时的，这些节点是一些较小数目的直线（或超平面）的交点就会好得多。注意，一个规正的网格点对这里的应用是太简单了。

这里是对数据向量 $\boldsymbol{v}$ 最初构建的分段线性函数。先选一个矩阵 $\boldsymbol{A}_1$ 与向量 $\boldsymbol{b}_1$，再将 $\boldsymbol{A}_1\boldsymbol{v}+\boldsymbol{b}_1$ 的所有负的元素都设成零（这是一步非线性操作），然后用矩阵 $\boldsymbol{A}_2$ 相乘在 $\boldsymbol{w}=F(\boldsymbol{v})=\boldsymbol{A}_2(\boldsymbol{A}_1\boldsymbol{v}+\boldsymbol{b}_1)_+$ 中产生 10 个输出。向量 $(\boldsymbol{A}_1\boldsymbol{v}+\boldsymbol{b}_1)_+$ 形成了在输入 $\boldsymbol{v}$ 与输出 $\boldsymbol{w}$ 之间的“隐藏层”。

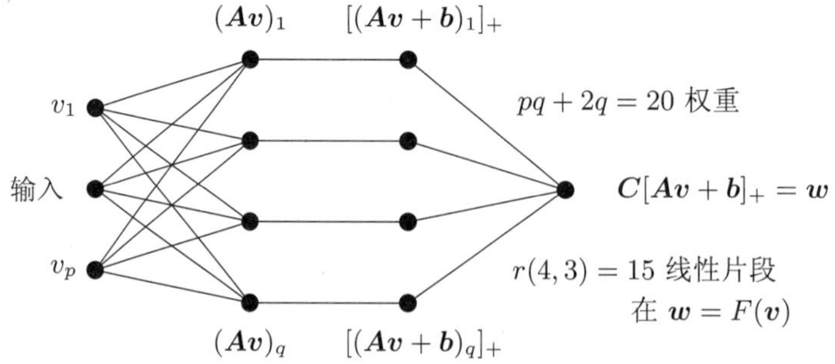

实际上，非线性函数 $\mathrm{ReLU}\,(x)=x_+=\max\,(x,0)$ 最初是被平滑到一个类似于 $1/(1+\mathrm{e}^{-x})$ 的逻辑曲线(Logistic Curve)。想象这种曲线的连续的导数会帮助优化权重 $\boldsymbol{A}_1$、$\boldsymbol{b}_1$、$\boldsymbol{A}_2$ 是合理的，但这被证明是错的。

每个 $(\boldsymbol{A}_1\boldsymbol{v}+\boldsymbol{b}_1)_+$ 中元素的图有两个半平面（一个是平坦的，源自 $\boldsymbol{A}_1\boldsymbol{v}+\boldsymbol{b}_1$ 中负值元素被设成零）。若 $\boldsymbol{A}_1$ 是 $q\times p$ 的，则输入空间 $\mathbf{R}^p$ 被 q 个超平面切割成 r 片。可以数一下这些片，这度量整个函数 $F(\boldsymbol{v})$ 的“表达性”。其公式如下（7.1 节）：

$$r(q,p)=\mathrm{C}_q^0+\mathrm{C}_q^1+\cdots+\mathrm{C}_q^p$$

这个数给出了 F 的图的一个印象。但是，函数表达依然不够明显，还需要一种方法。

下面是学习函数F 时不可缺少的要素。在简单函数的基础上建立复杂函数，最好的方法是**复合**。每个 F_i 是线性（或仿射）的，后面有一个非线性运算 ReLU : $F_i(\boldsymbol{v})=(A_i\boldsymbol{v}+\boldsymbol{b}_i)_+$，它们的复合是 $F(\boldsymbol{v})=F_L(F_{L-1}(\cdots F_2(F_1(\boldsymbol{v}))))$。在最后的输出层之前有 $L-1$ 层隐藏层。随着 L 的增加，网络变得更深。对卷积网络而言，深度会增长得很快（具有带状的 Toeplitz 矩阵$\boldsymbol{A}$）。

深度学习的最优化问题是计算权重 A_i 和 $\boldsymbol{b}_i$，它们将使输出 $F(\boldsymbol{v})$ 几乎完全正确，接近图像 $\boldsymbol{v}$ 所代表的数字 $w(\boldsymbol{v})$。最小化 $F(\boldsymbol{v})-w(\boldsymbol{v})$ 的某种度量的问题是按照梯度下降法来解决的。该复杂函数的梯度通过反向传播方法来计算，这是深度学习用来学习链式法则的主要方法。

在 2012 年进行的一次历史性的竞赛中，要辨认在 ImageNet上收集的 120 万个图像。AlexNet上的这个突破性的神经网络有 6000 万个权重。其精度（经过 5 天的随机梯度下降计算）相比于下一个最小误差率要好 1 倍。深度学习的时代已经来临。

在这里目标是确认连续分段线性函数（CPL）作为强有力的近似手段。这个函数族用起来很方便，对于加法、最大化和组合运算是闭合的。其神奇之处是学习函数 $F(A_i,\boldsymbol{b}_i,\boldsymbol{v})$ 给出了 F 从未见过的图像 $\boldsymbol{v}$ 的精确结果。

这两页随笔是为 SIAM 新闻写的（2018 年 12 月）

偏差相对于方差：欠拟合相对于过拟合

一个**训练集**包含 N 个向量 $\boldsymbol{v}_1,\cdots,\boldsymbol{v}_N$，每个向量有 m 个元素（成分，这是每个样本的 m 个表征）。对 $\mathbf{R}^m$ 空间中的这些 N 点，给定一个值 y_i。假设存在未知的函数 $f(\boldsymbol{x})$，则有 $y_i=f(\boldsymbol{x}_i)+\epsilon_i$，其中噪声 ϵ 的均值和方差 σ^2 都为零。这就是我们的算法想要学习的函数 $f(\boldsymbol{x})$。

我们的学习算法实际上是去找到接近 $f(\boldsymbol{x})$ 的函数 $F(\boldsymbol{x})$。比如，从学习算法得到的 F 可能是线性的（不那么理想）或分段线性的（这要好得多），这取决于采用的算法。我们热切地希望 $F(\boldsymbol{x})$ 十分接近正确的 $f(\boldsymbol{x})$，**不仅仅是在训练样本上，而且对之后的测试样本也是如此**。

我们经常被重复提醒：**不要过拟合数据**。一个选项是重复所有已知的观察。但更重要的是防止在学习函数中出现大的振荡（学习函数是基于权重建立起来的）。这个函数将被用于新的数据中，无论是隐式或显式的，需要将函数 F **规则化**。

通常的做法是给正在最小化的函数增加一个惩罚项，如 $\lambda\|\boldsymbol{x}\|$，这会在最小点处得到一个更光滑、稳定的解。对这些深度学习的问题，这种做法并不总是需要的，我们并不充分理解为什么最陡下坡法或随机最陡下降法会得到一个近似的最小值，它能被推广到之前没有遇到过的测试数据中（不带有惩罚项）。或许成功来自遵循这样一个规则：*在过拟合之前就提前停止最小化*。

如果 F 拟合训练样本很差，误差（**偏差**）大，就是欠拟合。

如果 F 对训练样本拟合得不错，但在测试样本上做得糟糕，就是过拟合。

偏差-方差折中：高偏差来自欠拟合，高方差来自过拟合。假设缩放 f 和 F，使得 $E[F(\boldsymbol{x})]=1$。

$$\textbf{偏差}=E[f(\boldsymbol{x})-F(\boldsymbol{x})],\qquad \textbf{方差}=E[(F(\boldsymbol{x}))^2]-(E[F(\boldsymbol{x})])^2$$

对偏差 + 方差 +（噪声）^{2} 这个等式迫使我们来作这样的折中：

$$E[(y-F(\boldsymbol{x}))^2]=(E[f(\boldsymbol{x})-F(\boldsymbol{x})])^2+E[(F(\boldsymbol{x}))^2]-(E[F(\boldsymbol{x})])^2+E[(y-f(\boldsymbol{x}))^2]$$

再次强调，偏差来自允许较小的自由度及使用较少的参数（权重）。当给 F 提供了太多的自由度和参数时，方差将变大。然后，得到的学习函数会在训练集上超级精确，而在没见过的测试集上失效。**过拟合产生了不能泛化的 $\boldsymbol{F}$**。

以下是 6 个提供机器学习代码的网站链接：

Caffe : arXiv:1408.5093	Keras: http://keras.io/
MatConvNet: www.vlfeat.org/matconvnet	Theano: arXiv: 1605.02688
Torch: torch.ch	TensorFlow: www.tensorflow.org

7.1 深度神经网络的构建

深度神经网络已发展成机器学习的主要力量。网络结构逐步变得更有弹性，功能更强大（更容易适应新的应用）。要讨论这个议题，我们先描述其必要的组成部分，这些部分合起来就成为**学习函数$\boldsymbol{F}(\boldsymbol{x},\boldsymbol{v})$**，其中权重 $\boldsymbol{x}$ 从训练数据 $\boldsymbol{v}$ 中捕获有关信息，为其用于新的测试数据做好准备。

下面是构建函数 F 的重要步骤。

(1) 关键运算：**复合 $\boldsymbol{F}=\boldsymbol{F_3}(\boldsymbol{F_2}(\boldsymbol{F_1}(\boldsymbol{x},\boldsymbol{v})))$**。

(2) 关键法则：**对 $\boldsymbol{F}$ 的 $\boldsymbol{x}$ 微分的链式法则**。

(3) 关键算法：**用随机梯度下降法求得最佳的权重 $\boldsymbol{x}$**。

(4) 关键子程序：**用反向传播执行链式法则**。

(5) 关键非线性性：**$\mathbf{ReLU}(\boldsymbol{y})=\mathbf{max}(\boldsymbol{y},\mathbf{0})$ =斜坡函数**。

第一步是依次对每一层神经元描述其组成部分 $F_1,F_2,F_3,\cdots$。连接层 $\boldsymbol{v}$ 之间的权重 $\boldsymbol{x}$ 在建立 $\boldsymbol{F}$ 时被优化。向量 $\boldsymbol{v}=\boldsymbol{v}_0$ 来自训练集，而函数 F_k 在第 k 层产生向量 $\boldsymbol{v}_k$。整个过程是通过下式 (1) 中的 F_k 部分来构建 F 的功能。

F_k 是 v_{k-1} 的分段线性函数

F_k 的输入是一个长度为 N_{k-1} 的向量 $\boldsymbol{v}_{k-1}$，输出则是长度为 N_k 的向量，这是准备作为 F_{k+1} 的输入。这个 F_k 函数有线性部分和非线性部分：

(1) F_k 的线性部分得到 $\boldsymbol{A}_k\boldsymbol{v}_{k-1}+\boldsymbol{b}_k$（偏置向量 $\boldsymbol{b}_k$ 使得这部分保持“仿射”性）；

(2) 类似于 ReLU 的一个固定非线性函数被用于 $\boldsymbol{A}_k\boldsymbol{v}_{k-1}+\boldsymbol{b}_k$ 的每个分量：

$$\boxed{\boldsymbol{v}_k=F_k(\boldsymbol{v}_{k-1})=\text{ReLU}\left(\boldsymbol{A}_k\boldsymbol{v}_{k-1}+\boldsymbol{b}_k\right)} \tag{1}$$

每个样本的训练数据是在表征向量$\boldsymbol{v}_0$ 之中。矩阵 $\boldsymbol{A}_k$ 的大小为 $N_k\times N_{k-1}$。列向量 $\boldsymbol{b}_k$ 有 N_k 项。**$\boldsymbol{A_k}$ 和 $\boldsymbol{b_k}$ 是**为最优化算法所构筑的**权重**。在深度学习的中心计算部分，经常用随机梯度下降法计算最佳的权重 $\boldsymbol{x}=(\boldsymbol{A}_1,\boldsymbol{b}_1,\cdots,\boldsymbol{A}_L,\boldsymbol{b}_L)$。它用反向传播得到 F 对于 $\boldsymbol{x}$ 的导数，然后求解 $\boldsymbol{\nabla F}=\mathbf{0}$。

激活函数ReLU$(y)=\max(y,0)$ 具有灵活性与可适应性。仅用线性步骤其功能是有限的，最终也不会成功。

将 ReLU 应用到每一内部层上的每个“神经元”。在第 k 层上，有 N_k 个神经元，包含来自 $\boldsymbol{A}_k\boldsymbol{v}_{k-1}+\boldsymbol{b}_k$ 的 N_k 个输出。注意 ReLU 本身是连续与分段线性的，如其图所示（这个图只是一个斜度为 0 与 1 的斜坡，其导数是一个通常的阶跃函数）。当选择了 ReLU 时，复合函数 $F=F_L(F_2(F_1(\boldsymbol{x},\boldsymbol{v})))$ 具有一个重要的性质：

学习函数 $\boldsymbol{F}$ 对 $\boldsymbol{v}$ 是连续和分段线性的

单一内部层（$L=2$）

假设已经测量了训练集中一个样本点的 $m=3$ 个特征，这些特征是输入向量 $\boldsymbol{v}=\boldsymbol{v}_0$ 的 3 个分量。在计算链中的第一个函数 $F_1=\boldsymbol{A}_1\boldsymbol{v}_0+\boldsymbol{b}_1$（偏置向量）。若 $\boldsymbol{A}_1$ 是 4×3 的，向量 $\boldsymbol{b}_1$ 是 4×1 的，则有 $\boldsymbol{A}_1\boldsymbol{v}_0+\boldsymbol{b}_1$ 的 4 个分量。

这一步得到了在 $\boldsymbol{v}=\boldsymbol{v}_0$ 中的 3 个原始特征的 4 个组合。矩阵 $\boldsymbol{A}_1$ 中的 12 个权重通过训练集中的许多表征向量 $\boldsymbol{v}_0$ 得到优化，选择一个 4×3 矩阵（以及一个 4×1 偏置向量），这个矩阵能得到 4 个揭示内在信息的组合。

到达 $\boldsymbol{v}_1$ 的最后一步是将非线性“激活函数”用于 $\boldsymbol{A}_1\boldsymbol{v}_0+\boldsymbol{b}_1$ 的 4 个分量。过去，这个非线性函数的图通常是以一条光滑的“S”曲线形式给出的。图 7.1 给出了之前和现在的特定选择。

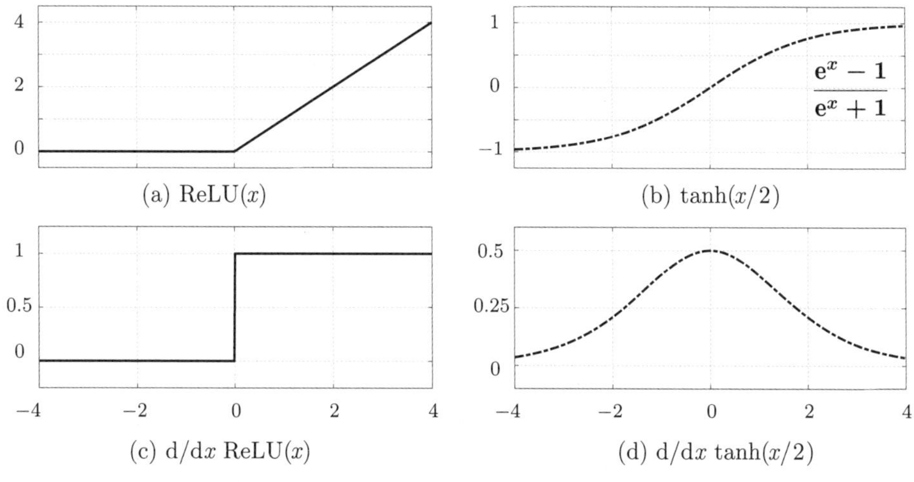

图 7.1 实现非线性的 ReLU（整流线性单元）和 sigmoid（S 型）函数的两种选择

之前人们认为斜率的突变是危险、不稳定的，但是大规模的数字实验指出并非如此，**斜坡函数** $\mathrm{ReLU}(y)=\max(y,0)$ 取得了一个更好的结果。我们将采用 ReLU：

$$\textbf{将 } \boldsymbol{A_1v_0}+\boldsymbol{b}_1 \textbf{ 代入 ReLU 以得到 } \boldsymbol{v}_1, \quad (\boldsymbol{v_1})_k=\max((A_1\boldsymbol{v_0}+\boldsymbol{b}_1)_k,0) \tag{2}$$

在第 1 层的 4 个神经元上有 $\boldsymbol{v}_1$ 的分量。输入层持有训练数据的这个特定样本的 3 个分量。我们可以有成千或上百万个样本。最优化算法得到 $\boldsymbol{A}_1$ 和 $\boldsymbol{b}_1$，或许是通过采用反向传播的随机梯度下降法来计算总损失的梯度。

假设神经网络是浅的而不是深的，如图 7.2 所示，它只有 4 个神经元的第一层，最后一步运算是用一个 1×4 矩阵 $\boldsymbol{A}_2$（一个行向量）乘以这个 4 分量的向量 $\boldsymbol{v}_1$，再加上一个数 $\boldsymbol{b}_2$，即

$\boldsymbol{v}_2 = \boldsymbol{A}_2\boldsymbol{v}_1 + \boldsymbol{b}_2$。非线性函数 ReLU 并不施加到输出上。

$$\begin{array}{|c|}\hline \text{总的说来，对训练集中的每个表征向量 } \boldsymbol{v}_0 \text{ 计算 } \boldsymbol{v}_2 = F(\boldsymbol{x}, \boldsymbol{v_0}) \\ \text{步骤是 } \boldsymbol{v}_2 = \boldsymbol{A}_2\boldsymbol{v}_1 + \boldsymbol{b}_2 = \boldsymbol{A}_2\left(\mathrm{ReLU}\left(\boldsymbol{A}_1\boldsymbol{v}_0 + \boldsymbol{b}_1\right)\right) + \boldsymbol{b}_2 = F(\boldsymbol{x}, \boldsymbol{v_0}) \\ \hline \end{array} \quad (3)$$

优化 $\boldsymbol{x} = \boldsymbol{A}_1, \boldsymbol{b}_1, A_2, \boldsymbol{b}_2$ 的目标是在最后一层 $\ell = 2$ 上的输出 $\boldsymbol{v}_\ell = \boldsymbol{v}_2$ 值能正确地捕捉到训练数据 $\boldsymbol{v}_0$ 的重要特征。

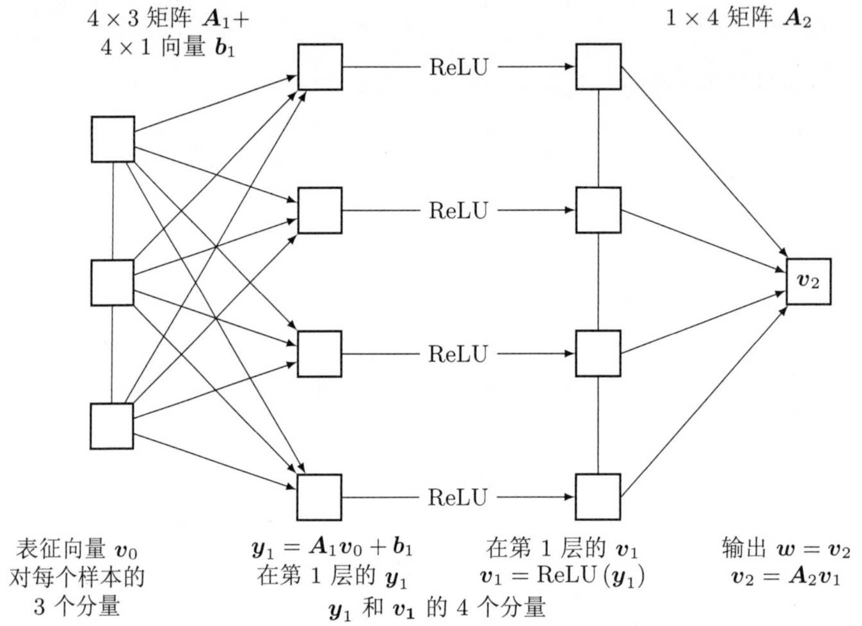

图 7.2 有 4 个神经元的一个内部层的前向馈送神经网络

注：输出 $\boldsymbol{v}_2$（正或负）将输入 $\boldsymbol{v}_0$ 分类（狗或猫），然后 $\boldsymbol{v}_2$ 是有 3 个分量的表征向量 $\boldsymbol{v}_0$ 的一个综合度量。这个网络在 $\boldsymbol{A}_k$ 与 $\boldsymbol{b}_k$ 中有 20 个权重

对于一个分类问题，训练数据的每个样本 $\boldsymbol{v}_0$ 都给定了值 $\mathbf{1}$ 或 $\mathbf{-1}$。希望输出 $\boldsymbol{v}_2$ 具有正确的符号（大部分时间）。对于一个回归问题，使用 $\boldsymbol{v}_2$ 的数值（而不仅是符号）。我们不会选择足够多的权重 $\boldsymbol{A}_k$ 和 $\boldsymbol{b}_k$ 来使每个样本都正确。这么做可能会过拟合训练数据。当 F 应用于新的、未知的测试数据时，会得到错误的结果。

这取决于在最小化时选择的损失函数 $L(x, \boldsymbol{v}_2)$，这个问题会像最小二乘或熵最小化。我们选择 $\boldsymbol{x}$ = 权重矩阵 $\boldsymbol{A}_k$ 与偏置向量 $\boldsymbol{b}_k$ 来最小化 L。平方损失与交叉熵损失这两个损失函数将在 7.4 节中进行比较。

希望**函数 F 已经“学习到了”数据**，这就是机器学习。我们并不想在 $\boldsymbol{x}$ 中选择那么多的权重，以使得每个输入样本会被正确分类。这不是学习，而只是简单的对数据的拟合（过拟合）。

我们想要一个平衡，使得函数 F 已经学会在区分狗和猫，或辨认一辆迎面驶来的与转弯的车时什么是重要的。

机器学习的目标并不是捕获数字 $0, 1, 2, \cdots, 9$ 的每个细节，它只是要获取足够的信息来正确地判断这是哪个数字。

梯度下降法中的初始权重 x_0

神经网络的架构决定了学习函数 $F(\boldsymbol{x},\boldsymbol{v})$ 的形式。训练数据是在 $\boldsymbol{v}$ 中。然后我们初始化矩阵 $\boldsymbol{A}$ 与向量 $\boldsymbol{b}$ 中的权重 $\boldsymbol{x}$。从这些初始权重 $\boldsymbol{x}_0$ 开始，最优化算法（通常就是梯度下降法的一种形式）计算权重 $\boldsymbol{x}_1$、$\boldsymbol{x}_2$。如此一直往前做下去，目的是最小化总的损失函数。

一个问题是从哪个权重 $\boldsymbol{x}_0$ 开始？选择 $\boldsymbol{x}_0=0$ 会是一个大灾难。差的初始值是深度学习失败的一个重要原因。选择一个恰当的网络和初始权重 $\boldsymbol{x}_0$（随机、独立）需要满足两个要求：

(1) $\boldsymbol{x}_0$ 有一个精心选择的方差 σ^2。

(2) 网络中的隐藏层有足够的神经元（不那么窄）。

Hanin 和 Rolnick 证明了初始的方差 σ^2 决定计算得到的权重的均值。层的宽度决定权重的方差。关键点是：多层次的深度能减少在训练集上的损失。但若 σ^2 是错的或宽度被牺牲了，则梯度下降法会失去对权重的控制。它们可能会爆炸到无穷大，或者坍塌至零 。

$\boldsymbol{x}_0$ 的方差 σ^2 带来的风险是指数式增长或减少的权重。一个好的选择是 $\sigma^2=2/$扇入(fan-in)。扇入是输入神经元的最大数目（图 7.2 在输出端有扇入 $=4$）。这个在 Keras①中初始化的“何均匀”（He_uniform）② 做了这个 σ^2 的选择。

来自窄的隐藏层的风险是对深的网络 $\boldsymbol{x}$ 的方差指数式增长。若层 j 有 n_j 个神经元，则需要控制的量是 $1/($层宽 $n_j)$ 的和。

往前看一下，卷积网络（ConvNet）和残差网络（ResNet）可以是很深的。爆炸或坍塌的权重是一个一直存在的危险。源自物理学的方法（平均场论）已经成为解释，也是避免这些风险的有力工具。Pennington 等提出了一种甚至对有 10000 层的网络依然能维持在快速增长与衰减边界上的方法，其关键是采用正交变换：就完全像在矩阵相乘 $\boldsymbol{Q}_1\boldsymbol{Q}_2\boldsymbol{Q}_3$，正交性使得大小不变。

对于卷积网络，扇入变成了特征数乘以核的大小（不是 $\boldsymbol{A}$ 的全部大小）。对残差网络 ResNet，一个正确的 σ^2 通常会消除这两个风险。非常深的网络可以产生十分好的学习效果。

关键点：深度学习如果没有好的开始，就会出错。

[1] He Kaiming, Zhang X, Ren S, Sun J. *Delving deep into rectifiers*[J]. arXiv: 1502.01852, 2015.

[2] Hanin B, Rolnick D. *How to start training: The effect of initialization and architecture*[J]. arXiv: 1803.01719, 19 Jun 2018.

[3] Xiao L, Bahri Y, Sohl-Dickstein J, Schoenholz S, Pennington J. *Dynamical isometry and a mean field theory of CNNs: How to train* 10,000 *layers*[J]. arXiv: 1806.05393, 2018.

步长和亚采样

步长和亚采样是达到同样目标（减小维数）的两种方法。假设开始时有长度为 128 的一维信号。要对这个信号进行滤波（用一个权重矩阵 $\boldsymbol{A}$ 乘以这个向量）并将长度减小至 64，有两种方法可以达到这个目标。

两步法：先用 $\boldsymbol{A}$ 乘以这个有 128 分量的向量 $\boldsymbol{v}$，再舍去输出中的奇数项的分量，即采用亚采样进行信号滤波。输出是 $(\downarrow 2)\,\boldsymbol{A}\boldsymbol{v}$。

① Keras 是一个开源软件库，它给人工智能神经网络提供一个 Python 程序语言的界面。——译者

② 何，即何恺明，他于 2015 年在微软研究院提出这个算法模型，从一个均匀分布 sqrt(6 / fan_in) 中提取样本。

一步法：舍去矩阵 $\boldsymbol{A}$ 中的奇数行。这个新的矩阵 $\boldsymbol{A}_2$ 变得短而宽了，64 行、128 列。滤波器的“**步长**”变成 2。先用 $\boldsymbol{A}_2$ 乘以这个 128 分量的向量 $\boldsymbol{v}$，$\boldsymbol{A}_2\boldsymbol{v}$ 与 $(\downarrow 2)\,\boldsymbol{Av}$ 是同样的。若步长为 3，则从每 3 个分量中采样 1 个。

当然，这种一步的方法更有效些。如果步长是 4，维数就被 4 除。对二维的情况（对图像而言），维数变为 1/16。

这种两步的方法清楚地表明丢失了一半或 3/4 的信息。下面是一种如前将维数从 128 减小到 64 的方法：最大池化，但是其破坏重要信息的危险性减少了。

最大池化

如前所述，先用 $\boldsymbol{A}$ 乘以有 128 分量的向量 $\boldsymbol{v}$，再从类似 $(\boldsymbol{Av})_2$ 和 $(\boldsymbol{Av})_3$ 的偶-奇的输出对中保留最大那个。注意：最大池化是简单又快的，但取最大值并不是一个线性操作。这是一种合乎情理的减小维数的途径，就是这么直截了当且简单。

对于一个图像（这是一个二维的信号），可能会对 2×2 的方块像素应用最大池化。每个维度方向减小为 1/2，整个图像的维数减小为 1/4。因为在隐藏层上的神经元数被除以 4，所以加速了训练过程。

通常的做法是在神经网络的整体架构中给予最大池化这一步单独的位置。这个结构看起来可能如下：

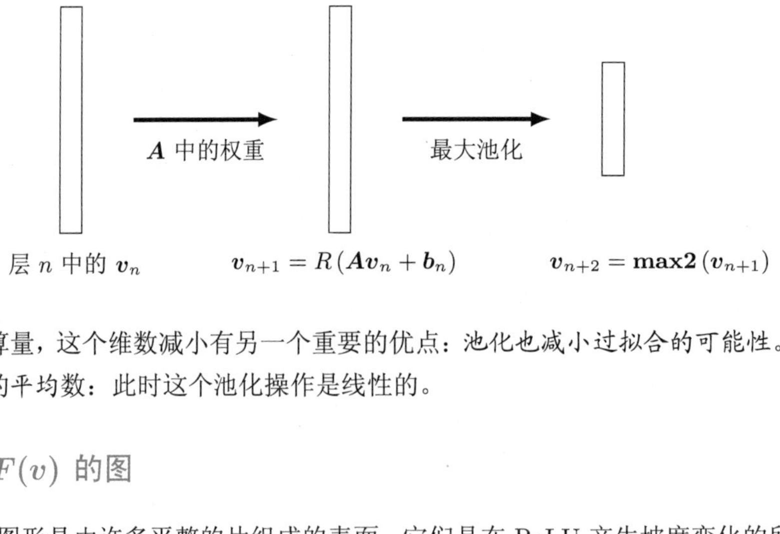

除了减少计算量，这个维数减小有另一个重要的优点：池化也减小过拟合的可能性。平均池化会保持每个池的平均数：此时这个池化操作是线性的。

学习函数 $F(v)$ 的图

$F(\boldsymbol{v})$ 的图形是由许多平整的片组成的表面，它们是在 ReLU 产生坡度变化的所有折叠处的平面或超平面。就像折纸一样，只不过该图具有无穷大的平面，而且该图可能不在 $\mathbf{R}^3$ 中，表征向量 $\boldsymbol{v} = \boldsymbol{v}_0$ 具有 $N_0 = m$ 个分量。

深度学习数学方法的一部分是估算这些扁平件的数量，并可视化它们是如何装配到一个分段线性曲面上。这个估计是来自具有单一内部层的神经网络的一个例子。每个表征向量 $\boldsymbol{v}_0$ 包含 m 个测量值，例如训练集中样本的身高、体重、年龄。

在示例中，F 在 $\boldsymbol{v}_0$ 中具有 3 个输入、1 个输出 $\boldsymbol{v}_2$。它的图是在四维空间中一个分段平坦平面的表面。该图的高度为 $\boldsymbol{v}_2 = F(\boldsymbol{v}_0)$，在三维空间中点 $\boldsymbol{v}_0$ 上面。因空间限制（以及作者的想象力有限）导致我们不能在书中画出 $\mathbf{R}^4$ 空间中的这个图。不过可以根据 3 个输入、4 个神经元和 1 个输出来尝试数一下这些扁平件。

注释1：在仅有 $m=2$ 个输入时（对每个训练例子有 2 个特征），F 的图是在三维空间的表面。

注释2：当运行在 playground.tensorflow.org 上的例子时，可以看到 F 图上的点。

该网站为 $\boldsymbol{v}_0$ 点的训练集提供了 4 个选项。可以选择层和神经元的数量，选择 ReLU 的激活函数。然后程序在应用梯度下降法来优化权重时，计数所用时期的个数（平均说来一个时期看到所有的样本一次）。如果用足够的层和神经元来正确地分类蓝色和橙色训练样本，那么会看到一个多边形将它们隔开。**这个多边形显示 $\boldsymbol{F}=\boldsymbol{0}$** 的位置就是 $z=F(\boldsymbol{v})$ 在高度 $z=0$ 时图的横截面。

这个将蓝色从橙色（或正从负：这是一个分类的过程）分开的多边形类似于在一个支持向量机中用来分离的超平面。若只能用线性方程与（位于一个蓝色球与环绕着这个球的环之间的）一条直线表示，则无法做到分离。但是，对于深度学习函数 F，这并不困难。

我们将在习题中讨论 **playground.tensorflow** 网站上的实验。

重要的注解：完全互连与卷积的比较

我们并不想误导读者。那些"完全互连的"网络通常不是最有效的。若在图像中一个像素周围的权重可以被重复用于所有其他的像素 (为什么不可以？)，则 $\boldsymbol{A}$ 的一行就是所需要的全部。该行可以将零权重赋予远处的像素。局域**卷积神经网络（CNN）**是 7.2 节的主题。**math.mit.edu/ENNUI** 网站允许读者建立一个带有池化的 CNN。

可以看到这些数目将随着神经元和层数的增加而呈指数增长，这是对深度学习功能的有用内在理解。我们非常需要这样的洞察力，因为神经网络的大小和深度使其细节难以被完全可视。

计算图形中的扁平片数：单一内部层

权重矩阵 $\boldsymbol{A}_k$ 和偏置向量 $\boldsymbol{b}_k$ 中的项很容易被计算，这些数字决定了函数 F。但是，计算 F 图中扁平片的数量要有趣得多，该数量代表神经网络的**可表达性**。$F(\boldsymbol{x},\boldsymbol{v})$ 是一个比我们完全理解的函数更复杂的函数（至少到目前为止是如此）。系统在没有明确地"思考"情况下就自行决定并采取行动。对于无人驾驶汽车，我们不久就会看到这样做的后果。

假设 $\boldsymbol{v}_0$ 有 m 个分量，同时 $\boldsymbol{A}_1\boldsymbol{v}_0+\boldsymbol{b}_1$ 有 N 个分量。有 N 个 $\boldsymbol{v}_0$ 的函数，这些线性函数沿着在 $\mathbf{R}^m$ 空间中的超平面（维数为 $m-1$）都为零。当对线性函数施以 ReLU 时，它就变成分段线性，有一条折线在这个超平面上。在这个折线的一边是倾斜的，在另一边函数值则由负变为零。

下一个矩阵 $\boldsymbol{A}_2$ 将 N 个 v_0 的分段线性函数结合起来，这样就有沿着在 $\mathbf{R}^m$ 中的不同的超平面的 N 条折线。这就描述了在典型情况下，下一层 $\boldsymbol{A}_2(\mathrm{ReLU}(\boldsymbol{A}_1\boldsymbol{v}_0+\boldsymbol{b}_1))$ 上的每个分段线性分量。

可以想象在平面上有 N 条笔直的折线（这些折线实际上是沿着在 m 维空间中的 N 个超平面），第一条折线将平面分成两片，下一条来自 ReLU 的折线会给我们留下四片。第三条折线很难目视，但是下面的图（图 7.3）显示存在着 7 片而不是 8 片。

在组合学中有一个**超平面安排**，并且存在一个 Tom Zaslavsky定理用来计数这些片断。其证明在 Stanley的教科书 *Enumerative Combinatorics*(2001) 中给出。但是，这个定理比我们所需要的更为复杂，因为它允许那些折线以所有可能的方式相交。我们这里的任务要简单些，因为我们假设这些折线处在“一般的位置”$m+1$ 条折线不相交。对于这种情况，现在采用由 Raghu、Poole 和 Kleinberg 等给出的简洁的计算方式，参见 *On the Expressive Power of Deep Neural Networks*, arXiv: 1606.05336v6。也可参见 Pascanu、Montufar 和 Bengio 发表在 arXiv 1312.6098 上的 *The Number of Response Regions*。

定理：对于在 $\mathbf{R}^m$ 空间中的 $\boldsymbol{v}$，假设 $F(\boldsymbol{v})$ 的图有沿着 N 个超平面 $H_1,\cdots,H_N$ 的折线，它们来自 N 个线性方程 $\boldsymbol{a}_i^{\mathrm{T}}\boldsymbol{v}+b_i=0$，或换言之来自在 N 个神经元处的 ReLU。然后，F 的线性片段与由 N 个超平面包围的区域数是 $r(N,m)$：

$$\boldsymbol{r(N,m)}=\sum_{i=0}^{m}\mathbf{C}_{\boldsymbol{N}}^{\boldsymbol{i}}=\mathbf{C}_{\boldsymbol{N}}^{\mathbf{0}}+\mathbf{C}_{\boldsymbol{N}}^{\mathbf{1}}+\cdots+\mathbf{C}_{\boldsymbol{N}}^{\boldsymbol{m}} \tag{4}$$

这些二项式系数是

$$\mathbf{C}_{\boldsymbol{N}}^{\boldsymbol{i}}=\frac{N!}{i!(N-i)!}\quad 其中 0!=1，\mathbf{C}_{\boldsymbol{N}}^{\mathbf{0}}=1，\mathbf{C}_{\boldsymbol{N}}^{\boldsymbol{i}}=0，对于 i>N$$

例　函数 $F(x,y,z)=\mathrm{ReLU}\,(x)+\mathrm{ReLU}\,(y)+\mathrm{ReLU}\,(z)$ 有 3 条沿着 3 个平面 $x=0$，$y=0$，$z=0$ 的折线。这些平面将 $\mathbf{R}^3$ 空间划分成 $r(3,3)=8$ 片，其中 F为$x+y+z$，$x+z$，x，0（还有 4 个）。$\mathrm{ReLU}\,(x+y+z-1)$ 给出了第四条折线及 $\mathbf{R}^3$ 空间的 $r(4,3)=15$ 片段。之所以不是 16，是因为新的折叠平面$x+y+z=1$ 不与第 8 个原始片段 $(x<0,y<0,z<0)$ 相交。

George Polya在 YouTube 上的视频《让我们教你猜想》用 5 个平面来切一块蛋糕。他帮助学生发现 $r(5,3)=26$ 块。式 (4) 允许 m 维蛋糕。

$\mathbf{R}^m$ 空间中的一个超平面产生了 $\mathrm{C}_1^0+\mathrm{C}_1^1=2$ 个区域。同时 $N=2$ 个超平面将产生 $r(2,m)=1+2+1=4$ 个区域，只要 $m>1$。当 $m=1$ 时，在一条线上有两个折，这些折将直线分成 $r(2,1)=3$ 段。

线性段的数目 $\boldsymbol{r}$ 由下面递归公式决定：

$$\boxed{r(N,m)=r(N-1,m)+r(N-1,m-1)} \tag{5}$$

为了理解这个递归，从 $\mathbf{R}^m$ 中的 $N-1$ 个超平面与 $r(N-1,m)$ 个区域开始。再增加一个超平面H（维数 $m-1$）。已经存在的 $N-1$ 个超平面将 H 切成 $r(N-1,m-1)$ 个区域。H 的每个片段将一个现存的区域分成两个，这样就在原来的 $r(N-1,m)$ 个区域基础上增加了 $r(N-1,m-1)$ 区域（图 7.3）。因此，这个递归是正确的，并且可以应用式 (5) 计算 $r(N,m)$。

计算从 $r(1,0)=r(0,1)=\mathbf{1}$ 开始，然后式 (4) 用对 $N+m$ 归纳法来证明：

$$\begin{aligned}
r(N-1,m)+r(N-1,m-1)&=\sum_{0}^{m}\mathrm{C}_{N-1}^{i}+\sum_{0}^{m-1}\mathrm{C}_{N-1}^{i}\\
&=\mathrm{C}_{N-1}^{0}+\sum_{0}^{m-1}\left[\mathrm{C}_{N-1}^{i}+\mathrm{C}_{N-1}^{i+1}\right]\\
&=\mathrm{C}_{N}^{0}+\sum_{0}^{m-1}\mathrm{C}_{N}^{i+1}=\sum_{0}^{m}\mathrm{C}_{N}^{i}
\end{aligned} \tag{6}$$

在（第二行中）方括号中的两项变成了一项，是因为这个有用的等式：

$$\mathrm{C}_{N-1}^{i}+\mathrm{C}_{N-1}^{i+1}=\mathrm{C}_{N}^{i+1}\quad \text{这样就完成了归纳}$$

Mike Giles将这个过程表述得更清楚些，他建议用图 7.3 来显示最后这个超平面 H 所起的作用。当隐藏层有许多神经元时，对 $N \leqslant m$ 有 $r=2^N$，而对 $N >> m$ 有 $r \approx N^m/m!$ 个 $F(\boldsymbol{v})$ 的线性片段。

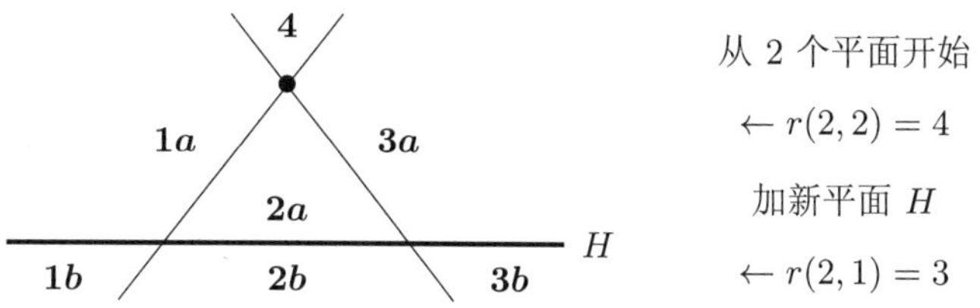

图 7.3 H 的 $r(2,1)=3$ 个片段建立了 3 个新的区域。然后在一个连续的分段线性表面 $v_2=F(v_0)$ 上的平坦区域数目变成 $r(3,2)=4+3=7$。第四条折线会跨过所有 3 个现存的折线，再建立 4 个新的区域，导致 $r\,(4,2)=11$

具有更多隐藏层的 $F(v)$ 的平坦片段

对有 2 个内部层的网络，计算 $F(\boldsymbol{v})$ 的线性片段要难得多。同样地，$\boldsymbol{v}_0$ 和 $\boldsymbol{v}_1$ 有 m 和 N_1 个分量。$\boldsymbol{A}_1\boldsymbol{v}_0+\boldsymbol{b}_1$ 在 ReLU 之前将有 N_2 个分量，每个分量就像之前描述的对一层的函数 F。然后，ReLU 的应用将在其图上产生新的折线。这些折线是沿着 $\boldsymbol{A}_1\boldsymbol{v}_0+\boldsymbol{b}_1$ 的分量为零的直线。

$\boldsymbol{A}_1\boldsymbol{v}_0+\boldsymbol{b}_1$ 的每个分量是分段线性的而不是线性的，因此它沿着一个分段线性的表面跨过零（如果的确是跨过），而非沿着一个超平面。图 7.3 中对在 $\boldsymbol{v}_1$ 中的折线的直线将会变成在 $\boldsymbol{v}_2$ 中的分段直线。因此，这个数量成为可变的了，取决于 $\boldsymbol{v}_0$、$\boldsymbol{A}_1$、$\boldsymbol{b}_1$、$\boldsymbol{A}_2$ 和 $\boldsymbol{b}_2$ 的详细情况。

但我们依然可以估计这些线性片段的数量。我们从第二个隐藏层的 N_2 个 ReLU 中得到 N_2 条分段直线（或在 $\mathbf{R}^m$ 空间中的分段线性超平面），若这些线的确是直的，则在 $\boldsymbol{v}_3=F(\boldsymbol{v}_0)$ 的每个分量中有共 N_1+N_2 条折线。然后在式 (4) 中用 N_1+N_2 来取代 N。这个估计被 Hanin和Rolnick所证实（arXiv: 1906.00904）。因此，神经元数而不是层数和深度，决定了 $F(\boldsymbol{x},\boldsymbol{v})$ 中的线性片段数。

复合 $F_3(F_2(F_1(v)))$

“复合”这个词可以简单地代表“矩阵相乘”，若所有函数都是线性的，$F_k(\boldsymbol{v})=\boldsymbol{A}_k\boldsymbol{v}$，则 $F(\boldsymbol{v}_0)=\boldsymbol{A}_3\boldsymbol{A}_2\boldsymbol{A}_1\boldsymbol{v}_0$ 只是一个矩阵。对于非线性的 F_k，其含义是一样的：首先是 $\boldsymbol{v}_1=F_1(\boldsymbol{v}_0)$，然后是 $\boldsymbol{v}_2=F_2(\boldsymbol{v}_1)$，最后是 $\boldsymbol{v}_3=F_3(\boldsymbol{v}_2)$。这个**复合$\boldsymbol{F_3(F_2(F_1(v_0)))}$** 的运算功能从创建函数的角度来说要远比加法功能强大。

对于一个神经网络，复合产生连续分段线性函数 $F(\boldsymbol{v}_0)$。Hilbert在 1900 年列出的 23 个未解决的问题中，第 13 个问题就是关于所有连续函数的问题。这个问题的著名泛化的表述就是：

> 是否 3 个自变量的每个连续函数 $F(x,y,z)$ 是两个自变量的连续函数 $G_1,\cdots,G_N$ 的组合？答案是对的。

Hilbert 看上去是期待一个否定的答案。但是 Vladimir Arnold在 1957 年给出了一个肯定的答案。他的老师 Andrey Kolmogorov之前已经从 3 变量函数中建立了多元函数。

其他一些相关的问题有否定的答案。如果 $F(x,y,z)$ 具有连续的导数，所有的 2 变量函数有连续的导数或许是不可能的（Vitushkin），并且要构造 2 变量的连续函数 $F(x,y)$ 作为 1 变量的连续函数（这个终极的第 13 个问题），必须允许有加法。2 变量函数 xy 和 x^y 采用了 1 变量函数 exp 、log 和 log log:

$$\boldsymbol{xy = \exp(\log x + \log y), \qquad x^y = \exp(\exp(\log y + \log\log x))} \tag{7}$$

我们从网站上就学到这些。*Kolmogorov's Heritage in Mathematics* (Springer, 2007) 将这些问题显式地连接到神经网络上。

Hilbert 的回答在 $\mathbf{R}^m$ 空间中的连续分段线性函数是否依然是对的？

神经网络给了普适的近似，深度给出了更多的信息

一个关键问题是用经精心选择的权重 $\boldsymbol{x}$ 的深度网络函数 $F(\boldsymbol{x},\boldsymbol{v})$ 来近似函数 $f(\boldsymbol{v})$。下面是三个专门的问题：

(1) (定性的) 对任何一个在 $\mathbf{R}^d$ 空间中立方体内的 $\boldsymbol{v}$ 的连续函数 $f(\boldsymbol{v})$，一个具有足够多的层、神经元和权重 $\boldsymbol{x}$ 的网络能否得到对 f 的均匀近似至要求的精度 $\epsilon > 0$？这个性质称为**普适性**。

$$\boxed{\text{若 } f(v) \text{ 是连续的，则存在 } x \text{ 使得 } |F(\boldsymbol{x},\boldsymbol{v}) - f(\boldsymbol{v})| < \epsilon\text{，对所有的 } \boldsymbol{v} \text{ 成立}} \tag{8}$$

(2) (定量的) 若 $f(\boldsymbol{v})$ 属于光滑函数的赋范空间 S，则当网络有更多的权重时，近似误差的改进能有多快？

$$\boxed{\text{对 } f \text{ 近似的精确度} \qquad \min_{\boldsymbol{x}} \|F(\boldsymbol{x},\boldsymbol{v}) - f(\boldsymbol{v})\| \leqslant C\|f\|_S} \tag{9}$$

函数空间 S 经常用 f 的 $\boldsymbol{\ell^2}$、$\boldsymbol{\ell^1}$ 或 $\boldsymbol{\ell^\infty}$ 范数，及其直到 r 阶的偏导数。随着光滑性 r 的增加，C 减小。对于网格大小为 h 的均匀网格上的连续分段线性近似，经常有 $C = O(h^2)$。

(3) 什么时候深度网络能给出比样条插值或浅的网络更好的近似？

对问题 (1) 的回答是对。维基百科指出，一层隐藏层（要有足够的神经元）足以达到精度 ϵ 之内。George Cybenko 在 1989 年给出的证明使用了 S 型函数（Sigmod）而不是 ReLU，这个定理一直不断被扩展。Ding-Xuan Zhou 证明了可以要求 $\boldsymbol{A}_k$ 是卷积矩阵（这个结构就变成一个 CNN）。卷积相对任意矩阵有少得多的权重，而且普适性允许有许多卷积。

当 f 有 r 个变量，d 阶导数时，在问题 (2) 中的通常误差限是 $Cn^{-r/d}$。Mhaskar、Liao 和 Poggio 引入了建立在 2 变量函数上的复合函数，就如在 $f_3(f_1(v_1,v_2), f_2(v_1,v_2))$ 的情形。然后误差限跌至 $Cn^{-r/2}$。

一个复合函数差是 2 变量差的一个复合。

对问题 (3)，Yarotsky 和 Telgarsky 确认了具有超快近似的函数。在文章 *Nonlinear Approximation and (Deep) ReLU Networks* (2019) 中，Daubechies、DeVore 和 Foucart 等确认了为深度网络构建的函数类。复合 $F_L(\cdots(F_2(F_1)))$ 是一个关键。

[1] Cybenko G. Approximation by superpositions of a sigmoidal function[J]. *Mathematics of Control, Signals, and Systems*, 1989, **7**: 303-314.

[2] Hornik K. Approximation capabilities of multilayer feedforward networks[J]. *Neural Networks*, 1991, **4**: 251-257.

[3] Mhaskar H, Liao Q, Poggio T. *Learning functions: When is deep better than shallow*[J]. arXiv: 01603.00988v4, 29 May 2016.

[4] Zhou D X. *Universality of deep convolutional neural networks*[J]. arXiv: 1805. 10769, 20 Jul 2018.

[5] Rolnick D, Tegmark M. *The power of deeper networks for expressing natural functions*[J]. arXiv: 1705.05502, 27 Apr 2018.

习题 7.1

1. 在对 $r(N,m)$ 的式 (4) 之后的例子 $F = \mathrm{ReLU}\,(x) + \mathrm{ReLU}\,(y) + \mathrm{ReLU}\,(z)$ 中，假设第 4 次折叠来自 $\mathrm{ReLU}\,(x+y+z)$。其折叠平面 $x+y+z=0$ 现在与原始的 3 个折叠平面 $x=0$，$y=0$，$z=0$ 在单个点 $(0,0,0)$ 相交——这是一种十分特殊的情形。描述 $F=$ 这 4 个 ReLU 和的 16（不是 15）个线性片段。
2. 假设在一个隐藏层上有 $m=2$ 个输入和 N 个神经元，那么 $F(x,y)$ 是 N个 ReLU 的线性组合。写出 $r(N,2)$ 的公式，说明 F 的线性片段的个数有首项 $\dfrac{1}{2}N^2$。
3. 假设在一个平面上有 $N=18$ 条直线。若 9 条是垂直的，9 条是水平的，这个平面有多少片段？与直线在一般的位置且没有三条线相交时的 $r(18,2)$ 比较。
4. 什么样的权重矩阵 $\boldsymbol{A}_1$ 与偏置向量 $\boldsymbol{b}_1$ 会产生 $\mathrm{ReLU}\,(x+2y-4)$、$\mathrm{ReLU}\,(3x-y+1)$ 和 $\mathrm{ReLU}\,(2x+5y-6)$，作为在第一个隐藏层的 $N=3$ 个分量？（输入层有 2 个分量 x 和 y）如果输出 w 是这 3 个 ReLU 的和，在 $w(x,y)$ 中有几个片段？
5. 将一条直线折四次得到 $r\,(4,1)=5$ 个片段。将一个平面折四次得到 $r\,(4,2)=11$ 个片段。按照式 (4)，$\mathbf{R}^3$ 折叠 4 次可以得到多个平面子集？$\mathbf{R}^3$ 的平面子集在二维平面上相交（如门框）。
6. 二项式定理给出了 $(\boldsymbol{a}+\boldsymbol{b})^N = \sum\limits_{0}^{N} \mathrm{C}_N^k a^k b^{N-k}$ 中的系数 C_N^k。

   对于 $a=b=1$，这揭示了这些系数及当 $m \geqslant N$ 时的 $r(N,m)$ 的哪些信息？
7. 在图 7.3 中，在 $z=F(x,y)$ 的图中再折叠一次会产生 11 个平坦的片段。验证式 (4) 给出了 $r\,(4,2)=11$。5 次折叠后会有多少片段？
8. 用文字解释或用图表展示为什么关于“连续分段线性函数”（Continuous Piecewise Linear，CPL）的这些陈述是对的：

$\boldsymbol{M}$	两个 CPL 函数 $F_1(x,y)$、$F_2(x,y)$ 的最大值 $M(x,y)$ 是 CPL。
$\boldsymbol{S}$	两个 CPL 函数 $F_1(x,y)$、$F_2(x,y)$ 的和 $S(x,y)$ 是 CPL。
$\boldsymbol{C}$	若一元函数 $y=F_1(x)$、$z=F_2(y)$ 是 CPL。 复合函数 $C(x)=z=(F_2(F_1(x))$ 也是。

9. 对每个特征向量 $\boldsymbol{v}_0$ 有 $m = N_0 = 4$ 个输入，在 3 个隐藏层上各有 $N = 6$ 个神经元的网络中，有多少权重和偏差？这个网络有多少激活函数 (ReLU)?
10. (经验上) 在一个有两层内层和总共 10 个神经元的神经网络中，应该把更多神经元放在第一层还是第二层?

习题 11～习题 13 使用网站 playground.tensorflow.org的蓝色球、橙色环的例子，其中有一个隐藏层，由 ReLU（而不是 Tanh）激活。当学习成功时，在下面的图中，一个白色多边形将蓝色与橙色分开。

11. 当 $N = 4$ 时，是否成功？$F(\boldsymbol{x})$ 的平坦片段数 $r(N, 2)$ 是多少？白色的多边形显示了 $F(\boldsymbol{x})$ 图中平坦片段经过基平面 $z = 0$ 时的符号变化。这个多边形有多少条边?
12. 减少到每层有 $N = 3$ 个神经元。F 还能正确区分蓝色和橙色吗？$F(\boldsymbol{v})$ 的图中有多少平坦片段 $r(3, 2)$? 将它们分隔开的多边形有几条边?
13. 进一步减少到每层有 $N = 2$ 个神经元。学习依然成功吗？平坦片段 $r(2, 2)$ 的个数是多少？$F(\boldsymbol{v})$ 的图中有多少次折叠？白色分隔中有多少条边?
14. 例 2 在两个象限中都有蓝色与橙色。在一层中，$N = 3$、甚至 $N = 2$ 个神经元能否正确分类训练数据？需要多少个平坦片段才能成功？描述 $N = 2$ 时 $F(\boldsymbol{v})$ 的异常图。
15. 例 4 中有蓝色与橙色的螺旋就难多了！有一个隐藏层，网络能学会这些训练数据吗？描述 N 增加时的结果。
16. 尝试那个有两个隐藏层的困难例子。从 $4 + 4$、$6 + 2$、$2 + 6$ 个神经元开始。$2 + 6$ 相比于 $6 + 2$ 是更好还是更差，或是更不常见?
17. 有多少个神经元能使具有两个隐藏层的螺旋完全分离？具有较少神经元的三层能比二层更成功吗?

    发现 $4+4+2$、$4+4+4$ 个神经元对那个螺旋图给出了非常不稳定的迭代。在训练损失中存在着尖刺，直到算法停止试下去。playground.tensorflow.org 是 Daniel Smilkov 给我们的礼物。
18. 求在一个平面上的 20 条折线产生的最小的片段数。
19. 10 条垂直的与 10 条水平的折线会产生多少个片段?
20. 求在一个平面上的 20 条折线产生的最大片段数。

7.2 卷积神经网络

本节介绍具有不同架构的一些网络。迄今为止，每一层是完全连接到下一层的。若一层有 n 个神经元，下一层有 m 个神经元，则连接这些层的矩阵 $\boldsymbol{A}$ 就是 $m \times n$ 的。在 $\boldsymbol{A}$ 中有 mn 个独立的权重。选择这些来自所有层的权重，得到与训练数据相匹配的最终输出。优化中需要的导数是通过反向传播计算出来的。现在在每层只有 3 个或 9 个独立的权重。

完全连接的网络对于图像识别来讲非常没效率。首先，这些权重矩阵 $\boldsymbol{A}$ 十分巨大。若一个图像有 200×300 像素，则其输入层有 60000 个元素。对第一个隐藏层的权重矩阵 $\boldsymbol{A}_1$ 有 60000 列。问题是：我们在寻找相隔很远的像素之间的连接。在图像中重要的连接几乎总是**局域**的。

文字文本与音乐有一个一维局域结构：一个时间序列。

图像有一个二维的局域结构：红-绿-蓝共 3 个复制。

视频有一个三维局域结构：依时间次序排列的图像。

不止于此，对结构的搜索在图像中的各处本质上是一样的，通常没有理由用不同的方法来处理文本或图像的不同部分。可以在所有的部分用同样的权重，分享权重。像素之间的局域连接的神经网络是**移位不变的**，到处都一样。

这个结果大大简化了独立权重的数量。若每个神经元只连到下一层的 E 个神经元，则这些连接对所有的神经元都是一样的。因此，在这些层之间的矩阵 $\boldsymbol{A}$ 只有 E 个独立的权重 x，对这些权重的优化变得快很多。实际上，我们有时间可创建若干不同的管道，分别有它们自己的 E 或 E^2 个权重，并且能够在不同的方向（水平、垂直和对角线）寻找连接的边。

在一维情形下，一个带状的移位不变矩阵是 **Toeplitz 矩阵**或一个**滤波器**。用矩阵 $\boldsymbol{A}$ 相乘是一个**卷积**$\boldsymbol{x} * \boldsymbol{v}$。在所有层之间的连接网络是一个**卷积神经网络** (**CNN** 或 **ConvNet**)。这里 $E=3$。

$$\boldsymbol{A}=\begin{bmatrix} x_1 & x_0 & x_{-1} & 0 & 0 & 0 \\ 0 & x_1 & x_0 & x_{-1} & 0 & 0 \\ 0 & 0 & x_1 & x_0 & x_{-1} & 0 \\ 0 & 0 & 0 & x_1 & x_0 & x_{-1} \end{bmatrix} \qquad \begin{array}{l} \boldsymbol{v}=(v_0,v_1,v_2,v_3,v_4,v_5) \\ \boldsymbol{y}=\boldsymbol{A}\boldsymbol{v}= \quad (y_1,y_2,y_3,y_4) \\ N+2\text{个输入与 } N \text{ 个输出（此处 } N=4\text{）} \end{array}$$

将 $\boldsymbol{A}$ 看作移位矩阵 $\boldsymbol{L}$、$\boldsymbol{C}$、$\boldsymbol{R}$：左、中、右的组合是有价值的。

$$\textbf{每个移位矩阵有一个值为 1 的对角线} \qquad \boldsymbol{A}=\boldsymbol{x_1 L}+\boldsymbol{x_0 C}+\boldsymbol{x_{-1} R}$$

$$\text{如 } \boldsymbol{L}=\begin{bmatrix} 1 & 0 & 0 & 0 & 0 & 0 \\ 0 & 1 & 0 & 0 & 0 & 0 \\ 0 & 0 & 1 & 0 & 0 & 0 \\ 0 & 0 & 0 & 1 & 0 & 0 \end{bmatrix}$$

然后 $\boldsymbol{y}=\boldsymbol{A}\boldsymbol{v}=\boldsymbol{x_1 L v}+\boldsymbol{x_0 C v}+\boldsymbol{x_{-1} R v}$ 的导数特别简单：

$$\boxed{\frac{\partial \boldsymbol{y}}{\partial x_1}=\boldsymbol{L}\boldsymbol{v}, \qquad \frac{\partial \boldsymbol{y}}{\partial x_0}=\boldsymbol{C}\boldsymbol{v}, \qquad \frac{\partial \boldsymbol{y}}{\partial x_{-1}}=\boldsymbol{R}\boldsymbol{v}} \tag{1}$$

二维卷积

当输入 $\boldsymbol{v}$ 是一个图像时，与 $\boldsymbol{x}$ 的卷积变成二维的。x_{-1}、x_0、x_1 变成 $E^2=3^2$ 个独立的权重。输入 v_{ij} 有两个索引，同时 $\boldsymbol{v}$ 有 $(N+2)^2$ 个像素。而输出则仅有 N^2 个像素，除非在边界上填充零。二维卷积 $\boldsymbol{x} * \boldsymbol{v}$ 是9 个位移的线性组合：

$$\textbf{权重}\begin{bmatrix} x_{11} & x_{01} & x_{-11} \\ x_{10} & x_{00} & x_{-10} \\ x_{1-1} & x_{0-1} & x_{-1-1} \end{bmatrix} \quad \begin{array}{l} \textbf{输入图像} \quad v_{ij} \quad i,j \text{ 从}(0,0) \text{ 到}(N+1,N+1) \\ \textbf{输出图像} \quad y_{ij} \quad i,j \text{ 从}(1,1) \text{ 到}(N,N) \\ \textbf{移位}\boldsymbol{L},\boldsymbol{C},\boldsymbol{R},\boldsymbol{U},\boldsymbol{D}\textbf{表示}\textbf{L}\text{eft}, \textbf{C}\text{enter}, \textbf{R}\text{ight}, \textbf{U}\text{p}, \textbf{D}\text{own} \end{array}$$

$$\boxed{\boldsymbol{A}=x_{11}\boldsymbol{LU}+x_{01}\boldsymbol{CU}+x_{-11}\boldsymbol{RU}+x_{10}\boldsymbol{L}+x_{00}\boldsymbol{C}+x_{-10}\boldsymbol{R}+x_{1-1}\boldsymbol{LD}+x_{0-1}\boldsymbol{CD}+x_{-1-1}\boldsymbol{RD}}$$

这个式子将卷积矩阵 $\boldsymbol{A}$ 表示成 9 个位移的组合。输出 $\boldsymbol{y}=\boldsymbol{Av}$ 的导数也特别简单。用这 9 个导数构建梯度 $\boldsymbol{\nabla F}$、$\boldsymbol{\nabla L}$，它们在随机梯度下降法中用来改进权重 $\boldsymbol{x}_k$。下一个迭代 $\boldsymbol{x}_{k+1}=\boldsymbol{x}_k-s\boldsymbol{\nabla L}_k$ 产生的权重更好地拟合从训练数据得到的正确输出。

$\boldsymbol{y}=\boldsymbol{Av}$ 的这 9 个导数是在反向传播中计算出来的：

$$\frac{\partial \boldsymbol{y}}{\partial x_{11}}=\boldsymbol{LUv},\quad \frac{\partial \boldsymbol{y}}{\partial x_{01}}=\boldsymbol{CUv},\quad \frac{\partial \boldsymbol{y}}{\partial x_{-11}}=\boldsymbol{RUv},\quad \cdots,\quad \frac{\partial \boldsymbol{y}}{\partial x_{-1-1}}=\boldsymbol{RDv} \tag{2}$$

CNN 能够轻松使用 $\boldsymbol{B}$ **个平行的通道**（并且当深入到网络时，B 还可以变化）。$\boldsymbol{x}$ 中的权重数因权重分享和权重局域性这两个特征而大为减小，以至于不再需要，也不能指望一组 $E^2=9$ 个权重完成卷积网络的全部工作。

下面列出卷积运算含义的重点。在一维情形下，形式上的代数定义 $y_j=\sum x_i v_{j-i}=\sum x_{j-k}v_k$ 包括了 v 或 x 的“翻转”，这是我们所不希望的混乱的根源。代之以着眼于整个信号（一维）左移位 $\boldsymbol{L}$ 和右移位 $\boldsymbol{R}$，以及在二维情形下的上移位 $\boldsymbol{U}$ 和下移位 $\boldsymbol{D}$。每个移位是一个对角线为 1 的矩阵。这样就不用记住翻转下标了。

卷积是移位矩阵（产生一个滤波器或 Toeplitz 矩阵）的组合
循环卷积是循环移位（产生一个循环矩阵）的组合
连续卷积是移位的连续组合（积分）
在深度学习中，组合中的系数是将要被学习到的“权重”

二维卷积网络

现在介绍 CNN 的成功应用：**图像识别**。ConvNet 和深度学习已经在计算机视觉领域引发小小的革命，其应用包括自动驾驶的汽车、无人机、医疗成像、安保、机器人等。我们的兴趣在于代数和几何，以及使得所有这些发生的直观感觉。

在二维情形下（对于图像），$\boldsymbol{A}$ 是**块 Toeplitz**矩阵，每个小块是 $E\times E$ 的，这是计算机工程中熟悉的结构。待优化的独立权重的数量 E^2 远小于一个完全连接的网络。

同样的权重被用于所有的像素周围（位移不变性 shift in variance），这个矩阵产生了一个二维的卷积 $\boldsymbol{x}*\boldsymbol{v}$。通常，$\boldsymbol{A}$ 称为**滤波器**。

为了理解一个图像，首先看它是在何处发生变化的，即找到图像的边。我们的眼睛寻找尖锐的切割与陡峭的梯度。计算机通过建立一个滤波器来完成同样的工作。在一个光滑函数与一个移动的滤波器之间的点积会是光滑的。但是，当图像中的一条边与一个对角线的墙对齐时，可以看到一个光刺凸起。那个点积 (固定的图像) · (移动的图像) 就是两个图像的“**卷积**”。

对二维或更高维度，困难在于其边有许多方向。需要用水平、垂直和对角线的滤波器来测试这些图像。而滤波器有许多用途，包括光滑化、梯度检测和边的检测。

1. 光滑化 对一个二维函数 f，自然的光滑化算子是与高斯函数的卷积：

$$\boldsymbol{G}f(x,y)=\frac{1}{2\pi\sigma^2}\mathrm{e}^{-(x^2+y^2)/2\sigma^2}*f=\frac{1}{\sqrt{2\pi}\,\sigma}\mathrm{e}^{-x^2/2\sigma^2}*\frac{1}{\sqrt{2\pi}\,\sigma}\mathrm{e}^{-y^2/2\sigma^2}*f(x,y)$$

这表明 $\boldsymbol{G}$ 作为一维光滑化算子的一个乘积。高斯函数处处都是正的，因此它是在取平均，Gf 不能有一个比 f 更大的最大值。滤波器移除了噪声（代价是对尖锐的边造成畸变）。对小的方差

σ^2，细节会变得更清晰一些。

对一个二维向量（一个矩阵 f_{ij} 而不是函数 $f(x,y)$），这个高斯函数必须变成离散的。就失去了径向对称的完美性，这是因为矩阵 $\boldsymbol{G}$ 是方形的。下面是一个 5×5 的离散高斯函数$\boldsymbol{G}$ $(E=5)$：

$$\boldsymbol{G}=\frac{1}{273}\begin{bmatrix}1&4&7&4&1\\4&16&26&16&4\\7&26&41&26&7\\4&16&26&16&4\\1&4&7&4&1\end{bmatrix}\approx\frac{1}{289}\begin{bmatrix}1\\4\\7\\4\\1\end{bmatrix}\begin{bmatrix}1&4&7&4&1\end{bmatrix} \tag{3}$$

我们也失去了一维滤波器的精确乘积。为了更接近些，采用一个更大的矩阵 $\boldsymbol{G}=\boldsymbol{x}\boldsymbol{x}^{\mathrm{T}}$，其中 $\boldsymbol{x}=(0.006,0.061,0.242,0.383,0.242,0.061,0.006)$，并且舍去那些小的、外部的像素。

2. 梯度检测 图像处理（不同于采用 CNN 的学习）需要有能检测梯度的滤波器，它们包含特定的权重。这里提一下几个简单的滤波器，只是为了指出它们是如何求得梯度的 $\boldsymbol{f}$ 的一阶导数。

一维
$E=3$ $\quad (x_1,x_0,x_{-1})=\left(-\dfrac{\mathbf{1}}{\mathbf{2}},\mathbf{0},\dfrac{\mathbf{1}}{\mathbf{2}}\right)\quad \left[\text{其卷积形式是}\left(\dfrac{1}{2},0,-\dfrac{1}{2}\right)\right]$

在这种情况下，$\boldsymbol{Av}$ 的分量是中心差分：$(\boldsymbol{Av})_i=\dfrac{1}{2}v_{i+1}-\dfrac{1}{2}v_{i-1}$。

当 $\boldsymbol{v}$ 的分量从左到右线性地增加时，如 $\boldsymbol{v}_i=3i$，滤波器的输出是 $\dfrac{1}{2}3(i+1)-\dfrac{1}{2}3(i-1)=3=$ 正确的梯度。

到 $\left(\dfrac{1}{2},0,-\dfrac{1}{2}\right)$ 的翻转来自卷积定义（如 $\sum x_{i-k}v_k$）。

二维 这些3×3的Sobel 算子 近似$\partial/\partial x$ 和$\partial/\partial y$：

$$\boldsymbol{E=3},\quad \frac{\boldsymbol{\partial}}{\boldsymbol{\partial x}}\approx\frac{1}{2}\begin{bmatrix}-1&0&1\\-2&0&2\\-1&0&1\end{bmatrix},\quad \frac{\boldsymbol{\partial}}{\boldsymbol{\partial y}}\approx\frac{1}{2}\begin{bmatrix}-1&-2&-1\\0&0&0\\1&2&1\end{bmatrix} \tag{4}$$

对函数而言，梯度向量 $\boldsymbol{g}=\operatorname{grad} f$，$\|\boldsymbol{g}\|^2=|\partial f/\partial x|^2+|\partial f/\partial y|^2$。

这些权重是为图像处理而建立的，为了定位一个典型图像的最重要特征，即其边缘，这些可以是一个二维卷积矩阵 $\boldsymbol{A}$ 中的 $E\times E$ 的滤波器。但是请记住，在深度学习中类似 $\dfrac{1}{2}$、$-\dfrac{1}{2}$ 的权重不是被用户所选定的，它们是从训练数据中建造的。

本书 4.2 节和 4.5 节介绍、研究循环卷积和 Toeplitz 矩阵。移位不变性导致了傅里叶变换的应用。但是在一个 CNN 中，ReLU 最有可能用来作用在每个神经元上。这个网络可能包括零填充，以及最大池化层。因此，不能指望应用傅里叶分析的完全功能。

3. 边缘检测 在梯度方向被估计出后，寻找边缘，即想要知道的最有价值的特征。“Canny 边缘检测”是一种高度发展的方法。现在不要光滑化操作，它只会将边缘变得模糊。好的滤波器变成了高斯函数的拉普拉斯算子：

$$E\,f(x,y)=\nabla^2[g(x,y)*f(x,y)]=[\nabla^2\,g(x,y)]*f(x,y) \tag{5}$$

高斯函数的拉普拉斯算子运算结果 $\nabla^2 G$ 是 $(x^2+y^2-2\sigma^2)\,\mathrm{e}^{-(x^2+y^2)/2\sigma^2}/\pi\sigma^4$。

卷积滤波器的步长

重要点 迄今为止所描述的滤波器都有一个步长 $\boldsymbol{S}=1$。对于大一点的步长，这个移动窗口在图像上移动时步长会更长些。下面是一个一维的、步长为 2 的、有 3 个权重的滤波器的矩阵 $\boldsymbol{A}$。特别注意，输出 $\boldsymbol{y}=\boldsymbol{A}\boldsymbol{v}$ 的长度减少为 1/2（之前是 4 个输出，而现在是 2 个）：

$$\textbf{步长}\boldsymbol{S}=\mathbf{2}\;,\qquad \boldsymbol{A}=\begin{bmatrix} x_1 & x_0 & x_{-1} & 0 & 0 \\ 0 & 0 & x_1 & x_0 & x_{-1} \end{bmatrix} \tag{6}$$

现在非零的权重（如在矩阵 $\boldsymbol{L}$ 中的 x_1）是相隔两列（对步长 S 是相隔 S 列）。对二维情形，一个步长 $S=2$ 在每个方向上都减少为 1/2，而整个输出则是减小为 1/4。

扩展信号

当 $\boldsymbol{A}$ 不是方形时，为了不在图像的边缘上丢失神经元，我们能够扩展输入层。我们正在“发明”图像边界之外的组成成分。然后，输出 $\boldsymbol{y}=\boldsymbol{A}\boldsymbol{v}$ 就适合这个图像块，即输入和输出有同样的维数。

一种最简单常用的方法是**零填充**，即选择所有额外的成分为零。$\boldsymbol{A}$ 的左边和右边多余的列乘以这些零。之间有一个正方形的 Toeplitz 矩阵，就像 4.5 节那样。它依然是由相对于 $\boldsymbol{A}$ 中的分量数小得多的权重集所决定。

对那些周期信号来说，零填充被卷起来替代。Toeplitz 矩阵变成一个循环体（4.2 节）。离散傅里叶变换告诉我们其特征值。特征向量总是傅里叶矩阵的列。乘积 $\boldsymbol{A}\boldsymbol{v}$ 是一个循环卷积，并且适用卷积规则。

一个更准确的选择是通过反射来越过边界。若信号的最后一个分量是 v_N，并且矩阵要求 v_{N+1}、v_{N+2}，我们可以重新用 v_N、v_{N-1}（或者 v_{N-1}、v_{N-2}）。不管 $\boldsymbol{v}$ 的长度与 $\boldsymbol{A}$ 的大小，$\boldsymbol{A}$ 中所有矩阵分量来自同样的 E 个权重 $x_{-1}\sim x_1$ 或 $x_{-2}\sim x_2$（对二维情形，则是 E^2 个权重）。

注解：另一种方法。我们可以接受原始的维数（这里是 128）并且减少到 64 来应用**两个滤波器 $\boldsymbol{C_1}$、$\boldsymbol{C_2}$**。每个滤波器的输出是从 128 到 64 降采样，总的样本数保持在 128。若这两个滤波器是恰当地互相独立的，则没有信息会丢失，并且原始的 128 能够被恢复。

这个过程是线性的。两个 64×128 矩阵被合成至 128×128（正方形的）。如果这个矩阵是可逆的，就如我们打算做的，滤波器栈是没有损失的。

这是 CNN 通常所做的：增加权重矩阵 $\boldsymbol{A}$ 的通道，以便捕获训练样本更多的表征。这个神经网络有一个滤波器组（包含 B 个滤波器）。

滤波器组与小波

由上述方法得到了一个**滤波器组**，只是 B 个不同的滤波器（卷积）。在信号处理中，一种重要的情形是将一个低通滤波器$\boldsymbol{C}_1$ 与一个高通滤波器 $\boldsymbol{C}_2$ 结合起来。$\boldsymbol{C}_1\boldsymbol{v}$ 是一个光滑化之后的信号（以低频率分量为主），输出 $\boldsymbol{C}_2\boldsymbol{v}$ 则以高频分量为主。理想滤波器的完美频率截止特性不可能被有限矩阵 $\boldsymbol{C}_1$、$\boldsymbol{C}_2$ 实现。

在两个滤波器中共有 256 个输出分量，两个滤波器的输出都被亚采样，其结果是 128 个分量，近似地被分离为平均和差别（低频率和高频率）。矩阵是 128×128 的。

小波 小波是对低通输出的 64 个分量 $(\downarrow 2)\,\boldsymbol{C}_1\boldsymbol{x}$ 重复同样的步骤。然后 $(\downarrow 2)\,\boldsymbol{C}_1\,(\downarrow 2)\,\boldsymbol{C}_1\boldsymbol{x}$ 是一个平均的平均。它的频率集中在所有频率的最低的 $1/4(|\omega| \leqslant \pi/4)$。有 32 个分量的中间频率输出 $(\downarrow 2)\,\boldsymbol{C}_2\,(\downarrow 2)\,\boldsymbol{C}_1\boldsymbol{x}$ 将不再被细分。因此 $128 = 64 + 32 + 16 + 16$。

在无穷细分的极限下就出现了小波。这个低-高频率的分离是信号处理的一个重要课题。但对深度学习而言，它还没有那么重要。然而对于 CNN 的多通道，频率分离是有效的。

输入、输出个数的计量

在一个一维问题中，假设一层有 N 个神经元。我们应用一个有 E 个非零权重的卷积矩阵。步长是 S，并且在每一端用 P 个零来填充输入信号。这个滤波器产生多少个输出（M 个数）？

$$\textbf{Karpathy 公式} \qquad \boldsymbol{M = \frac{N - E + 2P}{S} + 1} \tag{7}$$

对一个二维或三维问题，这个一维公式应用到每个方向。

假设 $E = 3$，步长 $S = 1$。在每一端加一个零（$P = 1$），然后

$$M = N - 3 + 2 + 1 = N \qquad (\text{输入长度} = \text{输出长度})$$

这个有步长 $S = 1$ 的 $2P = E - 1$ 的情形是 CNN 中最常见的架构。

若不用零来填充输入信号，则 $P = 0$，$M = N - 2$（就像本节开始时 4×6 矩阵 $\boldsymbol{A}$ 的情形）。在二维情况下，这变成了 $M^2 = (N-2)^2$。这样我们丢失了神经元，但是避免了零填充。

假设步长 $S = 2$，那么 $N - E$ 必定是一个偶数；否则，式 (4) 会产生一个分数。下面是两个成功的例子，其中步长 $S = 2$，$N - E = 5 - 3$ 以及在 5 个输入的两端填充 $P = 0$ 或 $P = 1$：

$$\begin{matrix}\textbf{步长}\\ \textbf{2}\end{matrix} \quad \begin{bmatrix} x_{-1} & x_0 & x_1 & 0 & 0 \\ 0 & 0 & x_{-1} & x_0 & x_1 \end{bmatrix} \begin{bmatrix} x_{-1} & x_0 & x_1 & 0 & 0 & 0 & 0 \\ 0 & 0 & x_{-1} & x_0 & x_1 & 0 & 0 \\ 0 & 0 & 0 & 0 & x_{-1} & x_0 & x_1 \end{bmatrix}$$

对二维的图像或张量的每个方向都这样计数。

深度卷积网络

图像识别是深度学习的一个主要应用（也是主要的成果）。这个成果来自 AlexNet 的创立和卷积网络的发展。下面将描述用于图像识别局域卷积矩阵的深度网络。Simonyan、Zisserman的 2015 ICLR 获奖文章推荐一个带有小的 3×3 滤波器，$L = 16 \sim 19$ 层的深度架构。这个网络的宽度为 B 个平行通道（每一层有 B 个图像）。

若宽度 B 对所有的层都一样，并且所有的滤波器都有 $E \times E$ 个局域权重，则可以直接估计出在网络中的权重数 W：

$$\boldsymbol{W} \approx \boldsymbol{LBE}^2 \qquad \boldsymbol{L}\text{ 层，}\boldsymbol{B}\text{ 通道，}\boldsymbol{E}\times\boldsymbol{E}\text{ 局部卷积} \tag{8}$$

注意，W 并不依赖于每一层上的神经元数。这是因为不管其大小，$\boldsymbol{A}$ 总是有 E^2 个权重。池化将在不改变 E^2 的前提下改变层的大小。

但是 B 通道的数量可以改变，并且经常以一些全连接的层来结束 CNN。这将剧烈地改变权重数 W。

讨论 Simonyan 和 Zisserman 所做的决定以及其他选项是十分有价值的。他们的选择导致采用 $W \approx 135000000$ 个权重。那些计算是在 4 个 NVIDIA GPU上进行的，同时训练一个网络要 $2 \sim 3$ 周。读者可能不会有那么强的计算能力（仅需处理较小的问题），因此网络的超参数 L、B 会减小。但重要的原则依然是一样的。

这里的关键点是建议减小局部卷积的大小 E。5×5 与 7×7 滤波器被排除。实际上，一个 1×1 卷积层能够作为引入一个额外的 ReLU 栈的方法，就像在下面将要讨论的 ResNet。

他们将三个卷积层（其中每一层都有 3×3 滤波器）与一个单层卷积（有不那么局部的 7×7 滤波器）进行了比较。他们比较了 27 个权重与 49 个权重，以及三个非线性层与一个非线性层。在这两种情况下，单一数据点的影响都在垂直与水平方向在图像或 RGB 图像 $(B=3)$ 中扩展到三个邻近点。结论是：带有额外非线性的 3×3 滤波器比每一层有更多的神经元的效果要好。

多类网络的 Softmax 输出

在辨认数字时，可能有 10 个输出。对字母与其他符号，有 26 个或更多输出。对于多类输出，需要一种恰当的方式来决定最后一层（从 $\boldsymbol{v}$ 开始的神经网络中的输出层 $\boldsymbol{w}$）。“Softmax” 取代了逻辑回归中的双输出情形。**我们正在将 $\boldsymbol{n}$ 个数转换成概率**。

输出 $w_1,\cdots,w_n$ 被转换成加起来等于 1 的概率 $p_1,\cdots,p_n$：

$$\textbf{Softmax} \qquad \boldsymbol{p_j}=\frac{\mathbf{1}}{\boldsymbol{S}}\,\mathrm{e}^{\boldsymbol{w_j}} \quad \text{其中} \quad \boldsymbol{S}=\sum_{k=1}^{n}\mathrm{e}^{\boldsymbol{w_k}} \tag{9}$$

当然 Softmax 给予最大的输出 w_j 以最大的概率 p_j。但 e^w 是 w 的非线性函数。因此 Softmax 的赋值对缩放是变化的：若对所有的输出 w_j 加倍，Softmax 将产生不同的概率 p_j。对小的 w，Softmax 实际上会更少强调最大的数 $w_{\max}$。

在 **teachyourmachine.com** 的辨认数字的 CNN 例子中，将看到 Softmax 如何在饼型图（这是一种极佳的视觉协助手段）上显示出概率。

CNN 需要大量的权重来拟合数据，同时能将它们计算出来（借助梯度下降法）。但是，并没有理由来说明权重的数目没有必要地大，若这些权重能够被复用。对于在一维的长信号，特别是二维中的图像，可能没有在像素之间改变权重的理由。

[1] cs231n.github.io/convolutional-networks/(karpathy@cs.stanford.edu).

[2] Simonyan K, Zisserman A. *Very deep convolutional networks for large-scale image recognition*[J]. ICLR (2015). arXiv: 1409.1556v6, 10 Apr 2015.

[3] Krizhevsky A, Sutskever I, Hinton G. *ImageNet classification with deep convolutional neural networks*[J]. NIPS, 2012: 1106-1114.

[4] LeCun Y, Bengio Y. *Convolutional networks for images, speech, and time-series*[M]. *Handbook of Brain Theory and Neural Networks*, MIT Press, 1998.

最后一层中的支持向量机

对计算机视觉的 CNN，最后的那一层经常有一种特殊的形式。若前面的几层用了 ReLU 和最大池化（两者都是线性的），最后一步可能会变成一个凸差算法的程序，并且最终是一个多类的支持向量机（SVM）。然后，在一个分段线性的 CNN 中的权重优化可以是每次只进行一层的。

Berrada L, Zisserman A, Kumar P. *Trusting SVM for piecewise linear CNNs*[J]. arXiv: 1611.02185, 2017.

围棋比赛的世界冠军

深度卷积网络的一项令人瞩目的成就是击败了（人类）世界围棋冠军。围棋是在 19×19 的棋盘上进行的难度很大的游戏，两个对手轮流在棋盘上放下“棋子”（不同棋手的棋子颜色不一样：黑白两色）以包围对手的棋子。当同样颜色棋子周边没有了空间（左、右、上或下），这些棋子会从棋盘上移走。维基百科有一个下棋过程的动画。

AlphaGo 在 2016 年以 4:1 的比分击败顶尖棋手李世石。它经过了几千盘人类的棋谱训练。这是一个令人信服的胜利，但并非是压倒性的胜利。神经网络随后得到进一步深化和完善。Google 的新版本 AlphaGo Zero 学会在没有任何人为干预的情况下下棋，仅仅是通过与自身对抗来进行。它以 100:0 的比分击败了以前的 AlphaGo。

有关新版本和更好版本的关键在于**机器能够自己学习**。它被告知规则，仅此而已。第一个版本提供早期的棋谱，旨在发现输赢原因。这种从新方法得到的结果与语言的机器翻译是类似的。要掌握一种语言，语法中的特殊情况是必不可少的。那么如何学习所有这些例外呢？Google 的翻译团队告诉系统它需要知道什么。

与此同时，另一个团队采取了不同的方法：让机器来琢磨出来。在下围棋和翻译语言两种情况下，更深的神经网络、更多的训练次数带来成功，并无需教练。

这里，正是 AlphaGo Zero 的深度和架构令我们感兴趣。超参数将在 7.4 节中进行讨论：那些至关紧要的决定。有关 Google Translate 平行发展历史在 7.5 节介绍，因为需要递归神经网络（RNN）来捕获文本的顺序结构。

有趣的是，机器经常做出很少或从未被人选择过的起始动作。网络的输入向量是宽泛的位置及其历史。网络的输出向量则给出了选择下一步行动的概率，以及一个估计出从该位置出发获胜概率的标量。每一步都与蒙特卡洛树搜索沟通，以产生*增强学习*。

残差网络（ResNet）

网络随着有越来越多的隐藏层而变得相当地深，这些层主要是具有中等数量的独立权重的卷积层；但是，网络的深度带来了危险，信息可能会阻塞并且永远无法到达输出端。“消失的梯度”问题可能会十分严重：至此在传播过程中发生了如此多的乘法运算，其结果是计算出来的梯度指数式变小。如果设计合理，深度是一件好事，**但必须创造能让学习过程向前移动的路径**。

这些快速的路径可能是非常简单的：“*跳过那些直接连到下一层的连接*”，即跳过通常的 $\boldsymbol{v}_n=(\boldsymbol{A}_n\boldsymbol{v}_{n-1}+\boldsymbol{b}_n)_+$ 这一步。Veit、Wilber 和 Belongie 提出的有效方法是每次用 ReLU 步允

许跳过该层或进行正常卷积。若网络有 L 层，则存在 2^L 条可能的路径，快速地或正常地从一层到下一层。

一个结果是所有的层能够被移走，而不会产生严重的后果。第 n 层可以经 2^{n-1} 条可能的路径抵达。如果不计跳过的步子，许多路径的长度是大大低于 n 的。通过将信息传递到前方的很远处，在之前学到的表征不会在输出前就丢失了。残留网络已经成为非常成功的网络架构。

[1] He K, Zhang X, Ren S, Sun J. *Deep residual learning for image recognition*[J]. arXiv : 1512.03385, 2015. 这篇文章讲述了通过增加跳过层的抄近路方法来处理特别深的神经网络，设权重 $\boldsymbol{A}=\boldsymbol{I}$；否则，深度会使性能变差。

[2] He K, Zhang X, Ren S, Sun J. *Identity mappings in deep residual networks*[J]. arXiv : 1603.05027, 2016.

[3] Veit A, Wilber M, Belongie S. *Residual networks behave like ensembles of relatively shallow networks*[J]. arXiv : 1605.06431, 2016.

一个简单的卷积神经网络（CNN）：学习读出字母

麻省理工学院的一个课程大作业是设计一个卷积网络。学生从复制多个（但并不算太多）$\boldsymbol{A}$ 和 $\boldsymbol{B}$ 开始。在这个训练集中，正确的分类是学生提供的输入的一部分。接下来是**学习这些数据**的神秘步骤，建立一个连续的分段线性函数 $F(\boldsymbol{v})$，它给出正确答案（预期的字母）的概率很高。

为了学会读数字，一个饼图上有 10 个概率。你很快会发现太小的训练集将导致不断地出错。如果那些例子是将数字或字母居中的，而测试的图像不是取中的，学生将能明白为什么这些错误会发生。

teachyourmachine.com 网站的一个目的是在所有的用户层面（包括学校）进行机器学习的教育，每个读者都可以访问该网站。

下面这些参考文献涵盖了从信号处理到 CNN 的高度原创性的想法：

[1] Balestriero R, Baraniuk R. *Mad Max:Affine spline insights into deep learning*[J]. arXiv:1805.06576.

[2] Mallat S. *Understanding deep convolutional networks*[J]. Phil. Trans. Roy. Soc. **374** (2016). arXiv: 1601.04920.

[3] Kuo C-C J. *The CNN as a guided multilayer RECOS transform*[J]. IEEE Signal Proc. Mag. **34** (2017) 81-89; arXiv: 1701.08481.

习题 7.2

1. 维基百科提出了一个 5×5 的矩阵（不同于式 (3)）来近似高斯分布。比较作用在一条水平边（所有的 1 在所有的 0 之上）与一条对角线（下三角为 1，上三角为 0）上的两个滤波器。
2. 什么样的矩阵（对应于式 (4) 中的那些 Sobel矩阵）可以用来得到在 45° 对角线方向的梯度?
3. (推荐) 对图像识别，记住输入样本 $\boldsymbol{v}$ 是一个矩阵（如 3×3）。在它的所有边上都填充零，使其为 5×5 的。现在应用文本中的卷积（在方程 (2) 之前）来产生一个 3×3 的输出 $\boldsymbol{Av}$。求 $\boldsymbol{Av}$ 的分量 $1,1$ ，$2,2$。

4. 下面是对拉普拉斯算子 $\partial^2 u/\partial x^2+\partial^2 u/\partial y^2=\nabla^2 u$ 的两个矩阵近似 $\boldsymbol{L}$：

$$\begin{bmatrix} 0 & 1 & 0 \\ 1 & -4 & 1 \\ 0 & 1 & 0 \end{bmatrix} \quad \text{和} \quad \begin{bmatrix} 1 & 4 & 1 \\ 4 & -20 & 4 \\ 1 & 4 & 1 \end{bmatrix}$$

对于垂直或对角阶跃边，$\boldsymbol{LV}$ 和 $\boldsymbol{LD}$ 的响应是什么？

$$\boldsymbol{V}=\begin{bmatrix} 2 & 2 & 2 & 6 & 6 & 6 \\ 2 & 2 & 2 & 6 & 6 & 6 \\ 2 & 2 & 2 & 6 & 6 & 6 \\ 2 & 2 & 2 & 6 & 6 & 6 \end{bmatrix} \qquad \boldsymbol{D}=\begin{bmatrix} 0 & 0 & 0 & 0 & 1 & 1 \\ 0 & 0 & 0 & 1 & 1 & 1 \\ 0 & 0 & 1 & 1 & 1 & 1 \\ 0 & 1 & 1 & 1 & 1 & 1 \end{bmatrix}$$

5. 卷积网络能够学习微积分吗？从四阶多项式 $p(x)$ 的导数开始。输入可以是对 $0\leqslant x\leqslant 1$ 时 $p=a_0+a_1x+\cdots+a_4x^4$ 的图和 a 训练集。正确的输出应该是从 $\mathrm{d}p/\mathrm{d}x$ 得到的系数 0、a_1、$2a_2$、$3a_3$、$4a_4$。采用有 5 类的归一化指数函数（Softmax），能设计与创建一个卷积神经网络 CNN 来学习微积分的微分部分吗？
6. 学习微积分的积分部分会更容易还是更困难？在相同的输入条件下，6 个输出是 0、a_0、$\frac{1}{2}a_1$、$\frac{1}{3}a_2$、$\frac{1}{4}a_3$、$\frac{1}{5}a_4$。
7. 给定两个图作为输入，多项式的加法有多困难？训练集的输出将是系数的正确的和：$a_0+b_0,\cdots,a_4+b_4$。有 9 个输出 $a_0b_0, a_0b_1+a_1b_0,\cdots,a_4b_4$ 的多项式相乘困难吗？

习题 5~7 中的输入是图的照片。Cleve Moler在下面两个网站中报告了实验的结果：

https://blogs.mathworks.com/cleve/2018/08/06/teaching-calculus-to-a-deep-learner

以及 2018/10/22/teaching-a-newcomer-about-teaching-calculus-to-a-deep-learner

对于隐藏了物理的深度学习，一种理论正在出现：实例见 arXiv: 1808.04327。

7.3 反向传播与链式法则

从本质上说，学习函数 F 的优化是深度学习中的一个大问题。我们选择“权重”的数值以使损失函数 L（其取决于这些权重）最小化。$L(\boldsymbol{x})$ 将所有计算得到的输出 $\boldsymbol{w}=F(\boldsymbol{x},\boldsymbol{v})$ 和输入 $\boldsymbol{v}$ 真实分类之间的损失 $\boldsymbol{\ell}(\boldsymbol{w}-\textbf{正确})=\ell(F(\boldsymbol{x},\boldsymbol{v})-\text{正确})$ 相加。微积分告诉我们求解哪些方程以得到使 L 最小化的权重：

L 对于权重 $\boldsymbol{x}$ 的偏微分应该等于零

所有梯度下降法的版本都需要计算在当前权重下的导数（F 梯度的各个分量）。由导数 $\partial F/\partial\boldsymbol{x}$ 推导 $\partial L/\partial\boldsymbol{x}$。从这个信息出发，进而得到更小损失的新权重。然后，重新计算 F 和 L 在新权重的导数，以此类推。

反向传播是一种采用链式法则快速计算导数的方法：

$$\textbf{链式法则}\quad \frac{\mathrm{d}F}{\mathrm{d}x}=\frac{\mathrm{d}}{\mathrm{d}x}(F_3(F_2(F_1(x))))=\left(\frac{\mathrm{d}F_3}{\mathrm{d}F_2}(F_2(F_1(x)))\right)\left(\frac{\mathrm{d}F_2}{\mathrm{d}F_1}(F_1(x))\right)\left(\frac{\mathrm{d}F_1}{\mathrm{d}x}(x)\right)$$

这个关于链式法则的说法适用于单变量的函数 $F(x)$，但是对一个神经网络的每一层上都有许多节点（神经元）。对于有许多变量的函数，链式法则依然适用，只是现在我们每一步都有一个矩阵（并且有时是一个三维的张量）。这就导致了两个问题：

(1) 什么是多变量的链式法则？

(2) 哪种乘法（沿着链的前向还是反向）运算更快？

问题 (2) 对应一个简单但重要的情形。假设现在链式法则有三个因子 $\boldsymbol{M}_1$、$\boldsymbol{M}_2$、$\boldsymbol{w}$（两个矩阵与一个向量），那么应该先将矩阵 $\boldsymbol{M}_1\boldsymbol{M}_2$ 相乘，还是先乘 $\boldsymbol{M}_2\boldsymbol{w}$？

对那些 $N\times N$ 矩阵，$\boldsymbol{M}_1\boldsymbol{M}_2$ 包括 N^3 个独立的相乘。$\boldsymbol{M}_2\boldsymbol{w}$ 则有 N^2 个独立的相乘。

$(\boldsymbol{M}_1\boldsymbol{M}_2)\boldsymbol{w}$ 需要 N^3+N^2 个相乘　　$\boldsymbol{M}_1(\boldsymbol{M}_2\boldsymbol{w})$ 只需要 N^2+N^2 个相乘

这是一个重要的区别。如果有一个源自 L 层的神经网络的 L 个矩阵形成一条链，这个差别本质上就是 N 倍：

前向 $(((M_1M_2)M_3)\cdots M_L)\boldsymbol{w}$ 需要 $(L-1)N^3+N^2$

逆向模式 (反向) 是最好的。 **反向** $M_1(M_2(\cdots(M_L\boldsymbol{w})))$ 需要 LN^2

反向传播已经被发明过多次，另一个名称是**自动求导（AD）**。这些步骤可以被整理成**前向模式**与**逆向模式**两种基本的模式。选择正确的模式将带来成本上的巨大差别（几千倍）。这个选择取决于我们是拥有许多依赖于少量输入的函数，还是拥有少数依赖于大量输入的函数。

深度学习本质上有一个依赖于许多权重的损失函数。

为了最小化函数 $F(\boldsymbol{x})$，需要求得导数。想要在每一步知道最陡的下降方向。对于从 $\boldsymbol{x}_k$ 出发的第 k 步，这个方向是由在目前位置 $\boldsymbol{x}_k$ 的梯度向量 $\nabla_{\boldsymbol{x}}\boldsymbol{F}=(\partial F/\partial x_1,\cdots,\partial F/\partial x_N)$ 给出的。

多变量链式法则

假设有 n 个分量 v_i 的向量 $\boldsymbol{v}$ 是有 m 个分量 u_j 的向量 $\boldsymbol{u}$ 的函数。每个 v_i 对于每个 u_j 的导数组成导数矩阵 $\partial\boldsymbol{v}/\partial\boldsymbol{u}$（通常称为雅可比矩阵 $\boldsymbol{J}$），其形状是 $n\times m$（不是 $m\times n$）的。类似地，向量函数 $\boldsymbol{w}=(w_1,\cdots,w_p)$ 对于 $\boldsymbol{v}=(v_1,\cdots,v_n)$ 分量的导数矩阵 $\partial\boldsymbol{w}/\partial\boldsymbol{v}$ 是 $p\times n$ 的：

$$\frac{\partial\boldsymbol{w}}{\partial\boldsymbol{v}}=\begin{bmatrix}\dfrac{\partial w_1}{\partial v_1} & \cdots & \dfrac{\partial w_1}{\partial v_n}\\ & \cdots & \\ \dfrac{\partial w_p}{\partial v_1} & \cdots & \dfrac{\partial w_p}{\partial v_n}\end{bmatrix}\qquad\frac{\partial\boldsymbol{v}}{\partial\boldsymbol{u}}=\begin{bmatrix}\dfrac{\partial v_1}{\partial u_1} & \cdots & \dfrac{\partial v_1}{\partial u_m}\\ & \cdots & \\ \dfrac{\partial v_n}{\partial u_1} & \cdots & \dfrac{\partial v_n}{\partial u_m}\end{bmatrix}\tag{1}$$

每个 w_i 依赖于 v，每个 v_j 依赖于 u。因此每个函数 $w_1,\cdots,w_p$ 依赖于 $u_1,\cdots,u_m$。这个链式法则的目的是得到导数 $\partial w_i/\partial u_k$，并且该法则恰好是一个点积，在式 (1) 中的 ($\partial\boldsymbol{w}/\partial\boldsymbol{v}$ 的行 i)$\cdot$($\partial\boldsymbol{v}/\partial\boldsymbol{u}$ 的列 k)。

$$\frac{\partial w_i}{\partial u_k}=\frac{\partial w_i}{\partial v_1}\frac{\partial v_1}{\partial u_k}+\cdots+\frac{\partial w_i}{\partial v_n}\frac{\partial v_n}{\partial u_k}=\left(\frac{\partial w_i}{\partial v_1},\cdots,\frac{\partial w_i}{\partial v_n}\right)\cdot\left(\frac{\partial v_1}{\partial u_k},\cdots,\frac{\partial v_n}{\partial u_k}\right)\tag{2}$$

多变量的链式法则：将式 (1) 中的矩阵相乘 $\dfrac{\partial\boldsymbol{w}}{\partial\boldsymbol{u}}=\left(\dfrac{\partial\boldsymbol{w}}{\partial\boldsymbol{v}}\right)\left(\dfrac{\partial\boldsymbol{v}}{\partial\boldsymbol{u}}\right)$

注意：本部分内容是基于 Alex Craig出色的 18.065 课程设计，课程项目报告（反向传播的代码）可见 **math.mit.edu/learningfromdata**。

深度学习中的权重实际上是矩阵 $\boldsymbol{A}$ 而不是一个向量的函数。每个 $\boldsymbol{A}$ 的分量有两个下标，不是一个。导数 $\partial w_i/\partial A_{jk}$ 因此有三个下标，不是两个。这样在实际的链式法则中有三阶的张量。幸运的是，这些张量都是特别简单的（在 1.12 节中计算得到，并且再一次写在下面）。它们有许多零元素，且链式法则不是很烦琐：

$$\frac{\partial w_i}{\partial A_{jk}}=\sum_{t=1}^{n}\frac{\partial w_i}{\partial v_t}\frac{\partial v_t}{\partial A_{jk}}$$

反向传播是计算每个 $\partial F/\partial x_i$ 的特别有效的改进。初看上去好像不可思议，仅仅通过重新组织计算的顺序就有那么大的差别。因为不管怎么说（怀疑者可能这么想），总得在每一步计算导数，然后用链式法则进行相乘。但重新排序的确是有效的，N 个导数是在远小于 N 倍计算导数 $\partial F/\partial x_1$ 所需的代价得到的。

反向传播是反向模式的自动求导（逆向模式 AD）。

矩阵乘积 ABC：用什么顺序？

矩阵相乘时也要选择正向与逆向顺序。若要求 $\boldsymbol{A}$ 乘以 $\boldsymbol{B}$ 乘以 $\boldsymbol{C}$，结合定律提供了相乘顺序的两种选择：

$$\boldsymbol{AB}\ \text{在先还是}\ \boldsymbol{BC}\ \text{在先？}\qquad \text{计算}\ (\boldsymbol{AB})\boldsymbol{C}\ \text{或}\ \boldsymbol{A}(\boldsymbol{BC})?$$

其结果是相同的，但单独的乘法运算数可以是非常不同的。假设矩阵 $\boldsymbol{A}$ 是 $\boldsymbol{m}\times\boldsymbol{n}$ 的，$\boldsymbol{B}$ 是 $\boldsymbol{n}\times\boldsymbol{p}$ 的，$\boldsymbol{C}$ 是 $\boldsymbol{p}\times\boldsymbol{q}$ 的。

第一种方式
$$\boldsymbol{AB}=(m\times n)(n\times p)\ \text{有}\ \boldsymbol{mnp}\ \text{相乘数}$$
$$(\boldsymbol{AB})\boldsymbol{C}=(m\times p)(p\times q)\ \text{有}\ \boldsymbol{mpq}\ \text{相乘数}$$

第二种方式
$$\boldsymbol{BC}=(n\times p)(p\times q)\ \text{有}\ \boldsymbol{npq}\ \text{相乘数}$$
$$\boldsymbol{A}(\boldsymbol{BC})=(m\times n)(n\times q)\ \text{有}\ \boldsymbol{mnq}\ \text{相乘数}$$

因此，是在 $mp(n+q)$ 与 $nq(m+p)$ 之间比较。将两个数都用 $mnpq$ 来除：

$$\text{当}\ \frac{1}{q}+\frac{1}{n}<\frac{1}{m}+\frac{1}{p}\ \text{时，第一种方式更快些}$$

这里是一个极端的情形（非常重要）。假设 $\boldsymbol{C}$ 是一个列向量：$p\times 1$，则 $q=1$。是否应该将 $\boldsymbol{B}$、$\boldsymbol{C}$ 相乘来得到另一个列向量（$n\times 1$），然后 $\boldsymbol{A}(\boldsymbol{BC})$ 来得到输出（$m\times 1$）？或者先乘 $\boldsymbol{AB}$？

这个问题本身几乎就给出了答案。正确的 $\boldsymbol{A}(\boldsymbol{BC})$ 在每一步产生了一个向量。矩阵-向量的乘积 $\boldsymbol{BC}$ 有 np 步。下一个矩阵-向量的乘积 $\boldsymbol{A}(\boldsymbol{BC})$ 有 mn 步。比较这个 $np+mn$ 步和矩阵-矩阵相乘 $\boldsymbol{AB}$ 的 mnp 步，没有一个正常的人会这样做的。

但如果 $\boldsymbol{A}$ 是一个行向量，$(\boldsymbol{AB})\boldsymbol{C}$ 是更好些。每一次都是行乘矩阵。

这会配合深度学习的核心计算：**训练网络 = 优化权重**。来自一个深度网络的输出 $F(\boldsymbol{v})$ 是一个始于 $\boldsymbol{v}$ 的链：

$$F(\boldsymbol{v})=\boldsymbol{A}_L\boldsymbol{v}_{L-1}=\boldsymbol{A}_L(R\boldsymbol{A}_{L-1}(\cdots(R\boldsymbol{A}_2(\boldsymbol{R}\boldsymbol{A}_1\boldsymbol{v}))))\text{通过网络向前行。}$$

式中，R 是作用于一个分量的非线性激活函数（通常是 ReLU）。F 相对于矩阵 $\boldsymbol{A}$（以及偏置向量 $\boldsymbol{b}$）的导数对 $\boldsymbol{A}_L\boldsymbol{v}_{L-1}$ 中的最后一个矩阵 $\boldsymbol{A}_L$ 而言是最容易求的。$\boldsymbol{A}\boldsymbol{v}$ 对于 $\boldsymbol{A}$ 的导数包含了 v：

$$\frac{\partial F_i}{\partial A_{jk}} = \delta_{ij}\, v_k\text{。下一个是}\boldsymbol{A}_L\,\text{ReLU}\left(\boldsymbol{A}_{L-1}v_{L-1}\right)\text{相对于}\boldsymbol{A}_{L-1}\text{的导数。}$$

我们将要解释同样的逆向模式如何比较用于优化的直接方法和伴随方法（选择好的权重）。

学习函数 $F(x,v)$ 的导数 $\partial F/\partial x$

权重 $\boldsymbol{x}$ 由所有的矩阵 $\boldsymbol{A}_1,\cdots,\boldsymbol{A}_L$ 和偏置向量 $\boldsymbol{b}_1,\cdots,\boldsymbol{b}_L$ 组成。输入 $\boldsymbol{v}=\boldsymbol{v}_0$ 是训练数据。输出 $\boldsymbol{w}=F(\boldsymbol{x},\boldsymbol{v}_0)$ 出现在第 L 层上。$\boldsymbol{w}=\boldsymbol{v}_L$ 在神经网络的最后一步，在隐藏层上的 $\boldsymbol{v}_1,\cdots,\boldsymbol{v}_{L-1}$ 之后。

每个新的层 $\boldsymbol{v}_n$ 通过 $R\left(\boldsymbol{b}_n+\boldsymbol{A}_n\boldsymbol{v}_{n-1}\right)$ 从前一层得到。

通过深度学习由 $\boldsymbol{v}=\boldsymbol{v}_0$ 得到 $\boldsymbol{w}=\boldsymbol{v}_L$。然后，将 $\boldsymbol{w}$ 代入损失函数来测量对样本 $\boldsymbol{v}$ 的误差。这可能是一个分类误差：是 0 不是 1，或是 1 不是 0；也可以是最小二乘递归误差 $\|\boldsymbol{g}-\boldsymbol{w}\|^2$，其中 $\boldsymbol{w}$ 相对于所期望的输出 $\boldsymbol{g}$，通常这是一个“交叉熵”。总的损失 $L(\boldsymbol{x})$ 是对所有输入向量 $\boldsymbol{v}$ 损失的和。

深度学习的优化目标是找到能最小化 L 的权重 $\boldsymbol{x}$。对完整的梯度下降法，这个损失函数是 $L(\boldsymbol{x})$。而对随机梯度下降法，每次迭代的损失是 $\ell(\boldsymbol{x})$，从一个单一的输入或一小批输入。**在所有的情形下，需要输出 $\boldsymbol{w}$（最后一层的分量）对于权重 $\boldsymbol{x}$（从一层带至另一层的 $\boldsymbol{A}$ 和 $\boldsymbol{b}$）的导数 $\partial\boldsymbol{w}/\partial\boldsymbol{x}$。**

这是深度学习如此费力和费时的一个原因，即使在 GPU 上。对卷积网络，这些导数在 7.2 节中被快速、容易地计算得到了。

$\partial F/\partial x$ 的计算：显式

我们从得到最后输出 $\boldsymbol{v}_L=\boldsymbol{w}$ 的最后一个偏置向量 $\boldsymbol{b}_L$ 和权重 $\boldsymbol{A}_L$ 开始。在这一层上不存在非线性，同时舍弃了层的下标 L：

$$\boldsymbol{v}_L=\boldsymbol{b}_L+\boldsymbol{A}_L\boldsymbol{v}_{L-1}\quad\text{或简单地}\quad\boldsymbol{w}=\boldsymbol{b}+\boldsymbol{A}\boldsymbol{v}\tag{3}$$

我们的目标是求得对 $\boldsymbol{b}+\boldsymbol{A}\boldsymbol{v}$ 的所有分量的导数 $\partial w_i/\partial b_j$，$\partial w_i/\partial A_{jk}$。当 j 不同于 i 时，第 i 个输出 w_i 并不受 b_j 或 A_{jk} 的影响。将 $\boldsymbol{A}$ 乘以 $\boldsymbol{v}$，$\boldsymbol{A}$ 的行 j 得到了 w_j 而不是 w_i。引入符号 $\boldsymbol{\delta}$，其值是 1 或 0：

$$\boldsymbol{\delta}_{ij}=\mathbf{1},\ i=j\qquad\boldsymbol{\delta}_{ij}=\mathbf{0},\ i\neq j\qquad\text{单位矩阵}\boldsymbol{I}\text{有分量}\ \boldsymbol{\delta}_{ij}$$

$\boldsymbol{I}$ 的列是**独热向量（1-hot vectors）**，导数是 1 或 0 或 $\boldsymbol{v}_k$（见 1.12 节）：

全互连层

独立的权重$\boldsymbol{A}_{jk}$

$$\boxed{\frac{\partial\boldsymbol{w}_i}{\partial\boldsymbol{b}_j}=\boldsymbol{\delta}_{ij},\quad\frac{\partial\boldsymbol{w}_i}{\partial\boldsymbol{A}_{jk}}=\boldsymbol{\delta}_{ij}\boldsymbol{v}_k}\tag{4}$$

例 在 $\begin{bmatrix}\boldsymbol{w}_1\\ w_2\end{bmatrix}=\begin{bmatrix}\boldsymbol{b}_1\\ b_2\end{bmatrix}+\begin{bmatrix}\boldsymbol{a}_{11}\boldsymbol{v}_1+\boldsymbol{a}_{12}\boldsymbol{v}_2\\ a_{21}v_1+a_{22}v_2\end{bmatrix}$ 中有 6 个 b、a:

$$\boldsymbol{w_1}\ \text{的导数}\quad \frac{\partial w_1}{\partial b_1}=\mathbf{1},\frac{\partial w_1}{\partial b_2}=\mathbf{0},\frac{\partial w_1}{\partial a_{11}}=\boldsymbol{v_1},\frac{\partial w_1}{\partial a_{12}}=\boldsymbol{v_2},\frac{\partial w_1}{\partial a_{21}}=\frac{\partial w_1}{\partial a_{22}}=\mathbf{0}$$

隐藏层的导数

假设存在一个隐藏层，因此 $L=2$。输出 $\boldsymbol{w}=\boldsymbol{v}_L=\boldsymbol{v}_2$，这个隐藏层包含 $\boldsymbol{v}_1$，输入 $\boldsymbol{v}_0=\boldsymbol{v}$。非线性 R 或许是 ReLU。

$$\boldsymbol{v}_1=R(\boldsymbol{b}_1+\boldsymbol{A}_1\boldsymbol{v}_0),\qquad \boldsymbol{w}=\boldsymbol{b}_2+\boldsymbol{A}_2\boldsymbol{v}_1=\boldsymbol{b}_2+\boldsymbol{A}_2R(\boldsymbol{b}_1+\boldsymbol{A}_1\boldsymbol{v}_0)$$

式 (4) 依然给出 $\boldsymbol{w}$ 对于最后面的权重 $\boldsymbol{b}_2$、$\boldsymbol{A}_2$ 的导数。函数 R 在输出端是不出现的，$\boldsymbol{v}$ 就是 $\boldsymbol{v}_1$。但是，$\boldsymbol{w}$ 对于 $\boldsymbol{b}_1$、$\boldsymbol{A}_1$ 的导数包含了作用在 $\boldsymbol{b}_1+\boldsymbol{A}_1\boldsymbol{v}_0$ 上的非线性函数 R。

因此，$\partial\boldsymbol{w}/\partial\boldsymbol{A}_1$ 中的导数需要链式法则 $\partial f/\partial x=(\partial f/\partial g)(\partial g/\partial x)$：

$$\textbf{链式法则}\quad \frac{\partial\boldsymbol{w}}{\partial\boldsymbol{A}_1}=\frac{\partial[\boldsymbol{A}_2R(\boldsymbol{b}_1+\boldsymbol{A}_1\boldsymbol{v}_0)]}{\partial\boldsymbol{A}_1}=\boldsymbol{A}_2\,R'(\boldsymbol{b}_1+\boldsymbol{A}_1\boldsymbol{v}_0)\,\frac{\partial(\boldsymbol{b}_1+\boldsymbol{A}_1\boldsymbol{v}_0)}{\partial\boldsymbol{A}_1}\tag{5}$$

这个链式法则有三个因子。从在层 $L-2=0$ 的 $\boldsymbol{v}_0$ 开始，权重 $\boldsymbol{b}_1$、$\boldsymbol{A}_1$ 将我们带至层 $L-1=1$。这一步的导数恰好就是式 (4)，但偏微分步骤的输出不是 $\boldsymbol{v}_{L-1}$。为了发现隐藏层，首先应用 R。因此，链式法则包括其导数 $\boldsymbol{R'}$。然后最后一步（到 $\boldsymbol{w}$）用最后一个权重矩阵 $\boldsymbol{A}_2$ 来相乘。

后面的习题将这些公式扩展到 L 层，它们会是有用的，但是采用了池化与批归一化，自动求导看起来优于硬编码。

非常重要 类似于式 (5) 是如何**反向地从 $\boldsymbol{w}$ 进行到 $\boldsymbol{v}$ 的**。自动反向传播也将这样做。"**逆向模式**"是从输出开始的。

导数 $\partial\boldsymbol{w}/\partial\boldsymbol{A}_1$ 的细节

我们有必要更仔细地观察式 (5)。其非线性部分 $\boldsymbol{R'}$ 来自非线性激活函数的导数。通常的选择是斜坡函数 $\mathrm{ReLU}(x)=(x)_+=$ S 型 (sigmoid) 函数的极限情况，如图 7.4 所示。

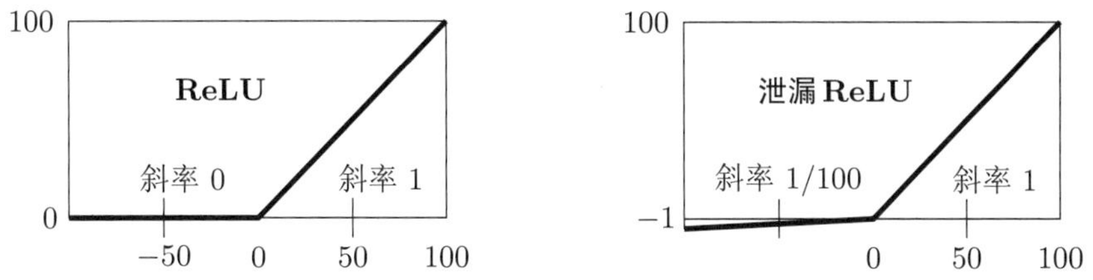

图 7.4 ReLU 和泄漏 ReLU（对非线性激活的两种选择）的图

回到式 (5)，对产生最后一个隐藏层的矩阵 $\boldsymbol{A}_{L-1}$ 与向量 $\boldsymbol{b}_{L-1}$ 写下 $\boldsymbol{A}$、$\boldsymbol{b}$。然后由 ReLU、$\boldsymbol{A}_L$ 和 $\boldsymbol{b}_L$ 得到最后的输出 $\boldsymbol{w}=\boldsymbol{v}_L$。我们的兴趣在 $\partial w/\partial\boldsymbol{A}$ 上，这个 $\boldsymbol{w}$ 对倒数第二个权重矩阵的依赖关系。

$$\boxed{\boldsymbol{w}=\boldsymbol{A}_L(R(\boldsymbol{A}\boldsymbol{v}+\boldsymbol{b}))+\boldsymbol{b}_L,\qquad \frac{\partial\boldsymbol{w}}{\partial A}=\boldsymbol{A}_LR'(\boldsymbol{A}\boldsymbol{v}+\boldsymbol{b})\frac{\partial(A\boldsymbol{v}+\boldsymbol{b})}{\partial\boldsymbol{A}}}\tag{6}$$

我们想象 R 为逐个作用在 $\boldsymbol{Av}+\boldsymbol{b}$ 中分量上的 ReLU 函数的一个对角矩阵。然后 $\boldsymbol{J}=R'(\boldsymbol{Av}+\boldsymbol{b})$ 就是一个对角矩阵，其中 1 对应正的分量，而 0 对应负的分量（不要问那些零）。

$$\boldsymbol{w}=\boldsymbol{A}_L\,R\,(\boldsymbol{Av}+\boldsymbol{b}),\qquad \frac{\partial \boldsymbol{w}}{\partial \boldsymbol{A}}=\boldsymbol{A}_L\,\boldsymbol{J}\,\frac{\partial(\boldsymbol{Av}+\boldsymbol{b})}{\partial \boldsymbol{A}} \tag{7}$$

从式 (4) 中的导数知道第三个因子的每个分量（v_k 或零）。

当 S 型函数 R_a 替代了 ReLU 函数，对角矩阵 $\boldsymbol{J}=\boldsymbol{R}_a'(\boldsymbol{Av}+\boldsymbol{b})$ 不再包含 1、0。我们在 $\boldsymbol{Av}+\boldsymbol{b}$ 的每个分量处对导数 $\mathrm{d}R_a/\mathrm{d}x$ 求值。

在实践中，反向传播求得对所有 $\boldsymbol{A}$、$\boldsymbol{b}$ 的导数，它自动（且有效）地建造出这些导数。

计算图

假设 $F(x,y)$ 是两个变量 x、y 的函数。这些输入是计算图中最早的两个节点。在计算中的一个典型步**图中的一条边**是算术（加、减、乘等）运算之一。最后的输出是函数 $F(x,y)$。我们的例子是 $\boldsymbol{F=x^2(x+y)}$。

计算图是受到 Christopher Olah（**colah.github.io** 与 **https://distill.pub**）的启发。Catherine、Desmond Higham（*SIAM Review* 与 arXiv：1801.05894）特别关注反向传播，并提供了代码。

下面是用中间节点 $c=x^2$，$s=x+y$ 计算 F 的图：

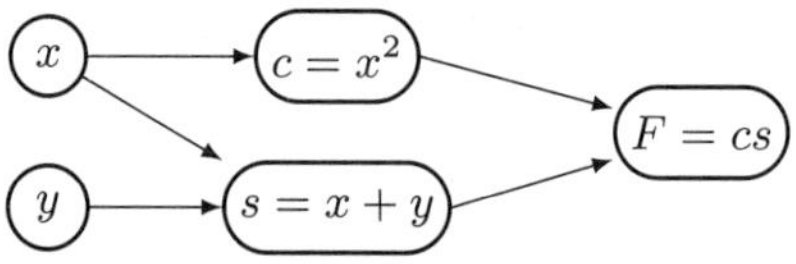

当有输入 x、y 时，如，$\boldsymbol{x=2}$，$\boldsymbol{y=3}$，这些边就得到 $\boldsymbol{c=4}$，$\boldsymbol{s=5}$，$\boldsymbol{F=20}$。这与通常挤到一行 $F=x^2(x+y)=2^2(2+3)=4\times5=20$ 的代数是一致的。

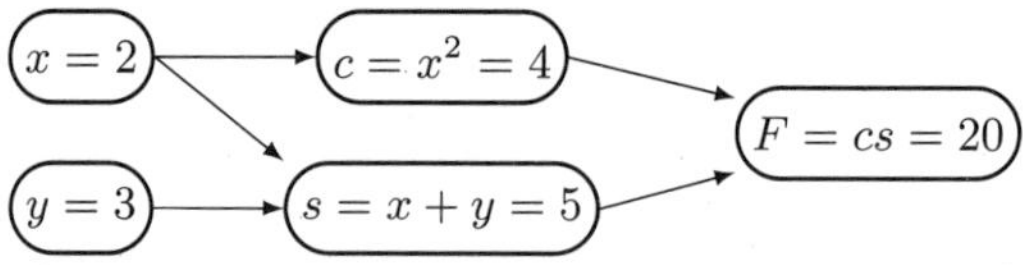

现在计算每一步的导数，即图中的每条边。先从对 x 的导数开始。首先选择前向模式，从输入 x 开始，朝着输出函数 $x^2(x+y)$ 往前移。因此开始几步对 $c=x^2$ 应用幂法则，而对 $s=x+y$ 应用和法则。最后一步对 $F=c$ 乘以 s 应用乘积法则。

$$\frac{\partial c}{\partial x}=2x,\qquad \frac{\partial s}{\partial x}=1,\qquad \frac{\partial F}{\partial c}=s,\qquad \frac{\partial F}{\partial s}=c$$

这样经过图移动就得到链式法则：

$$\begin{aligned}\boldsymbol{\frac{\partial F}{\partial x}}&=\frac{\partial F}{\partial c}\,\frac{\partial c}{\partial x}+\frac{\partial F}{\partial s}\,\frac{\partial s}{\partial x}\\&=s\times2x+c\times1=5\times4+4\times1=\mathbf{24}\end{aligned}$$

结果是计算出输出 F 对于一个输入 x 的导数。在计算图中可以看到这些对 x 的导数。

前向模式至 $\frac{\partial \boldsymbol{F}}{\partial \boldsymbol{x}}$

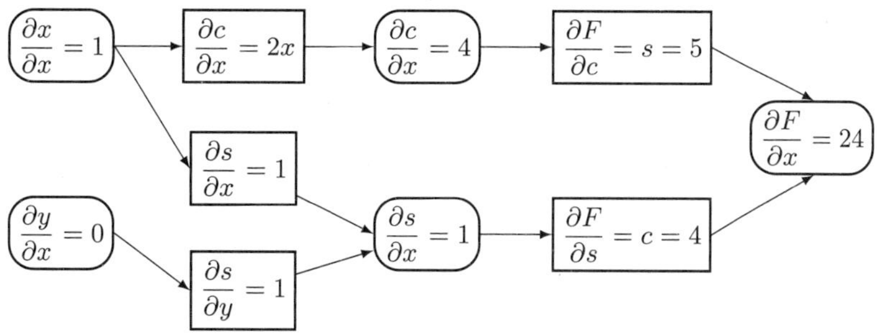

对 y 导数存在类似的图，即前向模式得到 $\partial F/\partial y$。下面是链式法则及那些出现在图中的 $x=2$，$y=3$，$c=x^2=2^2$，$s=x+y=2+3$，$F=cs$：

$$\frac{\partial \boldsymbol{F}}{\partial \boldsymbol{y}}=\frac{\partial F}{\partial c}\frac{\partial c}{\partial y}+\frac{\partial F}{\partial s}\frac{\partial s}{\partial y}$$

$$=s\times 0+c\times 1=5\times 0+4\times 1=\mathbf{4}$$

没有给出对 $\partial F/\partial y$ 的计算图，但要传递的要点：前向模式对每个输入 x_i 要求有一个新的图计算偏导数 $\partial F/\partial x_i$。

对于有一个输出的逆向模式图

逆向模式从输出 F 开始，**它对两个输入同时求导数**，整个计算通过图**反向**进行。

这意味着，它不会跟踪对 x 求导数的前向图中的 $\partial y/\partial x=0$ 空行，并且也不会跟踪对 y 求导数的前向图（没有画出）中的 $\partial x/\partial y=0$ 空行。一个更大与更实际的有 N 个输入的问题会有 N 个前向图，每一个都有 $N-1$ 个空行（因为 N 个输入是互相独立的）。x_i 对于每个其他的输入 x_j 是 $\partial x_i/\partial x_j=0$。

不是从 N 输入出发的 N 个前向图，而是**从一个输出出发的反向图**。图 7.5 是一个逆向模式的计算图，它求得 F 对于每个节点的导数，并从 $\partial F/\partial F=1$ 开始逆向进行。

计算图执行链式法则求得导数。逆向模式通过**从输出到输入反向**沿着所有的链求得全部导数 $\partial F/\partial x_i$。这些链都以**一个图上**的多条路径出现，而不是作为众多（指数级）可能路径的若干分开的链式法则。这就是逆向模式的成功之处。

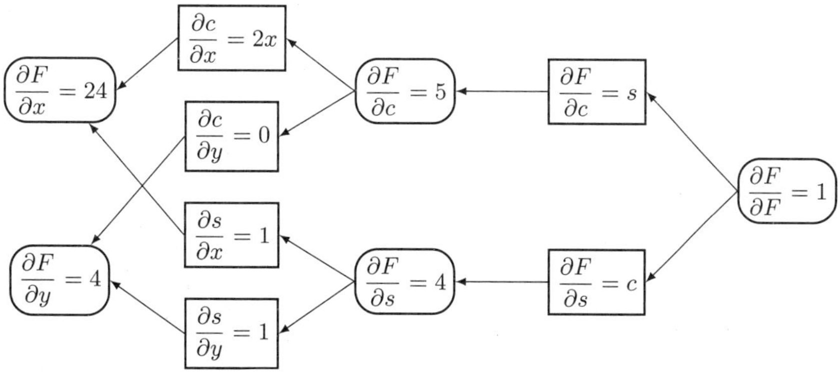

图 7.5 梯度 $\left(\frac{\partial F}{\partial x},\frac{\partial F}{\partial y}\right)$ 在 $x=2; y=3$ 处的逆向模式计算

伴随方法

一大类优化问题中也面临选择矩阵 $\boldsymbol{ABC}$ 相乘的最佳顺序的问题。我们正在求解一个 N 个线性方程 $\boldsymbol{Ev}=\boldsymbol{b}$ 的方形系统，向量 $\boldsymbol{b}$ 依赖于**设计变量** $\boldsymbol{p}=(p_1,\cdots,p_M)$，因此解向量 $\boldsymbol{v}=\boldsymbol{E}^{-1}\boldsymbol{b}$ 依赖于 $\boldsymbol{p}$。**包含有导数 $\partial v_i/\partial p_j$ 的矩阵 $\partial \boldsymbol{v}/\partial \boldsymbol{p}$ 将是 $\boldsymbol{N}\times\boldsymbol{M}$ 的。**

再重复一下：我们是在最小化 $F(\boldsymbol{v})$。向量 $\boldsymbol{v}$ 依赖于设计变量 $\boldsymbol{p}$，因此需要一个链式法则，其先乘以导数 $\partial F/\partial \boldsymbol{v}_i$，再乘以导数 $\partial \boldsymbol{v}_i/\partial p_j$。下面证明这个问题是如何变成**三个矩阵**的乘积的，同时乘法的顺序是起决定性作用的。**三组导数**决定了 F 是怎样依赖于输入变量 p_i：

$$\boldsymbol{A}=\boldsymbol{\partial F/\partial v_i} \qquad F\text{对于 } v_1,\cdots,v_N \text{ 的导数} \tag{8a}$$

$$\boldsymbol{B}=\boldsymbol{\partial v_i/\partial b_k} \qquad \text{每个 } v_i \text{ 对于每个 } b_k \text{ 的导数} \tag{8b}$$

$$\boldsymbol{C}=\boldsymbol{\partial b_k/\partial p_j} \qquad \text{每个 } b_k \text{ 对于每个 } p_j \text{ 的导数} \tag{8c}$$

为了看到 $\partial v_i/\partial p_j$，取方程 $\boldsymbol{Ev}=\boldsymbol{b}$ 对于 p_j 的导数：

$$\boldsymbol{E}\frac{\partial \boldsymbol{v}}{\partial p_j}=\frac{\partial \boldsymbol{b}}{\partial p_j},\qquad j=1,\cdots,M \quad \text{这样}\ \frac{\partial \boldsymbol{v}}{\partial \boldsymbol{p}}=\boldsymbol{E}^{-1}\frac{\partial \boldsymbol{b}}{\partial \boldsymbol{p}} \tag{9}$$

看起来有大小为 N 的 M 个线性系统。在寻求能最小化 $F(\boldsymbol{v})$ 的 $\boldsymbol{p}$ 选择时，一遍又一遍地求解上面的方程代价会很大。矩阵 $\partial \boldsymbol{v}/\partial \boldsymbol{p}$ 包含了 $v_1,\cdots,v_N$ 对于设计变量 $p_1,\cdots,p_M$ 的导数。

若目前成本函数 $F(\boldsymbol{v})=\boldsymbol{c}^{\mathrm{T}}\boldsymbol{v}$ 是线性的（这样 $\partial F/\partial \boldsymbol{v}=\boldsymbol{c}^{\mathrm{T}}$），则优化过程实际需要的是 $F(\boldsymbol{v})$ 对于 p 的梯度。第一组导数 $\partial F/\partial \boldsymbol{v}$ 仅是向量 $\boldsymbol{c}^{\mathrm{T}}$：

$$\boxed{\frac{\partial F}{\partial \boldsymbol{p}}=\frac{\partial F}{\partial \boldsymbol{v}}\frac{\partial \boldsymbol{v}}{\partial \boldsymbol{p}}=\boldsymbol{c}^{\mathrm{T}}\boldsymbol{E}^{-1}\frac{\partial \boldsymbol{b}}{\partial \boldsymbol{p}}\quad \text{有三个因子来相乘}} \tag{10}$$

这是一个关键的方程。其结果是一个**行向量** $\boldsymbol{c}^{\mathrm{T}}$ **乘以一个** $\boldsymbol{N}\times\boldsymbol{N}$ **矩阵** $\boldsymbol{E}^{-1}$，再乘以一个 $\boldsymbol{N}\times\boldsymbol{M}$ **矩阵** $\partial\boldsymbol{b}/\partial\boldsymbol{p}$。我们应该如何计算这个乘积呢?

再一次，这个问题几乎自身就给出了答案。我们不想进行两个矩阵的相乘。因此完全不计算 $\partial\boldsymbol{v}/\partial\boldsymbol{p}$。合适的第一步是求得 $\boldsymbol{c}^{\mathrm{T}}\boldsymbol{E}^{-1}$，这就得到了一个行向量 $\boldsymbol{\lambda}^{\mathrm{T}}$。换言之，求解伴随方程 $\boldsymbol{E}^{\mathrm{T}}\boldsymbol{\lambda}=\boldsymbol{c}$：

$$\boxed{\textbf{伴随方程}\qquad \boldsymbol{E}^{\mathrm{T}}\boldsymbol{\lambda}=\boldsymbol{c}\quad \text{得到}\quad \boldsymbol{\lambda}^{\mathrm{T}}\boldsymbol{E}=\boldsymbol{c}^{\mathrm{T}},\qquad \boldsymbol{\lambda}^{\mathrm{T}}=\boldsymbol{c}^{\mathrm{T}}\boldsymbol{E}^{-1}} \tag{11}$$

在式 (10) 中，用 $\boldsymbol{\lambda}^{\mathrm{T}}$ 代替 $\boldsymbol{c}^{\mathrm{T}}\boldsymbol{E}^{-1}$，最后一步乘以那个行向量，再乘以向量 $\boldsymbol{b}$ 的导数（其梯度）：

$$\boxed{\textbf{成本函数 } \boldsymbol{F} \textbf{ 的梯度}\qquad \frac{\partial F}{\partial \boldsymbol{p}}=\boldsymbol{\lambda}^{\mathrm{T}}\frac{\partial \boldsymbol{b}}{\partial \boldsymbol{p}}\qquad (1\times N\ \text{乘以}N\times M)} \tag{12}$$

这个优化的次序是 $(\boldsymbol{AB})\boldsymbol{C}$，因为第一个因子 $\boldsymbol{A}$ 实际上是一个行向量 $\boldsymbol{\lambda}^{\mathrm{T}}$。

伴随方法的这个例子以 $\boldsymbol{Ex}=\boldsymbol{b}$ 开始，右边这一项 $\boldsymbol{b}$ 依赖于设计参数 $\boldsymbol{p}$，因此解 $\boldsymbol{x}=\boldsymbol{E}^{-1}\boldsymbol{b}$ 依赖于 $\boldsymbol{p}$，成本函数 $F(\boldsymbol{x})=\boldsymbol{c}^{\mathrm{T}}\boldsymbol{x}$ 依赖于 $\boldsymbol{p}$。

伴随方程 $\boldsymbol{A}^{\mathrm{T}}\boldsymbol{\lambda}=\boldsymbol{c}$ 得到将最后两步有效地结合起来的向量 $\boldsymbol{\lambda}$。“伴随”和“转置”有一个平行的意义，也能将它应用到微分方程中。设计变量 $p_1,\cdots,p_M$ 可能出现在矩阵 $\boldsymbol{E}$ 中，或在一个特征值问题或微分方程中。

在这里表达的要点是强调与增强反向传播中的关键思想：

逆向模式能将对导数的计算以更快的方式排序

对深层的伴随与敏感性

我们逐渐接近了这个深度学习的问题，求在第 L 层上的输出 $\boldsymbol{w}=(w_1,\cdots,w_M)$ 对于参数 $\boldsymbol{x}=(x_1,\cdots,x_N)$ 的导数 $\partial w/\partial x_j$。从输入 $\boldsymbol{v}_0$ 出发，经过 L 步，就得到了输出 $\boldsymbol{w}=\boldsymbol{v}_L$。将步 n 写作

$$\boldsymbol{v}_n=F_n(\boldsymbol{v}_{n-1},\boldsymbol{x}_n),\quad \text{其中 } F_n\text{依赖于权重（参数）}\boldsymbol{x}_n \tag{13}$$

式 (13) 是一个**递归关系**，并且同样的 P 个参数 $\boldsymbol{x}$ 可以在每一步被用到。深度学习对每一新的层都有新的参数，这给了它一个普通的递归关系没有希望提供的“学习能力”。事实上，一个典型的递归式 (13) 只是微分方程 $\mathrm{d}\boldsymbol{v}/\mathrm{d}t=f(\boldsymbol{v},\boldsymbol{x},t)$ 的有限差分版本。

这个类比并不差，在这种情形下也是寻求一个希望的输出 $\boldsymbol{v}(T)$，并且选择参数 $\boldsymbol{x}$ 来达到这个目标。问题是求得导数 $\boldsymbol{J}=\partial\boldsymbol{v}_N/\partial\boldsymbol{x}_M$ 的矩阵。应用链式法则到方程式 (13)，从 N 开始，一直到 0。这里是链的一步：

$$v_N=F_N(v_{N-1},x_N)=F_N(F_{N-1}(v_{N-2},x_{N-1}),x_N) \tag{14}$$

取其对于 x_{N-1} 的导数，来看最后两层的法则：

$$\frac{\partial v_N}{\partial x_{N-1}}=\frac{\partial F_N}{\partial v_{N-1}}\frac{\partial v_{N-1}}{\partial x_{N-1}},\qquad \frac{\partial v_N}{\partial x_{N-2}}=\frac{\partial F_N}{\partial v_{N-1}}\frac{\partial v_{N-1}}{\partial x_{N-2}}=\frac{\partial F_N}{\partial v_{N-1}}\frac{\partial v_{N-1}}{\partial v_{N-2}}\frac{\partial v_{N-2}}{\partial x_{N-2}}$$

最后的那个表达式是一个三项乘积 $\boldsymbol{ABC}$。这个计算要求决定是从 $\boldsymbol{AB}$ 开始，还是从 $\boldsymbol{BC}$ 开始？优化的伴随方法与反向传播的逆向模式都建议从 $\boldsymbol{AB}$ 开始。

以上两部分是在 Steven Johnson的课件基础上发展起来的：*Adjoint methods and sensitivity analysis for recurrence relations*, **http://math.mit.edu/~stevenj/18.336/recurrence2.pdf**。在网上：*Notes on adjoint methods for* 18.335。

对深度学习，网络的层与层之间是递归关系。

习题 7.3

1. 若 $\boldsymbol{x}$、$\boldsymbol{y}$ 是 $\mathbf{R}^n$ 中的列向量，$\boldsymbol{x}(\boldsymbol{y}^{\mathrm{T}}\boldsymbol{x})$ 和 $(\boldsymbol{x}\boldsymbol{y}^{\mathrm{T}})\boldsymbol{x}$ 中哪个更快？
2. 假设 $\boldsymbol{A}$ 是一个 $m\times n$ 矩阵（$m>n$），$\boldsymbol{A}(\boldsymbol{A}^{\mathrm{T}}\boldsymbol{A})$ 和 $(\boldsymbol{A}\boldsymbol{A}^{\mathrm{T}})\boldsymbol{A}$ 中哪个更快？
3. (1) 设 $\boldsymbol{A}\boldsymbol{x}=\boldsymbol{b}$，当 $\boldsymbol{A}$ 固定时，求导数 $\partial x_i/\partial b_j$？
   (2) 若 $\boldsymbol{b}$ 是固定的，求导数 $\partial x_i/\partial A_{jk}$？
4. 对 $\mathbf{R}^n$ 中的 $\boldsymbol{x}$、$\boldsymbol{y}$，求 $\partial(\boldsymbol{x}^{\mathrm{T}}\boldsymbol{y})/\partial x_i$ 和 $\partial(\boldsymbol{x}\boldsymbol{y}^{\mathrm{T}})/\partial x_i$？
5. 画一个计算图计算函数 $f(x,y)=x^3(x-y)$，使用这个图计算 $f(2,3)$。
6. 对 $f=x^3(x-y)$，画一个逆向模式的图计算导数 $\partial f/\partial x$ 和 $\partial f/\partial y$，并用图求出 $x=2$ 和 $x=3$ 处的导数。

7. 假设 $\boldsymbol{A}$ 是在一个卷积神经网络中的 Toeplitz 矩阵，a_k在对角线 k 上，若 $\boldsymbol{w}=\boldsymbol{A}\boldsymbol{v}$，求导数 $\partial w_i/\partial a_k$。
8. 在一个最大池化层中，假设 $w_i = \max(v_{2i-1}, v_{2i})$，求所有的 $\partial w_i/\partial v_j$。
9. 为了理解链式法则，从这个等式开始，并且令 $\Delta x \to 0$：

$$\frac{f(g(x+\Delta x))-f(g(x))}{\Delta x}=\frac{f(g(x+\Delta x))-f(g(x))}{g(x+\Delta x)-g(x)}\cdot\frac{g(x+\Delta x)-g(x)}{\Delta x}$$

求 $\sin(\cos(\sin x))$ 在 $x=0$ 处的导数。

7.4 超参数：至关重要的决定

在选定损失函数和网络结构后，依然要做出关键性的决定。必须选择*超参数*，它们管理着算法本身，即权重的计算。那些权重代表了计算机从训练集已经学到的东西，即如何从输入的表征预测输出。在机器学习中，要选择超参数和损失函数，以及（随机）丢弃和重新正则化。

目标是找到能将 5 从 7 与 2 区分出来的模版（通过只看像素）。超参数决定了如何快速、准确地发现这些模版。在梯度下降法中，首先要找到**步长**s_k 也是最重要的。这个数出现在迭代 $\boldsymbol{x}_{k+1}=\boldsymbol{x}_k-s_k\nabla \boldsymbol{L}(\boldsymbol{x}_k)$ 中，或是其变种之一：*加速*（通过动量）或*自适应*（ADAM）或*统计波动*（在随机小批量训练数据的每一步）。

学习速率这个词经常用来替代步长，这两者可以是完全相同的，或差一个归一化因子。同时，η_k *经常取代* s_k。首先，当只有一个未知量时，寻求最优的步长；然后指向一种通用的方法；最终我们想要一个更快的决策。

(1) **选择** $\boldsymbol{s_k=1/L''(x_k)}$。牛顿法用了 L 的二阶导数，这个选择考虑了对 $L(x)$ 在点 x_k 处泰勒级数中的二阶项。因此，牛顿法是*二阶的*：x_{k+1} 处的误差正比于 x_k 处的误差*平方*。在接近最小值点 x^* 处，收敛速度是快的。

在更高维度下，二阶导数变成了海森矩阵 $H(\boldsymbol{x})=\nabla^2\boldsymbol{L}(\boldsymbol{x}_k)$。它的大小是权重（$\boldsymbol{x}$ 的分量）的个数。为了求得 $\boldsymbol{x}_{k+1}$，牛顿法求解一个大的方程系统 $H(\boldsymbol{x}_k)(\boldsymbol{x}_{k+1}-\boldsymbol{x}_k)=-\nabla\boldsymbol{L}(\boldsymbol{x}_k)$。梯度下降法用单一个数 $1/s_k$ 替代 H。

(2) **由一个直线搜索来确定** $\boldsymbol{s_k}$。梯度 $\nabla\boldsymbol{L}(\boldsymbol{x}_k)$ 决定了直线的方向。现在这个点 $\boldsymbol{x}_k$ 是直线的起点。通过求 $L(\boldsymbol{x})$ 在线上点的值，可以找到一个接近最小化的点，即 $\boldsymbol{x}_{k+1}$。

直线搜索是一种实际的方法。一个算法是 6.4 节中描述的*后溯*，即通过一个常数的因子缩短步长，直到在 L 上的减少与梯度的最陡性一致（在被选择的因子之内）。优化直线搜索是一个已被仔细研究过的一维问题。

但没有一种方法是完美的。下面来看选择得不好的步长 s 的效应。

太小或太大

我们需要确认选择一个效果差的学习速率可能带来的困难：

s_k 太小 然后梯度下降法花费太长的时间来最小化 $L(\boldsymbol{x})$
许多步长 $\boldsymbol{x}_{k+1}-\boldsymbol{x}_k=-s_k\nabla\boldsymbol{L}(\boldsymbol{x}_k)$ 仅带来小的改进

s_k 太大 在下降方向过冲了最佳选择 $\boldsymbol{x}_{k+1}$
梯度下降法将在最小值点 $\boldsymbol{x}^*$ 上下来回振荡

假设最初的两步 s_0、s_1 是通过直线搜索得到的，并且效果不错。我们可能想在早期的迭代中保持这个学习速率。通常随着 $L(\boldsymbol{x})$ 的最小化继续，**我们减小** s。

在开始时，更大的步长 到达最佳权重 $\boldsymbol{x}^*$ 附近区域

在结束时，更小的步长 以收敛为目标而不至于过冲

取学习速率为 $s_k = s_0/\sqrt{k}$ 或 $s_k = s_0/k$ 来系统性地减少步长。

在非常接近最小化损失函数 $L(\boldsymbol{x}, \boldsymbol{v})$ 的权重 $\boldsymbol{x}$ 之后，我们可能想要从一个**验证集**取出新的 $\boldsymbol{v}$。这还不是一种实际应用模式。**交叉验证**的目的是证实计算得到的权重 $\boldsymbol{x}$ 能从新的数据中得到准确的输出。

交叉验证

交叉验证旨在评估模型的正确性以及学习函数的能力。模型是否太弱或太简单而无法给出准确的预测和分类？我们是否过拟合了训练数据并因此面临对新的测试数据出错的风险？可以说交叉验证在处理相对较小的数据集时更加仔细，这样对更大的数据集测试和实际应用时就可以快速进行。

注意：出于另一目的，另一种统计方法也会重复使用数据，即由 Brad Efron提出的自助法，当样本量较小或其分布未知时被使用（而且需要被用到）。我们的目标是通过回到（小型）样本，然后重复使用该数据来最大程度提取新的信息。通常，小的数据集并不是应用深度学习时的场景。

交叉验证的第一步是将可用数据分为 K 个子集。如果 $K = 2$，本质上就是训练集和测试集，但通常的目标是更多地在使用大型测试集之前，先从较小的集获取信息。*K 折交叉验证*将 K 个子集分别用作测试集。在每个试验中，其他 $K-1$ 个子集形成了训练集。我们在相同的数据（中等大小）重复工作，以学到比优化方法更多的东西。

交叉验证可以使学习率具有适应性：随着梯度下降的进行而发生变化。

有很多变体，例如 “双重交叉验证”。在标准化的 $m \times n$ 最小二乘问题 $\boldsymbol{A}\boldsymbol{x} = \boldsymbol{b}$ 中，维基百科将均方误差定义为 $(m-n-1)/(m+n-1)$ 的期望值。更大的误差通常表示有过拟合。相应的深度学习中的测试警告我们应该早点停止。

本节的超参数部分介绍受到 Bengio所著《神经网络：交易的技巧》（第 2 版）的影响，并加以改进。*Neural Networks: Tricks of the Trade* (2nd edition, Springer, 2012)，该领域中的一些知名学者对该书作出了巨大贡献。

每一层的批归一化

随着训练的进行，原始群体的均值和方差会在网络的每一层上发生变化。输入分布的这种变化是 “协变量偏移”。由于这种在层的统计上的偏移变化，不得不调整步长和其他超参数。一个好的计划是*对每一层的输入进行归一化*。

归一化使训练更安全，更快捷。丢弃（dropout）的需求通常消失了。现在，更少的迭代可以给出更准确的权重，而且成本可能十分有限。通常，*只需在每一层训练两个附加参数*。

当非线性函数是 S 型而不是 ReLU 时，问题最大。S 型函数通过接近极限（如 1）来趋于 “饱和”（而 $x \to \infty$ 时，ReLU 则永远增加)。当 x 变大时，非线性 S 型函数变得几乎是线性甚

至不变。训练的速度减慢了，因为几乎没有使用非线性。

输入将要被归一化的点是有待选择的。Ioffe、Szegedy避免计算协方差矩阵（代价太高了）。他们的归一化变换作用在一个大小为 B 的小批输入 $\boldsymbol{v}_1, \cdots, \boldsymbol{v}_B$ 中的每一个：

均值	$\boldsymbol{\mu} = (\boldsymbol{v}_1 + \cdots + \boldsymbol{v}_B)/B$
方差	$\sigma^2 = \left(\|\boldsymbol{v}_1 - \boldsymbol{\mu}\|^2 + \cdots + \|\boldsymbol{v}_B - \boldsymbol{\mu}\|^2\right)/B$
归一化	$\boldsymbol{V}_i = (\boldsymbol{v}_i - \boldsymbol{\mu})/\sqrt{\sigma^2 + \epsilon}$ 对小的 $\epsilon > 0$
缩放/平移	$\boldsymbol{y}_i = \boldsymbol{\gamma} \boldsymbol{V}_i + \boldsymbol{\beta}$ （$\boldsymbol{\gamma}$、$\boldsymbol{\beta}$ 是可训练的参数）

关键点是**对输入每个新的层的 $\boldsymbol{y}_i$ 进行归一化**。凡是对原始的向量集（在第零层）是好的，它们对每个隐藏层的输入也是好的。

Ioffe S, Szegedy C. *Batch normalization*[J]. arXiv: 1502.03167v3, 2015.

丢弃法

丢弃法是网络中随机选择去除神经元的操作。这些是输入层 $\boldsymbol{v}_0$ 或输出层 $\boldsymbol{v}_L$ 之前的隐藏层 $\boldsymbol{v}_n$ 的分量，所有与那些丢弃的神经元相连的在 $\boldsymbol{A}$ 和 $\boldsymbol{b}$ 中的权重就从网络上消失了（图 7.6）。通常可以给隐藏层神经元一个生存概率 $p = 0.5$，同时输入分量可以具有 $p = 0.8$ 或更高的概率。随机丢弃的主要目标是避免过拟合。相较于结合来自许多网络的预测，它是一种相对便宜的平均方法。

丢弃法是由深度学习领域五位领军人物 N. Srivastava、G. Hinton、A. Krizhevsky、I. Sutskever和 R. Salakhutdinov提出来的，他们的论文"*Dropout*"出现在 *Journal of Machine Learning Research* **15**, 2014: 1929-1958.

要了解最新的丢弃法与物理及不确定性的联系，见 arXiv：1506.02142 与 1809.08327。

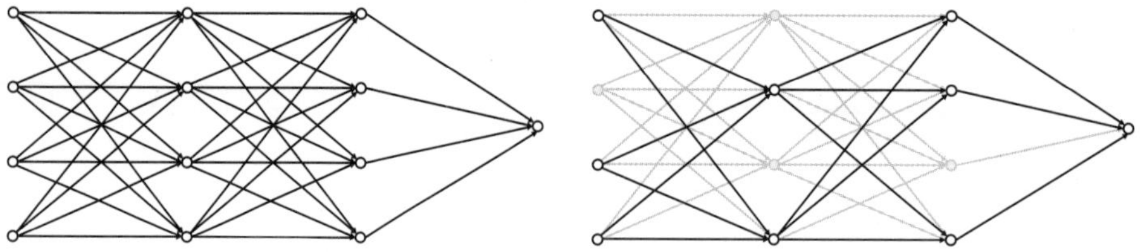
(a) (b)

图 7.6 交叉神经元已经从减薄的网络中丢弃

丢弃法提供了一种同时使用多种不同神经体系结构进行计算的方法。在训练中，每个新的 $\boldsymbol{v}_0$（输入样本的表征向量）都会导致新的减薄的网络。从 N 个神经元开始，有 2^N 个可能的减薄网络。

在测试时，我们用完整的网络（没有丢弃），其中的权重是从训练权重中重新缩放的。从一个未丢弃的神经元出来的权重在重新缩放中用 p 相乘。在测试时，这个近似的取平均导致五位作者得到了减小的通用化误差（比其他的规范化方法更为简单）。

丢弃法部分源自遗传繁殖，其中每个父母的一半基因被删除，并且有一个小的随机突变。这种对孩子的丢弃相比于在深度学习中的丢弃（这里是对许多减薄的网络进行平均）看上去更不可原谅并带有永久性。（确实，我们看到了对同一代的某些平均，但是作者推测随着时间的流逝，我们的基因被迫变得健壮才能生存。）

丢弃模型用到一个 0-1 随机变量 r（伯努利变量）。然后 $r=1$ 的概率是 p，而 $r=0$ 的概率是 $1-p$。通常的到层 n 的前馈步是 $\boldsymbol{y}_n=\boldsymbol{A}_n\boldsymbol{v}_{n-1}+\boldsymbol{b}_n$，接着施加非线性运算 $\boldsymbol{v}_n=\mathrm{R}\boldsymbol{y}_n$。一个随机的 r 乘以 $\boldsymbol{v}_{n-1}$ 的每个分量来丢弃 $r=0$ 的那个神经元。$\boldsymbol{v}_{n-1}$ 的分量逐个乘以 0 或 1 来得到 $\boldsymbol{v}^*_{n-1}$。然后是 $\boldsymbol{y}_n=\boldsymbol{A}_n\boldsymbol{v}^*_{n-1}+\boldsymbol{b}_n$。

为了计算梯度，对小批训练例子中的每一个应用反向传播，然后对这些梯度取平均。随机梯度下降法依然能包括加速（即加上动量）、自适应下降和权重衰减。这些作者高度推荐对权重进行规范化，如要求权重矩阵 $\boldsymbol{A}$ 的所有列有最大范数 $\|\boldsymbol{a}\|\leqslant c$ 的限制。

探索超参数空间

通常会根据实验或经验来优化超参数。为了决定学习速率，可以尝试三种可能性并测量损失函数的下降。一个诸如 0.1、0.01、0.001 的几何序列比算术序列 0.05、0.03、0.01 更有意义。并且若最小或最大选择得到了最佳结果，则继续实验到系列中的下一个数字。在这个步长的示例中会考虑计算成本以及验证误差。

LeCun强调，对于多参数搜索，随机采样是快速涵盖许多可能性的方法。网格搜索在多维空间中太慢了。

损失函数

损失函数衡量每个样本正确的输出与计算得到的输出之间的差异。正确的输出通常是分类 $y=0,1$ 或 $y=1,2,\cdots,n$（是训练数据的一部分）。在最后一层计算得到的输出是 $\boldsymbol{w}=F(\boldsymbol{x},\boldsymbol{v})$，这是带有权重 $\boldsymbol{x}$ 与输入 $\boldsymbol{v}$ 的学习函数。

6.5 节定义了三种熟悉的损失函数。然后本章转而讨论神经网络的结构与函数 F。这里比较交叉熵损失和平方损失。

1. 二次成本 (平方损失)：$\boldsymbol{\ell(y,w)=\frac{1}{2}\|y-w\|^2}$

这是对最小二乘的损失函数（总是一个可能的选择）。但对深度学习，这并不是一个受欢迎的选择。其中一个原因是图 $\ell(y,w)$ 的抛物线形状，在 $w=y$ 时趋近于零损失，但其导数也趋近于零。

在最小值处的导数为零对于一个光滑的损失函数是正常的，但它经常导致一个不想要的结果：权重 $\boldsymbol{A}$ 与 $\boldsymbol{b}$ 在接近优化点处变化非常慢。学习的进度就变慢了，且需要许多次迭代。

2. 交叉熵损失 $\boldsymbol{\ell}(\boldsymbol{y},\boldsymbol{w})=-\dfrac{1}{N}\displaystyle\sum_1^N[y_i\log z_i+(1-y_i)\log(1-z_i)]$ (1)

我们允许并期待从训练神经网络得到的 N 个输出 w_i 已经被归一化到 $0<z_i<1$ 的 $z(w)$。通常这些 z_i 是概率。然后 $1-z_i$ 也是在 $0\sim1$ 之间。因此在式 (1) 中的两个对数都是负的，同时负的符号保证了总的损失是正的，$\ell>0$。

不止于此，对数给出了一个不同的、希望的至 $z=0$ 或 1 的方法。对这个计算，我们介绍 Nielsen 的电子书 *Neural Networks and Deep Learning*，该书聚焦在 S 型激活函数而不是 ReLU。这些光滑函数的代价是它们在端点处发生了饱和（失去了它们的非线性性）。

交叉熵有不错的性质，但这些对数是从哪里来的呢？第一点是香农关于熵的公式（一个对信息的度量）。如果信息 i 的概率是 p_i，应该允许对这个信息有 $-\log p_i$ 比特。然后，每个信息的比特数的期望（平均）值最有可能为

$$\text{熵} = -\sum_1^m p_i \log p_i, \quad \text{对 } m=2 \text{ 这是 } -p\log p-(1-p)\log(1-p) \tag{2}$$

当我们不知道 p_i，且代之以 $\widehat{p}_i$ 时，交叉熵就出现了：

$$\textbf{交叉熵} = -\sum_1^m p_i \log \widehat{p}_i, \quad \text{对 } m=2 \text{ 这是 } -p\log \widehat{p}-(1-p)\log(1-\widehat{p}) \tag{3}$$

式 (3) 总是大于式 (2)。真实的 p_i 是不知道的，同时 $\widehat{p}_i$ 对应的成本更高。这个差别是一个十分有用但不对称的函数，称为 **KL (Kullback-Leibler) 发散**。

规范化：ℓ^2 或 ℓ^1（或没有）

规范化是一个自愿但经常被建议的选择。它在最小化的损失函数 $L(\boldsymbol{x})$ 中加入了一个惩罚项：岭回归（RR）中的惩罚 $\boldsymbol{\ell}^2$ 与 LASSO 中的 $\boldsymbol{\ell}^1$。

RR Minimize $\|\boldsymbol{b}-\boldsymbol{A}\boldsymbol{x}\|_2^2+\lambda_2\|\boldsymbol{x}\|_2^2$ **LASSO** Minimize $\|\boldsymbol{b}-\boldsymbol{A}\boldsymbol{x}\|_2^2+\lambda_1\sum|x_i|$

惩罚项决定 $\boldsymbol{x}$ 的大小。规范化也称为权重衰减。

系数 λ_2、λ_1 是超参数，它的值可以基于交叉验证。惩罚的目的是避免过拟合（有时表示为对噪声的拟合）。对一个给定 λ 的交叉验证是在一个测试集中发现可最小化的 $\boldsymbol{x}$，然后将这些权重在一个训练集中进行验证。若它看到了来自过拟合的误差，就增加 λ。

λ 的一个小的值倾向于增加误差的方差（过拟合）。大的 λ 将会增加偏置（欠拟合），这是因为拟合项 $\|\boldsymbol{b}-\boldsymbol{A}\boldsymbol{x}\|^2$ 变得不是那么重要的。

> **一个不同的观点**。MNIST 上的实验使得显式的规范化不再必要。最好的测试性能经常在 $\lambda=0$（因此 $\boldsymbol{x}^*$ 是最小的范数解 $\boldsymbol{A}^+\boldsymbol{b}$）时得到。Liang和Rakhlin 的分析确认了好的结果能够被预期的那些矩阵，若这些数据能导致样本协方差矩阵与核矩阵谱的快速衰减。
>
> 在许多情况下，这些会是 3.3 节中描述的矩阵，即有效地低的秩。经常听到类似的观点：具有许多额外的权重与好的超参数的深度学习会得到可以通用化而不带来惩罚的解

Liang T, Rakhlin A. *Just interpolate: Kernel "ridgeless" regression can generalize*[J]. arXiv: 1808.00387, 2018.

AlphaGo Zero 的结构

下面是 AlphaGo Zero学习下围棋的运算顺序。

(1) 采用 256 个核大小为 3×3 步长为 $1\,(E=3, S=1)$ 的滤波器的卷积。

(2) 批量归一化。

(3) ReLU。

(4) 采用 256 个核大小为 3×3 的滤波器，步长为 1 的卷积。

(5) 批量归一化。

(6) 一个类似在 ResNets 中的跳过连接，其将输入加至模块。

(7) ReLU。

(8) 一个完全相连的线性层到一个大小为 256 的隐藏层。

(9) ReLU。

训练是应用随机梯度下降法得到一个固定的数据集，包含 AlphaGo Zero 之前累积的最后 200 万盘自我下棋的数据。

CNN 包括一个全连接层，其输出为一个大小为 19^2+1 的向量，涉及了 19×19 棋盘上所有的位置，以及在围棋中允许的虚着。

7.5 机器学习的世界

全连接网络和卷积网络是更大世界的一部分。由训练数据得到学习函数 $\boldsymbol{F}(\boldsymbol{x},\boldsymbol{v})$。该函数得到一个对应每个输入 $\boldsymbol{v}$（$\boldsymbol{v}$ 是该样本表征的向量）的正确输出 $\boldsymbol{w}$ 的近似值。但机器学习已经开发出了许多针对从数据中学习的问题的其他方法，有些已存在很久。

本书不可能涉及所有这些概念，但描述递归神经网络（RNN）和支持向量机是有益的。我们也将介绍一些关键词来指出机器学习的范畴（一个词汇表是亟需的，这会是对这个领域的一个巨大贡献）。本章结尾是一个有关机器学习主题的书单。

递归神经网络（RNNs）

这些神经网络对于那些有确定顺序的数据是很合适的，这包括时间序列与自然语言，如讲话、文本、手写的文档。在从输入 $\boldsymbol{v}$ 到输出 $\boldsymbol{w}$ 的连接的网络中，新的表征是在前面时刻 $t-1$ 的输入。这个反复发生的输入由函数 $h(t-1)$ 决定。

图 7.7 给出了在网络架构中新一步的轮廓。

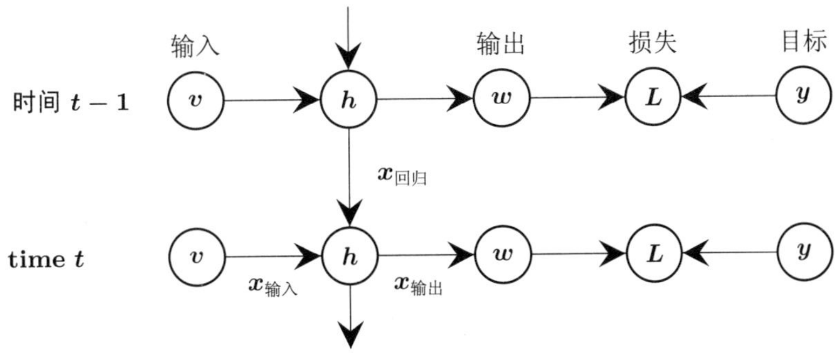

图 7.7 递归网络的计算图在每一时刻 t 得到最小化损失的输出 w。到 $h(t)$ 的输入是新数据 $v(t)$ 及从前一时刻的回归数据 $h(t-1)$。乘以数据的权重是 $x_{输入}$、$x_{回归}$ 和 $x_{输出}$，它们被选来最小化损失 $L(y-w)$。这个网络架构是**通用的**：它将计算任何一个能由图灵机计算的公式

关键词与概念

1 核学习　　**5** 图形模型

2 支持向量机　　**6** 贝叶斯统计学

3 生成对抗网络　　**7** 随机森林

4 独立分量分析　　**8** 增强学习

支持向量机（SVM）

从 m 维空间中的 n 个点 $\boldsymbol{v}_1,\cdots,\boldsymbol{v}_n$ 开始。每个 $\boldsymbol{v}_i$ 伴随着一个分类 $y_i=1$ 或 $y_i=-1$。Vapnik建议的目标是在 m 维空间中找到一个平面 $\boldsymbol{w}^{\mathrm{T}}\boldsymbol{v}=b$，其能将正的点与负的点分开（如果这样做是可能的）。向量 $\boldsymbol{w}$ 将垂直于这个平面。数 b 告诉我们从线或平面或 $\mathbf{R}^m$ 空间中的超平面到点 $(0,\cdots,0)$ 的距离。

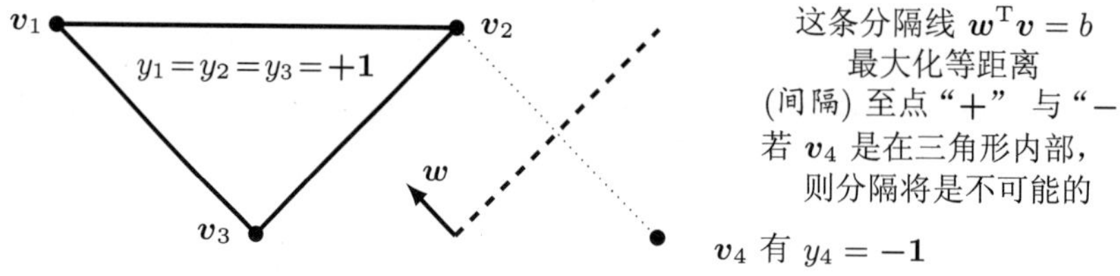

问题　找到 $\boldsymbol{w}$、b，使得 $\boldsymbol{w}^{\mathrm{T}}\boldsymbol{v}_i-b$ 对所有的点 $i=1,\cdots,n$ 有正确的符号 y_i。

若 $\boldsymbol{v}_1$、$\boldsymbol{v}_2$、$\boldsymbol{v}_3$ 在平面上是正的点 $(y=+1)$，则 $\boldsymbol{v}_4$ 必然位于三角形 $\boldsymbol{v}_1,\boldsymbol{v}_2,\boldsymbol{v}_3$ 之外。这个图显示了最大分隔的那条线（最大间隔）。

$$\textbf{最大间隔}\quad \text{Minimize } \|\boldsymbol{w}\|\text{，条件是 } y_i(\boldsymbol{w}^{\mathrm{T}}\boldsymbol{v}_i-b)\geqslant 1$$

这是“硬间隔”。不等式要求 $\boldsymbol{v}_i$ 处于分隔器的正确的一边。若这些点不能被分开，则没有 $\boldsymbol{w}$、b 会成功。对于一个“软间隔”，我们直接选择最佳可能的 $\boldsymbol{w}$、b，基于铰链损失 + 惩罚：

$$\textbf{软间隔}\quad \text{Minimize}\left[\frac{1}{n}\sum_{1}^{n}\max\left(0,1-y_i(\boldsymbol{w}^{\mathrm{T}}\boldsymbol{v}_i-\boldsymbol{b})\right)\right]+\lambda\|\boldsymbol{w}\|^2 \tag{1}$$

当 $\boldsymbol{v}_i$ 是在分隔器的正确那边时，铰链损失（最大项）是零。若分隔是不可能的，则惩罚项 $\lambda\|\boldsymbol{w}\|^2$ 用间隔大小来平衡铰链损失。

若对铰链损失引入了一个变量 h_i，则可以用连接 $\boldsymbol{w}$、b、y_i 与 h_i 的线性不等式来最小化一个 $\boldsymbol{w}$ 的二次函数。这是在高维空间中的二次规划，其在理论上阐述得十分透彻，在实践中却非常具挑战性。

核的技巧

SVM 是线性分隔，一个平面将那些“+”点与“−”点分开。但表征向量 $\boldsymbol{v}$ 被变换到 $N(\boldsymbol{v})$ 时，采用核的技巧允许非线性分隔器，然后经变换后的向量的点积给出了**核函数** $\boldsymbol{K}(\boldsymbol{v}_i,\boldsymbol{v}_j)=N(\boldsymbol{v}_i)^{\mathrm{T}}N(\boldsymbol{v}_j)$。

这里的关键点是完全处理 K 而不是函数 N。实际上，我们从不用或需要 N。在线性情况下，这相应于选择一个正定的 $\boldsymbol{K}$，而看不见 $\boldsymbol{K}=\boldsymbol{A}^{\mathrm{T}}\boldsymbol{A}$ 中的矩阵 $\boldsymbol{A}$。RBF(Radial Basis Function，径向基函数) 核 $\exp(-\|\boldsymbol{v}_i-\boldsymbol{v}_j\|^2/2\sigma^2)$ 是在 3.3 节中。

[1] Belkin M, Ma S, Mandal S. *To understand deep learning we need to understand kernel learning*[J]. arXiv:1802.01396. "Non-smooth Laplacian kernels defeat smooth Gaussians".

[2] Hofmann T, Schölkopf B, Smola A J. *Kernel methods in machine learning*[J]. Annals of Statistics, 2008, **36**: 1171-1220 (with extensive references).

谷歌翻译

一篇关于深度学习和谷歌翻译应用程序开发的文章发表在 2016 年 12 月 14 日（星期日）的《纽约时报》上。文章告诉我们 Google 怎样突然从传统翻译跃升至递归神经网络。Gideon Lewis-Kraus 将这一事件描述为一个故事中的三个侧面：开发团队的工作，看到了什么是可能的谷歌内部团队，以及逐渐改变了我们对学习的理解的世界范围内的科学家群体（**https://www.nytimes.com/2016/12/14/magazine/the-great-AI-awakening.html**）。

开发只用了不到一年的时间，但 Google Brain（谷歌大脑）及其竞争对手用了五年的时间提出这个构想。机器学习在全球推广的时间和空间还要再高一个数量级。该事件的关键点是它对语言学习方法产生的地震级的震撼效应：

> 不是在两种语言中对每个单词及语法规则进行编程，我们是让计算机找到有关的规则。只是给其足够正确的翻译。
>
> 若是识别图像，则输入是加了正确标签的示例（即训练集）。机器会自己构建函数 $F(\boldsymbol{x},\boldsymbol{v})$。

这更接近儿童的学习方式，也接近我们的学习方式。如果你想学习跳棋或国际象棋，最好的方法是找到一个棋盘开始下棋。

从有这个设想到神经网络和深度学习的落地并不容易。Marvin Minsky 是先驱之一，但是他和 Seymour Papert 编写的书中部分是介绍哪些是"感知器 (perceptron)"无法做到的。因为感知器只有一层，它不具备异或函数（A 或 B，但不是同时）的功能。没有深度，但这恰恰是必需的。

Geoffrey Hinton 一生的工作对这个课题产生了巨大的影响。就机器翻译而言，他恰好在适当的时候在谷歌任职。他和他的学生在 2012 年赢得了视觉识别挑战赛（AlexNet）。这个网络的深度改变了神经网络的设计。同样令人印象深刻是 1986 年发表在《自然》期刊的一篇文章中，Rumelhart、Hinton 和 Williams 预见到反向传播将成为权重优化的关键，即通过反向传播误差的学习表示方法。

这些想法导致了世界范围内的杰出的工作。2011—2012 年那篇有关"猫的文章"描述了如何在没有标签图像的情况下训练人脸检测器。文章的主要作者是 Quoc Le：*Building high-level features using large scale unsupervised learning*：**arxiv.org/abs/1112.6209**。从 YouTube 上采样了 200 × 200 像素的图像的大型数据集。图像的大小是通过局域化接受场来管理的。该网络有 10 亿个权重需要被训练，这仍然是我们视觉皮层中的神经元数目的 100 万分之一。读了这篇文章，你就知道深度学习时代已经来临。

一个小的团队正在悄悄地超越使用规则的大团队。最终有 31 位作者的论文出现在 **arxiv.org/abs/1609.08144** 网站上。而谷歌不得不切换到不从规则出发的深层网络。

有关机器学习的书

[1] Abu-Mostafa Y S, et al. Learning from Data, AMLBook, 2012.
[2] Aggarwal C C. Neural Networks and Deep Learning: A Textbook[M]. Springer, 2018.
[3] Alpaydim E. Introduction to Machine Learning[M]. MIT Press, 2016.
[4] Alpaydim E. Machine Learning: The New AI[M]. MIT Press, 2016.
[5] Bishop C M. Pattern Recognition and Machine Learning[M]. Springer, 2006.
[6] Chollet F. Deep Learning with Python and Deep Learning with R[M]. Manning, 2017.
[7] Efron B, Hastie T. Computer Age Statistical Inference[M]. Cambridge, 2016. `https://web.stanford.edu/~hastie/CASI_files/PDF/casi.pdf`
[8] Géron A. Hands-On Machine Learning with Scikit-Learn and TensorFlow[M]. O'Reilly, 2017.
[9] Goodfellow I, Bengio Y, Courville A. Deep Learning[M], MIT Press, 2016.
[10] Hastie T, Tibshirani R, Friedman J. The Elements of Statistical Learning: Data Mining, Inference, and Prediction[M]. Springer, 2011.
[11] Mahoney M, Duchi J, Gilbert A. The Mathematics of Data[M]. American Mathematical Society, 2018.
[12] Minsky M, Papert S. Perceptrons[M]. MIT Press, 1969.
[13] Moitra A. Algorithmic Aspects of Machine Learning[M]. Cambridge, 2014.
[14] Montavon G, Orr G, Müller K R. Neural Networks: Tricks of the Trade[M]. 2nd edition. Springer, 2012.
[15] Nielsen M. Neural Networks and Deep Learning[M]. (title).com, 2017.
[16] Rosebrock A. Deep Learning for Computer Vision with Python[M]. pyimagsearch, 2018.
[17] Shalev-Schwartz S, Ben-David S. Understanding Machine Learning: From Theory to Algorithms[M]. Cambridge, 2014.
[18] Sra S, Nowozin S, Wright S. Optimization for Machine Learning[M]. MIT Press, 2012.
[19] Strang G. Linear Algebra and Learning from Data[M]. Wellesley-Cambridge Press, 2019.
[20] Vapnik V N. Statistical Learning Theory[M]. Wiley, 1998.
[21] Wright S J, Recht B. Optimization for Data Analysis[M]. Cambridge, 2021.

压缩照片与图像是一种来看 SVD工作的极佳方式。通过变化显示中的秩为 1 的片段 $\sigma \boldsymbol{u}\boldsymbol{v}^{\mathrm{T}}$ 的数目，就实现了操作的目的。增加更多的项，图像的质量就得到改进。

我们曾经希望找到一个能演示这个改进的网站。幸运的是Tim Baumann 提供了我们希望要有的。他给了我们完全的版权来引用他的工作：`https://timbaumann.info/svd-image-compression-demo/`。

附录 A

采用 SVD 的图像压缩

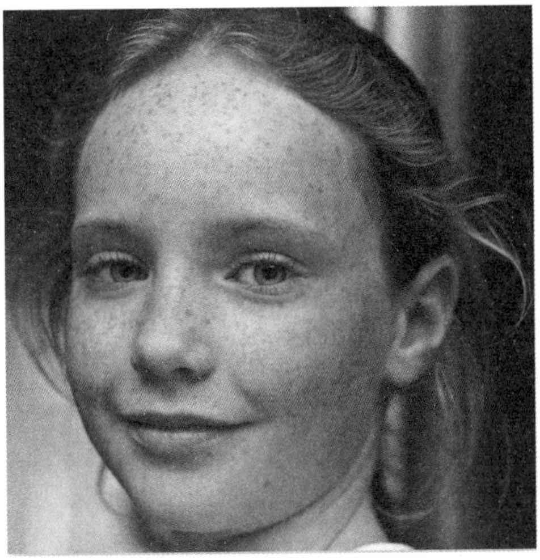

未经压缩的图像。滑标在 300 处

图像大小 600 × 600

像素 = 360000

未经压缩的大小

正比于像素的数目

压缩后的大小

近似正比于

$600 \times 300 + 300 + 300 \times 600$

$= 360300$

压缩比例

$360000/360300 = 1.00$

给出奇异值

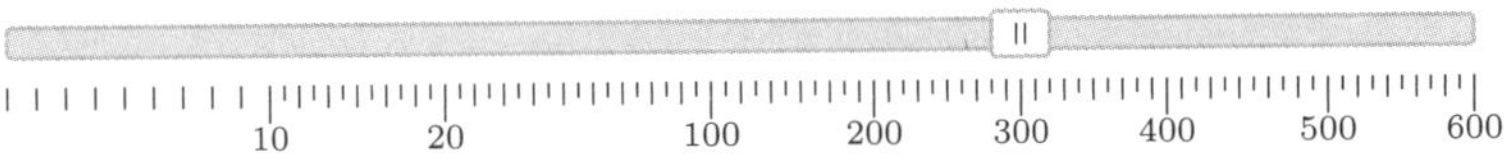

压缩后的图像。滑标在 20 处。

图像大小 600 × 600

像素 = 360000

未经压缩的大小

正比于像素的数目

压缩后的大小

近似正比于

$600 \times 20 + 20 + 20 \times 600$

$= 24020$

压缩比例

$360000/24020 = 14.99$

显示奇异值

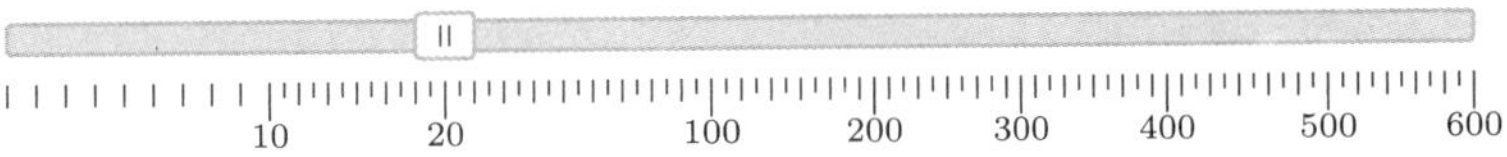

用滑标来改变奇异值的数目。单击这些图像中的一个来压缩它：

你可以用 文件选择器 或通过将它们放在这一页上来压缩你自己的图像。

附录 B 数值线性代数的代码和算法

LAPACK	是稠密线性代数代码的首选。
ScaLAPACK	对非常大的问题取得了高性能。
COIN/OR	对运筹学研究的最优化问题提供了高质量的代码。

下面是一些专门算法的出处：

线性系统的直接解法	
基本的矩阵-向量运算	BLAS
带有行交换的消元法	LAPACK
稀疏矩阵直接求解器（UMFPACK）	SuiteSparse, SuperLU
采用 Gram-Schmidt、Householder 方法的 QR	LAPACK

特征值和奇异值	
求特征值的移位 QR 方法	LAPACK
对 SVD 的 Golub-Kahan 方法	LAPACK

迭代解法	
对 $\boldsymbol{Sx} = \boldsymbol{b}$ 的预条件化的共轭梯度法	Trilinos
对 $\boldsymbol{Ax} = \boldsymbol{b}$ 的预条件化的 GMRES 方法	Trilinos
对 $\boldsymbol{Ax} = \lambda\boldsymbol{x}$ 的 Krylov-Arnoldi 法	ARPACK, Trilinos, SLEPc
$\boldsymbol{S}$ 的极端特征值	参见 BLOPEX

最优化	
线性规划	COIN/OR 中的 CLP
半定规划	COIN/OR 中的 CSDP
内部点方法	COIN/OR 中的 IPOPT
凸优化	CVX, CVXR

随机化的线性代数

通过主元化的 QR 来随机化因式分解	users.ices.utexas.edu/
$\boldsymbol{A}=\boldsymbol{CMR}$ 列/混杂/行	~pgm/main_codes.html
插值分解（ID）	
快速傅里叶变换	FFTW.org
高质量代码栈	GAMS 与Netlib.org
ACM Transactions on Mathematical Software（期刊）	TOMS

深度学习软件

Julia 中的深度学习	Fluxml.ai/Flux.jl/stable
MATLAB 中的深度学习	Mathworks.com/learn/tutorials/deep-learning-onramp.html
Python、JavaScript 中的深度学习	Tensorflow.org,Tensorflow.js
R 中的深度学习	Keras, KerasR

附录 C 基本因式分解中的参数计算

$$A = LU, \quad A = QR, \quad S = Q\Lambda Q^{\mathrm{T}}, \quad A = X\Lambda X^{-1}, \quad A = QS, \quad A = U\Sigma V^{\mathrm{T}}$$

这是对在线性代数中的关键概念的一个回顾。这些概念是通过因子分解来表述的，并且我们的计划是简单的：在每个矩阵中，对参数进行计数。我们希望在每个像 $\boldsymbol{A}=\boldsymbol{LU}$ 这样的方程中看到两边都有同样数目的参数。

对 $\boldsymbol{A}=\boldsymbol{LU}$，两边都有 n^2 个参数。

$\boldsymbol{L}$：三角 $n\times n$ 矩阵，其对角元皆是 1	$\frac{1}{2}n(n-1)$
$\boldsymbol{U}$：三角 $n\times n$ 矩阵，其对角元可以是任意的	$\frac{1}{2}n(n+1)$
$\boldsymbol{Q}$：正交 $n\times n$ 矩阵	$\frac{1}{2}n(n-1)$
$\boldsymbol{S}$：对称 $n\times n$ 矩阵	$\frac{1}{2}n(n+1)$
$\boldsymbol{\Lambda}$：对角 $n\times n$ 矩阵	n
$\boldsymbol{X}$：独立特征向量的 $n\times n$ 矩阵	n^2-n

对于 $\boldsymbol{Q}$，需要做进一步的说明。其第一列 $\boldsymbol{q}_1$ 是 $\mathbf{R}^n$ 中单位球面上的一个点。这个球面是一个 $\boldsymbol{n-1}$ 维的面，就像在 $\mathbf{R}^2$ 中的单位圆 $x^2+y^2=1$ 仅有一个参数（角 θ）。$\|\boldsymbol{q}_1\|=1$ 这个要求就已经用掉了 $\boldsymbol{q}_1$ 中 n 个参数的一个。然后 $\boldsymbol{q}_2$ 有 $n-2$ 个参数（这是一个单位向量，并且是正交于 $\boldsymbol{q}_1$）。$(n-1)+(n-2)+\cdots+1$ 等于 $\boldsymbol{Q}$ 中的 $\frac{1}{2}n(n-1)$ 个自由参数。

特征向量矩阵 $\boldsymbol{X}$ 仅有 n^2-n 个参数，而不是 n^2 个。若 $\boldsymbol{x}$ 是一个特征向量，则对任意的 $c\neq 0$，$c\boldsymbol{x}$ 也是特征向量。可以要求每个 $\boldsymbol{x}$ 的最大分量是 1。这就对每个特征向量留下了 $n-1$ 个参数（并且对 $\boldsymbol{X}^{-1}$ 没有自由参数）。

现在两边的数在所有第一批 5 个因子分解上都相同了。

对 SVD，采用约化形式 $\boldsymbol{A}_{m\times n}=\boldsymbol{U}_{m\times r}\boldsymbol{\Sigma}_{r\times r}\boldsymbol{V}_{r\times n}^{\mathrm{T}}$（已知的零不是自由参数）假设 $m\leqslant n$，$\boldsymbol{A}$ 是一个 $\boldsymbol{r=m}$ 全秩的矩阵，$\boldsymbol{A}$ 的参数数目是 $\boldsymbol{mn}$。对 $\boldsymbol{U}$、$\boldsymbol{\Sigma}$、$\boldsymbol{V}$ 的总数也是这样。对在 $\boldsymbol{U}$ 和 $\boldsymbol{V}$ 中的单位正交列的推理与对 $\boldsymbol{Q}$ 中的单位正交列是一样的。

对 $\boldsymbol{U}_{m\times r}\boldsymbol{\Sigma}_{r\times r}\boldsymbol{V}_{r\times n}^{\mathrm{T}}$ 计数：

$$\boldsymbol{U}\ 有\ \frac{1}{2}m(m-1) \quad \boldsymbol{\Sigma}\ 有\ m, \quad \boldsymbol{V}\ 有\ (n-1)+\cdots+(n-m)=mn-\frac{1}{2}m(m+1)$$

最后，我们假设 $\boldsymbol{A}$ 是一个秩为 r 的 $m\times n$ 矩阵。**在一个秩 r 的矩阵中有多少个自由参数？** 再次对 $\boldsymbol{U}_{m\times r}\boldsymbol{\Sigma}_{r\times r}\boldsymbol{V}^{\mathrm{T}}_{r\times n}$ 计数：

$$\boldsymbol{U}\ 有\ (m-1)+\cdots+(m-r)=\boldsymbol{mr}-\frac{\mathbf{1}}{\mathbf{2}}\boldsymbol{r}(\boldsymbol{r}+\mathbf{1}),\quad \boldsymbol{V}\ 有\ \boldsymbol{nr}-\frac{\mathbf{1}}{\mathbf{2}}\boldsymbol{r}(\boldsymbol{r}+\mathbf{1}),\quad \boldsymbol{\Sigma}\ 有\ \boldsymbol{r}$$

对秩 r，总的参数数目是 $(\boldsymbol{m}+\boldsymbol{n}-\boldsymbol{r})\,\boldsymbol{r}$。

对 $\boldsymbol{A}=\boldsymbol{CR}$，我们得到了与在 1.1 节中的同样的总数。$\boldsymbol{C}$ 的 r 列是直接从 $\boldsymbol{A}$ 那里得到的。行矩阵 $\boldsymbol{R}$ 包括一个 $r\times r$ 单位矩阵（不是白给的）然后 $\boldsymbol{CR}$ 的计数与之前对秩为 r 的 $\boldsymbol{U\Sigma V}^{\mathrm{T}}$ 的是一样的：

$$\boldsymbol{C}\ 有\ \boldsymbol{mr}\ 个参数,\quad \boldsymbol{R}\ 有\ \boldsymbol{nr}-\boldsymbol{r}^{\mathbf{2}}\ 个参数,\quad 总数\ (\boldsymbol{m}+\boldsymbol{n}-\boldsymbol{r})\,\boldsymbol{r}$$

作者索引

索　引